Menges/Mohren
Anleitung zum Bau von
Spritzgießwerkzeugen

Georg Menges
Paul Mohren

Anleitung zum Bau von Spritzgießwerkzeugen

4., durchgesehene und korrigierte Auflage

mit 594 Bildern und 46 Tabellen

Carl Hanser Verlag München Wien

Die Autoren:

Prof. Dr. Georg Menges
Ing. Paul Mohren

Institut für Kunststoffverarbeitung
in Industrie und Handwerk an der
Rhein.-Westf. Technischen Hochschule Aachen

Die Deutsche Bibliothek — CIP-Einheitsaufnahme

Menges, Georg:
Anleitung zum Bau von Spritzgießwerkzeugen / Menges ;
Mohren. — 4., durchgesehene und korr. Auflage — München ; Wien
: Hanser, 1998
 ISBN 3-446-19437-1
NE: Mohren, Paul:

Dieses Werk ist urheberrechtlich geschützt.
Alle Rechte, auch die der Übersetzung, des Nachdrucks und der Vervielfältigung des Buches, oder Teilen daraus, vorbehalten. Kein Teil des Werkes darf ohne schriftliche Genehmigung des Verlages in irgendeiner Form (Fotokopie, Mikrofilm oder ein anderes Verfahren), auch nicht für Zwecke der Unterrichtsgestaltung, reproduziert oder unter Verwendung elektronischer Systeme verarbeitet, vervielfältigt oder verbreitet werden.

© 1998 Carl Hanser Verlag München Wien

Gesamtherstellung: Universitätsdruckerei Stürtz AG, Würzburg
Printed in Germany

Vorwort

Das vorliegende Buch wendet sich an alle, die sich mit dem Bau von Spritzgießwerkzeugen beschäftigen – sei es im Studium, in der beruflichen Aus- und Weiterbildung oder in der Praxis. Es soll ihnen bei der Auslegung, der Konstruktion und dem Bau solcher Werkzeuge helfen und mit dazu beitragen, daß die bei Einzelkonstruktionen – wie Werkzeugen – oft besonders folgenschweren Fehler vermieden werden. Um dieses Ziel zu erreichen, berücksichtigt das Buch sowohl die Literatur als auch insbesondere die Ergebnisse, die am Institut für Kunststoffverarbeitung an der RWTH Aachen bei der Durchführung zahlreicher Forschungs- und Entwicklungsarbeiten gewonnen wurden.

Unser Dank gilt daher den vielen privaten und öffentlichen Forschungsförderern, die diese Arbeiten finanziell und materiell unterstützt haben. Danken wollen wir aber auch den Mitarbeiterinnen und Mitarbeitern des Instituts und den Studierenden der RWTH Aachen, die durch ihre tatkräftige Hilfe und ihren persönlichen Einsatz zum Gelingen dieses Buches beigetragen haben. Dies gilt ganz besonders für die vielen wissenschaftlichen Mitarbeiter des Instituts, deren Dissertationen hier auszugsweise vorgestellt werden. Mit eigenen Beiträgen haben die Herren Dr.-Ing. P. Barth, Dr.-Ing. P. Filz, Dr.-Ing. S. Groth, Dipl.-Ing. V. Lessenich-Henkys und Dr.-Ing. G. Pötsch wesentlich dieses Buch mitgestaltet. Dies gilt auch für Herrn Dipl.-Ing. P. Gorbach, der seine Kenntnisse und praktischen Erfahrungen im Kapitel „Temperaturregelung von Spritzgieß- und Preßwerkzeugen" mit in das Buch eingebracht hat. Auch ihnen möchten wir danken.

Unser ganz besonderer Dank aber gilt Herrn Dipl.-Ing. E. Lindner für die kritische Durchsicht des Manuskripts und die vielen wertvollen Anregungen, die uns beim Schreiben des Buches sehr geholfen haben, sowie schließlich dem C. Hanser Verlag und der Redaktion für die ansehnliche und attraktive Gestaltung des Werkes.

Die Autoren   Aachen, im Frühjahr 1991

Inhalt

1	**Werkstoffe für den Werkzeugbau**	**1**
1.1	Stähle	2
	1.1.1 Genereller Überblick	2
	1.1.2 Einsatzstähle	7
	1.1.2.1 Einsatzbehandlung	7
	1.1.3 Nitrierstähle	11
	1.1.4 Durchhärtende Stähle	11
	1.1.5 Vergütete Stähle zur Verwendung im Anlieferungszustand	12
	1.1.6 Martensitisch aushärtende Stähle	13
	1.1.7 Korrosionsbeständige Stähle	14
	1.1.8 Umschmelz-Stähle	14
1.2	Gußwerkstoffe	15
	1.2.1 Stahlguß	16
1.3	Nichteisenmetallische Werkstoffe	19
	1.3.1 Kupferlegierungen	19
	1.3.1.1 Kupfer-Beryllium-Legierungen	19
	1.3.2 Zink und dessen Legierungen	21
	1.3.3 Aluminium-Legierungen	23
	1.3.4 Zinn-Wismut-Legierungen	24
1.4	Galvanisch abgeschiedene Werkstoffe	25
1.5	Oberflächenbehandlung von Stählen für Spritzgießwerkzeuge	26
	1.5.1 Generelle Hinweise	26
	1.5.2 Wärmebehandlung von Stählen	27
	1.5.3 Aufkohlen (Einsetzen, Zementieren)	28
	1.5.4 Nitrieren	28
	1.5.5 Borieren	29
	1.5.6 Elektrochemische Behandlungsverfahren Verchromen – Vernickeln	29
	1.5.6.1 Hartverchromen	30
	1.5.6.2 Vernickeln	30
	1.5.6.3 NYE-CARD-Verfahren	30
	1.5.6.4 Hardalloy-Beschichtung	30
	1.5.6.5 Schlußbemerkung	30
	1.5.7 Beschichtung bei niedrigen Drücken	31
	1.5.7.1 CVD-Verfahren	31
	1.5.7.2 PVD-Verfahren	32
1.6	Besondere Vergütungsverfahren	33
	1.6.1 Härten mit Laser	33
	1.6.2 Elektronenstrahl-Härten	33

1.7 Werkstoffe und Verfahren für die Herstellung von Versuchs-
     werkzeugen für kleine Stückzahlen 34
     1.7.1 Gießharze 34
     1.7.2 Keramische Formmassen 35
1.8 Werkstoffe für Funktions- und Montageteile (Formgestelle) an Spritzgieß-
     werkzeugen (Werkzeug-Normalien) 35
     Literatur zu Kapitel 1 37

2 Fertigungsverfahren für Spritzgießwerkzeuge 39

2.1 Gießen 40
    2.1.1 Gießverfahren 40
    2.1.2 Sandguß 40
    2.1.3 Genauguß, Keramikguß 42
    2.1.4 Preßguß 43
2.2 Metallspritzen 44
2.3 Galvanoformung 46
2.4 Einsenken 50
2.5 Spanende und abtragende Bearbeitungsverfahren 53
    2.5.1 Spanende Formung 53
    2.5.2 Oberflächenbearbeitung (Glätten) 53
           2.5.2.1 Schleifen und Polieren (manuell oder unterstützt) . . . 54
           2.5.2.2 Gleitschleifen 56
           2.5.2.3 Strahlläppen 56
           2.5.2.4 Preßläppen 56
           2.5.2.5 Elektrochemisches Polieren 57
           2.5.2.6 Funkenerosives Polieren 57
    2.5.3 Integration von rechnergestützter Konstruktion und NC-
           Programmierung 57
2.6 Elektroerosive Bearbeitung 61
    2.6.1 Funkenerosion 61
    2.6.2 Funkenerosives Schneiden mit Drahtelektroden 64
2.7 Abtragen durch elektrochemische Auflösung (ECM) 65
2.8 Abtragen durch chemische Auflösung (chemisches Ätzen) 66
2.9 Elektroerosiv oder durch chemische Auflösung (Ätzen) gefertigte
    Oberflächen 68
2.10 Werkzeuge für beliebig geformte Hohlkörper
     Schalentechnik – Kernausschmelztechnik 70
2.11 Stereolithographie – Ein Verfahren zur Herstellung von Prototypen
     und Modellen 73
     Literatur zu Kapitel 2 74

3 Verfahren zur Abschätzung der Werkzeugkosten 77

3.1 Allgemeines 77
3.2 Verfahren zur Werkzeugkalkulation 77
3.3 Kalkulationsgruppe I: Formnest 81
    3.3.1 Ermittlung des Zeitbedarfs für die Fasson 82
    3.3.2 Zeitfaktor Bearbeitungsverfahren 82

	3.3.3	Bearbeitungszeit Konturtiefe	83
	3.3.4	Bearbeitungszeit Formnestoberfläche	84
	3.3.5	Zeitfaktor Formtrennfläche	84
	3.3.6	Zeitfaktor Oberflächengüte	84
	3.3.7	Bearbeitungszeit feststehender Kerne	85
	3.3.8	Zeitfaktor Toleranz	85
	3.3.9	Zeitfaktor Schwierigkeitsgrad und Vielgestaltigkeit	86
	3.3.10	Zeitfaktor Formnestzahl	86
	3.3.11	Ermittlung der Bearbeitungszeit für die Herstellung der Erodierelektroden	87
3.4	Kalkulationsgruppe II: Grundaufbau		87
3.5	Kalkulationsgruppe III: Grundfunktionseinheiten		89
	3.5.1	Angußsystem	90
	3.5.2	Angußverteilerkanäle	90
	3.5.3	Heißkanalsysteme	91
	3.5.4	Temperiersystem	91
	3.5.5	Auswerfersystem	92
3.6	Kalkulationsgruppe IV: Sonderfunktionen		92
Literatur zu Kapitel 3			93

4 Das Spritzgießverfahren 95

4.1	Zyklusablauf beim Spritzgießen		95
	4.1.1	Spritzgießen von Thermoplasten	97
	4.1.2	Spritzgießen von vernetzenden Formmassen	97
		4.1.2.1 Spritzgießen von Elastomeren	97
		4.1.2.2 Spritzgießen von Duromeren (Duroplasten)	98
4.2	Bezeichnungen am Spritzgießwerkzeug		98
4.3	Einteilung der Werkzeuge		99
4.4	Aufgaben des Spritzgießwerkzeugs		99
	4.4.1	Kriterien zur Einteilung der Werkzeuge in Gruppen	100
	4.4.2	Prinzipielle Vorgehensweise bei der Werkzeugkonstruktion	105
	4.4.3	Bestimmung der Werkzeuggröße	110
		4.4.3.1 Maximale Fachzahl	110
		4.4.3.2 Zuhaltekraft	110
		4.4.3.3 Maximale Aufspannfläche	111
		4.4.3.4 Erforderlicher Öffnungshub	111
	4.4.4	Fließweg-Wanddickenverhältnis	112
	4.4.5	Bestimmung der Formnestzahl	113
		4.4.5.1 Algorithmus zur Bestimmung der technisch-wirtschaftlich optimalen Formnestzahl (Werkzeug-Maschinen-Kombination)	117
		4.4.5.2 Kosten für Bemustern, Rüsten und Instandhaltung	126
4.5	Anordnung der Formnester in der Trennebene		129
	4.5.1	Allgemeine Forderungen	129
	4.5.2	Darstellung der Lösungsmöglichkeiten	130
	4.5.3	Kräftegleichgewicht des Werkzeugs beim Füllvorgang	130
	4.5.4	Zahl der Trennebenen	131
Literatur zu Kapitel 4			132

5 Praktische Ausführung des Angußsystems ... 135

5.1 Beschreibung des Angußsystems ... 135
5.2 Prinzip und Definition verschiedener Angußkanalarten ... 136
    5.2.1 Normale Verteilerkanäle ... 136
    5.2.2 Heißkanäle ... 136
    5.2.3 Kaltkanal ... 136
5.3 Anforderungen an das Angußsystem ... 137
5.4 Angußformen ... 138
5.5 Angußbuchse ... 141
5.6 Gestaltung der Verteilerkanäle ... 145
5.7 Gestaltung der Angußstege (Anschnitte) ... 149
    5.7.1 Lage des Anschnitts am Spritzling ... 153
5.8 Verteilerkanäle und Anschnitte für vernetzende Formmassen ... 155
    5.8.1 Duromere Spritzgießmassen ... 156
    5.8.2 Elastomere ... 156
    5.8.3 Berechnung des Druckverlustes in Verteilersystemen für vernetzende Formmassen ... 157
    5.8.4 Einfluß der Lage des Anschnitts bei vernetzenden Formmassen ... 157
5.9 Qualitative (Füllbild) und quantitative Berechnung des Füllvorgangs von Werkzeughohlräumen (Simulationsmodelle) ... 157
    5.9.1 Einleitung ... 157
    5.9.2 Füllbild und seine Bedeutung ... 158
    5.9.3 Vorbereitung einer Füllsimulation mit dem „Füllbild" ... 159
    5.9.4 Theoretische Grundlagen der Füllbildermittlung ... 161
    5.9.5 Praktische Vorgehensweise bei der graphischen Füllbildermittlung ... 162
        5.9.5.1 Zeichnen der Fließfronten ... 162
        5.9.5.2 Leitstrahlen zur Darstellung von Schattenbereichen ... 163
        5.9.5.3 Bereiche unterschiedlicher Dicke ... 165
        5.9.5.4 Füllbilder von Rippen ... 168
        5.9.5.5 Füllbilder von Kastenformteilen ... 170
        5.9.5.6 Analyse von kritischen Füllbereichen ... 170
        5.9.5.7 Abschließende Hinweise ... 171
    5.9.6 Quantitative Füllanalyse ... 172
    5.9.7 Analytische Auslegung von Angüssen und Angußverteilern ... 174
        5.9.7.1 Rheologische Grundlage ... 174
        5.9.7.2 Viskosität der Schmelze bei Thermoplasten ... 174
5.10 Duromere ... 180
    5.10.1 Druckberechnung für gerade Kanäle ... 181
    5.10.2 Unstetigkeitsstellen ... 182
5.11 Elastomere ... 185
    5.11.1 Übliche Auslegung ... 185
    5.11.2 Einfluß der Verarbeitungseigenschaften anhand von Verarbeitungsfenstern ... 186
    5.11.3 Kritische Anmerkungen zum Modell des Verarbeitungsfensters ... 188
5.12 Abschätzung der verschiedenen Druckverluste bei thermoplastischen Spritzgießmassen ... 190
    5.12.1 Krümmer und Verzweigungen ... 190

	5.12.2 Unstetige Querschnittsübergänge	191
	5.12.3 Kanäle	192
	5.12.4 Besondere Phänomene bei Mehrfachanschnitten	193
Literatur zu Kapitel 5		195

6 Ausführung der Angüsse . . . 199

- 6.1 Stangenanguß . . . 199
- 6.2 Band- oder Filmanguß . . . 201
- 6.3 Schirmanguß . . . 203
- 6.4 Ringanguß . . . 204
- 6.5 Tunnelanguß . . . 206
- 6.6 Abreiß-Punktanguß – Dreiplattenwerkzeug . . . 209
- 6.7 Vorkammer-Punktanguß . . . 211
- 6.8 Angußloses Anspritzen . . . 214
- 6.9 Isolierverteiler – selbstisolierende Verteilerkanäle . . . 216
- 6.10 Temperierte Angußsysteme – Heißkanal/Kaltkanal . . . 218
  - 6.10.1 Heißkanalsysteme . . . 218
    - 6.10.1.1 Anwendungsmöglichkeiten von Heißkanälen und Vergleich mit konkurrierenden Angußarten . . . 221
    - 6.10.1.2 Aufbau und Bestandteile eines Heißkanalsystems . . . 222
    - 6.10.1.3 Heißkanaldüsen . . . 224
    - 6.10.1.3.1 Offene Düsen . . . 224
    - 6.10.1.3.2 Nadelverschlußdüsen . . . 237
    - 6.10.1.4 Verteiler . . . 241
    - 6.10.1.4.1 Grundformen . . . 241
    - 6.10.1.4.2 Konstruktive Auslegung und fertigungstechnische Details . . . 243
    - 6.10.1.5 Zuführung der Schmelze . . . 246
    - 6.10.1.6 Beheizung von Heißkanalsystemen . . . 247
    - 6.10.1.6.1 Beheizung von Düsen . . . 248
    - 6.10.1.6.2 Beheizung von Verteilern . . . 249
    - 6.10.1.6.3 Ermittlung der Heizleistung . . . 252
    - 6.10.1.7 Temperaturregelung in Heißkanälen . . . 252
    - 6.10.1.7.1 Anordnung der Temperaturfühler . . . 252
    - 6.10.1.7.2 Regler . . . 253
    - 6.10.1.8 Auslegung von Heißkanalwerkzeugen . . . 253
    - 6.10.1.9 Wirtschaftlichkeit von Heißkanalwerkzeugen . . . 254
  - 6.10.2 Kaltkanäle . . . 256
    - 6.10.2.1 Kaltkanalsysteme für Elastomer-Spritzgießwerkzeuge . . . 257
    - 6.10.2.2 Kaltkanalwerkzeuge für Duroplaste . . . 261
- 6.11 Spezielle Werkzeugarten . . . 263
  - 6.11.1 Etagenwerkzeuge . . . 263
  - 6.11.2 Spritzgießwerkzeuge für Compact-Discs . . . 267
  - 6.11.3 Werkzeuge für Büchsen (Konservendosenformat) . . . 268
  - 6.11.4 Werkzeuge für vernetzende Formmassen . . . 268
    - 6.11.4.1 Duroplaste . . . 268
  - 6.11.5 Werkzeuge für 2-K-Spritzguß (2-Komponenten) . . . 270

		6.11.6	Werkzeuge zum Herstellen von Verbundteilen mit Blechplatinen (Outserttechnik, Gummi-Metallverbindungen) 270
		6.11.7	Werkzeuge für das Mehrfarbenspritzgießen 271
	Literatur zu Kapitel 6 271		

7 Entlüften der Werkzeuge 275

Literatur zu Kapitel 7 280

8 Die thermische Auslegung 281

8.1 Kühlzeit (Temperierzeit) 282
8.2 Temperaturleitfähigkeit verschiedener wichtiger Formmassen 284
    8.2.1 Temperaturleitfähigkeit von Elastomeren 286
    8.2.2 Temperaturleitfähigkeit von duromeren Formmassen 286
8.3 Kühlzeitermittlung bei Thermoplasten 287
    8.3.1 Abschätzung 287
    8.3.2 Kühlzeitermittlung bei Thermoplasten mit Hilfe von Nomogrammen 287
    8.3.3 Kühlzeit bei asymmetrischen Wandtemperaturen 289
    8.3.4 Kühlzeit bei anderen Geometrien 289
8.4 Die Wärmeströme und die Temperierleistung 292
    8.4.1 Wärmeströme 292
        8.4.1.1 Thermoplaste 292
        8.4.1.2 Vernetzende Formmassen 296
        8.4.1.2.1 Duroplaste 296
    8.4.2 Auslegung der Temperierung anhand des spezifischen Wärmestroms (globale Auslegung) 303
    8.4.3 Berechnungsablauf 313
        8.4.3.1 Globale Berechnung 313
        8.4.3.2 Analytische thermische Berechnung 313
        8.4.3.3 Segmentierte Berechnung 316
8.5 Auslegung der Kühlung an kritischen Formteilpartien 316
    8.5.1 Empirische Korrektur der Eckenkühlung 317
    8.5.2 Segmentierte Feinauslegung 318
        8.5.2.1 Wärmeleitwiderstände der Segmente 318
        8.5.2.2 Wärmeübergangswiderstände der Temperierelemente . . 321
        8.5.2.3 Homogenität 323
        8.5.2.4 Temperiermitteldurchsatz 325
        8.5.2.5 Druckverlust 325
8.6 Empirische Praxis zur Kompensation des Verzugs aus Wärmestromdifferenzen in Ecken 326
    8.6.1 Kalter Kern und warmes Nest 326
    8.6.2 Änderung der Eckengeometrie 327
    8.6.3 Partielle Anpassung der Wärmeströme 327
8.7 Praktische Ausführung der Kühlkanäle 328
    8.7.1 Temperiersysteme für Kerne und rotationssymmetrische Formteile 328
    8.7.2 Temperiersysteme für flächige Formteile 334
    8.7.3 Abdichten der Temperiersysteme 338

8.8 Berechnung der Heizung von Werkzeugen für vernetzende Werkstoffe . . 339
8.9 Auslegung von Werkzeugen für vernetzende Werkstoffe 339
    8.9.1 Wärmehaushalt 339
    8.9.2 Temperaturverteilung 342
8.10 Praktische Ausführung der elektrischen Beheizung von Duroplastwerkzeugen 344
Literatur zu Kapitel 8 345

9 Schwindung 349

9.1 Einleitung 349
9.2 Definitionen zur Schwindung 349
9.3 Toleranzen für Kunststofformteile 351
9.4 Ursache der Schwindung 356
9.5 Ursache des anisotropen Schwindungsverhaltens 357
9.6 Ursachen des Verzugs 359
9.7 Schwindungsbeeinflussung durch den Prozeß 360
9.8 Hilfsmittel zur Schwindungsvorhersage 362
Literatur zu Kapitel 9 365

10 Mechanische Auslegung von Spritzgießwerkzeugen 367

10.1 Die Werkzeugverformung 367
10.2 Analyse und Bewertung der Belastungen und Verformungen 367
    10.2.1 Bewertung der einwirkenden Kräfte 368
10.3 Grundlagen zur Beschreibung der Deformationen 369
10.4 Die Überlagerungsverfahren 370
    10.4.1 Zusammengeschaltete Federn als Ersatzelemente 371
        10.4.1.1 Parallelschaltung von Elementen 371
        10.4.1.2 Reihenschaltung von Elementen 372
10.5 Ermittlung der Werkzeugwanddicken und der Verformung 372
    10.5.1 Darstellung der einzelnen Belastungsarten und Verformungen . . 373
    10.5.2 Dimensionierung kreiszylindrischer Formnester 374
    10.5.3 Dimensionierung von nichtrunden Werkzeugkonturen 375
    10.5.4 Dimensionierung der Werkzeugplatten 377
10.6 Vorgehen bei der Dimensionierung einer Werkzeugwand unter Forminnendruck 377
10.7 Belastungsannahmen 378
    10.7.1 Die Abschätzung der zusätzlich auftretenden Belastungen 378
        10.7.1.1 Einflüsse aus der Werkzeugherstellung 378
        10.7.1.2 Thermische Einflüsse beim Betrieb der Werkzeuge . . . 378
        10.7.1.3 Maschinenabhängige Belastungen 379
10.8 Die zulässigen Verformungen der Zielgrößen der Dimensionierungsrechnung 379
Literatur zu Kapitel 10 380

11 Kernversatz 381

11.1 Abschätzung des maximalen Kernversatzes 381
11.2 Kernversatz am runden Kern mit Punktanschnitt seitlich am Fuß (starre Einspannung) 382

11.3 Kernversatz am runden Kern mit Punktanschnitt seitlich an der Kernspitze (starre Einspannung) 384
11.4 Kernversatz an rechteckigen Kernen mit Punktanschnitt seitlich am Fuß (starre Einspannung) 385
11.5 Einspannungsbedingter Kernversatz (am Beispiel des runden Kerns seitlich am Fuß angespritzt) 386
11.6 Kernversatz am runden Kern mit Schirmanguß (starre Einspannung) . . 387
    11.6.1 Grundsätzliche Betrachtung des Problems 388
    11.6.2 Ergebnisse der Berechnungen 389
11.7 Kernversatz bei verschiedenen Anguß- und Anschnittformen (starre Einspannung) 391
11.8 Konstruktionsbeispiele für die Kerneinspannung und für die Zentrierung tiefer Werkzeuge 392
Literatur zu Kapitel 11 394

12 Entformen gespritzter Teile 395

12.1 Übersicht über Entformungsarten 395
12.2 Auslegung des Entformungssystems – Entformungskräfte und Öffnungskräfte 399
    12.2.1 Allgemeines 399
        12.2.1.1 Erfahrungen 401
    12.2.2 Möglichkeiten zur Bestimmung der Entformungskräfte 402
        12.2.2.1 Rechnerische Abschätzmethode 403
        12.2.2.2 Hülsenförmige Spritzlinge 406
        12.2.2.3 Zylindrische Hülsen aus Polystyrol 408
        12.2.2.4 Rechteckige Hülsen 410
        12.2.2.5 Konische Hülsen 410
    12.2.3 Zusammenstellung verschiedener Grundfälle 411
    12.2.4 Entformungskraft für komplexe Formteile am Beispiel eines Lüfterrades 414
        12.2.4.1 Flächenpressung unter Auswerferkraft am Lüfterrad . . 416
        12.2.4.2 Knickung der Auswerferstifte unter Werkzeuginnendruck 417
    12.2.5 Abschätzung der Öffnungskräfte 417
        12.2.5.1 Zustandsverlauf im p-v-T-Diagramm bei unterschiedlichen Werkzeugsteifigkeiten 418
        12.2.5.2 Mittelbare Öffnungskräfte 418
        12.2.5.3 Gesamte Öffnungskraft 418
        12.2.5.4 Haftreibungskoeffizienten zur Ermittlung von Entformungs- und Öffnungskräften 419
12.3 Aufwerferarten 420
    12.3.1 Gestaltung und Dimensionierung von Auswerferstiften 420
    12.3.2 Angriffsorte für Stifte und andere Entformungselemente 423
    12.3.3 Aufnahme der Auswerferstifte in den Auswerferplatten 426
12.4 Betätigung und Betätigungsmittel für das Auswerfen 428
    12.4.1 Betätigungsarten und Wahl des Angriffortes 428
    12.4.2 Betätigungsmittel 428
12.5 Besondere Auswerfersysteme 432

12.5.1 Doppeletagenauswurf (zweifacher Auswerferweg) 432
12.5.2 Gemischtes Auswerfen 434
12.5.3 Dreiplattenwerkzeug 434
    12.5.3.1 Unterteilung der Auswerferbewegung durch Zuganker . . 434
    12.5.3.2 Unterteilung der Auswerferbewegung durch einen Klinkenzug 435
    12.5.3.3 Entformen auf der Spritzseite 436
12.6 Auswerferrückzug 438
12.7 Entformen von Formteilen mit Hinterschneidungen 441
  12.7.1 Entformen von Formteilen mit Hinterschneidungen durch Abschieben 442
  12.7.2 Zulässige Hinterschnitthöhe bei Schnappverbindungen 443
12.8 Entformen von Gewinden 444
  12.8.1 Entformen von Formteilen mit Innengewinde 444
    12.8.1.1 Abstreiferwerkzeuge 444
    12.8.1.2 Zusammenklappende Kerne 445
    12.8.1.3 Werkzeuge mit Wechselkernen 446
  12.8.2 Abschraubwerkzeuge 447
    12.8.2.1 Halbautomatisch arbeitende Abschraubwerkzeuge . . . 447
    12.8.2.2 Vollautomatisch arbeitende Abschraubwerkzeuge 447
  12.8.3 Entformen von Formteilen mit Außengewinde 456
12.9 Hinterschneidungen in nicht rotationssymmetrischen Formteilen . . . 457
  12.9.1 Innere Hinterschneidungen 457
  12.9.2 Äußere Hinterschneidungen 457
    12.9.2.1 Schieberwerkzeuge 458
    12.9.2.2 Backenwerkzeuge 464
  12.9.3 Formen mit Kernzügen 468
Literatur zu Kapitel 12 469

13 Zentrierung und Führung der Werkzeuge – Werkzeugwechsel 471

13.1 Aufgaben der Führung und Zentrierung 471
13.2 Zentrierung des Werkzeugs auf die Düsenachse der Plastifiziereinheit . . 471
13.3 Innere Führung und Zentrierung 472
13.4 Führung und Zentrierung bei großen Werkzeugen 476
13.5 Werkzeugwechsel 478
  13.5.1 Werkzeugschnellwechselsysteme für Thermoplastwerkzeuge . . . 478
  13.5.2 Werkzeugwechsler für Elastomerwerkzeuge 483
Literatur zu Kapitel 13 486

14 Rechnerunterstützte Werkzeugauslegung 487

14.1 Einleitung 487
14.2 Rheologische Werkzeugauslegung 487
  14.2.1 Zweidimensionale Verfahren 487
  14.2.2 Dreidimensionale Verfahren 492
    14.2.2.1 Ermittlung der optimalen Anschnittlage 493
  14.2.3 Berechnung in Schichten entlang einer Bahnlinie 503
    14.2.3.1 Berechnungsgrundlagen 505

    14.2.3.2 Anwendung auf Thermoplastwerkzeuge 508
    14.2.3.3 Anwendung auf Elastomerwerkzeuge 512
 14.3 Thermische Auslegung 513
  14.3.1 Thermische Grobauslegung 513
  14.3.2 Ergebnisüberprüfung im Schnitt durch Werkzeug und Formteil . . 516
  14.3.3 Thermische Berechnung mit der Boundary-Integral-Method . . . 517
 14.4 Mechanische Auslegung 520
 14.5 Ausbildungsstand der Anwender von Simulationsprogrammen 523
 Literatur zu Kapitel 14 523

15 Pflege und Instandhaltung von Spritzgießwerkzeugen 527
 Literatur zu Kapitel 15 530

16 Reparaturen und Änderungen an Spritzgießwerkzeugen 531
 Literatur zu Kapitel 16 535

17 Werkzeug-Normalien 537
 Literatur zu Kapitel 17 545

18 Temperaturregelgeräte für Spritzgieß- und Preßwerkzeuge 547
 18.1 Aufgabe, Prinzip, Einteilung 547
 18.2 Regelung 549
  18.2.1 Regelungsarten 549
  18.2.2 Voraussetzungen zur Erzielung guter Regelergebnisse 551
    18.2.2.1 Regler 551
    18.2.2.2 Heiz-, Kühl- und Pumpenleistung 552
    18.2.2.3 Temperaturfühler 552
    18.2.2.4 Anordnung des Temperaturfühlers im Werkzeug 553
    18.2.2.5 Temperierkanalsystem im Werkzeug 554
 18.3 Gerätebestimmung 555
 18.4 Anschließen des Werkzeugs an das Gerät – Sicherheitsmaßnahmen . . . 556
 18.5 Wärmeträger 557
 18.6 Wartung, Reinigung 558

19 Maßnahmen zum Beseitigen von Verarbeitungsfehlern, die durch eine fehlerhafte Werkzeugkonstruktion verursacht werden 559
 Literatur zu Kapitel 19 563

Sachwortverzeichnis 565

1 Werkstoffe für den Werkzeugbau

Die Spritzgießtechnik muß in zunehmendem Maß die Forderung nach der Fertigung hochwertiger und dazu preisgünstiger Formteile erfüllen. Dies ist nur möglich, wenn der Verarbeiter den Spritzgießprozeß ausreichend beherrscht, die Formteilgeometrie dem Werkstoff und dem Verarbeitungsprozeß angepaßt ist und ein Werkzeug zur Verfügung steht, dessen „Abformgenauigkeit" den Ansprüchen genügt, die an die Maßhaltigkeit und die optische Beschaffenheit der Formteile gestellt werden. Spritzgießwerkzeuge sind somit Bauteile höchster Präzision. Obwohl sie während des Verarbeitungsprozesses extremen Belastungen ausgesetzt sind, werden zuverlässiges und absolut reproduzierbares Arbeiten sowie wegen der hohen Investitionskosten lange Standzeiten erwartet. Die Zuverlässigkeit und die Lebensdauer (Standzeit) der Werkzeuge werden neben der Konstruktion und ihrer Pflege im laufenden Betrieb in erster Linie durch den für das Werkzeug verwendeten Werkstoff, seine Wärmebehandlung und Bearbeitung bei der Herstellung bestimmt [1, 2].

In der Spritzgießtechnik werden nahezu ausschließich hochfeste Werkzeuge aus Metallen, in erster Linie Stählen, eingesetzt, weil die Kosten für den Werkstoff gegenüber den Kosten für die Herstellung nur einen kleinen Anteil ausmachen. Häufig sind die Kavitäten aus besonders hochwertigen Stählen – in gewissen Fällen auch anderen Metallen – hergestellt und werden in die Formplatten eingesetzt. Einsätze aus anderen Werkstoffen benutzt man insbesondere für schwierig auszuformende Kavitäten. Solche werden z. B. aus galvanisch abgeschiedenen Metallen aufgebaut. Nicht durchgesetzt haben sich – auch kaum für Prototypfertigungen – Kunststoffe und Keramik, obwohl sie Vorzüge in preislicher und zeitlicher Hinsicht bieten [3]; die Zuverlässigkeit ist zu niedrig.

Werkzeuge bestehen i. allg. aus vielen Teilen (vgl. Bild 47). Deren Funktion innerhalb eines Werkzeugs verlangt jeweils ganz bestimmte Eigenschaften, aufgrund derer sie auszuwählen sind. Der formbildende Teil, die Gravur bzw. das Gesenk, auch Kavität, Formhöhlung oder Nest bezeichnet, gibt zusammen mit dem Kern dem Formteil seine Gestalt und seine Oberfläche. Es versteht sich, daß diesem Bereich die größte Aufmerksamkeit bei Bearbeitung und Materialauswahl zukommt.

Welcher Werkstoff nun für die Gravuren und Kerne verwendet wird, hängt von mehreren Faktoren ab, die sich im wesentlichen aus Wirtschaftlichkeitsbetrachtungen, aus der Art, der Gestalt und dem Einsatzgebiet des Spritzlings sowie aus den spezifischen Eigenschaften des Werkzeugwerkstoffs ergeben. Art, Gestalt und Einsatzgebiet des Spritzlings geben Aufschluß darüber, welches Spritzgießmaterial zu verarbeiten ist (z. B. gefüllt, ungefüllt, Festigkeit, chemische und thermische Beständigkeit usw.), welche Mindestabmessungen das Werkzeug haben muß, welchen Belastungen das Werkzeug im Spritzgießbetrieb ausgesetzt sein wird und welche Qualitätsanforderungen in bezug auf Maßhaltigkeit und optische Oberflächenbeschaffenheit an den Spritzling gestellt werden. Der Markt bestimmt schließlich die Stückzahl und damit wesentlich die für das Werkzeug zu fordernde Lebensdauer (Standzeit) sowie welcher Aufwand für die Ausführung des Werkzeugs gerechtfertigt ist. Aus diesen Anforderungen an das Spritzteil lassen sich Forderungen an den Werkzeugwerkstoff ableiten, an seine thermischen, mechanischen und metallurgischen Eigenschaften. Dabei ist häufig ein Kompromiß zwischen sich widerstrebenden Einflüssen zu schließen.

Zunächst sollen Werkstoffe für die Kavitäten (Gravuren, Einsätze, Formnester, o.ä.) beschrieben werden. Werkstoffe für Gestelle und Betätigungen sind normale Werkzeugstähle, die später behandelt werden.

1.1 Stähle

1.1.1 Genereller Überblick

Stähle sind normalerweise die einzigen Werkstoffe, die wirklich zuverlässig arbeitende Werkzeuge mit hohen Standzeiten garantieren. Voraussetzung ist jedoch, daß aus der vom Stahlhersteller angebotenen Werkstoffpalette ein geeigneter Stahltyp ausgesucht und dieser so behandelt wird, daß sich Gefüge einstellen, die jene Eigenschaften besitzen, die im Betrieb gefordert werden. Hierzu bedarf es zunächst einer geeigneten chemischen Zusammensetzung. Die einzelnen Legierungselemente haben je nach Gehalt sowohl positive wie auch negative Auswirkungen auf die geforderten Eigenschaften. Im allgemeinen werden mehrere Legierungselemente vorhanden sein, die sich in ihrer Wirkung auch gegenseitig beeinflussen (siehe Tabelle 1). Die Anforderungen ergeben sich aus den Wünschen der Kunststoffverarbeiter und der Werkzeughersteller. Es werden von den Stählen folgende Eigenschaften erwartet:

- wirtschaftliche Bearbeitbarkeit,
- problemlose Wärmebehandlung,
- ausreichende Zähigkeit und Festigkeit,
- gute Polierbarkeit,
- Widerstandsfähigkeit gegen Temperatur und Verschleiß,
- gute Wärmeleitfähigkeit,
- Korrosionsbeständigkeit.

Die Gravur wird vorzugsweise spanend hergestellt. Dabei ergeben sich relativ lange Bearbeitungszeiten, aufwendige Bearbeitungsmaschinen und eine Oberflächenausführung, die in den meisten Fällen noch durch teure Handarbeit verbessert werden muß. Grenzen sind den spanenden Bearbeitungsverfahren auch durch die mechanischen Eigenschaften der zu bearbeitenden Werkstoffe gesetzt [5]. Wirtschaftlich bearbeiten lassen sich Stähle, die eine Festigkeit von 600 bis 800 N/mm^2 haben [2]; bearbeitbar sind sie bis ca. 1 500 N/mm^2. Da eine Festigkeit von weniger als 1 200 N/mm^2 den Anforderungen i.allg. nicht genügt, müssen Stähle verwendet werden, die man durch eine zusätzliche Behandlung – meist eine Warmbehandlung in Form von Härten und Vergüten – nach der Hauptbearbeitung auf das gewünschte Festigkeitsniveau bringen kann.

Sie erhalten durch diese Wärmebehandlung die erforderlichen Gebrauchseigenschaften, vor allem in Form von hoher Oberflächenhärte und ausreichender Kernfestigkeit. Jede Wärmebehandlung ist aber mit Risiken (Verzug, Rißbildung) verbunden. Damit die

Tabelle 1 Einfluß der Legierungselemente auf die Eigenschaften des Stahls [4]

Legierungs-element	erhöht	erniedrigt	übl. Anteil %
Kohlenstoff	Festigkeit, Warmfestigkeit bis 400°, elektr. Widerstand, Grobkornbildung	Dehnung, Zähigkeit, Tiefziehfähigkeit, Verformbarkeit	< 1,2
Mangan	Festigkeit, Zähigkeit, Schmiedbarkeit, Feuerschweißbarkeit (bei kl. Gehalt), Durchhärtung, Verschleißfestigkeit, Grobkornbildung, Desoxidation	Dehnung (wenig)	< 8
Silizium	Festigkeit, Durchhärtung, elektr. Widerstand, Zunderbeständigkeit, Grobkornbildung, Desoxidation	Dehnung (wenig)	< 1
Aluminium	Zunderbeständigkeit, Grobkornbildung, Desoxidation	Blaubrüchigkeit	< 0,5
Nickel	Festigkeit, Zähigkeit, elektr. Widerstand, Rostsicherheit	Dehnung (wenig), Grobkornbildung, magnetische Eigenschaften	< 10
Chrom	Festigkeit, Durchhärtung, Korrosionsfestigkeit, Warmfestigkeit, Zunderbeständigkeit, Rostsicherheit	Dehnung, Grobkornbildung	< 20
Molybdän (meist mit Nickel und Chrom)	Festigkeit, Warmfestigkeit, Anlaßbeständigkeit, Durchhärtung, Dauerstandfestigkeit, Widerstandsfähigkeit gegen Salzsäure u. Schwefelsäure, magnetische Eigenschaften	Dehnung	< 2
Vanadin	Festigkeit, Warmfestigkeit, Dauerstandsfestigkeit, Desoxidation	Anlaßsprödigkeit	< 2
Wolfram	Festigkeit, Härte, Schneidhaltigkeit, Warmbehandlungstemperatur, magnetische Eigenschaften, Korrosionsbeständigkeit	Dehnung, Grobkornbildung	< 2
Kobalt	Festigkeit, Schneidfähigkeit, magnetische Eigenschaften	Anlaßsprödigkeit	< 2
Kupfer	Festigkeit, Säurebeständigkeit	Rostungsgeschwindigkeit	< 0,5
Schwefel	zerspanende Bearbeitbarkeit, Rotbrüchigkeit, Seigerung		< 0,5
Phosphor	Festigkeit, Warmfestigkeit, Dünnflüssigkeit, Kaltbrüchigkeit, Seigerung, Anlaßsprödigkeit		< 0,5

Werkzeuge durch die Wärmebehandlung nicht unbrauchbar werden, bietet sich bei großen Zerspanungsvolumina und komplizierten Geometrien ein Spannungsfreiglühen vor der letzten Bearbeitungsstufe an. Eventuelle Maßänderungen durch Verzug können dann in der Endbearbeitung noch ausgeglichen werden.

Um diese Schwierigkeiten zu umgehen, bieten Stahlhersteller vorvergütete Stähle (z. B. Typ 1.2312) im Festigkeitsbereich zwischen 1100 und 1400 N/mm² an. Diese Stähle sind geschwefelt (Schwefelgehalt zwischen 0,06 und 0,10%), damit sie sich überhaupt noch spanend bearbeiten lassen. Wichtig ist dabei die gleichmäßige Verteilung des Schwefels [6]. Der erhöhte Schwefelgehalt bewirkt aber auch eine Reihe von Nachteilen, die den Vorteil der besseren Zerspanbarkeit in einem gewissen Maß wieder aufheben können. Geschwefelte Stähle lassen sich schlechter polieren als ungeschwefelte; galvanische Schutzüberzüge (Chrom, Nickel) lassen sich nicht einwandfrei aufbringen; sie lassen sich im Reparaturfall nicht einwandfrei schweißen und sind ungeeignet für chemische Bearbeitungsverfahren, wie Strukturieren der Oberfläche durch fotochemische Bearbeitung.

In den letzten Jahren ist, um ungeschwefelte, vergütete Stähle einsetzen zu können, das Erodieren – sowohl in Form des Senkerodierens wie des Drahterodierens – zu einem sehr wichtigen Bearbeitungsverfahren geworden. Hierauf wird noch zurückzukommen sein.

Ein wirtschaftliches Fertigungsverfahren ist das Kalteinsenken, wenn eine Serie gleicher Gravuren kleiner Baugröße hergestellt werden muß (z. B. Schreibmaschinentasten). Die für dieses Verfahren geeigneten Stähle müssen sich im geglühten Zustand gut plastisch kaltformen lassen, weshalb man weiche Stähle, d. h. Stähle mit einem Kohlenstoffgehalt von weniger als 0,2%, einsetzt.

Nach der Ausformung werden sie durch eine Warmbehandlung in den Zustand ausreichender Oberflächenhärte gebracht. Dazu läßt man Kohlenstoff eindiffundieren, der dann eine Härtung ermöglicht. Diese Einsatzstähle, sind eine sehr wichtige Gruppe von Werkzeugwerkstoffen für die Herstellung der Gravuren.

Als Folge der Wärmebehandlung können Formänderungen auftreten, die sich als Maßänderungen und Verzug bemerkbar machen. Unter Maßänderungen versteht man Abmessungsänderungen, die durch Wärmespannungen und Volumenänderungen bei Gefügeumwandlungen im Stahl hervorgerufen werden. Sie sind unvermeidlich. Der Verzug hingegen beruht auf Formänderungen, die z. B. durch unsachgemäße Durchführung der Wärmebehandlung vor, während und nach der Formgebung oder durch eine fehlerhafte konstruktive Gestaltung der Werkzeuge (scharfe Ecken und Kanten, große Querschnittsunterschiede, etc.) entstehen. Die als Folge der Wärmebehandlung auftretenden Formänderungen sind somit stets die Summe aus Maßänderung und Verzug, die sich nicht voneinander trennen lassen. Bild 1 weist auf die verschiedenen Einflüsse hin, durch die eine solche Formänderung bewirkt wird. Durch den Einsatz sogenannter maßänderungsarmer Stähle lassen sich die Formänderungen auf ein Minimum beschränken [7, 8].

Der Verringerung des Verzugs wegen sollten vorvergütete, martensitaushärtende und durchhärtende Stähle verwendet werden. Die vorvergüteten Stähle bedürfen nach der Formgebung keiner nennenswerten Wärmebehandlung mehr. Der erforderliche Verschleißwiderstand wird bei dieser Stahlgruppe durch Nachbehandlungen, insbesondere chemische Verfahren (z. B. Hartverchromen, stromlos Vernickeln) oder durch Diffusionsverfahren (z. B. Nitrieren bei Temperaturen zwischen 450 und 600 °C) erzielt. Aufgrund der bei den martensitischen Stählen niedrigen Wärmebehandlungstemperaturen von 400 bis 500 °C treten bei diesem Stahl ebenfalls nur geringe Umwandlungs- und Wärmespannungen auf, so daß auch hier die Risiken der Wärmebehandlung klein sind [9]. Bei den durchhärtenden Stählen stellt sich bei der Wärmebehandlung ein gleichmäßiges Gefüge über den gesamten Querschnitt ein, so daß keine nennenswerten Spannungen auftreten.

1.1 Stähle 5

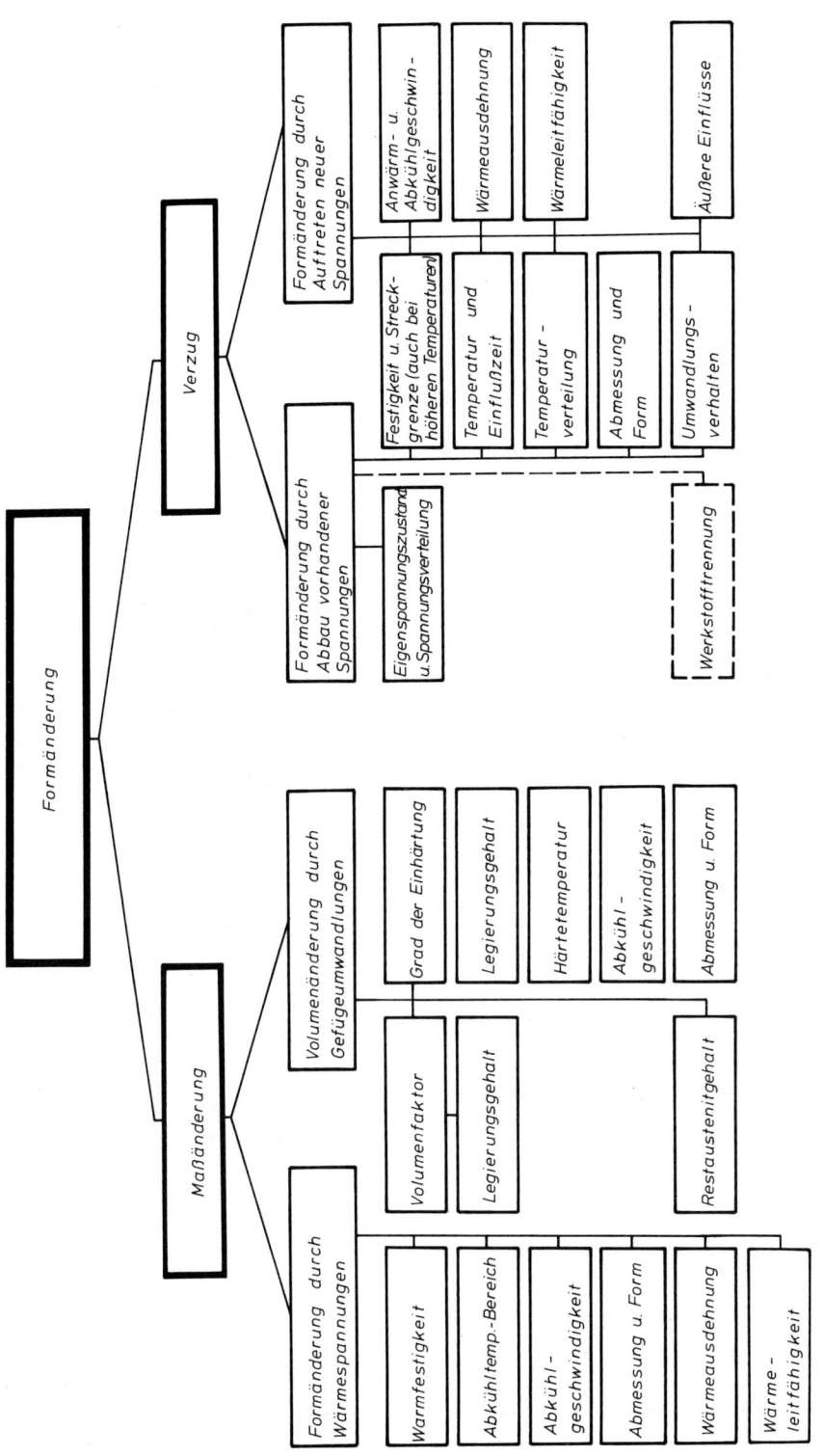

Bild 1   Einflußfaktoren auf die Formänderung von Stählen bei der Wärmebehandlung [8]

Der Anwendungsbereich der durchhärtenden Stähle ist jedoch beschränkt, da vor allem bei großen Werkzeugen die Werkzeugeinsätze infolge von Biegebeanspruchungen besonders der Gefahr von Brüchen ausgesetzt sind. Die Forderung nach Werkzeugen mit einem zähharten Kern und einer verschleißfesten, gehärteten Oberfläche wird am besten durch die Einsatzstähle erfüllt (z.B. für lange Kerne o. ä.).

Der im Betrieb auftretenden Verschleißbeanspruchung begegnet man am wirkungsvollsten durch eine hohe Oberflächenhärte. Die besten Härteergebnisse und eine gleichmäßige Oberflächengüte lassen sich bei Stählen erzielen, die frei von Texturen sowie von höchster Reinheit und Gleichmäßigkeit im Gefüge sind. Zur Erzielung einer guten Verschleißfestigkeit, aber auch um die Korrosionsbeständigkeit zu erhöhen, empfiehlt es sich, eine stromlos angebrachte Nickelschicht mit einer Dicke von etwa 30 µm aufzubringen (s. auch Abschnitt 1.3.1.1). Hochreine Stähle sind auch Voraussetzung für eine einwandfrei polierbare, d.h. fehlerfreie Werkzeugoberfläche, die besonders bei der Verarbeitung glasklarer Formmassen zu optischen Gebrauchsgegenständen verlangt wird. Hohe Reinheitsgrade werden nur bei ein- oder mehrfach umgeschmolzenen Stählen erzielt. Durch das Umschmelzen werden darüber hinaus die mechanischen Werte verbessert. Den Umschmelzstählen kommt damit für die Herstellung der Formnesteinsätze eine besondere Bedeutung zu.

Die Werkzeugtemperatur und der Wärmeaustausch im Werkzeug werden durch die Formmasse und das ihr gemäße Verarbeitungsverfahren bestimmt. Bei der Verarbeitung der vorherrschenden thermoplastischen Formmassen spielt die thermische Beanspruchung durch die Werkzeugtemperatur (Werkzeugtemperaturen in der Regel unter 120 °C) bei der Auswahl des Werkzeugwerkstoffs praktisch keine Rolle. Es gibt aber mehr und mehr auch thermoplastische Formmassen mit Schmelztemperaturen bis ca. 400 °C, bei deren Verarbeitung die Werkzeuge dauernd über 200 °C aufgeheizt sein müssen. Auch bei der Duromerverarbeitung liegen die Werkzeugtemperaturen zwischen 150 und 250 °C. Hiervon werden bereits die mechanischen Eigenschaften des Werkzeugwerkstoffs beeinflußt. Der Verschleiß und die Deformationsneigung nehmen zu, die Dauerfestigkeit (Zeitstand- und Wechselfestigkeit) nimmt ab [10]. Durch die Wahl geeigneter Werkzeugwerkstoffe muß dem Rechnung getragen werden. Anhand eines Anlaßschaubilds (Härte in Abhängigkeit von der Temperatur) läßt sich die zul. Temperaturbelastung angeben. Der geeignete Stahl muß eine Anlaßtemperatur besitzen, die 30 bis 50 °C über der Betriebstemperatur liegt.

Die Wärmeabgabe vom erstarrenden Formteil an das Werkzeug ist von ausschlaggebender Bedeutung für die Kosten des Formteils. Sie wird erheblich von der Wärmeleitfähigkeit des Werkzeugwerkstoffs bestimmt, die wiederum von den Legierungspartnern des Werkzeugwerkstoffs dadurch beeinflußt wird, daß unterschiedliche Gefüge entstehen, deren Wärmeleitvermögen differiert.

Der Kerbempfindlichkeit kann man in gewissem Umfang durch Einsatzhärtung oder Nitrierung entgegenwirken, weil durch diese Behandlung Druckspannungen in der Oberfläche erzeugt werden [11]. Bei der Konstruktion und der Fertigung sollte man jedoch trotzdem darauf achten, daß Kerben vermieden werden.

Bei einigen Formmassen spalten sich bei der Verarbeitung chemisch aggressive Medien ab, u.a. Salzsäure, Essigsäure, Formaldehyd. Die Werkzeugoberfläche wird dadurch angegriffen, wenn sie nicht dagegen geschützt ist. Da Hartchrom- oder Nickelauflagen jedoch bei unsachgemäßer Konstruktion und Handhabung des Werkzeugs zum Abplatzen neigen, sollte man bei der Verarbeitung von Formmassen, bei denen sich aggressive

Spaltprodukte bilden können, korrosionsbeständige Stähle verwenden. Bei diesen Werkzeugen sind dann auch keine weiteren Vorkehrungen mehr gegen einen möglichen Korrosionsangriff durch Luftfeuchtigkeit und Temperiermedium zu treffen.

Die bisher genannten Ansprüche sind zum Teil widersprüchlich. Der Konstukteur muß daher die jeweils am besten geeigneten Stähle aussuchen.

Es werden heute nachfolgende Stahlgruppen für die Herstellung von Formnesteinsätzen angeboten (vgl. Tabelle 2):

– Einsatzstähle,
– Nitrierstähle,
– durchhärtende Stähle,
– vergütete Stähle zur Verwendung im Anlieferungszustand,
– martensitaushärtende Stähle,
– korrosionsbeständige Stähle,
– Umschmelzstähle.

Im folgenden sollen diese Stahlgruppen näher beschrieben werden.

1.1.2 Einsatzstähle

Einsatzstähle entsprechen am ehesten den Bedingungen, die an einen Stahl für den Werkzeugbau gestellt werden. Da sie zudem noch preiswert sind, ist es nicht verwunderlich, daß ihr Anteil rund 80% des Gesamtstahlbedarfs für den Werkzeugbau deckt [12] (hierin enthalten sind auch Anteile für Grundplatten und Aufspannplatten, z. B. die Stähle 1.1730 bzw. 1.2162). Der besondere Vorteil dieser Stähle ist, daß durch Einsetzen, Aufkohlen oder Zementieren – der Vorgang wird so benannt, weil sich beim nachfolgenden Härten Zementit bildet – eine glasharte Oberfläche des Werkzeugs bei gleichzeitig zähem, festem Kern entsteht. Durch die hohe Oberflächenhärte werden die Werkzeuge verschleißfest. Gleichzeitig sind sie durch den zähen Kern widerstandsfähig gegen wechselnde und schlagartige Beanspruchungen [13].

1.1.2.1 Einsatzbehandlung

Die Einsatzstähle und die verschiedenen Möglichkeiten der Wärmebehandlung sind in DIN 17210 zusammengefaßt.

Neben den bereits genannten guten Eigenschaften, nämlich verschleißfester Oberfläche und zähem Kern, gibt es eine Reihe weiterer Kriterien, die die Verwendung von Einsatzstählen gegenüber hochgekohlten und durchhärtenden Stählen sinnvoll erscheinen lassen. Es seien hier insbesondere die hervorragende Zerspanbarkeit und – bei richtiger Erzeugung und Weiterbehandlung – sehr gute Polierfähigkeit genannt. Durch Abdecken einzelner Stellen beim Aufkohlungsvorgang hat man die Möglichkeit einer örtlich begrenzten Härtung. Ein weiterer Vorteil gegenüber den anderen Stahlgruppen ist die niedrige Festigkeit im weichgeglühten Zustand. Die Einsatzstähle eignen sich dadurch für das Einsenken (vgl. Abschnitt 2.4). Dieses Verfahren ist vor allem bei kleineren Gravuren ein wirtschaftliches Fertigungsverfahren, insbesondere für Vielnestformen, wo eine größere Anzahl gleichartiger Nesteinsätze erforderlich ist.

Die für den Werkzeugbau bedeutendsten Einsatzstähle sind in Tabelle 2 zusammengefaßt.

Tabelle 2 Stähle für Spritzgießwerkzeuge [14, 15, 16]

Stahlart	Kurzname	Werkstoff-Nr.	Chemische Zusammensetzung (Richtwerte in %)											
			C	Si	Mn	S	Cr	Mo	Ni	V	Co	Ti	Al	W
Einsatzstähle	21MnCr5	1.2162	0,21	–	1,3	–	1,2	–	–	–	–	–	–	–
	X6CrMo4	1.2341	0,04	–	–	–	3,8	0,5	4,1	–	–	–	–	–
	X19NiCrMo	1.2764	0,19	–	–	–	1,3	0,2	–	–	–	–	–	–
Vergütete Stähle	40CrMnMo7	1.2311	0,40	–	1,5	–	1,9	0,2	–	–	–	–	–	–
	40CrMnMoS86	1.2312	0,40	–	1,5	0,05	1,9	0,2	–	–	–	–	–	–
	X36CrMn17	1.2316	0,36	–	–	–	16,0	1,2	1,7	–	–	–	–	–
	54NiCrMoV6	1.2711	0,55	–	0,7	–	0,7	0,3	–	0,1	–	–	–	–
Korrosionsbeständige Stähle	X42Cr13	1.2083	0,42	–	–	–	13,0	–	–	–	–	–	–	–
	X36CrMo17	1.2316	0,36	–	–	–	16,0	1,2	–	–	–	–	–	–
Durchhärtende Stähle	X210Cr12	1.2080	2,0	–	–	12,0	–	–	–	–	–	–	–	–
	X38CrMoV51	1.2343	0,38	1,0	–	5,3	1,3	–	0,4	–	–	–	–	–
	X40CrMoV51	1.2344	0,40	1,0	–	5,3	1,4	–	–	–	–	–	–	–
	X155CrVMo121	1.2379	1,55	–	–	12,0	0,7	–	1,0	–	–	–	–	–
	X45NiCrMo4	1.2767	0,45	–	–	1,4	0,3	4,0	0,1	–	–	–	–	–
	90MnCrV8	1.2842	0,90	–	2,0	0,4	–	–	–	1,9	–	–	–	–
	S6–5–2	1.3343	0,90	–	–	–	4,1	5,0	–	–	–	–	–	6,4
Nitrierstähle	34CrAlNi7	1.8550	0,35	–	1,0	–	1,7	0,2	1,0	0,3	–	–	1,0	–
	15CrMoV59	1.8521	0,15	–	–	–	1,4	0,9	–	0,2	–	–	–	–
	31CrMoV9	1.8519	0,31	–	–	–	2,4	0,2	–	–	–	–	–	–
Martensitaushärtende Stähle	X3NiCoMoTi1895	1.2709	0,03	–	–	–	–	5,0	18,0	–	10,0	1,0	–	–
Formrahmenstahl	C45W	1.1730	0,45	0,3	0,7	–	–	–	–	–	–	–	–	–

Tabelle 2 (Fortsetzung) Stähle für Spritzgießwerkzeuge

Stahlart	Kurzname	Werkstoff-Nr.	Oberflächenhärte bzw. Einbaufest. ca. Werte	Kernfestigkeit Bemerkungen	Wärmebehandlung				
					Weichglühen °C	Glühhärte HB 30	Einsetzen °C	Härten °C	in	°C

Stahlart	Kurzname	Werkstoff-Nr.	Oberflächenhärte bzw. Einbaufest. ca. Werte	Kernfestigkeit Bemerkungen	Weichglühen °C	Glühhärte HB 30	Einsetzen °C	Härten °C	in	°C
Einsatzstähle	21 MnCr 5	1.2162	60 HRC	1100 N/mm²	670–710	max. 210	870–900	810– 840	Öl, Warmbad	180–220
	X 6 Cr Mo 4	1.2341	50 HRC	900 N/mm²	760–800	max. 120	870–900	870– 900	Öl, Warmbad	180–220
	X 19 Ni Cr Mo	1.2764	60 HRC	1300 N/mm²	620–660	max. 250	860–890	780– 810	Öl, Warmbad	180–220
								800– 830	Luft	
Vergütete Stähle	40 Cr Mn Mo 7	1.2311	1000 N/mm²		Lieferzustand: vergütet ca. 1000 N/mm²					
	40 Cr Mn Mo S 86	1.2312	1000 N/mm²		Lieferzustand: vergütet ca. 1100 N/mm²					
	X 36 Cr Mn 17	1.2316	900 N/mm²		Lieferzustand: vergütet ca. 900 N/mm²					
	54 Ni Cr Mo V 6	1.2711	1000 N/mm²		Lieferzustand: vergütet ca. 1000 N/mm²					
Korrosionsbeständige Stähle	X 42 Cr 13	1.2083	56 HRC		760–800	max. 230	–	1020–1050	Öl, Warmbad	500–550
	X 36 Cr Mo 17	1.2316	48 HRC		760–800	max. 230	–	1020–1050	Öl, Warmbad	500–550
Durchhärtende Stähle	X 210 Cr 12	1.2080	60 HRC		800–840	max. 250	–	930– 960	Öl, Warmbad	500–550
								950– 980	Luft (bis 30 mm Dicke)	
	X 38 Cr Mo V 51	1.2343	50 HRC		750–800	max. 230	–	1020–1050	Öl, Luft, Warmbad	500–550
	X 40 Cr Mo V 51	1.2344	50 HRC		750–800	max. 230	–	1020–1050	Öl, Luft, Warmbad	500–550
	X 155 Cr V Mo 121	1.2379	60 HRC		830–860	max. 250	–	1000–1050	Öl, Luft, Warmbad	500–550
	X 45 Ni Cr Mo 4	1.2767	52 HRC		610–650	max. 260	–	840– 870	Öl, Luft, Warmbad	180–220
	90 Mn Cr V 8	1.2842	60 HRC		680–720	max. 220	–	790– 820	Öl, Warmbad	180–220
	S 6 – 5 – 2	1.3343	60 HRC		770–860	240–300	–	1190–1230	Warmbad	550
Nitrierstähle	34 Cr Al Ni 7	1.8550	1000 N/mm²	nitriert	Lieferzustand: vergütet 800–1000 N/mm²; Nitrieren 520–570 °C					
	15 Cr Mo V 59	1.8521	1000 N/mm²	nitriert	Lieferzustand: vergütet 800–1000 N/mm²; Nitrieren 520–570 °C					
	31 Cr Mo V 9	1.8519	1000 N/mm²	nitriert	Lieferzustand: vergütet 800–1000 N/mm²; Nitrieren 520–570 °C					
Martensitaushärtende Stähle	X 3 Ni Co Mo Ti 1895	1.2709	56 HRC	ausgehärtet	Lieferzustand: Lösungsgeglüht max. 320 HB: Aushärten 490 °C 6ʰ Luft					
Formrahmenstahl	C 45 W	1.1730	650 N/mm²		Lieferzustand: unbehandelt ca. 650 N/mm²					

(Fortsetzung nächste Seite)

Tabelle 2 (Fortsetzung) Stähle für Spritzgießwerkzeuge

Stahlart	Kurzname	Werkstoff-Nr.	Wärmeleitfähigkeit $\frac{W}{K \cdot m}$		Wärmeausdehnungskoeffizient $\frac{10^{-6} \, m}{K \cdot m}$		Verwendungszweck besondere Eigenschaften
			bei 20 °C	bei 350 °C	bei 20–100 °C	bei 20–300 °C	
Einsatzstähle	21MnCr5	1.2162	45,93	42,44	12,00	13,50	geeignet zum Kalteinsenken
	X6CrMo4	1.2341	45,58	42,44	12,00	12,70	hohe Kernfestigkeit
	X19NiCrMo	1.2764	38,95	37,44	12,20	12,10	
Vergütete Stähle	40CrMnMo7	1.2311	41,51	38,84	11,10	13,40	geeignet für Ätznarbungen, gut polierbar
	40CrMnMoS86	1.2312	40,12	38,84	11,10	13,40	gut zerspanen, nicht geeignet für Ätznarbungen, gut polierbar
	X36CrMn17	1.2316	20,00	24,42	10,50	11,00	für höchste Korrosionsbelastung, Verarbeitung von PVC
	54NiCrMoV6	1.2711	40,12	38,96	11,78	13,30	gut polierbar
Korrosionsbeständige Stähle	X42Cr13	1.2083	23,26	26,74	10,50	11,00	normale Korrosionsbeständigkeit
	X36CrMo17	1.2316	20,00	24,42	10,50	11,00	für höchste Korrosionsbelastung, Verarbeitung von PVC
Durchhärtende Stähle	X210Cr12	1.2080	19,42	23,84	10,80	12,20	hohe Verschleißfestigkeit
	X38CrMoV51	1.2343	29,42	31,63	11,80	12,60	hohe Festigkeit, nitrierfähig
	X40CrMoV51	1.2344	28,49	31,16	10,90	12,30	nitrierfähig
	X155CrVMo121	1.2379	19,42	23,84	10,50	11,90	Schließleisten, kleine Werkzeuge Duroplastverarbeitung
	X45NiCrMo4	1.2767	34,89	35,47	11,80	12,80	gut polierbar, ätz- und erodierbar, geringste Maßänderungen bei Wärmebehandlung in Vakuum
	90MnCrV8	1.2842	38,37	37,21	12,20	13,80	Schließleisten, kleine Werkzeuge, Duroplastverarbeitung
	S6–5–2	1.3343	25,35	27,33			hohe Verschleißfestigkeit
Nitrierstähle	34CrAlNi7	1.8550	43,14	42,44	11,20	12,50	
	15CrMoV59	1.8521	42,33	39,19	11,80	12,90	
	31CrMoV9	1.8519					
Martensitaushärtende Stähle	X3NiCoMoTi1895	1.2709	16,51	21,51	10,30	11,20	
Formrahmenstahl	C45W	1.1730					

Tabelle 2a   Stähle für Spritzgießwerkzeuge [14, 15, 16]

Stahlart	Kurzname	Werkstoff-Nr.	Bemerkungen
Sekundärmetallurgisch behandelte Stähle	EST-Güten[1]	1.2083 1.2311 1.2316 1.2343 1.2711 1.2767	Diese Stahlqualitäten kommen zur Anwendung, wenn besondere Anforderungen an die Oberflächenbeschaffenheit beim Polieren, Ätzen und Errodieren gestellt werden.
	ESU-Güten[2]	1.2083 1.2316 1.2343 1.2344 1.2767	

[1] EST: Elektronenstrahl umschmelzen
[2] ESU: Elektroschlacke umschmelzen

1.1.3 Nitrierstähle

Nitrieren lassen sich grundsätzlich Stähle, die Legierungszusätze enthalten, die Nitride bilden. Solche Legierungszusätze sind Chrom, Molybdän, Vanadium und vorzugsweise Aluminium, das die Nitridbildung besonders begünstigt. Diese Stähle nehmen im Salzbad, in Gas oder Pulver bzw. im Plasma einer stromstarken Glimmentladung (Ionitrieren) bei Temperaturen zwischen 350 und 580 °C in ihren Außenschichten durch Diffusion Stickstoff aus der Umgebung auf. Die obengenannten Legierungszusätze bilden dabei Nitride. Diese geben dem Stahl eine außergewöhnlich harte und verschleißfeste Oberfläche mit einer Härte zwischen 700 und 1 300 HV je nach Stahlsorte und Verfahren. Die größte Härte wird nicht unmittelbar an der Oberfläche erreicht, sondern sie liegt einige 1/100 mm tiefer. Das Werkzeug sollte daher ein entsprechendes Aufmaß haben, das nach der Nitrierbehandlung abgeschliffen wird [17]. Bei ionitrierten Werkzeugen ist allerdings eine Nacharbeit nicht notwendig und sollte unterbleiben, was diesem Verfahren einen besonderen Vorzug einräumt.

Beim Nitrieren bzw. Ionitrieren ist mit einem Verzug der Werkzeuge normalerweise nicht zu rechnen. Nach der Wärmebehandlung erhält man spannungsfreie Werkzeuge hoher Zähigkeit mit größter Oberflächenhärte und verbesserter Korrosionsbeständigkeit.

Nitrierstähle werden in geglühtem Zustand angeliefert. Sie lassen sich daher ohne Schwierigkeiten spangebend bearbeiten, werden dann gehärtet und schließlich nitriert, wobei beim Ionitrieren dies die letzte Bearbeitungsstufe ist, weshalb die Oberflächenqualität sehr gut sein sollte, denn sie kann beim Nitrieren etwas rauher werden.

1.1.4 Durchhärtende Stähle

Bei den durchhärtenden Stählen tritt die Härtesteigerung durch Martensitbildung infolge schroffen Abkühlens nach dem Erwärmen ein. Dabei sind die mechanischen Kennwerte, die erreicht werden sollen, von der Abkühlgeschwindigkeit und vom

Abschreckmedium abhängig. Abschreckmedien sind Wasser, Öl oder Luft. Wasser kühlt am schnellsten und wirkt am schroffsten, während Öl und Luft milder sind. Die Abkühlgeschwindigkeit wird zum anderen auch durch die Wärmeleitung bestimmt. Dabei ist die Wärmeleitung abhängig vom Oberflächen-Volumen-Verhältnis des Werkzeugs und von den Legierungselementen, die dem Stahl beigemischt sind. Ni, Mn, Cr, Si und andere Elemente erniedrigen die kritische Geschwindigkeit und gestatten dadurch das Durchhärten größerer Querschnitte [13].

Der Härtevorgang gliedert sich in das Anwärmen, das Durchwärmen, das Abkühlen mit Bildung des Härtegefüges und das anschließende Anlassen zur Verbesserung der Zähigkeit.

Beim Anlassen wird die erzielte Härte im Gegensatz zum Vergüten nur geringfügig vermindert. Die Anlaßtemperaturen liegen zwischen 160 und 250 °C. Neben der Verbesserung der Zähigkeit baut die Anlaßbehandlung Eigenspannungen ab (man bezeichnet diesen Vorgang daher auch gelegentlich als Entspannen, er ist aber nicht mit dem Spannungsfreiglühen zu verwechseln).

Durchhärtende Stähle weisen bei der Wärmebehandlung eine sehr gute Maßhaltigkeit auf. Wegen ihrer Natur-Härtbarkeit besitzen sie hohe Druckfestigkeit und sind daher besonders für Werkzeuge mit flachen Gravuren geeignet, bei denen hohe Druckspitzen zu erwarten sind. Empfohlen wird ihr Einsatz auch bei Werkzeugen für Formkörper mit Einlegeteilen (und damit möglicher hoher Kantenpressung) und wegen des guten Verschleißwiderstandes sowie dank der hohen Anlaßtemperaturen für die Verarbeitung von duroplastischen Formmassen [18, 19].

Die durchhärtenden Stähle haben, was die mechanischen Eigenschaften betrifft, einen homogenen Aufbau. Bei größeren Nacharbeiten wird also keine mit besonderen Festigkeitseigenschaften ausgestattete Randschicht, wie etwa bei den Einsatzstählen, zerstört. Seit der Einführung der Erodierverfahren gewinnt der Einsatz durchhärtender Stähle schnell weiter an Bedeutung.

1.1.5 Vergütete Stähle zur Verwendung im Anlieferungszustand

Die Stähle werden im Herstellwerk vergütet. Sie werden dort nach dem Härten einer Anlaßbehandlung unterworfen. Durch das Anlassen der Stähle auf Temperaturen oberhalb 500 °C zerfällt der Martensit in Carbid und α-Mischkristalle. Damit verbunden ist eine Abnahme der Härte und Festigkeit unter gleichzeitiger Zunahme der Zähigkeit dieser Stähle. Mit steigender Anlaßtemperatur nehmen Dehnung und Zähigkeit zu, Härte und Festigkeit dagegen ab.

Durch geeignete Wahl der Anlaßtemperatur, die im allgemeinen konstant bleibt, und der Anlaßdauer, die von der Wanddicke abhängt, lassen sich je nach Festigkeit bestimmte Zähigkeitswerte einstellen. Als obere Grenze für die Festigkeit können 1 200 bis 1 400 N/mm^2 angesetzt werden. Stähle höherer Festigkeit lassen sich nicht mehr wirtschaftlich zerspanen [20]. Für die Zerspanungsarbeiten muß ohnehin mit einem erheblichen Mehraufwand gegenüber den Zerspanungsarbeiten bei weichgeglühten Stählen gerechnet werden. Die entstehenden Mehrkosten werden jedoch sehr leicht dadurch eingespart, daß die Werkzeuge nach der Fertigstellung keiner Wärmebehandlung mehr bedürfen. Die Risiken der Wärmebehandlung, Maßänderungen und Verzug, die häufig eine kostspielige Nacharbeit zur Folge haben, treten nicht auf. Die Stähle werden bevorzugt eingesetzt für mittlere und größere Werkzeuge. Sie haben dazu den Vorteil, daß Korrekturen, die sich nach den ersten Probespritzungen als notwendig erweisen, leichter anzubringen sind [2, 21].

Es wird empfohlen, die Werkzeuge vor den letzten Bearbeitungsstufen spannungsfrei zu glühen. Man vermeidet so Verzug oder vorzeitigen Bruch im Betrieb.

Der Verschleißwiderstand und die Qualität der Oberfläche sind je nach Art des zu verarbeitenden Werkstoffes auch bei Werkzeugen aus vergüteten Stählen oft noch nicht ausreichend. Die Werkzeuge müssen dann einer abschließenden Oberflächenbehandlung zugeführt werden.

1.1.6 Martensitisch aushärtende Stähle

Die martensitisch aushärtenden Stähle gewinnen im Werkzeugbau verstärkt an Bedeutung. Sie verbinden nämlich extreme Festigkeit und Härte mit einfacher Wärmebehandlung. Die Stähle werden im lösungsgeglühten Zustand angeliefert. Ihr Gefüge besteht aus zähem Nickelmartensit mit einer Festigkeit von 1 100 N/mm². Entsprechend ihrer Festigkeit ist die spanabhebende Bearbeitbarkeit mit der der vergüteten Stähle zu vergleichen. Es ist also bei der Zerspanung mit einem Mehraufwand (10 bis 20%) gegenüber weichgeglühten Stählen zu rechnen.

Nach der Formgebung werden die Werkzeuge einer einfachen risikolosen Wärmebehandlung unterzogen. Sie besteht aus einem Erwärmen auf Temperaturen zwischen 480 und 500 °C mit einer 3- bis 5stündigen Haltezeit und einer langsamen Abkühlung der Werkzeuge in ruhender Luft. Ein Anlassen der Werkzeuge entfällt. Aufgrund der niedrigen Aushärtetemperatur ist nicht mit Verzug zu rechnen. Es ergibt sich lediglich eine geringfügige Maßabweichung durch allseitiges Schrumpfen von 0,05 bis 0,1%. Der Verschleißwiderstand der Werkzeugoberflächen kann durch Diffusionsverfahren (z.B. Nitrieren o.ä.) noch weiter verbessert werden. Dabei ist darauf zu achten, daß eine Temperatur von 480 bis 500 °C nicht überschritten wird. Das vorhergehende Aushärten kann bei Anwendung einer Diffusionsbehandlung entfallen. Bemerkenswert ist die außergewöhnlich hohe Zähigkeit der martensitaushärtenden Stähle bei der hohen Härte (53 bis 58 HRC) im ausgehärteten Zustand [2, 9, 18, 22].

Der Einsatz martensitaushärtender Stähle ist angezeigt bei kleineren Werkzeugeinsätzen mit komplizierten Gravuren, die größere Querschnittsübergänge, freistehende dünne Stege etc., haben. Bei den übrigen Stählen mit der normalen Wärmebehandlung wäre bei derartigen Werkzeugen mit Sicherheit mit Verzug zu rechnen. Zu erwähnen ist noch, daß sich die martensitaushärtenden Stähle im ausgehärteten Zustand ohne Vorwärmung mit artgleichem Werkstoff gut schweißen lassen [18].

Zu dieser Gruppe sind auch die pulvermetallurgisch hergestellten höchst carbidhaltigen Werkzeugstähle zu zählen. Sie enthalten ca. 50 Vol.-% Titancarbide, die in die Stahlmatrix aus martensitisch aushärtenden Stählen eingelagert sind. Hierdurch erhalten sie eine extreme Verschleißfestigkeit. Für Werkzeuge bzw. Einsätze in Werkzeugen eignet sich die besonders zähe Legierung aus Nickel, Chrom, Kobalt, Molybdän, Eisen u.a. mit dem ca. 50 Vol.-% eingelagerten Titancarbid. Diese Legierung – Ferro-Titanit-Nikro 128 der Deutschen Edelstahlwerke – wird bei 480 °C 6 bis 8 h gelagert, wobei der Stahl durch Ausscheidung verzugsfrei eine Härte von 60 bis 62 HRC erhält [23].

Zur weiteren Härtesteigerung kann das Auslagern mit einer Nitrierbehandlung verbunden werden, wodurch die Oberflächenhärte auf 72 bis 74 HRC gesteigert werden kann. Diese Stähle kosten allerdings ein Vielfaches (20fach) einfacher Werkzeugstähle, weshalb sie bislang nur für besonders dem Verschleiß ausgesetzte Einsätze im Werkzeug herangezogen werden.

1.1.7 Korrosionsbeständige Stähle

Bei der Verarbeitung einiger Kunststoffe werden aggressive Medien frei, die den Stahl angreifen und die Oberfläche zerstören bzw. Rostschichten verursachen. Die beste Methode, sich gegen derartige Schäden zu sichern, ist die Wahl eines korrosionsbeständigen Stahles.

Die korrosionsbeständigen Stähle verdanken diese besondere Eigenschaft der Legierung mit Chrom. Bei Anteilen von mindestens 12% Chrom bilden sich bei der Berührung mit Sauerstoff, der aus der Luft oder aus anderen sauerstoffabspaltenden Medien stammen kann, sehr dichte, fest haftende, unsichtbare Schichten aus Chromoxiden, die den Stahl vor einer Korrosion schützen. Das Gefüge besteht in diesem Fall aus Fe-Cr-Mischkristallen.

Durch weitere Legierungselemente, die dem Stahl beigemischt sind, insbesondere durch Kohlenstoff, kann der Korrosionswiderstand aber herabgesetzt werden. Kohlenstoff hat nämlich die Neigung, sich mit Chrom zu Chromkarbid zu vereinigen. Nur im gehärteten Zustand bleibt der Kohlenstoff an die Eisenatome gebunden bzw. in Lösung, so daß der Chromgehalt volle Antikorrosionswirkung besitzt. Infolge der Wärmebehandlungen über ca. 400 °C kann jedoch ein Teil des Kohlenstoffs aus der Lösung entweichen, und es können sich Chromkarbide bilden. Das bedeutet, daß ein Teil des Chroms seiner Schutzaufgabe entzogen wird. Wegen der geforderten mechanischen Eigenschaften kann man andererseits jedoch bei den für den Werkzeugbau bedeutenden korrosionsbeständigen Stählen nicht auf den Kohlenstoff verzichten [24]. Man verwendet daher am besten stets einen gehärteten Chromstahl.

Der Korrosionswiderstand ist außerdem von der Beschaffenheit der Werkzeugoberfläche abhängig. Rauhe Oberflächen bieten eine größere Angriffsfläche als glatte, auf Hochglanz polierte Oberflächen. Chromstähle mit nur 13% Chrom sind z.B. nur mit hochglanzpolierter Oberfläche korrosionsbeständig.

Zusätzlich sollte auch der Kunststoffverarbeiter bemüht sein, die Werkzeuge durch Reinigen vor Betriebsstillständen vor Korrosion zu schützen.

Die 17%igen Chromstähle mit martensitischem Gefüge haben eine bessere Korrosionsbeständigkeit, jedoch neigen sie zur Grobkörnigkeit und Bildung weicher ferritischer Gefügeanteile. Gegen diese Probleme gefeit ist nur der extrem teure pulvermetallurgisch hergestellte höchst carbidhaltige Werkzeugstahl – Nicro 128 (DEW) (vgl. Abschnitt 1.1.6).

1.1.8 Umschmelz-Stähle

Die Qualität eines Spritzlings ist stark von der Oberflächenbeschaffenheit des Werkzeugs abhängig. Hierauf ist besonders zu achten bei der Werkstoffauswahl für Formnesteinsätze zur Fertigung von Spritzlingen aus transparenten Formmassen, wie Brillengläser, Linsen usw.

Die Oberflächenqualität eines Werkzeugs ist um so höher, je besser sich der für das Werkzeug verwendete Stahl polieren läßt. Die Polierbarkeit der Stähle wird durch den Reinheitsgrad beeinflußt. Der Reinheitsgrad eines Stahls ist abhängig vom Anteil der sich im Stahl befindenden nichtmetallischen Einschlüsse, wie Oxide, Sulfide und Silicate [17]. Diese Einschlüsse, die bei einem offen erschmolzenen Stahl nicht zu vermeiden sind, können durch Umschmelzen beseitigt werden. Es werden heute in der Praxis drei Umschmelzverfahren mit selbstverzehrender Elektrode angewendet: das Umschmelzen im Vakuumlichtbogenofen, im Elektronenstrahlofen und das Elektroschlacke-Umschmelzen.

Beim Umschmelzen im *Vakuumlichtbogenofen* brennt ein normal erzeugter Stahlstab unter Fein- bzw. Hochvakuum (bis 10^{-3} Torr bzw. bis 10^{-5} Torr) als selbstverzehrende Elektrode in einer gekühlten Kupferkokille ab.

Im *Elektronenstrahlofen* wird der eingesetzte Stab durch Elektronenbeschuß in einer Stranggußkokille abgeschmolzen.

Das *Elektroschlacke-Umschmelzen* (ESU-Verfahren) hat von den Umschmelzverfahren in den letzten Jahren die größte Bedeutung erlangt. Bei diesem Verfahren taucht die Elektrode in einer wassergekühlten Kokille in die elektrisch leitende, flüssige Schlacke ein. Dabei wird sie aufgeschmolzen. Der von der Elektrode abtropfende Werkstoff fällt durch die flüssige Schlacke und wird dabei durch entsprechende metallurgische Reaktionen gereinigt [25, 26]. Die nach dem Umschmelzverfahren erzeugten Stähle weisen gegenüber den herkömmlich erschmolzenen Stählen folgende Vorteile auf:

– gleichmäßigere Primärstruktur und weitgehende Freiheit von Blockseigerungen und erstarrungsbedingten Innenfehlern,
– geringere Kristallseigerungen und somit gleichmäßigeren mikroskopischen Gefügeaufbau,
– verringerte Menge und Größe sowie günstigere Verteilung der nichtmetallischen Einschlüsse, wie Oxide, Sulfide und Silicate [27].

Die zusätzlich umgeschmolzenen Stähle haben von den z.Z. im Handel befindlichen Stählen den höchsten Reinheitsgrad. Sie lassen sich demzufolge sehr gut polieren.

1.2 Gußwerkstoffe

Die Herstellung von Werkzeugen aus geschmiedeten oder gewalzten Profilen ist wegen der lohnintensiven Zerspanungsarbeiten und der für die Fertigung erforderlichen Maschinen (z.T. Spezialmaschinen bei großen Werkzeugen) verhältnismäßig teuer. Es entstehen hohe Zerspanungsverluste, die bei großen Formteilen 30 bis 50% betragen können [17]. Bei vielen Werkzeugen, auch kleiner Abmessungen, wünschen Designer und Verbraucher Oberflächenqualitäten bzw. Strukturierungen am Spritzling, die mit konventionell spanenden Fertigungsverfahren nicht einzubringen sind. Lösungen zur Herstellung solcher Werkzeuge sind entweder physikalische oder chemische Abtragsverfahren bzw. der Präzisionsguß.

Das Werkzeug hat nach dem Gießen weitgehend die Kontur, die für die Herstellung des Spritzlings gewünscht wird. Das Temperiersystem kann bei großen im Stück gegossenen Werkzeugen durch eingegossene Temperierrohre oder durch besonders gestaltete

Aushöhlungen auf der Rückseite, durch die das Temperiermedium frei fließen kann, direkt mit eingegossen werden.

Die inneren Konturen des Werkzeugs (der Werkzeughöhlung) erfordern meist nur geringe Nacharbeit. Entscheidend dafür ist, welche Bedingungen an die Oberflächenbeschaffenheit des Spritzlings gestellt werden. Für glänzende Oberflächen am Spritzling müssen die Wände der Werkzeughöhlung von Hand nachpoliert werden. Bei matten Oberflächen empfiehlt es sich, das Werkzeug zu sandstrahlen. Bei gemaserten und texturierten Oberflächen ist eine Nachbehandlung nicht nötig und auch nicht möglich. Die Oberfläche des Werkzeughohlraums kann im Bedarfsfall je nach Material verchromt werden [28]. Eine umfangreiche mechanische Bearbeitung kann somit bei gegossenen Werkzeugen bis auf das Einbringen z. B. von Bohrungen für Auswerfer, Angußbuchse, Einsätze und das Einpassen von Schiebern entfallen. Obwohl die Bearbeitungs- und Materialkosten so gesenkt werden, muß doch berücksichtigt werden, daß die Gesamtherstellungszeit i. allg. sehr viel länger wird als bei rein spanend aus Halbzeug hergestellten Werkzeugen, da zunächst noch Modelle und Formen gefertigt werden müssen.

Die Qualität der gegossenen Werkzeuge ist in hohem Maße abhängig vom Gießverfahren (siehe Abschnitt 2.1.1) und vom verwendeten Werkstoff.

Die Gußwerkstoffe, die heute im allgemeinen im Werkzeugbau verwendet werden, kann man in drei Gruppen unterteilen:

- eisenmetallische Werkstoffe,
- nichteisenmetallische Werkstoffe,
- nichtmetallische Werkstoffe.

1.2.1 Stahlguß

Den mechanischen Beanspruchungen genügt in der Regel nur Stahlguß. Zudem ist die Polierbarkeit nur bei Stahl ausreichend. Grundsätzlich lassen sich alle im Werkzeugbau erfolgreich eingesetzten Stahlsorten gießtechnisch verarbeiten. Es ist jedoch zu bedenken, daß die Gefüge von Gußstücken immer eine Erstarrungsstruktur aufweisen und damit nicht mit den Umformungsstrukturen von geschmiedeten oder gewalzten Stählen vergleichbar sind. Makroskopisch gesehen weisen Gußstücke unterschiedliche Primärkorngrößen zwischen Rand- und Kernzone auf. Die sich auf den Kornflächen während der Erstarrung primär ausscheidenden Phasen können nur beschränkt mit den Möglichkeiten, die eine nachfolgende Wärmebehandlung bietet, beseitigt werden. Deshalb sind für die Herstellung von gegossenen Werkzeugen bevorzugt solche Stahlsorten zu verwenden, die aufgrund ihrer Legierungszusammensetzung wenig zur Grobkristall- und Seigerungsbildung neigen [29]. Einige gebräuchliche Stahlgußsorten sind in Tabelle 3 zusammengefaßt.

Neben der bereits eingangs erwähnten Verbesserung des Gefüges tritt bei der thermischen Nachbehandlung auch eine Verbesserung der mechanischen Eigenschaften ein. Die Glühdauer beträgt in der Regel 2 h bei Temperaturen oberhalb der Umwandlungstemperatur. Bei dieser Wärmebehandlung werden die erforderliche Kerbzähigkeit und Spannungsfreiheit erzielt. Die Festigkeit, die vom Kohlenstoffgehalt abhängig ist, liegt im Vergleich zu Walz- oder Schmiedestahl niedriger; ebenso sind die Zähigkeit und Dehnung geringer [31]. Sie genügen aber im wesentlichen den an sie gestellten Anforderungen.

1.2 Gußwerkstoffe

Tabelle 3 Stahlgußlegierungen für Spritzgießwerkzeuge [30]; Zusammensetzung – Behandlung – Eigenschaften

Bezeichnung	Werkstoff-Nr.	Chemische Zusammensetzung Richtanalyse							Wärmebehandlung									
									Weichglühen			Härten				Anlassen		
		C	Cr	Mo	Ni	V	W	Mn	Temp.	Abkühlungsart	Glühhärte	Temp.	Abkühlungsart	ungefähre Härteannahme		Temp.		ungefähre Festigkeit
		%							°C		HB 30	°C		HB 30/HRC		°C		N/mm²
GS-21MnCr5	1.2162	0,21	1,2	–	–	–	–	1,3	670–710	Ofen	max. 2100	810– 840	Öl	3600	–	100–400		1225– 930
GS-40CrMnMo7	1.2311	0,40	2,0	0,2	–	–	–	1,3	710–750	Ofen	max. 2300	830– 900	Öl (Luft)	–	52	400–650		1670– 980
GS-48CrMoV6-7	1.2323	0,45	1,5	0,8	–	0,3	–	–	740–780	Ofen	max. 2300	930– 980	Öl (Luft)	–	55	450–700		1720– 980
GS-55NiCrMoV6	1.2713	0,55	0,7	0,3	1,7	0,1	–	–	660–700	Ofen	max. 2400	840– 880	Öl (Luft)	–	53	400–700		1570– 880
GS-56NiCrMoV7	1.2714	0,55	1,1	0,5	1,7	0,1	–	–	660–700	Ofen	max. 2500	840– 900	Öl (Luft)	–	53	400–700		1670– 980
G-X19NiCrMo4	1.2764	0,19	1,3	0,2	4,1	–	–	–	620–660	Ofen	max. 2500	780– 810	Öl, Luft	3900	–	100–400		1320–1030
G-X20Cr14	1.4027	0,20	13,0	–	–	–	–	–	750–800	Ofen	max. 2400	1020–1040	Öl, Luft	–	46	550–750		980– 590
G-X22CrNi17	1.4059	0,23	16,5	–	1,5	–	–	–	700–750	Ofen	max. 2700	1020–1040	Öl, Luft	–	46	500–700		1080– 835

(Fortsetzung nächste Seite)

Tabelle 3 *(Fortsetzung)* Stahlgußlegierungen für Spritzgießwerkzeuge; Zusammensetzung – Behandlung – Eingenschaften

Bezeichnung	Werkstoff-Nr.	Schweißen		Vorwärmtemp.	Schweißbarkeit	Wärmebehandlung nach dem Schweißen	Werkstoffcharakteristik
		Schweißzusatz-Werkstoff	Werkstoff-Nr.				
GS-21MnCr5	1.2162	11CrMo4-5	1.7346	150–200	gut	T_A – 20 °C/Luft	Einschätzbar auf 54–62 HRC, gute Polierfähigkeit gute Zähigkeit
GS-40CrMnMo7	1.2311	21CrMoV5-12	1.7705	300–400	bedingt	T_A – 20 °C/Luft	Hohe Warmfestigkeit, gute Zähigkeit, gute Bearbeitbarkeit im vergüteten Zustand
GS-48CrMoV6-7	1.2323	S-NiMo16CrW	2.4537	300–400	bedingt	300–400 °C/Ofen	Hohe Warmfestigkeit und -verschleißfestigkeit, hohe Zähigkeit, gute Durchvergütbarkeit 1
GS-55NiCrMoV6	1.2713	S-NiMo16CrW	2.4537	300–400	bedingt	300–400 °C/Ofen	Hohe Warmfestigkeit, große Zähigkeit, gute Durchvergütbarkeit, große Verschleißfestigkeit 1
GS-56NiCrMoV7	1.2714	S-NiMo16CrW	2.4537	300–400	bedingt	300–400 °C/Ofen	Hohe Warmfestigkeit, große Zähigkeit, gute Durchvergütbarkeit, große Verschleißfestigkeit 1
G-X19NiCrMo4	1.2764	21CrMoV5-12	1.7705	200–250	gut	T_A – 20 °C/Luft	Einsatzhärtbar auf 51–62 HRC, sehr gute Polierfähigkeit, sehr gute Zähigkeit
G-X20Cr14	1.4027	X8Cr14	1.4009	300–400	bedingt	Vergüten	Gute Korrosionsbeständigkeit, hohe Warmfestigkeit, gute Zähigkeit
G-X22CrNi17	1.4059	X8Cr18	1.4015	350–400	bedingt	Vergüten	Gute Korrosionsbeständigkeit, hohe Warmfestigkeit, gute Zähigkeit

1 ausgezeichnete Beständigkeit gegen Temperaturwechselrisse

Die Lebensdauer gegossener Werkzeuge hängt von der Verschleißfestigkeit und bei thermischer Beanspruchung von der Thermoschockbeständigkeit ab. Thermoschockschäden sind bei gegossenen Werkzeugen nahezu unvermeidbar. Sie treten an der Oberfläche in Form von Rissen auf [29]. Der Schweißbarkeit kommt damit als Reparaturmöglichkeit besondere Bedeutung zu. Sie ist ferner wichtig zum Schließen i.allg. bei der Herstellung ebenfalls unvermeidlicher poröser Stellen und zum Beseitigen von Lunkern.

1.3 Nichteisenmetallische Werkstoffe

Die bekanntesten Nichteisenmetalle, die im Werkzeugbau verwendet werden, sind:
- Kupferlegierungen,
- Zinklegierungen,
- Aluminiumlegierungen,
- Zinn-Wismut-Legierungen.

1.3.1 Kupferlegierungen

Die Bedeutung der Kupferlegierungen als Werkstoff für den Werkzeugbau ist begründet in der hohen Wärmeleitfähigkeit und Geschmeidigkeit des Materials, durch die Spannungen infolge ungleichmäßiger Erwärmung schnell und gefahrlos ausgeglichen werden. Die mechanischen Eigenschaften von reinem Kupfer sind mäßig. Sie können zwar durch Kaltwalzen oder Kaltverformen verbessert werden, genügen aber im allgemeinen nicht den Anforderungen, die an Werkstoffe für den Werkzeugbau gestellt werden.

Kupfer findet daher im Werkzeugbau Anwendung allenfalls als Hilfswerkstoff, z.B. für Funktionsteile wie Kühlfinger oder Temperierrohre bei gegossenen Werkzeugen aus niedrigschmelzenden Legierungen. Ein für die Herstellung von Gesenken wichtiger Werkstoff hingegen sind die Kupfer-Beryllium-Legierungen.

1.3.1.1 Kupfer-Beryllium-Legierungen

Wie bei allen Legierungen sind auch hier die mechanischen und thermischen Eigenschaften von der chemischen Zusammensetzung der Legierung abhängig. Mit steigendem Beryllium-Gehalt nehmen die mechanischen Eigenschaften zu, während sich die thermischen verschlechtern. Kupfer-Beryllium-Legierungen mit mehr als 1,7% Beryllium haben sich im Werkzeugbau durchgesetzt. Sie erreichen eine Festigkeit bis zu 1 200 N/mm^2; dabei können sie bis auf 46 HRC ausgehärtet werden. In der Praxis ist eine Aushärtung auf 35 bis 38 HRC im allgemeinen ausreichend. Das Material ist in diesem Bereich sehr elastisch, neigt nicht zu Kantenausbrüchen und läßt sich sehr gut polieren [32]. Das Aushärten, das eine homogene Durchhärtung bringt, kann in einfachen Wärmeöfen durchgeführt werden [33].

Legierungen mit einem Berylliumgehalt unter 1,7% finden wegen der verminderten Festigkeit eigentlich nur Anwendung für Funktionsteile, wie z.B. Wärmeableiteinsätze an Wärmestaustellen. In Tabelle 4 sind die technischen Daten einiger Kupfer-Beryllium-Legierungen zusammengefaßt.

Tabelle 4 Technische Daten von Kupfer-Berylliumlegierungen [34]

Zusammen-setzung, %	Be 0,45–0,75 Co 2,35–2,70 Cu Rest				Be 1,90–2,15 Co 0,35–0,65 Cu Rest				Be 2,50–2,75 Co 0,35–0,65 Cu Rest			
Dichte kg/m³	8620				8090				8090			
Wärme-leitfähigkeit $\frac{W}{K \cdot m}$	87,91–96,28				41,86–50,23				37,67–46,05			
Elastizitäts-modul N/mm²	120000				127000				130000			
Materialzustand	I	II	III	IV	I	II	III	IV	I	II	III	IV
Zugfestigkeit N/mm²	350	460	330	670	520	840	420	1120	650	870	650	1150
Streckgrenze 0,2% N/mm²	140	260	110	530	280	730	170	1050	350	770	240	1000
Dehnung % auf 50 mm M 1	20	12	25	6	15	2	35	1	10	2	10	1
Rockwell Härte	B 52	B 70	B 40	B 96	B 81	C 30	B 63	C 43	B 88	C 31	B 85	C 46
Brinell Härte, 10 mm Kugel	850	1100	720	2060	1420	2860	990	4080	1680	2940	1540	4420
Vickers Härte	980	1250	840	2230	1540	3040	1110	4280	1830	3120	1670	4650
Elektr. Leitfähig-keit m/mm²	18	24	11,5	25,5	8,5	10	8,5	10	8,5	9,1	5,5	8,6
Materialzustand	I gegossen II gegossen und gehärtet III gegossen und lösungsgeglüht IV gegossen, lösungsgeglüht und gehärtet											
Alle Eigenschaften gelten bei einer Temperatur von 20 °C												

Werkzeuge aus Kupfer-Beryllium sind hinreichend korrosionsbeständig und können, falls erforderlich, verchromt oder vernickelt werden, wobei heute die Schutzschichten hauptsächlich durch stromloses Vernickeln aufgebracht werden. Sie haben den Vorteil einer gleichmäßigen Auflagendicke und der Aushärtbarkeit bis auf ca. 70 HRC bei entsprechender Wärmebehandlung (bei ca. 400 °C). Dazu sind Nickelschutzschichten weniger rißempfindlich als Hartchromauflagen [33]. Im Gegensatz zu Stahlguß besitzen die Kupfer-Beryllium-Legierungen praktisch keine Thermoschockempfindlichkeit.

Sollten durch mechanische Einflüsse Beschädigungen auftreten, so können diese durch Schweißen beseitigt werden. Vorteilhaft werden dabei Kupfer-Beryllium-Stäbe mit ca. 2% Beryllium bei 250 Ampere verschweißt [32, 33]. Das Werkzeug wird dazu zweckmäßigerweise auf 300 °C vorgewärmt [33].

Werkzeuge aus Kupfer-Beryllium können spanend, durch physikalische Abtragsverfahren oder durch Gießen hergestellt werden. Das Kalteinsenken ist nur bedingt für flache Teile anwendbar; besser läßt sich Kupfer-Beryllium durch Warmeinsenken im Temperaturbereich von 600 bis 800 °C verformen. Dem Warmeinsenken muß ein Lösungsglühen nachfolgen.

Kupfer-Beryllium-Legierungen werden überall dort als Werkstoff für Spritzgießwerkzeuge oder für Funktionsteile eingesetzt, wo es auf eine hohe Wärmeleitfähigkeit ganzer Werkzeughöhlungen oder Teilbereiche ankommt. Das Temperaturgefälle zwischen formgebender Werkzeugwand und den Temperierkanälen wird verringert. Sie führen dadurch zu einer höheren Ausbringung bei gleicher oder oft besserer Qualität. Vorteilhaft werden sie auch dort eingesetzt, wo hohe Anforderungen an die Abbildungsgenauigkeit gestellt werden. Sie eignen sich so besonders zum Abgießen von Modellen mit einer strukturierten Oberfläche mit Holz-, Leder- oder Textilmaserung.

1.3.2 Zink und dessen Legierungen

Feinzink-Gießlegierungen werden bei der Spritzgußverarbeitung wegen ihrer niedrigen mechanischen Kennwerte nur zum Bau von Werkzeugen für Probenspritzungen oder von Werkzeugen für die Produktion niedriger Stückzahlen verwendet. Häufiger dagegen werden sie bei der Fertigung von Hohlkörperblas- und Tiefziehwerkzeugen eingesetzt, die mechanisch nicht so hoch beansprucht werden. Feinzink-Gießlegierungen zeichnen sich ebenso wie die Kupferlegierungen durch eine hohe Wärmeleitfähigkeit aus, die bei $\lambda = 100$ W/mK liegt.

Werkzeuge aus Zinklegierungen werden meist gegossen, wobei die niedrige Gießtemperatur (Schmelzpunkt rd. 390 °C, Gießtemperatur 410 bis 450 °C) besonders vorteilhaft ist. Sie erlaubt u. a. neben Stahlmodellen auch Modelle aus Holz, Gips oder gar Kunststoff, wobei besonders die letztgenannten einfach und schnell herzustellen sind. Daneben können Feinzinklegierungen auch im Sand- und Keramikguß verarbeitet werden. Seltener, obwohl möglich, werden derartige Werkzeuge im Preßguß hergestellt.

Das Formfüllverhalten von Zinklegierungen ist so ausgezeichnet, daß man selbst bei ausgeprägten Konturen mit strukturierten Oberflächen glatte und porenfreie Oberflächen erhält [32]. Voraussetzung dafür ist, daß die Modelle, insbesondere Gipsmodelle, vorher ausreichend getrocknet werden (Gipsmodelle z. B. einige Tage bei 220 °C), da sonst infolge von Dampfbildung beim Gießen die Oberfläche der gegossenen Kavität porig und rauh wird [19].

Werkzeuge aus Feinzinklegierungen können auch durch Kalteinsenken hergestellt werden. Der Feinzinkblock wird vor dem Einsenken auf 200 bis 250 °C erwärmt. Selbst tiefe Formnester können ohne Zwischenglühen in einem Arbeitsgang gefertigt werden. Beim Einsenken wird mit Pfaffen gearbeitet, die eine Härte von 45 HRC aufweisen und zum Teil außer der Senk- auch eine Drehbewegung ausführen können. Mit solchen Pfaffen ist es z. B. möglich, einen Werkzeugeinsatz zur Fertigung spiralverzahnter Räder herzustellen [19].

Eine weitere Verarbeitungsmöglichkeit für Feinzinklegierungen ist das Metallspritzen (Abschnitt 2.2).

Wegen der niedrigen mechanischen Kennwerte werden aus Feinzinklegierungen nur Werkzeugeinsätze hergestellt. Die Werkzeugeinsätze werden anschließend in ein massi-

Tabelle 5 Feinzinklegierungen für Spritzgießwerkzeuge [35, 36]

Bezeichnung	Dichte	Schmelzpunkt	Schwindmaß	Wärmeausdehnung	Zugfestigkeit	Dehnung bei 50 mm Meßlänge	Brinellhärte	Druckfestigkeit	Scherfestigkeit
	kg/m³	°C	%	10⁻⁶/K	N/mm²	%	N/mm²	N/mm²	N/mm²
Zamak	6700	390	1,1	27	220–240	1–2	1000	600–700	300
Kirksite A	6700	380	0,7–1,2	27	226	3	1000	420–527	246
Kayem	6700	380	1,1	28	236	1,25	1090	793	–
Kayem 2	6600	358	1,1	–	149	sehr niedrig	1450–1500	685	–

Tabelle 6 Aluminium-Legierungen für Spritzgießwerkzeuge [38]

Bezeichnung	Werkstoff	Zustand	Dichte	Mittlerer linearer Wärmeausdehnungskoeffizient zwischen 20 und 100 °C	Wärmeleitfähigkeit bei 20 °C	Zugfestigkeit	Streckgrenze	E-Modul	Brinellhärte	Oberflächenhärte nach Vickers		entspricht Werkstoffnummer nach DIN 17007
										hartverchromt	hartanodisiert	
			kg/dm³	(×10⁻⁶)	W/(K·m)	N/mm²	N/mm²	kN/mm²	HB	N/mm²	N/mm²	
Fortal 7075	AlZnMgCu 1,5	warmausgehärtet	2,80	23,3	140	480–560	54	70	130–140	4500	12500	3.4365
Fortal 7079	AlZnMgCu 0,5	warmausgehärtet	2,78	23,6	140	410–450	37	70	100–125	–	–	3.4345

Generelle Anmerkung: Zerspanbarkeit um 40% besser als bei Werkzeugstahl mit Zugfestigkeit von 800 N/mm², dabei leicht brechende Rollspäne Wärmeleitfähigkeit λ_{AL} 4 × λ_{Stahl}

ves Stahlgestell eingepaßt. Dieses muß die Kräfte, die beim Spritzgießprozeß durch Schließkraft und Spritzdruck entstehen, aufnehmen. Die gebräuchlichsten Feinzinklegierungen, die unter den Bezeichnungen Zamak, Kirksite und Kayem im Handel sind, sind in Tabelle 5 zusammengefaßt.

1.3.3 Aluminium-Legierungen

Aluminium-Legierungen sind früher überhaupt nicht für Spritzgießwerkzeuge eingesetzt worden. Der Werkstoff schien den zu erwartenden mechanischen Belastungen nicht gewachsen. In jüngerer Zeit wird jedoch auch dieser Werkstoff vermehrt eingesetzt, da die neuen geregelten Spritzgießmaschinen einerseits gleichmäßigere Belastungen sicherstellen, andererseits der Werkstoff eine Reihe von Vorteilen bietet: in erster Linie leichte und schnelle Zerspanung und verbesserte Wärmeleitfähigkeit ($\lambda_{Al} \sim 4\lambda_{Stahl}$).

Ein bemerkenswerter Trend zu Al-Legierungen ist in den USA festzustellen. Dabei sind es die im Flugzeugbau verwendeten Hochleistungslegierungen (vgl. Tabelle 6), die auch für Werkzeuge eingesetzt werden [37]. Aber auch bei uns kann der Einsatz von Aluminium-Legierungen zunehmend beobachtet werden.

Die niedrige spezifische Dichte, die gute Zerspanbarkeit und die hohe Wärmeleitfähigkeit sind dabei die Eigenschaften, die Aluminium, insbesondere die warmhärtbare hochfeste Aluminium-Zink-Magnesium-Kupfer-Legierung Al Zn Mg Cu 1,5, für den Werkzeugbau interessant machen [38 bis 40].

Aufgrund der niedrigen spezifischen Dichte sind Aluminium-Werkzeuge leichter als Stahl-Werkzeuge. Leider kommt jedoch diese „positive Eigenschaft" nicht voll zur Geltung, da bei Aluminium-Werkzeugen die einzelnen Platten, aus denen Werkzeuge in der Regel aufgebaut sind, wegen der niedrigen mechanischen Festigkeitseigenschaften (siehe Tabelle 6) – d.h. der E-Modul beträgt nur ca. 30% desjenigen von Stahl – ca. 40% dicker sein müssen als die entsprechenden Platten bei Stahlwerkzeugen. Dennoch sind Aluminium-Werkzeuge ca. 50% leichter als Stahlwerkzeuge. Dies ist vor allem bei der Fertigung und Montage der Werkzeuge sowie im späteren Betrieb, z.B. beim Einrichten, von großem Vorteil. Man kann bei kleinen Werkzeugen oft auf teure Hebevorrichtungen wie Kräne und Hubwagen verzichten.

Weitere Vorteile ergeben sich aus der guten Zerspanbarkeit, die gegenüber Stahl bei der mechanischen Bearbeitung 5- bis 10fach höhere Schnittgeschwindigkeiten zuläßt [40]. Dies gilt besonders dann, wenn geeignete auf Aluminium abgestimmte Werkzeuge benutzt und die Empfehlungen der Hersteller beachtet werden. Mit Verzug ist bei der spanenden Bearbeitung nicht zu rechnen, da Aluminium durch eine spezielle Wärmebehandlung beim Herstellungsprozeß ganz niedrige Eigenspannungen aufweist. Außer durch Zerspanen läßt sich Aluminium auch durch Senk- sowie durch Drahterodieren bearbeiten.

Als Elektrodenmaterial wurden dabei vorzugsweise Elektrolytkupfer und kupferhaltige Legierungen verwendet. Auch hier ist die hohe Erodiergeschwindigkeit (6- bis 8mal schneller als bei Stahl) von wirtschaftlicher Bedeutung. Die Oberflächen spanend oder elektroerosiv bearbeiteter Werkzeuge lassen sich polieren (mit herkömmlichen Schleifmaschinen und handelsüblichen Schleifscheiben) und durch Hartverchromen oder Hartanodisieren verschleißfester machen. Mit Aluminium-Werkzeugen wurden – je nach Einsatzfall – Standzeiten von bis zu 200000 Schuß pro Werkzeug erreicht [38, 39].

Schließlich ist noch die gute Wärmeleitfähigkeit von Aluminium hervorzuheben, die zu einer guten und schnellen Wärmeverteilung und -ableitung führt. Dies erleichtert die Temperierung der Werkzeuge, verbessert u. U. die Formteilqualität und führt zu kürzeren Zykluszeiten.

Die vorab geschilderten positiven Aspekte für den Werkzeugbau haben einen französischen Normalienhersteller veranlaßt, eine Stammform aus Aluminium zu entwickeln [41]. Diese Konstruktion ist unter dem Namen „Monobloc" im Handel. Sie besteht im Gegensatz zur herkömmlichen Bauweise, bei der die Stammformen aus mehreren Platten aufgebaut sind, nur aus zwei Teilen, in die alle Funktionselemente integriert sind [39].

Bewährt haben sich auch Konstruktionen, bei denen Aluminium mit Stahl kombiniert wird. Diese Bauweise hat den Vorteil, daß in den Bereichen, in denen mit erhöhtem Verschleiß und Abrieb zu rechnen ist, die widerstandsfähigeren Stähle eingesetzt werden können. Diese Bauweise vereint so die Vorteile beider Werkstoffe.

1.3.4 Zinn-Wismut-Legierungen

Zinn-Wismut-Legierungen sind unter dem Namen Cerro-Legierungen im Handel. Es sind verhältnismäßig weiche, schwere Metalle, die bei einer schlagartigen Belastung im allgemeinen spröde sind; bei einer Dauerbelastung jedoch plastisch fließen. Die Festigkeit dieser Legierungen nimmt durch Altern zu [42].

Cerro-Legierungen sind niedrig schmelzende Metalle (Schmelzpunkt je nach Zusammensetzung zwischen 47 und 170 °C), die sich für normalen Schwerkraftguß wie auch für

Tabelle 7 Cerro-Legierungen für Spritzgießwerkzeuge [43]

		Bezeichnung (eingetragene Schutzmarke)	
		Cerrotru	Cerrocast
Dichte	kg/m^3	8640	8160
Schmelzpunkt und -bereich	°C	138	138–170
Spezifische Wärme	kJ/kg	1,88	1,97
Wärmeausdehnung	10^{-6}/K	15	15
Wärmeleitfähigkeit	W/(K·m)	21	38
Brinellhärte	N/mm^2	220	220
Zerreißfestigkeit	N/mm^2	56	56
Dehnung bei langsamer Belastung	%	200	200
Maximale Dauerbelastung	N/mm^3	3,5	3,5
Richtanalyse % Bi % Sn		58 42	40 60

Druck- oder Vakuumguß eignen. Sie können darüber hinaus mit einer speziellen Spritzpistole und durch Abtropfenlassen vergossen werden. Für den Werkzeugbau eignen sich insbesondere die Cerro-Legierungen, die nach dem Erstarren weder schwinden noch wachsen.

Wegen der mäßigen mechanischen Eigenschaften werden Cerro-Legierungen beim Spritzguß nur zum Bau von Werkzeugen für die Nullserienfertigung verwendet. Verbreiteter ist ihr Einsatz bei Blasform- und Umformwerkzeugen sowie in der Galvanoplastik für die Herstellung von Dornen und Matern mit hoher Genauigkeit. Darüber hinaus werden sie als Werkstoff für ausschmelzbare Kerne verwendet, auf die später noch näher eingegangen wird (vgl. Abschnitt 2.10).

Tabelle 7 zeigt die physikalischen und mechanischen Eigenschaften einiger Cerro-Legierungen.

1.4 Galvanisch abgeschiedene Werkstoffe

Die galvanisch bewirkte Metallabscheidung wird im Werkzeugbau in zweierlei Weise angewendet. Man unterscheidet zwischen dem „dekorativen" Galvanisieren und der Galvanoformung. Die Verfahrensschritte beider Anwendungsmöglichkeiten sind ähnlich, die Endprodukte und deren Zweckbestimmung jedoch sehr unterschiedlich. Beim Galvanisieren wird normalerweise eine dünne, ca. 25 µm dicke Schicht abgeschieden. Diese Schicht hat in der Regel die Aufgabe, das darunterliegende Metall vor Korrosion zu schützen, die Entformung zu erleichtern und Belagbildung zu vermindern bzw. die Reinigung der Werkzeuge zu erleichtern. Der galvanisch abgeschiedene Niederschlag muß dabei gut auf dem Trägermaterial haften.

Bei der Galvanoformung, wird eine wesentlich dickere Schicht auf ein Modell, das die Konturen und Abmessungen des späteren Werkzeugeinsatzes hat, abgeschieden. Die Wandstärke dieser Schicht ist beliebig und nur durch die Fertigungszeit beschränkt. Nachdem die gewünschte Wandstärke erreicht und der weitere Werkzeugaufbau in Form von einer Hinterfütterung abgeschlossen ist, muß sich die abgeschiedene und hinterfütterte Schale leicht vom Modell lösen.

Es gibt eine Reihe von Werkstoffen, die sich galvanisch abscheiden lassen. Die bedeutendsten sind Nickel und Nickel-Kobalt-Legierungen. Nickel ist insbesondere wegen der hohen Festigkeit, Zähigkeit und Korrosionsbeständigkeit sowie des einfachen und leicht kontrollierbaren Verfahrensablaufs das am häufigsten verwendete Metall für die Galvanoformung. Zudem lassen sich Härte, Festigkeit, Dehnung und die inneren Spannungen durch Wahl bestimmter Nickelelektrolyte und Ausscheidungsbedingungen noch in weiten Bereichen variieren [44, 45].

Galvanisches Kupfer und galvanisches Eisen sind als Werkstoffe für den Werkzeugbau selbst in der galvanisch härtesten Form als formgebende Werkzeugwand zu weich. Man benutzt galvanisch abgeschiedenes Kupfer daher vor allem für die Hinterfütterung der vorher gebildeten Nickeloberflächenschale. Die hohe Abscheidegeschwindigkeit von Cu ist dabei sehr erwünscht.

Galvanisches Chrom ist dagegen so hart, daß eine Nacharbeit, z. B. Bohren von Auswerferbohrungen, nicht mehr möglich ist. Dazu weist Chrom noch starke innere Spannun-

Tabelle 8 Technologische Werte und Eigenschaften von galvanogeformtem Hartnickel [44, 46]

Härte	4 500–5 400 N/mm^2
Zugfestigkeit	360–1 510 N/mm^2
Zugfestigkeit, typischer Wert für den Werkzeugbau	1 400 N/mm^2
Streckgrenze	230– 640 N/mm^2
Streckgrenze, typischer Wert für den Werkzeugbau	460 N/mm^2
Dehnung	2–37%
Dehnung, typischer Wert für den Werkzeugbau	10%
Temperaturbeständigkeit	max. 300 °C
korrosionsbeständig	
verschleißfest	
feinkörniges, duktiles Gefüge	

gen auf, die leicht zur Rißbildung in der Chromschicht führen. Chrom wird deswegen im Werkzeugbau nur für galvanische Schutzschichten verwendet.

In Tabelle 8 sind einige technologische Werte und Eigenschaften galvanogeformten Hartnickels aufgeführt.

1.5 Oberflächenbehandlung von Stählen für Spritzgießwerkzeuge

1.5.1 Generelle Hinweise

Wie bereits in Abschnitt 1.1 ausgeführt wurde, müssen die Werkstoffe für den Werkzeugbau bestimmte Eigenschaften aufweisen. Da diese Eigenschaften bei Stählen weitgehend von ihrer chemischem Zusammensetzung abhängig sind und die Legierungselemente sich in ihrer Wirkung gegenseitig beeinflussen, ist man vielfach zu Kompromissen gezwungen.

Es liegt daher nahe, daß Stahlerzeuger und -verarbeiter gemeinsam mit den Kunststoffverarbeitern immer wieder nach geeigneten Verfahren suchen, um die Qualität und insbesondere auch die Standzeit der Werkzeuge zu verbessern. Durch eine Vielzahl von Oberflächenbehandlungsverfahren kann dies bewirkt werden. Diese Verfahren haben das Ziel

– die Oberflächenqualität,
– die Verschleißfestigkeit (Zug-Druck-, Abrieb-),
– die Korrosionsbeständigkeit und
– die Gleiteigenschaften zu verbessern sowie
– die Neigung zur Bildung von Materialrückständen und Ablagerungen im Werkzeug herabzusetzen.

Die Oberflächeneigenschaften von Spritzgießwerkzeugteilen lassen sich durch eine geeignete mechanische Bearbeitung, durch eine gezielte Wärmebehandlung oder aber auch durch eine Veränderung der Legierungspartner in den Oberflächenschichten, durch Diffusion oder Auftragung, sehr stark beeinflussen und damit auf spezielle Wünsche einstellen.

Bevor im folgenden auf einige ausgewählte Verfahren näher eingegangen wird, sei bereits hier darauf hingewiesen, daß die Anwendung der einzelnen Verfahren sehr spezielle Kenntnisse und z.T. auch einen hohen apparativen Aufwand erfordern, weshalb derartige Arbeiten in der Regel in Spezialfirmen ausgeführt werden. Hier bieten auch die Stahlhersteller entsprechende Hilfen an.

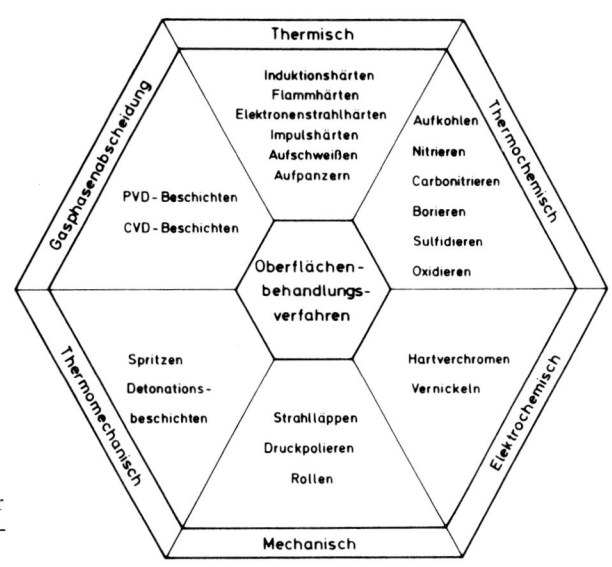

Bild 2 Übersicht einiger Oberflächenbehandlungsverfahren [47, 48]

Die heute gebräuchlichen Oberflächenverfahren für Werkzeugstähle sind in Bild 2 dargestellt. Einige dieser Verfahren werden nachfolgend näher vorgestellt. Dabei ist zu bemerken, daß diese z.T. so neu sind, daß eine abschließende Bewertung ihrer Anwendbarkeit im Werkzeugbau noch nicht möglich ist.

1.5.2 Wärmebehandlung von Stählen

Bei den „klassischen" Wärmebehandlungsverfahren werden durch einfaches Erwärmen und Abkühlen Gefügeveränderungen bewirkt und damit bestimmte Stahleigenschaften erreicht. Die Stahlhersteller stellen dazu spezielle Wärmebehandlungsauswertungen zur Verfügung, aus denen die Behandlungsmöglichkeiten und die sich daraus ergebenden Eigenschaften zu ersehen sind. Diese „einfachen" Wärmebehandlungsverfahren erfordern – solange es um kleine Abmessungen geht – keinen hohen Aufwand an Apparaten und setzen nur theoretisches Verständnis über die bei der Wärmebehandlung ablaufenden Reaktionen voraus. Unter „einfachen" Wärmebehandlungsverfahren werden hier das Glühen, Härten und Anlassen der Stähle verstanden.

Anders dagegen ist es bei den thermochemischen Verfahren, bei denen chemische Elemente aus dem gasförmigen, flüssigen oder festen Zustand in die Werkstückoberfläche eindiffundieren sollen, um dort eine harte und verschleißfeste Schicht zu erzeugen [47]. Man unterscheidet zwischen dem

– Aufkohlen,
– Nitrieren und
– Borieren.

1.5.3 Aufkohlen (Einsetzen, Zementieren)

Beim Aufkohlen werden Stähle mit niedrigem Kohlenstoffgehalt, in der Regel unter 0,25% und somit nicht lösbar, in den oberflächennahen Schichten bei Temperaturen zwischen 850 und 980 °C mit Kohlenstoff auf ca. 0,9% angereichert. Wenn aus der Aufkohlungstemperatur direkt abgeschreckt wird, nennt man dieses Verfahren auch Direkthärtung [49]. Nach dem Aufkohlen erreicht man durch Härtung eine harte Oberflächenschicht, die sich auf den ungehärteten und zähen Kern abstützt [47].

Nach dem Härten werden die Stähle angelassen. Die Höhe der Anlaßtemperatur richtet sich nach dem späteren Verwendungszweck bzw. der Arbeitstemperatur des Werkzeuges [49] und bestimmt die Härte der Oberflächenschicht. Bei einem Anlassen auf Temperaturen zwischen 100 und 300 °C werden Härten zwischen 58 und 63 HRC erreicht.

1.5.4 Nitrieren

Das Nitrieren (vgl. Abschnitt 1.1.3) kann im Salzbad, in Gas oder Pulver durchgeführt werden. Die einzelnen Verfahren unterscheiden sich in Nitrierzeit und -temperatur.

Beim *Badnitrieren* werden die Werkzeuge zunächst auf 400 °C vorgewärmt. Der Nitriervorgang selbst wird dann bei einer Temperatur von 580 °C durchgeführt. Die Nitrierdauer richtet sich nach der gewünschten Nitriertiefe. Im allgemeinen ist jedoch eine Haltezeit von 2 h ausreichend. Eine spezielle Form des Badnitrierens ist die Teniferbehandlung. Es handelt sich dabei um ein besonders zusammengesetztes und belüftetes Nitrierbad. Die für Spritzgießwerkzeuge gewünschte Oberflächenhärte wird auch hier bereits nach einer Haltezeit von 2 h bei einer Temperatur von 570 °C erreicht [50].

Wesentlich längere Nitrierzeiten sind beim *Gasnitrieren* erforderlich. Die gewünschten Oberflächenhärten werden abhängig vom Stahl erst nach 15 bis 30 h erreicht. Die Nitrierbehandlung wird bei Temperaturen zwischen 500 und 550 °C durchgeführt. Durch teilweises Abdecken mit Überzügen aus Kupfer, Nickel oder speziellen Pasten ist es möglich, eine partielle Aufstickung zu erzielen [50].

Beim *Nitrocarburieren* im Gas wird neben Ammoniak noch ein kohlenstoffabgebendes Mittel als Reaktionspartner eingesetzt. Hierdurch wird die Verbindungszone mit Kohlenstoff angereichert. Als Reaktionspartner kommen Endogas, Exogas, Kombinationen von beiden, aber auch Erdgas oder CO_2-haltige flüssige Medien zur Anwendung. Die Behandlungstemperaturen liegen bei rd. 570 °C, die Behandlungsdauer bei 2 bis 6 h.

Aktivatorgehalt, Nitrierzeit und -temperatur bestimmen beim *Pulvernitrieren* das Nitrierergebnis für die jeweilige Stahlsorte. Es wird bei Temperaturen zwischen 450 und 570 °C durchgeführt [50].

Beim *Ionitrieren* erfolgt die Nitrierung im Plasma einer stromstarken Glimmentladung. Stickstoff wird dabei in die Werkzeugoberfläche eingelagert. Es werden Härtetiefen von wenigen μm bis zu 1 mm erreicht. Die größte Oberflächenhärte, die je nach Werkstoff bis zu 1300 HV betragen kann, wird hierbei unmittelbar an der Oberfläche erzielt. Eine Nachbearbeitung der Werkzeuge erübrigt sich daher. Die Behandlung wird im Temperaturbereich zwischen 350 und 580 °C durchgeführt. Die Behandlungszeiten beginnen bei wenigen Minuten und sind praktisch unbegrenzt (20 min bis 36 h) [51].

Beim Nitrieren bzw. Ionitrieren ist mit einem Verzug der Werkzeuge normalerweise nicht zu rechnen. Nach der Wärmebehandlung erhält man spannungsfreie Werkzeuge hoher Zähigkeit mit größter Oberflächenhärte und verbesserter Korrosionsbeständigkeit.

Nitrierstähle werden in geglühtem Zustand angeliefert. Sie lassen sich daher ohne Schwierigkeiten spangebend bearbeiten.

1.5.5 Borieren

Beim Borieren werden die oberflächennahen Werkstückschichten mit Bor angereichert. Hierbei entsteht eine zwar sehr dünne, aber außerordentlich harte (1800 bis 2100 HV 0,025 [47]) und verschleißfeste, aus Eisenboriden bestehende Schicht, die zahnförmig mit dem Grundmetall verbunden ist. Das Borieren kann in einer festen Einsatzmasse, durch Behandeln in Gas oder in Schmelzen auf Borax-Basis mit und ohne Elektrolyte erfolgen.

Das Borieren wird im Temperaturbereich von 800 bis 1050 °C durchgeführt. Die üblichen Behandlungszeiten liegen zwischen 15 min und 30 h. Behandlungsdauer, Temperatur und Grundwerkstoff sind maßgebend für die Schichtdicke. Schichtdicken bis zu 600 µm können erzielt werden. Ein partielles Borieren ist möglich.

Nach dem Borieren können die Werkstücke vergütet werden, um eine höhere „Tragfestigkeit" des Grundmaterials zu erreichen. Voraussetzung dafür ist, daß ein vergüteter Stahl verwendet wurde. Die Temperaturen der Wärmebehandlung richten sich nach dem Grundmaterial. Die Vergütung sollte jedoch auf Werkstücke mit einer mittleren Boridschicht (100 bis 120 µm) beschränkt bleiben. Bei dickeren Schichten besteht die Gefahr der Rißbildung [52].

Borierte Oberflächen haben normalerweise ein stumpfgraues Aussehen und die Boridschicht kann zudem je nach Behandlungsbedingungen auf die Werkstückoberfläche aufwachsen. In vielen Fällen ist daher häufig eine abschließende Bearbeitung durch Schleifen, Polieren, Läppen oder Honen erforderlich.

1.5.6 Elektrochemische Behandlungsverfahren Verchromen – Vernickeln

Bei einigen Hochpolymeren spalten sich bei der Verarbeitung chemisch aggressive Medien, z. B. Salzsäure oder Essigsäure, bei nicht allzu intensivem Angriff ab. Oft schützt man die Werkzeuge durch galvanisch abgeschiedene Schutzüberzüge wie Hartchromschichten oder Nickelüberzüge.

Neben der Korrosionsbeständigkeit werden aber auch die Gleiteigenschaften und bei Hartchrom die Verschleißfestigkeit der Werkzeuge verbessert.

Die Schutzüberzüge sind nur dann dauerhaft wirksam, wenn eine gleichmäßige Schichtdicke beim Auftragen erzielt und scharfe Kanten am Werkzeug vermieden wurden. Ungleiche Schichtdicken und scharfe Kanten verursachen Spannungen in der Schutzschicht, die dann bei Belastung zum Abplatzen führen können. Die Gefahr, daß der Schutzüberzug nicht überall gleich ist, ist besonders groß bei Werkzeugen mit verwickelten Konturen (Hinterschneidungen, an Ecken usw.). Zudem besteht an dünnen Stegen, die auf Biegung beansprucht werden, sehr leicht die Gefahr, daß die aufgetragenen Schichten reißen.

Vor dem Aufbringen der galvanischen Schutzschichten müssen die Werkzeuge entsprechend bearbeitet werden, da der Aufbau und die Oberflächenbeschaffenheit der Schichten abhängig sind von der Qualität des Haftgrundes. Geschliffene, besser aber noch polierte und verdichtete Werkzeugoberflächen liefern die besten Ergebnisse.

1.5.6.1 Hartverchromen

Die Dicke der elektrogalvanisch aufgetragenen Hartchrom-Schichten richtet sich nach der Stromdichte und den Elektrolyttemperaturen, die Härte auch nach der Temperatur, mit welcher die Wärmebehandlung nach der Hartverchromung ausgeführt wurde. Übliche Schichtdicken sollten zwischen 5 und 200 µm, in Sonderfällen zwischen 0,5 und 1 mm liegen [47]. Man erreicht Oberflächenhärtegrade von 900 HV 0,2.

1.5.6.2 Vernickeln

Beim Vernickeln unterscheidet man zwischen dem galvanischen und dem chemischen Vernickeln (Kanigen-Verfahren). Die Schichteigenschaften sind auch hier von den Verfahrensparametern abhängig. Die Nickelschichten sind relativ weich und daher nicht verschleißfest.

1.5.6.3 NYE-CARD-Verfahren

Um diesem Nachteil abzuhelfen, hat man Verfahren, wie das NYE-CARD-Verfahren entwickelt, bei welchem in die galvanisch abgeschiedene Nickel-Phosphorschicht 20 bis 70 Vol.-% Siliciumpartikel von 25 bis 75 µm eingelagert werden. Die Nickelphosphoride enthalten 7 bis 10% Phosphor.

Die Temperaturen, denen das zu beschichtende Material unterworfen wird, liegen beim Beschichten unter 100 °C. Wenn eine die Haftung verbessernde Wärmebehandlung erfolgen soll, beträgt diese Temperatur ca. 315 °C. Außer Stählen können auch andere Werkstoffe wie Aluminium oder Kupferlegierungen beschichtet werden, jedoch ist es sinnvoll, wegen der geringen Schichtdicken gehärtete Trägerwerkstoffe zu benutzen, um deren Oberflächengüte auf die gewünschte Qualität zu bringen.

1.5.6.4 Hardalloy-Beschichtung

Bei der Hardalloy-Beschichtung handelt es sich um galvanisch abgeschiedene Schutzschichten entweder aus Wolfram-Chrom (Hardalloy W) oder Vanadiumkobalt (Hardalloy TD), die auf eine durch Ionenbeschuß vorher geglättete und verdichtete Oberfläche aufgetragen werden [53].

1.5.6.5 Schlußbemerkung

Einen erheblichen Nachteil dieser Beschichtungsverfahren, wie auch des Hartverchromens, ist die lange Zeit bis zur Rücklieferung, da diese Verfahren in der Regel nur außer Haus auszuführen sind [54].

1.5.7 Beschichtungen bei niedrigen Drücken

1.5.7.1 CVD-Verfahren

Das CVD-Verfahren (Chemical Vapour Deposition) beruht auf der Abscheidung von Feststoffen durch chemische Reaktion aus der Gasphase bei Temperaturen >800 °C [47]. In Bild 3 ist das Verfahren schematisch dargestellt.

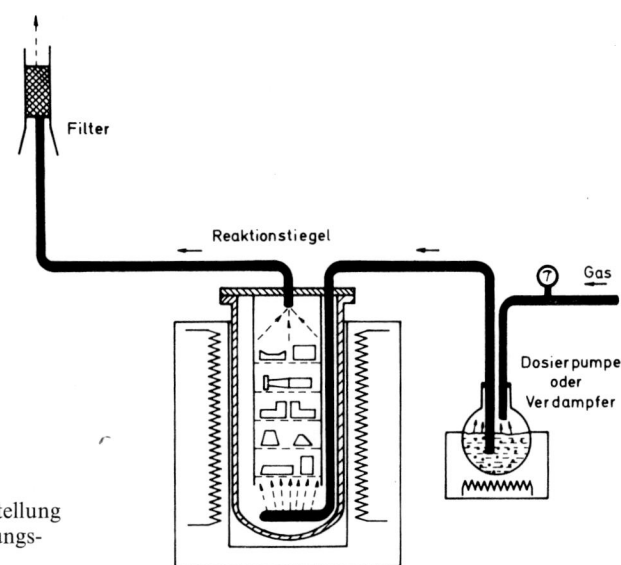

Bild 3 Schematische Darstellung einer Titancarbidbeschichtungsanlage [47]

Beim CVD-Verfahren können Carbide, Metalle, Nitride, Boride, Silicide oder auch Oxide bei Temperaturen von 800 bis 1 100 °C auf die erhitzte Oberfläche der Werkzeuge abgeschieden werden. Es bilden sich dabei je nach Beschichtungsort und Werkzeugtyp Schichtdicken von 6 bis 30 µm, mit einer Festigkeit bis zu 4000 N/mm² z.B. bei einer Titancarbidbeschichtung von 10 µm Dicke. Die Schichten bilden die Oberflächen der Werkzeuge konturgenau ab, d. h., Bearbeitungsspuren einer mechanischen Oberflächenbearbeitung wie z. B. Schleifriefen werden durch das CVD-Verfahren nicht kaschiert. Die Werkzeugoberfläche muß also bereits vor dem Beschichten die Qualität aufweisen, die vom fertig bearbeiteten und beschichteten Werkzeug erwartet wird [55].

Durch die hohen Temperaturen, die bei diesem Verfahren erforderlich sind, verliert der Trägerwerkstoff an Härte und Festigkeit. Dieser Nachteil muß durch eine erneute Wärmebehandlung und einer damit verbundenen Härtung des Grundmaterials wieder ausgeglichen werden. Als Trägerwerkstoffe werden für den Werkzeugbau die Stähle 1.2379 und 1.2344 empfohlen.

Da jede Wärmebehandlung Risiken wie Verzug in sich birgt, ist man z.Z. bemüht, das Verfahren so weit zu verbessern, daß man mit niedrigeren Prozeßtemperaturen auskommt. Dabei sind Temperaturen von 700 °C und darunter im Gespräch [56].

1.5.7.2 PVD-Verfahren

Unter PVD-Verfahren (Physical Vapour Deposition) werden Beschichtungsverfahren zusammengefaßt, mit denen Metalle und ihre Legierungen sowie chemische Verbindungen wie Oxide, Nitride, Carbide durch gleichzeitige Einwirkung thermischer und kinetischer Energie mittels Teilchenbeschuß im Vakuum abgeschieden werden [47]. Das Verfahren ist in Bild 4 schematisch dargestellt.

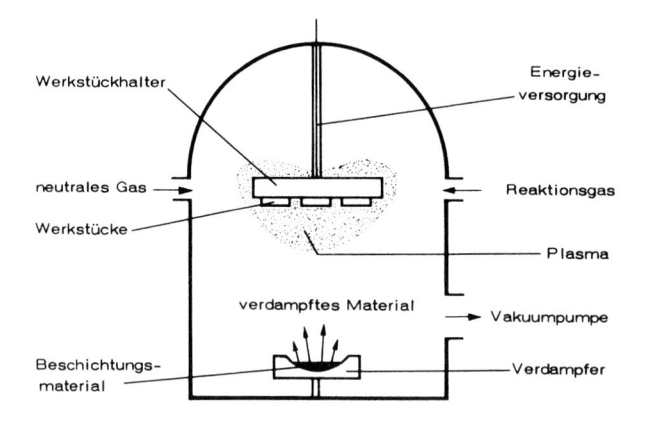

Bild 4 Prinzipdarstellung des PVD-Verfahrens [47]

Zu den PVD-Verfahren zählen:

- Aufdampfen im Hochvakuum,
- Ionenplattieren (Ion Plating) und
- Zerstäuben (Sputtering) [47].

Im Gegensatz zu den CVD-Verfahren erfolgt bei den physikalisch ablaufenden Beschichtungsverfahren die Beschichtung der Werkzeuge bei Temperaturen zwischen 500 und 550 °C. Man liegt damit in vielen Fällen unterhalb der Anlaßtemperatur der Trägerwerkstoffe, so daß eine erneute Wärmebehandlung nach dem Beschichten mit dem damit verbundenen Risiko eines Verzuges nicht notwendig ist. Dieses Verfahren ist für praktisch alle Werkzeugstähle geeignet [55].

Auch beim PVD-Verfahren ist die Qualität und Sauberkeit (rost- und fettfrei etc.) der Werkzeugoberfläche vor dem Beschichten entscheidend für den Verbund und die Oberflächenqualität nach dem Beschichten.

Als Auflagen kommen Diamant, vor allem aber das preisgünstigere Titannitrid in Frage. Theoretisch können auch durch Ionenimplantation, z. B. von Stickstoff oder Kohlenstoff, dünnste Hartschichten erzeugt werden [58].

Die PVD-Beschichtungen haben den Vorteil, daß sie praktisch von der Oberflächengestalt unabhängig sind und weder deren Feingestalt noch die Maßgenauigkeit beeinflussen. Die Veränderungen liegen bei < 5 µm und Rauhigkeiten von $R_z < 0{,}5$ µm [59].

Praktisch eingesetzt wurden bisher nur Titannitrid-(TiN-)Schichten. Hierzu wird bei Temperaturen von 550 °C im Vakuum Titan verdampft, das zusammen mit dem anwesenden Stickstoff an der Metalloberfläche einen goldgelben verschleißfesten Überzug von bis 5 µm bildet [60].

Geeignet sind alle Stähle, die eine Temperatur von 550 °C ertragen. Positive Erfahrungen – mit erheblich verlängerten Standzeiten, auch bei gleichzeitigem Korrosionsangriff –

wurden z. B. an Werkzeugen gemacht, mit denen schwerentflammbar eingestelltes Polyamid oder POM verarbeitet werden mußte.

Bei der Verarbeitung von Polycarbonat war die Belagbildung wesentlich vermindert und eine die Oberfläche weniger gefährdende Reinigung möglich.

Durch die Anwendung von PVD-Beschichtungen kann die Standzeit der Werkzeuge erheblich verlängert werden (bis zum 20fachen) [48]. Ein weiterer wichtiger Vorteil ist die Reduzierung der Entformungskräfte.

1.6 Besondere Vergütungsverfahren

1.6.1 Härten mit Laser

Beim Laserhärten wird das Werkstück an der Oberfläche durch Absorption der Infrarot-Strahlung und in den tieferen Zonen bis zu einer bestimmten Tiefe durch Wärmeleitung bis oberhalb der Austenitisierungstemperatur aufgeheizt. Dieser Aufheizprozeß verläuft sehr schnell und ist von so kurzer Dauer, daß die aufgenommene Wärmemenge bei Weiterführung des Laserstrahls schnell in das Werkstückinnere abgeführt wird. Es entsteht somit ein äußerst steiler Temperaturgradient zwischen Werkstückoberfläche und Restwerkstück, so daß die zur Martensitbildung erforderliche kritische Abkühlgeschwindigkeit überschritten wird [61].

Beim Laserhärten handelt es sich um ein partielles Härteverfahren, bei dem ein linienförmiger Fokus über die zu härtende Fläche geführt wird. Dies hat den Vorteil, daß man eine Härtung gezielt an den Stellen durchführen kann, an denen man einen erhöhten Verschleiß erwartet.

Es hat aber auch den Nachteil, daß größere Flächen nur in mehreren Schritten „bearbeitet" werden können.

Beim Laserhärten werden heute CO_2-Laser im Leistungsbereich bis 5 kW verwendet. Es werden dabei je nach Werkstoff, Vorschubgeschwindigkeit, Laserleistung und Strahlführung unterschiedliche Härten und Härtetiefen erreicht. Nennenswerte Erfahrungen liegen noch nicht vor.

1.6.2 Elektronenstrahl-Härten

Es handelt sich um ein im Prinzip gleiches Verfahren, jedoch wird die schnelle Aufheizung durch Elektronenstrahlbeschuß bewirkt. Dieses Verfahren dürfte jedoch gegenüber dem Laserstrahlhärten wenig Aussichten haben, da es Hochvakuum erfordert, während der Laserstrahl bei Raumbedingungen einwirkt.

1.7 Werkstoffe und Verfahren für die Herstellung von Versuchswerkzeugen für kleine Stückzahlen

Außer den in Abschnitt 1.3.4 besprochenen Zinn-Wismut-Legierungen sowie den Zinklegierungen (Abschnitt 1.3.2) gibt es noch einige weitere Möglichkeiten, schnell Versuchswerkzeuge herzustellen.

1.7.1 Gießharze

Für Probespritzungen zum Bemustern von Artikeln, die im Spritzgießverfahren gefertigt werden sollen, verwendet man gelegentlich Werkzeugeinsätze aus gefüllten Gießharzen. Diese Werkzeuge lassen sich wirtschaftlich fertigen und verlangen vom Werkzeugmacher keine allzu großen Kenntnisse. Er kann sich, falls die Verwendung von Gießharzmassen im Werkzeugbau für ihn Neuland ist, beim Rohstoffhersteller fertige Werkzeug-Gießharzmassen beschaffen, die aus dosierten Arbeitspackungen der Einzelkomponenten bestehen. Das Matrixmaterial ist im allgemeinen Epoxidharz. In der Regel verwendet man warmhärtende Systeme. Zum Verbessern der Wärmeleitfähigkeit und der Druckfestigkeit sowie zum Vermindern der Schwindung werden dem Harzansatz neben anderem insbesondere metallische Füllstoffe (Metallpulver) beigemischt. Die Schwindung wird durch den Zusatz von Füllstoffen kleiner als 1%.

Als Modelle können für den Abguß sowohl Stahl- als auch Gips-, Holz- und Kunststoffmodelle verwendet werden. Die abgußfertigen Modelle werden vor dem Guß getrocknet (sonst besteht die Gefahr der Blasenbildung), eventuell vorgewärmt (Holzmodelle bei ca. 80 bis 90 °C), sodann mit Wachs und Trennlack eingestrichen, um eine einwandfreie Trennung von Harzeinsatz und Modell zu erzielen. Das vorbereitete Modell wird dann am besten in einem Rahmen auf einem Rütteltisch oder unter einem Eksikkator abgegossen, damit die beim Ansetzen des Gießharzes mit eingerührten Luftblasen entweichen können [39]. Nach dem Guß wird der Harzeinsatz in ein rahmenförmiges Metallstammwerkzeug aufgenommen. Dieser Metallrahmen hat die Aufgabe, die beim Spritzgießen auftretenden Kräfte aufzunehmen. Mechanisch hochbelastete Stellen können zudem bereits beim Guß des Werkzeugeinsatzes durch Einlegen von Metallteilen verstärkt werden. Sind Schraubverbindungen erforderlich, so sollte man Metallteile mit Gewindebohrungen eingießen. Ähnlich ist auch die Werkzeugtemperierung einzugießen.

Man legt dann Rohrschlangen ein. Die vorgefertigten Kühlschlangen bewirken dazu noch eine Versteifung des Werkzeugeinsatzes.

Tabelle 9 Eigenschaften eines für den Werkzeugbau geeigneten Gießharzes [63, 64]

Druckfestigkeit	158 N/mm²
Reißfestigkeit	20 N/mm²
Bruchdehnung	2,5%
Dichte	3 220 kg/m³
Wärmeleitfähigkeit	0,97 W/(K·m)
Linearer Ausdehnungskoeffizient	$26 \cdot 10^{-6}$ 1/K
Temperaturbeständigkeit	bis 320 °C

In Tabelle 9 sind die Eigenschaften eines für den Werkzeugbau geeigneten Gießharzes zusammengefaßt. Es handelt sich dabei um ein warmhärtendes System auf Epoxidharz-Basis mit spezieller metallischer Füllung, das mit Silikonen modifiziert ist.

Neben den Epoxidharzmassen werden noch Methacrylat- und Polyestermassen im Werkzeugbau verwendet. Diese Gießharze sind jedoch nur für Werkzeuge für Probespritzungen geeignet. Sie dienen in größerem Maße vielmehr zum Bau von Tiefziehwerkzeugen, Lehren, Kopiermodellen, Touchiermodellen oder ähnlichem [62].

1.7.2 Keramische Formmassen

Über ein Modell aus einem beliebigen Werkstoff wird entweder zunächst eine dünne Metallschicht durch eine Spritztechnik aufgebracht, die dann mit den keramischen Formmassen hinterfüttert wird, oder das Modell wird direkt mit der keramischen Formmasse eingeformt. Solche Formmassen können von unterschiedlicher Art sein, für Hinterfüllung werden z. B. feinkörniger Betonzement oder Kupron verwendet [65].

Zur Klasse der sogenannten Geopolymere gehört Trolit [66], eine Formmasse, die aus der Grundkomponente (Feststoff und flüssige Härter) und Füllstoffen besteht und schwindungsfrei aushärtet. Zum Mischen genügt eine Betonmischeinrichtung vorzugsweise kombiniert mit einem Schneckenmischer (z. B. Respecta), wie sie für Polymerbeton verwendet wird. Die Masse kann auf hohe Druck- und Biegefestigkeit sowie Zähigkeit eingestellt werden. Sie hat eine hohe Wärmebeständigkeit, die, je nach Temperatur, bis 1 500 °C gesteigert werden kann. Die Wärmedehnung ist ebenso wie die Wärmeleitfähigkeit ähnlich niedrig wie generell bei keramischen Werkstoffen. Die Abformgeschwindigkeit und Oberflächengüte sind hervorragend. Nachbearbeitungen durch Bohren, Fräsen, Schleifen, Polieren und Läppen sind möglich.

Die Herstellung von Werkzeugen erfolgt bei allen keramischen Formmassen in gleicher Weise durch Gießen wie bei den Gießharzen. Erfahrungen liegen außer mit Versuchsformen bei den Formmassenherstellern noch nicht vor.

1.8 Werkstoffe für Funktions- und Montageteile (Formgestelle) an Spritzgießwerkzeugen (Werkzeug-Normalien)

Neben den mit dem Kunststoff in Berührung kommenden Werkzeugteilen, den Werkzeugeinsätzen, sind für den Aufbau eines Werkzeugs eine Reihe von Teilen erforderlich, die ebenfalls mehr oder weniger hoch beansprucht werden. Dies sind insbesondere Auswerferstifte, Führungssäulen und -buchsen, Aufspannplatten, Zwischenplatten, Platten zur Aufnahme der Werkzeugeinsätze, Ausstoßer, Distanzplatten, Zentrierflansche usw. Diese Bauelemente können heute im Handel fertig bezogen werden (sogenannte Normalien siehe Kapitel 16). Mit ihrer Hilfe lassen sich nach dem Baukastenprinzip komplette Werkzeuge fertigen, in die der Werkzeugmacher nur noch den individuellen Einbau der Formkonturen vorzunehmen hat. Dank ihrer Fertigung in großen Serien sind diese Funktions- und Montageteile relativ preisgünstig. Als Werkstoffe für die einzelnen Bauelemente werden dabei üblicherweise die in Tabelle 10 (siehe nächste Seite) aufgeführten Stähle verwendet.

Tabelle 10 Stähle für Funktions- und Montageteile [11, 17]

Anwendungsgebiet	Bezeichnung nach DIN 17006	Werkstoff-Nr. nach DIN 17007	Werkstoff	mechanische Eigenschaften
Auswerferstifte	115 CrV 3 120 WV 4 C 110 W 2 X 40 CrMoV 51	1.2210 1.2516 1.1650 1.2344	Werkzeugstahl für Kaltarbeit Werkzeugstahl für Kaltarbeit Unlegierter Werkzeugstahl Werkzeugstahl für Warmarbeit	gehärtet und angelassen auf 60–63 HRC gehärtet und angelassen auf 62–65 HRC gehärtet und angelassen auf 63–65 HRC weichgeglüht auf 2400 HB
Führungsbolzen Führungssäulen	C 110 W 1 16 MnCr 5	1.1550 1.2161	Unlegierter Werkzeugstahl Werkzeugstahl für Kaltarbeit	gehärtet und angelassen auf 55–62 HRC Oberflächenhärte nach dem Einsatzhärten 58 HRC
Kliniken Zentrierhülsen	105 WCr 6 55 NiCrMoV 6	1.2419 1.2713	Werkzeugstahl für Kaltarbeit Werkzeugstahl für Warmarbeit	gehärtet und angelassen auf 60–62 HRC normal geglüht und angelassen auf 800–950 N/mm^2
Schließkeile u.a.	C 15 C 45	1.0401 1.0503	Automaten-Einsatzstahl Automaten-Vergütungsstahl	gehärtet und angelassen auf 60–62 HRC weichgeglüht auf 2060 HB
Aufspannplatten	Ck 22	1.1151	Unlegierter Baustahl	normal geglüht und angelassen auf 400–500 N/mm^2
Zwischenplatten	Ck 35	1.1181	Unlegierter Baustahl	normal geglüht und angelassen auf 500–600 N/mm^2
Ausstoßerplatten	Ck 45	1.1191	Unlegierter Baustahl	normal geglüht und angelassen auf 600–700 N/mm^2
Platten zur Aufnahme von Werkzeugeinsätzen	Ck 60 C 45 W 3 55 NiCrMoV 6 21 MnCr 45	1.1221 1.1730 1.2713 1.2162	Unlegierter Baustahl Unlegierter Werkzeugstahl Werkzeugstahl für Warmarbeit Werkzeugstahl für Kaltarbeit	normal geglüht und angelassen auf 800–900 N/mm^2 gehärtet und angelassen auf 50–57 HRC normal geglüht und angelassen auf 800–950 N/mm^2 Oberflächenhärte nach dem Einsatzhärten 60 HRC
Zentrierflansche	St 50 St 70	1.0530	Unlegierter Flußstahl Unlegierter Flußstahl	Festigkeit 500–600 N/mm^2 Festigkeit 700–850 N/mm^2
Angießbuchse	14 NiCr 14 56 NiCrMoV 7	1.2735 1.2714	Werkzeugstahl für Kaltarbeit Werkzeugstahl für Warmarbeit	Oberflächenhärte nach dem Einsatzhärten 60 HRC weichgeglüht auf 2500 HB

Literatur zu Kapitel 1

[1] *Becker, H.J.:* Herstellung und Wärmebehandlung von Werkzeugen für die Kunststoffverarbeitung. VDI-Z 114 (1972) 7, S. 527–532.
[2] *Krumpholz, R.; Meilgen, R.:* Zweckmäßige Stahlauswahl beim Verarbeiten von Kunststoffen. Kunststoffe 63 (1973) 5, S. 286–291.
[3] *Menges, G.; Horn, B.; Mohren, P.:* Werkzeugeinsätze aus Sonderwerkstoffen. Kunststoffberater 17 (1972) 5, S. 371–373.
[4] *Kuhlmann, E.:* Die Werkstoffe der metallverarbeitenden Berufe. Giradet, Essen 1954.
[5] *König, W.:* Neuartige Bearbeitungsverfahren. Vorlesung Fertigungstechnik II, RWTH Aachen, Laboratorium für Werkzeugmaschinen und Betriebslehre.
[6] Auswahl und Wärmebehandlung von Stahl für Kunststoff-Formen. Arburg heute 5 (1974) 7, S. 16–18.
[7] *Dember, G.:* Stähle zum Herstellen von Werkzeugen für die Kunststoffverarbeitung, Kunststoff-Formenbau, Werkstoffe und Verarbeitungsverfahren. VDI-Verlag, Düsseldorf 1976.
[8] Maßänderungsarme Stähle. Firmenschrift der Fa. Böhler.
[9] *Becker, H.J.:* Werkzeugstähle für die Kunststoffverarbeitung im Preß- und Spritzgießverfahren. VDI-Z 113 (1971) 5, S. 385–390.
[10] *Catić, I.:* Kriterien zur Auswahl der Formnestwerkstoffe. Plastverarbeiter 26 (1975) 11, S. 633–637.
[11] Werkstoffe für den Formenbau. Technische Information 4.6 der BASF, Ludwigshafen/Rh. 1969.
[12] *Treml, F.:* Stähle für die Kunststoffverarbeitung. Vortrag gehalten im IKV Aachen am 15.11. 1969.
[13] *Malmberg, W.:* Glühen, Härten und Vergüten des Stahls. Springer, Berlin, Göttingen, Heidelberg 1961.
[14] *Lauf, J.:* Stahlauswahl unter Berücksichtigung des Kunststoffes und der geforderten Oberfläche. Umdruck zu 2. Würzburger Werkzeugtage WWT. Würzburg 4. und 5. Oktober 1988.
[15] *Dittrich, A.; Kortmann, W.:* Werkstoffauswahl und Oberflächenbearbeitung von Kunststoffstählen. Thyssen Edelst. Techn. Bericht 7 (1981) 2, S. 190–199.
[16] Werkzeugstähle. Druckschrift 1122/5 der Firma Tyhssen Edelstahlwerke AG, Krefeld 1986.
[17] *Stoeckhert, K.:* Werkzeugbau für die Kunststoffverarbeitung. 3. Aufl. Hanser, München 1979.
[18] *Weckener, H.D.; Höpken, H.; Dörlam, H.:* Werkzeugstähle für die Kunststoffverarbeitung. Information 15/75 der Stahlwerke Südwestfalen AG, Hüttental-Geisweid (1975) S. 31–40.
[19] Spritzgießen von Thermoplasten. Druckschrift der Farbwerke Hoechst AG, Frankfurt 1971.
[20] *Illgner, K.H.:* Gesichtspunkte zur Auswahl von Vergütungs- und Einsatzstählen. Metalloberfläche 22 (1968) 11, S. 321–330.
[21] Auswahl und Wärmebehandlung von Stahl für Kunststoff-Formen. Druckschrift der Fa. Arburg, Arburg heute 5 (1974) 8, S. 23–25.
[22] Auswahl und Wärmebehandlung von Stahl für Kunststoff-Formen. Druckschrift der Fa. Arburg, Arburg heute 5 (1974) 7, S. 16–18.
[23] *Frehn, F.:* Höchst-Carbidhaltige Werkzeugstähle für die Kunststoff-Verarbeitung. Kunststoffe 66 (1976) 4, S. 220–226.
[24] *Schruff, E.:* Klöckner-Edelstahl. Schriftenreihe der Klöckner-Werke AG, Duisburg H. 3. 1972.
[25] *Weckener, H.D.; Dörlam, H.:* Neuere Entwicklungen auf dem Gebiet der Werkzeugstähle für die Kunststoffverarbeitung. Druckschrift 57/67 der Stahlwerke Südwestfalen AG, Hüttental-Geisweid (1967).
[26] Stähle und Superlegierungen. Elektroschlacke umgeschmolzen. WF-Informationen der Fa. MBB, München 5 (1972) S. 140–143.
[27] *Verderber, W.; Leidel, B.:* Besondere Maßnahmen bei der Herstellung von Werkzeugstählen für die Kunststoffverarbeitung. Information 15/75 der Stahlwerke Südwestfalen AG, Hüttental-Geisweid (1975) S. 22–27.
[28] *Zelenka, R.:* Gegossene Werkzeugeinsätze. Kunststofftechnik 12 (1973) 3, S. 67–68.
[29] *Zeuner, H.; Menzel, A.:* Herstellung und Anwendung gegossener Werkzeuge. Rheinstahl-Technik 3/71, S. 91–96.
[30] Spezialgegossene Werkzeuge. Information der Stahlwerke Carp & Hones, Ennepetal, Druckschrift 1156/4 (1973).

[31] *Kloos, K.H.; Diehl, H.; Nieth, F.; Tomala, W.; Düssler, W.:* Werkstofftechnik, Dubbels Taschenbuch für den Maschinenbau, 15. Auflage. Springer, Berlin, Heidelberg, New York, Tokio 1983, S. 294 ff.
[32] *Merten, H.:* Gegossene NE-Metallformen. Angewandte NE-Metalle – Angewandte Gießverfahren. VDI-Bildungswerk BW 2197. VDI-Verlag, Düsseldorf.
[33] *Beck, G.:* Kupfer Beryllium, Kunststoff-Formenbau, Werkstoffe und Verarbeitungsverfahren. VDI-Verlag, Düsseldorf 1976.
[34] Gegossene Formen. Firmenschrift der Fa. BECU, Hemer-Westig.
[35] *Richter, F.H.:* Gießen von Spritzguß- und Tiefziehformen aus Feinzinklegierungen. Kunststoffe 50 (1960) 12, S. 723–727.
[36] *Wolf, W.:* Tiehzieh-, Präge- und Stanzwerkzeuge aus Zinklegierungen. Z. Metall für Technik, Industrie und Handel 6 (1952) 9/10, S. 240–243.
[37] *Skluzak, D.:* Aluminium alloy CZ 36 for the mold marking industry. ANTEC '88, Atlanta, Preprint S. 1327–1330.
[38] *Zürb, G.:* Vorteilhafter Aluminium-Einsatz im Werkzeug und Formenbau. Der Stahlformenbauer 4 (1986).
[39] Prospekt der Fa. Almet, Düsseldorf.
[40] *Erstling, A.:* Aluminiumeinsatz im Spritzgießwerkzeugbau. Kunststoffe 78 (1988) 7, S. 596–598.
[41] Prospekt der Fa. Technis, Grigny.
[42] Cerro-Legierungen für schnellen Werkzeugbau. Plastverarbeiter 25 (1974) 3, S. 175–176.
[43] Eigenschaften und Anwendungen der Cerro-Legierungen. Prospekt der Fa. Hek GmbH, Lübeck.
[44] *Winkler, L.:* Galvanoformung – ein modernes Fertigungsverfahren, Teil I und II. Metalloberfläche 21 (1967), H. 8, 9, 11.
[45] *Watson, S.A.:* Taschenbuch der Galvanoformung mit Nickel. Lenze, Saulgau/Württ. 1976.
[46] Galvanoeinsätze für Klein- und Großwerkzeuge. Prospekt der Gesellschaft für Galvanoplastik mbH, Lahr.
[47] *Kortmann, W.:* Vergleichende Betrachtungen der gebräuchlichsten Oberflächenbehandlungsverfahren. Thyssen Edelstahl Techn. Ber. 11 (1985) 2, S. 163–199.
[48] *Walkenhorst, U.:* Überblick über verschiedene Schutzmaßnahmen gegen Verschleiß und Korrosion in Spritzgießmaschinen und -werkzeugen. Umdruck zu 2. Würzburger Werkzeugtage WWT, 4. und 5. Oktober 1988.
[49] Rationalisierung im Formenbau. Bericht über das Formenbausymposium 1981 des VKI. Kunstst. Plast. 29 (1982) 1/2, S. 25–28.
[50] Werkzeugstähle für die Kunststoffverarbeitung. Druckschrift Nr. 0122/4 der Edelstahlwerke Witten AG, Witten 1973.
[51] Ionitrieren ist mehr als Härten. Firmenschrift der Fa. Klöckner Ionen GmbH, Köln.
[52] Firmenschriften des Elektroschmelzwerkes Kempten GmbH, München 1974.
[53] Hardalloy W. und T.D. Firmenschrift der Fa. IEPCO, Zürich 1979.
[54] *Piwowarski, E.:* Herstellen von Spritzgießwerkzeugen. Kunststoffe 78 (1988) 12, S. 1137–1146.
[55] *Ludwig, J.H.:* Werkzeugwerkstoffe, ihre Oberflächenbehandlung, Verschmutzung und Reinigung. Gummi Asbest Kunst. 35 (1982) 2, S. 72–78.
[56] *Ruminski, L.:* Harte Haut aus Titancarbid. Bild der Wissenschaft 2 (1984) S. 28.
[57] Balnit Hartstoff-Beschichtung für Präzisionswerkzeuge und Verschleißteile. Prospekt der Fa. Balzers, Geisenheim.
[58] *Frey, H.:* Maßgeschneiderte Oberflächen. VDI-Nachrichten-Magazin 2 (1988) S. 7–11.
[59] *Bennighoff, H.:* Beschichten von Werkzeugen. K Plast. Kautsch. Z. (1988) 373, S. 13.
[60] *Wild, R.:* PVD-Hartstoffbeschichtung – Was Werkzeugbauer und Verarbeiter beachten sollten. Plastverarbeiter 39 (1988) 4, S. 14–28.
[61] *Meis, F.U.; Schmitz-Justen, Cl.:* Gezieltes Härten durch Laser-Licht. Industrie-Anzeiger 105 (1983) 56/57, S. 29–31.
[62] Spritzgießwerkzeuge für kleine Stückzahlen mit Formeinsatz aus Epoxidharz mit Füllstoff. Technische Information 4.6.1 der BASF, Ludwigshafen/Rh. 1969.
[63] Gießharz zum Herstellen von Spritzgießwerkzeugen. Kunststoffe 63 (1973) 2, S. 113–114.
[64] Kosten senken im Formenbau. Kunststoffe 12 (1973) 4, S. 115–116.
[65] Kupron Prototypes. B.V. Dr. Nolenshaan 119 b, 6136 GM Sittard, Niederlande.
[66] Trowit. Versuchprojekt der Hüls-Troisdorf AG, Troisdorf.

2 Fertigungsverfahren für Spritzgießwerkzeuge

Zur Herstellung von Spritzgießwerkzeugen werden die verschiedensten Fertigungsverfahren bzw. Kombinationen dieser Verfahren angewendet.

In Bild 5 sind in relativem Maß die Kosten für einige Herstellverfahren aufgetragen. Demnach erscheinen Werkzeuge aus Stählen um ein Vielfaches teurer als solche, die mit anderen Verfahren hergestellt wurden. Trotzdem ist das Werkzeug aus Stahl die in der Regel bevorzugte Lösung. Dieser scheinbare Widerspruch löst sich auf, wenn man bedenkt, daß die Lebensdauer (Standzeit) eines Werkzeuges aus Stahl am längsten ist und daß die Mehrkosten für die Fertigung einer Kavität im Vergleich zum Aufbau des gesamten Werkzeuges nur einen Bruchteil darstellen.

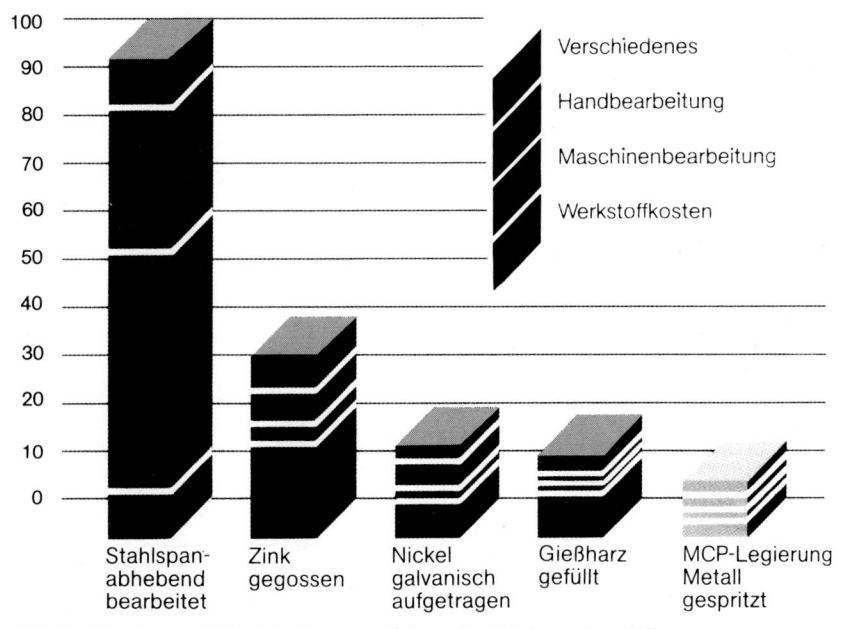

Bild 5   Kostenvergleich: Fertigungsverfahren im Werkzeugbau [1]

Bei der Galvanoformung ist ebenso wie bei den anderen Verfahren, die nicht im eigenen Hause verfügbar sind bzw. durchgeführt werden können, die zusätzliche Fertigungszeit bis zur endlichen Verfügbarkeit des Werkzeuges sehr hinderlich. Die Herstellung eines Galvanoeinsatzes dauert z.B. mehrere Wochen oder Monate. Es ist weiter zu bedenken, daß ein Formnesteinsatz aus einem vergüteten Stahl ohne Probleme abgemustert und anschließend nachbearbeitet werden kann. Die hohen Fertigungskosten rechtfertigen zudem den Einsatz der besseren Werkzeugwerkstoffe, denn deren Kosten machen in der Regel nur 10 bis 20% der Gesamtkosten eines Werkzeuges aus.

Die Herstellung von Werkzeugen erfordert trotz aller modernen Verfahren in Planung, Entwurf und Fertigung hochqualifizierte Handwerker, die heute jedoch Mangelware sind, weshalb die Herstellung von Werkzeugen stets einen Engpaß darstellt.

Es ist daher verständlich, daß man heute in allen modernen Werkzeugmachereien einen hochmodernen Maschinenpark findet, mit dessen Hilfe man versucht, z. B. mit numerisch gesteuerten Werkzeugmaschinen eine höhere Sicherheit vor Ausschuß zu erzielen oder aber durch Automatisierung der Bearbeitungsprozesse diese unbemannt ablaufen zu lassen (z. B. beim Erodieren).

2.1 Gießen

Den spanenden Bearbeitungsverfahren sind vielfach Grenzen durch die gewünschte Oberflächengestaltung und durch die mechanischen Eigenschaften der zu bearbeitenden Werkstoffe gesetzt. Sie sind zudem teuer und zeitaufwendig, insbesondere bei großvolumigen Werkzeugen, wo der Zerspanungsabfall zudem besonders zu Buche schlägt. Neuere Gießverfahren mit Spezialstahl- oder hochfesten NE-Metallegierungen ermöglichen es heute, Werkzeuge bzw. Werkzeugeinsätze in jeder Größe einsatzfertig zu gießen.

2.1.1 Gießverfahren

Man unterscheidet drei Gießverfahren, den Sandguß, den Keramikguß und den Preßguß. Ihre Anwendung richtet sich nach den Abmessungen des Werkzeugs, den vorgeschriebenen Maßtoleranzen, der geforderten Wiedergabegenauigkeit und der gewünschten Oberflächenqualität.

2.1.2 Sandguß

Dieses Verfahren findet in erster Linie Anwendung bei der Fertigung großer Werkzeuge bis zu 3 t je Werkzeughälfte [2] und bei Werkzeugen, bei denen wegen einer geforderten hohen Maßgenauigkeit oder besonderer Oberflächenqualität eine spanende Nacharbeit von vornherein vorgesehen ist [2, 3].

Ausgehend vom Original oder einem abformbaren Positivmodell wird zunächst ein Negativmodell mit Bearbeitungszugaben für die äußeren Abmessungen hergestellt. Die Bearbeitungszugaben werden dann spanend abgearbeitet, wobei die äußeren Wandungen eine notwendige Entformungsschräge von 1° bis 5° [2 bis 5] je nach Gestaltung und Abmessung erhalten. Das bearbeitete Negativmodell wird dann in Sand abgeformt und nach dem Abbinden des mechanisch verdichteten Sandes entformt. Die nun fertige Sandform wird vor dem Abguß noch mit einer Schlichte bearbeitet. Diese Schlichte beeinflußt die Oberflächenbeschaffenheit des fertigen Gußstückes (Werkzeugs). Die Sandform wird beim Entformen des Werkzeugs zerstört. Sie besteht im wesentlichen aus Quarz-, Zirkonsilikat- oder Chromerzsand, der mit Bindemitteln auf Basis von Wasserglas, Ölen oder kalthärtenden Harzen versehen ist [4, 6]. Wichtig ist, daß dieses Formstoffgemisch mit dem Gußmetall keinerlei Reaktion eingeht, da sonst Gußfehler, wie Blasen und nichtmetallische Einschlüsse, entstehen können, die die Qualität des Werkzeuges negativ beeinflussen würden. Neben der Sandform und dem Formverfahren bestimmen die Qualität des Modells und der Modellwerkstoff die Oberflächengüte, Konturenschärfe und Maßgenauigkeit des gegossenen Werkzeugs. Da von der Abbildungsgenauigkeit eines Spritzgießwerkzeuges diese drei Merkmale immer verlangt werden, empfiehlt sich hier die Verwendung maßgenauer Modelle aus Epoxidharz. Ein Vergleich der verschiedenen Modellwerkstoffe zeigt Tabelle 11.

Tabelle 11 Anhaltspunkte zur Beurteilung von Modellwerkstoffen [6]

Modellwerkstoff	Kosten	Genauigkeitsgrad des Gußwerkzeuges		
		Konturenschärfe	Oberflächengüte	Maßgenauigkeit
I	II	II	IV	V
Polystyrol	niedrige Modellkosten variierende Formstoffkosten (steigend in der unter II genannten Reihenfolge)	gering	gering $R_t = 100$ μm	gering
Holz	mittlere Modellkosten (siehe oben)	mittel	mittel $R_t = 100-60$ μm	mittel
Epoxidharz	hohe Modellkosten hohe Formstoffkosten	hoch	hoch $R_t = 60-30$ μm	hoch
Metall	höchste Modellkosten hohe Formstoffkosten	sehr hoch	sehr hoch $R_t = 30-20$ μm	sehr hoch

Bei der Modellfertigung ist zu berücksichtigen, daß die beim Abkühlen in den festen Zustand auftretende Schwindung als Schwindmaßzuschlag zu den Modellabmessungen ebenso hinzuzurechnen ist wie die Schwindung der für das Modell verwendeten Kunststoffe. Im Sandguß gelten für die verschiedenen Werkstoffe (hier sind auch Werkstoffe aufgeführt, die im Spritzguß weniger von Bedeutung sind, die aber im Kunststoffformenbau allgemein von Interesse sind) die in Tabelle 12 zusammengestellten Schwindmaße.

Tabelle 12 Schwindmaße für Gußwerkstoffe [4]

Gußwerkstoff	Schwindmaß %
Reinaluminium	1,5–2
Aluminiumlegierungen	0,9–1,5
Beryllium-Kupfer	1,5
Gußeisen mit Lamellengraphit	0,7–1,3
Gußeisen mit Kugelgraphit	0,5–1
Stahlguß	1,5–2
Zink	0,7–1,2

Der große Vorteil gegossener Werkzeuge liegt darin, daß man nach dem Abguß der Sandform ein nahezu einsatzbereites Werkzeug zur Verfügung hat. Die Nachbearbeitung hält sich in engen Grenzen. Zudem kann man das Kühlsystem bereits beim Abguß der Sandform durch Einbetten von vorgefertigten „Temperierrohren" einbauen.

2.1.3 Genauguß, Keramikguß

Im Keramikgußverfahren werden Werkzeuge bzw. Werkzeugeinsätze erstellt, an deren Abbildungsgenauigkeit besonders hohe Anforderungen gestellt werden. Das Verfahren wird eingesetzt zum Reproduzieren von naturgetreuen Oberflächenstrukturen wie Holz, Leder, Textilmaserungen etc. Bild 6 zeigt die einzelnen Verfahrensschritte vom Modell bis zum Werkzeugeinsatz. Von dem Modell, das in der Regel ein „natürliches Modell" ist, wird zunächst ein Negativmodell (Form) hergestellt, das fast immer aus einem kalthärtenden Silikonkautschuk besteht. Dieses Negativ wird dann als Modell für die keramische Gießform verwendet. Das Negativ wird dazu in einen Formkasten auf eine Formplatte montiert und mit der flüssigen keramischen Formmasse abgegossen. Man arbeitet dabei mit unterschiedlichen Formmasserezepturen, je nach Werkzeuggröße und je nachdem, welche Anforderungen an die Abbildungsgenauigkeit des Werkzeugs gestellt werden. Abhängig von der Formmasse, insbesondere den verwendeten Bindern, kommen verschiedene Verfahren zur Anwendung, die jedoch nur geringfügig von dem hier beschriebenen „Standardverfahren" abweichen. Die bekanntesten Verfahren sind das Shaw- und das Unicast-Verfahren.

| Positiv-Modell aus Holz, Kunststoff, Gips oder Metall | Negativ-Modell (Silikon-Kautschuk) | Keramik-Gießform abhängig von der jeweiligen Forderung nach unterschiedlichen Rezepturen hergestellt | Metall-Abguß aus Beryllium-Kupfer oder Zink |

Bild 6 Modelle für Keramikguß [8]

Die flüssige keramische Formmasse besteht meist aus feinstgemahlenen Zirkonsanden, die mit einem flüssigen Binder (duromeres Harz) gemischt werden. Nach dem Abbinden der Formmasse wird die Form sofort in ein Härtebad getaucht oder durch Übergießen mit Härter getränkt. Binder und Härter werden nach diesem chemischen Stabilisierungsvorgang ausgebrannt und die Form mehrere Stunden im Härteofen gebacken [2, 7]. Die Form ist danach fertig zum Abguß. Die folgenden Schritte sind dann die gleichen wie beim Sandguß.

2.1.4 Preßguß

Beim Sand- und Keramikguß erstarrt die metallische Schmelze ohne äußere Druckeinwirkung in einer offenen Form, während beim Preßgießen auf das geschmolzene Metall bis zum Erstarren ein Druck von außen aufgebracht wird. Der apparative Aufwand ist damit erheblich. Da jedoch ohne Transfermodelle gearbeitet werden kann, wird ein Teil der höheren Fertigungskosten, die durch das prinzipiell erforderliche Stahlmodell und den Einsatz von hydraulischen Pressen verursacht werden, über die kürzeren Fertigungszeiten wieder aufgefangen. Dem Verfahren sind durch die z. Z. in den Anlagen installierte Leistung Grenzen gesetzt. Nach dem offenen Gußverfahren können praktisch Werkzeuge aller Größen gefertigt werden. Beim Preßgießen ist die Größe der Werkzeugfläche z. Z. auf ca. 1 000 cm² begrenzt [3]. Das Verfahren findet demzufolge vornehmlich bei der Fertigung kleinerer Werkzeuge bzw. Werkzeugeinsätze Anwendung, bei denen sowohl die Einhaltung enger Toleranzen und bester Oberflächengüte als auch höchster Wiedergabegenauigkeit garantiert werden muß.

Wie bereits erwähnt, wird beim Preßgießen prinzipiell mit einem Stahlmodell gearbeitet. Dieses Modell wird zweckmäßigerweise aus einem Warmarbeitsstahl hergestellt. Es wird dafür der lufthärtende Stahl nach der Werkstoffnummer 1.2243 empfohlen [8]. Bei der Herstellung der Modelle ist darauf zu achten, daß das Modell eine Konizität von 1°, möglichst aber 2° oder mehr aufweist und daß sowohl die Schwindung des preßgegossenen Metalls und des zu verarbeitenden Kunststoffs wie auch eventuelle Bearbeitungs-

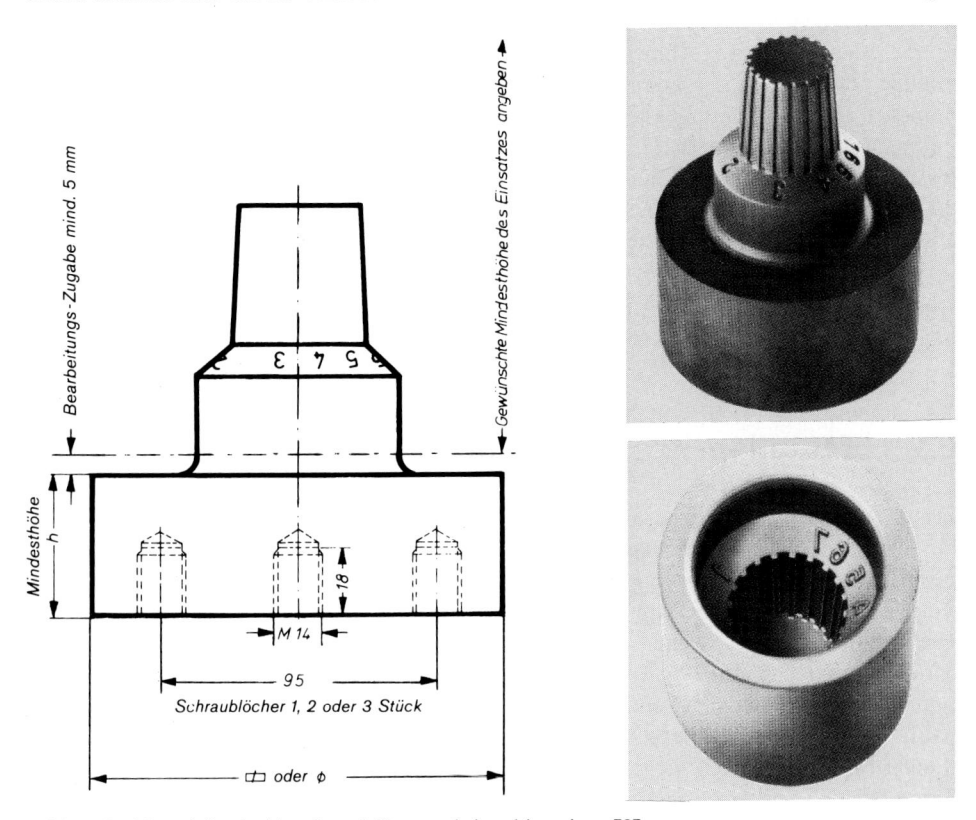

Bild 7 Stahlmodell mit Abguß und Konstruktionshinweisen [8]

Tabelle 13 Schwindungszugaben für die Modelle beim Preßguß [9]

Material	Schwindmaß	
	für Matrizen %	für Kerne %
Aluminium	0,2	0,4
Berylliumkupfer	0,4	0,8
Zink	0,3	0,6

zugaben für das Einpassen des Einsatzes in ein Werkzeuggestell (z. B. Stammwerkzeug) berücksichtigt werden. Als Bearbeitungszugaben sind mindestens 5 mm anzusetzen (Bild 7). Bezüglich der Schwindung des preßgegossenen Metalls ergaben sich für die verschiedenen Materialien die Schwindungszugaben nach Tabelle 13 für die Stahlmodelle [9].

Diesem Maß ist selbstverständlich die Schwindung der einzelnen Kunststoffe zuzuschlagen (siehe Kapitel 9).

Bild 7 zeigt ein Stahlmodell mit Abguß und die für die Herstellung des Modells wichtigen Abmessungen.

Nachdem das Modell, das für die Fertigung von Matrizen ein Positivmodell und für die Fertigung von Kernen ein Negativmodell ist, fertiggestellt ist, wird es in einen Grundrahmen, der die äußeren Abmessungen des späteren Werkzeugs oder Werkzeugeinsatzes mit den notwendigen Bearbeitungszugaben hat, auf den Tisch einer hydraulischen Presse montiert. Der Grundrahmen wird dann mit dem flüssigen Metall gefüllt und die Form unter Druck der hydraulischen Presse geschlossen. Der Druck wird aufrechterhalten, bis das Metall erstarrt ist. Man erhält so einen Abguß mit einem feinkörnigen, homogenen und porenfreien Gefüge. Beim Entformen wird anschließend der Abguß vom Modell abgezogen. Man hat damit auch die Möglichkeit, Werkzeugeinsätze zur Fertigung von Gewinden oder schrägverzahnten Kunststoffrädern zu fertigen.

Das Temperiersystem kann beim Preßgießen im Gegensatz zu den offenen Gußverfahren nicht gleich beim Abguß mit eingebaut werden.

2.2 Metallspritzen

Das Metallspritzen ist ein besonders schnelles und kostengünstiges Fertigungsverfahren für oberflächengetreue Schalenabgüsse von Modellen eines beliebigen Werkstoffs, um produktionsnahe Prototypen – manchmal auch Kleinserien – herzustellen. Bei diesem Verfahren werden niedrigschmelzende Zinn-Wismut-Legierungen verflüssigt und auf ein mit Trennmittel behandeltes Modell aufgespritzt (Bild 8). Beim Auftreffen auf die Modelloberfläche kühlen die einzelnen Metalltröpfchen ab und verbinden sich zu einem porenfreien Film, der sich beim weiteren Spritzen zu einer kompakten Formschale aufbaut, die mit zunehmender Dicke an Festigkeit gewinnt. Die Dicke der Formschale – auch Maske genannt – richtet sich nach dem späteren Einsatzgebiet des Werkzeugs. Sie beträgt bei Spritzgießwerkzeugen im allgemeinen 4 bis 5 mm [10]. Sobald die Formschale formstabil ist, wird sie vom Modell entformt (Entformungsschrägen ca. 2°) und

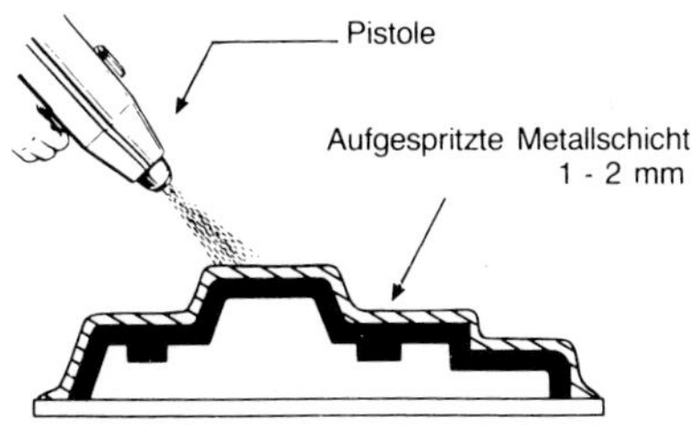

2.2 Metallspritzen 45

Bild 8 Schematische Darstellung des Metallspritzens [10]
(Eine hochfeste Metallegierung mit einer Brinellhärte von Hb 83)

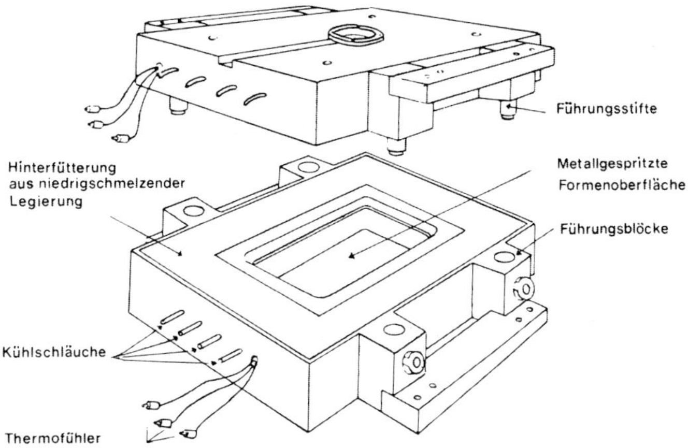

Bild 9
Prototypenwerkzeug, Gesenkeinsatz aus niedrigschmelzender Legierung in Stahlrahmen gefaßt [11]

in einen Metallrahmen, der die Zuhaltekräfte und die im Formnest wirkenden Kräfte aufnimmt und das versatzfreie Positionieren durch integrierte Führungselemente garantiert (Bild 9), eingesetzt und hinterfüttert. Dabei wird zweckmäßigerweise das Temperiersystem in Form von Heiz-/Kühlschlangen mit eingearbeitet. Als Hinterfütterungsmaterialien werden entweder erneut niedrig-schmelzende Legierungen, mit Aluminium modifiziertes Epoxidharz oder bei TSG-Gußwerkzeugen u. U. Beton verwendet.

Die niedrig-schmelzenden Legierungen werden je nach Schmelzpunkt oder Schmelzbereich in einer elektrisch beheizten Schmelzekammer oder im Lichtbogen in einer Metallspritzpistole (Bild 8) verflüssigt und mit Hilfe von Preßluft (2 bis 6 bar) zerstäubt und auf das Modell verspritzt. Dies geschieht zweckmäßigerweise in einer Metallspritzkabine, deren Absaugung einen sauberen und metallstaubfreien Arbeitsplatz garantiert. Sie bietet zudem die Gewähr dafür, daß man das bei der Fertigung der Formschale am Modell vorbeigespritzte Material ohne große Verunreinigungen zurückgewinnen und erneut verwenden kann.

Beim Verspritzen kühlt die erschmolzene Legierung schnell ab. Sie ist so beim Auftreffen auf das Modell bereits soweit (von Temperaturen zwischen 200 und 400 °C auf 40 bis 50 °C) abgekühlt, daß bezüglich der Temperaturbeständigkeit keine Anforderungen an das Modell zu stellen sind. Als Modellwerkstoffe kommen somit Gips, Gießharz, Silikonkautschuk und Holz, aber auch thermoplastische Kunststoffe und Kunstleder zur Anwendung.

Werkzeuge, die nach dem Metallspritzverfahren gefertigt wurden, können nach entsprechender Hinterfütterung der Formschale und Aufnahme in einem Metallrahmen beim Spritzgießen Drücke bis zu 400 bar [10 bis 13] aufnehmen. Die Größe der Werkzeuge kann dabei bis zu 0,6 m² projizierter Spritzfläche betragen. Ihre Standzeit ist abhängig

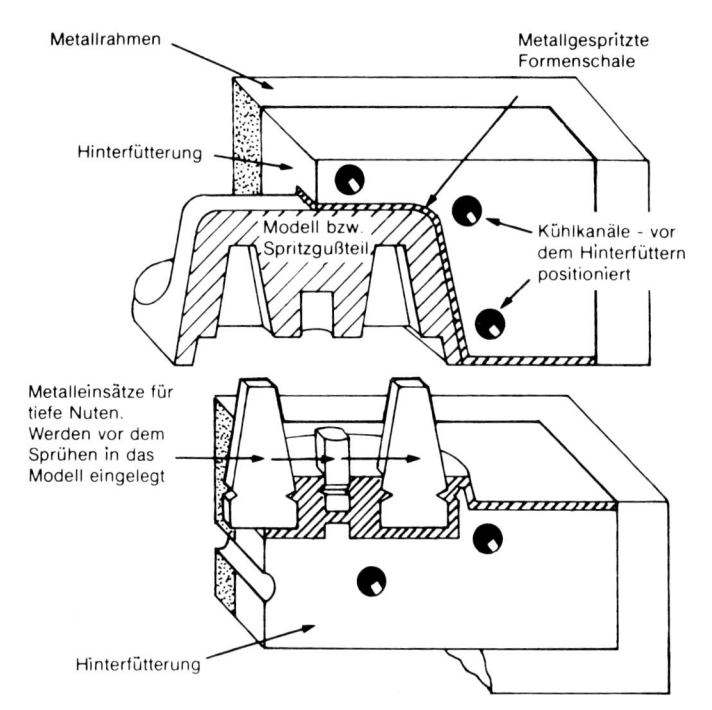

Bild 10 Schemazeichnung eines Spritzgießwerkzeugs in Metallspritztechnik für die Herstellung von Schaltknöpfen. Das Werkzeug besteht aus Metalleinsätzen, der gespritzten Formschale, der Hinterfütterung und dem Stahlrahmen [13]

vom Werkzeugaufbau, der Formteilkonstruktion und den Verarbeitungsbedingungen. Bei einfachen Werkzeugen werden Standzeiten bis zu 2000 Schuß erreicht.

Bild 10 zeigt ein Werkzeug, das aus verschiedenen Werkstoffen aufgebaut ist. Die mechanisch höher beanspruchten Teile – im vorliegenden Beispiel die Kerne – bestehen aus Metall. Die Lebensdauer des Werkzeugs kann so erhöht werden.

Darüber hinaus wird durch derartige Konstruktionen das Einsatzgebiet metallgespritzter Werkzeuge erweitert.

2.3 Galvanoformung

Der gewünschte Werkzeugeinsatz entsteht durch galvanische Metallabscheidung auf einem Modell. Nach der Trennung stellt der elektrolytische Niederschlag eine selbsttragende Schale dar, die durch Hinterfüttern so weit aufgedickt wird, daß sie leicht in eine Werkzeugplatte so eingesetzt werden kann, daß eine ausreichende Abstützung des Einsatzes erreicht wird.

Zur galvanischen Metallabscheidung (Bild 11) wird das vorbehandelte Modell – die Vorbehandlung richtet sich nach dem für das Modell verwendeten Werkstoff – in eine wäßrige Metallsalzlösung, den Elektrolyten, getaucht und an den negativen Pol einer Gleichstromquelle angeschlossen (Kathode). In einer bestimmten Entfernung von der Kathode (Modell) werden die Anoden angeordnet und mit dem positiven Pol der Gleichstromquelle verbunden. Die Anoden bestehen aus dem Metall, das an der

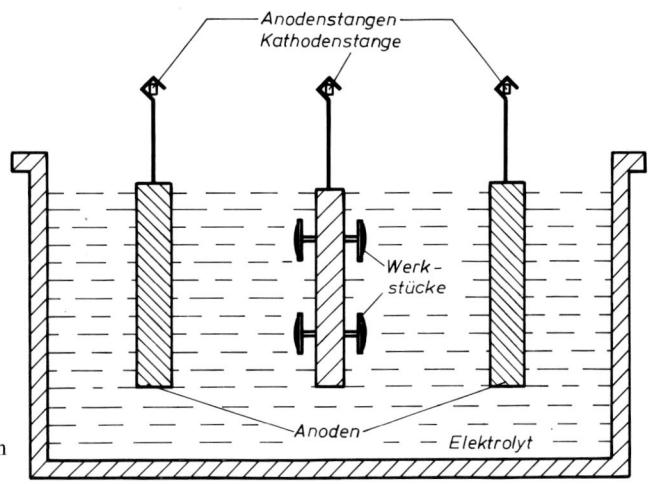

Bild 11 Schematische Darstellung eines galvanischen Bades [14]

Kathode auf dem Modell abgeschieden werden soll. Fließt nun durch den Elektrolyten, der hauptsächlich ein Salz des Metalls enthält, das abgeschieden werden soll, ein Strom, so geht das Metall der Anoden in Lösung, wird in Form von Metall-Ionen durch den Elektrolyten zur Kathode transportiert und dort als Metall auf dem Modell abgeschieden [14].

Das Modell wird im allgemeinen spanend, durch Gießen oder Laminieren hergestellt. Die Wahl der Modellwerkstoffe richtet sich der Häufigkeit der Anwendung und der Art der Entformung (zerstörungsfrei, nicht zerstörungsfrei, eventuell chemisch).

Als Modellwerkstoffe eignen sich sowohl metallische als auch nichtmetallische Werkstoffe. Die metallischen Modelle müssen, bevor sie ins galvanische Bad gehängt werden, lediglich entfettet und mit einer Trennschicht versehen werden. Die nichtmetallischen Modelle müssen zunächst elektrisch leitend gemacht werden. Dies geschieht durch das Aufbringen einer chemisch reduzierten Silberschicht. Hierzu wird die Oberfläche des Modells durch eine Sensibilisierungslösung zunächst hydrophil gemacht. Danach werden nach und nach eine Silbernitrat- und eine Reduktionslösung auf das Modell aufgebracht. Die Lösungen reagieren nun miteinander. Dabei reduziert das Silbersalz zu einem geschlossenen Silberfilm. Dieser Silberfilm dient bei den nichtmetallischen Modellen gleichzeitig als Trennschicht.

Die Fertigung der Modelle ist mit großer Sorgfalt durchzuführen und setzt besondere Sachkenntnisse voraus. Es ist darauf zu achten, daß das Modell im Bad höheren Temperaturen (ca. 60 °C) ausgesetzt wird. Das entsprechende Ausdehnungsverhalten kann somit zu Maßänderungen und Verzug führen. Die Oberflächenqualität und die Maßgenauigkeit der galvanogeformten „Schale" kann nur so gut sein wie die des Modells, von dem sie abgeformt wurde. Bei falscher Gestaltung des Modells (scharfe Kanten und Ecken) entsteht ebenso wie bei ungünstiger Anordnung der Anoden eine mangelhafte Niederschlagsverteilung. In verschiedenen Fällen wird eine mechanische Zwischenbearbeitung (Fräsen o.ä.) unerläßlich sein. Mögliche Abhilfe durch Änderung des Modells oder durch eine verbesserte Anordnung der Anoden bzw. durch den Einfluß von Hilfskathoden sind zusätzlich möglich. Sie sind in Bild 12 dargestellt.

Auf das Modell wird zunächst eine ca. 5 mm starke Hartschicht, die im allgemeinen aus Nickel oder Nickel-Kobalt-Legierung besteht (siehe Abschnitt 1.5.6), galvanisch

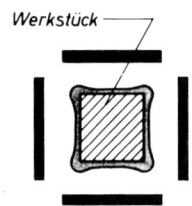

Verdickung des Niederschlags an den Kanten eines rechteckigen Profils

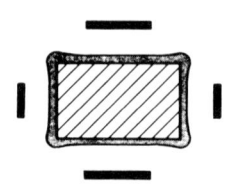

Verbesserung durch geänderte Anordnung der Anoden

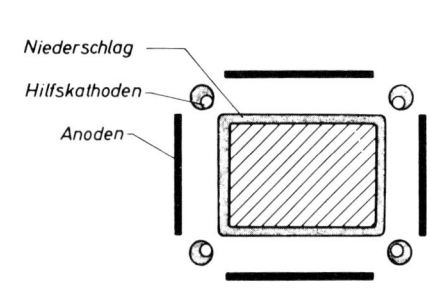

Einfluß von Hilfskathoden auf die Niederschlagsdicke an den Stellen hoher Stromdichte

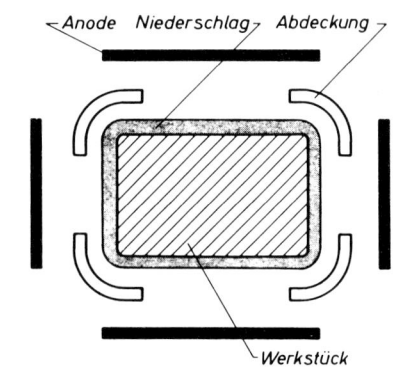

Einfluß von Kunststoffabschirmungen auf die Niederschlagsdicke

Einfluß der Anodenanordnung auf die Niederschlagsverteilung für rechtwinkelige Profile

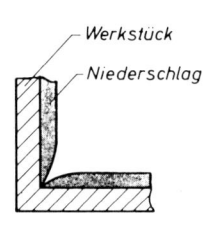

Konturschwäche in den Ecken eines rechteckigen Profils

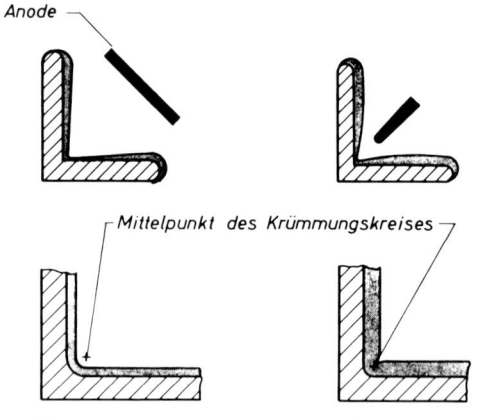

Verbesserung durch konstruktive Gestaltung

Bild 12 Typische Verteilung eines galvanischen Niederschlags auf Oberflächen verschiedener Querschnittsformen.
Verbesserung durch Änderung der Anoden, durch Hilfskathoden, durch Abschirmungen und durch konstruktive Änderungen [14]

niedergeschlagen. Diese Schicht wird dann soweit hinterfüttert, bis die gewünschten Abmessungen des Werkzeugs bzw. Werkzeugeinsatzes erreicht sind. Es besteht dabei die Möglichkeit, das Temperiersystem miteinzubauen. Die bedeutendsten Hinterfütterungsverfahren bzw. -werkstoffe sind:

- galvanische Hinterfütterung mit Kupfer,
- Hintergießen mit Epoxidharzen,
- aufgegossene niedrigschmelzende Legierungen (z. B. Schriftmetall),
- Hinterfüttern durch Metallspritzen,
- keramische Hinterfütterung,
- Anpassen einer Stahlhinterfütterung.

Die Art der Hinterfütterung ist abhängig von den Belastungen, denen das Werkzeug im Betrieb ausgesetzt ist, und von der Größe des Werkzeugs. Die hinterfütterte „Schale", der Formnest-Einsatz, wird anschließend spanend auf das gewünschte Maß gebracht, vom Modell entformt und in eine Werkzeugplatte eingesetzt. Bild 13 zeigt das Prinzip der galvanischen Fertigung von Werkzeugeinsätzen.

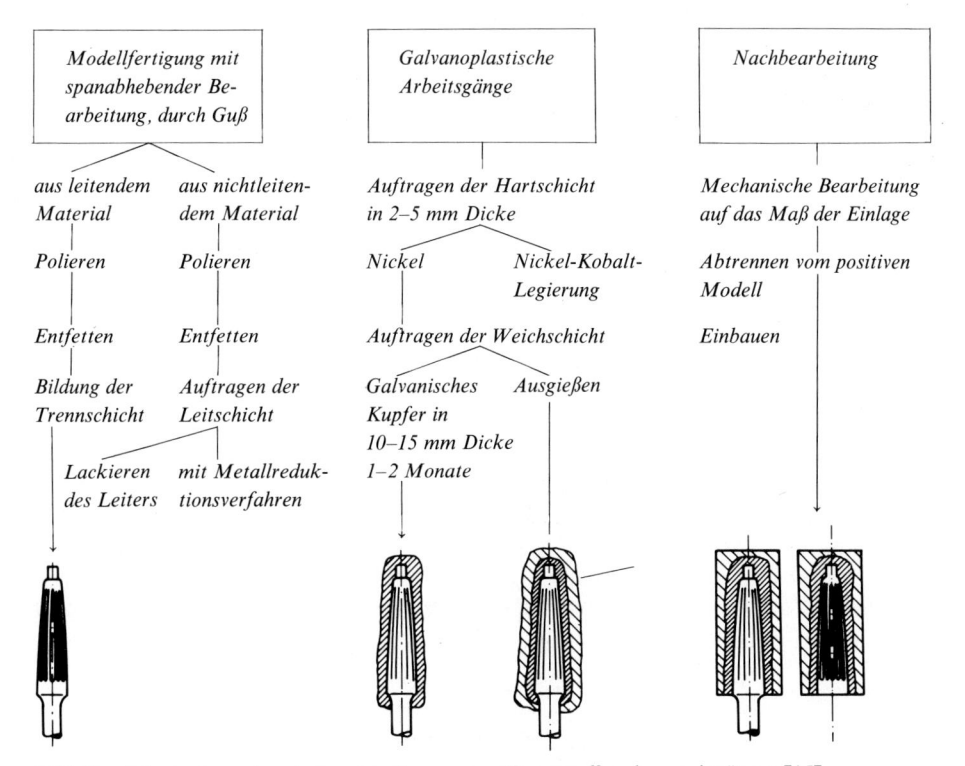

Bild 13 Prinzip der galvanischen Fertigung von Kunststoffwerkzeugeinsätzen [15]

Bei dem in Bild 14 rechts dargestellten Fertigungsablauf wurde von einem Positivmodell ausgegangen. Steht nur ein Negativmodell zur Verfügung, so ergibt sich der in Bild 14 links dargestellte Fertigungsablauf.

Die Vorteile der Galvanoformung sind die naturgetreue Wiedergabe strukturierter Oberflächen von höchster Qualität, auch sehr tiefer stabförmiger Formhöhlungen, die Maßgenauigkeit und die Möglichkeit, von einem Modell mehrere identische Werkzeugeinsätze fertigen zu können. Nachteile sind die langen Fertigungszeiten.

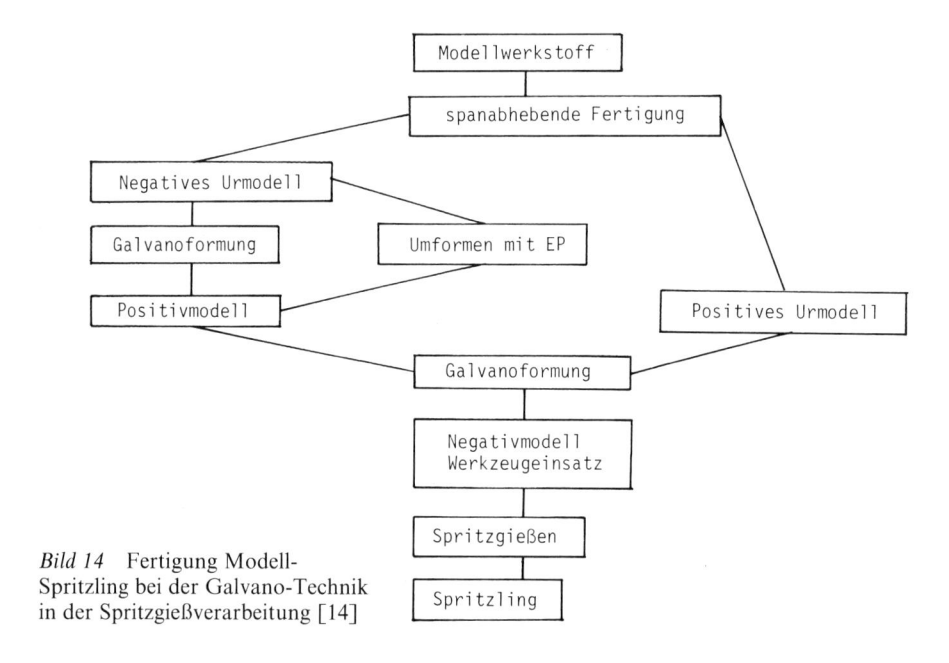

Bild 14 Fertigung Modell-Spritzling bei der Galvano-Technik in der Spritzgießverarbeitung [14]

2.4 Einsenken

Das Kalteinsenken ist ein Verfahren zur spanlosen Herstellung von Werkzeugen bzw. Werkzeugeinsätzen. Unter stetig ansteigendem Druck wird ein gehärteter und polierter Stempel (Pfaffe), der die äußeren Konturen des Spritzlings hat, mit geringer Geschwindigkeit (zwischen 0,1 und 10 mm/min) in eine Matrize aus weichgeglühtem Stahl eingedrückt – eingesenkt. Der Stempel bildet sich dabei in der Matrize als entsprechende Negativform ab. Die schematische Darstellung des Einsenkungsvorganges zeigt Bild 15. Grenzen sind dem Verfahren durch die maximale Druckbelastung des Stempels von ca. 3 000 N/mm^2 und durch die Glühfestigkeit des als Matrize verwendeten Werkstoffs gesetzt. Beste Voraussetzungen für das Kalteinsenken bieten auf niedrigste Festigkeit von 600 N/mm^2 geglühte Stähle.

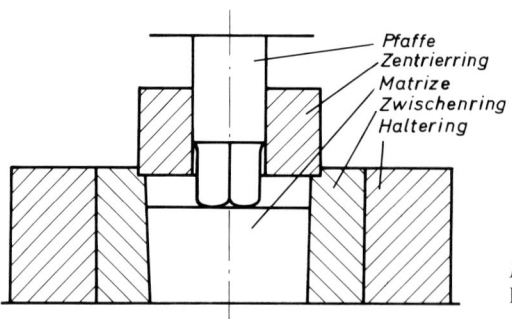

Bild 15 Schematische Darstellung des Einsenkvorgangs [17]

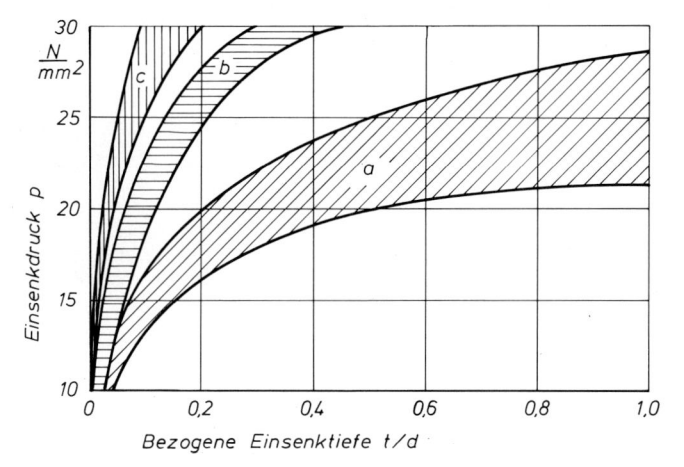

Bild 16 Einsenkkurven gebräuchlicher Werkzeugstähle beim Kalteinsenken im Haltering mit zylindrischem Stempel (d = 30 mm ⌀. D = 67 mm ⌀, h = 60 mm. Einsenkgeschwindigkeit v = 0,03 mm/s, Stempel verkupfert, Schmierung durch Zylinderöl)
a Stahl mit HB = 1000–1400 N/mm^2,
b Stahl mit HB = 1700–2100 N/mm^2,
c Stahl mit HB = 2100–2500 N/mm^2 [17]

Die Glühfestigkeit ist in erster Linie von dem im Ferrit gelösten Legierungsgehalt sowie von der Menge und Verteilung der eingelagerten Karbide abhängig [16, 17]. Die für das Kalteinsenken gebräuchlichen Werkstoffe (siehe Kapitel 1.1.2) werden entsprechend ihrer Glühhärte (Brinellhärte) und ihrer chemischen Zusammensetzung ausgewählt. Bild 16 zeigt die erreichbare Einsenktiefe in Abhängigkeit vom spezifischen Einsenkdruck und der Glühhärte. Die Einsenktiefe t/d stellt dabei das Verhältnis der Einsenktiefe t, bezogen auf den Stempeldurchmesser d bei zylindrischem Stempel, dar. Bei Stempeln mit anderen Querschnittsformen, z. B. quadratischen oder rechteckigen, ist für die bezogene Einsenktiefe der Ausdruck $t/1{,}13\cdot\sqrt{F}$ einzusetzen. F ist darin die Querschnittsfläche des Stempels [17].

Die Einsenktiefe kann über das sich aus Bild 16 ergebende Maß hinaus durch besondere Maßnahmen gesteigert werden. Mit zunehmender Einsenktiefe tritt eine Kaltverfestigung des Matrizenwerkstoffs ein. Durch Zwischenglühen (Rekristallisationsglühen) kann die Kaltverfestigung wieder aufgehoben werden, so daß der Einsenkvorgang danach weiter fortgesetzt werden kann, bis erneut die maximale Stempeldruckbelastung erreicht wird. Beim Zwischenglühen ist darauf zu achten, daß ein Verzundern durch entsprechende Ofenführung verhindert wird, da sich nur bei sauberen Oberflächen optimale Einsenkergebnisse erzielen lassen. Eine Steigerung der Einsenktiefe ist auch durch Vorwärmen der Matrizen möglich. Je nach Werkstoff und Vorwärmtemperatur werden dabei um 20% bis 50% größere Einsenktiefen erreicht. Schließlich kann auch noch durch Fließerleichterungen in Form von Aussparungen die Einsenktiefe gesteigert werden [17].

Beim Einsenken des Stempels (Pfaffen) wird die Matrize am Rand eingezogen. Dieser Einzug muß nachträglich spanend bearbeitet werden. Er ist bei der Festlegung der Einsenktiefe zu berücksichtigen. Bild 17 zeigt den Zusammenhang zwischen Preßweg, Nutztiefe und Einzug. Bild 18 zeigt einen durch Einsenken gefertigten unbearbeiteten Werkzeugeinsatz.

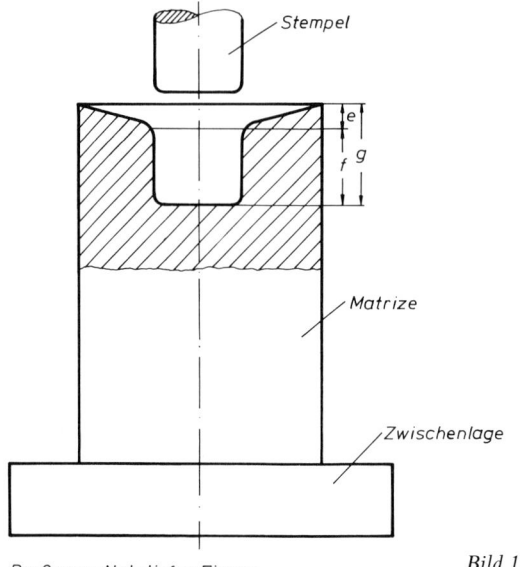

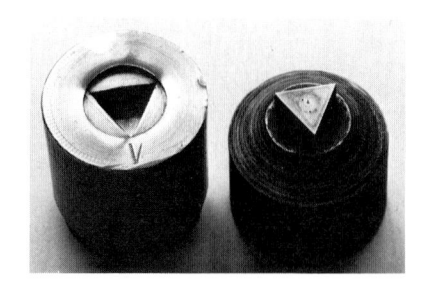

Bild 18 Durch Einsenken gefertigter Werkzeugeinsatz (links); Pfaffe (rechts) [14]

Preßweg = Nutztiefe + Einzug
$g = f + e$

Bild 17 Zusammenhang zwischen Preßweg, Nutztiefe und Einzug [16]

Die Qualität der Oberflächen von Matrize und Pfaffe ist beim Einsenken von besonderer Bedeutung. Nur durch einwandfrei polierte Oberflächen wird der Materialfluß beim Einsenken nicht gehemmt und ein Kleben bzw. Kaltaufschweißen vermieden. Aus demselben Grund ist auch auf eine genügende Schmierung zu achten. Als Schmiermittel hat sich besonders Molybdändisulfid bewährt, während Öle in der Regel nicht druckfest genug sind. Der Pfaffe wird häufig zur Verminderung der Reibung nach dem Polieren in einer Kupfersulfatlösung verkupfert [16 bis 18].

Für einen einwandfreien Materialfuß sind neben der Oberflächenqualität von Pfaffe und Matrize die Abmessungen der Matrize von Bedeutung. Beim Kalteinsenken ins Volle sollte die Ausgangshöhe der Matrize das 1,5- bis 2,5fache des Stempeldurchmessers nicht unterschreiten [16, 18]. Der Durchmesser der Matrize, der im allgemeinen von der Werkzeugaufnahme bestimmt wird, sollte doppelt so groß sein wie der Stempeldurchmesser.

Das Kalteinsenken wird vornehmlich zur Fertigung kleiner Werkzeugeinsätze mit geringer Höhe verwendet. Gegenüber den anderen Fertigungsverfahren bietet es eine Reihe von Vorteilen. Der Einsenkstempel, der die Positivform des zu fertigenden Spritzlings darstellt, läßt sich meist wirtschaftlicher fertigen als die entsprechende Hohlform (Negativform). Mit einem Einsenkstempel können dann mehrere maßlich identische Werkzeugeinsätze innerhalb kurzer Zeit hergestellt werden. Da die Werkstoffaser im Gegensatz zur spanenden Formung nicht durchschnitten wird, haben die Werkzeuge außer einer hohen Oberflächengüte eine lange Standzeit.

Grenzen sind dem Kalteinsenken durch die mechanischen Eigenschaften der Werkstoffe für Stempel und Matrize und damit auch durch die Größe der Einsenkungen gesetzt. Durch Zwischenglühen, Vorwärmen und Fließerleichterungen in Form von Aussparungen lassen sich größere Einsenktiefen erzielen.

2.5 Spanende und abtragende Bearbeitungsverfahren

2.5.1 Spanende Formung

Etwa 90% aller Werkzeuge dürften durch spanende Formung hergestellt werden. Bei der spanenden Werkzeugfertigung fallen in der Regel Dreh-, Fräs-, Bohr- sowie Schleifarbeiten an. Die Maschinen, sehr häufig Spezialmaschinen, müssen dabei das Werkzeug so weit fertig bearbeiten, daß nur noch einige geringe Nacharbeiten (Polieren, Läppen und Tuschieren) von Hand notwendig sind.

Zeitgemäße Werkzeugmachereien verfügen heute über modernste Werkzeugmaschinen mit NC-Steuerung, weil sich damit höhere Genauigkeiten und vor allem größere Sicherheiten gegen Ausschuß gewinnen lassen. In einem Umfrageergebnis [20] wird zwar der Anteil der NC-Fertigung mit nur 25% angegeben – 75% benutzten noch die Kopiertechnik – dies gilt aber nicht für moderne Werkzeugmachereien und die Herstellung von Großwerkzeugen. Nur bis 796×996 mm^2 können heute Normalien geliefert werden, so daß die Großwerkzeuge für z.B. Karosserieteile aus Blöcken gefräst werden. Ausschuß darf bei solchen Teilen nicht auftreten, da die finanziellen Verluste immens und die zeitlichen meist gar nicht zu ersetzen sind.

Mit den modernen Werkzeugmaschinen lassen sich Nitrier-, Einsatz-, durchhärtende wie auch im Anlieferungszustand bereits vergütete Stähle mit Festigkeiten bis zu 1 500 N/mm^2 spanend bearbeiten. Am wirtschaftlichsten bearbeitet man die Stähle allerdings bei Festigkeiten zwischen 600 bis 800 N/mm^2 [18, 19].

Beim Zerspanen werden im Halbzeug vorhandene Eigenspannungen frei, die zu einem sofortigen Verzug führen oder bei einer nachfolgenden Wärmebehandlung einen Verzug hervorrufen können. Es ist daher ratsam, das Werkstück nach dem Schruppen spannungsfrei zu glühen. Durch die anschließende Schlichtbehandlung, bei der in der Regel keine Spannungen mehr frei werden, kann dann ein eventuell entstandener Verzug noch ausgeglichen werden.

Nach der Wärmebehandlung werden die bearbeiteten Einsätze geschlichtet, geschliffen und poliert, um eine gute Oberfläche zu erzielen, denn die Oberflächenbeschaffenheit der Formhöhlung ist letztlich für die Oberflächengüte des Spritzlings sowie für dessen Entformbarkeit entscheidend.

Bei der Verarbeitung bilden sich Fehler der Formnestoberfläche in Abhängigkeit von der zu verarbeitenden Formmasse und den Verarbeitungsbedingungen mehr oder weniger stark ab. Abweichungen in der Werkstoffoberfläche von der ideal geometrischen Kontur, wie Welligkeit und Rauhigkeit, mindern insbesondere die optischen Eigenschaften des Formteils. Daraus entstehende Hinterschneidungen erhöhen die erforderlichen Entformungskräfte.

2.5.2 Oberflächenbearbeitung (Glätten)

Die Oberflächenbeschaffenheit der Kontur (Porenfreiheit, Welligkeit, Rauhigkeit etc.) ist in sehr vielen Fällen und keineswegs nur bei der Herstellung optischer Artikel ausschlaggebend für die Qualität des Fertigteils. Sie hat entscheidenden Einfluß auf die

54   2 Fertigungsverfahren für Spritzgießwerkzeuge

Fertigungszeiten und damit auf die Kosten für das Werkzeug. Zudem werden die Entformbarkeit des Spritzlings und Belagbildung bei Duroplasten und Kautschuk beeinflußt.

Hochglänzende Werkzeugoberflächen erfordern den höchsten Polieraufwand und erleichtern das Entformen. Im Gegensatz dazu stehen unbehandelte Werkzeugoberflächen für die Fertigung von Spritzgußteilen, an deren optischen Eindruck keine Anforderungen gestellt werden. Hier stellt die Entformbarkeit letztendlich das Maß für die Beschaffenheit der Werkzeugoberfläche dar. Dies gilt auch für strukturierte Oberflächen.

Die Struktur bestimmt die Entformbarkeit und erfordert, wenn die Struktur „Hinterschneidungen" bildet, wie z. B. quer zur Entformungsrichtung verlaufende Riefen, größere Entformungsschrägen als bei polierten Werkzeugen. Im folgenden sollen nun einige Polierverfahren vorgestellt werden.

2.5.2.1 Schleifen und Polieren (manuell oder unterstützt)

Nachdem das Werkzeug durch Drehen, Fräsen, Erodieren, etc. mit seiner Gravur versehen ist, müssen die Oberflächen in der Regel durch Schleifen und Polieren soweit geglättet werden, daß die gewünschte Oberflächenqualität des Spritzlings erreicht und ein problemloses Entformen möglich wird. Dies geschieht heute noch zum überwiegenden Teil von Hand, unterstützt durch elektrisch und pneumatisch angetriebene Geräte mit bis zum Ultraschall reichenden Arbeitsfrequenzen [21 bis 23].

Im einzelnen sind die in Bild 19 dargestellten Arbeitsgänge, Grobschleifen, Feinschleifen und Polieren, erforderlich.

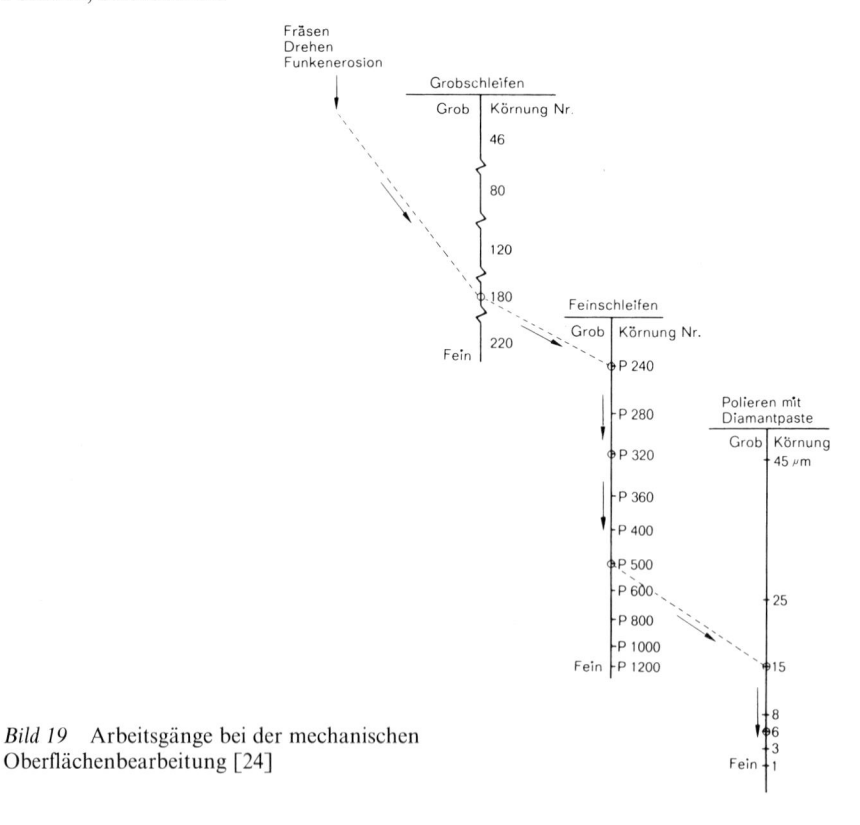

Bild 19 Arbeitsgänge bei der mechanischen Oberflächenbearbeitung [24]

2.5 Spanende und abtragende Bearbeitungsverfahren 55

Tabelle 14 Arbeitsgänge beim Schleifen und Polieren [24]

Grobschleifen 180 Körnung	Feinschleifen 200–600 Körnung	Polieren Diamantpaste, 0,1–180 µm
– Der Schleifvorgang darf nicht zu so starker Hitzentwicklung führen, daß das Gefüge und die Härte des Werkstoffs beeinflußt werden. Deshalb ist die Wahl der richtigen Schleifscheibe und zweckmäßige Kühlung wichtig. – Es dürfen nur saubere Schleifscheiben und Abziehsteine mit offenem Gefüge benutzt werden. – Das Werkstück ist nach jedem Schleifmittelauftrag (Körnung) sorgfältig zu reinigen, bevor das nächstfolgende Schleifmittel aufgetragen wird. – Beim Grobschleifen von Hand ist es wichtig, daß die Schleifrichtung gewechselt wird, damit keine Unebenheiten oder Schleifrillen entstehen. – Zuerst mit der ersten Körnung in einer bestimmten Richtung schleifen. Bei der nächsten, feineren Körnung, im Winkel von 30 bis 45° zur vorhergehenden Schleifrichtung schleifen, bis die Oberfläche nur mehr Schleifspuren von der letzten Schleifrichtung aufweist. Dies ist beim nächsten Wechsel der Körnung zu wiederholen. – Bei jedem Schliff mit einer bestimmten Körnung zuerst so lange schleifen, bis die Schleifrillen vom vorangegangenen Schleifvorgang verschwunden sind. Dann ebenso lange weiterschleifen, um die kaltverformte Schicht mit Sicherheit abzutragen.	– Nur saubere Schleifwerkzeuge mit offenem Gefüge benutzen. – Reichlich Kühlmittel zusetzen, um Erhitzen der Oberfläche zu vermeiden und Schleifspäne wegzuwaschen. – Zweckmäßige Körnungen der Schleifwerkzeuge (Abziehsteine, Schleifstifte und Schmirgelleinen) können zwischen 220 und 600 liegen, je nach dem Grobschliff und dem vorgesehenen Polierverfahren. – Bei jedem Wechsel der Schleifmittelkörnung sind sowohl das Werkstück als auch die Hände zu waschen, damit nicht gröbere Schleifkörner und Schleifspäne den nächsten Arbeitsgang mit feinerem Schleifmittel stören. – Je feiner die verwendete Körnung ist, desto wichtiger ist die Reinigung vor Verwendung einer neuen Korngröße. – Beim Feinschleifen von Hand ist der Druck gleichmäßig zu verteilen. Auch hier sind sowohl die Schleifrillen als auch die kaltverformte Randschicht vom Schleifen mit der vorhergehenden Körnung abzutragen. – Beim Schleifen von großen ebenen Flächen soll man nicht mit Glaspapierscheiben arbeiten. Schleifen mit Abziehsteinen vermindert die Gefahr von großen Unebenheiten der Oberflächengestalt.	– Arbeitsgang beim Polieren eines unbewegten Werkstücks mit der Hand. – Das Werkstück sorgfältig reinigen. Einen Polierstab der gewünschten Härte nehmen und Diamantpaste so groß wie ein Stecknadelkopf auftragen. Damit die Diamanten im Polierwerkzeug haften, wird das Werkzeug unter Druck auf der Oberfläche hin- und herbewegt, bis die Zerspanung beginnt. Dann wird Verdünnungsflüssigkeit zugesetzt und weiter poliert, bis alle alten Schleifrillen verschwunden sind. – Werkstück und Hände sorgfältig reinigen. Dann entweder ein Polierwerkzeug der gleichen Härte und eine feinere Paste oder ein weicheres Polierwerkzeug und die gleiche Paste nehmen. Wie oben vorgesehen, aber jetzt im Winkel von 30–45° zur letzten Polierrichtung arbeiten. – Auf diese Weise kann man leicht erkennen, wann diese Polierstufe beendet ist. – Hände und Werkstück sorgfältig waschen. Ein neues Polierwerkzeug und eine andere Paste wählen. Wieder die Schleifrichtung ändern, aber im übrigen wie oben beschrieben, arbeiten. – Den Vorgang wiederholen, bis das gewünschte Resultat vorliegt. – Arbeitsverlauf beim Handpolieren von rotierenden Werkstücken. – Zur Bearbeitung im Inneren des Werkstücks ist die Drehgeschwindigkeit bei zunehmender Lochgröße zu vermindern. – Der Poliergriffel wird hin- und herbewegt, um zerspantes Material aus dem Loch zu entfernen. Spezielle Spreizwerkzeuge zum Polieren von Bohrungen sind erhältlich. – Zum Außenpolieren von zylindrischen Werkstücken können sogenannte „Nußknacker" oder spezielle Läppringe benutzt werden.
Ra 1 µm	Ra 0,1–1 µm	Ra 0,001–0,1 µm

Mit dem Grobschleifen soll eine metallreine und geometrisch korrekte Oberfläche mit einer Rauheit von Ra < 1 µm erreicht werden, die durch einmaliges Feinschleifen oder evtl. direkt durch Polieren fertiggestellt werden kann [24].

Bei sorgfältiger Arbeitsweise und unter Einhaltung einiger „Grundregeln" sollten nach dem Polieren Oberflächenqualitäten mit Rauhtiefen von 0,001 bis 0,01 µm vorliegen (Tabelle 14). Voraussetzung dafür sind natürlich Stähle, die frei sind von Schlackeeinschlüssen und die ein gleichmäßiges feinkörniges Gefüge haben, wie z. B. Umschmelzstähle (siehe Abschnitt 1.1.8).

Die bisher eingeführten vollautomatisch-arbeitenden Polierverfahren weisen z. T. erhebliche Nachteile auf. Sie werden daher fast nur in Kombination mit dem manuell mechanischen Polierverfahren angewendet. Der Vollständigkeit halber seien sie hier jedoch kurz vorgestellt.

2.5.2.2 Gleitschleifen

Beim Gleitschleifen werden die Werkzeuge in einem Behälter befestigt, der anschließend soweit mit einem Gemisch aus Zink-Granulat, Wasser, einem Poliermittel – wie z. B. Tonerde – und einem Netzmittel bzw. einem Rostschutzmittel gefüllt wird, bis das Werkzeug ganz überdeckt ist. Der Behälter wird dann in Schwingung versetzt. Dadurch wird das Gemisch an die Wandungen des Werkzeugs gepreßt und durchmischt. Es entsteht so eine Art Wischvorgang, durch den die Wandungen geglättet werden. Der besondere Nachteil dieses Verfahrens ist ein starker Abtrag an vorspringenden Kanten. Sie müssen daher durch Abdecken geschützt werden [25]. Grenzen sind dem Verfahren zudem durch die Werkzeuggrößen und -gewichte gesetzt.

2.5.2.3 Strahlläppen

Das wohl bekannteste und auch verbreitetste Strahlverfahren ist das Sandstrahlen. Für den Werkzeugbau wird dieses Verfahren dahingehend abgeändert, daß man als Strahlmedium ein Wasser-Luft-Gemisch, das feine Glasperlen enthält, verwendet. Mit diesem Gemisch werden die Werkzeugoberflächen bei einem Druck von 5 bis 10 bar bestrahlt.

Dabei werden Unebenheiten wie Riefen eingeebnet. Die erreichbaren Oberflächenqualitäten sind mit den mechanisch bearbeiteten Flächen nicht vergleichbar. Die Rauhtiefen liegen bei 5 µm [25]. Der Einsatz dieses Verfahrens erscheint zudem nur bei flächigen Teilen sinnvoll.

2.5.2.4 Preßläppen

Das Preßläppen ist eine Variante des Strahlläppens. Hier wurde ein Verfahren entwikkelt, das unter dem Namen „Extrude-Hone"-Verfahren bekannt ist. Sein Einsatz ist allerdings auf das Bearbeiten von Durchbrüchen begrenzt. Wie sich aus dem Namen schon ableiten läßt, hat es besondere Bedeutung bei der Herstellung von Profil-Extrusionswerkzeugen, wo es darum geht, beliebig geformte Durchbrüche mit engsten Querschnitten zu polieren.

Beim Extrude-Hone-Verfahren wird eine teigartige Poliermasse, bestehend aus Polyamiden und Schleifmittel, wie Siliciumcarbid, Borcarbid oder Diamant, in verschiedenen Viskositäten und Körnungen abhängig von den Abmessungen der zu polierenden Querschnitte in den Durchbrüchen hin- und hergeschoben. Dabei werden innerhalb kürzester Zeit Rauhtiefen von Ra = 0,05 µm erzielt [26 bis 28]. Das Verfahren arbeitet automatisch und erfordert nur geringe Rüstzeiten.

2.5.2.5 Elektrochemisches Polieren

Beim elektrochemischen Polieren, kurz Elektropolieren genannt, werden die obersten Schichten des Werkstückes anodisch abgetragen, ohne daß das Werkzeug dabei mechanischen oder thermischen Einflüssen unterliegt [29]. Der Werkstoffabtrag beginnt im Mikrobereich und erfaßt mit zunehmender Bearbeitungsdauer auch größere Unebenheiten, die nach und nach verrundet werden. Die erzielte Oberfläche ist im Mikrobereich glatt, aber nicht eben und zeigt eine gewisse Restwelligkeit [30].
Fehler im Stahl, wie Einschlüsse und Poren werden freigelegt. Deshalb lassen sich viele Stähle, insbesondere die üblichen Kohlenstoffstähle, nicht elektropolieren [25].

2.5.2.6 Funkenerosives Polieren

Das funkenerosive Polieren ist kein grundsätzlich neues oder eigenständiges Verfahren. Es ist eine Erweiterung des funkenerosiven Senkens (Abschnitt 2.6.1) und schließt sich unmittelbar an das erosive Feinschlichten an. Die Erodier- und Polierarbeiten erfolgen so auf einer Anlage und in einer „Aufspannung".

Die Struktur funkenerosiver polierter Oberflächen ist – wie beim „konventionellen Erodieren" – gekennzeichnet durch sich aneinanderreihende und überlagernde Entladungskrater, die jedoch hierbei sehr flach, weitgehend kreisrund und in etwa alle gleich groß sind. Die Rauheit funkenerosiv polierter Werkzeuge liegt bei Ra = 0,1 bis 0,3 µm. Die Entladungskrater haben dabei einen Durchmesser von rund 10 µm. Diese Werte liegen im Bereich feingeschliffener Oberflächen und genügen in vielen Fällen den im Werkzeugbau gestellten Anforderungen, so daß auf die besonders bei komplexen Geometrien schwierige Polierarbeit von Hand verzichtet werden kann [31, 32]. Die erforderlichen Zeiten liegen je nach Form und Größe bei 15 bis 30 min/cm^2.

2.5.3 Integration von rechnergestützter Konstruktion und NC-Programmierung*

Eine Aufgabe der rechnergestützten Werkzeug- und Betriebsmittelkonstruktion ist die Ermittlung von Steuerdaten für die anschließende Fertigung auf numerisch gesteuerten (NC-)Maschinen. Unter NC-Programmierung versteht man in diesem Zusammenhang die Erstellung aller geometrischen und technologischen Informationen für den Bearbeitungsprozeß.

Bei konventionellen Werkzeugmaschinen übernimmt der Maschinenbediener die Informationsverarbeitung, indem er die erforderlichen Parameter (bei spanabhebenden Fertigungsverfahren z. B. Werkzeugbewegungen, Vorschübe, Zustellungen, Spindeldrehzahlen, Zusatzinformationen) direkt an der Maschine einstellt. Maschinen mit sogenannten Kopiereinrichtungen sind in der Lage, den Oberflächenverlauf von Modellen mittels

---

* Bearbeitet von *Dipl.-Ing. Volker Lessenich*, IKV Aachen

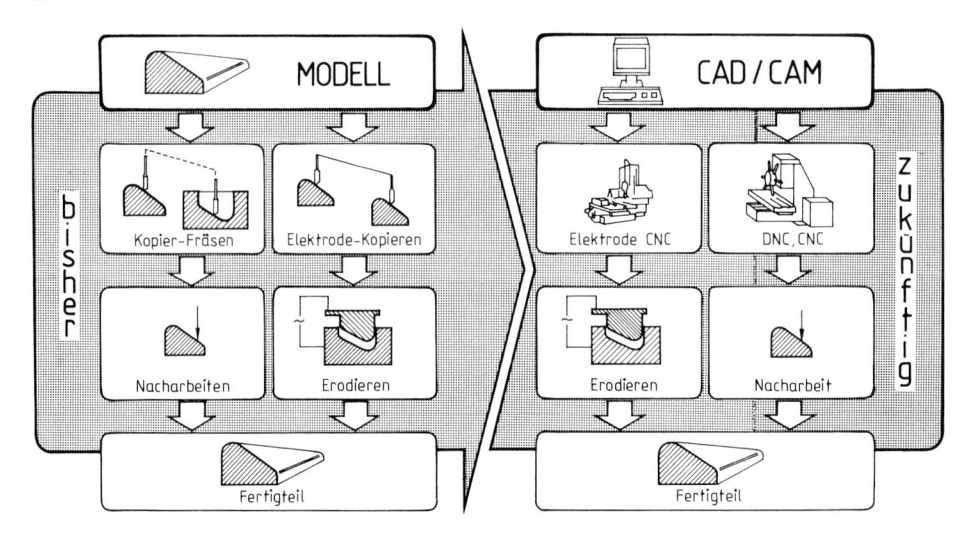

Bild 20 Veränderter Bearbeitungsablauf durch NC-Technik [34]

eines Sensors abzutasten und direkt in entsprechende Werkzeugbewegungen umzusetzen. Auch Nocken- oder Kurvenscheiben dienen in einfachen Maschinen oder Maschinen älterer Bauart zur Generierung von Bearbeitungsinformationen (z. B. Auslösen von Umsteuervorgängen, Realisieren des Vorschubs [33]. Bild 20 zeigt den Bearbeitungsablauf von Werkzeugen nach bisheriger und zukünftiger Technik.

Bei NC-Maschinen erfolgt die Informationsübergabe in numerischer Form auf der Grundlage definierter Codierungsvorschriften (z. B. CLDATA-Format). Dabei unterscheidet man zwei Vorgehensweisen, nämlich: die manuelle Programmierung und die maschinelle, d. h., rechnergestützte Programmierung.

Bei der manuellen Programmierung muß der NC-Programmierer jeden einzelnen Bewegungs- und Schaltvorgang der Maschine in der notwendigen zeitlichen Abfolge ermitteln und codieren. Hierzu müssen folgende Planungsschritte durchgeführt werden:

– Festlegen des Bearbeitungsablaufs,
– Bestimmen der notwendigen Werkzeuge,
– Ermitteln der technologischen Daten,
– Codieren der ermittelten Schalt- und Weginformationen.

Moderne Maschinensteuerungen sind in der Lage, einen mehr oder weniger großen Anteil dieser Arbeit zu übernehmen und somit den Eingabeaufwand durch eine Reihe von Hilfsfunktionen und Bearbeitungszyklen (z. B. automatische Schnittaufteilung, Gewindeschneiden, Taschenfräszyklen) zu verringern. Der hohe Entwicklungsstand derartiger Mikroprozessorsteuerungen ermöglicht es, die Teileprogramme dialogunterstützt zu erstellen und den Bearbeitungsablauf auf dem Bildschirm zu simulieren. Dabei hilft die Darstellung in verschiedenen Farben aus unterschiedlichen Ansichten. Diese Integration von Programmiersystem und Maschinensteuerung ermöglicht ohne größere organisatorische Umstellungen auch kleinen Betrieben, die NC-Technologie problemlos einführen.

Trotz derartiger Erleichterungen stellt jedoch die manuelle Erzeugung aller relevanten Informationen ab einer gewissen Komplexität der zu erzeugenden Kontur einen zeitlich

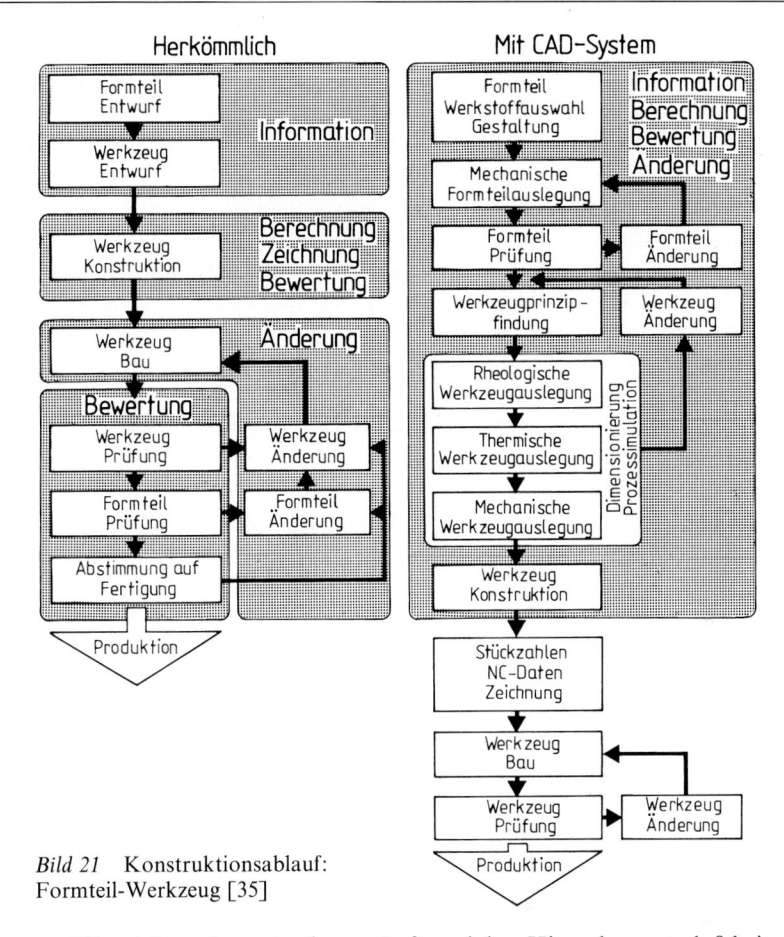

2.5 Spanende und abtragende Bearbeitungsverfahren

Bild 21 Konstruktionsablauf:
Formteil-Werkzeug [35]

und kostenmäßig nicht mehr vertretbaren Aufwand dar. Hinzu kommt, daß beim Spritzgießen die Formteilgeometrie zunehmend auf CAD-Systemen rechnergestützt modelliert wird, also die komplette Oberflächenbeschreibung zum Zeitpunkt der NC-Datenermittlung bereits vorliegt (Bild 21).

Neuere Systemlösungen werden auch aus derartigen Gründen zunehmend unter der Perspektive der Integrationsfähigkeit in das übergeordnete Gesamtkonzept der rechnerintegrierten Produktion (CIM) entwickelt. Hervorzuheben ist hier vor allem die Integration der rechnergestützten Konstruktion (CAD) und der rechnergestützten NC-Programmierung (CAP) [36], die heute von den meisten CAD- und CAP-Anbietern als CAD/CAM-Lösung angeboten wird. Dabei findet man zwei Grundtypen von Softwaresystemen:

– die NC-relevanten Geometriedaten werden aus dem CAD-System über eine standardisierte Schnittstelle an ein eigenständiges NC-Programmiersystem übertragen,
– im CAD-System integrierter NC-Modul.

Im ersten Falle bereitet der NC-Programmierer die Formteilgeometrie am CAD-Arbeitsplatz auf: Er holt sich die für den jeweiligen Bearbeitungsschritt notwendigen Konturen aus dem rechnerintern abgespeicherten Modell und überträgt diese mittels einer standardisierten Schnittstelle (z.B. IGES, VDA-Flächenschnittstelle) an das NC-

Programmiersystem. Dort wird dann interaktiv und mittels grafischer Unterstützung das NC-Programm am Bildschirm erstellt. Nach dem Hinzufügen von technologischen Anweisungen wie Werkzeugauswahl, Toleranzen, Vorschub, usw. erhält der Arbeitsplaner ein NC-Programm in der weitgehend maschinenunabhängigen APT-Sprache oder dem neutralen CLDATA-Format. Durch einen anschließenden Postprozessorlauf erfolgt schließlich die Anpassung an die aktuelle Maschinensteuerung.

CAD-Systeme mit integriertem NC-Modul ermöglichen das Erzeugen der Verfahrwege direkt auf der bereits im CAD-System generierten Oberflächeninformation. Volumenorientiert arbeitende CAD/CAM-Systeme ermöglichen es darüber hinaus, die Werkzeuge Boolescher Operationen (Taschen, Löcher, Bohrungen) direkt als Zerspanvolumina zu definieren. Hierdurch kann der Eingabeaufwand nochmals beträchtlich reduziert werden.

Die Verwendung einer gemeinsamen Datenbank für Konstruktion und Arbeitsvorbereitung hat den Vorteil, daß sich Änderungen in einem Datenbestand assoziativ auf andere Daten auswirken können. Man kann auf diese Weise sicherstellen, daß z. B. nach konstruktiven Änderungen alle Bemaßungen automatisch auf den neuesten Stand gebracht werden. Fehler bei der Datenübertragung zwischen den Abteilungen werden ebenso vermieden, wie Genauigkeitsverluste, die beim Datentransfer zwischen CAD- und artfremden NC-Programmiersystemen auftreten können.

Ein weiterer Vorteil integrierter CAD/CAM-Lösungen wird bei der Variantenkonstruktion von Formteilen deutlich: Wenn bei der Variantenkonstruktion lediglich eine Maß-, jedoch keine Gestaltvariation durchgeführt wird (für einfache Teile wie z.B. Verschlußkappen, Wellendichtringe, etc.) also die Werkzeugfertigung prinzipiell gleich bleibt, ist es nicht erforderlich, für jede Variante einen neuen Verfahrweg anhand der aktuellen Geometriedaten zu erzeugen. Statt dessen erzeugt das Variantenprogramm eine Datei mit den aktuellen Geometriedaten, die als Eingabe für einen parametrisierten Verfahrweg gilt, der bereits alle technologischen Daten erhält.

Der Funktionsumfang von NC-Modulen kann wie folgt aussehen:

- Generierung, eventuell Optimierung von Werkzeugwegen,
- selbständige Schnittaufteilung,
- Definitionsmöglichkeit von Makro-Zyklen (Vor- und Fertigbearbeitung),
- Punkt-zu-Punkt-Bearbeitung (Bohren, Gewindeschneiden, Reiben),
- Taschen- sowie Oberflächenfräsen mit Pendel-, Schnecken-, One-Way- und Both-Way-Bearbeitung unter Berücksichtigung von Inseln und Zerspantiefen,
- Definition von An- und Abfahrwegen des Werkzeugs,
- Eingabe von Technologieparametern wie Schnittgeschwindigkeit, Eilgang, Arbeits- und Vorschubgeschwindigkeit, Toleranzen, Rauhtiefe, max. Abstand zwischen zwei Werkzeugbahnen, etc.,
- statische und dynamische Simulation des Fräsprozesses mit Kollisionsüberprüfung,
- Ausgabe des NC-Codes nach DIN 66025, im gebräuchlichen APT- bzw. EX-APT-Format oder direkt über eine Bibliothek von Postprozessoren im Format der speziellen Maschinensteuerung.

Je nach Komplexität der Bearbeitungsaufgabe ($2^1/_2$- oder 3dimensionale NC-Bearbeitung) werden unterschiedlich komplexe NC-Module angeboten [37]:

Für den Erstmusterbau, in dem das Formteil aus einem Kunststoffblock herausgearbeitet wird, führt man die Vorbearbeitung oft mit Walzenstirnfräsern durch. Hierbei wird der Kunststoffblock terrassenförmig in ebenen Schnitten vorgefräst. Die Bearbeitung der ebenen Formteilaußenhaut kann, wie auch das Ausfräsen von Taschen, konturparallel über aufrufbare Fräszyklen durchgeführt werden. Das Programmieren derartiger Konturen ist mittels eines $2^1/_2$-D-NC-Moduls sehr viel einfacher als mit dem 3D-Modul zu realisieren. Die notwendigen Ausrundungen von Ecken am Formteil werden direkt über entsprechende Formfräser erzeugt, brauchen also nicht programmiert zu werden.

Lediglich zur Bearbeitung komplexer Freiformflächen benutzt man den 3D-NC-Modul. Derartige Module setzen heute noch nicht auf der Volumenbeschreibung im CAD-System auf, sondern auf einer mathematischen Oberflächenbeschreibung in Form von Bezier- oder Spline-Funktionen. Stark gekrümmte Flächen werden hierbei durch sogenannte Patches (kleine Teilflächen) approximiert, die durch Vorgabe ihrer Berandungslinien erzeugt wurden. Für die NC-Bearbeitung müssen die jeweils in einem Arbeitsgang zu bearbeitenden Teilflächen angegeben werden. Nach Angabe des Startpunkts der Bearbeitung, der Fräsrichtung und der Bearbeitungsart muß noch die Kontur des Werkzeugs (Kugelkopf-, Schaft- oder Zylinderfräser) festgelegt werden. Sind Konturbereiche von der Bearbeitung ausgeschlossen, so sind diese als geschlossene Konturen oder Kollisionsflächen zu definieren, damit die NC-Software sie bei der nun folgenden Berechnung der Werkzeugbahnen ausschließt.

Weiterentwicklungen integrierter CAD/CAD-Systeme gehen in die Richtung, auch technologische (Zeichnungs-)daten wie Maß-, Form- und Lagetoleranzen sowie Bearbeitungs- oder Oberflächenangaben automatisch an den NC-Modul zu übergeben.

2.6 Elektroerosive Bearbeitung

Im modernen Werkzeugbau sind Funkenerosionsanlagen heute nicht mehr wegzudenken. Mit ihrer Hilfe können komplizierte geometrische Formen in einem Arbeitsgang in geglühten, vergüteten und gehärtetem Stahl nahezu verzugsfrei hergestellt werden [38].

2.6.1 Funkenerosion

Die Funkenerosion ist ein abbildendes Formungsverfahren, bei dem die materialabtragende Wirkung kurzzeitiger, aufeinanderfolgender elektrischer Entladungen bei Wechselspannungen von 20 kV zwischen Werkzeugelektrode und Werkzeug unter einer dielektrischen Flüssigkeit (Wasser bzw. Kohlenwasserstoffe, wie Petroleum, Testbenzin usw.) ausgenutzt wird.

Durch jede der dicht aufeinanderfolgenden kurzzeitigen Entladungen wird ein begrenztes Werkstoffvolumen am Werkstück und an der Werkzeugelektrode auf Schmelz- bzw. Verdampfungstemperatur (1000 bis 5000 °C) erhitzt und durch mechanische und elektrische Kräfte explosionsartig aus der Bearbeitungsstelle geschleudert. Es entstehen dadurch an beiden Elektroden Krater, deren Größen mit dem Energiegehalt des Funkens zusammenhängen. Dementsprechend unterscheidet man Schruppen (große Impulsenergie) und Schlichten. Die Vielzahl der Entladungskrater gibt den Oberflächen eine muldige Struktur, bestimmte Rauhigkeit und das charakteristische matte Aussehen ohne gerichtete Bearbeitungsspuren. Die abgetragenen Partikel werden vom Dielektrikum mit Hilfe

62   2 Fertigungsverfahren für Spritzgießwerkzeuge

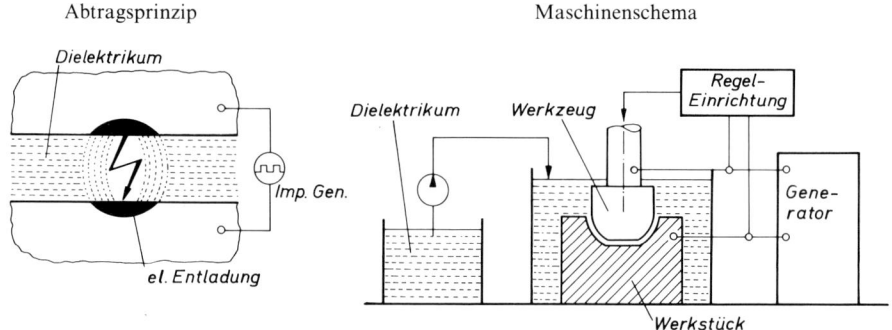

Bild 22   Prinzip der elektroerosiven Bearbeitung [39, 40]

Arbeitsmedium:	Dielektrische Flüssigkeit (Petroleum)	Leerlaufspannung	60–300 V
Werkzeug:	Abbildendes Formwerkzeug mit Verschleiß	max. Stromdichte:	5–10 A/cm²
		Impulsfrequenz:	0,2–500 kHz
	Kupfer Graphit		
Verschleiß Schruppen:	<20% < 1%	Bearbeitungsspalt:	0,005–0,5 mm
Schlichten:	< 5% <10%	Abtraggeschwindigkeit:	<2 mm/min
Arbeitsspannung:	40–200 V	spez. Abtragleistung:	ca. 8 mm³/A·min

einer Druck- bzw. Saugspülung aus dem Bearbeitungsspalt transportiert und im Dielektrikumsbehälter abgelagert. Die Polung von Werkstück und Werkzeug richtet sich nach der Werkstoffpaarung und wird so gewählt, daß der größte Volumenabtrag am Werkstück auftritt [39]. Bild 22 zeigt das Prinzip der elektroerosiven Bearbeitung.

Beim reinen Senkerodieren war durch die äußere Form und die Abmessungen der Werkzeugelektrode die zu erodierende Kontur bereits maßlich festgelegt. Das Fertigen von Hinterschneidungen war nicht möglich. Durch die Einführung der Planetärerodiertechnik sind nun die Möglichkeiten der erosiven Bearbeitung erweitert worden. Es handelt sich hierbei um eine Bearbeitungstechnik mit einer Relativbewegung zwischen Werkstück und Elektrode, die durch eine Kombination von drei Bewegungen – vertikal,

Grundbewegungen der Planetärerosion
V - vertikal
E - exzentrisch
O - orbital

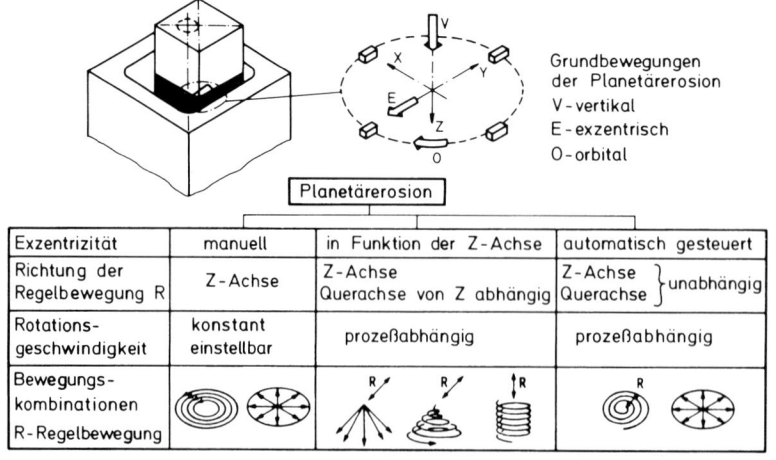

Planetärerosion			
Exzentrizität	manuell	in Funktion der Z-Achse	automatisch gesteuert
Richtung der Regelbewegung R	Z-Achse	Z-Achse Querachse von Z abhängig	Z-Achse Querachse } unabhängig
Rotationsgeschwindigkeit	konstant einstellbar	prozeßabhängig	prozeßabhängig
Bewegungskombinationen R-Regelbewegung			

Bild 23   Grundbewegungen der Planetärerosion [40]

exzentrisch und orbital – erreicht wird [40]. Das Planetärerodieren ist auch als 3dimensionales oder Multispace-Erodieren bekannt [41]. Bild 23 zeigt eine schematische Darstellung des Planetärerodierens.

Die technologischen Vorteile des Planetärerodierens sind in Bild 24 dargestellt. Mit diesem Verfahren ist man nun auch in der Lage, Hinterschneidungen in die Kavität einzubringen [40, 41].

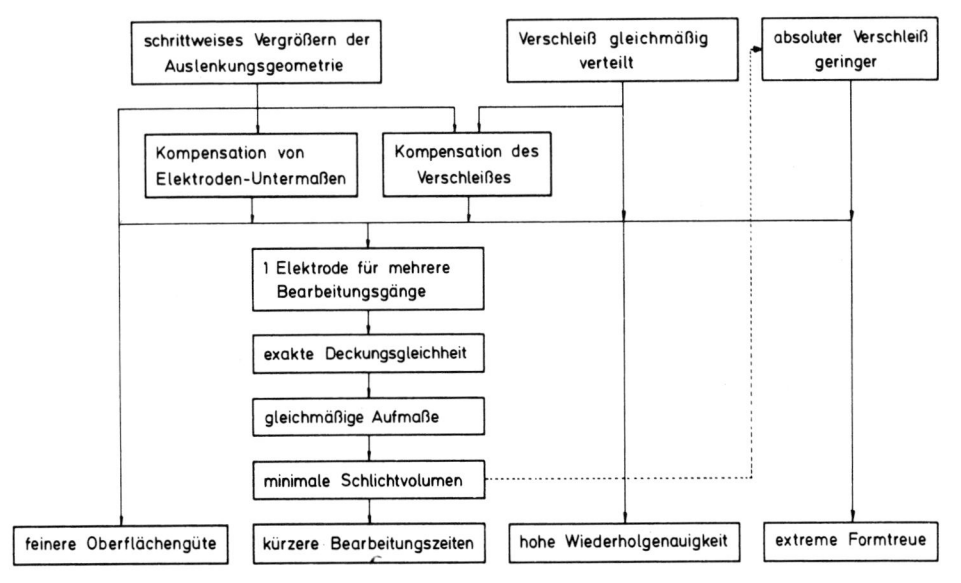

Bild 24 Technologische Vorteile des planetären Erodierens [42]

Als Elektrodenwerkstoffe kann man für die funkenerosive Bearbeitung grundsätzlich alle elektrisch gut leitende Werkstoffe, die außerdem eine gute Wärmeleitfähigkeit haben, verwenden. In den meisten Fällen haben diese Werkstoffe einen genügend hohen Schmelzpunkt, der einen zu großen Verschleiß der Werkzeugelektrode verhindert [43].

Die Herstellung der Elektroden erfolgt spanend durch Drehen, Hobeln oder Schleifen bzw. spanlos durch Warmumformen, Kaltumformen, Flammspritzen oder Galvanisieren, wobei die jeweilige Kontur, die verlangte Genauigkeit und der Werkstoff für die Fertigungsart entscheidend sind.

Wegen der hohen Anforderungen an die Oberflächengüte von Spritzgießwerkzeugen, z.T. aber auch wegen der Abnutzung der Elektroden, werden, um eine Gravur zu erodieren, für die Schrupp- und Schlichtbearbeitung insbesondere beim Senkerodieren mehrere Elektroden eingesetzt. Bei der Mikroerosion wird dadurch eine Abformgenauigkeit von 1 µm und weniger bei Rauhtiefen von 0,1 µm erreicht. Für so gefertigte Werkzeuge ist in der Regel nur noch ein abschließender Poliervorgang vorzusehen [44]. In einigen Anwendungsfällen reicht dies jedoch nicht aus, z.B. bei Werkzeugen für die Herstellung optischer Formteile oder bei Werkzeugen, deren Oberfläche durch Ätzen profiliert werden soll.

Durch die unvermeidbare thermische Beeinflussung des Werkstoffes wird beim Erodieren das Werkstoffgefüge an der Oberfläche verändert. Die hohe Funkentemperatur bringt die Stahloberflächen zum Schmelzen und zerlegt gleichzeitig die als Dielektrikum verwendeten hochmolekularen Kohlenwasserstoffe in ihre Bestandteile. Der freiwerdende Kohlenstoff diffundiert in die Stahloberfläche und verbindet sich mit den Karbidbildnern zu sehr harten Schichten, deren Dicke von der Funkenenergie abhängig ist [38]. Zudem ist eine Anreicherung des jeweiligen Elektrodenwerkstoffs in den aufgeschmolzenen Zonen nachweisbar [40]. Zwischen der gehärteten Deckschicht und dem Grundgefüge bildet sich eine Umwandlungsschicht [43]. Die Folgen dieser Gefügeveränderungen sind hohe Zug-Eigenspannungen [45] in den Randzonen, die zur Rißbildung führen und z.T. notwendige Nachbearbeitungsverfahren, wie z.B. das Fotoätzen, erschweren.

Dennoch hat das Erodieren heute einen festen Platz im Werkzeugbau. Manche Werkzeuge könnten ohne dieses Verfahren gar nicht gefertigt werden. Bei richtiger Anwendung lassen sich die Kosten im Werkzeugbau bis zu 40% senken [43].

Der bedeutendste Vorteil aber ist, daß dieser Prozeß unbeaufsichtigt vollautomatisch ablaufen kann und dabei sehr präzise und störungsfrei arbeitet. Moderne Erodiermaschinen sind daher stets numerisch gesteuerte Anlagen mit vier Achsen Dialog-Bildschirmsteuerungen sowie mit Palettenbestückung, Palettenverschiebung u.a., die es gestatten, die Paletten in mehreren Koordinaten im Bad so zu verfahren, daß sie exakt auch unbeaufsichtigt angefahren und bearbeitet werden können, so daß in unbemannten Schichten diese Arbeitsgänge an mehreren Werkstücken ausgeführt werden können.

2.6.2 Funkenerosives Schneiden mit Drahtelektroden

Dies ist ein besonders wirtschaftliches Verfahren, um Durchbrüche beliebiger Geometrie in Platten zu schneiden. Dabei können die Wände der Durchbrüche auch zur Plattenfläche geneigt sein. Dank der enormen Wirtschaftlichkeit dieses Verfahrens werden vermehrt kleinere Werkzeugkavitäten direkt in die Formplatten geschnitten.

Dem funkenerosiven Schneiden liegt das gleiche auf thermischer Erosion beruhende Abtragsprinzip zugrunde, wie es für das funkenerosive Senken seit langem industriell genutzt wird. Beim Schneiderodieren wird das Metall durch elektrische Ladungen zwischen dem Werkstück und einer dünnen Drahtelektrode berührungslos und ohne mechanische Krafteinwirkung abgetragen [46]. Die Elektrode wird dabei numerisch gesteuert wie eine Bandsäge durch das Werkstück bewegt und mit demineralisiertem Wasser, das durch Koaxialdüsen an der Schneidzone zugeführt wird, als Dielektrikum umspült. Das Wasser wird anschließend in einem separaten Aggregat wieder gereinigt und aufbereitet.

Es hat gegenüber Kohlenwasserstoffverbindungen die Vorteile, daß sich ein größerer Arbeitsspalt bildet, der den Prozeßablauf und die Spülung verbessert, die Abtragsprodukte kleiner sind, feste Zersetzungsprodukte fehlen und kein Lichtbogen auftritt, der unweigerlich zum Drahtdurchbruch führen würde [47].

Bild 25 zeigt das Prinzip des funkenerosiven Schneidens.

Moderne Drahterodiermaschinen gibt es heute in zwei- und vierachsiger Ausführung. Die vierachsigen Ausführungen dienen zum Konischerodieren [41].

Auf modernen Schneiderosionsanlagen lassen sich komplizierte Durchbrüche und schwierige Konturen bis zu einer Schneidhöhe von 420 mm erreichen [48]. Der entstehende Spalt hängt vom Durchmesser der Drahtelektrode ab. Er wird auf die jeweilige Bearbeitungsaufgabe abgestimmt. Üblicherweise werden Drähte mit einem Durchmesser

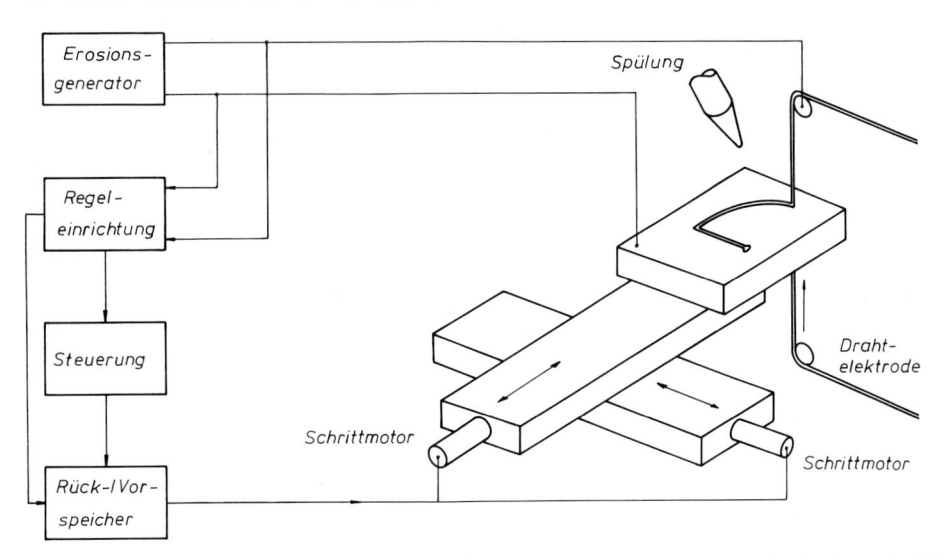

Bild 25 Prinzip der Maschinensteuerung beim funkenerosiven Schneiden mit Drahtelektrode [47]

von 0,03 bis 0,3 mm [46] verwendet. Der Draht wird durch Abspulen im erosiven Einsatzbereich ständig erneuert. Man hat so im Gegensatz zum funkenerosiven Senken ein gleichbleibendes Werkzeug, mit dem sich je nach Schneidtechnik (Schnellschnitt oder Feinschnitt, der sich allerdings aus Voll-, Nach- und Glättschnitt zusammensetzt) Oberflächen mit einer Rauhtiefe von 1,8 bis 0,3 µm bei einer Abtragsleistung von 140 mm³/min in Stahl herstellen lassen [48]. Wie beim funkenerosiven Senken kommt es auch beim Schneiderodieren zu einer thermischen Beanspruchung des Werkstücks, die in den oberflächennahen Schichten zu Gefügeveränderungen führen kann. Eine mechanische Nacharbeit der erodierten Flächen ist daher u. U. empfehlenswert [39].

2.7 Abtragen durch elektrochemische Auflösung (ECM)

Das Abtragsprinzip dieses neuzeitlichen Bearbeitungsverfahrens beruht auf der anodischen Auflösung von elektrisch leitenden bzw. halbleitenden Werkstoffen. Dieses Auflösen bewirkt einen durch die äußere Stromquelle erzwungenen Ladungsaustausch und Stoffaustausch zwischen dem als Anode geschalteten Werkstück und dem als Kathode geschalteten Bearbeitungswerkzeug über eine Elektrolytlösung als Wirkmedium [49].

Das Verfahren hat gegenüber dem funkenerosiven Senken (EDM) einige Vorteile (keine Aufhärtung der Werkstückoberfläche, kein Elektrodenablauf sowie hohe Abtragsleistungen), aber leider auch gravierende Nachteile [50]. Die Anlagen sind sehr teuer und eignen sich wegen der aufwendigen Herstellung der Elektroden nur für größere Serien gleicher Geometrie, was bei Einsätzen für Spritzgießwerkzeuge sehr selten gegeben ist. Zudem sind die einhaltbaren Toleranzen um das 5fache größer als beim EDM.

2.8 Abtragen durch chemische Auflösung (chemisches Ätzen)

Aus dekorativen oder funktionellen Gründen wird die Oberfläche sehr oft strukturiert. Einmal, weil der Spritzling ein ästhetisch angenehmes Aussehen, einen besseren Griff oder eine kratz- und griffunempfindliche Oberfläche haben soll (z.B. Ledernarbung, Holzmaserung); zum anderen, um Fließmarkierungen (schlierige Oberflächen, Bindenähte) am Spritzling zu kaschieren [51, 52].

Die früher weitgehend mechanisch und überwiegend manuell gefertigte Gravur ließ vielfach die Fertigung von „Phantasiedessins" nicht zu. Erst die chemischen Abtragverfahren haben hier dem Designer neue Möglichkeiten eröffnet.

Grundlage dieses Verfahrens ist das Auflösevermögen von Metallen in Säuren, Basen und Salzlösungen. Die Auflösung der metallischen Werkstoffe erfolgt aufgrund von Potentialdifferenzen zwischen Mikrobezirken des Werkstoffs bzw. zwischen Werkstoff und Ätzmittel (Bild 26). Die Metallatome geben Elektronen ab und werden als Ionen aus dem Gitterverband des Metalls entlassen. Die freigesetzten Elektronen werden in Reduktionsvorgängen mit den im Ätzmedium vorhandenen Kationen und Anionen verbraucht. Mit den Anionen verbindet sich das abgetragene Metall zu unlöslichem Metallsalz, das aus dem Ätzmedium durch Filtern oder Zentrifugieren entfernt werden muß [39].

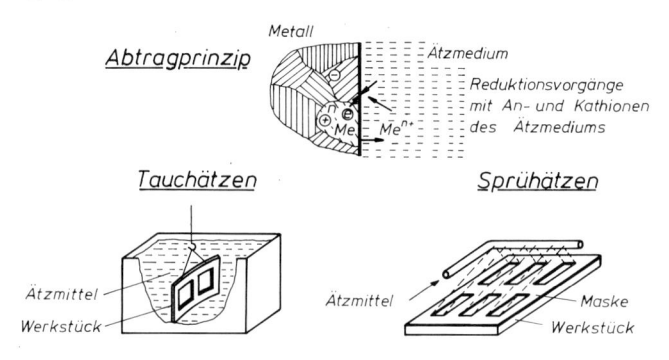

Bild 26 Chemische Abtragverfahren durch Auflösen [39]

Arbeitsmedium	wäßrige Lösungen aus z.B. HCl, HNO_3, H_2SO_4, NaOH
Abtraggeschwindigkeit	0,01–0,08 mm/min
Oberflächengüte	$R_t = 1–15$ µm
Formerzeugung	durch Abdeckmasken, zeitlich gesteuertes Eintauchen oder Herausziehen des Werkstücks aus dem Ätzmedium

Die genaue Zusammensetzung der Ätzmedien ist Know-how der Anwender und wird von diesen im allgemeinen geheimgehalten. Chemisch abtragen und strukturieren lassen sich fast alle Stähle ohne Einschränkung der Legierungsmenge von Nickel oder Chrom, d.h. also auch Edelstähle. Außer Werkzeugen aus Stahl können auch solche aus NE-Metallen chemisch abgetragen und strukturiert werden [53]. Es werden allerdings besonders die in Tabelle 15 aufgeführten Werkzeugstähle empfohlen.

Die beim chemischen Abtragen oder Ätzen erreichten Oberflächenqualitäten hängen neben den Ätzmedien weitgehend vom Werkstoff und seiner Oberflächenbeschaffenheit ab. Ein gleichmäßiger Abtrag wird nur bei den Werkstoffen erzielt, die eine homogene

Tabelle 15 Stähle für die chemische Bearbeitung [52, 53]

Einsatzstähle	Werkstoff Nr. 2162
	2341
	2764
Vergütungsstähle	2713
	2311
	2344
Durchhärtende Stähle	2842
Korrosionsbeständige Stähle	4122
	4034

Zusammensetzung und ein homogenes Gefüge haben. Je feinkörniger das Gefüge ist, desto gleichmäßiger und glatter wird die geätzte Fläche. Vielfach werden daher die Werkzeuge vor dem Ätzen einer Wärmebehandlung unterzogen. Die durch die Wärmebehandlung beeinflußte Zone sollte dabei stets dicker sein als die zu erreichende Ätztiefe. Ist dies nicht der Fall, so kann die thermisch beeinflußte Schicht durchbrochen werden. Die Folge davon ist ein sehr unregelmäßiges Ätzbild. Ausreichend starke Randschichten werden durch eine vorangehende Einsatzhärtung erreicht [52, 53].

Wie schon erwähnt, ist für die Oberflächenqualität nach dem Ätzen auch die Ausgangsrauhigkeit der Werkzeugoberfläche von Bedeutung. Unzulässige Bearbeitungsspuren von der mechanischen Fertigung werden nicht verdeckt, sondern bleiben mehr oder weniger „verwaschen" sichtbar. Vor dem Ätzen sollte die Oberfläche nach DIN 140 feingeschlichtet sein. Dies entspricht einer Bearbeitung der Oberfläche mit Schmirgelleinen der Körnung 240. Die zulässige Ätztiefe hängt von den Fertigungsbedingungen beim Spritzgießen ab. Die Abtragsgeschwindigkeit ist abhängig vom Ätzmedium, von der Temperatur und vom zu bearbeitenden Werkstoff. Sie liegt im allgemeinen zwischen 0,01 und 0,08 mm/min und nimmt mit steigender Temperatur zu [39].

Im wesentlichen werden zwei Verfahren zum Ätzen verwendet, das Tauchätzen und das Sprühätzen (Bild 26). Beide Verfahren weisen Vor- und Nachteile auf. So können beim Tauchätzen Werkzeuge nahezu beliebiger Größe in einfachen und preisgünstigen Vorrichtungen bearbeitet werden. Allerdings bereitet das Abführen der Reaktionsprodukte und der ständige Austausch des Ätzmediums in der Nähe der Werkzeugoberfläche Schwierigkeiten. Beim Sprühätzen können die Reaktionsprodukte leichter abgeführt werden, so daß ein ständiger Austausch des Ätzmediums an der Werkzeugoberfläche gewährleistet ist. Das Verfahren ist jedoch wesentlich aufwendiger und die Vorrichtungen teurer. Das Ätzmedium wird unter Druck durch Düsen auf die zu ätzende Oberfläche gesprüht. Dabei dürfen eventuell vorhandene Abdeckungen nicht zu ätzender Stellen von dem unter Druck auftreffenden Ätzmedium nicht zerstört oder unterspült werden.

Zum Abdecken der Metallteile, an denen kein Werkstoffabtrag erfolgen soll, sind eine Reihe von Techniken entwickelt worden, die abhängig von der aufzubringenden Gravur sind. Die Techniken reichen vom manuellen Abdecken über Siebdruckverfahren bis zu fototechnischen Verfahren. Besonders mit dem letztgenannten Verfahren lassen sich hohe Wiedergabegenauigkeiten erzielen [52]. Bei dem fototechnischen Verfahren wird das Muster einer Filmvorlage auf die mit einer lichtempfindlichen Schicht versehenen Werkzeugoberfläche kopiert. Das Schema des fototechnischen Arbeitsganges ist in

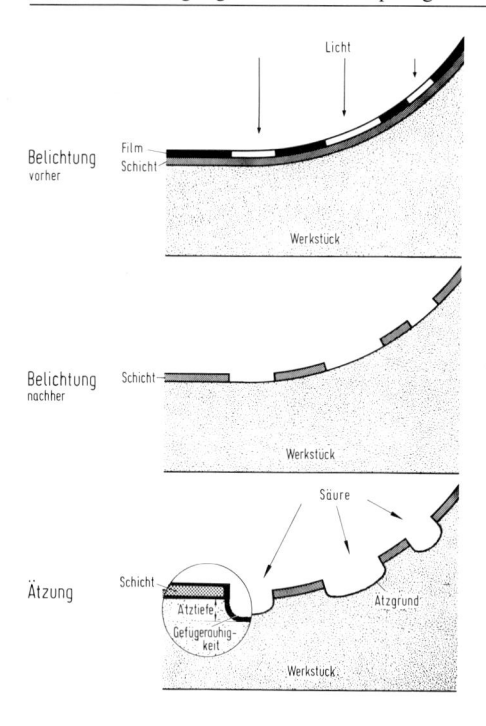

Bild 27 Schema der fotochemischen Arbeitsgänge [52]

Bild 27 dargestellt. Nach diesem Verfahren hergestellte Strukturen sind detailgerecht und in gleicher Ausführungsart reproduzierbar. Das macht das Verfahren insbesondere auch für Mehrfachwerkzeuge interessant. Die Hersteller bieten heute eine breite Musterkollektion vorhandener Dessins an.

2.9 Elektroerosiv oder durch chemische Auflösung (Ätzen) gefertigte Oberflächen

Mit Hilfe der modernen Fertigungsverfahren – Erodieren und insbesondere Fotoätzen – ist man heute in der Lage, fast jedes gewünschte Oberflächendesign herzustellen.

Bei den beiden vorab genannten Bearbeitungsverfahren erhalten die Oberflächen der Werkzeuge ein ganz charakteristisches Aussehen. Bei erodierten Werkzeugen ist die Strukturierung meist flach und die Ränder der Entladungskrater sind abgerundet. Anders bei geätzten Oberflächen. Die Struktur ist hier scharfkantig und tiefer. In beiden Fällen kann durch ein nachträgliches Bestrahlen mit einem harten (Siliziumcarbid) oder weichen (Glaskugeln) Strahlmittel die Struktur korrigiert und so den Wünschen der Verbraucher angepaßt werden. Mit einem harten Strahlmittel wird die Werkzeugkontur aufgerauht, mit einem weichen wird sie geglättet.

Die einzelnen Kunststoffe formen nun die Oberflächen in Abhängigkeit von der Viskosität, der Erstarrungsgeschwindigkeit und den Verarbeitungsparametern wie insbesondere Einspritzdruck und Werkzeugtemperatur unterschiedlich ab.

Allgemein gilt, je niedriger viskos die Schmelze ist, desto höher ist die Abformgenauigkeit. Die niedrigviskosen Schmelzen formen demzufolge die Werkzeugoberfläche exakt und scharfkantig ab, so daß tiefmatte Formteiloberflächen entstehen, die jedoch kratzunempfindlich sind. Bei hochviskosen Werkstoffen wird die Werkzeugoberfläche „abgerundet" abgeformt. Die Formteiloberfläche ist dabei meist glänzend, jedoch kratzempfindlich.

Für die Verarbeitungsparameter Werkzeugtemperatur, Einspritzgeschwindigkeit und Formnestinnendruck gilt, je höher diese Werte liegen, um so präziser wird die Feinstruktur der Werkzeugoberfläche abgeformt und um so matter wirkt die Formteiloberfläche. Das bedeutet aber auch, daß man insbesondere bei großflächigen, verwinkelten und verschachtelten Formteilen sowie Formteilen mit großen Wanddickensprüngen nur dann eine gleichmäßig geformte Oberfläche am Spritzling erhält, wenn die Schmelze im Formnest an allen Stellen den gleichen Zustand hat.

Damit kommt der Anguß- und Anschnittdimensionierung und -lage besondere Bedeutung zu. So kann man bei ungünstiger Angußlage angußfern häufig eine schlechtere Abformung bei gleichzeitiger Zunahme des Glanzes beobachten. Der Grund dafür ist, daß die Schmelze bei großer Angußferne bereits abgekühlt ist und die Struktur mit geringerem Druck überfließt als angußnah.

Strukturierte Oberflächen wirken beim Entformen wie Hinterschneidungen, d.h., sie erschweren den Entformungsvorgang. Es dürfen daher bestimmte Ätz- oder Erodiertiefen in Abhängigkeit von der Wandkonizität nicht überschritten werden. Von Bedeutung ist dabei, ob die Strukturierung senkrecht, parallel oder unregelmäßig zur Entformungsrichtung liegt.

Als Faustformel gilt bei Werkzeugen mit geätzter Oberflächenstruktur: Die Ätztiefe darf pro 1° Wandkonizität maximal 0,02 mm Ätztiefe [52, 53] betragen.

Für erodierte Werkzeuge kann aus Tabelle 16 die Entformungsschräge X° für einige Werkstoffe in Abhängigkeit von der Rauhtiefe abgelesen werden. Diese Werte gelten nur für die Kavität, nicht für den Werkzeugkern, da der Spritzling beim Abkühlen in der Regel auf diesen aufschrumpft. Wenn der Werkzeugkern überhaupt strukturiert werden muß, so muß die Struktur flacher oder die Wandkonizität größer sein. Können die vorab oder die in Tabelle 16 angegebenen Werte im Einzelfall nicht eingehalten

Tabelle 16 Mindestentformungsschrägen x° abhängig von der Rauhtiefe bei s = 2 mm (GF-Produkte eine Stufe höher wählen), bei erodierter Struktur [54]

Charm.-Nr.	Ra	~ Rz	Entformungsschräge x°		
	µm	µm	PA	PC	ABS
12	0,40	1,5	0,5	1,0	0,5
15	0,56	2,4	0,5	1,0	0,5
18	0,80	3,3	0,5	1,0	0,5
21	1,12	4,7	0,5	1,0	0,5
24	1,60	6,5	0,5	1,5	1,0
27	2,24	10,5	1,0	2,0	1,5
30	3,15	12,5	1,5	2,0	2,0
33	4,50	17,5	2,0	3,0	2,5
36	6,30	24,0	2,5	4,0	3,0
39	9,00	34,0	3,0	5,0	4,0
42	12,50	48,0	4,0	6,0	5,0
45	18,00	69,0	5,0	7,0	6,0

werden, so muß man durch unterschiedliche Werkzeugwandtemperaturen zu erreichen versuchen, daß der Spritzling aus der Hinterschneidung herausschwindet. Dies läßt sich auch erreichen, wenn man zunächst den Werkzeugkern zieht und dadurch dem Formteil die Möglichkeit gibt, aus der Struktur herauszuschwinden (z. B. Kugelschreibergehäuse). Voraussetzung ist allerdings, daß der Kern eine größere Konizität aufweist als die Außenkontur [54, 55].

2.10 Werkzeuge für beliebig geformte Hohlkörper Schalentechnik – Kernausschmelztechnik

Viele Spritzgußteile kann man mit Werkzeugen, die nach den konventionellen Techniken aufgebaut sind oder nach diesen arbeiten, nicht mehr erstellen. Dies gilt insbesondere für Formteile mit komplexen Hinterschneidungen und dreidimensional geformte Hohlkörper, wie Ansaugrohre für Motoren oder Ventilgruppen für Kraftmaschinen (Bild 28). Der Einsatz von Werkzeugen mit Kernzügen ist nicht mehr möglich. Neue Techniken gestatten dennoch die Herstellung solcher Teile im Spritzgießverfahren. Als Lösungen bieten sich die Schalentechnik oder die Kernausschmelztechnik, kurz KAT genannt, an.

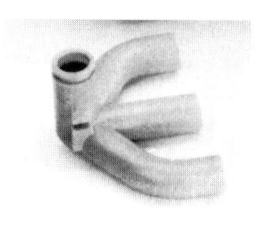

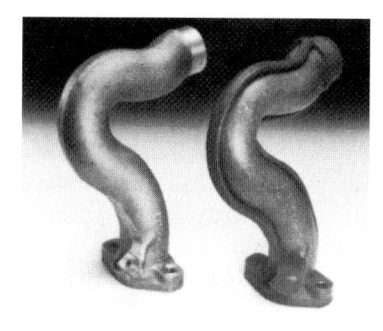

Bild 28 Links: Ansaugkrümmer aus glasfaserverstärktem Polysulfon,
Mitte: Krümmer aus Aluminium,
rechts: Krümmer aus glasfaserverstärktem Polyamid [56, 58]

Die Schalentechnik bietet sich dann an, wenn man den Spritzling zerlegen und die vorgefertigten Teile in weiteren Arbeitsschritten entweder durch Schweißen, Kleben etc. zusammenfügen oder die Nahtstellen im Spritzgießverfahren umspritzen kann. Beim Umspritzen, das hier nur weiter interessiert, sind mehrere Fertigungsschritte nötig. Im ersten Fertigungsschritt werden zunächst – im vorliegenden Beispiel (Bild 29) – zwei Halbschalen mit einem im Bereich der Trennebene umlaufenden Flansch gefertigt. Voraussetzung ist natürlich, daß man die Trennebene so legen kann, daß auch eine problemlose Entformung der beiden Halbschalen möglich ist. Die beiden Halbschalen werden danach in ein weiteres Werkzeug eingelegt und die umlaufenden Flansche umspritzt (Bild 30) [56].

Bei der Kernausschmelztechnik arbeitet man mit „verlorenen Kernen", die in einem dem Spritzgießprozeß vorgeschalteten Arbeitsgang gefertigt werden. Die Kerne werden dabei in der Regel in einer u. U. mehrfach teilbaren Kokille im Niederdruckverfahren

2.10 Werkzeuge für beliebig geformte Hohlkörper

Bild 29 Halbschalen aus Durethan BKV 30 H [56]

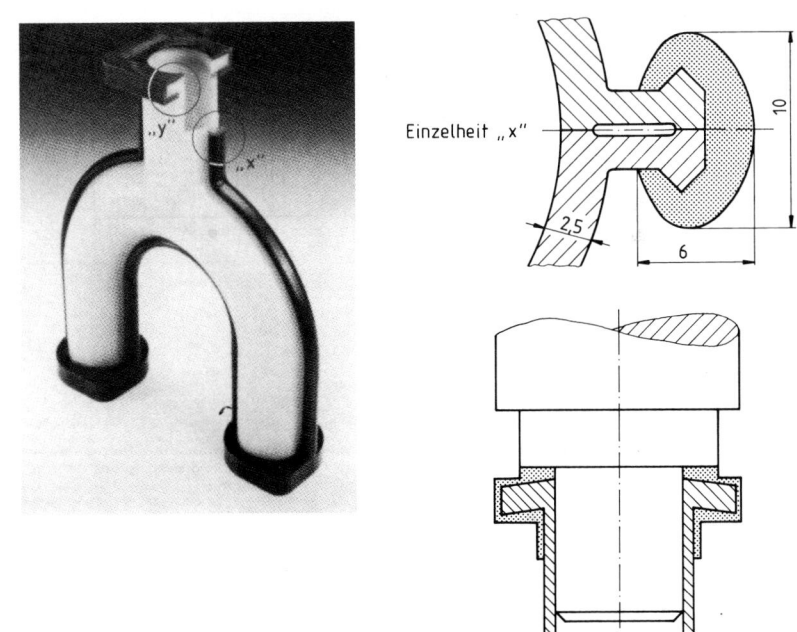

Bild 30 Nach Umspritzen der in Bild 29 gezeigten zwei Halbschalen: idealer Prototyp in Y-Form [56]

u. U. unter Schutzgasatmosphäre gegossen [57]. Danach werden sie in das Spritzgießwerkzeug eingelegt. Dabei ist besonderes Augenmerk auf die Lagerung der Kerne zu legen. Diese müssen so arretiert werden, daß sie beim Spritzgießvorgang nicht durch die einströmende Formmasse verschoben werden. Die Folge wären Wanddickenunterschiede am Spritzling und eine einseitige Belastung der Kerne, die u. U. zu Beschädigungen am Werkzeug führen kann. Nach dem Spritzgießen wird der Spritzling zusammen mit dem Kern entformt und in ein temperiertes Bad getaucht, in dem der Kern ausgeschmolzen wird. Je nach Kernmaterial und Schmelzpunkt handelt es sich dabei um ein temperiertes Wasser- oder Ölbad. Als Kernwerkstoffe werden außer niedrigschmelzenden Zinn-Wismut-Legierungen auch Salze und Wachse für die Herstellung der Kerne verwendet. Das Kernmaterial wird nach dem Ausschmelzen zurückgewonnen und kann erneut verwendet werden [57 bis 59]. In Bild 31 ist die Kernausschmelztechnik schematisch dargestellt.

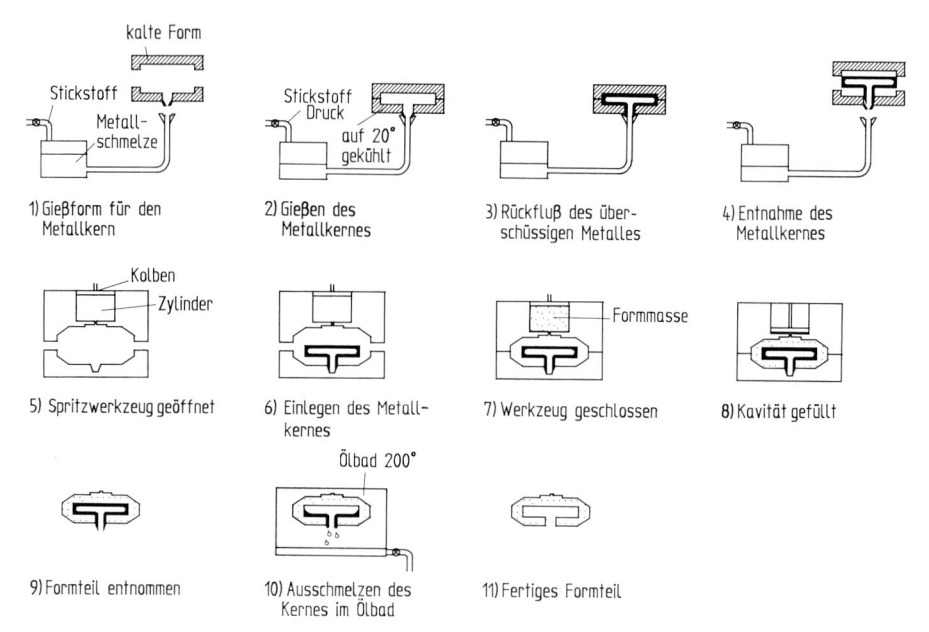

Bild 31 Anlageschema für Formteilherstellung mit Metallausschmelzkern [60]

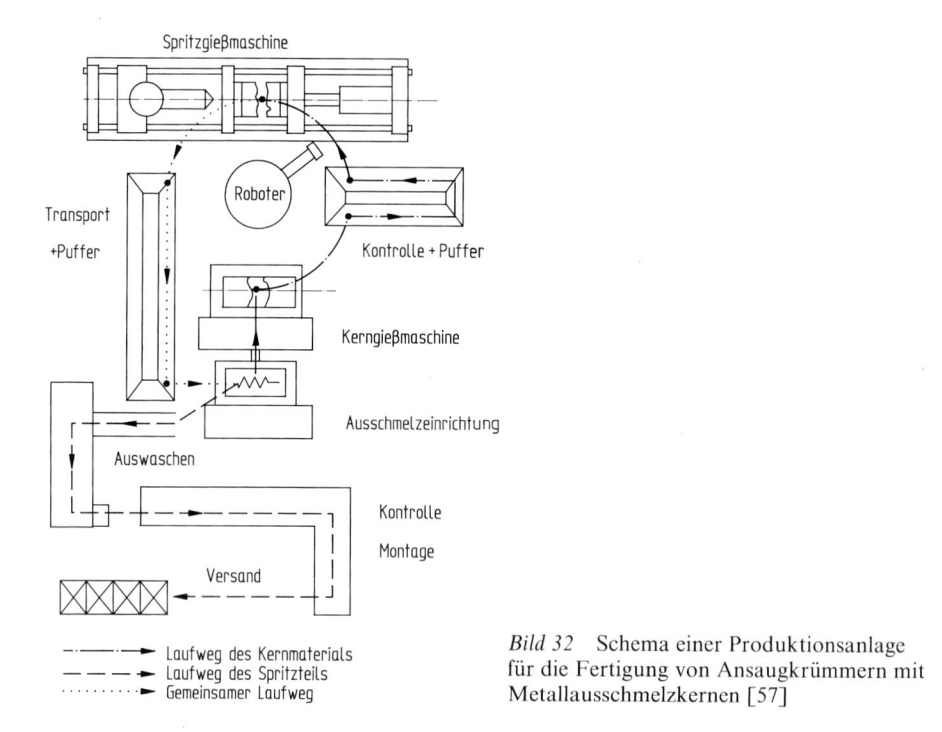

Bild 32 Schema einer Produktionsanlage für die Fertigung von Ansaugkrümmern mit Metallausschmelzkernen [57]

Eine komplette Produktionsanlage für die Fertigung von Ansaugrohren für Motoren ist in Bild 32 dargestellt. Man sieht, daß der Aufwand erheblich ist. Besonders die Ausschmelzstufe ist im realen wirtschaftlich arbeitenden Betrieb teuer, denn man muß, um den Kern genügend schnell ausschmelzen zu können, eine leistungsfähige elektrische Induktionsheizanlage installieren.

Mit Metallkernen aus Zinn-Wismut-Legierungen wurde auch bei der Herstellung von Pumpenkammern für ein künstliches Herz gearbeitet [61, 62].

Da das Ausschmelzen der Kerne, wie bereits erwähnt, einen hohen und teuren apparativen Aufwand erfordert, werden neuerdings verstärkt außer niedrig schmelzenden Legierungen andere Materialien für die Kernherstellung ins Gespräch gebracht. Diese Vorschläge reichen von Eis bis zu Salzen. Interessant erscheint auch ein Vorschlag, der modifizierte Wachskerne empfiehlt, die bis zu Temperaturen von 200 °C verwendet werden können [63].

2.11 Stereolithographie – Ein Verfahren zur Herstellung von Prototypen und Modellen

Prototypen und Modelle werden häufig durch Modellieren in Handarbeit oder spanend hergestellt, wobei sehr oft Spezialmaschinen und -werkzeuge benötigt werden. Es ist dabei nicht ungewöhnlich, daß die Herstellung der Modelle und Protoypen Tage, Wochen oder Monate in Anspruch nimmt und die Kosten erheblich höher sind als die Kosten für die Werkzeuge der Serienfertigung. Mit der Stereolithographie werden nun Modelle, Prototypen und Gießformen direkt aus dem Rechner ohne zusätzliche Werkzeuge hergestellt.

Die Stereolithographie ist eine neue Technologie, die basierend auf CAD/CAM erzeugten Daten Modelle oder Musterteile automatisch herstellt. Ohne jegliches Werkzeug härtet ein Laserstrahl in einem Behälter flüssige Photopolymere und erzeugt ein festes dreidimensionales Teil. Das Funktionsschema der Stereolithographie ist in Bild 33 dargestellt.

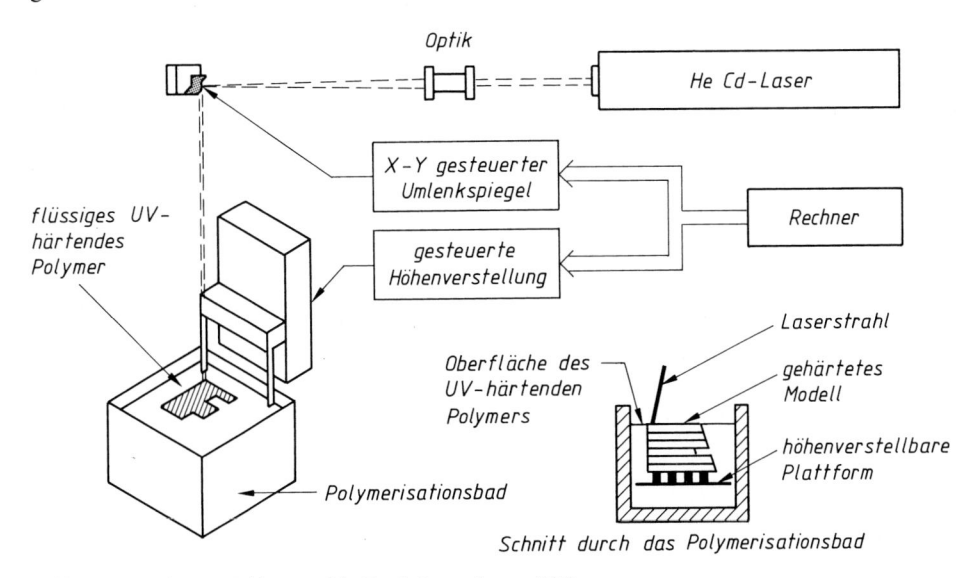

Bild 33 Das Stereo-Lithographie-Funktionsschema [66]

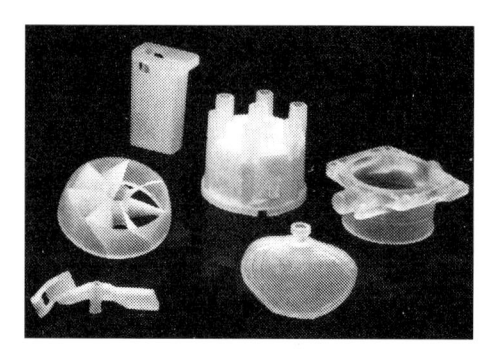

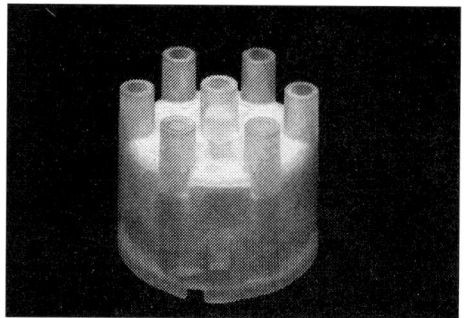

Bild 34 Mit der Stereo-Lithographie hergestellte Teile nach dem CAD-Entwurf [66]

Das Sterolithographie-System besteht im wesentlichen aus einem Rechner, einem optischen Scanner und einem Laser. Der Rechner zerlegt die CAD-Darstellung des Teils in einzelne Querschnitte, deren Vektoren von einem X-Y-Scanner mit einem Laser auf der Oberfläche von flüssigen Polymeren nachgezeichnet werden. Die Polymeren härten nun unter der Einwirkung des UV-Laserlichts auf einer Plattform aus.

Nach Fertigstellung des ersten Querschnitts wird die Plattform um die vorher bestimmte Querschnittsdicke abgesenkt und der nächste Querschnitt vom Laserstrahl unmittelbar an den ersten anschließend entwickelt. Das Teil wird so sukzessiv aufgebaut [64 bis 66]. Das nicht polymerisierte Material bleibt flüssig und kann zur Herstellung weiterer Teile verwendet werden.

Nach der Entwicklung des Modells wird die Plattform mit dem Modell der Anlage entnommen. Die Oberfläche des Musterteils wird dann durch Erhitzen oder mit einem Lösungsmittel getrocknet und durch intensive UV-Bestrahlung oder durch Erhitzen vollständig ausgehärtet. Bild 34 zeigt einige Musterteile, die nach dem CAD-Entwurf mit einer Stereolithographie-Anlage (SLA) hergestellt wurden.

Literatur zu Kapitel 2

[1] Werkzeugbau nach dem MCP/TAFA. Prospekt der Firma HEK, Lübeck.
[2] *Merten, M.:* Gegossene NE-Metallformen – Angewandte NE-Metalle – Angewandte Gießverfahren. VDI-Bildungswerk BW 2197. VDI-Verlag, Düsseldorf.
[3] *Merten, M.:* Technische und wirtschaftliche Probleme bei der Herstellung gegossener Werkzeugeinsätze. Vortrag auf dem 12. Kunststofftechnischen Kolloquium. Würzburg 12. Mai 1971.
[4] *Laczkovich, M.:* Im Sandguß hergestellte Werkzeuge für die Kunststoffverarbeitung. VDI-Verlag, Düsseldorf 1976.
[5] Stähle und Superlegierungen, Elektroschlacke umgeschmolzen. WF-Information der Firma MBB, München 5 (1972) S. 140–143.
[6] *Zenner, H.; Menzel, A.:* Herstellung und Anwendung gegossener Werkzeuge. Rheinmetall-Technik 3 (1971) S. 91–96.
[7] *Zelenka, R.:* Gegossene Werkzeugeinsätze. Kunststofftechnik 12 (1973) 3, S. 67–68.
[8] Gegossene Formen. Prospekt der Firma BECU, Hemer-Westig.
[9] *Bonestech, R.:* Preßgießen. VDI-Verlag, Düsseldorf 1976.
[10] Herstellung einer Form für PUR-RIM nach dem MCP-TAFA-Lichtbogenverfahren. Div. Prospekt der Firma HEK, Lübeck.
[11] Spritzgießwerkzeuge für Prototypen. Kunststoffberater 4 (1983) S. 27–29.

[12] *Simmonds, R.:* Das MCP-Metallspritzverfahren senkt die Kosten beim Formenbau. Kunstst. J. 5 (1983) S. 40–45.
[13] *Simmonds, R.:* Werkzeugbau unter Anwendung des Metallspritzverfahrens. Österr. Kunstst. Z. 17 (1986) 1/2, S. 11–12.
[14] Galvanisiergerechtes Gestalten von Werkstücken. Druckschrift der International Nickel, Düsseldorf 1968.
[15] Vortrag auf der Technoplast 1969 – Konferenz über Kunststoffe im Maschinen- und Fahrzeugbau. Budapest 10.11. bis 15. 11. 1969.
[16] Kalteinsenken von Werkzeugen. VDI-Richtlinie 3170, 1961.
[17] *Hoischen, H.:* Werkzeugformgebung durch Kalteinsenken. Werk. Betr. 104 (1971) 4, S. 275–282.
[18] *Stoeckhert, K.:* Werkzeugbau für die Kunststoffverarbeitung. 3. Aufl. Hanser, München 1979.
[19] *Treml, F.:* Stähle für die Kunststoffverarbeitung. Vortrag gehalten am IKV, Aachen 1969.
[20] *Piwowarski, E.:* Erstellen von Spritzgießwerkzeugen. Kunststoffe 78 (1988) 12, S. 1137–1146.
[21] Prospekt der Firma Joisten und Kettenbaum, Berg.-Gladbach.
[22] Prospekt der Firma Novapax, Berlin.
[23] Ultraschall-Läpp- und Poliergerät. Kunststoffe 68 (1978) 12, S. 818.
[24] Polieren von Werkzeugstählen. Prospekt der Firma Uddeholm, Hilden.
[25] *Schmidt, P.:* Verfahren zum Polieren von Spritzgießformen. Vortrag 3. Leobener Kunststoff-Kolloquium, 1975.
[26] Preßläppen – ein Verfahren zur Erzielung glatter Oberflächen in Werkzeugen für die Kunststoffverarbeitung. Kunststoffe 73 (1983) 10, S. 567.
[27] Prospekt der Firma Deploeg, Technik BV, Helmond, Holland.
[28] Extrude-Hone – ein Preßläppverfahren zum wirtschaftlichen Polieren, Entgraten und abrunden. Betrieb + Meister 4 (1985) S. 16.
[29] *Hornisch, R.:* Alternative zur mechanischen Oberflächenbearbeitung. Oberfläche + Jot. (1982) 2, S. 24–29.
[30] *Schäuble, O.W.:* Elektrochemisches Polieren und Entgraten. KEM (1984) Mai, S. 28–29.
[31] *Jutzler, W.I.:* Das funkenerosive Polieren. Ind. Anz. 105 (1983) 56/57, S. 17–19.
[32] Mündliche Mitteilung aus dem Laboratorium für Werkzeugmaschinen und Betriebslehre an der RWTH Aachen.
[33] *Eversheim, W.:* Organisation in der Produktionstechnik, Bd. 3: Arbeitsvorbereitung. VDI-Verlag, Düsseldorf 1980.
[34] *Eversheim, W.; Platz, U.:* CAD/CAM im Werkzeug- und Formenbau. Ein Baustein zum CIM. Vortrag anläßlich des Seminars „CIM für den Kunststoffspritzbetrieb", Frankfurt/Main 24. Februar 1987.
[35] *Gliese, F.:* Die Einführung der computerintegrierten Fertigung (CIM) in Kunststoffbetrieben. Dissertation an der RWTH Aachen 1987.
[36] *Spur, G.; Krause, F.-L.:* CAD-Technik. Lehr- und Arbeitsbuch für die Rechnerunterstützung in Konstruktion und Arbeitsplanung. Hanser, München, Wien 1984.
[37] *Hettesheimer, E.; Richter, R.:* Einsatz eines CAD/CAM-Systems bei der Entwicklung von Formteilen. Kunststoffe 78 (1985) 5, S. CA 19 – CA 26.
[38] *Steiner, J.:* Senkerodieren von Stahl im Werkzeugbau. Kunststoffe 76 (1986) 12, S. 1193–1194.
[39] *König, W.:* Neuartige Bearbeitungsverfahren. Vorlesungsumdruck, RWTH Aachen, Laboratorium für Werkzeugmaschinen und Betriebslehre.
[40] *Kortmann, W.; Walkenhorst, U.:* Funkenerosion von Werkzeugstählen und Hartstoffen. Thyssen Edelstahl Techn. Ber. 7 (1981) 2, S. 200–211.
[41] *Schekulin, A.:* Rationalisierung des Kunststoff-Formenbaus durch neue Erodier-Technologien. Kunststoffberater 27 (1982) 11, S. 22–29.
[42] *Schaede, J.:* Planetär-Erodieren. VDI-Bildungswerk BW 4409. VDI-Verlag, Düsseldorf.
[43] *Hermes, J.:* Funkenerosion – ein Verfahren zum Herstellen von Raumformen. VDI-Z 112 (1970) 17, S. 1188–1192.
[44] *Genath, B.:* Die Mikroerosion erzielt hohe Genauigkeiten. VDI-Nachr. Nr. 6, 7. 2. 1973.
[45] *Höpken, H.:* Extreme Oberflächentemperaturen bei der Funkenerosion und ihre Folgen. Mitteilungen der Stahlwerke Südwestfalen Hüttental-Geisweid, 13/1974, S. 16.
[46] CNC Feinschneiderodieren für den Miniaturbereich. Werk Betr. 116 (1983) 6, S. S64–S66.
[47] *Weck, M.; König, W.:* Abtragende Bearbeitungsverfahren. Fertigungstechnisches Labor des Laboratoriums für Werkzeugmaschinen und Betriebslehre der RWTH Aachen.

[48] Schneiderodieren im Werkzeugbau. Kunststoffe 75 (1985) 12, S. 877.
[49] Elektrochemische Bearbeitung – Anodisches Abtragen mit äußerer Stromquelle. VDI-Richtlinie 3401, Blatt 1, 1970 und Blatt 2, 1972.
[50] *Pielorz, E.:* Elektrochemisches Senken (ECM) in der Anwendung. Vortrag im Haus der Technik in Essen 1984 (erhältlich bei Fa. Köppern, 4320 Hattrigen/Ruhr).
[51] *Wagner, U.:* Strukturierte Formoberflächen im Spritzguß. Plastverarbeiter 24 (1973) 6, S. 1–3.
[52] Fotostrukturen als Oberflächendessin. Prospekte der Firma Wagner Graviertechnik, Öhringen 1975.
[53] *Lüdemann, D.:* Oberflächen-Strukturieren, Kunststoff-Formenbau, Werkstoffe und Verarbeitungsverfahren. VDI-Verlag, Düsseldorf 1976.
[54] *Schauf, D.:* Die Abbildung strukturierter Formnestoberflächen durch Thermoplaste. Vortrag und Umdruck: 2. Würzburger Werkzeugtage 4. und 5. Oktober 1988.
[55] *Schauf, D.:* Die Formnestoberfläche. Anwendungstechn. Information der Bayer AG, Leverkusen 1983.
[56] *Motschall, E.; Opelka, G.; Schauf, D.:* PKW-Ansaugkrümmer aus Thermoplast, Teil 12 Schalentechnik (2-St). Anwendungstechnische Information der Bayer AG, Leverkusen 1985.
[57] *Haldenwanger, H.G.; Mineif, P.; Arnegger, K.; Schuler, S.:* Kunststoff-Motorbauteile in Ausschmelzkerntechnik am Beispiel eines Saugrohres. Kunststoffberater 32 (1987) 9, S. 60–64.
[58] *Glatz, D.:* Kernausschmelztechnik. Kunstst 22 J. BV (1988) 3, S. 16.
[59] PKW-Motorteil aus Kunststoff. Schmelzkerne – die Problemlösung. K Plast. Kautsch. Z. Nr. 210 vom 25. 3. 1981.
[60] Materie Plastiche ed Elastomeri 1984, S. 320–322.
[61] *Schulze, H.:* Arbeitsanleitung für die Konstruktion – Ein Beitrag zur Konstruktionsmethodik. Dissertation an der RWTH Aachen 1973.
[62] *Adamczak, H.; Reynhout, C.:* Künstliche Organe. Forschungsbericht der DFG, Aachen 1974.
[63] De-OS 3 820 574 A1 Agia AG, Zug, Schweiz, 1989.
[64] Prospekte der Firma Spectra Physics, Darmstadt.
[65] *Schmidt, Th.G.:* Im Laserlicht entsteht ein reales Modell. VDI Nachr. 43 (1989) 5, S. 23.
[66] *Gieslak, W.:* Stereolithographie. Laser-Magazin 38 (1983) 3. Beilage: Innovation.

3 Verfahren zur Abschätzung der Werkzeugkosten

3.1 Allgemeines

Spritzgießwerkzeuge sind aufgrund der vielfältigen Anforderungen, die an sie gestellt werden, Bauteile höchster Präzision, die in der Regel nur in einem oder ganz wenigen Stücken hergestellt werden.

Sie werden z.T. nach sehr aufwendigen und vor allem zeit- und lohnintensiven Fertigungsverfahren hergestellt. Damit stellen sie einen mitentscheidenden Faktor bei der Kalkulation von Formteilen dar. Bei kleinen Serien beeinflussen die Werkzeugkosten sogar sehr häufig als entscheidendes Kriterium die Einführung eines Produkts [1]. Trotzdem hat die Kalkulation in den meisten Betrieben nicht den ihr zustehenden Stellenwert.

Es werden oftmals die jeweiligen Werkzeugkosten überhaupt nicht errechnet, sondern nur aufgrund von Erfahrungen, eventuell im Vergleich zu bereits früher schon einmal gefertigten Werkzeugen, geschätzt. Dies ist auch eine Folge der Tatsache, daß die Umwandlungsrate (das Verhältnis Zahl der Aufträge zur Zahl der Angebote) häufig nur 5% beträgt. Die in dieser Situation zwangsweise auftretenden Unsicherheiten werden durch Sicherheitszuschläge aufgefangen, die nach subjektiven Kriterien ermittelt werden [2]. Daraus resultieren Differenzen in den Angeboten, die wiederum den Kunden verunsichern.

Ziel eines Verfahrens zur Abschätzung der Werkzeugkosten muß es daher sein

- die Kalkulationssicherheit und -genauigkeit zu erhöhen,
- den Zeitaufwand für die Kalkulation herabzusetzen,
- auch eine Kalkulation von bisher nicht gefertigten Werkzeugen zu ermöglichen, von denen also keine Erfahrungen vorliegen,
- eine sichere Kalkulation auch ohne langjährige Erfahrung zu gewährleisten [3].
- Es ist auch äußerste Vorsicht geboten, wenn Werkzeuge wesentlich billiger angeboten werden als eine solche Kalkulation ergibt, weil dann eventuell entscheidende Arbeitsgänge ausgelassen wurden, die sich in mehr oder weniger irreparablen Mängeln im Betrieb äußern.

3.2 Verfahren zur Werkzeugkalkulation

Die Werkzeugkosten können auf zwei verschiedene Weisen kalkuliert werden. Zum einen auf der Basis von Arbeitsplandaten und zum anderen auf der Basis von Prognoseverfahren.

Das zuerst genannte Verfahren sieht vor, jeden einzelnen Arbeitsgang sowie das eingesetzte Material kostenmäßig zu erfassen. Dem Vorteil des Verfahrens, der hohen Kalkulationsgenauigkeit, stehen viele Nachteile und Verfahrensschwierigkeiten gegenüber. Das Verfahren ist sehr aufwendig und verlangt vom Kalkulator, die Bearbeitungszeiten und -kosten in der Werkzeugfertigung zu kennen. Außerdem ist es erst dann einsetzbar, wenn das Werkzeug komplett konstruiert worden ist [3].

Vom Fachverband Technische Teile im Gesamtverband Kunststoffverarbeitende Industrie e.V. (GKV) wurden Kalkulationsgrundsätze für die Berechnung von Spritzgießwerkzeugen erarbeitet [4], die die Kalkulation von Werkzeugen erleichtern. Das Kalkulationsschema des GKV baut auf praxisbezogene Erfahrungswerte auf, z.B. Fertigungszeiten für Angüsse (Bild 35). Kombiniert mit den Kosten für Stammformen und andere Normteile, die den Katalogen der Normalienhersteller entnommen werden können, und den Kosten für Fremdarbeiten und Konstruktion ergeben sie die Kosten für ein Werkzeug. Zur Zusammenstellung der Kosten bedient man sich dabei am zweckmäßigsten des ebenfalls vom GKV vorgeschlagenen Formblatts (Bild 36).

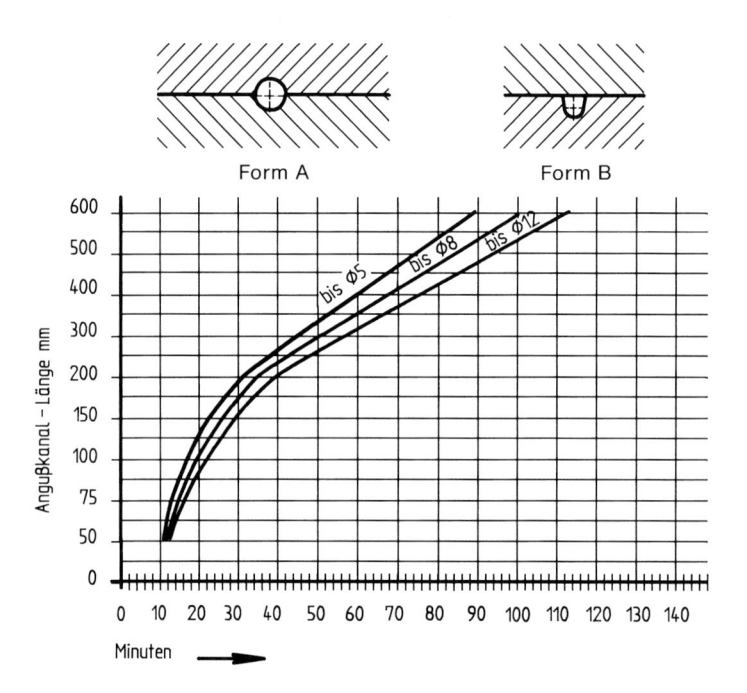

Bild 35 Fertigungszeiten für Angüsse [4]. Die angegebenen Zeiten beziehen sich auf das Einfräsen in nur eine Seite (Form B), ausschließlich Maschinenrüstzeiten. Die Maschinenrüstzeiten betragen 30 min für Platten bis zu Durchmessern bzw. Diagonalmaßen von 100 mm, 35 min bis 250 mm und 40 min bis 500 mm

In Werkzeugbaubetrieben werden die Angebotspreise in der Regel mit Hilfe von Prognoseverfahren ermittelt. In der Literatur werden zwei ganz allgemeine prinzipielle Ansätze zur Kostenprognose genannt (Bild 37) [5]: Kostenfunktion und Kostenähnlichkeit.

Das erste Prinzip der *Kostenfunktion* geht davon aus, daß eine Abhängigkeit zwischen den Kosten eines Spritzgießwerkzeugs und seinen Merkmalen besteht. Diese Abhängigkeit drückt sich in einer mathematischen Funktion aus. Die Merkmale bilden die unabhängigen Variablen oder Einflußgrößen, die die Kosten bestimmen.

Werkzeugkalkulation (Vor / Nach)	Kunde	
Artikel ______	Kunde Nr.	
Bemerkungen ______	Zeichngs.Nr. Index	
	Anfrage.Nr. vom	Angebots.Nr. vom
Kunststoff	Werkzg.Nr.	
Werkzeugart: halbautom ☐ Vollautom ☐ fach		
Sprfo ☐ Prfo ☐ SprPrfo ☐ MaschTyp	Auftrags Nr.	
Lieferzeit: ___ Wochen ______ Monate	Datum	Name
Angußart: Heißläufer bzw. ☐ Stange ☐ Punkt ☐ Tunnel ☐ Film ☐		

Stammform-Bezeichnung		DM
Material a	Kg à DM	
" " b	Kg à DM	
" " c	Kg à DM	
Zubehör a	DM	
b	DM	
c	DM	
d	DM	
e	DM	
Fremdarbeit (Härten, Galvano, Oberflächenbehandlung, usw) a	DM	
b	DM	
c	DM	
Konstruktion	Std. à DM	
Zwischensumme		
Maschinengruppe 1 insg.	Std. à DM	
" " 2 "	Std. à DM	
" " 3 "	Std. à DM	
" " 4 "	Std. à DM	
" " 5 "	Std. à DM	
zus. Rüstzeiten	Std. à DM	
Gesamtstunden	Std.	
Summe		
Zuschläge Verw. + Vertriebsk. % Gewinn % Insg % + Risikozuschlag %		
Bemusterungskosten		
Gesamtkosten		
netto Verkafspreis		

Material schlichten, hobeln polieren, passarbeiten, stralen, allgemeine Werkbankarbeiten		boren				fräsen				drehen kopieren gravieren				schleifen				erodieren			tuschieren	
Maschinengruppe	1	2	3	4	5	2	3	4	5	2	3	4	5	2	3	4	5	3	4	5	2	3
Modelle																						
Schablone																						
Hilfsvorrichtungen																						
Senkstempel																						
Elektroden																						
Eins. Düsenseite																						
Formplatteneinsätze a																						
b																						
c																						
Kontur																						
Eins. Schließseite a																						
b																						
c																						
kontur																						
Schieber Gesenkbacken																						
Verriegelung																						
Auswerfer																						
Mitnehmerklauen																						
Kühlung, Heizung.																						
Hydraulik Einbau																						
Elektrik Einbau																						
Werkzeugsicherung																						
Angußsystem, Haßl.																						
Montage																						
ENDSUMME DER STUNDEN																						

Bild 36 Formblatt des GKV zur Werkzeugkalkulation [4]

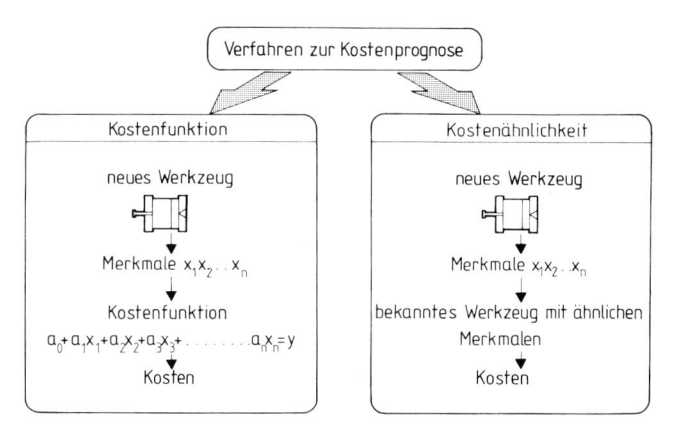

80   3   Verfahren zur Abschätzung der Werkzeugkosten

Bild 37   Verfahren zur Kostenprognose [3]

Das zweite Prinzip ist die *Kostenähnlichkeit*. Ausgehend von einem zu kalkulierenden Spritzgießwerkzeug und seinen Merkmalen sucht man in seinem Betrieb ein Spritzgießwerkzeug mit ähnlichen Merkmalen. Die Kosten des bekannten Spritzgießwerkzeugs dürften in der Regel vorliegen, so daß sie nun als Kalkulationswert für das neue Objekt verwendet werden können. Dabei kann der Rückgriff auf vorhandene Unterlagen z. B. mit Hilfe des in [6] beschriebenen Werkzeugklassifizierungssystems erfolgen.

Beide Prinzipien weisen Vor- und Nachteile auf. Die Kostenfunktion führt nur dann zu genauen Ergebnissen, wenn die Einflußgrößen eine annähernd gleiche Wirkung auf die Kosten haben. Bei dem vorliegenden sehr heterogenen Spektrum von Spritzgießwerkzeugen trifft dies nur begrenzt zu [3].

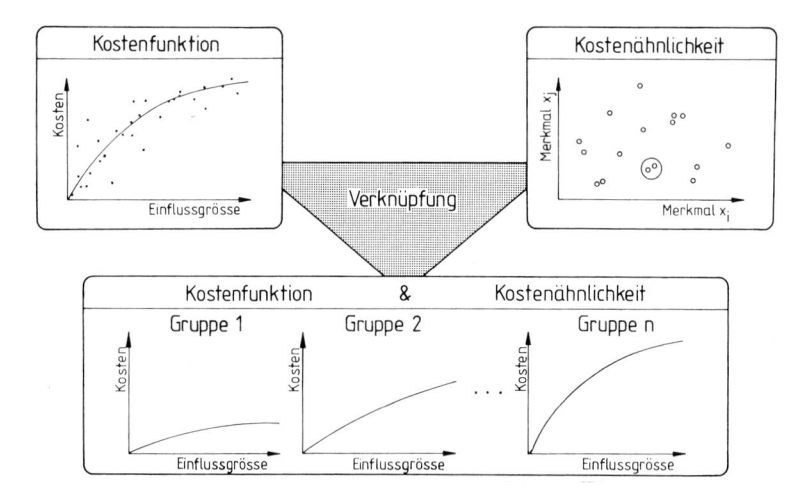

Bild 38   Verknüpfung von Kostenfunktion und Kostenähnlichkeit [3]

Über das Prinzip Ähnlichkeit kann nur auf Spritzgießwerkzeuge zurückgegriffen werden, die gleichartig aufgebaut sind und damit auch ähnliche Kosteneinflußgrößen haben. Um die spezifischen Vorteile beider Verfahren nutzen zukönnen, bietet sich die Verknüpfung der genannten Prinzipien an (Bild 38). Dies wird dadurch erreicht, daß Gruppen von gleichartigen, einander ähnlichen Spritzgießwerkzeugen bzw. Baugruppen von Spritzgießwerkzeugen gebildet werden und innerhalb dieser Gruppe jeweils eine Kostenfunktion ermittelt wird [5].

Es wurde daher vorgeschlagen [7], die Gesamtkalkulation eines Spritzgießwerkzeugs in vier funktionsbezogene Kalkulationsgruppen aufzuteilen (Bild 39).

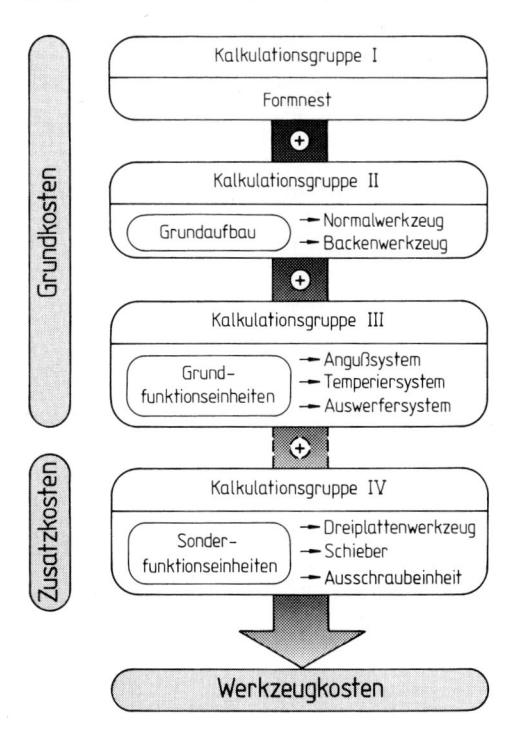

Bild 39 Kalkulationsgruppen zur Ermittlung der Werkzeugkosten [3]

Für jede Kalkulationsgruppe werden die Kosten ermittelt und zu den Gesamtkosten addiert. Das systematische Bearbeiten der einzelnen Gruppen und die additive Kostenstruktur vermindern das Risiko einer Fehleinschätzung und ihre Auswirkung auf die Gesamtkosten [7].

Im folgenden werden die Kalkulationsgruppen im einzelnen vorgestellt.

3.3 Kalkulationsgruppe I: Formnest*

In Kalkulationsgruppe I werden die Kosten zur Einarbeitung des Formnests berechnet.

Sie sind im wesentlichen von der Kontur des Kunststoffteils, der geforderten Präzision und der gewünschten Oberfläche abhängig. Zur Ermittlung der Kosten wird der Zeitbedarf für die Erstellung der Kavität ermittelt und mit den jeweiligen Stundensätzen bewertet.

---

* Die Abschnitte 3.3 bis 3.6 stellen Auszüge aus der Dissertation von *H. Schlüter* [7] dar.

Die Kosten ergeben sich ganz allgemein zu

$$K_K = (t_K + t_E) \cdot S_{ML} + K_M \qquad (1)$$

K_K	[DM]	Konturkosten,
t_K	[h]	Bearbeitungszeitbedarf für die Fasson,
t_E	[h]	Bearbeitungszeitbedarf für die Erodierkosten,
S_{ML}	[DM/h]	gemittelter Maschinen- und Lohnstundensatz,
K_M	[DM]	zusätzliche Materialkosten (z. B. für Einsätze, Elektroden usw., häufig gegenüber Gesamtkosten zu vernachlässigen).

3.3.1 Ermittlung des Zeitbedarfs für die Fasson

Der Zeitbedarf t_K für die Erstellung der Werkzeugkavitäten kann auf der Grundlage folgender Einflußgrößen, die mit Hilfe statistischer Methoden bzw. aufgrund einer durchgeführten Analyse ermittelt wurden, berechnet werden.

$$t_K = \{(C_B \cdot (C_T + C_O)) \, C_{TE} \cdot C_{OG} + C_{KF}\} \cdot C_{MT} \cdot C_{SV} \cdot C_F \quad [h] \qquad (2) \, [8]$$

C_B	Bearbeitungsverfahren,
C_T	Konturtiefe,
C_O	Formnestoberfläche,
C_{TE}	Form der Teilungsebene,
C_{OG}	Oberflächengüte,
C_{KF}	Anzahl der Kerne,
C_{MT}	Toleranzanforderungen,
C_{SV}	Schwierigkeitsgrad,
C_F	Formnestzahl
C_T, C_O, C_{KF}	stellen Bearbeitungsteilzeiten [h] und
$C_B, C_{TE}, C_{OG}, C_{MT}, C_{SV}, C_F$	Zeitfaktoren dar.

Für die einzelnen Bearbeitungsteilzeiten bzw. Zeitfaktoren gelten folgende Beziehungen:

3.3.2 Zeitfaktor Bearbeitungsverfahren

Die Anteile der einzelnen Formgebungsarten zur Herstellung von Formnest und Formstempel werden prozentual ermittelt und mit dem Bearbeitungsfaktor f_B (Tabelle 17) multipliziert. Dieser Faktor ist ein in der Praxis ermitteltes Maß für die unterschiedlichen Bearbeitungsgeschwindigkeiten der einzelnen Verfahren bei der Herstellung von Konturen.

$$C_B = \sum_{i=1}^{n_B} f_{B_i} \cdot a_i \qquad (3)$$

mit

$$\sum_{i=1}^{n_B} a_i = 1 \qquad (4)$$

C_B	Zeitwertungsfaktor Bearbeitungsverfahren,
f_{B_i}	Bearbeitungsverfahrensfaktor (Tabelle 17),
a_i	Anteil des jeweiligen Bearbeitungsverfahren,
n_B	Anzahl der Bearbeitungsverfahren.

Tabelle 17 Bearbeitungsverfahrensfaktor f_B

	Fräsen	Erodieren	Kopieren
f_B	0,85	1,35	1,0 bis 1,35
	Drehen	Schleifen	Handarbeit
	0,4	0,8 bis 1,2	0,8

3.3.3 Bearbeitungszeit Konturtiefe

Betrachtet man ein Formteil oberhalb und unterhalb einer zweckmäßig gewählten Trennebene, so muß man zwischen Erhebungen (E) und Vertiefungen (V) differenzieren. Der durch die Konturtiefe verursachte Zeitbedarf wird aus dem Mittelwert der Erhebungen und Vertiefungen oberhalb (1) bzw. unterhalb (2) der Trennebene bestimmt. Dabei erscheint es zweckmäßig, die Erhebungen nach ihrer projizierten Fläche auf die Trennebene zu mitteln. Wird noch die Möglichkeit, eine Formteilvertiefung durch einen Einsatz darzustellen, ohne den Kern aus der Formplatte direkt herauszuarbeiten, berücksichtigt, ergibt sich für eine Formnesthälfte

$$C_{T(1)} = \frac{\sum_{i=1}^{n_E}(m_{E_i}+m_{V_i}) \cdot f_{ET_i}}{m_O \cdot n_E} \quad \left.\begin{array}{l}\text{Erhebung mit Vertiefung;}\\ \text{Kern aus dem Vollen}\\ \text{gearbeitet}\end{array}\right\}$$

$$+\frac{\sum_{i=1}^{n_E} m_{E_i} \cdot f_{ET_i}}{m_O \cdot n_E} \text{ (Erhebung)} \quad \left.\begin{array}{l}\text{Erhebung mit Vertiefung;}\\ \text{Kern als Einsatz}\\ \text{gearbeitet}\end{array}\right\} \quad (5)$$

$$+\frac{\sum_{i=1}^{n_V} m_{V_i} \cdot f_{VT_i}}{m_O \cdot 2 n_V} \text{ (Vertiefung)}$$

$C_{T(1)}$ Zeitbedarf Konturtiefe für eine Formnesthälfte [h],
m_E Maß der Erhebung [mm]
m_V Maß der Vertiefung [mm]
n_E entsprechende Anzahl der Erhebungen [–]   } des Formteils,
n_V entsprechende Anzahl der Vertiefungen [–]
m_O Abtragungsmittel = [1 mm h^{-1}],
f_{ET} Flächenverhältnis der Erhebung } zu der in die Trennebene
f_{VT} Flächenverhältnis der Vertiefung } projizierten [–] Grundfläche.

$C_{T(2)}$ wird analog berechnet

$$C_T = C_{T(1)} + C_{T(2)} \quad (6)$$

C_T Zeitbedarf Konturtiefe [h].

3.3.4 Bearbeitungszeit Formnestoberfläche

Die Formnestoberfläche bzw. die Formteiloberfläche ist nach der Konturtiefe die zweite Grundgröße, die die Bearbeitungszeit direkt beeinflußt. Es gilt

$$C_O = f_O \cdot A_{FT}^{0,77} \quad [h] \tag{7}$$

mit Wertungsfaktor Drehanteil f_O

$$f_O = (1 - 0,5\, a_D) \cdot 0,79 \quad [h] \tag{8}$$

C_O Bearbeitungszeit Formnestoberfläche [h],
A_{FT} Formteiloberfläche [10^{-2} mm²],
a_D Drehanteil bei der Bearbeitung [$-$].

3.3.5 Zeitfaktor Formtrennfläche

Absätze in der Trennfläche werden mit dem Zeitfaktor C_{TE} nach Tabelle 18 berücksichtigt.

Tabelle 18   Zeitfaktor Formtrennfläche C_{TE}

Anzahl der Absätze	C_{TE} für ebene Formtrennflächen	C_{TE} für gewölbte Formtrennflächen
0	1,00	1,10
1	1,05	1,15
2	1,10	1,20
3	1,15	1,25

3.3.6 Zeitfaktor Oberflächengüte

Außer für das Aussehen des Formteils ist die Oberflächengüte für eine einwandfreie Entformung des Spritzlings wichtig. Der Oberflächengütefaktor C_{OG} orientiert sich an den mit bestimmten Bearbeitungsverfahren erreichbaren Rauhtiefen und kann Tabelle 19 entnommen werden.

Tabelle 19   Oberflächengütefaktor C_{OG}

Oberflächengüte	Rauhtiefe in µm	Oberflächengütefaktor C_{OG}	Bemerkung
Grob	$R_Z \geq 100$	0,8–1,0	nur Flächen $\perp$ zur Entformungsrichtung
Normal	$10 \leq R_Z < 100$	1,0–1,2	erodierrauh
Fein	$1 \leq R_Z < 10$	1,2–1,4	technisch glatt
Sehr fein	$R_Z < 1$	1,4–1,6	hochglanzpoliert

3.3.7 Bearbeitungszeit feststehender Kerne

Das Einarbeiten und Einpassen von Kernen in die zwei Formhälften wird mit dem Zeitwertungsfaktor C_{KF} erfaßt. Mit zunehmender Abweichung der Paßkontur von der Rundform wird diese Arbeit schwieriger. Der Konturfaktor wird mit der Anzahl der eingesetzten Kerne gleicher Paßkontur multipliziert:

$$C_{KF} = \sum_{i=1}^{j} t_0 \cdot f_{KF} \cdot n_i \; [h] \tag{9}$$

C_{KF} Bearbeitungszeit für feststehende Kerne [h],
t_0 Grundzeit = 1 [h],
f_{KF} Konturfaktor (Tabelle 20) [–],
n   Anzahl der Kerne gleicher Paßkontur [–],
j   Anzahl der vorhandenen verschiedenen Paßkonturen [–].

Tabelle 20   Formkernkonturfaktor f_{KF}

Konturfaktor f_{KF}	Paßkontur	
1	rund	○
2	eckig	□
4	rund, groß	○
8	eckig, groß	□
10	gewölbte Kontur	⌘

3.3.8 Zeitfaktor Toleranz

Enge Toleranzen sind kostentreibend. Zur wirtschaftlichen Herstellung der Formteile sollen daher keine feineren Maßanforderungen als für den technischen Zweck notwendig sind, vorgesehen werden.

Ein Richtwert für den Präzisionsformenbau besagt, daß die Werkzeugtoleranz für Konturen nur etwa 10% der Fertigteiltoleranz betragen darf, im Gegensatz zu 33% nach DIN 16749. Mit dem Maßtoleranzfaktor C_{MT} wird der voraussichtliche Aufwand für die verlangte Genauigkeit und Nachbearbeitung erfaßt (Bild 40).

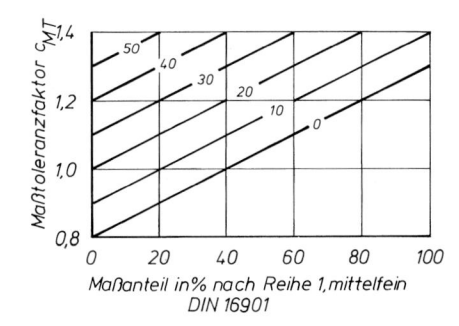

Bild 40   Zeitbewertung der Toleranzanforderungen [7]
Maßanteil in %, nach Reihe 1, mittelfein, DIN 16901
Maßanteil in %, nach Reihe 2, fein, DIN 16901

Enge Toleranzen sowie kritische Lagertoleranzen (wie Mittigkeit, Winkeligkeit, Parallelität, Ebenheit und Versatzfreiheit) erhöhen den Zeitaufwand für die Bearbeitung der Formnestkontur beträchtlich.

3.3.9 Zeitfaktor Schwierigkeitsgrad und Vielgestaltigkeit

Abweichend vom durchschnittlichen Schwierigkeitsgrad ($C_{SV} = 1$), wird hier z. B. der besondere Aufwand für extreme Längen/Durchmesser-Verhältnisse von Werkzeugkernen bei gleichzeitig großer Anzahl auf kleinstem Raum und konturreichen Oberflächen berücksichtigt. Für große glatte Teile ohne Durchbrüche verringert sich der Zeitfaktor ($C_{SV} < 1$). In Tabelle 21 sind Entscheidungskriterien dem entsprechenden Faktor zugeordnet.

Tabelle 21 Zeitfaktor für Schwierigkeitsgrad und Vielgestaltigkeit C_{SV}

C_{SV}	Schwierig-keiten	Kriterien	
0,7	sehr einfach	Normaler Spritzguß	große, glatte Flächen, runde Teile
0,8	einfach		rechtwinklige Teile, Fläche mit einigen Durchbrüchen; Kerneinsatztiefe/Durchmesser: $L/D \leq 1$
1,0	mittel	Technischer Spritzguß	runde und eckige Durchbrüche und $L/D = 1$
1,2			höhere Verzugsneigung möglich; $L/D \approx 1$ bis 5 Kleinteile
1,4	schwierig	Präzisions-Spritzguß	hohe Kernpackungsdichte bei $L/D \approx 5$ und konturreicher Oberfläche
1,6	extrem schwierig		sehr hohe Kernpackungsdichte bei $5 \leq L/D \leq 15$ und sphärisch-komplizierten Flächen

3.3.10 Zeitfaktor Formnestzahl

Bei einer größeren Anzahl gleicher Formeinsätze oder mehrerer gleicher Formnester muß aufgrund der Serienfertigung ein Abschlag pro Formnest vorgesehen werden. Die Abhängigkeit des Fachzahlfaktors C_F von der Formnestzahl n_F ist in Bild 41 dargestellt.

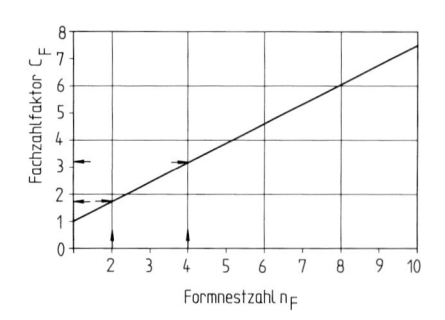

Bild 41 Zeitfaktor Formnestzahl [7]

3.3.11 Ermittlung der Bearbeitungszeit für die Herstellung der Erodierelektroden

Da die Geometrie der formbildenden Elektrodenfläche der zu erodierenden Formteilkontur entspricht, kann die Bearbeitungszeit der Erodierelektroden in gleicher Weise wie die der Fasson ermittelt werden (siehe auch Gl. 2).

$$t_E = \{(C_B \cdot (C_T + C_O \cdot a_E)) \cdot C_{OG} + C_{KF}\} \cdot C_{MT} \cdot C_{SV} \cdot C_F \quad [h] \tag{10}$$

C_B Drehanteil zur Herstellung der Elektrode,
C_T Vorgehensweise wie unter Abschnitt 3.3.2 (Erhebungen und Vertiefungen sind zu vertauschen),
C_O entsprechend Abschnitt 3.3.3,
a_E Erodieranteil der Formnestkontur,
C_{OG} 1,3,
C_{KF} entsprechend Abschnitt 3.3.6,
C_{MT} entsprechend Abschnitt 3.3.7,
C_{SV} entsprechend Abschnitt 3.3.8,
C_F entsprechend Abschnitt 3.3.9.

3.4 Kalkulationsgruppe II: Grundaufbau

Unter Grundaufbau wird hier das Werkzeuggestell verstanden, welches das Formnest, Grundfunktionseinheiten (Anguß, Temperier- und Auswerfersystem) und möglicherweise notwendige Sonderfunktionseinheiten (Dreiplattenwerkzeug, Schieber, Ausschraubeinheit) aufnimmt. Es wird davon ausgegangen, daß die zu kalkulierenden Spritz-

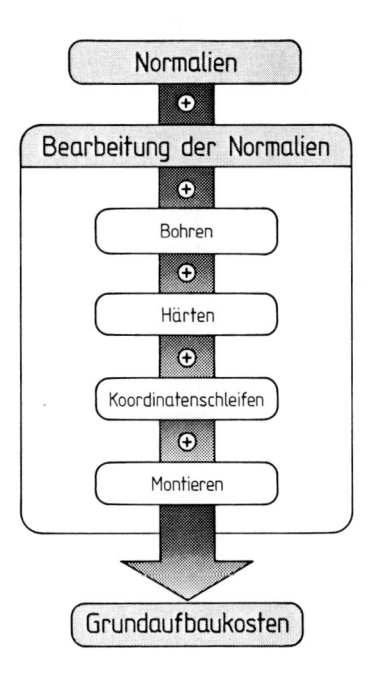

Bild 42   Gesamtkosten Grundaufbau [3]

gießwerkzeuge weitgehend aus Normalien aufgebaut sind. Die Gesamtkosten des Grundaufbaus setzen sich aus den Normalienkosten und den Kosten für die Bearbeitung der Normalien zusammen (Bild 42).

Es ist dabei zweckmäßig, nach verschiedenen Güteklassen zu unterscheiden.

Das Basiswerkzeug I ist für niedrige Stückzahlen bei geringer Präzision, für Versuchsserien u.ä. konzipiert und wird nicht gehärtet. Es wird aus einem unlegierten Baustahl (1.1730) gefertigt und besitzt in der runden Ausführung nur zwei Führungselemente. Auf zusätzliche Zentriereinheiten oder Wärmedämmplatten wird verzichtet.

Das Basiswerkzeug II ist mit einsatzgehärteten Formplatten (Werkzeugstahl Nr. 1.2162), zusätzlichen Zentriereinheiten, einer maschinenseitigen Wärmedämmplatte und in der runden Ausführung mit drei Führungseinheiten ausgerüstet. Es ist für technische Bauteile und mittlere Stückzahlen gedacht.

Basiswerkzeug III wird weitgehend durchgehärtet und für große Stückzahlen oder für hohe Präzision und optimale Betriebssicherheit ausgelegt [7].

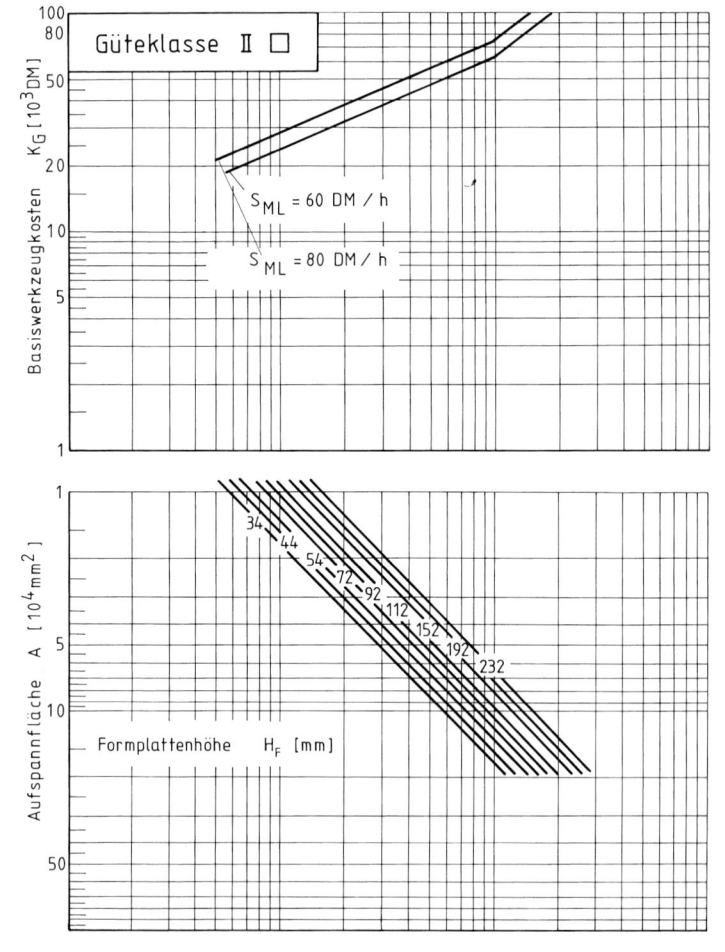

Bild 43 Basiswerkzeugkosten [7]

Die in Bild 43 aufgetragenen Kosten basieren auf der Verwendung von Werkzeugnormalien. Sie beinhalten ebenso die für den Zusammenbau des Grundwerkzeugs erforderlichen Bearbeitungsschritte (incl. Rüstzeiten), die Härtekosten und Montagearbeiten [9, 10] und gelten für eine gute Ausführungsqualität (Güteklasse II) des Werkzeugs, das mit einsatzgehärteten Formplatten und zusätzlichen Zentriereinheiten für technische Bauteile und mittlere Stückzahlen konzipiert ist. Dabei wurde ein gemittelter Maschinen- und Lohnstundensatz von 80,– bzw. 60,– DM/h zugrunde gelegt.

Die Formplattenhöhe H_F in Bild 43 ergibt sich aus der Beziehung $H_F \approx h + 2\,s_a$ [mm].

3.5 Kalkulationsgruppe III: Grundfunktionseinheiten

Anguß, Temperier- und Auswerfersystem sind als Grundfunktionseinheiten zwingende Bestandteile eines jeden Spritzgießwerkzeugs. Ordnet man den Grundfunktionseinheiten einzelne Funktionselemente zu, können deren Kosten, inklusive Folgekosten, allgemein bestimmt werden, so daß für die Kalkulation allein ihre Zusammenstellung und nur in bescheidenem Umfang eine Dimensionierung erforderlich ist. Wie in Kalkulationsgruppe II wird auch hier von der weitestgehenden Verwendung von Normalien ausgegangen. In Bild 44 sind die Einflußgrößen zu Kalkulationsgruppe III dargestellt.

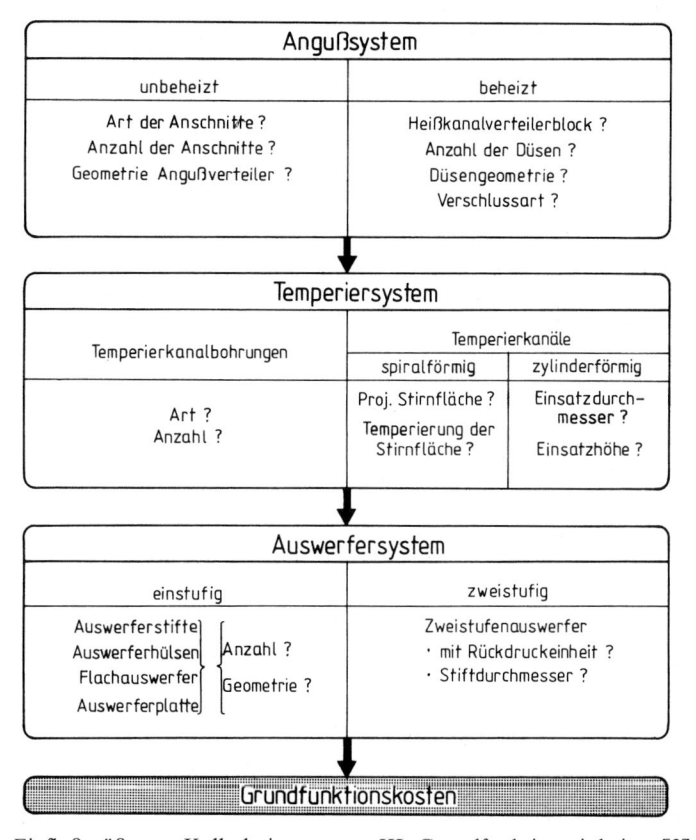

Bild 44 Einflußgrößen zu Kalkulationsgruppe III: Grundfunktionseinheiten [3]

3.5.1 Angußsystem

Wirtschaftliche Anforderungen, Formteilgeometrie und Qualitätsanforderungen bestimmen die Art des Angußsystems.

Für die Konstruktionsprinzipien Stangen-, Schirm-, Tunnel- und Filmanguß errechnen sich die Kosten des entsprechenden Angusses aus

$$K_A = t_A \cdot S_{ML} \quad [DM] \tag{11}$$

t_A Einarbeitungszeit für den Anguß, Tabelle 22 [h],
S_{ML} gemittelter Maschinen- und Lohnstundensatz [DM/h].

Dabei wird vorausgesetzt, daß alle Bearbeitungsschritte gleichen Bearbeitungsverfahrens in einem Arbeitsgang ausgeführt werden. Damit sind Rüst- und Richtzeiten bereits in Kalkulationsgruppe II berücksichtigt.

Tabelle 22   Angußeinarbeitungszeiten [4, 9]

Angußarten	Bearbeitungszeiten				
Stangenanguß mit Stangenanschnitt	Im Grundaufbau enthalten				
Stangenanguß mit n Punktanschnitten	n	1	2	3	4
	t (min)	35	50	65	70
Schirmanguß	30 min				
Tunnelanguß	15 min				
Filmanguß	$t = (0{,}35 \cdot b + 50) \cdot i$ b Filmbreite (mm) t (min)				
	n	1	2	3	4	5
	i	1	1,4	1,8	2,2	2,5
	n Anzahl der Anschnitte				

3.5.2 Angußverteilerkanäle

Die Kosten der Angußverteilerkanäle werden weitgehend von der erforderlichen Kanallänge bestimmt [4]:

$$K_{AV} = g_K \cdot l_{AV} \cdot S_{ML} \quad [DM] \tag{12}$$

K_{AV} Angußverteilerkosten [DM],
S_{ML} gemittelter Maschinen- und Lohnstundensatz [DM/h],
l_{AV} Kanallänge [mm],
g_K Kanaldurchmesserkorrekturfaktor
         0,14 min/mm für d_K 5 mm
         0,16 min/mm für d_K 8 mm
         0,18 min/mm für d_K 12 mm,
d_K Kanaldurchmesser [mm].

Wird der Angußverteiler in beide Formplatten eingefräst, kann mit doppelten Kosten gerechnet werden. Die Rüstzeiten können auch hier vernachlässigt werden (siehe auch Abschnitt 3.5.1).

3.5.3 Heißkanalsysteme

Mit Gl. 13 können die Gesamtkosten des Heißkanalblocks ermittelt werden:

$$K_{HK} = \{(K_{GHK} + g_A \cdot A) + n_D \cdot (K_D + 330 \text{ DM} + K_{NV})\} \cdot g_{GF} \tag{13}$$

K_{HK} Gesamtkosten Heißkanal und Montage im Werkzeug [DM],
K_{GHK} Heißkanalgrundkosten [DM],
g_A Flächenfaktor [$7 \cdot 10^{-3}$ DM/mm^2],
A Aufspannfläche [mm^2],
n_D Anzahl der Düsen [−],
K_D Preis einer Düse [DM],
K_{NV} Nadelverschlußdüsenkosten [DM]
g_{GF} 1,1 bis 1,2 bei Verarbeitung von verstärkten Kunststoffen
    1,0 bei unverstärkten Kunststoffen.

Für die Heißkanalsysteme werden heute überwiegend Normalien verwendet, so daß die Heißkanalgrundkosten K_{GHK} und der Preis für die Düsen den Katalogen der Normalienhersteller entnommen werden kann. Bei den Heißkanalgrundkosten sind allerdings zusätzlich die Kosten für Zwischenplatten, den Heißkanalgrundblock (I-, X- oder H-förmig), das Befestigungs- und Dichtungsmaterial sowie die Bearbeitung und Montage zu berücksichtigen. Es ist wegen der vielen unterschiedlichen Systeme und damit verschiedenen Anforderungen nicht möglich, die Kosten hier näher auszuschlüsseln.

3.5.4 Temperiersystem

Für eine bekannte Anzahl von Bohrungen berechnen sich die Kosten der Temperierung K_T zu

$$K_T = k_s \cdot n \cdot S_{ML} \tag{14}$$

k_s Schwierigkeitsfaktor, berücksichtigt Werkzeuggröße und Temperierkanalgestaltung (Tabelle 23),
n Anzahl der Temperierkanalbohrungen (ohne Verbindungs- und Anschlußbohrungen).

Tabelle 23 Schwierigkeitsfaktor k_s für die Gestaltung der Temperierbohrungen

Schwierigkeitsfaktor k_s	Aufspannfläche A (10^2 cm^2)				
	4,00	6,25	9,00	12,25	16,00
gerade Bohrungen	0,41	0,45	0,50	0,56	0,60
Schrägbohrungen	0,68	0,75	0,83	0,93	1,00
Einsatz von Spiralblechen oder Kühlrohren	0,81	0,90	0,99	1,11	1,20

3.5.5 Auswerfersystem

Die Normalienkosten K_{AN} für Auswerferstifte, Auswerferhülsen, Flachauswerfer mit Führung und Rückdruckstifte betragen für

Auswerfer- oder Rückdruckstifte:

$$K_{AN} = \sum_{i=1}^{n} 7{,}5 \cdot 10^{-3} \text{ DM/mm}^2 \cdot d_i \cdot l_i, \tag{15}$$

Auswerferhülsen:

$$K_{AN} = \sum_{i=1}^{n} 3 \text{ DM/mm} \cdot d_i + 0{,}5 \text{ DM/mm} \cdot l_i, \tag{16}$$

Flachauswerfer:

$$K_{AN} = \sum_{i=1}^{n} 110 \text{ DM} + 3{,}5 \text{ DM/mm}^2 \cdot d_i \cdot l_i, \tag{17}$$

d   Durchmesser der Auswerferelemente,
l   Länge der Auswerferelemente.

Die Herstellkosten von Führungsbohrungen, die Befestigung der Auswerferelemente in Auswerfergrund- und Auswerferhalteplatte und die Anpassung an die Formteilgeometrie werden mit Gl. 18 ermittelt:

$$K_{AB} = S_{ML} \sum_{i=1}^{5} \frac{d_i \cdot l_{Fi}}{1\,850 \frac{\text{mm}^2}{\text{h}}} + 0{,}8 \text{ h} \cdot n_i \cdot r_B \tag{18}$$

d   Durchmesser der Auswerferelemente,
l_F Führungslänge der Auswerferelemente,
n   Anzahl,
r_B Schwierigkeiten für die Einarbeitung der Führungsbohrungen (teilweise nach [11]),
$r_B = 1$ für Auswerferstifte und abgesetzte Auswerferstifte,
$r_B = 2$ für Auswerferhülsen und Flachauswerfer,
$r_B = 0{,}2$ für Rückdruckstifte.

3.6 Kalkulationsgruppe IV: Sonderfunktionen

Durch Formteil oder Angußverteiler bedingte Hinterschneidungen erschweren das Entformen der Spritzgußteile. Sie verursachen in der Regel besondere Werkzeugkonstruktionen.

Die Kosten für die anfallenden Sonderfunktionen, wie Dreiplattenwerkzeug, Schieber und Ausschraubeinheit müssen ermittelt und zu den vorher berechneten Basiskosten addiert werden.

Die Einflußgrößen zu Kalkulationsgruppe IV sind in Bild 45 dargestellt. Da die Sonderfunktionseinheiten wiederum auf Normalien aufbauen, kann man, unter Berücksichti-

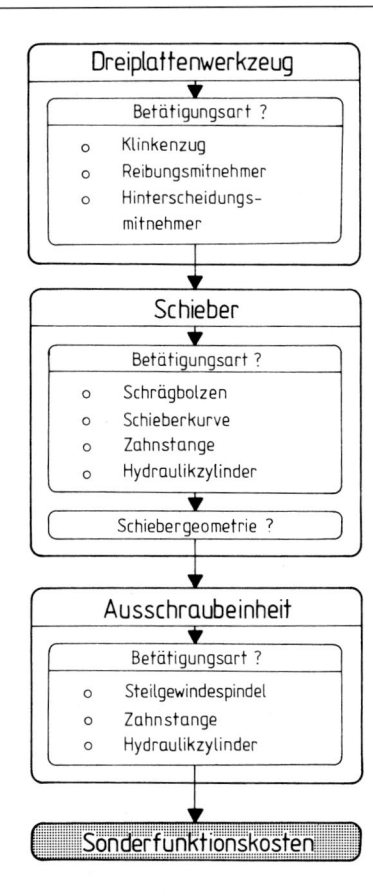

Bild 45 Einflußgrößen zu Kalkulationsgruppe IV: Sonderfunktionseinheiten [3]

gung der Kosten für Bearbeitung und Montage, wie in Kalkulationsgruppe II für den Grundaufbau, Diagramme aufstellen, aus denen man die zusätzlichen Kosten in Abhängigkeit von der Aufspannfläche ermitteln kann.

Literatur zu Kapitel 3

[1] *Schneider, W.:* Substitutionssystematik. Unveröffentlichte Arbeit, IKV, Aachen 1979.
[2] *Proos, G.:* Confessions of a Mold Maker. Plast. Eng. 36 (1980) 1, S. 29–33.
[3] *Menges, G.; v. Eysmondt, B.; Bodewig, W.:* Sicherheit und Genauigkeit erhöhen. Plastverarbeiter 38 (1987) 3, S. 76–80.
[4] Kalkulationsgrundsätze für die Berechnung von Spritzgießwerkzeugen. Herausgegeben vom Fachverband Technische Teile im Gesamtverband Kunststoffverarbeitende Industrie e.V. (GKV) unter Mitarbeit der Arbeitsgruppe Werkzeugkalkulation des Fachverbandes Technische Teile im GKV, Frankfurt 1988.
[5] *Evershein, W.; Rothenbücher, J.:* Kurzkalkulation von Spannvorrichtungen für die mechanische Fertigung. ZWF 80 (1985) 6, S. 266–274.
[6] *Walsche, K.; Lowe, P.:* Computer-aided Cost Estimation for Injection Moulds. Plast. Rubber Intern. 9 (1984) 4, S. 30–35.
[7] *Schlüter, H.:* Verfahren zur Abschätzung der Werkzeugkosten bei der Konstruktion von Spritzgußteilen. Diss. RWTH Aachen 1982.

[8] Formberechnungsbogen, Anlage 1 zu Kalkulations-Grundsätze für die Berechnung von Spritzgießwerkzeugen. Fachverband Technische Teile im Gesamtverband Kunststoffverarbeitende Industrie e.V. (GKV) unter Mitarbeit der Arbeitsgruppe Werkzeugkalkulation des Fachverbandes Technische Teile im KGV, Frankfurt/M., Februar 1980.
[9] Mitteilungen verschiedener Unternehmen des Werkzeugbaus.
[10] Kataloge und Mitteilungen verschiedener Normalienhersteller.
[11] *Ufrecht, M.:* Die Werkzeugbelastung beim Überspritzen. Unveröffentlichte Arbeit, IKV, Aachen 1978.

4 Das Spritzgießverfahren

4.1 Zyklusablauf beim Spritzgießen

Im einfachsten, aber häufigsten Falle besteht das Werkzeug aus zwei Hälften, die direkt auf den Werkzeugaufspannplatten der Spritzgießmaschine befestigt werden. Die beiden Grundelemente, die düsenseitige und die schließseitige Werkzeughälfte, findet man bei jedem Spritzgieß-Werkzeug. In Anlehnung an andere Formungsverfahren, z.B. Gesenkschmieden könnte man sie als Stempel (Patrize, Kern) und Gesenk (Matrize, Formnest) bezeichnen.

Den Ablauf der Herstellung einer Ausformung – ein Zyklus – zeigt schematisch Bild 46. Im oberen Bildteil (Bild 46 oben) wird die Schmelze in das geschlossene Werkzeug hineingepreßt. Die Schließeinheit, eine liegende Presse, muß dazu das Werkzeug mit so hohen Kräften (Zuhaltekräften) zusammenpressen, daß keine Schmelze aus der oder den Formhöhlungen entweichen kann. Die Schmelze wird aus der Plastifiziereinheit, in der Regel eine Schneckenmaschine, mit einer koaxial verschiebbaren Schnecke, die dabei als Kolben wirkt, in die Formhöhlungen gedrückt. Hierzu muß die Plastifiziereinheit dicht mit dem Werkzeug verbunden sein, damit keine Schmelze verlorengeht.

Aus Gründen der Wärmetrennung zwischen Werkzeug und Plastifiziereinheit – beide stehen auf sehr unterschiedlichen Temperaturniveaus – wird diese Verbindung nur so lange wie nötig aufrechterhalten, d.h. solange die Schmelze noch fließfähig ist. Nach dem Füllen beginnt die Schmelze zu erstarren, wobei sie sich mehr oder weniger stark in ihrem Volumen vermindert. Damit durch Nachdrücken und Nachfüllen die Volumenkontraktion ausgeglichen werden kann, muß der Druck weiter in der Schmelze aufrechterhalten bleiben, bis die Erstarrung abgeschlossen ist (Phase 2, Nachdruck in Bild 46, Mitte).

Da der Plastifiziervorgang eine gewisse Zeit in Anspruch nimmt, beginnt die Schnecke nun bereits durch einsetzende Rotation Werkstoff einzuziehen – zu dosieren –, ihn dabei zu schmelzen und vor ihrer Spitze abzulegen. Hierzu gibt sie Raum frei, indem sie sich gegen den Staudruck im Spritzzylinder koaxial zurückschiebt.

Wenn der Spritzling erstarrt ist, löst sich die Plastifiziereinheit vom Werkzeug, damit die Schmelze in der Düse nicht ebenfalls erstarrt. Die Schließeinheit bleibt noch so lange geschlossen, bis das Formteil so weit erstarrt ist, daß es ausgeworfen werden kann (Phase 3, Bild 46).

96 4 Das Spritzgießverfahren

Phase 1: Einspritzen

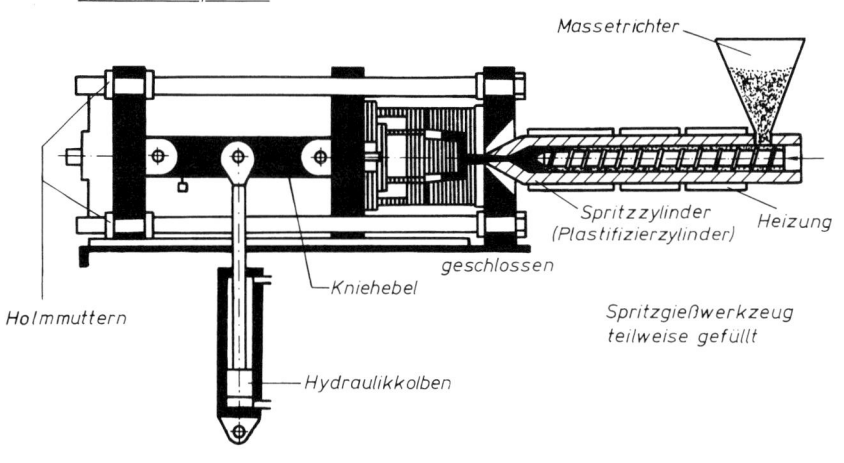

Holmmuttern, *Kniehebel*, *Hydraulikkolben*, *Massetrichter*, *Spritzzylinder (Plastifizierzylinder)*, *Heizung*, geschlossen, *Spritzgießwerkzeug teilweise gefüllt*

Phase 2: Standzeit mit Nachdruck (Plastifizieren)

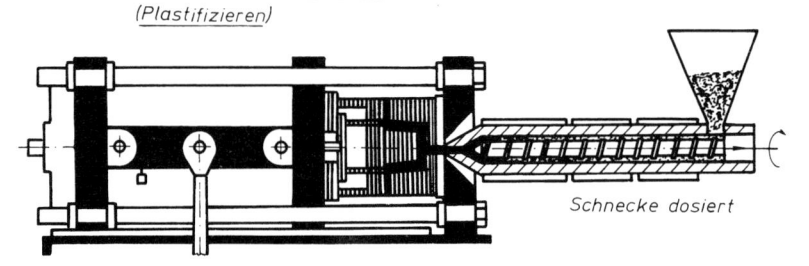

Schnecke dosiert

Spritzgießwerkzeug gefüllt

Phase 3: Auswerfen

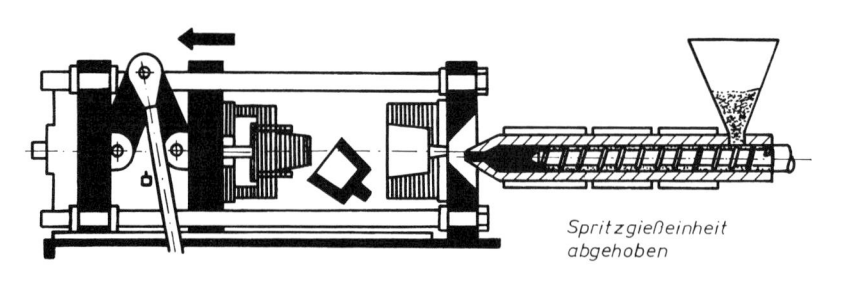

Spritzgießeinheit abgehoben

Spritzgießwerkzeug geöffnet

Bild 46 Zyklusablauf beim Spritzgießen [1 bis 3]

4.1.1 Spritzgießen von Thermoplasten

Thermoplaste erfahren beim Erwärmen eine Zustandsänderung; sie erweichen oder schmelzen, so daß sie fließfähig werden. Beim Abkühlen erstarren sie wieder. Daher werden beim Spritzgießen von Thermoplasten die Plastifiziereinheit heiß und das Werkzeug kalt betrieben. In der Regel ist der Temperaturunterschied größer als 100 °C.

Das Spritzgießwerkzeug soll dem ungefüllten Formstoff seine Wärme möglichst schnell und gleichmäßig entziehen, deshalb ist die Temperierung bzw. Kühlung besonders sorgfältig auszulegen. Das Kühlmittel – meist Wasser, solange die Werkzeugtemperaturen unter 100 °C liegen – umströmt in Kanälen die Formhöhlungen. Ein Temperieraggregat oder ein Temperiermittelkreislauf stellt dabei das Temperiermittel zur Verfügung.

Da die Schmelzen je nach Art des Kunststoffs mehr oder weniger dünnflüssig sind, müssen die Plastifiziereinheiten auf den Schneckenspitzen Rückstromsperren tragen. Als Düsen sollten Verschlußdüsen verwendet werden.

Im Werkzeug müssen alle Trennfugen auch unter dem vollen Spritzdruck unter einer Spaltweite von 0,03 mm bleiben, solange die Schmelze noch nicht erstarrt ist.

4.1.2 Spritzgießen von vernetzenden Formmassen

Diese Formmassen erhalten erst unter dem Einfluß von Wärme ihren endgültigen molekularen Aufbau durch Vernetzung. Aus diesem Grunde müssen sie in der Dosiereinheit (Plastifiziereinheit) so kalt geführt werden, daß sie hier noch nicht vernetzen und erstarren. Das Werkzeug hingegen steht auf einem so hohen Temperaturniveau, daß hier eine schnelle Reaktion und damit Vernetzung eintritt. Die Temperatur muß dabei so eingestellt werden, daß nicht bereits ein Teil des Werkstoffs, z. B. in der Oberfläche der Formteile, thermisch geschädigt wird.

4.1.2.1 Spritzgießen von Elastomeren

Elastomere besitzen im Endzustand nur eine weitmaschige Vernetzung ihrer Kettenmoleküle, so daß die Volumenschwindung beim Vernetzen und Erstarren dann sehr gering und u. U. zu vernachlässigen ist, wenn man von Kautschuk ausgeht, d.h., wenn die Molekülketten bereits ihre volle Länge besitzen.

Solche Formmassen haben dementsprechend bei den gleichzeitig niedrigen Temperaturen, die notwendig sind, um frühzeitige Reaktionen zu vermeiden, sehr hohe Viskositäten. Beim Einspritzvorgang sind demzufolge hohe Spritzdrücke erforderlich. Daraus wiederum resultieren ebenfalls hohe Werkzeugzuhaltekräfte, wenn man ein Überspritzen der Werkzeuge vermeiden will.

Bei vielen synthetischen Elastomeren werden aber auch die Makromoleküle erst noch in einem gewissen Maß gebildet, dann liegen die Viskositäten entsprechend niedriger (Flüssigkautschuk). Damit verbunden ist aber meist auch eine größere Volumenschwindung beim Erstarren.

In allen Fällen steht das Werkzeug auf einer höheren Temperatur als die Dosiereinheit. Der Temperaturunterschied beträgt meist mehr als 60 °C. Auch hier muß die Temperierung so sorgfältig ausgelegt werden, daß überall der gleiche molekulare Zustand – zumindest an der Oberfläche des Formteiles – vorhanden ist.

Da die Formmassen dünnflüssiger werden, sobald sie erstmals mit der heißeren Werkzeugwand in Berührung kommen, müssen die Spaltweiten der Trennfugen <0,02 mm sein. Dabei ist zu beachten, daß sich die Formmasse bei Erwärmung gleichzeitig ausdehnt, d.h. ihr Volumen vergrößert. Dies muß durch die Zuhaltekraft kompensiert werden.

4.1.2.2 Spritzgießen von Duromeren (Duroplasten)

Diese Formmassen werden alle in einem niedermolekularen Zustand zum Spritzgießen angeliefert. Sie sind meist noch mit Mineralpulvern, Fasern und Holzmehl oder anderen Stoffen gefüllt, so daß sie bei den noch erlaubten niedrigen Temperaturen im Zylinder der Dosiereinheit eine relativ hohe Viskosität besitzen.

Auch hier sind die Werkzeuge ca. 100 °C höher als die Dosiereinheit beheizt, damit nach dem Einspritzvorgang eine schnelle Erstarrung durch eine engmaschige Vernetzung im Werkzeug stattfindet. Bei dieser Reaktion wird zudem Wärme frei, die abzuführen ist. Die Formmassen werden besonders dünnflüssig, wenn sie mit den heißen Werkzeugwänden in Berührung kommen. Spalten an den Trennfugen müssen deshalb <0,015 mm sein, wenn Grate am Formteil vermieden werden sollen.

Dabei bleibt zu beachten, daß sich das Volumen der Formmasse bei Erwärmung in der Formhöhlung zunächst ausdehnt, bevor die Schwindung einsetzt.

4.2 Bezeichnungen am Spritzgießwerkzeug

In diesem Buch sollen die in Bild 47 verwendeten Bezeichnungen benutzt werden, obwohl auch noch andere Ausdrücke in Gebrauch sein mögen. So sind z.B. gegenwärtig die DIN 16750 und 16760 im Entwurf, die sich mit den Benennungen von Spritzgießwerkzeugen befassen. Auch liegt eine ISTA-Broschüre (International Special Tooling Association) vor, die sich mit der Terminologie von Teilen für Spritzgießwerkzeuge beschäftigt.

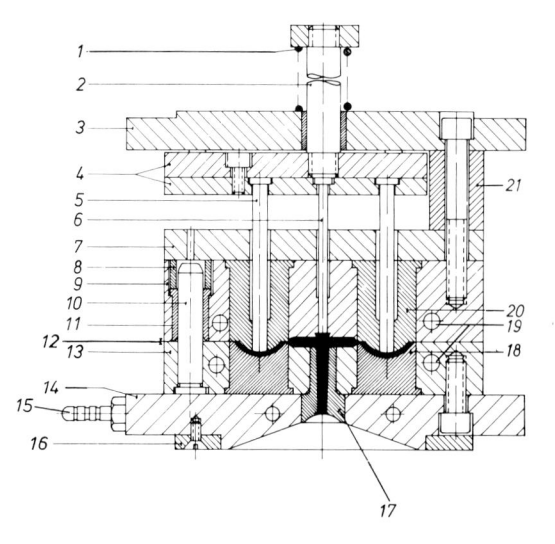

Bild 47 Bezeichnungen am Spritzgießwerkzeug [4]
1 Druckfeder, 2 Auswerferstößel, 3 schließseitige Aufspannplatte, 4 Auswerferplatte, 5 Auswerfer, 6 Mittenauswerfer, 7 Zwischenplatte, 8 Zwischenbuchse, 9 Formplatte, 10 Führungssäule, 11 Führungsbuchse, 12 Formtrennebene, 13 Formplatte, 14 spritzseitige Aufspannplatte, 15 Schlauchnippel für Anschluß der Kühlung, 16 Zentrierring, 17 Angußbuchse, 18 Formeinsatz, 19 Kühlbohrung, 20 Formeinsatz, 21 Stützbuchse

4.3 Einteilung der Werkzeuge

Je nach verarbeiteter Stoffart spricht man häufig von

    Thermoplast-   Spritzgießwerkzeug
    Duromer- (Duroplast-)   Spritzgießwerkzeug
    Elastomer- (Gummi-)   Spritzgießwerkzeug
    Thermoplastschaum- (TSG-) Spritzgießwerkzeug

Da sich diese aber im Prinzip nicht unterscheiden, soll hier weiter nach anderen funktional begründeten Einteilungskriterien gegliedert werden.

4.4 Aufgaben des Spritzgießwerkzeugs*

Für die Herstellung mehr oder weniger komplizierter Formteile (Spritzlinge) in einem Arbeitsgang – man spricht von Spritzzyklus – ist ein jeweils individuell herzustellendes Werkzeug mit einer oder mehreren Formhöhlungen (Kavitäten, Formnestern, Formeinsätzen usw.) notwendig. Dabei bestehen die grundlegenden Aufgaben des Werkzeuges darin, die Schmelze aufzunehmen, zu verteilen, auszuformen, abzukühlen bzw. bei Duro- und Elastomeren Aktivierungswärme zuzuführen und damit in einen festen Zustand überzuführen sowie das Spritzteil auszuwerfen.

Diese technologisch bedingten Aufgaben sind begleitet von konstruktiv bedingten Aufgaben: Kräfte aufnehmen, Bewegungen übertragen und Werkzeugteile führen.

Mit den folgenden Funktionskomplexen in einem Werkzeug lassen sich die o.g. Aufgaben lösen:

- Angußsystem,
- Formnest (Entlüftung),
- Temperierung,
- Entformungssystem,
- Führung und Zentrierung,
- Maschinenaufnahme,
- Kraftaufnahme,
- Bewegungsübertragung.

Bild 48 zeigt die Funktionskomplexe bei einem einfachen Werkzeug zur Herstellung von Bechern.

Neben dem Formen des Spritzteils liegt die wichtigste Aufgabe des Werkzeugs im Entformen des Spritzlings. Hierbei steht neben dem wirtschaftlichen Aspekt einer möglichst kurzen Zykluszeit ein qualitätsbezogener Gesichtspunkt: Sichere Entformung ohne Beschädigung weder des Spritzteils noch der Formnestwandung auch bei kompliziert gestalteten Teilen muß gewährleistet sein.

Das Entformungssystem richtet sich also nach der Art des Spritzteils [7]; man spricht von Artikeln

- ohne Hinterschneidung,
- mit äußerer Hinterschneidung,
- mit innerer Hinterschneidung.

---

* Abschnitte 4.4 bis 4.4.2 Auszüge aus der Studienarbeit *J. Amberg* [5] und der Dissertation *H. Bangert* [6].

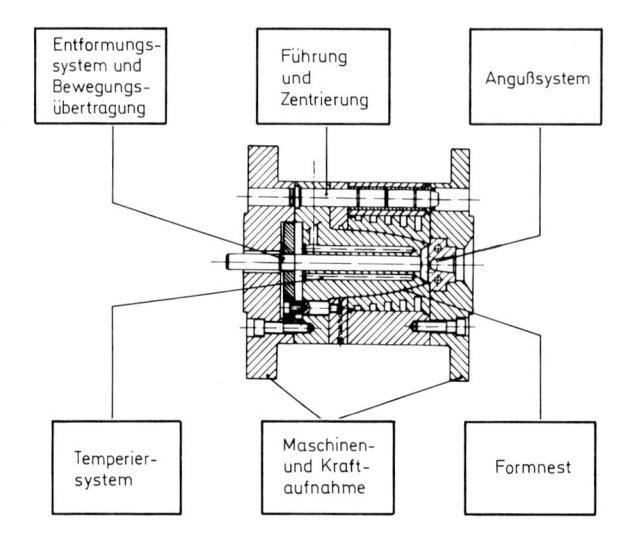

Bild 48 Aufgliederung eines Spritzgießwerkzeugs in Funktionskomplexe [5]

Daraus ergeben sich vielseitige Konstruktionsmöglichkeiten und auch ein wichtiges Einteilungsprinzip. Aus der Tatsache, daß sich die Spritzteile ausdrücken, abstreifen, abschrauben, abreißen und abschneiden lassen, läßt sich eine Einteilung nach dem Entformungssystem ableiten. Eine solche Einteilung ist berechtigt, weil damit in besonderem Maße der Aufwand, der als „Funktion" in das Werkzeug eingebracht werden muß, sofort erkennbar wird. Von diesem sind nicht nur die Kosten beeinflußt, sondern über den Raumbedarf die Größe und die Anzahl möglicher Formnester usw.

4.4.1 Kriterien zur Einteilung der Werkzeuge in Gruppen

Die vorher genannten Funktionskomplexe lassen sich nach konstruktionsabhängigen und spritzteilabhängigen Kriterien einteilen (Tabelle 24). Spritzteilabhängige Merkmale können innerhalb einer Werkzeugtypengruppe (verschiedene Werkzeuge eines Typs) unterschiedlich sein; konstruktionsabhängige Merkmale sind innerhalb dieser Gruppe nicht variabel und somit allgemeingültig für den jeweiligen Typ.

Eine weitere Unterscheidung der Werkzeuge nach primären konstruktiven Gesichtspunkten bietet Tabelle 25. Hier wird gezeigt, wie aus unterschiedlichen konstruktiven Kriterien (weitere sind möglich) mit den zugehörigen Einflußgrößen Werkzeugtypen entstehen können.

Tabelle 24 Einteilung der Konstruktionsmerkmale
(konstruktionsabhängige Merkmale ≙ konstruktionsfestlegende Merkmale) [5]

Konstruktionsabhängige Merkmale	Spritzteilabhängige Merkmale
Bewegungsübertragung Entformungssystem (teilw.) Anzahl der Öffnungsebenen Anzahl der Zwischenplatten Führung der Zentrierung Kraftaufnahme Maschinenaufnahme	Formnest Formnestanordnung Angußsystem (z. T.) Temperiersystem Art der Querzüge Entformungssystem (teilw.)

4.4 Aufgaben des Spritzgießwerkzeugs

Tabelle 25 Unterscheidung der Werkzeuge nach primären konstruktiven Gesichtspunkten [5]

Unterscheidung nach	jeweilige Einflußgrößen	konstruktive Ausführung	Werkzeug-Bezeichnung
Anzahl der Trennebenen	Geometrie des Formteils, Formnestzahl, Angußart, Entformungsprinzip	2-Platten-Werkzeug, 3-Platten-Werkzeug, Abstreifplatte (1 Haupt- und 1 Hilfstrennebene)	Normalwerkzeug, Abreißwerkzeug, Abstreifwerkzeug, Etagenwerkzeug
Art der Entformung	Formteilgestalt, Formmasse, Verarbeitungsparameter, Stückzahl, Lage des Formteils zur Trennebene	Schieber/Schrägführung, Backe/Schrägführung, Abschraubeinrichtung, Abstreifplatte	Schieberwerkzeug, Backenwerkzeug, Abschraubwerkzeug, Abstreifwerkzeug
Art der Angußtemperierung	Spritzgießmaschine, Zykluszeit, Formmasse, Wirtschaftlichkeit	Heißkanalverteiler, Isolierkanalverteiler	Heißkanalwerkzeug, Isolierkanalwerkzeug
Art der Kraftaufnahme	Steifigkeit des Werkzeugs, Geometrie des Formteils, Spritzdruck (spez.), Formmasse	Backenform, Topfführung, Säulenführung	Backenwerkzeug, Normalwerkzeug

Die in der Literatur aufgeführten Werkzeugbezeichnungen, die oft nicht immer einheitlich gehalten sind, entstehen zumeist aufgrund werkzeugspezifischer Bauteile oder Entformungsprinzipien oder geben spezielle Anwendungsmöglichkeiten an. Tabelle 26 (nächste Seite) gibt Kriterien an, die zur Bezeichnung eines Werkzeuges führen.

Nimmt man nun eine Einteilung der Spritzgießwerkzeuge nach dem Entformungsprinzip vor, so ergeben sich die in den Bildern 49 und 50 dargestellten Werkzeuggrundtypen. Werkzeuge mit einer relativ komplexen Mischbauweise, wie Abschneide-, Mehretagen-, Heißkanal-, Isolierkanal- und Sonderwerkzeuge lassen sich in dieses Raster eingliedern. Eine Häufigkeitsanalyse [8] hat zudem gezeigt, daß überwiegend „einfachere" Werkzeuge im Einsatz sind.

In den Bildern 49 und 50 ist das bisher Dargestellte übersichtlich zusammengefaßt. In der Reihenfolge

- schematische Darstellung,
- wichtige Elemente,
- charakteristische Beschreibung,
- Formteile,
- Öffnungsrichtung,
- Beispiel

werden die einzelnen Grundtypen nacheinander vorgestellt. Die schematischen Darstellungen zeigen das Grundsätzliche jeder Typengruppe.

Tabelle 26 Kriterien, die zur charakteristischen Bezeichnung eines Werkzeugs führen [5]

Bezeichnung	Kriterien für die Bezeichnung
Normalwerkzeug	einfachste Bauform („normale" Ausführung); eine Trennebene; Öffnungsbewegung in eine Richtung; Entformung hauptsächlich durch Schwerkraft, Ausdrückstifte, Ausdrückhülse
Schieberwerkzeug	eine Trennebene; Öffnungsbewegung in Hauptrichtung und quer dazu durch auf Schrägstiften geführte Schieber
Abstreifwerkzeug	wie unter 1., jedoch Entformung durch Abstreifplatte
Abschneidwerkzeug	wie unter 1., jedoch Angußabschneidung vom Spritzteil durch zusätzliche Platte, die (wie unter 3.) Querbewegung ausführt
Backenwerkzeug	eine Trennebene; Öffnungsbewegung in Hauptrichtung und quer dazu durch auf schräger Ebene geführte Backen; Backen können Seitenkräfte aufnehmen
Abschraubwerkzeug	mechanische Einleitung von Drehbewegungen zur automatischen Gewindeentformung
Abreißwerkzeug	zwei Trennebenen zur getrennten Entformung von Anguß und Spritzteil, die voneinander abgerissen werden; Öffnungsbewegung in eine Richtung in zwei Phasen
Etagenwerkzeug	Formteile etagenweise in mehreren Teilungsebenen angeordnet
Isolierkanalwerkzeug	zwei Trennebenen; kein konventionelles Angußsystem, sondern Kanäle mit größerem Querschnitt, damit sich eine „plastische Seele" innerhalb einer erstarrten Haut bilden kann
Heißkanalwerkzeug	elektrisch beheizte Verteilerkanäle
Sonderwerkzeuge	Kombination aus 2. bis 10. für spezielle Formteile mit besonderen Anforderungen, die eine „einfache" Lösung unmöglich machen

Die Zeile „Formteile" (siehe Bilder 49 und 50) gibt Hinweise auf mögliche Formteile, die mit den entsprechenden Werkzeugen gefertigt werden können. Die abgebildeten Konstruktionsbeispiele sind den Literaturstellen [9] und [10] entnommen.

Die Zahlen in der Zeile „Öffnungsrichtung" beziehen sich auf die Bewegungsrichtung bei der Werkzeugöffnung.

Es bedeuten:

1 Hauptöffnungsbewegung: *Führungsbewegung*
2 Bewegung zwischen Führung und Seitenteil = *Relativbewegung*
3 Bewegung des Seitenteils während der Entformung = *Absolutbewegung*
4 Bewegung des Schraubkerns = *relative Drehbewegung*

4.4 Aufgaben des Spritzgießwerkzeugs

	Normalwerkzeug	Abstreifwerkzeug	Schieberwerkzeug
Schematische Darstellung	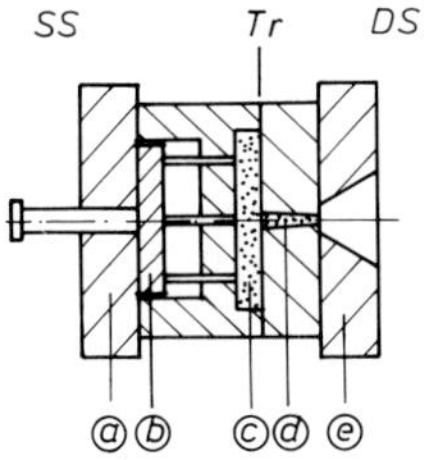 SS Tr DS ⓐⓑ ⓒⓓⓔ	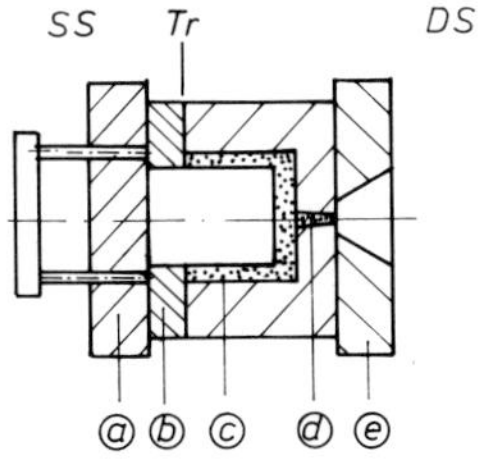 SS Tr DS ⓐⓑ ⓒ ⓓ ⓔ	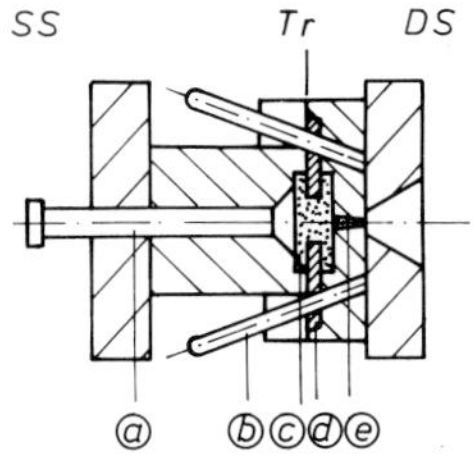 SS Tr DS ⓐ ⓑⓒⓓⓔ
wichtige Elemente	a Aufspannplatte SS b Entformungssystem c Formnest d Angußkanal e Aufspannplatte DS	a Aufspannplatte SS b Abstreifplatte c Formnest d Angußkanal e Aufspannplatte DS	a Entformungssystem b Steuerfinger c Formnest d Schieber e Angußkanal
charakteristische Beschreibung	einfachste Bauweise; zwei Werkzeughälften; eine Teilungsebene; Öffnungsbewegung in eine Richtung; Entformung durch Schwerkraft, Hülse oder Stifte	Aufbau ähnlich dem Normalwerkzeug, jedoch Entformung durch Abstreifplatte	Aufbau ähnlich dem Normalwerkzeug, jedoch mit zusätzlichem Schieber und Steuerfinger für Seitenbewegung
Formteile	für Formteile aller Art ohne Hinterschneidung	für becherförmige Teile ohne Hinterschneidung	für flache Teile mit Hinterschneidung oder äußerem Gewinde
Öffnungsrichtung	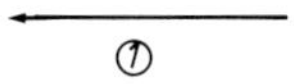 ← ①	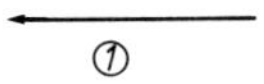 ← ①	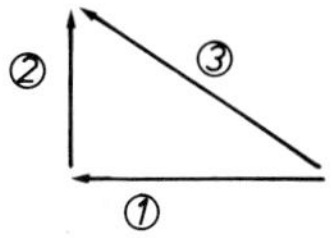 ② ③ ①
Beispiel	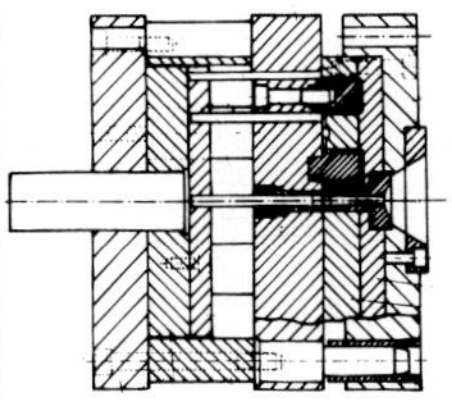	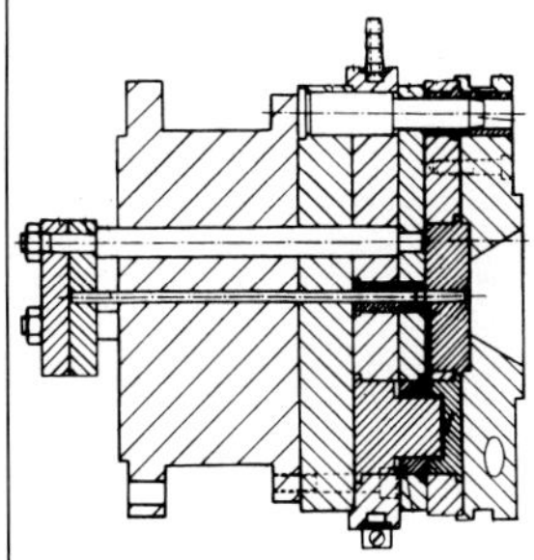	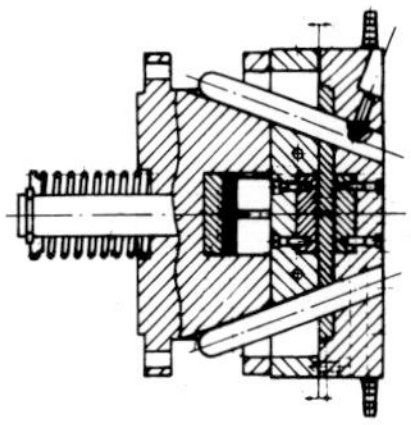

Bild 49 Übersicht über die Werkzeuggrundtypen [5]
SS = Schließseite, DS = Düsenseite

104　4 Das Spritzgießverfahren

	Backenwerkzeug	Abschraubwerkzeug	Abreißwerkzeug
Schematische Darstellung	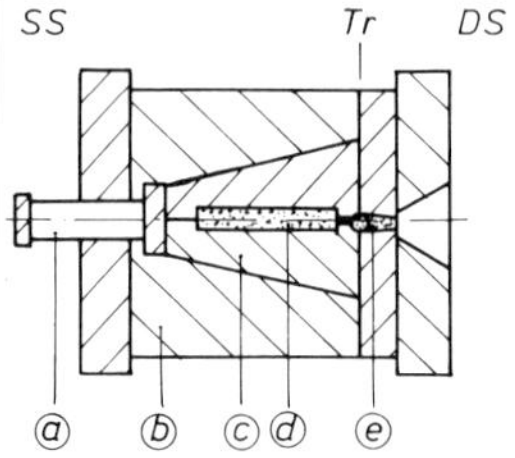 SS　　　Tr　　DS	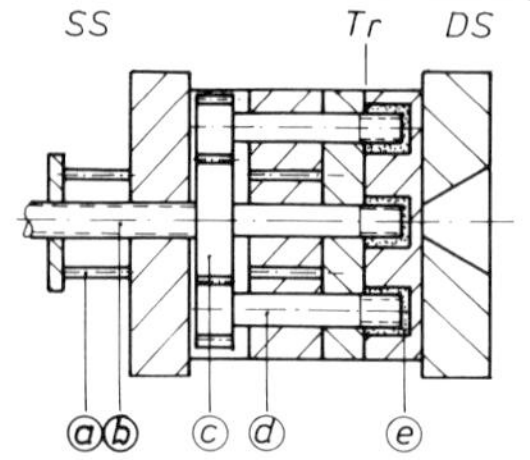 SS　　　Tr　　DS	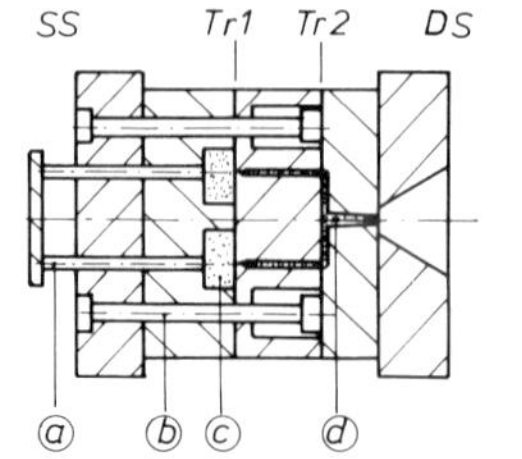 SS　　Tr1　Tr2　DS
wichtige Elemente	a Entformungssystem b Backenführungsplatte c Backe d Formnest e Angußkanal	a Entformungssystem b Spindel c Zahnrad d Formkern e Formnest	a Entformungssystem b Zuganker c Formnest d Angußkanal
charakteristische Beschreibung	Aufbau ähnlich dem Normalwerkzeug, jedoch mit zusätzlichen Backen für Teile mit Hinterschneidung oder äußerem Gewinde sowie zur Kraftaufnahme	Drehbewegung des Gewindeformkerns durch eingebautes Getriebe mechanisch betätigt	zwei Trennebenen; Betätigung der Zwischenplatte durch Klinkenzug oder Zuganker; unterteilte Öffnungsbewegung
Formteile	für längliche und breite Teile mit Hinterschneidung	für Teile mit innerem oder äußerem Gewinde	für Teile mit automatischer Angußabtrennung
Öffnungsrichtung	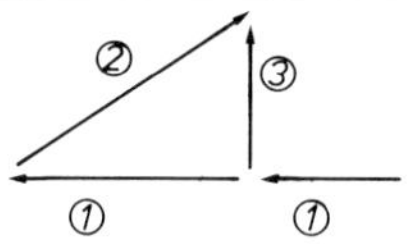	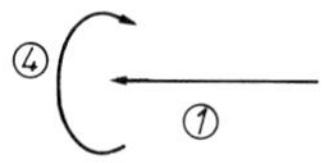	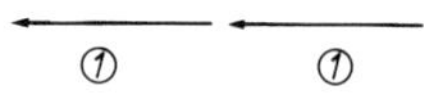
Beispiel	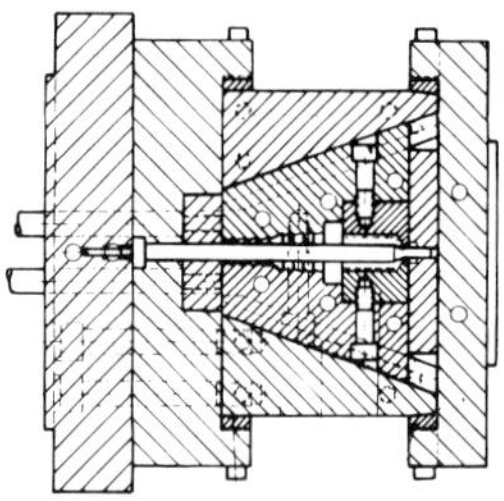	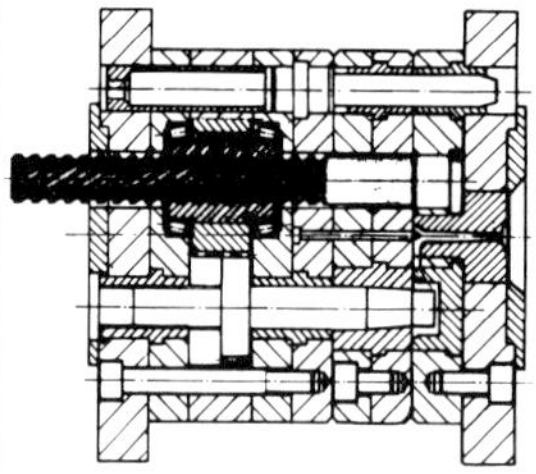	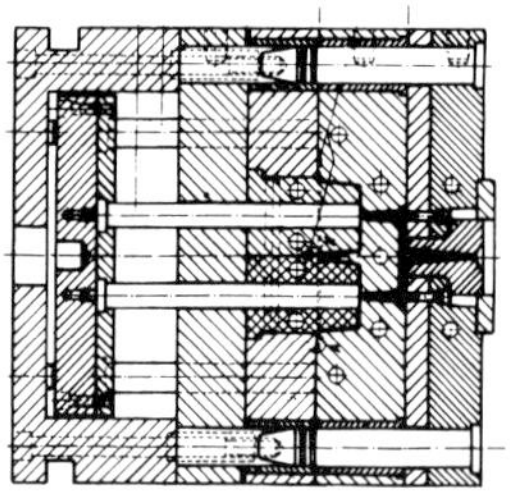

Bild 50 Übersicht über die Werkzeuggrundtypen [5]

4.4.2 Prinzipielle Vorgehensweise bei der Werkzeugkonstruktion

Es ist zweckmäßig, den Konstruktionsablauf systematisch vorzunehmen, da ein Spritzgießwerkzeug und seine Arbeitsweise sehr vielfältigen Bedingungen gerecht werden muß. Bild 51 zeigt, wie vermascht die Bedingungen sind und welchen Rand- und vielfältigen Nebenbedingungen jede Hauptfunktion ebenfalls gerecht werden muß. Wesentlich deut-

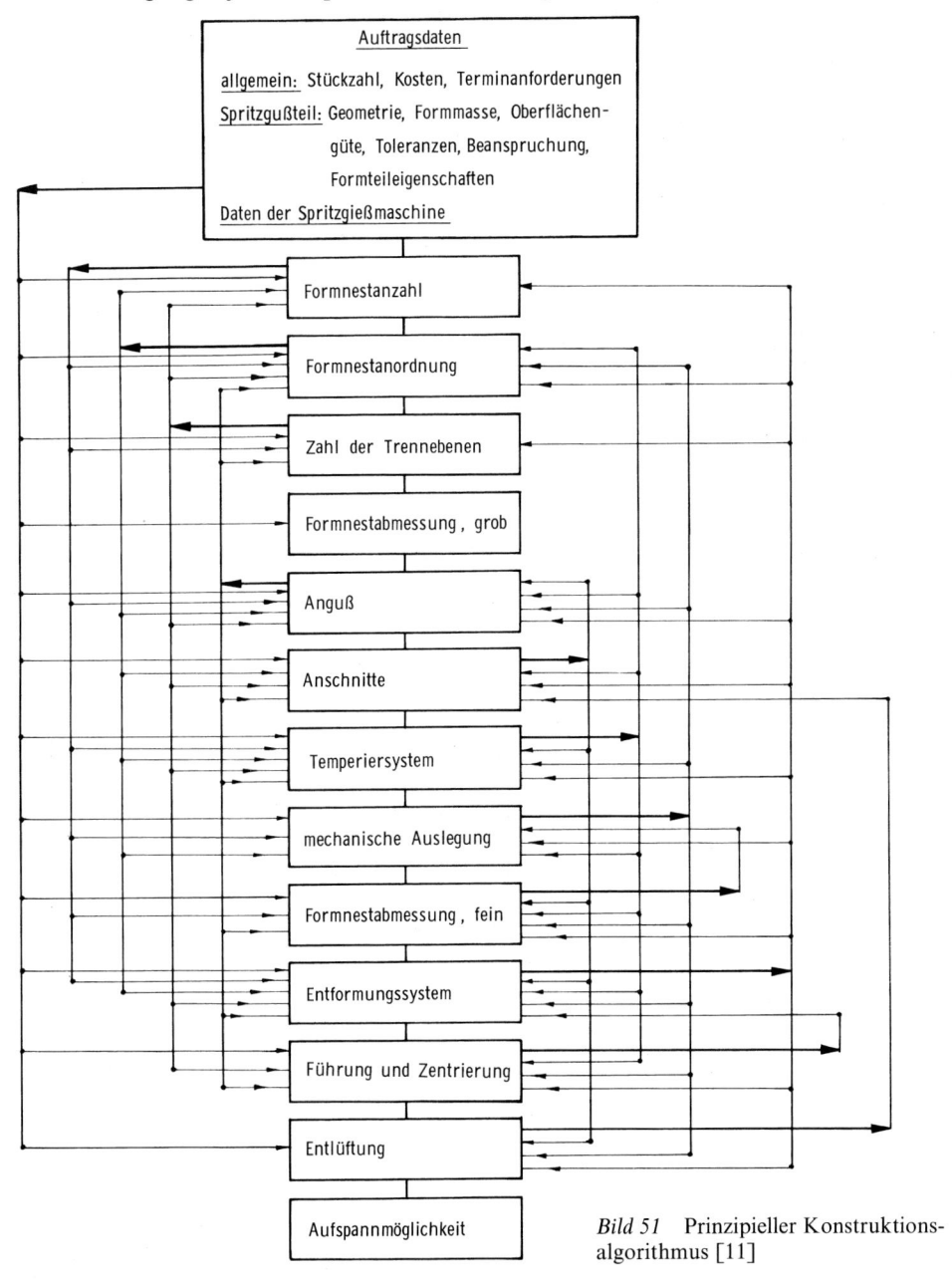

Bild 51 Prinzipieller Konstruktionsalgorithmus [11]

licher wird diese Aussage durch ein Beispiel. In Form eines Ablaufdiagramms für die Konstruktion eines Normalwerkzeuges, in welchem mehrere Deckel gleichzeitig gefertigt werden sollen, wird daher der Entscheidungspfad des Konstrukteurs veranschaulicht (Bild 52a–h). Es empfiehlt sich, diesem Pfad von Schritt zu Schritt zu folgen, um ein Gefühl für die logische Vorgehensweise zu bekommen.

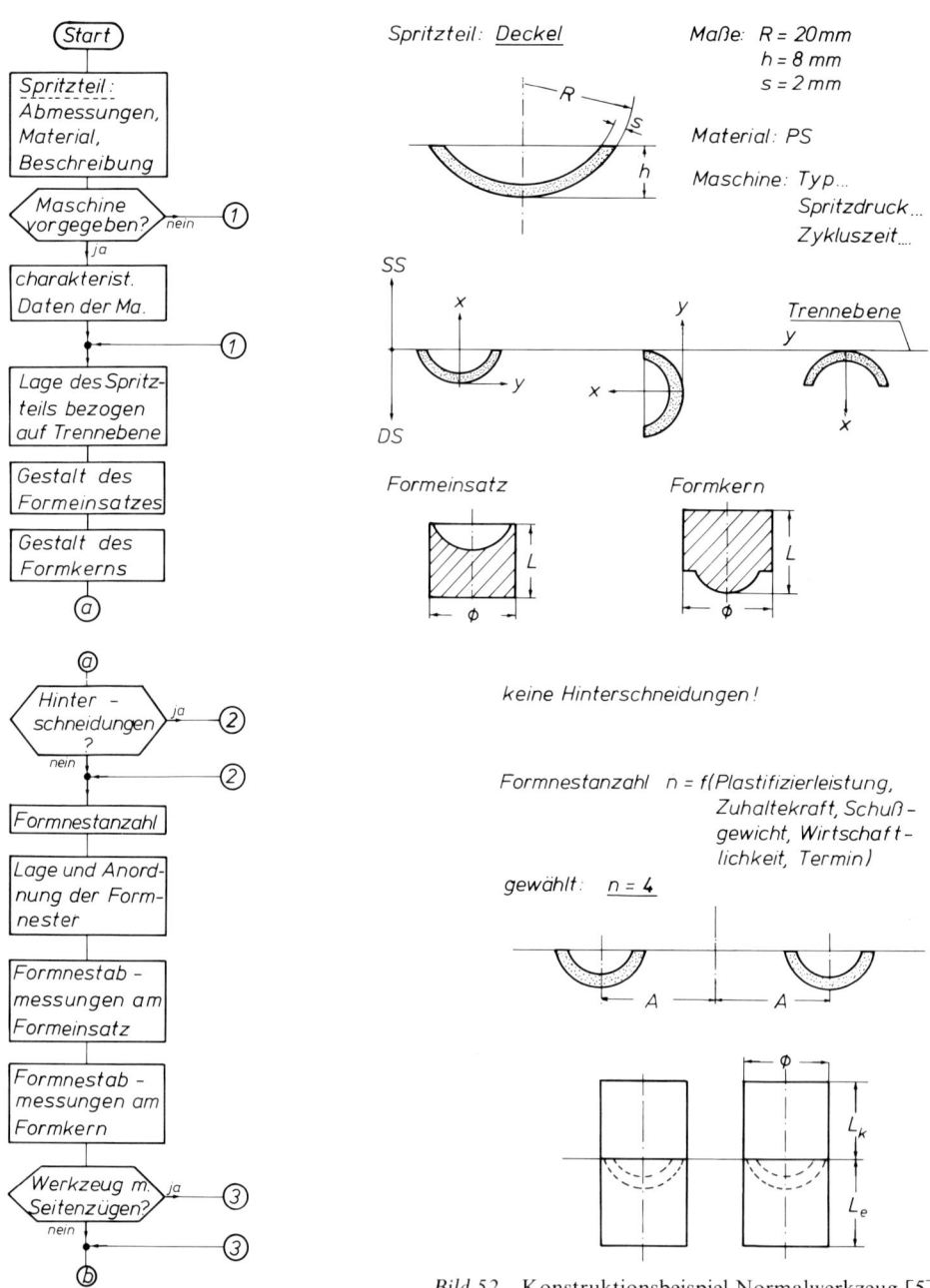

Bild 52 Konstruktionsbeispiel Normalwerkzeug [5]
SS = Schließseite, DS = Düsenseite

Bild 52 (Fortsetzung) Konstruktionsbeispiel Normalwerkzeug

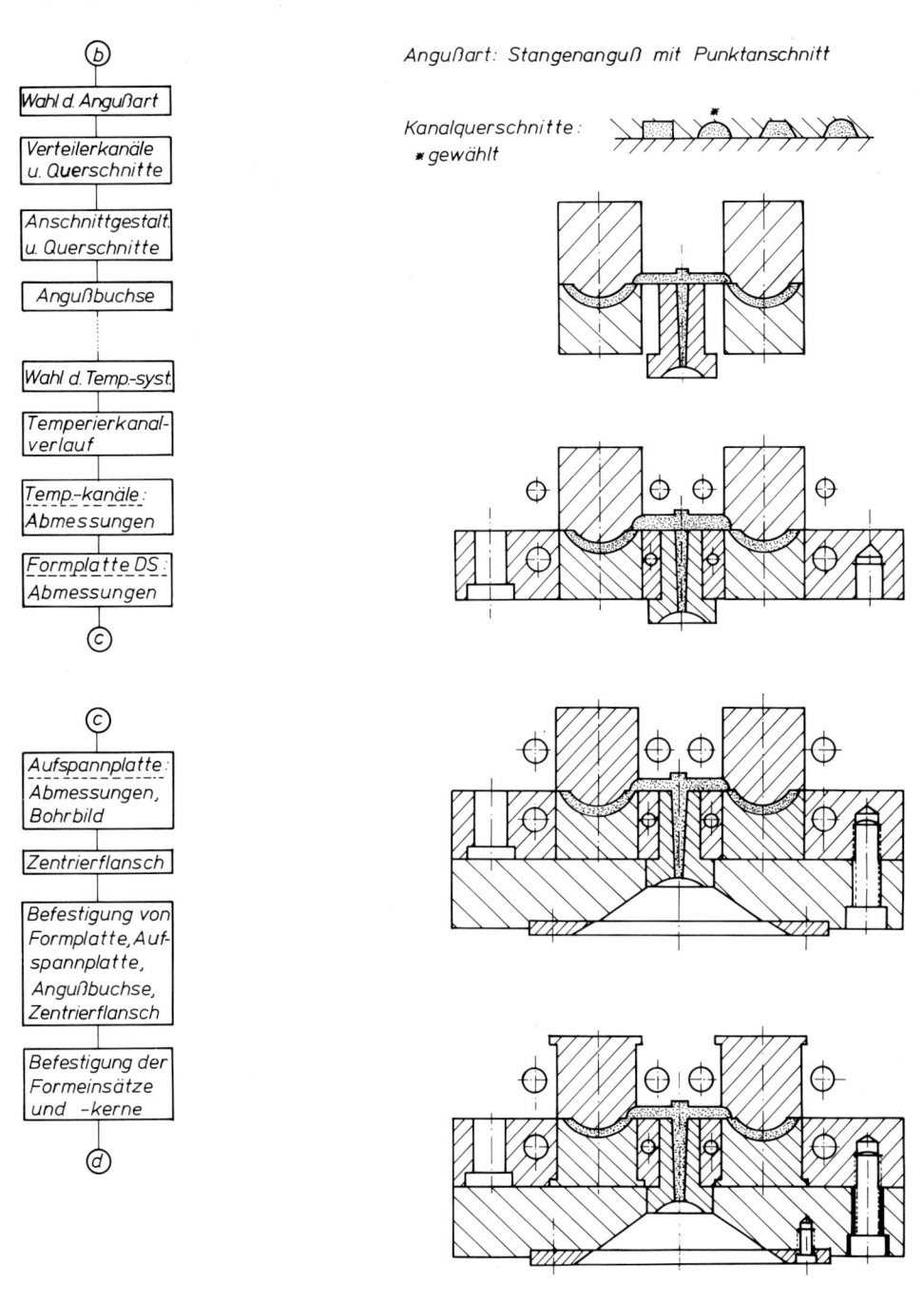

ⓑ
- Wahl d. Angußart
- Verteilerkanäle u. Querschnitte
- Anschnittgestalt. u. Querschnitte
- Angußbuchse

- Wahl d. Temp.-syst.
- Temperierkanalverlauf
- Temp.-kanäle: Abmessungen
- Formplatte DS: Abmessungen

ⓒ

ⓒ
- Aufspannplatte: Abmessungen, Bohrbild
- Zentrierflansch
- Befestigung von Formplatte, Aufspannplatte, Angußbuchse, Zentrierflansch
- Befestigung der Formeinsätze und -kerne

ⓓ

Angußart: Stangenanguß mit Punktanschnitt

Kanalquerschnitte:
∗ gewählt

(Fortsetzung folgende Seite)

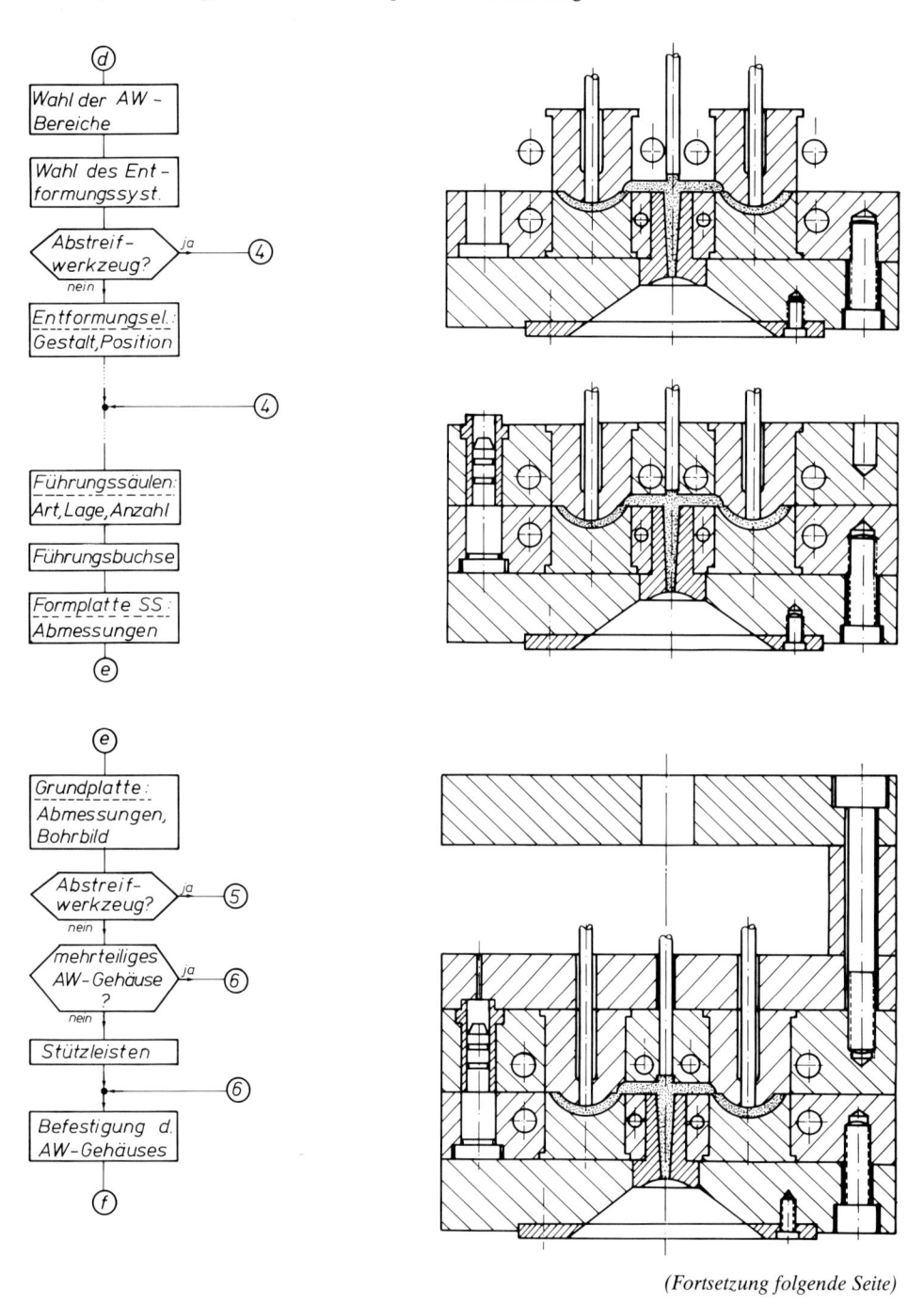

Bild 52 (Fortsetzung) Konstruktionsbeispiel Normalwerkzeug

(Fortsetzung folgende Seite)

Bild 52 (Fortsetzung) Konstruktionsbeispiel Normalwerkzeug

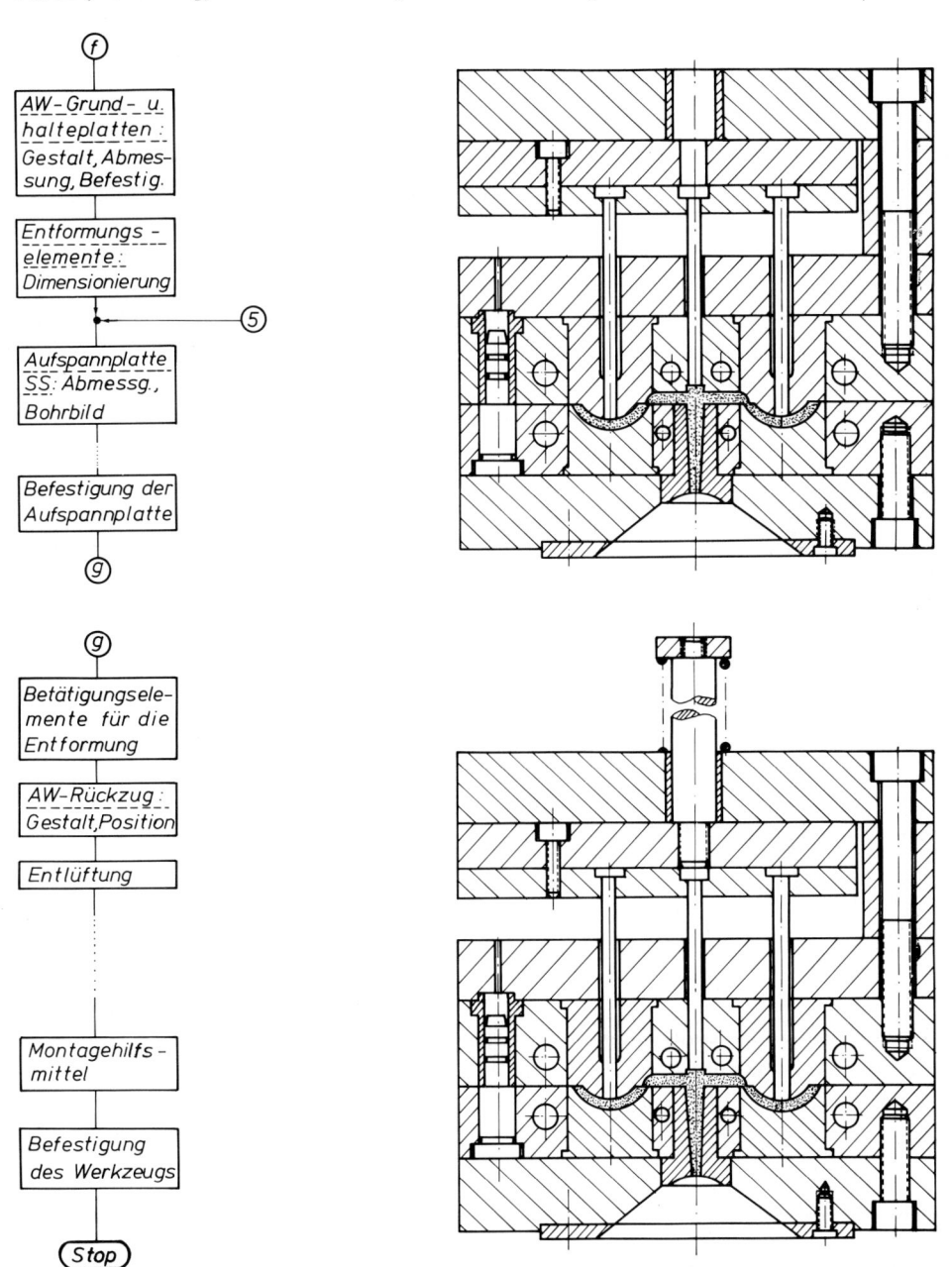

4.4.3 Bestimmung der Werkzeuggröße

Die Größe eines möglichen Werkzeugs hängt in erster Linie von der Maschine ab. Sehr oft ist eine vorhandene Maschine bzw. bestimmte Maschinengröße eine wesentliche Vorgabe, der der Konstrukteur unterworfen ist.

Als Vorgaben ergeben sich

- das Schußvolumen als die Menge, die in einem Hub des Spritzkolbens (Schneckenkolben) in das Formnest transportiert werden kann,
- die Plastifizierleistung, das ist die Menge geschmolzenen Kunststoffs der zu verarbeitenden Art, welche die Maschine z. B. in einer Stunde zu liefern vermag,
- die Zuhaltekraft der Schließeinheit (sie muß der Sprengkraft widerstehen, die sich aus dem maximalen in der Formhöhung wirkenden Innendruck ergibt),
- der Öffnungshub der Maschine,
- die maximale Aufspannfläche (sie ist durch die Holmabstände gegeben, vgl. Bild 62),
- der maximale Spritzdruck.

4.4.3.1 Maximale Fachzahl

Hierzu bestimmt man zunächst die größtmögliche theoretische Anzahl der Werkzeughohlräume (Fachzahl) [4]

$$F_1 = \frac{\text{max. Spritzvolumen der Maschine } S_v \text{ in cm}^3}{\text{Artikel- + Angußanteilvolumen } A_v \text{ in cm}^3}. \tag{19}$$

Bei der so ermittelten Fachzahl F_1 wird davon ausgegangen, daß das aus Schneckenhub und -durchmesser errechnete größte Spritzvolumen für jeden Schuß zur Verfügung steht. In der Praxis ist es – vor allem aus qualitativen Gründen (Schmelzehomogenität, ausreichendes Schmelzepolster für den Nachdruck) – nicht sinnvoll, diesen Maximalwert zu wählen.

Die Fachzahl kann bei dünnwandigen Teilen ferner aufgrund der Plastifizierleistung der Maschine bestimmt werden

$$F_2 = \frac{\text{Plastifizierleistung L in cm}^3/\text{min}}{\text{Schußzahl Z/min} \cdot (\text{Artikel} + \text{Angußvolumen } A_v \text{ in cm}^3)}. \tag{19a}$$

Moderne Schneckenspritzgießmaschinen haben eine so hohe Plastifizierleistung, daß nur bei dünnwandigen Teilen mit hohem Schußgewicht die Fachzahl F_2 zu überprüfen ist. Damit gilt die Erfahrungsregel

$$0{,}4 F_1 \leq F_2 \leq 0{,}8 F_1. \tag{20}$$

4.4.3.2 Zuhaltekraft

Die mindestens erforderliche Zuhaltekraft errechnet sich aus den auf die Formtrennebene projizierten Formnestoberflächen aller Kavitäten und Schmelzkanäle und dem maximal auftretenden Druck im Formnest.

$$F = A \cdot p. \tag{21}$$

Darin sind F die Sprengkraft, A die Projektionsflächen der Werkzeughohlräume und Angußwege und p der Druck der Formmasse im Werkzeughohlraum. Je nach Formmasse und Artikel liegt bei ordnungsgemäßer Arbeitsweise der Druck zwischen 200 und über 1000 bar. Bei Bedienungsfehlern jedoch können diese Drücke erheblich, d.h. bis auf den Spritzdruck, ansteigen. Um auch in solchen Fällen ein Überspritzen mit Beschädigung des Werkzeugs durch Gratbildungen oder der Maschine durch z. B. Holmbruch zu verhindern, rechnet man zweckmäßigerweise mit dem maximalen Spritzdruck der Maschine einerseits und derjenigen projizierten Fläche, die überhaupt mit Schmelze überspült werden kann:

$$F_{max} = A_{max} \cdot p_{Spritz} < F_{Zuhaltekraft}. \tag{22}$$

4.4.3.3 Maximale Aufspannfläche

Sie ist durch die Holmabstände gegeben, vgl. Bild 62. In der Regel wird man die zusätzliche Mühe des Ziehens von Holmen vermeiden. Damit muß die größte Werkzeugabmessung ca. 10 mm kleiner sein als die Holmabstände, durch die das Werkzeug eingefahren werden soll. Schließeinheiten sind auf die maximal zu erwartenden Sprengkräfte hin ausgelegt; Maschinen, auf denen Schäume mit niedrigen Drücken verarbeitet werden, können daher leichtere Schließeinheiten bzw. größere Aufspannplatten und Holmabstände besitzen. Es ist darauf zu achten, daß sich die Platteneinheiten unter den Belastungen aus dem Werkzeug nicht stärker verbiegen als einige Mikrometer, weil sich sonst die zulässigen Spaltweiten in den Trennflächen der Werkzeuge nicht einhalten lassen, auch dann nicht, wenn die Werkzeuge steif genug sind. In dieser Beziehung sind heutige Maschinen oft unterdimensioniert.

4.4.3.4 Erforderlicher Öffnungshub

Um auch bei einem Werkzeug mit einem tief-eintauchenden Kern einwandfrei ausformen zu können (Beispiel: Werkzeug für einen Eimer), muß der Öffnungshub ausreichend groß sein. Gefordert ist mindestens: Hub > 2 × Kernlänge.

Andererseits kostet ein Hub, der größer ist als notwendig, Zykluszeit, die man aus Kostengründen aber möglichst klein halten will.

Man kann den Öffnungshub zwar einstellen, aber allein die Investition für einen übernormalen Öffnungsweg ist hoch. Es wurde daher vorgeschlagen [12], das Werkzeug beim Öffnen der Schließeinheit mit einer Hilfsvorrichtung zu kippen und dann erst zu entformen (Bild 53).

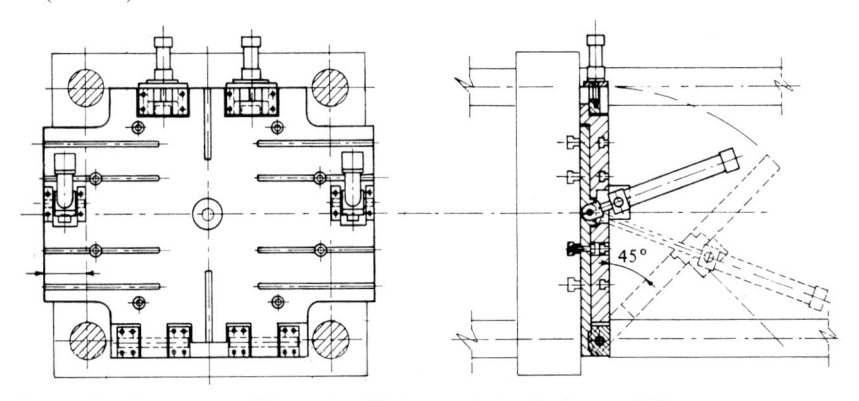

Bild 53 Vorrichtung zum Kippen der Werkzeuge beim Entformen [12]

4.4.4 Fließweg-Wanddickenverhältnis

Ein weiteres von der Maschine gegebenes Kriterium ist das Fließweg-Wanddickenverhältnis. Nach der Hagen-Poiseuille-Gleichung bestimmen der Spritzdruck p_{Sp} als Maschinengröße und die Viskosität der Formmasse im Schmelzezustand das Verhältnis aus Fließweg L und dem Quadrat der Wanddicke des Formteiles H^2, wenn die Geschwindigkeit mit der die Schmelze dabei fließt, gegeben ist.

Für die Geschwindigkeit gibt es bei Thermoplasten gewisse Optimalwerte [13], die durch die Orientierung, welche die Moleküle erfahren, gegeben ist. Sie liegt bei $V_F \sim 30$ cm/s.

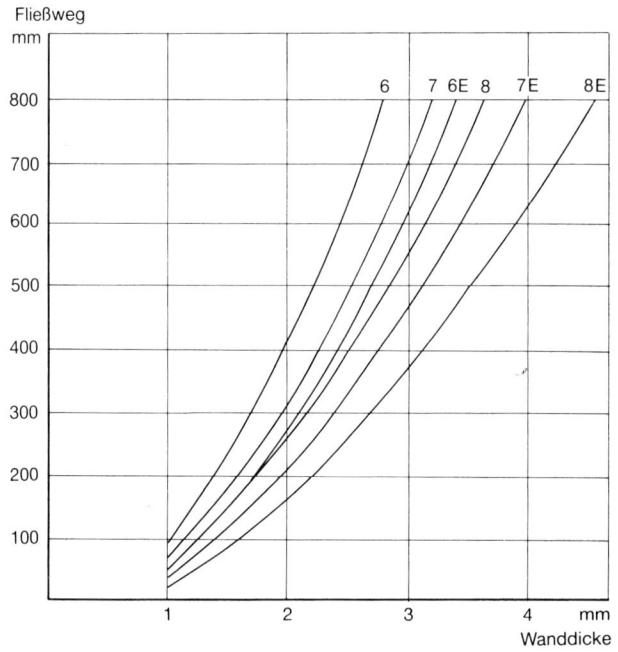

Bild 54 Abhängigkeit des Fließweges von der Wanddicke bei verschiedenen Degalan (Formmassen der Firma Degussa) Spritzgußmassen (PMMA) [14]. Diese Formmassen entsprechen in ihren Eigenschaften den Forderungen der DIN 7745.
Es gibt zwei Typenreihen: Normaltypen: Degalan 6, 7 und 8
  E-Typen (höheres Molekulargewicht): Degalan 6 E, 7 E und 8 E

Man arbeitet aber meist mit Erfahrungswerten, die als Fließweg/Wanddickenverhältnis von den Rohstoffherstellern in Form von Kurvendarstellungen für ihre Werkstoffe herausgegeben werden (Beispiel: Bild 54). Die Werte dieser Darstellung sind für jeden Werkstoff experimentell ermittelt worden. Sie geben eine als reine Erfahrungsregel eingebürgerte Maßzahl für die Herstellbarkeit eines Formteils, gekennzeichnet durch den längsten Fließweg der Schmelze im Formnest und die (dünnste) Wanddicke, wieder.

Ähnlichkeitstheoretisch richtig ergibt sich eine aus dem Hagen-Poiseuilleschen Gesetz abzuleitende Fließweg-Wanddicken-Beziehung, die lautet:

$$\frac{L}{H^2} = \frac{\Delta p}{32 \cdot \varphi \cdot \bar{v}_F \cdot \eta_{s\,eff}}. \tag{23}$$

Darin bedeuten:

L Fließweg,

$H = \dfrac{2\,B \cdot D}{B + D}$ der hydraulische Radius mit B Breite, D Dicke,

φ 1,5 für große Breite gegenüber geringer Dicke (praktisch immer gegeben),
$\bar{V}_F$ Geschwindigkeit an der Fließfront; für sie ergibt sich ein qualitativ günstiger Wert von ∼ 30 cm/s,
Δp bei üblichen Spritzgießmaschinen der maximale Spritzdruck ca. 1 200 bar.

Für Abschätzungen kann man somit einsetzen für die „scheinbare effektive Viskosität"

für amorphe Thermoplaste:

$$\eta_{s\,eff} = 250 \text{ bis } 270 \text{ Pa} \cdot \text{s}$$

(max. Fehler + 10%, wobei die Temperatur der Schmelze
TE (Einfriertemperatur) + 150 °C beträgt).

für teilkristalline Thermoplaste:

$$\eta_{s\,eff} = 170 \text{ Pa} \cdot \text{s}$$

(max. Fehler ± 5%,
hier wird die Temperatur der Schmelze
TE (Einfriertemperatur) + 250 bis 375 °C).

Damit ergibt sich für Abschätzungen bei üblichen Spritzgießmaschinen (mit Spritzdrücken von 120 MPa) und normalen Werkzeugen

für amorphe Thermoplaste:

$$L = \frac{10^6 \cdot H^2}{12 \cdot 260} = 325\,H^2\,(\text{cm}) \tag{24}$$

für teilkristalline Thermoplaste:

$$L = \frac{10^6 \cdot H^2}{12 \cdot 170} = 500\,H^2\,(\text{cm}). \tag{25}$$

(Es sind L und H in cm einzusetzen.)
Für die Füllung mit 30 Vol.-% Kurzglasfasern oder Pulver kann man mit einem Faktor von 2, d.h. Verminderung des Fließwegs auf die Hälfte, rechnen.

4.4.5 Bestimmung der Formnestzahl

Der erste Konstruktionsschritt ist die Bestimmung der Formnestzahl. Als Kriterien dienen hier sowohl technische (in Form des zur Verfügung stehenden Maschinenparks und der geforderten Qualität und der Kosten) wie wirtschaftliche (in Form des geforderten Liefertermins). Um diese vielschichtige Entscheidung zu erleichtern, wurde in Bild 55 ein Vorschlag für das zweckmäßige Vorgehen anhand eines Entscheidungspfades unterbreitet [6, 16].
Von der Vorstellung ausgehend, daß die Selbstkosten eines Produktes in engstem Zusammenhang mit der Art der Fertigung dieses Produkts stehen, läßt sich umgekehrt

Eingabe — Rechengang

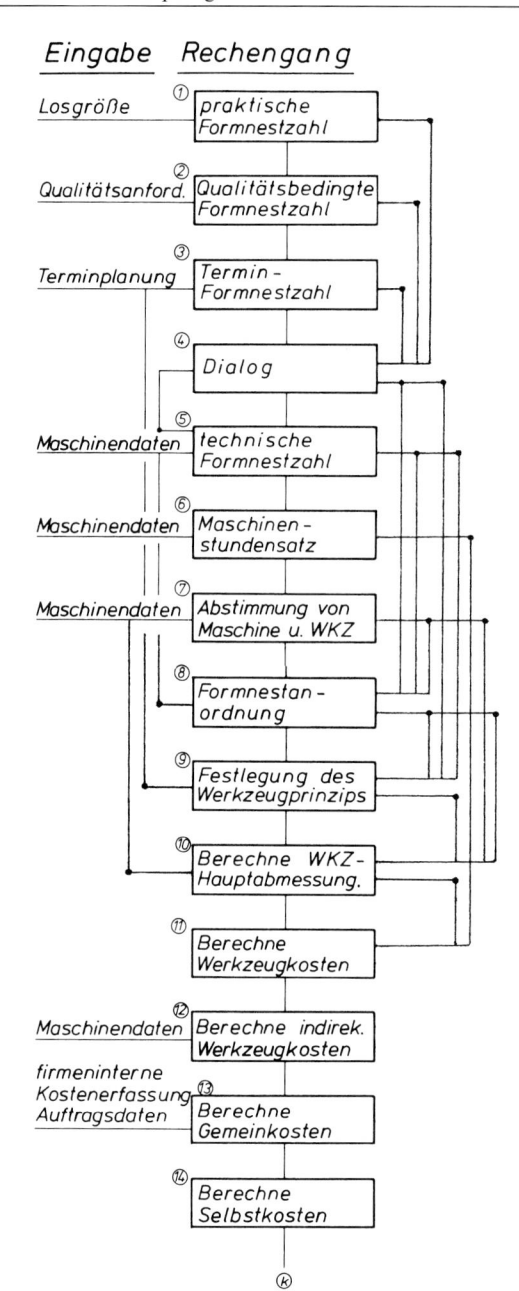

① Losgröße → praktische Formnestzahl
② Qualitätsanford. → Qualitätsbedingte Formnestzahl
③ Terminplanung → Termin-Formnestzahl
④ Dialog
⑤ Maschinendaten → technische Formnestzahl
⑥ Maschinendaten → Maschinenstundensatz
⑦ Maschinendaten → Abstimmung von Maschine u. WKZ
⑧ Formnestanordnung
⑨ Festlegung des Werkzeugprinzips
⑩ Berechne WKZ-Hauptabmessung.
⑪ Berechne Werkzeugkosten
⑫ Maschinendaten → Berechne indirek. Werkzeugkosten
⑬ firmeninterne Kostenerfassung, Auftragsdaten → Berechne Gemeinkosten
⑭ Berechne Selbstkosten
Ⓚ

Bild 55 Algorithmus zur Bestimmung der optimalen Formnestzahl [16] (Erläuterungen der verwendeten Bezeichnungen werden im nachfolgenden Text gegeben)

schließen, daß die Kostenkalkulation schon während der Konstruktion, hier besonders der Konstruktion des Spritzgießwerkzeugs, einsetzen muß, um eine optimale Lösung zu finden. Dabei ist es sinnvoll, die Gesamtfunktion in bekannte Teil- oder Elementarfunktionen zu gliedern [17], die nach Ursache-Wirkung-Beziehungen das Gesamtsystem ersetzen können. Diese Teilfunktionen gilt es dann mit Hilfe der Wertanalyse zu bewerten. Dabei ist ein wichtiger Punkt die Kostenverursachung. Bild 56 zeigt die hier zu berücksichtigenden Kosten, aufgeschlüsselt nach Kostengruppen.

Kostengruppe	Kosten
Maschinenkosten (Maschinenstundensatz)	Abschreibungskosten Zinskosten Wartungskosten Raumkosten Lohnkosten Energiekosten Kühlwasserkosten
formteilabhängige Kosten	Materialkosten Nachbearbeitungskosten
Werkzeugkosten	Werkzeugmaterialkosten Werkzeugbearbeitungskosten Konstruktionskosten Fremdarbeitskosten
indirekte Werkzeugkosten	Rüstkosten Bemusterungskosten Instandhaltungskosten
Gemeinkosten	Fertigung Werkzeugbau Konstruktion Material Verwaltung u. Vertrieb

Bild 56 Kostenliste – optimale Formnestzahl [16]

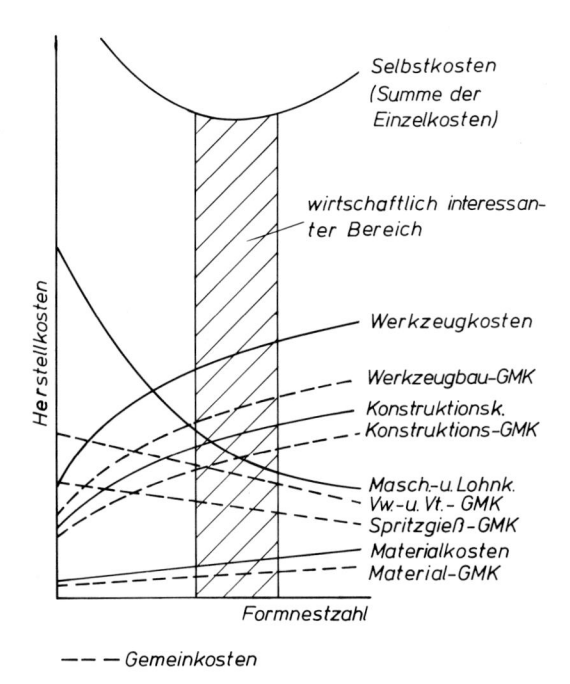

Bild 57 Abhängigkeit der Kosten von der Formnestzahl [16]

Die Addition der Einzelkosten bzw. der Kostengruppen, wie sie im Bild 56 dargestellt sind, ergibt die Selbstkosten. Den schematischen Verlauf dieser Kosten zeigt Bild 57 [9, 18 bis 21].

Da man bei einem vorgegebenen Spritzgußartikel nicht von vornherein weiß, welche Kombinationen aus Formnestzahl, Werkzeugprinzip und Spritzgießmaschine zu den geringsten Selbstkosten führt, müssen in bestimmten, noch festzulegenden Grenzen diese drei Größen variiert werden.

Zuerst gilt es, die Formnestzahl zu begrenzen. Hierzu dienen die ersten fünf Schritte des Algorithmus (Bild 55), die wegen ihrer besonderen Bedeutung später noch ausführlich behandelt werden.

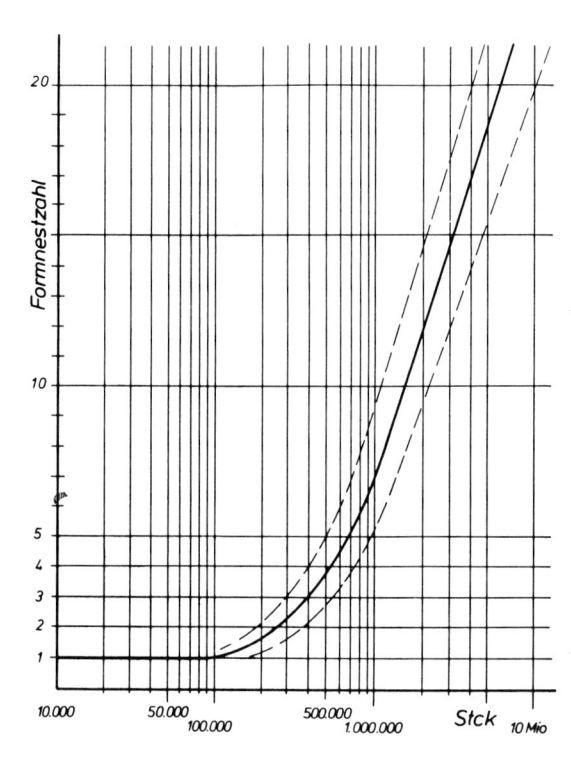

Bild 58 Abhängigkeit der Formnestzahl von der Losgröße [20]

Liegen keine besonderen Qualitätsanforderungen (Rechenschritt 2) oder Terminanforderungen (Rechenschritt 3) vor, so kann man von einer in der Praxis bewährten Formnestzahl im Rechenschritt 1 ausgehen [20], die nur noch von der Losgröße abhängt (Bild 58). Man erkennt, daß die Kurve erst bei n = 10000 Formteilen beginnt. Tatsächlich sind kleinere Stückzahlen unrentabel, da sich die Formkosten dann in einem hohen, auf das Formteil unwirtschaftlichen Werkzeug-Amortisationszuschlag auswirken, wobei dieser um so größer wird, je kleiner die Losgröße ist.

Bis ca. 100000 Stück erweist sich nach diesen Erfahrungen [20] ein einziges Formnest im Werkzeug als die wirtschaftlichste Lösung, solange keine Terminforderungen vorliegen. Dem ist für den Regelfall zuzustimmen, wenn man im Auge behält, daß sich damit die beste Qualität und die größte Verfügbarkeits-Sicherheit bei gleichzeitig geringsten Werkzeugkosten ergeben. Dieses Diagramm (Bild 58) gilt um so mehr, je problematischer die Verarbeitung einer Formmasse ist.

Liegen weitere Anforderungen vor, dann lohnt sich ein Nachrechnen. In der Literatur wurde [6] hierzu ein Vorschlag erarbeitet, dem man folgen kann (Bild 59).

4.4.5.1 Algorithmus zur Bestimmung der technisch-wirtschaftlich optimalen Formnestzahl (Werkzeug-Maschinen-Kombination)

Ermittelt man die technisch-wirtschaftlich optimale Formnestzahl, so ist damit gleichzeitig auch die günstigste Werkzeug-Maschinen-Kombination gefunden worden. Denn nur unter Berücksichtigung der Charakteristika der Spritzgießmaschine und des für das vorgegebene Formteil geeigneten Werkzeugprinzips kann eine realistische Formnestzahlbestimmung erfolgen [16].

Ausgehend von einer Anfrage zur Produktion von Spritzgußteilen, die im wesentlichen

– die Formteilgeometrie,
– die Formmasse,
– die Anforderungen an das Formteil,
– die Losgröße,
– die Zeit bis zur Fertigstellung des Auftrags

beinhaltet, müssen seitens des Auftragnehmers (Spritzgießer und Werkzeugbauer) in der Angebotsphase mindestens folgende Parameter festgelegt werden:

– Formnestzahl n,
– Werkzeugprinzip W,
– Werkzeughauptabmessungen,
– Anzahl m und Typen M der verwendeten Spritzgießmaschinen,
– Werkzeugkosten,
– Formteilkosten S (n, W, m, M).

Die aufgeführten Parameter können nur zusammen festgelegt werden, da sie zum Teil wechselseitig voneinander abhängen. Beispielsweise gibt es einen Zusammenhang zwischen der Formnestzahl n und der Anzahl m sowie dem Typ der Spritzgießmaschine M. Diese Abhängigkeit ist bedingt durch die Losgröße und die Fertigungszeit einerseits sowie durch die technischen Notwendigkeiten zur Formteilherstellung (Plastifizierleistung, Schußvolumen, ...) und den Maschinendaten andererseits.

Auch das Werkzeugprinzip kann je nach Angußart und Anschnittlage von der Formnestzahl abhängig sein, z.B. beim Übergang von der Formnestzahl 1 auf 2. Die Werkzeughauptabmessungen hängen von der Formnestzahl, dem Werkzeugprinzip und dem Typ der Spritzgießmaschine ab. Umgekehrt kann eine Abhängigkeit des Werkzeugprinzips von den Werkzeughauptabmessungen bestehen, beispielsweise wenn ein nach der Dimensionierung nicht mehr realisierbarer dicker Schrägbolzen beim Schieberwerkzeug – durch große seitliche Öffnungskräfte – notwendig wäre, so daß sinnvollerweise ein Backenwerkzeug verwendet werden sollte.

Die Werkzeug- und Formteilkosten sind naturgemäß unmittelbar bzw. mittelbar von den restlichen in der Angebotsphase festzulegenden Parametern abhängig.

Um mit vertretbarem Aufwand die günstigste Formnestzahl (Werkzeug-Maschinen-Kombination) herauszufinden, wird folgende systematische Vorgehensweise vorgeschlagen. Bild 59 zeigt in der Kurzfassung jenen Algorithmus, mit dem man, ausgehend vom herzustellenden Formteil, die technisch-wirtschaftlich beste Werkzeug-Maschinen-Kombination ermitteln kann. In der Stufe 1 werden das Formteil analysiert und die möglichen Werkzeugprinzipien ermittelt. Weiterhin erfolgt hier die Maschinenvorauswahl, d.h., es werden die Spritzgießmaschinen festgelegt, aus denen die letztlich zu

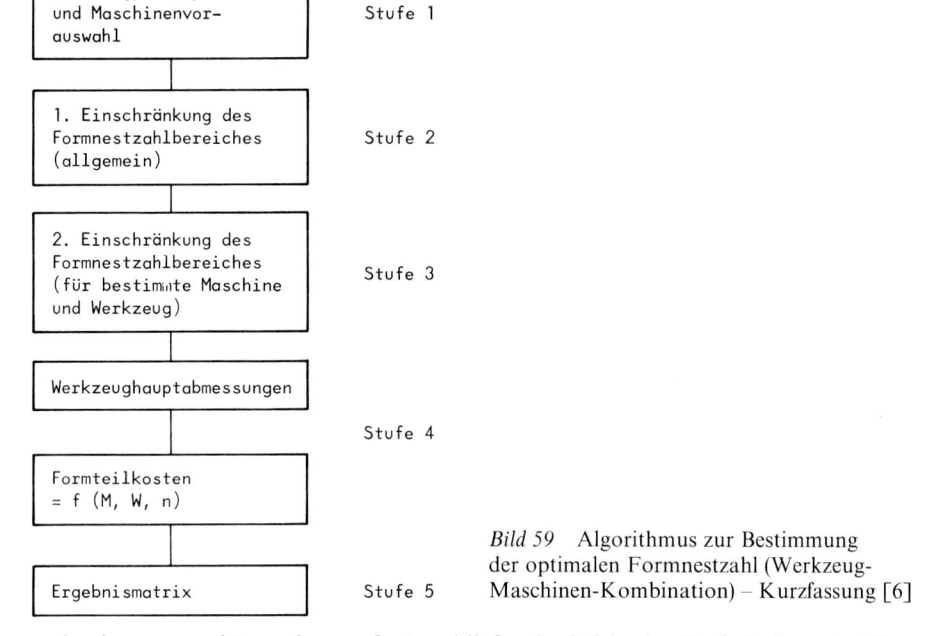

```
┌─────────────────────┐
│ Werkzeugprinzipien  │
│ und Maschinenvor-   │   Stufe 1
│ auswahl             │
└──────────┬──────────┘
┌──────────┴──────────┐
│ 1. Einschränkung des│
│ Formnestzahlbereiches│  Stufe 2
│ (allgemein)         │
└──────────┬──────────┘
┌──────────┴──────────┐
│ 2. Einschränkung des│
│ Formnestzahlbereiches│
│ (für bestimmte Maschine│ Stufe 3
│ und Werkzeug)       │
└──────────┬──────────┘
┌──────────┴──────────┐
│ Werkzeughauptabmessungen│
└──────────┬──────────┘  Stufe 4
┌──────────┴──────────┐
│ Formteilkosten      │
│ = f (M, W, n)       │
└──────────┬──────────┘
┌──────────┴──────────┐
│ Ergebnismatrix      │   Stufe 5
└─────────────────────┘
```

Bild 59 Algorithmus zur Bestimmung der optimalen Formnestzahl (Werkzeug-Maschinen-Kombination) – Kurzfassung [6]

verwendende ausgesucht werden muß. Anschließend wird in der Stufe 2 die erste Einschränkung des Formnestzahlbereichs aufgrund von Kriterien vorgenommen, die in erster Linie von den Formteildaten selbst abhängen. Ausgehend von diesem Bereich erfolgt in der Stufe 3 für ein bestimmtes Werkzeugprinzip und eine bestimmte Maschine ggf. eine weitere Einengung des Formnestzahlbereiches nach Überprüfung der wesentlichen technischen Kriterien. In der Stufe 4 kann nun nach der Berechnung der Werkzeughauptabmessungen die Berechnung der Formteilkosten durchgeführt werden. Dabei wird für eine bestimmte Maschine und ein bestimmtes Werkzeug zunächst die Formnestzahl variiert, danach aber auch das Werkzeug und die Maschine. Durch diese Variation erhält man in der Stufe 5 eine aus den Formteilkosten bestehende Ergebnismatrix, aus der die wirtschaftlichste (nicht unbedingt technisch beste) Kombination von Maschine, Werkzeugprinzip und Formnestzahl sichtbar wird.

Bild 60 zeigt den Algorithmus in einer ausführlicheren Form. In Schritt *1* sollen nach einer Analyse des Formteils die möglichen prinzipiellen Werkzeugaufbauten ermittelt werden (siehe hierzu auch die Abschnitte 4.4.1 bis 4.4.3). Die wesentlichsten Gesichtspunkte sind dabei die Anschnittlage- und Angußsystembestimmung sowie die Entformungsprinzipermittlung. Ziel dieses Schrittes ist es, möglichst alle alternativen Werkzeugprinzipien zu bestimmen, wobei die aus konstruktiven Gründen begrenzten Formnestzahlbereiche – innerhalb derer das jeweilige Prinzip realisiert werden könnte – mit anzugeben sind.

Anschließend werden in Schritt *2* aus den gesamten Maschinen diejenigen ausgesucht, aus denen später eine Maschine für die Realisierung ausgewählt werden muß. Die Einengung des Gesamtmaschinenspektrums auf das zu betrachtende Maschinenspektrum kann nach Maschinenbelegungsplan und aus der Erfahrung heraus erfolgen. Der Gesamtaufwand bei der Auffindung der günstigsten Maschinen-Werkzeug-Kombination in den anschließenden Schritten wird dadurch erheblich reduziert.

4.4 Aufgaben des Spritzgießwerkzeugs 119

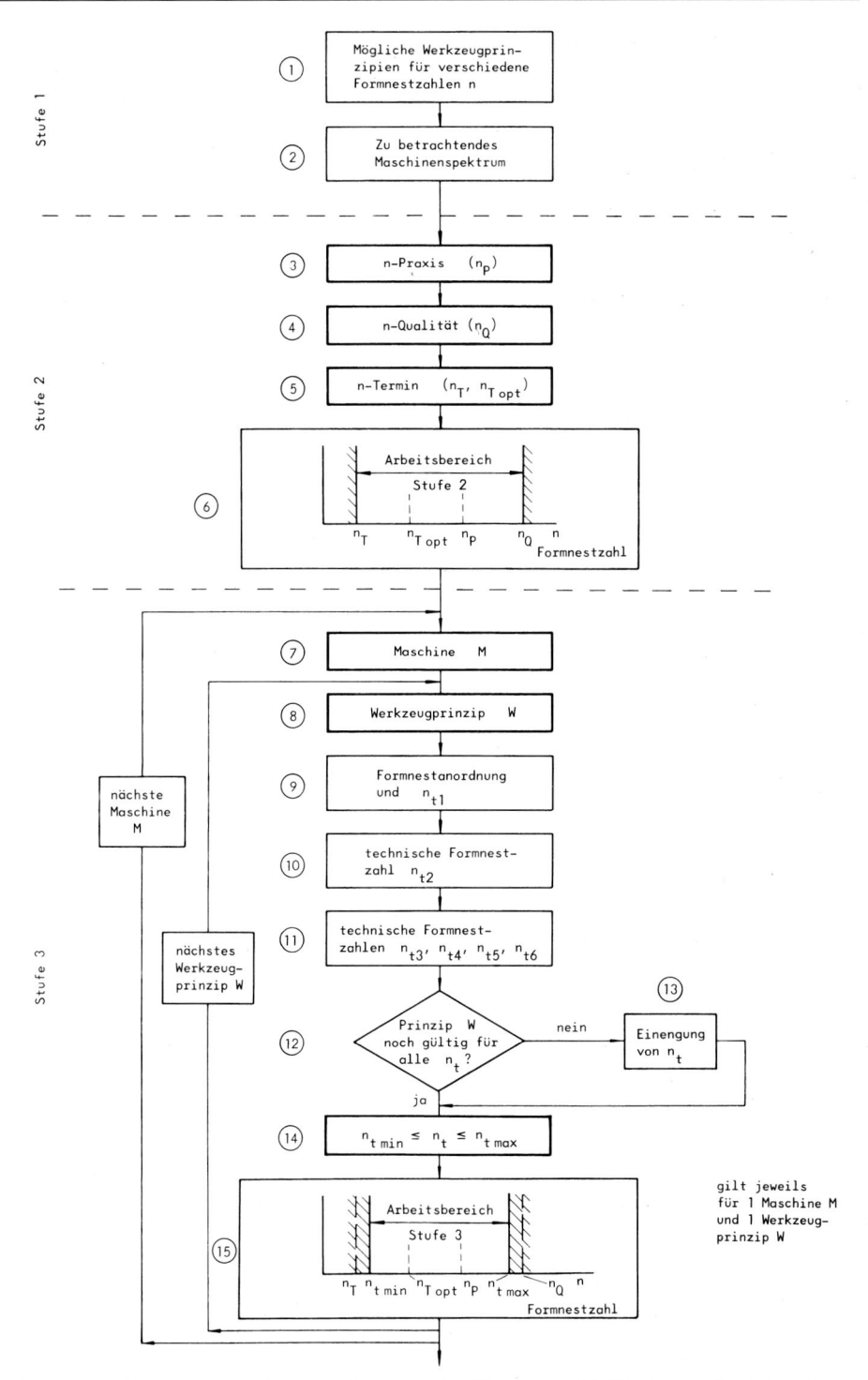

Stufe 1
① Mögliche Werkzeugprinzipien für verschiedene Formnestzahlen n
② Zu betrachtendes Maschinenspektrum

Stufe 2
③ n-Praxis (n_P)
④ n-Qualität (n_Q)
⑤ n-Termin (n_T, $n_{T\,opt}$)
⑥ Arbeitsbereich Stufe 2 — n_T, $n_{T\,opt}$, n_P, n_Q — Formnestzahl

Stufe 3
⑦ Maschine M
⑧ Werkzeugprinzip W
⑨ Formnestanordnung und n_{t1}
⑩ technische Formnestzahl n_{t2}
⑪ technische Formnestzahlen n_{t3}, n_{t4}, n_{t5}, n_{t6}
⑫ Prinzip W noch gültig für alle n_t? — nein → ⑬ Einengung von n_t — ja ↓
⑭ $n_{t\,min} \leq n_t \leq n_{t\,max}$
⑮ Arbeitsbereich Stufe 3 — n_T, $n_{t\,min}$, $n_{T\,opt}$, n_P, $n_{t\,max}$, n_Q — Formnestzahl

nächste Maschine M
nächstes Werkzeugprinzip W

gilt jeweils für 1 Maschine M und 1 Werkzeugprinzip W

Bild 60 Algorithmus zur Bestimmung der optimalen Formnestzahl (Werkzeug-Maschinen-Kombination) [6] *(Fortsetzung nächste Seite)*

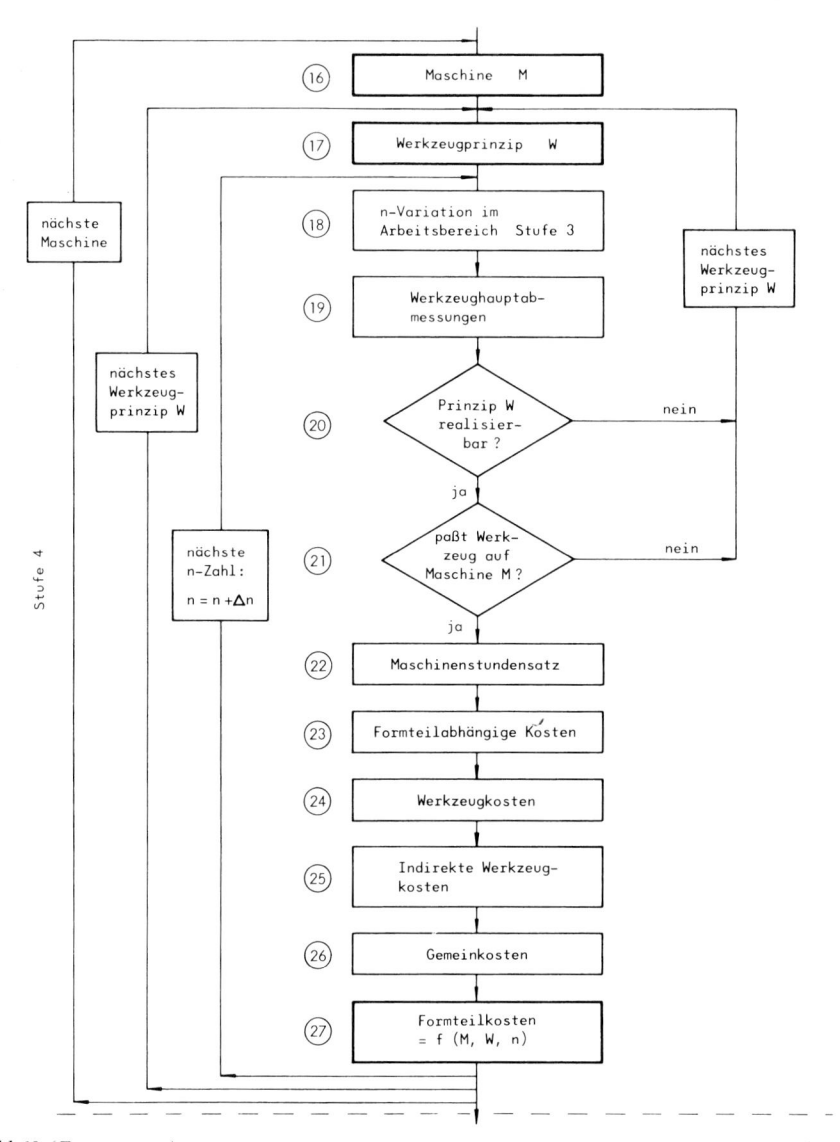

Bild 60 (Fortsetzung)   *(Fortsetzung nächste Seite)*

Im Schritt 3 soll eine *praktische Formnestzahl* ermittelt werden, die aus Erfahrung an ähnlichen Formteilen resultiert.

Um eine hohe Aussagefähigkeit zu erhalten, ist es sinnvoll, im eigenen Betrieb Analysen über die Abhängigkeit der Formnestzahl von der Losgröße für eine bestimmte Formteilfamilie, zusätzlich gestaltet nach Größengruppen, durchzuführen. Solche Werte können in Diagramme eingetragen und mathematisch beschrieben werden. Damit steht ein erster Anhaltswert für eine mögliche Formnestzahl zur Verfügung. Der Schritt 4 beinhaltet die *qualitative Formnestzahl*. Bei Formnestzahlen größer als eins können genau betrachtet nie alle Formteile gleichzeitig durch geeignete Maschinensteuerung optimal verfahrenstechnisch gespritzt werden. Damit ergibt sich ein Zusammenhang zwischen

Maschine M	Werkzeug-prinzip W	Formnest-zahl n	Formteil-kosten S(M,W,n)
M_1	W_1	n_1	S(1,1,1)
		n_2	S(1,1,2)
		n_3	S(1,1,3)
		⋮	
	W_2	n_1	S(1,2,1)
		n_2	S(1,2,2)
		n_3	S(1,2,3)
		⋮	
	⋮		
M_2	W_1	n_1	S(2,1,1)
		n_2	S(2,1,2)
		n_3	S(2,1,3)
		⋮	

Bild 60 (Fortsetzung)

der geforderten Qualität des Formteils und der maximal möglichen qualitativen Formnestzahl. Auch bei großen Losgrößen wird man sich bei qualitativ hochwertigen Teilen evtl. für geringere Formnestzahlen entscheiden müssen als technisch realisierbar wäre. In [22] wird eine Stufung der Qualität (Form- und Maßhaltigkeit) in vier Gruppen vorgeschlagen. Zusätzlich sollte auch dabei eine Einteilung in Formteilfamilien erfolgen. Eine allgemeingültige quantitative Angabe über die Abhängigkeit der qualitativen Formnestzahl von der Qualitätsstufe kann kaum gegeben werden. Durch Messungen der Gewichte und der Abmessungen der Formteile bei Werkzeugen hoher Formnestzahlen können solche Abhängigkeiten jedoch im Betrieb an praktisch ausgeführten Werkzeugen leicht ermittelt werden.

Nach der qualitativen Formnestzahl wird im Schritt 5 die *Termin-Formnestzahl* bestimmt. Diese darf nicht unterschritten werden, damit innerhalb der für die Formteilfertigung zur Verfügung stehenden Zeit das zu fertigende Los hergestellt werden kann. Die Zeit für die gesamte Auftragsabwicklung t_U setzt sich zusammen aus:

$$t_U = t_{Ko} + t_B + t_{Sp} \qquad (26)$$

t_{Ko} Zeit für die Werkzeugkonstruktion,
t_B Zeit für den Werkzeugbau,
t_{Sp} Zeit für die Fertigung des gesamten Loses.

Die Konstruktionszeit t_{Ko} wird als formnestunabhängige Zeit angesehen, während die Werkzeugbauzeit t_B mit der Formnestzahl degressiv steigend angenommen werden kann [22]. Sie kann mit dieser Gleichung näherungsweise beschrieben werden:

$$t_B = T_F \cdot n^{0,7} \qquad (27)$$

t_F Zeit zum Bau eines Werkzeugs mit der Fachzahl 1,
n Formnestzahl (Exponent 0,7 aus empirischen Kurven abgeleitet).

122　4　Das Spritzgießverfahren

Ausgehend von der Zeit t_{Sp} für die Fertigung des Loses (Arbeitszeit) kann die – mindestens erforderliche – Termin-Formnestzahl mit der Gleichung

$$n_T = K_A \frac{t_{Zykl} \cdot L}{t_{Sp}} \tag{28}$$

K_A　Faktor für Ausschuß,
t_{Zykl}　Zykluszeit,
L　Losgröße

bestimmt werden.

Neben dieser Formnestzahl gibt es eine zeitlich optimale Formnestzahl n_{Topt}, bei der das Minimum der Zeit t_U für die Auftragsabwicklung eintritt. Die Zeit t_U ist durch $T_B(n)$ und $T_{Sp}(n)$ auch von der Formnestzahl n abhängig. Durch Nullsetzen der ersten Ableitung der Funktion $t_U = f(n)$ erhält man für die zeitlich optimale Formnestzahl [22]

$$n_{Topt} = \frac{K_A \cdot L \cdot t_{Zykl}}{0{,}7 \, t_F}. \tag{29}$$

Mit den Formnestzahlen n_p, n_Q, n_T und n_{Topt} kann im Schritt 6 ein erster Arbeitsbereich für die zu erwartende Formnestzahl festgelegt werden. Die untere Grenze dieses Bereiches wird durch n_T und die obere durch n_Q gebildet. Mit den Formnestzahlen n_{Topt} und n_p ist eine weitere unverbindliche Information gegeben.

In der Stufe 3 wird im Schritt 7 die erste Maschine aus dem Maschinenspektrum (Schritt 2) und im Schritt 8 das erste Werkzeugprinzip aus den möglichen Werkzeugprinzipien (Schritt 1) für die weitere Betrachtung herausgebracht. Für diese Maschine und

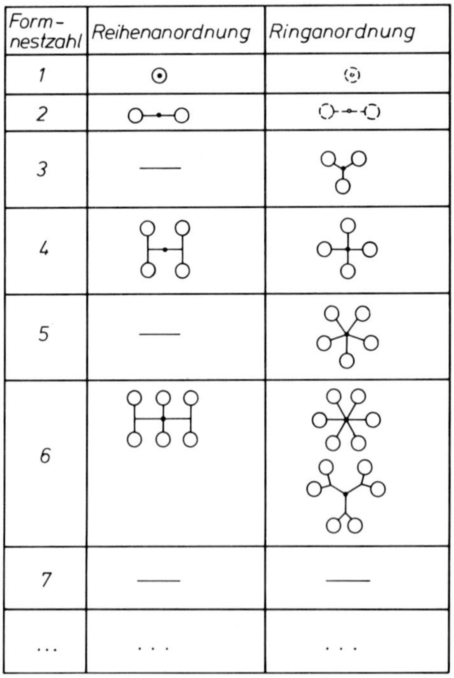

Formnestzahl	Reihenanordnung	Ringanordnung
1	⊙	⊙
2	o—o	()—()
3	—	⅄
4	⊞	✢
5	—	✶
6	⊞⊞	✶✶
7	—	—
…	…	…

Bild 61 Formnestanordnung in einer Trennebene [18]

dieses Werkzeugprinzip wird im Schritt 9 die Formnestanordnung und die technische Formnestzahl n_{t1} (Platz auf der Aufspannfläche) bestimmt. Grundsätzlich sollten nur symmetrische Anordnungen der Formnester in der Trennebene zugelassen werden, da sonst die Kräfte auf das Werkzeug und die Holme nicht gleichmäßig wirken können. Bild 61 zeigt eine Reihen- und Ringanordnung.

In [16, 23] werden weitere Einzelheiten zur Anordnung der Formnester behandelt. Wichtigste Kriterien bei der Anordnungsbestimmung sind ausreichende Steifigkeit zwischen den Formnestern und Platz für Temperiersysteme. Die zur Verfügung stehende Aufspannfläche mit den Maßen A_{HS}, A_{AW} wird durch die Holmabstände bestimmt. Die Möglichkeit des Holmenziehens sollte nur Sonderfällen vorbehalten bleiben (Bild 62).

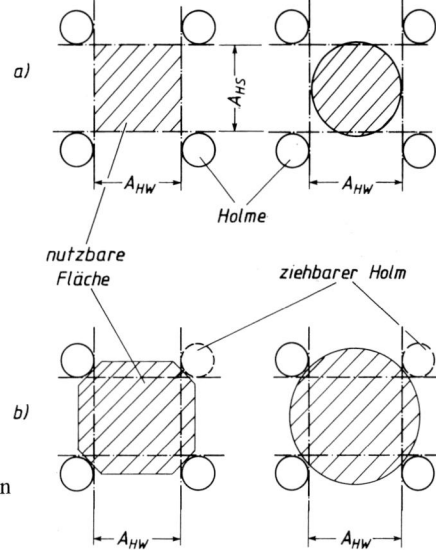

Bild 62 Technische Formnestzahl – Holmweite [16]
a) Werkzeugeinbau zwischen den Holmen
b) Zum Einbau des Werkzeugs muß ein Holm gezogen werden

Für die Formnestzahl $n_{t1} = n_Q$ wird die Formnestanordnung festgelegt. In Bild 63 ist die Arbeitsweise zur Auffindung von n_{t1} durch zeichnerische Überlagerung des Rahmens der Aufspannfläche und der Formteilanordnung unter Berücksichtigung der Formteilabmaße dargestellt.

Reicht die Aufspannfläche für die Aufnahme der Formnester n_Q aus, so ist $n_{t1} = n_Q$. Ist der Platz nicht ausreichend, so wird die nächstniedrigere Formnestzahl gewählt und wiederum die Formnestanordnung ermittelt. Die gesuchte Formnestzahl n_{t1} ist dann erreicht, wenn der zur Verfügung stehende Platz gerade für die Aufnahme der Formnester ausreicht.

Im Schritt 10 wird eine Formnestzahl n_{t2} hinsichtlich des zur Verfügung stehenden Spritzdrucks ermittelt. Dabei geht man zunächst von der zuvor bestimmten Formnestzahl n_{t1} aus, indem man für $n_{t2} = n_{t1}$ prüft, ob der maximale Spritzdruck der Maschine zur Füllung der Formhohlräume ausreicht. Ist dies nicht der Fall, wird n_{t2} so lange verkleinert, bis die Forderung erfüllt ist.

Eine Möglichkeit zur Überprüfung der Forderung besteht darin, daß man den Druckbedarf des Formnests mit dem Anschnitt zusammen abschätzt, und diesen Druck vom maximalen Maschinenspritzdruck abzieht. Der verbleibende Restdruck steht dann für

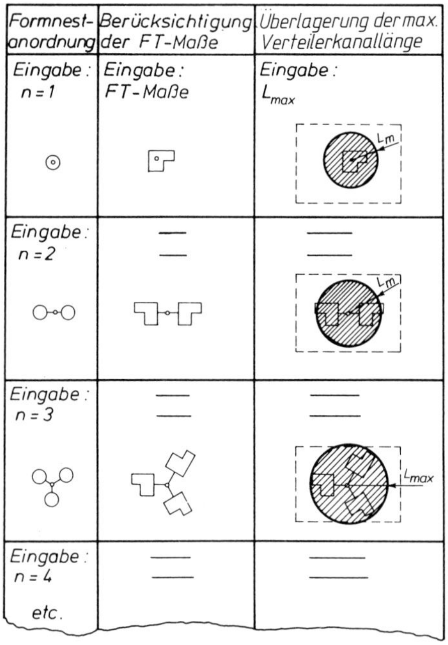

Formnest- anordnung	Berücksichtigung der FT-Maße	Überlagerung der max. Verteilerkanallänge	Formnest- anordnung	Berücksichtigung der FT-Maße	Überlagerung des Rahmens
Eingabe: n = 1	Eingabe: FT-Maße	Eingabe: L_{max}	Eingabe: n = 1	Eingabe: FT-Maße	Eingabe: A_{HS}, A_{HW}
Eingabe: n = 2	—	—	Eingabe: n = 2	—	—
Eingabe: n = 3	—	—	Eingabe: n = 3	—	—
Eingabe: n = 4 etc.	—	—	Eingabe: n = 4 etc.	—	—

Bild 63 Ermittlung der technischen Formnestzahl n_{t6} (Rheologie) [6, 16]

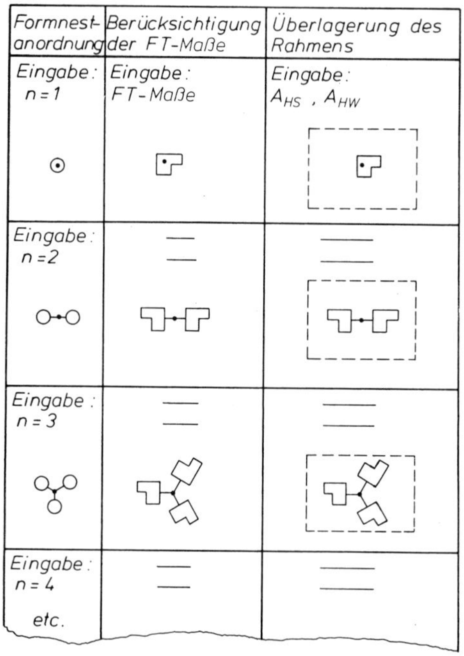

Bild 64 Ermittlung der technischen Formnestzahl n_{t_1} (Aufspannfläche) [6, 16]
FT: Formteil

Düse und Angußsystem zur Verfügung. Ausgehend von diesem Restdruck kann eine maximale Verteilerkanallänge L_{max} berechnet und in die Trennebene eingezeichnet werden (Bild 64).

Neben dieser optischen Kontrolle besteht eine zweite allgemeinere Möglichkeit darin, den Druckbedarf des gesamten Verteilersystems geschlossen mit separaten Rechenprogrammen zu bestimmen [22, 24].

Im Schritt *11* werden die technischen Formnestzahlen n_{t3} bis n_{t6} ermittelt.

Es bedeuten:

n_{t3} Formnestzahl aufgrund der Schließkraft,
n_{t4} Formnestzahl aufgrund des minimalen Schußvolumens,
n_{t5} Formnestzahl aufgrund des maximalen Schußvolumens,
n_{t6} Formnestzahl aufgrund der Plastifizierleistung.

Die Formnestzahlen n_{t3}, n_{t5} und n_{t6} werden, ähnlich wie n_{t2} in *10*, immer ausgehend von der bisher größtmöglichen bestimmt. Dagegen wird die Formnestzahl n_{t4}, ausgehend von n_T (s. Schritt *6*), durch stufenweise Erhöhung ermittelt, bis die Forderung, daß das tatsächliche Schußvolumen größer als das minimale sein muß, erfüllt ist.

In *12* und *13* wird festgestellt, ob alle bzw. welche Formnestzahlen innerhalb des bisher abgesteckten Formnestzahlbereiches konstruktiv mit dem Werkzeugprinzip W (in *8*) realisiert werden können.

Aufgrund der durchgeführten Schritte *1* bis *13* kann in *14* und *15* ein Formnestzahlbereich $n_{t\,min}$ bis $n_{t\,max}$ angegeben werden, der einerseits die terminlichen und qualitativen

4.4 Aufgaben des Spritzgießwerkzeugs

Anforderungen erfüllt, andererseits aber auch technisch mit dem Werkzeugprinzip W und der Maschine M verwirklicht werden kann. Damit ist für Stufe *4* des Algorithmus das Arbeitsfeld bekannt, in dem die Formnestzahl variiert und die Wirtschaftlichkeitsrechnung durchgeführt, d.h. die Herstellkosten des Formteiles bestimmt, werden können.

Für die gleiche Maschine M und das gleiche Werkzeugprinzip W (Schritte *16*, *17*) werden vor der Wirtschaftlichkeitsrechnung (Schritte *22* bis *27*) die Werkzeughauptabmessungen bestimmt. Darunter sollen einerseits diejenigen Daten und Abmessungen verstanden werden, die das Werkzeugprinzip mitbeeinflussen können, und andererseits alle wesentlichen äußeren Geometriedaten wie z. B. Plattenabmessungen und Werkzeughöhe.

Ausgehend von der Formnestzahl $n_{t\,min}$ wird in *19* die Ermittlung der Werkzeughauptabmessungen durchgeführt. Stehen die Werkzeughauptabmessungen fest, muß in *20* das Werkzeugprinzip hinsichtlich seiner Realisierbarkeit überprüft werden (z. B. „Maße realisierbar?", „Entformungskräfte mit vorgesehenem Entformungssystem übertragbar?").

Danach wird im Schritt *21* kontrolliert, ob das Werkzeug immer noch auf die Maschine paßt. Werkzeugeinbauhöhe, Öffnungs- und Entformungsweg können jetzt erstmalig und die Maße der Aufspannplatte zum zweiten Mal mit den Daten der Maschine genauer verglichen werden.

Das den Schritten *22* bis *27* zugrundeliegende Kalkulationsschema ist in Bild 65 dargestellt [6].

In dem Maschinenstundensatz *22* werden die

– Abschreibung,
– Zinsen,
– Wartungskosten,
– Raumkosten,
– Energiekosten,
– Kühlwasserkosten und
– anteilsmäßigen Lohnkosten

berücksichtigt.

Die formteilabhängigen Kosten *23* bestehen aus Material- und Nachbearbeitungskosten. Mit der Vorgabe des Werkzeugprinzips *17* und der Kenntnis der Werkzeughauptabmessungen *19* können die Werkzeugkosten mit verschiedenen Verfahren [16, 25, 26] abgeschätzt werden. Nach [16] setzen sich die Werkzeugkosten zusammen aus:

– Konstruktionskosten
– Materialkosten
– Fertigungskosten
– Fremdarbeitskosten.

Die indirekten Werkzeugkosten *25* beinhalten die

– Bemusterungskosten
– Rüstkosten und
– Instandhaltungskosten.

Die bisher ermittelten Kosten waren direkt zuordenbare Kosten.

Maschine	M
Werkzeugprinzip	W
Formnestzahl	n
Maschinenlaufzeit	T_F
Losgröße	L
Maschinenstundensatz	M_{SS}
Formteilabhängige Kosten	K_{FT}
Werkzeugkosten	W_K
Indirekte Werkzeugkosten	W_{KI}
Gemeinkosten	GMK_{Ges}

Selbstkosten pro Formteil

$$S(M,W,n) = \frac{M_{SS} \cdot T_F + K_{FT} + W_K + W_{KI} + GMK_{Ges}}{L}$$

Bild 65 Ermittlung der Selbstkosten je Formteil [6]

Durch Umlage der Gemeinkosten der Hilfskostenstellen auf die der Hauptkostenstellen werden in *26* die gesamten Gemeinkosten je Auftrag ermittelt.

Die Selbstkosten des Formteils können dann in *27*, wie in Bild 65 dargestellt, errechnet werden.

Je nach den betrieblichen Belangen können und müssen auch andere Kalkulationsverfahren zur Anwendung kommen.

Nachdem alle Rechenläufe für das Arbeitsfeld der Stufe *4* (n-Variation) durchgeführt worden sind, wird das nächste Werkzeugprinzip auf der gleichen Maschine behandelt. In ähnlicher Weise werden für die anderen Maschinen aus Schritt *2* die Berechnungen durchgeführt.

Als Gesamtergebnis erhält man letztlich in *27* die Formteilkosten, die in das Schema *28* eingetragen werden können. Die wirtschaftlich günstigste Formnestzahl, d.h. die Maschinen-Werkzeug-Formnestzahl-Kombination, bei der die Formteilkosten am geringsten sind, kann darin abgelesen werden.

Zur Bewältigung der umfangreichen Datenmenge und zur Durchführung der zahlreichen Einzelrechnungen erweist sich der Rechnereinsatz als sinnvoll.

4.4.5.2 Kosten für Bemustern, Rüsten und Instandhaltung

Hierüber sind einige Erfahrungen in der Literatur zu finden.

Die Bemusterung eines Werkzeugs umfaßt die Inbetriebnahme durch Probebetrieb (Probespritzen) nach der Herstellung des Werkzeugs. Der hierfür aufzuwendende Zeitbedarf hängt verständlicherweise sehr stark davon ab, wie solide die Konstruktion und wie präzise die Fertigung des Werkzeugs erfolgte. In nicht geringem Maße fließt die Erfah-

4.4 Aufgaben des Spritzgießwerkzeugs

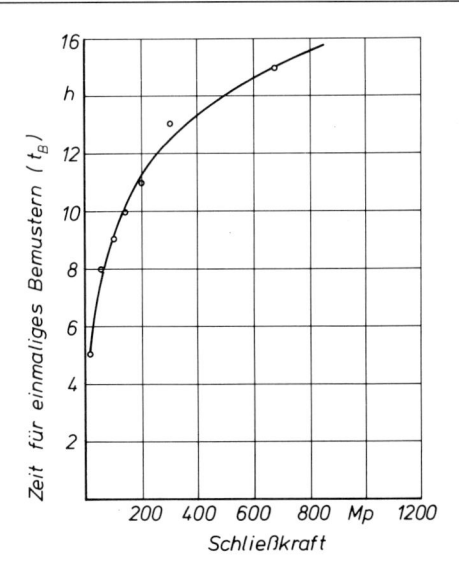

Bild 66   Bemusterungszeit [29]

rung in den Zeitbedarf ein, denn wenn Änderungen am Werkzeug erforderlich werden, z. B. Angüsse, Kühlbohrungen oder Auswerfer verlegt werden müssen, dann kommen meist erhebliche Werkstattzeiten zum neuen Bemustern hinzu. Noch kritischer ist der Fall, wenn wegen Fehlern bei der Schwindungsmaßvorgabe gar eine neue Kavität angefertigt werden muß. Es bleibt dann in einem solchen Fall auch nicht bei einer Abmusterung. Daher sind die Angaben in Bild 66 als Optimalwerte anzusehen. Der zeitliche Aufwand für die Erprobung eines Werkzeugs bis zu seiner Betriebsverfügbarkeit wird daher von Praktikern zu einem vielfachen der Werte von Bild 66 eingestuft und erreicht leicht einige Wochen bei größeren oder komplizierten Werkzeugen.

Es hat sich aber gezeigt, daß Werkzeuge, bei welchen die Konstruktion mit modernen Simulationsprogrammen, wie CADMOLD oder MOLDFLOW unterstützt wurde, hier beachtlich verkürzte Bemusterungszeiten bis zur Verfügbarkeit des Werkzeugs aufwiesen [27, 28].

Die Rüstzeiten sind demgegenüber schon deutlich präziser abzuschätzen, obwohl sich auch hier, je nach Organisation und Ausführung des Rüstvorganges, gewaltige Zeitunterschiede ergeben können. *Burghoff* [30] untersuchte in seiner Dissertation Rüstvorgänge, wobei er, je nach Organisation dieser Arbeit bis zu 400% Unterschied bei vergleichbaren Anlagen und Werkzeugen fand.

Neue vollautomatisch-arbeitende Spritzgießfabriken, wie beispielsweise die von Netstal bei Revisa in Häggingen (Schweiz) erstellte Fabrik, realisieren einen Werkzeug- und Materialwechsel in maximal 30 min [31].

Allerdings ist bei den Werkzeugen für solche Anlagen eine besonders hohe Präzision der Ausführung erforderlich, die weit über das hinausgeht, was heute üblich ist [32].

Auch Schnellwechselvorrichtungen, die heute vielfach angeboten werden, erlauben es, diese Zeiten zu verkürzen. Bei mittleren bis größeren Werkzeugen ist der besondere Vorteil dieser Vorrichtungen, daß dank des Einbaus vorgeheizter Werkzeuge die Zeiten bis zur Betriebsaufnahme dann nahe Null verkürzt werden. Im Falle der manuellen Montage wird in der Regel, wegen der Unfallgefahr, nicht mit vorgeheizten Werkzeugen gearbeitet.

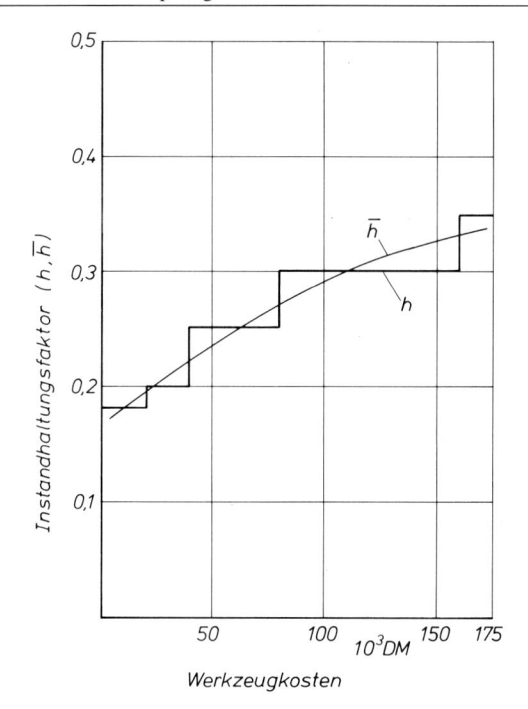

Bild 67 Instandhaltungsfaktor [33]

Schließlich müssen noch die Kosten für die Instandhaltung berücksichtigt werden. Hierfür gibt Bild 67 einen Anhalt.

Die drei Kostenarten, Rüst-, Bemusterungs- und Instandhaltungskosten können mit den nachfolgenden Beziehungen bestimmt werden.

Rüstkosten

Die Rüstkosten errechnen sich aus [34]

$$K_R = t_R \cdot (K_{MH} + n \cdot K_E + m \cdot K_H) + a_{MW} \cdot t_R \cdot (q \cdot p) \tag{30}$$

mit:

t_R Rüstzeit (h),
K_{MH} Maschinenstundensatz (ohne Lohnkosten),
n Anzahl der Einrichter,
K_E Lohnkostenstundensatz für Einrichter,
m Anzahl der Hilfskräfte
K_H Lohnkostenstundensatz für Hilfskräfte,
q Plastifizierleistung,
p Materialpreis des Folgematerials,
a_{MW} Rüstzeitzuschlag für Materialwechsel.

Bemusterungskosten

$$K_B = t_B \cdot (K_{MH} + K_B) + c \frac{3600 \cdot t_B}{t_{Zykl}} (V_{FT} + V_{Ang}) \cdot \rho_M \cdot p \tag{31}$$

mit:

t_B	Bemusterungszeit (h),
K_{MH}	Maschinenstundensatz (ohne Lohnkosten),
K_B	Lohnkostenstundensatz für Bemusterer,
c	zeitlicher Ausnutzungsgrad beim Bemustern,
t_{Zykl}	Zykluszeit (s),
V_{FT}	Formteilvolumen (dm³),
V_{Ang}	Angußvolumen (dm³),
ρ_M	spez. Gewicht des Kunststoffs (kg/dm³),
p	Kilopreis des Kunststoffs (DM/kg).

Instandhaltungskosten

$$K_I = \overline{h} \cdot W_K \tag{32}$$

mit:

$\overline{h}$	Instandhaltungsfaktor,
W_K	Werkzeugkosten.

4.5 Anordnung der Formnester in der Trennebene*

4.5.1 Allgemeine Forderungen

Nach der Ermittlung der Formnestzahl sind die Formnester in der Trennebene des Werkzeugs möglichst geschickt unterzubringen.

Bei den meisten Spritzgießmaschinen heutiger Bauart sitzt der Spritzzylinder zentral zur düsenseitigen Werkzeugaufspannplatte. Dadurch ist auch die Lage des Angußkegels festgelegt. Die Formnester sind zum zentralen Angußkegel so anzuordnen, daß folgende Forderungen erfüllt werden:

- Alle Formnester sollen gleichzeitig mit Schmelze von gleicher Temperatur gefüllt werden.
- Die Fließwege sollen möglichst kurz sein, um den Abfall durch das Angußvolumen gering zu halten.
- Der Abstand der Formnester untereinander muß so groß sein, daß Kühlkanäle und Auswerferstifte untergebracht werden können und ausreichende Wandquerschnitte zur Aufnahme der Verformungskräfte durch den Spritzdruck erhalten bleiben.
- Die Summe der Sprengkräfte muß in den Schwerpunkt der Platte fallen.

---

* Auszugsweise aus [18].

4.5.2 Darstellung der Lösungsmöglichkeiten

In den Bildern 68 und 63 sind prinzipielle Möglichkeiten zur Anordnung der Formnester in der Werkzeugtrennebene dargestellt.

Sternverteilung	*Vorteile:* Gleiche Fließwege zu allen Formnestern. Günstige Anordnung zur Entformung, besonders bei Teilen mit mechanisch betätigten Gewindeausdrehspindeln	*Nachteile:* Anzahl der unterzubringenden Formnester ist beschränkt
Reihenverteilung	*Vorteile:* Unterbringung von mehr Formnestern als bei Sternverteilung	*Nachteile:* Ungleich lange Fließwege zu den einzelnen Formnestern. Gleichzeitige Füllung nur mit korrigierten Kanaldurchmessern (mit Hilfe von Computerprogrammen, z. B. MOLDFLOW, CADMOLD etc.)
Symmetrieverteilung	*Verteile:* Gleich lange Fließwege zu allen Formnestern, keine Anschnittkorrektur nötig	*Nachteile:* Großes Angußvolumen, viel Abfall, Formmasse kühlt schneller ab. Abhilfe: Heißkanal- oder Isolierkanalverteiler

Bild 68 Formnestanordnung in der Trennebene [18]
Gegenüberstellung Stern-, Reihen- und Symmetrieverteilung

4.5.3 Kräftegleichgewicht des Werkzeugs beim Füllvorgang

Liegen die Formnester exzentrisch zum Angußkegel, so werden Werkzeug und Schließeinheit ungleichmäßig belastet. Die Trennebene kann sich einseitig öffnen. Als Folge treten Schwimmhäute und u. U. Bruch der Holme der Schließeinheit auf. Werkzeuge, in denen einmal Schwimmhäute aufgetreten sind, sind stets in der Dichtfläche beschädigt, so daß immer wieder neue Schwimmhäute entstehen werden! Für alle Fälle gilt daher als oberstes Konstruktionsgesetz die Forderung, daß die Resultierende aus den Sprengkräften des Werkzeugs (Spritzdruck) und die Resultierende aus den Kräften der Schließeinheit (Zuhaltekräfte) im Zentrum des Angußkegels angreifen sollen.
Bild 69 zeigt einen Reihenanguß mit exzentrischem (unvorteilhaftem) und empfehlenswertem zentrischen Angußverteiler.

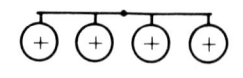

Bild 69 Zentrische und exzentrische Lage des Verteilerkanales

Bei komplizierten Werkzeugen muß der Schwerpunkt bestimmt und damit die Lage der Werkzeughohlräume im Werkzeug festgelegt werden (Bild 70).

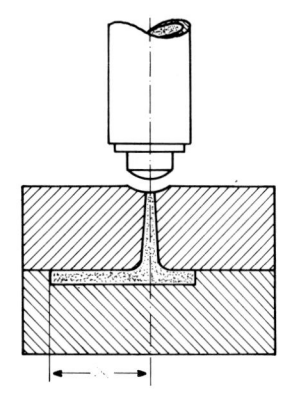

4.5 Anordnung der Formnester in der Trennebene

Bild 70 Bestimmung des Schwerpunkts $x_m = \dfrac{\Sigma(f_i \cdot x_i)}{\Sigma f_i}$
[35]

Der Schwerpunkt kann rechnerisch ermittelt werden. Er ergibt sich aus der Beziehung

$$x_m = \frac{\Sigma(f_i\, x_i)}{\Sigma f_i} \quad \text{für jede Achse} \tag{33}$$

f_i projizierte Teilfläche.

Andererseits kann man auch durch geeignete konstruktive Gestaltung des Werkzeugs und durch Hilfsmaßnahmen erreichen, daß die Resultierende aus den Zuhaltekräften im Zentrum angreift (Bilder 71 und 72) [7, 35]. Ein Kräfteausgleich mit Ausgleichsstempel vergrößert jedoch die Zuhaltekräfte.

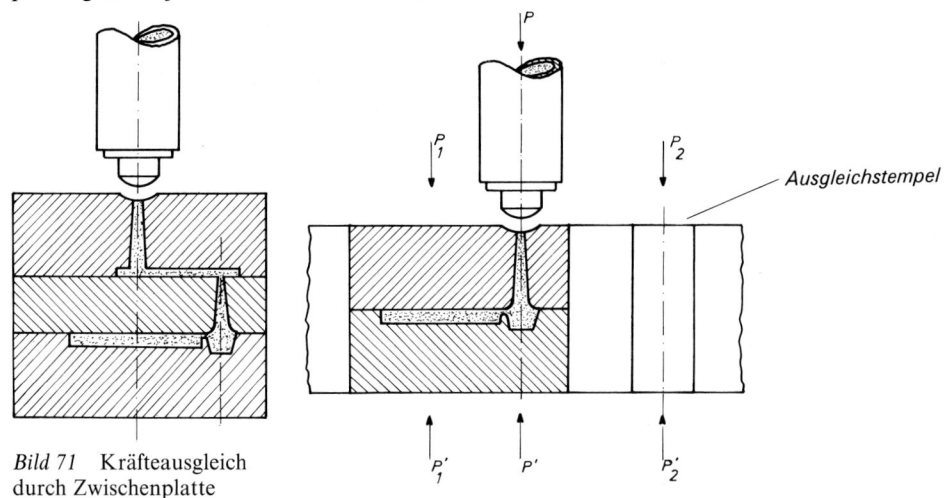

Bild 71 Kräfteausgleich durch Zwischenplatte (Dreiplattenwerkzeug) [35]

Bild 72 Kräfteausgleich durch Ausgleichsstempel (P_2, P'_2) [35]

4.5.4 Zahl der Trennebenen

Die Trennebene ist die Ebene, die beim Öffnen des Werkzeugs das Formteil und den Anguß freigibt, so daß alle erstarrten Kunststoffteile entformt werden und das Werkzeug für den nächsten Zyklus bereitsteht.

Das Standardwerkzeug besitzt eine Trennebene. Formteil und Anguß werden zusammen entformt. Soll der Anguß beim Entformen automatisch vom Formteil getrennt werden,

z. B. bei Mehrfachwerkzeugen bzw. bei mehreren Anspritzungen, so ist entweder eine weitere Trennebene für das Angußsystem notwendig (siehe Abreiß-Punktanguß, Dreiplattenwerkzeug), oder man muß ein Heißkanal-Werkzeug (bei vernetzenden Formmassen ein Kaltkanal-Werkzeug) benutzen (Ausnahme Tunnelanguß).

Beispiele s. Abschnitt 4.4.1 – Werkzeugeinteilung.

Konstruktive Lösungsmöglichkeiten

Eine Trennebene:

Normalwerkzeug
Schieberwerkzeug
Backenwerkzeug
Abschraubwerkzeug
Heißkanalwerkzeug

Mehrere Trennebenen:

Abreißwerkzeug
Mehretagenwerkzeug
Isolierkanalwerkzeug

Einflußgrößen auf die Zahl der Trennebenen

– Geometrie des Formteils
– Formnestzahl n
– Angußart
– Entformungsprinzip

Literatur zu Kapitel 4

[1] *Johannaber, F.:* Untersuchungen zum Fließverhalten thermoplastischer Formmassen beim Spritzgießen durch enge Düsen. Dissertation an der RWTH Aachen 1967.
[2] *Schröder, U.; Kaufmann, H.; Porath, U.:* Spritzgießen von thermoplastischen Kunststoffen – Unterlagen für den theoretischen Unterricht. Entwickelt vom IKV. Verlag Wirtschaft und Bildung KG, Simmerath 1976.
[3] *Menges, G.; Porath, U.; Thim, J.; Zielinski, J.:* Lernprogramm Spritzgießen. Entwickelt vom IKV. Hanser, München 1980.
[4] *Mörwald, K.:* Einblick in die Konstruktion von Spritzgießwerkzeugen. Garrels, Hamburg 1965.
[5] *Amberg, J.:* Konstruktion von Spritzgießwerkzeugen im Baukastensystem (Variantenkonstruktion). Unveröffentliche Arbeit am IKV, Aachen 1977.
[6] *Bangert, H.:* Systematische Konstruktion von Spritzgießwerkzeugen und Rechnereinsatz. Dissertation an der RWTH Aachen 1981.
[7] *Menges, G.; Mohren, P.:* Anleitung für den Bau von Spritzgießwerkzeugen. 2. Aufl. Hanser, München 1983.
[8] Fertigungsplanung von Spritzgießwerkzeugen. Zwischenbericht zum DFG-Forschungsvorhaben EV 10/7, IKV/WZL-TH Aachen 1975.
[9] *Gastrow, H.:* Der Spritzgieß-Werkzeugbau in 100 Beispielen. 3. Aufl. Hanser, München 1982.
[10] Normalienkatalog der Firma Hasenclever & Co., Lüdenscheid.
[11] *Jonas, R.; Schlüter, H.; Braches, E.; Thienel, P.; Bangert, H.; Schürmann, E.:* Spritzgerechtes Formteil und optimales Werkzeug. Vortragsblock X auf dem 9. Kunststofftechnischen Kolloquium des IKV. Aachen 8. bis 10. März 1978.

[12] Prospekt der Firma Mechanica Generale, S. Paolo di Jesi, Italien 1981.
[13] *Leibfried, D.:* Untersuchungen zum Werkzeugfüllvorgang beim Spritzgießen von thermoplastischen Kunststoffen. Dissertation an der RWTH Aachen 1971.
[14] Degalan-Formmassen für Spritzguß und Extrusion. Firmenschrift der Fa. Degussa, Hanau.
[15] *Thienel, P.:* Der Formfüllvorgang beim Spritzgießen. Dissertation an der RWTH Aachen 1977.
[16] *Göhing, U.:* Ermittlung eines Algorithmus zur Bestimmung der techn.-wirtschaftlich optimalen Formnestzahl bei Thermoplastspritzgießwerkzeugen. Unveröffentlichte Arbeit am IKV, Aachen 1978.
[17] *Koller, R.:* Konstruktionsmethode für den Maschinen-, Geräte- und Apparatebau. Springer, Hamburg 1976.
[18] *Szibalski, M.; Meier, E.:* Entwicklung einer qualitativen Methode für den Konstruktionsablauf bei Spritzgießwerkzeugen. Unveröffentlichte Arbeit am IKV, Aachen 1976.
[19] *Drall, E.; Gemmer, H.:* Berechnung der wirtschaftlichsten Formnestzahl bei Spritzgießwerkzeugen. Kunststoffe 62 (1972) 3, S. 158–165.
[20] *Gemmer, H.; Pröls, J.:* Berechenbarkeit von Spritzgießwerkzeugen. VDI-Verlag, Düsseldorf 1974.
[21] *Custodis, Th.:* Auswahl der kostengünstigsten Spritzgießmaschinen für die Fertigung vorgegebener Produkte. Dissertation an der RWTH Aachen 1975.
[22] *Lichius, U.:* Erarbeitung von Konzepten zur rechnerunterstützten Konstruktion von Spritzgießwerkzeugen und Erstellung einiger hierzu einsetzbarer Rechenprogramme. Unveröffentlichte Arbeit am IKV, Aachen 1978.
[23] *Benfer, W.:* Aufstellung eines Rechenprogrammes zur Ermittlung aller Hauptabmessungen eines Spritzgießwerkzeuges. Unveröffentlichte Arbeit am IKV, Aachen 1977.
[24] *Schmidt, L.:* Auslegung von Spritzgießwerkzeugen unter fließtechnischen Gesichtspunkten. Dissertation an der RWTH Aachen 1981.
[25] *Schlüter, H.:* Verfahren zur Abschätzung der Werkzeugkosten bei der Konstruktion von Spritzgießwerkzeugen. Dissertation an der RWTH Aachen 1981.
[26] *Krawanja, A.:* Zeit- und Kostenplanung für die Herstellung von Spritzgießwerkzeugen. Unveröffentlichte Diplomarbeit an der Montan-Universität Leoben, Österreich 1976.
[27] *Haldenwanger, H.G.; Schäper, S.:* Erfahrungen in der Rheologievorausberechnung von Kunststoffformteilen. Vortrag, VDI-K-Jahrestagung Kunststoffe im Automobil, Mannheim 1986.
[28] *Engelen, P.:* Formteilauslegung mit CAD/CAM aufgezeigt an einem praktischen Beispiel. Vortrag beim VDI in Baden-Baden Februar 1985.
[29] *Rehmert, W.:* Behandlung von Umrüst- und Bemusterungskosten. Kunststoffe 61 (1971) 6, S. 441–443.
[30] *Burghoff, G.:* Rüstzeitreduzierung in Spritzgießbetrieben. Dissertation an der RWTH Aachen 1983.
[31] Mündliche Mitteilung der Firma Revisa, Häggingen.
[32] Mündliche Mitteilung der Firma Netstal, Näfels.
[33] Kalkulationsgrundsätze für die Berechnung von Spritzgießwerkzeugen. Fachverband Technische Teile im GKV, Frankfurt.
[34] *Hüttner, H.-J.; Pistorius, D.; Rühmann, H.; Schürmann, E.:* Kostensenkung durch Rüstzeitverkürzung beim Spritzgießen. Vortragsblock XIII auf dem 9. Kunststofftechnischen Kolloquium des IKV. Aachen 8. bis 10. März 1978.
[35] *Morgue, M.:* Modules d'injection pour Thermoplastiques. Officiel des Activités des Plastiques et du Caoutchouc 14 (1967) S. 269–276 und S. 620–628.

5 Praktische Ausführung des Angußsystems

5.1 Beschreibung des Angußsystems

Der Anguß bzw. das Angußsystem dient dazu, die vom Plastifizierzylinder kommende, aufgeschmolzene Formmasse aufzunehmen und in den Werkzeughohlraum zu leiten. Der Anguß, insbesondere seine Gestalt, seine Abmessungen und seine Anbindung an den Spritzling, beeinflußt den Werkzeugfüllvorgang und damit weitgehend auch die Qualität eines Spritzteils. Die Auslegung nach rein wirtschaftlichen Gesichtspunkten (z. B. schnelles Einfrieren und kurze Zykluszeiten) steht den Qualitätsanforderungen in vielen Fällen, insbesondere bei technischen Teilen, entgegen.

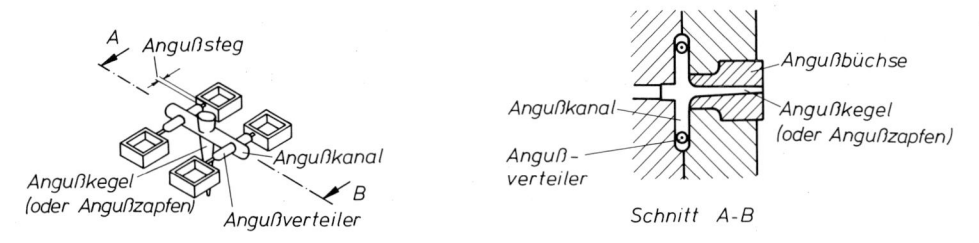

Bild 73   Angußsystem [1]

Der Anguß bzw. das Angußsystem besteht in der Regel aus mehreren Segmenten. Dies wird besonders deutlich bei Mehrfachwerkzeugen. Das Angußsystem (vgl. Bild 73) besteht aus

- dem Angußkegel, auch Angußzapfen oder Angußstange genannt,
- dem oder den Angußkanälen, auch Angußspinne oder Angußverteiler genannt,
- und dem Angußsteg, dessen Querschnitt am Eintritt in das Formnest „Anschnitt" genannt wird (DIN 24450). Gebräuchlich ist dafür auch die Bezeichnung Anbindung.

Der Angußkegel übernimmt die plastische Formmasse unmittelbar von der Düse, die den Plastifizierzylinder abschließt, und führt sie auf die Werkzeugtrennebene, auf der er im allgemeinen senkrecht steht. Bei Einfachwerkzeugen bildet er vielfach allein das gesamte Angußsystem. Man spricht dann vom sogenannten Stangenanguß (vgl. Abschnitt 6.1).

Der Angußkanal ist der Teil des Angußsystems, der den Angußkegel mit dem oder den Angußstegen verbindet. Seine wesentliche Aufgabe besteht also, insbesondere bei Mehrfachwerkzeugen, darin, die Schmelze zu verteilen, und zwar derart, daß Material gleichen Zustands (gleicher Druck und gleiche Temperatur) gleichzeitig die Werkzeughohlräume füllt.

Der Angußsteg (Anschnitt) bildet schließlich den Übergang vom Angußkanal zum Werkzeughohlraum (Spritzling). Um den Spritzling leicht und sauber vom Angußsystem trennen zu können, ist der Angußsteg besonders schwach auszuführen. Der Angußsteg hat darüber hinaus die Aufgabe, die erkaltete Haut zurückzuhalten, die sich an den kalten Wänden der Angußkanäle gebildet hat.

5.2 Prinzip und Definition verschiedener Angußkanalarten

Je nach Temperaturführung kann man verschiedene Arten von Angußkanälen unterscheiden:

- Normale Verteilerkanäle,
- Heißkanäle,
- Kaltläufer.

5.2.1 Normale Verteilerkanäle

Die normalen Angußkanäle sind unmittelbar in die Werkzeugplatten eingearbeitet. Ihre Temperatur entspricht deshalb der Werkzeugtemperatur. Die im Kanal vorhandene Masse erstarrt nach dem Einspritzvorgang und muß bei jedem Schuß mit dem Formteil entformt werden. Dies gilt sowohl für Thermoplaste als auch für reagierende Formmassen.

Bei letzteren geht das Angußmaterial zumindest teilweise als Abfall verloren, bei Thermoplasten kann es i. allg. als Regranulat dem Prozeß wieder zugeführt werden.

5.2.2 Heißkanäle

Unter Heißkanälen versteht man separate, beheizte Verteilerkanäle in Thermoplastwerkzeugen. Die Temperaturen liegen mit über 180 °C im Schmelzebereich der Thermoplastschmelzen, also wesentlich höher als die üblichen Werkzeugtemperaturen von 20 bis 120 °C. Heißkanäle haben die Aufgabe, die Schmelze ohne Wärmeverluste von der Maschinendüse zu den Anschnitten der Werkzeughohlräume zu führen.

Vereinfacht betrachtet kann man sie als Fortsetzung der Maschinendüse bis zu den Formnestern auffassen. Im Gegensatz zu den normalen Verteilerkanälen bleiben die Thermoplaste in den Heißkanälen schmelzflüssig. Der Kanalinhalt braucht deshalb nicht entformt zu werden und steht für den nächsten Schuß zur Verfügung. Ein Grundproblem der Heißkanaltechnik besteht in der thermischen Trennung des heißen Kanals vom kälter temperierten Werkzeug.

5.2.3 Kaltkanal

Das Analogon des Heißkanals in Thermoplastwerkzeugen ist der Kaltkanal, der sogenannte „cold runner", in Werkzeugen für reagierende Formmassen wie z. B. Duroplaste und Kautschuk. Beim „cold runner" stellt sich das Problem der thermischen Trennung mit umgekehrtem Vorzeichen. Der Kanal muß im heißen Werkzeug von ca. 160 bis 180 °C verhältnismäßig kalt bei etwa 80 bis 120 °C gehalten werden, damit die Formmassen nicht schon im Kanal ausreagieren.

Die deutsche Übersetzung von „cold runner" ist Kaltkanal. Irreführend wird dieser Begriff in der Literatur aber häufig für die „normalen Verteilerkanäle" in Thermoplastwerkzeugen benutzt, da sie im Verhältnis zu Heißkanälen kalt sind.

5.3 Anforderungen an das Angußsystem

Die Dimensionierung des Angußsystems wird von einer Vielzahl von Einflußgrößen bestimmt, die sich im wesentlichen aus der Gestalt des Formteils und der zu verarbeitenden Formmasse sowie weiterhin der Spritzgießmaschine und dem Spritzgießwerkzeug ergeben.

Einflußgrößen auf den Anguß	
Formteil	**Formmasse**
Geometrische Gestaltung Volumen V_F Wanddicke S Qualitätsanforderungen maßlich optisch mechanisch	Viskosität chem. Aufbau (amorph, teilkristallin) Füllstoffe Erstarrungszeit t_E Erweichungsbereich Erweichungstemperatur ϑ'_E Temperaturempfindlichkeit Schwindungsverhalten
Spritzgießmaschine	**Spritzgießwerkzeug**
Art der Zuhaltung Einspritzdruck p_E Einspritzgeschwindigkeit v_E	automatische Entformung von Hand Angußtemperierung

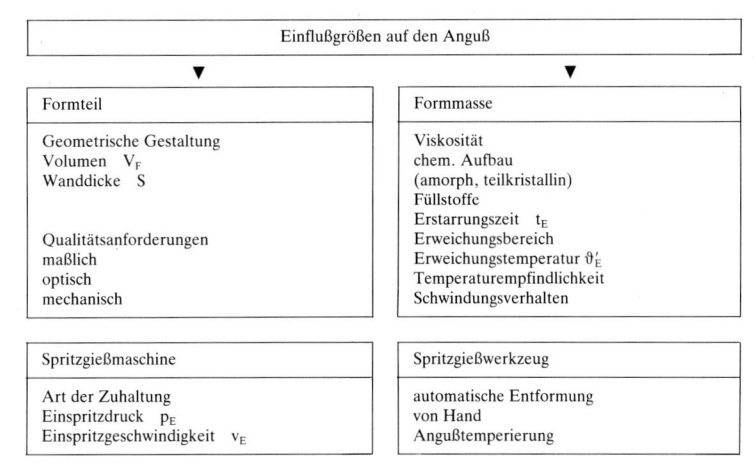

Bild 74
Einflußgrößen auf den Anguß [2]

Diese Einflußgrößen sind in Bild 74 noch weiter detailliert. Darüber hinaus gibt es eine Reihe von allgemeinen Aufgaben und Forderungen, die das Angußsystem erfüllen muß, um den Qualitätsanforderungen und den rein wirtschaftlichen Gesichtspunkten zu genügen. Diese Aufgaben und Forderungen sind in Bild 75 zusammengestellt.

Aufgaben und Forderungen	
1. Formmasse mit einem Minimum an Fließnähten in das Werkzeug leiten	6. Angußlänge so kurz wie technisch möglich, um Druck-, Temperatur- und Materialverluste gering zu halten
2. Massefluß möglichst wenig behindern	7. Querschnitt so groß, daß Erstarrungszeit gleich oder gering über der des Formteiles liegt, damit der Nachdruck während der gesamten Erstarrungszeit des Spritzlings wirksam bleiben kann
3. Möglichst geringen Anteil am Gesamt-Spritzgewicht beanspruchen	8. Anguß soll Zykluszeit möglichst nicht beeinflussen
4. Vom Formteil möglichst leicht zu entformen sein	9. Anbindung an der größten Wanddicke des Formteils
5. Das Aussehen des Formteiles nicht beeinträchtigen	10. Anbindung so legen und gestalten, daß beim Einspritzen kein freier Stahl im Werkzeughohlraum entstehen kann

Bild 75
Aufgaben und Forderungen an das Angußsystem [2]

5.4 Angußformen

Um nun die Einflußgrößen mit den Aufgaben und Forderungen aufeinander abzustimmen, stehen dem Konstrukteur einfachere und kompliziertere Ausführungsformen des Angusses zur Verfügung. Man unterscheidet folgende konstruktiven Lösungsmöglichkeiten:

I Angüsse, die bei der Entformung am Spritzling verbleiben und nachträglich spanend abgearbeitet werden müssen.
II Angüsse, die beim Entformungsvorgang automatisch vom Spritzling getrennt und separat entformt werden.
III Angüsse, die beim Entformungsvorgang automatisch vom Spritzling getrennt werden und im Werkzeug verbleiben.

Es ergibt sich die Einteilung nach Bild 76.

Angußarten	
I	1. Stangenanguß 2. Band- oder Filmanguß 3. Schirmanguß 4. Ringanguß
II	5. Tunnelanguß 6. Abreiß-Punktanguß (Dreiplattenwerkzeug)
III	7. Punktanguß Vorkammer-Punktanguß 8. Angußloses Anspritzen 9. Mehretagenanguß 10. Isolierverteiler 11. Heißkanalverteiler

Bild 76 Angußarten

Darüber hinaus sind noch einige Sonderbauarten bekannt, die später bei der ausführlichen Beschreibung der einzelnen Angußarten mit behandelt werden.

An dieser Stelle sei auch darauf hingewiesen, daß in der Literatur die Begriffe Anguß und Anschnitt vielfach synonym benutzt werden. So ist z.B. mit Schirmanguß oder Schirmanschnitt ein und dieselbe Art der Anbindung des Spritzlings an das Angußsystem gemeint. Diejenigen, die von einem Schirmanschnitt sprechen, müßten auch Stangen- oder Kegelanschnitt sagen, statt Stangen- oder Kegelanguß. Da die Begriffe Schirmanguß, Bandanguß, Ringanguß usw. weit geläufiger sind als Schirmanschnitt, Bandanschnitt, Ringanschnitt usw., werden diese auch im folgenden verwendet.

Zu einer ersten Übersicht sind die genannten Angußarten und ihre charakteristischen Merkmale (Anwendung, Vorteile, Nachteile) in Bild 77 zusammengestellt.

5.4 Angußformen

Angußart		Merkmale
Stangen- oder Kegelanguß		*Anwendung:* Für temperaturempfindliche, zähflüssige Formmassen, technisch hochwertige und dickwandige Teile
		Vorteile: Gute Qualität und Maßhaltigkeit
		Nachteile: Nacharbeit durch Entfernen des Angusses, sichtbare Anspritzstelle
Band- oder Filmanguß		*Anwendung:* Flächige Teile, wie Platten oder Leisten
		Vorteile: Keine Bindenähte, gute Qualität und Maßhaltigkeit
		Nachteile: Nacharbeit durch Entfernen des Angusses
Schirmanguß		*Anwendung:* Rotationssymmetrische Teile mit einseitiger Kernlagerung
		Vorteile: Vermeidung von Bindenähten und somit kein Festigkeitsabfall
		Nachteile: Nacharbeit durch Entfernen des Angusses
Ringanguß		*Anwendung:* Ring- oder hülsenförmige Teile mit beidseitiger Kernlagerung
		Vorteile: Konstante Wanddicke am Umfang
		Nachteile: Geringe Bindenaht, Nacharbeit durch Entfernen des Angusses
Tunnelanguß		*Anwendung:* Hauptsächlich kleinere Teile in Mehrfachwerkzeugen sowie elastischen Formmassen
		Vorteile: Automatische Entfernung des Angusses
		Nachteile: Nur für einfache Teile, da hohe Druckverluste

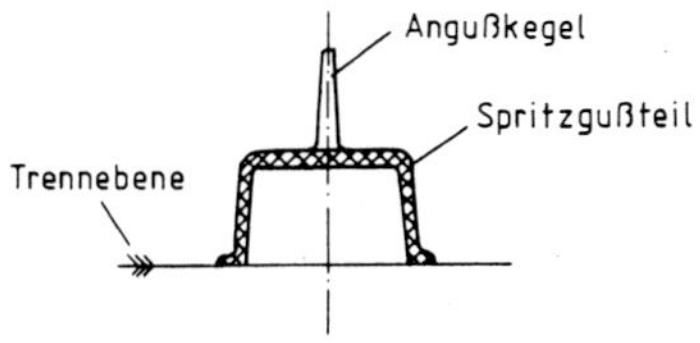

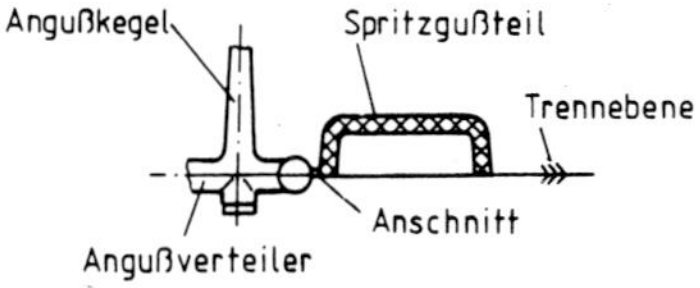

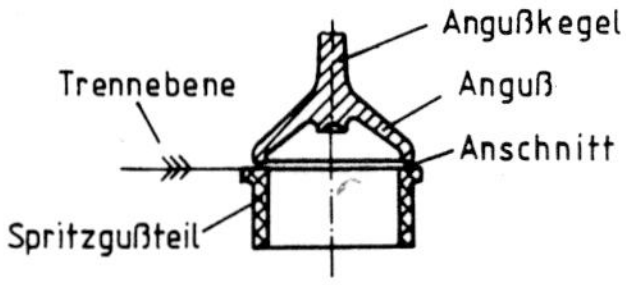

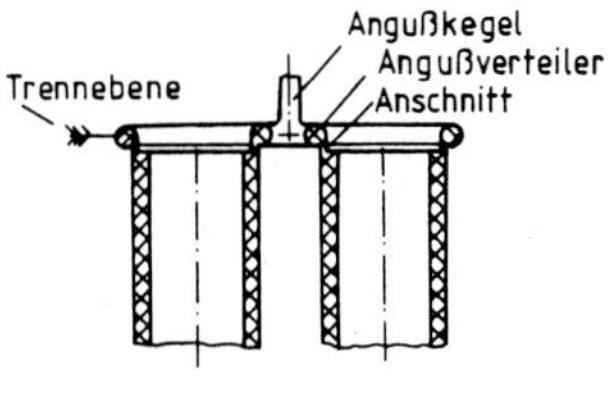

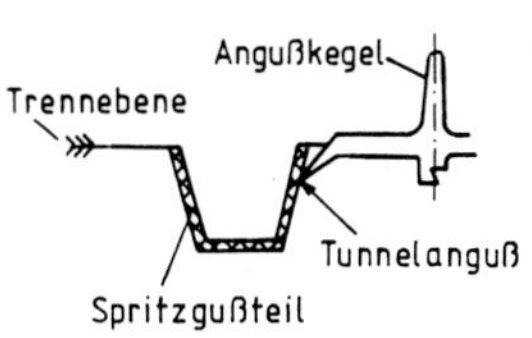

Bild 77 Übersicht-Angußarten [2 bis 6] *(Fortsetzung folgende Seite)*

Angußart		Merkmale
Abreißpunktanguß (Dreiplattenwerkzeug)	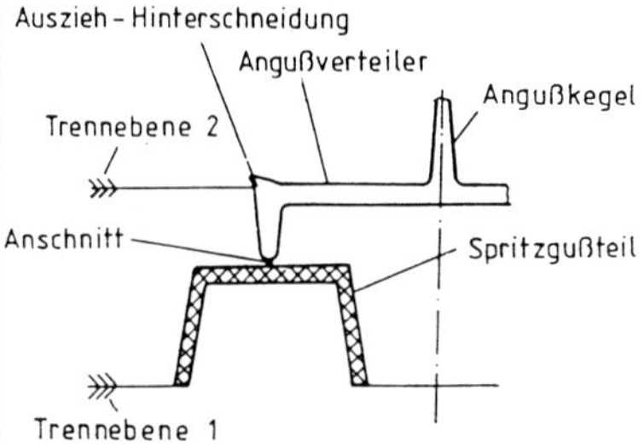 *(Schema: Auszieh-Hinterschneidung, Angußverteiler, Angußkegel, Trennebene 2, Anschnitt, Spritzgußteil, Trennebene 1)*	*Anwendung:* bei Mehrfachwerkzeugen mit zentrischer Anspritzung *Vorteile:* Automatische Entformung des Angusses *Nachteile:* Großer Abfall durch Angußvolumen, erhöhte Werkzeugkosten
Punktanguß (Vorkammerpunktanguß)	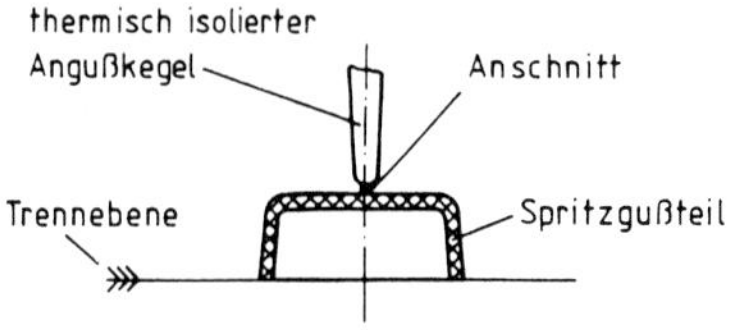 *(Schema: thermisch isolierter Angußkegel, Anschnitt, Trennebene, Spritzgußteil)*	*Anwendung:* Formteile mit vollautomatischer Trennung des Angusses *Vorteile:* Keine Nacharbeit *Nachteile:* Vorzugsweise für thermisch stabile Formmassen (z. B. PS und PE, bedingt auch für andere)
Angußloses Anspritzen	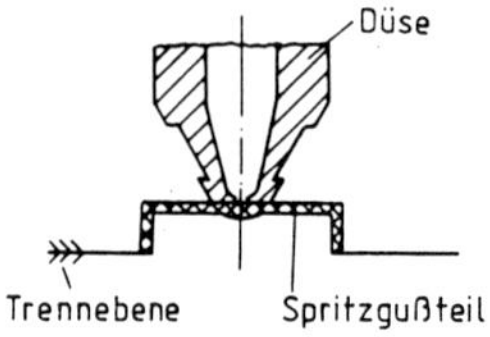 *(Schema: Düse, Trennebene, Spritzgußteil)*	*Anwendung:* Dünnwandige Teile – schnelle Zyklusfolge *Vorteile:* Kein Materialverlust durch Anguß *Nachteile:* Düse zeichnet sich am Formteil ab
Mehretagenanguß	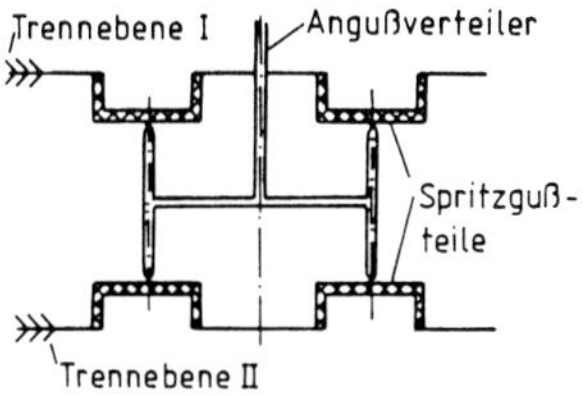 *(Schema: Trennebene I, Angußverteiler, Spritzgußteile, Trennebene II)*	*Anwendung:* Flache Formteile mit niedrigem Gewicht in Mehrfachwerkzeugen *Vorteile:* Bessere Ausnutzung der Plastifizierleistung der Maschine *Nachteile:* Großer Abfall durch Angußvolumen, erhöhte Werkzeugkosten *Anmerkung:* Heute vorzugsweise als Heißkanal ausgeführt; somit entfällt der Abfall, dafür aber teuer
Isolierkanal	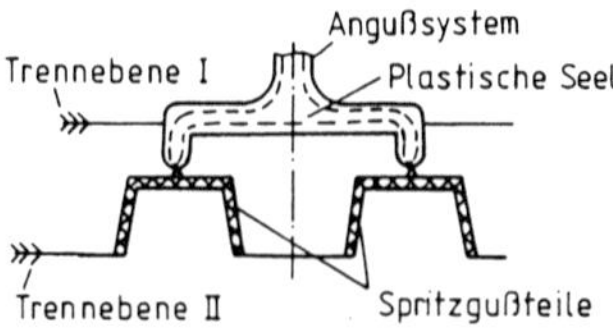 *(Schema: Trennebene I, Angußsystem, Plastische Seele, Trennebene II, Spritzgußteile)*	*Anwendung:* Für Formmassen mit breitem Erweichungs- und Schmelztemperaturbereich – und schnelle Zyklusfolge *Vorteile:* Automatische Angußabtrennung, Materialverlust durch Anguß nur bei Betriebsunterbrechung *Nachteile:* Es besteht die Gefahr, daß nach einer Betriebsunterbrechung erkaltetes Material in das Formnest gelangt

Bild 77 (Fortsetzung)   *(Fortsetzung folgende Seite)*

Angußart		Merkmale
Heißkanal	*(Abbildung: beheizter Heißkanalverteiler, Heißkanaldüse, Spritzgußteil, Trennebene)*	*Anwendung:* Auch für technisch hochwertige Teile, unabhängig von der Zykluszeit, auch für schwierig zu verarbeitende Formmassen geeignet *Vorteile:* Kein Materialverlust durch Anguß, automatische Anguß-trennung *Nachteile:* Teure Werkzeuge durch hohen Bau-, Meß- und Regel-aufwand

Bild 77 (Fortsetzung)

5.5 Angußbuchse

Nach Bild 73 besteht das Angußsystem aus den Elementen Angußkegel, Angußkanal und Anschnitt.

Der Angußkegel ist in der Regel in eine Angußbuchse eingearbeitet. Er übernimmt die plastische Formmasse unmittelbar vom Plastifizierzylinder. Dazu setzt die Düse des Plastifizierzylinders – nachdem das Werkzeug geschlossen ist – mit großer Kraft auf das Werkzeug auf und dichtet die Übergangsstelle von Düse zu Werkzeug durch dieses Anpressen ab. Das Werkzeug wird dadurch örtlich sehr hoch belastet, so daß es dort relativ schnell verschleißt. Man setzt daher zweckmäßigerweise eine Anguß-buchse aus gehärtetem Stahl in das Werkzeug ein, die bei Beschädigung oder Abnutzung ausgewechselt werden kann (siehe Kapitel 16).

Da, wie schon erwähnt, die Übergangsstelle von Düse zu Werkzeug durch Anpressen abgedichtet wird, kommt dem exakten Passen der Kontaktflächen besondere Bedeutung zu. Man unterscheidet ebene und gekrümmte Kontaktflächen.

Die *ebenen Kontaktflächen* werden wegen des höheren erforderlichen Anpreßdrucks zum Abdichten in der Praxis relativ selten verwendet (Bild 78).

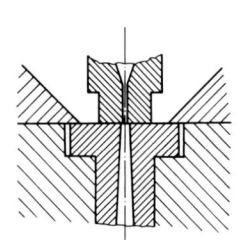

Bild 78 Ebene Kontaktfläche zwischen Düse und Angußbuchse

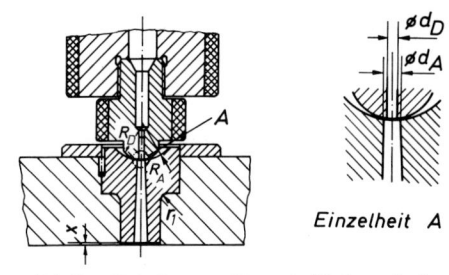

Bild 79 Gekrümmte Kontaktfläche zwischen Düse und Angußbuchse [3]

Bei normalen Angußsystemen trifft man meist die *gekrümmten Kontaktflächen* (Kalotte) an. Dabei ist auf der Oberfläche der Angußbuchse eine flache, halbkugelige Vertiefung eingedreht, auf die die kugelförmige Düse aufsetzt (Bild 79).

Für die Dimensionierung dieser gekrümmten Kontaktflächen gelten mit den Bezeichnungen in Bild 79 folgende Bedingungen [3, 7]:

$$R_D + 1 \leq R_A \text{ (mm)} \tag{34}$$

und für die Bohrungen von Düse d_D und d_A

$$d_D \text{(mm)} \leq d_A - 1, \tag{35}$$

wobei zu beachten ist, daß d_A im Bild 81 in Relation zur Wanddicke des Formteiles vorbestimmt ist.

In diesen Gleichungen bedeuten:

R_D Radius des kugelförmigen Endes der Düse,
R_A Radius der halbkugeligen Vertiefung an der Oberfläche der Angußbuchse,
d_D Durchmesser der Düsenbührung und
d_A Durchmesser der Angußbohrung.

Werden diese Bedingungen nicht erfüllt, so entsteht, wie Bild 80 zeigt, am Anguß entweder ein Hinterschnitt, der ein Entformen des Angusses nach dem Einfrieren ausschließt, oder die Düse dichtet nicht ab.

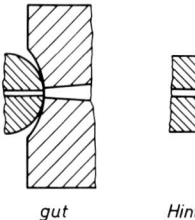

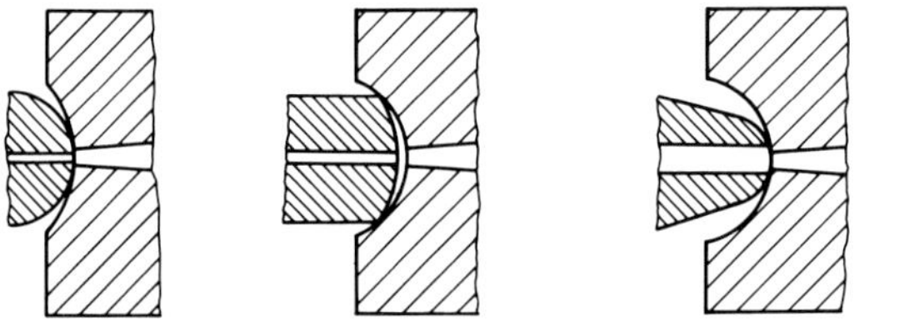

gut   Hinterschnitt kann   dichtet nicht ab;   Bild 80   Richtige und falsche
           nicht entformt werden   Hinterschnitt   Gestaltung der Kontaktflächen

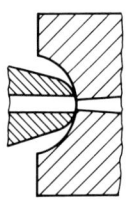

Die Dimensionierung des Angußkegels hängt an seinem Fußpunkt von den Abmessungen des Formteils, d.h. von dessen Wanddicke, ab. Für seine Dimensionierung gelten einige ganz allgemeine Richtlinien:

– Es muß sichergestellt sein, daß der Anguß selbst länger offenbleibt als alle nachfolgenden Querschnitte, damit der Nachdruck lange genug übertragen werden kann, d.h. bis überall im Formteil die Schmelze erstarrt ist. Er darf aber nicht dicker sein, als es gerade diese Forderung verlangt, da sonst die Zykluszeit unnötig verlängert wird.

– Der Anguß muß sich leicht und sicher entformen lassen, er ist daher konisch auszuführen. Konizität $\sim 4°$ (jedenfalls bei bester Ausführung $> 1°$).

Diese Forderungen führen zu den in Bild 81 dargestellten Dimensionierungsrichtlinien.

$$d_F \geq S_{max} + 1{,}5 \text{ mm}$$
$$d_A \geq d_D + 1 \text{ mm}$$
$$\alpha \geq 1 - 2°$$
$$\text{tg } \alpha \geq \frac{d_F - d_A}{2L}$$

$r_2 = 1$ bis 2 mm

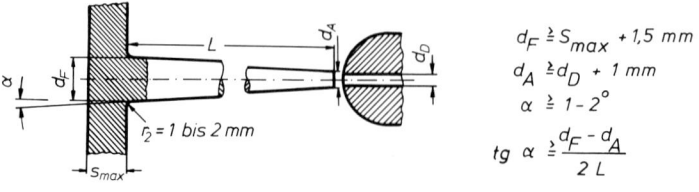

Bild 81 Dimensionierungsrichtlinien für den Angußkegel [8]

Der Radius r_2 am Fuß des Angußkegels wird empfohlen, damit einerseits eine scharfe Ecke zwischen Anguß und Formteil (bei Einfachwerkzeugen) vermieden wird und zum anderen, damit die Formmasse beim Einspritzvorgang in das Werkzeug einquillt.

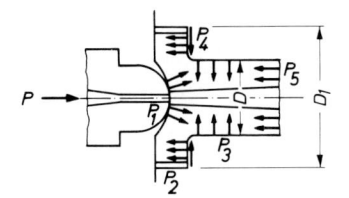

Bild 82 Beanspruchung der Angußbuchse; P–P_5 Kräfte [7]

Wie schon erwähnt, wird die Übergangsstelle von der Düse zum Werkzeug durch Anpressen abgedichtet. Dabei wirken auf die Angußbuchse die in Bild 82 dargestellten Kräfte ein. Die Angußbuchse ist in erster Linie einer Biege-Wechsel-Beanspruchung ausgesetzt. Daraus ergibt sich, daß der Bund der Angußbuchse, also der Durchmesser D_1, nicht zu groß sein sollte (Biegemoment). Der Zylinderdurchmesser der Buchse D sollte ebenfalls so klein wie möglich gehalten werden, weil der Spritzling durch die unterschiedliche Kühlung von Buchse und Werkzeug Markierungen, Einfallstellen, Verzug o.ä. erhält, denn die Angußbuchse stellt eine Behinderung der düsenseitigenWerkzeugtemperierung dar, sie bleibt also immer heißer.

Aus werkstofftechnischen Gründen sollte der Radius r_1 in Bild 79 möglichst groß sein (Kerbwirkung bei gehärteten Buchsen an scharfen Kanten). Eventuelle Verformungen, die sich beim Aufsetzen der Düse auf die Angußbuchse einstellen können, sollten durch ein Untermaß der Angußbuchse von maximal 0,2 mm (Bild 79, Größe x) ausgeglichen werden [3].

Angußbuchsen sind im Handel als Fertigteile und als Rohlinge erhältlich. Der Werkzeugmacher hat in die Rohlinge nur noch die konische Bohrung einzuarbeiten. Dabei ist besonderer Wert auf die Oberflächenbeschaffenheit der Bohrung zu legen. Schleif- und Polierriefen quer zur Entformungsrichtung, also am Umfang, führen zu Hinterschneidungen, die das Entformen erschweren und damit den Arbeitsablauf (vor allem beim vollautomatischen Betrieb) erheblich stören. Um Entformungsschwierigkeiten vorzubeugen, sollte die Bohrung hochglanzpoliert und bei korrodierenden Formmassen zusätzlich hartverchromt sein. Sind diese Forderungen erfüllt, so wird der Angußkegel bei Einfachwerkzeugen durch den Spritzling, der auf der auswerferseitigen Werkzeughälfte hängenbleibt, entformt. Bei Mehrfachwerkzeugen, bei denen der Angußkegel die Formmasse nur zu den Verteilerkanälen führt, sind spezielle Entformungshilfen erforderlich. Die Angußbohrung wird dazu verlängert. In diese verlängerte Angußbohrung werden in der Ausdrückplatte verankerte profilierte Ausdrückstifte eingesetzt, in deren Hinterschneidungen sich die Formmasse verankert (Bild 83). Die Verlängerung der Angußbohrung hat zudem den Vorteil, daß sie den kalten Pfropfen der Spritzdüse aufnimmt. Beim Auswerfen gibt die Hinterschneidung den Anguß frei, so daß er herausfallen kann.

Eine weitere, jedoch seltener benutzte Möglichkeit, den Anguß aus der Angußbuchse zu lösen, stellt die in Bild 84 aufgezeigte Lösung dar. Die Angußbuchse ist hier federnd gelagert. Sobald der Plastifizierzylinder (Düse) nach Beendigung des Werkzeugfüllvorgangs von der Angußbuchse abhebt, bewirken die Federn durch das Zurückdrücken der Angußbuchse ein Lösen des Kegelangusses. Es gibt dabei zwei Ausführungsformen, wie Bild 84 zeigt. Diese unterscheiden sich dadurch, daß man einmal nur mit einer Feder arbeitet und zum andren mehrere kleine Federn am Bund der Angußbuchse angreifen läßt.

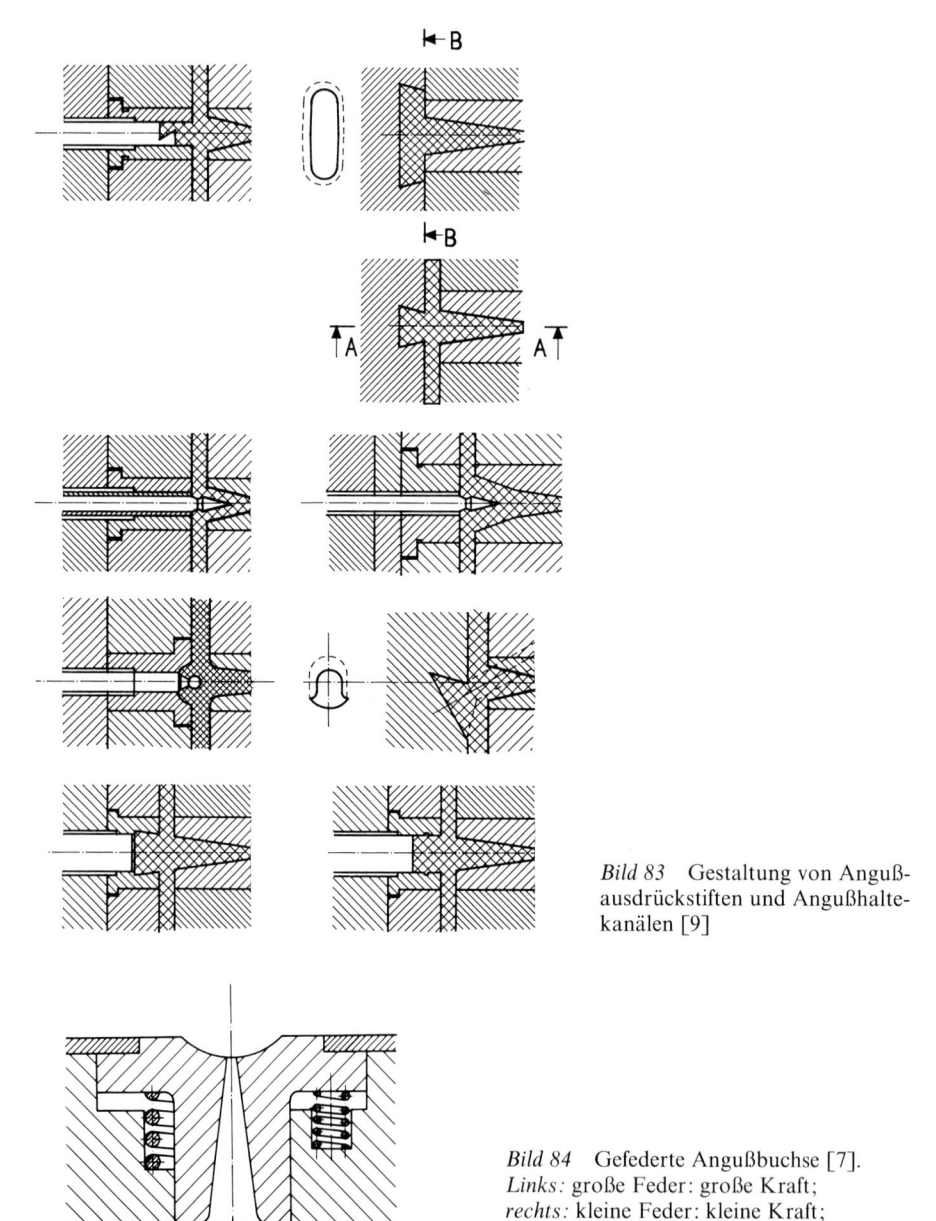

Bild 83 Gestaltung von Anguß-ausdrückstiften und Angußhalte-kanälen [9]

Bild 84 Gefederte Angußbuchse [7].
Links: große Feder: große Kraft;
rechts: kleine Feder: kleine Kraft; daher mehrere Federn am Umfang

5.6 Gestaltung der Verteilerkanäle

Die Verteilerkanäle verbinden den Angußkegel über die Anschnitte mit dem oder den Werkzeughohlräumen. Sie sollen *die Formmasse so verteilen, daß Schmelze gleichen Zustandes unter gleichem Druck alle Werkzeughohlräume gleichzeitig füllt.*

Die plastifizierte Formmasse tritt mit hoher Geschwindigkeit in die Verteilerkanäle im gekühlten Werkzeug ein. Durch Wärmeabfuhr wird der an den Außenwänden strömenden Formmasse soviel Wärme entzogen, daß diese sehr schnell abkühlt und erstarrt. Gleichzeitig wird dadurch die in der Angußkanalmitte strömende Masse zur Angußkanalwand hin abgeschirmt und damit isoliert. Es entsteht somit eine „plastische Seele", durch die die für die Werkzeugfüllung erforderliche Schmelze zum Werkzeughohlraum strömen kann. Diese „plastische Seele" muß so lange erhalten bleiben, bis der Spritzling völlig erstarrt ist. So kann der Nachdruck voll einwirken, der für den Ausgleich der beim Erstarrungsprozeß einsetzenden Volumenkontraktion durch nachgeführte Schmelze erforderlich ist.

Aus dieser Forderung ergibt sich die Geometrie der Verteilerkanäle. Aus Gründen der Materialersparnis und aus den Abkühlbedingungen ist zu folgern, daß das Oberflächen/Volumen-Verhältnis möglichst klein sein muß. Die Abmessungen des Kanals richten sich dabei verständlicherweise nach der Größe des Spritzlings, nach der Art des Werkzeugs und nach der zu verarbeitenden Formmasse. Es gilt allgemein, daß der Querschnitt des Angußkanals um so größer sein muß, je größer, besser gesagt je dickwandiger, der bzw. die Spritzlinge sind. Ein großer Querschnitt begünstigt zudem die Werkzeugfüllung, weil der Fließwiderstand geringer ist als in kleinen Kanälen. Niedrigviskose Formmassen erlauben längere bzw. dünnere Kanäle (Fließwege).

Daneben steht die Forderung, einen Artikel möglichst wirtschaftlich zu fertigen. Wird der Angußkanal mitentformt, so beeinflußt er die Menge des Abfalls und möglicherweise auch die Kühlzeit, wenn die Kanalquerschnitte gegenüber der Größe des Spritzlings viel zu groß gewählt wurden. Es lohnt sich somit, die notwendigen Kanaldurchmesser sorgfältig zu planen, d. h. mit Hilfe des Hagen-Poiseuilleschen Gesetzes zu dimensionieren, wobei man sich den im Kanal zu verbrauchenden Druckverlust vorgibt. In Abschnitt 5.9.7 wird erläutert, wie man ein Angußsystem mit Rechnerunterstützung optimiert bzw. balanciert.

In Bild 85 sind die Einflußgrößen auf die Anguß- und Verteilerkanäle zusammenfassend dargestellt. Ihre Aufgaben und die an sie zu stellenden Forderungen ergeben sich aus Bild 86.

```
┌─────────────────────────────────────────────────┐
│     Einflußgrößen auf Anguß- und Verteilerkanäle │
└─────────────────────────────────────────────────┘
              │                         │
              ▼                         ▼
┌──────────────────────────┐  ┌──────────────────────────┐
│ Formteilvolumen   $V_F$  │  │ Wärmeverluste            │
│ Wanddicke    S           │  │ Reibungsverluste         │
│ Formmasse                │  │ Kühlzeit    $t_K$        │
│ Fließweglänge  $l_f$     │  │ Abfallmenge              │
│ Fließwiderstand          │  │ Herstellkosten  $K_h$    │
│ Oberfläche               │  │ Werkzeugart              │
│ Volumen                  │  │ (z. B. Heißkanal)        │
└──────────────────────────┘  └──────────────────────────┘
```

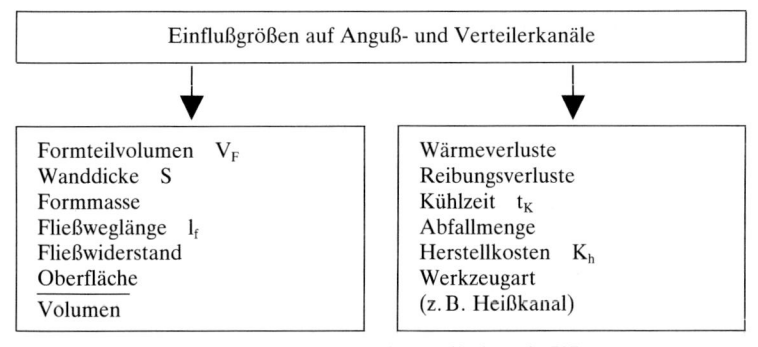

Bild 85 Einflußgrößen auf Anguß- und Verteilerkanäle [2]

1. Formmasse möglichst rasch und ungehindert auf kürzestem Wege, bei geringstem Wärme- und Druckverlust, in den Werkzeughohlraum leiten.
2. An allen Anschnittstellen muß Material gleichen Druckes und gleicher Temperatur gleichzeitig in den bzw. in die Werkzeughohlräume gelangen.
3. Kleiner Querschnitt des Kanals aus Gründen der Materialersparnis. Andererseits ist ein großer Querschnitt günstig, um optimale Werkzeugfüllung und ausreichenden Nachdruck zu erreichen. Großer Kanalquerschnitt verlängert u. U. die Kühlzeit.
4. Das Verhältnis von Oberfläche zu Volumen möglichst klein halten.

Bild 86 Von den Anguß- bzw. Verteilerkanälen zu erfüllende Aufgaben

Querschnittsform der Kanäle		
Rundkanal $D = s_{max} + 1{,}5\,mm$	*Vorteile:*	Geringste Oberfläche bezogen auf den Querschnitt, geringste Abkühlung, geringste Wärme- und Reibungsverluste, Masse erstarrt im Zentrum eines runden Kanals zuletzt, dadurch gute Nachdruckwirkung
	Nachteile:	Muß zu gleichen Teilen in beide Werkzeughälften eingearbeitet werden, dadurch schwierig und teuer
Parabelförmiger Kanal $W = 1{,}25 \cdot D$ $D = s_{max} + 1{,}5\,mm$	*Vorteile:*	Gute Annäherung an Rundkanal, einfachere Herstellung, da Einarbeitung nur in einer Werkzeughälfte (Auswerferseite aus Entformungsgründen) Anwendung, wenn Schieber relativ zur Trennebene bewegt werden müssen
	Nachteile:	Wärmeverluste und Abfall etwas größer gegenüber Rundkanal
Trapezförmiger Kanal $W = 1{,}25 \cdot D$	Alternativlösung zum parabelförmigen Kanal	
	Nachteile:	Wärmeverluste und Abfall größer gegenüber parabelförmigem Kanal
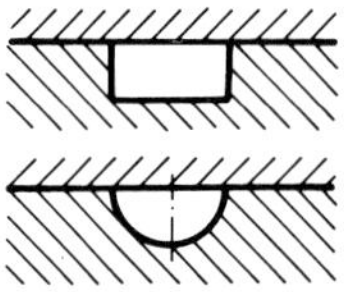	Ungünstige Querschnitte sind zu vermeiden	

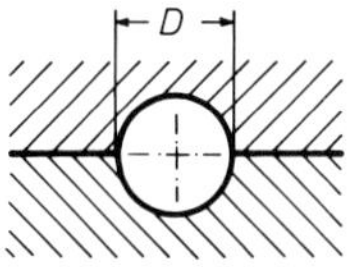

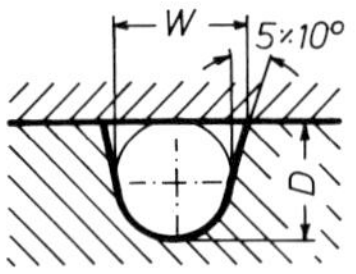

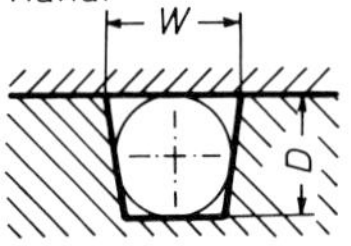

Bild 87 Querschnittformen der Kanäle [2, 10 bis 12]

Der präzisen Dimensionierung und Ausführung der Kanäle kommt somit sowohl hinsichtlich der Qualität der Formteile als auch der Wirtschaftlichkeit ihrer Fertigung große Bedeutung zu. Bild 87 zeigt eine Gegenüberstellung der gebräuchlichen Kanalfor-

5.6 Gestaltung der Verteilerkanäle

men und wägt ihre Vor- und Nachteile gegeneinander ab. Der parabelförmige Kanal erweist sich dabei am günstigsten.

Für die Dimensionierung gilt auch hier, da die Kanäle als letzte einfrieren sollen, daß ihr Durchmesser sich nach der Wanddicke der Formteile zu richten hat. Er sollte 1,5 mm größer sein als die größte Wanddicke.

$$D = s_{max} + 1{,}5 \text{ mm}. \tag{36}$$

Als Erfahrungswerte sind in Bild 88 für verschiedene Formmassen und durchzusetzende Volumina bzw. Gewichte Nomogramme angegeben, die gestatten, die Durchmesser der Kanäle je nach ihrer Länge so zu bestimmen, daß erträgliche Druckverluste von < 300 bar in den Verteilerkanälen auftreten.

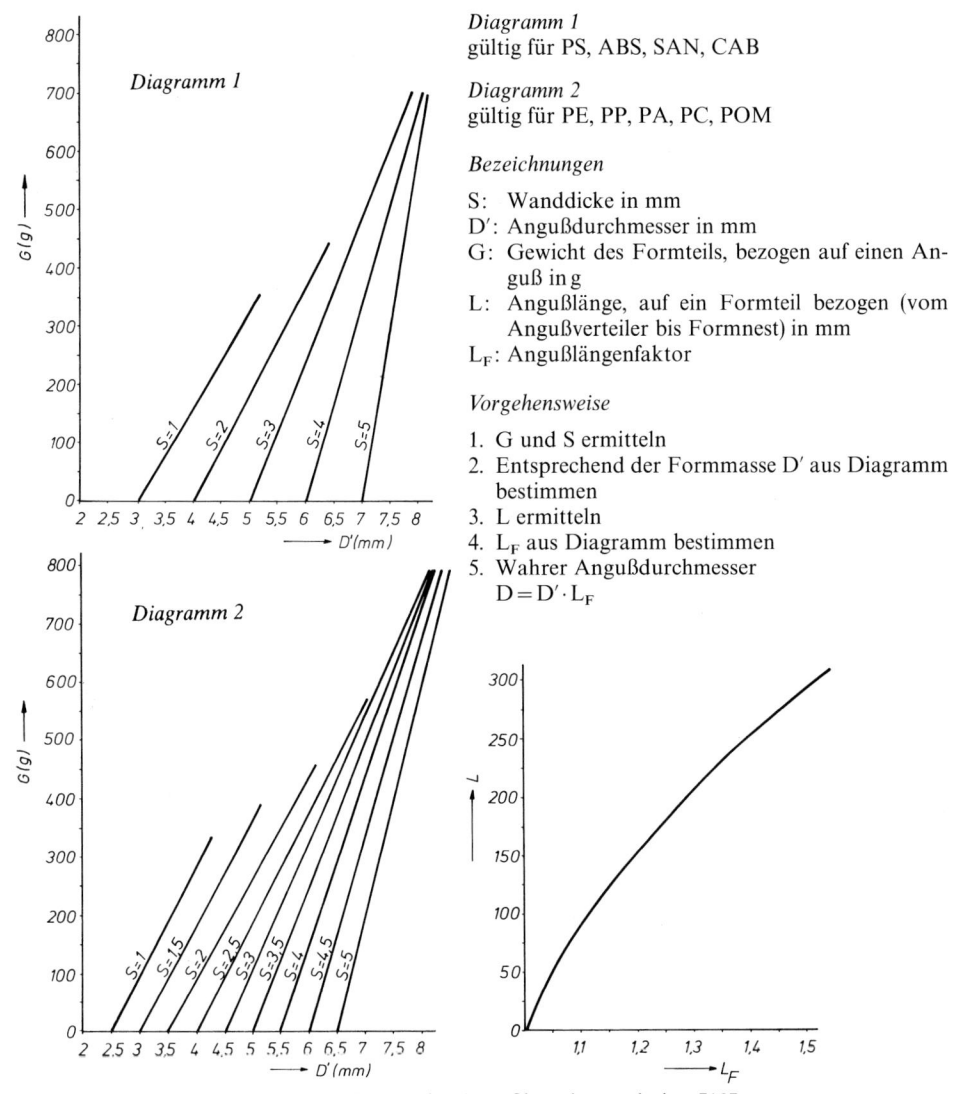

Diagramm 1
gültig für PS, ABS, SAN, CAB

Diagramm 2
gültig für PE, PP, PA, PC, POM

Bezeichnungen

S: Wanddicke in mm
D': Angußdurchmesser in mm
G: Gewicht des Formteils, bezogen auf einen Anguß in g
L: Angußlänge, auf ein Formteil bezogen (vom Angußverteiler bis Formnest) in mm
L_F: Angußlängenfaktor

Vorgehensweise

1. G und S ermitteln
2. Entsprechend der Formmasse D' aus Diagramm bestimmen
3. L ermitteln
4. L_F aus Diagramm bestimmen
5. Wahrer Angußdurchmesser
   $D = D' \cdot L_F$

Bild 88 Richtlinien zur Dimensionierung der Angußkanalquerschnitte [13]

Die Oberflächenbeschaffenheit der Kanäle ist von der zu verarbeitenden Formmasse abhängig. Während man im allgemeinen davon ausgehen kann, daß es günstiger ist, die Kanäle nicht zu polieren, damit sich die erstarrte Haut besser an der Kanalwand verankert und dadurch nicht so schnell von der „plastischen Seele" mitgerissen wird, muß man bei einigen Werkstoffen die Kanäle hochglanzpolieren und u. U. verchromen, da sich sonst Fehler im Spritzling zeigen. Solche Formmassen sind z. B. PVC, Polycarbonat und Polyformaldehyd.

Bei Mehrfachwerkzeugen ist es besonders wichtig, daß die Formmasse alle Werkzeughohlräume gleichzeitig und gleichmäßig füllt. Nur dann wirkt in allen der gleiche Nachdruck und die Formmasse erstarrt überall zur gleichen Zeit. Die Forderung nach gleichzeitiger Werkzeugfüllung ist selbstverständlich am einfachsten dadurch zu lösen, daß man die Wege zu den einzelnen Werkzeughohlräumen gleich hält. Gleiche Fließwege lassen sich vorzugsweise dann erzielen, wenn die Werkzeughohlräume auf einem Kreis um den Mittelpunkt des Angußkegels liegen. Ist dies der Fall, so nennt man das Verteilerkanalsystem Anguß- oder Verteilerstern. Eine Sonderform dieser Systeme arbeitet mit einem Ringkanal (Bild 89), bei welchem die Schmelze vom Angußkegel aus zunächst in den ringförmigen Hauptverteiler gelangt, an den die einzelnen Werkzeughohlräume durch Nebenkanäle angeschlossen sind. Diese Konstruktionen sind jedoch nicht immer

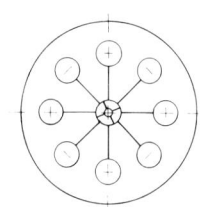

Bild 89 Ringkanal

Sternverteilung	*Vorteile:* Gleiche Fließwege zu allen Formnestern Günstige Anordnung zur Entformung, besonders bei Teilen mit mechanisch betätigten Gewindeausdrehspindeln	*Nachteile:* Anzahl der unterzubringenden Formnester ist beschränkt
Reihenverteilung	*Vorteile:* Unterbringung von mehr Formnestern als bei Sternverteilung	*Nachteile:* Ungleich lange Fließwege zu den einzelnen Formnestern Gleichzeitige Füllung nur mit korrigierten Kanaldurchmessern (mit Hilfe von Computerprogrammen, z.B. MOLDFLOW, CADMOLD etc.)
Symmetrieverteilung	*Vorteile:* Gleich lange Fließwege zu allen Formnestern, keine Anschnittkorrektur nötig	*Nachteile:* Großes Angußvolumen, viel Abfall, Formmasse kühlt schneller ab Abhilfe: Heißkanal- oder Isolierkanalverteiler

Bild 90 Formnestanordnung in einer Trennebene [2]

möglich. So findet man sehr häufig auch den sog. Reihenanguß, der in der Regel aus einem Hauptverteiler und mehreren Nebenkanälen besteht, die an den Anschnitten enden (Bilder 90 bis 92). Das Prinzip der gleich langen Fließwege ist bei diesen Konstruktionen nicht mehr verwirklicht. Durch eine sog. Symmetrieverteilung (Bild 90, unten) kann dieser Nachteil jedoch wieder ausgeglichen werden.

Formnestzahl	Reihenanordnung	Ringanordnung
1	⊙	⊙
2	o—o	o—o
3	—	⌀
4	⊞	✦
5	—	✦
6	⊞⊞	✦✦
7	—	⌐
...	...	...

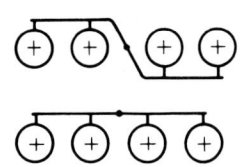

Bild 92 Zentrische (oben) und exzentrische (unten) Lage des Verteilerkanales

Bild 91 Formnestanordnung in einer Trennebene

5.7 Gestaltung der Angußstege (Anschnitte)

Der Angußsteg oder auch Anschnitt genannt ist derjenige Teil des Angußsystems, der den Spritzling mit dem Verteilerkanal verbindet. Er ist in der Regel die engste Stelle des Angußsystems. Seine Größe und Lage wird durch verschiedene Forderungen bestimmt.

Die Faktoren, die die Lage, die Gestalt und die Abmessungen des Anschnitts bestimmen, sind in Bild 93 dargestellt.

Grundsätzlich sollte der Anschnitt möglichst klein, gut entformbar und vom Formteil abtrennbar sowie so an das Formteil angebunden sein, daß dieses sich nicht verzieht und keine Markierungen erhält. Der Lage des Anschnitts am Spritzling (Ort der Anbindung) kommt damit besondere Bedeutung zu.

Der Anschnitt kann verschiedene Formen annehmen. So unterscheidet man zwischen einem punkt- und einem band- bzw. filmförmigen Anschnitt. Eine Sonderform stellt der Stangenanschnitt dar, der mit dem Stangenanguß, der in Kapitel 6.1 ausführlich beschrieben wird, identisch ist. Bei dieser Angußart ist der Anschnitt nicht mehr die engste Stelle im Angußsystem. Deshalb ist hier immer eine spanende Nacharbeit erforderlich.

150 5 Praktische Ausführung des Angußsystems

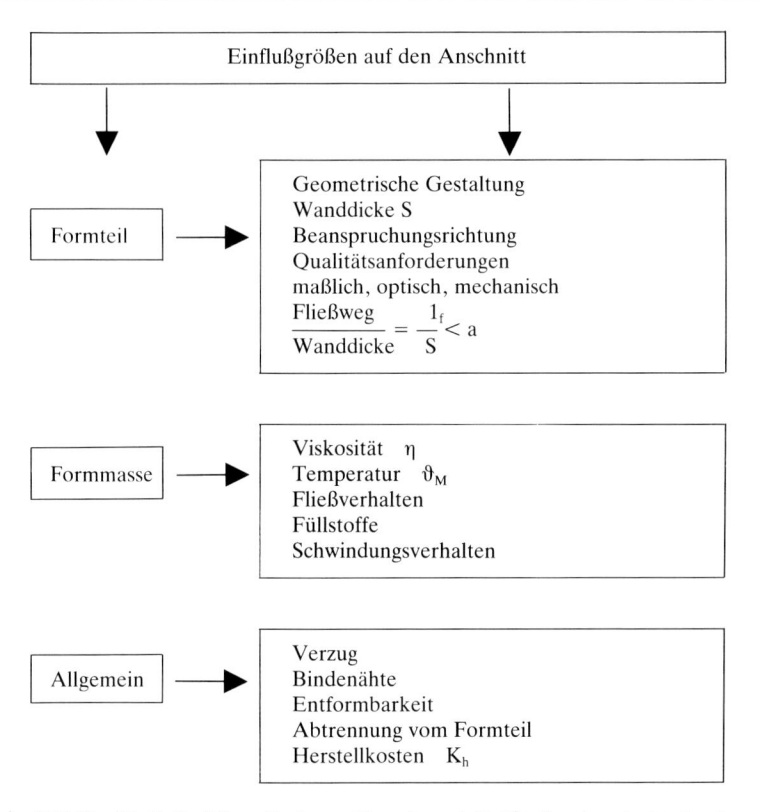

```
                    Einflußgrößen auf den Anschnitt
                    ↓                              ↓
                              Geometrische Gestaltung
                              Wanddicke S
            Formteil    →     Beanspruchungsrichtung
                              Qualitätsanforderungen
                              maßlich, optisch, mechanisch
                              Fließweg      l_f
                              ────────  =  ───  < a
                              Wanddicke     S

                              Viskosität   η
                              Temperatur   ϑ_M
            Formmasse   →     Fließverhalten
                              Füllstoffe
                              Schwindungsverhalten

                              Verzug
                              Bindenähte
            Allgemein   →     Entformbarkeit
                              Abtrennung vom Formteil
                              Herstellkosten   K_h
```

Bild 93 Einflußgrößen, die Lage, Gestalt und Größe des Anschnitts bestimmen [2]

Bei allen anderen Anschnittarten ist der Anschnitt stets die engste Stelle im Angußsystem, die wegen guter Entform- und Abtrennbarkeit so klein wie möglich sein sollte.

Beim Durchströmen enger Kanäle wie dem Angußsystem wird der Formmasse ein erheblicher Widerstand entgegengesetzt. Ein Teil des Spritzdrucks wird dabei verbraucht und es kommt zusätzlich zu einer merklichen Temperaturerhöhung der Formmasse. Dies ist ein erwünschter Effekt, denn dadurch wird

– die in der Formhöhlung eintretende Schmelze dünnflüssiger, so daß eine gute Ausformung erreicht wird,
– auch das Metall der Umgebung erwärmt, so daß der Anschnitt etwas später einfriert.

Allerdings muß die optimale Anschnittgröße, bei der noch kein Verbrennen der Formmasse oder zu hoher Druckverlust eintritt, durch Rechnung (siehe Abschnitt 5.9.7) oder Versuche beim Bemustern ermittelt werden. Dies dient gleichzeitig dem Balancieren der Angußkanäle. Damit ist gemeint, daß die Anschnitte jeweils so groß gemacht werden, daß in jedes Formnest zur gleichen Zeit die Schmelze eintritt, was man durch Teilfüllungen leicht ermitteln kann (Bilder 94 und 95). Man geht dabei – bei Mehrfachwerkzeugen – so vor, daß man die Anschnitte zunächst bedeutend kleiner herstellt als erforderlich, um sie dann bei Anspritzversuchen so lange zu erweitern, bis alle Werkzeughohlräume gleichmäßig gefüllt werden. Diese Vorgehensweise erfordert viel Erfahrung und handwerkliches Geschick. Diese zeitraubende Art der Anschnittabstimmung

5.7 Gestaltung der Angußstege (Anschnitte) 151

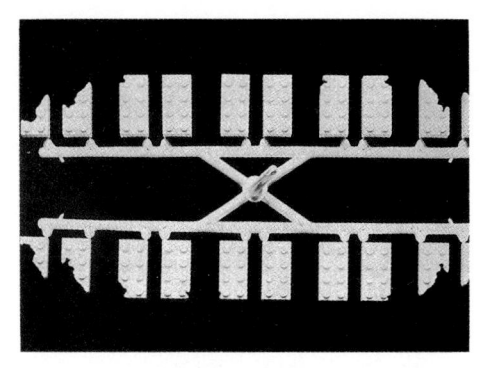

Bild 94 Ungleichmäßige Füllung der Formnester bei Werkzeugen mit nicht balanciertem Angußsystem [6]

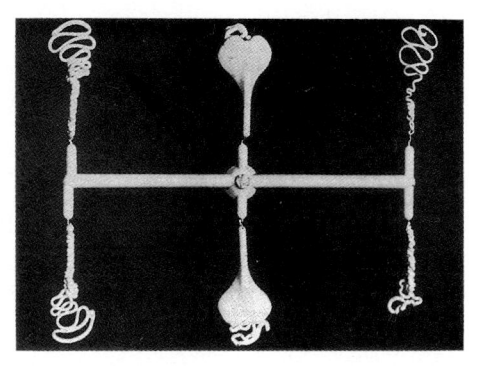

Bild 95 Werkzeugteilfüllung bei einem Werkzeug mit nicht balanciertem Angußsystem [6]

wird heute mehr und mehr ersetzt durch rechnerisches Dimensionieren der Angußkanaläste. Die Anschnitte werden in diesem Fall alle gleich groß gemacht (siehe Abschnitt 5.9.7).

Bild 96 zeigt empfohlene Lagen und Formen des Anschnitts. Anschnitte können runde, halbrunde und rechteckige Querschnitte besitzen, am günstigsten ist der rechteckige; vom Spritzling trennen läßt sich jedoch am besten der halbrunde.

Die Anbindung des Anschnittes am Verteilerkanal wird am besten entsprechend Bild 96 ausgeführt. Der einzige Nachteil kann sein, daß bei gewissen Formmassen die erstarrte

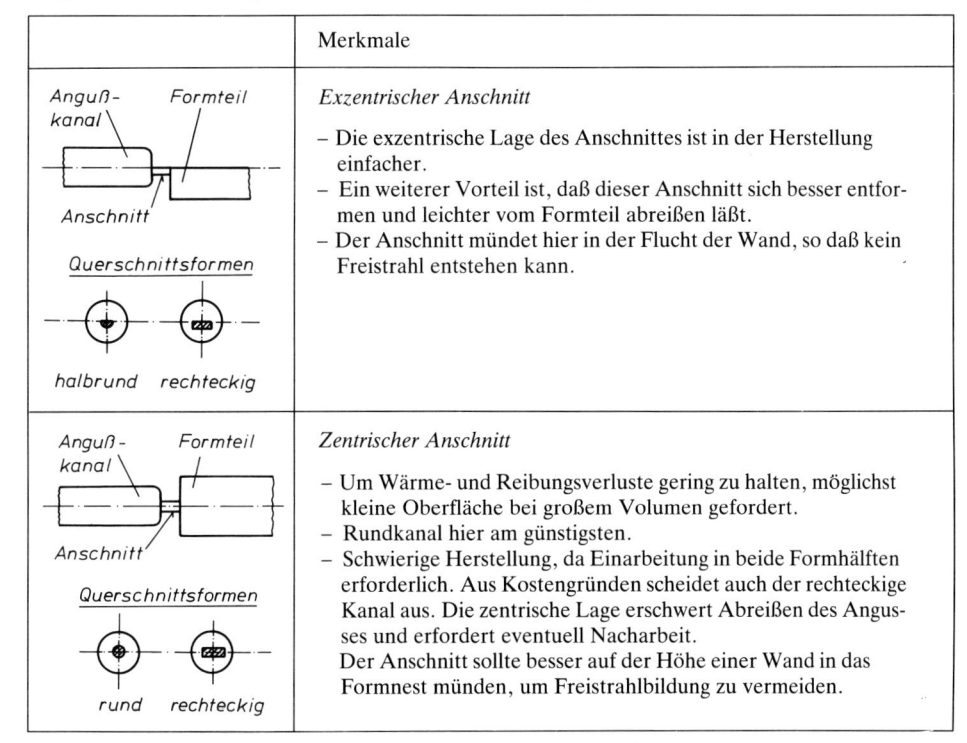

	Merkmale
Angußkanal, Formteil, Anschnitt Querschnittsformen halbrund rechteckig	*Exzentrischer Anschnitt* – Die exzentrische Lage des Anschnittes ist in der Herstellung einfacher. – Ein weiterer Vorteil ist, daß dieser Anschnitt sich besser entformen und leichter vom Formteil abreißen läßt. – Der Anschnitt mündet hier in der Flucht der Wand, so daß kein Freistrahl entstehen kann.
Angußkanal, Formteil, Anschnitt Querschnittsformen rund rechteckig	*Zentrischer Anschnitt* – Um Wärme- und Reibungsverluste gering zu halten, möglichst kleine Oberfläche bei großem Volumen gefordert. – Rundkanal hier am günstigsten. – Schwierige Herstellung, da Einarbeitung in beide Formhälften erforderlich. Aus Kostengründen scheidet auch der rechteckige Kanal aus. Die zentrische Lage erschwert Abreißen des Angusses und erfordert eventuell Nacharbeit. Der Anschnitt sollte besser auf der Höhe einer Wand in das Formnest münden, um Freistrahlbildung zu vermeiden.

Bild 96 Querschnittsform und Lage des Anschnitts zum Angußkanal [2, 3, 10]

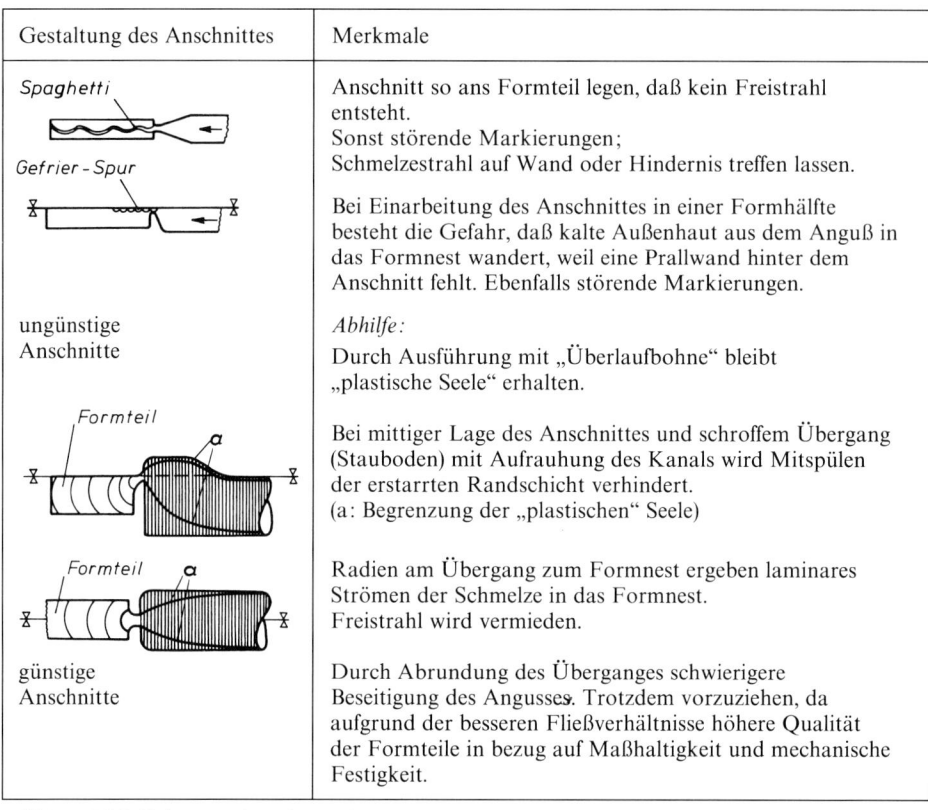

Gestaltung des Anschnittes	Merkmale
Spaghetti	Anschnitt so ans Formteil legen, daß kein Freistrahl entsteht. Sonst störende Markierungen; Schmelzestrahl auf Wand oder Hindernis treffen lassen.
Gefrier-Spur	Bei Einarbeitung des Anschnittes in einer Formhälfte besteht die Gefahr, daß kalte Außenhaut aus dem Anguß in das Formnest wandert, weil eine Prallwand hinter dem Anschnitt fehlt. Ebenfalls störende Markierungen.
ungünstige Anschnitte	*Abhilfe:* Durch Ausführung mit „Überlaufbohne" bleibt „plastische Seele" erhalten.
Formteil a	Bei mittiger Lage des Anschnittes und schroffem Übergang (Stauboden) mit Aufrauhung des Kanals wird Mitspülen der erstarrten Randschicht verhindert. (a: Begrenzung der „plastischen" Seele)
Formteil a	Radien am Übergang zum Formnest ergeben laminares Strömen der Schmelze in das Formnest. Freistrahl wird vermieden.
günstige Anschnitte	Durch Abrundung des Überganges schwierigere Beseitigung des Angusses. Trotzdem vorzuziehen, da aufgrund der besseren Fließverhältnisse höhere Qualität der Formteile in bezug auf Maßhaltigkeit und mechanische Festigkeit.

Bild 97   Richtlinien zur Gestaltung des Anschnitts [2, 12, 14, 15]

Haut mit in das Formnest gerissen wird und dort den sogenannten „Schallplatteneffekt" hervorruft (Bild 97, unten). Vermieden wird jedoch bei dieser Anordnung die „Spaghetti"- oder „Würstchen"-Bildung (Bild 97, oben).

Die „Spaghetti"- oder „Würstchen"-Bildung tritt nur auf, wenn die Schmelze an keiner Wand anliegt, also frei in die Kavität hineinströmen kann. Die Formmasse muß jedoch in den Werkzeughohlraum einquellen. Es darf keinesfalls ein Freistrahl im Werkzeughohlraum entstehen, weil dieser nicht wieder aufschmilzt und störende Markierungen am Formteil verursacht. Dieser Effekt kann in unkritischen Fällen bereits durch Brechen der Kanten an der Anschnittmündung beseitigt werden. Am besten hilft jedoch das Anbringen einer sogenannten „Bohne" (Bild 97, unten).

Empfohlene Abmessungen der Abschnitte für Punkt- bzw. Tunnelangüsse können Bild 98 entnommen werden.

Wie bereits früher erwähnt, wird die Größe des Anschnitts von der zu verarbeitenden Formmasse und von der Wanddicke des Spritzlings bestimmt. Je viskoser die Formmasse und je größer die Wanddicke, desto größer ist der Anschnitt. Da also die Größe des Anschnitts vom dicksten Querschnitt des Spritzlings abhängig ist, ist es auch sinnvoll, den Anschnitt dorthin zu legen. (Eine Ausnahme bildet die Verarbeitung von Strukturschäumen. Hier wird der Anschnitt an den dünnsten Querschnitt gelegt. Die Werkzeugfüllung bewirkt beim Schäumen der Treibdruck des Gases. Dabei muß der Widerstand im Werkzeug mit zunehmender Füllung kleiner werden, da sich auch die

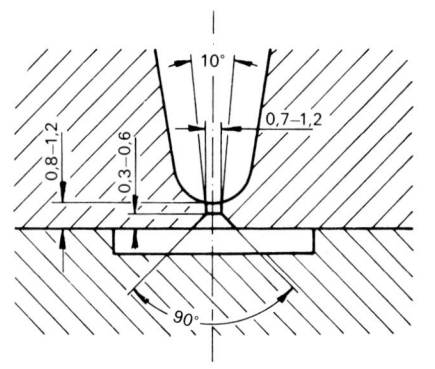

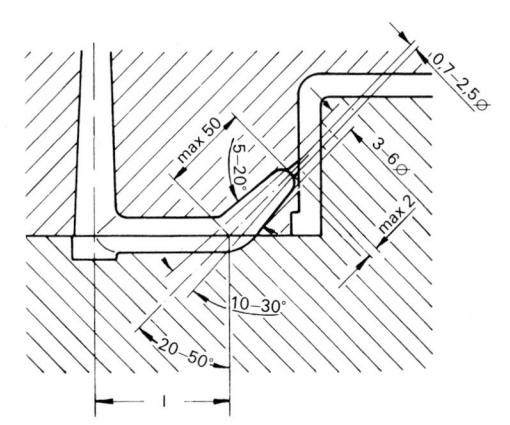

Bild 98 Empfohlene Abmessungen bei Punkt- (links) und Tunnelangüssen (rechts) [16]

Kraft des Gasdrucks erschöpft). Wird der Anschnitt – außer bei der Verarbeitung von Strukturschäumen – nicht am dicksten Querschnitt des Spritzlings angeordnet, so entstehen Lunker und Einfallstellen. Dies ist auf einen zu kurz einwirkenden Nachdruck zurückzuführen, dadurch, daß der Anguß frühzeitig einfriert.

Für die Qualität eines Formteils ist zusätzlich noch die Lage des Anschnitts am Formteil von Bedeutung. Sie soll im folgenden Kapitel diskutiert werden.

5.7.1 Lage des Anschnitts am Spritzling

Die Lage des Anschnitts bestimmt die Fließrichtung der Formmasse in den Werkzeughohlraum hinein. Bekanntlich sind die Festigkeitseigenschaften und die Schwindung von Spritzlingen quer und längs zur Fließrichtung unterschiedlich. Dies ist auf eine Orientierung der Moleküle zurückzuführen. Bei dünnwandigen Artikeln ist der Grad der Orientierung besonders hoch. Die besten Werte für die Zug- und Schlagfestigkeit werden dabei in Fließrichtung erreicht, während senkrecht zur Fließrichtung mit einer höheren Spannungsrißempfindlichkeit und verminderter Zähigkeit zu rechnen ist. Die Bilder 99 bis 101 verdeutlichen den Fließweg der Schmelze bei verschiedenen Anschnittlagen und die Auswirkung auf die Festigkeit der Formteile.

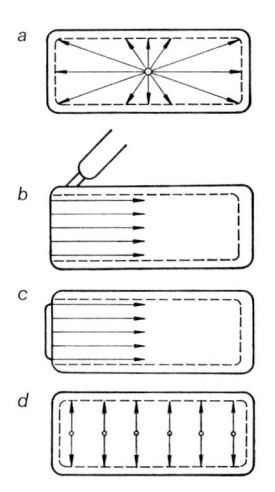

Bild 99 Fließweg der Schmelze bei verschiedenen Anschnittlagen [11]
a: mittiger Stangen- oder Punktanschnitt,
b: seitlicher Normalanschnitt mit erwünschter Wirbelbildung,
c: seitlicher Bandanschnitt,
d: Mehrfach-Punktanschnitt

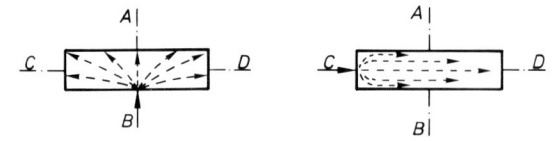

Bild 100 (links)   Molekülorientierung senkrecht zur Fließfront der Formmasse bei an der Breitseite liegendem Anschnitt. Bei Beanspruchung im Querschnitt C–D ist die mechanische Festigkeit größer als im Querschnitt A–B [17]

Bild 101 (rechts)   Molekülorientierung senkrecht zur Fließfront der Formmasse bei an der Schmalseite liegendem Anschnitt. Bei Beanspruchung im Querschnitt A–B ist die mechanische Festigkeit größer als im Querschnitt C–D [17]

Bevor man das Werkzeug baut, muß man also klären, wie der Spritzling belastet wird und wo seine Hauptbeanspruchungsrichtung liegt. Dies ist von noch größerer Bedeutung bei mit Fasern gefüllten Formmassen, weil es hier noch mehr darauf ankommt, daß die Fasern in Richtung der größten im Betrieb des Formteils auftretenden Zugspannungen zu liegen kommen. Denn nur in dieser Richtung übernehmen sie Kräfte. Bei ungefüllten hochviskosen Schmelzen erstreckt sich die Schwindung üblicherweise in Orientierungsrichtung (Bild 102). Überlagert sich, wie bei fasergefüllten Schmelzen noch eine Schwindung senkrecht zur Orientierungsrichtung, so kommt es zum Verzug. Dies ist aber nur ein Aspekt.

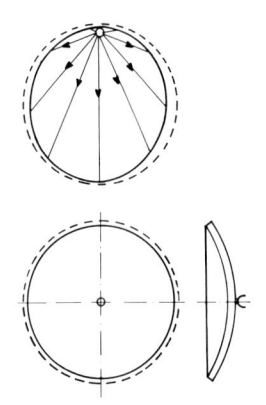

Bild 102   Einfluß der Lage des Anschnittes auf die Qualität des Spritzlings bei Acetobutyrat [7]
Oben: Nicht zentrisch liegender Anschnitt bei Acetobutyrat, Schwindung in Fließrichtung ist kleiner als senkrecht dazu.
Unten: Zentrisch liegender Anschnitt bei Acetobutyrat führt zum Beulen, da Schwindung in Umfangsrichtung größer ist als in Radialrichtung

Ein weiterer Aspekt ist das Auftreten von Bindenähten überall, wo Schmelzeströme zusammentreffen (z. B. Bild 103). Sie stellen eigentlich immer optische Fehlstellen dar und sind gerade bei zu Orientierungen neigenden hochmolekularen Schmelzen, fasergefüllten oder faserbildenden Formmassen (LC-Polymere, d. h. flüssigkristalline Struktur besitzende) besonders mechanisch schwach. Je näher die Bindenähte am Anguß liegen, um so wärmer ist in diesem Bereich die Schmelze und um so besser läßt sie sich ver-

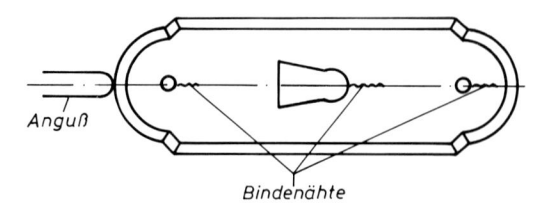

Bild 103   Bindenaht hinter Löchern und Schlitzen ergibt Stellen geringerer Festigkeit [17]

schweißen, vor allem dann, wenn sie zu späteren Füllzeitpunkten oder unter dem Nachdruck nochmals quer durchströmt wird. Die Qualität ist dann mechanisch gut [18].

Bei großflächigen Formteilen oder Formteilen mit vielen Querrippen wie z. B. Steckerleisten (Bild 104) kann es sinnvoll sein, viele Angüsse nebeneinander anzubringen, damit eine möglichst gleiche Schmelzequalität und gleichzeitige, gleichförmige Abkühlung zustandekommt. Wenn die Abstände der Bindenähte vom jeweiligen Anschnitt nur kurz sind, verschweißen sie noch gut, so daß sie toleriert werden können, da insgesamt das Formteil bessere Eigenschaften hat.

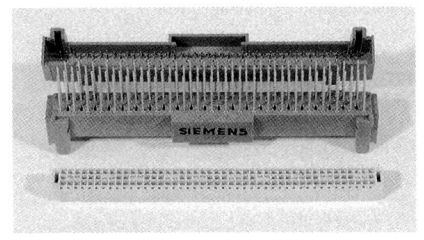

Bild 104 Steckerleiste

Die Bilder 105 bis 107 zeigen weitere Beispiele. Insbesondere wird wegen des leichteren, automatisch möglichen Abtrennens bei Vielfachpunktanschnitten (Bild 105) diese Angußform in der Regel dem qualitativ besseren Bandanschnitt (Bild 106) vorgezogen.

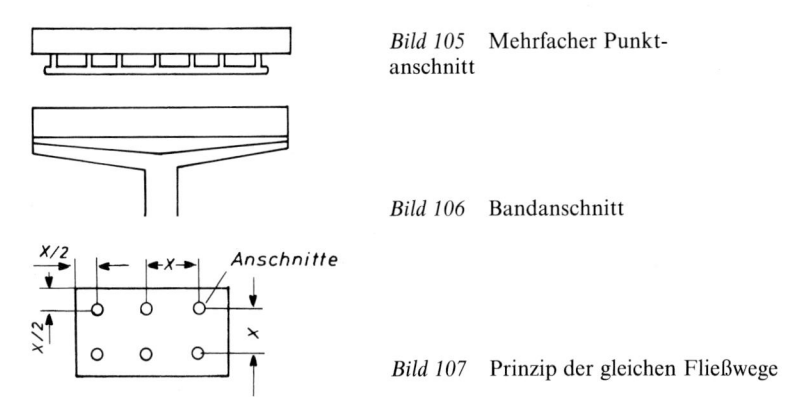

Bild 105 Mehrfacher Punktanschnitt

Bild 106 Bandanschnitt

Bild 107 Prinzip der gleichen Fließwege

Es ist heute kein Problem mehr, sich bereits in der Konstruktionsphase ein Bild davon zu verschaffen, wie sich bestimmte Anschnittorte auswirken, indem man entweder mit der „Füllbildmethode" (Abschnitt 5.9) oder mit dem Rechner (Abschnitt 14.2.2.1) verschiedene Anschnittorte simulierend durchspielt.

5.8 Verteilerkanäle und Anschnitte für vernetzende Formmassen

Bei diesen Formmassen ist die Minimierung des Volumens der Verteilerkanäle besonders wichtig, kann doch dieser Stoffanteil kaum regeneriert werden und wandert in der Regel in den Abfall. Trotzdem werden Vielnestformen in großem Maße eingesetzt. Im Prinzip unterscheiden sich die Verteilersysteme nicht von denjenigen, die bei thermoplastischen Formmassen benutzt werden.

5.8.1 Duromere Spritzgießmassen

Man benutzt in Anordnung, Gestalt und Abmessungen die gleichen Systeme, wie in den Abschnitten 5.6 und 5.7 beschrieben. Es werden sogar mit gutem Erfolg Tunnelanschnitte benutzt und so der Prozeßablauf automatisiert. Allerdings empfiehlt es sich, bei Mineralpulver oder Fasern enthaltenden Formmassen die Anschnitte durch Hartstoffeinsätze bzw. Einsätze aus besonders verschleißfesten Stählen zu benutzen, weil diese Formmassen infolge ihrer niedrigen Viskosität noch mehr als gefüllte thermoplastische Formmassen Abrieb verursachen. Es hat sich zudem offensichtlich in einer Reihe von Versuchen bewährt, Kanäle und Formnester durch Oberflächenvergütung – Hartverchromen oder Hartstoffbeschichtung – verschleißfester zu machen.

5.8.2 Elastomere

Da diese Formmassen in der Regel gefüllt sind, sind sie entsprechend hochviskos, so daß für die Überwindung der Verteilersysteme nahezu der volle Spritzdruck verbraucht wird. Die Füllung der Formnester – oft dickwandig – benötigt dann nahezu keinen Druck. Es ist auch unproblematisch, wenn die Kavitäten nicht im Quellfluß gefüllt werden, weil die Vernetzung die Bindenahtschwächen weitgehend eliminiert.

Der hohe Druckverbrauch in den Angußsystemen führt meist dazu, daß die Trennebenen bereits beim Füllen aufgesprengt werden und sich weit ausgedehnte Schwimmhäute einstellen (Bild 108). Diese werden zwar als unangenehm, aber nicht für die Qualität nachteilig angesehen. Dieser Ansicht ist zu widersprechen, denn auf diese Weise entstehen sehr unterschiedliche Füllbedingungen in verschiedenen Kavitäten, die zu unterschiedlichen Orientierungen und teilgefüllten fehlerhaften Formteilen führen. Abhilfe können hier nur ausreichend groß dimensionierte und balancierte Kanalsysteme sein. Dabei erscheint weiterhin der Gebrauch von Punktanschnitten nicht besonders zweckmäßig, denn eine automatische Trennung ist bei Elastomeren sowieso nicht möglich. Etwas größere Anschnitte aber können den Druckbedarf zu ihrer Überwindung wesentlich vermindern.

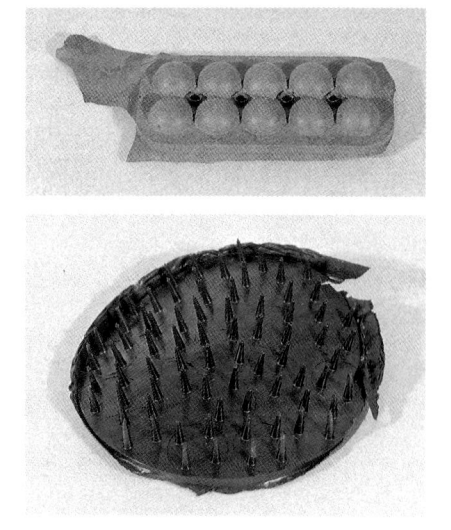

Bild 108 Elastomerformteile mit Schwimmhäuten

5.8.3 Berechnung des Druckverlustes in Verteilersystemen für vernetzende Formmassen

Den Druckverlust berechnet man häufig, ebenso wie bei Thermoplasten, mit Hilfe der Hagen-Poiseuille-Gleichung, wobei für die Viskosität ein mit Kapillarviskosimetern ermittelter Wert eingesetzt wird. Dies führt in den meisten Fällen zu weiten Abweichungen von der Realität, ist aber zugegebenermaßen besser, als auf eine Berechnung ganz zu verzichten. Exaktere Werte erhält man, wenn man, wie in der Literatur vorgeschlagen [19, 20] in halbempirischer Weise vorgeht.

5.8.4 Einfluß der Lage des Anschnitts bei vernetzenden Formmassen

Obwohl die Bindenähte gut verschweißen, führen sie in gewissen Fällen dennoch zu Ausschuß. Bindenähte, die stets an der gleichen Stelle auftreten, wie auch Strömungshindernisse verursachen an diesen Stellen verstärkte Belagbildung. Das gleiche beobachtet man am Ende der Füllstrecke. Dies hat seinen Grund darin, daß an den Fließfronten bei elastomeren Formmassen, die aus vielen, oft niedermolekularen Mischungspartnern bestehen – wie Wachse, Öle, Oligomere des Harzes –, diese zu einem gewissen Maße ausdampfen, von der Formmasse aber wieder eingeschlossen werden und kondensieren. Es kommt dann zum Aufbau fest haftender Beläge, die an der Oberfläche der Formteile zu matten Flecken führen [20].

5.9 Qualitative (Füllbild) und quantitative Berechnung des Füllvorgangs von Werkzeughohlräumen (Simulationsmodelle)*

5.9.1 Einleitung

Es ist häufig notwendig, das Füll- und Formbildungsverhalten im fertigen Spritzgießwerkzeug bereits vorab, d.h. während der Konzeption von Formteil und Werkzeug, zu ermitteln. Untersuchungen dieser Art, die eine qualitative und quantitative Analyse des später ablaufenden fließtechnischen Prozesses ermöglichen, werden allgemein unter dem Oberbegriff „Rheologische Auslegung" zusammengefaßt [22 bis 25].

Unter *qualitativer Analyse* ist hierbei die Erstellung eines Füllbilds zu verstehen, welches Informationen liefert über

– günstige Art und Positionierung der Anschnitte,
– die Füllbarkeit einzelner Fließabschnitte,
– die Lage von Bindenähten,
– die Lage möglicher Lufteinschlüsse und
– die Hauptorientierungsrichtungen.

---

* Die Abschnitte 5.9.1 und 5.9.2 sowie 5.9.3 wurden von Dr.-Ing. *W.B. Hoven-Nievelstein*, Dr.-Ing. *O. Kretschmar* und Dr.-Ing. *Th.W. Schmidt* verfaßt [21].

Als Hilfsmittel zur theoretischen Erstellung des Füllbilds stehen z. B. die Füllbildmethode [24 bis 26] und seit jüngster Zeit auch Berechnungsprogramme für grafikfähige Rechner zur Verfügung [26, 27].

Den zweiten Schritt, die *quantitative Analyse*, stellen dann Berechnungen dar, die es ermöglichen, unter Einbeziehung des Materialverhaltens und angenommener Verarbeitungsbedingungen die während der Formfüllung auftretenden Größen wie z. B.

– Drücke,
– Temperaturen,
– Schergeschwindigkeiten,
– Schubspannungen etc.

zu ermitteln.

Mit Hilfe dieser Berechnungen können die vorgesehenen konstruktiven Maßnahmen im Hinblick auf ihre Auswirkungen, d. h.

– Formteileigenschaften,
– Bindenahtfestigkeiten,
– Oberflächenqualität,
– Materialschädigung,
– Material- und Maschinenauswahl,
– günstiger Verarbeitungsbereich etc.

abgeschätzt werden.

5.9.2 Füllbild und seine Bedeutung

Ein Füllbild dient zur Feststellung der Fließfrontverläufe zu verschiedenen Zeiten der Formfüllung in unterschiedlichen Bereichen des Formhohlraums. Dem theoretischen Füllbild entspricht die Herstellung von Teilfüllungen im fertiggestellten Werkzeug durch abgestufte Einspritzvolumina. Die Bilder 109 bis 111 zeigen eine Gegenüberstellung von theoretischem Füllbild und Teilfüllungen aus dem praktischen Versuch.

Die Erstellung eines Füllbilds während der Formteil- oder Werkzeugkonstruktion ist sehr vorteilhaft, da es auf diese Weise möglich wird, die Lage von Bindenähten und Lufteinschlüssen frühzeitig, d. h. *vor* der Herstellung des Werkzeuges, zu erkennen. Werden derartige Problemstellungen erkannt, so kann ferner überprüft werden, ob

– durch Variation der Lage, Art und Anzahl von Anschnittstellen,
– durch Variation der Lage von konstruktiv gegebenen Durchbrüchen oder einzelner Wanddicken,
– durch Einbau von Fließhilfen oder -hemmungen

eine Verbesserung des Formfüllvorgangs herbeigeführt werden kann.

Ferner bildet die Füllbildermittlung eine günstige Voraussetzung für den Einsatz von Berechnungsprogrammen z. B. zur Druck- und Temperaturberechnung in der Füllphase. Exakte Berechnungen erfordern nämlich eine gedankliche Zerlegung des Formteils bzw. der Kavität in berechenbare Grundgeometrien (Segmente), die auf der Grundlage des Füllbilds ermittelt werden können.

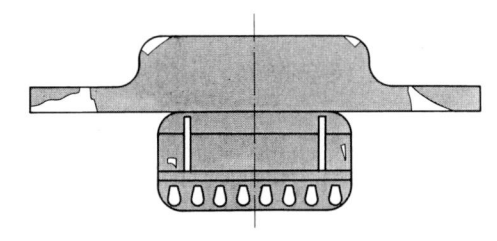

Bild 109 Vergleich zwischen Teilfüllung und theoretischem Füllbild [21]

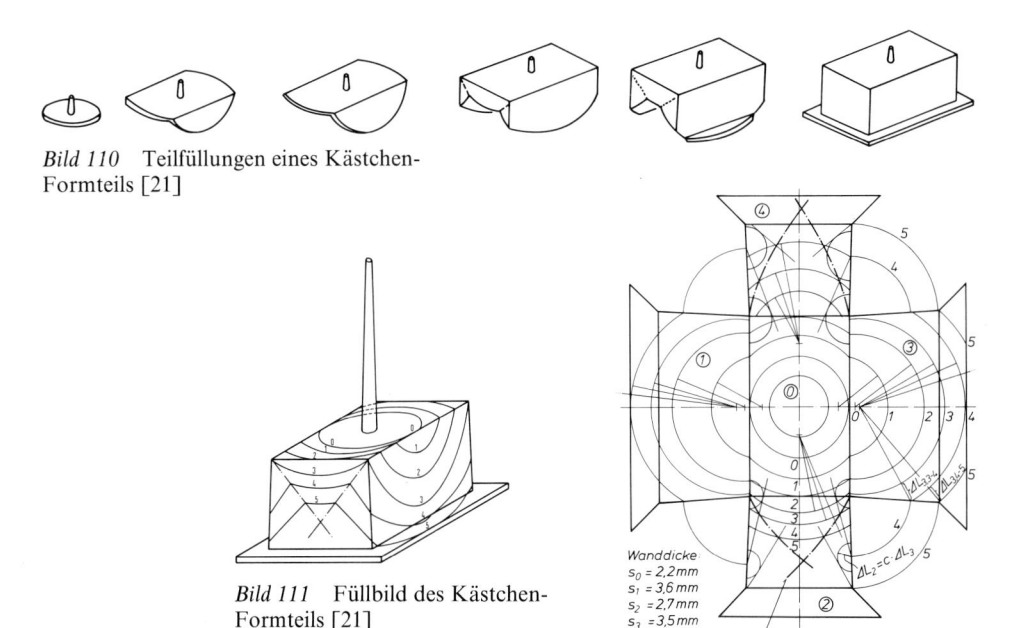

Bild 110 Teilfüllungen eines Kästchen-Formteils [21]

Bild 111 Füllbild des Kästchen-Formteils [21]

Wanddicke
$s_0 = 2{,}2$ mm
$s_1 = 3{,}6$ mm
$s_2 = 2{,}7$ mm
$s_3 = 3{,}5$ mm
$s_4 = 3{,}0$ mm

Bindenaht

5.9.3 Vorbereitung einer Füllsimulation mit dem „Füllbild"

Für die Füllbildermittlung wird von einer flächigen (ebenen) Darstellung des Formteils – einer Abwicklung – ausgegangen.

Zur Erstellung einer Abwicklung sind im wesentlichen drei geometrische Operationen notwendig:

– das Aufschneiden einer Fläche entlang einer Körperkante,
– die Drehung einer Fläche um eine körperfeste Achse,
– die Streckung einer gekrümmten Fläche (Flachlegung in die Papierebene).

Folgende Überlegungen und Vereinfachungen führen zu Abwicklungen, die für die spätere Füllbildkonstruktion günstig sind:

– Nach Möglichkeit sollte das reale Formteil in Teilbereiche aufgeteilt werden, die sich einfach abwickeln lassen (Schnittführung entlang gegebener Körperkanten). Die Zuordnung in der abgewickelten Darstellung erfolgt dann durch Kennzeichnung der gemeinsamen Verbindungslinien (Schnittkanten) oder -punkte (Bild 112).

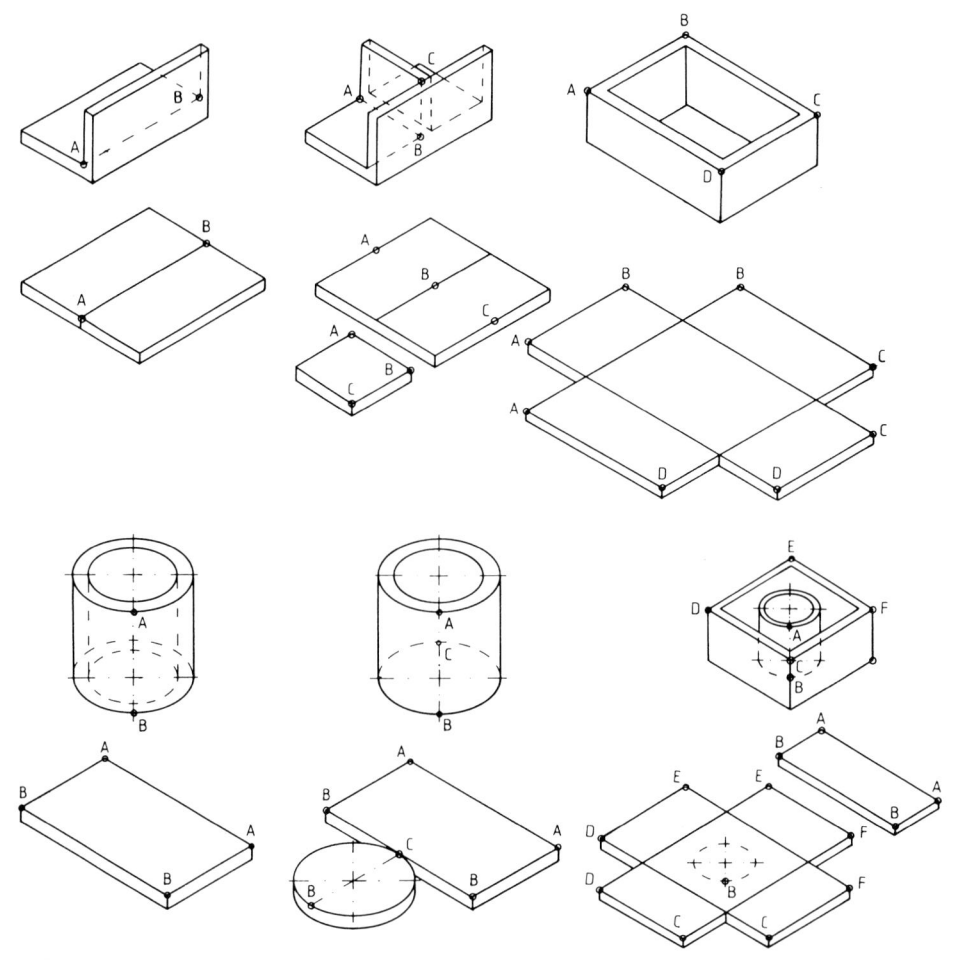

Bild 112 Abwicklungsbeispiele [21]

- Es sollte(n) diejenige(n) Fläche(n) als Ausgangsfläche(n) gewählt werden, auf der (denen) der (die) Anschnitt(e) lieg(t)(en) oder auf der (denen) der (die) längste(n) Fließweg(e) zu erwarten ist (sind).
- Flächen, die nicht direkt in die Abwicklung zusammenhängender Formteilbereiche einbezogen werden können (z.B. Rippen), werden getrennt in die Papierebene geklappt.
- Anbindungspunkte von Flächen (Rippen), die in Nebenabwicklungen dargestellt werden müssen, sollten eindeutig gekennzeichnet werden (Bild 112).
- Eine Möglichkeit zur Abwicklung komplizierter Teile besteht ferner im Herstellen und anschließenden Auftrennen eines Papiermodells. Umgekehrt ist die Qualität einer Abwicklung durch Ausschneiden und Zusammenfügen ihrer einzelnen Teile möglich, wodurch das Füllbild anschaulich wird.

5.9.4 Theoretische Grundlagen der Füllbildermittlung

Nach Hagen-Poiseuille gilt für plattenartige (zu durchströmende) Kanäle (H < B) für den Druckbedarf zur Überwindung dieses Widerstands [29].

$$\Delta p = 32 \, \varphi \, \bar{v}_F \frac{L \cdot \eta}{H^2 \cdot B} \tag{37}$$

worin bedeuten

Δp Druckverbrauch,
φ Faktor für Kanäle mit endlicher Breite bei praktischen Spritzgußteilen, wo $H \gg B$
  $\varphi = 1{,}5$,
$\bar{v}_F$ Geschwindigkeit, mit der sich die Fließfront in dem Kanal vorwärts bewegt,
L Fließweg,
B Breite eines Segments,
H Dicke, eines Segments
η Viskosität der Flüssigkeit.

Da nur die Fließfront betrachtet wird, ist es erlaubt anzusetzen, daß

– alle Faktoren überall entlang der Fließfront gleich sind. Dies ist der Fall, solange der gesamte Umfang Plattenstruktur besitzt;
– der Druck gleich ist, was für die Fließfront automatisch gegeben ist;
– die Viskosität entlang der gesamten Fließfront gleich ist. Dies ist so lange der Fall, wie die Schmelze die gleiche Temperatur entlang der Fließfront hat und keine so großen Anschnittsunterschiede vorhanden sind, daß die Strukturviskosität sich ändert, d. h. für $H_1/H_2 < 5$.

Betrachtet wird stets ein gleich breites Fließfrontsegment, d.h. $B_1 = B_2$. Somit ergibt sich für zwei Stellen der Fließfront, bei der unterschiedliche Dicken H vorhanden sind:

$$v_{F_1} \frac{L_1}{H_1^2} = v_{F_2} \frac{L_2}{H_2^2} \tag{38}$$

ersetzt man

$$v = \frac{\Delta L}{\Delta t}$$

und verfolgt, wie sich die Fließfront in gleichen Zeitschritten fortbewegt, d. h.

$$\Delta T = \text{konst.}$$

$$\frac{\Delta_1 L_1}{H_1^2} = \frac{\Delta_2 L_2}{H_2^2} \tag{39}$$

und da

$$L_1 = \Delta L_1$$

ergibt sich

$$\frac{\Delta L_1}{H_1} = \frac{\Delta L_2}{H_2}. \tag{40}$$

Der Fließfrontfortschritt in konstanten Zeiteinheiten entspricht dem Verhältnis der Dicken an den betrachteten Stellen.

Es hat sich bei der heute vorliegenden Erfahrung gezeigt, daß die Füllbildbestimmung in allen Fällen auch bei Schmelzen sehr unterschiedlicher Werkstoffe – von dünnflüssigen reaktiven Polyurethan oder Caprolactam über beliebige Thermoplast- oder Elastomerschmelzen und gefüllte Duromere – so lange sehr gute Übereinstimmung mit den praktischen Ergebnissen zeigt, wie davon ausgegangen werden kann, daß die Fließfront überall gleichmäßig mit Schmelze versorgt wird. Behindern jedoch verengende Querschnitte – z.B. eine Filmscharnierverengung – das Füllen größerer Teile der Kavität, dann wird im Nachfolgebereich ein Abweichen der Bindenähte zu beobachten sein, was aber bislang nie die qualitative Voraussage der Lage von Bindenähten gestört hat. Wenn jedoch diese Methode dazu dienen soll, z.B. bei den Simulationsprogrammen (wie CAD-MOULD 1 oder MOLDFLOW 1) die Drücke und Temperaturen in der Schmelze zu berechnen, dann ergeben sich in solchen Fällen erhebliche Fehler.

5.9.5 Praktische Vorgehensweise bei der graphischen „Füllbildermittlung"

5.9.5.1 Zeichnen der Fließfronten

Die Modellvorstellung, die der Füllbildmethode zugrunde liegt, lehnt sich an die Wellenausbreitungstheorie nach *Huygens* an. Sie besagt, daß jeder Punkt einer „alten" Wellenfront (Fließfront) als Ausgangspunkt (Mittelpunkt) einer sogenannten Elementarwelle (Kreiswelle) angesehen werden kann. Die Umhüllende der neuen Elementarwellen ergibt dann die neue (nächste) Wellenfront (Fließfront). Die „neue" Fließfront ergibt sich als Umhüllende der neuen Elementarwellen, die sich von jedem Punkt der letzten Fließfront kreisförmig ausbreiten. Der Radius jeder Elementarwelle ist gleich dem Fließfrontfortschritt Δl (Bilder 113 und 114).

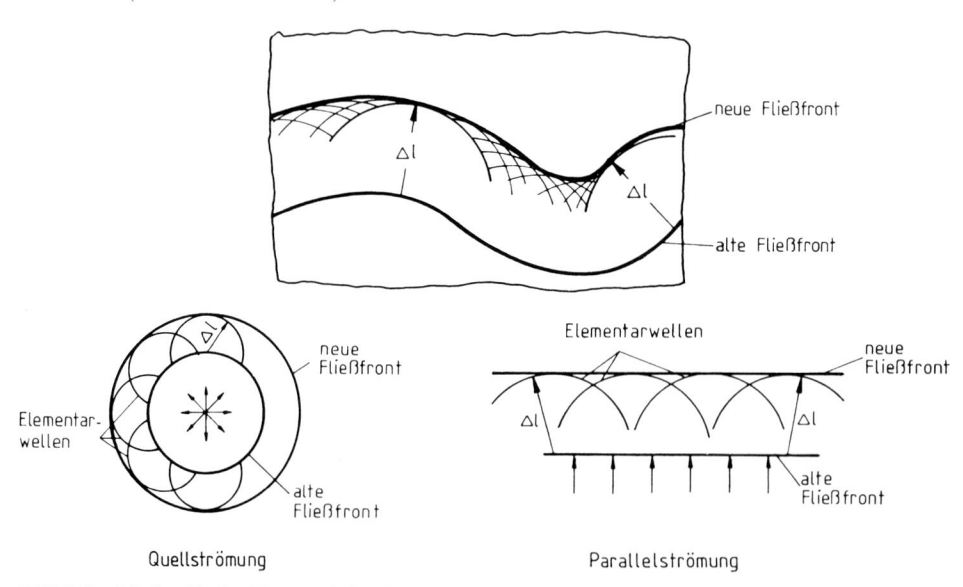

Bild 113 Methodik der Konstruktion [21]

Quellströmung   Parallelströmung

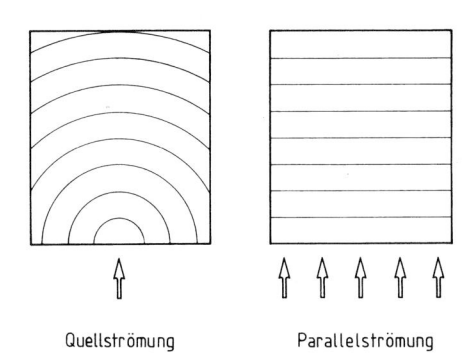

Bild 114 Anwendung auf Punkt- (links) und Bandanschnitt (rechts) [21]

5.9.5.2 Leitstrahlen zur Darstellung von Schattenbereichen

Formteilbereiche, die im „Schatten" von Durchbrüchen liegen, können nicht im direkten Parallel- oder Quellfluß vom Anschnitt ausgehend erreicht werden. Sie werden statt dessen von einer Fließfront ausgehend gefüllt (Bild 115).

Vom Anschnitt ausgehende Leitstrahlen zeigen diese Bereiche auf und bieten Unterstützungspunkte bei der Fließfrontkonstruktion (Bild 116).

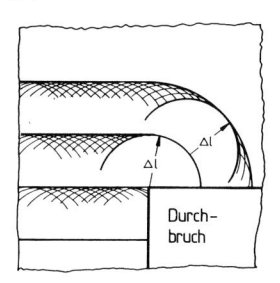

Bild 115 Fließfrontkonstruktion hinter Formteildurchbruch mit Elementarwellen [21]

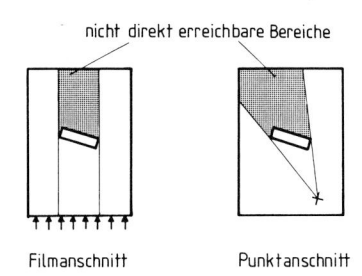

Bild 116 Leitstrahlen markieren nicht direkt erreichbare Bereiche [21]

Die Punkte P, in denen die Leitstrahlen den Durchbruch tangieren, bilden als Punkte „alter" Fließfronten die Ausgangspunkte neuer Elementarwellen, die die Füllung der „Schattenbereiche" hinter dem Durchbruch einleiten (Bilder 117 bis 119).

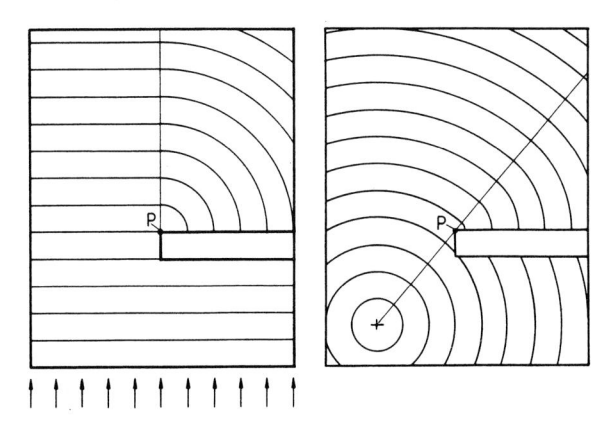

Bild 117 Fließfrontkonstruktion hinter Fließbarriere [21]. *Rechts:* Filmanschnitt, *links:* Punktanschnitt

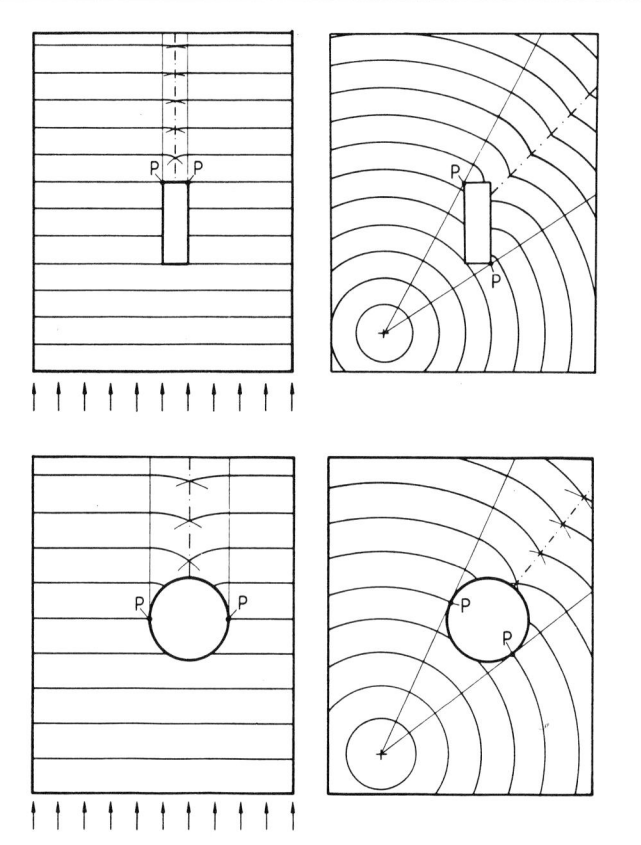

Bild 118
Fließfrontkonstruktion hinter rechteckigen Durchbruch [21].
Rechts: Filmanschnitt,
links: Punktanschnitt

+ Anschnitt
—·— Bindenaht

Bild 119 Fließfrontkonstruktion hinter rundem Durchbruch [21].
Rechts: Filmanschnitt,
links: Punktanschnitt

Bei komplizierten Formen von Fließbarrieren oder Durchbrüchen kann es notwendig werden, während der Fließfrontkonstruktion mehrere Leitstrahlen einzusetzen, um das Hinterströmen vollständig zu erfassen (Bild 120).

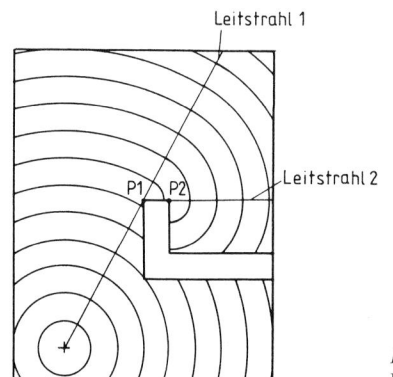

Bild 120 Fließfrontkonstruktion mit mehreren Leitstrahlen [21] (Punktanschnitt)

5.9.5.3 Bereiche unterschiedlicher Dicke

Die besonderen Vorteile der Füllbildmethode ergeben sich dadurch, daß das Teilfüllungsverhalten auch dann richtig ermittelt werden kann, wenn Dicken-(bzw. Fließhöhen-)unterschiede vorliegen.

Es gilt für einen Zeitschritt Δt der Zusammenhang

$$\Delta t = \frac{\Delta l}{H} = \text{const.,} \tag{41}$$

der besagt, daß Fließfrontfortsetzung Δl und Fließhöhe H in verschiedenen Bereichen von Kavität bzw. Formteil im gleichen Zeitintervall Δt stets in gleichem Verhältnis stehen.

Deutlich wird dieser Zusammenhang bei einer zentral angespritzten Platte einerseits mit konstanter, andererseits mit doppelter Wanddicke in einer Hälfte (Bild 121).

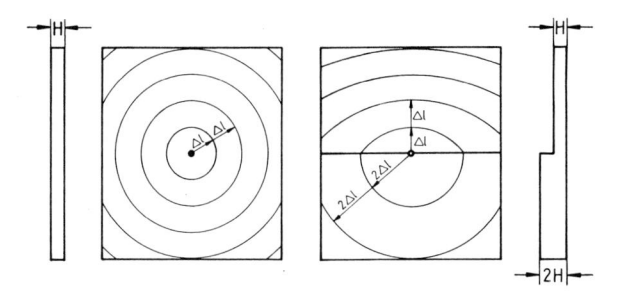

Bild 121 Fließfrontverlauf bei verschiedenen Wanddicken [21]

Die Tangentenkonstruktion als Hilfskonstruktion zur Füllbildermittlung wird angewendet, wenn in angrenzenden Bereichen unterschiedlicher Wanddicke eine zusammenhängende Fließfront gezeichnet werden soll. Das Überströmen vom Bereich größerer in einen Bereich geringerer Wanddicke wird angenähert durch eine lineare Interpolation zwischen bekannten Punkten der „neuen" Fließfront. Diese Methode ist eine Näherung der Mittelpunktskonstruktion, auf die später noch näher eingegangen wird.

Einzelschritte der Methode:

1. Die letzte Fließfront tangiert gerade den Rand des Formteilbereichs anderer Wanddicke (II) im Punkt P (Bild 122).

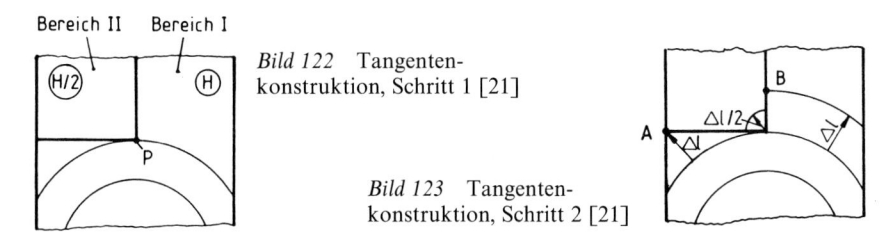

Bild 122 Tangentenkonstruktion, Schritt 1 [21]

Bild 123 Tangentenkonstruktion, Schritt 2 [21]

2. Zunächst wird die Fortsetzung Δl_I im alten Bereich gezeichnet. Es ergeben sich am Rand des Bereiches II die bekannten Punkte der neuen Fließfront A und B. Ausgehend vom Punkt P der alten Fließfront wird ein Quellfluß-Kreis (Elementarwelle) in den Bereich II gezeichnet. Der Radius ergibt sich hier nach der Vorschrift $\Delta l_{II} = \Delta l_I \cdot H_{II}/H_I$ (Bild 123).

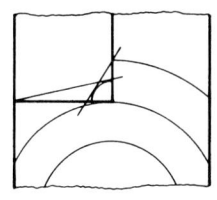

Bild 124 Tangenten-
konstruktion, Schritt 3 [21]

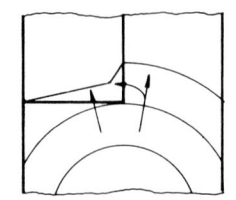

Bild 125 Tangenten-
konstruktion, Schritt 4 [21]

3. Die Tangenten werden von den bekannten Punkten der *neuen* Fließfront A und B ausgehend an den Quellflußkreis gelegt (Bild 124).
4. So entsteht der vollständige Verlauf der neuen Fließfront (Bild 125).
5. Ist der Bereich II dünner als der Bereich I, so wird das Überströmen von II nach I wie oben beschrieben dargestellt. Ist dagegen der Bereich II dicker als der Bereich I, dann wird das Überströmen von II nach I mittels eines zweiten Quellflußkreises mit angelegter Tangente erfaßt (Bild 126).

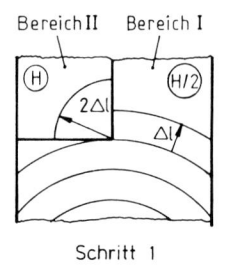

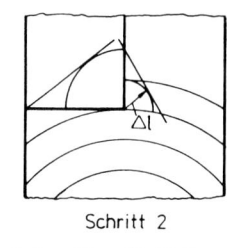

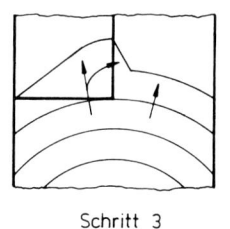

Bild 126 Tangentenkonstruktion, $H_{II} > H_I$ [21]

Die Mittelpunktskonstruktion als weitere Hilfskonstruktion zur Füllbildermittlung stellt eine Verfeinerung der Tangentenkonstruktion dar.

Anstelle der linearen Interpolation zwischen bekannten Punkten der neuen Fließfront wird hier eine Kreisbogen-Interpolation durchgeführt.

Sie sollte insbesondere dann angewendet werden, wenn:

– große Schrittweiten gewählt werden oder
– große Wanddickenunterschiede zwischen angrenzenden Teilbereichen vorliegen.

Einzelschritte der Methode:

1. Die letzte Fließfront tangiert gerade den Rand des Formteilbereichs anderer Wanddicke im Punkt P (Bild 127).
2. Die neue Fließfront im alten Bereich I wird mit dem Fortschritt Δl_I gezeichnet. Es ergeben sich am Rand des anderen Bereiches II die bekannten Punkte der neuen Fließfront A und B.
   Ausgehend vom Punkt P der alten Fließfront wird der Fortschritt Δl_{II} in den Bereich II eingetragen. Er ergibt sich aus der Vorschrift $\Delta l_{II} = \Delta l_I \, H_{II}/H_I$.
   Ein weiterer Punkt C der neuen Fließfront ist nun ermittelt (Bild 128).
3. Es liegen jetzt drei Punkte A, B und C der neuen Fließfront vor. Nach Verbindung der Punkte A und C sowie C und B mit Geraden werden auf diesen die Mittelsenk-

rechten errichtet. Die Mittelsenkrechten werden zum Schnitt gebracht und es ergibt sich der Mittelpunkt M (Bild 129).
4. Ein Kreisbogen um M durch die Punkte A, B und C stellt die neue Fließfront im Bereich II dar (Bild 130).

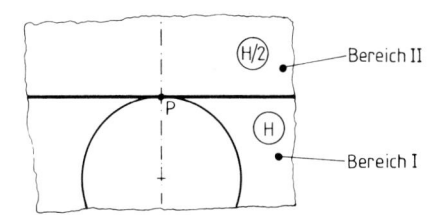

Bild 127 Mittelpunktkonstruktion, Schritt 1 [21]

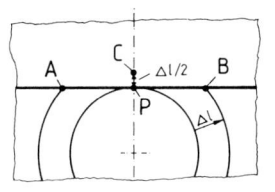

Bild 128 Mittelpunktkonstruktion, Schritt 2 [21]

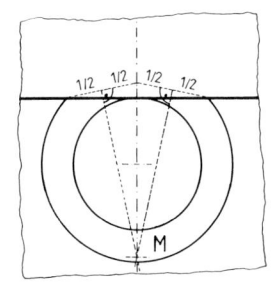

Bild 129 Mittelpunktkonstruktion, Schritt 3 [21]

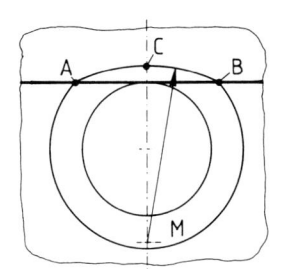

Bild 130 Mittelpunktkonstruktion, Schritt 4 [21]

Zum Vergleich sei der sich nach der Tangentenkonstruktion ergebende Fließfrontenverlauf für das gleiche Beispiel angeführt (Bild 131).

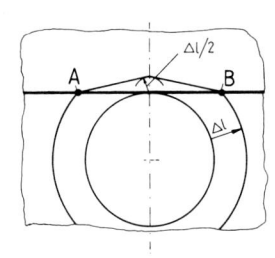

Bild 131 Fließfrontverlauf aufgrund der Tangentenkonstruktion [21]

Beispiele für die Tangenten- und Mittelpunktkonstruktion zeigen die Bilder 132 bis 134.
Es ist ebenfalls möglich, Tangenten- und Mittelpunktskonstruktion zu kombinieren (Bild 135).
Die Mittelpunktskonstruktion beschreibt das Einströmen von Bereich I und II, die Tangentenkonstruktion das Überströmen von I nach II (136).
Auch hier lassen sich Tangenten- und Mittelpunktskonstruktion kombinieren (Bild 137).
Die Tangentenkonstruktion beschreibt das Überströmen von Bereich II nach I, die Mittelpunktskonstruktion das Einströmen von I nach II.

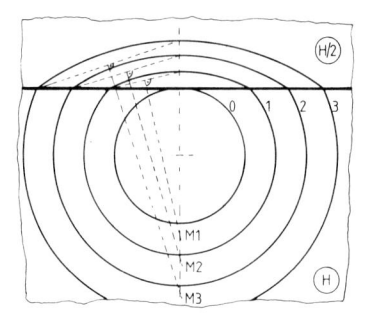

Bild 132 Füllbildermittlung mit der Mittelpunktkonstruktion [21]

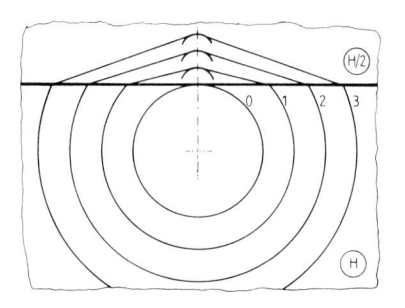

Bild 133 Füllbildermittlung mit der Tangentenkonstruktion [21]

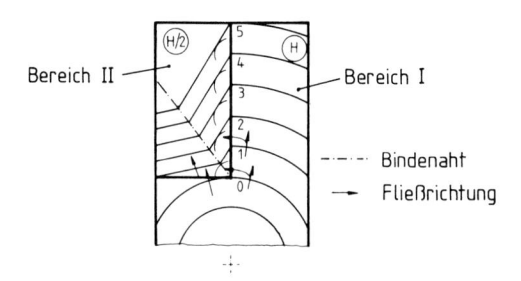

Bild 134 Füllbildermittlung mit der Tangentenkonstruktion [21]

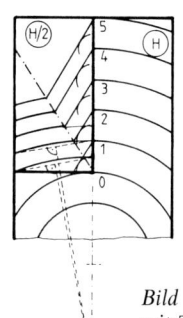

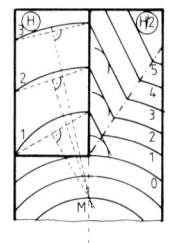

Bild 135 Füllbildermittlung mit Tangenten- und Mittelpunktkonstruktion [21]

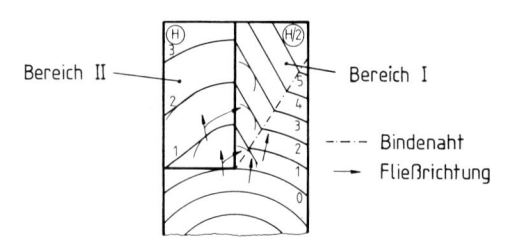

Bild 136 Füllbildermittlung mit der Tangentenkonstruktion [21]

Bild 137 Füllbildermittlung mit Tangenten- und Mittelpunktkonstruktion [21]

5.9.5.4 Füllbilder von Rippen

Hier sei zunächst die Füllung von Rippen, die dünnwandiger als der Grundbereich sind (Bild 138) betrachtet.

Dünnwandigere Rippen werden vom Grundbereich her gefüllt. Sie beeinflussen das Füllbild des Grundkörpers nicht. Beim Beispiel in Bild 138 sollte eine Entlüftungsmöglichkeit an der Rippenecke C vorgesehen werden bzw. sollte die Rippe nicht als geschlossene Tasche gefertigt werden.

Ein weiteres Beispiel zeigt Bild 139. Hier sollten Entlüftungsmöglichkeiten an den Stellen A und B vorgesehen werden.

5.9 Berechnung des Füllvorgangs von Werkzeughohlräumen 169

Bild 138   Rippe dünnwandiger als Grundbereich [21]

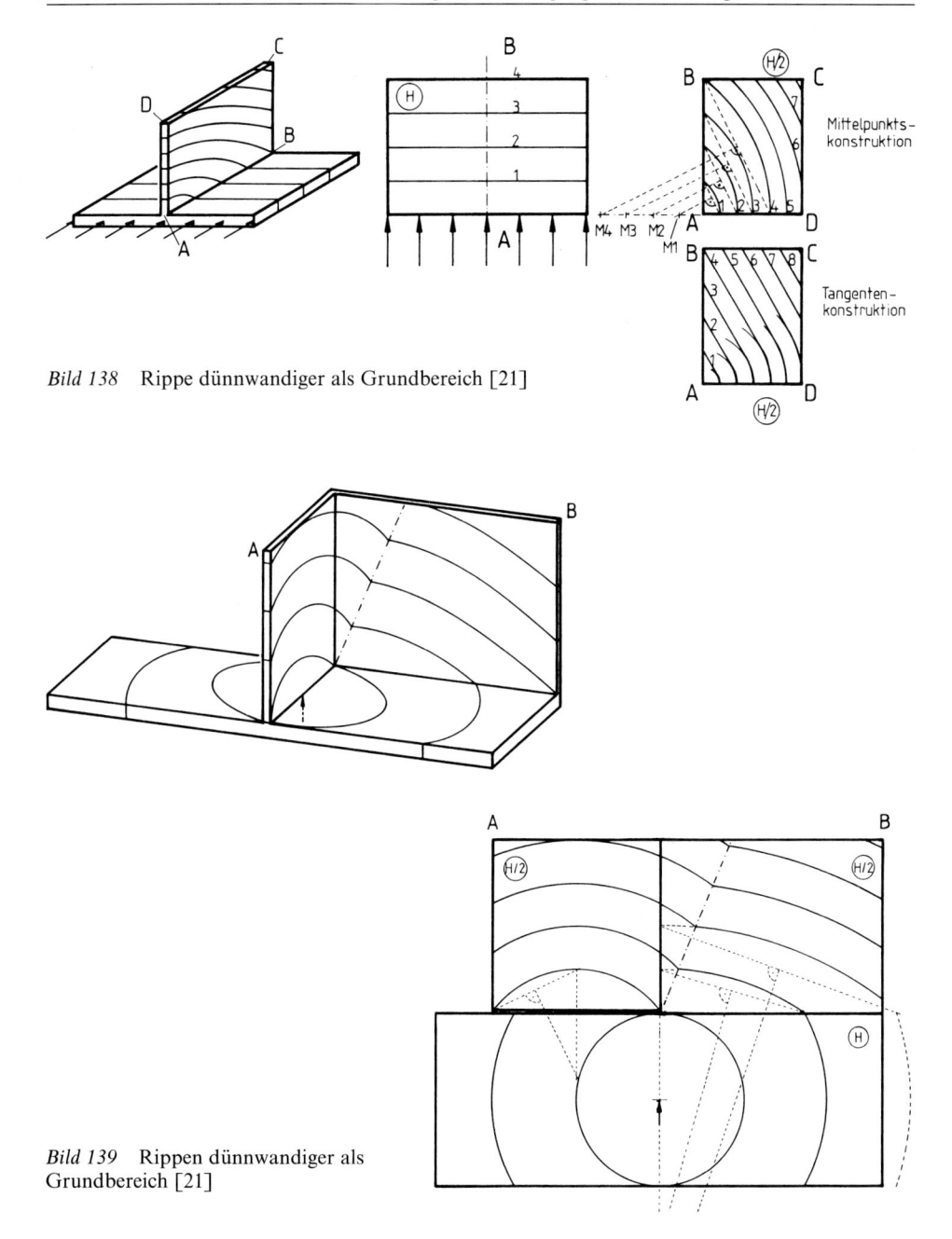

Bild 139   Rippen dünnwandiger als Grundbereich [21]

Die Füllung von Rippen, die dickwandiger als der Grundbereich sind, wird in Bild 140 dargestellt.

Durch Vorströmen der Schmelze in der dickwandigen Rippe wird das Füllbild im Grundbereich beeinflußt. Es sollte eine Entlüftungsmöglichkeit an der Rippenecke C vorgesehen werden sowie an den Enden der beiden Bindenähte.

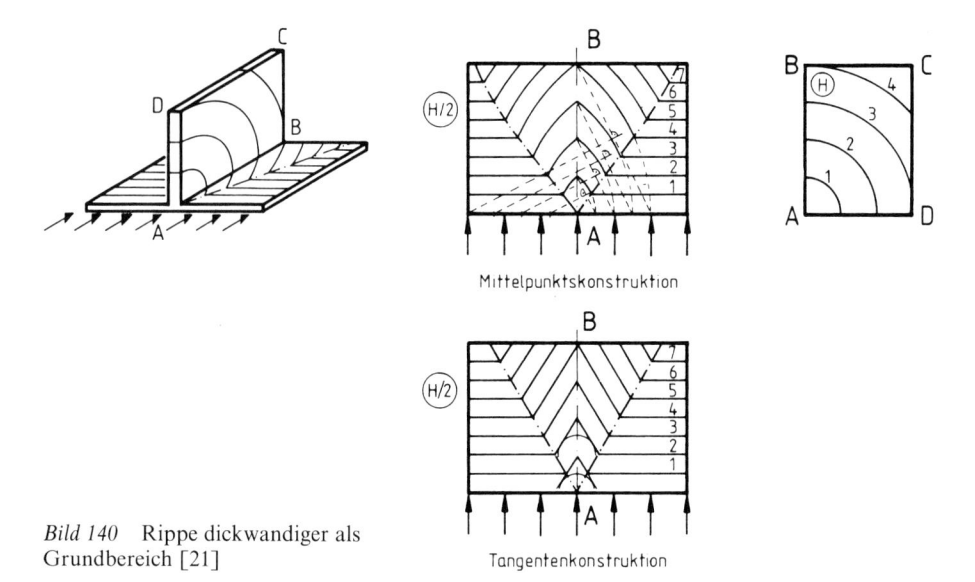

Bild 140 Rippe dickwandiger als Grundbereich [21]

5.9.5.5 Füllbilder von Kastenformteilen

In der Abwicklung stellen sich die Verbindungslinien (Schnittlinien) zusammenhängender Bereiche als Kurven, in speziellen Fällen als Geraden dar. Bei der Füllbildermittlung müssen die Fließfortschritte an einer Verbindungslinie abgegriffen und auf die zugehörige „gegenüberliegende" Verbindungslinie übertragen werden, um ein Vor- bzw. Überströmen richtig zu erfassen (Bild 141).

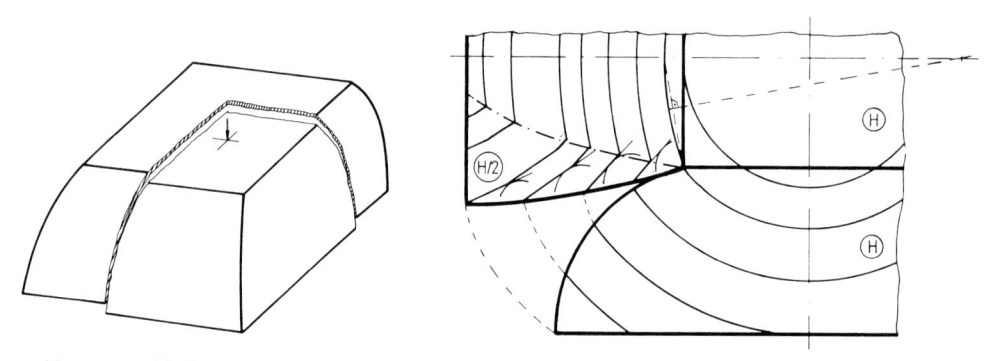

Bild 141 Verbindung an einem Kasten-Formteil [21]

5.9.5.6 Analyse von kritischen Füllbereichen

Bindenähte entstehen durch Zusammenfluß verschiedener Schmelzeströme. Sie entstehen in jedem Falle hinter Durchbrüchen.
Im Füllbild sind Punkte der Bindenaht als „Knicke" im Fließfrontverlauf erkennbar. Die Bindenaht im Füllbild ergibt sich als Verbindungslinie dieser Zusammenflußpunkte.
Bindenähte sind um so stärker ausgeprägt (und damit qualitätsmindernd), je kleiner der Zusammenflußwinkel der Fließfronten ist (Bild 142).

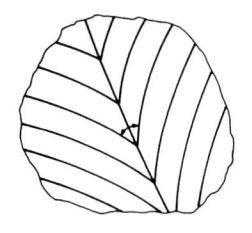

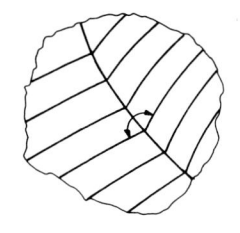

Bild 142 Bindenähte [21].
Links: stark ausgeprägt,
rechts: schwach ausgeprägt

Angußnahe Bindenähte sind unkritischer als angußferne, da sie einerseits bei relativ hohem Temperaturniveau entstehen, andererseits u.U. durch nachfließende Schmelze durchströmt werden können. Bei angußfernen Bindenähten können Schwachstellen aufgrund starker Schmelzeabkühlung und damit schlechter Verschweißung entstehen.

Lufteinschlüsse entstehen an Zusammenflußstellen von Fließfronten, wenn die Luft nicht über eine Trennebene oder andere Wege entweichen kann (Bild 143). Die Folge können, neben unvollständiger Füllung, auch Brenner sein (Dieseleffekt).

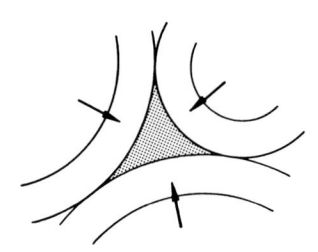

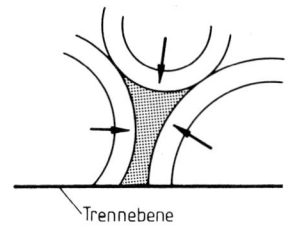

Bild 143 Lufteinschlüsse [21].
Links: kritisch, *rechts:* unkritisch

Neben einer sorgfältigen Schleifbehandlung der Trennebenen (240er Korn, nicht feiner) bieten sich als Abhilfemaßnahmen für Fälle, in denen die Luft nicht über vorhandene Trennebenen entweichen kann, an:

- Einbau einer zusätzlichen Trennfuge,
- Verlegung der Auswerferstifte in Bereiche, in denen Lufteinschlüsse vermutet werden (Luft kann über Bohrungen entweichen),
- Entlüftungsstifte,
- Verlegung des Angusses (Anschnitts),
- Wanddickenänderung am Formteil.

5.9.5.7 Abschließende Hinweise

Folgende Empfehlungen sollen als Entscheidungshilfen für komplizierte Anwendungsfälle dienen. Sie basieren auf häufigen Erfahrungen mit Füllbildern von Formteilen aus der Praxis:

- Die *Elementarwellenkonstruktion* eignet sich gut für die Fließfrontfortsetzung in Bereichen gleicher Wanddicke. Sie kann immer angewendet werden. Sie sollte immer dann angewendet werden, wenn bezüglich der anderen Hilfskonstruktionen Schwierigkeiten bestehen.
- Die *Mittelpunktkonstruktion* empfiehlt sich, wenn ein Bereich mit anderer Wanddicke gefüllt wird. Sie ist genauer als die Tangentenkonstruktion, aber auch aufwendiger.
- Die *Tangentenkonstruktion* sollte angewendet werden, wenn ein Überströmen von einem Bereich größerer in einen mit geringer Wanddicke quer zur Strömungsrichtung im dickwandigen Bereich stattfindet.

Die Mittelpunktskonstruktion kann hier auch angewendet werden, ist aber wesentlich zeitaufwendiger, vor allem, wenn für jede Fließfront ein neuer Mittelpunkt gesucht werden muß.
- Die *Schrittweite* bei der Konstruktion sollte maximal so groß gewählt werden, daß gerade eine „Problemstelle" erreicht wird, nach der sich eine Änderung in der Konstruktion ergeben wird.
  Problemstellen sind z. B.
  – Erreichen eines Bereiches anderer Wanddicke,
  – Füllung von „Schatten-Bereichen" (Leitstrahlen),
  – Überströmen von Bereichen größerer in solche geringerer Wanddicke (quer zur Strömungsrichtung im dickwandigeren Bereich),
  – Zusammenfließen von Fließfronten (Bindenähte, Lufteinschlüsse).

5.9.6 Quantitative Füllanalyse

Eine quantitative Füllanalyse baut auf den Erkenntnissen von Strömungslehre (Rheologie) und Thermodynamik auf und muß die Grundgleichungen für Kontinuität, Impuls und Energie lösen. Hierbei handelt es sich um ein gekoppeltes System von Differentialgleichungen (Bild 144). Diese sind für eine so komplizierte Geometrie wie die Kavität eines Spritzgießwerkzeuges natürlich nicht mehr geschlossen lösbar, so daß sie mit irgendeiner Näherungsmethode gelöst werden müssen.

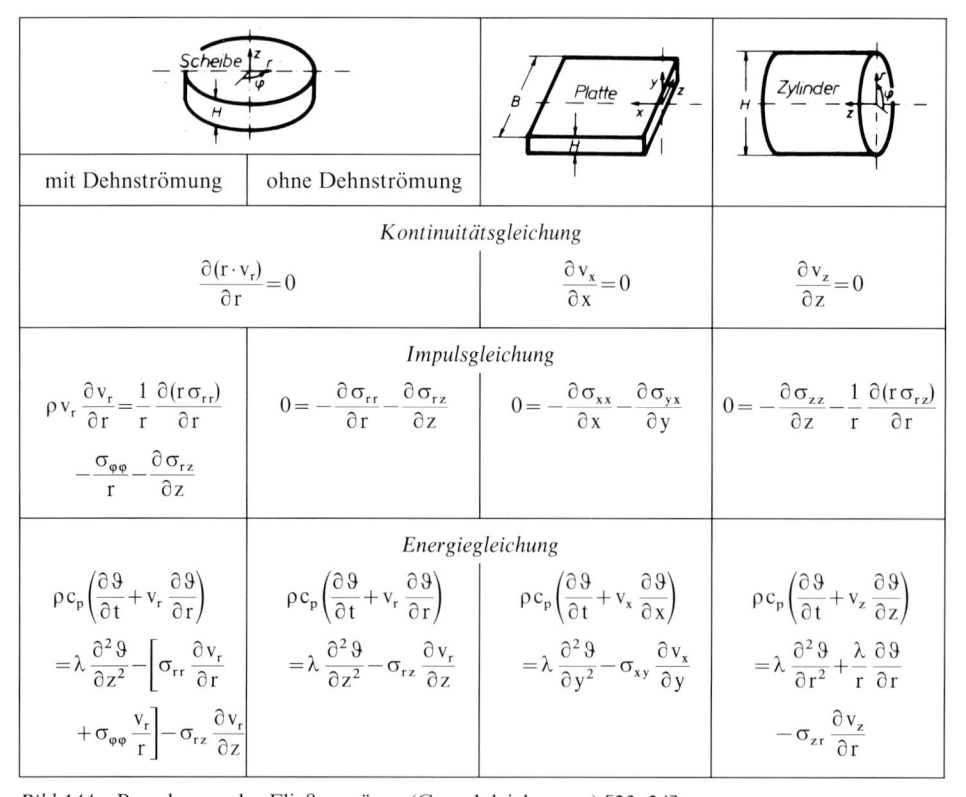

Scheibe		Platte	Zylinder
mit Dehnströmung	ohne Dehnströmung		
Kontinuitätsgleichung			
$\dfrac{\partial (r \cdot v_r)}{\partial r} = 0$		$\dfrac{\partial v_x}{\partial x} = 0$	$\dfrac{\partial v_z}{\partial z} = 0$
Impulsgleichung			
$\rho v_r \dfrac{\partial v_r}{\partial r} = \dfrac{1}{r}\dfrac{\partial (r\sigma_{rr})}{\partial r}$ $-\dfrac{\sigma_{\varphi\varphi}}{r} - \dfrac{\partial \sigma_{rz}}{\partial z}$	$0 = -\dfrac{\partial \sigma_{rr}}{\partial r} - \dfrac{\partial \sigma_{rz}}{\partial z}$	$0 = -\dfrac{\partial \sigma_{xx}}{\partial x} - \dfrac{\partial \sigma_{yx}}{\partial y}$	$0 = -\dfrac{\partial \sigma_{zz}}{\partial z} - \dfrac{1}{r}\dfrac{\partial (r\sigma_{rz})}{\partial r}$
Energiegleichung			
$\rho c_p \left(\dfrac{\partial \vartheta}{\partial t} + v_r \dfrac{\partial \vartheta}{\partial r} \right)$ $= \lambda \dfrac{\partial^2 \vartheta}{\partial z^2} - \left[\sigma_{rr}\dfrac{\partial v_r}{\partial r} \right.$ $\left. + \sigma_{\varphi\varphi}\dfrac{v_r}{r} \right] - \sigma_{rz}\dfrac{\partial v_r}{\partial z}$	$\rho c_p \left(\dfrac{\partial \vartheta}{\partial t} + v_r \dfrac{\partial \vartheta}{\partial r} \right)$ $= \lambda \dfrac{\partial^2 \vartheta}{\partial z^2} - \sigma_{rz}\dfrac{\partial v_r}{\partial z}$	$\rho c_p \left(\dfrac{\partial \vartheta}{\partial t} + v_x \dfrac{\partial \vartheta}{\partial x} \right)$ $= \lambda \dfrac{\partial^2 \vartheta}{\partial y^2} - \sigma_{xy}\dfrac{\partial v_x}{\partial y}$	$\rho c_p \left(\dfrac{\partial \vartheta}{\partial t} + v_z \dfrac{\partial \vartheta}{\partial z} \right)$ $= \lambda \dfrac{\partial^2 \vartheta}{\partial r^2} + \dfrac{\lambda}{r}\dfrac{\partial \vartheta}{\partial r}$ $- \sigma_{zr}\dfrac{\partial v_z}{\partial r}$

Bild 144 Berechnung der Fließvorgänge (Grundgleichungen) [23, 24]

5.9 Berechnung des Füllvorgangs von Werkzeughohlräumen 173

Hierzu gibt es zwei Möglichkeiten:

a) Man löst die Geometrie in Segmente auf, für die die entkoppelten Differentialgleichungen am einfachsten durch die Differenzenmethode für kleine Zeitschritte gelöst werden [23, 24].
b) Man strukturiert die Geometrie in Finite Elemente um und löst für jeden Knoten das entkoppelte Differentialgleichungssystem für kleine Zeitschritte mit Hilfe eines der dafür erprobten Näherungsverfahren (Bild 145) [9].

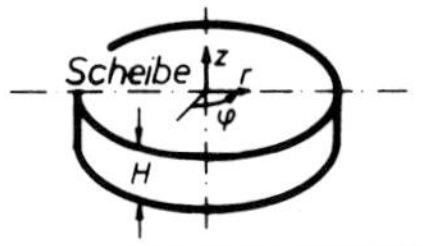

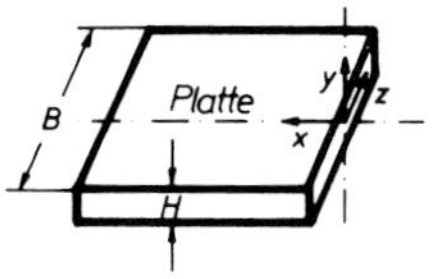

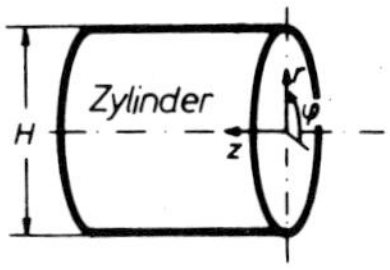

	Scheibe mit Dehnströmung	Scheibe ohne Dehnströmung	Platte	Zylinder
Geschwindigkeitsverteilung	$v_r = \int_0^{H/2} \frac{1}{\eta} \left\{ \int_0^z \left[\left(-\frac{\partial p}{\partial r} - \frac{v_r}{r}\right) \right. \right.$ $\left. \left. \cdot \frac{1,5\eta_0}{r} - \rho \cdot v_r \right] dz \right\} dz$	$v_r = \left(-\frac{\partial p}{\partial r}\right)$ $\cdot \int_z^{H/2} \frac{1}{\eta} z \, dz$	$v_x = \left(-\frac{\partial p}{\partial x}\right)$ $\cdot \int_y^{H/2} \frac{1}{\eta} y \, dy$	$v_z = \frac{1}{2}\left(-\frac{\partial p}{\partial z}\right)$ $\cdot \int_r^{R} \frac{1}{\eta} r \, dr$
mittlere Geschwindigkeit	$\bar{v}_r = \frac{2}{H} \int_0^{H/2} v_r \, dz$	$\bar{v}_r = \frac{2}{H}\left(-\frac{\partial p}{\partial r}\right)$ $\cdot \int_0^{H/2} \frac{1}{\eta} z^2 \, dz$	$\bar{v}_x = \frac{2}{H}\left(-\frac{\partial p}{\partial x}\right)$ $\cdot \int_0^{H/2} \frac{1}{\eta} y^2 \, dy$	$\bar{v}_z = \frac{1}{2R^2}\left(-\frac{\partial p}{\partial z}\right)$ $\cdot \int_0^{R} \frac{1}{\eta} r^3 \, dr$
Schergeschwindigkeit	$-\frac{\partial v_r}{\partial z} = \frac{1}{\eta} \int_0^z \left[\left(-\frac{\partial p}{\partial r}\right) \right.$ $\left. -\frac{v_r}{r}\left\{\frac{1,5\eta_0}{r} - \rho v_r\right\} \right] dz$	$-\frac{\partial v_r}{\partial z} = \left(-\frac{\partial p}{\partial r}\right) \cdot \frac{1}{\eta} \cdot z$	$-\frac{\partial v_x}{\partial y} = \left(-\frac{\partial p}{\partial x}\right) \cdot \frac{1}{\eta} \cdot y$	$-\frac{\partial v_z}{\partial r} = \frac{1}{2}\left(-\frac{\partial p}{\partial z}\right) \cdot \frac{1}{\eta} \cdot r$
Druckgradient implizit in Geschwindigkeitsverteilung		$\left(-\frac{\partial p}{\partial r}\right) = \frac{\dot{V}}{4\pi r \int_0^{H/2} \frac{1}{\eta} z^2 \, dz}$ $\dot{V} = 2 \cdot \pi \cdot r \cdot H \cdot \bar{v}_r$	$\left(-\frac{\partial p}{\partial x}\right) = \frac{\dot{V}}{2B \int_0^{H/2} \frac{1}{\eta} y^2 \, dy}$ $\dot{V} = B \cdot H \cdot \bar{v}_x$	$\left(-\frac{\partial p}{\partial z}\right) = \frac{2\dot{V}}{\pi \int_0^{R} \frac{1}{\eta} r^3 \, dr}$ $\dot{V} = \pi \cdot R^2 \cdot \bar{v}_z$

Bild 145 Berechnung der Fließvorgänge (Bestimmungsgleichungen) [23, 24]

Beide Methoden erfordern den Einsatz von Rechnern, hierauf wird in Kapitel 14 ausführlich eingegangen. Die Methoden sind natürlich genauso für andere Werkstoffe bzw. Schmelzen oder reaktive Flüssigkeiten (RIM) geeignet.

5.9.7 Analytische Auslegung von Angüssen und Angußverteilern

5.9.7.1 Rheologische Grundlage

Angüsse können ausreichend genau mit Hilfe der Hagen-Poiseuille-Beziehung

$$\Delta p = \frac{1}{K} \dot{V} \eta \qquad (42)$$

oder mit der Geschwindigkeit v

$$\Delta p = \frac{1}{K} \cdot \frac{v \eta}{A} \qquad (42\,a)$$

oder mit einem sogenannten Düsenwiderstand, dem Kehrwert des Düsenleitwerts

$$\Delta p = W \dot{V} \eta \qquad (42\,b)$$

oder mit der Geschwindigkeit bestimmt werden.

$$\Delta p = \frac{W}{A} v \eta. \qquad (42\,c)$$

Darin bedeuten:

Δp Druckverlust,
K Düsenleitwert (siehe Tabelle 27 und Bild 148),
W Düsenwiderstand (Tabelle 27 und Bild 148),
$\dot{V}$ Schmelzestrom $\frac{\Delta V}{\Delta t}$,
v Geschwindigkeit,
A Querschnitt des Strömungskanals,
η Viskosität (vgl. Abschnitt 5.9.1.1).

5.9.7.2 Viskosität der Schmelze bei Thermoplasten

Die Viskosität als Maßzahl für die Fließfähigkeit kann für Kunststoffschmelzen nur für überschlägige Rechnungen als Konstante

$$\eta = \text{konstant} = \eta_0$$

angenommen werden. Kunststoffschmelzen sind strukturviskos. In einer stoffunabhängigen (invariant oder auch reduziert genannt) Darstellung von Vinogradov und Malkin [30], die alle Kunststoffschmelzen zusammenfaßt (Bild 146), kann man dies gut erkennen. Dies bedeutet, je höher die Geschwindigkeit ist, desto dünnflüssiger verhalten sie sich. Rechnet man somit mit einer konstanten Viskosität – z.B. η_0 der Viskosität bei Schergeschwindigkeit $\dot{\gamma} \to 0$, also z.B. Werten, die im Labor auf einem Kapillarviskosimeter unter niedrigen Drücken bzw. niedrigen Ausflußgeschwindigkeiten gemessen wurden, dann rechnet man mit zu hohen Werten, was für eine Abschätzung zur sicheren Seite hin erlaubt sein kann. Für genauere Rechnungen gibt es nun eine Reihe von Näherungsmethoden. Die bekannteste ist der sogenannte Exponentialansatz genannt

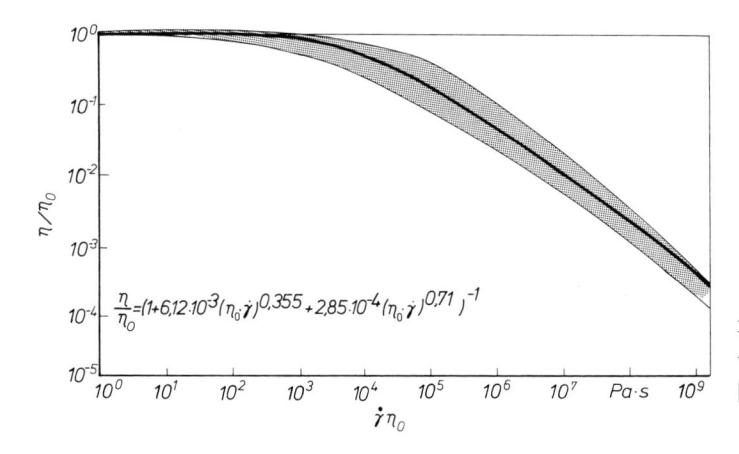

Bild 146 Reduzierte Viskositätsfunktion von Vinogradov und Malkin [30]

Graph: $\frac{\eta}{\eta_0} = (1+6{,}12\cdot 10^{-3}(\eta_0\dot{\gamma})^{0{,}355} + 2{,}85\cdot 10^{-4}(\eta_0\dot{\gamma})^{0{,}71})^{-1}$

nach seinem Erfinder *Ostwald de Waele*:

$$\eta = \phi\,\dot{\gamma}^m,$$

wobei die Konstanten und der Exponent nur bereichsweise konstant sind.

Die praktikabelste Methode geht davon aus, daß eine Rohrströmung einer nicht strukturviskosen (sogenannten Newtonschen Schmelze) und einer strukturviskosen Schmelze zwei Stromlinien besitzt, wo die Viskosität den gleichen Wert annimmt. Erfreulicherweise ist deren Radius-Abstand von den Mittellinien bei nicht runden Kanälen praktisch eine Konstante, meist mit e_0 bezeichnet [31].

Dieser Ansatz ist praktikabler, weil keine Exponenten vorkommen (aber noch wenig eingeführt). Man geht dann so vor, daß man für den gewünschten Durchsatz, d.h. Einspritzvolumen V_{Sp} durch (Ein-)Spritzzeit t_{Sp}

$$\frac{V_{sp}}{t_{sp}} = \dot{V} = \text{konst} \tag{43}$$

den auf die Länge bezogenen Druckabfall gemäß Tabelle 27 errechnet, wobei man die entsprechende Geometrie des vorgesehenen Kanals oder Angusses einsetzt. Hiermit ermittelt man aus einem – von den Lieferanten erhältlichen – Diagramm die zugehörige (repräsentative) Viskosität $\bar{\eta}$.

Für die genaueren Berechnungen, wie sie mit numerischen Methoden (Finite Differenzen oder Finite Elemente, vgl. Abschnitt 14.2.3.1) ausgeführt werden, benützt man am zweckmäßigsten den Carreau-Ansatz [33, 34], der sowohl die Viskositätskurve aller Polymere sehr genau zu beschreiben gestattet und die Abhängigkeit der Viskosität von der Temperatur in Form eines Verschiebefaktors a_x berücksichtigt (Bilder 147 und 148).

Die Koeffizienten der Carreau-WLF-Funktion können Tabelle 28 entnommen werden.

Tabelle 27 Druckabfall $\Delta p/L$ [32]

Geometrie	Newton'sch ($\tau = \eta \cdot \dot\gamma$)	Strukturviskos $\left(\tau^m = \dfrac{1}{\phi}\dot\gamma\right)$	Strukturviskos: Repräs. Größen
Kreis (Rohr)	$\dfrac{\Delta p}{L} = \dfrac{8\eta \cdot \dot V}{\pi R^4}$	$\dfrac{\Delta p}{L} = \left[\dfrac{2^m(m+3)\cdot \dot V}{\phi \pi R^{m+3}}\right]^{\frac{1}{m}}$	$\dfrac{\Delta p}{L} = \dfrac{8\bar\eta \cdot \dot V}{\pi R^4} = \dfrac{8\bar\eta \cdot \bar{\dot\gamma}}{\pi R} = \dfrac{8\bar\eta \cdot \bar v_z}{R^2}$
Kreisspalt (Ringspalt)	$\dfrac{\Delta p}{L} = \dfrac{12\eta \cdot \dot V}{\pi D H^3}$; $H \ll D$	$\dfrac{\Delta p}{L} = \left[\dfrac{2^{m+1}(m+2)\dot V}{\phi \pi D H^{m+2}}\right]^{\frac{1}{m}}$	$\dfrac{\Delta p}{L} = \dfrac{12\bar\eta \cdot \dot V}{\pi D H^3}$ $\dfrac{\Delta p}{L} = \dfrac{8\bar\eta \cdot \dot V}{\pi(R_a^2 - R_i^2)\cdot \bar R}$ $\bar R = R_a\left(1 + k^2 + \dfrac{1-k^2}{\ln k}\right)^{\frac{1}{2}}$; $k = \dfrac{R_i}{R_a}$
Schlitz (Rechteckspalt)	$\dfrac{\Delta p}{L} = \dfrac{12\eta \cdot \dot V}{B \cdot H^3}$ ($B \gg H$) $\dfrac{\Delta p}{L} = \dfrac{12\eta \cdot \dot V}{B \cdot H^3}\cdot f_p$ ($B/H \le 20$) $f_p \to$ (Bild 148)	$\dfrac{\Delta p}{L} = \left[\dfrac{2^{m+1}(m+2)\dot V}{\phi B \cdot H^{m+2}}\right]^{\frac{1}{m}}$	$\dfrac{\Delta p}{L} = \dfrac{12\bar\eta \cdot \dot V}{BH^3} = \dfrac{12\bar\eta \bar v}{H^2}$
Unregelmäßiger Querschnitt (allgemein)	a) $\dfrac{\Delta p}{L} = \dfrac{12\eta \cdot \dot V}{B\cdot H^3}\cdot f_p$ $f_p \to$ (Bild 148) b) $\dfrac{\Delta p}{L} = \dfrac{2\eta U^2 \cdot \dot V}{A^3}$ (Näherungsformel)	$\dfrac{\Delta p}{L} = \left[\dfrac{(m+3)U^{m+1}\dot V}{2\phi A^{m+2}}\right]^{\frac{1}{m}}$ (Näherungsformel!)	— ($\bar\eta$ nicht allgemeingültig formuliert)

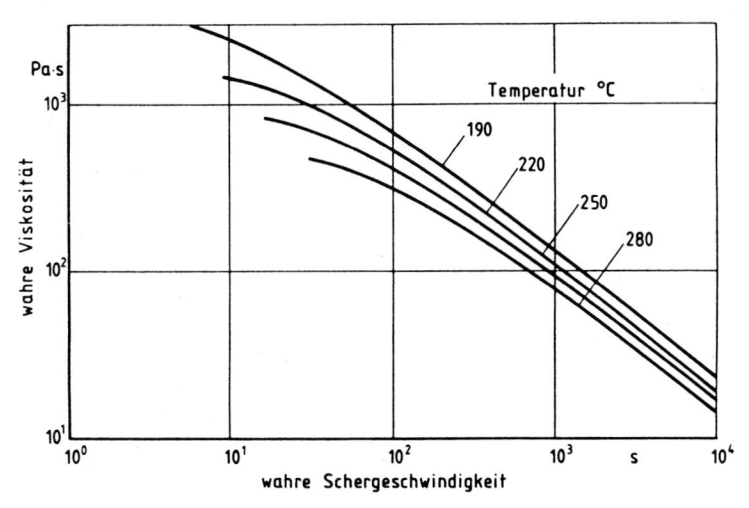

5.9 Berechnung des Füllvorgangs von Werkzeughohlräumen

Bild 147   Approximation der Viskositätsfunktion durch den Carreau-WLF-Ansatz [21]

$$\eta = \frac{P_1 \cdot a_T}{(1 + a_T \cdot \bar{\gamma} \cdot P_2)^{P_3}}$$

$$\log a_T = \frac{8{,}86 \cdot (TST - TS)}{101{,}6 + (TST - TS)} - \frac{8{,}86 \cdot (T - TS)}{101{,}6 + (T - TS)}$$

η Viskosität
$\bar{\gamma}$ Schergeschwindigkeit
T   Temperatur
a_T Temperaturverschiebungsfaktor
P_1 Nullviskosität
P_2 reziproke Übergangsschergeschwindigkeit
P_3 Steigung
TST   Bezugstemperatur
TS   approximierte Standardtemperatur

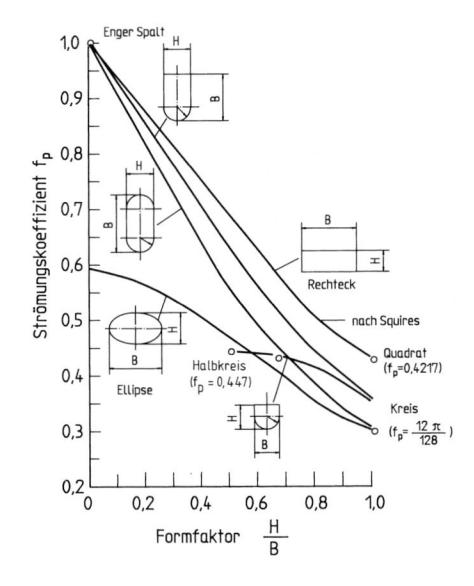

Bild 148
Strömungskoeffizient in Abhängigkeit vom Formfaktor für verschiedene Querschnittsformen [33, 34]

$$\dot{V} = \frac{1}{\eta} \frac{\Delta p}{L} \frac{BH^3}{12} f_p = K \cdot \frac{1}{\eta} \cdot \Delta p \cdot f_p$$

oder $\quad \Delta p = \frac{12 \eta \dot{V} L}{BH^3} \cdot \frac{1}{f_p}$

Δp Druckabfall
η Zähigkeit
$\dot{V}$ Durchflußmenge je Zeiteinheit
L   Länge des Kanals
f_p Strömungskoeffizient
B   größte Querschnittslänge
H   kleinste Querschnittsbreite

Tabelle 28 Koeffizienten der Carreau-WLF-Funktion (Stand 18.4.1985) [21]

Material	P1 Pa·s	P2 s	P3 ·/.	TST °C	TS °C	Hersteller
ABS						
TERLURAN977T	0,2614 E+05	0,4280 E+00	0,7725 E+00	220,0	80,0	BASF
ASA						
ASA757R	0,2055 E+06	0,2800 E+01	0,7692 E+00	180,0	140,0	BASF
HDPE						
HDPE6011L	0,1440 E+04	0,7904 E−01	0,5710 E+00	190,0	−115,0	BASF
HDPEG86450	0,3044 E+03	0,7006 E−02	0,5653 E+00	200,0	−63,0	Hoechst
HDPEGF4760	0,1411 E+05	0,9084 E+00	0,5827 E+00	200,0	0,0	Hoechst
PEA6017	0,4673 E+03	0,1389 E−01	0,5367 E+00	220,0	−83,0	CWH
PEV18E464	0,6140 E+04	0,3223 E+00	0,6103 E+00	200,0	−3,0	Bayer
LDPE						
LDPE11	0,5643 E+04	0,4519 E+00	0,6108 E+00	190,0	30,0	ICI
LDPE1800M	0,2584 E+04	0,2203 E+00	0,6173 E+00	170,0	2,0	BASF
LDPE1800S	0,4302 E+03	0,1017 E+00	0,4732 E+00	190,0	24,0	BASF
LDPE1810D	0,1410 E+05	0,1825 E+01	0,5901 E+00	170,0	−15,0	BASF
PE1800H	0,5218 E+04	0,3206 E+00	0,6387 E+00	190,0	49,0	BASF
PA						
MINLON11C40NC10	0,3686 E+03	0,5201 E−02	0,5216 E+00	290,0	203,0	Du Pont
PA6B3	0,5136 E+03	0,5308 E−04	0,4611 E+00	255,0	51,0	BASF
PA6B5	0,1340 E+05	0,8399 E−01	0,9028 E+00	255,0	239,0	BASF
ZYTEL101FNC10	0,6903 E+02	0,8708 E−03	0,4818 E+00	290,0	183,0	Du Pont
PES						
PES200P	0,8391 E+03	0,6874 E−05	0,1613 E+01	350,0	224,0	ICI
PES420P	0,1266 E+04	0,1630 E−01	0,4360 E+00	350,0	222,0	ICI
PES600P	0,5722 E+04	0,4081 E−01	0,5532 E+00	350,0	236,0	ICI
RYNITE935NC10	0,9154 E+03	0,1534 E+01	0,5461 E+00	290,0	180,0	Du Pont
VICTREX300P	0,1986 E+04	0,9197 E−02	0,6145 E+00	360,0	195,0	ICI
VICTREX520P	0,1013 E+04	0,4042 E−02	0,6734 E+00	350,0	223,0	ICI
VICTREX530P	0,1406 E+04	0,5592 E−02	0,7247 E+00	350,0	215,0	ICI
PMMA						
PMMA7H	0,3445 E+04	0,3318 E−01	0,8404 E+00	260,0	210,0	Roehm
PMMALG	0,1169 E+04	0,1810 E−01	0,7000 E+00	225,0	159,0	ICI
POM						
DELRIN500	0,5396 E+03	0,3847 E−02	0,6512 E+00	215,0	−60,0	Du Pont
POMC9021	0,9670 E+03	0,5551 E−02	0,6484 E+00	200,0	−65,0	Hoechst
POMC9021GV1/30	0,2532 E+04	0,8479 E−01	0,4613 E+00	200,0	−57,0	Hoechst
PP						
PP1050	0,9696 E+04	0,1318 E+00	0,8104 E+00	230,0	−69,0	Hoechst
PP1060	0,4530 E+05	0,4828 E+01	0,6820 E+00	220,0	0,0	Hoechst
PP1120H	0,3692 E+04	0,1324 E+00	0,7352 E+00	220,0	−63,0	BASF
PP1120HX	0,8289 E+04	0,7421 E+00	0,6665 E+00	220,0	33,0	BASF
PP1120L	0,2049 E+04	0,1064 E+00	0,6993 E+00	220,0	−16,0	BASF

Tabelle 28 (Fortsetzung)

Material	P1 Pa·s	P2 s	P3 ·/.	TST °C	TS °C	Her- steller
PP1320H	0,4647 E + 04	0,1389 E + 00	0,7472 E + 00	230,0	88,0	BASF
PP1320L	0,1995 E + 04	0,5313 E − 01	0,7360 E + 00	220,0	4,0	BASF
PP5200	0,5067 E + 04	0,1411 E + 00	0,7390 E + 00	200,0	− 1,0	CWH
PPGSE16	0,8880 E + 04	0,4085 E + 00	0,7076 E + 00	225,0	56,0	ICI
PPGWM101	0,1120 E + 04	0,2839 E − 01	0,7082 E + 00	240,0	1,0	ICI
PPGWM203	0,1806 E + 04	0,4304 E − 01	0,7410 E + 00	240,0	− 23,0	ICI
PPGWM213	0,1772 E + 04	0,3866 E − 01	0,7213 E + 00	240,0	− 48,0	ICI
PPGWM22	0,1358 E + 04	0,3931 E − 01	0,7272 E + 00	240,0	− 30,0	ICI
PPGYM202	0,4616 E + 03	0,2700 E − 01	0,6390 E + 00	240,0	− 44,0	ICI
PPLYM123	0,3943 E + 03	0,2077 E − 01	0,6452 E + 00	240,0	− 60,0	ICI
PPNVP1034	0,6999 E + 04	0,3827 E + 00	0,7273 E + 00	230,0	5,0	Hoechst
PPPXC31403	0,2045 E + 03	0,1535 E − 01	0,6012 E + 00	240,0	36,0	ICI
PPW176251	0,2709 E + 03	0,1117 E − 01	0,6289 E + 00	230,0	43,0	Hoechst
PPO						
NORYLPX1112	0,7662 E + 04	0,6214 E − 01	0,7849 E + 00	260,0	181,0	G.E.
NORYLPX1180	0,2839 E + 07	0,1743 E + 02	0,9643 E + 00	260,0	283,0	G.E.
PS						
PS143E	0,1077 E + 04	0,3542 E − 01	0,7525 E + 00	220,0	101,0	BASF
PS158K	0,1081 E + 05	0,2939 E + 00	0,7718 E + 00	210,0	116,0	BASF
PS165H	0,4571 E + 04	0,1148 E + 00	0,7580 E + 00	220,0	105,0	BASF
BS168N	0,3571 E + 04	0,7441 E − 01	0,8162 E + 00	230,0	95,0	BASF
PS4000N	0,5266 E + 04	0,2118 E + 00	0,7328 E + 00	220,0	150,0	Hoechst
PS454H	0,2785 E + 05	0,2146 E + 01	0,7041 E + 00	200,0	123,0	BASF
PS475K	0,4674 E + 04	0,2340 E + 00	0,7225 E + 00	210,0	54,0	BASF
VESTYRON214-31	0,2974 E + 04	0,8860 E − 01	0,7773 E + 00	210,0	110,3	CWH
VESTYRON620-31	0,3173 E + 04	0,9013 E − 01	0,7647 E + 00	210,0	101,7	CWH
PVC						
PVC1745	0,4971 E + 05	0,2380 E + 00	0,8521 E + 00	175,0	128,0	CWH
SAN						
SAN368R	0,6356 E + 04	0,8895 E − 01	0,7813 E + 00	220,0	117,0	BASF
SB						
SB456M	0,4904 E + 05	0,5313 E + 00	0,9074 E + 00	210,0	195,0	BASF

5.10 Duromere*

Da das Fließverhalten von hochviskosen Formmassen wie von duromeren Preß- und Spritzgießmassen durch die Erscheinungen einer Fließgrenze und damit hohen energieelastischen Anteilen und Dissipation, die zum sogenannten „Gleiten" der Schmelze führt, gekennzeichnet ist, kann man mit den Berechnungen des Druckverlusts auf Basis von Newtonschem oder strukturviskosem Fließen Angußsysteme und vor allem die kleinen Anschnitte nicht mehr rechnen. In [19] sind diese Fragen behandelt.

Man geht dort von einer ähnlichkeitsmechanischen Betrachtung aus und findet für den Druckverlust

$$\Delta p = R \cdot \bar{v}_F \cdot \frac{U \cdot L}{A}. \tag{44}$$

Darin bedeuten:

R Größe, die das spezielle Stoffverhalten beschreibt, Fließwiderstand
$\bar{v}_F$ die über den Fließquerschnitt gemittelte Geschwindigkeit,
U Umfang des Fließkanals,
L Länge des Fließkanals,
A Querschnittsfläche des Fließkanals.

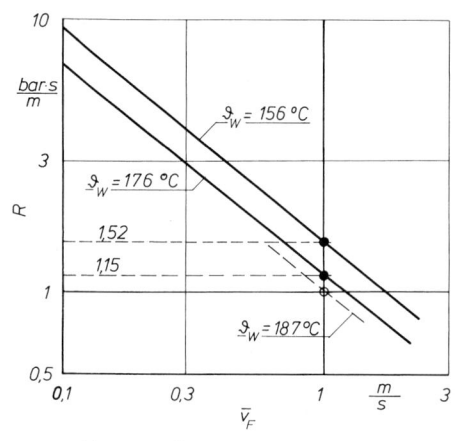

Bild 149 Fließwiderstand von Phenolharz (Typ 31w) [19]

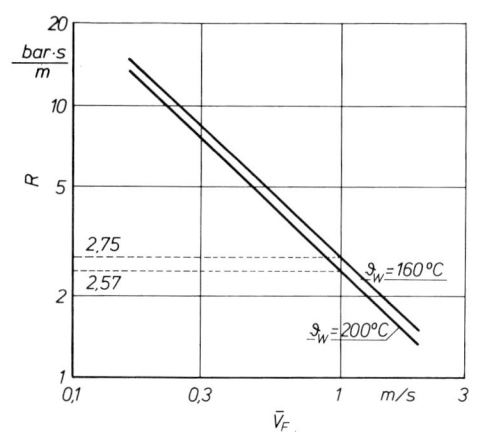

Bild 150 Fließwiderstand von NR/SBR (G 150) [19]

Die Auswertung der Versuchsergebnisse mit Hilfe von Gl. (44) läßt sich daher im doppellogarithmischen Koordinatensystem auftragen (Bilder 149 und 150).

$$R = \frac{\Delta p \cdot A}{\bar{v}_F \cdot U \cdot L}. \tag{45}$$

Es ergibt sich ein eindeutiger Zusammenhang bezüglich des Fließwiderstands R. Darüber hinaus zeigt sich, daß kein Einfluß der Kanalgeometrie mehr festzustellen ist.

---

* Auszug aus der Dissertation *Paar* [19].

Er wird also durch die angegebene Geometriekennzahl vollständig erfaßt. Die Funktion R ist also geometrieinvariant und liegt als Funktion der Geschwindigkeit vor. Entsprechend den Voraussetzungen ist somit eine Berechnungsmöglichkeit für beliebige Kanalgeometrien gegeben.

5.10.1 Druckberechnung für gerade Kanäle

Als einfachste Form der Druckberechnung bietet sich eine graphische Bestimmung des Wertes für R bei einer angenommenen Geschwindigkeit an. Zusammen mit den Geometriegrößen U, L, A liefert Gl. (44) einen Druckverlust. Diese Vorgehensweise ist sicher die einfachste, da sie, von den Diagrammen $R = f(v_F)$ abgesehen, ohne weitere Hilfsmittel eingesetzt werden kann.

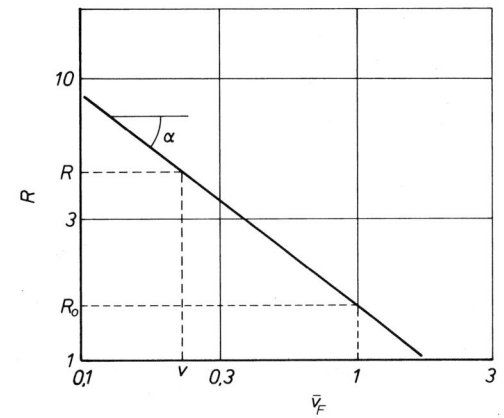

Bild 151 Mathematische Formulierung des Fließwiderstands [19]

Für den Einsatz von Taschen- und Tischrechnern ist jedoch eine Beschreibung des Fließwiderstands in einer mathematischen Formulierung zweckmäßiger. Da eine Gerade in doppellogarithmischer Darstellung durch ein Wertepaar und die Steigung beschrieben werden kann, erhält diese Beziehung eine besonders einfache Form (Bild 151).

$$\frac{R}{R_0} = \left(\frac{\bar{v}_F}{v_0}\right)^a \qquad (46)$$

v_0 1 m/s
a   tan α Steigung der Geraden im doppeltlogarithmischen Diagramm

$$\Delta p = R_0 \frac{\bar{v}_F^{a+1}}{v_0^a} \cdot \frac{U \cdot L}{A}. \qquad (47)$$

Eingeführt in Gl. (44) erhält man eine Bestimmungsgleichung (47) (Bild 151). Die Gl. (47) eignet sich für die Benutzung von Rechnern und ist der Diagrammform vorzuziehen, da lediglich zwei Konstanten für jede Temperatur abzuspeichern sind. Der Weg von der Untersuchung des Materials im Flachkanalrheometer bis hin zur Bestimmungsgleichung ist in Bild 152 zusammengefaßt.

Durch Einsetzen entsprechender Werte für die Kanalgeometrie lassen sich Funktionen $\Delta p = f(\bar{v}_F)$ ermitteln, die, verglichen mit den Meßwerten, eine gute Übereinstimmung über dem gesamten Geschwindigkeitsbereich zeigen.

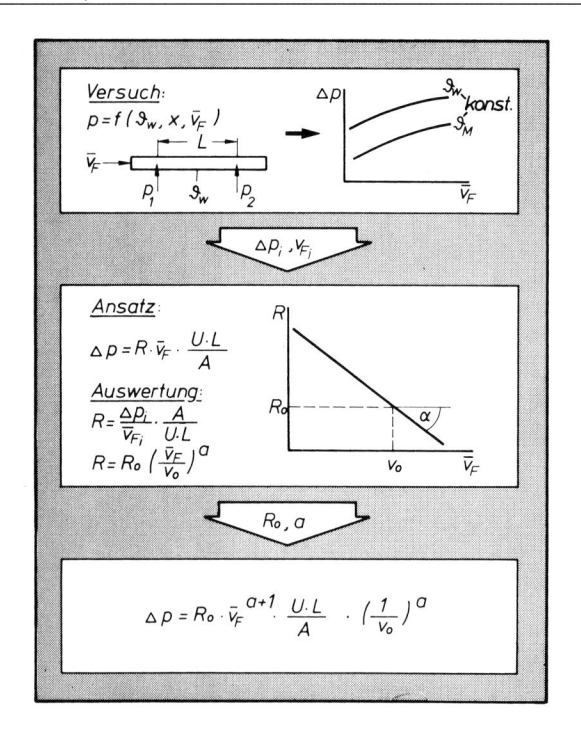

Bild 152 Druckberechnung in geraden Kanälen [19]

5.10.2 Unstetigkeitsstellen

Querschnittsveränderungen, Krümmer und andere Geometrieänderungen werden in der Strömungslehre mit Verlustbeiwerten berücksichtigt, die in vielen Ingenieurhandbüchern (z.B. [35]) tabelliert sind. Die damit erfaßten Druckverluste basieren im wesentlichen auf Impulsverlusten. Untersuchungen an Angußsystemen für Thermoplaste haben zu der Annahme geführt, man könne diese Effekte vernachlässigen [22, 36, 37]. An konischen Düsen wurden jedoch Druckverluste festgestellt, die diese Vermutung nicht bestätigen [23, 38]. Dies wird auf den Einfluß einer Dehnströmung zurückgeführt, die sich an Anschnitten oder ähnlichen Geometrien immer bildet. Für Düsen einfacher Geometrien werden Näherungsformeln angegeben [39, 40]. Man muß also davon ausgehen, daß beim Füllvorgang des Werkzeugs erhebliche Druckverluste auftreten, die durch eine Stoffunktion $\eta = f(\dot\gamma)$ nicht zu beschreiben sind. Bei den hier behandelten duromeren Schmelzen und Strömungsformen, die im Kern deutlich niedrigere Temperatur und damit höhere Viskosität aufweisen, dürfte dieses Problem in verstärktem Maße auftreten.

Untersuchungen an Absätzen und Umlenkungen haben gezeigt, daß tatsächlich Druckverluste entstehen, die durch Scherströmungseffekte nicht erklärt werden können [41 bis 43]. Meßwerte an Umlenkungen (Bild 153) und Absätzen (Bild 154) ergeben für Phenolharz Druckverluste, die sowohl von der Geometrie als auch von der Fließfrontgeschwindigkeit abhängen.

Die Meßwerte in Bild 153 und Bild 154 enthalten jedoch noch Druckanteile, die durch Scherströmungseffekte entstanden sind. Überträgt man Bild 153 in ein doppellogarithmisches Achsensystem (Bild 155), wird deutlich, daß es eine Funktion geben muß, die die Meßwerte unterschiedlicher Geometrie ineinander überführen kann.

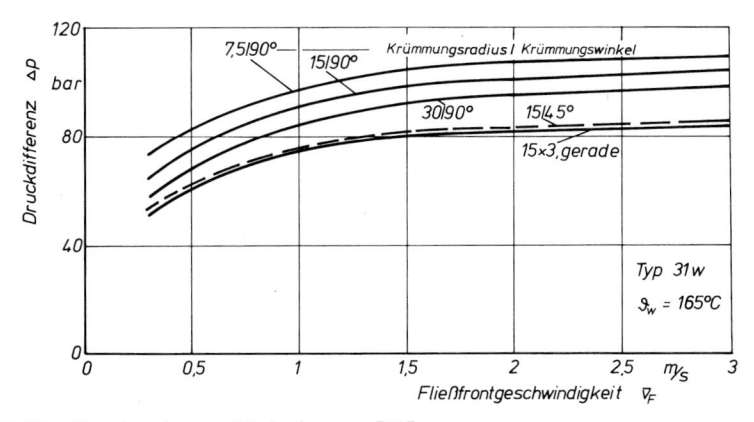

5.10 Duromere   183

Bild 153   Druckverlust an Umlenkungen [19]

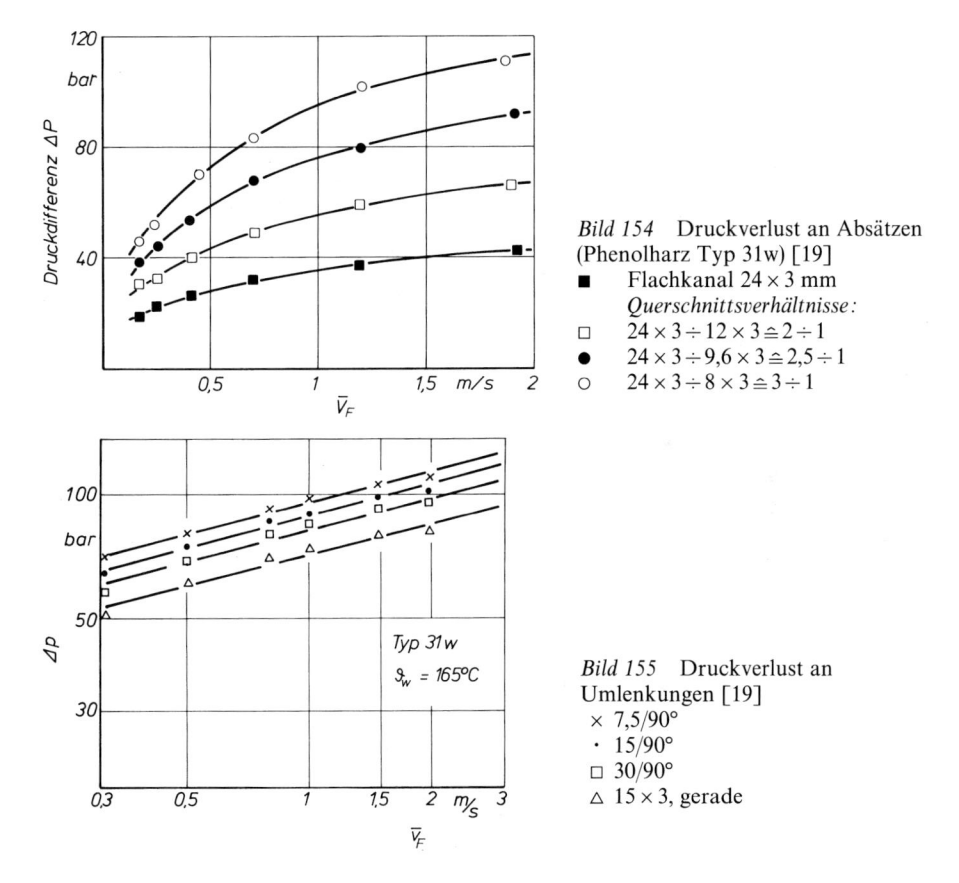

Bild 154   Druckverlust an Absätzen (Phenolharz Typ 31w) [19]
■ Flachkanal 24 × 3 mm
Querschnittsverhältnisse:
□ 24 × 3 ÷ 12 × 3 ≅ 2 ÷ 1
● 24 × 3 ÷ 9,6 × 3 ≅ 2,5 ÷ 1
○ 24 × 3 ÷ 8 × 3 ≅ 3 ÷ 1

Bild 155   Druckverlust an Umlenkungen [19]
× 7,5/90°
• 15/90°
□ 30/90°
△ 15 × 3, gerade

Betrachtet man ein gebogenes Kanalsegment mit der Krümmung r_k und der Bogenlänge L' und vergleicht den Druckabfall mit dem eines geraden Kanalstücks der Länge L', kann man die gesuchte Funktion wie folgt aufstellen:

$$R_E = \frac{\Delta p_{Bogen} - \Delta p_{Gerade}}{\Delta p_{Gerade}}. \tag{48}$$

184 5 Praktische Ausführung des Angußsystems

Für den hier vorliegenden (häufigsten) Fall mit einem Krümmungswinkel von 90° erhält man durch Umstellung:

$$\Delta p_E = \Delta p_{Bogen} = \Delta p_{Gerade}(R_E + 1). \tag{49}$$

Durch Auswertung der Gl. (48) ergibt sich in Verbindung mit einer Geometriefunktion ψ der in Bild 156 dargestellte Zusammenhang. Der Druckverlust kann durch Einbeziehung einer einfachen Exponentialfunktion in Abhängigkeit der Geometrie berechnet werden.

$$R_E = R_{E_0} \cdot \psi^c \tag{50}$$

$$c = \tan \beta = -1{,}57$$

$$R_{E_0} = 1{,}96$$

$$\psi = \frac{r_K}{\frac{B}{2}}$$

$$\Delta p_E = \frac{R_0}{v_0^a} \cdot \bar{v}_F^{a+1} \cdot \frac{UL}{A} \cdot (R_{E_0} \cdot \psi^c + 1). \tag{51}$$

Gl. (52) wurde aus den Werten ermittelt, die nur zum Teil in Bild 157 dargestellt sind (analog zu Bild 151)

$$\frac{R_E}{R_{E_0}} = \left(\frac{\psi}{\psi_0}\right)^c \left(\frac{v}{v_0}\right)^d. \tag{52}$$

Da offensichtlich keine Abhängigkeit von der Geschwindigkeit und der Temperatur gegeben ist [42] (d = 0), ergibt der Geschwindigkeitsterm den Wert 1. Zur Vereinfachung wird $\psi_0 = 1$ gesetzt. Damit geht Gl. (52) in Gl. (50) (Bild 156) über.

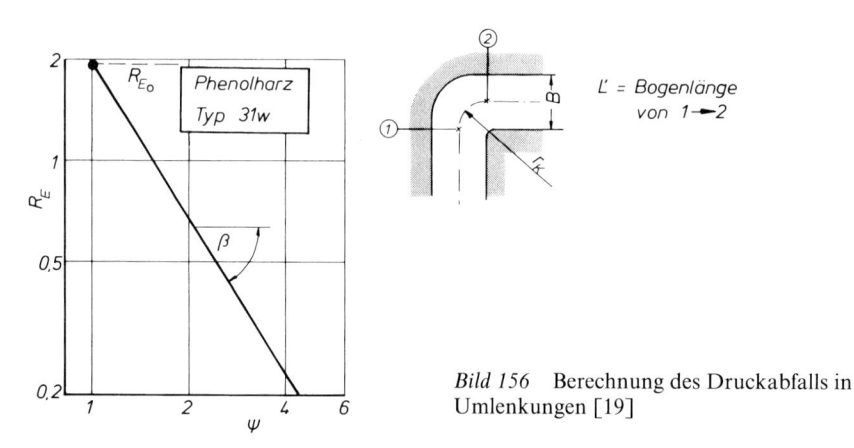

Bild 156 Berechnung des Druckabfalls in Umlenkungen [19]

Absätze werden nach dem gleichen Schema behandelt, wobei hier eine deutliche Abhängigkeit von der Geschwindigkeit zu verzeichnen ist. Von dem gemessenen Wert wird ein Anteil abgezogen, der durch die Scherströmungseffekte entsteht und mit den Formeln im vorangegangenen Kapitel rechnerisch bestimmt werden kann. Der Druckverlust Δp_A geht somit allein auf die Geometrie und die Geschwindigkeit zurück. Dies ist in Bild 157 graphisch dargestellt. Die Werte lassen sich ebenfalls gut in den Zusammen-

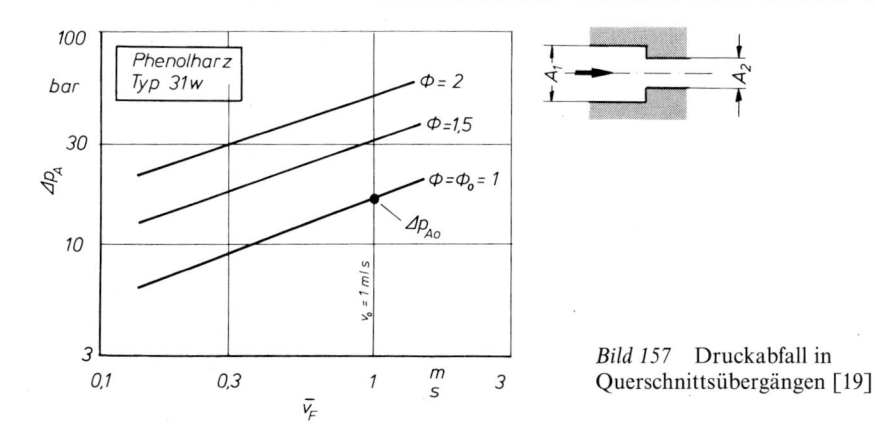

Bild 157 Druckabfall in Querschnittsübergängen [19]

hang von Gl. (53) einordnen:

$$\frac{\Delta p_A}{\Delta p_{A_0}} = \left(\frac{\phi}{\phi_0}\right)^f \left(\frac{v}{v_0}\right)^g \qquad (53)$$

Zweckmäßigerweise nimmt man Δp_{A_0} als einen extrapolierten Wert an, bei dem ϕ_0 und v_0 den Wert 1 annehmen. Bei Gl. (54) ist das der Fall, wenn der Querschnitt des Fließkanals um den Faktor 2 verkleinert wird. Damit läßt sich Gl. (53) zu Gl. (55) umstellen.

$$\phi = \frac{A_1}{A_2} - 1 \qquad (54)$$

$$\Delta p_A = \Delta p_{A0} \left[\frac{\bar{v}_F}{v_0}\right]^f \left[\frac{\phi}{\phi_0}\right]^g \qquad (55)$$

Für das in diesem Beispiel dargestellte Phenolharz liegen somit Möglichkeiten vor, den Druckabfall an geraden Kanälen und an Unstetigkeitsstellen zu berechnen. Die gleiche Methode läßt sich auch auf Elastomere anwenden.

5.11 Elastomere

5.11.1 Übliche Auslegung

Je nach der Fließfähigkeit kann man entweder bei niedriger Viskosität wie bei Thermoplasten rechnen, wobei sich der Carreau-Ansatz am besten bewährt hat, oder bei hohen Werten wie bei Duromeren.

Bei den Elastomeren, vor allem den hochviskosen, beobachtet man sehr hohe Dehnströmungs-Verluste in den Anschnitten, insbesondere Punktanschnitten. In [20] wurden diese Phänomene untersucht. Bild 158 zeigt die Ergebnisse.

Für Krümmer wurden dabei keine nennenswerten Abweichungen gegenüber Thermoplasten gefunden, so daß keine Korrektur erforderlich ist.

Die für die Rechnung notwendigen Koeffizienten wurden aus Kapillarrheometerkurven bestimmt. Dort mißt man bekanntlich die Einlaufdruckverluste und trägt sie in soge-

186 5 Praktische Ausführung des Angußsystems

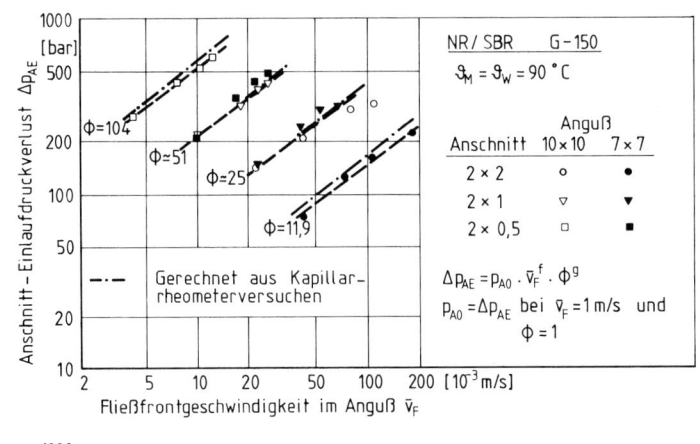

Bild 158
Einlaufdruckverlust am Anschnitt [20]

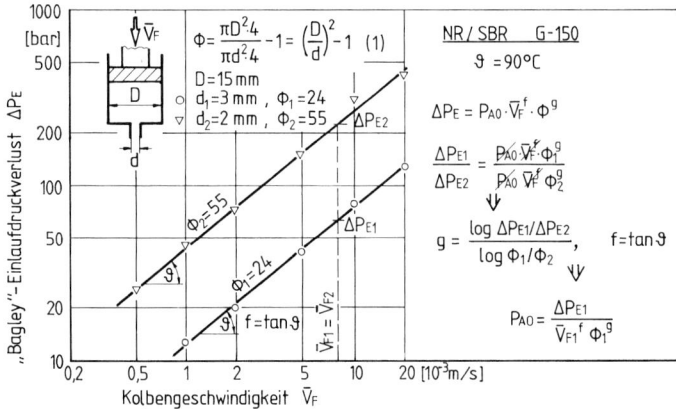

Bild 159
Ermittlung der Einlaufdruckverlustfunktion aus Bagley-Korrekturen bei Kapillarrheometerversuchen [20]

nannten Bagley-Kurven auf (Bild 159). Aus solchen Auftragungen können, wie das Bild zeigt, die beiden exponentiellen Koeffizienten bestimmt werden.

In [44] wird empfohlen, sogenannte Verarbeitungsfenster für häufig benutzte Formmassen anzulegen. Diese basieren auf Versuchen an Plattenwerkzeugen, auf Viskosimeter- und Vulkameterergebnissen. Damit werden auch Anvernetzungen (Scorch) erfaßt, die bei Elastomeren eine wichtige Rolle spielen. Der Aufwand zur Erstellung dieser Fenster ist relativ hoch.

Im folgenden wird zunächst erläutert, wie sich unterschiedliche Materialien und Werkzeuggeometrien qualitativ im Verarbeitungsfenster darstellen. Anschließend werden verschiedene berechnete Verarbeitungsfenster diskutiert.

5.11.2 Einfluß der Verarbeitungseigenschaften anhand von Verarbeitungsfenstern*

Die Verarbeitungseigenschaften eines Elastomeren können durch seine
- Viskosität,
- Inkubationszeit (t_i-Zeit) und
- Vulkanisationsgeschwindigkeit (Differenz aus t_{90}-Zeit und t_i-Zeit)

---

* Auszug aus der Dissertation von *Ch. Schneider* [44].

charakterisiert werden. Bei der Verarbeitung interessiert vor allem die Frage, wie sich unterschiedliche Materialtypen oder verschiedene Chargen im Prozeß verhalten und wie mögliche Verarbeitungsprobleme behoben werden können. An einem Verarbeitungsfenster können diese Fragen erörtert werden. Bild 160 zeigt, wie sich die Lage der

- Einspritzzeit-Linie,
- Einspritzgrenze,
- Nachdruck-Linie und
- Heizzeit-Linie

je nach Material(-charge) verändert.

Bild 160 Einfluß der Materialeigenschaften im Verarbeitungsfenster (qualitativer Verlauf) [44]

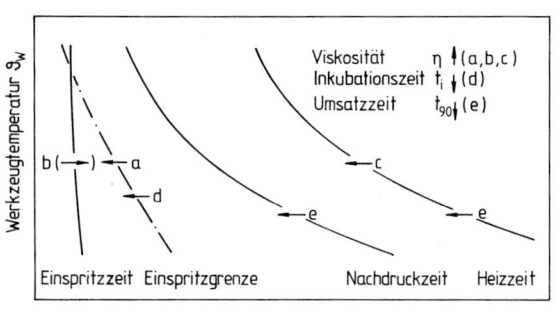

Höhere Viskositätswerte verursachen im Werkzeug höhere Druckverluste. Da Spritzgießmaschinen die Einspritzgeschwindigkeit steuern oder regeln, führt der höhere Druckverlust zu sehr unterschiedlichen Auswirkungen [45]. Eine geregelte Maschine verringert ihre Geschwindigkeit konstant. Die gesteuerte Maschine verringert ihre Geschwindigkeit mehr oder weniger sprunghaft. Wie gering die Geschwindigkeit wird, hängt von der Dimensionierung des Hydraulikantriebs ab. Erreicht die gesteuerte oder geregelte Maschine ihre Druckgrenze (maximaler Einspritzdruck), ergibt sich die Einspritzgeschwindigkeit entsprechend dem Gleichgewicht zwischen Einspritzdruck und Druckverlust [45].

Höhere Druckverluste (aufgrund einer höheren Viskosität) wirken sich daher sehr unterschiedlich aus. Besteht noch eine ausreichende Druckreserve, so bleibt die Einspritzzeit konstant (geregelte Maschine) oder sie wird geringfügig länger (gesteuerte Maschine). Bei dieser Zeit stellt sich jetzt aber ein höherer Einspritzdruck ein. Dies bedeutet, daß für die Einspritzzeit-Linie ein neuer, höherer Einspritzdruck gilt. Da durch den höheren Druckverlust aber mehr Energie beim Einspritzvorgang dissipiert wird, erhöht sich auch die Massetemperatur, und der Vulkanisationsvorgang läuft schneller ab. Durch die dann kürzere Inkubationsphase verschiebt sich die Einspritzgrenze nach links zu kleineren Zeiten (Bild 160a). Bei steigenden Viskositätswerten engt sich der mögliche Füllzeitbereich (Abstand Einspritzzeit-Linie zu Einspritzgrenze) somit ein.

Arbeitet die Maschine jedoch an ihrer Druckgrenze, so wird die Einspritzzeit durch ein höherviskoses Material länger. Dies bedeutet, daß die Einspritzzeit-Linie sich nach rechts verschiebt (siehe Bild 160b, eingeklammerter Pfeil). (Die Einspritzzeit-Linie steht dann immer für den maximalen Einspritzdruck der Maschine.) Beim Einspritzvorgang wird jetzt zwar nicht mehr Energie dissipiert (gleicher Druckverlust), aber die Füllzeit dauert länger und somit kann die Masse sich mehr durch Wärmeleitung erwärmen. Die höhere Massetemperatur verursacht dann wieder kürzere Inkubationszeiten und somit eine Einengung des möglichen Füllzeitbereichs (s.o.).

Durch die beschriebenen Effekte beim Einspritzvorgang startet die Nachdruck- und Heizphase natürlich auch mit höheren Massetemperaturen. Im Anschnitt wirkt sich die höhere Massetemperatur zu Beginn der Nachdruckphase jedoch fast nicht aus.

Die Masse erreicht im (meist) geringen Anschnittquerschnitt ohnehin rasch die Werkzeugtemperatur und damit die maximal mögliche Vulkanisationsgeschwindigkeit. Die Nachdruckzeit (Abstand zwischen Einspritz-Linie und Nachdruckzeit-Linie) verkürzt sich dadurch praktisch nicht. Im dickwandigeren Formteil verkürzt die höhere Massetemperatur (nach Ablauf des Einspritzvorgangs) aber dessen Vulkanisationszeit, also den Abstand zwischen Einspritzzeit- und Heizzeit-Linie (siehe Bild 160c). Ausschlaggebend hierfür sind der schnellere Temperaturausgleich der Masse und die deshalb höhere Vulkanisationsgeschwindigkeit.

Kürzere Inkubationszeiten verschieben dagegen nur die Einspritzgrenze nach links (s. Bild 160d). Bei der Lagerung einer Mischung steigt die Viskosität an (Verstrammung) und gleichzeitig wird die Inkubationsphase kürzer. Beide Effekte verstärken sich dann und verringern die maximal mögliche Füllzeit.

Höhere Vulkanisationsgeschwindigkeiten eines Materials verkürzen nur die Nachdruck- und Heizzeit (Bild 160e). Die entsprechenden Linien verschieben sich ebenfalls nach links. Die Vorgänge in der Einspritzphase werden dadurch aber nicht tangiert.

Bestimmte Verarbeitungsprobleme können oft unterschiedlichen Ursachen zugeordnet werden bzw. durch verschiedene Maßnahmen abgestellt werden. Mit einem Verarbeitungsfenster kann die Auswahl der wirkungsvollsten Maßnahme erleichtert werden.

5.11.3 Kritische Anmerkungen zum Modell des Verarbeitungsfensters

Bei der Berechnung des Verarbeitungsfensters wird der Dosiervorgang nicht berücksichtigt. Er kann jedoch bei ungünstigen Bedingungen den Prozeßablauf beeinflussen. Diese sind gegeben, wenn

– die Dosierzeit länger als die Heizzeit ist und wenn
– beim Dosiervorgang hohe Massetemperaturen erreicht werden.

Ist der Dosiervorgang länger als die Heizzeit, vergrößert sich dadurch die Prozeßzeit bzw. die Zykluszeit. Das berechnete Verarbeitungsfenster zeigt dann zu kurze Prozeßzeiten.

Bei extremen Dosierbedingungen kann die Massetemperatur so hoch werden, daß bereits ein Teil der Inkubationsphase vor dem Einspritzvorgang ausgeschöpft wird. Die Annahme bei der Berechnung eines Verarbeitungsfensters, daß der Einspritzvorgang mit einem Scorch-Index von Null startet, ist dann falsch.

Aus solchen Verarbeitungsfenstern, wie sie in Bild 161 für zwei Werkzeuge und Anschnitte zusammengestellt wurden, kann man die Veränderungen der Betriebsbedingungen ablesen und Werkzeuge, vor allem Angüsse, auslegen. Die vollständigen Verarbeitungsfenster für die Werkzeuge C und D zeigt Bild 161. In den beiden oberen Diagrammen wurden die Nachdruck- und Heizzeiten jeweils von der 500-bar-Einspritzzeit-Linie aus berechnet. Man erkennt, daß der flache Angußverteiler die Heizzeit-Linie geringfügig zu kürzeren Zeiten verschiebt. Bei einer Einspritzgrenze für einen Scorch-Index von 10 Prozent ist bei Werkzeug D jedoch nur eine maximale Werkzeugtemperatur von 164 °C möglich. Dies führt dann jedoch zu einer deutlich längeren minimalen Prozeßzeit bei Werkzeug D als bei Werkzeug C, das aufgrund des großen Abstandes zwischen Einspritzzeit-Linie und Einspritzgrenze eine Werkzeugtemperatur von 200 °C

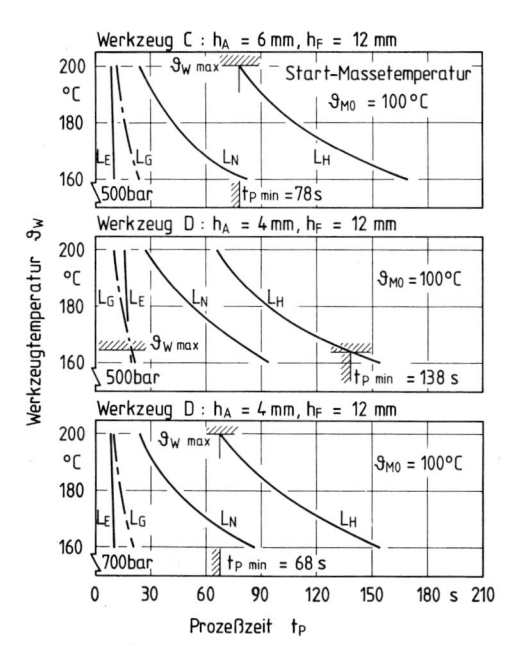

Bild 161
Verarbeitungsfenster für verschiedene Angußverteilerhöhen h_A. Prüfwerkzeuge C und D, Verlauf der Einspritzzeit-Linie L_E, der Einspritz-Grenze L_G ($S_I = 10\%$), der Nachdruckzeit-Linie L_N ($X_A = 30\%$) und der Heizzeit-Linie L_H ($X_F = 80\%$); Material: NBR-2 [44]

zuläßt. Dadurch kann in Werkzeug C die Prozeßzeit fast auf die Hälfte der Zeit von Werkzeug D reduziert werden (78 s bzw. 138 s). Erst ein höherer Einspritzdruck von 700 bar vergrößert in Werkzeug D den Abstand von Einspritzzeit-Linie zu Einspritzgrenze so weit, daß auch in Werkzeug D eine Temperatur von 200 °C möglich ist (Bild 161, unteres Diagramm). Durch die Maßnahme kann die minimale Prozeßzeit dann auf 68 s verkürzt werden.

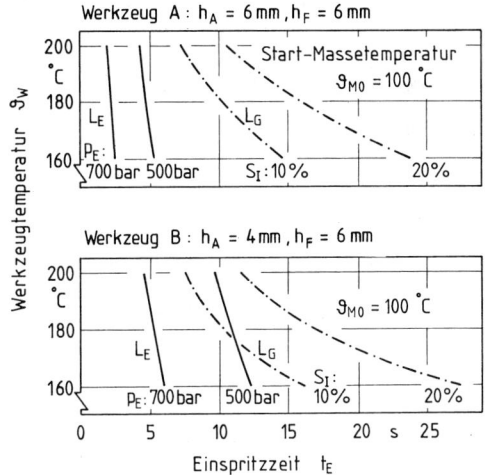

Bild 162
Verarbeitungsfenster für verschiedene Angußverteilerhöhen h_A, Prüfwerkzeuge A und B, Verlauf der Einspritzzeit-Linie L_E für verschiedene Einspritzdrücke p_E und der Einspritzgrenze L_G für verschiedene Scorch-Indizes S_I; Material: NBR-2 [44]

Bild 162 zeigt zunächst nur den Einfluß unterschiedlicher Angußverteilerhöhen h_A in der Einspritzphase (Werkzeug A: $h_A = 6$ mm; Werkzeug B: $h_A = 4$ mm). Die Formnesthöhe h_F beträgt bei beiden Werkzeugen 6 mm.
Bei gleichen Einspritzdrücken verschiebt sich die Einspritz-Linie aufgrund des höheren Druckverlustes im Angußverteiler von Werkzeug B zu etwa den doppelten Zeiten. Die Lage der Einspritzgrenzen bleibt in beiden Werkzeugen annähernd gleich.

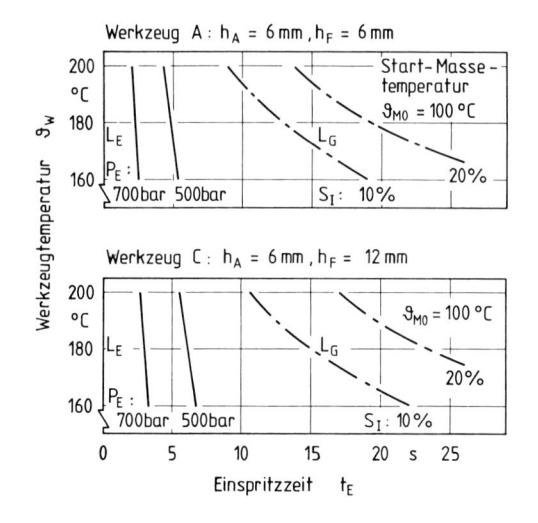

Bild 163
Verarbeitungsfenster für verschiedene Formnesthöhen h_F, Prüfwerkzeuge A und C, Verlauf der Einspritzzeit-Linie L_E für verschiedene Einspritzdrücke p_E und der Einspritzgrenze L_G für verschiedene Scorch-Indizes S_I; Material: NBR-2 [44]

Bild 163 vergleicht den Einfluß unterschiedlicher Formnesthöhen h_F in der Einspritzphase (Werkzeug A: $h_F = 6$ mm, Werkzeug C: $h_F = 12$ mm). Die Höhe des Angußverteilers h_A ist bei beiden Werkzeugen identisch ($h_A = 6$ mm).

5.12 Abschätzung der verschiedenen Druckverluste bei thermoplastischen Spritzgießmassen*

Bei der vorgegebenen Anordnung (Bild 164) läßt sich der Gesamtdruckverlust unterteilen in Verluste in geraden Rohrstücken, Verluste durch Krümmer und Verluste durch unstetige Querschnittsübergänge. Jeder dieser drei verschiedenen Verluste soll nun einzeln abgeschätzt werden.

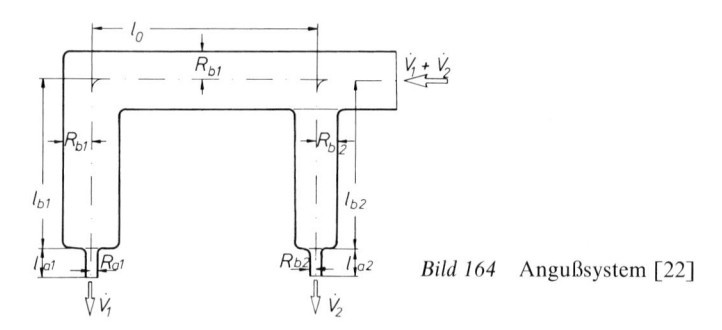

Bild 164 Angußsystem [22]

5.12.1 Krümmer und Verzweigungen

In [36] sind für verschiedene Krümmer (45° bis 135°), verschiedene Ecken (45° bis 135°) und T-Verzweigungen die Druckverluste angegeben. Für die Materialien Standardpolystyrol (168 N), verzweigtes Polyethylen (1800 H) und lineares Polyethylen

---

* Auszug aus der Dissertation *E. Schürmann* [22].

(6011 L) ist gegenüber einem geraden Rohrstück gleicher Länge kein meßbarer Druckunterschied festzustellen, wie auch Impulsverlustrechnungen bereits vermuten lassen.

5.12.2 Unstetige Querschnittsübergänge

Neben den Stoßverlusten treten hier sicherlich weitere Effekte auf, die u.a. durch das kurzzeitige, sprunghafte Ansteigen der Schergeschwindigkeit hervorgerufen werden. Überschlägig gilt nach der Kontinuitätsbeziehung für einen Punktanschnitt (inkompressibel) das Verhältnis der Schergeschwindigkeit als:

$$\frac{\dot{\gamma}_2}{\dot{\gamma}_1} = \left(\frac{R_1}{R_2}\right)^3. \tag{56}$$

Die Schergeschwindigkeitszunahme während der Aufenthaltszeit der Masse im Anschnitt soll überschlägig an einem Beispiel ermittelt werden.

$\dot{V} = 10 \frac{cm^3}{s}$ = Durchsatz,

$R_1 = 2,5$ mm = Angußradius,

$R_2 = 0,4$ mm = Anschnittradius,

$l_1 = 1$ mm = Anschnittlänge,

$\dot{\gamma}_1 = 640$ s^{-1} $\dot{\gamma}_2 = 1,56 \cdot 10^5$ s^{-1}.

Für die mittlere Verweilzeit des Materials im Anschnitt gilt:

$$\bar{t} = \frac{1}{\dot{V}} = 1,25 \cdot 10^{-5} \text{ s}, \tag{57}$$

$$\ddot{\gamma} = \frac{\Delta\dot{\gamma}}{\bar{t}} = 1,24 \cdot 10^{10} \text{ s}^{-2}. \tag{58}$$

Der sich einstellende Druckverlust über dem Punktanschnitt aufgrund des Hagen-Poiseuilleschen Gesetzes wird vermutlich noch durch folgende Faktoren beeinflußt:

1. Dissipation

Der sich einstellende Druckverlust wird abzüglich der Verluste durch Wärmeleitung eine Temperaturerhöhung der Formmasse im gescherten Bereich bewirken und die Viskosität erniedrigen.

2. Düseneinlaufverluste

Zur Beschreibung der Düseneinlaufverluste kann nach [46] mit $l_{korr.}/r$ ein Maß für Düseneinlaufverluste angegeben werden. Für kurze Düsen (l < 1 mm) gilt im gleichen Sinne nach [47] mit PS $l_{korr.} = 1$ bis 10 mm gegenüber $l_{korr.} = 60$ bis 100 mm bei Düsen l = 1 bis 3 mm. Die Einlaufverluste nehmen also beim Spritzgießen mit kürzer werdenden Düsen ab. Dieser Effekt wurde besonders bei Schmelzen mit hoher Entropieelastizität beobachtet [48].

3. Fließinstabilitäten

Mit zunehmenden Schergeschwindigkeiten treten bei viskoelastischen Flüssigkeiten Fließinstabilitäten auf. Sie werden bewirkt durch Schmelzebruch und Gleitfließen (bei

PE) bei Überschreitung einer bestimmten Dehnung mit nachfolgender elastischer Rückstellung in periodischer Reihenfolge [48, 49]. Die Folge ist plötzliche Durchsatzsteigerung bei gleichbleibendem Druck.

4. Anlaufeffekte

Die Messung der Schubspannung als Reaktion auf eine spontan erzeugte Schergeschwindigkeit gibt Hinweise auf das Ausmaß der Anlaufeffekte. Messungen von [50] an PS zeigen eine fast sechsfache Überhöhung der Schubspannung gegenüber dem stationären Wert nach ca. 0,05 s bei einer Schergeschwindigkeit von ca. 600 s^{-1}. Extrapoliert man die Ergebnisse aus [50] auf die Parameter der Messungen von [51] an PMMA (bei $\dot{\gamma} = 25$ s^{-1}, p = 500 bar), so erhält man eine Schubspannungsüberhöhung von ca. 1,3 und bei PS eine von ca. 3,5. Weitere Messungen an PA, PC, PE, PS, PVC mit Schergeschwindigkeitssprüngen auf 2000 s^{-1} sind in [52] dargestellt. Bei kleinen Schergeschwindigkeiten stellt sich die stationäre Schubspannung asymptotisch ein. Sobald der nichtlineare Bereich erreicht wird, reagiert die Schubspannung mit einem Überschwingen auf Schergeschwindigkeitssprünge [51].

Problematisch ist jedoch die Messung des gesamten Anlaufbereichs bei üblichen hohen Schergeschwindigkeiten, da hier eine isotherme Messung sehr schwierig ist. Deshalb kann die tatsächliche Auswirkung der Anlaufeffekte für die Anwendung auf Punktanschnitte hier nur vermutet werden.

Faßt man die aufgeführten Effekte zusammen und setzt für den Druckverlust im Punktanschnitt die Beziehung für den Druckverlust in Rohren an, so wird dieser Druckverlust durch die nicht berücksichtigten Punkte 1. und 3. verringert und durch 2. und 4. vergrößert werden müssen. Anhand von Versuchen mit verschiedenen HDPE konnte gezeigt werden, daß sich die erwähnten Effekte interessanterweise aufheben.

5.12.3 Kanäle

Nach dem Gesetz von Hagen-Poiseuille ergibt sich der Druckverlust infolge Reibung. Eine überschlägige Rechnung mit geläufigen Werten zeigt sofort, daß die Druckverluste infolge Reibung den maßgeblichen Anteil ausmachen. In Angußsystemen können unter Berücksichtigung der üblichen hohen Strömungs- und Schergeschwindigkeiten Abkühleffekte durchaus vernachlässigt werden [29].

Eine Möglichkeit zur Beschreibung der Abhängigkeiten des Fließens in gekühlten Kanälen (Formteil) liefert die ähnlichkeitstheoretische Betrachtung [29, 53, 54]. Stehen ähnliche Vergleichsmessungen zur Verfügung, so kann bei zu konstruierenden Werkzeugen der zu erwartende Abkühleinfluß auf den Füllvorgang abgeschätzt werden. Für die Druckverlustrechnung für gekühlte Formteilbereiche mit einer Wanddicke von 1 bis 2 mm sind mittels Ähnlichkeitsgesetzen effektive scheinbare Viskositäten ermittelt worden [29]. Effektiv bedeutet hier die Berücksichtigung der Abkühleffekte und scheinbar heißt, daß für die Rechnung mit diesen Werten ein Newtonsches Fließen mit einer scheinbaren Schergeschwindigkeit an der Wand angenommen werden kann. Eine weitere einfache und überschlägige Methode wird von [53] angegeben. Der Abkühleffekt im Fließkanal wird hier durch Abschätzung der sich einstellenden eingefrorenen Randschicht berücksichtigt und erlaubt die Anwendung der repräsentativen Schergeschwindigkeit und der entsprechenden wahren Viskosität.

Die verschiedenen Methoden zur Abschätzung von Druckverlusten sind in Bild 165 zusammengefaßt.

5.12 Abschätzung der verschiedenen Druckverluste

Kanal	Druckverlust	repräsentative Größen $\eta = f(\gamma)$ = wahre Viskositätsfunktion		scheinbare Größen	
		ohne Abkühlung $R = R_0$	mit Abkühlung $R = R_0 - \delta$	ohne Abkühlung $\eta_S = f(D_S)$ $= \eta(e_0 D_S)$	mit Abkühlung $\eta_{Seff} = f(D_S)$
⌀ R	$\Delta p = \dfrac{8 \cdot \dot{v} \cdot \eta \cdot l}{\pi \cdot R^4}$	$\dot{\gamma} = \dfrac{e_0 \cdot 4 \cdot \dot{v}}{\pi \cdot R^3} = \dfrac{\dot{v}}{R^3} = \dfrac{\pi \cdot \bar{v}}{R}$; $e_0 = \dfrac{\pi}{4}$		$D_S = \dfrac{4 \cdot \dot{v}}{\pi \cdot R_0^3} = \dfrac{4 \cdot \bar{v}}{R_0}$	
▭ H, B	$\Delta p = \dfrac{12 \cdot \dot{v} \cdot \eta \cdot l}{B \cdot H^3} \cdot \varphi$	$\dot{\gamma} = \dfrac{6 \cdot \dot{v}}{BH^2} 0{,}722 = \dfrac{6 \cdot \bar{v}}{H} 0{,}722$		$D_S = \dfrac{6 \cdot \dot{v}}{B \cdot H^2} = \dfrac{6 \cdot \bar{v}}{H}$	
Bemerkungen $B \gg H \Rightarrow \varphi = 1{,}5$ R_0 = gefertigter Radius δ = feste Randschicht a = Temperaturleitfähigkeit z = Fließwegkoordinate		$R = R_{offen} = R_0 - \delta$ $\delta = 1{,}88 \dfrac{\vartheta_E' - \vartheta_W}{\vartheta_M - \vartheta_E'} \left(\dfrac{a}{\dot{\gamma}} z\right)^{1/3}$ $\vartheta_E' = \vartheta_E + 50\ K$ a bei $\vartheta = \dfrac{\vartheta_E' - \vartheta_W}{2}$		$\eta_{Seff} = K_{OT} \cdot e^{-\beta \cdot \vartheta_M} \cdot D_S^m$ gültig für bestimmte Wandtemperaturen und Fließkanalhöhen.	

Bild 165 Übersicht über die verschiedenen Druckverlustabschätzungen [22]

Speziell in Angußkanälen und besonders bei Heißkanalsystemen können Abkühleffekte vernachlässigt werden.

Eine Erweiterung der Rechnung auf ein Angußsystem mit mehr als zwei Abzweigern ist ohne weiteres möglich. Hierbei ist jedoch zu berücksichtigen, daß die Bedingung der gleichen Scherung aufgrund unterschiedlicher Volumenströme im Hauptkanal nicht erfüllt ist. Man kann jedoch hier den örtlichen Radius des Angußkanals anpassen, gemäß

$$\dot{\gamma} = \dfrac{\dot{V}}{R_0^3} = \text{const.} \qquad (59)$$

Für mehr als zwei Anschnitte ergibt sich Bild 166.

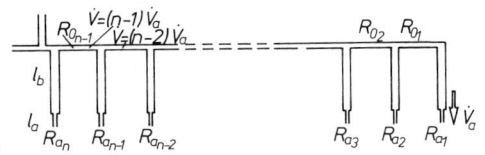

Bild 166 Angußschema [22]

5.12.4 Besondere Phänomene bei Mehrfachanschnitten

Um besondere Materialphänomene zu finden, wurde ein Werkzeug konzipiert [55], welches aufgrund der vorausgegangenen theoretischen Betrachtungen eine Betriebspunktabhängigkeit zeigen sollte. Es wurde ein Angußsystem nach Bild 167 gewählt mit jeweils gleich langen Fließwegen und gleichen Angußquerschnitten, welches ein gleichmäßiges Füllen bei gleichzeitigem Füllbeginn gewährleisten sollte.

Bei Versuchen mit verschiedenen Materialien (HDPE, LDPE, POM) haben sich die Annahmen noch einmal bestätigt. Bei PA 6 und im verstärkten Maße bei PA 12 + Glas-

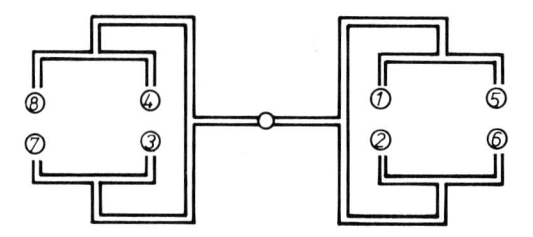

Bild 167 Angußschema [22]

fasern traten jedoch stark unterschiedliche Füllbilder auf. Ein Füllbeginnunterschied konnte nicht festgestellt werden. Der Massedurchsatz in den äußeren Anschnitten war jedoch erheblich größer als in den inneren Anschnitten (Bild 167). Dieses Phänomen verstärkt sich bei niedrigen Massetemperaturen (< 250 °C) und bei hohen Füllgeschwindigkeiten. Jedoch bei hohen Massetemperaturen (ca. 300 °C) und extrem niedrigen Füllgeschwindigkeiten war kein Voreilen im obengenannten Sinne erkennbar. Der Effekt wird anschaulich, wenn man beim Spritzgießen Farbwechsel durchführt, um die Herkunft der Schmelze in den einzelnen Kavitäten zu verfolgen. Man erkennt deutlich, wie die geringen Re-Zahlen (Re 20) bereits vermuten lassen, daß absolut laminares Fließverhalten selbst im Anschnitt erhalten bleibt. Das bedeutet zunächst, daß wandnahe Stromfäden auch in Wandnähe bleiben. Bei Verzweigungen schlägt die Kernschmelze auf die gegenüberliegende Wand durch und verbleibt danach weiterhin in Wandnähe (Bild 168) [56].

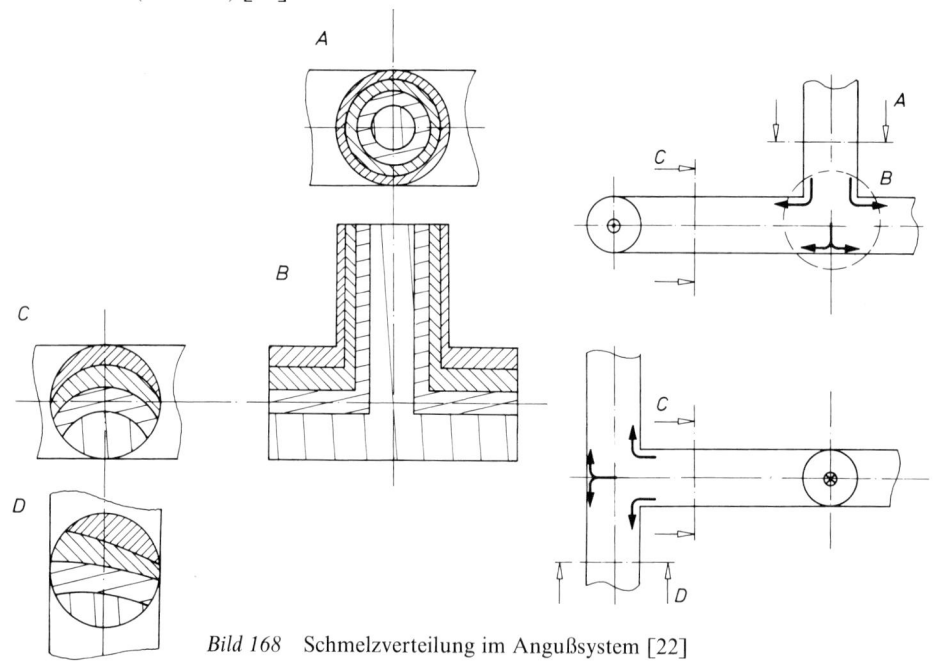

Bild 168 Schmelzverteilung im Angußsystem [22]

Die Ursachen für ein Voreilen der Füllung der äußeren Kavität sind wahrscheinlich in einer Inhomogenität der Schmelze gemäß den eingezeichneten Stromfäden zu suchen. Um diese Annahme zu überprüfen, wurden bei dem Werkzeug die Kavitäten gemäß Bild 167 verschlossen (Kavität 1, 6, 3 und 8). Wie erwartet, erhielt man ein absolut gleiches Füllbild in den verbleibenden Kavitäten. Damit können Werkzeugwandtempe-

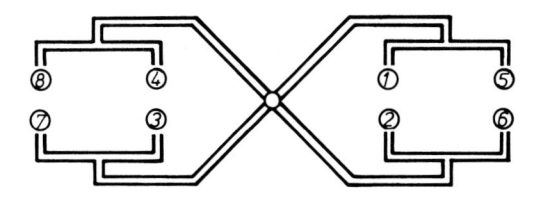

Bild 169 Angußschema [22]

ratureinflüsse absolut ausgeschlossen werden. Darüber hinaus wurde das Angußsystem entsprechend Bild 169 abgeändert und damit ergab sich bei allen untersuchten Materialien ein betriebsunabhängig gutes Füllbild [55].

Der Grund des Voreilens könnte somit in der scherzeitabhängigen Viskosität der Schmelze in den einzelnen Zonen zu suchen sein. Die Schmelzanteile, die sich über die Füllzeit der Kavität in Wandnähe des Angußkanals befinden (Schmelze für äußere Kavität), haben ein größeres Scherzeitintegral hinter sich als die Schmelze, die man in der inneren Kavität findet. Dies wird bestätigt durch den eingangs erwähnten gleichzeitigen Füllbeginn, da sich die Angußfüllphase von der Formfüllphase unterscheidet. Ein wesentlicher Teil der Masse, der im Kanal während der Angußfüllung geschert wird, verbleibt im Kanal zur Füllung des Angusses an der Kanalwand. Es ergeben sich für die Gestaltung von Angußsystemen die notwendigen Forderungen:

– Der Massenstrom muß symmetrisch aufgeteilt werden (Bild 168).
– Zwei Verzweigungen dürfen nicht in einer Ebene liegen.

An dem gezeigten Beispiel (PA 12 + Glasfasern) wird deutlich, daß die eingangs hergeleiteten überschlägigen Berechnungsmethoden hier vollständig ausreichen, wenn man die Konsequenzen aus der Betrachtung über die Stromfäden berücksichtigt.

In [22] wird auch gezeigt, wie man rechnerisch ein beliebiges Angußverteilersystem berechnen kann. Es ist jedoch heute praktikabler, mit einem handelsüblichen Simulationsprogramm (CADMOULD, MOLDFLOW, PLASTISOFT u.a.) die Balancierung vorzunehmen. Kapitel 14 behandelt daher diesen Punkt.

Literatur zu Kapitel 5

[1] *Pye, R.G.E.*: Injection Mould Design (for Thermoplastics) Ilitte Books Ltd., London 1968.
[2] *Szibalski, M.; Meier, E.*: Entwicklung einer quantitativen Methode für den Konstruktionsablauf bei Spritzgießwerkzeugen. Unveröffentlichte Arbeit, IKV, Aachen 1876.
[3] *Möhrwald, K.*: Einblick in die Konstruktion von Spritzgießwerkzeugen. Verlag Brunke Garrels, Hamburg 1965.
[4] Spritzgießtechnik von Vestolen. Broschüre der Chemischen Werke Hüls AG, Marl.
[5] *Christoffers, K.-E.*: Formteilauslegung, verarbeitungsgerecht. Das Spritzgußteil. VDI-Verlag, Düsseldorf 1980.
[6] Kunststoff-Verarbeitung im Gespräch, 1 Spritzgießen. Druckschrift der BASF, Ludwigshafen 1979.
[7] *Morgue, M.*: Moules d'injection pour Thermoplastiques. Officiel des Activités des Plastiques et du Caoutchouc, 14 (1967) S. 269–276 und 14 (1967) S. 620–628.
[8] Kegelanguß, Schirmanguß, Bandanguß. Technische Information 4.2.1 der BASF, Ludwigshafen/Rh. 1985.
[9] *Zawistowski, H.; Frenkler, D.*: Konstrukcja form Wtryskowych Do tworzyw Thermoplastycznych. Wydawnictwa Naukowo-Techniczne, Warszawa 1984.

[10] *Menges, G.; Mohren, P.:* Anleitung für den Bau von Spritzgießwerkzeugen. Carl Hanser Verlag, München 1974.
[11] Spritzgießen von Thermoplasten. Druckschrift der Farbwerke Hoechst AG, Frankfurt/M. 1971.
[12] *Schmid, A.:* Leitsätze, Angüsse, Anschnitte. Lehrgangshandbuch Spritzgießwerkzeuge. VDI-Bildungswerk, Düsseldorf Dezember 1971.
[13] *Stank, H.-D.:* Anforderungen an den Anguß, seine Aufgaben, Anordnung am Spritzgußteil. Anguß- und Anschnittprobleme beim Spritzgießen. Reihe Ingenieurwissen, VDI-Verlag, Düsseldorf 1975.
[14] *Speil, Th.:* Fertigungsgenauigkeit und Herstellung von Kunststoffpräzisionsteilen. Lehrgangshandbuch Spritzgießwerkzeuge. VDI-Bildungswerk, Düsseldorf Dezember 1977.
[15] *Cechacek, J.:* Problematik der Werkzeugkonstruktion. Plaste und Kautschuk, 22, (1975) 2, S. 183.
[16] Crastin-Sortiment, Eigenschaften, Verarbeitung. Firmenschrift der Ciba-Geigy AG, Basel, August 1977.
[17] Gestaltung von Spritzgußteilen aus thermoplastischen Kunststoffen. VDI-Richtlinie 2006, VDI-Verlag GmbH, Düsseldorf 1970.
[18] *Menges, G.; Schacht, T.; Becker, H.; Ott, S.:* Properties of Liquid Crystal Injection Mouldings. International Polymer Processing 2 (1987) 2, S. 77–82.
[19] *Paar, M.:* Auslegung von Spritzgießwerkzeugen für vernetzende Formmassen. Dissertation, RWTH Aachen 1984.
[20] *Benfer, W.:* Rechnergestützte Auslegung von Werkzeugen für Elastomere. Dissertation RWTH Aachen 1986.
[21] *Menges, G.; Hoven-Nievelstein, W.B.; Schmidt, Th.W.:* Handbuch zur Berechnung von Spritzgießwerkzeugen. Verlag Kunststoff-Information, Bad Homburg 1985.
[22] *Schürmann, E.:* Abschätzmethoden für die Auslegung von Spritzgießwerkzeugen. Dissertation, RWTH Aachen 1979.
[23] *Schmidt, L.:* Auslegung von Spritzgießwerkzeugen unter fließtechnischen Gesichtspunkten. Dissertation, RWTH Aachen 1981.
[24] *Lichius, U.:* Rechnerunterstützte Konstruktion von Werkzeugen zum Spritzgießen von thermoplastischen Kunststoffen. Dissertation, RWTH Aachen 1983.
[25] *Bangert, H.:* Systematische Konstruktion von Spritzgießwerkzeugen und Rechnereinsatz. Dissertation, RWTH Aachen 1981.
[26] *Lichius, U.; Bangert, H.:* Eine einfache Methode zur Vorausbestimmung des Fließfrontverlaufs beim Spritzgießen von Thermoplasten. Plastverarbeiter 31 (1980) 11, S. 671–676.
[27] *Schacht, Th.:* Unveröffentlichte Arbeit, IKV, Aachen 1984.
[28] *Austin, C.:* Mitteilungen der Moldflow Association Melbourne, Australien 1978.
[29] *Thienel, P.:* Der Formfüllvorgang beim Spritzgießen von Thermoplasten. Dissertation, RWTH Aachen 1977.
[30] *Vinogradov, G.V.; Malkin, A.A.:* Temperature-independent Viscosity Characteristics of Polymer Systems. Polym. Sci. 2 (1964) S. 2357–2372.
[31] *Chmiel, O.; Schümmer, PO.:* Eine neue Methode zur Auswertung von Rohr-Rheometerdaten. Chemie-Ing. Techn. 43 (1971) 23, S. 1257–1259.
[32] *Michaeli, W.:* Extrusionswerkzeuge für Kunststoffe. Hanser Verlag, München, Wien 1979.
[33] *Squires, P.H.:* Screw-Extruder Pumping Efficiency. SPE-Journal 14 (1958) 5, S. 24–30.
[34] *Lahti, G.P.:* Calculation of Pressure Drops and Outputs. SPE-Journal 19 (1963) 7, S. 619–620.
[35] *Dubbel, H.:* Taschenbuch für den Maschinenbau. 13. Aufl. Bd. 1, Springer Verlag, Berlin, Heidelberg, New York 1974.
[36] *Ramsteiner, F.:* Strömungswiderstand für Kunststoffschmelzen in Krümmern, Kniestücken, T-Stücken und zwischen zwei parallelen Platten. Kunststoffe 65 (1975) 9, S. 589–593.
[37] *Tatomir, M.:* Gestaltung von entformbaren Angußsystemen. Unveröffentlichte Arbeit IKV, Aachen 1979.
[38] *Kemper, W.:* Kriterien und Systematik für die rheologische Auslegung von Spritzgießwerkzeugen. Dissertation, RWTH Aachen 1982.
[39] *Cogswell, F.N.:* Polymer Melt Rheology. George Godwin Ltd., London 1981.
[40] *Ramsteiner, F.:* Fließverhalten von Kunststoffschmelzen durch Düsen mit kreisförmigem, quadratischem, rechteckigem oder dreieckigem Querschnitt. Kunststoffe 61 (1971) 12, S. 943–947.

[41] *Feichtenbeiner, H.:* Auslegung eines Spritzgießwerkzeuges mit 4fach Kaltkanalverteiler für Elastomerformteile. Unveröffentlichte Arbeit, IKV, Aachen 1983.
[42] *Busch, F.:* Fließtechnische Auslegung von Spritzgießwerkzeugen für Duromere. Unveröffentlichte Arbeit IKV, Aachen 1983.
[43] *Andermann, H.:* Abschätzmethode für Druckverluste an Querschnittsübergängen in Angußsystemen. Unveröffentlichte Arbeit, IKV, Aachen 1983.
[44] *Schneider, Ch.:* Das Verarbeitungsverhalten von Elastomeren im Spritzgießprozeß. Dissertation, RWTH Aachen 1986.
[45] *Rörick, W.:* Prozeßregelung im Thermoplast-Spritzgießbetrieb. Dissertation, RWTH Aachen 1979.
[46] *Bagley, E.B.:* End Corrections in the Capillary at Polyethylene. J. Appl. Phys. 28 (1957) S. 624–627.
[47] *Johannaber, F.:* Untersuchungen zum Fließverhalten plastifizierter thermoplastischer Formmassen beim Spritzgießen durch enge Düsen. Dissertation, RWTH Aachen 1967.
[48] *Schramm, K.:* Das Spritzgießen von Formteilen aus Kunststoffmassen unter Anwendung erzwungener oszillierender Fließvorgänge. Dissertation, RWTH Aachen 1976.
[49] *Meißner, J.:* Die Kunststoffschmelze als elastische Flüssigkeit. Kunststoffe 57 (1967) 5, Teil 1, S. 397–400, Teil 2, S. 702–710.
[50] *Hellwege, K.H.; Knappe, W.; Paul, F.; Semjonow, V.:* Druckabhängigkeit der Viskosität einiger PS-Schmelzen. Rheologiea Acta 6 (1967) 2, S. 165–170.
[51] *Christmann, L.:* Molekulargewichtsinvariante Beschreibung der Viskosität von Kunststoffschmelzen. Dissertation TH Darmstadt 1977.
[52] *Semjonow, J.:* Schmelzviskositäten hochpolymerer Schmelzen. Adv. Polym. Sci. 5 (1968) 3, S. 387–450.
[53] *Schulze-Kadelbach, R.:* Fließverhalten gefüllter Polymerschmelzen. Dissertation, RWTH Aachen 1978.
[54] *Bangert, H.:* Ähnlichkeitstheoretische Betrachtung des Füllvorgangs. Unveröffentlichte Arbeit, IKV, Aachen 1974.
[55] *Papenmeier, W.:* Einfluß der Angußgestaltung auf das Füllbild. Unveröffentlichte Untersuchungen, IKV, Aachen 1978.
[56] *Hengesbach, H.A.; Neuenschwander, S.; Egli, L.; Schürmann, E.:* Spritzversuche bei der Firma Bühler Uzwil, 1978.

6 Ausführung der Angüsse

6.1 Stangenanguß

Der Stangenanguß ist die einfachste und älteste Art des Angusses. Er hat einen runden Querschnitt, ist leicht kegelig und geht an seinem größten Querschnitt (=Anschnitt) in den Spritzling über.

Der Stangenanguß sollte stets an der dicksten Stelle des Formteils anbinden. So bleibt bei richtiger Dimensionierung der Nachdruck während der gesamten Erstarrungszeit des Formteils wirksam und die Volumenkontraktion wird durch Nachdrücken von Formmasse – ohne daß sich Lunker bilden können – während des Abkühlens ausgeglichen.

Der Durchmesser des Stangenangusses richtet sich nach dem Ort der Anbindung an das Formteil. Er muß etwas größer sein als die Dicke des Formteils, damit die Schmelze im Anguß zuletzt erstarrt. Es gilt (vgl. Bild 81)

$$d_F \geqq S_{max} + 1{,}5 \text{ (mm)}. \tag{60a}$$

Er sollte aber auch nicht dicker sein, da er sonst zu spät erstarrt und die Kühlzeit unnötig verlängert.

Um einwandfrei entformt werden zu können, ist eine gewisse Konizität notwendig, mit der sich die Stange zur düsenseitigen Öffnung verjüngt. Für den Kegelwinkel gilt daher

$$\alpha \geqq 1 - 2°. \tag{61}$$

Da die düsenseitige Öffnung ebenfalls größer sein muß als die Düsenbohrung gilt ferner

$$d_A \geqq d_D + 1 \text{ mm} \tag{60b}$$

(Bezeichnungen siehe Bild 81).

Wird diese Forderung nicht erfüllt, entstehen am oberen Rand Hinterschneidungen (vgl. Bild 80).

Bei sehr langen Angußzapfen – wenn die Werkzeugplatten sehr dick sind – muß geprüft werden, ob die Konizität groß genug ist, gegebenenfalls muß die Düse der Spritzgießmaschine ausgetauscht werden.

Die Entformbarkeit des Stangenangusses hängt darüber hinaus wesentlich von der Beschaffenheit der Oberfläche der Angußbohrung ab. So muß unter allen Umständen vermieden werden, daß Schleif- und Polierriefen quer zur Entformungsrichtung bei der Herstellung entstehen. In derartigen Riefen würde sich die Formmasse verankern und so ein Entformen verhindern. In der Regel werden Stangenangußbohrungen poliert und/oder gehohnt.

Der Radius r_2 (Bild 81) am Fuß des Stangenangusses wird empfohlen, damit einerseits eine scharfe Ecke zwischen Anguß und Spritzling vermieden wird und andererseits die Formmasse beim Einspritzvorgang in das Werkzeug hineinquillt.

Nachteilig ist, daß der Stangenanguß stets spanabhebend abgearbeitet werden muß. Die Anspritzstelle ist daher, auch bei sorgfältigster Nachbearbeitung, immer zu sehen. Dies ist in manchen Fällen störend. Manchmal wird daher der Anguß so umgelenkt, daß der Spritzling von innen (Bild 170) oder von einer Stelle aus angespritzt wird, die im Einbauzustand nicht zu sehen ist (Bild 171). Diese Art der Anbindung wird vielfach Überlappungsanguß oder -anschnitt bezeichnet; es handelt sich um einen umgelenkten Stangenanguß, dessen weiterer Vorteil darin besteht, daß sich beim Werkzeugfüllvorgang kein Freistrahl bildet. Der Massestrahl trifft zunächst auf die dicht gegenüber der Anspritzstelle liegende Wandung und füllt von dort aus den Werkzeughohlraum [2]. Ein spanendes Abtrennen des Angusses ist auch hier erforderlich.

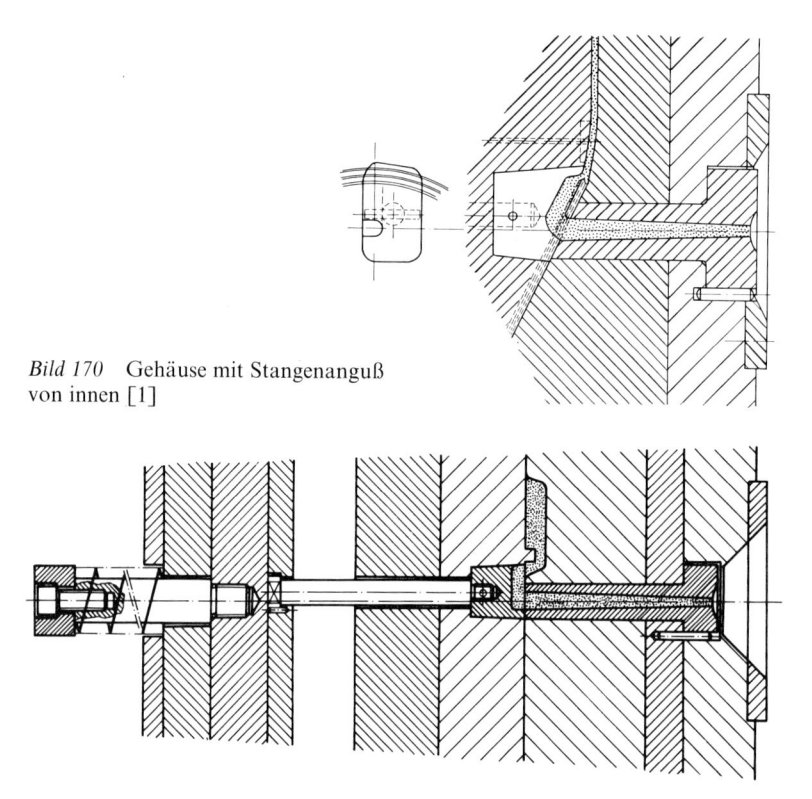

Bild 170 Gehäuse mit Stangenanguß von innen [1]

Bild 171 Stangenanguß mit Umlenkung [1] – auch Überlappungsanguß genannt

Eine weitere interessante Variante des Stangenangusses ist in Bild 172 dargestellt. Es handelt sich dabei um einen sogenannten gebogenen Stangenanguß, mit dessen Hilfe das Formteil seitlich angespritzt wird. Er wird dort angewendet, damit das Formteil im Werkzeug mittig angeordnet werden kann und so die Schließeinheit der Maschine zentrisch belastet wird.

Erwähnt sei noch, daß man die Bohrung für den Stangenanguß auf zwei Arten in das Werkzeug einarbeiten kann. Wird, wie Bild 173 zeigt, eine Angußbuchse verwendet, so ist i. allg. eine Markierung am Spritzling nicht zu vermeiden. Ist dies unerwünscht, so muß der Anguß trotz der damit verbundenen Nachteile direkt in die düsenseitige Werkzeughälfte eingearbeitet werden (Bild 174).

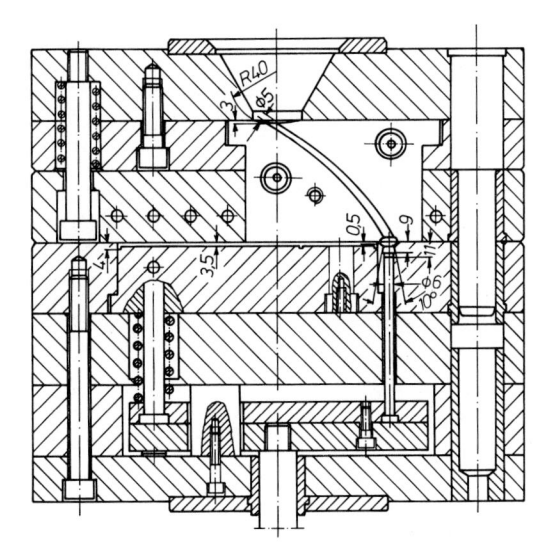

Bild 172 Gebogener Stangenanguß [3]

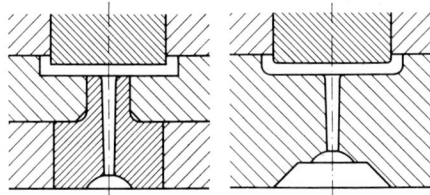

Bild 173 (links) Stangenanguß mit Angußbuchse – bedingt Markierung am Spritzling [4]

Bild 174 (rechts) Stangenanguß in düsenseitiger Werkzeughälfte – keine Markierung am Spritzling [4]

6.2 Band- oder Filmanguß

Der Band- oder Filmanguß wird vorzugsweise bei großflächigen, dünnwandigen Formteilen angewendet. Er hat folgende Vorteile:

- parallele Orientierung über die gesamte Breite (wichtig bei optischen Teilen z. B. Fernsehscheiben),
- jeweils einheitliche Schwindung in Fließrichtung und in Querrichtung (wichtig bei teilkristallinen Kunststoffen),
- keine störenden Anschnittmarkierungen auf der Fläche.

Die einströmende Formmasse gelangt über den Angußkegel zunächst in einen langgestreckten Verteilerkanal, der den Spritzling über den Anschnitt mit dem Angußsystem verbindet (Bild 175). Der Anschnitt mit seinem engen Querschnitt wirkt beim Werkzeugfüllvorgang zunächst als Drossel. Dadurch füllt sich der Verteilerkanal zuerst gleichmäßig mit Formmasse, die dann über den Anschnitt in den Werkzeughohlraum eintritt. Derartige Drosselstellen müssen in ihrer Weite verändert werden, wenn sich die Viskosität wesentlich ändert.

Der Verteilerkanal hat üblicherweise einen runden Querschnitt. Für seine Dimensionierung gelten im wesentlichen die Beziehungen nach Bild 175. Da man diese Konstruktion auch wie einen aufgeschnittenen und zu einer Geraden gestreckten Ringanguß auffassen kann, haben die Dimensionierungsrichtwerte für den Ringanguß hier ebenfalls Gültigkeit.

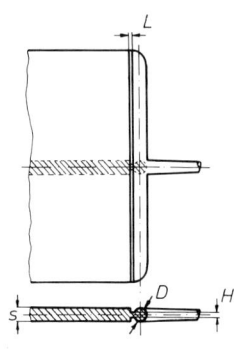

Bild 175 Band- oder Filmanguß mit rundem Verteilerkanal [1, 5].
D = s ÷ 4/3 s + k;
k = 2 mm für kurze Fließwege und große Wanddicken;
k = 4 mm für lange Fließwege und kleine Wanddicken.
L = 0,5–2,0 mm,
H = (0,2–0,7) s

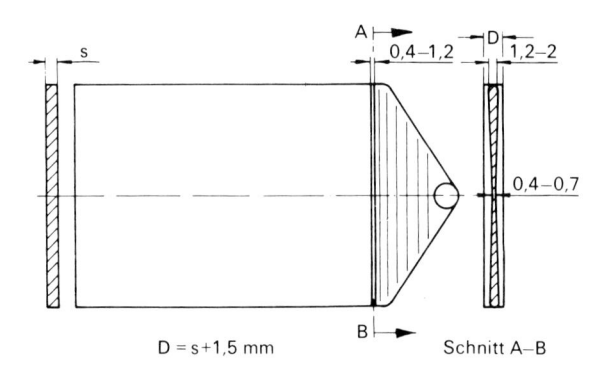

Bild 176 Band- oder Filmanguß mit korrigiertem Anschnittquerschnitt, wodurch gleiche Fließfrontgeschwindigkeit erreicht wird [6]

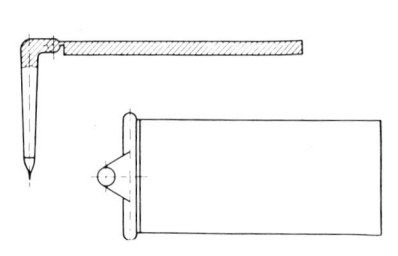

Bild 177 Band- oder Filmanguß mit zentraler Werkzeugfüllung [4]

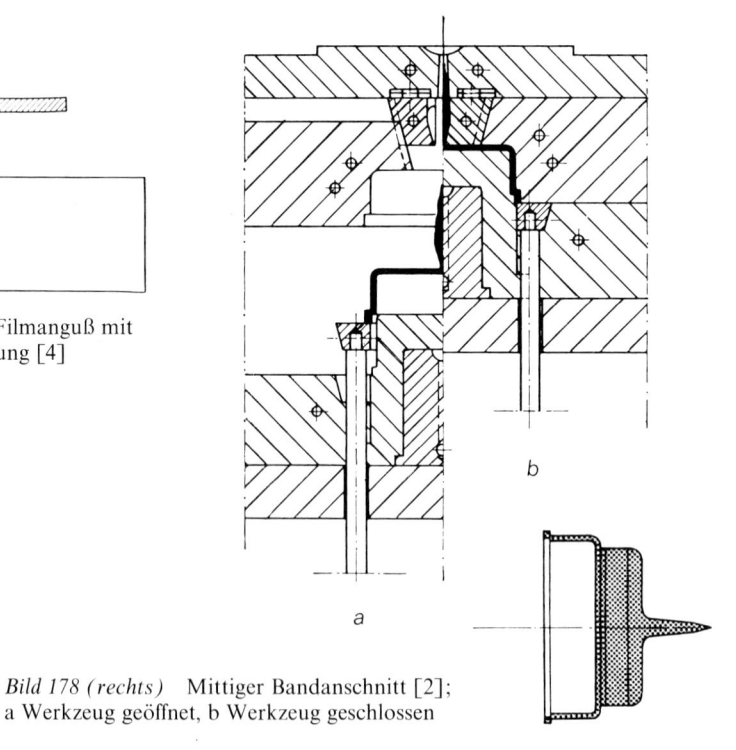

Bild 178 (rechts) Mittiger Bandanschnitt [2];
a Werkzeug geöffnet, b Werkzeug geschlossen

Neben dem runden Verteilerkanal trifft man noch sehr häufig einen fischschwanzähnlichen Verteilerkanal an (Bild 176). Diese Kanalform erfordert einen höheren Fertigungsaufwand und bringt einen höheren Materialeinsatz mit sich. Sie liefert aber eine exzellente Qualität, da die Schmelze parallel in das Formnest einfließt.

Die Dimensionierung der Kanäle erfolgte bisher meist empirisch. Sie kann jedoch heute mit Hilfe rheologischer Softwarepakete, wie CADMOULD, MOLDFLOW u.a. vorgenommen werden.

Da der Band- oder Filmanguß in der Regel seitlich an den Spritzling angebunden ist, muß man bei Einfachwerkzeugen die Formmasse umlenken (Bild 177). Das hat den Nachteil, daß das Werkzeug infolge der asymmetrischen Lage des Spritzlings u.U. in der Werkzeugtrennebene geöffnet wird. Es ist daher zweckmäßig, beim Band- oder Filmanguß in die Werkzeug-Trennebene einzuspritzen. Dieser Überlegung tragen manche Maschinenhersteller Rechnung, die ihre Maschinen mit einer um 90° schwenkbaren Plastifiziereinheit ausrüsten.

Wenn der Anguß aus fertigungstechnischen Gründen nicht seitlich an den Spritzling angebunden werden kann, wählt man z.B die mittige Lage. Der Angußkanal muß dann, um das Entformen zu ermöglichen, in Form geteilter Backen ausgeführt werden, wie in Bild 178 am Beispiel eines Kastenwerkzeugs gezeigt wird [2].

6.3 Schirmanguß

Um ein gleichmäßiges Füllen des gesamten Querschnitts bei rotationssymmetrischen Spritzlingen zu erreichen, verbindet man den Angußkegel mit einem „Schirm", einem trichterförmigen Kanal, dessen Kegelwinkel $\alpha = 90°$ sein sollte, und der den Massestrom gleichmäßig auf den größeren Durchmesser des Spritzlings aufteilt (Bild 179). Dies hat den Vorteil, daß Bindenähte, die zwangsläufig beim Anspritzen eines Ringquerschnitts über einen oder mehrere Punkte entstehen würden, vermieden werden. Damit wird auch Verzug vermieden, der beim Anbinden über einige Punktangüsse kaum vermeidbar wäre, wenn es sich um Ringe handelte (Bild 180). Bei richtiger Dimensionierung ist auch nicht mit einer Verschiebung des Kerns aufgrund einseitiger Belastung zu rechnen. Als Faustregel gilt hier: Das Verhältnis Kernlänge zu Kerndurchmesser sollte kleiner als

$$\frac{L_{Kern}}{D_{Kern}} < \frac{5}{1} \qquad (62)$$

sein [6] (siehe auch Kapitel 11. Kernversatz).

Bild 179   Schirmanguß [6]
Kegelwinkel $\alpha = 90°$

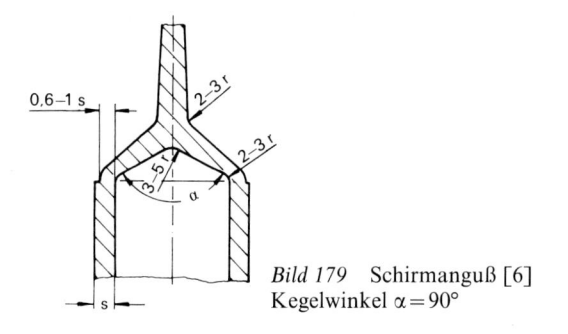

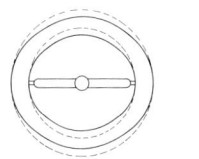

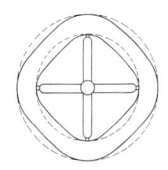

Bild 180   Einfluß des Verteilerkanals auf die Qualität des Spritzlings. Es tritt erheblicher Verzug auf [1]

Bei größeren Kernlängen ist der Kern auf der Einspritzseite abzustützen, um ein Verschieben des Kerns aufgrund etwaiger Druckunterschiede in der einströmenden Masse zu verhindern. In solchen Fällen sollte dann der Ringanguß von Abschnitt 6.4 angewendet werden. Konstruktionen wie in Bild 181 sind ungünstig, da hier zwangsläufig hinter den Durchbrüchen wieder Bindenähte mit den bekannten Nachteilen entstehen.

Der Schirmanguß kann auf zwei Arten an den Spritzling angebunden werden. Entweder direkt wie in Bild 179 oder aber über einen Anschnitt oder Angußsteg (Bild 182). Welche Art der Anbindung gewählt wird, hängt im wesentlichen von der Wanddicke des zu fertigenden Formteils ab.

Die Praxis kennt noch eine Sonderart des Schirmangusses, die unter der Bezeichnung Membran- oder Scheibenanguß bekannt ist [6, 7]. Der Anbindungsort kann bei dieser Konstruktion, wie Bild 183 zeigt, verschieden sein. Der Membran- oder Scheibenanguß gestattet es, auch ring- oder hülsenförmige Spritzlinge mit einer Hinterschneidung in einem einfachen Spritzgießwerkzeug ohne Backen, Kerne etc. herzustellen (linkes Bild 183).

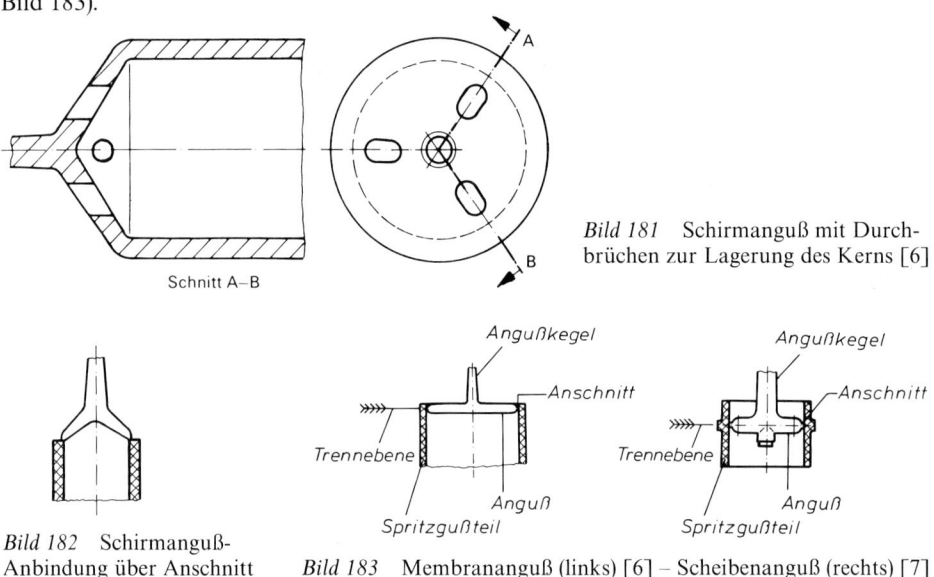

Bild 181 Schirmanguß mit Durchbrüchen zur Lagerung des Kerns [6]

Bild 182 Schirmanguß-Anbindung über Anschnitt

Bild 183 Membrananguß (links) [6] – Scheibenanguß (rechts) [7]

6.4 Ringanguß

Der Ringanguß wird bei rotationssymetrischen, hülsenförmigen Teilen angewendet, bei denen der Kern wegen seiner Länge zweifach gelagert sein muß.

Die plastifizierte Formmasse gelangt vom Angußkegel zuerst in einen Ringkanal, der den Spritzling über den Anschnitt mit dem Angußkanalsystem verbindet (Bild 184). Der Anschnitt mit seinem engen Querschnitt wirkt beim Werkzeugfüllvorgang zunächst als Drossel. Dadurch füllt sich der Ringkanal zuerst gleichmäßig mit Masse, die dann erst über den Anschnitt in die Werkzeughöhlung eintritt. Im Ringkanal tritt zwar eine Zusammenfließstelle auf, die durch die Angußverengung im Anschnitt jedoch soweit kompensiert wird, daß sie sich später am Spritzling gar nicht oder kaum bemerkbar macht.

6.4 Ringanguß

Der besondere Vorteil dieser Angußart besteht darin, daß der Kern beidseitig gelagert werden kann (Bild 184). Dadurch können auch relativ lange hülsenförmige Spritzlinge (Kernlänge zu Kerndurchmesser größer als 5:1) mit gleichmäßiger Wanddicke gefertigt werden. Darüber hinaus findet der Ringanguß, wie Bild 184 zeigt, Anwendung beim Spritzen von rotationssymmetrischen Teilen in Mehrfachwerkzeugen. Beim Schirmanguß, zu dem der Ringanguß in gewisser Konkurrenz steht, ist dies, wie auch eine beidseitige Kernlagerung, nicht möglich.

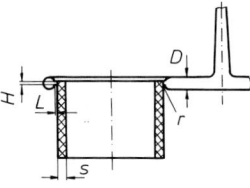

Bild 185 Ringanguß mit rundem Querschnitt [5, 6].
$D = s + 1{,}5$ mm $\div 4/3$ s + k,
$L = 0{,}5\text{–}1{,}5$ mm,
$H = 2/3$ s $\div 1\text{–}2$ mm,
$r = 0{,}2$ s;
$k = 2$ mm für kurze Fließwege und große Wanddicken;
$k = 4$ mm für lange Fließwege und kleine Wanddicken

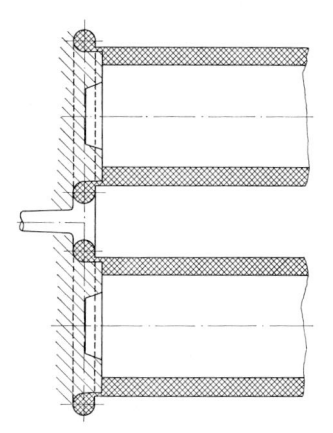

Bild 184 Rohre mit Ringanguß und Zentrierzapfen für die Kernlagerung [1]

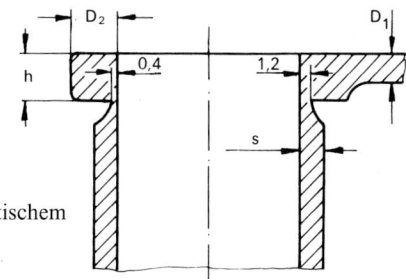

Bild 186 Ringanguß mit quadratischem Querschnitt [6].
$h = 2$ s; $D_1 = s + 1{,}5$ mm; $D_2 = 2$ s

Die Dimensionierung des Ringangusses richtet sich nach der zu verarbeitenden Formmasse, dem Gewicht und den Abmessungen des Formteils sowie nach dem Fließweg. Bild 185 zeigt die in der Literatur üblicherweise für einen runden Kanal angegebenen Abmessungen. Nun findet man beim Ringanguß aber auch noch andere Querschnittsformen für den Ringkanal. Für die Dimensionierung dieser Kanäle gelten die Angaben nach Bild 186.

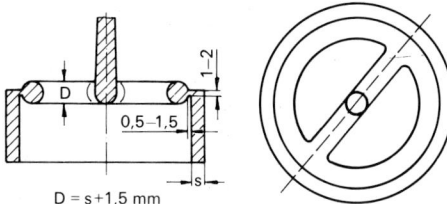

Bild 187 Innenringanguß [6] $D = s + 1{,}5$ mm

Die in den Bildern 184 und 185 dargestellten Ringangüsse werden in der Literatur [6] auch Außenringanguß bezeichnet. Demgegenüber wird dann die Konstruktionsvariante nach Bild 187 Innenringanguß genannt. Diese Konstruktion hat den Nachteil, daß im Ringkanal zwei Zusammenfließstellen entstehen. Sie ist zudem teurer in der Fertigung und erschwert eine beidseitige Lagerung des Kerns.

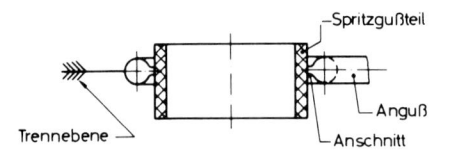

Bild 188 Kranzanschnitt [7]

In der Literatur ist darüber hinaus noch der Begriff Kranzanschnitt zu finden. Er wird mit der Konstruktion nach Bild 188 verbunden. Da es sich hierbei um den üblichen Ringanguß mit rundem Querschnitt handelt, der lediglich den Spritzling an einer anderen Stelle anspritzt als der landläufig bekannte Ringanguß, erscheint es nicht gerechtfertigt, für die Konstruktion nach Bild 188 eine neue Bezeichnung einzuführen.

6.5 Tunnelanguß

Der Tunnelanguß wird hauptsächlich bei der Herstellung kleiner Formteile in Mehrfachwerkzeugen verwendet, bei denen die Formteile auch von der Seite her angespritzt werden können. Er ist das einzige selbstabtrennende Angußsystem mit nur einer Trennebene, das vollautomatisch betrieben werden kann.

Formteil und Anguß liegen in einer Werkzeugtrennebene. Die Verteilerkanäle des Angußsystems werden bis kurz vor den Werkzeughohlräumen geführt und dort umgelenkt. Sie enden dann in einer konischen Bohrung, die den Werkzeughohlraum über den Anschnitt mit dem Angußsystem verbindet. Durch die tunnelartige, schräg in die Seitenwand der Werkzeughöhlung geführte Bohrung (Tunnel) entsteht eine scharfe Kante zwischen Werkzeugführung und Tunnel, die das Angußsystem beim Entformen vom Spritzling abschert [8].

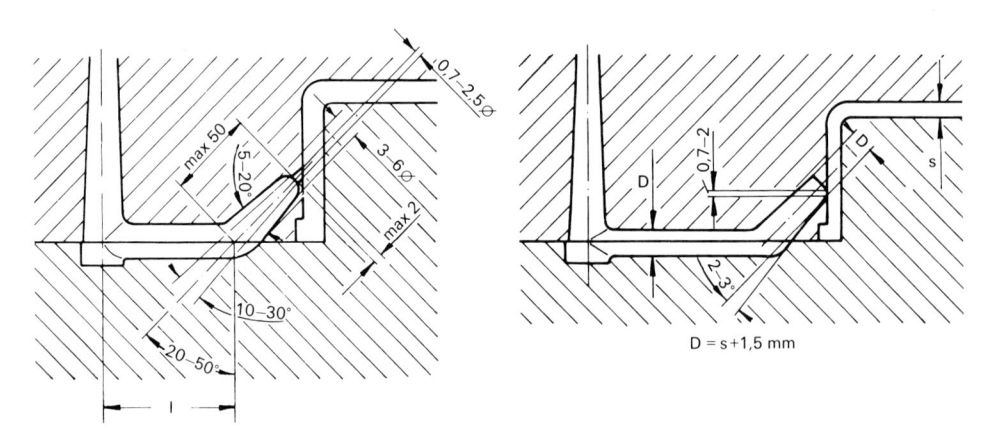

Bild 189 Tunnelanguß mit spitzkegeliger Tunnelbohrung [6]

Bild 190 Tunnelanguß mit stumpfkegeliger Tunnelbohrung [6]

Man unterscheidet zwei mögliche Ausführungsformen für die Tunnelbohrung (Bilder 189 und 190). Die Tunnelbohrung kann spitz oder kegelstumpfförmig zulaufen. Im ersten Fall bildet sich am Übergang zum Spritzling ein punktförmiger, im zweiten Fall ein ellipsenähnlicher Anschnitt. Die letztere Anschnittsform erstarrt beim Werkzeugfüllvorgang langsamer, so daß längere Nachdruckzeiten ermöglicht werden. Die Herstellung diese Kanalform ist besonders preisgünstig, da sie mit einem Stirnfräser in einem Arbeitsgang hergestellt werden kann.

Beim Entformen müssen Spritzling und Angußsystem auf der schließseitigen Werkzeughälfte festgehalten werden. Dies kann beim Spritzling wie auch beim Angußsystem durch Hinterschneidungen erreicht werden. Sollten Hinterschneidungen am Spritzling jedoch stören, so kann durch unterschiedliche Werkzeugtemperierung erreicht werden, daß der Spritzling, z. B. bei becherförmigen Teilen, auf dem schließseitigen Kern sitzen bleibt. Dadurch, daß die Schneidkante an der düsenseitigen Werkzeughälfte liegt, wird der Tunnelanguß vom Spritzling abgeschnitten, sobald das Werkzeug geöffnet wird (Bild 191). Danach werden Spritzling und Angußsystem durch Auswerfer entformt.

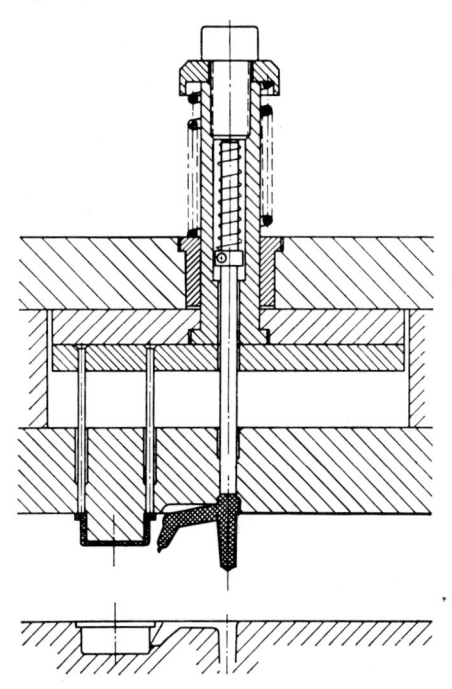

Bild 191 Tunnelanguß mit automatischem Mittelauswerfer [9]

Störungsfrei arbeitet das System bei der Verarbeitung zähelastischer Formmassen. Bei spröden Formmassen besteht die Gefahr, daß die Verteilerkanäle beim Werkzeugöffnungsvorgang, bei dem sie sich zwangsläufig biegen müssen, brechen. Es empfiehlt sich daher, die Verteilerkanäle beim Verarbeiten spröder Formmassen stärker zu dimensionieren, damit der Anguß beim Entformen noch nicht vollständig erstarrt und damit weicher und zäher ist.

Bei den bisher vorgestellten Konstruktionen wurde der Spritzling seitlich von der Außenseite aus angespritzt. Die Tunnelbohrung ist dabei in der düsenseitigen Werkzeughälfte eingearbeitet, so daß der Spritzling bereits beim Öffnen des Werkzeugs vom Anguß getrennt wird. Bei der Konstruktion nach Bild 192 wird das Formteil (in diesem Fall eine Abdeckglocke) von innen angespritzt. Die Tunnelbohrung ist im Werkzeugkern auf der auswerferseitigen Werkzeughälfte eingearbeitet. Die Trennung von Anguß und Formteil erfolgt hier, nachdem das Werkzeug geöffnet ist, durch die Auswerferbewegung. Nach dem gleichen Prinzip arbeitet der „gebogene" Tunnelanguß (Bild 193).

208　6　Ausführung der Angüsse

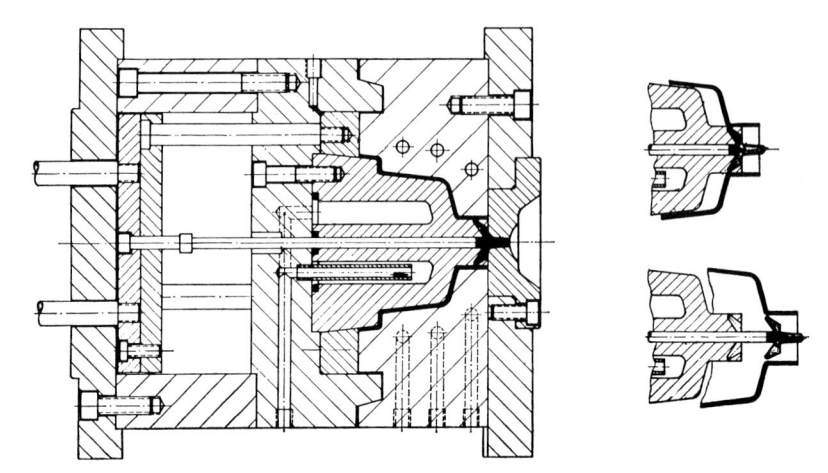

Bild 192　Werkzeug mit Tunnelanguß zum Herstellen von Abdeckglocken [10]

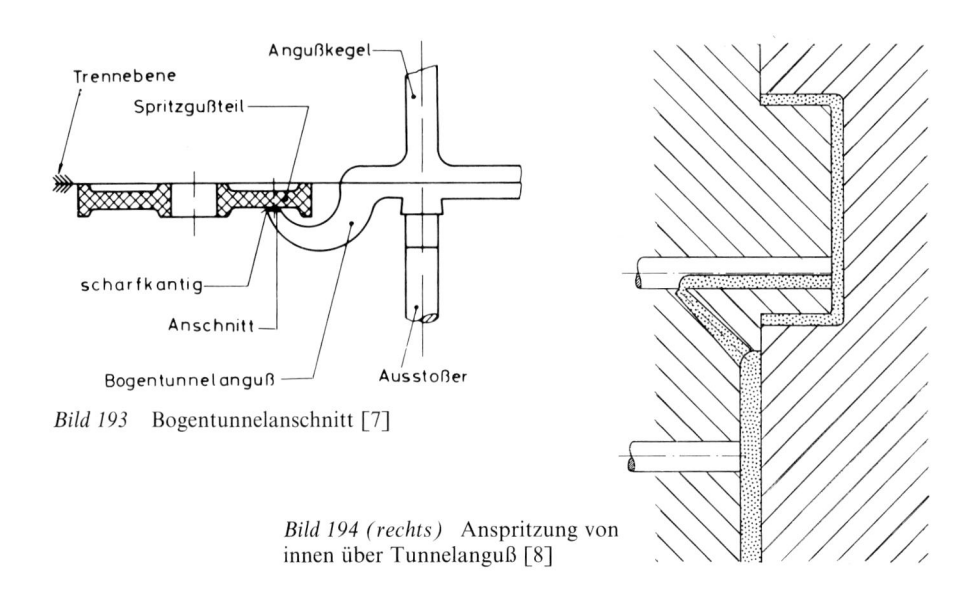

Bild 193　Bogentunnelanschnitt [7]

Bild 194 (rechts)　Anspritzung von innen über Tunnelanguß [8]

Diese Konstruktion gestattet es, flache Formteile von der Innenseite her anzuspritzen. Die Fertigung dieser gebogenen Tunnelbohrung ist allerdings aufwendig. Um auch tiefe Formteile mit einem Tunnelanguß fertigen zu können, wird in der Literatur [8] die Konstruktion nach Bild 194 vorgeschlagen. Die Tunnelbohrung endet hier nicht am Werkzeughohlraum, sondern an einem Fließkanal, der seitlich in einen Auswerfer eingearbeitet ist. Nachdem das Werkzeug geöffnet ist, wird der Tunnelanguß durch die Auswerferbewegung vom Fließkanal getrennt. In einem zusätzlichen Arbeitsgang muß dann noch der Fließkanal vom Formteil getrennt werden. Es handelt sich bei der Konstruktion also um eine Kombination zwischen Tunnel- und Stangenanguß, die als Nachteil erhebliche „Dichtigkeitsprobleme" am Übergang Tunnelanguß – Fließkanal im Bereich des Auswerfers mit sich bringen dürfte.

6.6 Abreiß-Punktanguß – Dreiplattenwerkzeug

Beim Abreiß-Punktanguß liegen Formteil (Spritzling) und Anguß in verschiedenen Werkzeugtrennebenen. Die beiden Werkzeughälften, die düsen- und die auswerferseitige Werkzeughälfte, werden durch eine Zwischenplatte, die bei der Werkzeugöffnungsbewegung die zweite Trennebene freilegt, voneinander getrennt.

Da sich das Werkzeug durch die Zwischenplatte in drei Baugruppen unterteilen läßt, wird das Arbeitsprinzip des Abreiß-Punktangusses in der Literatur auch als Dreiplattenwerkzeug bezeichnet (Bild 195). Bild 196 zeigt den Anschnittbereich im Detail.

Bild 195 Dreiplattenwerkzeug [11].
1 ausferferseitige Werkzeughälfte,
2 Zwischenplatte, 3 düsenseitige Werkzeughälfte
a Hinterschneidung am Kern,
b Anschnittkanal, c Hinterschneidung,
d Verteilerkanal, e Verbindungskanal,
f Trennfläche 1, g Trennfläche 2

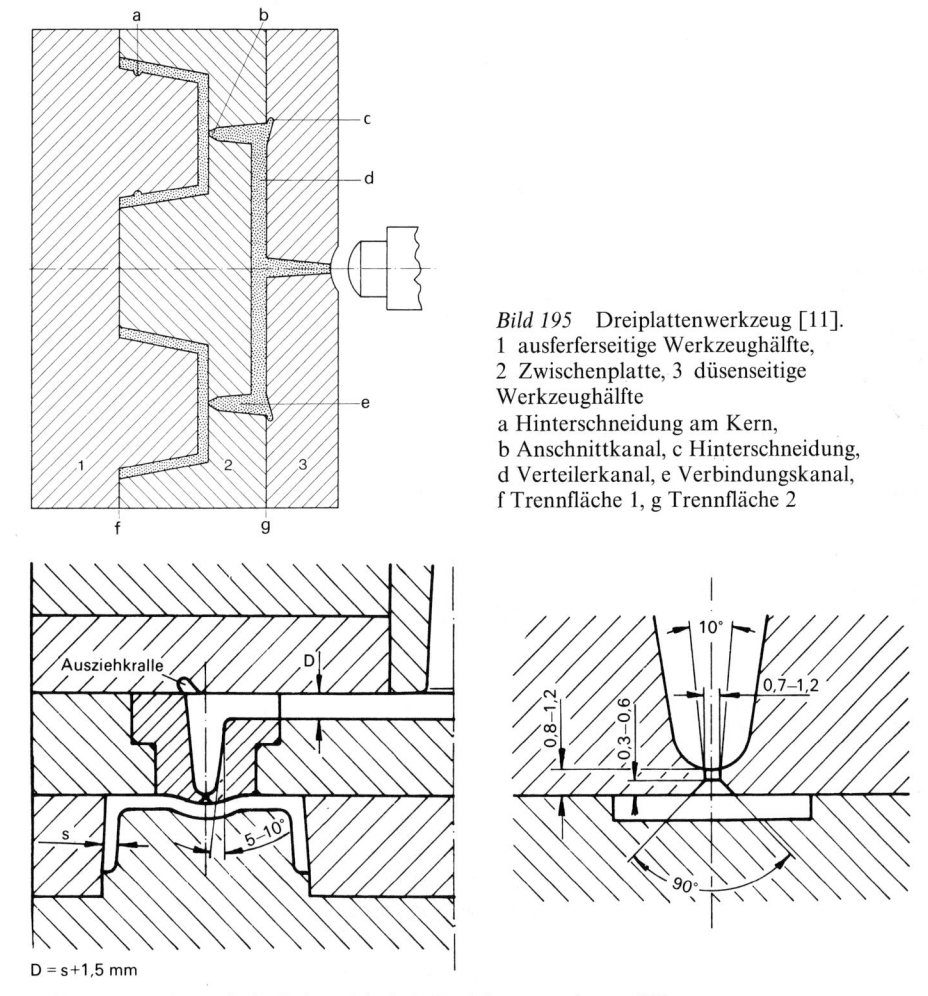

Bild 196 Punktanschnitt beim Mehrfach-Dreiplattenwerkzeug [6]

Der Abreiß-Punktanguß findet in erster Linie Anwendung bei Mehrfachwerkzeugen, bei denen die Formteile möglichst zentral nacharbeitsfrei angespritzt werden sollen. Man schätzt ihn bei rotationssymmetrischen Formteilen, bei denen sich auf Grund einer seitlichen Anspritzung Verzug einstellen könnte.

Anwendung findet der Abreiß-Punktanguß auch bei Einfachwerkzeugen für großflächige dünnwandige Formteile, die infolge zu großer Fließweg-Wanddicken-Verhältnisse nicht mit einem Anguß gefüllt werden können. Abhilfe bietet eine Mehrfachanspritzung, wie sie der Abreiß-Punktanguß gestattet. Besondere Beachtung ist bei der Konstruktion derartiger Werkzeuge aber sowohl den Bindenähten wie auch der Werkzeugentlüftung zu schenken.

Beim Abreiß-Punktanguß handelt es sich um ein automatisch arbeitendes selbstabtrennendes Angußsystem, bei dem beim Entformungsvorgang Formteil und Angußsystem durch die Öffnungsbewegung der Spritzgießmaschine voneinander getrennt werden. Beim Öffnungsvorgang wird das Werkzeug zuerst in der ersten, dann in der zweiten Trennebene geöffnet, so daß Formteile und Angußspinne separiert sind.

Öffnet sich zunächst die Trennfläche 1, so muß der Spritzling auf dem Kern bleiben, damit er von den Anbindungen des Angußsystems abgerissen werden kann. Dies ist möglich durch Hinterschneidungen am Spritzling oder durch unterschiedliche Temperierung von Kern und Gesenk. Im weiteren Verlauf der Werkzeugöffnungsbewegung wird dann der Spritzling durch Auswerfer vom Kern geschoben. Nach Erreichen eines gewissen Öffnungshubes wird die Zwischenplatte über Zuganker mitgenommen. Dadurch wird auch die Trennfläche 2 geöffnet, und das Angußsystem kann durch Auswerfer ausgestoßen werden.

Das Werkzeug kann aber auch in der Trennfläche 2 zuerst geöffnet werden. Dies hat den Vorteil, daß der Spritzling ohne Hinterschneidungen ausgeführt werden kann und nicht auf dem Kern haften muß, da der Spritzling zwischen den Werkzeugplatten festgehalten wird, bis er vom Angußsystem getrennt ist, das an Hinterschneidungen (Ausziehkralle) (Bild 196) an der düsenseitigen Werkzeugplatte hängt. Nach einer weiteren Öffnungsbewegung, die wieder über Zuganker eingeleitet wird, können Spritzling und Angußsystem über Auswerfer entformt werden.

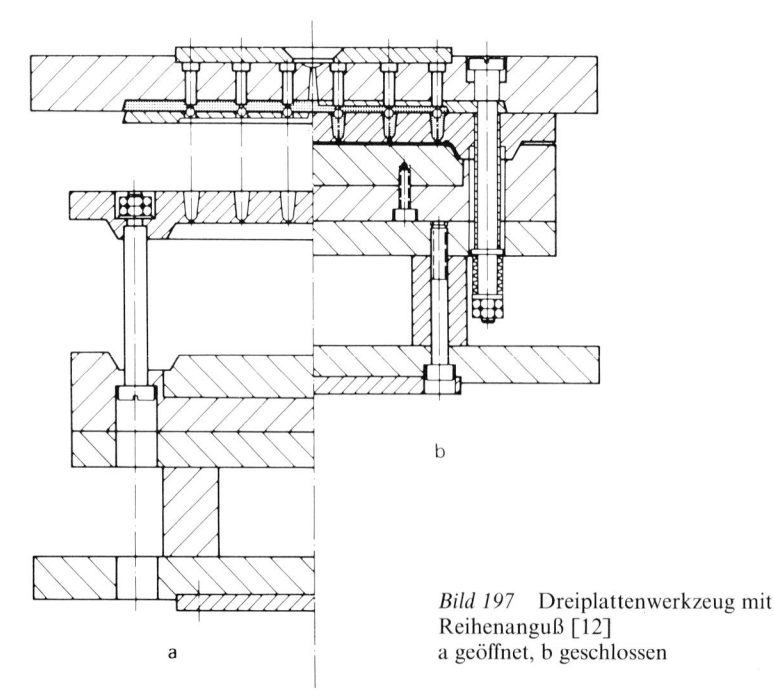

Bild 197 Dreiplattenwerkzeug mit Reihenanguß [12]
a geöffnet, b geschlossen

Das Arbeitsprinzip des Abreiß-Punktangusses für weiche Formmassen ist in Bild 197 dargestellt. Die zahlreichen Hinterschneidungen in Trennfläche 2 halten den Verteilerkanal sicher fest, so daß alle Angußzapfen aus ihren Höhlen gezogen werden. Für die Dimensionierung des Abreiß-Punktangusses gelten die Angaben nach Bild 196.

Der Angußkegel kann beim Abreiß-Punktanguß vermieden werden, wenn man ähnlich wie beim „Angußlosen Anspritzen" die Düse der Plastifiziereinheit bis in die Ebene vorzieht, in der die Verteilerspinne (Verteilerkanal) liegt (Bild 198).

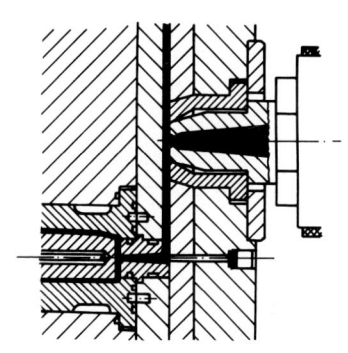

Bild 198 Verteilerspinne ohne Angußkegel [13]

6.7 Vorkammer-Punktanguß

Beim Vorkammer-Punktanguß ist in der düsenseitigen Werkzeughälfte eine „Tasche" (Vorkammer) eingearbeitet, die über einen sich kegelförmig aufweitenden Anschnittkanal mit dem Werkzeughohlraum verbunden ist.

Im Betrieb wird nun die Vorkammer durch die Düse des Plastifizierzylinders abgedichtet und beim ersten Schuß vollständig mit Formmasse gefüllt. Die Maschine bleibt in dieser Stellung, d. h. man arbeitet mit „anliegender Düse". Bei kurzen Zykluszeiten bleibt die Formmasse im Kern der Vorkammer plastisch und kann beim nächsten Schuß durchspritzt werden.

Das Arbeitsprinzip des Vorkammer-Punktangusses ist in Bild 199 dargestellt. Die plastische Seele im Zentrum, die bei jedem Schuß durchspritzt werden muß, wird durch die erkaltete Formmasse an den Wandungen der Vorkammer isoliert. Darüber hinaus erschweren Ausdrehungen am Umfang der Angußbüchse, die einen Luftspalt bilden, den Wärmeübergang von der Vorkammer in das gekühlte Werkzeug. Die in Bild 199 dargestellte Lösung arbeitet zuverlässig bei Formmassen mit einem breiten Erweichungstemperaturbereich (z. B. LDPE), wenn eine Schußfolge von 4 bis 5 Schuß/min [14] nicht unterschritten wird.

Sind diese Zykluszeiten nicht möglich, so muß die Vorkammer zusätzlich erwärmt werden. Dies geschieht z. B. von innen her am einfachsten dadurch, daß man die Düse des Plastifizierzylinders durch eine Spitze aus einem gut wärmeleitenden Material verlängert. Als Materialien für diese Spitzen haben sich Kupfer und dessen Legierungen bewährt. Eine beheizte Vorkammer zeigt Bild 200. Die Düsenspitze ist absichtlich kleiner gehalten als die Aushöhlung der Angußbuchse. Dadurch wird sie beim ersten Werkzeugfüllvorgang von Schmelze umhüllt, die erstarrt und als Isolator gegen das gekühlte Werkzeug wirkt.

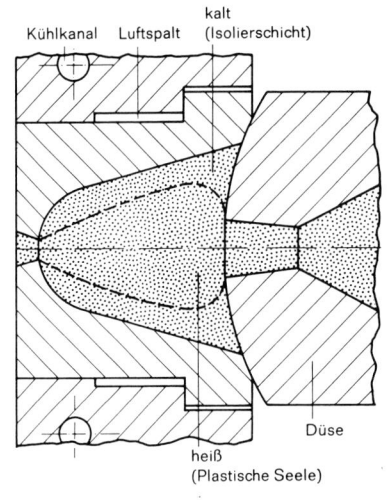

Bild 199 Angußbuchse mit Vorkammer [11]

Bild 200 Vorkammer, die durch die Düsenspitze beheizt wird [11]

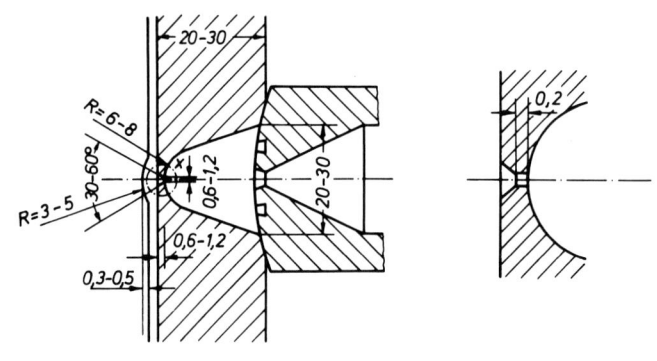

Bild 201 Vorkammer-Punktanguß mit Linse gegenüber dem Punktanguß, die die Verteilung der Formmasse verbessert [14]. *Rechts:* Einzelheit x (Maße in mm)

Die für die Dimensionierung des Vorkammer-Punktangusses wichtigen Größen können Bild 201 entnommen werden.

Der Durchmesser des Anschnittes richtet sich wie bei allen Anschnitten, unabhängig vom System, nach der Wanddicke des Spritzlings und nach der zu verarbeitenden Formmasse. Generell kann gesagt werden, daß der Spritzling am Punktanguß um so leichter abreißt, je kleiner der Querschnitt ist. Um den Anschnitt möglichst klein zu halten, arbeitet man daher mit hoher Massetemperatur. Jedoch sind hier vor allem bei temperaturempfindlichen Formmassen Grenzen gesetzt.

Der kegelförmige Auslauf des Anschnittkanals ist selbst bei der geringen Länge von 0,6 bis 1,2 mm erforderlich, damit das „Angußzäpfchen" gut entformt werden kann. Beim Entformen des Formteils wird dadurch die im Anschnittkanal erstarrte Formmasse jeweils mitentformt, so daß die Anschnittöffnung für den folgenden Werkzeugfüllvorgang wieder offen ist.

Manche Formmassen (Polystyrol) neigen dazu, bei einem solchen Entformen Fäden zu ziehen. Besonders bei diesen Werkstoffen ist dann eine kleinere Anschnittbohrung günstiger. Große Anschnitte, in deren Kern die Formmasse noch weichplastisch ist, begünstigen das Fadenziehen und erschweren damit den Entformungsvorgang.

Da die Angußbuchse am Spritzling eine Markierung hinterläßt, arbeitet man häufig eine verkürzte Buchse in die düsenseitige Werkzeughälfte ein (Bild 202).

Es ist zweckmäßig, wenn die Düse der Plastifiziereinheit Hinterschneidungen hat (vgl. Bild 201), mit denen ein erstarrter Vorkammerbutzen aus dem Werkzeug gezogen werden kann. Der Butzen kann dann von Hand oder durch spezielle Vorrichtungen abgeschlagen werden (Bilder 203 und 204).

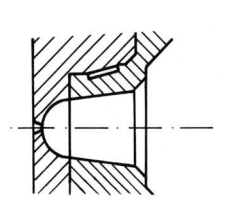

Bild 202 Vorkammer mit verkürzter Angußbuchse [14]

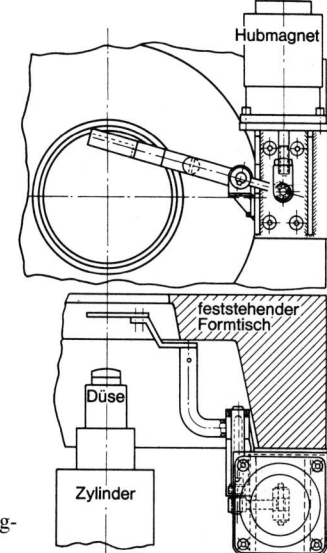

Bild 203 (rechts) Angußabschlagvorrichtung [9]

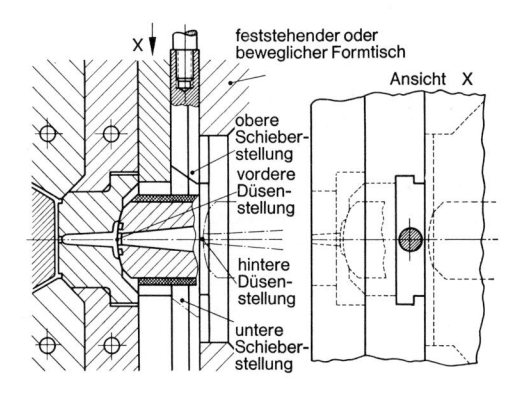

Bild 204 Angußabschlagschieber in Führungsplatte zwischen Werkzeug und Aufspannplatte [9]

Eine etwas elegantere Möglichkeit, den Angußkegel aus der Angußbuchse zu entfernen, zeigt die in Bild 205 dargestellte Lösung. Hier wird der Angußkegel durch pneumatische Betätigung eines Ringkolbens aus der Angußbuchse entfernt. Die Hinterschneidung am Teller des Angußkegels hält diese so lange fest, bis sich die Düse vom Werkzeug abgebrochen hat. Dann wird der in Bild 205 gezeigte Ringkolben durch Druckluft in Richtung Düse bewegt. Er legt dabei im vorliegenden Beispiel einen Weg von rund 5 mm zurück. Nach einem Hub von 3 mm trifft die Druckluft direkt auf den Teller des mitgerissenen Angußkegels, so daß dieser jetzt vollständig herausgeblasen wird [9].

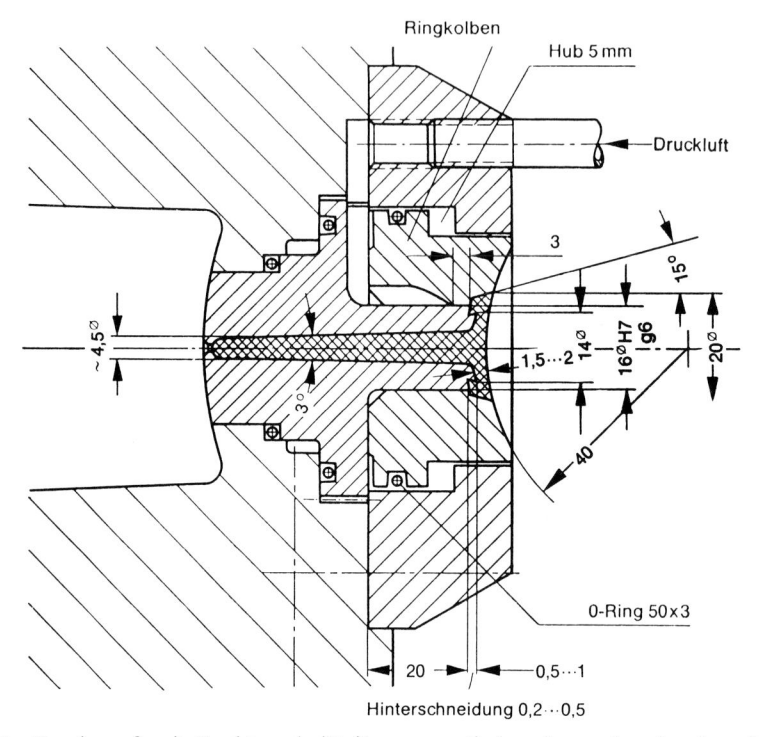

Bild 205 Kegelanguß mit Punktanschnitt für pneumatisches Auswerfen des Angußkegels [9]. Maße in mm

6.8 Angußloses Anspritzen

Beim angußlosen Anspritzen reicht die Düse direkt an den Spritzling heran und ist mit diesem durch eine Punktanbindung verbunden. Bild 206 zeigt eine Düse, mit der angußlos angespritzt wird. Die Stirnseite der Düse schließt das Werkzeug ab. Dadurch erhält der Spritzling allerdings eine starke Angußmarkierung (mattes Aussehen und wellige Oberfläche). Man muß daher bemüht sein, die Düse so klein wie möglich zu machen. Es empfiehlt sich, einen Durchmesser von 6 bis 12 mm nicht zu überschreiten. Da die Düse beim Einspritzvorgang und während der Nachdruckzeit Kontakt mit dem temperierten Werkzeug hat, ist dieses Verfahren nur anwendbar bei der Herstellung dünnwandiger Teile mit schneller Zyklusfolge. Um die Gefahr des Einfrierens der Düse,

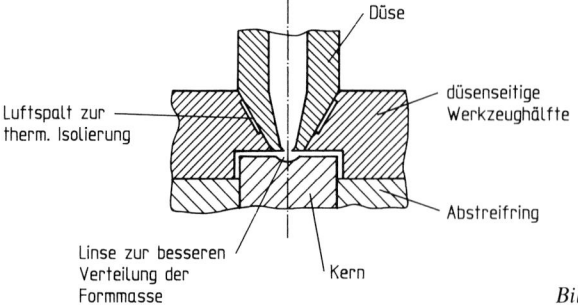

Bild 206 Angußlose Anspritzung

6.8 Angußloses Anspritzen

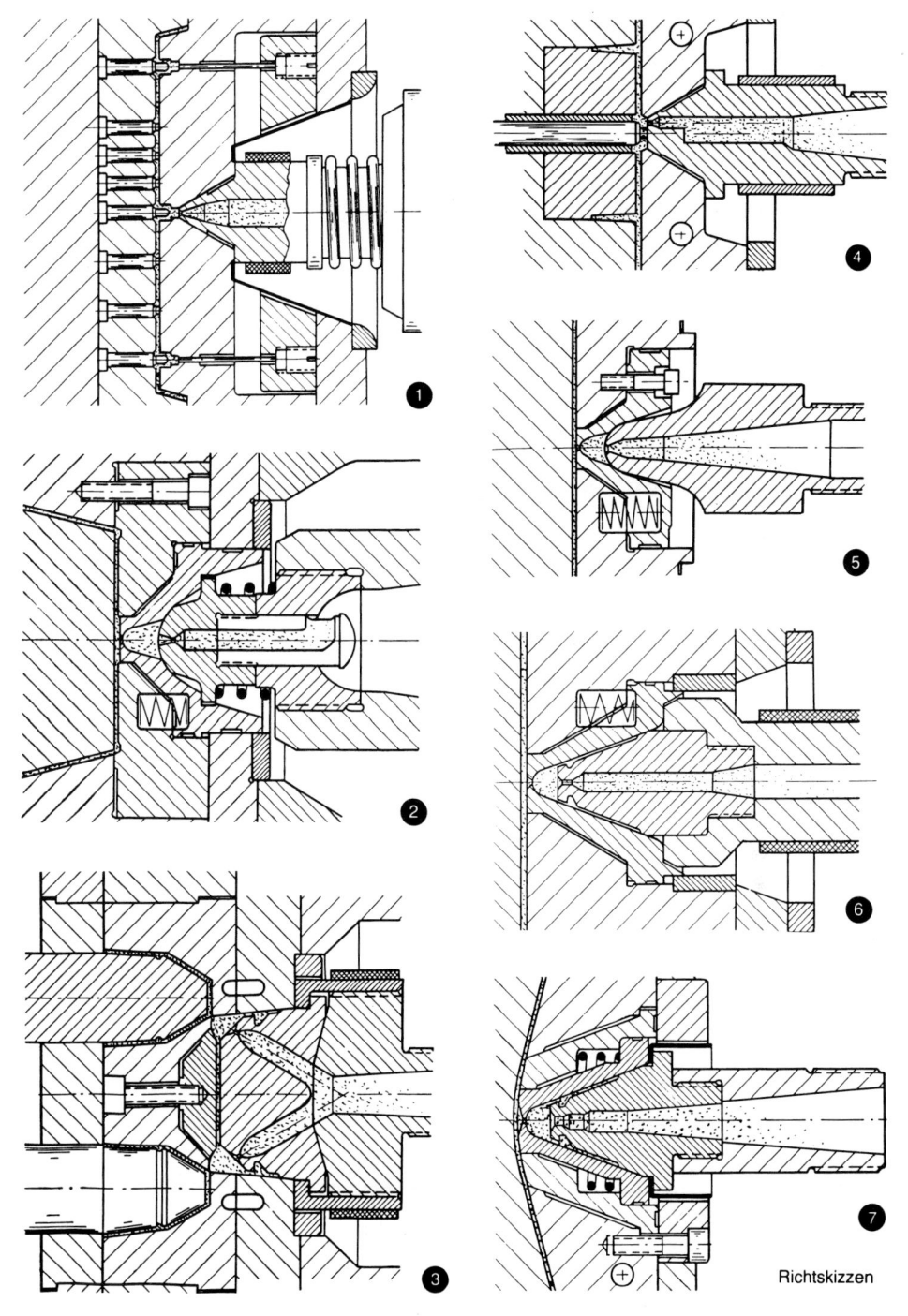

Bild 207 Angußlose Anspritzung [15]

Richtskizzen

die nur durch Wärmeleitung beheizt ist, zu vermeiden, sollte die Schußfolge keinesfalls unter 3 Schuß/min liegen. Das Verfahren wird bei billigen Verpackungsartikeln angewendet.

Mit Erfolg wird dieses Anspritzprinzip dort angewendet, wo die Formmasse durch Verteilerkanäle weitergeleitet wird, wie z. B. beim Abreiß-Punktanguß. Dadurch, daß die Düse der Plastifiziereinheit bis in die Ebene der Verteilerkanäle vorgezogen ist, entfällt dort der Angußkegel (siehe Abschnitt 6.6, Bild 198).

Bild 207 zeigt eine schon ältere aber anschauliche Zusammenstellung „angußloser Anspritzungen", wobei die Darstellungen 1 und 4 die geringsten Markierungen an den Formteiler ergeben. Empfehlenswert erscheinen noch heute außerdem 2 und 7 als Vorkammerpunktangüsse für weiche Formmassen.

6.9 Isolierverteiler – selbstisolierende Verteilerkanäle

Bei Mehrfachwerkzeugen mit einem Abreiß-Punkt- oder Tunnelanguß, aber auch bei Formteilen mit mehreren Anspritzstellen entsteht immer Abfall in Form des Angußsystems der sogenannten „Angußspinne". Die Spritzgießmaschine muß hier bei jedem Schuß zusätzlich zu dem Gewicht der Formteile noch das Gewicht der Angüsse zur Verfügung stellen. Oft wird bei den o. g. Werkzeug- und Angußarten die Zykluszeit nicht durch das Formteil, sondern durch die mitunter erheblich dickeren Angüsse bestimmt. Der Isolierverteiler gestattet nun – bei genügend schneller Zykluszeit – eine Arbeitsweise, bei der der Anguß nicht entformt werden muß.

Er arbeitet wie der Vorkammer-Punktanguß nach dem Durchspritzverfahren. Dazu müssen die von der Angußbuchse zu den Anschnittstellen führenden Verteilerkanäle so dick dimensioniert werden, daß die Formmasse in der Kanalmitte plastisch bleibt. Es bildet sich so im Zentrum der Kanäle eine „plastische Seele", die durch die an

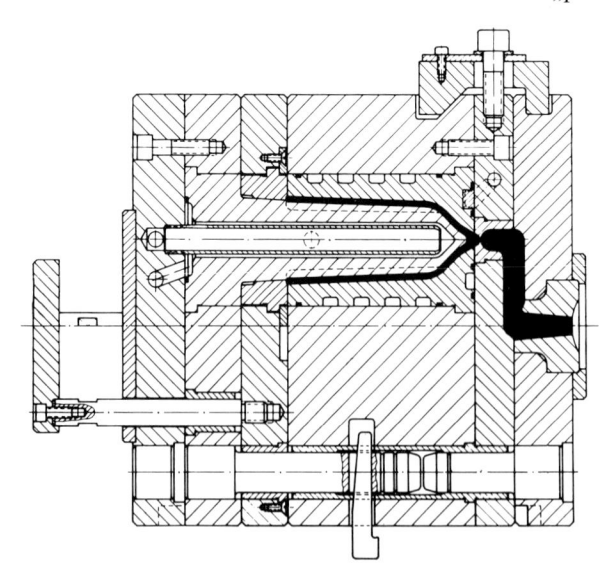

Bild 208 Isolierkanalwerkzeug mit Klauenzuhaltung [16]

den Kanalwänden erstarrte Formmasse zum gekühlten Werkzeug hin isoliert und bei genügend schneller Zyklusfolge vor einem Einfrieren geschützt wird. Wichtig ist dabei, daß der Anteil der plastischen Formmasse im Kanal kleiner ist als das Schußgewicht, denn nur so ist es möglich, daß die „plastische Seele" von Schuß zu Schuß erneuert wird.

Der Isolierverteiler (Bild 208) arbeitet bei der Verarbeitung leicht fließender Formmassen mit einem breiten Erweichungs- und Schmelzetemperaturbereich sowie guter Wärmebeständigkeit – z. B. PE, PS dann zufriedenstellend, wenn Kanaldurchmesser von 15 bis 30 mm gewählt werden und eine Schußfolge von mindestens 5 Schuß/min eingehalten wird [14]. Vor Produktionsbeginn sollten die Werkzeuge auf ca. 150 °C aufgeheizt werden [6]. Da sonst ein Anfahren der Werkzeuge, insbesondere nach einer längeren Produktionsunterbrechung nicht möglich ist. Hat sich dann während der Produktion das „thermische Gleichgewicht des Werkzeugs" eingestellt, so muß die Beheizung abgeschaltet werden, da sonst ein Erstarren und rechtzeitiges Entformen der Spritzlinge nicht möglich ist.

Bei den Spritzgießwerkzeugen mit selbstisolierendem Verteilerkanal unterscheidet man im wesentlichen drei Arten:

– Werkzeug ohne Zusatzbeheizung,
– Werkzeug mit einem beheizten Verteilerblock
– Werkzeuge, die eine Kombination zwischen Isolierverteiler und Heißkanalwerkzeug darstellen.

Bei den unbeheizten Werkzeugen friert der Verteiler in der Regel bei einer Betriebsunterbrechung ein. Die erstarrte Formmasse muß dann vor erneuter Inbetriebnahme entformt werden. Man führt daher bei den unbeheizten Werkzeugen wie beim Abreiß-Punktanguß oder Dreiplattenwerkzeug eine zweite Trennebene ein, bei der ein Schnellverschluß (z. B. Umsteckstifte, Klinkenhebel oder Klauenzuhaltung) das Entformen des erstarrten Angusses erleichtert.

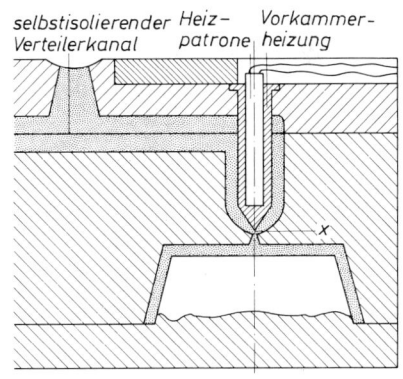

Bild 209 Isolierverteiler mit Vorkammerheizung [11]

Die in Bild 209 dargestellte Konstruktion stellt eine Kombination zwischen Isolier- und Heißkanal dar. Diese Bauart kann auch noch bei relativ langen Zykluszeiten (bis zu 1 min) eingesetzt werden. Das Werkzeug hat eine zusätzliche Werkzeugtrennebene, damit eingefrorene Verteiler schnell entformt werden können. Die Formmasse wird im Anschnittbereich durch eine innenbeheizte Pinole auf Verarbeitungstemperatur gehalten.

Nachteilig bei den mit selbstisolierendem Verteilerkanal arbeitenden Werkzeugen ist, daß u.U. Material aus den erkalteten Zonen mitgerissen werden kann. Dadurch wird die Qualität der Spritzlinge gemindert. Technisch hochwertige Teile sollte man daher mit Heißkanalwerkzeug fertigen [16].

6.10 Temperierte Angußsysteme – Heißkanal/Kaltkanal*

Angußsysteme in herkömmlichen Spritzgießwerkzeugen weisen zumeist das gleiche Temperaturniveau auf wie das übrige Werkzeug. Aufgrund dieser thermischen Randbedingungen ergeben sich sowohl in wirtschaftlicher als auch in technologischer Hinsicht Nachteile für das Spritzgießverfahren, auf die später eingegangen werden soll. Dies gilt nicht nur für die Verarbeitung von Thermoplasten, sondern auch bei vernetzenden Materialien, wie Elastomeren und Duromeren.

Diese Nachteile können durch den Einsatz von getrennt vom übrigen Werkzeug temperierbare Angußsysteme vermieden werden.

Aufgrund der unterschiedlichen Verfahrenstechnik bei der Verarbeitung von Thermoplasten und Elastomeren/Duromeren ergeben sich im Sprachgebrauch oft Unstimmigkeiten bei der Bezeichnung dieser Systeme. So werden die Begriffe Heißkanal und Kaltkanal sowohl bei Werkzeugen zur Verarbeitung von Thermoplasten als auch bei der Verarbeitung von Elastomeren und Duromeren verwendet, so daß eine Abgrenzung notwendig ist.

Bei der Verarbeitung von Thermoplasten werden temperierte Angußsysteme als Heißkanäle bezeichnet. Sie haben die Aufgabe, das Material von der Maschinendüse bis an den Anschnitt im schmelzeförmigen Zustand zu halten und ein Einfrieren des Materials im Angußsystem zu vermeiden. Das Temperaturniveau des Angußsystems liegt dabei über dem des übrigen Werkzeugs. Nicht temperierte Angußsysteme werden als Kaltkanalsysteme bezeichnet.

Bei der Verarbeitung von reagierenden Formmassen wird der Formteilbildungsprozeß im Werkzeug nicht wie bei Thermoplasten über ein Abkühlen der Schmelze in der Kavität bewirkt, vielmehr wird unter Zuführung von Energie das Material vernetzt und man erhält das Formteil. Das Temperaturniveau der Schmelze liegt unter dem des Werkzeuges. Entsprechend werden hier temperierte Angußsysteme als Kaltkanalsysteme bezeichnet.

6.10.1 Heißkanalsysteme

Heißkanalsysteme stellen die technologisch am weitesten entwickelten temperierten Angußsysteme auf dem Weg von herkömmlichen Angußverteilern zum einbaufertigen System (Bild 210) dar. Zur Entwicklung dieser nun über 30 Jahre alten Technologie haben nicht nur Werkzeugbauer, Verarbeiter, Institute und Normalienhersteller beigetragen, auch die anwendungstechnischen Abteilungen der Rohstoffhersteller leisten hier einen großen Beitrag, der in zahlreichen Veröffentlichungen und technischen Merkblättern dokumentiert ist (z. B. [18 bis 24]).

---

* Die Abschnitte 6.10 bis 6.10.2.2 wurden von P. *Barth* bearbeitet.

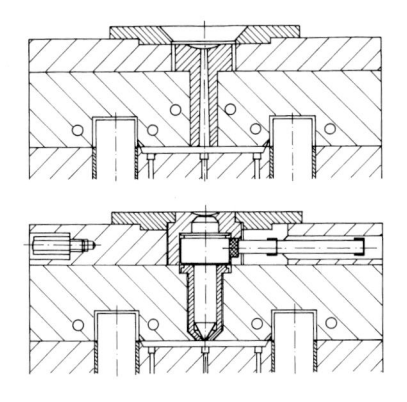

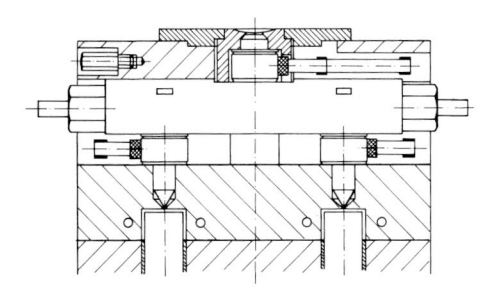

Bild 210 Vom herkömmlichen Verteilersystem zum Heißkanalwerkzeug [17]

Größere Formteile, wie Kfz-Instrumententafeln, Stoßfänger, Computergehäuse etc., wären ohne eine vielfache Zuführung der Schmelze praktisch nicht herstellbar [25]. So arbeitet man bei Großwerkzeugen mit Düsenlängen bis zu 800 mm und Verteilerlängen bis zu 1 800 mm [26].

Ausgangspunkt für die Wahl eines bestimmten Heißkanalsystems ist immer das zu verarbeitende Material. Heute lassen sich nahezu alle Materialien mit Heißkanälen verarbeiten, z. B. auch gefüllte Kunststoffe oder Strukturschaum [27]. Gewisse Einschränkungen gelten jedoch für thermisch empfindliche Kunststoffe sowie im besonderen Werkstoffe, die flammwidrig ausgerüstet sind.

Heißkanäle finden auch Anwendung in Kombination mit modernen Fertigungstechnologien bei der Spritzgießverarbeitung, wie z. B. dem Inmould-Verfahren (Hinterspritzen von Heißprägefolien) [28] oder bei Zwei-Materialien-Werkzeugen [29].

Heißkanalsysteme bieten gegenüber nicht temperierten Angüssen eine Reihe von Vorteilen. Diese können sowohl wirtschaftlicher als auch technologischer Natur sein.

Wirtschaftliche Vorteile:

- Einsparung von Angußmaterial bzw. der Kosten für eventuelle Nacharbeit (Abtrennen und Aufbereiten der Angüsse),
- kürzere Zykluszeit, Zeit für Entformung der Angußspinne entfällt, Kühlzeit nicht mehr durch langsam erstarrende Angüsse bestimmt, kein Düsenabhub notwendig;
- kleiner Maschine ausreichend, Angußkanäle erzeugen keine Auftriebskräfte, Verringerung des Dosiervolumens um das Volumen der Angußkanäle (bzw. es steht mehr Volumen zur Füllung einer größeren Anzahl von Kavitäten zur Verfügung), geringerer Öffnungshub als bei konventionellen Drei-Platten-Werkzeugen erforderlich;
- bei der Konstruktion kann auf standardisierte Bauelemente (Normalien) zurückgegriffen werden.

Technologische Vorteile:

- Durch Wegfall der Entformung des Angußsystems einfachere Automatisierbarkeit des Prozesses (Entnahme);
- durch Temperierung des Angußsystems können lange Fließwege realisiert werden. Hieraus ergibt sich die Möglichkeit, den Anschnitt an eine optimale Stelle zu legen;
- da die Durchmesser der Angußkanäle größer dimensioniert werden können, ergeben sich geringere Druckverluste;
- längerer Nachdruck möglich;

220   6 Ausführung der Angüsse

- die Balancierung des Angußsystems kann durch Temperatursteuerung oder eine spezielle Mechanik (z. B. Verstellung des Spaltes bei Ringspaltdüse oder Einsatz von Blenden im Fließkanal) durchgeführt werden;
- bei Einsatz von Nadelverschlußdüsen kann teilweise die Bildung von Bindenähten vermieden werden.

Diesen Vorteilen müssen die Nachteile gegenübergestellt werden.

Wirtschaftliche Nachteile:

- Mehr Ausschuß (zumindest beim Einfahren des Werkzeuges);
- aufwendigere Werkzeugkonstruktion erforderlich;
- höhere Werkzeugkosten durch den Einbau und die Installation von Zusatzeinrichtungen (z. B. Heizelemente, Temperaturfühler und Temperaturregelgeräte);
- größere Störanfälligkeit (z. B. Leckagen, Ausfall von Heizelementen);
- qualifiziertes Personal aufgrund der schwierigen Handhabung erforderlich (Einrichten, Überwachen, Warten).

Technologische Nachteile:

- Gefahr der thermischen Schädigung empfindlicher Materialien aufgrund langer Fließwege und hoher Schergeschwindigkeiten;
- ungleichmäßige Temperierung führt zu unterschiedlichen Schmelzetemperaturen und damit zu einer ungleichmäßigen Füllung;
- keine drucksteuernde Wirkung des Anschnitts (Bild 211).

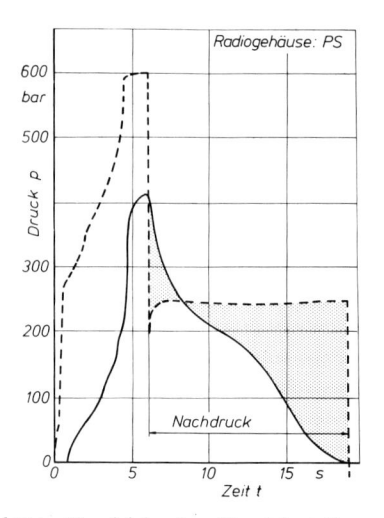

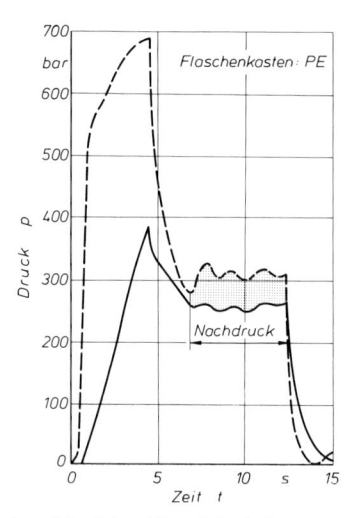

Bild 211 Vergleich der Druckfortpflanzung im Nachdruckbereich bei einem erstarrenden Angußsystem mit Filmanschnitten (linkes Bild) und bei Direktanspritzung mit Heißkanal mit offener Düse (rechtes Bild). —— Druck im Werkzeug angußnah, - - - Druck im Zylinder auf Schneckenvorraum umgerechnet

6.10.1.1 Anwendungsmöglichkeiten von Heißkanälen und Vergleich mit konkurrierenden Angußarten

In Bild 212 sind einige grundsätzliche Möglichkeiten der Schmelzeführung schematisch angedeutet.

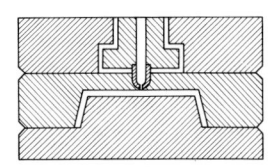

a) Zentrale Anspritzung eines Formnestes

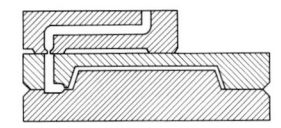

b) Seitliche Anspritzung bei 1-fach Werkzeugen

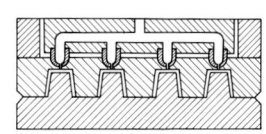

c) Zentrale Direktanspritzung mehrerer Formnester

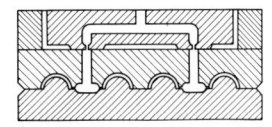

d) Indirekte, seitliche Anspritzung mehrerer Formnester

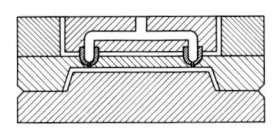

e) Mehrfachanspritzung eines Formnestes

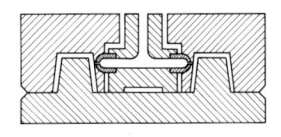

f) Seitliche Direktanspritzung mehrerer Formnester

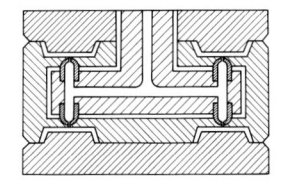

g) Heißkanalprinzip bei Etagenwerkzeugen

Bild 212 a–g Prinzipielle Möglichkeiten der Schmelzeführung mit Heißkanälen [30]

Zentraler Anschnitt eines Formnests

Die einfachste Art Heißkanal erhält man, wenn man die herkömmlichen Angußbuchsen, insbesondere den Vorkammer-Punktanguß, durch beheizte Angußbuchsen oder beheizte Düsen ersetzt. Diese können entweder direkt am Formteil oder in herkömmliche Verteilerkanäle münden. Man spricht von „direkter" oder „indirekter bzw. kombinierter" Anspritzung. Im Vergleich zum Vorkammerpunktanguß sind folgende Vorteile zu nennen:

– Temperatur steuerbar,
– dadurch weitgehende Unabhängigkeit von Formmassen und Zyklus,
– auch für große Werkzeuge geeignet, da große Distanzen überbrückbar sind,
– je nach Düsenbauart sauberer Abriß und geringerer Druckverlust (Bild 212a).

Seitlicher Anschnitt bei Einfach-Werkzeugen

Müssen verhältnismäßig große Teile, die nur eine einfache Belegung der Werkzeuge erlauben, seitlich angespritzt werden, weil z. B. eine Angußmarkierung in Formteilmitte nicht gestattet oder ein bestimmter Orientierungsverlauf gewünscht wird, so dient der Heißkanal dazu, die Schmelze aus der Werkzeugmitte, d. h. der Position der Maschinendüse, zum seitlichen Anschnitt zu leiten (Bild 212b). Günstigere Alternativen bieten nur Maschinen, bei denen ein Anspritzen durch die Trennebene bzw. ein seitliches Verschieben der Plastifiziereinheit möglich ist.

Schmelzeführung bei Mehrfach-Werkzeugen

Besonders häufig wird der Heißkanal angewendet, wenn die Schmelze außerhalb der Formteiltrennebenen verteilt werden muß, wie dies bei der zentralen Anspritzung mehrerer Formnester in einem Werkzeug (Bild 212c) oder bei Schmelzeführung über Formnester hinweg (Bild 212d) zwangsläufig notwendig ist. Im Vergleich zum Drei-Plattenwerkzeug mit verhältnismäßig voluminösen, schlecht zu entformenden Angußspinnen fallen die Materialersparnis bzw. der Fortfall von Regranulierkosten für die Angüsse besonders ins Gewicht. Weitere Vorteile des Heißkanals sind darüber hinaus: geringer Druckverlust, längere Druckübertragungszeit, kürzere Zykluszeit.

Mehrfachanspritzung eines Formteils

Teile mit großen Fließweg-Wanddickenverhältnissen, besonders häufig bei Großteilen, müssen mehrfach angeschnitten werden, damit Wanddicke eingespart und eine gleichmäßige Füllung erreicht werden kann. Kann die Schmelze nicht in Aussparungen des Formteils, z.B. Lautsprecheraussparung bei Radiogehäusen, also in der Formteiltrennebene verteilt werden, so muß die Schmelze ebenfalls über das Formteil hinweg geleitet werden (Bild 212e).

Seitliche Anspritzung der Formnester in Mehrfach-Werkzeugen

Auch die seitliche Anspritzung (Bild 212f) von Formteilen mit Heißkanälen ist heute Stand der Technik [31, 32]. Die Gründe für die geringe Verbreitung dieser Heißkanalart bestehen darin, daß die Abdichtung besonders schwierig ist, da die Schließkraft der Maschine nicht als Dichtkraft ausgenutzt werden kann, der Angußbutzen die Entformung behindert und unproblematischere Angußmöglichkeiten bestehen. In vielen Fällen sind seitliche Anbindungen über erstarrende Verteilerkanäle in der Formteiltrennebene und Tunnelangüsse möglich.

Sonderfälle

Der Transport der Schmelze in beheizten Kanälen ermöglicht eine freizügige Wahl der Transportwege. So ist es z.B. möglich, auch die Schmelze von der Auswerferseite oder der Außenseite des Werkzeugs [31] an die Kavitäten heranzuführen. In Bild 212g ist angedeutet, wie die Schmelze in Etagenwerkzeugen geführt wird.

6.10.1.2 Aufbau und Bestandteile eines Heißkanalsystems

Heißkanäle stellen technologisch anspruchsvolle Systeme dar, die zur Erfüllung ihrer Hauptfunktion, der schädigungsfreien Leitung der Schmelze zum Anschnitt, einen komplexen Aufbau besitzen. Dieser Aufbau ist beispielhaft für ein Werkzeug in Bild 213 gezeigt.

Das Heißkanalsystem besteht aus der Angußbüchse, die die Schmelze vom Plastifizieraggregat aufnimmt, dem Verteilerblock, der die Schmelze im Werkzeug verteilt, sowie den Düsen, die das Material zur Kavität leiten.

Das System muß mit geeigneten Mitteln beheizt werden (z.B. Heizpatronen). Zur Regelung der Temperatur ist der Einbau von Thermofühlern erforderlich. Leitungen für

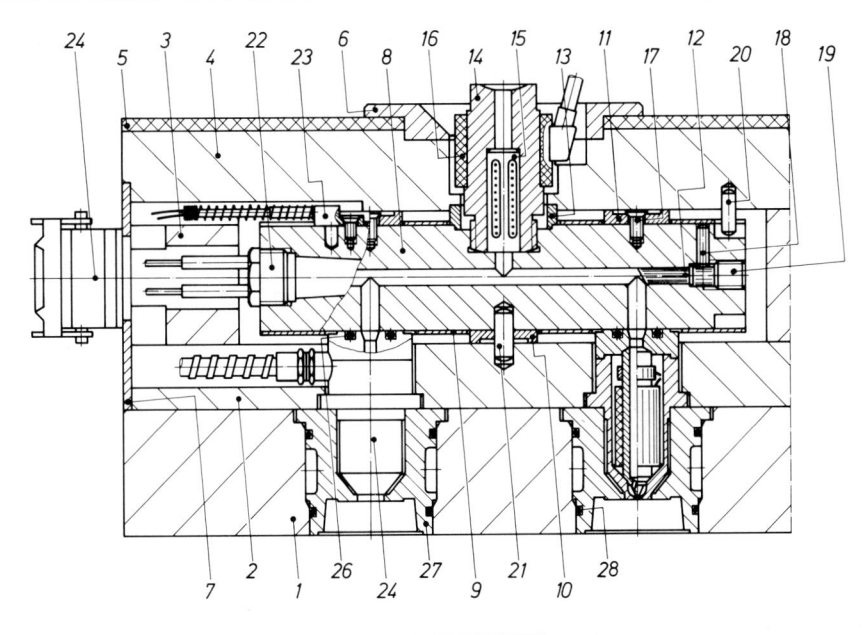

6.10 Temperierte Angußsysteme – Heißkanal/Kaltkanal

	Stückliste
Pos.	Benennung
01	Formplatte
02	Zwischenplatte
03	Stützleiste
04	Aufspannplatte
05	Isolierplatte
06	Zentrierflansch
07	Abdeckblech
08	Heißkanalblock
09	Reflektorblech
10	Abstützscheibe
11	Abstützscheibe
12	Verschlußstopfen
13	Zentrierring
14	Düse
15	Filtereinsatz
16	Ringheizkörper
17	Senkkopfschraube
18	Gewindestift
19	Gewindestift
20	Zylinderstift
21	Zylinderstift
22	Hochleistungs-Heizpatrone
23	Thermofühler
24	Anschlußkasten
25	Hochleistungsdüse
26	Metall-O-Ring
27	Formeinsatz
28	O-Ring

Bild 213   Aufbau und Bestandteile eines Heißkanalsystems [23]

Heizpatronen und Meßfühler müssen nach außen geführt werden. Zur Vermeidung von Wärmeverlusten sind Isolierungen vorzusehen. Weiterhin muß der Heißkanal im Werkzeug zentriert werden. Damit sind nur die wesentlichen Bauelemente genannt. Auf die Teile, die für die Funktionsfähigkeit eines Heißkanals benötigt werden, soll im weiteren detaillierter eingegangen werden.

6.10.1.3 Heißkanaldüsen

Den kritischsten Baustein eines Heißkanalsystems stellt die Düse dar. Sie stellt die Verbindung zwischen Verteiler und Formnest her. Die Anforderungen an eine Düse sind vielfältig:

- Gleichmäßige Temperierung der Schmelze über dem Fließweg, so daß diese möglichst isotherm zum Anschnitt gelangt und dieser nicht einfriert;
- thermische Trennung zwischen heißer Düse und kälterem Werkzeug, da sich das Werkzeug nicht unzulässig erwärmen darf;
- saubere und reproduzierbare Trennung zwischen schmelzeflüssigem Kanalinhalt und erstarrendem Spritzling bei der Entformung (kein Fadenziehen);
- Abdichtung der Übergangsstellen vom Verteilerkanal zur Düse und von der Düse zur Kavität.

Bei diesen zum Teil widersprüchlichen Anforderungen und in Verbindung mit der Vielzahl unterschiedlicher formteilbedingter Einbausituationen von Heißkanälen sowie der Materialvielfalt auf dem Gebiet der Kunststoffverarbeitung, ist es nicht verwunderlich, daß im Laufe der Zeit eine Anzahl konstruktiver Varianten von Düsen entwickelt wurden.

Man unterscheidet indirekte Anspritzung (die Düse endet auf einem verkürzten Anguß) und direkte Anspritzung (die Düse endet direkt an der Kavität). Zur Anwendung kommen offene Düsen und Nadelverschlußdüsen. Die Beheizung der Düsen kann entweder indirekt (über Wärmeleitung) oder direkt (z. B. Widerstandsheizung) erfolgen. Hierbei ist weiter zu unterteilen in innen- und außenbeheizte Systeme. Die wichtigsten Vertreter dieser Bauarten sollen im weiteren behandelt werden.

6.10.1.3.1 Offene Düsen

Offene Düsen für die indirekte Anspritzung

Ist für die fließfehlerfreie Füllung eines Teils eine Strömungsform notwendig, wie sie sich nur mit Stangen-, Schirm-, Scheiben- oder Ringanguß erreichen läßt, so kann das Teil nicht direkt mit einem Heißkanal angespritzt werden. In solchen Fällen ist deshalb eine indirekte Anspritzung erforderlich, d. h., der Heißkanal wird nicht ganz an das Formnest herangeführt, sondern mündet in den verkürzten Angußkegel einer konventionellen, erstarrenden Angußart. Der Abriß erfolgt an der Übergangsstelle.

Die indirekte Anspritzung wird häufig auch dann angewendet, wenn mehrere Anschnitte so eng beieinander liegen, daß es aus Platzgründen nicht möglich ist, jede Anschnittstelle einzeln mit einer Heißkanaldüse zu erreichen. Alternativen bieten sich in Form des Wärmeleittorpedos für Mehrfachanspritzungen, der „Hot-Edge"-Anspritzung beim Mold-Master-System [32] oder von Blockheißkanalsystemen [33] an.

Die thermische Trennung ist bei der indirekten Anspritzung am einfachsten zu beherrschen, da ein Sicherheitsabstand zwischen Düse und Formnest eingehalten werden kann.

Obwohl konstruktiv am leichtesten zu lösen, gehen bei der indirekten Anspritzung Vorteile des Heißkanals, wie Materialersparnis und Nacharbeitsfreiheit, teilweise verloren.

Man unterscheidet bei indirekter Anspritzung beheizte Düsen und Wärmeleitdüsen mit Vorkammer. In Bild 214 sind vier konstruktive Ausführungen von beheizten Düsen dargestellt. Bild 214a zeigt, wie die Schmelze über einen beheizten Verteiler, Düse und

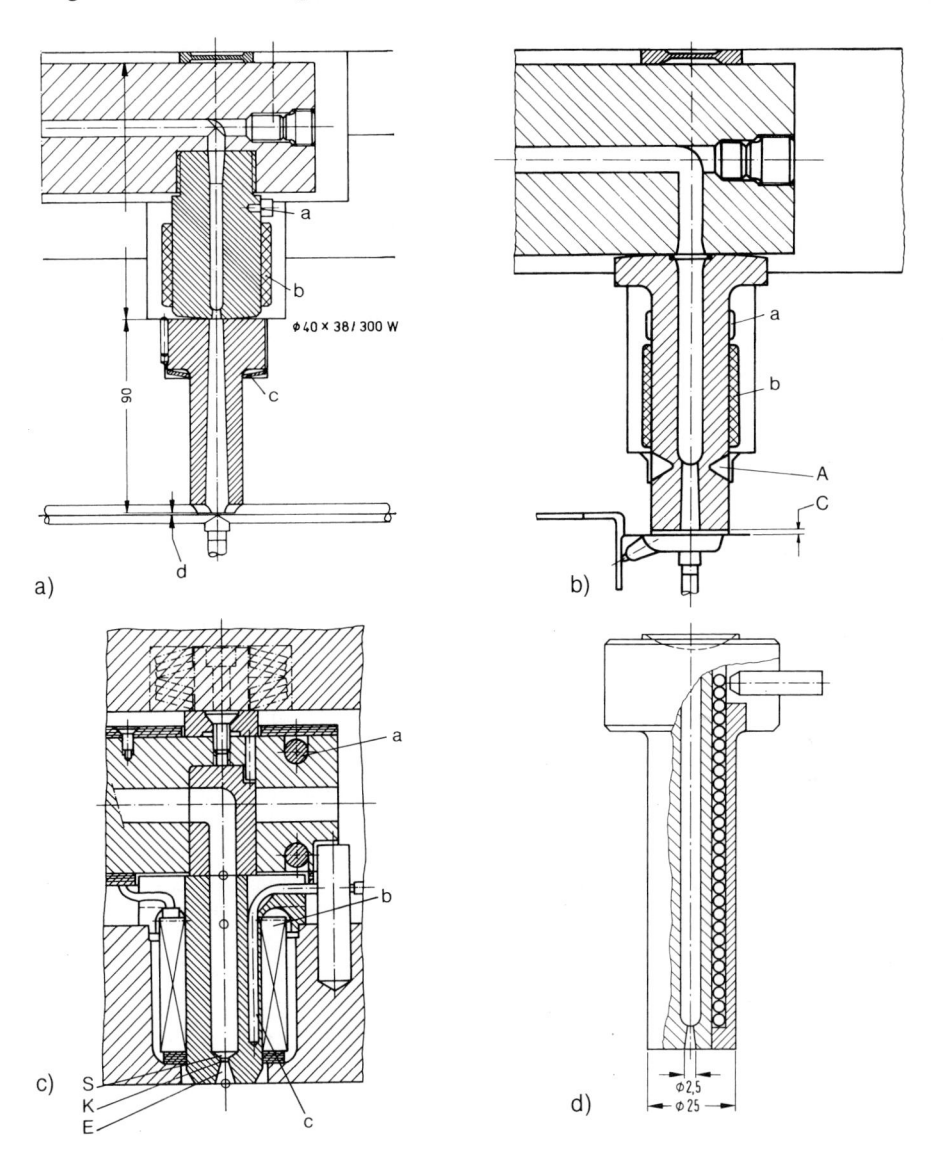

Bild 214 Beheizte Düsen für indirekte Anspritzung [30, 34]
a) a Thermofühler, b Düsenheizkörper, c Tellerfeder ($F \cong 6640$ N), d Spiel für Wärmeausdehnung 0,25 mm bei $\Delta \vartheta$ 200 °C
b) A Einstich zur thermischen Trennung, C Spiel zur Aufnahme der Wärmedehnung, a Spannbandfühler, b Düsenheizkörper
c) s Stauboden, K Querschnittverengung am Düsenauslauf, E Expansionsteil, a Rohrheizkörper, b geschlossener zylindrischer Heizkörper, c Temperaturfühler

Angußbuchse in einen herkömmlichen Verteiler eingespeist werden kann. Funktionell entspricht die Konstruktion etwa dem Übergang von der Maschinendüse zu einer normalen, nicht beheizten Angußbuchse. Zu beachten ist die Kompensation der thermischen Düsenausdehnung über eine Tellerfeder. Die Ausdehnung des Heißkanal-Verteilers bewirkt ein Gleiten der Düse auf der Buchse. Damit die Düsenöffnung dabei nicht teilweise verschlossen wird, ist die Düsenbohrung kleiner als die der Buchse.

Die Düse in Bild 214b unterscheidet sich von Bild 214a vor allem dadurch, daß die Düse und die Angußbuchse aus einem Stück sind. Zur thermischen Trennung dient der Einstich A, zur Aufnahme der Wärmedehnung das Spiel C. Der Verteiler kann auf der Düse gleiten. Interessant ist die Kombination mit einem Mehrfachtunnelanguß. Dies ist eine problemlose Möglichkeit, trotz indirekter Anspritzung eine automatische Entfernung des Angusses zu erreichen.

Zur Vermeidung hoher Schergeschwindigkeit und Druckverluste wurde für Großteile der Doppeltunnelanguß entwickelt. Eine weitere Möglichkeit zur Reduzierung der Schergeschwindigkeit stellt der Staubodentunnelanguß dar [18].

Variante c (Bild 214c) hat sich bei der Anspritzung von dickwandigen Formteilen mit Heißkanal und Stangenanguß bewährt. Zu beachten ist die optimale Lage des Temperaturfühlers und die Ausbildung der Abrißstelle. Obwohl der Abriß bei der indirekten Anspritzung weniger kritisch ist als bei der direkten, kann er vor allem bei transparenten Teilen zu Fließfehlern und Schatten führen. Die spontane Querschnittsverengung K am Düsenauslauf bewirkt durch starke Kerbwirkung einen reproduzierbaren Abriß, der aufgerauhte Stauboden S hält erstarrte Häutchen zurück, und der Expansionsanteil E bewirkt bei langsamer Einspritzung ein Aufquellen der Fließfront. Dadurch platzt die in der Pausenzeit bei K erstarrende Haut. Sie wird an die Wandung gedrückt, wo sie liegen bleibt oder von der nachfolgenden heißen Masse aufgeschmolzen wird, jedenfalls gelangt sie nicht fehlerbildend in die Werkzeughöhlung.

Bei Einfachwerkzeugen besteht der Heißkanal nur aus einer Düse, die auch als beheizte Angußbuchse aufgefaßt werden kann. Bild 214d zeigt ein Beispiel in offener Bauweise.

Im Gegensatz zu den vorausgegangenen – mit Heizbändern oder Heizpatronen beheizten – Düsenarten wird die sogenannte Wärmeleitdüse (Bild 215a und b) nicht separat beheizt. Hier wird durch gut wärmeleitende Düsenwerkstoffe dafür gesorgt, daß die Wärme vom Heißkanal zum Anschnitt fließt. Durch eine gute Wärmeisolation muß dafür gesorgt werden, daß möglichst wenig Wärme von der Düse in das Werkzeug fließt. Diese Aufgabe erfüllt die sogenannte Vorkammer (Bild 215a). Die Vorkammerbuchse füllt sich innen mit schlecht wärmeleitendem Kunststoff; von außen werden Lufttaschen zur Wärmeisolierung eingearbeitet. Sie hat darüber hinaus die Aufgabe, die Düse gegenüber der Umgebung abzudichten.

Beim Vergleich der Düsen 215a und 215b ist auf folgende Unterschiede hinzuweisen: Die Vorkammer der Düse 215a taucht in das Werkzeug bis zur Berührung mit dem Formteil ein und hinterläßt dort eine entsprechende Markierung. Wenn dies unerwünscht ist, muß die Vorkammer verkürzt werden, wie dies z.B. in Bild 215b der Fall ist. Dadurch wird die Wärmeisolierung verschlechtert, was z.B. durch die weniger verjüngte Düsenform kompensiert werden kann. Der größere Querschnitt verbessert den Wärmefluß. Ein weiteres Unterscheidungsmerkmal ist die Federcharakteristik der beiden Vorkammern. Bei der Düse 215a wird bei der Montage der Form nur der Flanschbereich gestaucht (Vorspannung etwa 0,05 mm), während bei der Düse 215b die gesamte elastisch ausgebildete Vorkammer gestaucht wird (Vorspannung ~0,2 mm).

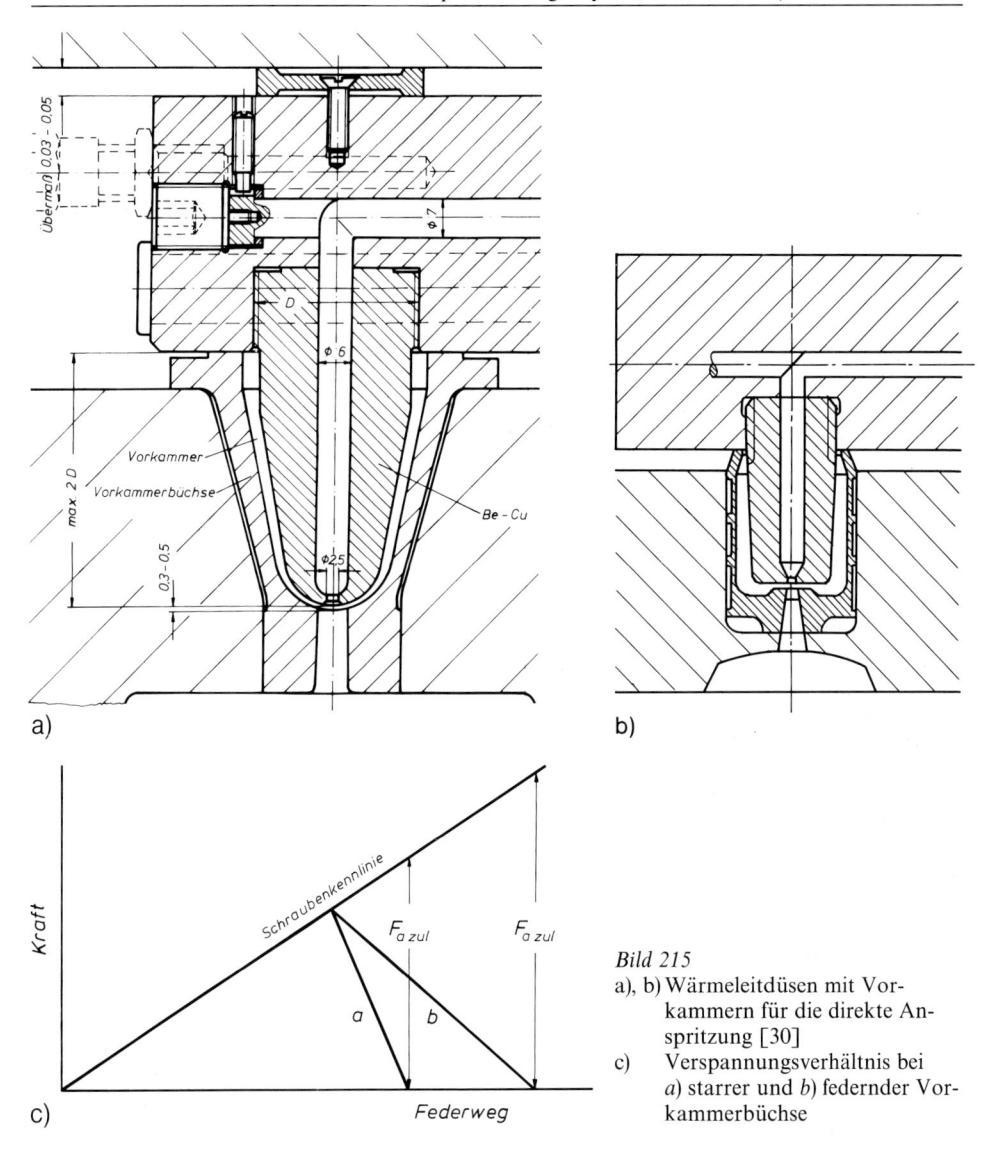

6.10 Temperierte Angußsysteme – Heißkanal/Kaltkanal

Bild 215
a), b) Wärmeleitdüsen mit Vorkammern für die direkte Anspritzung [30]
c) Verspannungsverhältnis bei a) starrer und b) federnder Vorkammerbüchse

Vorausgesetzt die Schrauben halten, ist die zulässige Auftriebskraft ($F_{a\,zul}$) (Bild 215c), bis die Verbindung undicht wird, bei einer federnden Düse wesentlich größer als bei einer starren. Außerdem reagiert diese empfindlich auf ungenaue Vorspannungen oder sonstige Längenänderungen im System.

Die Wärmeleitdüse mit Vorkammer hat gegenüber den außen beheizten Düsenarten ohne Vorkammer folgende Vor- und Nachteile:

Vorteile:

– Weniger aufwendig, separate Heiz-, Temperaturmeß- und Regeleinrichtungen entfallen.
– Bessere thermische Trennung zwischen Düse und Werkzeug.
– Geringer Platzbedarf.

Nachteile:

- Begrenzte Düsenlänge ca. 2 D (Bild 215a).
- Große Auftriebskräfte.
- Die in der Vorkammer abgelagerte Masse zersetzt sich allmählich. Mitgerissene Teile können zu optischen Fehlern oder Schwachstellen führen. Aus diesem Grunde geht der Trend bei optisch kritischen Teilen und thermisch empfindlichen Massen vom Vorkammerprinzip weg.
- Thermische Kopplung der Düsen- an die Verteilertemperatur. Beim Ausbalancieren der Werkzeugfüllung kommt es hauptsächlich auf die Düsen-, insbesondere Anschnittstemperatur an. Diese kann aber nur über die Verteilertemperatur im Düsenbereich gesteuert werden. Das bewirkt, daß z.B. beim Anheben der Düsentemperatur auch die Massetemperatur im Verteiler steigt, was eigentlich unerwünscht ist.

Da die bessere thermische Trennung bei der Direktanspritzung schwerer wiegt als bei der indirekten, wird das Vorkammerprinzip meist auch nur dazu benutzt.

Offene Düsen für die Direktanspritzung mit Punktanschnitten

Bei der direkten Anspritzung (Bild 216a–d) enden die Düsen am Punktanschnitt des Werkzeughohlraums. Für die Bemessung des Anschnittquerschnitts ist die maximal zulässige Scherung der Masse entscheidend. Je schwerer die Formteile, um so mehr Masse muß pro Zeiteinheit durchgesetzt werden und um so größer wird also die Scherung. Als Richtwerte mögen die in [35] veröffentlichten Werte gelten (Tabelle 29).

Tabelle 29 Richtwerte für die Anschnittdimensionierung bei Punktanschnitten [35]

Spritzgewicht:	Punktanguß ⌀:	Spritzgewicht:	Punktanguß ⌀:
bis 10 g	0,4 bis 0,8 mm	40 g bis 150 g	1,2 bis 2,5 mm
10 g bis 20 g	0,8 bis 1,2 mm	150 g bis 300 g	1,5 bis 2,6 mm
20 g bis 40 g	1,0 bis 1,8 mm	300 g bis 500 g	1,8 bis 2,8 mm

Auch bei der Direktanspritzung findet man das Prinzip der Wärmeleitdüse mit Vorkammer. Besonders wichtig ist bei der Direktanspritzung jedoch die Gestaltung des Anschnittbereichs. Die Anschnittbohrung in der Vorkammerbuchse ist zylindrisch oder kegelig und bildet am Formteil ein vorstehendes Zäpfchen. Damit dieses Zäpfchen nicht stört, kann es in einer kugeligen Vertiefung des Formteils untergebracht werden (Bild 216b). Muß es aber ganz vermieden werden, so ist ein Ringspalt oder eine Nadelverschlußdüse zu empfehlen. Bei Spritzgußteilen aus PE kann es jedoch auch einfach dadurch vermieden werden, daß die Durchtrittsbohrung in der Vorkammerbuchse in umgekehrter Richtung kegelig ausgeführt wird (216d). Das in diesem Fall beim Entformen in der Vorkammer verbleibende Zäpfchen erkaltet und wird mit dem nächsten Schuß weggespült.

Eine besonders interessante Variante der Düsenbefestigung zeigt Bild 216c. Hier wird der Düsenkörper nicht wie üblich eingeschraubt, sondern zwischen Heißkanalverteiler und Vorkammer „eingeklemmt". Um eine betriebssichere Abdichtung zu erreichen, muß der Klemmflansch der Düse gegenüber der Dichtfläche der Vorkammer eine solche Vorspannung erhalten, daß diese sich um 0,02 mm bis 0,05 mm verformt. Die Klemmwirkung wird durch die größere Ausdehnung des Düsenwerkstoffs beim Aufheizen ver-

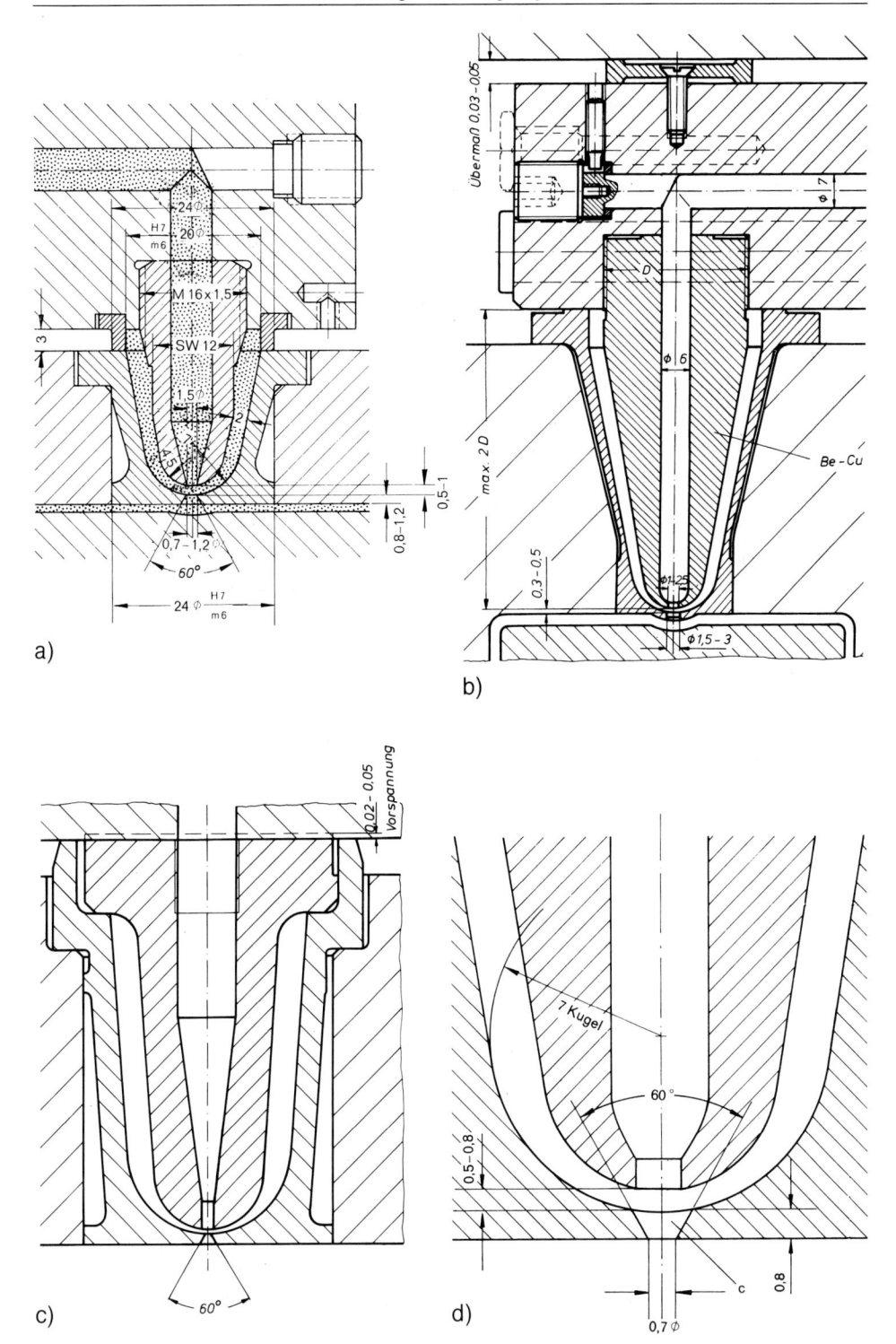

Bild 216 a–d   Wärmeleitdüsen mit Vorkammern für die Direktanspritzung [30, 37, 38]

stärkt. Der besondere Vorteil dieser sogenannten Klemmdüse besteht darin, daß der Verteilerkanal bei Temperaturdehnung über die Düse und Vorkammer gleiten kann. Dadurch ist eine temperaturabhängige Zentrierung der Düse gegenüber der Vorkammer möglich.

Um eine möglichst hohe Temperatur an der Düsenspitze zu erreichen, werden in [36] folgende Konstruktionshinweise gegeben:

- Die Vorkammerhöhlung nicht direkt in die Werkzeugplatten einarbeiten, sondern Vorkammerbuchsen vorsehen. Diese mit Lufttaschen von der Werkzeugplatte isolieren. Berührungsflächen minimieren.
- Die Vorkammerbuchse sollte die Düse möglichst auf der ganzen Länge umschließen.
- Die Lufttasche so tief einarbeiten, daß die verbleibende Vorkammerwand nur noch ca. 2,5 mm beträgt.
- Kunststoffisolierschicht >3,5 mm bis 4 mm,
- Abstand zwischen Düsenspitze und Vorkammerwand 0,8 mm,
- Düsenlänge max. 2× Einschraubdurchmesser.

Aus der Literatur [24] sind auch Wärmeleitdüsen bekannt, die im Anschnittbereich auf die Formplatten oder Formeinsätze dichtend aufliegen. Diese Düsen wurden für die Verarbeitung technischer Thermoplaste empfohlen, die bei längerer Temperatureinwirkung thermisch geschädigt werden, um zu verhindern, daß beim Einspritzvorgang abgebautes Material aus der bei „umspülten Düsen" vorhandenen Isolierschicht mitgerissen wird und zu störenden Markierungen im Spritzling führt. Bei anliegenden Düsen ergibt sich natürlich im Anschnittbereich ein höherer Wärmeübergang, der durch den Einsatz schlecht wärmeleitender Düsenwerkstoffe wenigstens zum Teil wieder ausgeglichen werden muß.

Um den vorgenannten Schwierigkeiten auszuweichen, werden heute überwiegend beheizte Heißkanalsysteme eingesetzt.

Bild 217 zeigt den Aufbau einer außenbeheizten Heißkanaldüse, die standardisiert ist und für alle gängigen Thermoplaste geeignet ist. Sie unterscheidet sich von der Heißkanaldüse nach Bild 218 durch die Art der Beheizung.

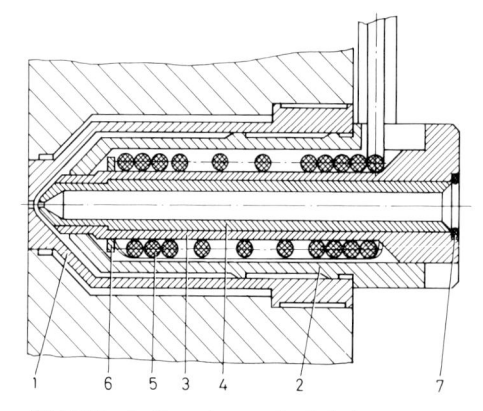

Bild 217 Aufbau einer außenbeheizten 220 V-Heißkanaldüse (System Thermoject) [39].
1 Düsenkopf, 2 Düsengehäuse, 3 CuBe-Körper,
4 gehärteter Stahleinsatz (63 HRC),
5 Wendelheizer, 6 Ring-Thermoelement,
7 O-Ring

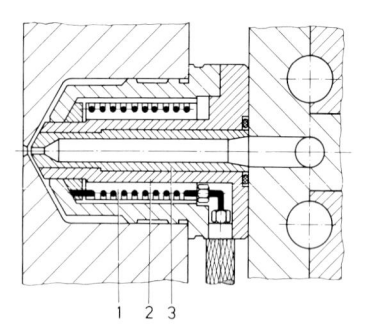

Bild 218 Heißkanaldüse mit Niederspannungs-Heizwendel (System Thermoject) [39].
1 Heizelement mit 15 V Betriebsspannung, 2 CuBe-Düsenkörper,
3 Stahleinsatz

Ein besonders wichtiger Vorteil der beheizten Düsen besteht darin, daß die Temperatur jeder einzelnen Düse individuell geregelt werden kann. Dieser Aufwand lohnt sich bei Präzisionsteilen immer. Einziger Nachteil bleibt die starke Erwärmung des Werkzeugs im Kontaktbereich der Düse, was aber bei hohen Werkzeugtemperaturen, wie sie für technische Teile ohnehin empfohlen werden, nicht stört.

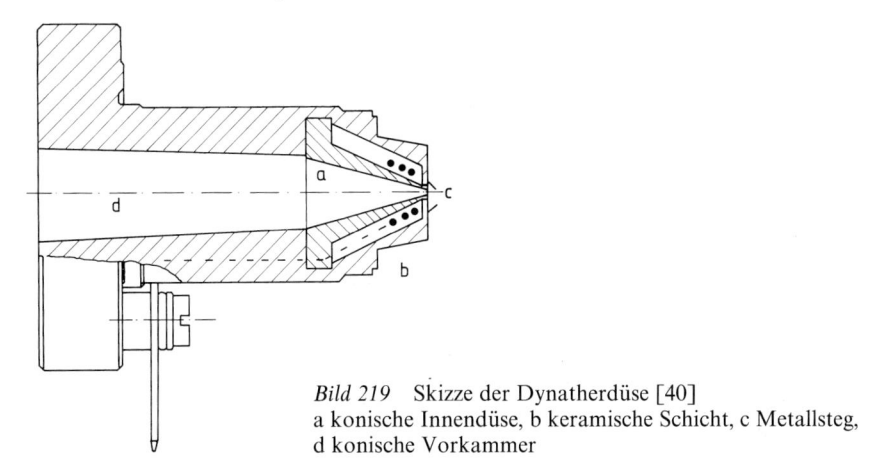

Bild 219 Skizze der Dynatherdüse [40]
a konische Innendüse, b keramische Schicht, c Metallsteg, d konische Vorkammer

Im Gegensatz zu den bisher beschriebenen Düsen für Punktangüsse, bei denen die Düsenspitze vom Werkzeug isoliert wird, folgt die sogenannte Dynathermdüse (Bild 219) einer grundsätzlich anderen Philosophie. Die Düsenspitze ist thermisch über einen Metallsteg mit dem „kalten" Werkzeug verbunden. Nur der übrige Teil der konischen Innendüse ist vom Werkzeug durch eine keramische Schicht isoliert. In diese Keramik ist eine Heizwendel eingebettet, die die Innendüse in kurzer Zeit aufheizen kann. Durch schnelles Aufheizen und Abkühlen (über Wärmeleitung zum Werkzeug) werden die Düsenwände nur während Einspritz- und Nachdruckphase auf Schmelztemperatur aufgeheizt. Beim Entformen bricht der Anguß ohne sichtbaren Rest ab [40].

Ringspaltdüsen für die Direktanspritzung

Nachteile der offenen Düse sind das Angußzäpfchen, das bei allen Varianten außer Düse 216d stehenbleibt, und die Gefahr des Fadenziehens. Eine verhältnismäßig glatte Angußstelle ohne Fadenziehen läßt sich erreichen, wenn man in die Anschnittbohrung der Düse eine Spitze hineinragen läßt, die den ursprünglich kreisförmigen Austrittsquerschnitt der Düse in einen Ringspalt verwandelt. Die Spitze kann durch einfache Nadeln, Torpedos oder innenbeheizte Pinolen gebildet werden. Ein zusätzlicher Vorteil dieser Spitze ist, daß sie die Wärme direkt in den Anschnittbereich leitet und diesen offenhält. Durch die Länge und Form der Spitze kann der Abriß gesteuert und die Fadenbildung vermieden werden (Bild 220). Man unterscheidet zwischen Düsen mit unbeheizten und beheizten Spitzen.

Bei der Düsenkategorie mit nichtbeheizten Spitzen müssen drei auf verschiedenen Prinzipien beruhende Arten unterschieden werden:

– Düsen mit axial feststehenden Nadeln,
– Mehrlochspitzdüsen,
– Düsen mit Wärmeleittorpedos.

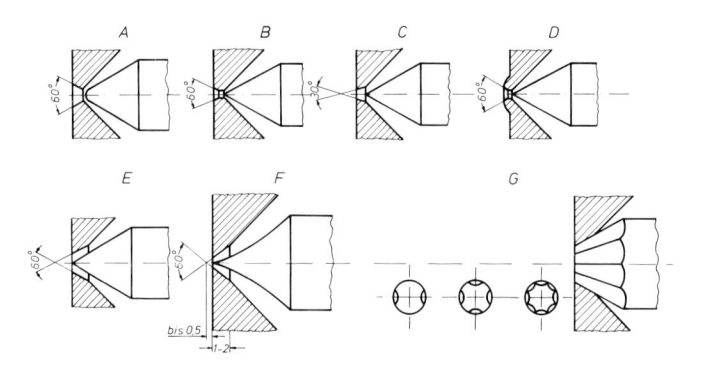

Bild 220 Spitzenvarianten bei Ringspaltdüsen [41]
A + B Normaler Punktanguß: Am Spritzteil verbleibt ein kleiner Zapfen, der etwas abschmilzt.
C Flacher Punktanguß: Der Anguß steht nur sehr wenig vor.
D Versenkter Punktanguß: Der Angußzapfen steht am Fertigteil überhaupt nicht vor.
E Kleiner Ringanguß: Hier wird jede Fadenbildung verhindert. Der Anspritzring steht kaum vor.
F Kleiner Punktanguß: Keinerlei Zapfenbildung.
G Profilanguß für Scheiben, Ring, Zahnräder usw.

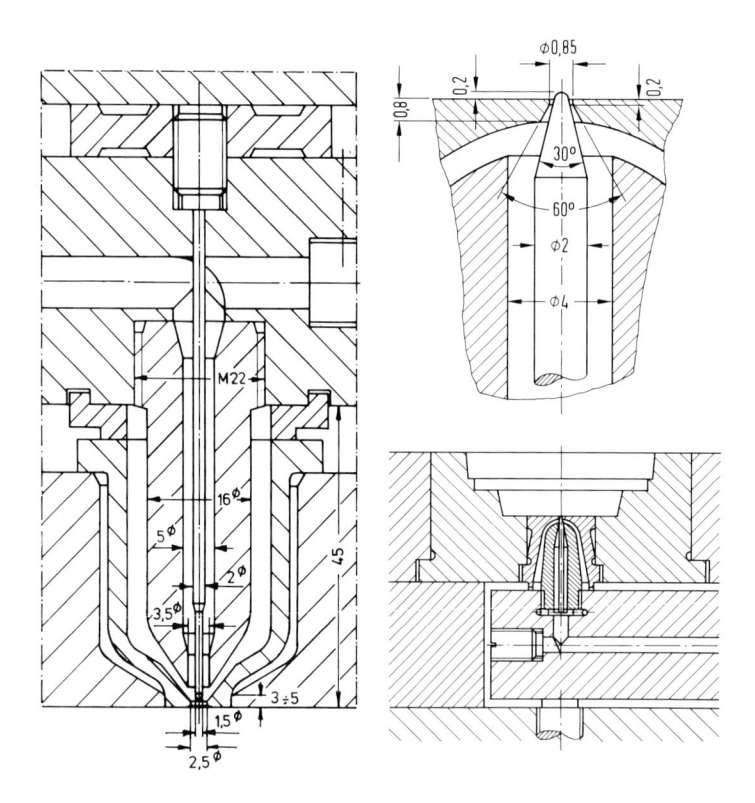

Bild 221 Wärmeleitdüse mit Vorkammer und feststehender Nadel [30, 38]

Zwei Vertreter von Düsen mit axial feststehenden Nadeln sind in Bild 221 dargestellt. Der Ringspalt wird durch bewegliche, in der Schmelze schwimmende Nadeln gebildet. Obwohl sich die Nadeln durch die Strömungskräfte selbsttätig in der Anschnittbohrung zentrieren sollen, besteht die Gefahr, daß sie sich an die Düsenwandung anlegen, wenn sich der Verteiler dehnt. Aufgrund des geringen Querschnitts führen sie dem Anschnitt auch weniger Wärme zu als die nachfolgend beschriebene Variante.

In der Literatur sind für Mehrlochwärmeleitdüsen mit umspülter Spitze auch die Bezeichnungen „Mehrlochspitzdüse" und „Düse mit vorgezogener Spitze" zu finden. In Bild 222 sind vier Varianten dargestellt.

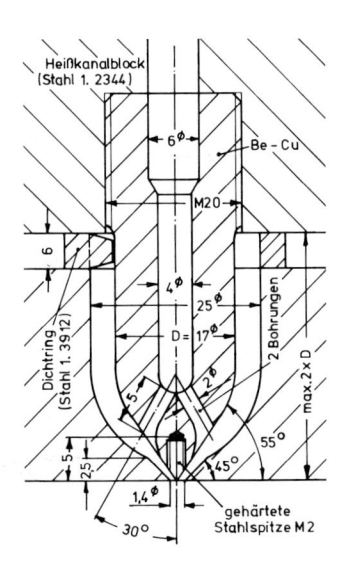

a) Mehrlochspitzdüse mit gehärteter Stahlspitze [30]

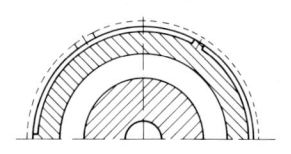

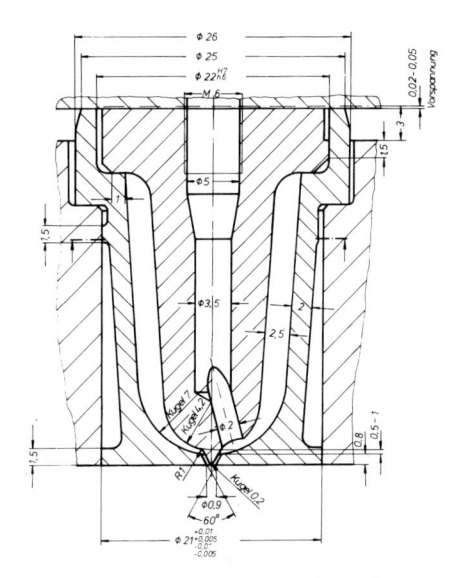

b) Mehrlochspitzdüse mit Klemmdüsenvariante [38]

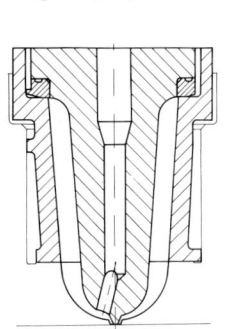

c) Klemmdüsenvariante mit verkürzter Vorkammer – Wärmedämmung durch Zentrierring an der Auflagefläche zur Vorkammer [38]

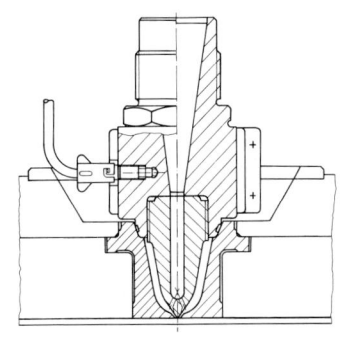

d) Mehrlochspitzdüse für die Direktanspritzung von Einfachwerkzeugen [42]

Bild 222a–d Mehrlochwärmeleitdüsen mit umspülter Spitze [30, 38, 42]

Die Mehrlochspitzdüse hat sich in der Praxis für fast alle amorphen und teilkristallinen Formmassen bewährt. Bei transparenten Werkstoffen besteht allerdings die Gefahr, daß sich am Anschnittbereich durch mitgerissenes erstarrtes Material kleine matte Stellen bilden. Die in Bild 222a dargestellte Variante arbeitet ohne Vorkammer und deshalb besonders platzsparend. Sie ist nach [34] besonders für Kleinteile und teilkristalline Thermoplaste, wie PA, PBT, geeignet. Mit gehärteter Stahlspitze ist sie auch für glasfaserverstärkte Thermoplaste einsetzbar. Bei großem Volumendurchsatz glasfaserverstärkter Produkte sollte allerdings eine offene Düse oder eine Nadelverschlußdüse mit großem Anschnittquerschnitt verwendet werden.

Thermisch besser aber aufwendiger und mehr Platz erfordernd, ist die Variante mit Vorkammerdüse (222b und c). Sie besitzt zudem in der Variante 222b den großen Vorteil des Klemmdüsenprinzips, nämlich einer temperaturunabhängigen Zentrierung. Bei der eingeschraubten Düse 222a muß die Wärmedehnung des Verteilers in die Maße eingerechnet werden. Ein hohes Temperaturniveau an der Düsenspitze, d. h., eine geringe Temperaturdifferenz zwischen dem beheizten Heißkanal-Verteiler und der nicht direkt beheizten Klemmdüse, ist zu erreichen, wenn man die Anlageflächen des Düsenflansches gegenüber der Vorkammerbuchse auf drei Nocken am Umfang (3 mm × 1 mm) und eine umlaufende Auflagefläche von 1 mm reduziert. Auch die Vorkammerbuchsen sollen sich nur über drei Nocken (1,5 mm × 1,5 mm) gegenüber der Gesenkbodenplatte zentrieren. Durch Einbau eines wärmedämmenden Zentrierringes aus einem rost- und säurebeständigen Stahl zwischen Klemmdüse und Vorkammerbuchse 222c kann die für den Betrieb der Klemmdüse erforderliche Heißkanaltemperatur weiter gesenkt werden.

Die Mehrfachlochdüse läßt sich auch für die Direktanspritzung von Einfachwerkzeugen nutzen. Im Bild 222d ist sie Bestandteil einer Maschinendüse.

Für die Verarbeitung von technischen Thermoplasten wird neben der anliegenden Düse das in Bild 223 dargestellte System mit einem vom Verteilerkanal beheizten Wärmeleittorpedo empfohlen [23]. Es handelt sich hierbei im Prinzip um einen Isolierkanal, in dessen plastischer Seele über einen Wärmeleittorpedo Wärme zum Anschnitt geführt wird, damit dieser nicht einfriert. Da der Torpedo, er ist allseitig von Masse umströmt, keine große Belastung aufzunehmen hat, kann er aus sehr gut wärmeleitendem reinem Elektrolytkupfer gefertigt werden.

Eine weitere Variante ist der Wärmeleittorpedo für Mehrfachanschnitte (Bild 223b). Damit kann ein Teil mehrfach oder mehrere Teile auf engstem Raum angespritzt werden. Im Vergleich zu den nachfolgend beschriebenen konkurrierenden Düsen mit beheizten Torpedos sind Wärmeleittorpedos einfach, kostengünstig und platzsparend.

Die logische Weiterentwicklung des Wärmeleittorpedos für Fälle, bei denen die indirekte Beheizung nicht ausreicht, ist der innenbeheizte Torpedo.

In Bild 224 (Seite 236) ist ein Düsensystem mit beheiztem, feststehendem Torpedo zu sehen. Dieser Torpedo wird von Schmelze umhüllt. Die größte Fließgeschwindigkeit findet in nächster Nähe des Torpedos statt, während sich am äußeren Durchmesser eine Isolierschicht, die erstarrt ist, ausbildet. Für die Funktion ist wichtig, daß dieser Isolierquerschnitt möglichst stark bis zum Anschnittbereich hin ausgebildet wird.

Die Vorteile dieses Systems sind:

– große Abstände zwischen Heißkanal-Block und Formnest sind möglich,
– Temperatur im Anschnittbereich kann – wie bei außenbeheizten Düsen – individuell und unabhängig vom Verteilerkanal gesteuert oder geregelt werden.

6.10 Temperierte Angußsysteme – Heißkanal/Kaltkanal   235

a) Torpedo im Verteiler befestigt

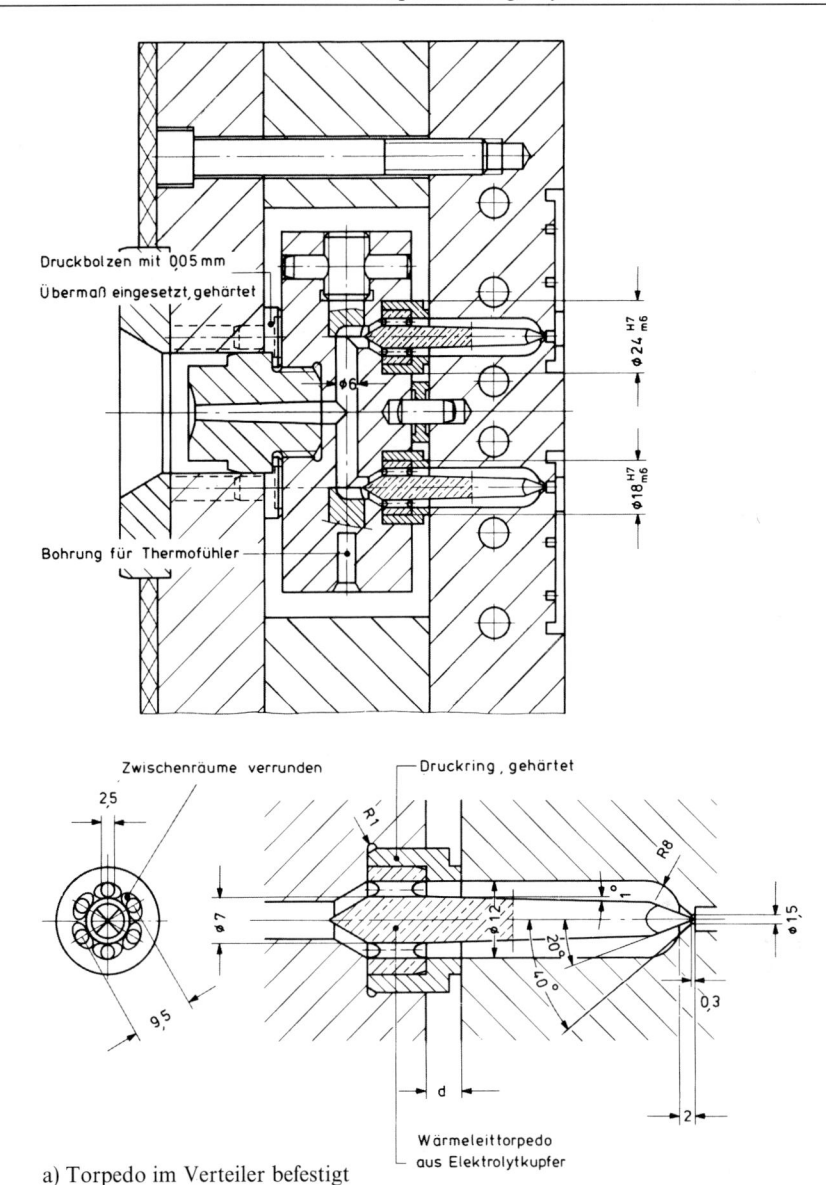

Bild 223 In die Werkzeugplatte eingearbeitete Düsen mit Wärmeleittorpedo [23]
(Fortsetzung nächste Seite)

Im Gegensatz zu den außenbeheizten Düsen besitzt das Isolierkanalprinzip, wie hier dargestellt, bestimmte Nachteile:

– Die Temperatur der Schmelze kann nicht homogen sein, denn innen ist sie plastisch, außen erstarrt.
– Es besteht noch mehr als beim Vorkammerprinzip die Gefahr, daß aus der erstarrten Isolationsschicht erstarrtes und durch die lange Verweilzeit geschädigtes Material mitgerissen wird und optische Fehler oder Gefügeschäden am Formteil verursacht.

b) Wärmeleittorpedos für Mehrfachanschnitte

(*links*: Torpedo mit 2 Spitzen, *rechts*: Torpedo mit 3 Spitzen)

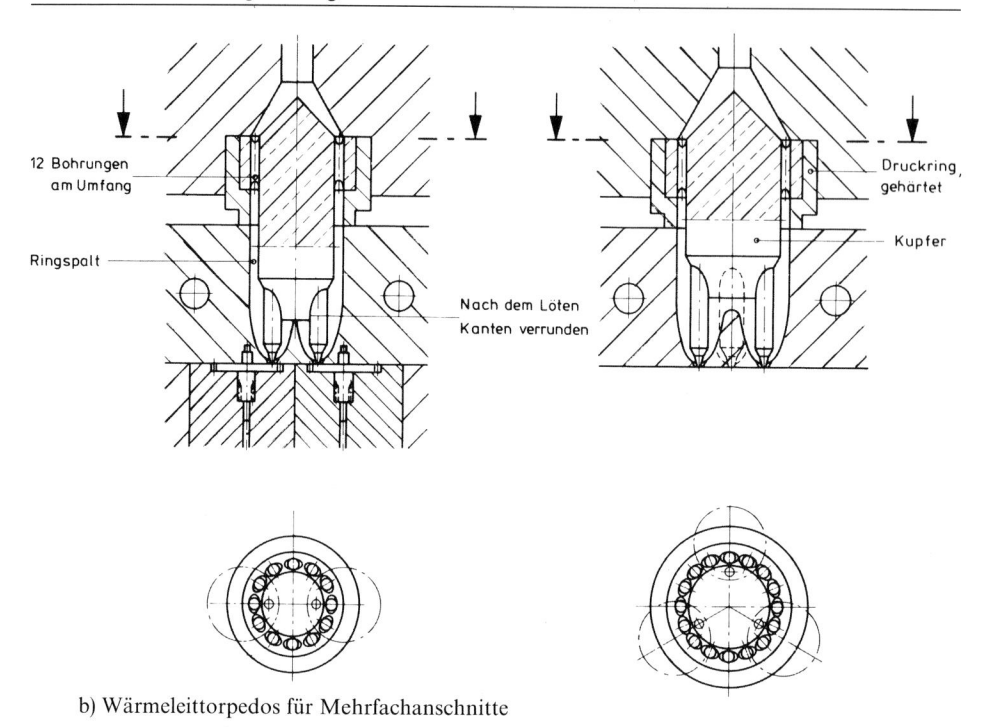

Bild 223 (Fortsetzung)   In die Werkzeugplatte eingearbeitete Düsen mit Wärmeleittorpedo

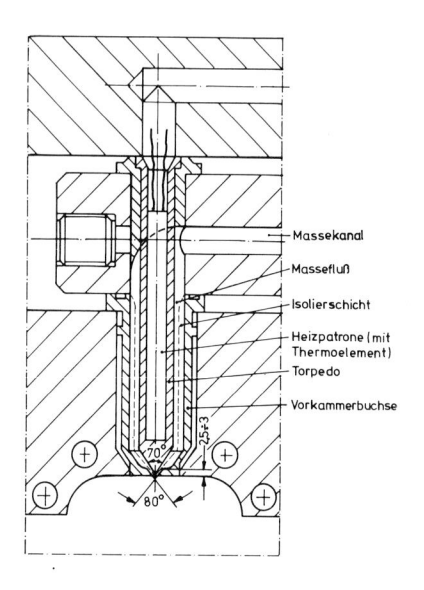

Bild 224   Heißkanaldüse mit beheiztem feststehendem Torpedo (Ausschnittzeichnung) [34]

Dies ist besonders bei kleinen Teilen kritisch, da bei diesen der Anteil von Material aus dem Düsenbereich besonders hoch ist.
- Es können hohe Druckverluste auftreten; um diese zu verringern, muß der Heiztorpedo sehr heiß gefahren werden.
- Dies und die örtlich unterschiedliche hohe Leistungsdichte von Hochleistungspatronen kann leicht zur thermischen Schädigung des Materials im Torpedobereich führen.
- Aufgrund der kleinen Abmessungen der Torpedos sind Hochleistungspatronen notwendig, die besonders störanfällig sind. Je nach Düsensystem ist das Auswechseln umständlich und zeitraubend.

Aus all diesen Gründen scheint dieses Düsenprinzip eher für Massenkunststoffe mit breitem Verarbeitungsbereich als für thermisch kritische und zähe Formmassen geeignet.

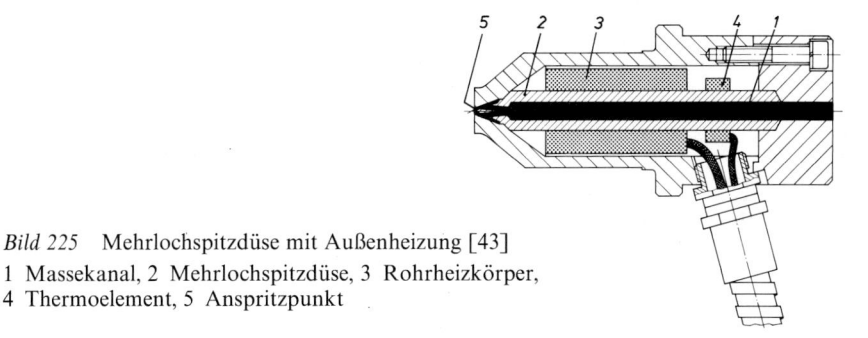

Bild 225 Mehrlochspitzdüse mit Außenheizung [43]
1 Massekanal, 2 Mehrlochspitzdüse, 3 Rohrheizkörper, 4 Thermoelement, 5 Anspritzpunkt

Ein Beispiel für eine Mehrlochspitzdüse mit Außenheizung ist in Bild 225 dargestellt. Bei dieser Düse wurde das vorteilhafte Prinzip der Außenheizung mit dem der Mehrlochspitzdüse kombiniert. Auf eine sich eventuell zersetzende Kunststoffisolationsschicht ist – abgesehen von einem kleinen Rest im Anschnittbereich – verzichtet worden.

6.10.1.3.2 Nadelverschlußdüsen

Baut man in die Heißkanaldüsen bewegliche Ventilnadeln ein, so kann man damit ventilartig den Anschnitt öffnen oder schließen. Je nach Form der Nadelspitze wird beim Schließen die Anschnittstelle flach oder muldenförmig eingedrückt.

Verschlußdüsen mit unbeheizten Nadeln

Die Funktion soll mit Hilfe von Bild 226a näher erläutert werden. In der Heißkanalverteilerplatte a ist die Schließnadel b längsverschiebbar gelagert. Die Schließnadel wird durch eine Schließfeder c in Abschlußstellung gedrückt, so daß die Nadelspitze die in der Vorkammerbuchse k befindliche Angußöffnung verschließt. Wenn zu Beginn des Einspritzvorgangs der Druck der von dem Verteilerkanal d zum Anguß strömenden Spitzgußmasse ansteigt, wird die Schließnadel entgegen der Wirkung der Schließfeder verschoben und die Angußöffnung aufgemacht, so daß die Masse an der Nadelspitze vorbei in den Formhohlraum eintreten kann. Sobald der Spritzdruck absinkt, wird die Angußöffnung durch die Wirkung der Feder wieder verschlossen. Dabei wird die Angußstelle am Spritzling – je nach der Form der Nadelspitze – entweder glatt oder muldenförmig eingedrückt. Bei sorgfältiger Ausführung arbeitet diese Vorrichtung recht gut. Hinweise zur konstruktiven Gestaltung werden in [44] gegeben.

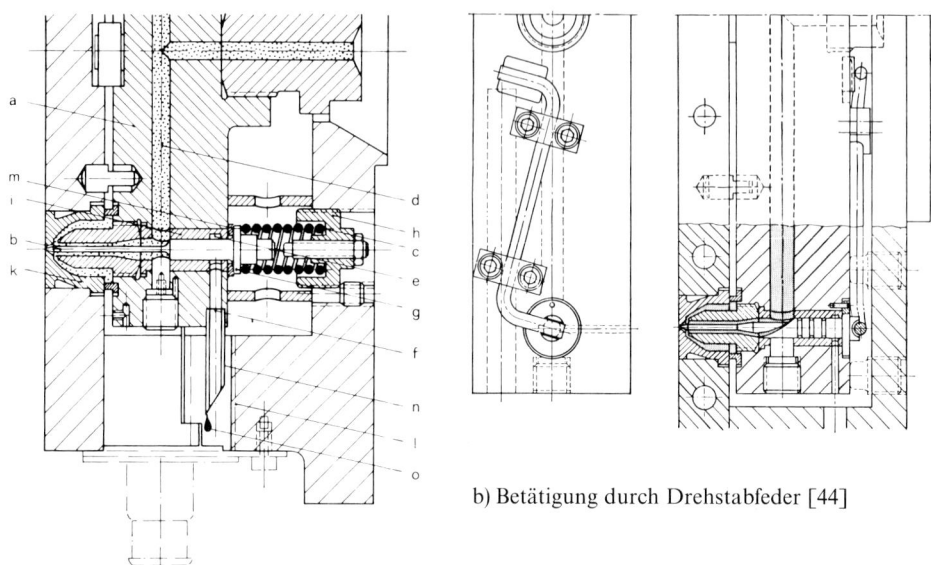

238 6 Ausführung der Angüsse

a) Betätigung durch Schraubenfeder [44]
   a Heißkanalverteilerplatte, b Schließnadel, c Schließfeder,
   d Verteilerkanal, e Sammelnut, f Ablaufbohrung,
   g Federteller, h Spannschraube, i Nadelführungs-
   buchse, k Vorkammerbuchse, l Bohrung,
   m Abstimmscheibe, n Kupferröhrchen,
   o Leckmenge

b) Betätigung durch Drehstabfeder [44]

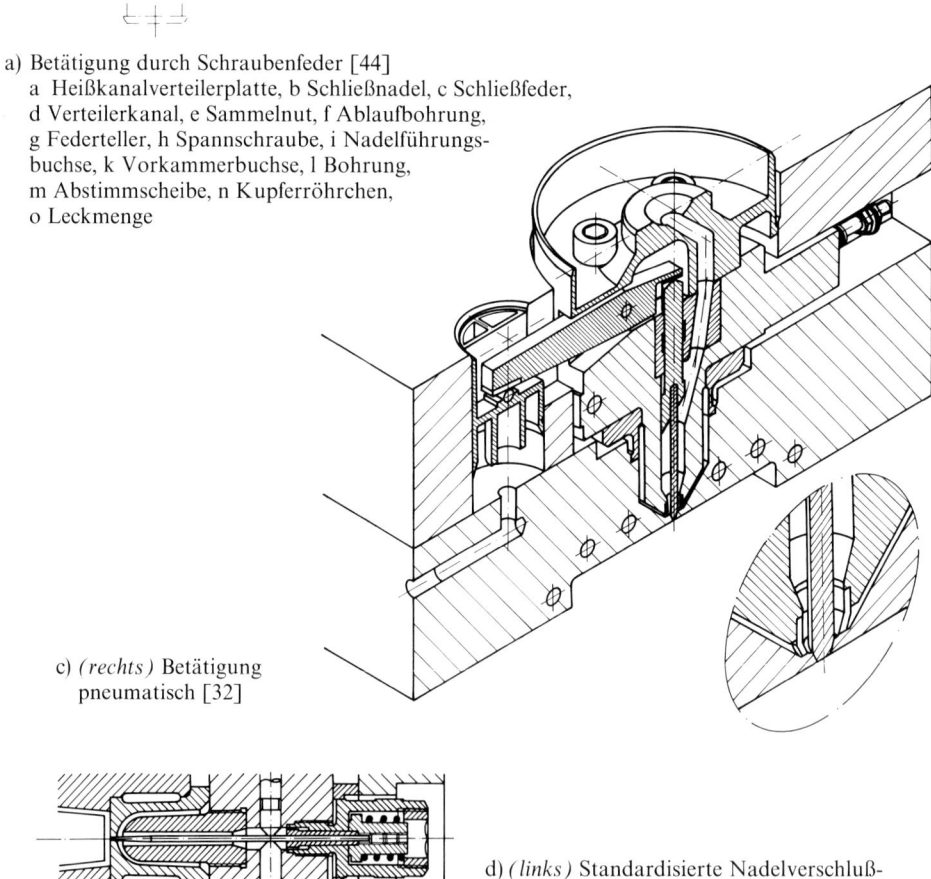

c) *(rechts)* Betätigung pneumatisch [32]

d) *(links)* Standardisierte Nadelverschluß-
   baugruppe [45]

Bild 226 a–d   Nadelverschlußdüsen [32, 44, 45]

Nadelverschlüsse können als standardisierte Baugruppe fertig gekauft werden (Bild 226 d). Unter Umständen können damit vorhandene Heißkanäle mit offenen Düsen nachgerüstet werden.

Sehr bewährt hat sich auch die in Bild 227 dargestellte Tauchdüse mit einer Verschlußnadel für die Direktanspritzung einfach belegter Werkzeuge. Tauchdüse und Nadel sind Bestandteile der Maschine. Die Nadel wird von der hydraulischen Düsenverschließeinrichtung der Maschinen betätigt und gesteuert. Voraussetzung für die Betätigung und Lagerung der Nadel ist allerdings ein Torpedo im Zylinder der Maschine.

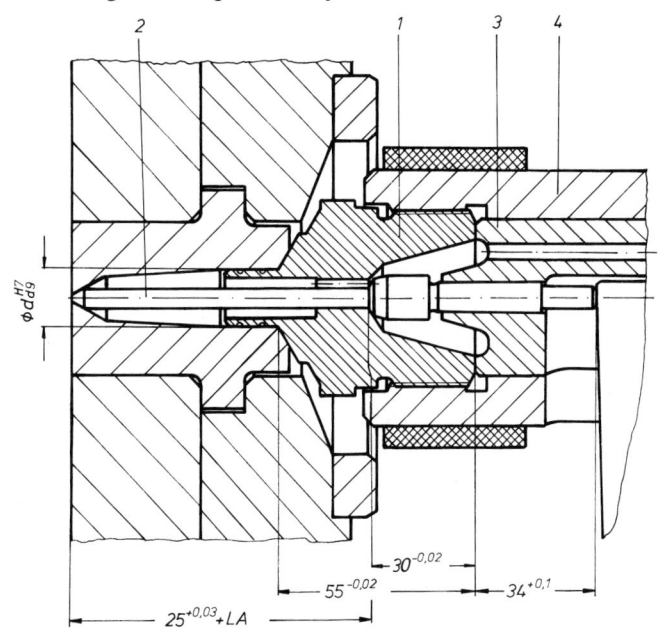

Bild 227
Maschinen-Tauchdüse mit Nadelverschluß [46]

Obwohl die Nadeln am einfachsten mit Federn betätigt werden, haben sich hydraulisch oder pneumatisch zwangsgesteuerte Nadelverschlüsse teilweise besser bewährt. Diese Betätigungsarten sind aufwendiger, erlauben aber ein druckunabhängiges, steuerbares und reproduzierbares Schließen. In Bild 226c ist das Prinzip einer pneumatisch betätigten Nadelverschlußdüse wiedergegeben. Dieses Bild soll auch darauf hinweisen, daß Nadelverschlüsse nicht nur bei Wärmeleitdüsen mit Vorkammern, sondern praktisch bei allen Düsenarten realisierbar sind.

Moderne Nadelverschlußdüsen können – wie beschrieben – gesteuert betätigt werden. Hierdurch eröffnet sich die Möglichkeit, Produkte, die aus mehreren Teilen (gleiches Material und Farbe) bestehen, in einem einzigen „Familienwerkzeug" statt mit mehreren Werkzeugen zu fertigen. Bei dem steuerbaren Ventilanschnitt erfolgt die Balancierung über einstellbare Anschnittöffnungszeiten, die das jeweilige Werkzeug mit dem nötigen Füllvolumen und Druck versorgen. Eine schematische Darstellung eines entsprechenden Werkzeugs ist in Bild 228 gezeigt [47].

Ein weiterer Vorteil, den der steuerbare Ventilanschnitt bietet, liegt darin, Bindenähte zu vermeiden. Wird z. B. ein langes, schmales Teil mit mehreren Heißkanal-Anschnitten direkt oder über mehrere kalte, seitlich neben dem Teil liegende Anschnitte angespritzt, entstehen Bindenähte (Bild 229 a). Diese können durch Nacheinander-Öffnen der Anspritzpunkte mittels Ventilanschnitt vermieden werden (Bild 229 b) [47].

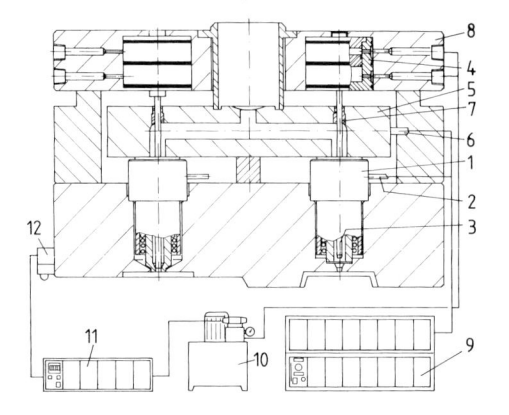

Bild 228
Schematische Darstellung des steuerbaren Ventilanschnitts mit Steuer- und Regelgeräten [41]
1 Düsen, 2 Düsenheizung, 3 Ventilnadeln, 4 Hydraulikzylinder, 5 Verteilerblock, 6 Verteilerheizung, 7 Nadeldichtungen, 8 Zylinderaufnahmeplatte, 9 Temperaturregelung, 10 Hydraulikaggregat, 11 Timer, 12 Endschalter

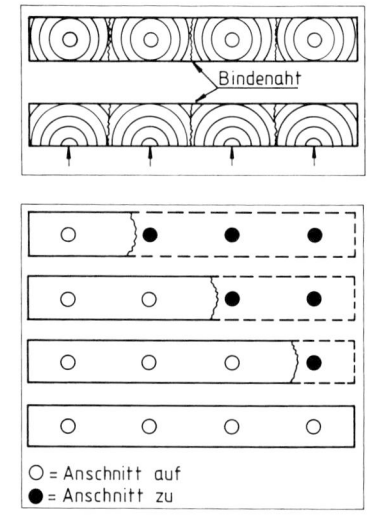

a) Bindenahtbildung bei gleichzeitigem Öffnen der Anschnitte

b) Bindenähte werden vermieden, wenn Anschnitte nacheinander geöffnet werden

Bild 229
Vermeidung von Bindenähten durch steuerbare Anschnitte [47]

Verschlußdüse mit beheizten Torpedos

Bild 230 zeigt diese Variante. Hier dient der axial bewegliche Torpedo als Verschlußelement. Der innenbeheizte Torpedo wird normalerweise in Kombination mit Isolierkanälen eingesetzt. Abgesehen von den grundsätzlichen Vor- und Nachteilen von Isolierkanälen und innenbeheizten Torpedos muß festgestellt werden, daß die Stöße beim Öffnen und Schließen der Düse die Lebensdauer der Hochleitungsheizpatronen vermindern. Systembedingt hat die Nadelverschlußdüse gravierende Vorteile:

– Einwandfreie glatte oder sogar vertiefte Anschnittstelle,
– kein Fadenziehen nach Ausfließen der Schmelze in der Pausenzeit,
– durch das Zurückgehen der Nadel wird ein großer Anschnittquerschnitt freigegeben; wichtig bei schlecht fließenden oder verschleißenden Massen;
– die Temperaturführung an der Anspritzstelle wird vereinfacht. Die Regelung richtet sich jetzt nur nach der optimalen Massetemperatur;

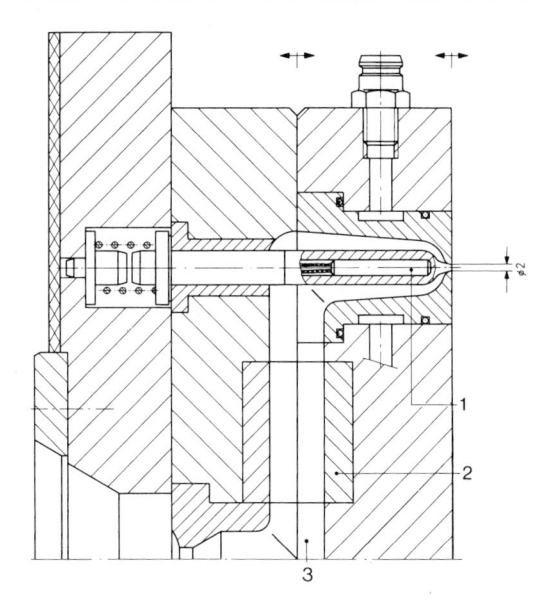

Bild 230
Verschlußdüsen mit axial beweglichen,
beheizten Torpedos [23]
1 Heizpatrone, 2 beheizter Einsatz,
3 Isolierkanal

– Balancierung über steuerbaren Anschnitt möglich,
– Vermeidung von Bindenähten durch gezieltes Öffnen und Schließen mehrerer Düsen.

Demgegenüber stehen folgende Nachteile:

– Kompliziertes, häufig größeres und teureres Werkzeug,
– größere Störanfälligkeit,
– Verschleiß.

Der hohe Aufwand bewirkt, daß Nadelverschlußdüsen in der Praxis trotz der großen Vorteile nur zögernd eingesetzt werden. Die wirtschaftlicheren Ringspaltdüsen erfüllen in vielen Fällen den gleichen Zweck.

6.10.1.4 Verteiler

Der Verteiler des Heißkanals hat die Aufgabe, die Schmelze von der Angußbuchse mit möglichst geringen Druckverlusten, isotherm und ohne Schädigung, den einzelnen Düsen zuzuführen. Grundsätzlich gilt auch hier die Regel möglichst gleicher Fließwege.

6.10.1.4.1 Grundformen

In Bild 231 sind einige Grundformen der Heizkanalverteiler dargestellt. Meist werden die Kanäle in quaderförmige Stahlblöcke aus Warmarbeitsstahl gebohrt. Trotz schlechter Wärmeleitfähigkeit sprechen die hohe Druckfestigkeit und Anlaßbeständigkeit für die Verwendung von Warmarbeitsstahl. Die Beheizung erfolgt meist von außen über Heizpatronen (Bild 231a bis 231c) oder Rohrheizkörper (Bild 231d). Speziell bei Großwerkzeugen (z.B. Lichtrasterwerkzeug, 52 Anspritzstellen) haben sich Rohrverteiler (Bild 231f) bewährt. Aufgrund der hohen Innendrücke und für gleichmäßige Temperaturen müssen die Verteilerrohre dickwandig ausgelegt werden (Außen-$\varnothing$ > 50 mm). Die Verteilerrohre werden mit Heizmanschetten beheizt. Bei innenbeheizten Verteilern han-

242 6 Ausführung der Angüsse

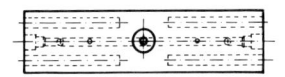

a) Verteilerbalken 2-Düsen

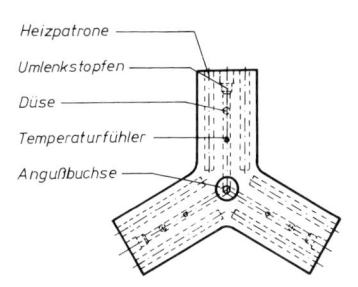

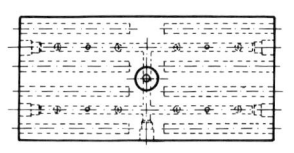

b) H-Verteiler 8-Düsen

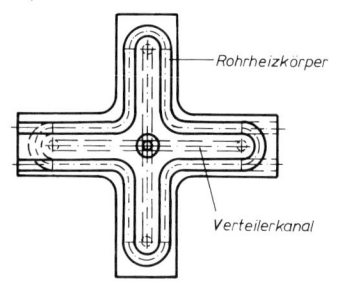

c) Sternverteiler 3-Düsen
- Heizpatrone
- Umlenkstopfen
- Düse
- Temperaturfühler
- Angußbuchse

d) Kreuzverteiler 4-Düsen
- Rohrheizkörper
- Verteilerkanal

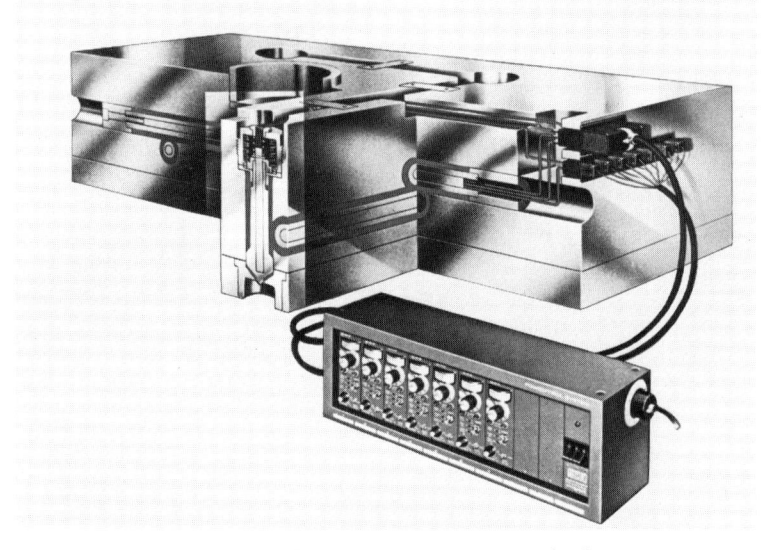

e) Verteiler mit Innenheizung

f) Rohrverteiler für Großwerkzeuge

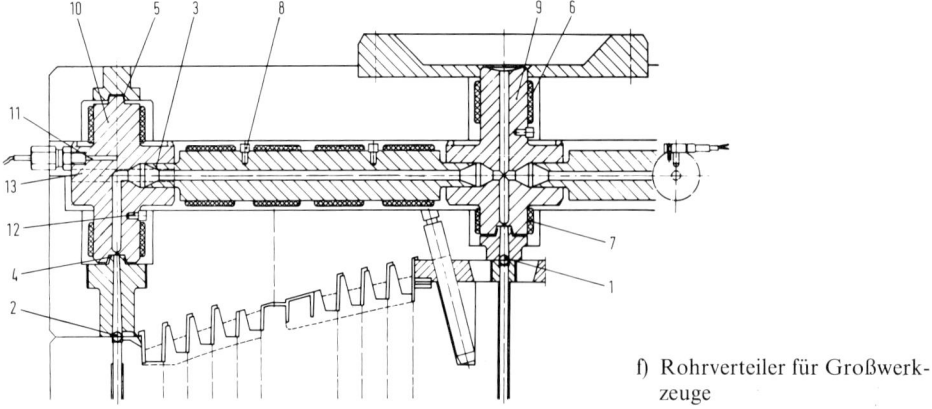

Bild 231 a–f Grundformen von Heißkanalverteilern [17, 30, 49, 50]

delt es sich im Prinzip um Isolierkanäle mit beheizter plastischer Seele. Systembedingt vorteilhaft ist die selbsttätige Abdichtung nach außen durch die erstarrten Außenschichten, nachteilig ist die ungleichmäßige Massetemperatur.

Hohe Nestzahlen bei kleine Formteilen erfordern geringe Düsenabstände. Hier bieten sich sogenannte Blockheißkanalsysteme an. Diese erlauben minimale Düsenabstände von 15 mm. Ein entsprechendes Werkzeug ist in Bild 232 gezeigt [33].

Bei der eingesetzten konduktiven Beheizung fließt der Strom durch eine komplette Düsenreihe und beheizt alle Düsen direkt auf ihrer gesamten Länge.

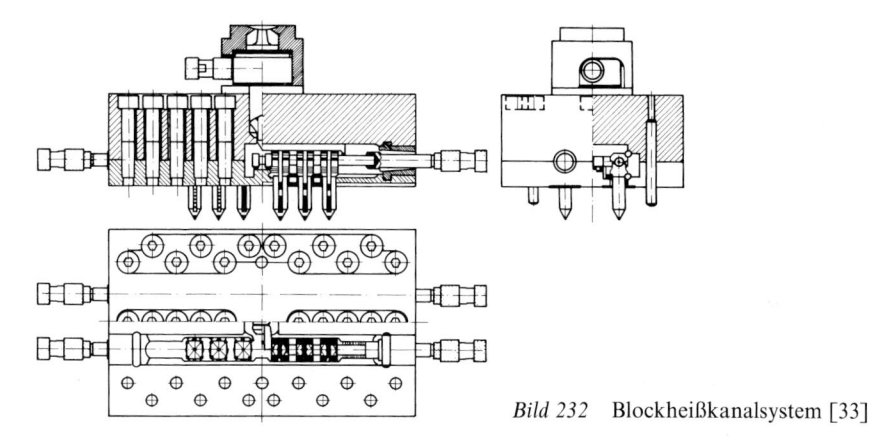

Bild 232 Blockheißkanalsystem [33]

6.10.1.4.2 Konstruktive Auslegung und fertigungstechnische Details

Der Kanaldurchmesser des Verteilerkanals ist nach unten durch zu hohe Druckverluste bzw. zu hohe Schererwärmung begrenzt; nach oben durch zu lange Verweilzeiten. Das Problem der Schererwärmung, die dadurch bedingte Depolymerisation und Fehlerbildung an PMMA-Teilen wurde von Friedrich in [51] behandelt. In der Literatur werden die Richtwerte nach Tabelle 30 angegeben [30, 52].

Tabelle 30 Richtlinie zur Dimensionierung von Verteilerkanälen bei Heißkanalwerkzeugen [30, 52]

Kanaldurchmesser mm	Kanallänge mm	Schußgewicht/ Formnest g
5		bis ca. 25
6		50
8		100
6 bis 8	bis 200	
8 bis 10	200 bis 400	
10 bis 14	über 400	

Fertigungstechnisch ist die Oberflächenbeschaffenheit der Verteilerbohrung zu beachten. An Riefen, Ecken oder Kanten würden sich Rückstände bilden, die zersetzt oder bei Farbwechsel Fehler im Formteil verursachten. Schmelzeführende Oberflächen müssen deshalb nach dem Bohren durch Ausreiben zunächst feingeschlichtet oder sogar poliert werden.

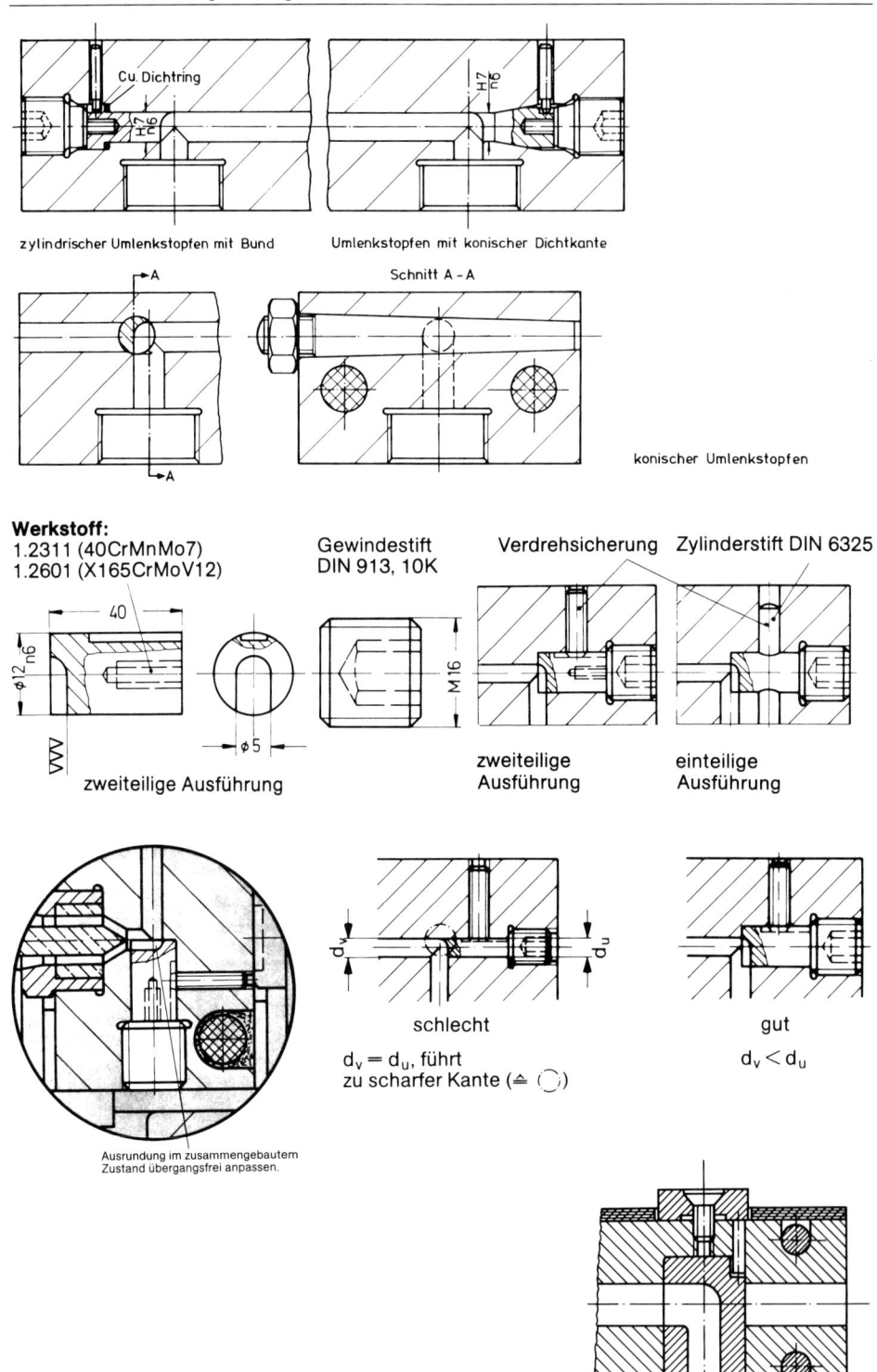

Bild 233 Verschlüsse und Umlenkungen [30, 50, 53]

6.10 Temperierte Angußsysteme – Heißkanal/Kaltkanal

Neuralgische Punkte hinsichtlich Dichtheit und Rückständen sind die Verschlüsse der Kanalbohrungen, die meist gleichzeitig zur Umlenkung der Schmelze dienen. In Bild 233 sind einige konstruktive Möglichkeiten zusammengestellt. Die Kontur der Ausrundung sollte bei allen Varianten in zusammengebautem Zustand dem Verteilerkanal, z.B. mit einem Kugelfräser und durch Polieren, übergangsfrei angepaßt werden.

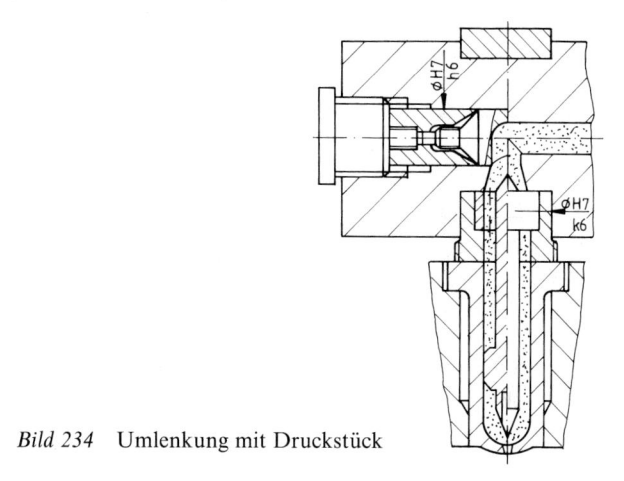

Bild 234 Umlenkung mit Druckstück

Bei niedrigviskosen Materialien arbeitet man bei Umlenkungen mit Umlenkstopfen, die über ein Druckstück in ihre Endlage gebracht werden. Hierbei wird das Druckstück durch Keilwirkung gespreizt und sein Umfang dichtend an die Wandung der Aufnahmebohrung gedrückt (Bild 234) [54].

Eine weitere Möglichkeit der Umlenkung stellt der Einsatz sogenannter Knotenelemente dar. Die Umlenkpunkte sind ohne tote Ecken gestaltet [55, 56].

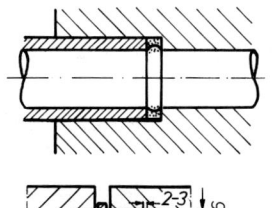

a) Rohr und Bohrung mit rechtwinkliger Stirnfläche ausgeführt

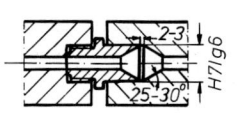

b) Rohr und Bohrung über Verbindungselement gekoppelt

Bild 235 Verbindung von Heißkanalelementen [30, 57]

Bei großen Verteilerlängen ist die Aufteilung der Heißkanalverteiler in Segmente zweckmäßig, da dann die Wärmeausdehnung weitgehend durch die Verbindungselemente, gemäß Bild 235, kräftefrei aufgenommen werden kann. Wird ein Längenausgleich zwischen Werkzeug und Heißkanal nicht ermöglicht, so bringt die thermische Dehnung des Verteilers über die Abstützung des Heißkanals Querkräfte in das Werkzeug. Wichtig ist die strömungsgünstige Ausbildung der Übergänge zwischen Verbindungsstück und Verteilersegmenten (Bild 235b). Würden Rohr und Verbindungsstück mit rechtwinkligen Stirnflächen ausgeführt (Bild 235a), so würde die Masse im entstehenden Spalt stagnieren und thermisch geschädigt.

Typische Einzelheiten zur Befestigung und Positionierung gehen aus Bild 213 hervor. Zur Positionierung dienen der zentrische Paßstift 21 und eine außen am Verteiler vorzusehende Verdrehsicherung. Das Grundproblem der Befestigung besteht darin, die für die Abdichtung zwischen Düsen und Verteiler benötigten hohen Vorspannkräfte mit minimalen Wärmeübertragungsflächen, jedoch ohne zu hohe örtliche Flächenpressungen aufzubringen. Bewährt hat sich das Verspannen des Heißkanals über Zugschrauben und geschliffene Druckringe (Pos. 10, 11). Bei außenbeheizten Düsen mit einer geringen projizierten Auftriebsfläche werden auch Tellerfedern zur Erzeugung definierter Verspannkräfte eingesetzt (Bild 214).

6.10.1.5 Zuführung der Schmelze

Die Zuführung der Schmelze erfolgt häufig über normale Angußbuchsen, an die sich die Maschinendüse anlegt. Die Innenbohrung braucht jedoch nicht konisch zu verlaufen, da das Problem der Entformung entfällt. Ohne Leckagen kann die Schmelze zugeführt werden, wenn die Maschinendüse kolbenartig in die Angußbuchse eintaucht (Bild 236). Durch einen geringen Rückhub des Aggregats schiebt sich der „Düsenkolben" in der Angußbuchse um einige Millimeter zurück, wodurch die Schmelze im Heißkanal entspannt und ein Tropfen der Düsen vermieden wird. Man spricht deshalb auch von Druckentlastungsdüsen. In Bild 236 ist gleichzeitig ein weiteres wichtiges Zubehörteil für die Heißkanaltechnik dargestellt. In der Düse ist ein handelsüblicher Schmelzefilter [58] (siehe auch Normalien) eingebaut, der Materialsplitter, wie sie z.B. im Rückstromsperrenbereich häufig entstehen, und andere Verunreinigungen zurückhält. Solche Rückstände verstopfen sonst leicht die kleinen Düsenöffnungen bei Direktanspritzungen. Die Produktion muß dann unterbrochen, der Heißkanal ausgebaut und gereinigt werden.

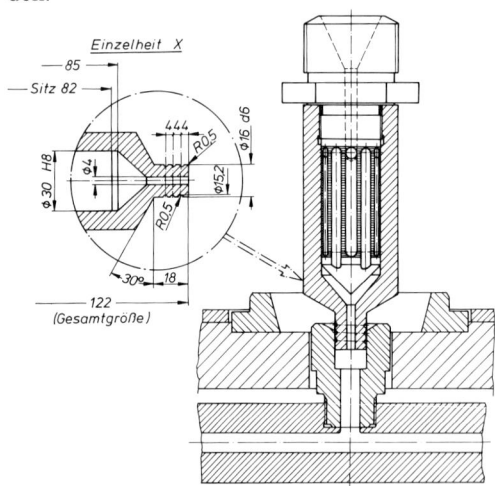

Bild 236 Angußbuchse, Druckentlastungsbuchse mit Schmelzefilter [59]

Zur Reduzierung von Produktionsunterbrechungen aufgrund von Verschmutzungen bzw. bei Materialumstellungen oder Farbwechsel, bei denen kein ausreichender Spülprozeß im Anschnittbereich gewährleistet ist, bietet sich der in Bild 237 gezeigte Werkzeugaufbau an. Zum Reinigen des Heißkanalsystems kann das Werkzeug auseinandergefahren und die Konturplatte abgezogen werden. Somit wird eine einfache Reinigung der freiliegenden Düsen ermöglicht, ohne daß das Werkzeug ausgebaut werden muß [60].

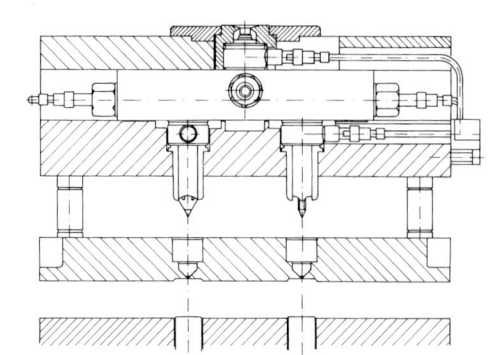

6.10 Temperierte Angußsysteme – Heißkanal/Kaltkanal 247

Bild 237 Spritzgießwerkzeug mit abgezogener Konturplatte [60]

6.10.1.6 Beheizung von Heißkanalsystemen

Die wichtigsten Elemente zur Beheizung von Heißkanälen sind in Bild 238 zusammengestellt. Ihre Verwendung richtet sich vorwiegend nach der erforderlichen Heizleistung und den Platzverhältnissen. Die höchste Heizleistung auf kleinstem Raum läßt sich mit Hochleistungsheizpatronen erreichen. Allerdings wachsen die Probleme mit zunehmender Wattdichte. Abgesehen von der hohen Ausfallquote besteht die Gefahr der lokalen Überhitzung des Heißkanals bzw. seiner Elemente. Die Heizelemente sollten aus diesen und aus regeltechnischen Gründen nicht überdimensioniert werden. Die Wattdichte sollte nach Möglichkeit nicht über 20 W/cm^3 liegen. Die wichtigste Voraussetzung für eine akzeptable Lebensdauer der Heizpatronen ist ein guter Wärmeübergang zum beheizten Objekt. Dazu muß die von den Heizpatronenherstellern geforderte geriebene Passung genau eingehalten werden. Dennoch wird sich ein Auswechseln von Heizpatronen nicht vermeiden lassen, so daß auch auf einfache Montierbarkeit geachtet werden muß.

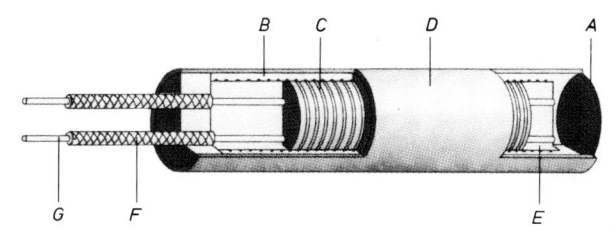

a) Hochleistungspatrone Wattdichte 10–130 W/cm^2,
A gasdicht verschweißter Boden, B Isoliermaterial: hochverdichtetes reines Magnesiumoxyd, C Heizleiter, D Patronenmantel, E keramischer Wickelkörper, F Glasseideisolation, G hochtemperaturbeständige Anschlußdrähte

b) Rohrheizpatrone, Wattdichte bis ca. 30 W/cm^2

Bild 238 Heizelemente zur Beheizung von Heißkanälen [61, 62]   *(Fortsetzung nächste Seite)*

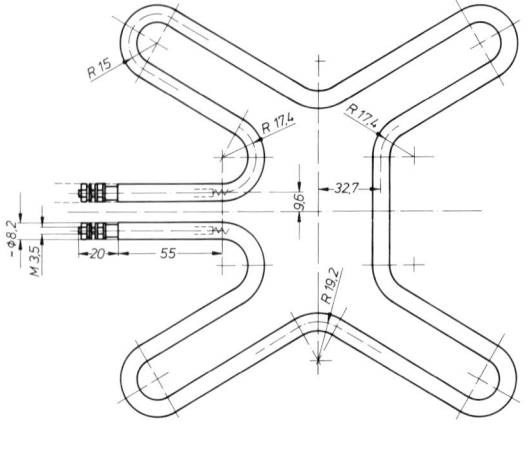

c) Rohrheizkörper, Wattdichte ca. 8 W/cm^2

d) Wendelrohrpatrone

Bild 238 (Fortsetzung)
Heizelemente zur Beheizung von Heißkanälen [61, 62]

6.10.1.6.1 Beheizung von Düsen

Heißkanaldüsen werden auf drei Arten beheizt. Man unterscheidet:

– indirekt beheizte Düsen,
– innenbeheizte Düsen,
– außenbeheizte Düsen.

Bei den *indirekt beheizten Düsen* wird die Wärme vom Verteilerkanal über Wärmeleitdüsen oder Torpedos zum Anschnitt geführt. Die Beheizung beschränkt sich auf den Verteilerkanal. Um die Temperaturen der einzelnen Düsen unabhängig voneinander variieren zu können, müssen die entsprechenden Partien des Verteilers separat beheizbar sein. Dies erfolgt meist durch paarweise um den Verteilerkanal im Düsenbereich angeordnete Heizpatronen, wie dies prinzipiell in Bild 231 dargestellt ist. Die indirekte Beheizung der Düsen hat den großen Nachteil, daß für eine kleine Temperaturänderung im Anschnittbereich, die z. B. für ein gleichmäßiges Füllen oder einen sauberen Abriß erforderlich sein kann, eine wesentlich größere Temperaturänderung des Verteilers notwendig ist, die zwangsläufig auch die Massetemperatur im Kanal verändert. Diese prinzipiell unerwünschte Massetemperaturänderung kann sich nachteilig auf die Qualität der Formteile auswirken. Besser ist, wenn die Temperaturen der Düsen unabhängig vom Verteiler einstellbar sind. Dies ist bei direkt beheizten Düsen der Fall.

Bei *innenbeheizten Düsen* sind Durchmesser und Länge der Heizpatronen durch die konstruktiven Abmessungen der Düse festgelegt. Im Interesse einer möglichst geringen Wattdichte sollten auch hier der größtmögliche Heizpatronendurchmesser angestrebt werden.

Nach [52] sind die Wattdichten nach Tabelle 31 empfehlenswert: Für Heizpatronenlängen über 75 mm sollten Heizpatronen mit verteilter Leistung vorgesehen werden. Durch eine variable Wicklungsdichte wird dafür gesorgt, daß die normalerweise zu heiße Patronenmitte weniger und die kälteren Enden vermehrt beheizt werden.

Tabelle 31 Dimensionierung von Heizpatronen [52]

Patronen "	Länge mm	Wattdichte W/cm^2
$1/4$	30	35
	75	23
$3/8$	30	27
	200	13
$1/2$	50	20
	200	13

Heißkanaldüsen mit außenliegender Beheizung werden entweder über Heizbänder, Rohrheizpatronen oder Wendelrohrpatronen beheizt. Wegen der großen Abmessungen und der niedrigen Heizleistung von 4 W/cm^2 sind Heizbänder nur sehr begrenzt einsetzbar.

6.10.1.6.2 Beheizung von Verteilern

Verteiler von Heißkanälen mit indirekt beheizten Düsen werden mit Heizpatronen beheizt, da diese im Gegensatz zu den nachfolgend beschriebenen Rohrheizkörpern gestatten, die einzelnen Düsenbereiche des Verteilers individuell zu temperieren. Die Heizpatronen werden beidseitig entlang der Fließkanäle angeordnet. Der Abstand wird etwa gleich dem Patronendurchmesser gewählt. Die Anordnung in Längsrichtung muß durch Ausmessen der Temperaturverteilung optimiert werden.

In Bild 239 sind nach [30] einige Einbaumöglichkeiten dargestellt.

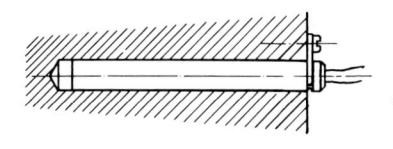

a) Halteblech verhindert unbeabsichtigtes Herausziehen der Heizpatrone (Durchbrenngefahr)

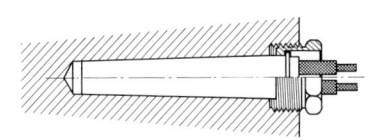

b) Konische Heizpatrone mit Befestigungsschraube

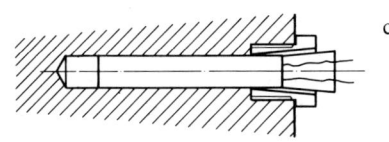

c) Kombination von a) und b). Über die Ausschraubhülse mit Innenkonus kann die Heizpatrone jederzeit leicht herausgeschraubt werden und der direkte Kontakt mit dem Heißkanalblock bleibt erhalten (handelsübliche Ausführung)

Bild 239 Einbaumöglichkeiten für Heizpatronen [30] *(Fortsetzung nächste Seite)*

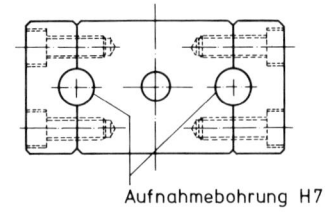

A Die seitliche Trennung des Heißkanalblockes ermöglicht eine beidseitige Verschraubung parallel zur Heizpatrone. Nachteil: Der Heißkanalblock muß für das Auswechseln der Heizpatronen herausgenommen werden

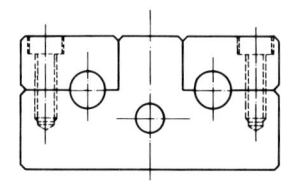

Aufnahmebohrung H7

B Die Trennung an der Oberseite ermöglicht eine Demontage der Heizpatronen nach Abnahme der Formaufspannplatte

Bild 239 (Fortsetzung) Einbaumöglichkeiten für Heizpatronen [30]

Für die Beheizung von Heißkanalverteilern mit direkt beheizten Düsen können Rohrheizkörper empfohlen werden. Mit diesen robusten Heizkörpern ist eine sehr gleichmäßige Beheizung von Verteilern möglich, die Ausfallwahrscheinlichkeit ist gering. Die Rohrheizkörper werden gebogen und gemäß den Bildern 240 und 241 von unten und von oben in vorgefräste Nuten um Verteilerkanal und Düsen gelegt. Die Nuten wurden mit leichtem Übermaß gefräst, z.B. mit 8,6 mm bei 8,2 mm Heizkörperdurchmesser. Beim Einlegen in die gefrästen Nuten werden die Rohrheizkörper in Wärmeleitzement eingebettet und mit einem Stahlblech abgedeckt. Der Abstand der Rohrheizkörper vom Schmelzekanal sollte etwas größer als der Rohrdurchmesser sein. Die optimale Linienführung ergibt sich aus der elektrischen Simulation der Isothermen an einem unbeheizten Verteiler (Bild 242). Auf elektrisch leitendem Papier wurden mit Leitlack die Außenkontur des Verteilerkreuzes und der Verlauf des Verteilerkanals gezeichnet. Nach dem Anlegen einer elektrischen Spannung zwischen Außenkontur und Kanal konnten die Linien gleichen Potentials (10% bis 90%) abgegriffen und gezeichnet werden. Diese

Lage des Thermofühlers

Heizkörper

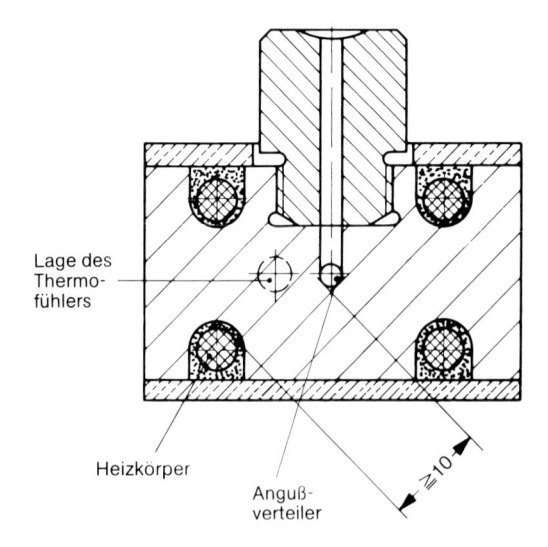

Angußverteiler

Bild 240 Anordnung der Rohrheizkörper im Querschnitt [50], Heizkörper in Wärmeleitzement eingebettet

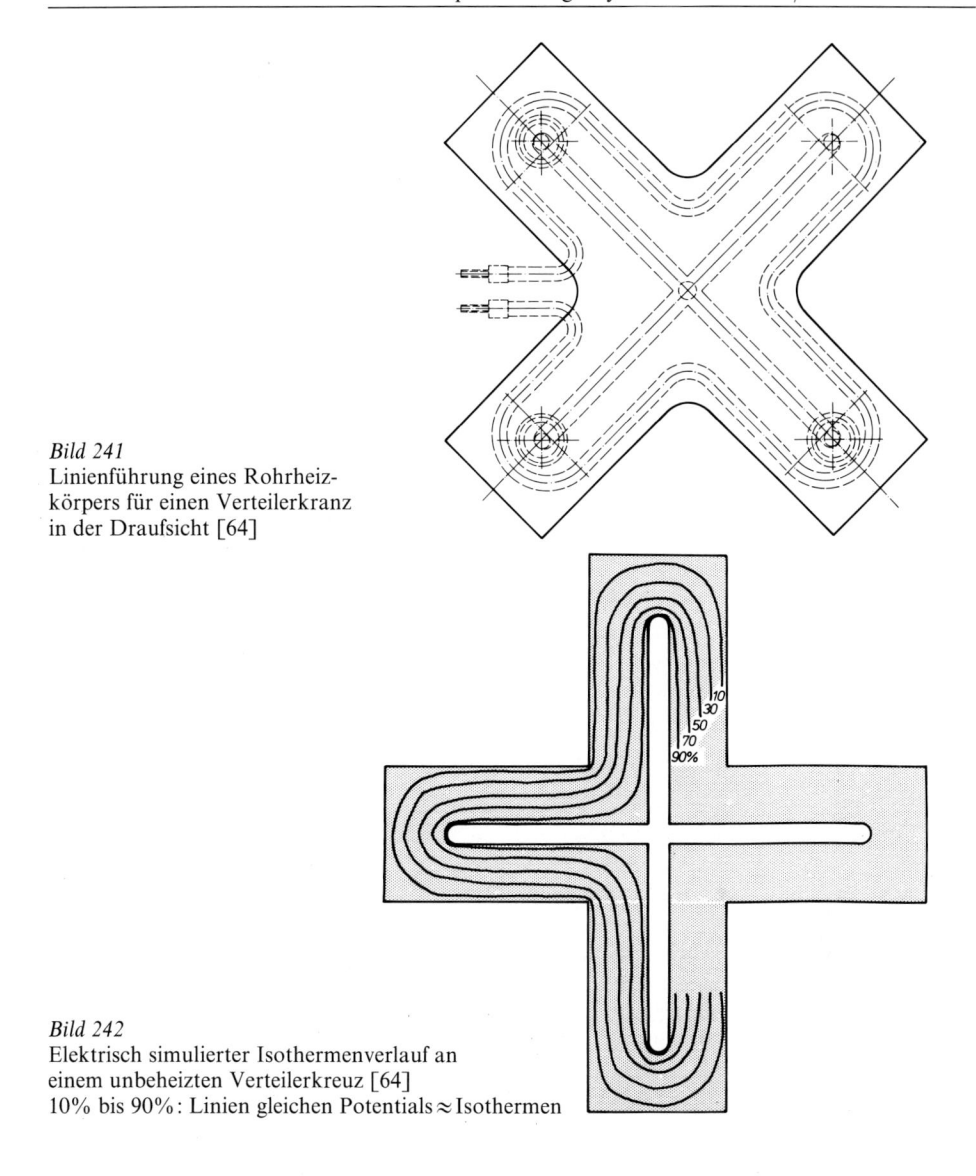

Bild 241
Linienführung eines Rohrheizkörpers für einen Verteilerkranz in der Draufsicht [64]

Bild 242
Elektrisch simulierter Isothermenverlauf an einem unbeheizten Verteilerkreuz [64]
10% bis 90%: Linien gleichen Potentials ≈ Isothermen

sind mit Isothermen vergleichbar. Man sieht, daß sich die Isothermen an den Außenseiten enger an den Schmelzekanal schmiegen als im Innern. Die Ursache ist, daß durch die äußeren Ecken mehr kühlende Fläche auf den Schmelzekanal wirkt als durch die inneren. Der Rohrheizkörper sollte etwa dem Verlauf der Isothermen angepaßt werden.

Bei nicht ausreichend isolierten Heißkanalwerkzeugen geht durch Strahlungsverluste Energie verloren. Hier bietet sich der Einsatz von Reflektorblechen aus Aluminium an, die in dem Luftspalt zwischen Heißkanalblock und Form- bzw. Aufspannplatte montiert werden. Dadurch kann man Energieeinsparungen von ca. 35% erzielen [65].

6.10.1.6.3 Ermittlung der Heizleistung

Die zu installierende Heizleistung wird nach folgender Formel berechnet:

$$P = \frac{m \cdot c \cdot \Delta T}{t \cdot \eta_{ges}} \tag{63}$$

m   Masse des Heißkanal-Blocks in kg
c   spezifische Wärme für Stahl 0,48 kJ/(kg·K)
ΔT Temperaturdifferenz zwischen gewünschter Schmelzetemperatur und Temperatur des Heißkanals bei Aufheizbeginn
t   Aufheizzeit
η_{ges} Gesamtwirkungsgrad (elektrisch-thermisch) (ca. 0,4 bis 0,7, meist 0,6)

6.10.1.7 Temperaturregelung in Heißkanälen

Heißkanalwerkzeuge reagieren außerordentlich empfindlich auf Temperaturänderungen im Düsen- und Anschnittbereich. So kann eine Temperaturveränderung von wenigen Grad im Düsenbereich bereits zu Spritzfehlern und Ausschuß führen. Die präzise Temperaturführung ist deshalb eine wichtige Voraussetzung für ein gut funktionierendes und vollautomatisch arbeitendes Heißkanalwerkzeug. Grundsätzlich sollte jede Düse separat geregelt werden, denn nur so kann der Massefluß aus jeder Düse individuell beeinflußt werden.

Die Regelung des Verteilers ist weniger kritisch. Bei kleineren Heißkanälen mit Rohrheizkörpern reicht eine Meß- und Regelstelle aus, so daß für ein Vierfach-Werkzeug mit direkt beheizten Düsen insgesamt fünf Temperaturregelkreise notwendig sind.

6.10.1.7.1 Anordnung der Temperaturfühler

Im Düsenbereich gibt es zwei exponierte Stellen. Einerseits ist die Temperatur am Anschnitt wichtig, weil davon der Schmelzefluß und die Nachdruckwirkung abhängen, andererseits besteht im Bereich der größten Erwärmung des Heizkörpers, z.B. Heizpatronenmitte, Verbrennungsgefahr für die Schmelze. Als Kompromißlösung empfiehlt sich eine Messung zwischen diesen beiden extremen Stellen. Bei außenbeheizten Düsen hat sich die in Bild 214c dargestellte Meßfühleranordnung sehr bewährt. Bei innenbeheizten Torpedos werden häufig Heizpatronen mit eingebauten Fühlern verwendet. Der Temperaturfühler sollte dann am vorderen Patronenende, also möglichst nahe an der Torpedospitze, angebracht sein. Bei ausreichenden Torpedowanddicken können jedoch auch Miniaturmantelthermoelemente, $\varnothing$: 0,8 mm, durch feine Nuten zur Torpedospitze geführt werden.

Für den Verteiler gelten ähnliche Überlegungen wie für die Düsen. Die Fühler dürfen keinesfalls an den verhältnismäßig kalten Enden des Verteilers angeordnet werden, da sonst Überhitzungsgefahr für die Kanalmitte besteht; sie sollen vielmehr zwischen der heißesten Stelle der Heizpatrone und dem Schmelzekanal liegen. Selbstverständlich darf die Temperatur an der Meßstelle auch nicht durch wärmeableitende Abstützungen oder ähnliches verfälscht werden. Auch bei Verwendung von Rohrheizkörpern wird der Fühler in dem Bereich der höchsten Temperatur, hier im Verteilerzentrum in der Nähe der Angußbuchse, angebracht. Im Interesse der Reproduzierbarkeit sollten sämtliche

Fühler fest im Werkzeug installiert werden, denn Fühler und Einbauart können erhebliche Meßfehler bewirken. Nur bei fest eingebauten Fühlern ist gewährleistet, daß sich bei Wiederverwendung eines Werkzeugs keine Meßfehler einschleichen.

6.10.1.7.2 Regler

Im Interesse der Lebensdauer von Heizpatronen wären stetige Regler wünschenswert. Denn zumindest bei langsam schaltenden Reglern (Relaisausgang) verursachen die fortlaufenden Temperaturschwankungen in den Heizpatronen eine frühzeitige Zerstörung. Dringend zu empfehlen ist ein sogenanntes quasistetiges Regelverhalten, bei dem die „Stromstöße" so schnell hintereinander erfolgen, daß die Temperatur der Heizpatrone praktisch nicht schwankt. Als Regelalgorithmus ist ein PD-PID-Verhalten günstig, da damit Überschwingungen beim Anfahren vermieden werden können. Im Interesse der Lebensdauer von Heizpatronen ist auch eine automatische Anfahrschaltung vorteilhaft, bei der das Aufheizen der Heizpatronen mit verminderter Leistung erfolgt. Die Überwachung wird durch Ist-Wert-Anzeigen und Amperemeter erleichtert. Eine Veränderung der Stromanzeige läßt auf defekte Heizelemente schließen. Wichtig für das Rüsten und die Betriebssicherheit ist auch eine ordentliche Verkabelung. Sämtliche Fühler und Heizleistungen sollten im Werkzeug auf einen, eventuell zwei zentrale Stecker geführt werden, so daß das Regelgerät über maximal zwei Stecker angeschlossen werden kann. Bei häufigem Heißkanalbetrieb ist es vorteilhaft, die Regeleinrichtungen fest an den betreffenden Maschinen zu installieren.

Daneben bieten eine Reihe von Spritzgießmaschinen-Herstellern für Heißkanalsysteme in ihren Maschinen freie Temperatur-Regelstellen an.

Im weiteren wurde in Zusammenarbeit mit Maschinenherstellern und einem Heißkanalhersteller eine Schnittstelle entwickelt, die für einen Datentransport zur Spritzgießmaschine sorgt und es ermöglicht, sämtliche heißkanalrelevanten Daten an der Spritzgießmaschine einzustellen und über einen gemeinsamen Datenspeicher mit den Maschinenwerten abzuspeichern [66].

6.10.1.8 Auslegung von Heißkanalwerkzeugen

Entsprechend der Konstruktion von herkömmlichen Spritzgießwerkzeugen ist bei Heißkanalwerkzeugen eine rheologische, thermische und mechanische Auslegung erforderlich. Auch hier gilt, daß aussagekräftige Ergebnisse nur mit Hilfe von komplexen Berechnungsprogrammen erzielt werden können [67].

Gerade hinsichtlich der Füllbarkeit des Werkzeugs ist eine Berechnung des Druckbedarfs auch des Heißkanals notwendig, da die Schmelze oft über große Strecken geführt wird. Hierbei ist auch der Temperaturerhöhung, die sich aufgrund von Dissipationen ergibt, Rechnung zu tragen. Weiterhin sollte zur Vermeidung von Materialschädigung die Schergeschwindigkeit im Kanal und Düsenbereich nicht zu hohe Werte erreichen. Die Grenzwerte sind hierbei jeweils von dem zu verarbeitenden Material abhängig.

Entsprechend den kalten Angußsystemen müssen auch Heißkanalwerkzeuge balanciert werden. Hier gilt ebenso, daß ein natürlich balancierter Verteiler aufgrund der Betriebspunktunabhängigkeit die optimalste Methode der Balancierung eines Angußsystems darstellt.

Während bei kalten Systemen der Weg über die Dimensionierung von Angußkanal und Anschnitt über eine entsprechende mechanische Ausarbeitung relativ leicht beschritten werden kann, ist dies bei Heißkanalsystemen ungleich schwieriger. Gerade wenn standardisierte Verteilerblöcke eingesetzt werden, bleibt oft nur noch die Balancierung über den Anschnitt oder die unterschiedliche Temperierung der Düsen.

Eine weitere Möglichkeit der Balancierung bietet sich durch den Einsatz von Blenden, die den Strömungsquerschnitt im Fließkanal verringern. Bei innenbeheizten Heißkanalsystemen kann die Blende am Übergang von Verteiler zu Nestdüse installiert werden. Der Vorteil ist hierbei darin zu sehen, daß der Düsenbereich unbeeinflußt bleibt [68].

Die thermische Auslegung von Heißkanalwerkzeugen ist nicht nur in bezug auf einen homogenen Wärmehaushalt des Heißkanalsystems und einer schädigungsfreien Schmelzeleitung wichtig. Sie steht auch in engem Zusammenhang mit der mechanischen Werkzeugauslegung.

Aufgrund der hohen Temperaturen muß die thermische Ausdehnung des Heißkanalsystems durch den Werkzeugbauer berücksichtigt werden. So führt die thermische Ausdehnung zu Maßänderungen, die sich z. B in Versatz von Masseübergangsstellen im Verteilersystem äußern können. In den dadurch entstehenden toten Ecken erhöht sich die Verweilzeit des Materials, was zu Abbau der Schmelze führt und das Durchspülen bei Materialwechsel erschwert.

Weiterhin können im Werkzeug thermisch bedingt hohe Spannungen auftreten, z. B. wenn Paßstifte zur Vermeidung von Längenänderungen eingesetzt werden. Dies kann zum Abscheren des Paßstiftes oder gar zur Schädigung des Formnestes führen [69].

6.10.1.9 Wirtschaftlichkeit von Heißkanalwerkzeugen

Obwohl es schwierig ist, die Vor- und Nachteile des Heißkanals ohne konkreten Anwendungsfall finanziell zu quantifizieren – sie hängen vom Artikel, der Stückzahl und vor allem von der Qualität des Heißkanals mit Zubehör ab –, soll anschließend eine von Bopp, Hörburger und Sowa [24] veröffentlichte Vergleichskalkulation wiedergegeben werden.

In Tabelle 32 wurden anhand einer Vergleichskalkulation zwischen einem jeweils automatisch laufenden Dreiplatten- und Heißkanalwerkzeug die Herstellkosten ermittelt. Durch den Wegfall der projizierten Verteilerkanalfläche ist es möglich, eine kleinere Maschine für das Heißkanalsystem (HKS) zu benutzen, womit auch ein geringerer Maschinenstundensatz zu erreichen ist. Im Fertigungslohn kommt zum Ansatz, daß bei dem Dreiplattenwerkzeug eine Person zwei Maschinen gleichzeitig bedienen kann (Überwachen, Granulat auffüllen, Teile und Verteiler abtransportieren, granulieren, usw.), während bei dem Heißkanalwerkzeug fünf Maschinen gleichzeitig bedient werden können (Überwachen, Granulat auffüllen, Teile abtransportieren). Es wurde bewußt darauf verzichtet, ein nicht automatisch laufendes Dreiplattenwerkzeug mit dem Heißkanalsystem (HKS) zu vergleichen, um gleiche Ausgangsvoraussetzungen zu haben.

Die Werkzeugherstellkosten liegen beim Heißkanalsystem höher. Sie werden vor allem durch die zusätzlich vorhandenen Teile, wie Block, Heizelemente, Thermofühler, Regelgerät (das auch für andere Werkzeuge eingesetzt werden kann), und die eventuell verbesserte düsenseitige Temperierung verursacht. Die Zykluszeit wurde bei beiden Werkzeugen gleich hoch angesetzt, obwohl sie beim Heißkanalwerkzeug normalerweise kürzer ist.

6.10 Temperierte Angußsysteme – Heißkanal/Kaltkanal

Tabelle 32 Vergleichskalkulation zwischen Dreiplatten- und Heißkanalwerkzeug [23]

			3-Platten-werkzeug	Heißkanal-werkzeug
I. Angaben				
a	Rohstoff		Hostaform C 13021 R	
b	Rohstoffpreis	DM/kg	6,–	
c	Produktion etwa	1/Jahr	3 000 000	
d	Bedarfsdauer	Jahr	4	
e	Artikelgewicht	g	2	
f	Kavitätenzahl		16	
g	Schichtbetrieb		3	
h	Maschinentyp	kN/cm³	800 bis 150*	400 bis 70
i	Masch.-Std.-Satz	DM/h	11,–	8,–
j	Fertigungslohn	DM/h	10,–	4,–
k	WZ.-Herstellungskosten	DM	20 000,–	24 000,–
l	Zykluszeit	s	20	20
m	Angußgewicht	g	40	
n	Regranulatpreis	DM/kg	2,–	
II. Kalkulation in DM/1 000 Stück				
2.1 Werkstoffkosten $(b \cdot e) + \frac{m}{f}(b-n)$			22,–	12,–
2.2 Fertigungskosten $\frac{(i+j) \cdot l}{3{,}6 \cdot f}$			7,29	4,16
2.3 Werkzeugkosten $\frac{k\left(\frac{1}{d} + 0{,}25 + 0{,}1\right) \cdot 1000}{c}$			26,67	32,–
2.4 Herstellkosten			55,96	48,16

* Die erste Zahl gibt die Zuhaltekraft der Maschine, die zweite das Schußgewicht an.

Es wurde davon ausgegangen, daß kein Regranulat verarbeitet wird. Die Werkstoffkosten setzen sich demnach bei dem Normalkanalwerkzeug aus Artikelgewicht und anteiligem Verteilergewicht zusammen. Sie ermäßigen sich lediglich um den Erlös, der aus dem Regranulatwert resultiert. Die Werkzeugkosten wurden auf eine Bedarfsdauer von vier Jahren umgelegt. 10% Zinsbelastung und 5% Werkzeugunterhaltung pro Jahr sind in die Berechnung eingearbeitet. Das vorliegende Beispiel soll die Notwendigkeit einer solchen Vergleichsrechnung vor Augen führen. Je nach den Betriebsverhältnissen und mit zunehmender Rohstoffverteuerung können die Kostenfaktoren andere Werte annehmen oder zusätzliche hinzukommen. Aus diesem Grunde wurden auch die Gemeinkosten nicht mit einbezogen.

In Bild 243 ist der Kostenvergleich des vorausgehenden Beispiels nach [24], in Abhängigkeit von der Stückzahl, dargestellt. Die Werkstoff- und Fertigungskosten sind stückzahlunabhängig und liegen beim Heißkanalwerkzeug niedriger als beim Dreiplattenwerkzeug. Da die Kosten für ein Heißkanalwerkzeug mit Zubehör höher sind als für ein entsprechendes Dreiplattenwerkzeug und diese Kosten auf die Formteile abgewälzt werden müssen, ergibt sich bei kleineren Serien ein Kostenvorteil für das Dreiplattenwerkzeug, bei größeren Serien für das Heißkanalwerkzeug. Beim vorliegenden Beispiel arbeitet das Heißkanalwerkzeug (HWK) ab 120000 Teile/Jahr wirtschaftlicher. Die Größenordnung von 100000 Stück/Jahr entspricht auch den Erfahrungswerten der Praxis. Mit zunehmender Verteuerung der Rohstoffe verschiebt sie sich jedoch zu kleineren Werten. Bei Serien, die über die Wirtschaftlichkeitsgrenze hinausgehen, können, wie Bild 243 zeigt, Einsparungen von 40% und mehr erreicht werden. Nicht in die Rechnung eingeschlossen wurde der höhere Wartungsaufwand, da er kaum quantifizierbar ist.

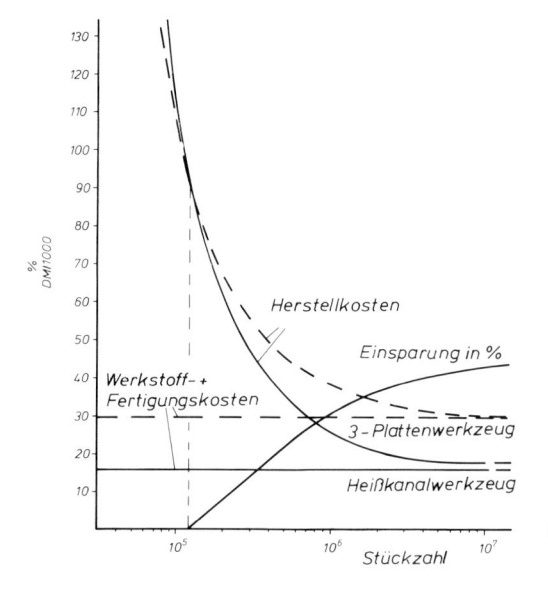

Bild 243 Wirtschaftliche Stückzahl (Vergleich Dreiplattenwerkzeug mit Heißkanalwerkzeug) [24]

6.10.2 Kaltkanäle

Beim Spritzgießen von vernetzenden Formmassen treten bezüglich der Gestaltung des Angußsystems ähnliche Probleme auf wie bei Thermoplasten. Zusätzlicher Nachteil hierbei ist, daß das Material in diesen Systemen ebenso wie das Formteil vernetzt, wobei es im Gegensatz zur Thermoplastverarbeitung nicht regranuliert und dem Prozeß wieder zugeführt werden kann.

Die hieraus resultierenden Nachteile können durch den Einsatz von Kaltkanalsystemen vermieden werden. Vom restlichen Werkzeug über Isolierungen thermisch getrennt und mit einer Flüssigkeitstemperierung versehen, halten diese Verteilersysteme die Mischungstemperatur etwa auf dem Temperaturniveau des Plastifizieraggregats, wodurch eine Vernetzung vermieden wird. Vergleicht man jedoch die Verbreitung dieser Kaltkanal-Systeme mit der von Heißkanälen, muß festgestellt werden, daß sich dieses Werkzeugkonzept noch nicht durchsetzen konnte.

Während im Thermoplastbereich für die entsprechende Technologie (Heißkanaltechnik) eine Reihe standardisierter Systeme angeboten werden, gibt es auf dem Gebiet der Verarbeitung von reagierenden Formmassen erst eine Kaltkanalnormalie, eine temperierbare Angußbuchse [70].

6.10.2.1 Kaltkanalsysteme für Elastomer-Spritzgießwerkzeuge

Aufgabe des Kaltkanalsystems ist, die Schmelze auf einem Temperaturniveau zu halten, auf dem ein Anvernetzen des Elastomers gesichert vermieden wird.

Neben der Einsparung von Angußverlusten ergeben sich eine Reihe weiterer Vorteile. So ist die Gestaltungsfreiheit bei der rheologischen Dimensionierung des Angußsystems höher. Die Verteilerkanäle können im Durchmesser größer dimensioniert werden. Die Formmasse erfährt eine geringere thermische Belastung. Durch das zusätzlich zur Verfügung stehende Volumen kann eine höhere Anzahl von Formnestern im Werkzeug vorgesehen werden [71].

Auch bei den Kaltkanalwerkzeugen stellt das größte Problem die thermische Trennung von Kaltkanal (ca. 80 °C bis 100 °C) und beheiztem Werkzeug (160 °C bis 200 °C) dar. Im Laufe der Zeit sind eine Reihe unterschiedlicher Varianten entwickelt worden, die sich in ihrem Aufbau unterscheiden [72].

Herkömmliche Spritzgießwerkzeuge in der Elastomerverarbeitung sind zumeist Dreiplattenwerkzeuge. Der erste Schritt in Richtung Kaltkanal ist hier, das Material über ein temperiertes (gekühltes) System auf einen Unterverteiler zu leiten, von wo aus die

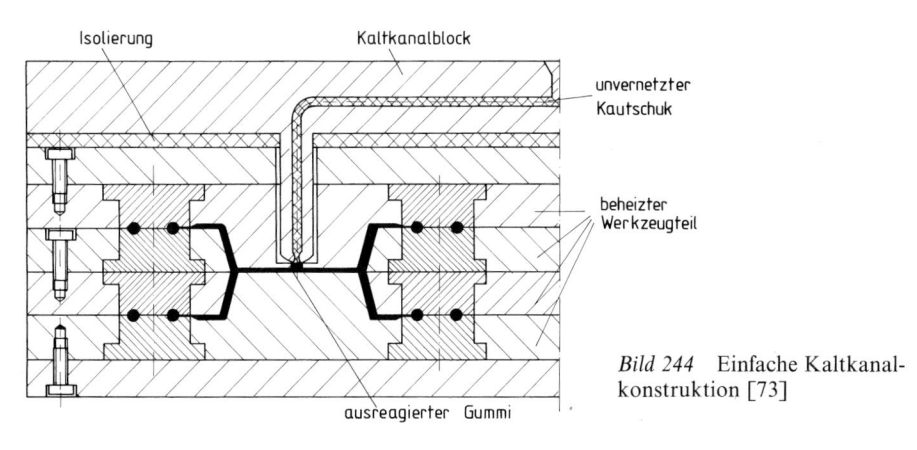

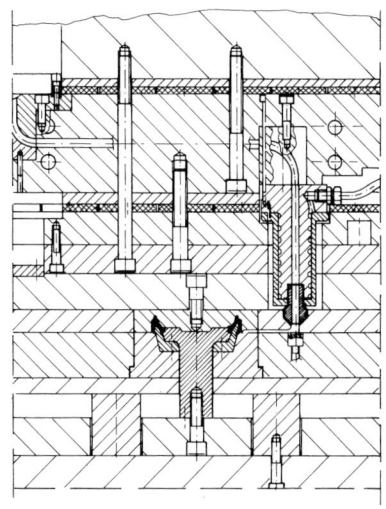

Bild 244 Einfache Kaltkanal-konstruktion [73]

Bild 245 Spritzgießwerkzeug mit 8-Düsen-Kaltkanaltechnik für 24 Dichtringe [75]

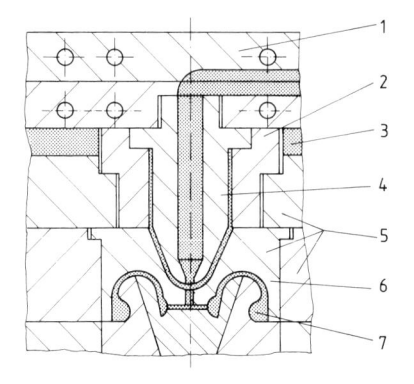

Bild 246 Kaltkanal mit vernetzendem Restanguß [74]
1 Kaltkanalverteiler, 2 abstützende Buchse, 3 Isolierplatte, 4 Angußdüse, 5 beheizte Werkzeugteile, 6 Angußbuchse/Formnest, 7 Formteil

Kavität gefüllt wird. Hierbei wird mit einem vernetzenden Restanguß gearbeitet. Drei entsprechende Werkzeuge sind in den Bildern 244 bis 246 gezeigt [73, 74, 75]. Dieses Kaltkanalkonzept ist die am häufigsten ausgeführte Form von Kaltkanalwerkzeugen.

Das in Bild 245 dargestellte Werkzeug besitzt acht temperierte Düsen, die durch die Heizplatte tauchen. Da die Düsen aufgrund von Wärmedehnung und Werkzeugatmung beim Öffnen und Schließen einem großen Verschleiß unterliegen, sind die „weichen" Düsenspitzen mit einem Außensechskant versehen und mit der Düse verschraubt.

Die Regelung der Temperatur erfolgt paarweise für zwei Düsen über einen selbstoptimierenden 2-Punkt-Regler. Die Temperatur wird über Thermofühler gemessen, die massenah in den Düsenköpfen eingebaut sind [75].

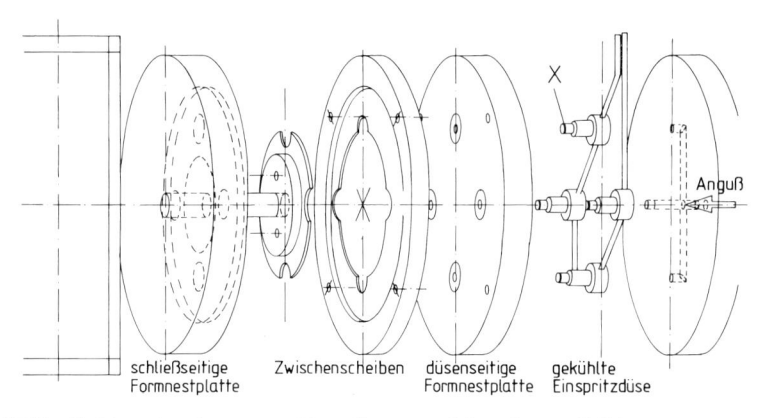

Bild 247 Kaltkanalwerkzeug zur Herstellung von Motorlagern [76]

Will man mit der Kaltkanaldüse ein Formteil direkt anspritzen, ist eine aufwendigere Wärmetrennung erforderlich. Die gekühlten Anspritzdüsen des in Bild 247 gezeigten Werkzeugs zur Herstellung von Motorlagern reichen bis in den Nestbereich. Dabei wird der Abreißbereich des Anschnitts durch einen Keramikeinsatz (Bild 248), der den radialen Wärmetransport von der heißen düsenseitigen Formplatte in den Kaltkanal behindert, dicht an das Formteil herangebracht, da der Anschnitt immer im Übergangsbereich zwischen vernetzter und nicht vernetzter Elastomermischung abreißt [76].

Die bisher vorgestellten Werkzeuge zeichnen sich dadurch aus, daß Kaltkanal und Düse fest in das Werkzeug eingebaut sind und ständig am Werkzeug anliegen. Eine bessere thermische Trennung kann erreicht werden, indem der Kaltkanal nur während

6.10 Temperierte Angußsysteme – Heißkanal/Kaltkanal

Bild 248 Gestaltung des Angußbereichs [76]

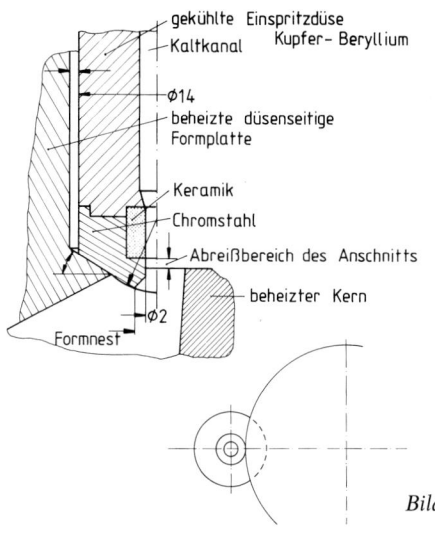

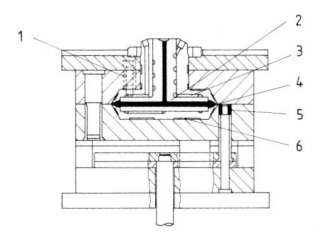

Bild 249 Elastomerspritzgießwerkzeug mit gekühltem Verteiler [77]
1 Abhebvorrichtung, 2 Kaltkanalverteiler, 3 Kühlkanäle, 4 Punktanguß, 5 Formteil, 6 Luftschlitze

bestimmter Zeiten mit dem heißen Werkzeug in Kontakt kommt. Der Kaltkanalverteilerblock stellt hier ein – auch in seinen Bewegungen – eigenständiges Werkzeugbauteil dar (Bild 249). Die Formteile werden in dem 20fach-Kaltkanalwerkzeug von der Seite her abfallfrei angespritzt. Der Kaltkanalverteiler ist in der Trennebene eingespannt und hebt während der Werkzeugöffnungsphase von den heißen Werkzeugteilen ab [77].

Eine weitere konstruktive Lösung geht von dem Gedanken aus, daß ein Kontakt zwischen Kaltkanal und beheiztem Werkzeug nur so lange erforderlich ist, wie eine Druckübertragung in das Werkzeug möglich ist, d. h., bis zur Vernetzung des Anschnitts. Ein Abheben des Kaltkanals nach Beendigung der Kompressionsphase bringt dann erhebliche verfahrenstechnische Vorteile, da die thermische Trennung hierbei in idealer Weise herbeigeführt wird [74].

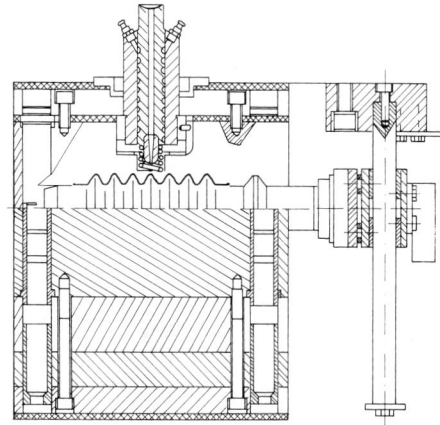

Bild 250 Faltenbalgkaltkanalwerkzeug [78]

Ein entsprechendes Werkzeug ist in Bild 250 gezeigt. Der Kaltkanal in Form einer Düse stellt die direkte Verlängerung des Einspritzaggregats dar. Das Abheben des Kaltkanals wird durch eine Feder bewirkt, die nach dem Zurückfahren der Maschinendüse die Kaltkanaldüse vom Werkzeug abhebt. Der Ausheizvorgang kann nun im Werkzeug ablaufen, ohne daß Wärme zwischen Kaltkanal und Werkzeug ausgetauscht wird.

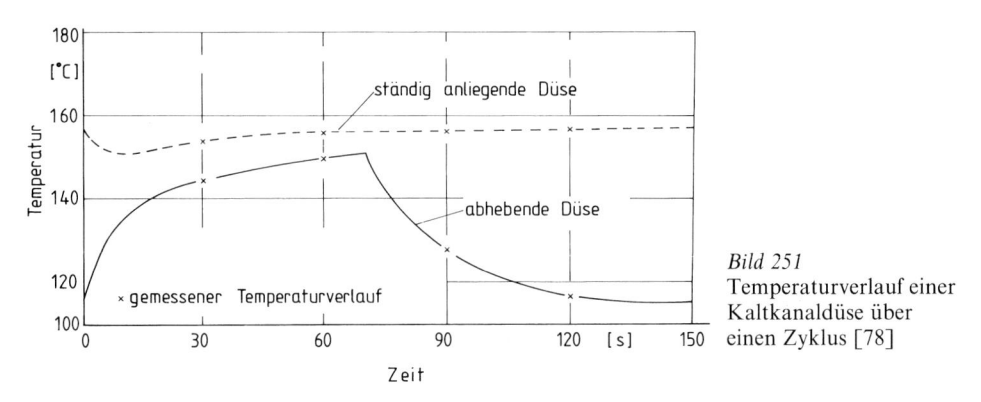

Bild 251
Temperaturverlauf einer Kaltkanaldüse über einen Zyklus [78]

Die Auswirkung des Abhebens auf den Temperaturverlauf in der Düse über einen Spritzgießzyklus ist in Bild 251 gezeigt. Im Fall der abhebenden Düse ist deutlich zu erkennen, wie die Temperatur aufgrund des Wärmestroms von dem Werkzeug in der Düse ansteigt. Sie sinkt jedoch sofort nach dem Abheben der Düse auf ihr ursprüngliches Niveau. Dieser Temperaturverlauf ist für das Material in der Düse unkritisch. Für die anliegende Düse ergibt sich hingegen ein hohes Temperaturniveau, so daß in diesem Fall die Vernetzung in der Düse fortschreitet und diese zusetzt [78].

Mit diesem Werkzeugprinzip ist es auch möglich, Mehrfachwerkzeuge zu konstruieren (Bilder 252 und 253). Die Besonderheit des in Bild 252 gezeigten Werkzeuges ist, daß es zwei Trennebenen aufweist. Die erste Trennebene dient dem normalen Entformungsvorgang. Sollte es während der Fertigung zu einer Produktionsstörung kommen (z. B. vernetztes Material in der Düse), besteht die Möglichkeit, das Werkzeug durch das Umlegen eines Verriegelungsbügels in der zweiten Trennebene, der Wartungsebene, zu öffnen. Bei aufgefahrenem Werkzeug können nun die Düsen demontiert und gereinigt werden. Sollte die Vernetzung in den Kaltkanalverteiler fortgeschritten sein, kann er komplett ausgebaut werden.

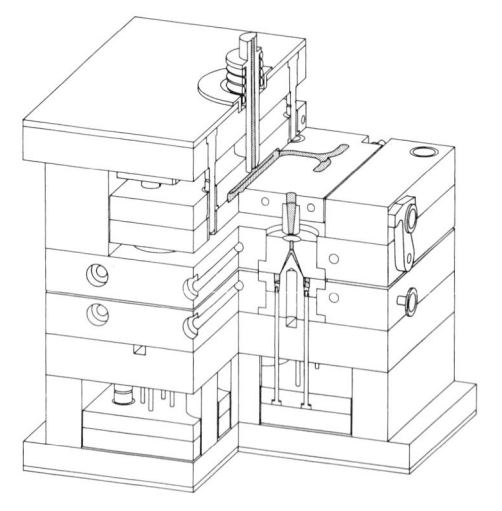

Bild 252 Achtfach-Kaltkanalwerkzeug mit vernetzenden Schirmangüssen [74, 78]

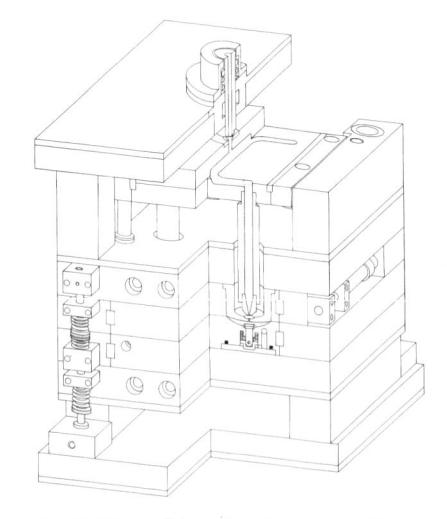

Bild 253 Kaltkanalwerkzeug zur Herstellung von Composite-Bauteilen (Einlegeteil Kunststoff) [74, 78]

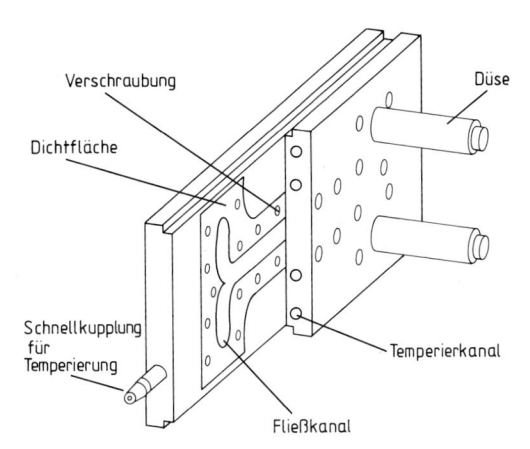

Bild 254 Kaltkanalsystem [80]

Um die Reinigung möglichst schnell durchführen zu können, ist es sinnvoll, den Verteiler geteilt und verschraubt (Bild 254) auszuführen. Hierdurch wird die Wartungszeit drastisch reduziert. Die Fließkanäle sind in die Platten eingearbeitet und weisen zur Vermeidung hoher Druckverluste große Querschnitte auf. Aus entsprechendem Grund sind die Umlenkungen mit großen Radien versehen. Neben den Fließkanälen enthalten die Kaltkanalplatten auch die Bohrungen für die Flüssigkeitstemperierung. Zwischen den Platten muß eine hohe Flächenpressung herrschen. Die lokale Kraftaufnahme läßt sich hierbei durch viele Schrauben kleineren Durchmessers und mittlerer Festigkeit besser realisieren, als mit wenigen, hochfesten Schrauben. Um die Flächenpressung hoch zu halten, sind weiterhin planparallele Platten – geschliffen und poliert – notwendig. Diese sollten darüber hinaus nur im Bereich der Schrauben und Fließkanäle dichten [79, 80].

6.10.2.2 Kaltkanalwerkzeuge für Duroplaste

Auch bei der Verarbeitung von Duroplasten werden Kaltkanalwerkzeuge eingesetzt. Hier muß allerdings nach Art der verarbeiteten Formmasse unterschieden werden. So können aufgrund von Chargenschwankungen bei Polykondensaten Verarbeitungsprobleme auftreten. Diese Erfahrungen haben dazu geführt, daß sich die heutigen Angußsysteme für Polykondensations-Formmassen auf den Einsatz temperierter Angußbuchsen oder in Einzelfällen auf temperierte Maschinendüsen beschränken. Bei Polymerisations-Formmassen hingegen zeigt sich der Einsatz der Kaltkanaltechnik eher verbreitet und hierbei im besonderen für Feuchtpolyesterharz-Formmassen aufgrund der niedrigen Viskosität und den daraus resultierenden geringen Einspritzrücken zur Formfüllung [81].

Ein besonderes Werkzeugprinzip stellt hierbei die Verwendung von Kaltkanälen in Kassettentechnik dar. Zwei entsprechende Werkzeuge sind in den Bildern 255 und 256 dargestellt.

Das Werkzeug in Bild 256 entspricht in seinem Aufbau einem Zweiplattenwerkzeug mit einem Tunnelanguß. Der Kaltkanal wird von einem temperierten Verteilerblock (Temperiermedium Wasser) gebildet, der vertikal in der festen Werkzeugplatte eingelassen ist. Ein wesentlicher Vorteil dieser Kaltkanalkonstruktion liegt in deren Demontage- bzw. Montagefreundlichkeit bei Betriebsunterbrechungen und Produktionsende. Der Kaltkanal kann bei aufgefahrenem Werkzeug in der Maschine geöffnet und anschließend gereinigt werden. Den ca. 20% bis 25% höheren Werkzeugkosten im Vergleich zu

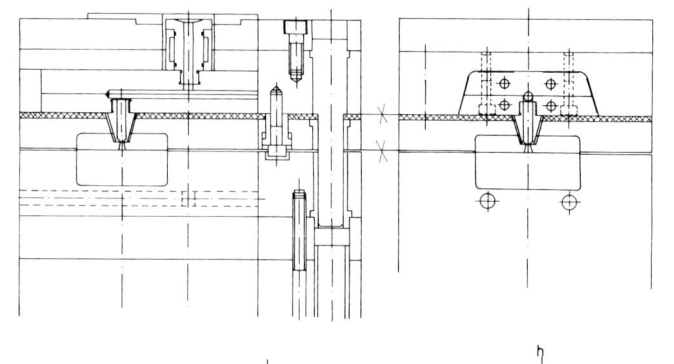

Bild 255
Kaltkanal in Kassettentechnik [81]

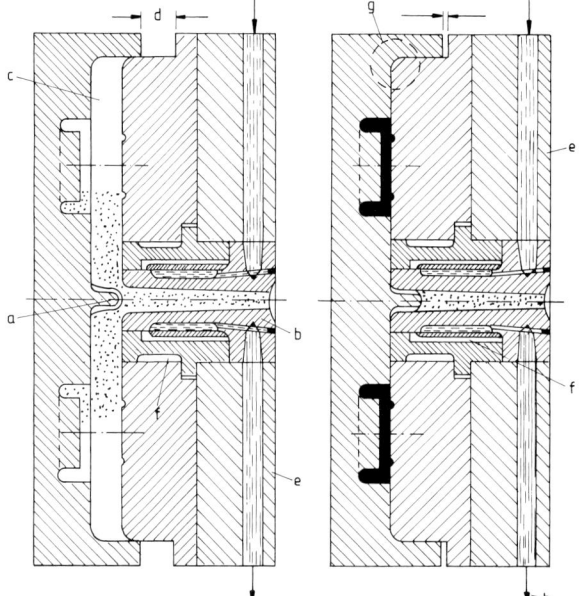

Bild 256
Common-Pocket-Werkzeug zur Verarbeitung von Duroplasten im Spritzprägeverfahren [83]; *links:* während des Einspritzvorgangs, *rechts:* geschlossen

a Masseverteiler, b Angußbuchse, c gemeinsamer Füllraum, d Prägespalt, e Isolierplatte, f Luftspalt, g Tauchkante, h Temperierung

einem konventionellen Werkzeug müssen die Materialeinsparungen gegenübergestellt werden. So konnte der Materialverlust bei einem entsprechend aufgebauten Achtfach-Werkzeug von 12% auf 3% reduziert werden [82].

In den Fällen, in denen bestimmte Bauteile über mehrere Anspritzpunkte angebunden werden müssen (z.B. Scheinwerferreflektoren), ist ein Betrieb ohne Kaltkanalkassetten oft nicht denkbar [81].

Die Kaltkanaltechnik findet bei Duroplasten auch bei dem sogenannten Common-Pocket-Verfahren Anwendung (Bild 257). Die in Kombination mit dem Verfahren beschriebene RIC-Technik (Runnerless-Injection-Compression, angußloses Spritzprägen) reduziert den Abfall auf einfache Weise auf ein Minimum. Zusätzlich wird die Gratbildung reduziert. Die plastifizierte Formmasse gelangt hierbei über einen temperierten Angußkanal in das leicht geöffnete Werkzeug und wird dort verteilt. Durch die Schließbewegung des Werkzeugs wird das Material in die Kavitäten gepreßt und ausgeformt. Hierbei dringt der Masseverteiler in die konische Angußbuchse und sperrt diese gegen die Trennebene ab. Durch die Temperierung wird das Material im Angußkanal plastisch gehalten und steht für den nächsten Schuß zur Verfügung [83].

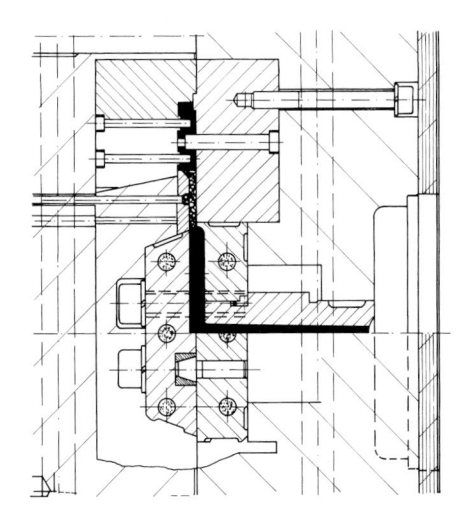

Bild 257 Kaltkanalwerkzeug System Bucher/Müller mit Tunnelanguß [82]

6.11 Spezielle Werkzeugarten

6.11.1 Etagenwerkzeuge

Für die Fertigung sehr großer Stückzahlen von flachen Kleinteilen, wie z. B. von Tonbandkassettengehäusen, hat sich eine besondere Werkzeugbauart, das Etagenwerkzeug, eingebürgert. Hier befinden sich in zwei Trennebenen Formnester, die gleichzeitig gefertigt werden (Bild 258). Man benötigt allerdings eine Maschine mit besonders großen Öffnungshub. Eine 100%ige Steigerung, wie sie die Verdoppelung der Formnester erwarten läßt, wird allerdings wegen der größeren Öffnungs- und Schließwege und der damit verbundenen längeren Nebenzeiten nicht erreicht. Die Produktionssteigerung liegt bei 80% [84]. Die Zuhaltekraft soll ca. 15% höher als bei einem Werkzeug mit einer Etage sein [84].

Die Mehr-Etagenwerkzeuge arbeiteten ursprünglich mit kalten [86, 87] Angußkanalverteilern, die mit jedem Schuß entformt werden mußten. Das Entformen des Angußverteilers stellte beim vollautomatischen Betrieb des Werkzeugs eine zusätzliche Störquelle dar [88]. Man arbeitet daher heute ausschließlich mit Heißkanalverteilern.

Die Zwei-Etagenwerkzeuge bestehen aus drei Hauptteilen, einem düsen- und einem schließseitigen Werkzeugteil sowie aus einem Mittelstück. Das Mittelstück trägt das Anguß- und Verteilersystem.

Die Außenteile bestehen aus drei Teilen: den Formplatten, dem Auswerfersystem und den Aufspannplatten (Bild 258).

Die Heißkanalverteiler sind um ein Angußrohr [88], auch Schnorchel genannt, verlängert. Dieser wird durch den düsenseitigen Werkzeugteil geführt und verbindet die Düse des Plastifizieraggregats mit dem Heißkanalverteiler.

Bei der Anordnung der Formnester muß dies beachtet werden. Die Formteile dürfen beim Entformen nicht auf das heiße Angußrohr fallen, deswegen ist z. B. in Bild 258 (Einzelheit 24) ein Schutzrohr vorhanden.

Der schließseitige Werkzeugteil und das Mittelstück werden beim Entformungsvorgang in Schließrichtung bewegt. Das Angußrohr kann sich dabei von der Düse abheben. Da sich an den Düsen und am Angußrohr Massereste (Leckmaterial) befinden können, muß das Angußrohr so lang sein, daß es auch bei geöffnetem Werkzeug über den düsenseitigen Werkzeugteil hinausragt. Ist dies nicht der Fall, so können Massereste in die düsenseitige Führungsbohrung gelangen, sich dort festsetzen und zu Produktionsstörungen führen [85, 88]. Deswegen arbeiten heute viele Etagenwerkzeuge mit Teleskoprohren und dauernd anliegender Düse. Während der schließseitige Werkzeugteil fest auf die Aufspannplatte montiert ist und dadurch zwangsläufig geführt wird und die Öffnungsbewegung mitmacht, sind zur Lagerung und Führung sowie zur Steuerung der Öffnungsbewegung des Mittelstücks Führungs- und Bewegungselemente erforderlich. Bei den oft sowieso großen, die ganze Aufspannfläche überdeckenden Werkzeugen können die Mittelplatten auch in den Holmen der Maschine hängen, oder sie werden auf einer Gleitschiene mittels Gleitschuhen geführt [85, 88].

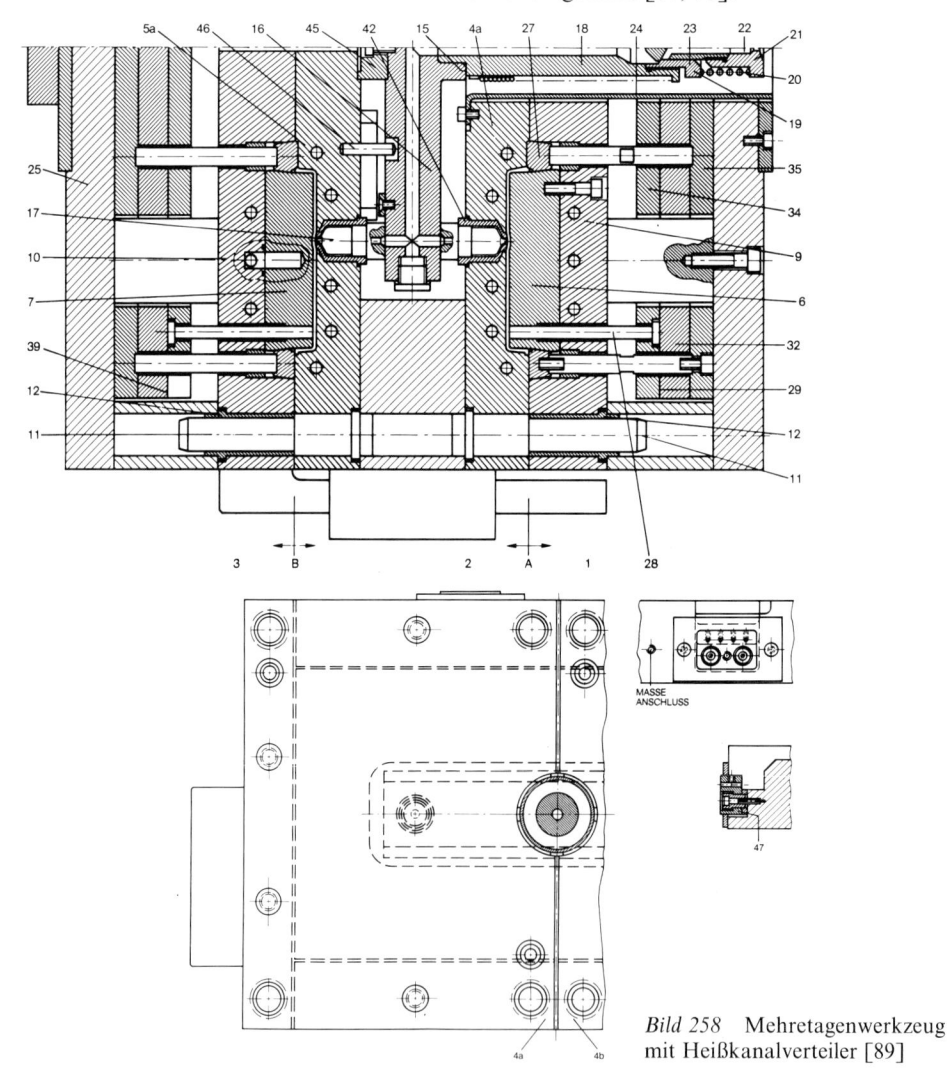

Bild 258 Mehretagenwerkzeug mit Heißkanalverteiler [89]

6.11 Spezielle Werkzeugarten 265

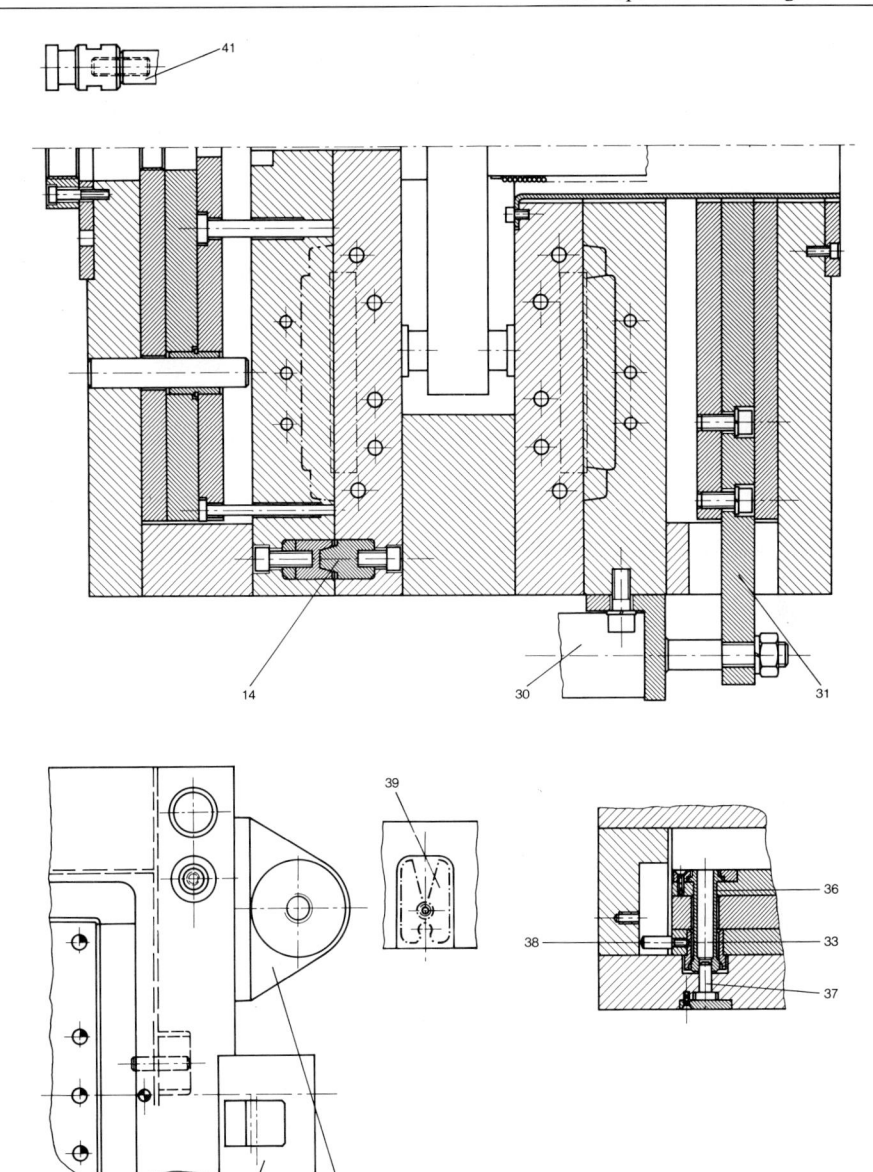

Bild 258 (Fortsetzung) Mehretagenwerkzeug mit Heißkanalverteiler

1, 2, 3 Plattenpakete, 4a, b, 5a, b Gesenkplatten, 6, 7 Kerneinsätze, 8 Zwischenplatte, 9, 10 Kernaufnahmeplatten, 11 Führungssäulen, 12 Zentrierhülsen, 13 Zentrierbolzen, 14 Zentriereinheiten, konisch, 15 Heißkanalsystem, 16 Heißkanalverteilerbalken, 17 Heißkanaldüsen „Thermoplay"-Typ 1, 18 Angußrohr, 19 Schiebeverschlußdüseneinheit, 20 Druckfeder, 21 Angußbuchse, 22 Torpedo, 23 Zwischenstück, 24 Schutzrohr, 25 Formaufspannplatte, 26 Zahnstangenantrieb, 27 Auswerferleisten, 28 Auswerferbolzen, 29 Auswerfervorrichtung, 30 Pneumatikzylinder, 31 Verbindungsstück, 32 Auswerferdeckplatte, 33 Rückdrückvorrichtung, 34, 35 Auswerferplatte, 36 Hülse, geschlitzt, 37, 38 Bolzen, 39 Schiebeklammern, 40 Auswerfervorrichtung, 41 Zweiwegeauswerfer, 42 Vorkammerbuchse, 43 Deckplatte, 44 Hochleistungsheizpatrone 1250 W, 45 Zentrierscheibe, 46 Zylinderstift, 47 Klemmblock (elektr. Anschluß)

266   6 Ausführung der Angüsse

Bewegung Mittelteil mit
hydr. Zylinder

Bewegung Mittelteil mit
Gelenkhebel

Bewegung Mittelteil mit
Zahnstangen

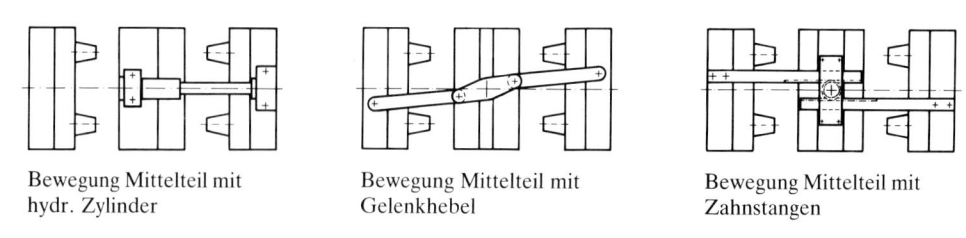

Bild 259   Bewegungselemente für das Mittelteil bei Mehretagenwerkzeugen [85]

Die Bewegungen werden vorzugsweise durch Gelenkhebel oder Zahnstangen bewirkt (vgl. Bild 259). Früher waren auch Systeme im Gebrauch, die sich für das Abfahren des Mittelstücks von der Düsenseite eines speziellen Hydraulikzylinders bedienten.

Bei der Gelenkhebel- und Zahnstangensteuerung öffnen sich die beiden Trennflächen mit Beginn der Öffnungsbewegung ruhig und synchron. Bei der Gelenkhebelsteuerung hat man dazu noch die Möglichkeit, die Öffnungswege in kleinen Bereichen unterschiedlich lang zu machen. Man kann dadurch sogar in den einzelnen Etagen Spritzlinge unterschiedlicher Höhe ausformen. Die Öffnungsweg-Kurven können nach Art der Anlenkung und Geometrie der Hebel in weiten Grenzen eingestellt werden. Gleichzeitig werden mit der Gelenkhebelsteuerung auch die Auswerferplatten betätigt. Verschiedene Bauarten der Gelenkhebelsteuerung sind in Bild 260 dargestellt. Etwas weniger starr ist die Zahnstangensteuerung in Bild 261, die dank der Federn in den Kurbelzugstangen für die Auswerferplatten einen sanften Anlauf und Aufbau der Losbrechkräfte erlauben.

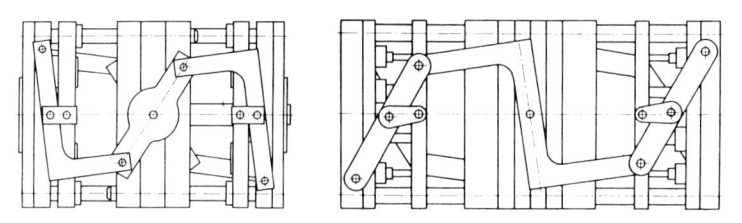

Bild 260   Gelenkhebelsteuerungen bei Etagenwerkzeugen [90]

bewegliche Aufspannplatte   Abstreifring   feste Aufspannplatte

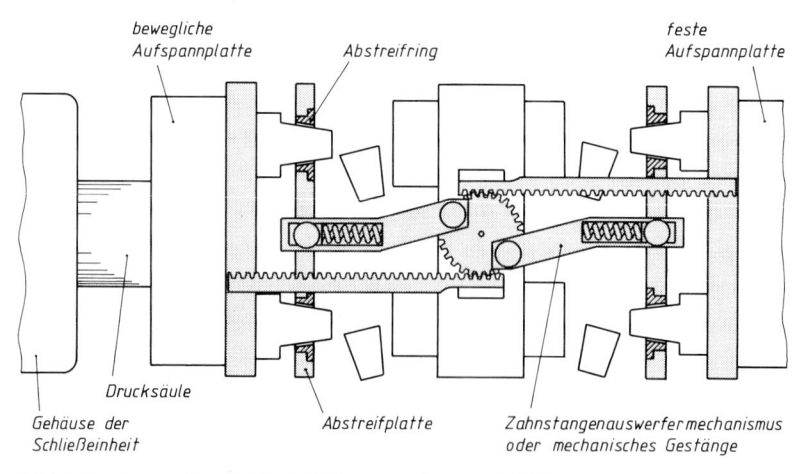

Drucksäule

Gehäuse der Schließeinheit   Abstreifplatte   Zahnstangenauswerfermechanismus oder mechanisches Gestänge

Bild 261   Auswerfergetriebe bei Etagenwerkzeugen [90]

6.11.2 Spritzgießwerkzeuge für Compact-Discs

Compact-Discs werden heute meist durch Spritzgießen hergestellt, zum größten Teil aus einem speziellen Polycarbonat. Die Formmasse kommt mit ca. 340 °C, d.h. sehr dünnflüssig, in ein exakt temperiertes hochpräzises Werkzeug. Bild 262 zeigt schematisch den prinzipiellen Aufbau. Die Kavität hat auf der Düsenseite eine spiegelblanke Oberfläche, während die schließseitige Oberfläche von einer Matrize gebildet wird, die galvanisch von einem Master abgenommen wurde.

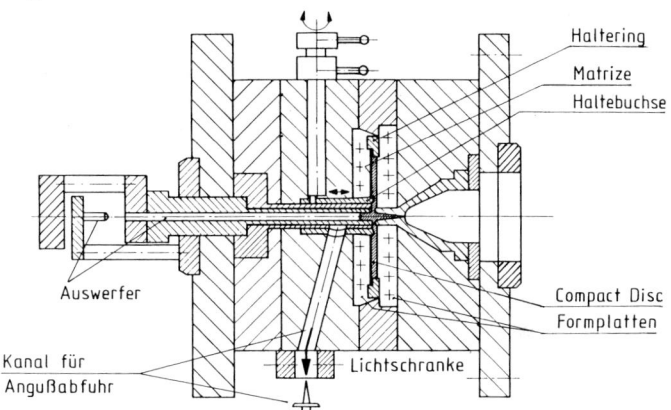

Bild 262
Spritzgießwerkzeug
für Compact Disc
(schematisch) [91]

Die Matrizen tragen die Informationen in Form von sogenannten Pits (Vertiefungen) von 0,25 µm × 0,75 bis 1 µm und einer Tiefe von 0,1 µm. Diese Pits sind in Spuren mit 1,6 µm Abstand als Einprägungen auf der einen Plattenseite eingearbeitet.

Da der die Informationen abtastende Laserstrahl durch die Platte gehen muß, ist optische Qualität erforderlich, d.h. die Compact-Disc muß frei von Orientierungen sein und eine optisch einwandfreie Oberfläche besitzen. Zudem muß die Platte absolut eben sein.

Damit ergeben sich folgende Anforderungen an das Werkzeug:

- auf Bruchteile eines Mikrometers reproduzierbare Ausformung der Pits und der Dicke,
- spiegelnde fehlerfreie Oberfläche,
- exakteste Temperaturführung, um Ebenheit und minimale gleichmäßige Orientierungen zu erreichen,
- exakte Fixierung der Matrize, ohne sie infolge von Wärmedehnungsunterschieden zu verspannen,
- guter Wärmeübergang zwischen Matrize und Formnestoberfläche,
- leichter Matrizenwechsel,
- Gestaltung des Angusses so, daß absolut kreisförmiges Einquellen die Form füllt und die Luft problemlos über die Trennebene abtreibt,
- exakte Ausformung der Mittelbohrung mit möglichst spanlosem automatischen Austrennen des Angußtellers,
- sichere Entformung durch Haften des Spritzlings immer auf der gleichen Seite, um automatisch entnehmen zu können,
- Werkzeugtemperierung in Form von konzentrischen Kreisen (vgl. Kapitel: Temperiersysteme für flächige Teile),

- beste Polierfähigkeit des Stahls,
- spezieller, sehr sorgfältig ausgeführter Anguß, der mit einer Tauchdüse bedient wird, so daß der Angußrest minimal wird (0,3 g).

Diese Forderungen verlangen einen sonst nirgendwo so präzisen Werkzeugbau mit Abmessungstreue im Bereich von Mikrometern.

6.11.3 Werkzeuge für Büchsen (Konservendosenformat)

Solche Büchsen lassen sich im Spritzgießen kaum herstellen, weil die Entformung von einem solch langen zylindrischen Kern unter normalen Umständen an den hohen Schrumpf- und Abschubkräften scheitert. In den USA wurde vor einigen Jahren ein Faltkern vorgestellt, dessen Lamellen im Durchfluß gekühlt werden. Die Entwicklung stammt vom Reed Prentice and Hercules Inc. [92] (Bild 263). Der Kern ist weiterhin deswegen interessant, weil die scharfen Schneiden, an denen die Lamellen aneinanderliegen, die Bildung von Leckagen erschweren und sich so keine Schwimmhäute bilden können, die die weitere Produktion durch Verklemmen behindern würden. Faltkerne werden insbesondere auch bei der Fertigung von Formteilen mit Hinterschneidungen verwendet (siehe Abschnitt 12.8.1.2 zusammenklappende Kerne).

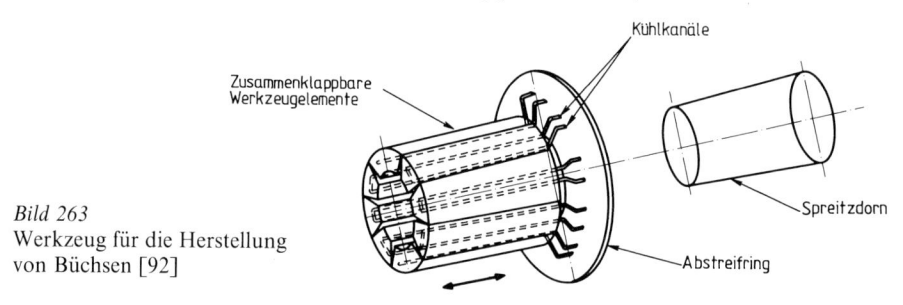

Bild 263
Werkzeug für die Herstellung von Büchsen [92]

6.11.4 Werkzeuge für vernetzende Formmassen
6.11.4.1 Duroplaste

Obwohl die Werkzeuge genauso aufgebaut sind, gibt es eine Reihe von Sonderwerkzeugen, die besondere Verfahrensvarianten erlauben.

Heute sind vor allem Spritzprägewerkzeuge verbreitet [93]. Die Qualität ist besonders hoch. Typische Anwendungen sind Motorenteile für Wasserpumpen und Zylinderkopfdeckel. Man unterscheidet Einfach- und Mehrfachwerkzeuge, wobei die Einfachwerkzeuge unproblematischer im Betrieb sind, weil keine Probleme mit der Aufteilung der Schmelze bestehen (Bild 264). In der Literatur wird neuerdings ein System empfohlen [94], das mit einem Dreiplattenwerkzeug arbeitet. Die Spritzprägewerkzeuge sind besonders durch das Eintauchen der beiden Werkzeughälften ineinander gekennzeichnet. Das Einspritzen erfolgt, wie man Bild 264 links entnimmt, in das teilgeöffnete Werkzeug. Dieses schließt, sobald die Füllung beendet ist. Von der Maschine her wird nicht nachgedrückt, aber das Werkzeug verschlossen gehalten.

Die Tauchkanten reagieren besonders empfindlich auf Verschleiß, da dann unzulässige Spaltverluste eintreten. Bei Großwerkzeugen für Karosserieteile werden daher hydraulisch gesteuerte verstellbare Tauchkantenleisten empfohlen [95].

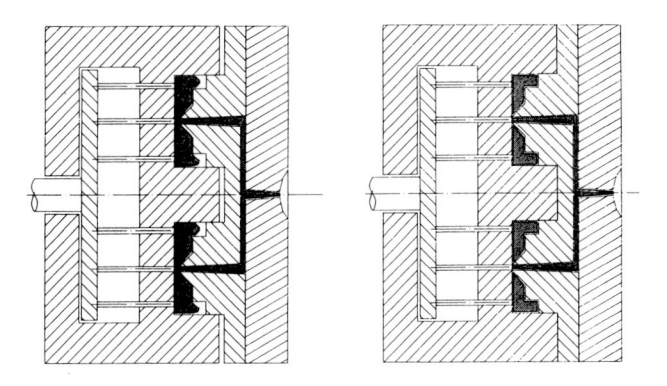

Bild 264 Zweifach-Spritzprägewerkzeug als Dreiplattenwerkzeug
(System Bucher-Guyer);
links: während des Einspritzens, *rechts:* Werkzeug geschlossen [94]

Besonders große Probleme machen in dieser Hinsicht glasfasergefüllte Formmassen. Einerseits sind große Angußquerschnitte erwünscht, um die Faserschädigung klein zu halten, andererseits sollten auf dem gesamten Strompfad wenig Umlenkungen – schon gar keine scharfkantigen – vorhanden sein. Da bislang Gratbildung kaum zu vermeiden ist, werden von [96] entgaste Werkzeuge empfohlen (Bilder 265 und 266), die auf einer nach den Volumenstrom regelnden Maschinen arbeiten [97].

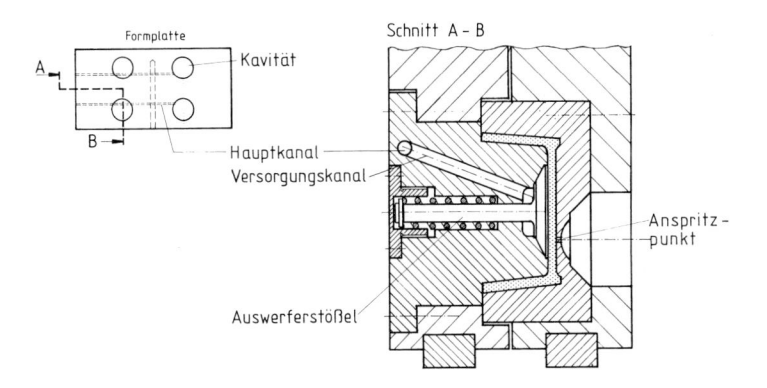

Bild 265 Evakuierung über Druckluftbohrung für Auswerfer [96]

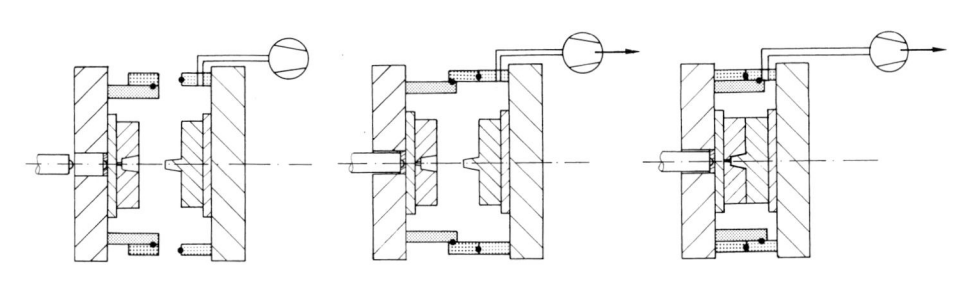

Bild 266 Vakuumkammer [97]

6.11.5 Werkzeuge für 2-K-Spritzguß (2 Komponenten)

Diese Werkzeuge unterscheiden sich nur darin von anderen Werkzeugen, daß

- sie keinen Anguß besitzen dürfen, der die laminare Strömung stören könnte. Am besten eignen sich hier Stangenangüsse;
- sie keine Kerne haben sollten, die umströmt werden, weil hier die Schichtenbildung unterbrochen ist.

Der richtigen Plazierung des Anschnitts kommt somit besonders große Bedeutung zu. Es gibt inzwischen in dem Füllsimulationsprogramm CADMOULD einen Modul für diese Aufgabe.

6.11.6 Werkzeuge zum Herstellen von Verbundteilen mit Blechplatinen (Outserttechnik, Gummimetallverbindungen)

In der Outserttechnik wird eine Metall-Platine zwischen die beiden Werkzeughälften eingelegt. Diese Metallplatine ist mit ausgestanzten Durchbrüchen versehen, in denen die aufgespritzten Bauelemente fixiert und verankert werden.

Als Spritzgießwerkzeuge werden in der Outserttechnik vorzugsweise Dreiplattenwerkzeuge verwendet. Heißkanäle bilden wegen der vielen Angußkanäle und Umlenkungen eine Ausnahme. Bild 267 zeigt das Schema eines Dreiplatten-Spritzgießwerkzeugs mit Platine und Bauelementen. Der Vergleich zwischen einer Vollkunststoffkonstruktion und einer Outsertkonstruktion ist in Bild 268 dargestellt [100].

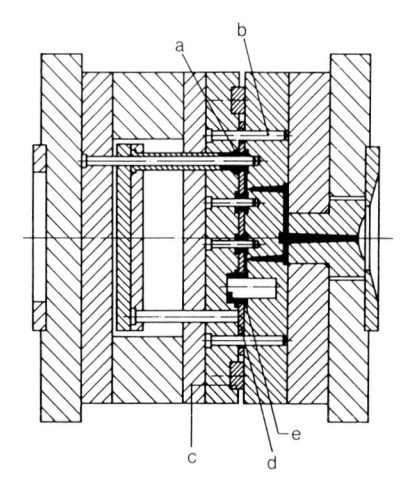

Bild 267 Schema eines 3-Platten-Spritzgießwerkzeuges mit Platine und Hostaform-Bauelementen [100]
a (Outsert-)Bauelemente, b Halte- bzw. Fixierstifte, c Distanzbolzen, d Platine, e Bauelemente

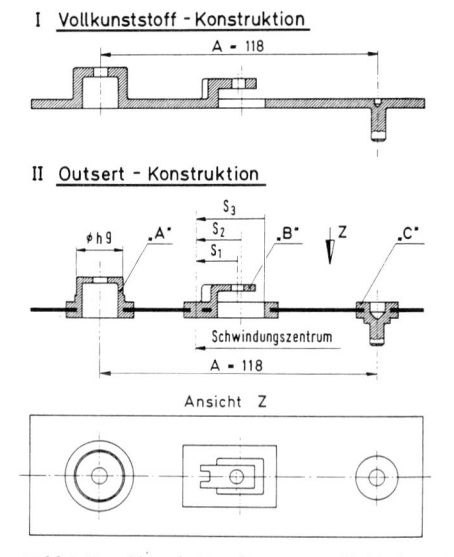

Bild 268 Chassis-Fertigungsmöglichkeiten [100]

6.11.7 Werkzeuge für das Mehrfarbenspritzgießen

Es gibt eine ganze Reihe von bekannten Anwendungen dieses Verfahrens, angefangen bei den Schreibmaschinentasten bis hin zu Automobilrückleuchten und Playmobil-Spielzeugfiguren.

Derartige Werkzeuge bestehen aus einem stehenden und einem jeweils beim Öffnen sich um eine Stufe weiterdrehenden Teil. Diese Drehplatte trägt die Gegenformplatten für die Grundkavität, die mit den weiteren Schmelzen additiv belegt wird (Bild 269).

Bild 269 Werkzeug für Mehrfarben-Spritzguß [102]

Literatur zu Kapitel 6

[1] Kegelanguß, Schirmanguß, Ringanguß, Bandanguß. Technische Information 4.2.1 der BASF, Ludwigshafen/Rh. 1969.
[2] Spritzgießen von Thermoplasten. Druckschrift der Farbwerke Hoechst AG, Frankfurt/M. 1971.
[3] *Sowa, H.:* Wirtschaftlicher fertigen durch verbesserte Angußsysteme. Plastverarbeiter 29 (1978) 11, S. 587–590.
[4] *Stoeckhert, K.:* Formenbau für die Kunststoffverarbeitung. Carl Hanser Verlag, München 1969.
[5] *Kohlhepp, K.G.; Mohnberg, J.:* Spritzgießen von Formteilen hoher Präzision, dargestellt am Beispiel von Polyacetal. Kunststoff-Berater 10 (1974) S. 577–584.
[6] Crastin-Sortiment, Eigenschaften, Verarbeitung. Firmenschrift der Ciba-Geigy, Basel August 1977.
[7] *Christoffers, K.E.:* Formteilgestaltung, verarbeitungsgerecht. Das Spritzgußteil. VDI-Verlag, Düsseldorf 1980.
[8] Tunnelanguß, Abreiß-Punkt-Anguß. Technische Information 4.2.3 der BASF, Ludwigshafen/Rh. 1969.
[9] Durethan BK. Technisches Ringbuch der Farbenfarbriken Bayer AG, Leverkusen 1967.
[10] *Thonemann, O.E.:* Anguß- und Anschnitt-Technik für die wirtschaftliche Herstellung von Spritzgußteilen aus Makrolon. Plastverarbeiter 14 (1963) 9, S. 509–524.
[11] Kunststoffverarbeitung im Gespräch, 1 Spritzgießen. Druckschrift der BASF, Ludwigshafen/Rh. 1979.
[12] Spritzguß-Hostalen PP. Handbuch der Farbwerke Hoechst AG, Frankfurt/M. 1980.

[13] *Lindner, E.*: Angußsysteme, selbsttrennend, Heißkanalangüsse, Anguß- und Anschnittprobleme beim Spritzgießen. Reihe Ingenieurwissen, VDI-Verlag, Düsseldorf 1975.
[14] Vorkammer-Punktanguß-Isolierverteiler. Technische Information 4.2.4 der BASF, Ludwigshafen/Rh. 1969.
[15] *Mörwald, K.*: Variation über den zentralen Anguß bei Einfach-Spritzgußformen. Plastverarbeiter 9 (1958) 6. Spritzgießtechnik von Vestolen. Druckschrift der Hüls AG, Marl 1979.
[16] *Mörwald, K.*: Einblick in die Konstruktion von Spritzgießwerkzeugen. Verlag Brunke Garrels, Hamburg 1965.
[17] Das kalte Ewikon Heißkanalsystem. Broschüre der Firma Ewikon, Frankenberg.
[18] *Schauf, D.*: Heißkanalsysteme für anspruchsvolle Kunststoffe, in: Konstruieren von Spritzgießwerkzeugen. VDI-Verlag, Düsseldorf 1987.
[19] *Hachtel, F.; Unger, P.*: 20fach-Heißkanalwerkzeug für das Herstellen von Gardinen-Rollringen aus Polyacetal-Copolymeren. Kunststoffe 75 (1985) 4, S. 210–211.
[20] *Bangert, A.; Goldbach, H.*: Entwicklung und Konstruktion von Spritzgießwerkzeugen. Kunststoffe 75 (1985) 9, S. 542–549.
[21] *Unger, P.; Hörburger, A.*: Erfahrungen mit einem Heißkanalsystem mit indirekt beheiztem Wärmeleittorpedo. Kunststoffe 71 (1981) 12, S. 855–861.
[22] *Hartmann, W.; Großmann, R.*: Spritzgießwerkzeug in Etagenbauweise mit einem Heißkanalsystem zum angußlosen, seitlichen Direktanspritzen von Verpackungsdeckeln aus Polystyrol. Kunststoffe 71 (1981) 5, S. 274–278.
[23] *Bopp, A.; Hörburger, A.; Sowa, H.*: Heißkanalsysteme für technische Thermoplaste. Plastverarbeiter 28 (1977) 11, S. 573–580.
[24] *Bopp, A.; Hörburger, A.; Sowa, A.*: Heißkanalsysteme für technische Thermoplaste. Plastverarbeiter 28 (1977) 12, S. 649–654.
[25] *Schauf, D.*: Stand der Heißkanaltechnik. Tagung „Angußminimiertes Spritzgießen", SKZ, Würzburg 1987.
[26] *Löhl, R.*: Standardisierte Schmelzeleitsysteme für Großwerkzeuge. Plastverarbeiter 38 (1987) 12, S. 106–116.
[27] Strukturschaum-Spritzgießmaschine – Mit speziellem Heißkanalsystem. Plastverarbeiter 36 (1985) 4, S. 158–159.
[28] „Inmould"-Form mit Heißkanaltechnik. K-Plastic & Kautschuk-Zeitung, Nr. 334, 3. November 1986, S. 79.
[29] *Vogel, H.*: Zwei in einem Schuß. Plastverarbeiter 38 (1987) 12, S. 122–123.
[30] *Goldbach, H.*: Heißkanal-Werkzeuge für die Verarbeitung technischer Thermoplaste (wie ABS, PA, PBT, PC). Plastverarbeiter 29 (1978) S. 677–682; 30 (1979) S. 591–598.
[31] *Hartmann, W.*: Heißkanalsystem für das angußlose seitliche Direktanspritzen. Kunststoffe 67 (1977) 7, S. 366–369.
[32] Mold-Masters-System. Broschüre der Firma Mold-Masters-System GmbH, Bad Berleburg.
[33] *Vogel, H.*: Blockheißkanal-System – Für kleine Nestabstände und hohe Fachzahlen. Plastverarbeiter 38 (1987) 7, S. 26–103.
[34] *Schauf, D.*: Angußloses Entformen von Spritzgußteilen, in: Das Spritzgießwerkzeug. VDI-Verlag, Düsseldorf 1980.
[35] *Mörwald, K.*: Einblick in die Konstruktion von Spritzgießwerkzeugen. Verlag Brunke Garrels, Hamburg 1965.
[36] *Hartmann, W.*: Einflüsse auf die Funktion und die Wirtschaftlichkeit eines Heißkanalsystems. Plastverarbeiter 24 (1973) 11, S. 679–684.
[37] Heißkanalanguß. Technische Information 4.2.5 der BASF, Ludwigshafen/Rh. 1969.
[38] *Hartmann, W.*: Heißkanalsystem mit Klemmdüsen zum Glätten der Angußstellen an Spritzgußteilen. Plastverarbeiter 28 (1977) 6, S. 311–313.
[39] *Löhl, R.*: Universelle Einsatzmöglichkeiten eines standardisierten Heißkanalsystems. Kunststoffe 75 (1985) 12, S. 878–881.
[40] *Zimmermann, W.*: Dynamisches System mit drei Variablen. Plastverarbeiter 39 (1988) 5, S. 142–147.
[41] Neuzeitliche Heißkanaltechnik. Broschüre der Firma Hütter-Plastic, Altach/Österreich.
[42] Mehrlochspitzdüse für Direktanspritzung bei 1fach-Werkzeugen. Konstruktionszeichnung der Firma Bayer AG, Leverkusen.
[43] Hochleistungsdüse. Broschüre der Firma Hasco, Lüdenscheid.

[44] Heißkanalanguß mit Nadelventilen. Technische Information 4.2.6 der Firma BASF, Ludwigshafen/Rh. 1969.
[45] Nadelventile. Broschüre der Firma Hasco, Lüdenscheid.
[46] *Hotz, A.:* Düsenarten für das Spritzgießen. Kunststoffberater (1976) 5, S. 194–196.
[47] *Gauler, K.:* XCR-Heißkanalsysteme für empfindlichste Schmelzen. Tagungsumdruck „Angußminimiertes Spritzgießen", SKZ, Würzburg 1987, S. 83–92.
[48] Technisches Informationsblatt der Firma DME Deutschland, Neuenstadt am Kocher.
[49] Heißkanalsystem. Broschüre der Firma DME Deutschland, Neuenstadt am Kocher.
[50] Heißkanalsystem – Indirekt beheizter Wärmeleittorpedo. C.2.1 Technische Kunststoffe, Berechnen – Gestalten – Anwenden. Broschüre der Hoechst AG, Frankfurt/M. Oktober 1979.
[51] *Friedrich, E.:* Schädliche Wärmedissipation in Heißkanal-Werkzeugen und deren Vermeidung am Beispiel des Spritzgießens von PMMA. Kunststoffe 67 (1977) S. 374–376.
[52] Der Heißkanal. Broschüre der Firma Plastic Service GmbH, Mannheim.
[53] Konstruktionszeichnung der Firma H. Weidmann AG, Rapperswil/Schweiz.
[54] *Rost, V.:* Umlenkeinrichtung für beheizte Formmassenkanäle – Heißkanalverteiler für Großspritzgießwerkzeuge. Plaste und Kautschuk 35 (1988) 6, S. 230–231.
[55] Heißkanal mit Knotenelementen – Innen heiß und außen kalt. Kunststoff-Journal 21 (1987) 12, S. 158.
[56] *Schreck, H.:* Heißkanalsystem mit Knotenelementen. Kunststoffe 78 (1988) 3, S. 206–208.
[57] *Mink, W.:* Grundzüge der Spritzgießtechnik. 5. Auflage, Zechner + Hüthig Verlag, Speyer 1979.
[58] SPM-SCREEN PAC – Schmelzefilter für Spritzgießmaschine. Broschüre der Firma INCOE, Dreieich.
[59] Konstruktionszeichnung der Firma H. Weidmann AG, Rapperswil/Schweiz.
[60] Heißkanaldüsen einfach zu reinigen. Plastverarbeiter 39 (1988) 2, S. 124.
[61] Katalog der Firma Hotset, Lüdenscheid.
[62] Broschüre der Firma Türk und Hillinger, Tuttlingen.
[63] System H. Stegmeier, Fridlingen.
[64] Konstruktionsunterlagen der Firma H. Weidmann AG, Rapperswil/Schweiz 1984.
[65] Wärmeverluste an Heißkanalblöcken – Reflektorbleche schaffen Abhilfe. Plastverarbeiter 37 (1986) 4, S. 122–123.
[66] *Vogel, H.:* Spritzgießmaschine und Heißkanalsystem kommunizieren. Plastverarbeiter 38 (1987) 10, S. 162–166.
[67] *Menges, G.; Kalwa, M.; Schmidt, J.:* Optimieren der Heißkanalgeometrie mit FEM. Kunststoffe 78 (1988) 12, S. 1213–1217.
[68] *Vogel, H.:* Ausbalancieren von innenbeheizten Heißkanalsystemen. Plastverarbeiter 39 (1988) 9, S. 156–160.
[69] *Ritto, M.:* Auslegen und Konstruieren von Heißkanalwerkzeugen. Kunststoffe 76 (1986) 7, S. 571–575.
[70] Angießbuchse, Normalie Z 518. Firma Hasco, Lüdenscheid.
[71] *Schneider, Ch.:* Auslegungskriterien für Elastomerkaltkanalsysteme. Tagungsumdruck „Angußminimiertes Spritzgießen", SKZ, Würzburg 1987, S. 35–49.
[72] *Barth, P.:* Kaltkanaltechnik – Ein Weg zum angußminimierten Spritzgießen von Elastomeren. Tagungsumdruck „Angußminimiertes Spritzgießen", SKZ, Würzburg 1987, S. 123–139.
[73] *Cottancin, G.:* Gummispritzformen für das Kaltkanalverfahren. Gummi, Asbest, Kunststoffe (1980) 9, S. 624–633.
[74] *Benfer, W.:* Rechnergestützte Auslegung von Spritzgießwerkzeugen für Elastomere. Dissertation, RWTH Aachen 1985.
[75] *Bode, M.:* Spritzgießen von Gummiformteilen, in: Spritzgießen von Gummiformteilen. VDI-Verlag, Düsseldorf, S. 1–23, 1988.
[76] *Lommel, H.:* Einflüsse der Prozeßgrößenverläufe und der Werkzeuggestaltung auf die Qualität von Elastomerformteilen. Unveröffentlichte Diplomarbeit. IKV Aachen 1984.
[77] *Holm, D.:* Aufbau von Werkzeugen für Spritzgießmaschinen, in: Spritzgießen von Elastomeren. VDI-Verlag, Düsseldorf 1978.
[78] *Menges, G.; Barth, P.:* Erarbeitung systematischer Konstruktionshilfen zur Auslegung von Kaltkanalwerkzeugen. AIF-Abschlußbericht, IKV Aachen 1987.

[79] *Robers, Th.:* Mechanische Auslegung von Kaltkanalwerkzeugen. Unveröffentlichte Studienarbeit, IKV Aachen 1987.
[80] *Weyer, G.:* Automatische Herstellung von Elastomerartikeln im Spritzgießverfahren. Dissertation, RWTH Aachen 1987.
[81] *Niemann, K.:* Kaltkanaltechnik – Stand und Einsatzmöglichkeiten bei Duroplasten. Tagungsumdruck „Angußminimiertes Spritzgießen", SKZ, Würzburg 23./24. Juni 1987.
[82] *Gluckau, K.:* Wirtschaftliche Verarbeitung von Duroplasten auf Spritzgießmaschinen in Kaltkanalwerkzeugen. Plastverarbeiter 31 (1980) 8, S. 467–469.
[83] *Braun, U.; Danne, W.; Schönthaler, W.:* Angußloses Spritzprägen in der Duroplastverarbeitung. Kunststoffe 77 (1987) 1, S. 27–29.
[84] *Hotz, A.:* Mehr-Etagen-Spritzgießwerkzeuge. Plastverarbeiter 29 (1978) 4, S. 185–188.
[85] *Schwaninger, W.:* Etagenwerkzeuge insbesondere als Alternative zum Schnelläufer. Der Spritzgießprozeß, Reihe Ingenieurwissen, VDI-Verlag, Düsseldorf 1979.
[86] *Moslo, E.P.:* Runnerless Moulding. SPE-Journal, 11 (1955), S. 26–36.
[87] *Moslo, E.P.:* Runnerless Moulding. New York 1960.
[88] *Lindner, E.; Hartmann, W.:* Spritzgießwerkzeuge in Etagenbauweise. Plastverarbeiter 28 (1977) 7, S. 351–353.
[89] *Hartmann, W.:* Spritzgießwerkzeuge in Etagenbauweise mit „Thermoplay"-Heißkanaldüsen für Verpackungs-Unterteile aus Polystyrol. Plastverarbeiter 32 (1981) 5, S. 600–605.
[90] Firmenschrift der Firma Husky.
[91] Konstruktionszeichnung der Firma Krauss-Maffei, München 1989.
[92] One Step Injection of Straight-Sided Pails. Modern Plastics Int. 21 (1981) 9, S. 21–22.
[93] *Jürgens, W.:* Untersuchungen zur Verbesserung der Formteilqualität beim Spritzgießen teilkristalliner und amorpher Kunststoffe. Dissertation, RWTH Aachen 1969.
[94] *Keller, W.:* Spezielle Anforderungen an Werkzeuge für die Duroplastverarbeitung. Kunststoffe 78 (1988) 10, S. 978–983.
[95] DE-OS 343 7672. Maschinenfabrik Müller, Weingarten 1988.
[96] *Menges, G.; Fischbach, G.:* Warum eigentlich nicht Duroplaste – duroplastische Formmassen – Entwicklungstendenzen. Vortrag, 17.2.1988, Bad Mergentheim.
[97] *Fischbach, G.:* Prozeßführung beim Spritzgießen härtbarer Formmassen. Dissertation, RWTH Aachen 1988.
[98] *Filz, P.:* Neue Entwicklungen für die Simulation des Spritzgießprozesses von Thermoplasten. Dissertation, RWTH Aachen 1988.
[99] *Haack, U.:* Outserttechnik, Verfahren zur wirtschaftlichen Herstellung feinwerktechnischer Bauteile. FuM 87 (1979) 6, S. 253–259.
[100] *Haack, V.:* Acetalcopolymerisat: Ein idealer Werkstoff. Plastverarbeiter 35 (1984) 6, S. 29–38.
[101] Outsert-Technik, eine fortschrittliche Methode wirtschaftlicher Spritzgießmontage. Kunststoffe 68 (1978) 78, S. 394–397.
[102] Bild der Fa. Bucher, 1989.

7 Entlüften der Werkzeuge

Beim Werkzeugfüllvorgang muß die Schmelze die im Werkzeug befindliche Luft verdrängen können. Ist dies nicht der Fall, so kann die eingeschlossene Luft eine vollständige Füllung des Werkzeugs verhindern. Darüber hinaus kann die Luft infolge der Verdichtung beim schnellen Einspritzen so heiß werden, daß die umgebende Schmelze thermisch geschädigt wird (Dieseleffekt). Die Zusätze in den thermoplastischen Formmassen zersetzen sich dabei und können einen korrosiv wirkenden Formbelag bilden. Die Folgen des sogenannten Dieseleffekts kann man an schlecht entlüfteten Werkzeugen mitunter an Zusammenfließlinien (Bindenähte) und an dem Anguß gegenüberliegenden Ecken und Stegen beobachten.

Sie führen zunächst wegen der Brandstellen zu Verfärbungen am Spritzling, der dadurch unbrauchbar werden kann. Im weiteren Verlauf kann dies, wenn der Formbelag nicht ständig sorgfältig entfernt wird, aufgrund von Korrosion und Abrasion zu einer irreparablen Schädigung der Werkzeuge führen.

Bei einfach aufgebauten Werkzeugen sind meist keine besonderen konstruktiven Maßnahmen zum Entlüften erforderlich, weil die Luft ausreichende Möglichkeiten hat, an den Auswerferstiften oder an der Werkzeugtrennebene zu entweichen, besonders dann, wenn man für eine bestimmte Rauhigkeit der Werkzeugtrennebene sorgt, z.B. durch Planschleifen mit einer grobkörnigen Schleifscheibe (240er Korn). Die Schleifriefen müssen dabei nach außen zeigen. Das bedingt jedoch, daß das Werkzeug so gefüllt wird, daß die Luft beim Einströmen der Masse in die Trennebene oder in eine Trennfuge „abfließen" kann. Bewährt hat sich eine radial zur Kavität angeordnete Schleifrichtung (vgl. Bild 270). Ist dies nicht der Fall, so sind besondere Maßnahmen zur Entlüftung erforderlich.

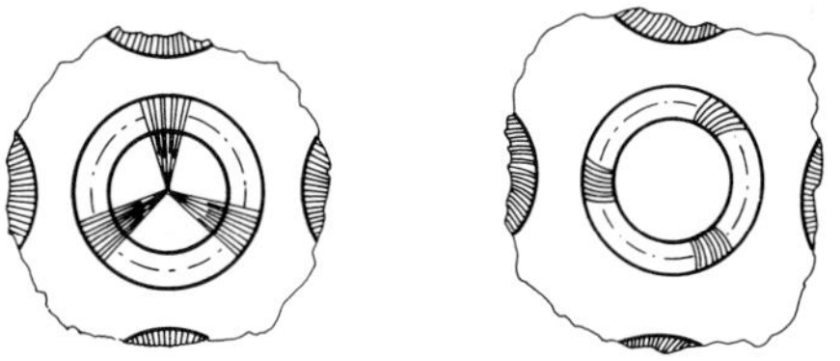

Bild 270 Spezielle Schliffe in der Dichtfläche [1 bis 3]

Von großem Einfluß auf die Entlüftung des Werkzeugs sind die Gestalt des Spritzlings, die Lage des Spritzlings im Werkzeug und die Anbindung des Spritzlings an das Angußsystem. Dies soll an den nachfolgenden Beispielen deutlich gemacht werden. Der Becher nach Bild 271 wird vom Boden aus angespritzt. Die eingeschlossene Luft wird zur Trennebene hin abgedrängt und kann dort entweichen. Besondere Maßnahmen sind nicht erforderlich. Anders dagegen bei der Konstruktion nach Bild 272, wo der Becher seitlich angespritzt wird. Beim Werkzeugfüllvorgang umfließt die Schmelze den Kern zunächst ringförmig und steigt dann langsam nach oben. Die Schmelze schließt also den Werkzeughohlraum in der Trennebene ab und schiebt die Luft vor sich her in den Boden des Bechers. Hier wird die Luft komprimiert und dadurch überhitzt. Um dies zu verhindern, sind hier zusätzliche konstruktive Maßnahmen erforderlich.

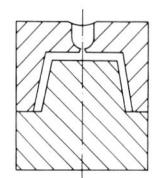

Bild 271 Becher vom Boden aus angespritzt. Anschnittlage günstig

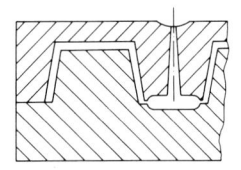

Bild 272 Seitlich angespritzter Becher. Anschnittlage zum Entlüften ungünstig

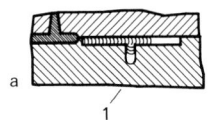

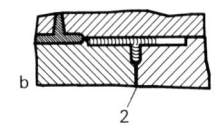

Bild 273 Artikel mit Rippe;
a Luft kann im Bereich der Rippe nicht entweichen, es bildet sich ein Luftsack (1),
b Abhilfe durch zusätzliche Trennfuge (2)

Das gleiche gilt auch für das Werkzeug nach Bild 273a. Beim Einspritzvorgang „legt" sich die Schmelze zunächst über die Rippe und verhindert dadurch beim weiteren Werkzeugfüllvorgang ein Entweichen der Luft.

In beiden Fällen kann durch eine zusätzliche Trennfuge für eine entsprechende Entlüftung des Werkzeugs gesorgt werden. Beim Becherwerkzeug nach Bild 272 kann man einmal das Gesenk am Boden des Bechers teilen und damit eine weitere Trennfuge schaffen (Bild 274), zum anderen kann man aber auch einen Abzug der Luft durch den zusätzlichen Einbau eines Stempels erreichen. Dabei ist allerdings eine Markierung am Boden des Bechers nicht zu vermeiden. Bei entsprechender Ausbildung des Stempels kann aus der störenden Markierung u. U. eine Zierrille werden [4].

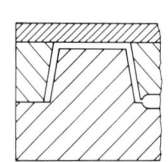

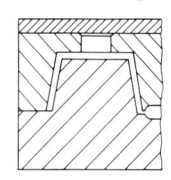

Bild 274 Seitlich angespritzte Becher. Werkzeug mit zusätzlicher Trennfuge. Entlüftung über zusätzlicher Trennfuge (links), Entlüftung über Hilfsstempel (rechts)

Bei dem Artikel mit Rippe nach Bild 273a erhält man eine zusätzliche Trennfuge zum Abzug der Luft, indem man den formgebenden Einsatz (Bild 273b) teilt.

Bei den vorab vorgestellten Lösungen geht man davon aus, daß die Luft über Trennflächen entweichen kann. Dies setzt jedoch voraus, daß diese Trennflächen eine genügend große Rauhigkeit aufweisen und der Einspritzvorgang so langsam abläuft, daß die Luft auch entweichen kann. Bei der Fertigung dünnwandiger Formteile, bei denen man mit sehr kurzen Einspritzzeiten arbeitet (Joghurtbecher), versagt diese Lösung. Hier sind besondere Entlüftungskanäle erforderlich.

Im Fall des zentral angespritzten Bechers nach Bild 271 wird dies dadurch gelöst, daß man in der Werkzeugtrennebene einen Ringkanal einarbeitet, in dem die Luft beim Einspritzvorgang über einen oder mehrere Entlüftungsspalte gelangt, dort expandiert und über einen Luftabzugskanal aus dem Werkzeug geführt wird. Die Dimensionen dieser Kanäle können den Bildern 275 und 276 entnommen werden.

Die Bilder 277 und 278 zeigen Möglichkeiten auf, wie man bei großflächigen Werkzeugen durch den Einbau eines sogenannten Lamellenpaketes für eine Entlüftung sorgen kann. Zu beachten ist, daß sich die Entlüftungselemente am Spritzling abzeichnen können und daß die Werkzeugtemperierung erschwert wird.

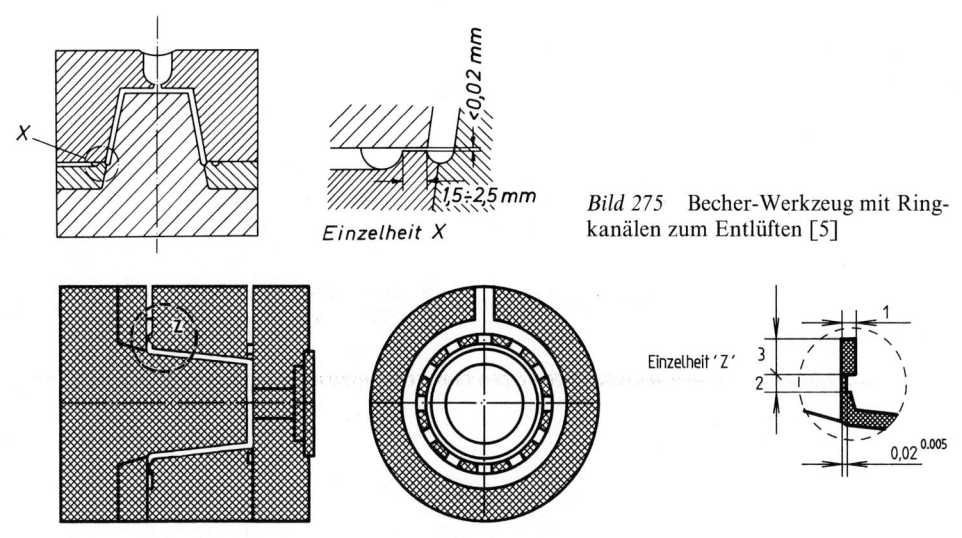

Bild 275 Becher-Werkzeug mit Ringkanälen zum Entlüften [5]

Bild 276 Werkzeugentlüftung über Entlüftungsspalte und Ringkanal [6]

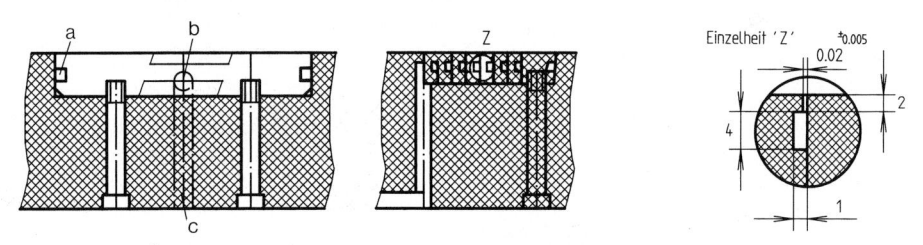

Bild 277 Entlüftung mit Lamellenpaket [6]
a Feder, b Entlüftungsbohrung durch alle Lamellen,
c Anschluß an Entlüftungsbohrung

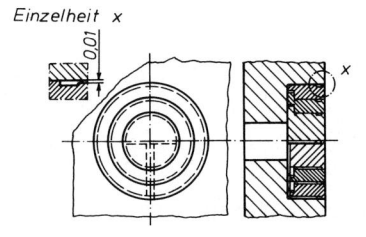

Bild 278 Entlüftung mit Büchsen [7]

Lamellenpakete werden auch vorteilhaft dann eingesetzt, wenn Teile mehrfach angebunden werden und die genauen Zusammenflußstellen nicht ermittelt werden können. Im übrigen sei hier auf Abschnitt 5.9 verwiesen, wo gezeigt wird, wie man mit Hilfe der Füllbildmethode die Zusammenflußlinien und damit die Orte mit voraussichtlichen Lufteinschlüssen voraus bestimmen kann.

Liegen innerhalb der lufteinschlußgefährdeten Flächen Auswerferstifte, so genügen diese im allgemeinen zur Entlüftung. Der Luftabzug kann darüber hinaus durch eine Erweiterung der Auswerferbohrung (Bild 279) erleichtert werden. Diese Lösung hat den zusätzlichen Vorteil, daß man beim Auswerfen Preßluft in die Auswerferbohrung blasen kann, wodurch das Entformen unterstützt wird. Zudem reinigen sich die Spalte durch die Bewegung der Stifte.

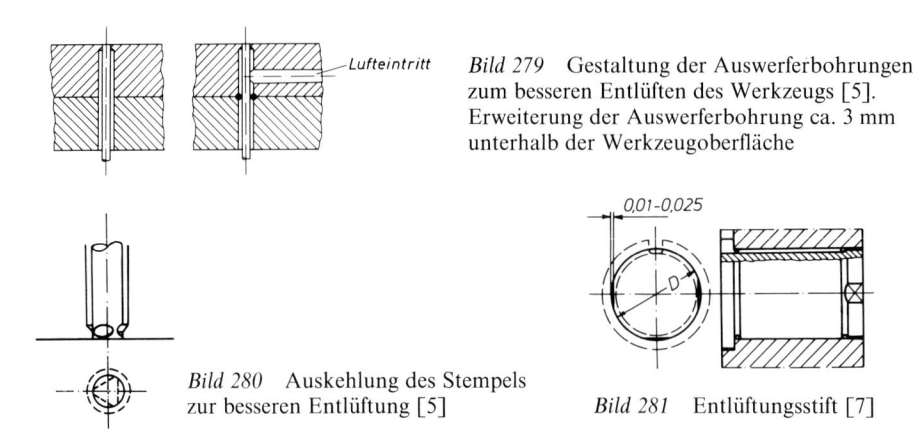

Bild 279 Gestaltung der Auswerferbohrungen zum besseren Entlüften des Werkzeugs [5]. Erweiterung der Auswerferbohrung ca. 3 mm unterhalb der Werkzeugoberfläche

Bild 280 Auskehlung des Stempels zur besseren Entlüftung [5]

Bild 281 Entlüftungsstift [7]

Sehr häufig werden aber auch sogenannte Entlüftungsstifte eingesetzt. Diese können entweder ausgekehlt sein (Bild 280) oder aber sie sind auf einer Länge von 3 mm um 0,02 bis 0,05 mm (je nach Material) kleiner im Durchmesser als die Aufnahmebohrung (Bild 281) [7]. Es schließt sich daran ein Entlüftungskanal an, in dem die Luft expandieren kann und von dort aus durch eine Axialnut nach außen gelangt.

Die Konstruktion nach Bild 282 wird in der Literatur unter dem Begriff „selbstreinigender Entlüftungsstift mit Auswerferfunktion" geführt. Der entscheidende Vorteil liegt in der genauen Zentrierung des Auswerfers, die einen definierten Entlüftungsringspalt garantiert [6].

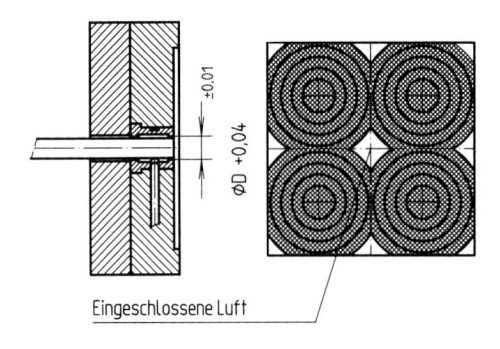

Bild 282 Selbstreinigender Entlüftungsstift [6]

Die vorgenannten Entlüftungsstifte können selbstverständlich auch an Zusammenflußstellen eingesetzt werden. Poröse Einsätze z. B. aus Sintermetallen haben sich nicht bewährt, da sie sich in Abhängigkeit von der zu verarbeitenden Formmasse mehr oder weniger schnell zusetzen [6].

Bei Mehrfach-Werkzeugen oder bei Werkzeugen zur Fertigung von Formteilen mit einer Mehrfach-Anbindung, sollte das Entlüften der Werkzeuge bereits in den Verteilerkanälen beginnen, damit die Luft, die sich in den Kanälen befindet, erst gar nicht in den Formhohlraum gelangen kann. Wie Bild 283 zu entnehmen ist, gelten hier für die Gestaltung der Entlüftungskanäle die gleichen Richtlinien wie für die Entlüftung der Werkzeuge am Fließwegende.

Es stellt sich schließlich noch die Frage nach der Größe der Entlüftungsspalte. Damit sich kein Grat am Spritzling bildet, dürfen bei Formschluß gewisse Spaltweiten nicht überschritten werden.

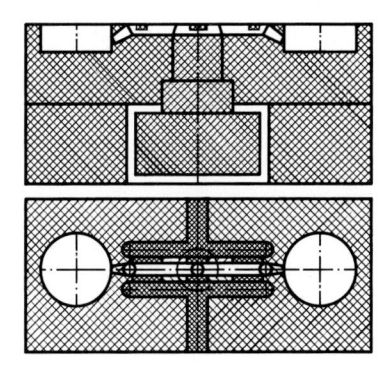

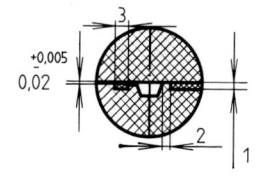

Bild 283 Entlüftung des Angußverteilers [6]

Verfolgt man die Formfüllung, so wird deutlich, daß sich die Fließfront zunächst drucklos an die Werkzeugwand und so auch über einen Fügespalt legt. Mit fortschreitender Fließfront steigt der Druck am Spalt an. Die Abkühlung der Masse am Spalt und der Druckanstieg an dieser betrachteten Stelle laufen gleichzeitig ab. Die zulässige Spaltweite, die ein Eindringen der Masse verhindert, ist also primär abhängig von der Zeitspanne zwischen dem ersten Kontakt der Schmelze am Spalt und dem Druckaufbau. Durch Einfriereffekte, die geringfügig durch Masse- und Werkzeugwandtemperatur zu beeinflussen sind, wird die Gratbildung unterdrückt. Es wird verständlich, daß Werkzeuge entsprechend der Zeitdifferenz zwischen Kontakt und Druckanstieg i. allg. an angußferneren Füge- oder Trennflächen überspritzen. Hiervon abweichende Erscheinungen lassen auf unterschiedliche Fügespalte schließen, wenn nicht sehr hohe Füllgeschwindigkeiten und extreme Druckabfälle vorliegen. Infolge des Druckgefälles entlang des Fließwegs kann die zulässige Spaltweite entsprechend zunehmen. Messungen haben ergeben, daß die unten aufgeführten zulässigen Spaltweiten um sogar mehrere 0,1 mm überschritten werden können, wenn nur der formgebende Druck am Spalt entsprechend gering ist (< 50 bar) [8].

Eine kritische Spaltweite läßt sich je nach Kunststofftyp in Anlehnung an [7 bis 10] angeben:

teilkristalline Thermoplaste, wie PP, PA, PA-GF, POM, PE:	0,015 mm
amorphe Thermoplaste, wie PS, ABS, PC, PMMA:	0,03 mm
für extrem leichtfließende Massen werden auch empfohlen:	0,003 mm

(Duroplaste und Elastomere siehe Abschnitt 4.1.2.1 und 4.1.2.2).

Betrachtet man nun die Entlüftungsspalte als Rechteckblende und setzt die Gültigkeit der Gesetze der Gasdynamik voraus, so kann man aus dem Volumen des Formteils und des Angußsystems sowie aus der Einspritzzeit den Volumenstroms $\dot{V}$ ermitteln, der über den Entlüftungsspalt (Blende) fließen muß, um das Werkzeug zu entlüften [11, 12].

Es gilt

$$\dot{V} = \frac{V_F + V_A}{t_E} \tag{64}$$

$\dot{V}$ Volumenstrom,
V_F Volumen des Formteils,
V_A Volumen des Angußsystems,
t_E Einspritzzeit.

Setzt man den so ermittelten Volumenstrom gleich dem Leitwert der gedachten Rechteckblende (Entlüftungsspalt), so kann man aus der zugeschnittenen Größengleichung

$$L = A \sqrt{\frac{T_K}{293}} 2 \cdot 10^{-2} \qquad (65)$$

die Breite des Entlüftungsspaltes berechnen. Dabei bedeuten

$L = \dot{V}$ [m³/s].
$A = b \cdot h$ Querschnitt des Entlüftungsspalts [cm²]
b   Spaltbreite [cm],
h   Spalthöhe [cm],
T_K Temperatur der Luft [K].

Bei einem Spritzling mit einem Gesamtvolumen (Formteilvolumen + Angußvolumen) von 10 cm³, der mit einer Einspritzzeit von 0,2 s gefertigt wird, ergibt sich nach der Beziehung (65) eine Entlüftungsspaltbreite von 12,5 mm, wenn man davon ausgeht, daß sich bei einer Spaltweite (Dicke des Entlüftungsspaltes) von 0,02 mm kein Grat bildet. Dieser so dimensionierte Entlüftungsspalt darf natürlich nicht irgendwo in das Werkzeug eingearbeitet werden, sondern er muß da angeordnet sein, wo auch ein Lufteinschluß zu erwarten ist. Sind mehrere Lufteinschlüsse zu erwarten, so sind auch mehrere Entlüftungsspalte in das Werkzeug einzuarbeiten, wobei die Summe der Querschnitte mit mindestens dem vorab bestimmten Querschnitt übereinstimmen sollte.

Literatur zu Kapitel 7

[1] *Weyer, G.:* Automatische Herstellung von Elastomerartikeln im Spritzgießverfahren. Dissertation an der RWTH Aachen 1987.
[2] DE PS 1 198 987 (1961) Jurgeleit, H.F.
[3] DE PS 1 231 878 (1964) Jurgeleit, H.F.
[4] *Stoeckhert, K.:* Werkzeugbau für die Kunststoffverarbeitung. 3. Aufl. Hanser, München 1979.
[5] *Giragosian, S.E.:* Continous mold venting. Mod. Plast. 44 (1966) 11, S. 122–124.
[6] *Sander, W.:* Formverschmutzung (Formbelag)-verschleiß und Korrosion bei Thermoplastwerkzeugen. Vortrag auf den 2. Würzburger Werkzeugtagen WWT. Würzburg 4. und 5. Oktober 1988.
[7] *Hartmann, W.:* Entlüften des Formhohlraums. Vortrag anläßlich der VDI-Tagung. Nürnberg 6. und 7. Dezember 1978.
[8] *Ufrecht, M.:* Die Werkzeugbelastung beim Überspritzen. Unveröffentlichte Arbeit am IKV, Aachen 1978.
[9] *Huyjmans, H.; Packbier, K.; Schürmann, E.:* Spritzversuche mit einem 2fach Werkzeug mit 12 Anschnitten in der Firma NWM, s'Hertogenbosch 1978.
[10] *Stitz, S.; Schürmann, E.:* Verformungsmessungen an Spritzgießwerkzeugen in der Firma H. Weidmann, Zug 1976.
[11] *Wutz, M.; Hermann, A.; Walcher, W.:* Theorie und Praxis der Vakuumtechnik. Vieweg, Braunschweig, Wiesbaden 1986.
[12] *Speuser, G.:* Evakuierung von Spritzgießwerkzeugen für die Elastomerverarbeitung. Unveröffentlichte Arbeit am IKV, Aachen 1987.

8 Die thermische Auslegung*

Das Spritzgießwerkzeug ist in seiner Wirtschaftlichkeit entscheidend abhängig von der Geschwindigkeit, mit welcher der Wärmeaustausch zwischen eingespritzter Formmasse und dem Werkzeug erfolgt. Bei Thermoplasten muß der Formmasse soviel Wärme entzogen werden, bis ein formstabiler, das Entformen ermöglichender Zustand erreicht ist. Die dafür notwendige Zeit ist die Kühlzeit. Die abzuführende Wärmemenge hängt von der Temperatur der Schmelze, der Entformungstemperatur und dem spezifischen Wärmeinhalt der Formmasse ab.

Bei duroplastischen und elastomeren Formmassen muß den eingespritzten Formmassen Wärme in einem solchen Maße zugeführt werden, daß die Vernetzung ablaufen kann.

Zunächst soll hier nur am Beispiel thermoplastischer Formmassen die Kühlung behandelt werden. Um die vom Formteil mitgebrachte Wärmemenge aus dem Werkzeug abzutransportieren, werden die Werkzeuge von einem Kanalsystem durchzogen, durch welches Kühlmedium gepumpt wird. Die Qualität des Formteils hängt entscheidend von dem stets gleichmäßigen Temperaturgang von Zyklus zu Zyklus ab. Die Wirtschaftlichkeit der Produktion wird entscheidend davon geprägt, daß das Werkzeug ein optimaler Wärmeaustauscher ist (Bild 284).

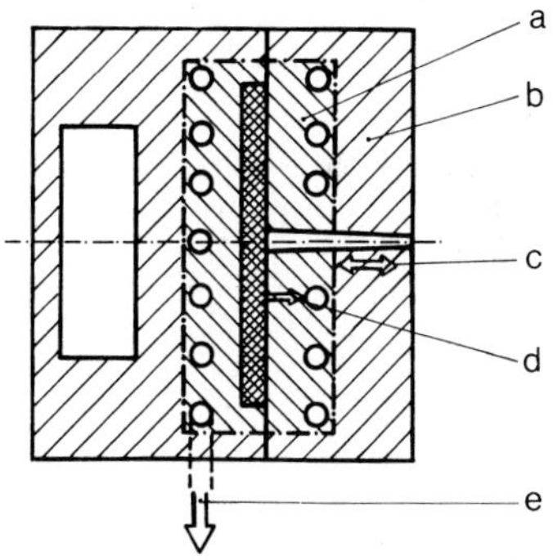

Bild 284 Wärmestromrichtung in einem Werkzeug [1]
a Kühlbereich,
b Kühl-, bzw. Heizbereich (Temperierbereich),
c $\dot{q}_u$ = Wärmeaustausch mit der Umgebung,
d $\dot{q}_{FT}$ = Wärmeaustausch mit dem Formteil,
e $\dot{q}_{TM}$ = Wärmeaustausch durch das Temperiermedium

Der Bereich zwischen den Kanälen und der Berandung des Werkzeugs muß je nach Berandungstemperatur und Umgebungstemperatur geheizt oder gekühlt werden. Man kann also bei der Auslegung beide Bereiche getrennt behandeln und im Bereich der Kanäle überlagern. Überwiegt z.B. die Abkühlung über die Berandung gegenüber der Formteilabkühlung, so muß das Werkzeug entsprechend der Differenz beheizt werden. Diese Heizung ist als Schutzheizung für den Kühlbereich anzusehen und soll lediglich den Kühlbereich gegenüber der Berandung des Werkzeugs abschirmen. Die Auslegung des Kühlbereichs steht deshalb im Vordergrund. Wegen der Anwendbarkeit der aufgeführten Beziehungen für alle Arten von Spritzgieß- und Preßwerkzeugen, also auch Wärmezufuhr bei vernetzenden Formmassen, könnte auch im weiteren der Ausdruck Temperierung verwendet werden.

---
* Bis Abschnitt 8.5.3 Auszug aus den Dissertationen von *E. Schürmann* [1] und *O. Kretschmar* [2]

8.1 Kühlzeit (Temperierzeit)

Die Kühlung beginnt mit dem Füllen, welches in der Zeit t_E abläuft. Die Hauptwärmemenge aber wird während der Standzeit t_K, d.h. bis zum Öffnen und Auswerfen des Formteils aus dem Werkzeug, ausgetauscht. Die Auslegung muß sich nach derjenigen Partie des Formteils richten, die am längsten gekühlt werden muß, bis sie eine Entformung zuläßt, d.h., bis diese die zulässige Entformungstemperatur ϑ_E erreicht hat.

Der Wärmeaustausch zwischen Formmasse und Kühlmedium erfolgt über die Leitung der Wärme durch die Werkzeugwände. Solche Wärmeleitungen beschreibt die Fouriersche Differentialgleichung. Da Spritzgußteile vorzugsweise flächiger Natur sind und die Wärme nur über die Dicke, d.h. in einer Richtung, abgeführt wird, genügt die eindimensionale Berechnung. (Lösungen in Form von Näherungen wurden von [3, 4] für eindimensionalen Wärmeaustausch erarbeitet, wobei das Längen-Wanddickenverhältnis L/S > 10 sein soll.) Jedoch gibt es bei z.B. Elastomeren auch anders geformte Formteile, weshalb Bild 297 eine Zusammenstellung für alle denkbaren Geometrien enthält.

Die Fouriersche Differentialgleichung der Wärmeleitung vereinfacht sich für einachsige Wärmeleitung zu:

$$\frac{\partial \vartheta}{\partial t} = a \frac{\partial^2 \vartheta}{\partial x^2}$$

$$\text{mit } a = \frac{\lambda}{\rho \cdot c_p} = \text{Temperaturleitfähigkeit.} \tag{66}$$

Es bedeuten:

- a   Temperaturleitfähigkeit,
- a_{eff} effektive Temperaturleitfähigkeit,
- t   Zeit,
- t_k Kühlzeit,
- s   Wanddicke,
- x   Weg,
- ρ   Dichte,
- λ   Wärmeleitfähigkeit,
- c_p spez. Wärmekapazität,
- ϑ_E Entformungstemperatur,
- $\bar{\vartheta}_E$ mittlere Entformungstemperatur,
- $\hat{\vartheta}_E$ Entformungstemperaturmaximum,
- ϑ_M Massetemperatur,
- ϑ_W Wandtemperatur,
- $\bar{\vartheta}_W$ mittlere Wandtemperatur,
- θ   Abkühlgrad,
- Fo   Fourierzahl.

Nimmt man zunächst einmal an, daß die Massetemperatur direkt nach dem Einspritzen überall den konstanten Wert $\vartheta_M \neq f(x)$ besitzt, die Oberflächentemperatur zu diesem Zeitpunkt schlagartig auf den zeitlich konstanten Wert $\vartheta_W \neq f(t_k)$ springen und a konstant bleiben soll, so ist nach [3]

$$\frac{\vartheta_E - \vartheta_W}{\vartheta_M - \vartheta_W} = \frac{4}{\pi} e^{-\frac{a \cdot \pi^2}{s^2} \cdot t} \cdot \sin \frac{\pi \cdot x}{s} \qquad (67)$$

eine Lösung der Differentialgleichung, wenn man nur das erste Glied der schnellkonvergierenden Reihe

$$\vartheta_E - \vartheta_W = \frac{4}{\pi} (\vartheta_M - \vartheta_W) \cdot \sum_{n=0}^{\infty} \frac{1}{2n+1} \cdot e^{-\frac{a(2n+1)^2 \pi^2 t}{s^2}} \cdot \sin \frac{(2n+1)\pi \cdot x}{s} \qquad (68)$$

berücksichtigt.

$$\frac{\overline{\vartheta}_E - \vartheta_W}{\vartheta_M - \vartheta_W} = \frac{8}{\pi^2} \cdot e^{-\frac{a\pi^2}{s^2} \cdot t} \qquad (69)$$

oder nach der Kühlzeit aufgelöst:

$$\frac{s^2}{\pi^2 \cdot a} \ln \left(\frac{8}{\pi^2} \frac{\vartheta_M - \vartheta_W}{\overline{\vartheta}_E - \vartheta_W} \right) = t_k. \qquad (70)$$

Formt man die Gleichung um zu

$$\frac{t_k \cdot a}{s^2} = \frac{1}{\pi^2} \ln \left(\frac{8}{\pi^2} \frac{\vartheta_M - \vartheta_W}{\overline{\vartheta}_E - \vartheta_W} \right), \qquad (71)$$

erhält man die dimensionslose Darstellung des Abkühlverlaufs (Bild 285) für die mittlere Formteiltemperatur.

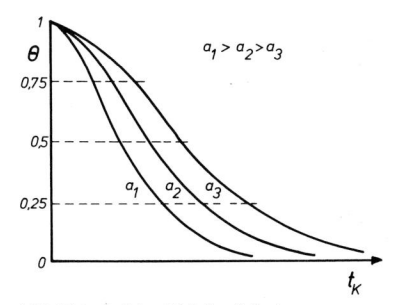

Bild 285 Abkühlgrad in Abhängigkeit von Kühlzeit (links) und Fourierzahl (rechts) [1]

$$\frac{\overline{\vartheta}_E - \vartheta_W}{\vartheta_M - \vartheta_W} = \theta \qquad (72)$$

bezeichnet man als Übertemperatur. Sie kann als Abkühlgrad interpretiert werden.

$$\frac{t_k \cdot a}{s^2} = \text{Fo} \quad \text{ist die dimensionslose Fourierzahl.} \qquad (73)$$

Der Abkühlgrad θ ist nach Gl. (71) nur eine Funktion der Fourierzahl

$$\theta = f(\text{Fo}). \qquad (74)$$

Ist also das Produkt aus $\frac{t_k \cdot a}{s^2} = \text{const.}$, so erreicht man immer denselben Abkühlgrad.

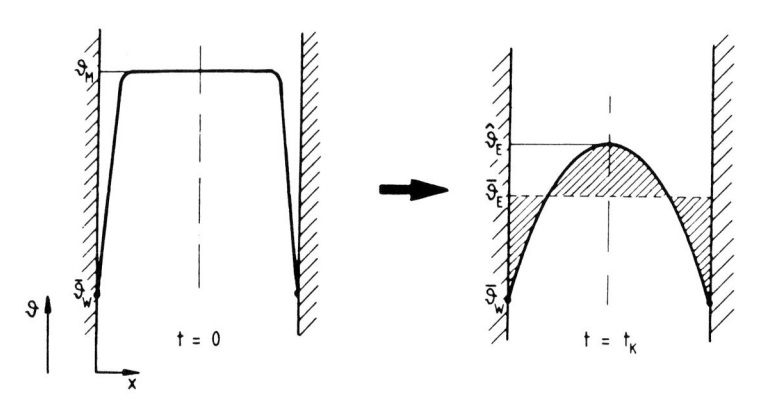

Bild 286 Temperaturverlauf im Formteil [2]
ϑ_M Massetemperatur
$\bar{\vartheta}_W$ mittlere Werkzeugwandtemperatur
$\hat{\vartheta}_E$ Entformungstemperatur, Formteilmitte
$\bar{\vartheta}_E$ Entformungstemperatur, integraler Mittelwert
t_K Kühlzeit

Man kann statt auf der mittleren Temperatur des Formteils die Rechnung auch auf der höchsten Temperatur des Formteils, die in der Mitte ist, aufbauen (vgl. Bild 286). Dann lautet die Gleichung für die dimensionslose Temperatur, den Abkühlungsgrad

$$\frac{\hat{\vartheta}_E - \vartheta_W}{\vartheta_M \vartheta_W} = \hat{\theta}. \tag{75}$$

Die unterschiedlichen Verläufe des Abkühlgrads lassen sich dimensionslos durch eine einzige Kurve darstellen (s. Bild 285). Obwohl beim Spritzgießen die geforderten Bedingungen keineswegs völlig erfüllt sind, so kann man doch, wie die Erfahrung lehrt, mit dieser Näherungsrechnung die Kühlzeit ausreichend genau errechnen.

Untersuchungen [5] haben gezeigt, daß beim Spritzgießen von Thermoplasten praktisch immer bei derselben dimensionslosen Temperatur, d.h. beim gleichen Abkühlgrad $\hat{\theta} = 0{,}25$, basierend auf der Spitzentemperatur in Formteilmitte bzw. bei $\bar{\theta} = 0{,}16$ bezogen auf die mittlere Entformungstemperatur des Spritzlings entformt wird. Damit war es möglich, für die Stoffgröße – Temperaturleitzahl a – die bei teilkristallinen Formmassen eine unstetige Funktion darstellt, einen Mittelwert – die effektive Temperaturleitfähigkeit a_{eff} – zu bilden.

8.2 Temperaturleitfähigkeit verschiedener wichtiger Formmassen

In Bild 287 sind die effektiven Temperaturleitfähigkeiten für ungefüllte Formmassen bei einem Abkühlgrad $\hat{\theta} = 0{,}25$ dargestellt. Bild 288 zeigt die Änderung der Temperaturleitfähigkeit in Abhängigkeit vom Abkühlgrad am Beispiel von Polystyrol. Hiermit könnte auch auf andere Abkühlgrade umgerechnet werden.

Für gefüllte Formmassen ändert sich die Temperaturleitfähigkeit entsprechend dem ersetzten Volumen [7]. Bild 289 zeigt die effektive Temperaturleitfähigkeit a_{eff} als Funk-

8.2 Temperaturleitfähigkeit verschiedener wichtiger Formmassen

tion des Abkühlgrads bei Polyethylen mit verschieden hoher Quarzfüllung (Gewichtsprozente). Die Werte können auf andere Formmassen übertragen werden.

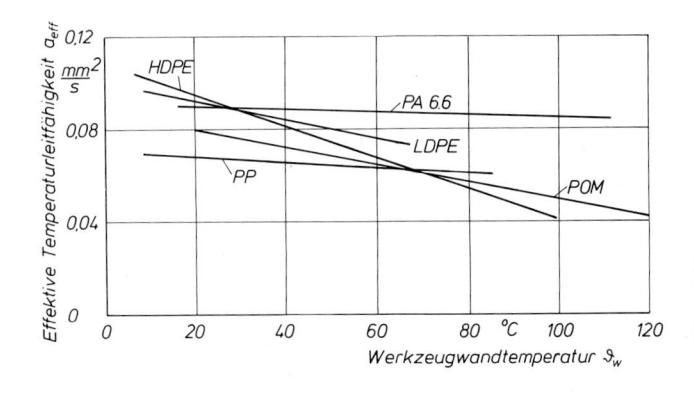

Bild 287
Effektive mittlere Temperaturleitfähigkeit teilkristalliner Formmassen [6]

$$\frac{1}{\theta} = \frac{\vartheta_M - \bar{\vartheta}_w}{\bar{\vartheta}_E - \bar{\vartheta}_w}$$

Polystyrol 168 N

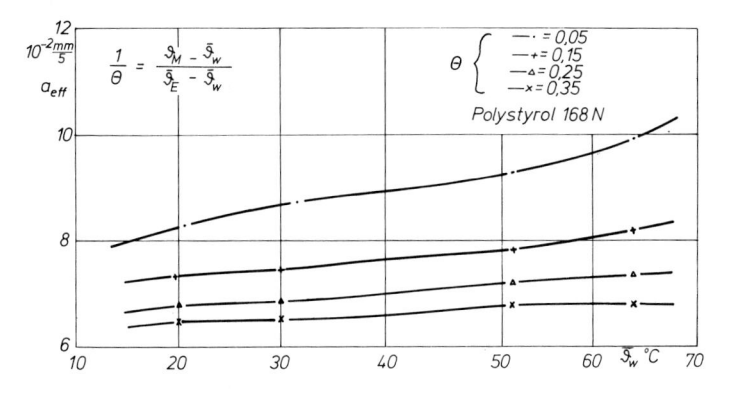

Bild 288
a_{eff} über der mittleren Werkzeugwandtemperatur $\bar{\vartheta}_W$ mit θ als Parameter [1]

PE 1800 M
Quarzmehl
$\bar{\vartheta}_w = 38\ °C$

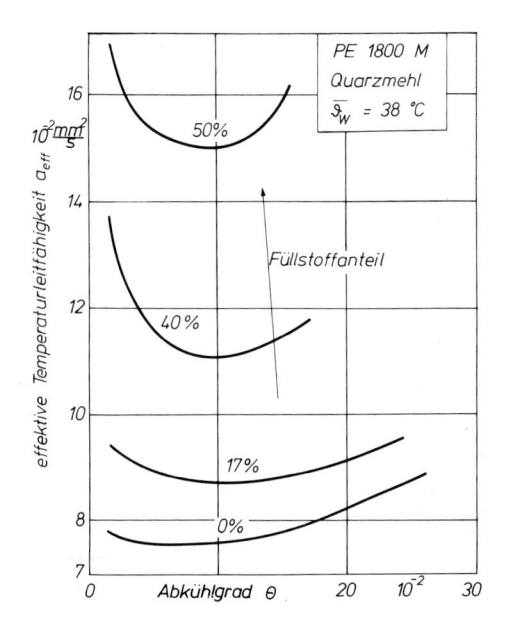

Bild 289
Effektive Temperaturleitfähigkeit von quarzmehlgefülltem PE [1]

Bei TSG-Formteilen spielen die Kriterien Schwindung, Verzug und Eigenspannungen praktisch keine Rolle. Es wird die Kühlzeit allein durch die Blähgrenze bestimmt. Das Aufblähen der Teile wird durch den Restdruck des Treibgases verursacht, wenn die Außenhaut keine ausreichende Steifigkeit besitzt und nach dem Entformen der Formzwang entfällt. Es zeigt sich, daß unabhängig von der Dicke bei TSG-Formteilen mit einem Abkühlgrad zwischen

$$\hat{\theta} = 0{,}18 \text{ bis } 0{,}22$$

gerechnet werden kann (vgl. Bild 290).

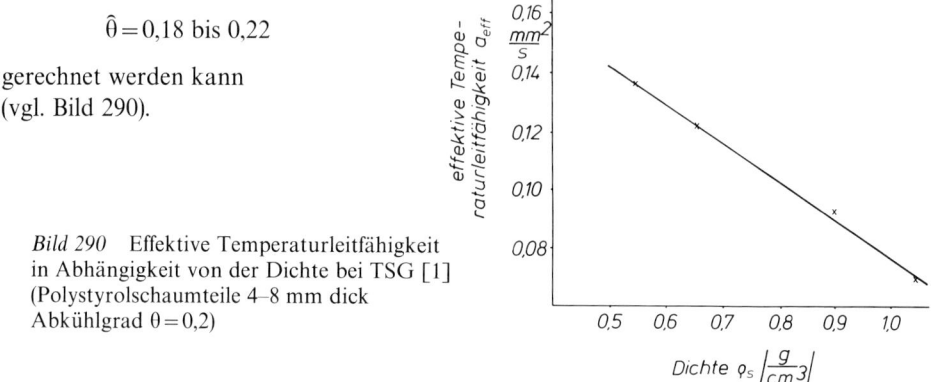

Bild 290 Effektive Temperaturleitfähigkeit in Abhängigkeit von der Dichte bei TSG [1] (Polystyrolschaumteile 4–8 mm dick Abkühlgrad $\theta = 0{,}2$)

8.2.1 Temperaturleitfähigkeit von Elastomeren

Für Elastomere kann die Reaktionswärme wegen ihrer geringen Größe vernachlässigt werden, so daß man genauso rechnen und vorgehen kann, wie bei Thermoplasten.
Infolge ihres hohen Rußanteiles ist jedoch, ähnlich wie dies Bild 289 für gefülltes Polyethylen zeigt, die Temperaturleitzahl zu höheren Werten von

$$a_{eff} \sim 1 \div 2 \text{ mm}^2/\text{s}$$

verschoben.

8.2.2 Temperaturleitfähigkeit von duromeren Formmassen

Hier kann eine wesentlich höhere Reaktionswärme auftreten. Die freiwerdende Wärme hängt von dem Vernetzungsgrad und dem Reaktionsgrad des Volumens der Polymeren ab; hohe Füllstoffgehalte wirken dämpfend. Es ist somit nicht möglich, Werte anzugeben. Man kann diese Werte aber von Rohstoff-Herstellern erhalten oder selbst mit einem Differential-Scanning-Calorimeter ermitteln.

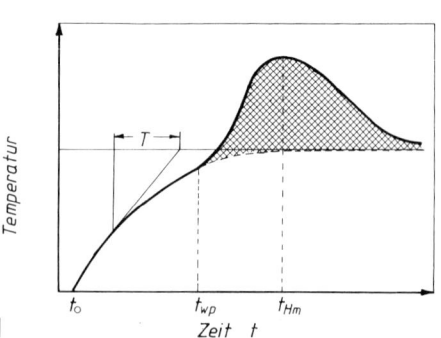

Bild 291 Prinzipielle Temperaturentwicklung über der Zeit bei reagierenden Formmassen [8]

Welchen Anteil an Reaktionswärme man zu erwarten hat, kann man auch in einem reagierenden Formling messen, wenn man dessen Erwärmungskurve über der Zeit aufnimmt, wie dies in Bild 291 gezeigt ist. Die Fläche des „Buckels" ist ein Maß für die exotherme Reaktionswärme dieses Formteils. Bei geringer Größe der Buckelfläche gegenüber der Gesamtfläche unter der Erwärmungskurve kann dieser Anteil vernachlässigt werden.

8.3 Kühlzeitermittlung bei Thermoplasten

8.3.1 Abschätzung

Da die Abkühlung bei allen Formmassen physikalisch ähnlich abläuft, kann man oft ausreichend genau mit der sehr einfachen Beziehung

$$t_K = c_K \cdot s^2$$

die Kühlzeit abschätzen. Dabei gilt für ungefüllte Thermoplaste

$c_K = 2$ bis 3 [s/mm^2],
t_K Kühlzeit
s Wanddicke.

8.3.2 Kühlzeitermittlung bei Thermoplasten mit Hilfe von Nomogrammen

Mit Hilfe der gemittelten Temperaturleitzahlen a_{eff} lassen sich Nomogramme erstellen, die eine besonders einfache und schnelle Ermittlung der Kühlzeit ermöglichen.

Aufgetragen ist die Kühlzeit t_K über der Wandtemperatur ϑ_W zu verschiedenen konstanten mittleren Entformungstemperaturen $\bar\vartheta_E$ und unterschiedlichen Wandstärken s. Die

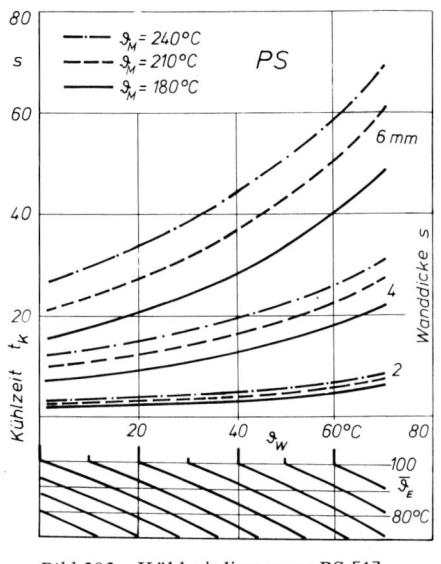

Bild 292 Kühlzeitdiagramm PS [1] 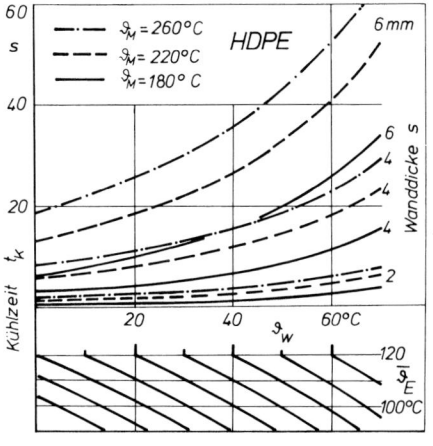   *Bild 293* Kühlzeitdiagramm HDPE [1]

dargestellten Kühlzeitabhängigkeiten sind laut Herleitung für ebene Formteile (Platten ohne Randeinfluß) mit symmetrischer Abkühlung gültig (Bilder 292 und 293).

Neben der Diagrammerstellung kann auch die nach folgender Gleichung gültige Nomogrammdarstellung (Bild 294) verwendet werden.

$$t_k = \frac{s^2}{a_{eff} \pi^2} \ln\left(\frac{8}{\pi^2} \cdot \frac{\vartheta_M - \vartheta_W}{\bar{\vartheta}_E - \vartheta_W}\right). \quad (76)$$

Bei zylinderförmigen Formteilen ist die Beziehung

$$t_k = \frac{R^2}{a_{eff} \cdot 5 \cdot 8} \cdot \ln\left(0{,}7 \cdot \frac{\vartheta_M - \vartheta_W}{\bar{\vartheta}_E - \vartheta_W}\right) \quad (77)$$

gültig.

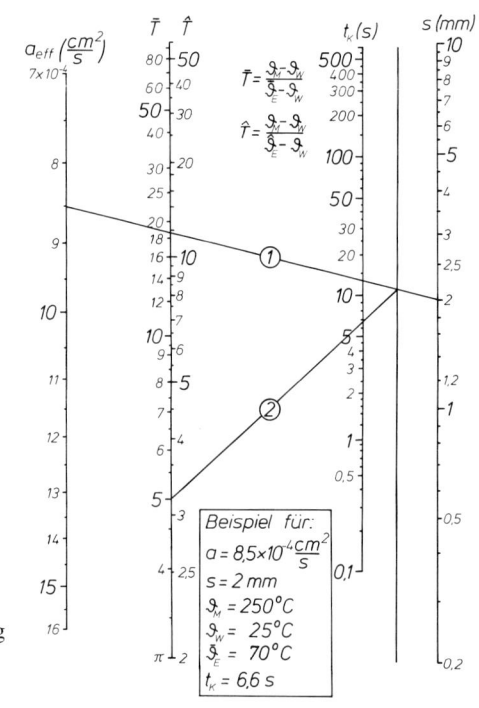

Bild 294
Nomogramm zur Bestimmung der Kühlzeit [1]

Anhaltswerte für Schmelze-, Wand- und Entformungstemperaturen sowie ein Mittelwert der Dichte zwischen Masse- und Entformungstemperatur gibt Tabelle 33.

Tabelle 33   Materialwerte [12]

Material	Masse-temperatur °C	Wand-temperatur °C	Entformungs-temperatur °C	Mittlere Dichte g/cm³
ABS	200–270	50– 80	60–100	1,03
HDPE	200–300	40– 60	60–110	0,82
LDPE	170–245	20– 60	50– 90	0,79
PA 6	235–275	60– 95	70–110	1,05
PA 6.6	260–300	60– 90	80–140	1,05
PBTP	230–270	30– 90	80–140	1,05
PC	270–320	85–120	90–140	1,14
PMMA	180–260	10– 80	70–110	1,14
POM	190–230	40–120	90–150	1,3
PP	200–300	20–100	60–100	0,83
PS	160–280	10– 80	60–100	1,01
PVC hart	150–210	20– 70	60–100	1,35
PVC weich	120–190	20– 55	60–100	1,23
SAN	200–270	40– 80	60–110	1,05

8.3.3 Kühlzeit bei asymmetrischen Wandtemperaturen

Liegt nun z. B. durch unterschiedliche Wandtemperaturen des Werkzeugs eine asymmetrische Abkühlung vor, so kann mit einer korrigierten Formteilwanddicke und den Zusammenhängen für eine symmetrische Abkühlung die Kühlzeit abgeschätzt werden [9]. Die asymmetrische Temperaturverteilung in einem Formteil wird vervollständigt zu einer symmetrischen Temperaturverteilung durch die Ergänzung der Formteildicke s' (s. Bild 295). Aus den in [9] näher erläuterten Zusammenhängen ergibt sich folgende Abschätzung:

$$s' \approx \frac{2s}{\frac{\dot{q}_2}{\dot{q}_1}+1} \qquad \dot{q}_2 \leqq \dot{q}_1 \tag{78}$$

$\dot{q}$ = Wärmestromdichte.

Bei $\dot{q}_2 = 0$ (einseitige Kühlung) ergibt sich s' = 2 s, d. h., die Kühlzeit ist viermal so groß wie bei beidseitiger Kühlung.

Bild 295 Darstellung der korrigierten Formteildicke [1]

Mit den unterschiedlichen Werkzeugwandtemperaturen kann das Verhältnis der spezifischen Wärmestromdichten ermittelt werden. Mit der korrigierten Wanddicke kann dann die Kühlzeit abgeschätzt werden.

8.3.4 Kühlzeit bei anderen Geometrien

Neben den plattenförmigen Formteilen existieren in der Praxis fast beliebige Kombinationen aus Platten, Zylinder, Würfel usw. Am Beispiel der ebenen Platte wurden bereits die Abhängigkeiten zwischen Abkühlgrad θ und der Fourierzahl Fo dargestellt, die sich auch für andere geometrische Grundformen wie Zylinder, Kugel und Würfel ange-

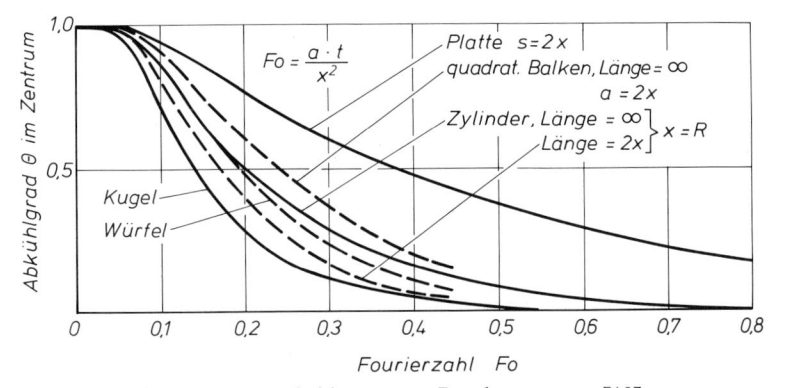

Bild 296 Mittentemperatur bei konstanter Randtemperatur [10]

Geometrie	Randbedingung	Gleichung
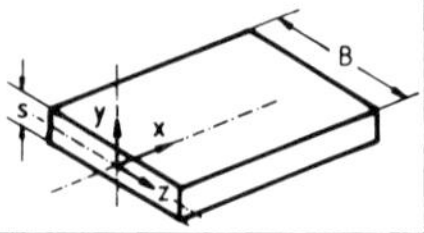 Platte	$\dot{Q}_z = 0$ $\dot{Q}_x = 0$	$t_K = \dfrac{s^2}{\pi^2 \cdot a} \cdot \ln\left(\dfrac{8}{\pi^2} \cdot \dfrac{\vartheta_M - \bar{\vartheta}_W}{\bar{\vartheta}_E - \bar{\vartheta}_W}\right)$ $t_K = \dfrac{s^2}{\pi^2 \cdot a} \cdot \ln\left(\dfrac{4}{\pi} \cdot \dfrac{\vartheta_M - \bar{\vartheta}_W}{\hat{\vartheta}_E - \bar{\vartheta}_W}\right)$
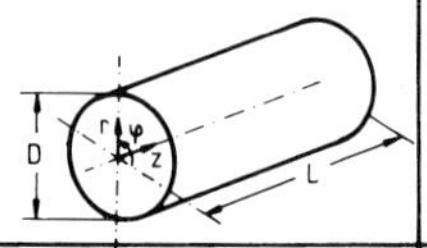 Zylinder	$\dot{Q}_\varphi = 0$ $\dot{Q}_z = 0$ $L \gg d$	$t_K = \dfrac{D^2}{23{,}14 \cdot a} \cdot \ln\left(0{,}692 \cdot \dfrac{\vartheta_M - \bar{\vartheta}_W}{\bar{\vartheta}_E - \bar{\vartheta}_W}\right)$ $t_K = \dfrac{D^2}{23{,}14 \cdot a} \cdot \ln\left(1{,}602 \cdot \dfrac{\vartheta_M - \bar{\vartheta}_W}{\hat{\vartheta}_E - \bar{\vartheta}_W}\right)$
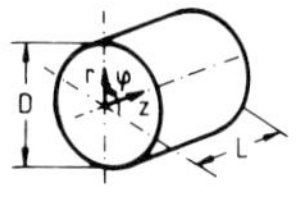 Zylinder	$\dot{Q}_\varphi = 0$ $L \sim d$	$t_K = \dfrac{1}{\left(\dfrac{23{,}14}{D^2} + \dfrac{\pi^2}{L}\right) \cdot a} \cdot \ln\left(0{,}561 \cdot \dfrac{\vartheta_M - \bar{\vartheta}_W}{\bar{\vartheta}_E - \bar{\vartheta}_W}\right)$ $t_K = \dfrac{1}{\left(\dfrac{23{,}14}{D^2} + \dfrac{\pi^2}{L}\right) \cdot a} \cdot \ln\left(2{,}04 \cdot \dfrac{\vartheta_M - \bar{\vartheta}_W}{\hat{\vartheta}_E - \bar{\vartheta}_W}\right)$
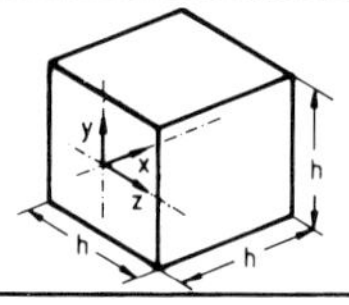 Würfel		$t_K = \dfrac{h^2}{3 \cdot \pi^2 \cdot a} \cdot \ln\left(0{,}533 \cdot \dfrac{\vartheta_M - \bar{\vartheta}_W}{\bar{\vartheta}_E - \bar{\vartheta}_W}\right)$ $t_K = \dfrac{h^2}{3 \cdot \pi^2 \cdot a} \cdot \ln\left(2{,}064 \cdot \dfrac{\vartheta_M - \bar{\vartheta}_W}{\hat{\vartheta}_E - \bar{\vartheta}_W}\right)$
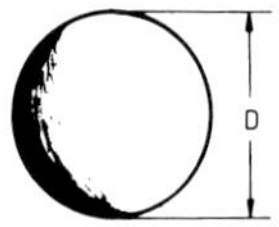 Kugel		$t_K = \dfrac{D^2}{4 \cdot \pi^2 \cdot a} \cdot \ln\left(2 \cdot \dfrac{\vartheta_M - \bar{\vartheta}_W}{\hat{\vartheta}_E - \bar{\vartheta}_W}\right)$
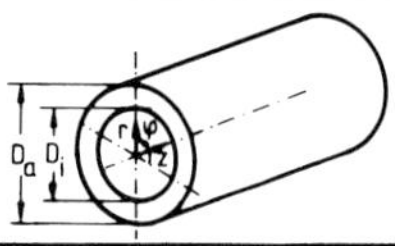 Hohlzylinder	$\dot{Q}_\varphi, \dot{Q}_z = 0$ $r < D_i/2$: $\dot{Q}_r = 0$	wie Platte mit $s = D_a - D_i$
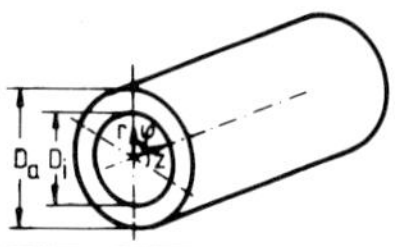 Hohlzylinder	$\dot{Q}_\varphi, \dot{Q}_z = 0$	wie Platte mit $s = (D_a - D_i)/2$

Bild 297 Kühlzeitgleichungen [12]

ben lassen. Mit dem Abkühlgrad θ im Zentrum des Körpers gibt [10] nach [11] den in Bild 296 dargestellten Zusammenhang an. Hiermit lassen sich also auch andere Geometrien berechnen bzw. abschätzen. Die Formeln dazu sind in Bild 297 zusammengestellt.

Für die praktische Berechnung kann nun noch weiter vereinfacht werden. So kann der Abkühlgrad θ durch das Verhältnis der mittleren Formteiltemperatur $\bar{\vartheta}$ und die Schmelzentemperatur $\vartheta_M = \vartheta_0$ ausgedrückt und für Zylinder und Platte über der Fourierzahl aufgetragen werden (vgl. Bild 298).

Soll nun das Abkühlverhalten bei einem aus einem Zylinder und einer Platte gebildeten Formteil (Zylinder mit endlicher Länge) oder einem Formteil mit rechteckigen Flächen (von drei sich durchdringenden unendlichen Platten gebildet) ermittelt werden, so kann

8.3 Kühlzeitermittlung bei Thermoplasten

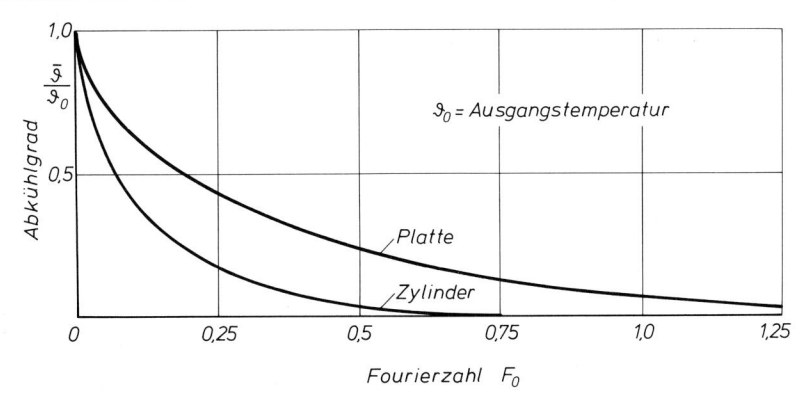

Bild 298 Mittlere Temperatur bei konstanter Randtemperatur [1]

die von [10] angegebene einfache Gesetzmäßigkeit verwendet werden.

$$\theta_1(Fo_1) \times \theta_2(Fo_2) = \theta_{1,2}. \tag{79}$$

D.h. die verschiedenen Abkühlgrade θ_1 bzw. θ_2 der entsprechenden geometrischen Grundelemente bei den jeweiligen Fourierzahlen ergeben nach Multiplikation den Abkühlgrad der zusammengesetzten Geometrie. So kann z.B. in einem Zylinder mit endlicher Länge die mittlere bzw. die Maximaltemperatur (im Zentrum) zu einer bestimmten Zeit ermittelt werden. Da der Zylinder endlicher Länge aus einem Zylinder unendlicher Länge und einer Platte mit der Zylinderlänge als Dicke gebildet wird, können mit den zugehörigen Fourierzahlen (Platte bzw. Zylinder) die entsprechenden Abkühlgrade den Bildern 296 oder 298 entnommen werden. Nach Multiplikation erhält man den Abkühlgrad des Zylinders mit endlicher Länge. Es kann also sehr einfach der Randeinfluß von Formteilrippen, Durchbrüchen, Zapfen usw. auf die Kühlzeit der Formteile abgeschätzt werden. Mit den angegebenen Gesetzmäßigkeiten lassen sich also alle denkbaren Abkühlvorgänge in Spritzlingen mit hinreichender Genauigkeit ermitteln.

Beispiel:

Wie lang ist die Kühlzeit bei dem zylinderförmigen Formteil nach Bild 299?

Der Abkühlgrad des vorliegenden Zylinders ergibt sich aus der Multiplikation des Abkühlgrads einer Platte (Dicke $s = 13$ mm $= 2x$) mit dem Abkühlgrad eines Zylinders (Durchmesser $D = 15$ mm $= 2R$).

$$\theta = \theta_{Platte} \times \theta_{Zylinder} = \frac{\vartheta_E - \vartheta_W}{\vartheta_M - \vartheta_W}$$

ϑ_E = Entformungstemperatur.

Material: PMMA
Wandtemperatur: 40 °C
Massetemperatur: 220 °C
max. Entformungstemperatur: 120 °C
Temperaturleitfähigkeit: 0,07 mm²/s

Bild 299 Zylinderförmiges Formteil

$$\theta = \frac{120° - 40°}{220° - 40°} = 0{,}44$$

$$Fo = \frac{a \cdot t}{x^2}, \quad Fo_{Zylinder} = \frac{a \cdot t \cdot 4}{D^2}, \quad Fo_{Platte} = \frac{a \cdot t \cdot 4}{s^2}$$

$Fo_{Zylinder} = 0{,}00124\ t$
$Fo_{Platte} = 0{,}00166\ t$.

Aus Bild 296 lassen sich zu verschiedenen Zeiten t die entsprechenden Abkühlgrade θ_p und θ_z ermitteln, die dann multipliziert den Abkühlgrad des Formteils nach der Zeit t ergeben.

Die zur Entformung notwendige Temperatur von 120 °C im Formteilinneren wird nach ca. 135 s unterschritten (nach 140 s bereits 117 °C).

Es bedeuten:

$\hat{\vartheta}_E$ max. Entformungstemperatur, $\quad \theta_Z$ Abkühlgrad – Zylinder,
Fo_Z Fourierzahl – Zylinder, $\quad \theta_p$ Abkühlgrad – Platte.
Fo_p Fourierzahl – Platte,

t (s)	80	100	120	140	160
Fo_Z	0,099	0,124	0,149	0,173	0,198
Fo_p	0,133	0,166	0,199	0,232	0,265
θ_Z	0,860	0,810	0,700	0,610	0,510
θ_p	0,900	0,850	0,800	0,700	0,670
θ	0,770	0,690	0,560	0,427	0,340
$\hat{\vartheta}_E$ (°C)	178	164	141	117	101

8.4 Die Wärmeströme und die Temperierleistung

8.4.1 Wärmeströme

8.4.1.1 Thermoplaste

Das Werkzeug muß bei Thermoplasten der in das Formteil eingespritzten Formmassenschmelze möglichst schnell und gleichmäßig soviel Wärme entziehen, daß das Formteil steif genug ist, um entformt werden zu können.

Hierbei fließen Wärmeströme aus dem Formteil zu den Wänden der Formhöhlungen.

Um diese Wärmeströme berechnen und die Kühlung auslegen zu können, muß zunächst die ins Werkzeug abzuführende Gesamtwärmemenge bestimmt werden. Sie errechnet sich aus der Enthalpiedifferenz zwischen Eintritt der Schmelze und Entformung (vgl. Bild 300).

Der Verlauf der spezifischen Enthalpie amorpher und teilkristalliner Thermoplaste kann dabei beschrieben werden durch eine Funktion der Form:

$$h_{(\vartheta)} = C_1 + C_2 \cdot \vartheta + C_3 \cdot \exp(C_4 \cdot \vartheta - C_5) \quad \text{für } \vartheta < C_8,$$
$$h_{(\vartheta)} = C_6 \cdot \vartheta + C_7 \quad \text{für } \vartheta > C_8. \tag{80}$$

8.4 Die Wärmeströme und die Temperierleistung

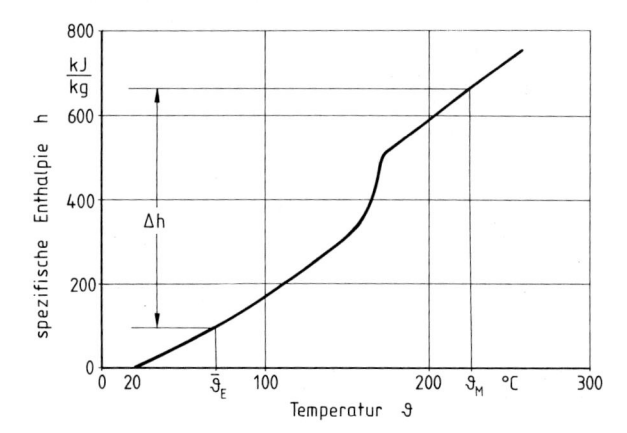

Bild 300 Enthalpieverlauf (Polypropylen) [2]

Die massenbezogene Enthalpiedifferenz kann über eine mittlere Dichte und das Volumen in die Wärmemenge, die dem Formteil entzogen werden muß, umgerechnet werden. Diese Wärmemenge wird dem Formteil in der Kühlzeit entzogen und dem Werkzeug zugeführt.

Da aber im Werkzeugbereich quasistationär gerechnet wird, verteilt sich die Wärmemenge auf die gesamte Zykluszeit und ergibt den Wärmestrom, der dem Werkzeug vom Formteil zugeführt wird:

$$\dot{Q}_{KS} = \Delta h \cdot \frac{m_{KS}}{t_Z} \qquad (81\,a)$$

$$\dot{Q}_{KS} = \frac{\Delta h \cdot \rho_{KS} \cdot V}{t_Z} \qquad (81\,b)$$

Δh Enthalpiedifferenz,
ρ_{KS} mittlere Dichte zwischen Masse- und Entformungstemperatur,
m_{KS} in das Werkzeug gefüllte Masse.

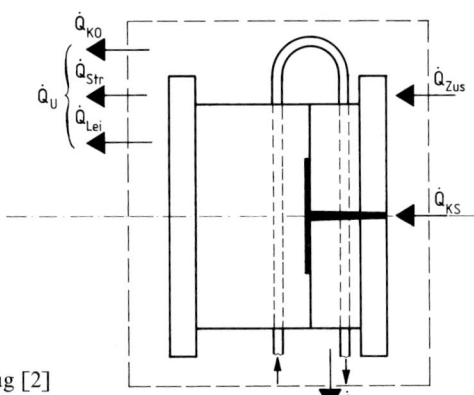

Bild 301 Wärmestrombilanz am Werkzeug [2]

Im quasistationären Betriebsbereich müssen Wärmeströme, die dem Werkzeug zugeführt werden (positiv gezählt) und Wärmeströme, die dem Werkzeug entzogen werden (negativ gezählt) im Gleichgewicht sehen. Es kann daher eine Wärmestrombilanz aufgestellt werden, die folgende Wärmeströme berücksichtigen muß (Bild 301):

$\dot{Q}_{KS}$ Wärmestrom vom Formteil (Gl. 81),
$\dot{Q}_{U}$ Wärmestrom mit der Umgebung,
$\dot{Q}_{Zus}$ Zusätzliche Wärmeströme (z. B. durch Heißkanäle),
$\dot{Q}_{TM}$ Wärmestrom mit dem Temperiermittel.

Die Wärmestrombilanz lautet dann:

$$\dot{Q}_{KS} + \dot{Q}_{U} + \dot{Q}_{Zus} + \dot{Q}_{TM} = 0. \tag{82}$$

Bei der Abschätzung des Wärmestroms mit der Umgebung und des zusätzlichen Wärmestroms kann daraus der erforderliche Wärmestrom mit dem Temperiermittel berechnet werden.

Der Wärmestrom mit der Umgebung kann nach den unterschiedlichen Wärmetransportarten unterteilt werden [13]:

$\dot{Q}_{Ko}$ *Wärmestrom durch Konvektion an den Werkzeugseitenflächen.*

$$\dot{Q}_{Ko} = A_S \cdot \alpha_L \cdot (\vartheta_{Wa} - \vartheta_U) \tag{83}$$

A_S Werkzeugseitenflächen,
α_L Wärmeübergangskoeffizient an Luft (für leichtbewegte Luft $\alpha \sim 8$ W/m² K).
$\dot{Q}_{Str}$ Wärmestrom durch Strahlung an den Werkzeugseitenflächen.

$$\dot{Q}_{Str} = A_S \cdot \varepsilon \cdot C_S \cdot \left[\left(\frac{T_{Wa}}{100}\right)^4 - \left(\frac{T_U}{100}\right)^4\right] \tag{84}$$

C_S Strahlungskonstante 5,77 W/m² K⁴
ε Emissionskoeffizient
  für Stahl gilt: poliert   = 0,1
               blank   = 0,25,
               leicht angerostet = 0,6
               stark verrostet = 0,85.

$\dot{Q}_L$ *Wärmestrom durch Leitung in die Maschinenaufspannplatten.*

Mit einem Proportionalitätsfaktor β (analog zum Wärmeübergangskoeffizienten) kann dieser Anteil berechnet werden [14] mit:

β für Stahl unlegiert   ~ 100 W/m²/K,
  Stahl niedrig-legiert ~ 100 W/m²/K,
  Stahl hoch-legiert   ~ 80 W/m²/K,

$$\dot{Q}_L = A_A \cdot \beta \cdot (\vartheta_{Wa} - \vartheta_U) \tag{85}$$

A_A Werkzeugaufspannflächen.

Der gesamte Wärmestrom mit der Umgebung wird dann:

$$\dot{Q}_U = \dot{Q}_{Ko} + \dot{Q}_{Str} + \dot{Q}_L. \tag{86}$$

Mit diesen Gleichungen kann bei der Abschätzung der Werkzeugaußenabmessungen und der Werkzeugaußentemperatur der Wärmestrom mit der Umgebung berechnet werden. Wärmestrombilanzen können auch für einzelne Segmente des Werkzeugs aufgestellt werden, wenn die über die Segmentgrenzen fließenden Wärmeströme vernachlässigbar klein sind oder in Form eines zusätzlichen Wärmestroms berücksichtigt werden.

Werden größere Werkzeugbereiche, für die ein Wärmestrom mit der Umgebung ermittelt wurde, in kleinere Segmente unterteilt, so kann dieser Wärmestrom durch das Wärmestromverhältnis C_q berücksichtigt werden [15]:

$$C_q = \frac{\dot{Q}_U}{\dot{Q}_{KS}}. \tag{87}$$

Das Wärmestromverhältnis ermöglicht zusätzlich eine Charakterisierung des Betriebsbereiches der Temperierung (Bild 302).

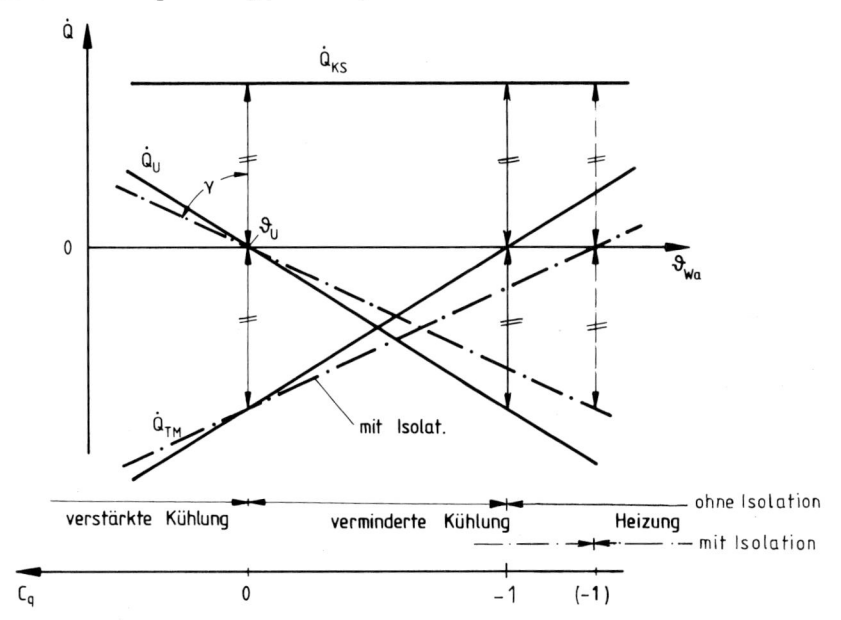

Bild 302 Betriebsbereiche der Temperierung [2]

$C_q > 0$: Da bei Thermoplasten dem Werkzeug vom Formteil Wärme zugeführt wird ($\dot{Q}_{KS} > 0$), wird in diesem Fall von der Umgebung durch niedrigere Werkzeugaußentemperaturen zusätzliche Wärme zugeführt ($\dot{Q}_U > 0$). Das Temperiersystem muß deshalb auf eine verstärkte Kühlung hin ausgelegt werden. Eine Isolation des Werkzeugs senkt die erforderliche Leistung des Temperiersystems.

$-1 < C_q < 0$: Ein Teil des Wärmestroms vom Formteil fließt an die Umgebung ($\dot{Q}_U < 0$). Dadurch wird vom Temperiersystem nur eine verminderte Kühlung verlangt. Für den Fall $C_q = -1$ ist für einfache Formteile ein Temperiersystem prinzipiell nicht erforderlich; für andere Werte von C_q führt eine Zykluszeitänderung auf $t'_z = t_z / -C_q$ zu diesem Arbeitspunkt. Damit würde das Werkzeug jedoch umgebungstemperaturabhängig, die Möglichkeit der Regelung über das Temperiersystem würde entfallen, und die Homogenität der Formteilkühlung könnte nicht mehr beeinflußt werden.

$C_q < -1$: Der Wärmestrom an die Umgebung ist durch hohe Werkzeugaußentemperaturen größer als der vom Formteil zugeführte Wärmestrom. Das

Temperiersystem muß hier als Heizung ausgelegt werden, um ein Absinken der Werkzeugwandtemperatur zu vermeiden. Eine Isolation senkt die erforderliche Leistung des Temperiersystems.

Bei der Verwendung von Isolationen müssen diese in der Berechnung des Wärmestroms mit der Umgebung berücksichtigt werden. Sie reduzieren nicht nur bei verstärkter Kühlung oder Heizung über die erforderliche Temperiersystemleistung die Energiekosten, sondern senken auch die Abhängigkeit der thermischen Vorgänge von wechselnden Umgebungstemperaturen (Bild 302).

Problematisch ist die unbekannte Werkzeugaußentemperatur ϑ_{WA}.

Sie kann wie folgt abgeschätzt bzw. iterativ ermittelt werden:

1) $\vartheta_{WA} = \vartheta_U$ d.h. der Wärmestrom in die Umgebung wird vernachlässigt (nur zulässig bei kleinen unbeheizten Werkzeugen).

2) $\vartheta_{WA} = \vartheta_{TM}$ (Temperiermitteltemperatur). Hierbei ergeben sich die größten Werte für den Wärmestrom mit der Umgebung.

3) $\vartheta_{WA} = \vartheta_{TK}$ (Temperiermittelkanaltemperatur). (Fällt erst im Laufe der Rechnung an.)

Man errechnet damit für den mittleren Abstand $\bar{l}$ zwischen Temperierkanal und Werkzeugaußenoberfläche

$$\vartheta_{WA} = \vartheta_{TK} + \frac{\dot{Q}_U \cdot \bar{l}}{(A_A + A_S) \lambda_W}. \tag{88}$$

Darin bedeuten:

A_S Werkzeugseitenflächen
A_A Werkzeugaufspannfläche
λ_W Wärmeleitwert Werkzeug – Werkstoff

Da ϑ_{TK} zunächst noch unbekannt ist, schätzt man in einem ersten Rechengang mit 2) die Wärmeströme ab. Wenn man dann im Laufe der weiteren Rechnung (s. Abschnitt 8.4.2) die Temperierkanaltemperatur ermittelt hat, dann kann man die Genauigkeit der Rechnung durch deren Einsetzen verbessern.

8.4.1.2 Vernetzende Formmassen*

8.4.1.2.1 Duroplaste

Bei Duroplasten werden meist beachtliche Reaktionswärmemengen frei. Sie können nicht vernachlässigt werden. Die Ermittlung kann am einfachsten durch eine DSC-Analyse erfolgen (Bild 303).

Die DSC-Analyse bietet die Möglichkeit, den Verlauf der Reaktionswärme mit Temperatur und Zeit quantitativ zu korrelieren. Bei exotherm verlaufenden Reaktionen (Phenolharz) läßt sich dieser Zusammenhang deutlich zeigen. In der hier dargestellten Form ist die Heizleistung aufgetragen, die erforderlich ist, um die Temperatur mit einer gewünschten Aufheizgeschwindigkeit zu erhöhen (falls nicht anders erwähnt, wird eine konstante Heizrate von 10 °C/min eingehalten). Das Integral unter der Kurve (in

---

* Dieser Abschnitt ist ein Auszug aus der Dissertation *Paar* [16]

Bild 303 dunkel ausgelegt) entspricht in guter Näherung der Reaktionswärme, der Abstand der beiden Kurven der Wärmetönung. Wenn bei dem Aufheizvorgang genügend hohe Temperaturen erreicht werden, liegt keine Wärmetönung mehr vor und man kann von einer vollständigen Vernetzung ausgehen. Die gesamte Reaktionswärme entspricht dann einem Vernetzungsgrad von 100%. Diese Methode ist so zuverlässig, daß sich unterschiedliche Vorkondensationsgrade bei Phenolharz feststellen lassen [17]. Weist eine Probe eine unvollständige Vernetzung auf, etwa durch eine zu kurze Versuchszeit oder eine zu niedrige Temperatur, zeigt sich in einem zweiten Durchlauf der DSC-Analyse ein deutlich kleinerer Peak, dessen Fläche der Restvernetzung entspricht. Aufgrund dessen ist die DSC-Analyse ein geeignetes Verfahren zur thermischen und reaktionskinetischen Charakterisierung der vernetzenden Formmassen.

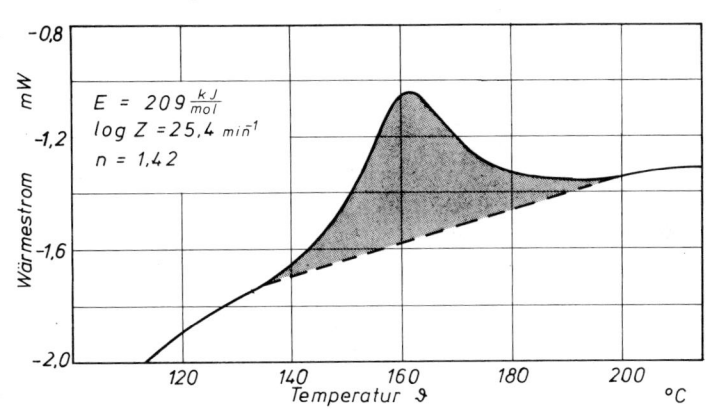

Bild 303
DSC-Kurve [16]
(DSC = Differential scanning Calorimetrie);
Phenolharz Typ 31w

$E = 209 \frac{kJ}{mol}$
$\log Z = 25{,}4 \text{ min}^{-1}$
$n = 1{,}42$

Die gestrichelte Linie in Bild 303 ist strenggenommen eine gekrümmte Linie, wie sie sich bei der DSC-Analyse mit vollkommen ausvernetztem Material ergeben würde. Die verwendeten Auswerteprogramme sind jedoch auf gerade Grundlinien angewiesen. Der betrachtete Temperaturbereich ist dabei durch Vorversuche ermittelt worden.

Kinetik der Vernetzungsreaktion

Wegen der Vielzahl der ablaufenden Vernetzungsreaktionen gestaltet sich eine exakte reaktionskinetische Beschreibung sehr komplex, was sowohl für Kautschuk als auch für die hier betrachteten Phenolharze gilt. Darüber hinaus wird durch die Ausbildung eines unlöslichen, festen Polymers eine exakte Bestimmung der Konzentration von Vernetzungsstellen verhindert. Außerdem sind durch die entstehende Reaktionswärme keine isothermen Experimente zur Bestimmung der Reaktionsparameter möglich. Vereinfachungen sind bei den reaktionskinetischen Betrachtungen unerläßlich.

Obwohl es sich um mehrere Reaktionen handelt, die teilweise parallel, teilweise nacheinander ablaufen, kann man den gesamten Härtungsvorgang als eine einzige Reaktion betrachten, die durch einen reaktionskinetischen Ansatz beschrieben wird. In der Literatur werden mehrere derartige Ansätze beschrieben [18 bis 22].

Zur Beschreibung der Geschwindigkeitsgleichung genügt zunächst ein einfacher Ansatz zur Reaktion n-ter Ordnung [17].

$$\frac{dc}{dt} = K_{(9)} \cdot (1-c)^n \qquad (89)$$

mit:

c   Anteil der vernetzten Stellen (= Vernetzungsgrad),
dc/dt   Reaktionsgeschwindigkeit,
$K_{(9)}$ Geschwindigkeitskonstante (temperaturabhängig),
n   formale Reaktionsordnung (temperaturunabhängig).

Durch Integration der Gl. (89) erhält man eine Bestimmungsgleichung für die Reaktionszeit t

$$t = \frac{1}{(n-1) \cdot K_{(9)}} \cdot \left(\frac{1}{(1-c)^{n-1}} - 1 \right). \tag{90}$$

Die Temperaturabhängigkeit der Geschwindigkeitskonstanten K wird durch einen Arrhenius-Ansatz beschrieben:

$$K_{(9)} = Z \cdot \exp\left(-\frac{E_a}{R \cdot T} \right) \tag{91}$$

mit:

Z   maximal mögliche Geschwindigkeitskonstante,
E_a Aktivierungsenergie,
R   allgemeine Gaskonstante (8,23 J/mol K),
T   Temperatur [K].

Durch Einsetzen in Gl. (90) erhält man eine Bestimmungsgleichung für die Reaktionszeit als Funktion des Reaktionsumsatzes c und der Temperatur T. Die Größen Z, E_a und n sind typisch für den jeweiligen Stoff und müssen experimentell ermittelt werden.

$$t = \frac{1}{(n-1) \cdot Z \cdot e^{(-E_a/R \cdot T)}} \cdot \left(\frac{1}{(1-c)^{n-1}} - 1 \right). \tag{93}$$

Einige Autoren [18, 19, 22] verwenden eine allgemeinere Form des reaktionskinetischen Ansatzes:

$$\frac{dc}{dt} = K_{(9)} \cdot c^m \cdot (1-c)^n. \tag{94}$$

Die Teilordnungen m und n ergeben zusammen die formale Reaktionsordnung (m + n). Da für diesen Ansatz jedoch noch weitere Koeffizienten zu bestimmen wären, die nur aus einer Vielzahl von Versuchen gewonnen werden können, wird der Ansatz nach Gl. (89) bevorzugt. Um Gl. (90) für quantitative Berechnungen einzusetzen, müssen die Größen n, Z, E_a experimentell bestimmt werden.

Bestimmung der Reaktionsparameter

Da schon beim reaktionskinetischen Ansatz Vereinfachungen getroffen wurden, liegt das Schwergewicht nicht auf der Präzision, mit der die Reaktionsparameter ermittelt werden, sondern in erster Linie auf einer einfachen und schnellen Handhabung des Verfahrens. Die DSC-Analyse bietet eine zweckmäßige Kombination von Meßwerten, und der Versuchsablauf kann gut auf die realen, im Werkzeug ablaufenden Vorgänge übertragen werden. Die Probe wird mit einer konstanten Aufheizrate aufgeheizt. Die

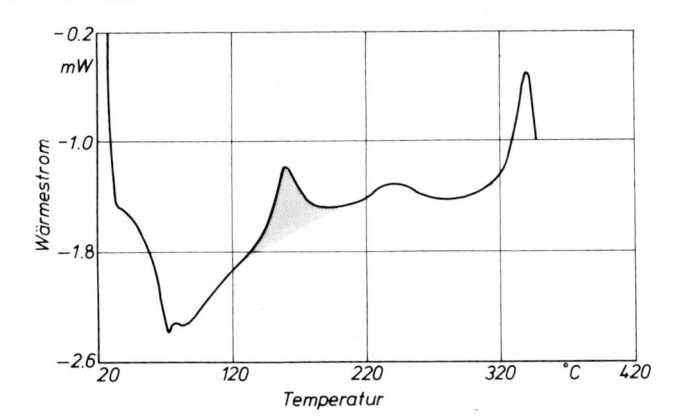

8.4 Die Wärmeströme und die Temperierleistung   299

Bild 304 DSC-Kurve für Phenolharz (Typ 31) [16]

dabei zugeführte Heizleistung wird aufgezeichnet, vermindert um den Betrag, der für das Aufheizen einer Referenzprobe nötig ist [23, 24]. Bild 304 zeigt einen typischen Meßschrieb für Phenolharz. Der Bereich, der dunkler ausgelegt ist, entspricht der Reaktionswärme der Vernetzung.

Der im Bereich 120 bis 190 °C liegende Peak beschreibt die Vernetzungsreaktion. Nach [25] wird die aufsteigende Flanke des Reaktionspeaks ausgewertet. Die zwischen Peak und Grundlinie eingeschlossene Fläche wird dabei durch Integration bestimmt (s. Bild 303). Die Gesamtfläche entspricht einem Vernetzungsgrad von 100%. Der bei einem bestimmten Zeitpunkt erreichte Vernetzungsgrad wird durch den Flächenanteil festgelegt, wobei die aktuelle Temperatur als Obergrenze der Integration benutzt wird. Die Parameter n, E_a und Z werden dann durch mehrfache lineare Regressionsanalyse bestimmt. Diese Methode kann als geeignet gelten, weil andere Verfahren [26, 27] bei dem gleichen Werkstoff unterschiedliche Werte ergaben [17]. Auch die hier verwandte Methode nach Borchert-Daniels [25] zeigt eine Abhängigkeit von den Integrationszentren, die nicht immer eindeutig festgelegt werden können. Durch einen isothermen Test [17] kann man prüfen, wie gut die ermittelten Parameter zutreffen. Für diesen isothermen Versuch muß man die Temperatur so festlegen, daß nach ca. 50 min eine Vernetzung von ca. 50% erfolgt ist. Dies kann in einem nachfolgenden zweiten Lauf in der DSC-Zelle geprüft werden.

Die danach als zutreffend festgestellten Werte für den hier beispielsweise betrachteten Versuch liegen bei:

E_a = 203 kJ/kmol,
log Z = 24,5 l/min,
n = 1,34.

Führt man diese Größen in Gl. (92) ein, erhält man die Vernetzungszeit als Funktion der Temperatur und des Reaktionsumsatzes, der dem Vernetzungsgrad entspricht.

Trägt man die Temperatur über der Zeit auf, mit dem Reaktionsumsatz (Vernetzungsgrad) als Parameter, so erhält man Bild 305. Für das Formteil kann keine generelle Heizrate angegeben werden, da sie sich je nach Ort und Zeit ändert. Die in Bild 305 dargestellte Funktion wurde bei einer relativ niedrigen Heizrate ermittelt, so daß der für ein beliebiges Wertepaar ermittelte Vernetzungsgrad in Wirklichkeit eher höher liegen dürfte.

300 8 Die thermische Auslegung

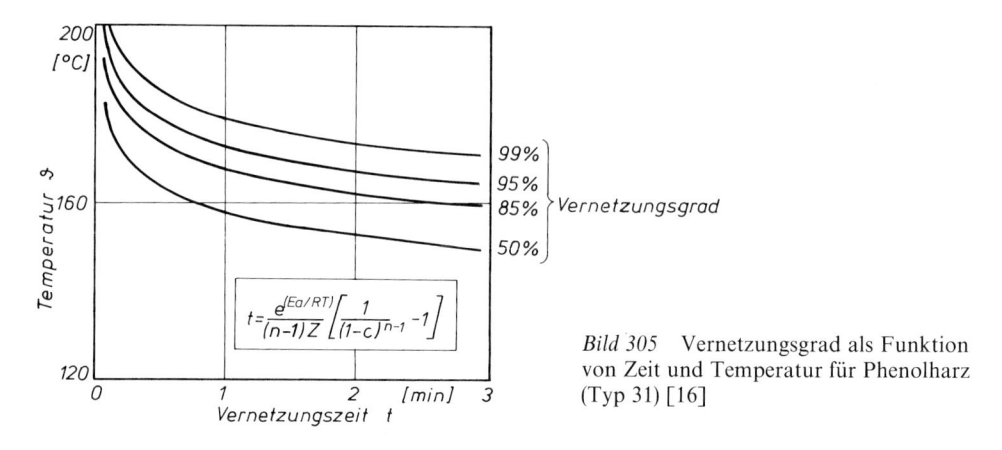

$$t = \frac{e^{(E_a/RT)}}{(n-1)Z}\left[\frac{1}{(1-c)^{n-1}} - 1\right]$$

Bild 305 Vernetzungsgrad als Funktion von Zeit und Temperatur für Phenolharz (Typ 31) [16]

Zustandsschaubild der Vernetzung

Von ausschlaggebender Bedeutung für den Anwender von vernetzenden Formmassen ist die Kenntnis der erforderlichen Verweildauer des Formteils im Werkzeug. Einerseits soll aus Qualitätsgründen eine ausreichende Vernetzung erzielt werden, andererseits ist aus wirtschaftlichen Gründen eine möglichst kurze Zeit anzustreben. Um die Vernetzungszeit zumindest zutreffend abschätzen zu können, muß der Verlauf der Vernetzung mit dem Temperaturverlauf des Formteils in Verbindung gebracht werden.

Der Energieeinsatz liefert die Differentialgleichung für das Temperaturfeld einer ebenen Platte.

$$\frac{\partial \vartheta}{\partial t} = a \cdot \frac{\partial^2 \vartheta}{\partial t^2}. \qquad (94)$$

Diese Gleichung läßt sich in eine Differenzengleichung überführen, mit der das Temperaturfeld der Gleichung dargestellt wird [28]. Für ein Formteil von 5 mm Dicke zeigt Bild 306 die Temperaturverteilung. Wegkoordinate $x=0$ bedeutet also Formteilrand, $x=2,5$ mm Formteilmitte.

Man ist somit in der Lage, für jeden Ort in der Formteilwand die Temperatur als Funktion der Zeit anzugeben. Es liegt daher nahe, den Vernetzungsverlauf der ebenfalls als Funktion von Temperatur und Zeit vorliegt, in diese Betrachtung mit einzubeziehen. Prinzipiell kann man damit für jeden Ort innerhalb der Formteilwand und jeden Zeitpunkt den Vernetzungsgrad rechnerisch bestimmen. Es werden jedoch einige vereinfachende Annahmen getroffen. Die Reaktionsparameter wurden bei einer geringen Aufheizgeschwindigkeit bestimmt, damit in guter Näherung die Werte auch für den isothermen Fall gelten. Durch Schwankungen im Versuchsablauf, aber auch durch unterschiedliche Auswerteverfahren ergeben sich relativ große Streuungen der Reaktionsparameter, die sich zum großen Teil jedoch wieder ausgleichen.

Betrachtet man definierte Stellen innerhalb der Formteilwand, kann man die Temperatur als Funktion der Zeit in das Koordinatensystem von Bild 305 eintragen. Von Interesse sind die Temperaturverläufe im Rand und in der Mitte der Formteilwand. Bild 307 zeigt eine Kombination von Temperaturverlauf und Vernetzungsgrad.

Die Kurven werden durch ein Rechenprogramm bestimmt, das nach dem Erreichen der Verweilzeit, die jeweils eingegeben werden muß, die Randbedingungen ändert. Am

8.4 Die Wärmeströme und die Temperierleistung

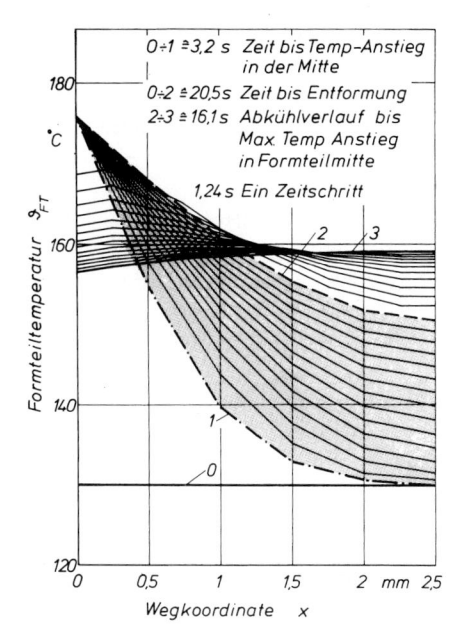

Bild 306 Temperaturverlauf im Formteil
[16]

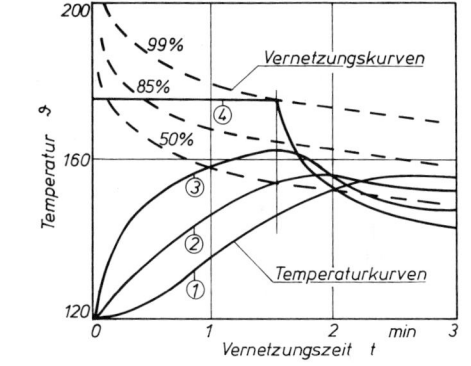

Bild 307 Diagramm für Temperatur,
Zeit und Vernetzungsgrad
(für Phenolharz Typ 31) [16]
Formteildicke 10 mm (c_p = const.)
Abstand von der Werkzeugwand:
① 5 mm
② 4 mm
③ 2,5 mm
④ 0 mm

Rand wird zu diesem Zeitpunkt der maximale Vernetzungsgrad erreicht. Im Innern steigt die Temperatur noch geringfügig weiter. Infolgedessen nimmt in diesem Bereich der Vernetzungsgrad noch weiter zu. In dieser Darstellung wird der maximale Vernetzungsgrad durch die Kurve (c = konstant) festgelegt, die gerade noch von der Temperaturkurve berührt wird. In Wirklichkeit kann es noch zu einem Nachvernetzen kommen. Die zu erwartenden Umsätze sind jedoch nicht groß. Für eine exaktere Bestimmung ist jedoch die Genauigkeit des Verfahrens überfordert. Bei einem Vernetzungsvorgang im Produktionsmaßstab kann man nicht davon ausgehen, daß eine hundertprozentige Vernetzung erzielt wird.

Der Wert dieser sicherlich vergröbernden Darstellung ist weniger in einer exakten Berechnung des Vernetzungsgrads zu sehen. Man verfügt vielmehr damit über eine Abschätzmethode, mit der alle wichtigen Parameter tendenziell erfaßt und sinnvoll miteinander verknüpft werden. Zykluszeiten und Werkzeugtemperaturen können damit recht zutreffend im voraus festgelegt werden.

Einfluß der Reaktionswärme

Besonders bei Werkstoffen, die einen ausgeprägt exothermen Reaktionsverlauf aufweisen, stellt sich die Frage, inwieweit die Reaktionswärme den Temperaturverlauf des Werkzeugs beeinflußt. Versucht man, die Reaktionswärme durch einen Quelltherm zu beschreiben, müßte man diese als Funktion der Temperatur und der Zeit formulieren und in die Wärmeübertragungsgleichung mit einbeziehen. Nach [18] ist jedoch eine externe Bestimmung des Quellterms und eine anschließende additive Verknüpfung mit der Wärmeleitungsgleichung nicht möglich, mit der DSC-Analyse läßt sich die spezifische Wärmekapazität einer Probe relativ exakt bestimmen, wenn man davon ausgehen kann, daß die Wärmeleitfähigkeit und die Dichte konstant bleiben.

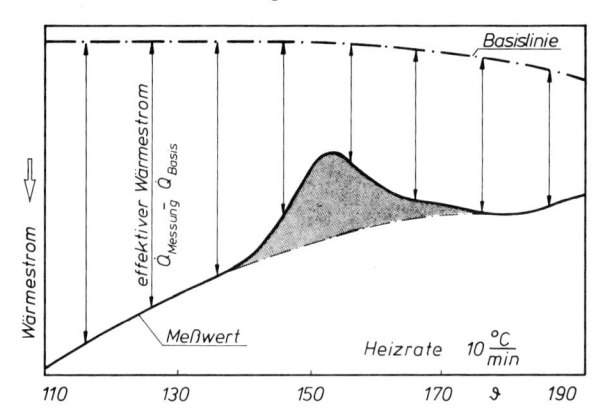

Bild 308 Spezifische Wärmekapazität der DSC-Analyse [16] (Phenolharz Typ 31w)

Man ermittelt den Wärmestrom, der dazu erforderlich ist, die Probe mit einer bestimmten Heizrate aufzuheizen. Im Diagramm (Bild 308) stellt sich das als Differenz zwischen einer sogenannten Basislinie und dem Kurvenverlauf der Probe dar (strichpunktierte Linien). Die Basislinie repräsentiert die thermischen Verluste der Proben: Strahlung, Konvektion. Der Kurvenverlauf der Probe ist um die jeweilige Reaktionswärme zu korrigieren [29], da für eine laufende Reaktion keine spezifische Wärmekapazität definiert ist. Unterläßt man jedoch diese Korrektur, erhält man folgende Bilanzgleichung:

$$\dot{Q}_{Messung} - \dot{Q}_{Basis} = m \cdot c_{p_{eff}} \cdot \frac{\Delta \vartheta}{\Delta t}. \tag{95}$$

Aus dieser Beziehung kann für eine feste Heizrate und eine bekannte Einwaage m eine „effektive spezifische Wärmekapazität" $c_{p_{eff}}$ bestimmt werden. Durch diese effektive Größe wird der Einfluß der Reaktionswärme in die Temperaturfunktion eingeführt. Die effektive spezifische Wärmekapazität ist eine temperaturabhängige Größe (Bild 309).
Um diese Größe in die Berechnung einzuführen, wurde nach [28, 30] eine Näherung der Funktion in Bild 309 in Form von abschnittsweisen Geradengleichungen vorgeschlagen.
Wenn man diesen Effekt berücksichtigt, ergibt sich ein schnellerer Temperaturanstieg, was sich besonders bei dickwandigen Teilen bemerkbar macht. Durch die zutreffendere Beschreibung erreicht die Temperaturfunktion für die Formteilmitte schneller höhere Temperaturen. Der erforderliche Vernetzungsgrad wird damit eher erreicht. Die dazu nötige Verweilzeit in der Form wird damit exakter abgeschätzt und kann kleiner eingestellt werden. Ähnliche Ergebnisse werden von [31] berichtet.

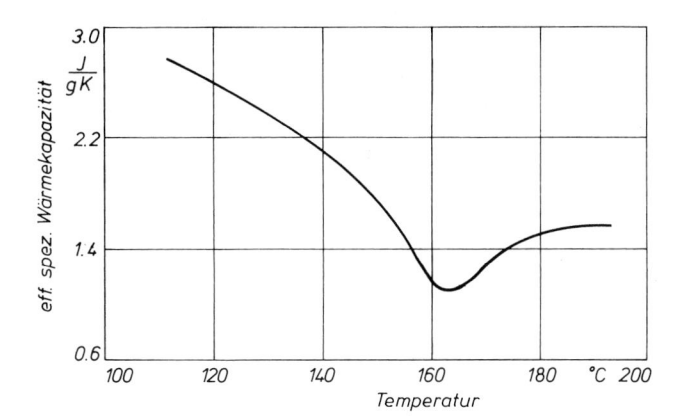

Bild 309
$c_{p_{eff}}$ als Funktion der Temperatur [16] (Phenolharz Typ 31w)

Elastomere

Die Rechnung entspricht derjenigen für Duromere, jedoch kann für die Auslegung des Werkzeugs die Reaktionswärme bei unkritischen Werkstoffen und Stangenangüssen vernachlässigt werden. Die Temperaturleitzahlen für einige typische Elastomere enthält Tabelle 34.

Tabelle 34
Temperaturleitfähigkeit a verschiedener Elastomere [32]

Material	Härte Shore-A	Temperatur-leitfähigkeit a mm²/s
NBR-1	40	0,147
NBR-2	70	0,145
NR-1	45	0,093
NR-2	60	0,122
ACM	75	0,218
CR	68	0,188

Die Praxis arbeitet jedoch sehr häufig mit Punktanschnitten in Vielfachwerkzeugen. Hier kann es zu beginnendem Vernetzen (Anvernetzen oder Scorchen genannt) kommen. Für die Berücksichtigung dieses Phänomens wird das Anlegen sogenannter Arbeitsfenster empfohlen [32]. (Vergleiche Abschnitt 5.1.2.)

Bei Mischungsreihen (z. B. NR), die auf gleichen Kautschuk-Grundtypen aufgebaut sind, zeigen die härtesten Mischungen höhere Temperaturleitwerte, da sie einen größeren Füllstoffanteil besitzen. In [33] wird der Einfluß des Kautschuktyps und des Füllstoffanteils auf die Temperaturleitfähigkeit an weiteren Beispielen gezeigt und beschrieben.

8.4.2 Auslegung der Temperierung anhand des spezifischen Wärmestroms (globale Auslegung)

Die Leistungsfähigkeit einer Werkzeugtemperierung ergibt sich aus der Wärmeenergie, die dem in die Werkzeughohlräume gefüllten Kunststoff in der kürzestmöglichen Zeit bei einer bestimmten Wandtemperatur entzogen wird. Die Werkzeugtemperierung hat also die Aufgabe, die gewünschte Werkzeugwandtemperatur sicherzustellen.

Es kann, wie sich gezeigt hat, im Gegensatz zu [34, 35] auf einen Wärmeübertragungskoeffizienten zwischen Formmasse und Werkzeugwand verzichtet werden, wenn man die Werkzeugwandtemperatur als Kontakttemperatur zwischen Formmasse und Werkzeugwand definiert.

Für die maximale Temperatur pro Zyklus ist die Kontakttemperatur anzusetzen:

$$\vartheta_{W_{max}} = \frac{b_k \cdot \vartheta_{K_0} + b_W \cdot \vartheta_{W_0}}{b_K + b_W} \qquad b = \sqrt{\rho \cdot \lambda \cdot c} \qquad (96)$$

$\vartheta_{W_{max}}$ Kontakttemperatur,
ϑ_{K_0} Kunststofftemperatur vor dem Kontakt $\equiv \vartheta_M$,
ϑ_{W_0} Werkzeugwandtemperatur vor dem Kontakt,
b   Wärmeeindringfähigkeit des Werkstoffs,
λ   Wärmeleitfähigkeit,
ρ   Dichte,
c   spezifische Wärmekapazität.

Je nach Zyklusverlauf und Dauer wechselt die Temperatur der Werkzeugoberfläche zwischen der Kontakttemperatur und der Mindesttemperatur, die durch die Temperatur des Kühlmediums bedingt ist. Beide können sowohl für eine Kühlzeitermittlung als auch für die Bestimmung der notwendigen Temperierleistung mit hinreichender Genauigkeit gemittelt werden. Diese mittlere Temperatur stellt damit die Werkzeugwandtemperatur $\bar{\vartheta}_W$ dar.

$$\bar{\vartheta}_W = \frac{\vartheta_{W_{max}} + \vartheta_{W_{min}}}{2} = \frac{\vartheta_{W_{max}} - \bar{\vartheta}_{Kühlmittel}}{2}. \qquad (97)$$

Die Werkzeugoberfläche mit der Temperatur $\bar{\vartheta}_W$ ist im stationären Zustand eine Wärmesenke für das Formteil und eine Wärmequelle für das Werkzeug. Der resultierende Wärmestrom kann wie folgt gebildet werden:

Wärmeinhalt einer Formnestfüllung mit Kunststoffschmelze:

$$Q_{KS} = \Delta h \cdot A_{FT} \cdot s \cdot \rho_{KS}. \qquad (98)$$

Wärmestrom vom Formnest:

$$\dot{Q}_{KS} = \frac{\Delta h \cdot A_{FT} \cdot s \cdot \rho_{KS}}{2 \cdot t_k} \qquad (99)$$

Δh Enthalpiedifferenz (siehe Bild 300),
ρ_{KS} Dichte der K-Schmelze,
$\dot{Q}_{KS}$ Wärmestrom von der K-Schmelze,
s   Wanddicke,
A_{FT} Formteiloberfläche,
t_k Kühlzeit $= C_K \cdot s^2$,

mit

$$C_K = \frac{1}{\alpha \cdot \pi^2} \cdot \ln\left(\frac{8}{\pi^2} \cdot \frac{1}{\theta}\right) = \frac{t_K}{s^2}. \qquad (100)$$

Wärmestromdichte vom Formteil:

$$\dot{q} = \frac{\Delta h \cdot A_{FT} \cdot s \cdot \rho_{KS}}{A_{FT} \cdot t_K \cdot 2}, \qquad (101)$$

8.4 Die Wärmeströme und die Temperierleistung

$$\dot{q} = \frac{\Delta h \cdot \rho_{KS} \cdot s}{K' \cdot s^2} = \frac{\Delta h \cdot \rho_{KS}}{K'} \cdot \frac{1}{s}. \qquad (102)$$

Man kann nun $\frac{\Delta h \cdot \rho}{K'} = K$ zusammenfassen als einzige Materialkonstante, so daß sich ergibt

$$\dot{q} = K \cdot \frac{1}{s}. \qquad (103)$$

Es wird deutlich, daß die Wärmestromdichte, welche in der üblichen Bandbreite der Verarbeitungstemperaturen nur vom Material abhängig ist, mit abnehmender Wanddicke zunehmen muß, um die konstante Wandtemperatur sicherzustellen. Darüber hinaus stellt diese Wärmestromdichte, im weiteren spezifischer Wärmestrom genannt, eine materialspezifische Kenngröße für die erforderliche Temperierleistung dar, wenn man den i. allg. geringen Maschineneinfluß vernachlässigt. Der Maschineneinfluß zeigt sich in der, für den Bewegungsablauf (Entformen usw.) notwendigen, formteillosen Nebenzeit. Mit der Entformung wird der Wärmestrom vom Formteil zum Werkzeug unterbrochen, das Kühlwasser jedoch wird in der Regel das Werkzeug auch noch in der Nebenzeit weiter abkühlen, so daß sich der spezifische Wärmestrom entsprechend verringert.

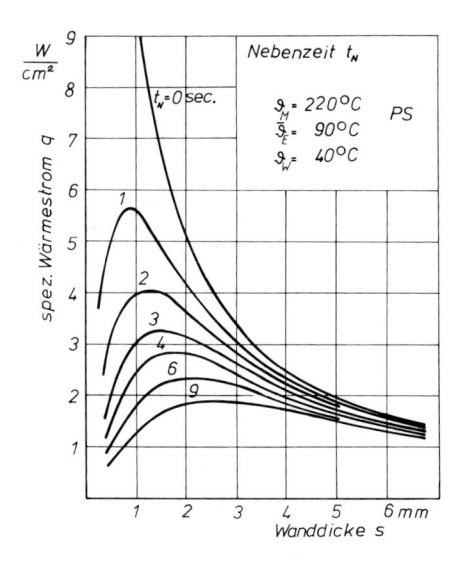

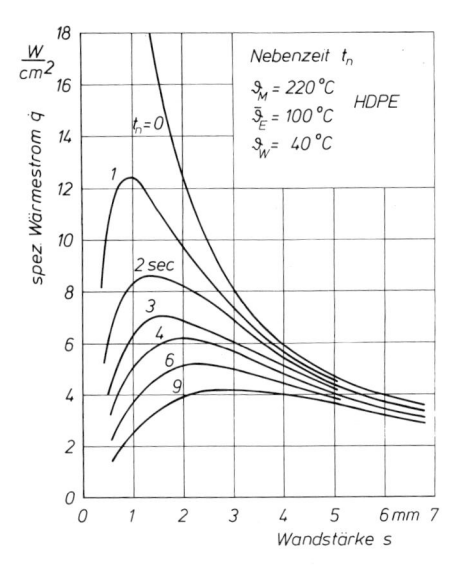

Bild 310 Spez. Wärmestrom $\dot{q}$ PS als Funktion der Formteilwanddicke [1]

Bild 311 Spez. Wärmestrom $\dot{q}$ HDPE als Funktion der Formteilwanddicke [1]

Für Polystyrol PS und Polyethylen hoher Dichte HDPE ist in den Bildern 310 und 311 der spezifische Wärmestrom als Funktion der Formteilwanddicke und der Maschinennebenzeit dargestellt. Das Maximum ist bei der Wanddicke zu suchen, bei der Kühlzeit und Nebenzeit einander gleich sind. Den spezifischen Wärmestrom als Funktion der Wandtemperatur bei verschiedenen Wanddicken zeigen die Bilder 312 und 313. Der spezifische Wärmestrom kann einerseits bereits im Planungsstadium eines Werkzeugs die Auswahl des Konzeptes erleichtern und stellt andererseits eine zentrale Auslegungsgröße für die Dimensionierung einer Werkzeugtemperierung dar.

306 8 Die thermische Auslegung

Bild 312 Spez. Wärmestrom q̇ PS als Funktion der Werkzeugwandtemperatur [1]

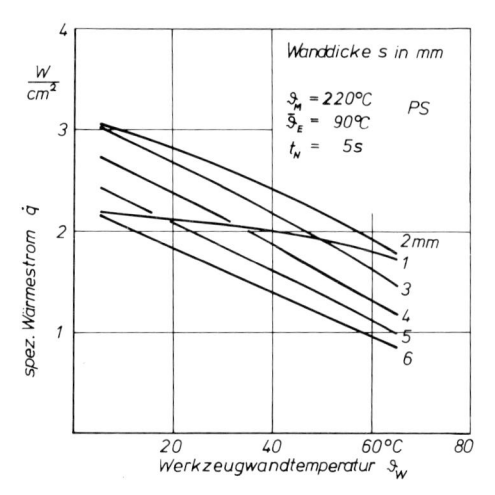

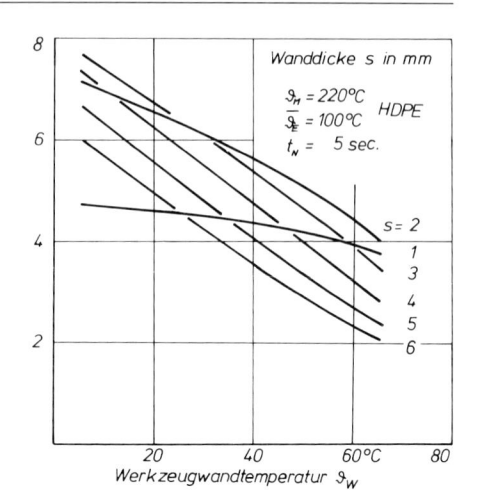

Bild 313 Spez. Wärmestrom q̇ HDPE als Funktion der Werkzeugwandtemperatur [1]

Der spezifische Wärmestrom q̇ (Bilder 312 und 313) bildet dabei die zentrale Auslegungsgröße. Multipliziert mit der entsprechenden Formteilfläche A_{FT} ergibt sich die Wärmemenge, die pro Temperierkreislauf, der zu A_{FT} gehört, vom Temperiermedium abgeführt werden muß. Der notwendige Temperiermitteldurchsatz $\dot{V}_{TM}$ ergibt sich aus der zulässigen Temperaturerhöhung $\Delta\vartheta_{TM}$ des Mediums, die 5 °C nicht überschreiten sollte.

$$\dot{V}_{TM} = \frac{\dot{q} \cdot A_{FT}}{\rho_{TM} \cdot c_{TM} \cdot \vartheta_{TM}} \quad \text{(Bild 314)} \tag{104}$$

ρ_{TM} Dichte des Temperiermediums,
c_{TM} spez. Wärme des Temperiermediums.

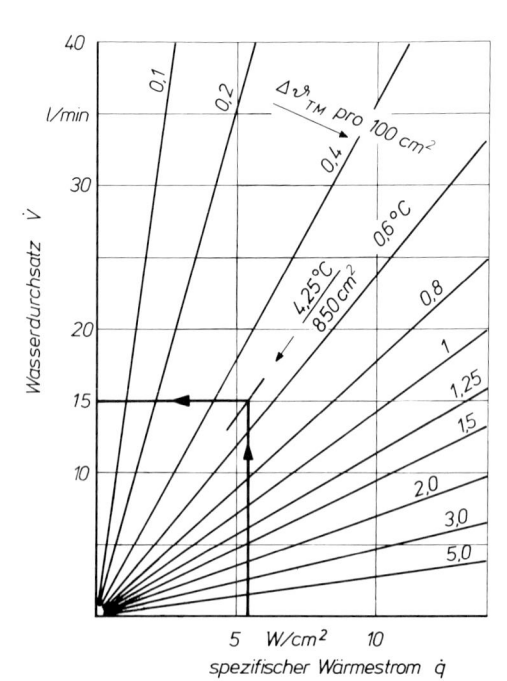

Bild 314 Bestimmung des Wasserdurchsatzes (Formteilfläche = 100 cm²) [1]

8.4 Die Wärmeströme und die Temperierleistung

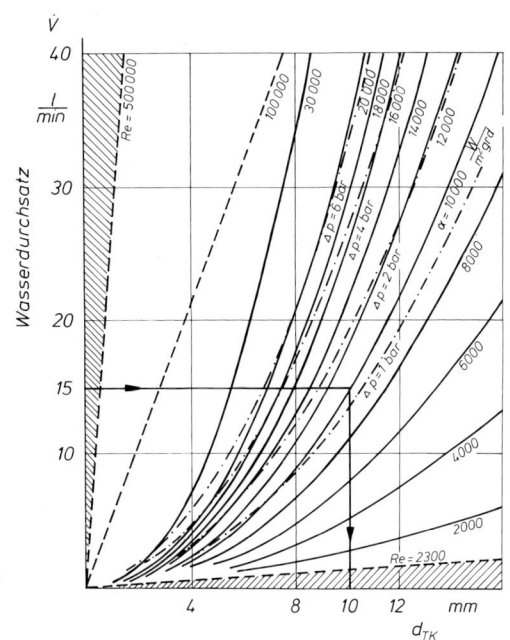

Bild 315 Bestimmung des Temperierkanaldurchmessers d_{TK} und des Wärmeübergangskoeffizienten [1]

Der notwendige Temperiermitteldurchsatz kann bei vorgegebenem Druck Δp und üblichen Kanalgeometrien nur durch den zu wählenden Kanaldurchmesser d_{TK} sichergestellt werden.

$$d_{TK} = \sqrt[4]{\frac{\rho_{TM} \cdot \dot{V}_{TM}^2 \cdot 16}{\Delta p \cdot 2 \cdot \pi^2 \cdot 3600} \left(\lambda_{TK} \frac{l_{TK}}{d_{TK}} + n_{TK} \cdot \xi\right)} \quad \text{(Bild 315)} \tag{105) [36]}$$

λ_{TK} Rohrreibungskoeffizient in Bild 315 $\lambda_{TK} = 0{,}05$,
l_{TK} Kanallänge in cm in Bild 315 $b/d_{TK} = 200$,
n_{TK} Anzahl der Ecken in Bild 315 $n_{TK} = 10$,
ξ Verlustfaktor in Bild 315 $= 1{,}9$,
$\dot{V}_{TM}$ Temperiermitteldurchsatz in l/min,
d_{TK} Temperierkanaldurchmesser in cm,
Δp Temperiermitteldruck in bar.

Da die endgültige Kanalanordnung noch nicht festliegt, müssen die Anzahl der Kanalecken n_{TK} und das Längen-Durchmesserverhältnis l_{TK}/d_{TK} zunächst abgeschätzt werden. Um eine Iteration zu umgehen, ist ein möglichst geringer Temperiermitteldruck Δp anzusetzen. Da der eingesetzte Druck eine Minimalforderung darstellt, sind sicherheitshalber alle zu erwartenden Schwankungen des Netzdruckes, der Zuleitungslängen und des Verschmutzungsgrades großzügig zu berücksichtigen (Korrosion während der Lagerzeit des Werkzeugs kann minimiert werden durch ein Trockenblasen mit Luft bei Betriebsende bzw. vermieden werden durch aufbereitetes Wasser oder Kanigen-Vernickelung der Kühlbohrungen).

Der Rohrreibungskoeffizient läßt sich, wie Messungen an Werkzeugen [9] gezeigt haben, bei Kanälen ohne Ablagerungen mit dem Gesetz nach Blasius beschreiben.

$$\lambda_{TK} = \frac{0{,}3164}{Re^{1/4}}. \tag{106}$$

308　8 Die thermische Auslegung

Bei leichten Verunreinigungen (nach ca. 100 Betriebsstunden = übliches Betriebsintervall) läßt sich $\lambda_{TK} \approx 0{,}04$ für Abschätzungen angeben [9].

Der Verlustfaktor (Ecken und Krümmer) wird wie folgt angegeben:

90°-Ecke	$\xi = 1{,}3 - 1{,}9$	[37],
	$\xi = 1{,}13 - 1{,}27$	[38],
(an Werkzeugen gemessen)	$\xi = 1{,}9$	[9],
90°-Krümmer	$\xi = 0{,}4 - 0{,}9$	[37],
	$\xi = 0{,}11 - 0{,}51$	[38],
(an Werkzeugen gemessen)	$\xi = 0{,}4$	[9].

Liegt nun der Kanaldurchmesser fest, so ergibt sich mit dem Durchsatz der Wärmeübergangskoeffizient, der sich nach [39] für $2300 < \text{Re} < 10^6$, $0{,}7 < \text{Pr} < 500$ und $l_{TK} \gg d_{TK}$ ergibt zu:

$$\alpha = \left(0{,}037 \left(\frac{\dot{V}_{TM} \cdot 4 \cdot 1000}{d_{TK} \cdot \pi \cdot \nu_{TM} \cdot 60}\right)^{0{,}75} - 180\right) \text{Pr}^{0{,}42} \frac{\lambda_{TM}}{d_{TK}}$$

dargestellt in Bild 315.

ν_{TM}　kinematische Zähigkeit [cm²/s],
d_{TK}　Kühlkanaldurchmesser (cm),
Pr　Prandtl-Zahl = ν/a,
λ_{TM}　Wärmeleitfähigkeit [W/cm K].

Die Abhängigkeit des Wärmeübergangskoeffizienten bei verschiedenen Temperiermedien vom Durchsatz (hier ausgedrückt durch Δp), der Temperatur und dem Kanaldurchmesser ist in den Bildern 316, 317 und 318 dargestellt. Es zeigt sich, daß Wasser wohl das geeignetste Temperiermedium darstellt.

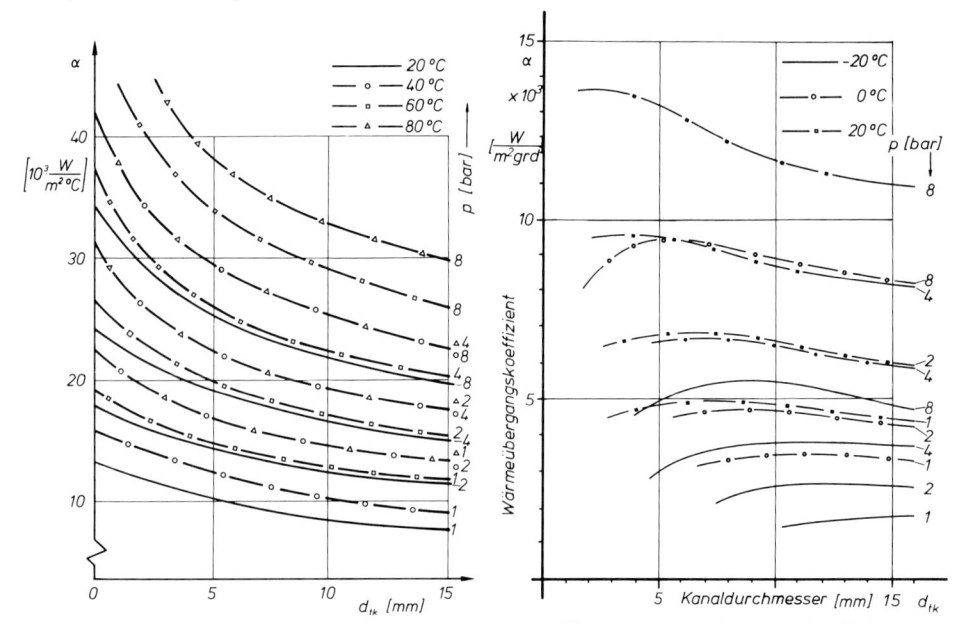

Bild 316 Wärmeübergangskoeffizient α, Temperiermedium Wasser [1]

Bild 317 Wärmeübergangskoeffizient α, Temperiermedium Sole 20% [1]

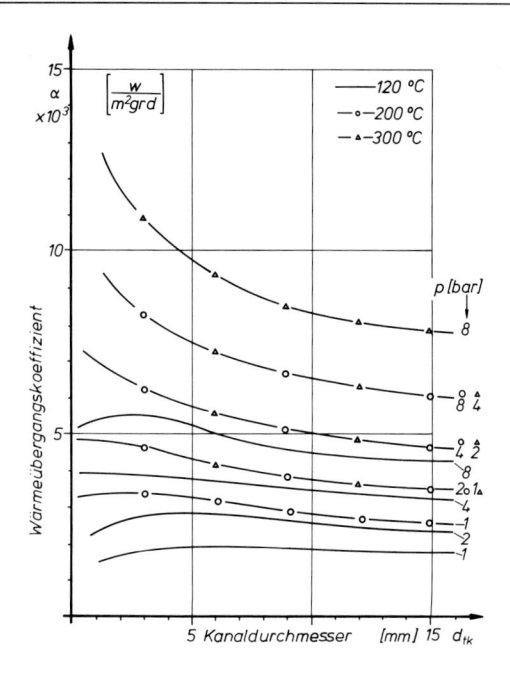

8.4 Die Wärmeströme und die Temperierleistung

Bild 318 Wärmeübergangskoeffizient α,
Temperiermedium Marlotherm S [1]

Der weiteren Ermittlung der Kanalabstände in einem Spritzgießwerkzeug liegen die in Bild 319 dargestellten Beziehungen zugrunde.

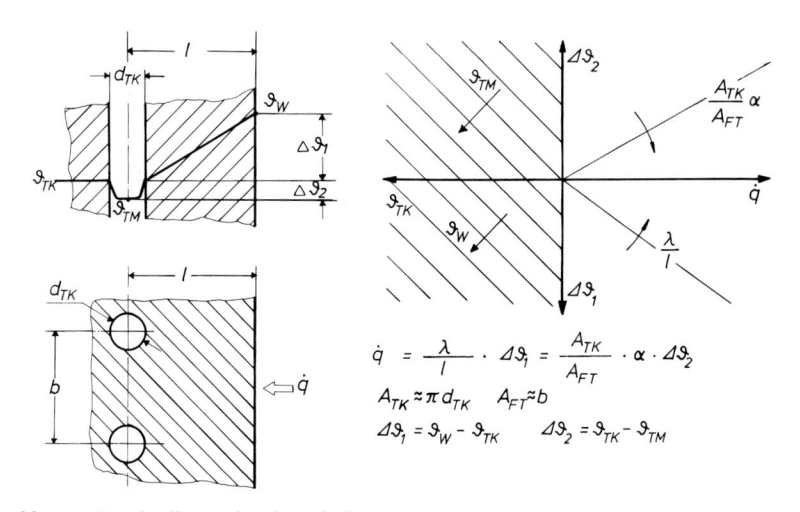

$$\dot{q} = \frac{\lambda}{l} \cdot \Delta\vartheta_1 = \frac{A_{TK}}{A_{FT}} \cdot \alpha \cdot \Delta\vartheta_2$$

$$A_{TK} \approx \pi d_{TK} \qquad A_{FT} \approx b$$

$$\Delta\vartheta_1 = \vartheta_W - \vartheta_{TK} \qquad \Delta\vartheta_2 = \vartheta_{TK} - \vartheta_{TM}$$

Bild 319 Beschreibung der thermischen Vorgänge (stationär) [1].
(Das Verhältnis A_{TK}/A_{FT} ist in Bild 321 dargestellt)
A_{FT} Formteiloberfläche, A_{TK} Oberfläche des Temperierkanals

Für die Dimensionierung kann das Bild 320 verwendet werden. Dem Beispiel in Bild 320 liegen als Vorgaben die mittlere Temperiermitteltemperatur von $\bar{\vartheta}_{TM} = 20\,°C$ und die mittlere Werkzeugtemperatur von $\bar{\vartheta}_W = 62\,°C$ zugrunde.

Das Verhältnis A_{TK}/A_{FT} ist in Bild 321 dargestellt.

310 8 Die thermische Auslegung

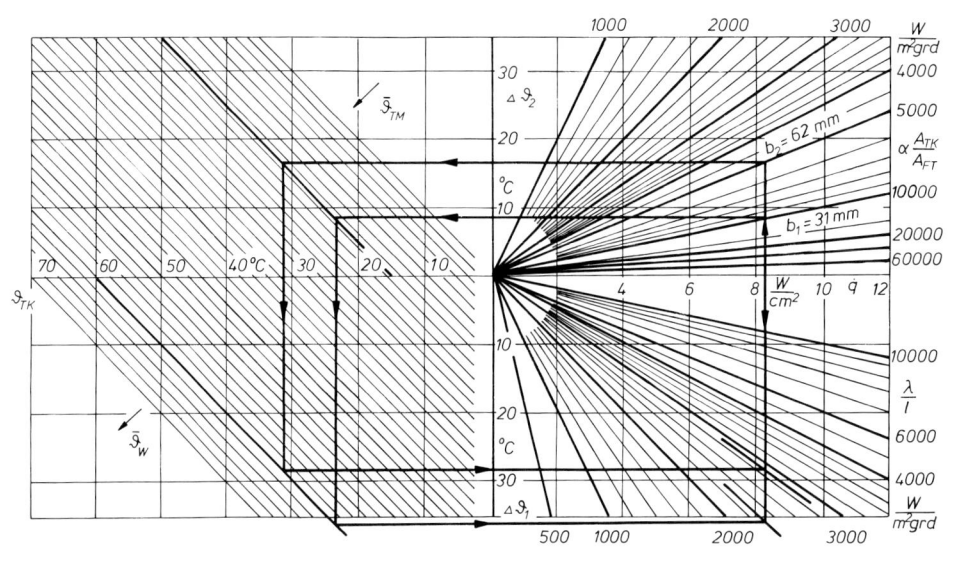

Bild 320 Bestimmung der thermischen Verhältnisse im Werkzeug [1]

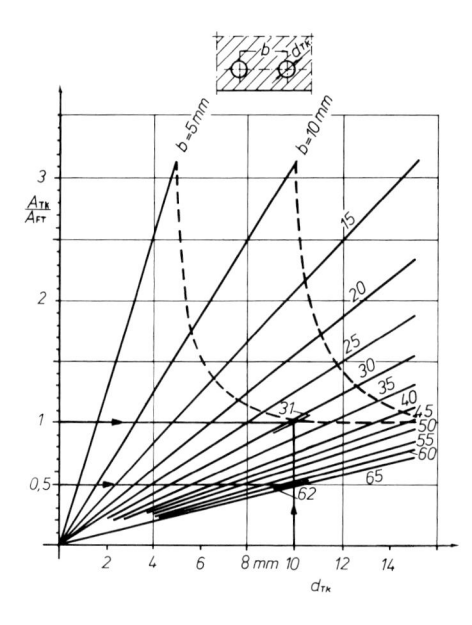

Bild 321 Ermittlung der Temperierkanalanordnung [1]

Der spezifische Wärmestrom q̇ verursacht infolge der Wärmeleitfähigkeit des Kanalabstandes l das Temperaturgefälle $\Delta \vartheta_1$

$$\dot{q} = \frac{\lambda_W}{l} \cdot \Delta \vartheta_1 \qquad (107)$$

$\bar{\vartheta}_W$ mittlere Wandtemperatur,

$$\Delta \vartheta_1 = \bar{\vartheta}_W - \vartheta_{TK} \qquad (108)$$

ϑ_{TK} Temperierkanalwandtemperatur.

8.4 Die Wärmeströme und die Temperierleistung

Der gleiche Wärmestrom wird vom Temperiermedium aufgenommen und führt in Abhängigkeit vom Wärmeübergangswiderstand zu der Temperaturdifferenz $\Delta\vartheta_2$.

$$\dot{q} = \alpha \cdot \Delta\vartheta_2 \qquad (109)$$

$$\Delta\vartheta_2 = \vartheta_{TK} - \vartheta_{TM} \qquad (110)$$

ϑ_{TM} Temperiermitteltemperatur.

Das Flächenverhältnis zwischen Temperierkanal A_{TK} und der anteiligen Formteiloberfläche A_{FT} beeinflußt die Wärmestromdichte $\dot{q}$ im gleichen Sinn wie α den Wärmeübergangswiderstand. Damit gilt:

$$\dot{q} = \frac{A_{TK}}{A_{FT}} \cdot \alpha \cdot \Delta\vartheta_2. \qquad (111)$$

Gl. (107) und (109) haben als gemeinsame Größen den spezifischen Wärmestrom $\dot{q}$. In Gl. (108) und (110) findet man die gemeinsame Temperierkanalwandtemperatur ϑ_{TK}. In einem 4-Quadrantendiagramm können somit entsprechend gemeinsame Abszissen gewählt werden (siehe Bild 319). Bis auf $\dot{q}$ und $\bar{\vartheta}_W$, die gemäß der Bilder 312 und 313 voneinander abhängig sind, lassen sich alle Parameter beliebig variieren. D.h. die geforderte geschlossene Lösung ist damit möglich. zwischen den Kanalabständen l und b muß bei einem konstanten spezifischen Wärmestrom ein funktionaler Zusammenhang bestehen, wobei der Abstand l aus dem Wärmeleitwiderstand $\dfrac{\lambda_W}{l}$ mit der Wärmeleitfähigkeit des Werkzeugstoffs λ_W ausreichend genau ermittelt (Bild 322) werden kann, wenn man in dem Gültigkeitsbereich b = 2 bis 5 d_{TK} bleibt.

Der Abstand b ergibt sich aus dem vorgewählten Verhältnis der Kühlkanal- und Formteilfläche (z.B. $A_{TK}/A_{FT} = 0{,}5$ und 1), womit nun die Linie gleicher Temperierleistung

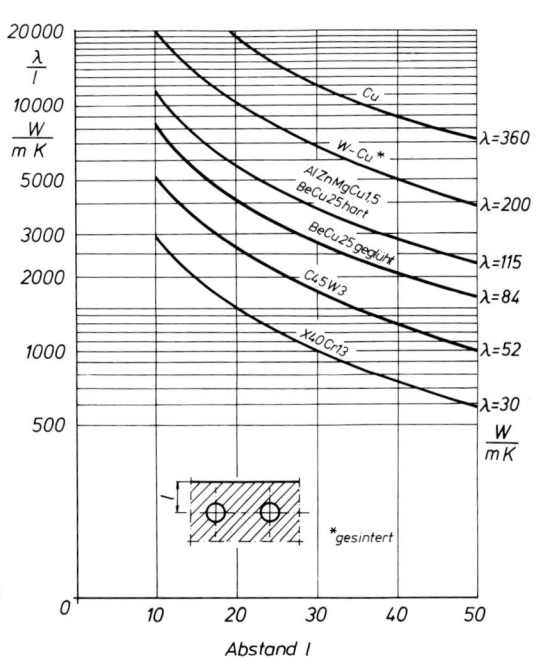

Bild 322 Bestimmung des Abstands Werkzeugwand-Temperierkanal [1]

ermittelt ist. Die Linie gleicher Temperierleistung bietet dem Konstrukteur eine Vielzahl von alternativen Kanalanordnungen, um Verschraubungen, Auswerferstiften usw. ausweichen zu können.

Der in Gl. (112) hergeleitete Abkühlfehler gibt Anhaltswerte über zu erwartende Abkühlfehler bzw. Entformungstemperaturinhomogenitäten im Formteil (Bild 323).

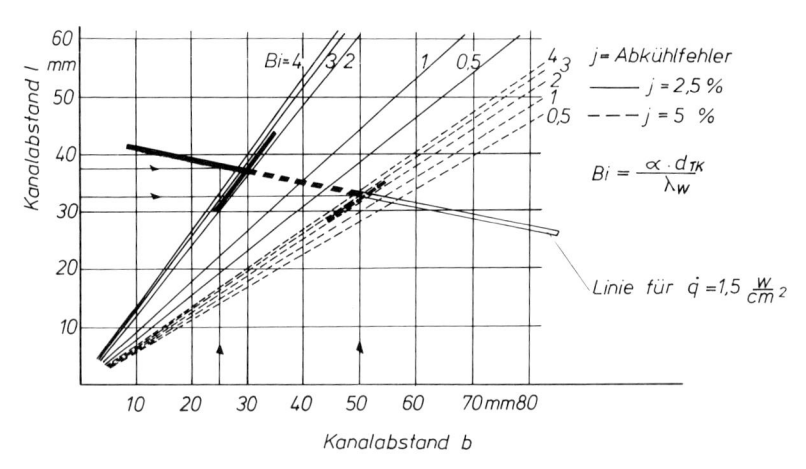

Bild 323 Mögliche Temperierkanalanordnung [1]

Hiermit ist der in Bild 323 aus Experimenten bestimmte Unterschied des Wärmetransportvermögens von der Formnestoberfläche zu einem gegenüber der zu kühlenden Länge b kleineren Kühlkanal mit Durchmesser d_K gemeint. Der Kühlfehler beträgt:

$$j = (q_{max} - q_{min})/\dot{q} \%, \tag{112a}$$

$$j = 2{,}4 \, Bi^{0,22} \left(\frac{b}{l_k}\right)^{2,8 \cdot k}, \tag{112b}$$

j Abkühlfehler,

$Bi = \dfrac{\alpha \cdot d_K}{\lambda_W}$ Biot-Kennzahl,

k $= \ln b/l$.

Gültigkeitsbereiche:

$j \leq 10\%$,

Kühlkanalabstände

$l = 1$ bis $5 \, d_K$,
$b = 2$ bis $5 \, d_K$.

Mit diesen Grundlagen kann die Kühlung ausgelegt werden, wobei zu beachten ist, daß
– die Rechnung auf zweidimensionaler Betrachtung aufbaut. Diese Vereinfachung kann im Bereich der äußeren Kanten und Ecken des Werkzeuges natürlich beachtliche Fehler bedingen, wenn dort z.B. bei hohen Werkzeugtemperaturen keine Isolation vorhanden ist. Es wurde daher eine rechnerische Korrektur vorgeschlagen (elektrische

Analogie [40]), die darin besteht, daß man aus einem zweiten Schnitt durch das Werkzeug, senkrecht zum ersten, in dem die Berechnung erfolgte, in gleicher Weise den spezifischen Wärmestrom errechnet und damit den wahren Wärmestrom abschätzt.

In praktischen Fällen hat sich bei Werkzeugen bis ca. 100° gezeigt, daß die Fehler bei nur zweidimensionaler Rechnung vernachlässigbar sind. Das hat gute Gründe, denn man liegt mit der zweidimensionalen Rechnung auf der sicheren Seite und die Rechnung enthält zwangsläufig eine Reihe von weiteren Annahmen, wie Temperiermitteltemperatur, Wärmeübergangskoeffizient in den Kühlkanälen, die leider zur unsicheren Seite hin liegen. Man kann also davon ausgehen, daß der Fehler durch zweidimensionale Rechnung die anderen Fehler im Sinne einer sicheren Auslegung kompensiert.

– Die vorgestellte Rechnung liefert keine Aussagen über die Kühlwirkung an extremen Stellen, wie Formteilecken. Hierfür ist eine gesonderte Betrachtung notwendig (vgl. Abschnitt 8.5).

8.4.3 Berechnungsablauf

8.4.3.1 Globale Berechnung

Als erster Anhaltswert zur thermischen Auslegung des Temperiersystems kann, wenn man sich nicht ganz auf Erfahrungen verlassen will, eine einfache analytische Berechnung (Grobauslegung) (vgl. Abschnitt 8.4) verwendet werden, wobei das Formteil vereinfacht als Platte betrachtet wird. Sie ergibt mit kurzen Rechenzeiten Ergebnisse über Temperaturen, Wärmeströme und Temperierungsgeometrie und bildet einen guten Startwert für die segmentbezogene Berechnung.

Die segmentbezogene Berechnung des Innenbereichs berücksichtigt unterschiedliche Formteilbereiche und Temperierelemente und wird zur genaueren Berechnung des Temperiersystems verwendet (vgl. Abschnitt 8.5.2).

Der Außenbereich des Werkzeugs kann ebenfalls durch eine segmentbezogene Berechnung untersucht werden. Voraussetzung dabei ist die genauere Kenntnis der Werkzeugaußenabmessungen. Diese Berechnung dient insbesondere zur Kontrolle des Wärmestroms mit der Umgebung nach der mechanischen Auslegung und Dimensionierung des Werkzeugs und zur Optimierung der Werkzeugisolation.

8.4.3.2 Analytische thermische Berechnung

Die analytische thermische Berechnung kann in einzelne Auslegungsschritte unterteilt werden (Bild 324). In der Kühlzeitberechnung wird die erforderliche Zeit zum Abkühlen eines Formteilbereichs von Masse- auf Entformungstemperatur bei vorgegebener Werkzeugwandtemperatur ermittelt. Mit den Berechnungsgleichungen für unterschiedliche Geometrien (Abschnitt 8.3.4) können für verschiedene Formteilbereiche, für die nach Ablauf der Kühlzeit zum Entformen und Auswerfen Dimensionsstabilität vorliegen muß, Kühlzeiten berechnet werden. Entscheidend für die weitere Auslegung ist der größte in diesen Berechnungen ermittelte Wert.

Bei der Wärmestrombilanz wird unter Berücksichtigung des zusätzlich zugeführten Wärmestroms, des Wärmeaustausches mit der Umgebung unter Berücksichtigung eventuel-

	Auslegungsschritt		Kriterien
1	Kühlzeit-berechnung	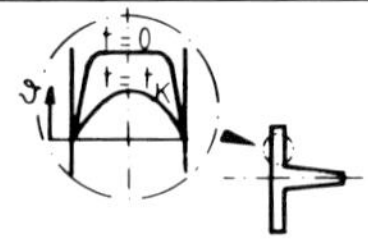	• Minimale Zeit zur Abkühlung von Masse- auf Entformungstemperatur
2	Wärmestrombilanz	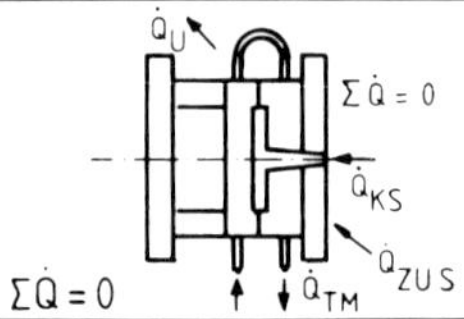	• Erforderlicher Wärmestrom mit dem Temperiermittel
3	Temperiermitteldurchsatz	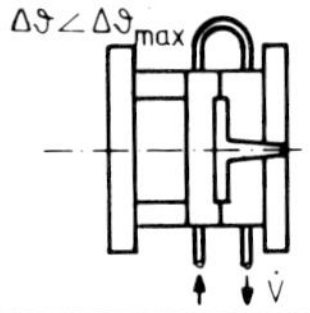	• Homogene Temperierung über der Temperierkreislänge
4	Temperierkanaldurchmesser	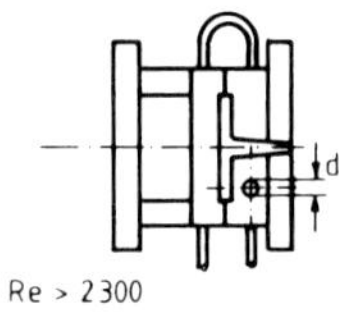	• Turbulente Strömung
5	Lage der Temperierkanäle	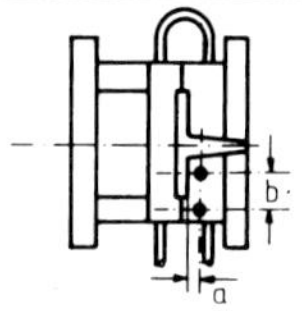	• Wärmestrom • Homogenität
6	Druckverlustberechnung	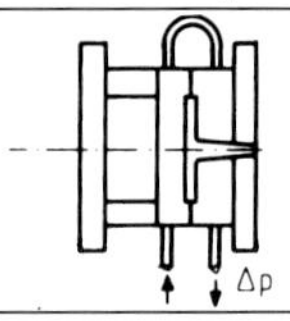	• Auswahl des Temperiergerätes • Änderung des Durchmessers oder des Volumenstromes

Bild 324 Schritte der analytischen thermischen Berechnung [2]

ler Isolationen der erforderliche Wärmestrom, den das Temperiermittel aufzunehmen hat, berechnet. Der Wärmestrom mit der Umgebung wird über Abschätzung der Werkzeugaußenabmessungen und der Werkzeugoberflächentemperatur berechnet. Als Näherungswert kann für letztere die zunächst vorzugebende Temperiermitteltemperatur verwendet werden.

Die Wärmestrombilanz ergibt nicht nur Informationen über den Betriebsbereich, den die Temperierung abzudecken hat, sondern auch Hinweise auf Probleme in der weiteren Auslegung. Hohe Wärmeströme, die mit dem Temperiermittel ausgetauscht werden und die insbesondere bei dünnen, großflächigen Formteilen aus teilkristallinen Kunststoffen auftreten, erfordern einen hohen Temperiermitteldurchsatz und ergeben damit hohe Druckverluste im Temperiersystem. Die Verwendung mehrerer Temperierkreise kann dabei vorteilhaft sein. Niedrige Wärmeströme, die mit dem Temperiermittel ausgetauscht werden, können bei üblichen Temperierkanaldurchmessern zu laminarer Strömung bei geringen Volumenströmen führen. Deswegen sollten in diesem Fall höhere Volumenströme, als sie sich aus dem Kriterium der Temperaturdifferenz zwischen Temperiermittelein- und -austritt ergeben, realisiert werden. Nach der Berechnung des Temperiermitteldurchsatzes ergibt die Forderung nach turbulenter Strömung einen oberen Grenzwert des Durchmessers.

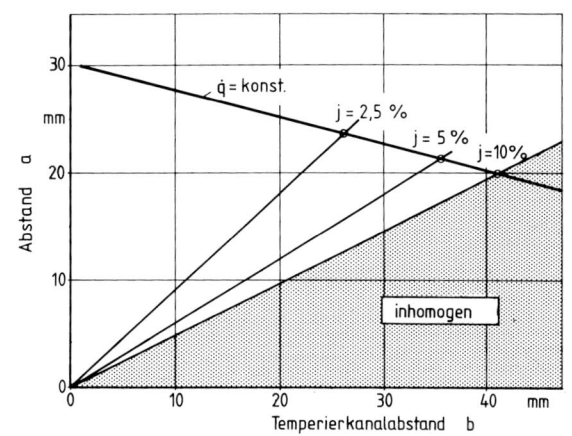

Bild 325 Lage der Temperierkanäle und Homogenität [2]

Die Lage der Temperierkanäle zueinander sowie deren Abstand von der Formteiloberfläche ergeben sich aus der Forderung nach Realisierung des berechneten Wärmestroms unter Einhaltung der Homogenitätsgrenzen (Bild 325). Die Berechnung kann unter verschiedenen Vorgaben erfolgen:
– Vorgabe des Abkühlfehlers und Berechnung der Abstände,
– Vorgabe des Abstands von der Formteiloberfläche,
– Vorgabe des Abstands der Kanäle zueinander,
– Vorgabe der temperierenden Gesamtkanallänge,
– Vorgabe beider Abstände und Berechnung der erforderlichen Temperiermitteltemperatur. In diesem Fall ist jedoch eine erneute Wärmestrombilanz erforderlich.

Als zusätzliche Option ist die Berechnung einer Tabelle vorteilhaft, die Punkte der in Bild 325 dargestellten Funktionen beschreibt. Sie ermöglicht es, die Lage einzelner Temperierkanäle dem Werkzeugentwurf so anzupassen, daß z. B. Trennebenen oder Auswerferstifte nicht verlegt werden müssen.

Bei der analytischen thermischen Berechnung wird die Formteilgeometrie zu einer Platte vereinfacht, die gleiches Volumen und gleiche Oberfläche wie das Formteil besitzt. Mit dem Ergebnis kann der Innenbereich des Werkzeugs durch die Berechnung des Abstands zwischen den Temperierkanälen, der gleich der Segmentbreite ist, segmentiert werden.

Aus der Lage der Temperierkanäle können die Gesamtlänge des Temperiersystems, die Länge der Zuleitungen, die Anzahl von Ecken, Krümmern und Anschlüssen in der Werkzeugskizze ermittelt werden. Mit diesen Angaben ist dann die Berechnung des Druckverlusts und der erforderlichen Temperiergeräteleistung möglich. Ebenso kann bei Vorgabe eines zulässigen Druckverlusts der minimale Kanaldurchmesser oder der maximale Volumenstrom berechnet werden.

Zu beachten ist, daß ein großer Anteil des Druckverlusts nicht allein durch die Temperierkanäle im Werkzeug entsteht und daß Zuleitungen, Anschlüsse und Umlenkungen mitberücksichtigt werden müssen.

8.4.3.3 Segmentierte Berechnung

Mit der segmentierten Berechnung können einerseits einzelne kritische Bereiche der Kühlung überprüft werden, andererseits kann man damit das gesamte Werkzeug auslegen. Das Ergebnis einer segmentbezogenen Berechnung, für die ein Rechenprogramm für Minirechner entwickelt wurde [2], ist in Bild 326 dargestellt. Anhand des dort ausgeführten Beispiels kann die Codierung der Segmente und der Ablauf der Rechnung nachvollzogen werden.

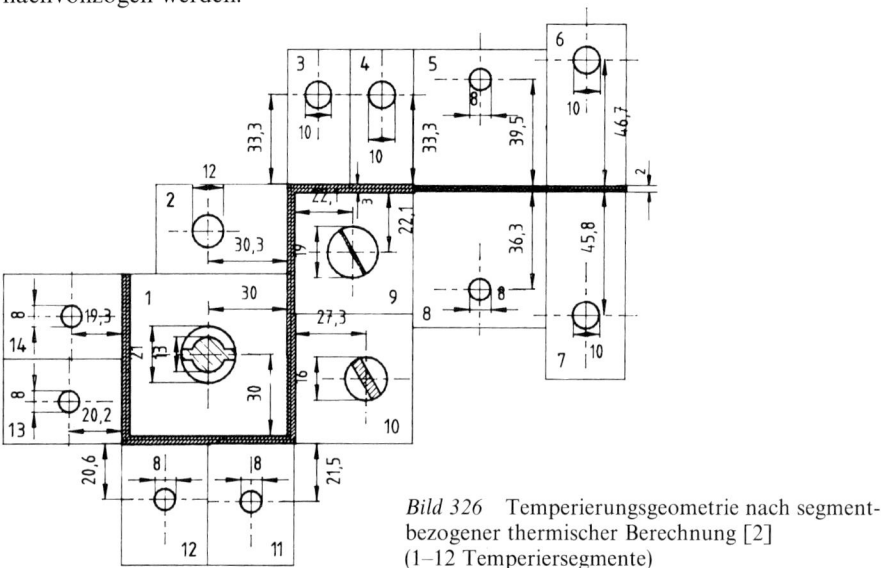

Bild 326 Temperierungsgeometrie nach segmentbezogener thermischer Berechnung [2]
(1–12 Temperiersegmente)

8.5 Auslegung der Kühlung an kritischen Formteilpartien

Die in Abschnitt 8.4.2 behandelte globale Auslegung des Kühlkreislaufs bedarf oft einer weiteren Detaillierung. Unterschiedliche Abkühlgeschwindigkeiten von Ort zu Ort führen zu unterschiedlichen Erstarrungszeiten und damit zu unterschiedlichen Schwindungen und Eigenspannungen, da die verschiedenen Formteilbereiche bei verschiedenen Drücken erstarren und die später erstarrenden Bereiche durch diese an der Schwindung gehindert werden.

So führen vor allem die Flächenunterschiede an Formteilecken zu erheblichen Unterschieden, zu großen Abkühlgeschwindigkeiten in den Konvexbereichen und niedrigen Geschwindigkeiten in den Konkavbereichen [43, 44] (vgl. Bild 327).

Nach dem Einspritzvorgang erstarrt die Schmelze an den Rändern, und das Temperaturmaximum liegt noch in der Mitte. Im Laufe der Zeit erstarrt mehr Schmelze an der Außenseite einer Ecke als an der Innenseite. Der Grund dafür ist, daß an der Konvexseite mehr Wärme abgeführt werden kann als an der Konkavseite (Wärmeaustauschflächen sind unterschiedlich groß). In Bild 327 sieht man, daß die Restschmelze nicht mehr in der Mitte bleibt, sondern zur Konkavseite wandert. Gegen Ende der Abkühlung liegt die zuletzt erstarrende Schmelze in der Nähe der Innenseite.

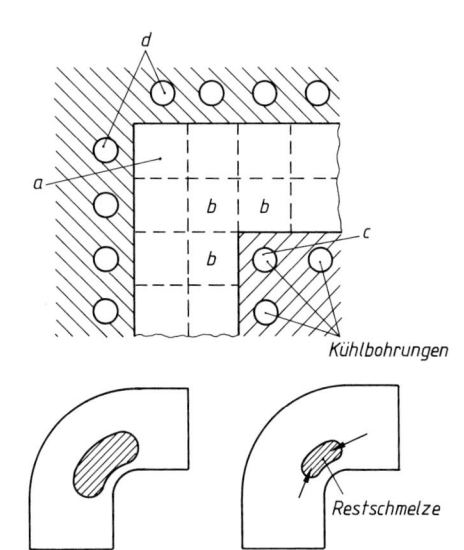

Bild 327 Erstarren der Schmelze in einer Formteilecke [1].
Im oberen Bild erkennt man, daß dem äußersten Rechteckbereich a an der Konvexseite zwei Kühlbohrungen d zugeordnet werden können. Im Konkavbereich ist dies nicht möglich; drei Rechteckbereichen b läßt sich nur eine Kühlbohrung c zuordnen. Dementsprechend wandert die Restschmelze zur Konkavseite

Beim Erstarren der Restschmelze tritt hier ein Materialdefizit auf, da die Schwindung nicht durch nachdrückendes Material ausgeglichen werden kann. D.h., es entstehen entsprechende Zugspannungen. Diese Spannungen werden vom Werkzeug aufgefangen, solange sich das Formteil darin befindet. Mit der Entformung fallen die äußeren Spannungen weg, und es stellt sich im Formteil ein Gleichgewicht unter Formänderung ein. Diese Formänderung kann sich als Formteilverzug auswirken. Darüber hinaus können sich gegebenenfalls Lunker bzw. Einfallstellen oder auch spontan Risse bilden. Das verzögerte Erstarren im Kern des Formteils ist verständlicherweise nicht zu vermeiden, da immer von außen nach innen abgekühlt werden muß. Der Verzug läßt sich jedoch vermeiden, indem die Restschmelze und damit die Schwindungskräfte in die Symmetrieebene verlagert werden. Damit entsteht am Querschnitt ein Kräftegleichgewicht, wenn die letzte Erstarrung in der Formteilmitte stattfindet.

Die für verzugsfreie Formteile notwendige Lage des Temperaturmaximums liegt also in der Formteilmitte und teilt das Formteil in zwei Bereiche mit gegenläufigen Wärmetransportrichtungen. Zur Vermeidung von Formteilverzug während der Abkühlung ist daher immer eine Anpassung der Wärmeströme vor allem im Bereich der Ecken zu empfehlen. Sie könnte sich sogar hierauf beschränken.

8.5.1 Empirische Korrektur der Eckenkühlung

Man zeichnet sich in einem vergrößerten Maßstab die Formteilecke und die vorgegebenen Kühlkanäle auf ein Blatt. Dann wird, wie dies Bild 327 zeigt, der Formteilquerschnitt in gleich große Rechtecke mit der Kantenlänge S/2 (halbe Wanddicke) und dem Abstand der Kühlbohrungen eingeteilt und zwar so, daß damit die Fläche beschrieben wird, welche von einer Bohrung aus gekühlt werden soll (Kühlsegment). Durch Anpassen und Flächenvergleich wird dann an der Ecke außen entweder eine Bohrung eliminiert oder die Bohrungen so verschoben, daß gleiche Abkühlflächen (Bohrungen zu Rechtecken) entstehen.

8.5.2 Segmentierte Feinauslegung

Unter Segmenten werden Abschnitte des Temperierungszustands verstanden, die geometrisch identisch sind [2].

8.5.2.1 Wärmeleitwiderstände der Segmente

Temperaturen und Wärmeströme können mit Wärmewiderständen in Analogie zum Ohmschen Gesetz verknüpft werden. Dem elektrischen Strom entspricht dabei der Wärmestrom, der Spannung (Potentialdifferenz) eine Temperaturdifferenz. Entsprechend dem elektrischen Widerstand kann ein Wärmewiderstand analog dem Ohmschen Gesetz definiert werden:

$$WW = \frac{\Delta \vartheta}{\dot{Q}}. \tag{113}$$

Die Anwendung der elektrischen Analogie auf die thermischen Vorgänge im Werkzeug zeigt Bild 328 für den Betriebsbereich der verminderten Kühlung. Der vom Formteil zugeführte Wärmestrom fließt aufgrund der Temperaturdifferenz zwischen Werkzeugwand und Temperierkanaloberfläche zu dieser. Als Widerstand dieses Wärmeleitvorgangs wird der Wärmeleitwiderstand (WLW) benutzt, der alle geometrischen Größen dieses Werkzeugbereichs und die Wärmeleitfähigkeit des Werkzeugstoffs enthält. Der Wärmestrom teilt sich an der Temperierkanalwand in den Wärmestrom, der über einen Wärmeübergangswiderstand (WÜV) zum Temperiermittel fließt und den Wärmestrom zur Umgebung. Dieser fließt über einen weiteren Wärmeleitwiderstand zur Werkzeugaußenfläche und von dort über Wärmeleit-, Wärmeübergangs- und Wärmestrahlungswiderstand zur Umgebung.

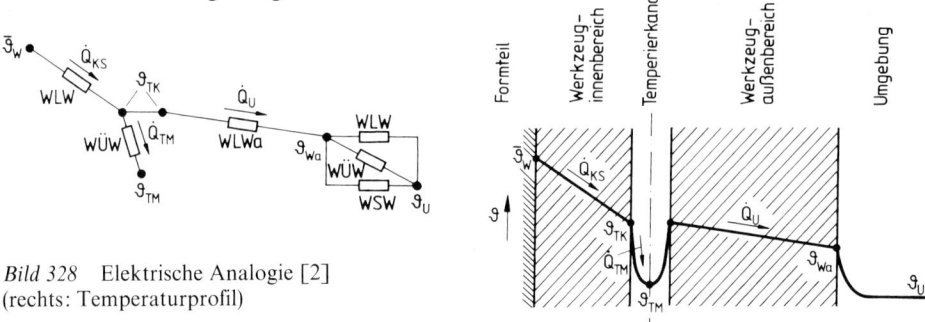

Bild 328 Elektrische Analogie [2]
(rechts: Temperaturprofil)

Grundlage der Segmentierung bei der thermischen Berechnung des Innenbereichs ist die Überlegung, daß in unterschiedlichen Temperierelementen (Kanal, Rohrkühlfinger, etc.) unterschiedliche Wärmeübergangswiderstände vorliegen. Deshalb wird so segmentiert, daß jedes Segment jeweils ein Temperierelement enthält. Zur Berücksichtigung unterschiedlicher Formteilbereiche müssen zusätzlich unterschiedliche Segmenttypen vorliegen (Bild 329).

Für den häufig verwendeten Segmenttyp 1 (Platte) kann als erste Näherung der Wärmeleitwiderstand einer Wand angesetzt werden [1]:

$$WLW = \frac{1}{L^* \cdot \lambda_W} \cdot \left(\frac{1}{b}\right). \tag{114}$$

---
* L in den Formeln 114 bis 116 bedeutet a aus Bild 329

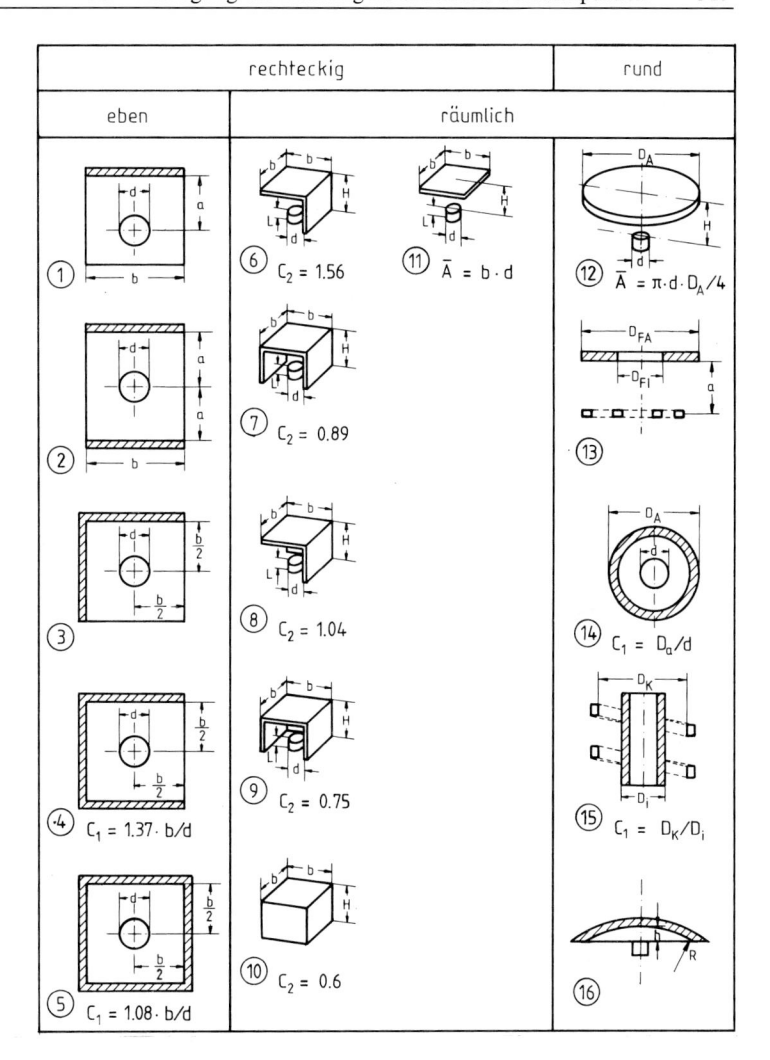

8.5 Auslegung der Kühlung an kritischen Formteilpartien

Bild 329
Segmenttypen [2]

Eine Berücksichtigung des Durchmessereinflusses und die Übertragung auf andere Segmenttypen ermöglicht ein sinh-Ansatz [15, 3]:

$$\text{WLW} = \frac{1}{2 \cdot \pi \cdot L \cdot \lambda_W} \cdot \ln\left\{\frac{2 \cdot b}{\pi \cdot d} \cdot \sinh\left(\frac{2 \cdot \pi \cdot l}{b}\right)\right\}. \tag{115}$$

Ein Vergleich mit Meßwerten [45] und Berechnungen mit einem Differenzenverfahren [46] zeigen noch Abweichungen (Bild 330), die durch eine Korrektur beseitigt werden können:

$$\text{WLW} = \frac{1}{2 \cdot \pi \cdot L \cdot \lambda_W} \cdot \left\{\ln\left[\frac{2 \cdot b}{\pi \cdot d} \cdot \sinh\left(\frac{2 \cdot \pi \cdot l}{b}\right)\right] \right.$$
$$\left. + \ln\left[1 - \exp\left(-0{,}3 \cdot \left[\frac{b}{d}\right]^{2{,}13}\right)\right]\right\}. \tag{116}$$

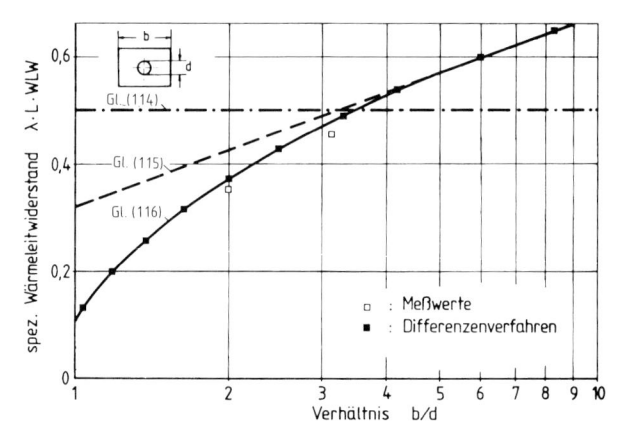

Bild 330 Gemessene und berechnete Wärmeleitwiderstände (Segmenttyp 1) [2]

Diese Gleichung kann ebenfalls für den Segmenttyp 13 (Bild 329) verwendet werden. Für andere Segmenttypen können die Wärmeleitwiderstände mit nachfolgenden Gleichungen ermittelt werden [15, 45]:

Segmenttyp 2 (Bild 329) (Parallele Platten):

$$WLW = \frac{1}{2 \cdot \pi \cdot L \cdot \lambda_W} \cdot \ln\left[0{,}136 \left(\frac{b}{d}\right) \cdot \sinh\left(\frac{2 \cdot \pi \cdot l}{b}\right)\right], \tag{117}$$

Segmenttyp 3 (Bild 329) (Winkel)

$$WLW = \frac{1}{2 \cdot \pi \cdot L \cdot \lambda_W} \cdot \ln\left\{\ln\left[\frac{b}{d}\right] + 0{,}82 \left[1 - \exp\left(-0{,}7 \left[\frac{b}{d}\right]^2\right)\right]\right\}. \tag{118}$$

Die Segmenttypen 4, 5, 14 und 15 (Bild 329) können mit einer Gleichung der Form:

$$WLW = \frac{1}{2 \cdot \pi \cdot L \cdot \lambda_W} \cdot \ln(C_1) \tag{119}$$

beschrieben werden (C_1: siehe Bild 329).

Für Anschlußstücke (Segmenttypen 6 bis 10) kann [47] eine Gleichung der folgenden Form verwendet werden:

$$WLW = \frac{1}{A_{FT} \cdot \lambda_W} \cdot \left\{C_2 + 1{,}62 \left[\frac{H}{b}\right] + 0{,}336 \cdot \ln\left[0{,}32 \left(\frac{b}{d}\right)\right]\right\}. \tag{120}$$

Dabei stellt A_{FT} die Formteiloberfläche dar und C_2 eine segmenttypabhängige Konstante (Bild 329).

Die Wärmewiderstände der Segmenttypen 11 und 12 können über eine gemittelte Durchtrittsfläche berechnet werden ($\bar{A}$: siehe Bild 329):

$$WLW = \frac{H}{\bar{A} \cdot \lambda_W}. \tag{121}$$

Der Segmenttyp 16 (Bild 329) kann über das Volumenverhältnis ψ des Hohlkugelabschnitts zum Gesamtvolumen der Hohlkugel berechnet werden:

$$\text{WLW} = \frac{1}{4 \cdot \pi \cdot \psi \cdot \lambda_W} \cdot \left\{ \frac{1}{R-h} - \frac{1}{R} \right\}, \tag{122}$$

$$\psi = \frac{\text{Volumen des Hohlkugelabschnittes}}{\text{Volumen der gesamten Hohlkugel}}.$$

Gleichungen für rechteckige Kanäle, weitere Segmente und den Bereich zwischen Temperierkanälen und den Werkzeugaußenflächen sind in [15, 48] aufgeführt.

Bei der Berechnung der Segmente müssen neben unterschiedlichen Wärmeleitwiderständen auch die unterschiedlichen zu kühlenden Formteilvolumina berücksichtigt werden. So muß z. B. im Segmenttyp 5 (Rechteckhülse, Bild 329) entsprechend Gl. (81 b) durch das größere Formteilvolumen ein 4fach höherer Wärmestrom als im Segmenttyp 1 (Platte, Bild 329) fließen.

Zur Berechnung des Außenbereichs werden Segmenttypen ohne Temperierelemente verwendet [15], die in Reihe geschaltet sind. Als Segmenttypen werden Kegel- und Pyramidenstümpfe (Bild 353) sowie runde und rechteckige Platten mit oder ohne Isolation der Seitenflächen verwendet. Die Wärmewiderstände ergeben sich für Platten aus Gl. (114), für Stümpfe aus der Integration der differentiellen Anwendung dieser Gleichung [15]. Segmenttypen mit Wärmeabfuhr an den Seitenflächen können durch Unterteilung in Berechnungsschritte erfaßt werden [48].

8.5.2.2 Wärmeübergangswiderstände der Temperierelemente

Die Segmente zur thermischen Auslegung können mit verschiedenen Temperierelementen kombiniert werden (Bild 331). Für jedes Temperierelement kann der Wärmeübergangswiderstand berechnet werden, der sich allgemein ergibt zu:

$$\text{WÜW} = \frac{1}{\alpha \cdot A_{TK}}, \tag{123}$$

A_{TK} wärmeabführende Oberfläche.

Der Wärmeübergangskoeffizient kann über die Verknüpfung der Nusselt-, Reynolds- und Prandtl-Zahl berechnet werrden [49]:

$$\alpha = \frac{\lambda_{TM}}{d_h} \{0{,}0235 \cdot [Re^{0{,}8} - 230] \cdot [1{,}8 \cdot Pr^{0{,}3} - 0{,}8]\} \cdot K_f, \tag{124}$$

d_h hydraulischer Durchmesser ($= 4 \times$ Durchtrittsfläche/benetzter Umfang),
λ_{TM} Wärmeleitfähigkeit des Temperiermittels,
K_f Korrekturfaktor.

$$Re = \frac{4 \cdot \dot{V}}{\pi \cdot \nu \cdot d_h}, \tag{125}$$

$$Pr = \frac{\nu \cdot \rho \cdot C_p}{\lambda_{TM}}. \tag{126}$$

Die Gl. (124) gilt für den turbulenten Strömungsbereich, in dem der Wärmeübergang wesentlich besser als im laminaren Strömungsbereich (Re < 2 300) ist. Ein weiterer Nachteil des laminaren Strömungsbereichs ist das Umschlagen in turbulente Strömungen

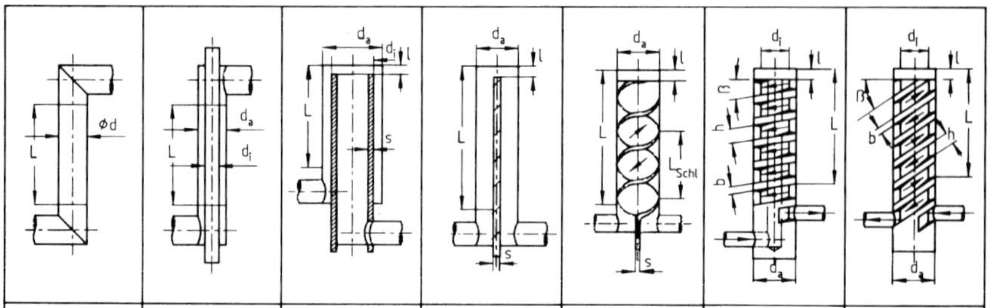

einfacher Kanal	Temperier- kanal mit eingesetz- tem Zylinder	Rohrkühl- finger	Temperier- kanal mit geradem Trennblech	Temperier- kanal mit verdrilltem Trennblech	eingängiger Spiralkühl- finger	doppel- gängiger Spiralkühl- finger
$d_h = d$	$d_h = d_A - d_i$	für $s \ll d_a$: $d_h = 0.611 d_a$			$d_h = \dfrac{2h(d_a - d_i)}{2h + (d_a - d_i)}$	
$A_{TK} = \pi d L$	$A_{TK} = \pi d_a L$		$A_{TK} = (\pi d_a - 2s)L$		$A_{TK} = \dfrac{4hL}{\sin 2\beta}$	
$K_{fg} = 1$	$K_{fg} = (1 - 0.1 \dfrac{d_i}{d_a})$	$K_{fg} = 1.4$	$K_{fg} = 1 + 4.33 \dfrac{d_a}{L_{Schl}}$		$K_{fg} = 1 + \dfrac{7.08 d_h}{(d_a + d_i)}$	
		$d_i \approx 0.7 \cdot d_a$ $l \approx 0.17 \cdot d_a$	$l \approx 0.4 \cdot d_a$		$l \approx 0.25 \cdot d_h$	$l \approx \dfrac{h(d_a - d_i)}{2 d_a}$

Bild 331   Temperierelementtypen [2]

nach Ecken und Querschnittsänderungen, wodurch über eine bestimmte Länge nach diesen ein besserer Wärmeübergang erfolgt. Aus der Forderung nach turbulenter Strömung ergibt sich ein oberer Grenzwert des Durchmessers:

$$d < \frac{4 \cdot \dot{V}}{\pi \cdot 2300 \cdot \nu}. \tag{127}$$

Übliche Temperierkanaldurchmesser liegen bei vielen Anwendungsfällen weit unter diesem Grenzwert. Für Wasser bei 20 °C muß bei diesen erst ab Volumenströmen unter 2 l/min mit dem Auftreten laminarer Strömung gerechnet werden.

Mit dem Korrekturfaktor K_f können berücksichtigt werden:

– die Temperaturleitfähigkeit der dynamischen Zähigkeit:

$$K_{f_\eta} = \left[\frac{\eta_{(\vartheta)}}{\eta_{(\vartheta_{TK})}} \right]^{0,14}. \tag{128}$$

$\eta_{(\vartheta)}$ dynamische Zähigkeit bei einer zwischen Ein- und Austrittstemperatur gemittelten Temperatur,
$\eta_{(\vartheta_{TK})}$ dynamische Zähigkeit bei der Temperierkanalwandtemperatur;

– Anlaufvorgänge

$$K_{f_e} = \left(\frac{d}{L} \right)^{2/3} + 1, \tag{129}$$

– Korrektur bei nichtkreisförmigen Querschnitten K_{fg} (siehe Bild 331).

Der Korrekturfaktor K_f ergibt sich als Produkt dieser Anteile:

$$K_f = K_{f_n} \cdot K_{f_e} \cdot K_{f_g}. \tag{130}$$

Für verschiedene Temperierelemente wurden die in Bild 331 dargestellten Berechnungsgleichungen hergeleitet [15] und mit Versuchen bestätigt [45]. Der Einfluß des Kühlfingerabstands l zeigt erst bei geringen Volumenströmen (<4 l/min) merklichen Einfluß auf den Wärmeübergangswiderstand. Geringe Kühlfingerabstände ergeben jedoch stark erhöhte Druckverluste durch Änderung der Strömungsgeschwindigkeit. Die in Bild 331 angegebenen Kühlfingerabstände ergeben sich aus der Forderung nach gleicher Strömungsgeschwindigkeit und bestätigten sich in Versuchen als günstiges Dimensionierungskriterium.

8.5.2.3 Homogenität

Ziel der thermischen Auslegung ist neben der Realisierung des erforderlichen Wärmestroms zur Einhaltung der vorgegebenen Werkzeugwandtemperatur die homogene Abkühlung des Formteils. Es gibt nun verschiedene Kombinationen von l (Abstand Formteil – Temperierelement) und b (Abstand zwischen den Temperierelementen), die die gleiche Temperaturdifferenz ergeben:

- kleine Werte für b (viele Temperierelemente) erfordern große Abstände l,
- große Werte für b (wenig Temperierelemente) erfordern kleine Abstände l.

Beide Anforderungen sind von der thermischen Leistung her gleichwertig. Die Gleichmäßigkeit (Homogenität) der Formteilkühlung ist jedoch verschieden und im 2. Fall geringer. Als Maß für die Homogenität kann der Abkühlfehler j benutzt werden [1], der über lokale Wärmestromdifferenzen definiert ist (Bild 332):

$$j = \frac{\dot{q}_{max} - \dot{q}_{min}}{\bar{\dot{q}}} \; [\%]. \tag{131}$$

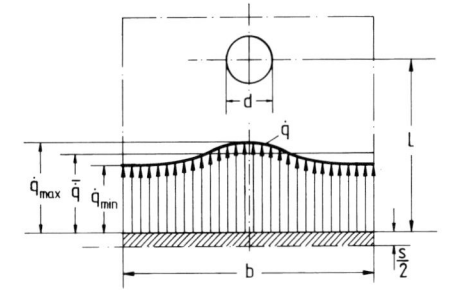

Bild 332 Wärmestromverteilung im Segment [2]

Für das Segment Platte mit Temperierkanal ergaben Untersuchungen [50]:

$$j = 2{,}4 \cdot Bi^{0,22} \cdot \left(\frac{b}{a}\right)^{2,8 \cdot \left[\ln\left(\frac{b}{l}\right)\right]}, \tag{132}$$

mit

$$Bi = \frac{\alpha \cdot d}{\lambda_w}. \tag{133}$$

Für teilkristalline Kunststoffe sollte dabei der Abkühlfehler maximal 2,5% bis 5%, für amorphe Kunststoffe maximal 5% bis 10% betragen, um inhomogene Formteileigenschaften (z.B. Welligkeit, Glanzunterschiede) zu vermeiden [1].

Der Abkühlfehler wurde [50] aus Versuchen mit einem elektrischen Analogiemodell (Widerstandspapier) ermittelt. Ähnliche Versuche an geheizten Modellkernen [45] ergaben über Temperaturmessungen einen Temperaturfehler j′:

$$j' = \frac{\vartheta_{W,max} - \vartheta_{W,min}}{\bar{\vartheta}_W - \vartheta_{TM}}. \tag{134}$$

Der Temperaturfehler liegt um etwa 4% höher als der Abkühlfehler. Gegenüber dem Segment 1 (Platte Bild 329) ergeben sich für andere Segmenttypen höhere Abkühlfehler:

Segmenttyp 2 (parallele Platten Bild 329): $j_2 \sim j + 2\%$,
Segmenttyp 3 (Winkel Bild 329): $j_3 \sim j + 30\%$,
Segmenttyp 4 (U-Profil Bild 329): $j_4 \sim j + 24\%$,
Segmenttyp 5 (Rechteckülse Bild 329): $j_5 \sim j + 16\%$.

Bei den Abschlußsegmenten müssen drei unterschiedliche Temperaturfehler berücksichtigt werden (Bild 333). Mit steigendem Abstand h sinkt zwar der Temperaturfehler am Kopf des Kernes (j'_1), der Temperaturfehler über der Länge des Kernes (j'_2) steigt jedoch. Für Geometrieverhältnisse h/w = 0,55 bis 0,65 erreicht der gesamte Temperaturfehler j'_3 ein Minimum und die einzelnen Temperaturfehler j'_1 und j'_2 liegen in gleicher Größenordnung. Daher ist dieser Bereich als ein Auslegungsziel anzusehen [47].

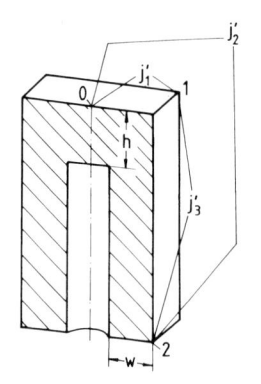

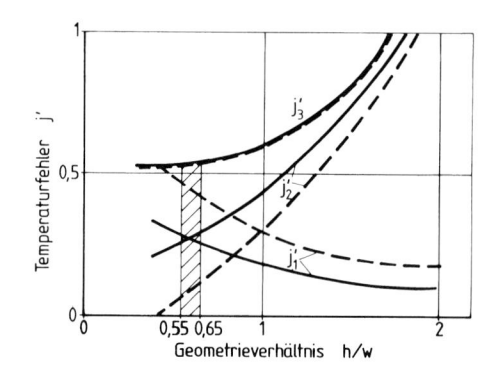

Bild 333 Temperaturfehler in Abschlußsegmenten [2]

$$j'_1 = \frac{\vartheta_1 - \vartheta_0}{\bar{\vartheta}_W - \bar{\vartheta}_{TM}},$$

$$j'_2 = \frac{\vartheta_2 - \vartheta_0}{\bar{\vartheta}_W - \bar{\vartheta}_{TM}},$$

$$j'_3 = \frac{\vartheta_1 - \vartheta_2}{\bar{\vartheta}_W - \bar{\vartheta}_{TM}},$$

ϑ_W mittlere Kerntemperatur
ϑ_{TM} mittlere Temperatur des Kühlmed.
—— hoher Wärmeübergangswiderstand
— — geringer Wärmeübergangswiderstand

8.5.2.4 Temperiermitteldurchsatz

Das Temperiermittel ändert seine Temperatur zwischen Ein- und Austritt entsprechend dem Wärmestrom mit dem Temperiermittel:

$$\dot{Q}_{TM} = \dot{V} \cdot \rho \cdot c_p \cdot \Delta \vartheta, \tag{135}$$

$$\Delta \vartheta = \vartheta_{ein} - \vartheta_{aus}. \tag{136}$$

Die Temperaturmitteldifferenz $\Delta \vartheta$ sollte einen Maximalwert $\Delta \vartheta_{max}$ von 3 °C bis 5 °C nicht überschreiten, um eine homogene Temperierung über der Temperierkreislänge zu gewährleisten. Aus der maximal zulässigen Temperaturdifferenz kann ein minimal erforderlicher Temperiermitteldurchsatz V berechnet werden. Dieser ist jedoch abhängig von der Schaltungsart der Temperierelemente; bei Reihenschaltung wird die zulässige Temperaturdifferenz für die Summe der Wärmeströme aller Segmente ausgesetzt, bei Parallelschaltung für jedes Segment. Damit ergibt sich bei Parallelschaltung ein geringerer erforderlicher Volumenstrom und ein geringerer Druckverlust. Bei Parallelschaltung müssen jedoch die Volumenströme durch Drosseln genau abgeglichen [51] und in der Produktion ständig überwacht werden, was bei der Reihenschaltung durch den gleichen Volumenstrom in allen Segmenten nicht erforderlich ist.

8.5.2.5 Druckverlust

Durch die Strömungsvorgänge im Temperiersystem entstehen Druckverluste, die ein zusätzliches Kriterium der gezielten Auslegung von Temperiersystemen und Randbedingung zur Auswahl des Temperiergerätes sind.

Liegen die Druckverluste über der Leistungsfähigkeit des Temperiergeräts, so kann der erforderliche Temperiermitteldurchsatz und damit die zulässige Temperaturdifferenz zwischen Temperiermittelein- und -austritt nicht eingehalten werden. Die Folge sind ungleichmäßige Abkühlung des Formteils und damit inhomogene Formteileigenschaften und Verzug.

Bei der Druckverlustberechnung müssen unterschiedliche Anteile berücksichtigt werden:

– Druckverluste über der Temperierelementlänge,
– Druckverluste an Umlenkungen, Ecken und Krümmern,
– Druckverluste durch spiralförmige Strömung,
– Druckverluste an Querschnittsänderungen,
– Druckverluste an Anschlüssen,
– Druckverluste in den Zuleitungen zum Temperierelement und zum Werkzeug.

Der Gesamtdruckverlust ergibt sich als Summe dieser Anteile. Die zur Druckverlustberechnung verwendeten Gleichungen [1, 15, 45, 52, 53] sind aufgrund der zu berücksichtigenden Effekte umfangreich und können hier im einzelnen nicht aufgeführt werden.

Aus dem Gesamtdruckverlust und dem Wärmestrom mit dem Temperiermittel folgt die geforderte Temperiergeräteleistung:

$$P = \Delta p \cdot \dot{V} + |\dot{Q}_{TM}|. \tag{137}$$

Ein Vergleich der Meßergebnisse verschiedener Temperierelemente ist in Bild 334 dargestellt [47]. Bei gleichem Volumenstrom ergeben Spiralkühlfinger gegenüber Kühlfingern mit Trennblech geringere Wärmeübergangswiderstände und höhere Druckverluste. Zur

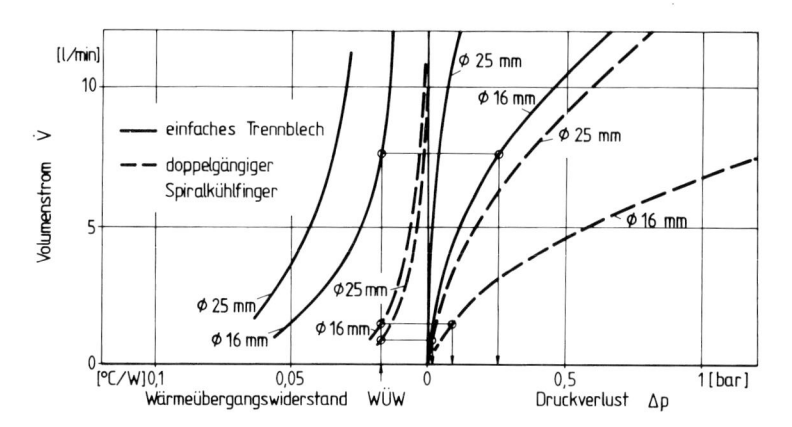

Bild 334 Wärmeübergangswiderstand und Druckverlust verschiedener Temperierelemente als Funktion des Volumenstroms [47]

Realisierung eines geforderten Wärmeübergangswiderstands (siehe Bild 334) benötigen Spiralkühlfinger jedoch geringere Volumenströme, so daß sie mit dieser Randbedingung geringere Druckverluste verursachen.

Die Abhängigkeit vom Durchmesser ist ebenfalls aus Bild 334 ersichtlich. Mit sinkendem Durchmesser steigt erwartungsgemäß der Druckverlust. Der Wärmeübergangswiderstand zeigt grundsätzlich für alle Temperierelemente bei steigenden Durchmessern eine Erhöhung; handelsübliche Spiralkühlfinger zeigen hier jedoch durch Anpassung des Innendurchmessers eine gegenläufige Tendenz.

8.6 Empirische Praxis zur Kompensation des Verzugs aus Wärmestromdifferenzen in Ecken

Aus der Praxis ist bekannt, daß bei kastenförmigen Formteilen der Verzug auch durch niedrigere Kern- als Nesttemperatur vermieden werden kann. Eine Methode, mit der beim Abmustern und Einrichten versucht wird, Verzug zu kompensieren.

8.6.1 Kalter Kern und warmes Nest

Durch die niedrigere Kerntemperatur wird das Formteil von der Kernseite her so schnell abgekühlt, daß die Restschmelze im Zentrum der Ecke liegt, wodurch auch Verzug (scheinbar!) vermieden wird (Bild 335) [43].

Die dabei unvermeidliche exzentrische Abkühlung der geraden Formteilflächen könnte nun ihrerseits wieder zu Verzug führen. Dies ist tatsächlich bei langen Seitenwänden des Formteils zu beachten. (Bei sehr langen Seitenwänden ist, wie oben erwähnt, selbst bei verformungsfreien Ecken ein leichtes Einfallen der Seiten zu erkennen (wie bei unsymmetrisch abgekühlten Platten).) Eine weitere Einschränkung dieser Methode ist beim Auftreten von Konkav- und Konvexecken gegeben, d.h. findet man vom Kern her gesehen sowohl Konkav- als auch Konvexbereiche am Formteil, so muß diese

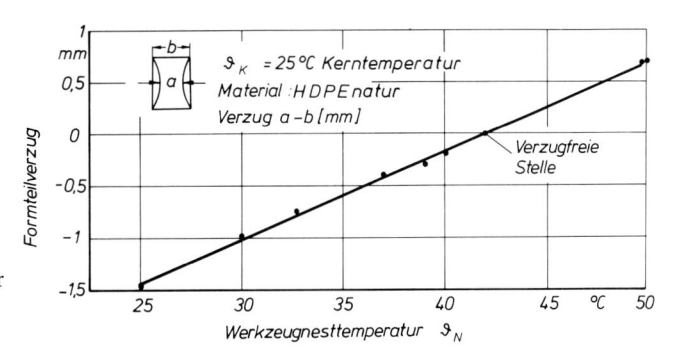

Bild 335
Verzugsverhalten bei
konstanter Kern- und
variabler Nesttemperatur
[1]

Methode zwangsläufig versagen, da nur die Konkavbereiche verzugsfrei gefertigt werden können. Die Methode ist in jedem Fall abzulehnen, weil auch, wenn Verzug geometrisch verhindert wird, hohe Eigenspannungen ins Formteil eingefroren werden. Die Folgen sind Sprödigkeit und Spannungsrißgefahr.

8.6.2 Änderung der Eckengeometrie

Ändert man das Verhältnis in Richtung geringeren Wärmeinhalts und/oder größerer Austauschfläche, so erübrigt sich eine Anpassung der Wärmeströme, um Verzug zu vermeiden. Ein weiterer verzugsmindernder Effekt ergibt sich durch einen Staubalkeneffekt (Bild 336). Das Füllbild kann damit derart beeinflußt werden, daß auch bei ungünstiger Anschnittlage die Ecke gleichsinnig von der Schmelze umströmt wird. Orientierungseinflüsse auf den Verzug können bei nicht mit Fasern gefüllten Formmassen ausgeschlossen werden.

Bild 336 Vermeidung des Verzugs durch Änderung der Eckengeometrie [1]

Nachteilig ist hierbei jedoch eine Schwächung der Formteilecken und die Erhöhung der Werkzeugfertigungskosten.

Erlauben es die Formteilfunktion und die visuellen Anforderungen, so können die Krümmungsradien der Ecke vergrößert werden, dies verbessert die Abkühlverhältnisse. Eine weitere Möglichkeit zur Unterdrückung des Eckenverzugs bieten durch Rippen oder Bombierung versteifte Formteilseitenwände. Entsprechende Eigenspannungen im Eckenbereich sind jedoch dabei nicht zu vermeiden und verursachen ebenso Versprödung oder Spannungsrißempfindlichkeit.

8.6.3 Partielle Anpassung der Wärmeströme

Ausgehend von den Wärmedurchgangs- und Wärmeübergangsgesetzen lassen sich folgende Möglichkeiten zur Anpassung der Wärmeströme ableiten:

– Die Wärmeleitfähigkeit in dem Bereich zwischen der Ecke und der Temperierkanalwand verbessern. Das kann man bei Stahlwerkzeugen mit geeigneten Materialien, die eine bessere Wärmeleitfähigkeit haben, verwirklichen (z.B. Kupfereinsätze, Bild 337).

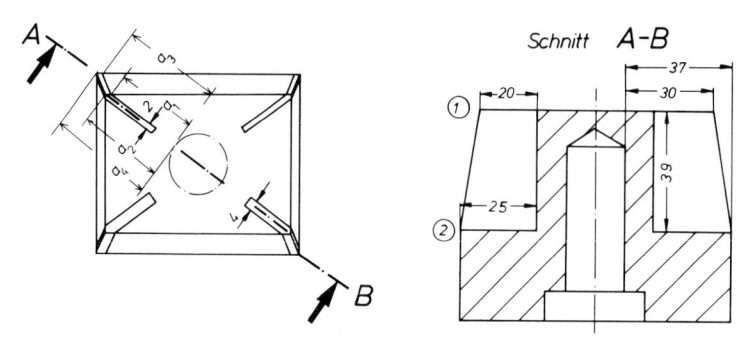

Bild 337 Versuchswerkzeug mit Kupfereinsätzen [1]

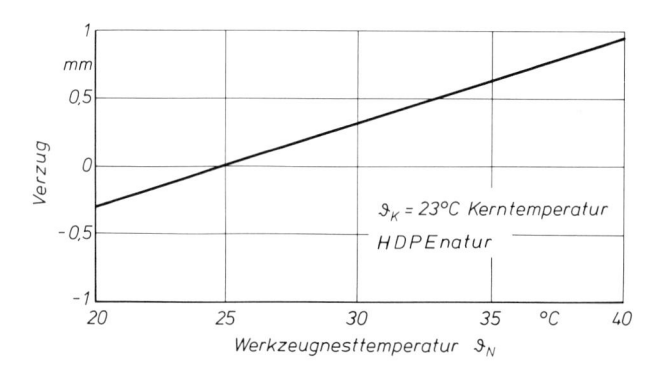

Bild 338 Verzugsverhalten von Formteilen, die mit einem Werkzeug mit Kupfereinsätzen gefertigt wurden [1]

Die Versuchsergebnisse, die mit diesem Werkzeug erzielt wurden, sind in Bild 338 dargestellt.
– Einen möglichst kleinen Abstand zwischen der Ecke und der Kanalwand wählen oder die Temperiermitteltemperatur senken. Das bedeutet wiederum, daß man zwischen der Ecke und der Kanalwand einen zusätzlichen Temperierkreis vorsieht.

Die Zusammenhänge können zur Erklärung und die Methoden damit auch zur Beseitigung von Einfallstellen (z.B. gegenüber von Rippen) herangezogen werden. Hier kann die unvermeidliche verzögerte Erstarrung in der Mitte des Fußpunkts der Rippe zwar wegen der Symmetrie i.allg. keine Verzugserscheinungen hervorrufen, jedoch führt das Volumendefizit zu einer mehr oder weniger ausgeprägten Einfallstelle.

8.7 Praktische Ausführung der Kühlkanäle

8.7.1 Temperiersysteme für Kerne und rotationssymmetrische Formteile

Es bereitet erhebliche Schwierigkeiten, den spezifischen Wärmestrom in allen Formteilbereichen den Erfordernissen anzupassen und in kritischen Werzeugbereichen sicherzustellen.

Ein charakteristisches Beispiel für schwer zugängliche Werkzeugpartien stellen vom Formteil umgebene schlanke Werkzeugkerne dar. Bei derartigen Kernen wird oft in Unkenntnis der gravierenden Folgen (Kühlzeitverlängerung) oder aus Fertigungsgründen auf eine besondere Kühlung verzichtet. D. h. die Kühlung kann nur vom Werkzeugkörper über die Befestigung des Kerns erfolgen. Mit abnehmenden Nebenzeiten der Maschine und der sich verringernden Möglichkeiten der Kernkühlung während der formteillosen Zeit wird ein Aufheizen eines Kerns ohne eine besondere Kühlung unvermeidlich. Kerntemperaturen in der Größenordnung der Entformungstemperatur sind durchaus möglich. Sind geringe Kerntemperaturen durch intensive Kühlung des Kernfußes realisierbar, so sind störende, progressiv zum Fuß hin fallende Wandtemperaturen unumgänglich. Die sich einstellende hohe Temperaturdifferenz zwischen Werkzeugwand- und Temperiermitteltemperatur verschlechtert das, z.B. für Einfahrvorgänge wichtige, dynamische Verhalten und führt zu hohen Zeitkonstanten, d. h. langen Zeiten, bis die Temperaturen des Werkzeugs sich auf konstante Werte einpendeln. (Die prinzipiellen Zusammenhänge zur Beschreibung dynamischer Vorgänge sind in [60 bis 62] dargestellt.)

Wegen der bereits erwähnten Zykluszeitverlängerung können ungekühlte Kerne zur Produktionsblockierung und insbesondere zu minderwertigen Formteilqualitäten führen. Dies wird besonders deutlich bei Kernen mit quadratischem oder rechteckigem Querschnitt. Hier ist ein Einfallen bzw. Verziehen der Seitenwände bei ungekühlten Kernen kaum zu vermeiden. Aus diesen Gründen sollten möglichst immer Kernkühlungen vorgesehen werden. Es bieten sich dazu die nachfolgenden Möglichkeiten abhängig vom Kerndurchmesser bzw. von der Kernbreite an (Bild 339).

Bei sehr kleinen Durchmessern bzw. Breiten ist oft nur eine Temperierung mit Luft möglich. Die Kerne können dabei entweder während der formteillosen Zeit von außen angeblasen oder durch Durchströmen einer zentralen Bohrung mit Luft von innen her gekühlt werden. Das Einhalten exakter Werkzeugtemperaturen ist mit diesen Verfahren jedoch nicht möglich (Bild 339a).

Günstiger ist die Kühlung schlanker Kerne durch Einsätze aus Werkstoffen mit hoher Wärmeleitfähigkeit (z.B. Cu, BeCu oder auch hochfeste W-Cu-Sinterwerkstoffe (Bild 339b). Die Einsätze werden mit Preßsitz eingesetzt und ragen mit ihrem Fuß, der einen möglichst großen Querschnitt hat, in einen Temperierkanal.

Die wirksamste Temperierung schlanker Kerne wird durch einen sogenannten Kühlfinger erreicht. Dabei wird das Temperiermedium durch ein Steigrohr in ein Sackloch im Kern gefördert. Die Durchmesser (Steigrohr und Sackloch) müssen so aufeinander abgestimmt werden, daß sich ein gleicher Fließwiderstand in Außen- (Sackloch) und Innenrohr (Steigrohr) ergibt. Die Bedingung dafür lautet $di/da = 0,5$. Die kleinsten bisher realisierbaren Steigrohre stellen Injektionsnadeln mit einem Außendurchmesser von 1,5 mm dar. Damit das System bei diesem Durchmesser jedoch einwandfrei arbeitet, sind besondere Anforderungen an den Reinheitsgrad des Temperiermediums zu stellen. Die Kühlfinger sind handelsüblich zu beziehen und werden in aller Regel in den Kern eingeschraubt (Bild 339d). Bis zu einem Durchmesser von 4 mm sollte das Steigrohr am Ende zur Vergrößerung des Austrittquerschnitts angeschrägt werden (Bild 339c).

Kühlfinger können außer zum Kühlen von Kernen auch zum Temperieren von flachen Werkzeugen, die mit Durchgangbohrungen oder eingefrästen Kühlkanälen nicht zu temperieren sind, verwendet werden (Bild 340).

Ein spezieller Kühlfinger wurde zum Kühlen von rotierenden Kernen – erforderlich bei Abschraubwerkzeugen – entwickelt (Bild 339e).

Vielfach wird auch empfohlen, die Kernbohrung durch ein Trennblech in Vor- und Rücklauf zu trennen (Bild 339f). Bei dieser Lösung werden zwar die größtmöglichen

Bild-Nr.	Kern∅ Kernbreite	Beschreibung	Konstruktion
a	≧ 3 mm	Wärmeabfuhr durch Luft bei geöffnetem Werkzeug von außen; kontinuierlich nur bei Formteilen mit Durchbrüchen möglich. Wärmeabfuhr kann bei geschlossenem Werkzeug durch Saugwasser erreicht werden	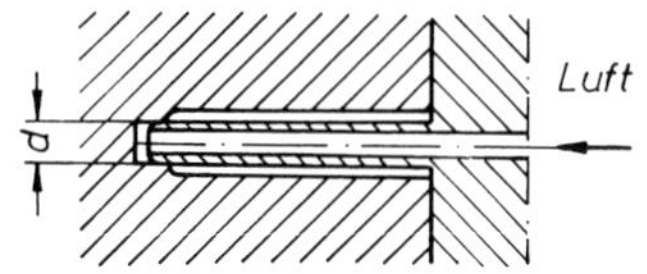
b	≧ 5 mm	Kupfer als Wärmeleiter zum Temperiermedium Fuß des Einsatzes möglichst vergrößern	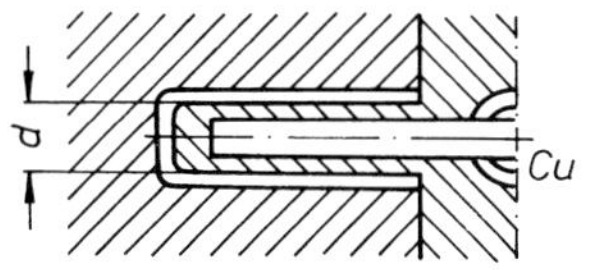
c	≧ 8 mm	Fingertemperierung, Steigrohr bis 4 mm abschrägen	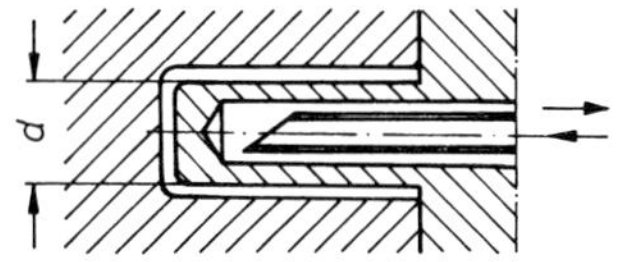
d		$d_i/d_a = 0{,}5$	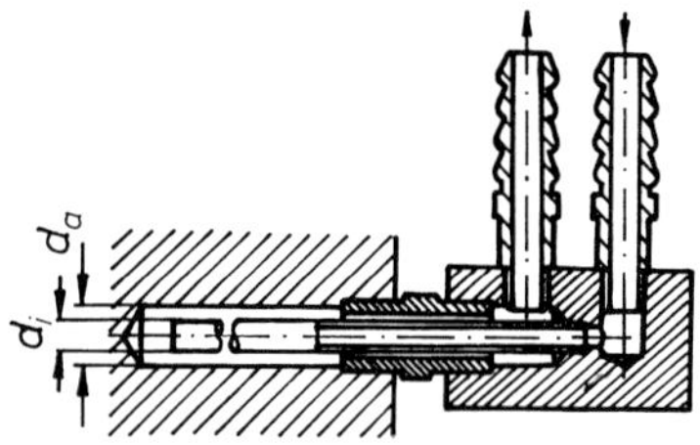
e		Kühlfinger für rotierende Kerne	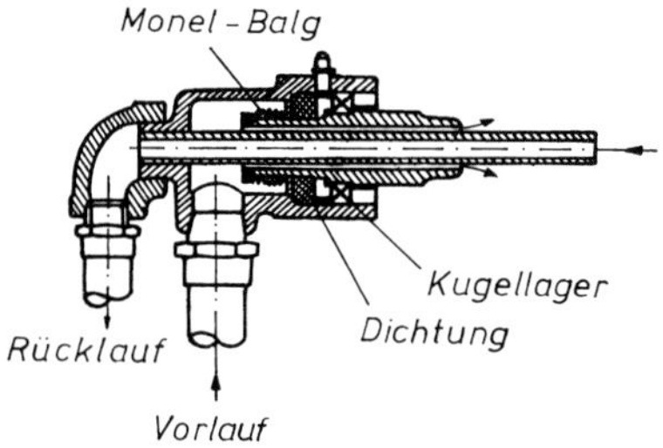
f		Trennblech	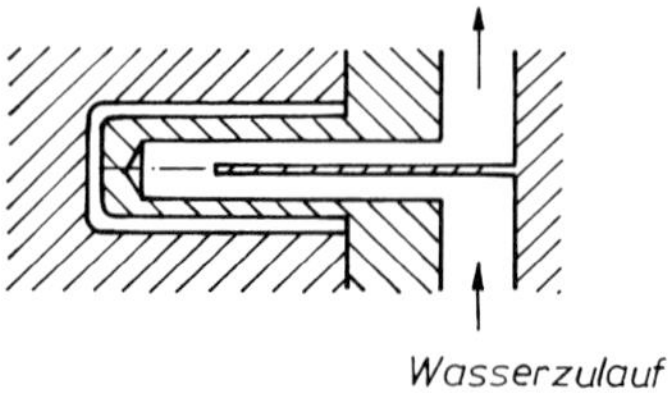

Bild 339 Temperiersysteme für Kerne [63 bis 68]

8.7 Praktische Ausführung der Kühlkanäle 331

Bild-Nr.	Kern∅ Kernbreite	Beschreibung	Konstruktion
g		Trennblech verdrillt	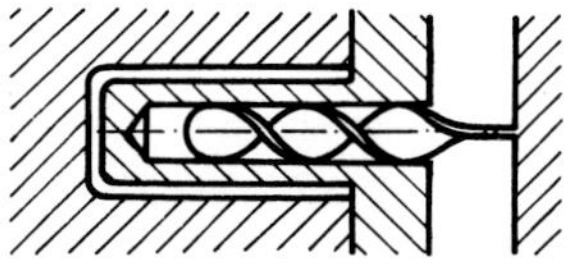
h		Spiralkern ein- und zweigängig Passung H/h11 Durchmesser 12–50 mm (siehe auch Normalien)	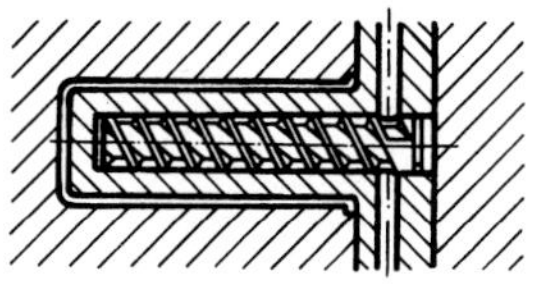
i		Wärmerohr ab 3 mm ∅, Passung H9/j9 oder mit Zinn einlöten [Heat pipe]	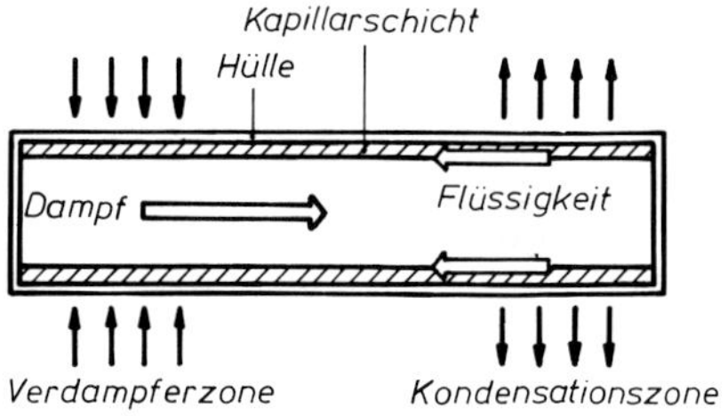 Kapillarschicht / Hülle / Dampf / Flüssigkeit / Verdampferzone / Kondensationszone
j	≧ 40 mm	Wendel-Temperierung	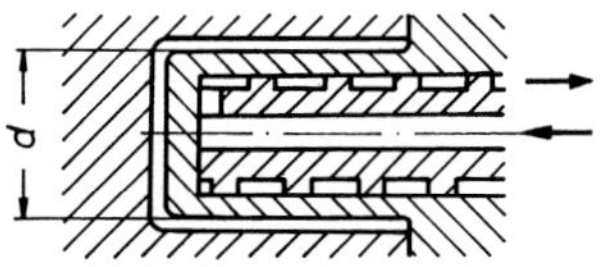
k	Rohrkern S ≧ 4 mm	Zweigängige Wendel und Fingertemperierung	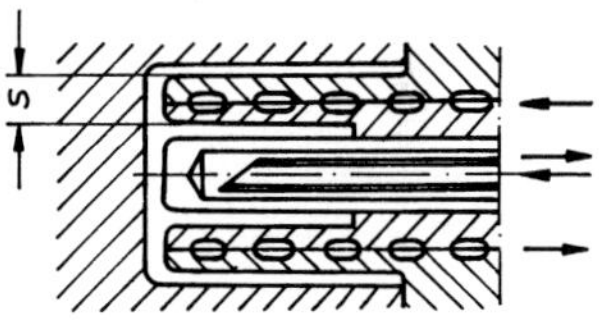
l		a Spritzling; b⁺ BeCu-Zylinder, Wanddicke < ≅ 3 mm; b Stahl, Wanddicke < 3 mm; c wendelförmiger Kühlkanal; d geschweißtes Teil aus nichtrostendem Stahl	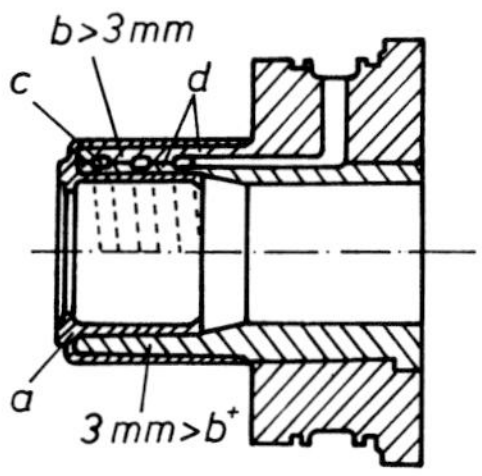 b > 3 mm / 3 mm > b⁺

Bild 339 (*Fortsetzung*)   Temperiersysteme für Kerne [63 bis 68]

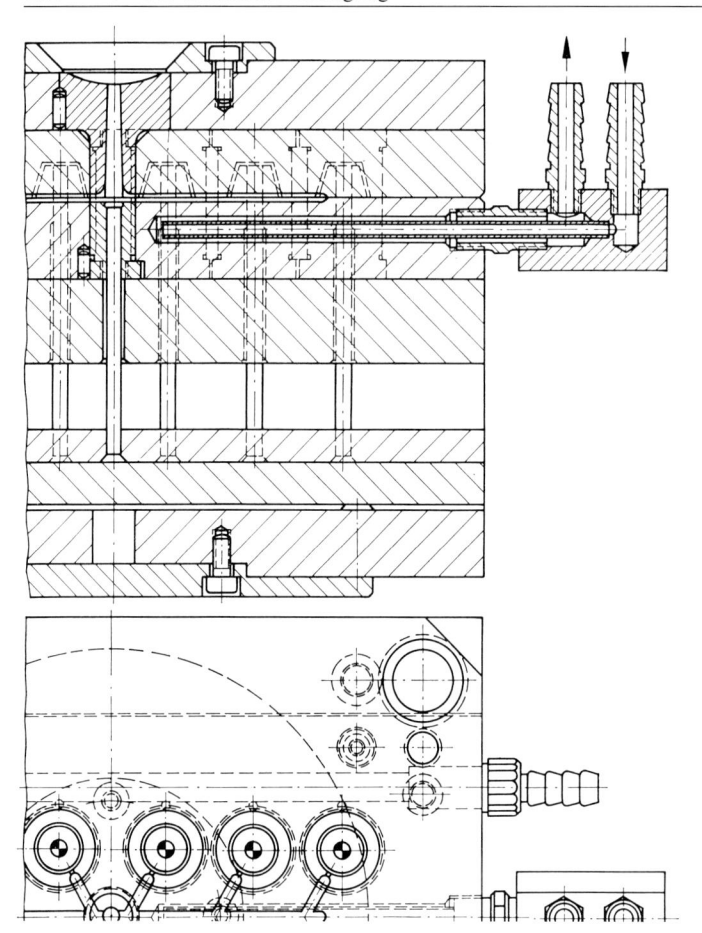

Bild 340
Mehrfachwerkzeug mit eingebautem Kühlfinger [67]

Strömungsquerschnitte für Vor- und Rücklauf erzielt, da sich das Trennblech jedoch meist nicht exakt in der Bohrungsmitte fixieren läßt und das Temperiermedium in der einen Hälfte der Bohrung zur Kernspitze und in der anderen wieder zurückgeführt wird, ergibt sich eine ungleichmäßige Temperaturverteilung im Kern. Dieser Nachteil, bei der im Prinzip von der Fertigung her sehr wirtschaftlichen Lösung, kann vermieden werden, wenn man das Trennblech verdrillt in die Kernbohrung einsetzt. Diese „Kühlwendel" zentriert sich selbst und führt das Temperiermedium auf einer Schraubenlinie zur Kernspitze und wieder zurück; dadurch wird eine weitgehend homogene Temperaturverteilung erreicht (Bild 339 g).

Eine konsequente Weiterentwicklung der Trennbleche sind ein- oder zweigängige Spiralkerne (Bild 339 b).

Als elegante Lösung bieten sich in neuerer Zeit die sog. Wärmerohre an (Bild 339 i). Es handelt sich hierbei um ein geschlossenes zylindrisches Rohr, das mit einem flüssigen Wärmetransportmedium gefüllt ist, dessen Zusammensetzung vom Einsatztemperaturbereich abhängig ist. Es besteht aus einer Verdampferzone, wo die Flüssigkeit durch Wärmezufuhr verdampft, einer Kondensationszone, wo der vorher gebildete Dampf kondensiert und einem Mittelteil der adiabatischen Transportzone, der dem Wärmetransport dient. Die Wärmerohre müssen paßgenau (H9/j9) eingesetzt werden, um den

Wärmewiderstand zwischen Werkzeugbohrung und Rohrwandung möglichst klein zu halten. Die Wärmerohre sind am Fuß ebenso zu kühlen wie die in Darstellung 339 b beschriebenen Einsätze aus Werkstoffen mit hoher Wärmeleitfähigkeit. Wärmerohre sind bereits ab 3 mm ⌀ im Handel erhältlich. Wärmeleitrohre können nach einer Dickvernickelung auch direkt als Kern verwendet werden.

Bei Kerndurchmessern ab 40 mm sollte in jedem Fall eine Zwangsförderung des Temperiermediums gewährleistet sein. Dies wird durch Einsätze erreicht, bei denen das Temperiermedium durch eine zentrale Bohrung zur Stirnseite und dort durch eine Spirale an den Umfang gelangt, wo es schließlich wendelförmig zwischen Kern und Einsatz nach außen geführt wird (Bild 339 j). Bei dieser Konstruktion wird darüber hinaus der Kern nur unbedeutend geschwächt.

Zur Temperierung von Rohrkernen, wie auch anderen rotationssymmetrischen Körpern, sollte eine zweigängige Wendel verwendete werden (Bild 339 k). Die Führung des Temperiermediums erfolgt über die eine Wendel bis zur Kernspitze und in der anderen Wendel zurück. Aus konstruktiven Gründen sollte die Wanddicke des Rohrkerns bei dieser Lösung jedoch mindestens 3 mm betragen. Bei kleineren Wanddicken bietet sich die in Bild 339 l zusätzlich dargestellte Lösung an. Die Wärme wird hier über einen Cu-Be-Zylinder, der am Fuß intensiv gekühlt wird, abgeführt.

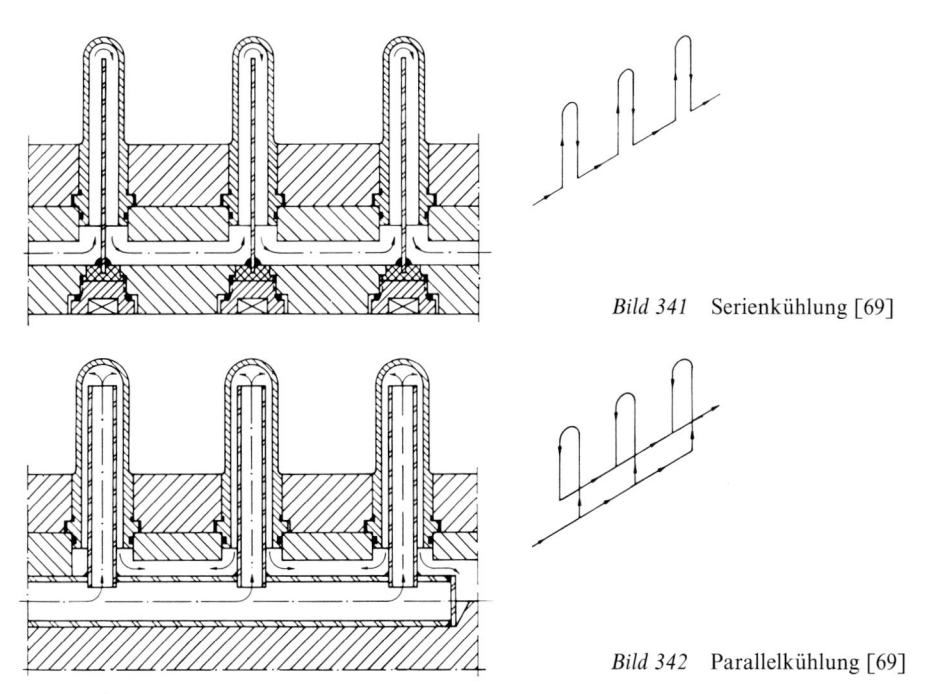

Bild 341 Serienkühlung [69]

Bild 342 Parallelkühlung [69]

Sind nun bei einem Werkzeug mehrere Kerne gleichzeitig zu kühlen, so bieten sich die in Bild 341 und in Bild 342 dargestellten Möglichkeiten an. Ihrem Aufbau entsprechend bezeichnet man sie als Serien- bzw. Parallelkühlung.

Bei der *Serienkühlung* werden die einzelnen Kerne nacheinander vom Kühlmedium durchströmt. Da jedoch die Temperatur des Kühlmittels zunimmt und somit die Temperaturdifferenz zwischen den Spritzlingen und dem Kühlmedium mit der Länge der Kühlwege abnimmt, ist eine gleichmäßige Kühlung der einzelnen Kerne und somit der Spritzlinge nicht mehr gegeben. Mehrfachwerkzeuge, die mit diesem Temperiersystem arbeiten, erzeugen unterschiedliche Qualität der Spritzlinge. Um das zu vermeiden, wendet man die Parallelkühlung an.

Bei der *Parallelkühlung* wird das Temperiermedium den einzelnen Kernen von einem Sammelkanal aus zugeführt. Über einen weiteren Sammelkanal fließt dann das Temperiermedium wieder ab. Dadurch wird erreicht, daß für jeden Kern Temperiermittel gleicher Temperatur zur Verfügung steht. Damit ist für eine gleichmäßige Kühlung gesorgt [69], wenn man zudem dafür Sorge trägt, daß das Kühlmittelvolumen gleichmäßig aufgeteilt wird.

Eleganter, allerdings wesentlich kostspieliger, wäre natürlich, wenn man jeden Kern einzeln mit einem Kühlfinger (Bild 339 d) temperieren würde.

Die bisher dargestellten Temperiersysteme eignen sich zum Kühlen aller rotationssymmetrischen Formteile. Die Wendel-Temperierung, sei sie nun ein- oder zweigängig ausgeführt, kann dabei sowohl zum Temperieren der Kerne wie auch der Gesenke verwendet werden.

8.7.2 Temperiersysteme für flächige Formteile

Hierbei ist zunächst zwischen rotationssymmetrischen und eckigen Formteilen zu unterscheiden. Für rotationssymmetrische Formteile, die eine besonders gleichmäßige Temperatur am ganzen Formteil erfordern, hat sich in der Praxis das Temperiersystem nach Bild 343 besonders bewährt. Das Temperiermedium wird bei diesem System vom Zentrum aus (gegenüber dem Anguß) spiralförmig an den Formteilrand geführt und abgeleitet. Dies hat den Vorteil, daß die Temperaturdifferenz zwischen Spritzling und Temperiermedium an der heißesten Stelle am größten ist. Beim Weiterfließen durch die Spirale nimmt das Temperiermedium an Temperatur zu, so daß an den Stellen, an denen die Schmelze wegen der längeren Fließwege bereits stärker abgekühlt ist,

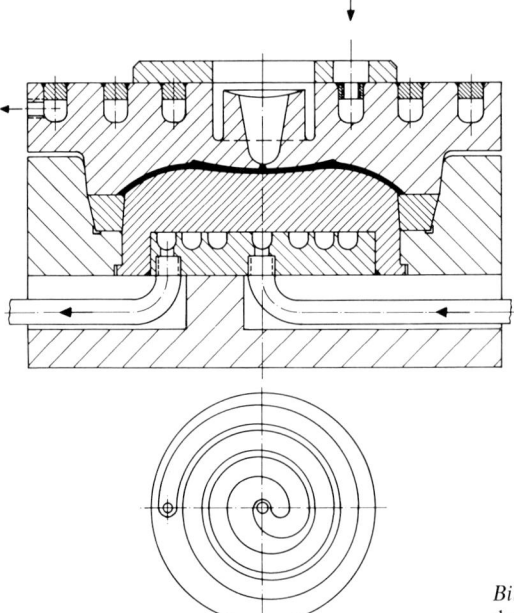

Bild 343 Spiralförmige Anordnung der Kühlkanäle [69]

das Temperaturgefälle kleiner ist und damit weniger Wärme abgeführt wird. Eine noch bessere Führung des Temperiermediums wird erzielt, wenn man für den Rückfluß eine zweite, parallel zur ersten verlaufende Spirale einarbeitet. Dieses System ist zwar teuer in der Herstellung, liefert aber hochwertige und besonders verzugsarme Teile. Es wurde bei der Fertigung von Zahnrädern verwendet [70].

Selbstverständlich sollte bei der Produktion hochwertiger Teile sowohl Anguß- als auch Auswerferseite mit diesem System getrennt temperiert werden.

Häufig trifft man bei rotationssymmetrischen Teilen aus Kostengründen geradlinig durch das Werkzeug verlaufende Temperierkanäle an. Hierbei ist natürlich eine gleichmäßige Temperaturverteilung nicht mehr gewährleistet (Bild 344). Als Folge davon muß mit einem Verziehen der Formteile gerechnet werden. Diese Lösung ist nicht zu empfehlen.

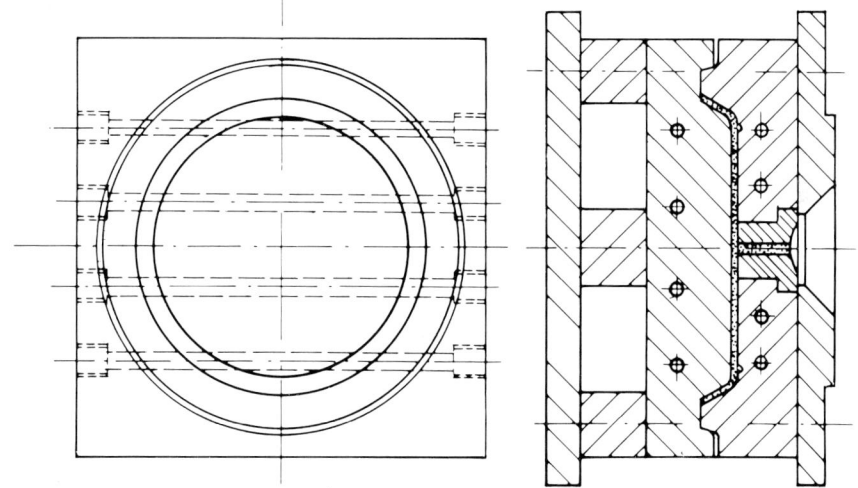

Bild 344 Geradlinige Anordnung der Kühlkanäle.
Ungünstig bei runden Formteilen [71]

Geradlinig durch das Werkzeug verlaufende Temperierkanäle sollten nur zum Temperieren von Werkzeugen verwendet werden, mit denen rechteckige Formteile hergestellt werden. Die preisgünstigste Fertigungsmethode für derartige Temperierkanäle sind Durchgangsbohrungen, die an den offenen Enden und zur Gewährleistung einer Zwangsführung teilweise auch in den stirnseitigen Verbindungsbohrungen verstiftet werden (Bild 344).

Wesentlich aufwendiger von der Fertigung her ist das in Bild 346 dargestellte System. Das Temperiermedium wird hier durch einen eingefrästen Temperierkanal spiralförmig vom Zentrum aus an den Formteilrand geführt. Dieses System hat wegen der hohen Herstellungskosten nur bei zentraler Anspritzung seine Berechtigung. Gleich wirksam, aber wesentlich preisgünstiger, ist bei zentral angespritzten rechteckigen Spritzlingen das in Bild 347 dargestellte Temperiersystem. Das Temperiersystem ist hier in Form von Sacklöchern in das Werkzeug eingebracht worden.

Bei einseitig angespritzten Formteilen kann das Temperiermedium selbstverständlich auch einseitig dem Temperiersystem zugeführt werden (Bild 345).

Sehr häufig werden nun mehrere Spritzlinge in einem Werkzeug ausgeformt. Hochwertige Teile können nur dann produziert werden, wenn für jedes einzelne Formnest gleiche

336 8 Die thermische Auslegung

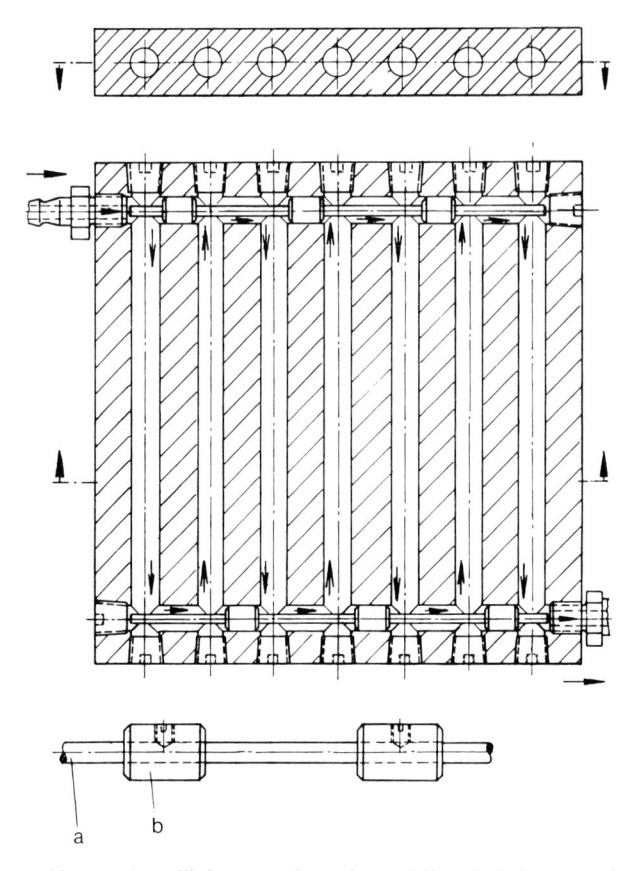

Bild 345 Geradlinige Anordung der Kühlkanäle bei rechteckigen Spritzlingen,
die von der Seite aus angespritzt werden [69]
a Hilfsstift, b Stopfen

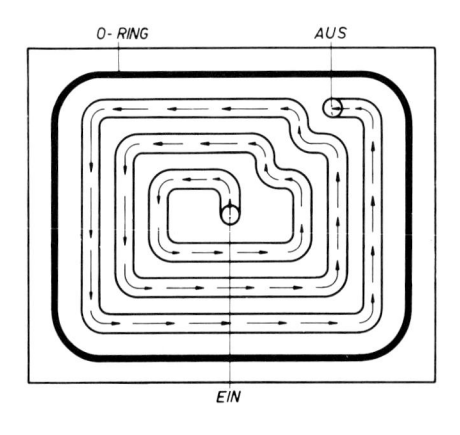

Bild 346
Spiralförmige Kühlkanalanordnung bei
rechteckigen Spritzlingen [72]

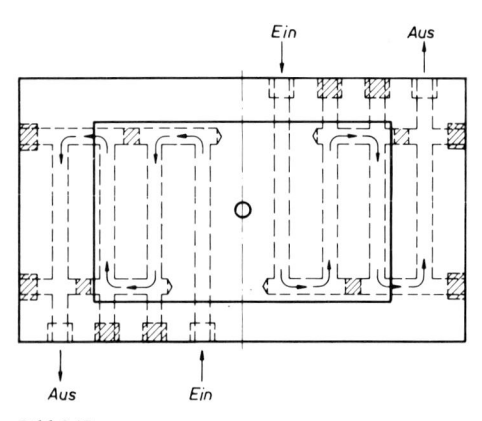

Bild 347
Zentral angespritzter rechteckiger Spritzling
[72]

8.7 Praktische Ausführung der Kühlkanäle

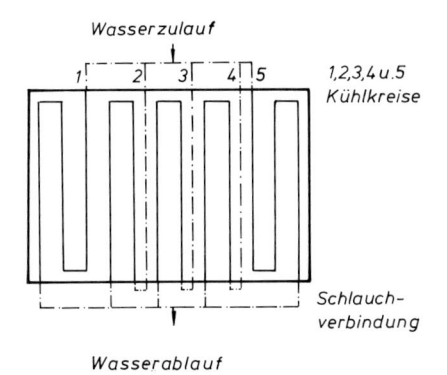

Bild 348 Parallelschaltung mehrerer Temperierkreise bei einem flächigen Werkzeug [73]

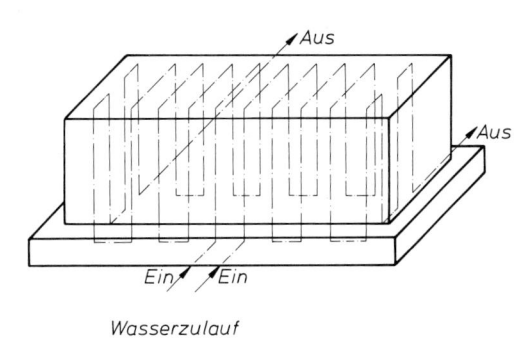

Bild 349 Parallelschaltung der Kernkühlung eines Kühlschrankboxwerkzeugs [72, 73]

Abkühlverhältnisse gewährleistet sind, d. h., jedes Formnest muß separat gekühlt werden. Dazu können mehrere Kühlkreise, wie in Bild 348 dargestellt, parallel geschaltet werden, jedoch ist eine gleichmäßige Selbsteinstellung auf gleiche Durchflußvolumina damit nicht sichergestellt; sie bedarf stets einer Kontrolle.

Die bisher vorgestellten Systeme zum Temperieren flächiger Formteile können, natürlich entsprechend abgewandelt, auch zum Temperieren kastenförmiger Spritzlinge verwendet werden. Die Lage des Angusses bestimmt auch hier, ob eine Reihenschaltung der Temperierkanäle oder eine Parallelschaltung mehrerer Kreisläufe das zweckmäßigere Temperiersystem darstellt.

Als Beispiel für eine Parallelschaltung soll hier das in Bild 349 abgebildete Temperiersystem zum Temperieren des Kerns eines Kühlschrankboxwerkzeugs dienen. Dieses System kann preisgünstig nur durch Bohrungen (Durchgangsbohrungen oder Sacklöcher) hergestellt werden. Diese müssen an den Austrittstellen zur Erzielung einer Zwangsförderung verstiftet oder verschweißt werden. Damit verbunden sind Schwach- oder Gefahrenstellen. Die Stopfen zeichnen sich besonders bei transparenten Formteilen u.U. am Spritzling ab. Beim Verschweißen besteht die Gefahr, daß sich der Kern so stark verzieht, daß die Maßabweichungen durch eine abschließende mechanische Endbearbeitung nicht mehr ausgeglichen werden können.

Es empfiehlt sich daher, auch rechteckige Kerne mit Kühlfinger oder Kernkühlsysteme für runde Kerne nach Bild 339, die parallelel oder in Reihe geschaltet sein können, zu temperieren (Bild 350).

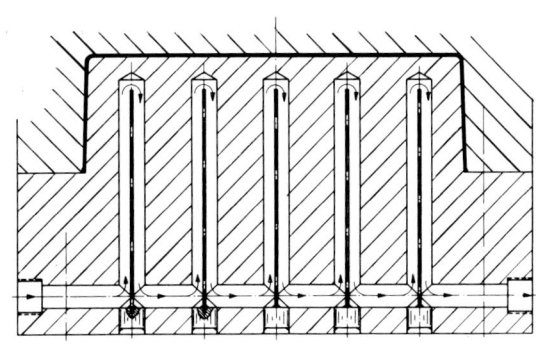

Bild 350 Kühlkreis der Kernkühlung eines Kühlschrankboxwerkzeugs [73]

8.7.3 Abdichten der Temperiersysteme

Das Verstopfen und Verschweißen von Temperierkanalenden wie auch insbesondere das Abdichten der Kanäle durch eine lose aufgelegte Platte wie in Bild 346 ist problematisch. Es ist stets zu befürchten, daß durch bereits geringes Verbiegen der Platten die Kanäle nicht mehr gegeneinander oder gar nach außen abgedichtet sind. Auch wenn nur zwischen den Kanälen so ein „Kurzschluß" entsteht, führt das zu Fehlern, denn es entstehen dann ungekühlte Bereiche, wo kein fließendes Temperiermittel mehr hinkommt.

Die Platten müssen so in ausreichend geringen Abständen verschraubt werden. Weitere Probleme machen durchgehende Bohrungen, z.B. für Auswerfer u.a. Diese müssen einzeln sorgfältig, beispielsweise durch eingelegte 0-Ringe, gedichtet werden. Weiter bieten sich pastöse Flächendichtungsmassen an.

Diese werden mit einem kurzflorigen Roller oder aus der Tube in einer fortlaufenden Raupe auf die vorher gereinigten Paßflächen aufgetragen und härten zwischen den Paßflächen bei Luftabschluß und Raumtemperatur aus. Mit pastösen Produkten können auch Fügespalte bis zu 0,15 mm abgedichtet werden. Sie sind im Bereich von $-55\,°C$ bis $+200\,°C$ temperaturbeständig.

Wegen der einfacheren Demontage wendet man jedoch wesentlich häufiger 0-Ringe zum Abdichten der Temperiersysteme an. Je nach Werkzeugtemperatur können sie aus synthetischem Kautschuk, Silikonkautschuk, Fluorkautschuk, Gummi oder aus Kupfer-Asbest bestehen. Die Nuten, in die die 0-Ringe eingelegt werden, sollten so groß sein, daß der 0-Ring beim Zusammenschrauben der Werkzeugplatten um 10% verformt wird. Bild 351 zeigt 0-Ringe zum Abdichten der Parallelkühlung von Kernen [69].

Zum Dichten empfehlen sich je nach Temperatur

– unter 20 °C 0-Ringe aus synthetischem Kautschuk,
– über 20 °C 0-Ringe aus Silikon- und Fluorkautschuk,
– über 120 °C Kupfer-Asbest.

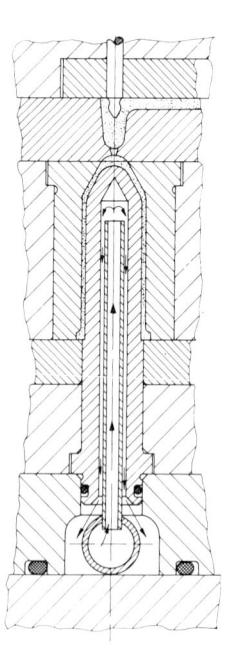

Bild 351 Kühlsystem mit O-Ring abgedichtet [69]

8.8 Berechnung der Heizung von Werkzeugen für vernetzende Werkstoffe

Bei diesen Werkzeugen wird man die Auslegung nur nach der gewünschten Heizzeit vornehmen. Hierfür gibt es einmal Erfahrungswerte, z.B. wird in der Literatur [41] 20 bis 30 W/kg Werkzeuggewicht angegeben. Eine Formel hierfür kann ebenfalls angegeben werden:

$$P = \frac{m \cdot c \cdot \Delta T}{t \cdot \xi}. \tag{138}$$

Darin bedeuten:

P   zu installierende Heizleistung,
m   Masse des zu beheizenden Werkzeugs oder Werkzeugteils,
c   spezifische Wärme $c_{Stahl} = 0{,}48$ kJ/kg·K,
ΔT Temperaturdifferenz, um die aufgeheizt werden soll,
t   Aufheizzeit,
ξ Wirkungsgrad $\sim 0{,}6$.

Es ist natürlich möglich, eine detaillierte Rechnung auszuführen, wenn man eine genaue Auslegung machen will. Dies geschieht dann mit Hilfe einer numerischen Lösung für den zweckmäßigerweise in Finite Elemente ausgelösten Werkzeugblock. Beispiele finden sich in der Literatur [42]. Noch besser geeignet erscheint die Methode der Finiten Grenzen (Finite boundary method) (vgl. Abschnitt 14.3.4).

8.9 Auslegung von Werkzeugen für vernetzende Werkstoffe*

8.9.1 Wärmehaushalt

Wichtigste Grundlage für eine rechnerische Auslegung der Werkzeugheizung ist die Kenntnis des Wärmehaushalts, da die Werkzeugtemperaturen bei Elastomeren/Duromeren höher liegen als bei Thermoplasten. Von Ausnahmen abgesehen ist zu erwarten, daß die Umgebungsverluste hier eine wichtigere Rolle spielen. In Anlehnung an [13, 14], wo für Thermoplastwerkzeuge bei höheren Temperaturen eine Wärmebilanz aufgestellt wird, soll auch hier mit einer Erfassung der Wärmeströme für den quasi stationären Betriebszustand eine Leistungsbilanz aufgestellt werden (Bild 352).

Die Bilanzgleichung für das Werkzeug lautet:

$$\dot{Q}_H - \dot{Q}_K + \dot{Q}_F - \dot{Q}_S - \dot{Q}_{FT} = 0. \tag{139}$$

Faßt man die Terme $\dot{Q}_K$ und $\dot{Q}_S$ zu einer gemeinsamen Verlustleistung $\dot{Q}_V$ zusammen mit $\dot{Q}_F$ und $\dot{Q}_{FT}$ zu $\dot{Q}_T$, erhält man eine Aufteilung der Bilanzgleichung in drei wichtige Bereiche:

---

* Auszug aus der Dissertation von *M. Paar* [16].

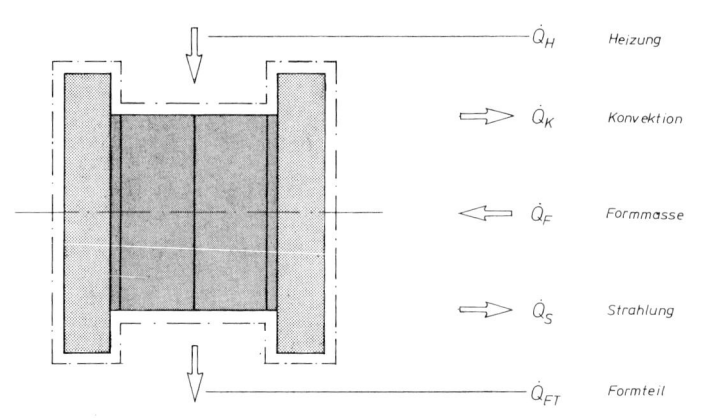

Bild 352 Wärmebilanz [16]

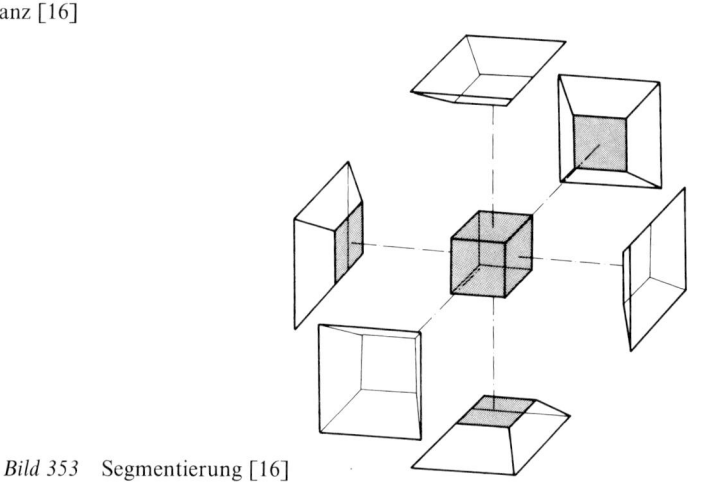

Bild 353 Segmentierung [16]

– Wärmeaustausch mit der Umgebung ($\dot{Q}_V$),
– Wärmeaustausch mit dem Formteil ($\dot{Q}_T$),
– Wärmeaustausch mit der Heizung ($\dot{Q}_H$)

$$\dot{Q}_V + \dot{Q}_T + \dot{Q}_H = 0. \tag{140}$$

Zur Bestimmung der Verluste greift man zweckmäßigerweise auf die von [15] vorgeschlagene Segmentierung zurück (Bild 353).

Die Umgebung der Kavität soll dabei eine konstante Temperatur aufweisen (im Bild dunkel ausgelegt). Gesucht ist nun der Wärmestrom, der sich bei einer vorgegebenen Geometrie einstellt. Dazu wird vorausgesetzt, daß die Segmente nur über die Außenflächen Wärme abgeben können. Ein Wärmeaustausch der Segmente untereinander ist damit ausgeschlossen. Die Segmente können jedoch aus mehreren Schichten aufgebaut sein, so daß eine außen angebrachte Isolierung mit berücksichtigt werden kann. Da die Verlustwärmeströme und die zugehörigen Temperaturverläufe voneinander abhängen, muß der Wärmestrom iterativ bestimmt werden. Rechner sind für diese Problemstellung ideal geeignet [28]. In der Berechnung werden Wärmeleitwiderstände benutzt, die jeweils für ein pyramidenförmiges Segment bestimmt werden. Den Hergang der Rechnung zeigt Bild 354.

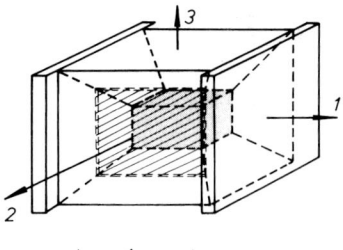

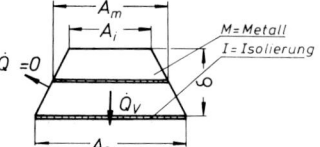

Bild 354 Bestimmung der thermischen Verluste [16]

$$WLW = \frac{1}{A_m} \cdot \left(\frac{\Delta}{\lambda}\right)_M + \frac{1}{A_0} \cdot \left(\frac{\Delta}{\lambda}\right)_I, \tag{141}$$

$$WSW = \frac{1}{A_0} \cdot \frac{1}{\varepsilon \cdot C_S}, \tag{142}$$

$$WKW = \frac{1}{\alpha_K A_0}, \tag{143}$$

$$\dot{Q}_L = (\vartheta_{max} - \vartheta_0)/WLW, \tag{144}$$

$$\dot{Q}_S = \left[\left(\frac{T_o}{100}\right)^4 - \left(\frac{T_u}{100}\right)^4\right]/WSW, \tag{145}$$

$$\dot{Q}_K = (\vartheta_o - \vartheta_u)/WKW, \tag{146}$$

$$\dot{Q}_V = \dot{Q}_L = \dot{Q}_K + \dot{Q}_S. \tag{147}$$

Die für jedes Segment errechneten Verluste werden zum Gesamtverlust zusammengefaßt. Die Fläche A_m in Gl. (141) wird als Mittelwert eingeführt, wodurch sich für das gesamte Segment ein gleichbleibender mittlerer Wärmeleitwiderstand ergibt. Man kann auch einen variablen Wärmeleitwiderstand als Funktion der Flächen benutzen, der durch Integration über die Höhe des Segments zur Lösung führt [28]. Durch die o.g. Vereinfachungen ergeben sich geringfügig abweichende Werte, die aber auf der sicheren Seite liegen. Da die Rechnung mit der einfachen Mittelwertbildung sehr viel unkomplizierter bleibt, ist diese Vorgehensweise vorzuziehen.

Beachtung verdient noch der Wärmeübergangskoeffizient, der für freie Konvektion mit der Oberflächentemperatur und der Werkzeughöhe bestimmt werden kann (Bild 355). Die verwandten Wärmeübergangsgesetze sind nur zum Teil aus den Erhaltungsgleichungen hergeleitet. Der überwiegende Teil wurde durch empirische Untersuchungen ermittelt [49, 54, 55, 56].

Im Bereich 0,4 bis 0,6 m ist ein Übergang der Konvektion von laminar nach turbulent festzustellen. Wenn ein Wärmeübergangskoeffizient von 8 W/m² K benutzt wird, liegen die errechneten Verluste höher als die realen. Bei größeren Werkzeugen errechnet man dagegen zu kleine Werte, was u. U. zu einer unterdimensionierten Heizung führen kann.

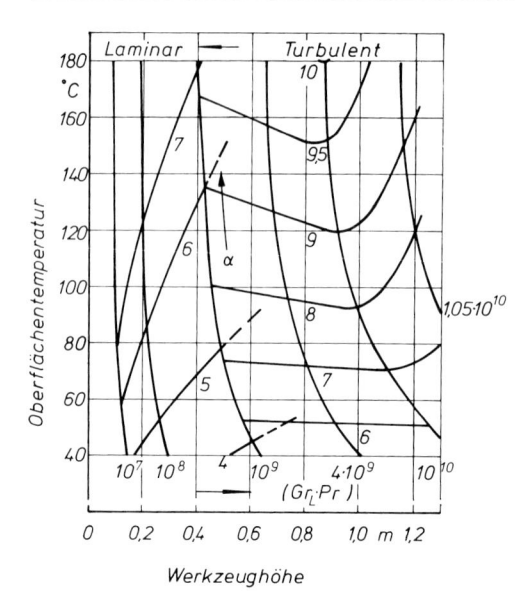

Bild 355 Wärmeübergangskoeffizient an vertikalen Flächen [16]

Die mit dem Formteil ausgetauschte Energie kann durch eine einfache Rechnung erfaßt werden, wenn man annimmt, daß innerhalb der Zykluszeit t_z die Masse des Spritzlings m von Massevorlagetemperatur auf Werkzeugtemperatur gebracht wird. Die spezifische Wärmekapazität wird dabei als Mittelwert angenommen. Die durch die Reaktion freigesetzte Wärme wird bei dieser Betrachtung vernachlässigt.

$$\dot{Q}_T = m \cdot c_p \cdot \frac{\vartheta_W - \vartheta_M}{t_Z}. \tag{148}$$

Mit den Wärmeverlusten nach Gl. (147) und der mit dem Formteil ausgetauschten Energie in Gl. (148) liegt nun die über dem Temperiersystem einzubringende Heizleistung fest. Es handelt sich dabei um eine stationäre Größe, mit der das Werkzeug im „thermischen Gleichgewicht" bleibt. Eine Aussage über die Temperaturverteilung oder das Verhalten des Werkzeugs beim Aufheizen kann auf diesen Abschätzungen nicht aufgebaut werden.

8.9.2 Temperaturverteilung

Bei der Betrachtung der Temperaturhomogenität gilt es in erster Linie, die Annahmen zu bestätigen, unter denen die Verluste bestimmt wurden. Mit dieser Bestätigung können die Wärmeverluste als gesichertes Auslegungskriterium gelten. Einem direkten Zugriff ist dieses räumliche Temperaturfeld im Werkzeuginneren nicht zugänglich. Man betrachtet daher Schnitte durch dieses Temperaturfeld und hat somit das dreidimensionale physikalische Problem in zweidimensionale „Modelle" überführt. Diese lassen sich mit elektrischen Analogiemodellen oder mit dem Widerstandspapiermodell behandeln. Inzwischen gibt es jedoch auch Differenzenverfahren [57], die auch auf Rechnern mit Graphik wesentlich vielseitiger und komfortabler in der Bedienung sind. Mit einem derartigen Differenzenverfahren wurde beispielsweise Bild 356 ermittelt. Bewußt wurde ein Zeitpunkt während der Aufheizphase gewählt, bei dem noch kein voller Ausgleich

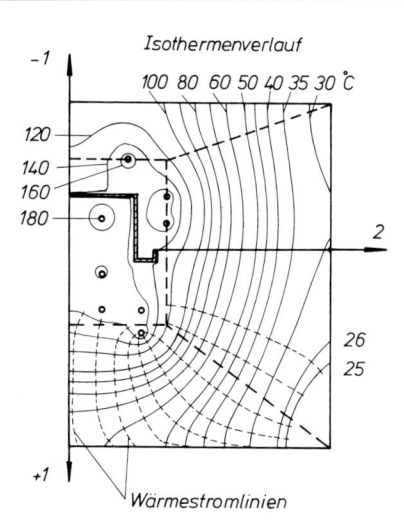

Bild 356 Temperaturverlauf
im Werkzeug [16]
○ Temperierkanal,
--- Segmentierung

der Temperaturen stattgefunden hat. Man erkennt sehr gut, daß im Bereich des Formteils die Temperaturdifferenzen schon zum Teil ausgeglichen sind und daß die Isothermen senkrecht zu den Segmentgrenzen verlaufen. Die Annahme, daß über die Segmentgrenzen kein Wärmestrom läuft, wird dadurch bestätigt.

Die Kontrolle der Homogenität im Bereich des Formnests ist ebenfalls mit einer Aufrasterung einer Schnittebene des Werkzeugs durchführbar, die eine Bearbeitung mit Differenzenverfahren ermöglicht. Als Ergebnis erhält man Isothermenverläufe, die nach der Größe der Temperaturdifferenzen in der Formnestwand interpretiert werden. Ungünstig liegende Temperierkanäle können so von vornherein vermieden werden. Auch die Bedeutung einer wirksamen Isolierung kann an diesen Temperaturprofilen gezeigt werden. Diese, ursprünglich für Thermoplastwerkzeuge entwickelte Berechnungsmethode, ist für flüssigtemperierte Werkzeuge vorgesehen. Der ursprünglich hohe Aufwand bei der Eingabe wird bei CAD-Anwendungen durch sogenannte Netzgeneratoren reduziert, die automatisch die für Differenzverfahren erforderlichen Gitterstrukturen erzeugen.

Für elektrisch temperierte Werkzeuge sind diese Betrachtungen weniger wichtig, da den zeitlichen Temperaturschwankungen mehr Bedeutung zukommt. Aus diesem Grund und auch aus konstruktiven Überlegungen ordnet man die elektrischen Heizpatronen relativ weit außen an. Dabei ist eine ausreichende Isolierung wichtig, da ansonsten die Betriebstemperatur nur mit enorm hohen Verlusten gehalten werden kann und außerdem von Schwankungen überlagert wird.

Empfehlenswert ist in diesem Fall eine Kontrolle der tatsächlichen Werkzeugtemperatur. Die vielfach noch geübte Praxis, die am Temperaturregler eingestellte Temperatur als die Werkzeugtemperatur anzusehen, reicht mit Sicherheit nicht, da sich Temperaturen einstellen, die bis zu 20 °C von den Vorgabewerten abweichen können [58, 59].

Die Auswirkungen zu niedriger Temperaturen lassen sich am besten anhand von Bild 357 diskutieren. Eine Temperaturabsenkung von 10 °C bewirkt eine drastische Verringerung des Vernetzungsgrades; in diesem Fall beträgt der Vernetzungsgrad in Formteilmitte nur noch etwa 50%, während bei der geforderten Temperatur mehr als 85% erreicht wurden. Aus diesem Grund ist eine genaue Kontrolle der Werkzeugtemperatur unerläßlich und eine gute Werkzeugtemperaturregelung unbedingt zu empfehlen.

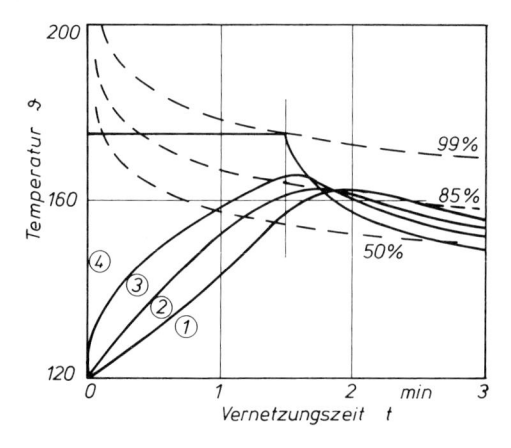

Bild 357 Diagramm für Temperatur, Zeit und Vernetzungsgrad (Phenolharz Typ 31) [16]
Formteildicke 10 mm ($c_p = f(\vartheta)$)
Abstand von der Werkzeugwand:
① 5 mm
② 4 mm
③ 2,5 mm
④ 0 mm

8.10 Praktische Ausführung der elektrischen Beheizung von Duroplastwerkzeugen

Nach [41] soll die installierte Heizleistung 20 bis 30 W/kg Werkzeuggewicht betragen, um eine akzeptable Aufheizzeit und eine stabile Temperaturregelung zu erreichen. Die Heizelemente sind gleichmäßig über das Werkzeug zu verteilen. Bei elektrischen Widerstandsheizungen sollte die Einleitung der Heizkreise durch Rechnersimulation kontrolliert werden. Bei großen Werkzeugen sollen 8 bis 16 Heizkreise installiert werden. Für Heizpatronen kommen die in Abschnitt 6.10.1.6 für Heißkanalverteiler erwähnten gekapselten Heizstäbe oder konische Heizpatronen in Frage, die auch so eingebaut werden, wie dort beschrieben. Für eine stabile Temperaturführung sind die in jedem Heizkreis mindestens einfach zu installierenden Thermoelemente 12 bis 15 mm vom nächsten Heizelement anzubringen, wobei gleichzeitig ein entsprechender Abstand zur Formnestoberfläche vorhanden sein muß, damit die zyklischen Wärmewechsel nur noch gedämpft registriert werden.

Großwerkzeuge werden oft durch Dampf beheizt. In [16] ist dafür eine Berechnung zu finden.

In allen Fällen ist eine Isolation um das gesamte Werkzeug, insbesondere aber auch gegen die Maschinen-Aufspannplatten notwendig.

Elektrische Heizsysteme können direkt leistungsbezogen ausgewählt werden, wobei die Abmessungen (z. B. der Heizpatrone) noch im gewissen Rahmen variierbar sind. Soll jedoch die zur schnellen Aufheizung notwendige Leistung im quaistationären Bereich zu gleichbleibenden Temperaturen führen, muß eine Leistungsreduzierung vorgenommen werden. Meistens wird dies durch eine Schaltrate erreicht, was allerdings auf Kosten der Lebensdauer geht. Zu empfehlen sind daher tyristorgesteuerte Regelkonzepte. Da stets beim Nulldurchgang der Wechselstromwelle geschaltet wird, arbeiten diese Systeme nahezu verschleißfrei.

Dennoch ist es wichtig, bei der Auswahl der Regler eine gute Abstimmung zwischen der Regelstrecke Werkzeug und dem Regler zu erhalten. Die Strecke kann als Regelstrecke erster Ordnung mit einer Verzögerungszeit angesehen werden. Als Zeitkonstante ergibt sich in guter Näherung die nach der „adiabaten" Aufheizformel bestimmte Aufheizzeit. Mit der rechnerischen Aufheizfunktion lassen sich nach [74, 75] die Reglerparameter bestimmen.

Wenn eine elektrische Heizung auch leistungsmäßig einfach zu dimensionieren ist, muß dennoch die Temperatur in jedem Fall kontrolliert werden, da Abweichungen sich in relativ großen Temperaturschwankungen niederschlagen können. Bei Flüssigheizungen verhält es sich umgekehrt: Die Vorlauftemperatur hält sich in engen Grenzen. Es muß allerdings sichergestellt werden, daß die geforderte Leistung auch tatsächlich übertragen werden kann. Im Gegensatz zu der direkten elektrischen Heizung spielt die Geometrie des Temperiersystems hier eine erhebliche Rolle. Zusätzlich muß gewährleistet sein, daß die Temperaturdifferenz zwischen Vorlauf und Rücklauf nicht zu groß wird. Wegen der geringen Temperaturdifferenzen an den Temperierkanälen von Flüssigheizungen können diese zwar näher an der Kavität angeordnet werden, die Aufheizzeit wird allerdings verlängert, weil die treibende Temperaturdifferenz relativ klein bleibt, besonders wenn es sich um ein Temperiergerät handelt, bei dem nur die Vorlauftemperatur geregelt wird.

Literatur zu Kapitel 8

[1] *Schürmann, E.:* Abschätzmethoden für die Auslegung von Spritzgießwerkzeugen. Dissertation, RWTH Aachen 1979.
[2] *Kretzschmar, O.:* Rechnerunterstützte Auslegung von Spritzgießwerkzeugen mit segmentbezogenen Berechnungsverfahren. Dissertation, RWTH Aachen 1985.
[3] *Grigull, U.:* Temperaturausgleich in einfachen Körpern. Springer Verlag, Berlin, Göttingen, Heidelberg 1964.
[4] *Linke, W.:* Grundlagen der Wärmeübertragung. Vorlesungsumdruck, RWTH Aachen 1974.
[5] *Wübken, G.:* Einfluß der Verarbeitungsbedingungen auf die innere Struktur thermoplastischer Spritzgußteile unter besonderer Berücksichtigung der Abkühlverhältnisse. Dissertation, RWTH Aachen 1974.
[6] *Beese, U.:* Experimentelle und rechnerische Bestimmung von Abkühlvorgängen beim Spritzgießen. Unveröffentlichte Arbeit, IKV Aachen 1973.
[7] *Döring, E.:* Ermittlung der effektiven Temperaturleitfähigkeiten beim Spritzgießen von Thermoplasten. Unveröffentlichte Arbeit, IKV Aachen 1977.
[8] *Derek, H.:* Zur Technologie der Verarbeitung von Harzmatten. Dissertation, RWTH Aachen 1982.
[9] *Sönmez, M.:* Verfahren zur Bestimmung des Druckverlustes in Temperiersystemen. Unveröffentlichte Arbeit, IKV Aachen 1977.
[10] *Gröber, H.; Erk, S.; Grigull, U.:* Die Grundgesetze der Wärmeübertragung. Springer Verlag, Berlin, Göttingen, Heidelberg 1963.
[11] *Carlslaw, H.; Jaeger, J.C.:* Conduction of Heat in Solids. Oxford University Press, Oxford 1948.
[12] *Menges, G.; Hoven-Nievelstein, W.B.; Schmidt, W.Th.:* Handbuch zur Berechnung von Spritzgießwerkzeugen. Verlag Kunststoff-Information, Bad Homburg 1985.
[13] *Catic, I.:* Wärmeaustausch in Spritzgießwerkzeugen für die Plastomerverarbeitung. Dissertation, RWTH Aachen 1972.
[14] *Wübken, G.:* Thermisches Verhalten und thermische Auslegung von Spritzgießwerkzeugen. Technisch-wissenschaftlicher Bericht, IKV Aachen 1976.
[15] *Kretschmar, O.:* Auslegung der Temperierung von Spritzgießwerkzeugen für erweiterte Randbedingungen. Unveröffentlichte Arbeit, IKV Aachen 1981.
[16] *Paar, M.:* Auslegung von Spritzgießwerkzeugen für vernetzende Formmassen. Dissertation, RWTH Aachen 1973.

[17] *Prömper, E.:* DSC-Untersuchungen der Härtungsreaktion bei Phenolharzen. Unveröffentlichter Bericht, IKV Aachen 1983.
[18] *Buschhaus, F.:* Automatisierung beim Spritzgießen von Duroplasten und Elastomeren. Dissertation, RWTH Aachen 1982.
[19] *Kamal, M.R.; Sourour, S.:* Kinetics and Thermal Characterization of Thermoset Cure. Polym. Eng. Sci. 13 (1973) 1, S. 59–64.
[20] *Langhorst, H.:* Temperaturfeldberechnung. Unveröffentlichte Arbeit, IKV Aachen 1980.
[21] *Murray, P.; White, J.:* Kinetics of the Thermal Decomposition of Clay. Trans. Brit. Ceram. Soc. 48 (1949) S. 187–206.
[22] *Nicolay, A.:* Untersuchung zur Blasenbildung in Kunststoffen unter besonderer Berücksichtigung der Rißbildung. Dissertation, RWTH Aachen 1976.
[23] *Heide, K.:* Dynamische thermische Analysemethoden. Deutscher Verlag für die Grundstoffindustrie, Leipzig 1979.
[24] Differential Scanning Calorimetry (DSC). Firmenschrift der Firma Du Pont, Bad Homburg 1988.
[25] Borchert and Daniels Kinetics. Firmenschrift der Firma Du Pont, Bad Homburg 1982.
[26] ASTM E 698 – 79: Standard Test Method for Arrhenius Kinetic Constants for Thermally Unstable Materials.
[27] *Piloyan, Y.O.; Ryabchikow, J.B.; Novikova, O.S.:* Determination of Activation Energies of Chemical Reactions bei Differential Thermal Analysis. Nature 212 (1966) S. 1229 ff.
[28] *Feichtenbeiner, H.:* Berechnungsgrundlagen zur thermischen Auslegung von Duroplast- und Elastomerwerkzeugen. Unveröffentlichte Arbeit, IKV Aachen 1982.
[29] *Kamal, M.R.; Ryan, M.E.:* The Behaviour of Thermosetting Compounds in injection Moulding Cavities. Polymer Engineering and Science 20 (1980) 13, S. 859–867.
[30] *Feichtenbeiner, H.:* Auslegung eines Spritzgießwerkzeuges mit 4fach Kaltkanalverteiler für Elastomerformteile. Unveröffentlichte Arbeit, IKV Aachen 1983.
[31] *Lee, J.:* Curing of Compression Moulded Sheet Moulding Compound. Polymer Engineering and Science (1981) 8, S. 483–492.
[32] *Schneider, Ch.:* Das Verarbeitungsverhalten von Elastomeren im Spritzgießprozeß. Dissertation, RWTH Aachen 1986.
[33] *Baldt, V.; Kramer, H.; Koopmann, R.:* Temperaturleitzahl von Kautschukmischungen – Bedeutung, Meßmethoden und Ergebnisse. Bayer Mitteilung für die Gummiindustrie 50 (1978) S. 39–47.
[34] *Kenig, S.; Kamal, M.R.:* Cooling molded parts – a rigorous analysis. SPE-Journal 26 (1970) 7, S. 50–57.
[35] *Sors, L.:* Kühlen von Spritzgießwerkzeugen. Kunststoffe 64 (1974) 2, S. 117–122.
[36] *Kast, W.; Kling, G. u.a.:* Wärmeatlas. VDI-Verlag, Düsseldorf 1980.
[37] *Bird, R.; Stewart, W.E.:* Transport Phenomena. John Wiley and Sons, New York 1962.
[38] *Eck, B.:* Strömungslehre in Dubbels Taschenbuch für Maschinenbau. Band I. Springer Verlag, Berlin, Heidelberg, New York 1970.
[39] *Hausen, H.:* Neue Gleichungen für die Wärmeübertragung bei freier und erzwungener Strömung. Allg. Wärmetechnik 9 (1959).
[40] *Menges, G.; Wübken, G.:* Einfaches elektrisches Analogmodell zur Optimierung der Kühlkanalanordnung in Spritzgießwerkzeugen. Plastverarbeiter 23 (1972) 6, S. 394–395.
[41] *Keller, W.:* Spezielle Anforderungen an Werkzeuge für die Duroplastverarbeitung. Kunststoffe 78 (1988) 10, S. 978–983.
[42] *Weyer, G.:* Automatische Herstellung von Elastomerartikeln im Spritzgießverfahren. Dissertation, RWTH Aachen 1987.
[43] *Simsir, E.:* Vermeidung von Formteilverzug. Unveröffentlichte Arbeit, IKV Aachen 1977.
[44] *Leibfried, D.:* Untersuchungen zum Werkzeugfüllvorgang beim Spritzgießen von thermoplastischen Kunststoffen. Dissertation, RWTH Aachen 1970.
[45] *Weinand, D.:* Ermittlung von Auslegungskriterien für Kühlfinger in Spritzgießwerkzeugen. Unveröffentlichte Arbeit, IKV Aachen 1982.
[46] *Weinand, D.:* Berechnung der Temperaturverteilung in Spritzgießwerkzeugen. Unveröffentlichte Arbeit, IKV Aachen 1982.
[47] *Menges, G.; Kretzschmar, O.; Weinand, D.:* Auslegung von Kerntemperierungen in Spritzgießwerkzeugen. Kunststoffe 74 (1984) 6, S. 346–349.
[48] *Schwintek, G.:* Segmentbezogene Berechnung der Wärmeströme zwischen Spritzgießwerkzeug und Umgebung. Unveröffentlichte Arbeit, IKV Aachen 1985.

[49] *Renz, U.:* Grundlagen der Wärmeübertragung. Vorlesung, RWTH Aachen 1984.
[50] *Dick, H.:* Experimentelle Untersuchungen an einem Temperierelement. Unveröffentlichte Arbeit, IKV Aachen 1977.
[51] For QMC New Cooling Software. Plastics Technology 30 (1984) 9, S. 19–20.
[52] *Kretzschmar, O.:* Thermische Auslegung von Spritzgießwerkzeugen. VDI-IKV-Seminar „Rechnerunterstütztes Konstruieren von Spritzgießwerkzeugen". Münster 1984.
[53] *Ott, S.:* Aufbau von Programmen zur segmentierten Temperierungsauslegung. Unveröffentlichte Arbeit, IKV Aachen 1985.
[54] *Gröber, H.; Erk, S.; Grigull, U.:* Die Grundgesetze der Wärmeübertragung. 3. Auflage Verlag Sauerländer, Aaran, Frankfurt/M. 1980.
[55] *Holman, J.P.:* Heat Transfer. McGraw Hill Koga Kusha, Ltd. 4th Edition 1976.
[56] VDI-Wärmeatlas. VDI, Fachgruppe Verfahrenstechnik (Hrsg.), VDI-Verlag, Düsseldorf 1957.
[57] *Lichius, U.:* Rechnerunterstützte Konstruktion von Werkzeugen zum Spritzgießen von thermoplastischen Kunststoffen. Dissertation, RWTH Aachen 1983.
[58] *Rauscher, W.:* Praktische Überprüfung von Rechenmodellen zur thermischen Auslegung von Elastomerwerkzeugen. Unveröffentlichte Arbeit, IKV Aachen 1984.
[59] *Rellmann, J.:* Inbetriebnahme eines Duroplastspritzgießwerkzeugs. Unveröffentlichte Arbeit, IKV Aachen 1984.
[60] *Wübken, G.:* Thermisches Verhalten und thermische Auslegung von Spritzgießwerkzeugen. Dissertation, RWTH Aachen 1976.
[61] *Hengesbach, H.A.:* Verbesserung der Prozeßführung beim Spritzgießen durch Prozeßüberwachung. Dissertation, RWTH Aachen 1976.
[62] *Mohren, P.; Schürmann, E.:* Die thermische und mechanische Auslegung von Spritzgießwerkzeugen. Seminarunterlagen, IKV Aachen 1976.
[63] Temperiersysteme als Teil der Werkzeugkonstruktion. Arburg heute 10 (1979) S. 28–34.
[64] Rotary-Kupplung. Prospekt der Firma Gebr. Heyne GmbH, Offenbach/M.
[65] Das Wärmerohr. Prospekt der Firma Méchanique de l'Ile de France.
[66] *Temesvary, L.:* Mold Cooling: Key to Fast Molding. Modern Plastics 44 (1966) 12, S. 125–128; S. 196–198.
[67] *Stöckert, K.:* Formenbau für die Kunststoffverarbeitung. Carl Hanser Verlag, München 1969.
[68] Spritzgießen von Thermoplasten. Druckschrift der Farbwerke Hoechst AG, Frankfurt 1971.
[69] *Mörwald, K.:* Einblick in die Konstruktion von Spritzgießwerkzeugen. Verlag Brunke Garrels, Hamburg 1965.
[70] *Joisten, S.:* Ein Formwerkzeug für Zahnräder. Die Maschine (1969) 10.
[71] Spritzguß Hostalen PP. Handbuch der Farbwerke Hoechst AG, Frankfurt/M. 1965.
[72] Temperieren von Spritzgießwerkzeugen. Mitteilung der Netstal-Maschinen AG, Näfels/Schweiz, No. 12, Juni 1979, S. 1–11.
[73] *Friel, P.; Hartmann, W.:* Beitrag zum Temperieren von Spritzwerkzeugen. Plastverarbeiter 26 (1975) 9, S. 491–498.
[74] *Recker, H.:* Regler und Regelstrecken, in: Messen und Regeln beim Extrudieren. VDI-Gesellschaft Kunststofftechnik (Hrsg.), VDI-Verlag, Düsseldorf 1982.
[75] *Wiegand, G.:* Messen, Steuern, Regeln in der Kunststoffverarbeitung. Vorlesungsmanuskript, RWTH Aachen 1970.

9 Schwindung*

9.1 Einleitung

Bei der Verarbeitung von Kunststoffformmassen im Spritzgießprozeß sind Maßabweichungen des Formlings vom formgebenden Werkzeug fertigungsbedingt nicht zu vermeiden. Diese Abweichungen vom Nennmaß werden unter dem Oberbegriff Schwindung zusammengefaßt.

9.2 Definitionen zur Schwindung

In der Spritzgießtechnik versteht man unter Schwindung den Unterschied zwischen einem beliebigen Maß der Werkzeugkavität und des Formteils, bezogen auf das Werkzeugmaß.

$$S = \frac{l_W - l_{FT}}{l_W} \cdot 100\% \tag{149}$$

Allerdings ist diese Definition nicht eindeutig (Bild 358) [1].

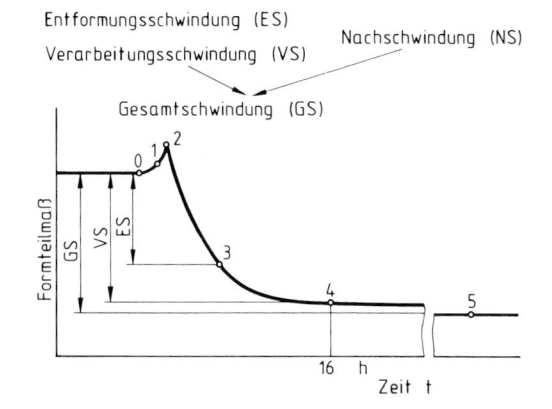

Bild 358 Maßänderung als Funktion der Zeit [1]
0 Maß im kalten Werkzeug,
1 Maß im warmen Werkzeug,
2 Maß im Werkzeug unter Schließkraft und Nachdruck,
3 Maß des Formteils nach dem Entformen,
4 Messung der VS (DIN 16901),
5 Maß nach langer Zeit

Einerseits ändern sich die Werkzeugmaße durch thermische Dehnung des Werkzeugs ($0 \rightarrow 1$) und durch die mechanische Belastung während der Produktion ($1 \rightarrow 2$), andererseits muß der Zeiteinfluß auf das Formteilmaß berücksichtigt werden ($2 \rightarrow 5$).
Man unterscheidet die Entformungsschwindung (Punkt 3), die unmittelbar nach dem Auswerfen des Spritzgießteils gemessen wird, und die Verarbeitungsschwindung (Punkt

---

* Kapitel 9 bis Abschnitt 9.8 bearbeitet von *G. Pötsch*

4). Nach DIN 16901 wird die Verarbeitungsschwindung nach 16stündiger Lagerung des Formteils im Normalklima (DIN 50 014-23150-2) gemessen [2]. Das Werkzeugmaß muß dabei bei Umgebungsbedingungen (23 °C ± 2 °C) ermittelt werden.

Bei längerer Lagerung, unter dem Einfluß von Temperaturwechseln und insbesondere bei einer Nachkonditionierung des Formteils kann noch eine weitere Maßänderung, die als Nachschwindung (4 → 5) bezeichnet wird, entstehen. Diese Maßänderung wird verursacht durch Relaxation von Eigenspannungen, Reorientierungsvorgängen und bei teilkristallinen Materialien durch Nachkristallisation. Sie ist jedoch – außer bei teilkristallinen Kunststoffen – vernachlässigbar klein. Die Summe aus Verarbeitungsschwindung und Nachschwindung wird Gesamtschwindung genannt. Sollen zusätzliche Maßabweichungen, z.B. durch Feuchtigkeitsaufnahme oder den Einsatz des Formteils bei erhöhten Betriebstemperaturen, bei der Messung für die Abnahme berücksichtigt werden, muß eine Festlegung der Nachbehandlung und der Meßbedingungen zwischen Lieferer und Abnehmer vereinbart werden.

Die DIN 16901 unterscheidet zusätzlich in Schwindungswerte in Abhängigkeit von der Spritzrichtung (Bild 359). Die radiale Verarbeitungsschwindung ist der Schwindungswert in Spritzrichtung, die tangentiale Verarbeitungsschwindung ist der Wert quer zur Fließrichtung.

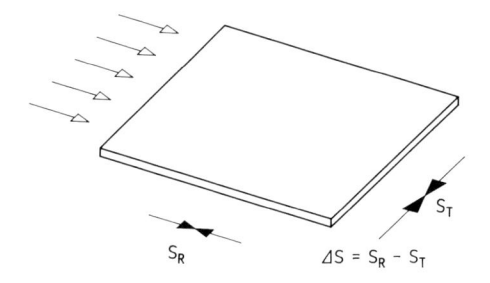

Bild 359 Schwindungswerte in Abhängigkeit von der Spritzrichtung
S_R radiale Verarbeitungsschwindung,
S_T tangentiale Verarbeitungsschwindung,
S Verarbeitungsschwindungsdifferenz

Die Verarbeitungsschwindungsdifferenz ist die Differenz zwischen radialer und tangentialer Verarbeitungsschwindung und stellt ein Maß für die Schwindungsanisotropie dar. Die Dickenschwindung ist das Schwindungsmaß in Wanddickenrichtung. Dieser Wert ist aber in der Regel nicht von praktischem Interesse.

Zur Vermessung können beliebige mechanische oder optische Meßgeräte verwendet werden, allerdings sollte bei weichen Kunststoffteilen eine mögliche Meßverfälschung durch eine mechanische Meßkraft beachtet werden.

Werden statt der Längenmaße in Gl. (149) Volumina von Werkzeugkavität und Formteil eingesetzt, spricht man von Volumenschwindung [3].

$$S_V = \frac{V_K - V_F}{V_K} = \frac{\vartheta(1\text{ bar}, T) - \vartheta(1\text{ bar}, T_u)}{\vartheta(1\text{ bar}, T)}. \tag{150}$$

Längenschwindung und Volumenschwindung sind miteinander verknüpft, allerdings können aufgrund der Anisotropie (Richtungsabhängigkeit der Schwindung) die linearen Schwindungswerte nicht aus der Volumenschwindung berechnet werden.

Problematisch ist auch, daß die Volumenschwindung meßtechnisch nicht ermittelt werden kann.

Für warmhärtbare Preßmassen existiert eine weitere Norm zur Bestimmung von Schwindungswerten [4].

9.3 Toleranzen für Kunststofformteile

In DIN 16901 werden auch die Maßtoleranzen für Allgemeinmaße (Freimaßtoleranzen) und Maße mit direkt eingetragenen Abmaßen für Kunststofformteile geregelt. Anwendbar ist diese Norm für Formteile aus härtbaren und nichthärtbaren Formmassen, die neben dem Spritzgießen auch durch Pressen, Spritzpressen und Spritzprägen hergestellt werden.

Die Toleranzen werden materialabhängig in verschiedene Toleranzgruppen für Allgemeintoleranzen und für direkt eingetragene Abmaße festgelegt (Tabelle 35). Innerhalb der Toleranzgruppen für direkt eingetragene Abmaße werden zwei Reihen mit unterschiedlicher Genauigkeitsstufe unterschieden. Mit der angegebenen Toleranzgruppe können in einer weiteren Tabelle die Abmaße abhängig vom Nennmaß ermittelt werden (Tabelle 36).

Die derartig festgelegten Toleranzbereiche für direkt eingetragene Abmaße können nach technischen Erfordernissen in obere und unter Abmaße aufgeteilt werden. In dieser Tabelle werden auch werkzeuggebundene und nicht werkzeuggebundene Maße unterschieden. Werkzeuggebundene Maße sind Formteilmaße, die durch Abformung im gleichen Werkzeugteil festgelegt werden (Bild 360 oben).

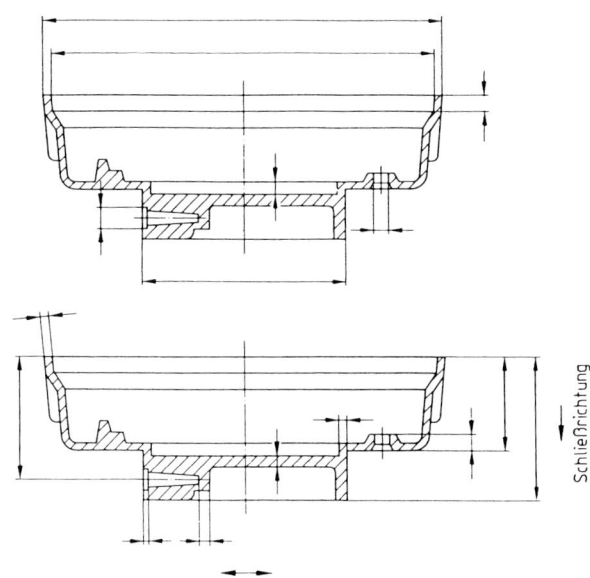

Bild 360
Werkzeuggebundene (oben) und nicht werkzeuggebundene (unten) Maße [2]

Bewegungsrichtung des Schiebers

Nicht werkzeuggebundene Maße werden durch das Zusammenwirken gegeneinander beweglicher Werkzeugteile (Düsen-, Schließseite des Werkzeugs, Schieber) geformt (Bild 360 unten). Durch diese Unterscheidung wird die geringere erzielbare Genauigkeit bei beweglichen Werkzeugteilen durch die nicht exakt reproduzierbare Endlage berücksichtigt.

Der Bezug auf diese Norm für Allgemeintoleranzen wird durch Angabe DIN 16901 und der entsprechend ausgewählten Toleranzgruppe (Beispiel: Toleranzen DIN 16901–140) in den Fertigungsunterlagen angegeben.

Tabelle 35 Zuordnung der Toleranzgruppen zu den Formmassen [2]

1	2	3	4	5	6
Kurzzeichen für Basismaterial	Formteile hergestellt aus:	Formmassen nach DIN	Toleranzgruppen		
			für Allgemeintoleranzen	für Maße mit direkt eingetragenen Abmaßen	
				Reihe 1	Reihe 2
PDAP	Polydiallylphthalat-Formmassen (mit anorganischen Füllstoff)		130	120	110
PE	Polyethylen-Formmassen[1] (ungefüllt)	16 776 Teil 1	150	140	130
PESU	Polyethersulfon-Formmassen (ungefüllt)		130	120	110
PSU	Polysulfon-Formmassen (gefüllt, ungefüllt)		130	120	110
PETP	Polyethylenterephthalat-Formmassen (amorph)		130	120	110
	Polyethylenterephthalat-Formmassen (kristallin)		140	130	120
	Polyethylenterephthalat-Formmassen (gefüllt)		130	120	110
PMMA	Polymethylmethacrylat-Formmassen	7745 Teil 1	130	120	110
POM	Polyoxymethylen(Polyacetal)-Formmassen[1] (ungefüllt), Länge der Formteile: <150 mm		140	130	120
	Polyoxymethylen(Polyacetal)-Formmassen[1] (ungefüllt), Länge der Formteile: ≧150 mm		150	140	130
	Polyoxymethylen(Polyacetal)-Formmassen[1] (gefüllt)		130	120	110
PP	Polypropylen-Formmassen[1] (ungefüllt)		150	140	130
	Polypropylen-Formmassen[1] (glasfasergefüllt, mit Talkum oder Asbestfaser gefüllt)	16 774 Teil 1	140	130	120
PP/EPDM	Mischung aus Polypropylen und Kautschuk (ungefüllt)		140	130	120

9.3 Toleranzen für Kunststoffformteile

Tabelle 35 (Fortsetzung) Zuordnung der Toleranzgruppen zu den Formmassen [2]

1	2	3	4	5	6
Kurz-zeichen für Basis-material	Formteile hergestellt aus:	Form-massen nach DIN	Toleranzgruppen		
			für Allgemein-toleranzen	für Maße mit direkt eingetragenen Abmaßen	
				Reihe 1	Reihe 2
PPO	Polyphenylenoxid-Formmassen		130	120	110
PPS	Polyphenylensulfid-Formmassen (gefüllt)		130	120	110
PS	Polystyrol-Formmassen	7741 Teil 1	130	120	110
PVC-U	weichmacherfreie Polyvinyl-chlorid-Formmassen	7748 Teil 1	130	120	110
PVC-P	weichmacherhaltige Polyvinyl-chlorid-Formmassen	7749 Teil 1	Z.Z. liegen keine Angaben vor		
SAN	Styrol-Acrylnitril-Formmassen (ungefüllt, gefüllt)	16 775 Teil 1	130	120	110
SB	Styrol-Butadien-Formmassen	16 771 Teil 1	130	120	110
	Mischungen von Polyphenylenoxid und Polystyrol (ungefüllt und gefüllt)		130	120	110
	fluorierte Polyethylen-Polypropylen-Formmassen		150	140	130
	thermoplastisches Polyurethan Produkte mit 70 bis 90 Shore A [2]		150	140	130
	Produkte mit über 50 Shore D [2]		140	130	120

[1] Bei ungefüllten, teilkristallinen, nichthärtbaren Formmassen (Thermoplasten) gilt bei Wand-dicken über 4 mm die nächsthöhere Toleranzgruppe
[2] Härteprüfung nach Shore A und D siehe DIN 53 505

Tabelle 36 Zuordnung der Toleranzen zu den Toleranzgruppen [2]

Toleranz-gruppe aus Tabelle 1	Kenn-buchstabe[1]	Nennmaßbereich (über/bis)							
		0/1	1/3	3/6	6/10	10/15	15/22	22/30	30/40	40/53

Allgemeintoleranzen

Toleranzgruppe	Kennbuchstabe	0/1	1/3	3/6	6/10	10/15	15/22	22/30	30/40	40/53
160	A	±0,28	±0,30	±0,33	±0,37	±0,42	±0,49	±0,57	±0,66	±0,78
	B	±0,18	±0,20	±0,23	±0,27	±0,32	±0,39	±0,47	±0,56	±0,68
150	A	±0,23	±0,25	±0,27	±0,30	±0,34	±0,38	±0,43	±0,49	±0,57
	B	±0,13	±0,15	±0,17	±0,20	±0,24	±0,28	±0,33	±0,39	±0,47
140	A	±0,20	±0,21	±0,22	±0,24	±0,27	±0,30	±0,34	±0,38	±0,43
	B	±0,10	±0,11	±0,12	±0,14	±0,17	±0,20	±0,24	±0,28	±0,33
130	A	±0,18	±0,19	±0,20	±0,21	±0,23	±0,25	±0,27	±0,30	±0,34
	B	±0,08	±0,09	±0,10	±0,11	±0,13	±0,15	±0,17	±0,20	±0,24

Toleranzen für Maße mit direkt eingetragenen Abmaßen

Toleranzgruppe	Kennbuchstabe	0/1	1/3	3/6	6/10	10/15	15/22	22/30	30/40	40/53
160	A	0,56	0,60	0,66	0,74	0,84	0,98	1,14	1,32	1,56
	B	0,36	0,40	0,46	0,54	0,64	0,78	0,94	1,12	1,36
150	A	0,46	0,50	0,54	0,60	0,68	0,76	0,86	0,98	1,14
	B	0,26	0,30	0,34	0,40	0,48	0,56	0,66	0,78	0,94
140	A	0,40	0,42	0,44	0,48	0,54	0,60	0,68	0,76	0,86
	B	0,20	0,22	0,24	0,28	0,34	0,40	0,48	0,56	0,66
130	A	0,36	0,38	0,40	0,42	0,46	0,50	0,54	0,60	0,68
	B	0,16	0,18	0,20	0,22	0,26	0,30	0,34	0,40	0,48
120	A	0,32	0,34	0,36	0,38	0,40	0,42	0,46	0,50	0,54
	B	0,12	0,14	0,16	0,18	0,20	0,22	0,26	0,30	0,34
110	A	0,18	0,20	0,22	0,24	0,26	0,28	0,30	0,32	0,36
	B	0,08	0,10	0,12	0,14	0,16	0,18	0,20	0,22	0,26
Feinwerktechnik	A	0,10	0,12	0,14	0,16	0,20	0,22	0,24	0,26	0,28
	B	0,05	0,06	0,07	0,08	0,10	0,12	0,14	0,16	0,18

[1] A für nicht werkzeuggebundene Maße, B für werkzeuggebundene Maße

9.3 Toleranzen für Kunststoffformteile

Nennmaßbereich										
53 70	70 90	90 120	120 160	160 200	200 250	250 315	315 400	400 500	500 630	630 800	800 1000
Allgemeintoleranzen										
±0,94	±1,15	±1.40	±1,80	±2,20	±2,70	±3,30	±4,10	±5,10	±6,30	±7,90	±10,00
±0,84	±1,05	±1,30	±1,70	±2,10	±2,60	±3,20	±4,00	±5,00	±6,20	±7,80	± 9,90
±0,68	±0,81	±0,97	±1,20	±1,50	±1,80	±2,20	±2,80	±3,40	±4,30	±5,30	± 6,60
±0,58	±0,71	±0,87	±1,10	±1,40	±1,70	±2,10	±2,70	±3,30	±4,20	±5,20	± 6,50
±0,50	±0,60	±0,70	±0,85	±1,05	±1,25	±1,55	±1,90	±2,30	±2,90	±3,60	± 4,50
±0,40	±0,50	±0,60	±0,75	±0,95	±1,15	±1,45	±1,80	±2,20	±2,80	±3,50	± 4,40
±0,38	±0,44	±0,51	±0,60	±0,70	±0,90	±1,10	±1,30	±1,60	±2,00	±2,50	± 3,00
±0,28	±0,34	±0,41	±0,50	±0,60	±0,80	±1,00	±1,20	±1,50	±1,90	±2,40	± 2,90
Toleranzen für Maße mit direkt eingetragenen Abmaßen										
1,88	2,30	2,80	3,60	4,40	5,40	6,60	8,20	10,20	12,50	15,80	20,00
1,68	2,10	2,60	3,40	4,20	5,20	6,40	8,00	10,00	12,30	15,60	19,80
1,36	1,62	1,94	2,40	3,00	3,60	4,40	5,60	6,80	8,60	10,60	13,20
1,16	1,42	1,74	2,20	2,80	3,40	4,20	5,40	6,60	8,40	10,40	13,00
1,00	1,20	1,40	1,70	2,10	2,50	3,10	3,80	4,60	5,80	7,20	9,00
0,80	1,00	1,20	1,50	1,90	2,30	2,90	3,60	4,40	5,60	7,00	8,80
0,76	0,88	1,02	1,20	1,50	1,80	2,20	2,60	3,20	3,90	4,90	6,00
0,56	0,68	0,82	1,00	1,30	1,60	2,00	2,40	3,00	3,70	4,70	5,80
0,60	0,68	0,78	0,90	1,06	1,24	1,50	1,80	2,20	2,60	3,20	4,00
0,40	0,48	0,58	0,70	0,86	1,04	1,30	1,60	2,00	2,40	3,00	3,80
0,40	0,44	0,50	0,58	0,68	0,80	0,96	1,16	1,40	1,70	2,10	2,60
0,30	0,34	0,40	0,48	0,58	0,70	0,86	1,06	1,30	1,60	2,00	2,50
0,31	0,35	0,40	0,50								
0,21	0,25	0,30	0,40								

9.4 Ursache der Schwindung

Eigentliche Ursache für die Schwindung spritzgegossener Formteile ist das thermodynamische Stoffverhalten des Materials (Bild 361). Diese auch als p-v-T-Verhalten bezeichnete Eigenschaft kennzeichnet die Kompressibilität und Wärmedehnung der Kunststoffe [5].

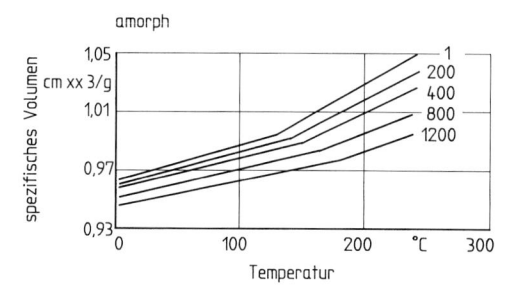

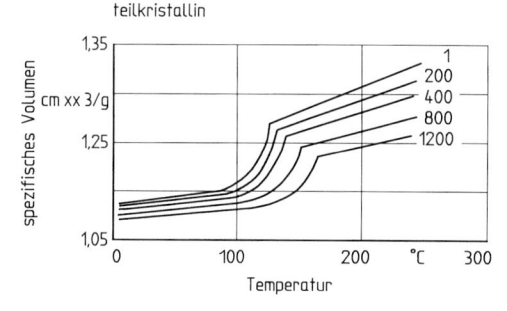

Bild 361 p-v-T-Verhalten eines amorphen (oben) und eines teilkristallinen (unten) Thermoplasten

Beim p-v-T-Verhalten muß grundsätzlich zwischen zwei Materialklassen (amorph und teilkristallin) unterschieden werden. Beide Materialtypen zeigen im Schmelzebereich eine lineare Abhängigkeit des spezifischen Volumens von der Temperatur. Wesentliche Unterschiede ergeben sich jedoch für den Feststoffbereich. Aufgrund der Kristallisationsvorgänge bei teilkristallinen Materialien nimmt das spezifische Volumen mit abnehmender Temperatur exponentiell ab, während amorphe Materialien auch im Feststoffbereich eine lineare Temperaturabhängigkeit zeigen. Dieser Unterschied ist die Ursache für die größeren Schwindungswerte von teilkristallinen Thermoplasten.

Zur Beurteilung des Prozeßverlaufs hinsichtlich der Schwindungsvorgänge ist der Zustandsverlauf im p-v-T-Diagramm sehr hilfreich. Dazu werden Druck und Temperatur während des Prozesses isochron in ein p-v-T-Diagramm eingetragen (Bild 362).

Im Anschluß an die volumetrische Füllung der Kavität (0 → 1) wird das Material ohne wesentliche Temperaturänderung in der Kompressionsphase verdichtet (1 → 2). Die Höhe des lokal erreichbaren Verdichtungsdrucks im Formteil ist von der Höhe des maschinenseitig aufgebrachten Nachdrucks und von den in der Kavität vorliegenden Fließwiderständen abhängig.

Anschließend kühlt der Spritzling stetig ab (2 → 3). Damit verbunden ist eine Volumenkontraktion, die durch den Nachdruck teilweise ausgeglichen werden kann, indem durch die flüssige Seele des erstarrenden Formteils weiteres Material in den Werkzeughohlraum nachgefördert wird. Ist keine weitere Schmelzezufuhr möglich, z. B. durch einen erstarrten Anschnitt, ist die Zustandsänderung isochor (3 → 4).

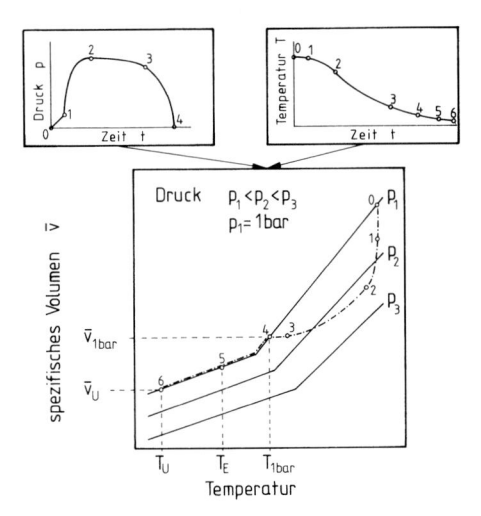

Bild 362 Zustandsverlauf im p-v-T-Diagramm [3]

0 → 1 volumetrische Füllung,
1 → 2 Kompression,
2 → 3 Nachdruckwirkung,
3 → 4 isochorer Druckabbau auf Temperatur $T_{1\,bar}$,
4 → 5 Abkühlen auf Entformungstemperatur T_E,
5 → 6 Abkühlen auf Umgebungstempertur T_U,

4 → 6 Volumenschwindung $S_V = \dfrac{\bar{V}_{1\,bar} - \bar{V}_U}{\bar{V}_{1\,bar}} \cdot 100\%$

Der Punkt beim Auftreffen auf die 1-bar-Linie (Punkt 4) legt die lokale Volumenschwindung fest. Liegt dieser Punkt bei größeren spezifischen Volumina, ergeben sich entsprechend höhere Volumenschwindungen. Da die Volumenschwindung ein Maß für das Schwindungspotential darstellt, resultiert aus einer größeren Volumenschwindung auch ein größerer Längenschwindungswert.

Nach Erreichen der 1-bar-Linie ist die weitere Zustandsänderung isobar. Zum Zeitpunkt 5 wird das Formteil ausgeworfen, dadurch entfällt der Formzwang durch das umgebende Werkzeug.

9.5 Ursachen des anisotropen Schwindungsverhaltens

Während die Volumenschwindung das lokale Schwindungspotential festlegt und mittels des p-v-T-Verhaltens ermittelt werden kann, beruht die Anisotropie der Schwindung auf weiteren Effekten. Durch Kraft- und Formschluß werden Dimensionsänderungen des Formteils im Werkzeug be- oder verhindert [6]. Dabei muß zwischen interner und externer Kontraktionsbehinderung unterschieden werden.

Die interne Behinderung ist die Ursache für die Entstehung abkühlbedingter Eigenspannungen im Formteil [7]. Aufgrund der mechanischen Kopplung zwischen den Schichten ist die thermische Kontraktion einzelner Schichten in Längen- und Breitenrichtung behindert. In Dickenrichtung besteht diese Behinderung nicht, so daß der größte Anteil der Volumenschwindung in eine Dickenschwindung umgesetzt wird. Durch die gleichartige Schwindungsbehinderung ergeben sich in Längs- und Querrichtung die gleichen Schwindungswerte.

Neben dieser Art von innerer Behinderung kann man auch bei glasfasergefüllten Materialien von innerer Schwindungsbehinderung sprechen. Die durch die Strömungsvorgänge orientierten Glasfasern behindern durch eine geringere Wärmedehnung als das Matrixmaterial die Schwindung vor allem in Orientierungsrichtung (Bild 363) [8].

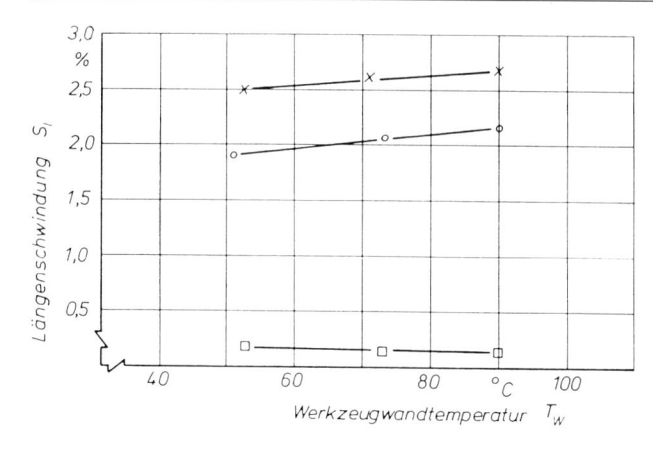

Bild 363
Einfluß von Glasfasern und -kugeln auf die Schwindung
Formteil: Lagerschale,
Material: PBTP unverstärkt ($\times$),
30% Glaskugel ($\circ$),
30% Glasfaser ($\square$)
$T_M = 251$ °C
$\bar{T}_W = -$
$p_W = 330$ bar

Dagegen führen Glaskugeln und Mineralpulver hinsichtlich des Schwindungsverhaltens zu isotropen Eigenschaften und nur durch eine geringere Kompressibilität des Gesamtmaterials zu einer Schwindungsverringerung.

Durch den Einsatz von Glasfasern kann die Schwindung um 50% bis 80% reduziert werden. Allerdings ist bei mehr als 20% Glasfaserzusatz keine weitere Reduzierung des Schwindungsverhaltens festzustellen.

Unter äußerer Schwindungsbehinderung versteht man die mechanische Verhinderung der Formänderung durch das umgebende Werkzeug. Die Schwindungsmaße eines nicht behinderten Maßes sind größer als die Schwindungswerte eines randseitig behinderten Formteils (Bild 364). Die Schwindungsbehinderung und die damit verbundene Spannungsrelaxation führt zu einem geringeren Schwindungsniveau. Zudem ergibt sich für gebundene Formteilmaße eine geringere Abhängigkeit von den Prozeßgrößen.

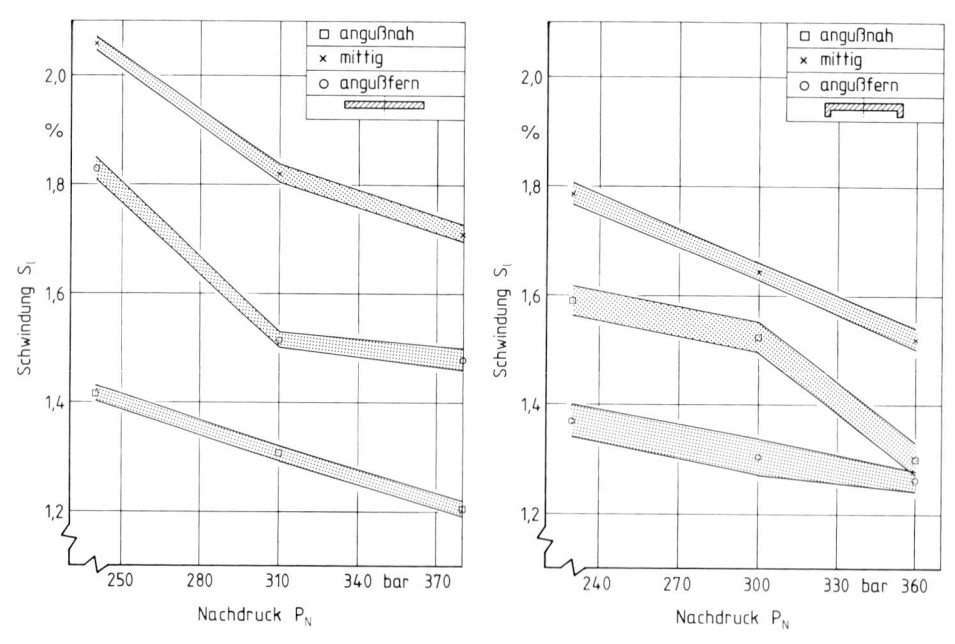

Bild 364 Schwindung bei freier (links) und gebundener Kreisscheibe (rechts)

Die mechanische Einspannung ist allerdings nur wirksam, solange sich das Formteil noch im Werkzeug befindet. Nach dem Auswerfen können auch gebundene Maße frei schwinden. Deshalb ist die Entformungstemperatur eine charakteristische Kenngröße für die Änderung der mechanischen Randbedingungen und damit für die Differenz zwischen freien und gebundenen Formteilmaßen.

Eine weitere Ursache der Schwindungsanisotropie ergibt sich durch die fließrichtungsbedingten Anisotropien. Die eingebrachten Orientierungen wirken durch zwei Mechanismen auf die Schwindung. Einerseits ergeben orientierungsabhängige lineare Wärmeausdehnungskoeffizienten unterschiedliche Schwindungswerte, andererseits tragen die Reorientierungsvorgänge (Schrumpf) in Orientierungsrichtung zu einer Vergrößerung der Schwindung bei. Die Orientierungszustände werden neben den Prozeßparametern vor allem durch Art und Lage des Anschnitts bestimmt.

Bei fasergefüllten Materialien ergeben sich im Gegensatz zu unverstärkten Materialien in Fließrichtung geringere Schwindungswerte. Bei teilkristallinen Materialien tritt zur Molekülorientierung noch eine gerichtete Kristallisation hinzu. Durch die dichtere Packung in Fließrichtung resultieren daraus größere Schwindungswerte.

9.6 Ursachen des Verzugs

Eine Folgeerscheinung des anisotropen Schwindungsverhaltens sind einige Verzugserscheinungen. Richtungsabhängige unterschiedliche Wärmedehnungen können zu Deformationen gegenüber der Sollgeometrie führen (Bild 365).

Dieses Beispiel zeigt den Verzug einer Kreisscheibe als Folge unterschiedlicher Schwindungswerte in radialer und tangentialer Richtung. Verzug als Folge von richtungsabhängigen Schwindungsunterschieden kann meist nur durch Gestaltänderung oder Verändern der Anschnittlage korrigiert werden.

Verzug kann auch andere Ursachen haben; tritt Verzug durch eine unsymmetrische Abkühlung des Formteils auf, müssen Kühlkanäle verlegt oder zusätzliche Temperierkreisläufe geschaffen werden.

Formteilverzug kann aber auch bei homogener Temperierung und isotropem Stoffverhalten auftreten. Bei Wanddickenunterschieden im Formteil resultiert aus dem höheren Temperaturniveau zum Siegelzeitpunkt eine größere Kontraktionsfähigkeit der dicken Bereiche, so daß sich Verzug mit den großen Wanddicken auf der Innenseite des Krümmungsradius einstellt (Bild 366). Dieser Verzugsmechanismus kann prinzipiell nur durch gezielt unterschiedliche Temperierung des Grundkörpers und der Rippe vermieden werden.

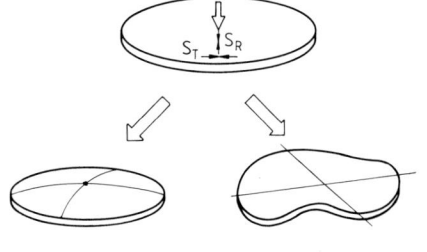

Bild 366 Verzug durch Wanddickenunterschiede

Bild 365 Verzug durch anisotrope Schwindung

9.7 Schwindungsbeeinflussung durch den Prozeß

Dem Verarbeiter verbleibt außer Werkzeugänderungen und einem Materialwechsel lediglich der Prozeß zur Einflußnahme auf die Schwindung. Daher ist es wesentlich, den Einfluß der verschiedenen Prozeßparameter auf das Schwindungsverhalten zu kennen.

Für den Werkzeugmacher ist diese Beeinflußbarkeit von Interesse, da diese Werte die Genauigkeit der Schwindungsvorhersage festlegen.

Sowohl bei amorphen als auch bei teilkristallinen Materialien hat die Nachdruckhöhe den größten Einfluß auf das Schwindungsverhalten (siehe auch Bild 364).

Unter Wirkung des Nachdrucks wird das Material in der Kavität komprimiert und die durch den Abkühlprozeß hervorgerufene Volumenkontraktion durch nachfließende Schmelze kompensiert. Die Beeinflußbarkeit durch den Nachdruck ist allerdings degressiv, d.h., mit zunehmendem Nachdruck wird die Schwindungsreduktion geringer.

Durch Erhöhung des Nachdruckwerts läßt sich bei teilkristallinen Materialien eine Schwindungsverringerung bis zu 0,5% erreichen. Bei amorphen Materialien ist aufgrund des insgesamt geringeren Schwindungsniveaus nur eine Reduktion bis maximal 0,2% möglich. Die maximale Schwindungsverringerung kann allerdings nur bei optimaler Geometrie des Angußsystems und des Formteils erzielt werden.

Die zweite wesentliche Einflußgröße auf die Schwindung ist die Massetemperatur.

Theoretisch hat eine höhere Einspritztemperatur zwei gegensätzliche Wirkungen auf die Schwindung: Einerseits resultiert aus einer höheren Temperatur eine höhere thermische Kontraktionsfähigkeit der Formmasse (siehe auch Bild 362), andererseits bewirkt die damit verbundene Abnahme der Schmelzeviskosität eine bessere Druckübertragung und damit eine Schwindungsverringerung. Bei ausreichend langer Nachdruckzeit überwiegt der Einfluß der verbesserten Druckwirkung in der Kavität (Bild 367).

Bei teilkristallinen Materialien kann durch eine Temperaturerhöhung eine Schwindungsverringerung bis zu 0,5%, bei amorphen Formmassen bis zu 0,15% erreicht werden. Andere Parameter (z.B. Einspritzgeschwindigkeit, Werkzeugwandtemperatur) sind von untergeordneter Bedeutung.

Bei glasfasergefüllten Materialien gelten einige Besonderheiten (Bild 368). In Faserorientierungsrichtung ist keine Beeinflussung der Schwindung durch Änderung der Verfahrensparameter möglich. Quer zur Faserrichtung tritt näherungsweise die gleiche Beeinflussungsmöglichkeit wie beim reinen Matrixwerkstoff auf.

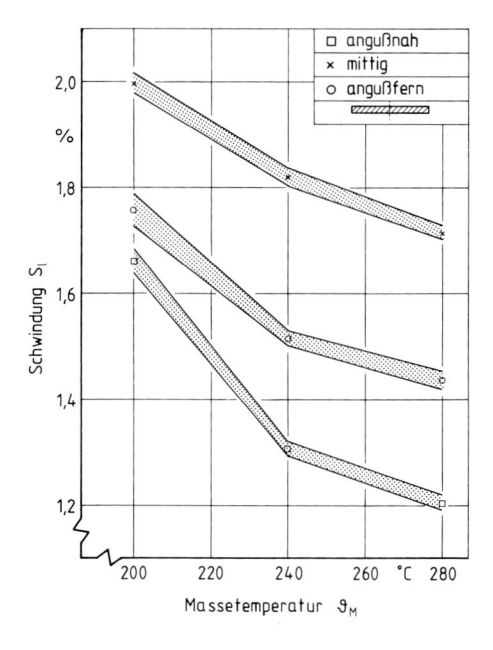

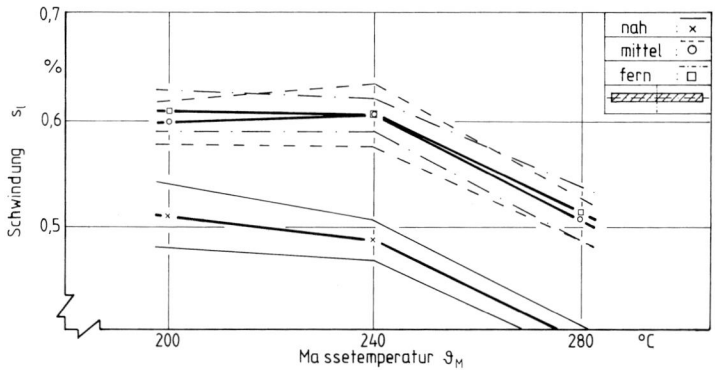

9.7 Schwindungsbeeinflussung durch den Prozeß 361

Bild 367 Einfluß der Massetemperatur auf die Schwindung (unten amorph, oben teilkristallin)

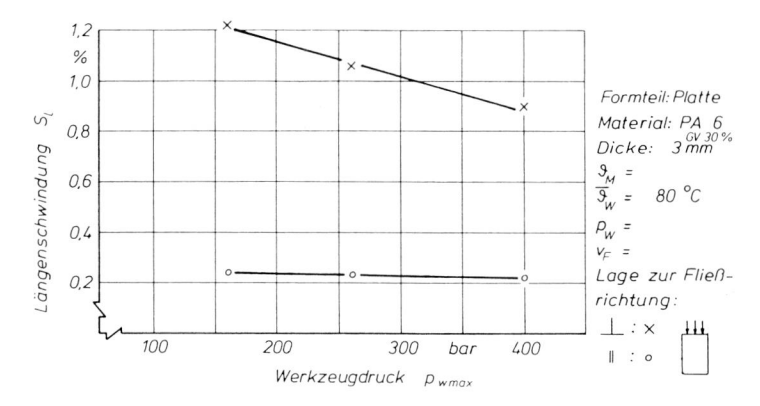

Bild 368 Beeinflußbarkeit der Schwindung bei glasfasergefüllten Materialien

9.8 Hilfsmittel zur Schwindungsvorhersage

Die einfachste Möglichkeit, Schwindungswerte zur Werkzeugdimensionierung abzuschätzen, ist die Anwendung von Schwindungstabellen (Tabelle 37). Diese Schwindungsmaße werden von den Rohstoffherstellern in den Materialdatenblättern typenspezifisch zur Verfügung gestellt.

Tabelle 37 Schwindungstabelle [10]

Kunststoffsorte	Schwindung %	Kunststoffsorte	Schwindung %
Polyamid 6	1–1,5	Polycarbonat	0,8
Polyamid 6 + Glasfaser	0,5	Acetatcopolymerisat	2
Polyamid 6,6	1–2	Polyvinylchlorid hart	0,5–0,7
Polyamid 66 + Glasfaser	0,5	Polyvinylchlorid weich	1–3
Polyethylen niedriger Dichte	1,5–3	Acrylnitril-Styrol-Butadien	0,4–0,6
Polyethylen hoher Dichte	2–3	Polypropylen	1,2–2
Polystyrol	0,5–0,7	Celluloseacetat	0,5
Acrylnitril-Styrol	0,4–0,6	Celluloseacetobutyrat	0,5
Polymethacrylate	0,3–0,6	Cellulosepropinat	0,5

Problematisch ist dabei einerseits die zum Teil große Bandbreite des angegebenen Wertes, die eine ausreichend genaue Schwindungsvorhersage nicht gestattet. Andererseits sind die zugehörigen Prozeßgrößen und oftmals die Formteilgeometrien, an der die Schwindungswerte gemessen wurden, nicht bekannt. Eine Übertragung auf andere Geometrien ist daher schwierig.

Eine genauere Vorhersage ist auf der Basis sogenannter Erfahrungskataloge möglich. Dies ist die bisher sicherste Methode zur Abschätzung von linearen Schwindungswerten. In den Erfahrungskatalogen werden die Schwindungswerte des bisher produzierten Teilespektrums und die zugehörigen Herstellbedingungen protokolliert (Bild 369). Aufgrund der unterschiedlichen Schwindungsbehinderung einzelner Maße in der Kavität müssen innerhalb eines Formteils die Maße weiter klassifiziert werden (Bild 370). Maßfamilien sind dabei durch gleiche Schwindungsbehinderung im Werkzeug charakterisiert.

Bei der Neukonstruktion eines ähnlichen Formteils können die zuvor ermittelten Daten zur Schwindungsabschätzung genutzt werden. Aufbauend auf der Annahme, daß ähnliche Formteile des gleichen Werkstofftyps auch unter ähnlichen Prozeßbedingungen hergestellt werden, lassen sich Schwindungs-Erfahrungswerte von diesen Teilen bei vergleichbaren Maßen untereinander übertragen (Bild 371).

Ein weiterer Vorteil der Erfahrungskataloge ergibt sich dadurch, daß die darin enthaltenen Schwindungsdaten nicht mehr personengebunden sind, sondern von jedem Konstrukteur genutzt werden können.

Die Ermittlung von Schwindungsdaten ist meßtechnisch aufwendig, zeitintensiv und kostspielig und stellt damit einen betrieblichen Wert dar. Deshalb dürfen diese Ergebnisse nicht an einen einzelnen Mitarbeiter gebunden sein.

Eine weitere Abschätzung des Schwindungsverhaltens ist durch neuartige Rechenprogramme möglich [9]. Allerdings ist damit bisher lediglich eine direkte Vorhersage der lokalen Volumenschwindung möglich.

9.8 Hilfsmittel zur Schwindungsvorhersage

Verfahrensdaten und Schwindung — Stapelkasten / ABS

	Fließwinkel α (grd)	Entfernung v. Anguß e (mm)	Lokale Dicke s (mm)	Fließweg/Wanddicke e/s	Materialtemperatur T_M (°C)	Wkzg-Wandtemp. T_W (°C)	Entformungstemp. T_E (°C)	Volumenstrom $\dot{V}$ (cm³/s)	Einspritzzeit t_e (s)	Kühlzeit t_k (s)	Nachdruckzeit t_n (s)	Nachdruck (Maschine) p_e (bar)	Nachdruck (lokal) p_n (bar)	Schwindung S (%)
l_1	0	39	2,1	19	248	50	52	15	3	19	4	756		0,65
b_2	10	69	2,2	32										0,99
h_1	33	115	1,6	74										0,67
h_3	8	90	1,6	56										0,90
h_5	17	100	1,6	63										0,69
s	–	110	1,9	58										1,05
l_1	0	39	2,1	19		70	72							0,77
b_2	10	69	2,2	32										0,99
h_1	33	115	1,6	74										0,69
h_3	8	90	1,6	56										0,88
h_5	17	100	1,6	63										0,74
s	–	110	1,9	58										1,05
l_1	0	39	2,1	19		90	92							0,89
b_2	10	69	2,2	32										1,12
h_1	33	115	1,6	74										0,74
h_3	8	90	1,6	56										0,85
h_5	17	100	1,6	63										0,77
s	–	110	1,9	58										0,52

Materialdaten

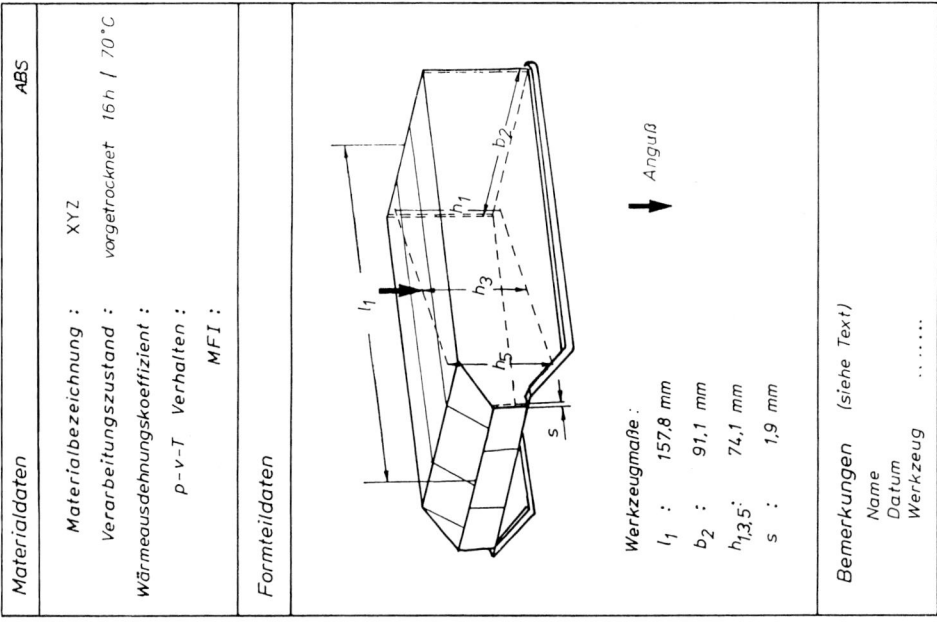

Materialbezeichnung : ABS
 XYZ
Verarbeitungszustand : vorgetrocknet 16 h / 70 °C
Wärmeausdehnungskoeffizient :
p–v–T Verhalten :
MFI :

Formteildaten

Werkzeugmaße :
l_1 : 157,8 mm
b_2 : 91,1 mm
$h_{1,3,5}$: 74,1 mm
s : 1,9 mm

Bemerkungen (siehe Text)
Name
Datum
Werkzeug

Bild 369
Datenblatt eines Erfahrungskatalogs [3]

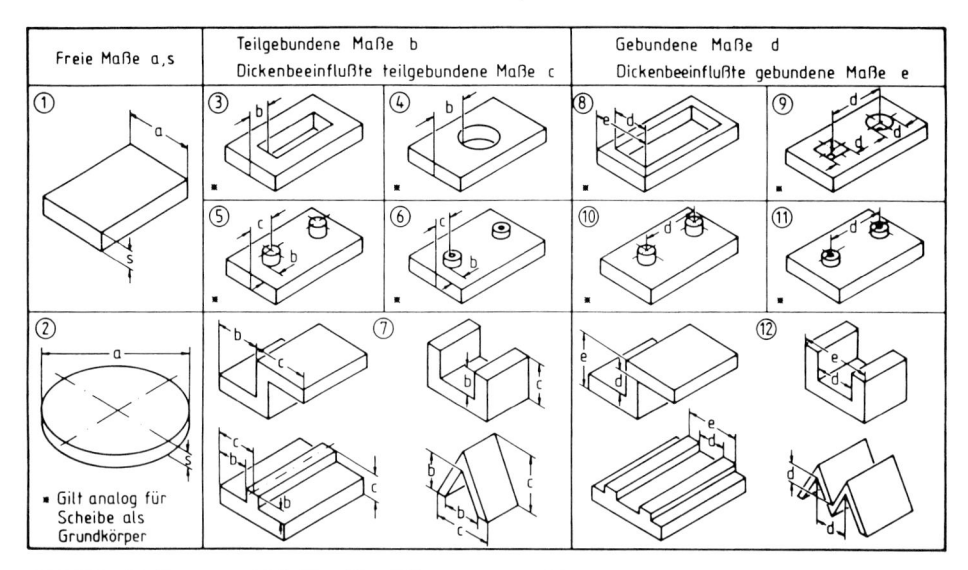

Bild 370 Maßarten und Maßfamilien [6]

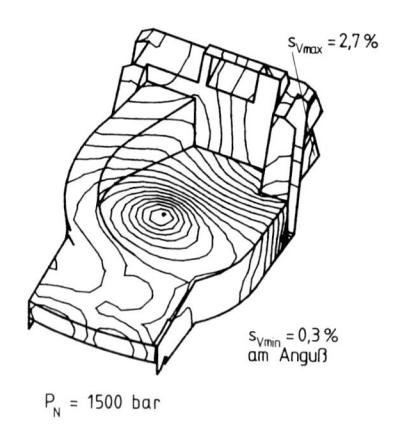

Bild 371 Volumenschwindungsverteilung auf einem Formteil

Aus der Volumenschwindungsverteilung können aber bereits Schwachstellen der Formteilgeometrie ermittelt werden. Durch Vergleichsrechnungen bei Variation verschiedener Prozeßparameter kann damit die wirkungsvollste Einflußgröße zur Schwindungsreduzierung bestimmt werden.

Mit Hilfe dieser Rechenprogramme ist auch eine Vorhersage von linearen Schwindungswerten denkbar [3]. Dazu ist aber die bereits erläuterte Klassifizierung von Maßen in Maßfamilien erforderlich. Innerhalb einer solchen Maßfamilie wird an Modellformteilen für jedes Material der Zusammenhang zwischen berechneter Volumen- zu gemessener Verarbeitungsschwindung aufgestellt.

Für Neukonstruktionen kann dann mit der berechneten Volumenschwindung und der zuvor ermittelten Korrelation der zugehörige lineare Schwindungswert für das Übermaß beim Werkzeugbau abgeschätzt werden. Bei diesen Korrelationen können jedoch eine Vielzahl von Einflußgrößen auf die Schwindung (Orientierungen, Relaxation, Kristallisation) nicht berücksichtigt werden.

Literatur zu Kapitel 9

[1] *Hoven-Nievelstein, W.B.:* Die Verarbeitungsschwindung thermoplastischer Formmassen. Dissertation, RWTH Aachen 1984.
[2] DIN 16901: Kunststoff-Formteile Toleranzen und Abnahmebedingungen für Längenmaße.
[3] *Schmidt, Th.W.:* Zur Abschätzung der Schwindung. Dissertation, RWTH Aachen 1986.
[4] DIN 53464: Prüfung von Kunststoffen. Bestimmung der Schwindungseigenschaften von Preßstoffen aus warmhärtbaren Preßmassen.
[5] *Geisbüsch, P.:* Ansätze zur Schwindungsberechnung ungefüllter und mineralisch gefüllter Thermoplaste. Dissertation, RWTH Aachen 1980.
[6] *Zipp, Th.:* Erfahrungsanalyse zur Ermittlung des notwendigen Werkzeugübermaßes beim Spritzgießen. Unveröffenliche Arbeit, IKV Aachen 1985.
[7] *Stitz, S.:* Analyse der Formteilbildung beim Spritzgießen von Plastomeren als Grundlage für die Prozeßsteuerung. Dissertation, RWTH Aachen 1973.
[8] *Menges, G.; Hoven-Nievelstein, W.B.; Zipp, Th.:* Erfahrungskatalog zur Verarbeitungsschwindung thermoplastischer Formmassen beim Spritzgießen. Unveröffentlichter Bericht, IKV Aachen 1984/85.
[9] *Baur, E.; Schleede, K.; Lessenich, V.; Ott, St.; Filz, P.; Pötsch, G.; Groth, S.; Greif, H.:* Formteil- und Werkzeugkonstruktion aus einer Hand – Die modernen Hilfsmittel für den Konstrukteur. Beitrag zum 14. Kunststofftechnischen Kolloquium, Aachen 1988.
[10] Strack Normalien für Formwerkzeuge. Handbuch der Firma Strack-Norma GmbH, Wuppertal.

10 Mechanische Auslegung von Spritzgießwerkzeugen*

10.1 Die Werkzeugverformung

Spritzgießwerkzeuge sind sehr hoch belastet. Sie dürfen sich nur elastisch verformen. Da mit diesen Werkzeugen Formteile mit hohen Präzisionsanforderungen hergestellt werden sollen, ist es verständlich, daß neben dem Maßänderungsverhalten der Kunststofformmassen durch die Schwindung während der Abkühlung auch das Verformungsverhalten des Werkzeugs für die endgültigen Abmessungen der Formteile zu berücksichtigen ist. Darüber hinaus können unzulässige Verformungen des Werkzeugs Störungen des Spritzgießprozesses verursachen.
Für die Formteilqualität gilt:
Verformungen führen zu Maßabweichungen der Formteile und evtl. zum Überspritzen mit Schwimmhautbildung.
Für die Funktionssicherheit des Werkzeugs gilt:
Sind die Werkzeugverformungen, besonders quer zur Entformungsrichtung, größer als die entsprechende Schwindung des Formteils, so ergeben sich durch Verklemmen Entformungs- bzw. Werkzeugöffnungsprobleme.
D.h. die Steifigkeit eines Werkzeugs bestimmt sowohl die Qualität der Formteile als auch die Funktionssicherheit des Werkzeugs.
Übliche Spritzgießwerkzeuge sind aus einer Vielzahl von Elementen aufgebaut, die im Gesamtverbund mit ihren Wechselwirkungen untereinander dem Werkzeug seine Steifigkeit verleihen. Dabei handelt es sich bei den Elementen eines Werkzeugs um gedrungene Körper. Deren Auslegung verlangt eine Berücksichtigung von Biege- und Schubverformung. Sie sind jedoch noch so schlank, daß sich – von Ausnahmen abgesehen – infolge der geringen zulässigen Verformungen eine Dimensionierung gegen zulässige Spannungen erübrigt.

10.2 Analyse und Bewertung der Belastungen und Verformungen

– Werkzeuge sind grundsätzlich gegen zulässige Verformungen zu dimensionieren.
– Da die Verformungen klein sein müssen, genügen Berechnungen des statischen Verhaltens.
– Die komplexe Geometrie bedingt, daß Spritzgießwerkzeuge mehrfach statisch unbestimmte Systeme sind. Zur Ermittlung der zu erwartenden Verformungen kann man

---
* Auszug aus der Dissertation von *E. Schürmann* [1]

entweder mit Finite-Element-Rechnung (FEM) eine geschlossene Näherungsrechnung ausführen oder – was viel einfacher und ausreichend genau ist – die Werkzeuge – in einzelne Elemente zerlegen [1]. Da nur elastische Verformungen zugelassen sind, können die Einzelelemente als Federn betrachtet und das ganze System als Federpaket berechnet werden. Damit kann die Gesamtverformung ermittelt werden.

10.2.1 Bewertung der einwirkenden Kräfte

Die einwirkenden Kräfte sind

– die Schließ- und Zuhaltekräfte,
– die vom Fülldruck bzw. von der Formmasse in den Formhöhlungen und dem Angußsystem ausgeübten Kräfte,
– die Auswerfkräfte.

In den Bildern 372 und 373 sind die wesentlichen Kraftwirkungen auf das Werkzeug dargestellt. Demnach sind zu unterscheiden

– Kräfte in Aufspannrichtung,
– Kräfte senkrecht zur Aufspannung.

Die Kräfte in Aufspannrichtung sind zunächst von der Schließkraft bedingt, die das Werkzeug in Schließrichtung stauchen.

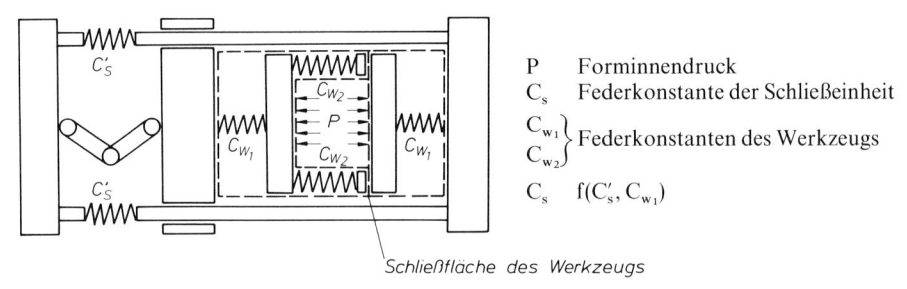

Bild 372 Ersatzbild für Schließeinheit und Werkzeug [2]

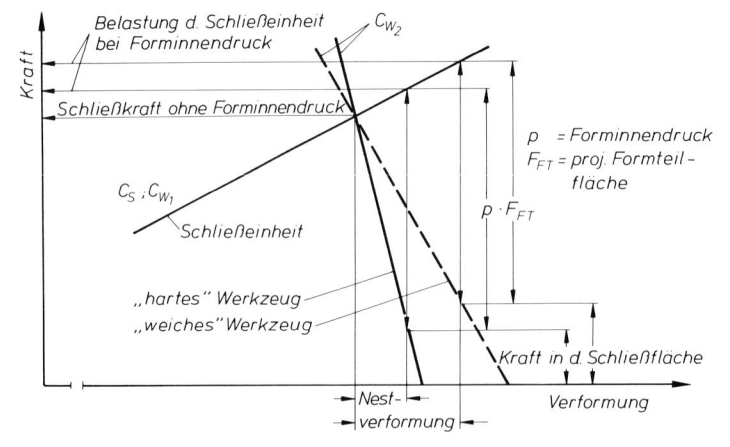

Bild 373 Verformungsverhalten von Werkzeug und Schließeinheit in Schließrichtung [1, 2]

Diese Stauchung wird dann unter dem Fülldruck (Spritzdruck) mehr oder weniger aufgehoben, wobei aber stets eine gewisse Stauchung in allen Teilen des Werkzeuges bleiben muß, denn sonst öffnet sich das Werkzeug an den Stellen, wo die Stauchung Null wird, Formmasse tritt aus und bildet Schwimmhäute und Grate.

Zudem ändern sich natürlich die Abmessungen des Formteils senkrecht zur Trennebene gegenüber den Herstellmaßen, was ebenfalls abgeschätzt werden sollte.

Die Verformungen quer zur Schließrichtung beeinflussen nicht nur die Abmessungen der Formteile, sondern auch die Funktionssicherheit des Werkzeuges. Dies gilt immer dann, wenn die Wanddickenschwindung quer zur Entformungsrichtung so klein ist, daß sich die zuvor unter dem hohen Spritz- bzw. Nachdruck verformte Werkzeugwand, insbesondere die Nestwand, nicht mehr zurückverformen kann. Das Formteil wird also vor der Kern- und Nestwand eingeklemmt, und das Werkzeug kann nur unter unzulässig hohen Kräften, d.h. mit Gewalt, geöffnet werden.

Zu den Verformungen des Werkzeughohlraums gehören z.B. auch die Verformung eines Schiebers und indirekt die Formänderungen von Schieberführungen und -verriegelungen.

10.3 Grundlagen zur Beschreibung der Deformationen

Das Werkzeug bildet ein Glied in dem in sich geschlossenen System der Schließeinheit. Um die charakteristischen Verformungen in Abhängigkeit von den Belastungen durch Spritzdruck und Schließkraft zu erhalten, ist zunächst folgende Unterscheidung zu treffen:

– Welche Elemente entlasten sich unter Einwirkung des Forminnendrucks?
– Welche Elemente werden bei der Wirkung des Forminnendrucks weiter belastet?

Betrachtet man die Verformungen und Kräfte parallel zur wirkenden Schließkraft, so ergibt sich folgendes Ersatzbild (Bild 372) der Schließeinheit einschließlich Werkzeug.

Die Elemente mit den Federkonstanten C_{w_1} und C'_s werden zunächst durch die Schließkraft und dann zusätzlich durch den Forminnendruck belastet. Die Werkzeuggrundplatten zeigen also das gleiche Verformungsverhalten wie die Holme der Schließeinheit, bezogen auf die Trennebene des Werkzeugs.

Der Teil des Werkzeugs (Formnestbereich) mit der Federkonstanten C_{w_2} wird durch die Schließkraft zunächst belastet und durch den Forminnendruck mehr oder weniger entlastet.

Unter der Voraussetzung, daß sich die Schließflächen des Werkzeugs berühren, ist die zusätzliche Dehnung der Schließeinheit Δl_s und die Abnahme der Formneststauchung Δl_w gleich groß.

$$\Delta l_s = \Delta l_w, \tag{151}$$

$$\Delta F = C \cdot \Delta l, \tag{152}$$

$$\frac{\Delta F_s}{C_s} = \frac{\Delta F_w}{C_{w_2}}, \tag{153}$$

$$p \cdot A_{FT} = \Delta F_s + \Delta F_w, \qquad (154)$$

$$p \cdot A_{FT} = C_s \cdot \Delta l_s + C_w \Delta l_w, \qquad (155)$$

$$p \cdot A_{FT} = \Delta l \cdot (C_s + C_w), \qquad (156)$$

p   Forminnendruck,
A_{FT} projizierte Formteilfläche.

Daraus ergibt sich das in Bild 373 dargestellte Verformungsverhalten.

Die Nestverformung in Schließrichtung, die bezüglich der Formteilqualität meist eine sehr große Rolle spielt, ist also von der Steifigkeit der Schließeinheit und nicht nur von der des Werkzeugs abhängig. Hohe Steifigkeit der Schließeinheit ergibt bei Belastung durch den Forminnendruck

1. geringe Nestverformung in Schließrichtung,
2. größere Belastung der Schließeinheit,
3. höhere Kräfte in der Schließfläche.

2. und 3. gilt, wenn keine Überlastsicherung (z.B. bei der rein hydraulischen Spritzgießschließeinheit) vorhanden ist.

Hohe Steifigkeit des Werkzeugs ergibt:

1. geringe Nestverformung in Schließrichtung,
2. geringe Belastung der Schließeinheit.

Aus diesen Gründen ist es sinnvoll, das Werkzeug so auszulegen, daß sich eine möglichst große Federsteifigkeit ergibt.

10.4 Das Überlagerungsverfahren

Komplette Werkzeuggestelle setzen sich i. allg. aus unterschiedlichen Elementen zusammen, die wiederum verschiedenen Belastungen unterliegen. Aus diesem Grunde ist es zweckmäßig, das Werkzeug gezielt in charakteristische Bauelemente unter Berücksichtigung ihrer elastischen Eigenschaften zu zerlegen. Hierdurch ergibt sich eine einfache Bestimmung der Verformung (Bild 374).

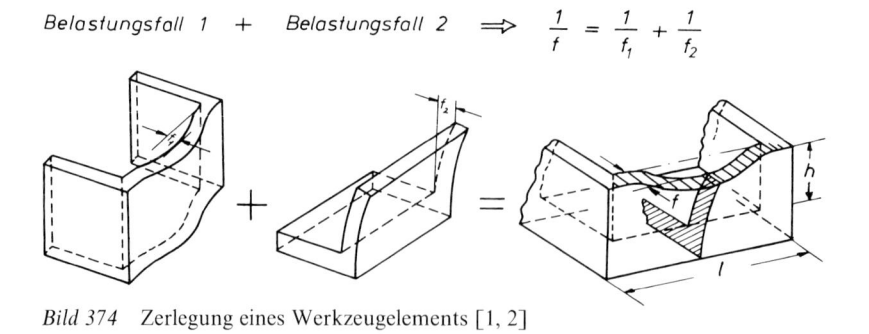

Bild 374   Zerlegung eines Werkzeugelements [1, 2]

10.4.1 Zusammengeschaltete Federn als Ersatzelemente

Bei dem Überlagerungsverfahren handelt es sich um eine Überlagerung von Einzelverformungen. Dabei werden alle Bauteile eines Werkzeuggestells (Werkzeugplatten, Leisten und Abstützungen) als Federn mit einer bestimmten Steifigkeit betrachtet (Bild 375).

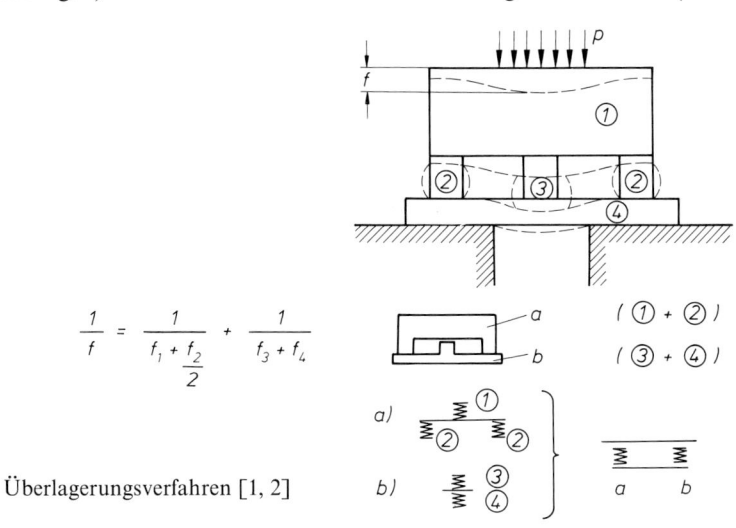

$$\frac{1}{f} = \frac{1}{\frac{f_1+f_2}{2}} + \frac{1}{f_3+f_4}$$

Bild 375   Überlagerungsverfahren [1, 2]

Wie bereits erwähnt, muß bei der Verformung Biegung und Schub berücksichtigt werden. Betrachtet man die mathematische Beziehung, die das Federverhalten beschreibt

$$F = C \cdot f \Rightarrow f = \frac{F}{C}, \tag{157}$$

und die einer Platte mit Biegung und Schub, so beträgt die Gesamtverformung

$$f = \underbrace{\frac{P_D \cdot l^4 \cdot 12}{384\, E\, s^3}}_{\text{Biegung}} + \underbrace{\frac{P_D \cdot l^2 \cdot 2{,}66}{8\, E \cdot s}}_{\text{Schub}}, \tag{158}$$

$$f = P_D \left[\frac{l^4 \cdot 12}{384\, E\, s^3} + \frac{l^2 \cdot 2{,}66}{8\, E \cdot s} \right]. \tag{159}$$

Im Fall der Platte bleiben alle geometrieabhängigen Größen konstant, d.h. die Klammer von Gl. (159) entspricht der Steifigkeit C einer Feder.
Alle Belastungsfälle im Bereich eines Werkzeugs gehorchen ähnlichen Beziehungen, und somit ist die Betrachtung der Elemente als Federn möglich.

10.4.1.1 Parallelschaltung von Elementen

Bei einer Parallelschaltung weisen bei unterschiedlicher Belastung alle Bauteile die gleiche Verformung auf. Die Last verteilt sich gemäß den Einzellasten (Bild 376):

$$\frac{1}{f} = \frac{1}{f_1} + \frac{1}{f_2}. \tag{160}$$

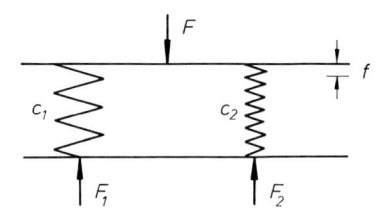

Bild 376 Parallelschaltung von Elementen [2]

10.4.1.1 Reihenschaltung von Elementen

Alle Bauteile werden durch die gleichen Lasten verformt (Bild 377).

$$F = F_1 = F_2. \tag{161}$$

Hier werden Federn durch die angreifende Kraft in voller Größe (also nicht anteilmäßig) belastet. Für den resultierenden Federweg gilt:

$$f = f_1 + f_2, \tag{162}$$

d.h., die Verformungen addieren sich zu der Gesamtverformung.

Bild 377 Reihenschaltung von Elementen [2]

Die mögliche Anzahl von Belastungsarten läßt sich also auf drei Grundfälle zurückführen

– Einzellast,
– Parallelschaltung,
– Reihenschaltung.

Die Bilder 374 und 375 zeigen, wie man über die Kombination der Grundfälle die gesamte Verformung ermitteln kann.

10.5 Ermittlung der Werkzeugwanddicken und der Verformung

Alle Formteilgeometrien lassen sich auf einfache Körperformen zurückführen. Betrachtet man unter dieser Voraussetzung einmal die vorkommenden Formnest- bzw. -kerngeometrien, so kann man, mit dem Ziel, zu einer überschlägigen Dimensionierungsmethode zu kommen, folgende typische Geometrien auswählen:

– runde Formnester bzw. -kerne,
– Formnester bzw. -kerne, die durch ebene Flächen begrenzt sind.

Analysiert man nun die vorkommenden Belastungsfälle, so können unter Berücksichtigung des o.g. Zieles die Verformungen auf wenige Belastungsfälle reduziert werden. Hierzu wird das zu dimensionierende Werkzeugelement in charakteristische Ersatzbal-

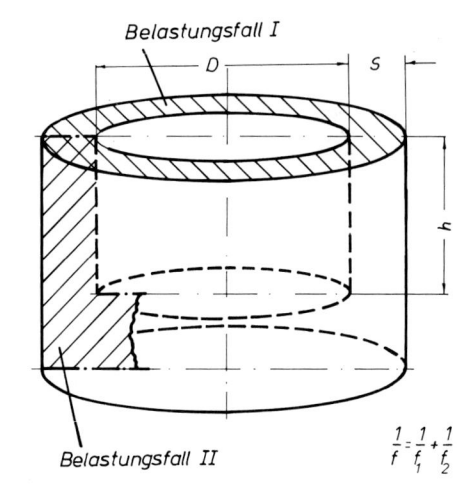

Bild 378 Zerlegung eines zylindrischen Werkzeugelements [1, 2]

Belastungsfall II

$$\frac{1}{f} = \frac{1}{f_1} + \frac{1}{f_2}$$

ken zerlegt, wie dies beispielhaft bei der Dimensionierung einer dreiseitig eingespannten Platte (Bild 374) oder eines zylindrischen Nestes mit integriertem Boden (Bild 378) vorgestellt wird.

Für die verschiedenen Belastungsfälle wurden Diagramme auf der Basis der elastizitätstheoretischen Berechnungsformeln erstellt (vgl. Bilder 380 bis 383), aus denen man unmittelbar – sofern es sich um Stahl als Werkstoff handelt – die erforderliche Wandstärke für die Formnester und -kerne sowie für die Werkzeuggrundplatten entnehmen kann, wenn man die erlaubte Verformung als Parameter vorsieht. Um sicher zu gehen, sind jeweils die Verformungen aus beiden charakteristischen Belastungsfällen zu berechnen. Es ist dann diejenige Wandstärke zu wählen, welche die geringere Verformungen ergibt.

10.5.1 Darstellung der einzelnen Belastungsarten und Verformungen

In Bild 379 sind die Belastungsfälle schematisch dargestellt, mit denen man durch geeignete Kombination die Verformungen für alle vorkommenden Geometrien und Wanddicken errechnen kann. Für die Verformungsberechnungen wurden die Berechnungsformeln, die sich aus der Elastizitätstheorie ergeben, zugrunde gelegt

$$\sigma = E \cdot \varepsilon \tag{163}$$

und

$$\tau = \frac{Q}{A} = G \cdot \gamma. \tag{164}$$

Da die Elemente eines Spritzgießwerkzeugs ausschließlich aus gedrungenen Körpern mit großen Wanddicken bestehen, müssen außer den Biege- auch die Schubverformungen berücksichtigt werden.

Bei der Aufstellung der Diagramme ist als Werkstoff Stahl mit einem E-Modul von 21 000 kp/mm² und ein Forminnendruck von 600 bar angenommen worden. Sollten andere Drücke benutzt werden, so kann die Verformung leicht umgerechnet werden, da die Verformungen linear vom Forminnendruck abhängig sind.

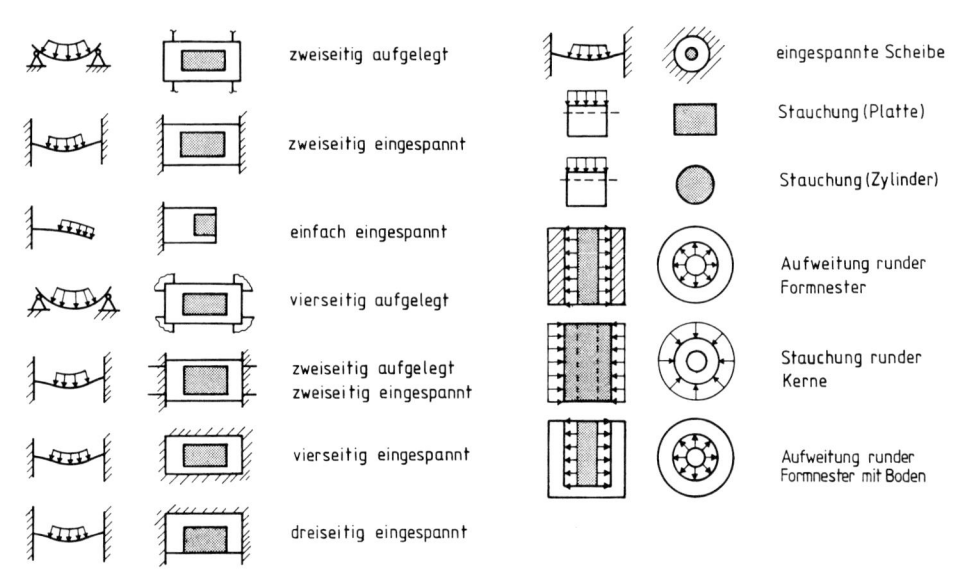

Bild 379 Grundlastfälle [3]

10.5.2 Dimensionierung kreiszylindrischer Formnester

Die elastische Aufweitung kreiszylindrischer Formnester ergibt sich für den Belastungsfall I (nach Bild 378) aus Bild 380, in dem folgende Funktion dargestellt ist:

$$\Delta r_N = \frac{P_D \, r_{Ni}}{E} \left[\frac{1 + \frac{r_{Ni}^2}{r_{Na}^2}}{1 - \frac{r_{Ni}^2}{r_{Na}^2}} + \frac{1}{m} \right] \quad (165)$$

Δr_N Aufweitung des Formnestes,
r_{Ni} Innenradius,
r_{Na} Außenradius,
P_D Einspritzdruck,
E Elastizitätsmodul,
m Poissonsche Zahl.

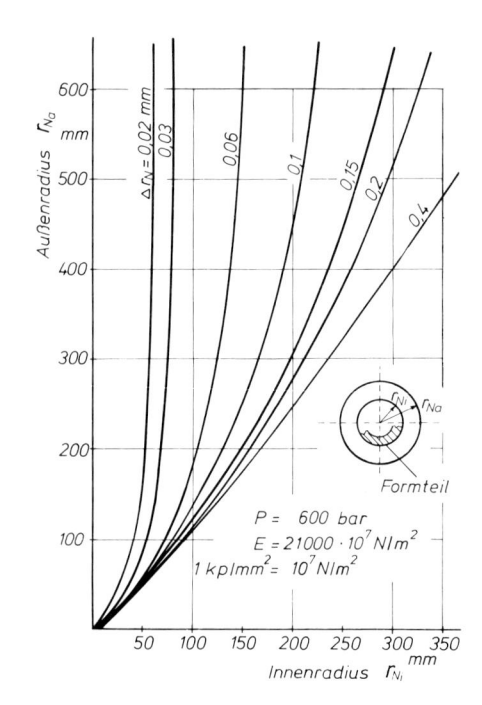

Bild 380 Aufweitung kreiszylindrischer Formnester [1, 2]

10.5 Ermittlung der Werkzeugwanddicken und der Verformung

Die elastische Aufweitung des Formnestes nach dem Belastungsfall II (Bild 378) errechnet sich aus der in Bild 383 dargestellten Beziehung [6, 7].

$$f = \frac{12\,P_D\,h^4}{8\,E\,s^3} + \frac{P_D\,h^2\,2{,}6 \cdot 1{,}2}{2\,E\,s} \qquad (167)$$

f Durchbiegung,
h Formnesthöhe,
s Werkzeugwandstärke.

Die radiale Stauchung des Werkzeugkerns kann aus Bild 381 bestimmt werden.

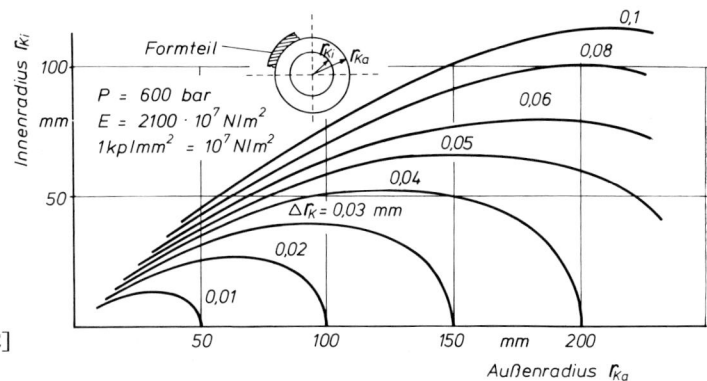

Bild 381 Stauchung runder Formkerne [1, 2]

$$\Delta r_K = \frac{P_D\,r_{Ka}}{E}\left[\frac{1 + \dfrac{r_{Ki}^2}{r_{Ka}^2}}{1 - \dfrac{r_{Ki}^2}{r_{Ka}^2}} - \frac{1}{m}\right] \qquad (166)$$

Δr_K Stauchung des Kerns,
r_{Ka} Außendurchmesser des Kerns,
r_{Ki} Innendurchmesser des Kerns.

10.5.3 Dimensionierung von nichtrunden Werkzeugkonturen

Werden die Werkzeughohlräume durch ebene Flächen begrenzt, so können folgende Belastungsfälle vorliegen (siehe Bild 382).

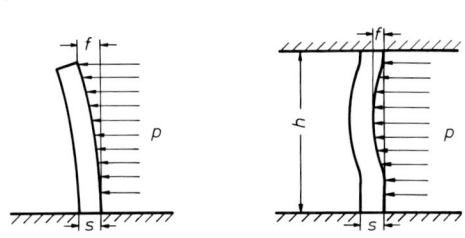

Bild 382 Belastungsfälle [7]

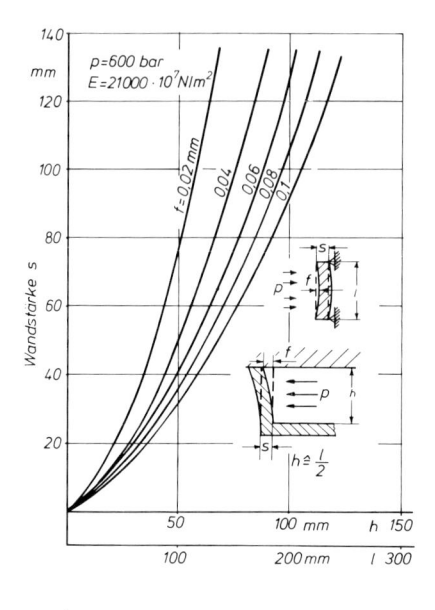

Bild 383a Verformung durch Biegung und Schub [1, 2]

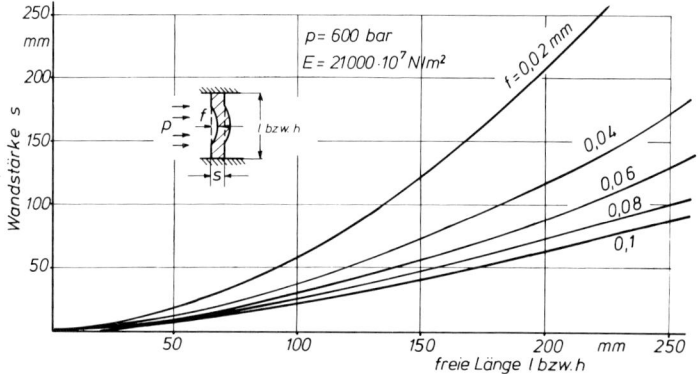

Bild 383b Verformung durch Biegung und Schub zweiseitig eingespannter rechteckiger Platten [1, 2, 4]

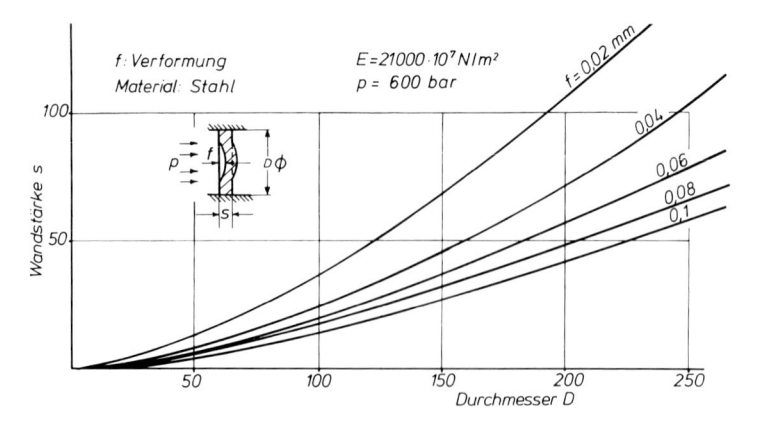

Bild 383c Verformungsverhalten allseitig eingespannter runder Platten [2, 4]

a) $$f = \frac{12 \cdot p \cdot h^4}{8 \cdot E \cdot s^3} + \frac{p \cdot h^2 \cdot 2{,}66}{2 \cdot E \cdot s} \cdot 1{,}2 \qquad (168)$$

(Bild 383a oben rechts),

b) $$f = \frac{12 \cdot p \cdot h^4}{384 \cdot E \cdot s^3} + \frac{p \cdot h^2 \cdot 2{,}66 \cdot 1{,}2}{8 \cdot E \cdot s} \qquad (169)$$

(Bild 383b).

Übliche Spritzgießwerkzeuge liegen in ihrer Belastungsart zwischen den Belastungsfällen a) und b). Im geschlossenen Zustand des Werkzeugs wirken in der Schließfläche des Werkzeugs Reibungskräfte. Diese behindern die Aufweitung des Formnests, jedoch kann hier nicht unbedingt von einer festen bzw. biegesteifen Einspannung gesprochen werden.

10.5.4 Dimensionierung der Werkzeugplatten

Für die Bestimmung der Durchbiegung der angußseitigen Werkzeuggrundplatte wird der Belastungsfall der allseitig biegesteif eingespannten Platten angenommen. Für Bild 383 gilt:

$$f = \frac{P_D D^4 12}{1138\,E\,s^3} + \frac{P_D D^2 \, 2{,}66 \cdot 1{,}2}{16\,E\,s} \qquad (170)$$

D Durchmesser des Durchbruchs in der Werkzeugaufspannplatte,
s   Dicke der Werkzeuggrundplatte.

Die Abmessungen der Kernträgerplatte ergeben sich für zweiseitig eingespannte rechteckige Platten aus Bild 383b

$$f = \frac{12\,P_D\,h^4}{384\,E\,s^3} + \frac{P_D\,h^2\,2{,}66}{8\,E\,s} \cdot 1{,}2 \qquad (171)$$

h freie Länge,
s   Dicke der Kernträgerplatte.

10.6 Vorgehen bei der Dimensionierung einer Werkzeugwand unter Forminnendruck

Es sind folgende Schritte erforderlich:

1. Ermittlung der zu erwartenden Schwindung

Bevor die Werkzeugwanddicken festgelegt werden, ist die zu erwartende Schwindung im Werkzeug zu bestimmen, da sie ein Maß für die max. zulässige Werkzeugverformung ist. Die Schwindung kann theoretisch nach Kap. 9 aus dem p-v-T-Diagramm (Bild 362) und durch Berechnung ermittelt werden. Einen sehr guten Anhaltswert bieten die Angaben der verschiedenen Rohstoffhersteller. Es ist jedoch zu beachten, daß diese Angaben Längenschwindungswerte darstellen.

2. Dimensionierung der Werkzeugwanddicken

Die elastische Verformung des Werkzeugs muß kleiner sein als die zu erwartende Schwindung. Die Rechnung kann schnell durch Ablesen der notwendigen Wanddicke für die vorgegebene Durchbiegung aus den Bildern 380, 381 und 383 abgelesen werden. Dies ist die maximale zulässige Verformung einer Wand.

10.7 Belastungsannahmen

Die bisher durchgeführten Überlegungen zur Dimensionierung von Spritzgießwerkzeugen haben nur das Maßänderungsverhalten der Kunststoffe (Schwindung) und das Verformungsverhalten des Werkzeugs berücksichtigt, das sich aus der Belastung durch den Spritz- bzw. Nachdruck ergibt. Die herstellungsbedingten, thermischen Verformungen und maschinenabhängigen Belastungseinflüsse, die im folgenden kurz beschrieben werden, blieben unberücksichtigt.

10.7.1 Die Abschätzung der zusätzlich auftretenden Belastungen

10.7.1.1 Einflüsse aus der Werkzeugherstellung

Sie entstehen aus den unvermeidbaren Fertigungtoleranzen und deren Auswirkungen bei der Montage der Einzelelemente zu einem kompletten Werkzeug. Können z.B. mehrere Platten nicht gemeinsam auf einer Koordinatenschleifmaschine geschliffen werden, so können wichtige Stichmaße um bis 0,02 mm auf je 100 mm abweichen. In ähnlicher Größenordnung liegen die üblichen Parallelitätsabweichungen. Mit zunehmender Zahl von Umspannvorgängen nimmt die Genauigkeit weiterhin ab.

Außerdem können nicht alle Verzugserscheinungen (nach dem Härten; bei großvolumigen Zerspanungen oder aus Schrumpfpassungen) durch einen weiteren Bearbeitungsvorgang korrigiert werden. Die Folge sind schwergängige, bewegliche Werkzeugteile, Kernversatz und anderes. Zur Überprüfung empfiehlt sich außer den bekannten Werkstattmeßmethoden, wie Aufnahme von Tragbildern in Passungen, die Vermessung von Kavitäten durch einen Abguß mit Sn-Bi-Legierung, die bekanntlich nicht schwindet [8]. Bei Verformungsmessungen müssen die Einflüsse der Werkzeugfertigung mitberücksichtigt werden, um die Meßwerte überhaupt den Belastungen zuordnen zu können.

10.7.1.2 Thermische Einflüsse beim Betrieb der Werkzeuge

Diese führen bei unterschiedlichen Temperaturen der Passungspartner zu Belastungen, die sch aus der Differenz der Wärmedehnungen der Partner ergeben. Es gilt:

$$\delta = \frac{\Delta l}{l_0} = (\alpha_1 - \alpha_2) \cdot T \tag{172}$$

oder, wenn Temperaturunterschiede vorhanden sind,

$$\delta = \frac{\Delta l}{l_0} = \alpha_1 \cdot T_1 - \alpha_2 \cdot T_2. \tag{173}$$

Wenn diese Deformation behindert wird, entstehen Zwangsspannungen, die man aus dem Kräfte-Gleichgewicht errechnen kann. Ein hierfür typischer Fall sind Werkzeuge mit Heißkanalverteilern, bei welchen die Verschiebungen zumindest an den Orten der Angüsse berechnet werden müssen.

10.7.1.3 Maschinenabhängige Belastungen

Sie können nicht unbedingt von den forminnendruckabhängigen Belastungen getrennt werden. Vielmehr zeigt sich hier ein Zusammenspiel zwischen Werkzeug und Maschine. In Abschnitt 10.3 wurde darauf bereits ausführlich eingegangen. Da es sich bei Spritzgießwerkzeugen meist um gedrungene Körper handelt, können die maschinenabhängigen Belastungen bei der Berechnung in der Regel vernachlässigt werden. Sie sind ohnehin nur schwer zu erfassen, da sie von Verarbeitungsmaschine zu Verarbeitungsmaschine unterschiedlich sind.

10.8 Die zulässigen Verformungen als Zielgrößen der Dimensionierungsrechnung

Hierzu kann man folgende Feststellungen treffen:

a) Es dürfen keinerlei plastische Deformationen an irgendwelchen Werkzeugteilen, weder im normalen Betrieb noch bei zu erwartenden Störungen, entstehen. Diese würden das Werkzeug so stark schädigen, daß es sich nur mit großem Aufwand reparieren ließe. Schädigungen am Werkzeug können bereits durch Überspritzen hervorgerufen werden, weil hierdurch die Trennflächen zerstört werden. Man rechnet daher zumindest mit dem vollen Spritzdruck, der auf die gearnte projizierte Trennfläche einwirken kann. Es ist daher mit Hilfe von Federdiagrammen das Verformungsverhalten von Schließeinheit und Werkzeug, wie dies Bild 373 zeigt, zu prüfen.
Bei großen Werkzeugen, z.B. Stoßstangen, empfiehlt es sich darüber hinaus, die Verformung der Aufspannplatten nachzuprüfen! Auf jeden Fall muß das Werkzeug geschlossen bleiben!
Die Dichtheit der Werkzeuge als triviale Bedingung für gratfreie Formteile liefert zulässige Spaltweiten und erste Dimensionierungsgrenzen. Diese Verformungsgrenzen sind sowohl für die Werkzeugatmung (Abheben der Trennfläche) als auch für die Relativverformung an den Fügeflächen der Werkzeugelemente gültig. Die kritischen Spaltweiten sind von Kunststofftyp zu Kunststofftyp unterschiedlich (siehe Kapitel 7).

b) Funktionsstörungen müssen unter allen Umständen verhindert werden, weil damit Folgeschäden, wie Zerstörung von Teilen des Werkzeugs verbunden sein können. Daher muß die Durchbiegung von seiten des Werkzeugs mit der Schwindung verglichen werden.
Es gilt

$$\delta > S_W \qquad (174)$$

δ Durchbiegung,
S_W Schwindung der Dicke.

Hierbei ist zu beachten, daß die normalerweise angegebenen Schwindungswerte sich auf Längen beziehen. Hier aber geht es um die Dickenschwindung. Sie ist

$$S_W \sim (3 \text{ bis } 9) \, S_l. \tag{175}$$

c) Die Verformungen des Werkzeugs bzw. einzelner Partien müssen so klein bleiben, daß sie zusammen mit den Werkstoffschwindungen kleiner sind als die erlaubten Maßtoleranzen. Hierzu berechnet man natürlich die Verformungen mit den realen Betriebsbedingungen. Die Ergebnisse müssen dann mit den Ergebnissen der Rechnungen aus a) und b) verglichen werden. Dimensioniert wird nach der kleinsten Verformung.

Literatur zu Kapitel 10

[1] *Schürmann, E.*: Abschätzmethoden für die Auslegung von Spritzgießwerkzeugen. Dissertation, RWTH Aachen 1979.
[2] *Döring, E.; Schürmann, E.*: Thermische und mechanische Auslegung von Spritzgießwerkzeugen. Interner Bericht, IKV Aachen 1979.
[3] *Menges, G.; Hoven-Nievelstein, W.B.; Kretzschmar, O.; Schmidt, Th.W.*: Handbuch zur Berechnung von Spritzgießwerkzeugen. Verlag Kunststoff-Information, Bad Homburg 1985.
[4] *Zawistowski, M.; Frenkler, D.*: Konstrukcja Form Wtryskowych Do Tworzyw Thermoplastycznych (Konstruktion von Spritzgießwerkzeugen für thermoplastische Kunststoffe). Wydawnictwa Naukowo-Techniczne, Warszawa 1984.
[5] *Barp; Freimann*: Kreisförmige Platten. Escher Wyss AG, Zürich.
[6] *Timoschenko, S.*: Strength of Materials, I und II. van Nostrand, London 1955/56.
[7] *Bangert, H.; Mohren, P.; Schürmann, E.; Wübken, G.*: Konstruktionshilfen für den Werkzeugbau. Vortrag, 8. Kunststofftechnisches Kolloquium, IKV Aachen; Ind. Anz. 98 (1976) S. 678–681 und S. 706–710.
[8] *Dick, H.*: Übersicht über einfache Verfahren zur Herstellung von Prototypenwerkzeugen für die Kunststoffverarbeitung. Unveröffentlichte Arbeit, IKV Aachen 1976.

11 Kernversatz

11.1 Abschätzung des maximalen Kernversatzes*

Ein Problem bei der mechanischen Auslegung von Spritzgießwerkzeugen ist die Ermittlung des Kernversatzes bei becher- und hülsenartigen Formteilen oder komplexeren Formteilen, die zum Teil aus Hülsen bestehen.

Durch eine exzentrische Lagerung des Kerns, verursacht durch Ungenauigkeiten bei der Fertigung, oder durch eine unsymmetrische Anspritzung kommt es während des Einspritzvorgangs zu einer seitlichen Belastung des Kerns. Die hieraus resultierende Verformung der Mittelachse bewirkt an der Kernspitze den Kernversatz. Die Maßhaltigkeit der Formteile und der Entformungsvorgang werden durch den Kernversatz negativ beeinflußt.

Das Werkzeugprinzip wird u.a. von der Kernlagerung (ein- oder beidseitig) und der Anschnittart und -lage stark beeinflußt. Damit ist klar, daß die Kenntnis des Kernversatzes schon in der Prinzipfindungsphase von großer Bedeutung sein kann. Mit Hilfe der nachfolgend besprochenen Möglichkeiten stehen dem Konstrukteur Informationen zur Abschätzung des Kernversatzes zur Verfügung.

In der Phase der quantitativen Auslegung des Werkzeugaufbaus kann der Berechnungsmodul „Kernversatz" beispielsweise zur Klärung der Frage herangezogen werden, wie groß die Höhe der Kerneinspannung oder die zulässige Fertigungstoleranz der Kerneinspannung sein muß bzw. kann.

Der sich in der Praxis einstellende Kernversatz setzt sich zusammen aus

– dem einspannungsbedingten Kernversatz und
– der relativen Verformung der Mittelachse des Kernes selbst.

Dabei wird vorausgesetzt, daß die beiden Werkzeughälften richtig gegeneinander zentriert sind. Beide Verformungen können, wie in Bild 384 dargestellt, überlagert werden.

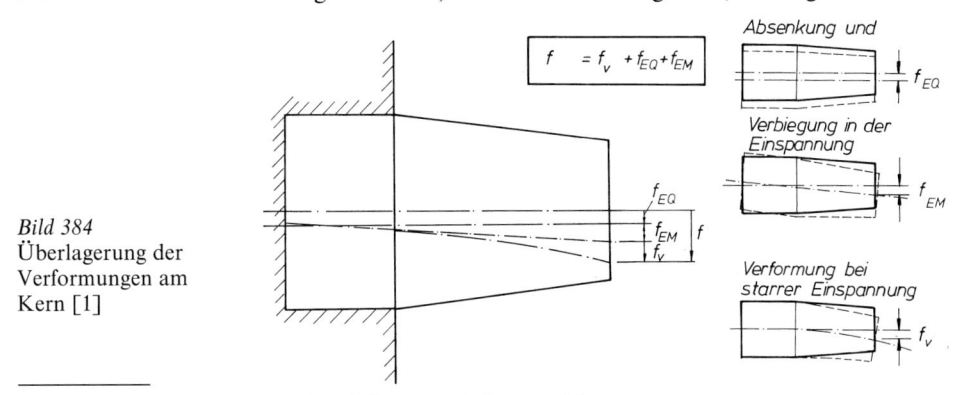

Bild 384
Überlagerung der Verformungen am Kern [1]

$$f = f_v + f_{EQ} + f_{EM}$$

Absenkung und f_{EQ}

Verbiegung in der Einspannung f_{EM}

Verformung bei starrer Einspannung f_v

---

* Die Abschnitte 11.1 bis 11.7 bearbeitet von *H. Bangert* [1]

Von dem sich im Verlauf des Formfüllvorgangs einstellenden Kernversatz kann sich ein Teil nach Abschluß des Füllvorgangs in der Abkühlphase wieder zurückstellen. Wie groß diese Rückstellung ist, hängt von den Verarbeitungsparametern, den Werkstoffeigenschaften der Formmasse und den geometrischen Verhältnissen ab. Bei sehr geringen Wanddicken, schlanken Kernen, niedrigen Einspritzgeschwindigkeiten (schnelles Einfrieren) und bei Formmassen mit hohen E-Moduln kann nur eine geringe Rückstellung erwartet werden. Es wird deshalb hier im folgenden der während des Formfüllvorgangs auftretende *maximale* Kernversatz bestimmt.

Für verschiedene Geometriefälle (runde und rechteckige Kerne mit und ohne Kühlbohrung) und Belastungsfälle (Anschnittarten und -orte) wurden Berechnungsmodule erstellt [2, 3], die innerhalb des Programmsystems CADMOULD als Auslegungsbausteine Verwendung finden. Einige dieser Fälle werden nachfolgend vorgestellt.

Ein Vergleich von Kernversatzwerten bzw. der hier theoretisch ermittelten Grenzen für Kernhöhen-Durchmesser-Verhältnisse mit in der Praxis realisierten Verhältnissen ergab eine gute Übereinstimmung. Eine weitere Kontrolle der theoretisch ermittelten Werte konnte indirekt dadurch geführt werden, daß die theoretischen Ansätze zur Beschreibung des Füllbildes und des Druckbedarfs mit Messungen verglichen wurden [4, 5].

11.2 Kernversatz am runden Kern mit Punktanschnitt seitlich am Fuß (starre Einspannung)

Bei der Berechnung dieses Falls werden folgende Annahmen getroffen [2]:

1. Der Druck fällt vom Anschnitt über der Kernhöhe H_K linear ab (Bild 386).
2. Kerne mit geringer Konizität werden ersatzweise als zylindrische behandelt.
3. Bei Kernen mit Kühlbohrung wird diese als durchgehend angenommen, d.h., die stabilisierende Wirkung des „Bodens" wird vernachlässigt.
4. Bei Kernen mit Kühleinsatz wird der Einsatz als nichttragend angenommen.
5. Das Eigengewicht des Kerns bleibt unberücksichtigt.
6. Die Einspannung des Kerns wird zunächst als starr angenommen.
7. Ein sogenannter „Aufschaukeleffekt" bleibt zunächst unberücksichtigt, d.h., der schon während des Füllvorgangs auftretende Kernversatz wird in seiner Auswirkung auf das Füllbild nicht mit erfaßt.

Hinweise über die Annahmen 1. und 7. werden in [2, 3] gegeben.

Die grundsätzliche Vorgehensweise bei der Ermittlung des Kernversatzes kann anhand von Bild 385 verdeutlicht werden.

– Für einen gewählten Bezugsdruck p* = 100 bar am Anschnitt und ein lineares Druckprofil erfolgt die Berechnung des Kernversatzes $f_{V,100}$ an der Kernspitze.
– Zur Berücksichtigung der Abstützung des Kerns durch die Schmelze von unten wird der „Formfaktor" K1 bestimmt. In diesen Geometriebeiwert gehen die unterschiedlichen Kernhöhen-Durchmesser-Verhältnisse ein.
– Mit der Bestimmung des „Druckfaktors" K2 wird der reale zur Formfüllung benötigte Druck berücksichtigt.

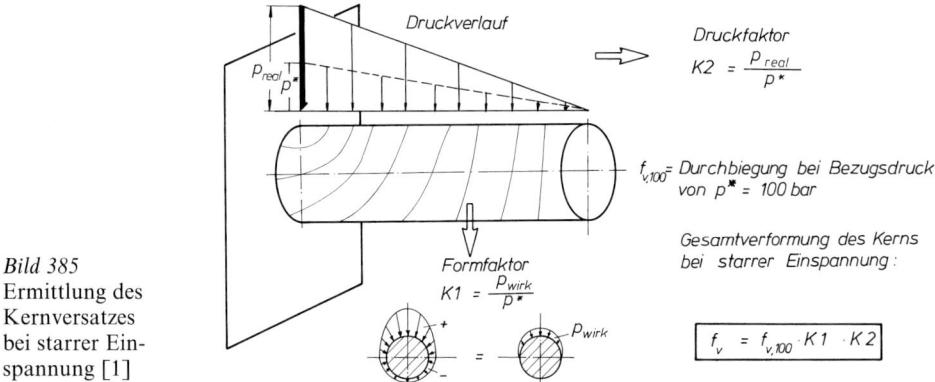

11.2 Kernversatz am runden Kern mit Punktanschnitt

Bild 385
Ermittlung des Kernversatzes bei starrer Einspannung [1]

$K2 = \dfrac{p_{real}}{p^*}$ Druckfaktor

$K1 = \dfrac{p_{wirk}}{p^*}$ Formfaktor

$f_{v,100}$ = Durchbiegung bei Bezugsdruck von $p^* = 100$ bar

Gesamtverformung des Kerns bei starrer Einspannung:

$$f_v = f_{v,100} \cdot K1 \cdot K2$$

— Bestimmung der gesamten Durchbiegung durch die Beziehung

$$f_v = K1 \cdot K2 \cdot f_{v,100}. \tag{176}$$

Basierend auf dieser Vorgehensweise wurden Rechenprogramme erstellt, mit deren Hilfe die in den folgenden Bildern dargestellten Kernversatzwerte errechnet wurden [2].

In den Bildern 386 und 387 ist für ein Polystyrol der Kernversatz in Abhängigkeit vom Kerndurchmesser bei verschiedenen Kernhöhen aufgetragen. Unterschreitet der Kerndurchmesser gewisse Werte, so steigt der Kernversatz sehr schnell an (s. Konstruktionsgrenzen in Abschnitt 11.7).

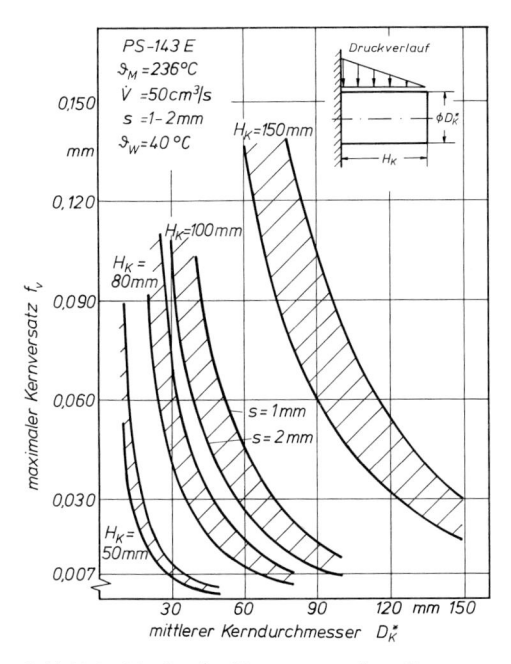

Bild 386 Maximaler Kernversatz eines Kerns mit kreisförmigem Vollquerschnitt [1]

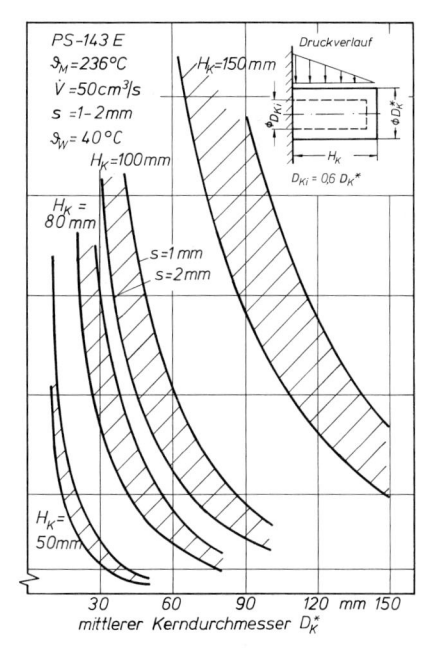

Bild 387 Maximaler Kernversatz eines Kerns mit kreisringförmigem Vollquerschnitt ($D_{Ki} = 0{,}6\,D_K^*$) [1]

Bei gleichem Kerndurchmesser nimmt bei Vergrößerung der Kernhöhe der Kernversatz ebenfalls stark zu. In allen Fällen sinkt der Kernversatz mit größer werdender Wanddicke, wie der schraffierte Bereich zwischen den Kurven 1 bis 2 mm Formteilwanddicke zeigt. Durch Vergleich von Bild 386 mit Bild 387 wird die Wirkung einer Kühlbohrung ($D_{Ki} = 0{,}6\ D_K^*$) auf den Kernversatz deutlich. Ähnliche Diagramme können für andere Kunststoffe und Verfahrensparameter mit diesem Rechenprogramm erstellt werden.

In [3] wurden erste theoretische Berechnungen über die Wirkung des „Aufschaukeleffekts" auf den Kernversatz durchgeführt. Nach diesen Ergebnissen wirkt sich – entgegen den Erwartungen – der Aufschaukeleffekt nicht verstärkend auf den Kernversatz aus. Die Kernversatzwerte sind sogar etwas geringer als bei der Nichtberücksichtigung des Effekts. Eine erste Erklärung wird damit gegeben, daß der schon während des Füllvorgangs auftretende Kernversatz auf die rheologischen Verhältnisse in zweierlei – unterschiedlich gerichteter – Weise wirkt. Einerseits strömt die Schmelze noch ungleichförmiger in das Formnest ein, wodurch höhere Belastungen auf den Kern erwartet werden könnten, andererseits kann die Schmelze in den größer werdenden Spalt leichter einströmen, was einen geringeren Gesamtdruckbedarf und von daher eine Entlastung für den Kern bedeutet. In der Gesamtwirkung heben sich die Einflüsse fast auf. Meßtechnisch kann der Einfluß des Aufschaukeleffekts alleine nicht ermittelt werden, da er bei allen Messungen auftritt.

Die theoretischen Berechnungen des Kernversatzes unter der Berücksichtigung des Aufschaukeleffekts für den hier vorliegenden Fall des seitlich angespritzten Kerns wurden – ähnlich wie in Abschnitt 1.6 (Bild 393) – mittels schrittweiser Berechnung des Füllvorgangs durchgeführt.

Für die Abschätzung des maximalen Kernversatzes in der Konstruktion reichen die zuvor vorgestellten Ergebnisse (ohne Aufschaukeleffekt) aus, zumal hier die Werte sogar etwas höher sind.

11.3 Kernversatz am runden Kern mit Punktanschnitt seitlich an der Kernspitze (starre Einspannung)

Analog zu der Vorgehensweise im vorhergehenden Fall des am Fuß angespritzten Kerns wurde dieser Fall behandelt [2]. Der gleiche Fall, unter Berücksichtigung des Aufschaukeleffekts berechnet [3], lieferte ebenfalls geringfügig kleinere Werte.

Die Bilder 388 und 389 zeigen für Polystyrol einige Rechenergebnisse. Im Vergleich zu dem vorhergehenden Fall (Bilder 386, 387) wird die hinsichtlich der Höhe des Kernversatzes ungünstigere Anschnittlage an der Kernspitze deutlich.

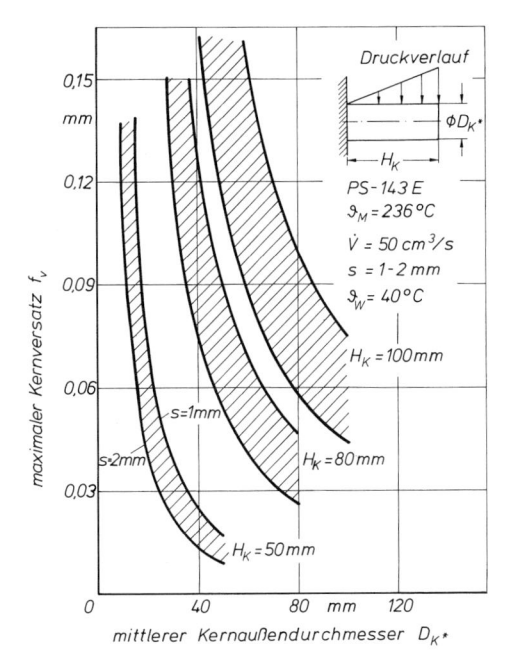

Bild 388 Maximaler Kernversatz eines Kerns mit kreisförmigem Vollquerschnitt [1]

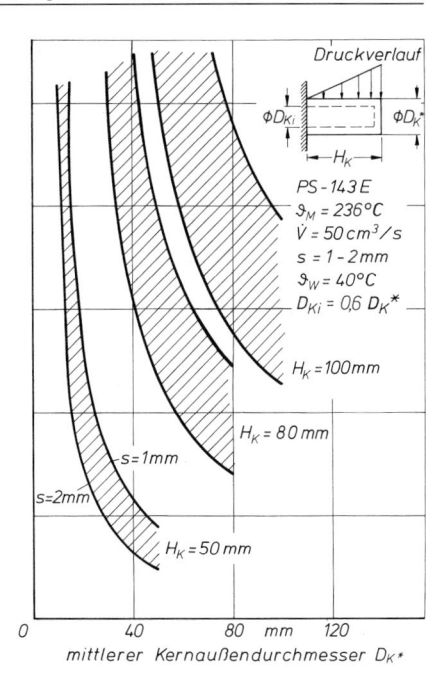

Bild 389 Maximaler Kernversatz eines Kerns mit kreisringförmigem Vollquerschnitt ($D_{Ki}=0{,}6\,D_K^*$) [1]

11.4 Kernversatz an rechteckigen Kernen mit Punktanschnitt seitlich am Fuß (starre Einspannung)

In [2] wurde der Kernversatz für rechteckige Kerne

- mit Vollquerschnitt,
- mit runder Bohrung und
- mit rechteckigem Hohlquerschnitt

berechnet. Die Vorgehensweise bei der Berechnung ist ähnlich wie die beim runden Kern.

Bild 390 zeigt beispielhaft den maximalen Kernversatz in Abhängigkeit von der Kernbreite B_2 bei verschiedenen Kernhöhen. Das Bild 390 zeigt weiterhin, daß bei langen Kernen mit geringer Kernbreite in Einspritzrichtung hohe Kernversatzwerte zu erwarten sind. In diesen Fällen wäre es sinnvoller, den Kern zweiseitig oder an der schmaleren Seite anzuspritzen.

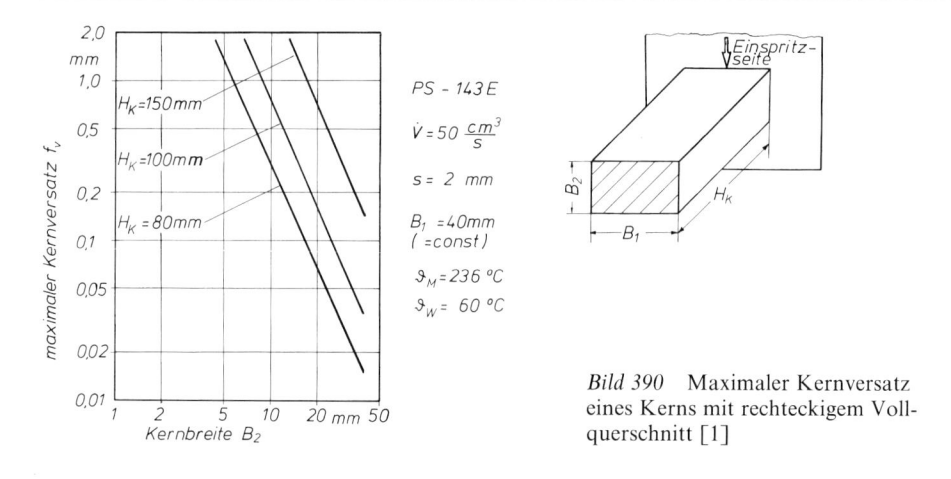

Bild 390 Maximaler Kernversatz eines Kerns mit rechteckigem Vollquerschnitt [1]

11.5 Einspannungsbedingter Kernversatz (am Beispiel des runden Kerns seitlich am Fuß angespritzt)

Wie in Abschnitt 11.1 anhand von Bild 384 bereits gezeigt wurde, muß auch der durch die Kerneinspannung bedingte Kernversatz berücksichtigt werden.
Der tatsächliche Kernversatz setzt sich damit zusammen aus

$$f = f_V + f_E, \tag{177}$$

wobei

$$f_E = f_{EQ} + f_{EM} \tag{178}$$

ist.

Zusätzlich zur Absenkung bei starrer Einspannung f_V wird der Kern durch die in der Einspannung herrschende Querkraft um f_{EQ} versetzt und aufgrund des Biegemoments um einen Winkel ε gekippt, was an der Kernspitze zur Absenkung f_{EM} führt (Bild 384).
Ausgehend von dem Druck p_{real} am Anschnitt (Bild 385), kann mit dem Formfaktor K1 der für den Kernversatz wirksame Druckverlust $p(x)$ ermittelt werden.

$$p(x) = p_{eff} \cdot \left(1 - \frac{x}{H_K}\right) \tag{179}$$

mit

$$p_{eff} = K1 \cdot p_{real}. \tag{180}$$

Das über der Kernhöhe wirksame, linear ablaufende Druckprofil ist in Bild 391 eingezeichnet.
Mit der Kenntnis dieses Belastungsprofils können das in der Einspannung wirkende Biegemoment und die Querkraft ermittelt werden, womit näherungsweise die Verformungen f_{EQ} und f_{EM} bestimmt werden können [2].
Bild 391 zeigt den mittels eines Rechenprogramms bestimmten einspannungsbedingten Kernversatz in Abhängigkeit von der Höhe der Kerneinspannung für einen runden

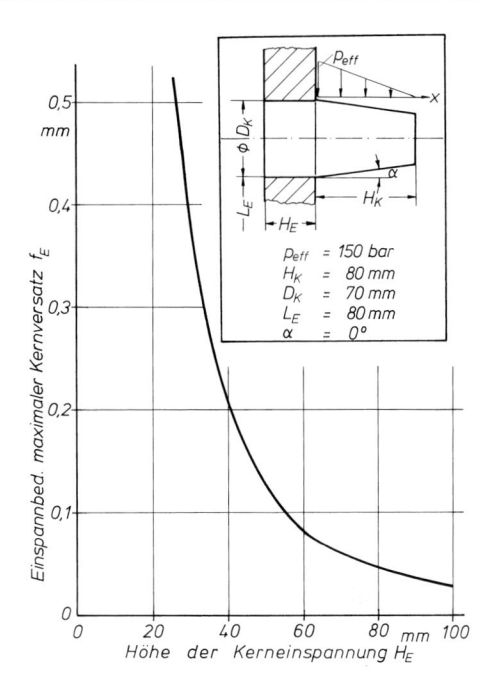

Bild 391 Einspannbedingter maximaler Kernversatz [1]

p_{eff} = 150 bar
H_K = 80 mm
D_K = 70 mm
L_E = 80 mm
α = 0°

Kern an einem Beispiel. Die Bedeutung einer ausreichend dimensionierten Kerneinspannung ist daraus direkt einsehbar.

Für runde und rechteckige Kerne mit verschiedenen Anschnittlagen wurden weitere Beziehungen zum einspannungsbedingten Kernversatz hergeleitet [2].

11.6 Kernversatz am runden Kern mit Schirmanguß (starre Einspannung)

In [3] wird der Kernversatz für runde Kerne ohne Kühlbohrung, aber mit Berücksichtigung des Aufschaukeleffektes für die Fälle

- Kern mit Schirmanguß,
- Kern mit Punktanschnitt seitlich am Kernfuß,
- Kern mit Punktanschnitt seitlich an der Kernspitze

berechnet.

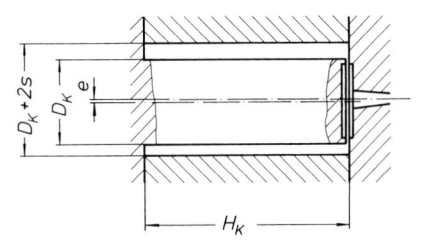

Bild 392 Kern mit Schirmanguß angespritzt [1]

Hier soll nun der Fall „Kern mit Schirmanguß" betrachtet werden (Bild 392). Im Vergleich zu den zuvor behandelten Fällen erfordert die Abschätzung des Kernversatzes hier eine andere Vorgehensweise. Der Grund liegt darin, daß für die Entstehung des Kernversatzes ursächlich die exzentrische – fertigungsbedingte – Kerneinspannung verantwortlich ist. Dabei ist allerdings vorauszusetzen, daß in der Schmelze im gesamten Anschnitt Temperatur, Druck und Geschwindigkeit (Viskosität) gleich sind.

11.6.1 Grundsätzliche Betrachtung des Problems

In den zuvor behandelten Fällen wurde lediglich der maximale Kernversatz kurz vor Ende des Formfüllvorgangs, wenn die am weitesten fortgeschrittene Fließfront die volle Kernhöhe erreicht hat, bestimmt. Neben diesem Wert wird hier auch der während des Formfüllvorgangs auftretende Kernversatz ermittelt. Erreicht wird dies dadurch, daß der Füllvorgang in kleine Schritte aufgeteilt und die sich einstellende Verformung nach jedem Schritt berechnet wird. Damit besteht das zu lösende Gesamtproblem aus einem

– rheologischen Problem (Füllbildermittlung) und
– mechanischen Problem (Verformungsberechnung).

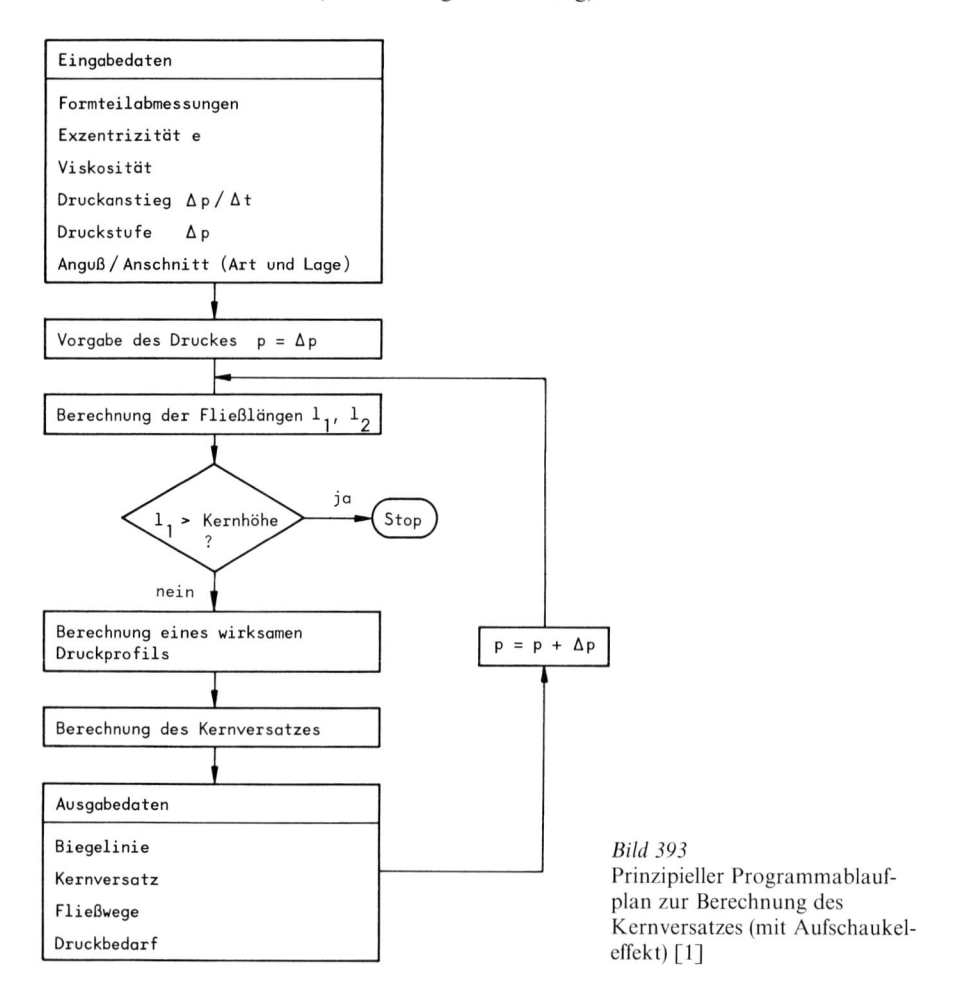

Bild 393
Prinzipieller Programmablaufplan zur Berechnung des Kernversatzes (mit Aufschaukeleffekt) [1]

11.6 Kernversatz am runden Kern mit Schirmanguß

Die prinzipielle Vorgehensweise bei der Berechnung des Kernversatzes unter Berücksichtigung des Aufschaukeleffekts zeigt der in Bild 393 dargestellte Programmablaufplan. Nach den Formteil- und Materialdaten werden der zeitliche Druckanstieg $\Delta p/\Delta t$ am Anschnitt und die Druckstufen Δp eingegeben. Durch die Einführung der Druckstufen wird der gesamte Füllvorgang in einzelne Schritte aufgeteilt. Im ersten Rechenschritt erfolgt für den Druck $p = \Delta p$ die Berechnung des Füllbilds durch die Bestimmung zweier charakteristischer Fließanlagen l_1 und l_2 (Bild 394). Danach erfolgt die Berechnung des verformungswirksamen Druckprofils (Bilder 395 und 396) und davon ausgehend die Berechnung des Kernversatzes. Anschließend wird der Druck p um eine Druckstufe Δp erhöht und die Berechnung wiederholt, wobei die mittlerweile geänderten Wanddicken (aufgrund des Kernversatzes) berücksichtigt werden. Hat eine Fließfront die volle Kernhöhe erreicht, wird die Berechnung abgebrochen [3].

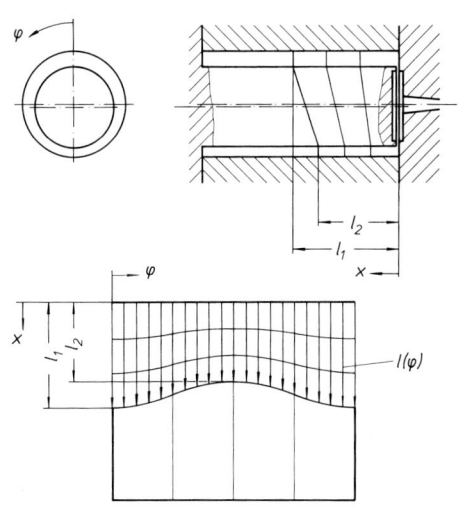

Bild 394 Formteil mit momentanem Füllbild (Abwicklung) [1]

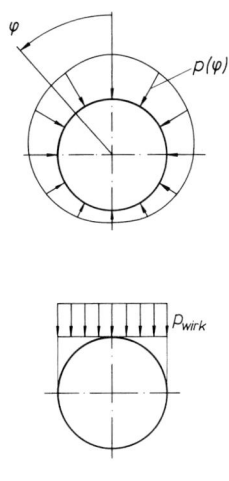

Bild 395 Wahrer Druck (oben) und wirksamer Druck (unten) im Querschnitt [1]

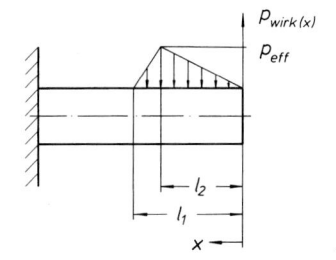

Bild 396 Wirksames momentanes Druckprofil [1]

11.6.2 Ergebnisse der Berechnungen

Basierend auf der oben vorgestellten Vorgehensweise zur Lösung des Problems wurden Rechenprogramme erstellt, die innerhalb des Programmsystems CADMOLD zur Berechnung des Kernversatzes verwendet werden können.

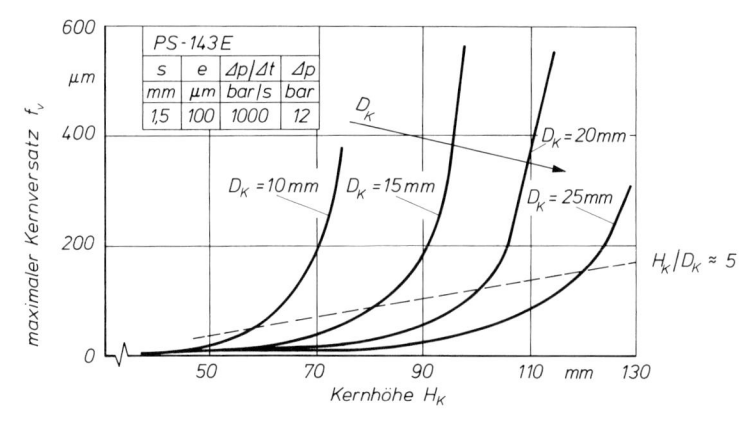

Bild 397 Maximaler Kernversatz in Abhängigkeit von der Kernhöhe bei verschiedenen Kerndurchmessern (Schirmanguß) [1]

Eine wesentliche Einflußgröße auf den Kernversatz ist die Kernhöhe (Bild 397). Mit steigender Kernhöhe nimmt die Absenkung zunächst langsam und bei größerer Kernhöhe stark zu. Dieser starke Anstieg liegt ungefähr bei einem Kernhöhen-Durchmesser-Verhältnis von

$$\frac{H_K}{D_K} \approx 5. \tag{181}$$

Diese Aussage ist weitgehend unabhängig von der Exzentrizität, da diese sich in etwa linear auf den Kernversatz auswirkt. Auch bei verschiedenen Wanddicken behält das Grenzverhältnis seine Gültigkeit. Aber auch bei Einhaltung des angegebenen Verhältnisses von Kernhöhe zu Kerndurchmesser kann der Betrag des Kernversatzes schon zu hoch sein. Ähnliche Grenzwerte werden auch in [6] angegeben.

In Bild 398 ist der Kernversatz in Abhängigkeit von der Wanddicke dargestellt. Geringe Formteilwanddicken begünstigen ein unsymmetrisches Einströmen der Schmelze in das Formnest und führen zu größeren Verformungen. Wird jedoch das angegebene Verhältnis von Kernhöhe zu Durchmesser eingehalten, hat die Wanddicke nur einen geringen Einfluß.

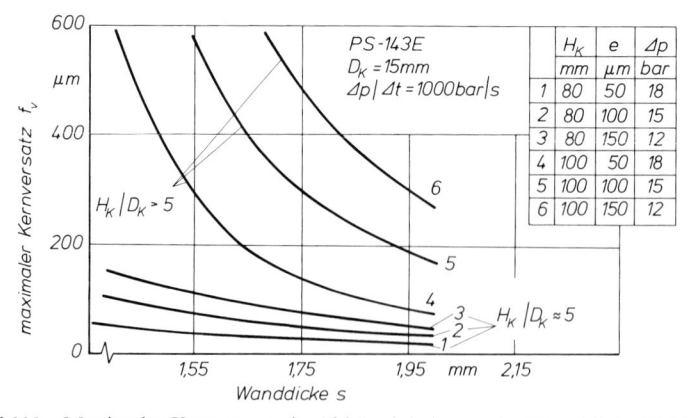

Bild 398 Maximaler Kernversatz in Abhängigkeit von der Wanddicke (Schirmanguß) [1]

11.7 Kernversatz bei verschiedenen Anguß- und Anschnittformen

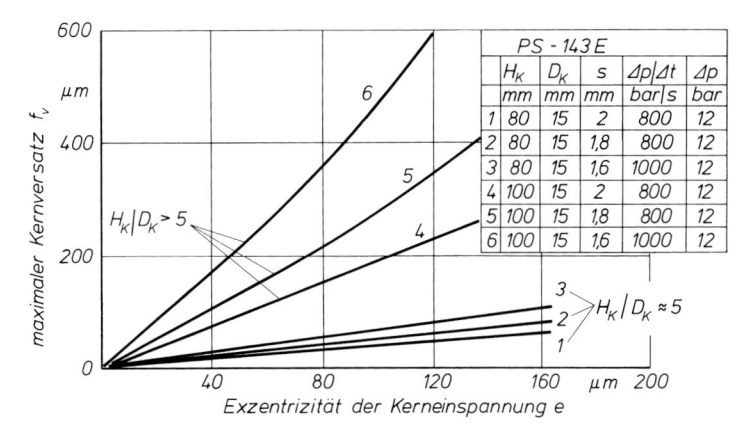

[Figure: Bild 399 - Diagramm mit maximaler Kernversatz f_v (μm) über Exzentrizität der Kerneinspannung e (μm), Kurven 1-6 für PS-143E]

	H_K	D_K	s	$\Delta p/\Delta t$	Δp
	mm	mm	mm	bar/s	bar
1	80	15	2	800	12
2	80	15	1,8	800	12
3	80	15	1,6	1000	12
4	100	15	2	800	12
5	100	15	1,8	800	12
6	100	15	1,6	1000	12

Bild 399 Maximaler Kernversatz in Abhängigkeit von der Exzentrizität (Schirmanguß) [1]

Der Einfluß der Exzentrizität, d. h., im Normalfall die durch Fertigungsfehler bedingte abweichende Lage der Mittelachse des Kerns von der Mittelachse des Formnestaußenraums, ist in Bild 399 zu erkennen.

Der Kernversatz steigt mit der Exzentrizität in etwa linear an. Damit kann von einer bekannten Verformung bei einer bekannten Exzentrizität direkt auf die bei einer anderen Exzentrizität geschlossen werden:

$$f(e_1) = f(e_2) \cdot \frac{e_1}{e_2}. \tag{182}$$

Ist die maximal zulässige Exzentrizität bekannt, so steht dadurch auch eine Toleranzgrenze für den Einbau des – im Idealfall zentrischen – Kerns fest.

11.7 Kernversatz bei verschiedenen Anguß- und Anschnittformen (starre Einspannung)

In [3] werden für verschieden angespritzte Kerne Konstruktionsgrenzen angegeben, bei deren Überschreitung der maximale Kernversatz überproportional ansteigt.

Kern mit Schirmanguß $\quad \dfrac{H_K}{D_K} \approx 5,$ (183)

Punktanschnitt seitlich an der Kernspitze $\quad \dfrac{H_K}{D_K} \approx 1,5,$ (184)

Punktanschnitt seitlich am Kernfuß $\quad \dfrac{H_K}{D_K} \approx 2,5.$ (185)

Erwartungsgemäß ist der Schirmanguß hinsichtlich der Kernabsenkung die günstigste Lösung. Wird die Exzentrizität sehr gering gehalten, können auch äußerst geringe Absolutwerte des Kernversatzes erreicht werden. Dann kann auch unter Umständen mit größeren Kernhöhe-Durchmesser-Verhältnissen gearbeitet werden. In [7] wird angegeben, daß beim Präzisionsspritzguß das Verhältnis zwischen 5 und 15 und beim technischen Spritzguß mit mittlerem Schwierigkeitsgrad zwischen 1 und 5 liegen kann.

In Bild 400 sind für die drei verschiedenen Anspritzarten die Verformungen angegeben, wie sie sich bei sonst nahezu gleichen Bedingungen nach den Berechnungen [3] ergeben. Beim Schirmanguß stellen sich – selbst bei der angenommenen Exzentrizität von $e = 100$ μm – die geringsten Werte ein. Die höchsten Werte für den Kernversatz treten beim Fall des Punktanschnitts an der Kernspitze auf. Der hinsichtlich der auftretenden Verformung zwischen den beiden anderen Anschnittarten liegende Fall des Punktanschnitts am Kernfuß ist auch oft bei Werkzeugen mit höherer Formnestzahl die konstruktiv einfachste Lösung.

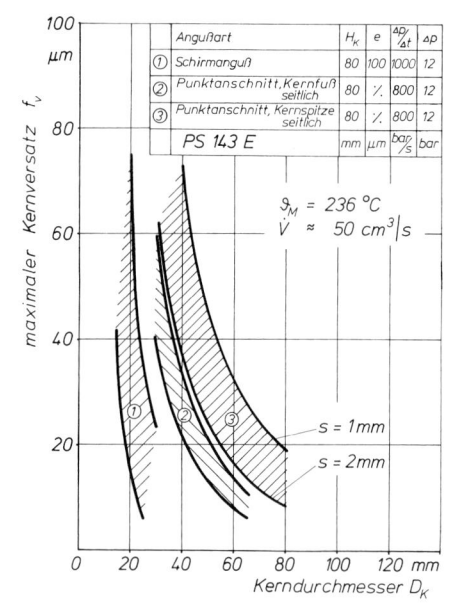

Bild 400 Maximaler Kernversatz bei verschiedenen Angußformen [1]

Für die Reduzierung von zu hohen Kernversatzwerten stehen neben den oben beschriebenen auszuwählenden Anspritzarten weitere Maßnahmen zur Verfügung, wie

– höhere Kerneinspannung,
– beidseitige, statt einseitige Kernlagerung,
– Verkleinerung der bzw. Verzicht auf die Kühlbohrung,
– Reduzierung der Exzentrizität beim Schirmanguß,
– Änderung der Einspritzparameter.

11.8 Konstruktionsbeispiele für die Kerneinspannung und für die Zentrierung tiefer Werkzeuge

Die Bedeutung der Kerneinspannung wird aus den vorangehenden Kapiteln ersichtlich. Es wird klar, daß die beste Voraussetzung für eine absolute Fixierung des Kerns gegenüber dem Gesenk dann gegeben ist, wenn Kern und Kernhalteplatte eine Einheit bilden.

11.8 Kerneinspannung und Zentrierung tiefer Werkzeuge

Dies wird jedoch nur dann erreicht, wenn sie aus dem vollen Material herausgearbeitet werden. Die Zerspanungsverluste sind dann allerdings hoch. Bei Großwerkzeugen geht es nicht anders. Nur bei kleineren Werkzeugen werden Kern und Kernhalteplatte häufiger geteilt hergestellt. Der Kern muß äußerst sorgfältig und unverschiebbar in der Kernhalteplatte befestigt werden. Bei einfachen rotationssymmetrischen Teilen wird dann ein Bund am Kern angedreht, der ein Aufmaß hat und als Zentrierung dient. Über diesen Bund wird der Kern durch einen Flansch mit der Kernhalteplatte verspannt (Bild 401). Bild 402 zeigt ein Werkzeug, bei dem auch der Kern zusammengesetzt wurde, um die die Rippen ausformenden Teilkerne vernünftig bearbeiten zu können. Der geteilte Kern wird zur Befestigung mit Keilen in die Kernhalteplatte verspannt. Unter allen möglichen Befestigungsarten für Kerne kommt diese Befestigungsart dem angestrebten Zustand der Einheit von Kern und Kernhalteplatte am nächsten.

Bei langen schlanken Kernen ist trotz optimaler Einspannung des Kerns eine zweifache Lagerung erforderlich (Bild 403).

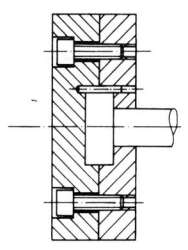

Bild 401 Kern durch Flansch mit Kernhalteplatte verspannt

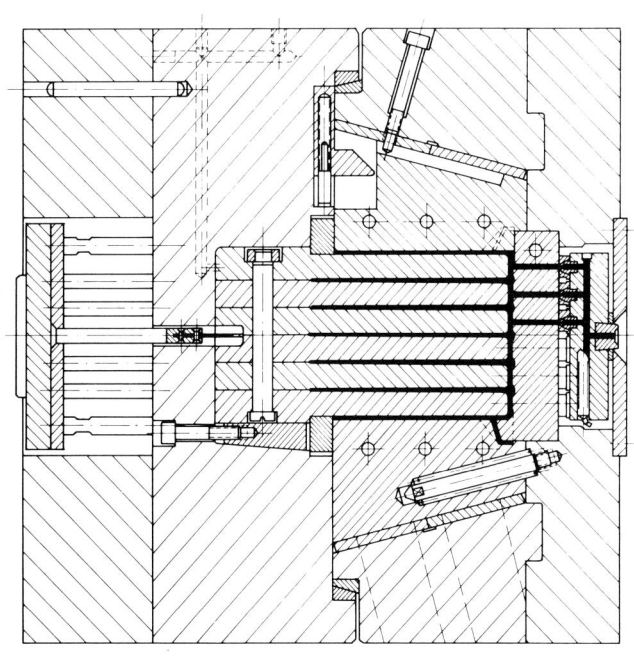

Bild 402 Befestigen eines mehrteiligen Kerns mit Keilen [8]

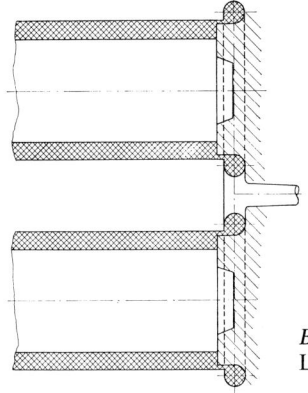

Bild 403 Ringanguß gestattet zweifache Lagerung des Kerns [9]

Literatur zu Kapitel 11

[1] *Bangert, H.:* Systematische Konstruktion von Spritzgießwerkzeugen und Rechnereinsatz. Dissertation, RWTH Aachen 1981.
[2] *Schreuder, S.:* Rechnerunterstützte Konstruktion von Spritzgießwerkzeugen (Kernversatz). Unveröffentlichte Arbeit, IKV Aachen 1987.
[3] *Behrenbeck, U.P.:* Erstellung eines Rechenprogramms zur Ermittlung des Kernversatzes während des Einspritzvorganges unter Berücksichtigung des Aufschaukeleffektes. Unveröffentlichte Arbeit, IKV Aachen 1980.
[4] *Schmidt, L.:* Auslegung von Spritzgießwerkzeugen unter fließtechnischen Gesichtspunkten. Dissertation, RWTH Aachen 1981.
[5] *Menges, G.; Lichius, U.; Bangert, H.:* Eine einfache Methode zur Vorausbestimmung des Fließfrontverlaufes beim Spritzgießen von Thermoplasten. Plastverarbeiter 31 (1980) 11, S. 671–676.
[6] *Menges, G.; Mohren, P.:* Anleitung zum Bau von Spritzgießwerkzeugen. 2. Aufl. Hanser, München 1983.
[7] *Schlüter, H.:* Verfahren zur Abschätzung der Werkzeugkosten bei der Konstruktion von Spritzgießwerkzeugen. Dissertation, RWTH Aachen 1981.
[8] *Lindner, E.:* Spritzgießwerkzeuge für große Teile. Mitteilung aus dem Anwendungstechnischen Laboratorium für Kunststoffe der BASF, Ludwigshafen/Rh.
[9] Kegelanguß, Schirmanguß, Ringanguß, Bandanguß. Technische Information 4.2.1 der BASF, Ludwigshafen/Rh. 1969.

12 Entformen gespritzter Teile

12.1 Übersicht über Entformungsarten

Nachdem das Spritzgußteil abgekühlt und erstarrt ist, muß es aus dem Werkzeug genommen, d. h. entformt werden. Ideal wäre, wenn sich der Spritzling beim Öffnen des Werkzeugs durch Schwerkraft aus dem Werkzeughohlraum lösen bzw. vom Kern trennen würde. Durch Hinterschneidungen, Haftkräfte und innere Spannungen im Teil wird der Spritzling jedoch festgehalten und muß durch besondere Einrichtungen aus dem Werkzeug gelöst und geschoben werden.

Die Entformungseinrichtungen werden meist mechanisch durch den Öffnungshub der Spritzgießmaschine betätigt. Reicht diese einfache Auswerferbetätigung nicht aus, so kann sie auch pneumatisch oder hydraulisch vorgenommen werden [1–3]. Manuell betätigte Entformungseinrichtungen sind nur bei kleinen Werkzeugen, Versuchswerkzeugen und eventuell noch bei kleinen Serien zu finden, wenn geringe Kräfte zur Betätigung der Auswerferplatten genügen und wenn die Zykluszeit nicht exakt einzuhalten ist.

Im Normalfall ist das Auswerfersystem in der beweglichen Werkzeughälfte untergebracht. Dadurch wird gewährleistet, daß bei den mechanisch betätigten Systemen das Auswerkerpaket bei der Werkzeugöffnungsbewegung in Richtung Werkzeugtrennebene verschoben wird und dadurch den Spritzling entformt. Voraussetzung dafür ist jedoch, daß der Spritzling auf oder in der beweglichen Werkzeughälfte bleibt. Dies wird gewährleistet durch Hinterschneidungen oder, wenn der oder die Spritzlinge durch Kerne ausgeformt werden, dadurch, daß die Spritzlinge auf dem Kern durch Schwindung aufschrumpfen. Hier muß aber durch Konizität und Oberflächenbearbeitung des Kerns darauf geachtet werden, daß keine zu großen Haftkräfte entstehen.

Problematisch ist der Verbleib auf der Schließseite dann, wenn der oder die Kerne auf der Düsenseite sind. Dies wird man daher zu vermeiden trachten, weil man dann aufwendigere Entformungseinrichtungen braucht. Ein Beispiel zeigt Bild 404 B.

In Bild 404 sind die gebräuchlichen Arten von Auswerfersystemen, wie sie für kleine Formteile verwendet werden, zusammengestellt:

A ist das Standardsystem für kleine Teile.
B Entformungsrichtung zur Schließseite.
    Hier wird eine Abstreifung benutzt, die in der Regel nur bei kreisrunden Formteilen angewendet wird.
C Entformung aus zwei Trennebenen bei Abreißpunktangüssen für automatischen Betrieb einschließlich Angußseparierung.
D Entformung von Formteilen mit örtlichen Hinterschneidungen (Schieberwerkzeug).
E Entformung mit ganzseitiger flächiger Hinterschneidung (Backenwerkzeug).
F Abschraubwerkzeuge bei Gewindeausformung.
G Luftauswerfer arbeiten in der Regel unterstützend. Das Losbrechen des Spritzlings übernimmt ein mechanischer Auswerfer.

Schematische Werkzeugdarstellung	Entformungsprinzip	Betätigungselemente	Anwendungsgebiet
A 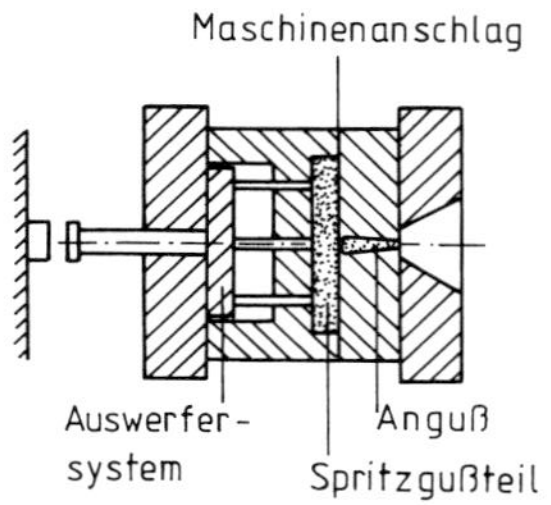	Beim Öffnungshub durch Druckkraft in Entformungsrichtung. Entformung durch Stifte, Hülsen oder Abstreifplatte	Mechanisch, hydraulisch, pneumatisch, manuell, Maschinenanschlag, Hubzylinder, Exzenter, Drehzapfen, schiefe Ebene, Schubplatte. Auch in Stufen als Doppeletagenauswurf bzw. gemischter Auswurf.	Formteile aller Art ohne Hinterschneidung.
B 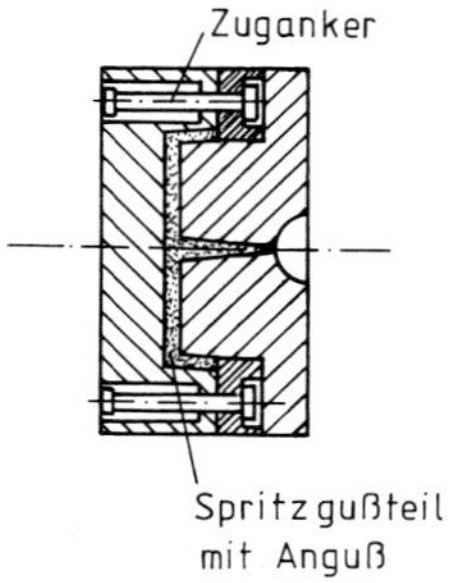	Beim Öffnungshub durch Zugkraft in Entformungsrichtung. Entformung durch Abstreifplatte.	Mechanisch, hydraulisch, pneumatisch. Zuganker, Hubzylinder, gallsche Kette	Becherförmige Formteile mit innenliegendem Anguß.

Bild 404 Übersicht über Entformungsarten

12.1 Übersicht über Entformungsarten

C 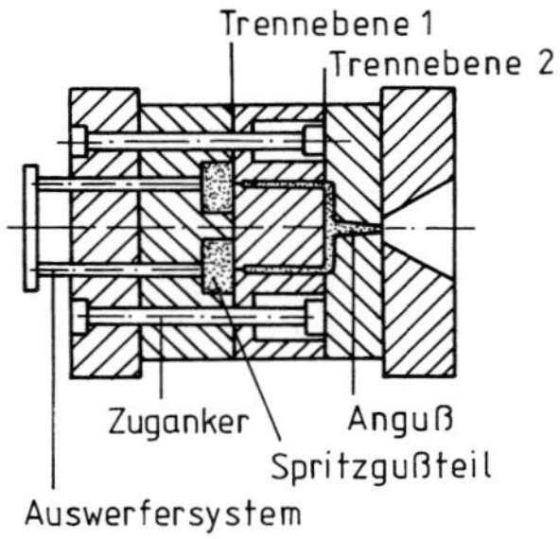	Beim Öffnungshub durch Druckkraft in Entformungsrichtung. Entformung durch Stifte, Hülsen oder Abstreifplatte	Mechanisch, Zuganker	Formteile mit automatischer Angußabtrennung.
D 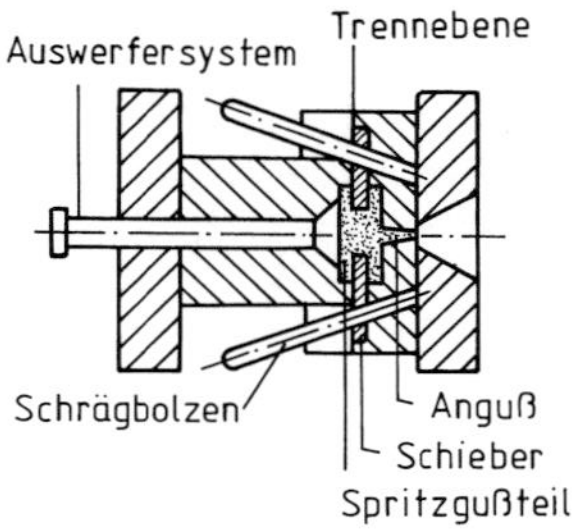	Beim Öffnungshub durch Druckkraft in Entformungsrichtung. Entformung durch Stifte, Hülsen oder Abstreifplatte nach Freigabe der Hinterschneidung.	Mechanisch, Schrägbolzen, Schieberkurve, Schiebermechanik. Auch hydraulisch.	Flache Teile mit äußerer Hinterschneidung, z. B. Gewinde.
E 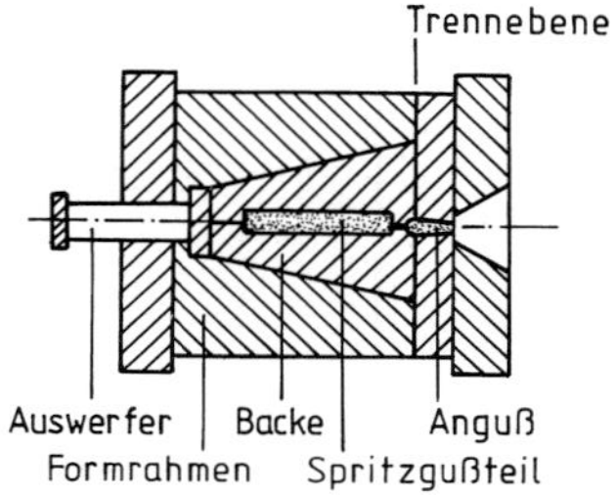	Beim Öffnungshub durch Druckkraft in Entformungsrichtung. Entformung durch Stifte.	Mechanisch: Kniehebe, Zuglaschen, Gelenkzapfen, Stifte, Federn, Steuerkurven. Hydraulisch als separate Antriebsquellen.	Formteile mit außenliegenden Hinterschneidungen (Rippen) oder Durchbrüchen in den Seitenwänden, z. B. Bierkasten.

Bild 404 *(Fortsetzung)* Übersicht über Entformungsarten

Schematische Werkzeugdarstellung	Entformungsprinzip	Betätigungselemente	Anwendungsgebiet
F 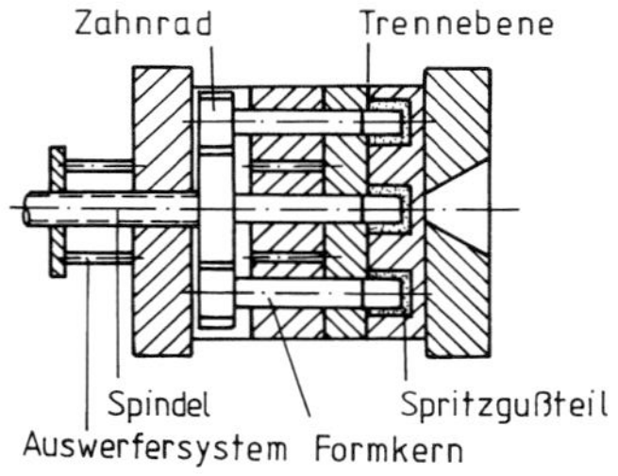 (Zahnrad, Trennebene, Spritzgußteil, Spindel, Auswerfersystem, Formkern)	Formgebende Werkzeugpartien werden bei geschlossenem oder geöffnetem Werkzeug vom Spritzling ab- oder herausgeschraubt. Danach, je nach Formteil, Entformung mit Stiften, Hülsen.	Mechanisch: Zahnradvorgelege mit Riemen- oder Kettenantrieb, Zahnstangen, Steilgewindespindel mit Steilgewindemutter. Separater Elektrik- oder Hydraulikantrieb. Selten manuell z. B. mit Wechselkernen.	Formteile mit Gewinde innen oder außen.
G 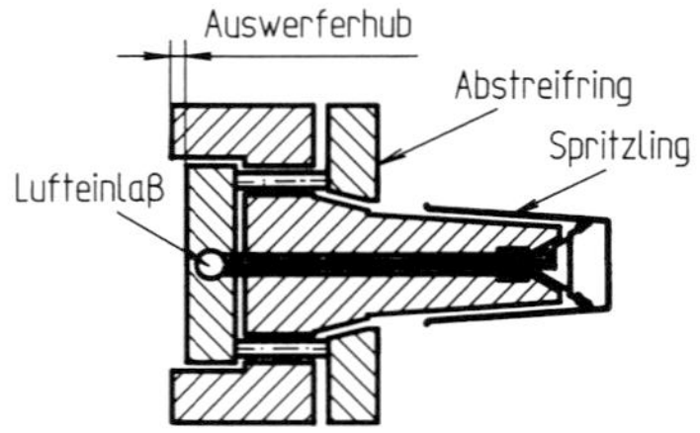 (Abstreifring, Spritzling, Auswerferhub, Lufteinlaß)	Beim Öffnungshub durch Druckkraft in Entformungsrichtung ein erstes Lösen des Spritzlings, danach Entformung durch Luft.	Mechanisch-pneumatisch in Stufen.	Tiefe becherförmige Formteile.

Bild 404 *(Fortsetzung)* Übersicht über Entformungsarten

Es muß schließlich beachtet werden, daß größere Formteile zwar durch Abschieben entformt, aber nicht herausgeworfen werden dürfen. Sie werden daher mit einem Handhabungssystem oder Roboter, nachdem sie gelöst sind, herausgehoben.

12.2 Auslegung des Entformungssystems – Entformungskräfte und Öffnungskräfte *

12.2.1 Allgemeines

Nachdem das Formteil von seiner Geometrie und seiner Masse her festliegt, können die Entformungskräfte ermittelt werden. Dazu muß aber die Lage des Formteils im Werkzeug vorgegeben sein. Die Kenntnis der Entformungskraft ist einerseits wichtig für die Feinauslegung des Entformungssystems (z. B. Zahl, Ort und Art der Auswerferelemente), andererseits ergibt sich u. U. je nach Höhe der Entformungskraft die Notwendigkeit, die Lage des Formteils im Werkzeug und damit das Auswerfersystem prinzipiell zu ändern. Weiterhin ergibt sich u.a. durch die Kenntnis der Entformungskraft bzw. der Einflußgrößen auf diese die Möglichkeit, durch geringe Veränderungen am Formteil die Entformungskraft zu reduzieren.

Aufgrund mangelnder Kenntnisse über das Entformungsverhalten von Spritzgießmaschinen entstehen insbesondere bei der Inbetriebnahme neuer Werkzeuge Störungen im Betriebsablauf, wodurch oft teuere, nachträgliche Werkzeugkorrekturen notwendig werden.

Man hat grundsätzlich zwei Arten von Kräften zu erwarten:

– Die *Öffnungskräfte*: Sie entstehen dann, wenn durch zu geringe Schwindung bzw. zu große Verformungen das Werkzeug verkeilt ist.
– Die *Entformungskräfte*, die man unterteilen kann in:
  a) Losbrechkräfte: Sie sind bei allen Teilen mit Kernen vorhanden und entstehen durch das Aufschwinden des Formteils auf den Kern.
  Man beobachtet sie auch bei dünnen schlanken Rippen mit geringer Konizität. Hier führen sie besonders häufig zum Brechen der rippenausformenden Lamellen.
  b) Ausschubkräfte: können in der Folge entstehen, wenn das Formteil sich wegen z. B zu geringer Konizität des Kernes noch im Reibkontakt mit dem Kern befindet.

Hierbei sind bei fachgerechter Dimensionierung die Öffnungskräfte weniger für Schwierigkeiten in der Produktion verantwortlich als die Entformungskräfte.

In Bild 405 sind die auf die Entformungskräfte wirkenden Einflußgrößen dargestellt. Wie man sieht, sind aus vier Einflußgrößen-Gruppen Veränderungen der Entformungskräfte zu erwarten. Aus Versuchen an hülsenförmigen Formteilen (z. B. Bilder 406, 411) konnten die Wirkungsrichtung und die Stärke der Wirkung auf die Entformungskraft experimentell nachgewiesen werden [6, 7]. In Bild 407 sind die Ergebnisse dieser Untersuchungen zusammenfassend dargestellt worden. Hierbei werden verschiedene Einflußgrößen hinsichtlich ihrer Wirksamkeit auf die Reduzierung der Entformungskräfte diskutiert und mit Punkten von 0 bis 3 (kein Einfluß bis sehr starker Einfluß) bewertet. Die Pfeile bedeuten, daß die dazugehörigen Variablen höher bzw. niedriger eingestellt

---
* 12.1–12.1.7.4 Auszug aus der Dissertation von *H. Bangert* [4]

werden müssen, um eine Verringerung der Entformungskräfte zu erzielen. Die physikalische Begründung für die Wirkung der Parameter kann hier aus Gründen des Umfangs nicht dargestellt werden. Hierzu sei auf die Originalarbeiten [6, 7] hingewiesen.

Werkzeug   *Formteil*

+ Steifigkeit (Konstruktion) p $p(\sigma)$ Wanddicken
Kühlung $\vartheta \rightarrow p$ $p(\sigma)$ Querschnitte
Werkstoff p proj. Fläche
  therm. Eigenschaften $\vartheta \rightarrow p$ p Hinterschneidungen
  Reibverhalten $\rightarrow \mu$
  Oberflächenrauhigkeit $\rightarrow \mu$

$$F_E = f(\mu ; p \leftarrow \sigma)$$

Formmasse   *Verarbeitung*

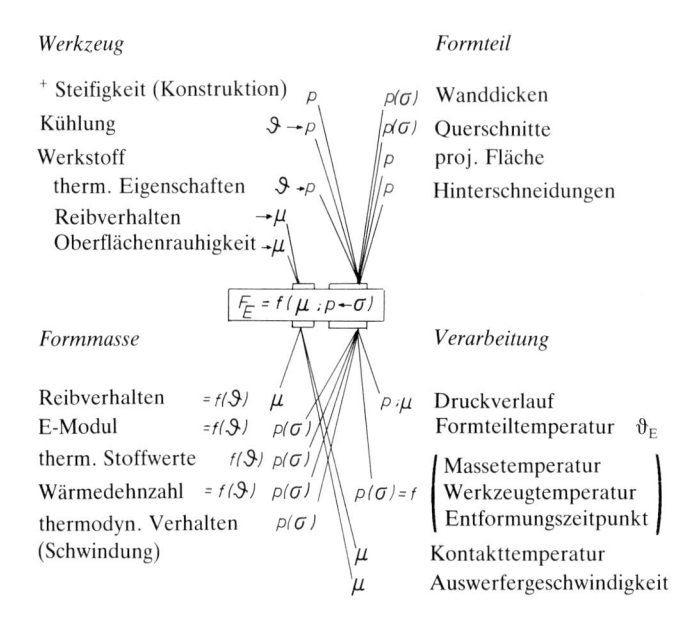

Reibverhalten $= f(\vartheta)$ μ $p \cdot \mu$ Druckverlauf
E-Modul $= f(\vartheta)$ $p(\sigma)$ Formteiltemperatur ϑ_E
therm. Stoffwerte $f(\vartheta)$ $p(\sigma)$ Massetemperatur
Wärmedehnzahl $= f(\vartheta)$ $p(\sigma)$ $p(\sigma)=f$ Werkzeugtemperatur
thermodyn. Verhalten $p(\sigma)$ Entformungszeitpunkt
(Schwindung) μ Kontakttemperatur
                                  μ Auswerfergeschwindigkeit

Bild 405   Einflußgrößen auf die Entformungskräfte [5]

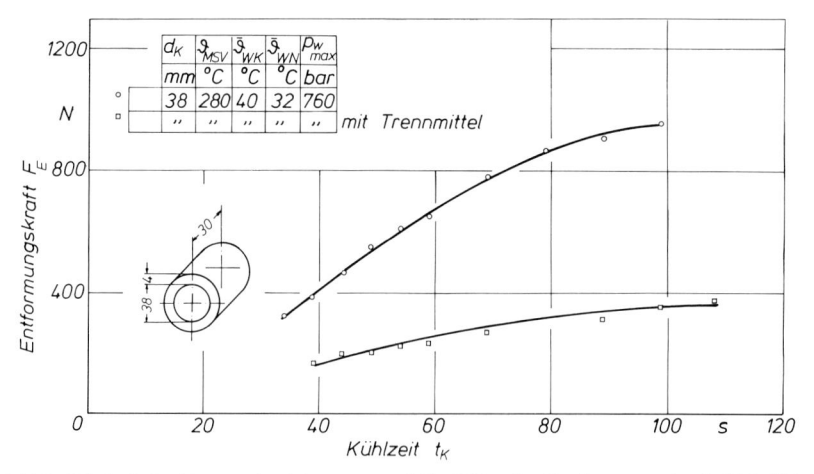

Bild 406   Einfluß des Trennmitteleinsatzes auf die Höhe der Entformungskraft (PP) [6]

Parameter bzw. Einflußgrößen	Einflußhöhe	Änderungsrichtung	Bemerkungen
Kühlzeit t_E	3	↓	
mittlere Entformungstemperatur $\bar{\vartheta}_E$	3	↑	
Kernwandtemperatur ϑ_{WK}	3	↓	$\bar{\vartheta}_E$ = const.
	3	↑	t_K = const.
Nestwandtemperatur ϑ_{WN}	3	↓	$\bar{\vartheta}_E$ = const.
	3	↑	t_K = const.
Massetemperatur ϑ_M	0 - 1	↑ ↓	
Einspritzdruck p_E	1	↑ ↓	
Einspritzgeschw. v_E	1 - 2	↑	t_K = const.
Nachdruckhöhe p_N	1 - 2	↑	t_K = const. bzw. $\bar{\vartheta}_E$ = const.
Nachdruckzeit t_N	0 - 1	↑	t_K = const.
Auswerfergeschw. v_{Aus}	1 - 2	↑	t_K = const. bzw. $\bar{\vartheta}_E$ = const.
Trennmitteleinsatz	3		Wirkung stärker bei hohen Kühlzeiten

Einflußhöhe von 0 bis max. 3

Bild 407
Möglichkeiten zur Reduzierung der Entformungskräfte an Hülsen [6, 7]

12.2.1.1 Erfahrungen

Der Werkzeugkonstrukteur ist heute meist auf seine Erfahrungen angewiesen. Das führt dazu, daß er bei Kernen die größte erlaubte Konizität wählt, um so mehr, wenn es sich um die Verarbeitung stark schwindender Formmassen, z. B. teilkristalliner Thermoplaste handelt.

Bild 408 gestattet je nach dem Maß der linearen Schwindung, die zweckmäßige Konizität abzulesen. Diese Konizität ist bei Hinterschnitten in Form von Oberflächenrauhigkeiten zu vergrößern. Der Praktiker rechnet dazu mit je 2/100 mm Rauhigkeit mit einer notwendigen Konizitätsvergrößerung von 0,5 bis 2% je nach der Viskosität und dem Schwindmaß der Schmelze. Die höheren Werte sind somit für teilkristalline Formmassen anzunehmen.

Bild 408
Diagramm für Konizität [8]

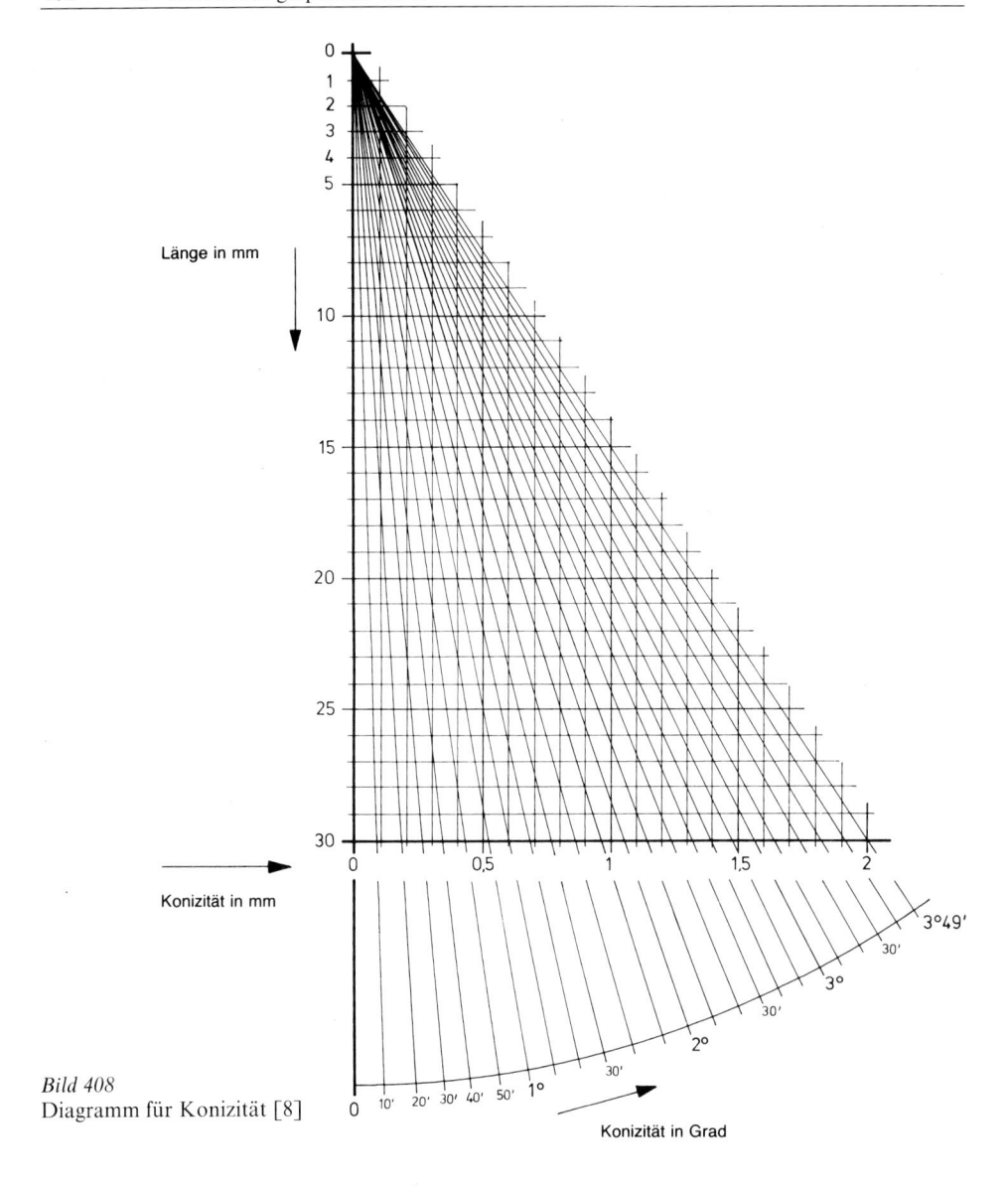

12.2.2 Möglichkeiten zur Bestimmung der Entformungskräfte

Allgemein gilt, daß bei hülsen- bzw. kastenförmigen Formteilen, die auf Kerne aufschwinden, die Entformungskraft durch die zum Zeitpunkt der Entformung vorhandene Normalspannung und einem Reibungsbeiwert ermittelt werden kann:

$$F_E = \mu \cdot p_F \cdot A_F, \tag{186}$$

μ Reibungsbeiwert,
p_F Flächenpressung zwischen Formteil und Kern,
A_F Kernmantelfläche.

Die Größe des Reibungsbeiwertes μ hängt im wesentlichen von der Paarung Kunststoff-Stahl, aber auch von einigen Verfahrensparametern ab. Der für die Entformungskräfte maßgebende Reibungsbeiwert hängt von dem bei Entformung vorliegenden Kontakt zwischen erstarrter Randschicht und Werkzeugoberfläche ab. Das bedeutet, daß nur die bei realen Spritzbedingungen im Werkzeug selbst ohne vorherige Lösung der Haftung zwischen Formteilrand und Werkzeugoberfläche gemessenen Reibungsbeiwerte in die Gl. (186) einzusetzen sind, wenn man realistische Werte errechnen möchte. Für erodierte und geschliffene Formeinsätze wurde der Haftreibungskoeffizient in Abhängigkeit von der Rauhtiefe ermittelt (siehe Tabelle 38).

Tabelle 38 Haftreibungskoeffizient in Abhängigkeit von der Rauhtiefe [13, 14]

Werkstoff	Rauhtiefe in μm		
	1	6	20
PE	0,38	0,52	0,70
PP	0,47	0,5	0,84
PS	0,37	0,52	1,82
ABS	0,35	0,46	1,33
PC	0,47	0,68	1,6

Neben dem Reibungsbeiwert muß nun die Flächenpressung zwischen Kern und Formteil ermittelt werden. Sie kann entweder rein theoretisch errechnet werden [9 bis 11] oder mit einer sehr einfachen Methode, die auf Erfahrungen aufbaut (Schwindungswerte), ermittelt werden.

12.2.2.1 Rechnerische Abschätzmethode

Für den Praktiker wurde zur schnellen Abschätzung der Entformungskräfte eine weitere Methode entwickelt, mit der er ausreichend genau, z.B. auch bei hülsenförmigen Formteilen, welche naturgemäß große Entformungskräfte verursachen, die Entformungskraft ermitteln kann [6, 10].

Dabei geht man von der Voraussetzung aus, daß der Konstrukteur in jedem Fall in der Lage sein muß, entsprechend den Sollmaßen des Formteilinnendurchmessers den zugehörigen Kerndurchmesser auszulegen. Allein mit diesem Durchmesserunterschied kann man schon eine absolute Obergrenze für die Entformungskraft mittels einer Kräfte-Gleichgewichts-Beziehung abschätzen. Dies soll am Beispiel eines dünnwandigen hülsenförmigen Formteils erklärt werden [6].

Durch die verhinderte Schwindung des Formteils durch den Kern werden in den Querschnitten des Formteils Spannungen aufgebaut, die ihrerseits an den schwindungsverhindernden Flächen zu Normalkräften führen. Direkt mit der Entformung können sich diese gespeicherten energieelastischen Kräfte spontan zurückbilden. Dieses spontane Zusammenziehen in Umfangs- bzw. Durchmesserrichtung bewirkt eine meßbare Verkleinerung des Innendurchmessers der Hülse. Die relative Innendurchmesserverkleinerung des Formteils (gleich der relativen Umfangsänderung des Teils) zum Entformungszeitpunkt ist

$$\Delta d_r = \Delta U_r = \frac{d_K - d_i(t_E)}{d_K}. \tag{187}$$

Hierbei bedeuten:

ΔU_r relative Umfangsänderung,
d_K Kerndurchmesser,
$d_i(t_E)$ Innendurchmesser der Hülse unmittelbar nach Entformung.

Die direkt nach der Entformung gemessene Umfangsreduzierung steht in unmittelbarem Zusammenhang mit der Zugspannung im Formteilquerschnitt, die herrschte, als das Teil noch auf dem Kern war. Man kann sie einfach berechnen, da bei den hier im Verhältnis zum Innendurchmesser dünnwandigen Hülsen die Kesselformel angewendet werden kann, so daß man die Querkontraktionszahl nicht berücksichtigen muß (Bild 409).

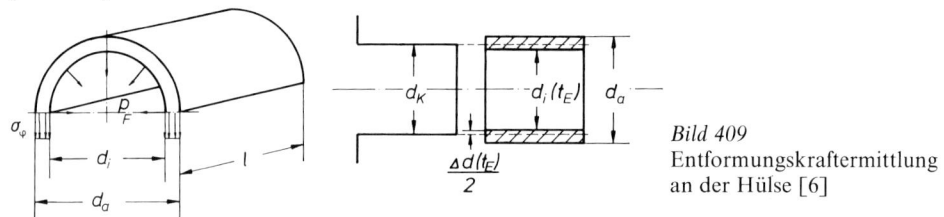

Bild 409
Entformungskraftermittlung an der Hülse [6]

Allgemein gilt:

$$\sigma = E \cdot \varepsilon \quad \text{(Hookesches Gesetz)}, \tag{188}$$

$$\varepsilon = \frac{\Delta l}{l} \tag{189}$$

bzw. hier (vgl. Bild 409)

$$\varepsilon = \frac{\Delta d}{d_K} = \Delta d_r = \Delta U_r, \tag{190}$$

$$\sigma_\varphi = \Delta U_r \cdot E(\vartheta), \tag{191}$$

und über die Kesselformel

$$p_F = \sigma_\varphi \frac{d_a - d_i}{d_K} \tag{192}$$

$$= \sigma_\varphi \frac{s_F}{r_K} = \frac{E(\vartheta) \cdot \Delta U_r \cdot s_F}{r_K} \tag{193}$$

mit s_F Formteilwanddicke, r_K Radius des Kerns.

Über den Reibungsbeiwert μ erhält man hieraus die zum Entformen notwendige Kraft

$$F_E = \mu \cdot p_F \cdot A_F \tag{194}$$

$$F_E = \mu \cdot E(\vartheta_E) \cdot \frac{\Delta d(t_E)}{d_K} \frac{s_F}{r_K} \cdot d_K \cdot \pi \cdot l. \tag{195}$$

Unter F_E wird hier immer die bei der Abschiebebewegung notwendige „Losbrechkraft" verstanden, bei der Haftreibung vorliegt. Diese reine Entformungskraft beinhaltet lediglich die Kraft zur Entformung des Teils, ohne die Reibung im Auswerfersystem zu berücksichtigen.

12.2 Auslegung des Entformungssystems

Je nach Werkzeuggröße und Art des Entformungssystems sind die unterschiedlich hohen Reibungskräfte im Auswerfersystem ΣF_R zu diesen Entformungskräften zu addieren, wenn man den Gesamtkraftbedarf im Übergangsbereich Maschinenauswerfer/Entformungssystem des Werkzeugs errechnen will (Auswahl der Maschine nach ausreichender Entformungskraft).

Bei einer Fachzahl n errechnet sich der Entformungskraftbedarf mit

$$F_{\text{Masch./Auswerfer}} = n \cdot F_E + \Sigma F_R. \qquad (196)$$

Die Anwendung dieser Methode z. B. auf eine Hülse aus ABS ($d_K = 38$ mm; $d_a = 46$ mm; $l = 30$ mm), verglichen mit Entformungskraftmessungen, führt zu dem in Bild 410 dargestellten guten Ergebnis [6].

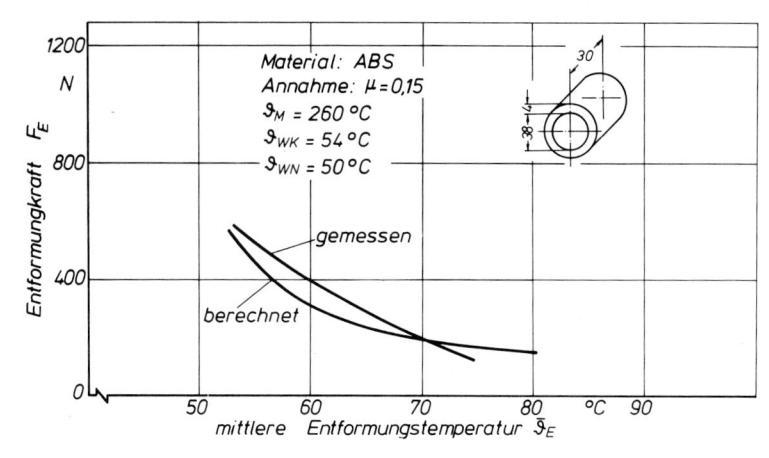

Bild 410 Entformungskraft an der Hülse (Messung und Abschätzung) [6]

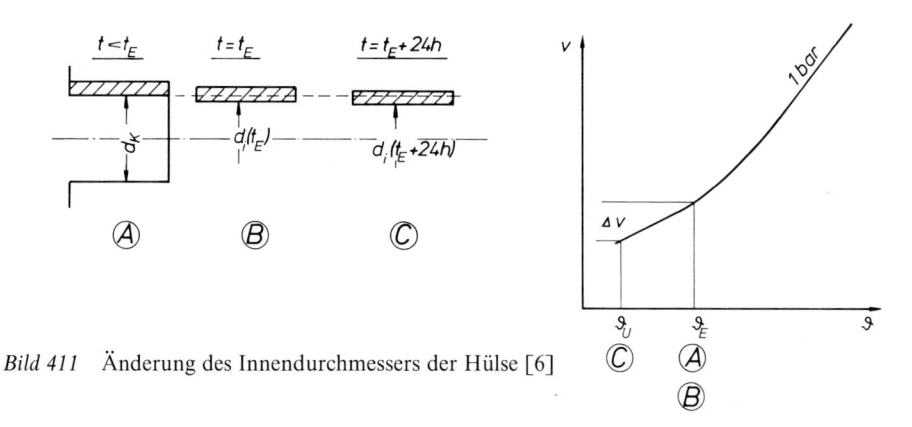

Bild 411 Änderung des Innendurchmessers der Hülse [6]

Da der Konstrukteur aber meist die unmittelbar nach Entformung vorliegende Durchmesseränderung nicht kennt, kann er mit den Angaben der Längenschwindung (Rohstoffhersteller) die Durchmesseränderung errechnen und als Startwert für die Berechnung (Bild 411) wie folgt verwenden:

Bei Ⓐ ist das Werkzeug aufgefahren, die Hülse sitzt noch auf dem Kern und übt die durch die Abkühlung erzeugte Flächenpressung aus. Ⓑ gibt den Zustand unmittelbar nach Entformung wider. Durch die spontane energieelastische Verformung ergibt sich eine Durchmesserverkleinerung

$$\Delta d_r = \frac{d_K - d_i(t_E)}{d_K}. \qquad (197)$$

Den Zuständen Ⓐ und Ⓑ entspricht im p-v-T-Diagramm ein- und derselbe Punkt auf der 1-bar-Linie bei $\bar{\vartheta}_E$, da sich die beiden Zustände thermodynamisch nicht voneinander unterscheiden. Durch die Abkühlung auf Raumtemperatur ergibt sich der Zustand Ⓒ, für den man aus dem p-v-T-Diagramm eine entsprechende zusätzliche Volumenschwindung ΔV ablesen kann. Um vom Zustand Ⓒ auf den Zustand Ⓑ zu schließen, geht man nun wie folgt vor:

Für Hülsen, die bei bekannter mittlerer Formteiltemperatur entformt werden, entnimmt man dem p-v-T-Diagramm die zusätzliche relative Volumenschwindung

$$\Delta s_V = \frac{V(\bar{\vartheta}_E) - V(\vartheta_U)}{V(\bar{\vartheta}_E)}. \qquad (198)$$

Aus Versuchen ergab sich für verschiedene Thermoplaste und Hülsen mit je 4 mm Wanddicke, daß die relative Umfangsschwindung zur relativen Volumenschwindung in einem für alle Arten von Thermoplasten konstantem Verhältnis steht [6]:

$$\frac{\Delta d_r \big|_{t_E}^{t_E + 24 h}}{\Delta s_V} = K, \qquad (199)$$

für ABS $\quad K \approx 0{,}43$,
für PS $\quad K \approx 0{,}7$ (und $s_F = 4$ mm),
für PP $\quad K \approx 0{,}6$.

Daraus ergibt sich die Vorgehensweise zur Abschätzung der Entformungskräfte wie in Bild 412 dargestellt [6].

12.2.2.2 Hülsenförmige Spritzlinge

Die Entformungskräfte F_E von hülsenförmigen Spritzlingen (Bild 413) sind wie folgt definiert:

$$F_E = \mu \cdot F_r, \qquad (200)$$
$$F_r = A \cdot \sigma_r, \qquad (201)$$
$$A = 2\pi R_i \cdot L, \qquad (202)$$

mit:

F_E Entformungskraft,
μ Reibungsbeiwert,
F_r Radialkraft,
A Abschiebefläche,
σ_r Radialspannung,
R_i Innenradius des Formteils,
L Länge des Formteils.

12.2 Auslegung des Entformungssystems

```
Material:      E(ϑ), a_eff
               p-v-ϑ Diagramm
Geometrie:     d_i, d_a, l
Verfahrens-
parameter:     ϑ_W, ϑ_M, t_K, (ϑ_E)
```

Messung von Δd_r unmittelbar nach Entformung

Messung von Δd_r nach 24h oder später bzw. Abschätzung mit Längenschwindung (Erfahrung)

$$\Delta d_r(t_E) = \Delta U_r(t_E)$$
$$= \frac{d_K - d_i(t_E)}{d_K}$$

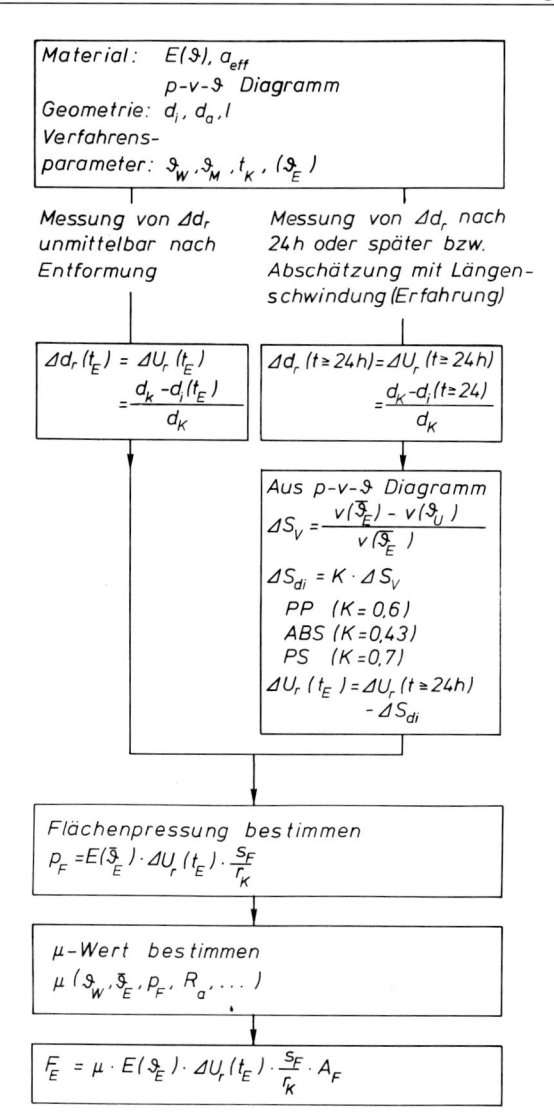

$$\Delta d_r(t \approx 24h) = \Delta U_r(t \approx 24h)$$
$$= \frac{d_K - d_i(t \approx 24)}{d_K}$$

Aus p-v-ϑ Diagramm
$$\Delta S_V = \frac{v(\vartheta_E) - v(\vartheta_U)}{v(\vartheta_E)}$$
$$\Delta S_{di} = K \cdot \Delta S_V$$
PP   (K = 0,6)
ABS (K = 0,43)
PS   (K = 0,7)
$$\Delta U_r(t_E) = \Delta U_r(t \approx 24h) - \Delta S_{di}$$

Flächenpressung bestimmen
$$p_F = E(\vartheta_E) \cdot \Delta U_r(t_E) \cdot \frac{s_F}{r_K}$$

μ-Wert bestimmen
$$\mu(\vartheta_W, \vartheta_E, p_F, R_a, \ldots)$$

$$F_E = \mu \cdot E(\vartheta_E) \cdot \Delta U_r(t_E) \cdot \frac{s_F}{r_K} \cdot A_F$$

Bild 412 Schema zur Ermittlung der Entformungskräfte bei Hülsen [6]

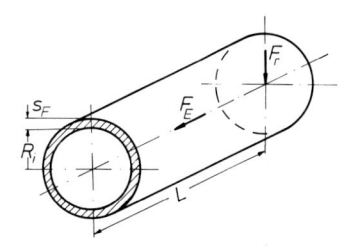

Bild 413 Hülsenförmiger Spritzling

12.2.2.3 Zylindrische Hülsen aus Polystyrol

Es [6] wurde ein Diagramm erstellt (Bild 414), welches die längenbezogene Radialkraft F_r/L über der mittleren Entformungstemperatur $\bar{\vartheta}_E$ für verschiedene Kern- bzw. Nestwandtemperaturen ϑ_{WK}, ϑ_{WN} und Formteildicken s_F zwischen 2 und 4 mm [9] enthält.
Führt man eine längenbezogene Radialkraft F_r/L ein

$$\frac{F_r}{L} = 2 \cdot \pi \cdot R_i \cdot \sigma_r,$$

wird

$$F_E = \mu \cdot L \cdot \frac{F_r}{L}. \tag{203}$$

Es stellte sich heraus, daß speziell bei Hülsen mit einem Innenradius/Wanddickenverhältnis von

$$\frac{R_i}{s_F} > 5 \tag{204}$$

die resultierende Radialspannung sich ungefähr wie

$$\sigma_r \sim \frac{1}{R_i} \tag{205}$$

verhält.
Für Hülsen mit

$$\frac{R_i}{s_F} > 5, \tag{206}$$

$$\frac{F_R}{L} \sim F_i = f(R\,\dot{\varepsilon}). \tag{207}$$

Somit ist die längenbezogene F_r/L und damit auch die Entformungskraft F_E ungefähr unabhängig vom Innenradius R_i (für Hülsen mit $R_i/s_F > 5$).
Unterhalb der Abszisse läßt sich in Bild 414 für die gewählten Verfahrensparameter die entsprechende Kühlzeit ablesen. Die strichpunktierten Bereiche $F_r\infty/L$ geben Grenzwerte der längenbezogenen Radialkräfte für lange Kühlzeiten $t_K \to \infty$ an, welche z. B. für eine Dimensionierung von Bedeutung sein können (maximale Entformungskraft).

Beispiel:
Für eine Kern- und Nesttemperatur von

$$\vartheta_{WK} = \vartheta_{WN} = 25\,°C$$

einer 3 mm dicken Hülse läßt sich bei einer gewünschten mittleren Entformungstemperatur von $\bar{\vartheta}_E = 32{,}5\,°C$ die längenbezogene Radialkraft $F_r/L_{,,1``} = 100$ N/mm bei einer notwendigen Kühlzeit von $t_{K,,1``} = 28$ s ablesen (Pfeil „1").
Um daraus die zu erwartende Entformungskraft F_E zu erhalten, benutzt man Bild 415. Ausgehend von dem eben ermittelten Wert $F_r/L_{,,1``} = 100$ N/mm ergibt sich („1") bei einer Formteillänge von $L = 125$ mm und einem zu erwartenden Haftreibungskoeffizienten $\mu_{,,1``} = 0{,}45$ eine Entformungskraft von $F_{E,,1``} = 5650$ N.

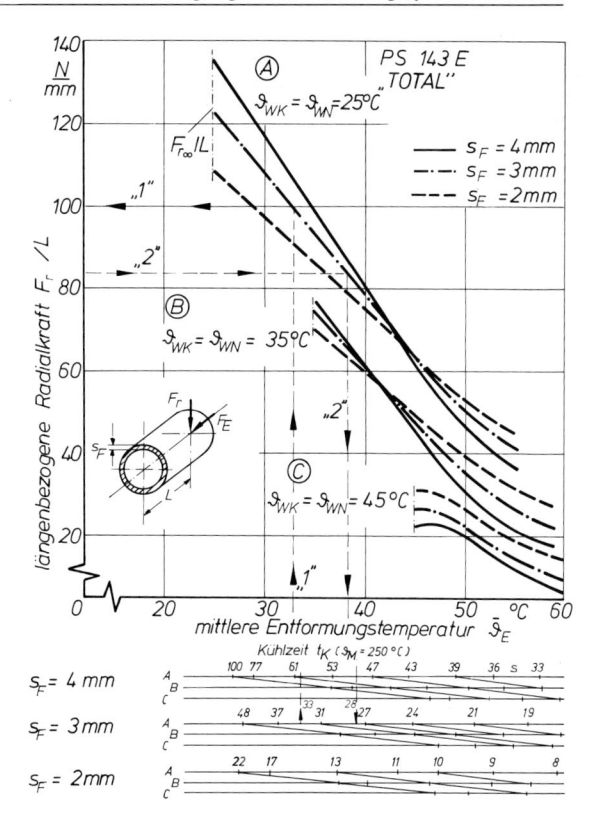

12.2 Auslegung des Entformungssystems 409

Bild 414
Längenbezogene Radialkraft F_r/L
in Abhängigkeit von ϑ_W, t_K $\bar{\vartheta}_E$, S_F [9]

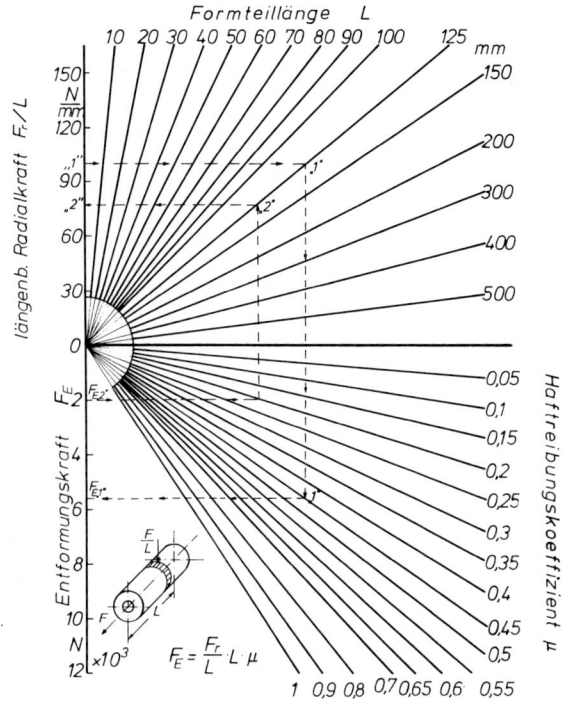

Bild 415
Entformungskraft F_E in Abhängigkeit von F_r/L, L und µ [9]

Erscheint dieser Wert dem Konstrukteur zu hoch, bzw. will er eine maximale Entformungskraft von z. B. $F_{E,,2''} = 2000$ N zulassen, so muß er ggf. dafür sorgen, daß ein niedriger Reibungsbeiwert μ auftritt (Polieren des Kerns etc.), z. B.

$$\mu_{,,2''} = 0{,}2 \quad (\text{Pfeil „2"}),$$

und zusätzlich, indem man in Bild 415 nun rückwärts vorgeht (Weg „2"), erhält man die neue längenbezogene Radialkraft

$$F_r/L_{,,2''} = 83 \text{ N/mm},$$

welche wiederum eingesetzt in Bild 414 für ansonsten unveränderte Parameter eine erhöhte mittlere Entformungstemperatur von

$$\bar{\vartheta}_{E,,2''} = 38 \text{ °C},$$

dafür aber eine niedrigere Kühlzeit von

$$t_{K,,2''} = 24 \text{ s},$$

ergibt.

Auf diese – oder ähnliche – Art und Weise lassen sich mit den Bildern 414 und 415 für fast alle zylindrischen Hülsen aus PS 143 E ($R_i/s_F \geq 5$!) die Entformungskräfte bestimmen und gleichzeitig gegebenenfalls einzelne Verfahrensparameter ($\vartheta_{WK}, \vartheta_{WN}, \bar{\vartheta}_E, t_K, \mu$) optimieren. Auf erweiterte Anwendungen dieser Diagramme bzw. der ihnen zugrundeliegenden Berechnungen wird in [9] eingegangen.

12.2.2.4 Rechteckige Hülsen

Obwohl die obengenannten Rechenprogramme für zylindrische Hülsen erstellt wurden, können damit auch die Entformungskräfte für rechteckige Hülsen näherungsweise ermittelt werden. Zwischen offenen zylindrischen und rechteckigen Hülsen gleicher Wanddicke besteht nach der Abschätzmethode (Abschnitt 12.2.2.1) z. B. das Verhältnis

$$\frac{F_{E\,\bigcirc}}{F_{E\,\square}} \cdot \approx 0{,}785. \tag{208}$$

Bei rechteckigen Hülsen besteht bei genauerer Betrachtung ein Zusammenhang zwischen der Diagonale (und Seitenlängen-Verhältnis) und dem Durchmesser der zylindrischen Hülse, so daß das obengenannte Rechenprogramm auch für Rechteck-Hülsen anwendbar ist [9]. Dies kann man sich allgemein zunutze machen, indem man eine rechteckige Hülse wie eine runde betrachtet mit dem Radius für die Diagonale. Damit läßt sich auch die einfache Methode für rechteckige Hülsen anwenden.

12.2.2.5 Konische Hülsen

Für leicht konische Hülsen kann die Ermittlung der Flächenpressung p_F mit dem mittleren Durchmesser wie bei zylindrischen Hülsen vorgenommen werden (wie im Schema – Bild 412 – gezeigt). Wie stark sich durch die Konizität α eine Reduzierung der Entformungskraft erreichen läßt, zeigt Bild 416. Aufgetragen ist das Verhältnis der Entformungskraft der konischen Hülse zur zylindrischen. Man erkennt, daß bei konstanter Konizität mit fallendem μ-Wert relativ gesehen eine stärkere Reduzierung der Entformungskraft erreichbar ist.

12.2 Auslegung des Entformungssystems 411

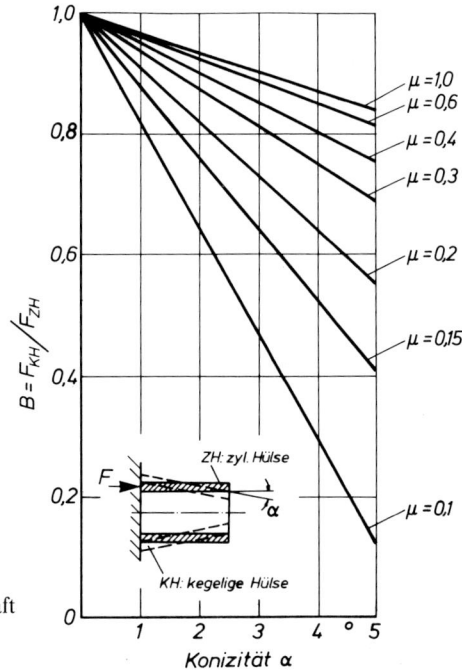

Bild 416 Abschätzung der Entformungskraft von konischen Hülsen [7]

Die Konizität ist aber nicht nur aus Gründen der Reduzierung der Entformungskraft wichtig, sondern sie garantiert auch, daß nur über kurze Wege eine Haftung Formteil/Kern auftritt (geringere Beschädigung, da weniger Arbeitsaufnahme) [4].

12.2.3 Zusammenstellung verschiedener Grundfälle

Die in Bild 417 angegebenen Beziehungen für die Abschätzung von Entformungskräften werden ausgehend von den Überlegungen in den Abschnitten 12.2.2.1 und 12.2.4 entwickelt.

Geometrie	Abschätzung der Entformungskräfte bzw. -momente
Zylindrische Hülse offen	Aus Bild 412 $$F_E \approx \mu \cdot E(\bar{\vartheta}_E) \left[\frac{s_1(\%)}{100} - K \cdot \Delta s_v \right] 2 s_F \pi l$$ $s_1 \equiv \Delta d_r$ (t ≥ 24 h) s_1: Schwindung des Innendurchmessers (t ≥ 24) PP: $K \approx 0{,}6$ ABS: $K \approx 0{,}43$ PS: $K \approx 0{,}7$ $$\Delta s_v = \frac{v(\bar{\vartheta}_E) - v(\vartheta_v)}{v(\bar{\vartheta}_E)}$$ $v(\bar{\vartheta}_E); v(\vartheta_v)$: spez. Volumen aus p, v, T-Diagramm Wenn $K\Delta s_v$ nicht bekannt ist, dann Term weglassen; damit ist ein absoluter Maximalwert für F_E abschätzbar

Bild 417 Zusammenstellung verschiedener Grundfälle [4] (*Fortsetzung nächste Seite*)

Geometrie	Abschätzung der Entformungskräfte bzw. -momente
Zylindrische Hülse geschlossen 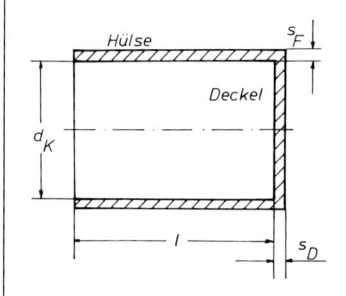	a) mit Kernentlüftung $$F_E \approx \mu E(\bar{\vartheta}_E)\left[\frac{s_l(\%)}{100} - K\Delta s_v\right] \cdot \left[2\pi s_F l + \frac{d_K \pi s_D}{1-\nu}\right]$$ b) ohne Kernentlüftung $$F_E \approx \mu E(\bar{\vartheta}_E)\left[\frac{s_l(\%)}{100} - K\Delta s_v\right] \cdot \left[2\pi s_F l + \frac{d_K \pi s_D}{1-\nu}\right] + \frac{d_K^2 \pi}{4}p_u$$ p_u: Unterdruck ($p_{u\,max} = 1$ bar)
Rechteckhülse offen 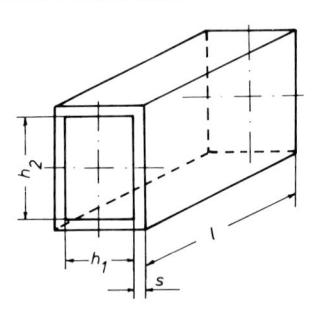	$$F_E \approx \mu E(\bar{\vartheta}_E)\left[\frac{s_l(\%)}{100} - K\Delta s_v\right] 8sl$$
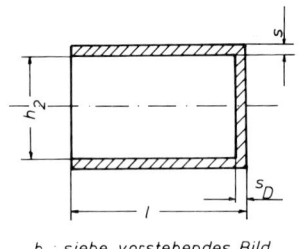 Rechteckhülse geschlossen	a) mit Kernentlüftung $$F_E \approx \mu E(\bar{\vartheta}_E)\left[\frac{s_l(\%)}{100} - KDs_v\right] \cdot \left[8sl + \frac{2 \cdot s_D(h_1 + h_2)}{1-\mu}\right]$$ b) ohne Kernentlüftung $$F_E \approx \mu E(\bar{\vartheta}_E)\left[\frac{s_l(\%)}{100} - K\Delta s_v\right] \cdot \left[8sl + \frac{2 \cdot s_D(h_1 + h_2)}{1-\mu}\right]$$ $+ h_1 h_2 p_u$ p_u: Unterdruck ($p_{u\,max} = 1$ bar) h_1: siehe vorstehendes Bild

Bild 417 (Fortsetzung) Zusammenstellung verschiedener Grundfälle [4]

Geometrie	Abschätzung der Entformungskräfte bzw. -momente
Gewindehülse Sägengewinde 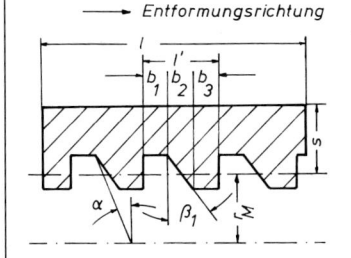 α: Steigungswinkel β_1: Flankenwinkel	Es werden 2 Schwindungsfälle angenommen, wobei das größte Drehmoment für die Auslegung entscheidend ist Fall 1 Gewindehülse stützt sich auf den äußern Stegen ab 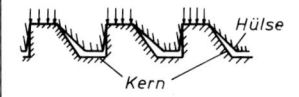 *Drehmoment-Haftung* $$M_{EH} = \mu_M 2 r_M^2 \pi l p_F$$ $$p_F = E(\bar{\vartheta}_E)\left[\frac{s_l(\%)}{100} - K \Delta s_v\right]\frac{s_F}{r_M}$$ μ_H: Haftreibungskoeffizient *Drehmoment-Gleiten* $$M_{EG} = \frac{2\pi l r_M^2 p_F}{\dfrac{\cos\alpha}{\mu_G} - \dfrac{\sin\alpha}{\cos\beta_1}}(1-\sin\beta_1)$$ μ_G = Gleitreibungskoeffizient Fall 2 Gewindehülse stützt sich auf dem gesamten Kern gleichmäßig ab. 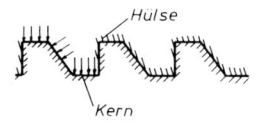 *Drehmoment-Haftung* $$M_{EH} \approx \frac{2\pi l r_M^2 p_F\left[b_1 + b_2 + b_3\left(\dfrac{1+\cos\beta_1}{\sin\beta_1}\right)\right]}{l'\left(\dfrac{\cos\alpha}{\mu_H} - \dfrac{\sin\alpha}{\cos\beta_1}\right)}$$ *Drehmoment-Gleiten* Wie vor, jedoch muß für μ_H μ_G für Gleiten eingesetzt werden

Bild 417 (Fortsetzung) Zusammenstellung verschiedener Grundfälle [4]

12.2.4 Entformungskraft für komplexe Formteile am Beispiel eines Lüfterrads

Wie die bisher vorgestellte Methode zur Ermittlung von Entformungskräften an Hülsen auf komplexere Teile angewendet werden kann, soll am Beispiel eines fünfflügeligen Lüfterrads gezeigt werden. Ähnlich können beliebige Formteile mit unterschiedlicher Gestalt und Geometrie behandelt werden [10].

Der Unterschied zu dem hülsenförmigen Formteil besteht darin, daß durch Rippen, Deckel und Innennabe die Entformungskrafthöhe beeinflußt wird. In Bild 418 ist schematisch das Lüfterrad und die Aufteilung in Grundgeometrien zur Abschätzung der Entformungskraft dargestellt.

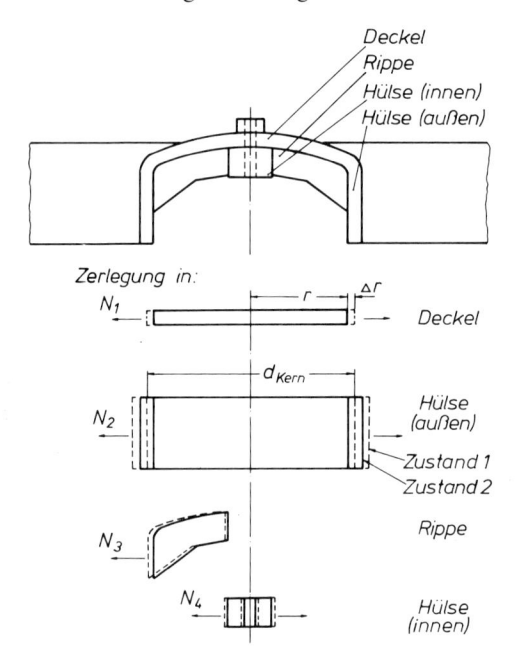

Bild 418 Zerlegung eines Lüfterrades zur Entfernungskraftermittlung [10]

Der Hülsenbereich des Lüfterrades ist bestimmend für die Entformungskraft. Ist der Durchmesserunterschied Formteil/Kern aus Erfahrung bekannt – und das ist für den Konstrukteur auch schon bisher notwendig –, so kann die Entformungskraft, wie in Abschnitt 12.2.2.1 dargestellt, abgeschätzt werden.

Bei dem hier vorliegenden Lüfterrad (5 Flügel) wird zunächst eine Aufteilung der Geometrien in Grundgeometrien vorgenommen (Bild 418).

Bei der Berechnung der Entformungskraft werden die Außenhülse, die fünf Rippen und der Deckel berücksichtigt. Dabei kann die kleine innere Hülse eher vernachlässigt werden als der Deckel des Lüfterrads. Durch folgende Überlegung kann man sich die Kraftabschätzung klar machen. Sitzt das Formteil noch auf dem Kern (Zustand 1), so wird von diesem eine Gesamtkraft auf den Hülseninnenmantel übertragen; es herrscht Kräftegleichgewicht. Direkt mit der Entformung fällt diese Kraft weg, das Formteil verkleinert seinen Durchmesser unmittelbar (Zustand 2). Dabei verringert sich auch die Länge der Rippe und der Durchmesser des Deckels; insgesamt herrscht wieder Kräftegleichgewicht.

Errechnet man nun die Kraft zur entsprechenden Dehnung der Rippe und der Hülse (bzw. auch des Deckels), so ist die Summe dieser Kräfte gleich der durch den Kern auf das Formteil in Zustand 1 übertragenen Kraft. Genau diese Kraft ist zusammen mit einem Reibungsbeiwert verantwortlich für die Entformungskraft (Bild 418).

Ausgehend von der Längenschwindung S_l, hier bei Polypropylen ca. 1,5%, läßt sich der Durchmesserunterschied Hülse/Kern näherungsweise berechnen:

$$\Delta d(t \geq 24\ h) = d_K \cdot \frac{S_l}{100}, \tag{209}$$

d_K Kerndurchmesser,
S_l prozentuale Längenschwindung.

Mit $d_K = 74{,}2$ mm und $S_l = 1{,}5\%$ erhält man

$$\Delta d(t \geq 24\ h) = 1{,}113\ \text{mm}.$$

Zum Vergleich wurden an mehreren Lüfterrädern Durchmesserunterschiede nach 24 h gemessen, sie betrugen im Mittel 1,1 mm. Mit diesem Startwert kann die Entformungskraft berechnet werden.

Neben der Außenhülse müssen aber auch die fünf Rippen und der Deckel berücksichtigt werden. Die Entformungskraft errechnet sich mit

$$F_E = \mu \cdot N, \tag{210}$$

und die Normalkraft N ist

$$N = N_{\text{Hülse}} + N_{\text{Rippen}} + N_{\text{Deckel}}, \tag{211}$$

wobei näherungsweise

$$N = p_F\, d_K \cdot \pi \cdot l + 5\, E(\vartheta_E)\, \frac{d_K - d_i(t_E)}{2 l_R}\, b_R\, s_R + N_{\text{Deckel}}, \tag{212}$$

Kerndurchmesser (Hülse): $d_K = 74{,}2$ mm,
Wanddicke der Hülse: $s = 2{,}3$ mm,
Länge der Hülse: $l = 29{,}8$ mm,
Wanddicke des Deckels: $s_D = 2{,}0$ mm,
Länge der Rippe: $l_R = 31$ mm,
Breite der Rippe: $b_R = 12$ mm,
Wanddicke der Rippe: $s_R = 1{,}5$ mm.

$$N_{\text{Hülse}} = p_F\, d_K \cdot \pi \cdot l \quad \text{und} \quad d_i(t_E) \tag{213}$$

können mit dem Ablaufschema Bild 412 bestimmt werden. Die mit den Gl. (210) und (212) abgeschätzten Entformungskräfte sind in Bild 419 dargestellt. Da bei dem vorliegenden Werkzeug im Kern eine Entlüftung vorgesehen war, trat hier keine zusätzliche Abschiebekraft aus Gründen des Unterdrucks auf. Sie ist bei anderen Konstruktionen ggf. zu berücksichtigen.

Die Überprüfung der Abschätzmethode in Versuchen zeigt Bild 419 ebenfalls. Die Entformungskraft auch bei langen Kühlzeiten wird mit der Methode ausreichend genau berechnet.

Wie stark Außenhülse, Rippe und Deckel nach der Abschätzmethode zur Entformungskraft beitragen, ist gleichfalls in Bild 419 zu sehen.

416   12 Entformen gespritzter Teile

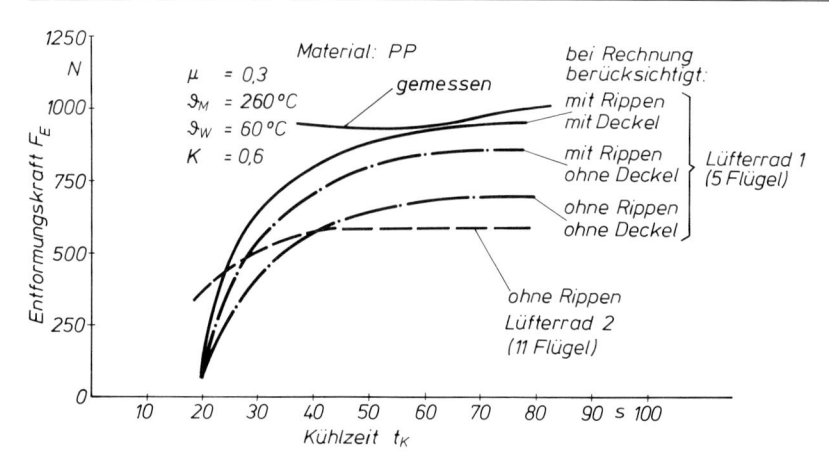

Bild 419   Entformungskraft an dem Lüfterrad nach Abschätzung und Messung [10]

12.2.4.1 Flächenpressung unter Auswerferkraft am Lüfterrad

Es gilt:

$$p = \frac{F}{A}, \qquad (214)$$

und mit Auswerferstiften

$$p_A = \frac{v \cdot F_{E\,max} \cdot 4}{z \cdot D_A^2 \cdot \pi}, \qquad (215)$$

mit:

p_A Flächenpressung,
v Sicherheitsbeiwert (1,5),
z Anzahl der Auswerferstifte (4),
D_A Durchmesser der Auswerferstifte (8 mm).

Für $F_{E\,max} \approx 1000$ N (Bild 419) wird damit

$p_A = 7{,}46$ N/mm².

Diese Flächenpressung muß mit einer zulässigen verglichen werden, die vom Kunststofftyp, von der Wanddicke des Formteils, der Entformungstemperatur und der Gesamtsteifigkeit des zu entformenden Teils abhängt. Genaue Grenzwerte liegen noch nicht vor. Daher soll zunächst die relative Eindringtiefe unter der Auswerferkraft ermittelt werden: Mit

$$\sigma = E \cdot \varepsilon \qquad \varepsilon = \frac{\Delta l}{l_o} = \frac{\Delta s}{s_D} \qquad (216)$$

gilt hier näherungsweise:

$$\Delta s = \frac{p_A \cdot s_D}{E(\overline{\vartheta}_E)}, \qquad (217)$$

Δs Eindringtiefe,
s_D Wanddicke (2 mm).

Damit wird:

$$\Delta s = 0{,}021 \text{ mm},$$

bzw.

$$\varepsilon = \frac{\Delta s}{s_D} \cdot 100\% = 1{,}05\%.$$

Die geringen Werte von Δs und ε zeigen, daß keine Probleme zu erwarten sind.

12.2.4.2 Knickung der Auswerferstifte unter Werkzeuginnendruck

Nach Bild 428 und unter der Annahme von z. B.

$$p_{W\,max} = 1000 \text{ bar},$$
$$D_A = 8 \text{ mm},$$

ist die Knicklänge 280 mm, die in der Konstruktion zu unterschreiten ist.

12.2.5 Abschätzung der Öffnungskräfte

Die Öffnungskräfte sind nur bei einwandfreier Konstruktion so ausreichend klein, daß keine Produktionsstörungen oder Beschädigungen an Werkzeug und Formteil entstehen. Da Öffnungskräfte somit normalerweise nicht auftreten sollten, wird auf die Vorstellung der in der Literatur vorgeschlagenen Berechnungsmethode hier verzichtet. Sie kann bei Bedarf der Literatur [4] entnommen werden.

Für den praktischen Gebrauch, wenn trotzdem Probleme dieser Art bei Inbetriebnahme des Werkzeugs auftreten sollten, wird empfohlen, folgenden Weg zu versuchen: Man bringe an den Stellen im Werkzeug, an denen Öffnungsprobleme bevorzugt auftreten können, Druckfühler an (bei unterschiedlich dicken Seitenwänden normalerweise an den dünneren Stellen). Damit kann der Druck p_{Rest} bei Werkzeugöffnung unmittelbar abgelesen werden. Die Spritzgießmaschine kann dann so eingestellt werden, daß $p_{Rest} = 0$, bzw. – wenn nicht vermeidbar – so klein wie möglich ist (Bild 420). Damit versucht man, ohne Beschädigung des Formteils und des Werkzeugs zu entformen. Die Maschine ist dann auf diesen Druck zu regeln.

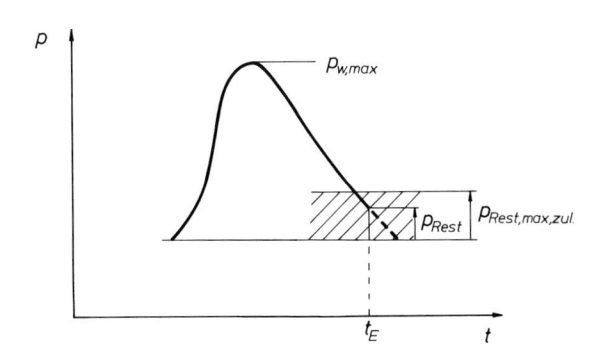

Bild 420   Druckverlauf bei Öffnung unter Restdruck an der Seitenwand/nestseitig

12.2.5.1 Zustandsverlauf im p-v-T-Diagramm bei unterschiedlichen Werkzeugsteifigkeiten

In Bild 421 ist qualitativ der Zustandsverlauf bei unterschiedlichen Werkzeugsteifigkeiten (senkrecht zur Schließrichtung) dargestellt. Die Darstellung ist etwas vereinfacht, da bei identischer Maschineneinstellung der Siegelpunkt bei unterschiedlich steifen Werkzeugen sich mit verändert. Die Wirkung harter und weicher Werkzeuge auf den Verlauf nach Erreichen des Siegelpunkts und die Werkzeugöffnungskraft werden jedoch klar. Je härter ein Werkzeug ist (hohe Steifigkeit), um so geringer sind die zu erwartenden Werkzeugöffnungskräfte [12].

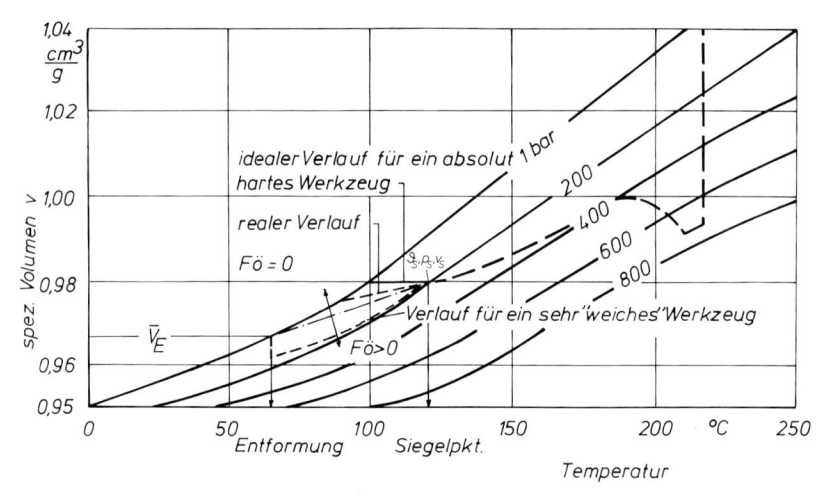

Bild 421   Zustandsverlauf bei unterschiedlichen Werkzeugsteifigkeiten [12]

12.2.5.2 Mittelbare Öffnungskräfte

Bei Schieberwerkzeugen wird die senkrecht zur Öffnungsbewegung gerichtete Entformungskraft durch die Öffnungskraft über den Schrägbolzen aufgebracht (Bild 484).

Die Abschätzung der Entformungskraft Q – z.B. einer seitlich liegenden Hülse – kann mit den Gleichungen im Kapitel „Schieberwerkzeuge" durchgeführt werden. Danach läßt sich mit den Beziehungen für Bild 484 die notwendige Öffnungskraft berechnen.

12.2.5.3 Gesamte Öffnungskraft

Sie setzt sich zusammen aus:

– Reibungskräften im Werkzeug $F_{Ö_R}$,
– Beschleunigungskräften $F_{Ö_b}$,
– unmittelbaren Öffnungskräften $F_{Ö_v}$,
– mittelbaren Öffnungskräften $F_{Ö}$

$$F_{Ö_{Maschine/Werkzeug}} = F_{Ö_R} + F_{Ö_b} + F_{Ö_v} + F_{Ö_m}. \tag{218}$$

12.2.5.4 Haftreibungskoeffizienten zur Ermittlung von Entformungs- und Öffnungskräften

Die in Tabelle 38 angegebenen Haftreibungskoeffizienten wurden aus den unmittelbar zu Beginn des Entformungsprozesses auftretenden Losbrechkräften des Formteils im Spritzgießwerkzeug ermittelt [13, 14].

Einflußgröße	Einflußhöhe	Änderungsrichtung		Bemerkungen
Flächenpressung	0–1 (2)	↑	↓	stärkerer Einfluß (2) ist die Ausnahme bei $R_{\mathcal{T}} = 36$ μm
Auswerfergeschwindigkeit	0–1 (2)	↑	(↑)	nennenswerter Einfluß bei sehr rauhen Oberflächen
Kühlzeit	(0) 1–2	↑		(0) bei Trennmittel
Mittlere Werkzeugwandtemperatur	2–3	↓		
Massetemperatur	0–1 (2)	↑	↓	keine eindeutigen Aussagen möglich
Nachdruckhöhe	0–1 (2, 3)	↓		großer Einfluß bei hoher R_T und wenn durch Nachdruck-Steigerung pw_{max} steigt
Trennmittel	1–3	↑		
Rauhtiefe	1–3	↓		Abweichung vom Verhalten in Ausnahmen möglich

Bild 422 Möglichkeiten zur Reduzierung des Haftreibungskoeffizienten bei Polyethylen (PE)

In Bild 422 sind beispielhaft für PE die Möglichkeiten zur Beeinflussung des μ-Wertes dargestellt. Für die Einflußhöhe wurden Stufen von 0 bis 3 definiert, wobei gilt:

0: kein Einfluß,
1: geringer Einfluß,
2: mittelstarker Einfluß,
3: starker Einfluß.

Die Pfeilrichtung in der Spalte „Änderungsrichtung" gibt an, ob die zugehörige Einflußgröße erhöht (↑) oder erniedrigt (↓) werden muß, um geringere μ-Werte zu erhalten. Die hier für PE gezeigten Abhängigkeiten sind im wesentlichen auch für PP, PS, ABS und PC gültig [13, 14].

Die in Tabelle 38 aufgeführten Werte stellen die bei verschiedenen Verfahrensparametern ermittelten Höchstwerte des Reibungskoeffizienten dar. Da zum Zeitpunkt der Werkzeugkonstruktion die Verfahrensparameter nicht genau bekannt sind bzw. auch bei Kenntnis im Betrieb sicher nicht immer eingehalten werden und auch noch Streuungen der μ-Werte auftreten, sollte der jeweilige Tafelwert noch mit einem Sicherheitsfaktor von 1,5 bis 2 multipliziert werden.

12.3 Auswerferarten

12.3.1 Gestaltung und Dimensionierung von Auswerferstiften

Auswerferstifte sind viel verwendete Bauelemente zum Entformen von Spritzlingen. Sie sind in vielen Variationen und Dimensionen als genormte Bauteile im Handel (DIN 1530) erhältlich [15 bis 19] (siehe Abschnitt 16). Man unterscheidet zwischen nitrierten und gehärteten Auswerferstiften. Die nitrierten Stifte werden aus einem Warmarbeitsstahl (z. B. Werkstoff Nr. 1.2343/12344) mit einer Festigkeit von ca. 1 500 N/mm² und einer Anlaßbeständigkeit von 500 bis 550 °C hergestellt. Um ihnen die nötige Verschleißfestigkeit zu geben, werden sie gasnitriert. Dadurch läßt sich jede gewünschte Nitriertiefe erreichen. Die Härte von ca. 70 HRC und die gute Oberflächenqualität verhindern ein Fressen in den Werkzeugen und gewährleisten eine lange Lebensdauer. Im übrigen sollte zur Verbesserung der Notlaufeigenschaften bei jeder Wartung und Montage die Oberfläche mit Molybdändisulfid eingerieben werden.

Die nitrierten Auswerferstifte werden in erster Linie bei Werkzeugen zur Verarbeitung duroplastischer Formmassen und bei Längen über 200 mm verwendet.

Die durchgehärteten Auswerfer kommen bei kurzen Längen (unter 200 mm) und bei niedrigen Betriebsparametern, wie dies bei der Verarbeitung thermoplastischer Formmassen der Fall ist, zum Einsatz. Sie werden aus legiertem Werkzeugstahl (z. B. Werkstoff Nr. 1.2516) gefertigt. Die Härte beträgt am Schaft 60 bis 62 HRC, am Kopf ca. 45 HRC.

Die Köpfe der Auswerferstifte sind warm gestaucht. Dadurch wird ein günstiger Faserverlauf erreicht und – durch den allmählichen Übergang vom Schaft zum Kopf – werden scharfe Ecken und damit eine Schwächung des Stiftes durch eventuelle Kerbwirkung verhindert.

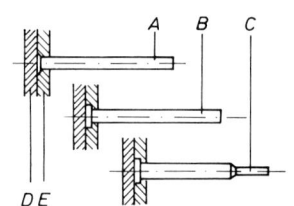

Bild 423 Schematische Darstellung von Auswerferstiften [2]. A Auswerferstift mit konischem Kopf und zylindrischem Schaft, B Auswerferstift mit zylindrischem Kopf und zylindrischem Schaft, C Auswerferstift mit zylindrischem Kopf und abgesetztem Schaft, D Auswerfergrundplatte, E Auswerferhalteplatte

Dem Verwendungszweck entsprechend gibt es drei Grundausführungen (Bild 423):

a) Zylindrische Stifte mit konischem Kopf (Senkkopf) werden dann verwendet, wenn keine besonderen Anforderungen in bezug auf Kraftübertragung durch die Stifte gestellt werden. Sie werden angewendet mit Durchmessern von 3 bis 16 mm und einer Länge bis zu 400 mm.

b) Zylindrische Stifte mit zylindrischem Kopf werden angewendet, wenn hohe Ausrückkräfte erforderlich sind. Der zylindrische Kopf bietet eine größere Auflagefläche als Stifte mit konischem Kopf und vermindert dadurch die Gefahr des Eindrückens in die Auswerfergrundplatte. Der Anwendungsbereich dieser Auswerferstifte erstreckt sich auf Durchmesser von 3 bis 16 mm und bis zu einer Länge von 400 mm.

c) Auswerferstifte mit zylindrischem Kopf und abgesetztem Schaft werden benutzt, wenn die Angriffsfläche am Spritzling klein ist und nur geringe Kräfte zu übertragen sind. Durch den abgesetzten Schaft wird die Knickfestigkeit erhöht. Die Stifte werden verwendet mit Durchmessern von 1,5 bis 3 mm und Längen bis zu 200 mm.

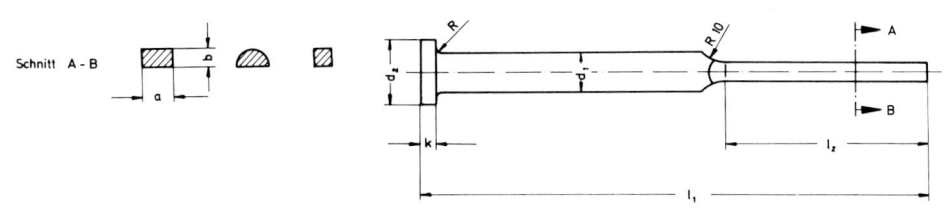

Bild 424 Profilierte Auswerferstifte [15]

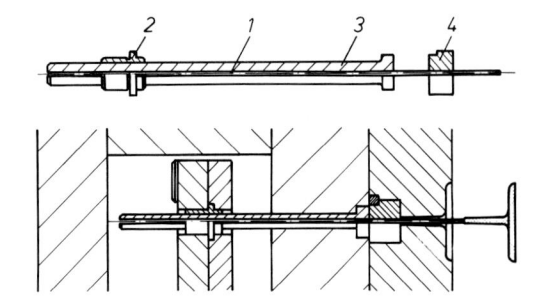

Bild 425 Flachauswerfer
mit Führungselementen [18].
1 Flachauswerfer, 2 Buchse,
3 Führungselemente, 4 Führung

Darüber hinaus gibt es noch Sonderbauarten. Sie werden eingesetzt, wenn die Stirnseiten den Konturen des Spritzlings angepaßt werden müssen (Bild 424). Diese Auswerferstifte sind gegen Verdrehen zu sichern und müssen u.U., bei Überschreiten gewisser Längen, durch spezielle Elemente geführt werden (Bild 425).

Auswerferhülsen sind in Bild 426 dargestellt (sie sind nicht genormt, aber in den Außenmaßen DIN 1530 entsprechend).

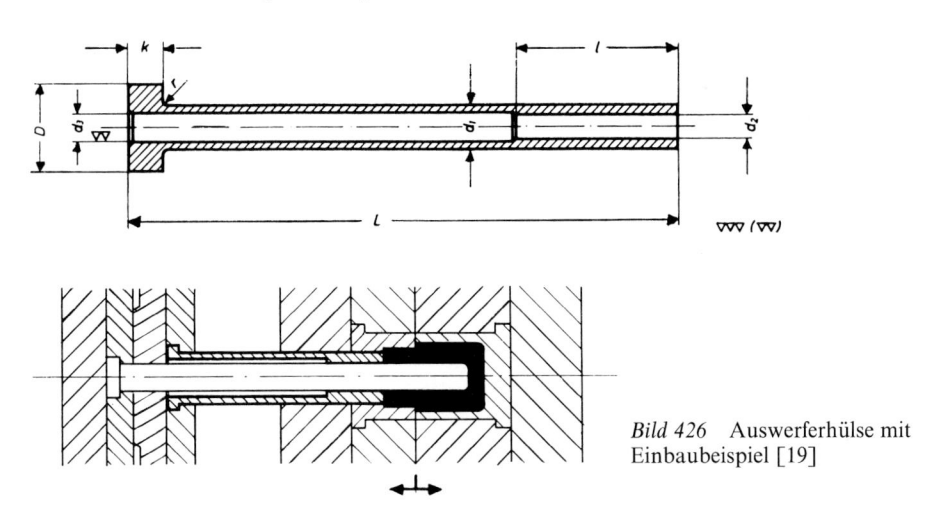

Bild 426 Auswerferhülse mit Einbaubeispiel [19]

Alle Auswerfer sind mit hoher Genauigkeit (Passung g^6) geschliffen. Damit wird eine gute Führung im Werkzeug garantiert. Die Passung der Bohrung im Werkzeug richtet sich nach der zu verarbeitenden Formmasse und nach der Werkzeugtemperatur.

Bei beheizten Werkzeugen ist darauf zu achten, daß die Auswerfer erst nach dem Erreichen der Werkzeugtemperatur betätigt werden. Im Normalfall hat sich eine Passung von H7 bewährt (siehe auch Kapitel 7 „Werkzeugentlüftung – kritische Spaltweiten" und Kapitel 17 „Normalien"). Bild 427 zeigt ein Einbaubeispiel für einen Auswerferstift.

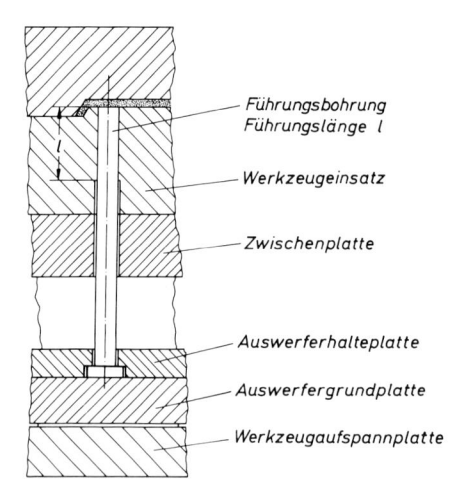

Bild 427 Einbaubeispiel für einen Auswerferstift [1]

Bei der Dimensionierung von Auswerferstiften müssen wegen der zweckgebundenen Schlankheit der Stifte Stabilitätskriterien berücksichtigt werden. Daraus errechnet sich [10, 20]

$$d \geq 0{,}000836 \cdot l \cdot \sqrt{p}. \qquad (219)$$

Für Stahl und p = 1 000 bar gilt

$$d \geq 0{,}028 \cdot l. \qquad (220)$$

In der Beziehung (220) bedeutet l zwar die ungeführte Stiftlänge. Aus Sicherheitsgründen und wegen der ohnehin meist kurzen Führungslänge, insbesondere bei dünnen Auswerferstiften, sollte jedoch für l die gesamte Auswerferlänge eingesetzt werden. Mit Hilfe der Beziehung (220) erhält man Bild 428, aus dem man den Durchmesser der Auswerferstifte in Abhängigkeit von der Knicklänge und dem Spritzdruck direkt ablesen kann.

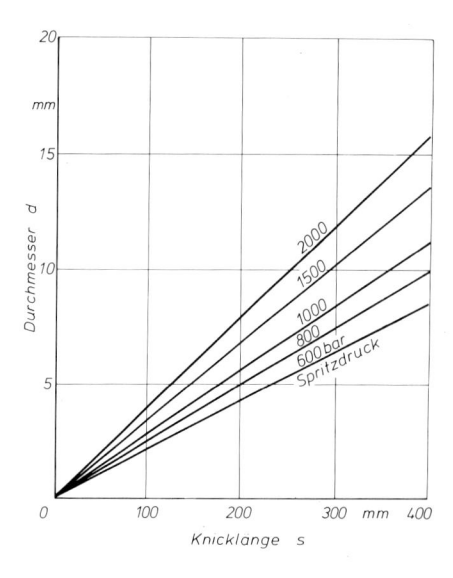

Bild 428 Dimensionierung von Auswerferstiften (Durchmesser in Abhängigkeit von der Knicklänge und dem Spritzdruck [10, 20]

12.3.2 Angriffsorte für Stifte und andere Entformungselemente

Das Bild 429 berücksichtigt die Formteildruckfestigkeit und die Auswerferkraft. Man kann diesem Diagramm entnehmen, ob das Formteil die zum Entformen erforderliche Kraft aufnehmen kann, ohne dabei beschädigt zu werden. Stifte müssen die Auswerferkräfte gleichmäßig so in die Formteile einleiten, daß diese die Kraft aufnehmen können, ohne sich dabei zu verbiegen oder gar durchstanzt zu werden. Damit die Formteile sich nicht verbiegen, was eventuell zum Verspannen führen würde, müssen die Angriffsorte nahe genug beieinander sitzen und an Stellen hoher Steife angreifen. Am besten sind Rippenkreuzungspunkte geeignet. Bild 430 zeigt eine Reihe von Beispielen.

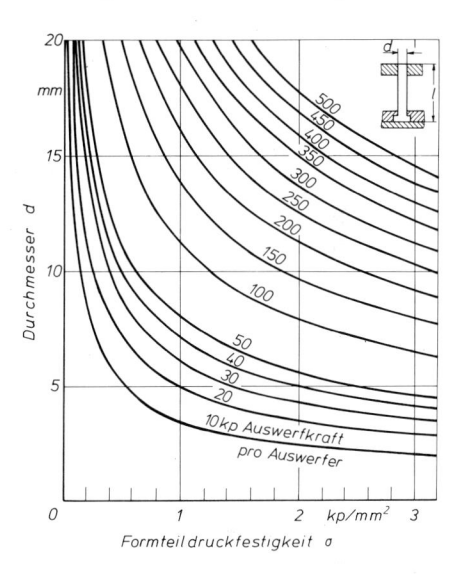

Bild 429 Dimensionierung von Auswerferstiften (Durchmesser in Abhängigkeit von der Formteilfestigkeit und der Auswerferkraft) [10, 20]

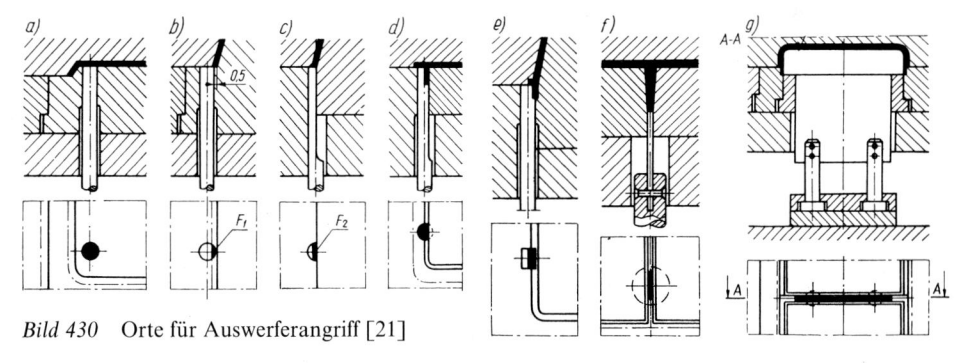

Bild 430 Orte für Auswerferangriff [21]

Anzahl, konstruktive Gestaltung (möglichst große Angriffsflächen der Auswerferstifte am Spritzling) und Anordnung der Auswerfer sind dabei abhängig sowohl von der Gestalt des Spritzlings als auch von der zu verarbeitenden Formmasse; hier spielen insbesondere die Steifigkeit und die Zähigkeit eine entscheidende Rolle [3].

Jeder Auswerfer verursacht am Spritzling eine sichtbare Markierung. Auch das ist bei der Festlegung des Auswerfersystems und seiner Anordnung zu berücksichtigen. Um so mehr, als am Auswerferangriffspunkt gelegentlich bei mangelhafter Ausführung auch eine Gratbildung zu beobachten ist. Der Grat (Schwimmhaut) kann zwar abgearbeitet werden, aber Bearbeitungsspuren bleiben dann meist zurück und stören das Aussehen. Besonderer Wert muß daher auf die Passung Auswerfer/Aufnahmebohrung (g6/H7) gelegt werden.

Bei thermoplastischen Formmassen bereitet das Anpassen wegen der niedrigen Werkzeugtemperatur weniger Schwierigkeiten als bei der Verarbeitung duroplastischer Formmassen. Kleine Spritzlinge, vor allem solche mit zentralem zylindrischem Kern, die zudem keine geeigneten Stellen zum Angriff der Auswerferstifte haben, werden zur besseren Einleitung der „Abschiebekraft" in den Spritzling mit einem Ringauswerfer oder einer Ausdrückbuchse entformt. Diese Auswerfer greifen am ganzen Umfang des Spritzlings an (Bild 431). Ihre Herstellung ist allerdings teurer als die der Auswerferstifte. Besonders bei großen Formteilen ist die Einhaltung enger Toleranzen erforderlich, da sonst Schmelze zwischen Auswerferring und Kern dringen kann, die einmal das Entformen erschweren und zum anderen eine kostspielige Nacharbeit (Entfernen von Schwimmhäuten) erfordern würde.

Eine weitere Möglichkeit, die „Abschiebekraft" am ganzen Umfang in den Spritzling zu leiten, bietet die Auswerferplatte (Bild 432). Sie ist sowohl zum Abstreifen runder

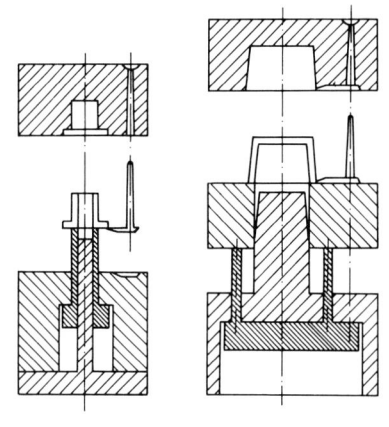

Bild 431 (links) Entformen mit Ringauswerfer oder Ausdrückbuchse [22]

Bild 432 (rechts) Entformen mit Auswerferplatte [22]

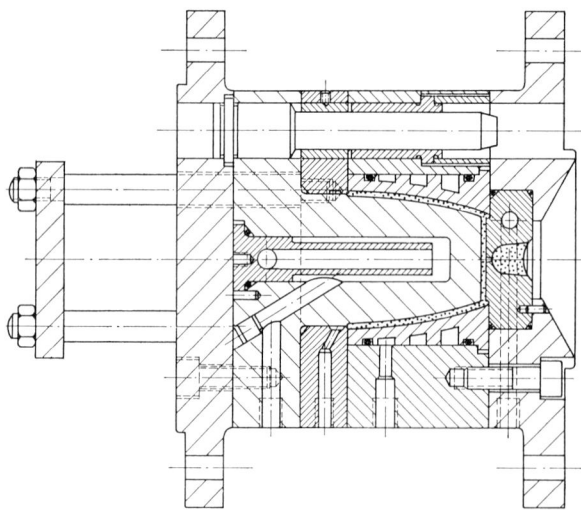

Bild 433 Becherwerkzeug mit Abschiebering [3]

als auch anders geformter Spritzlinge geeignet. Wegen notwendiger Dichtheit und der teuren Einpaßarbeiten werden Ringauswerfer, Ausdrückbuchsen und Auswerferplatten nur bei Werkzeugen für rotationssymmetrische Teile angewandt.

Bei Ringauswerfern (Bild 433) werden die Paßflächen zwischen Kern und Abschiebevorrichtung meist der Gestalt des Spritzlings entsprechend kegelig oder keilförmig gemacht, damit sie bei geschlossenem Werkzeug „materialdicht" schließen und damit der Verschleiß an den Berührungsflächen gering gehalten wird. Die kegeligen Paßflächen erleichtern zudem das Zurückziehen der Abschiebevorrichtung. Ein kleiner Absatz am Ringauswerfer verhindert, daß die polierte Oberfläche des Kerns beim Entformen oder Zurückschieben des Ringauswerfers beschädigt wird (Bild 434) [3].

Bild 434 Werkzeugkern und Abschiebering [3]

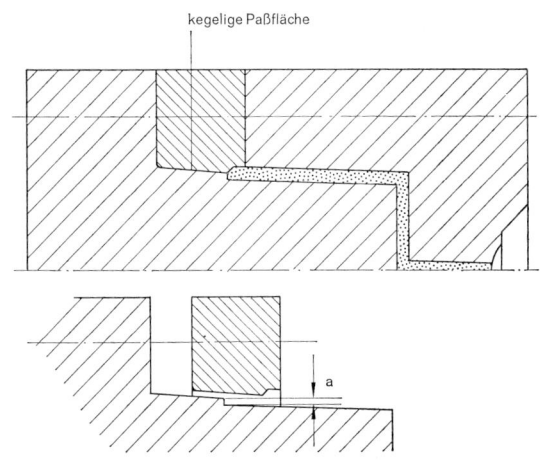

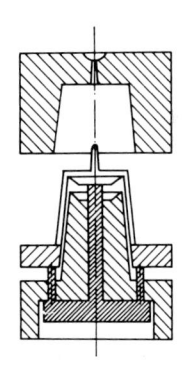

Bild 435 Gleichzeitiges Entformen in mehreren Ebenen [22]

Bild 435 zeigt ein Auswerfersystem, das in mehreren Ebenen am Spritzling angreift. Dieses Auswerfersystem ist besonders zum Entformen tiefer Spritzlinge aus wenig steifem Werkstoff geeignet. Der Tellerauswerfer am Boden des Spritzlings dient gleichzeitig zum Entlüften und beim Entformen zum Belüften (gegen Vakuumbildung) des Werkzeugs. Vom Werkzeug abgehoben oder abgeworfen werden muß der Spritzling im vorgenannten Beispiel von Hand oder durch Preßluft, die durch die Mittelbohrung des Tellerauswerfers mit seitlichem Austritt in das Werkzeug einströmen kann.

Teller- oder Pilzauswerfer werden, wie in Bild 436 zeigt, vornehmlich zum Entformen tiefer Spritzlinge verwendet, die am Boden angreifend ausgehoben werden müssen. Sie sollten dann verwendet werden, wenn der Pilzdurchmesser größer als 20 mm sein muß. Der konische Sitz – hier hat sich ein Winkel von 15° bis 45° bewährt – gewährleistet ein einwandfreies Abdichten gegenüber der Formmasse. Teller- oder Pilzauswerfer können sehr gut mit einem Kühlfinger (Bild 436) gekühlt werden.

Zur Unterstützung des Entformungsvorgangs können auch Entlüftungsbolzen verwendet werden. In Bild 437 ist ein Entlüfungsbolzen dargestellt, der durch Druckluft betätigt wird. Die Druckluft schiebt den Stift zurück. Dadurch wird die kleine Bohrung am Werkzeughohlraum frei. Die einströmende Luft verhindert eine Vakuumbildung und unterstützt gleichzeitig den Entformungsvorgang. Diese Konstruktion ist allerdings nicht geeignet für weiche und klebrige Thermoplaste [1].

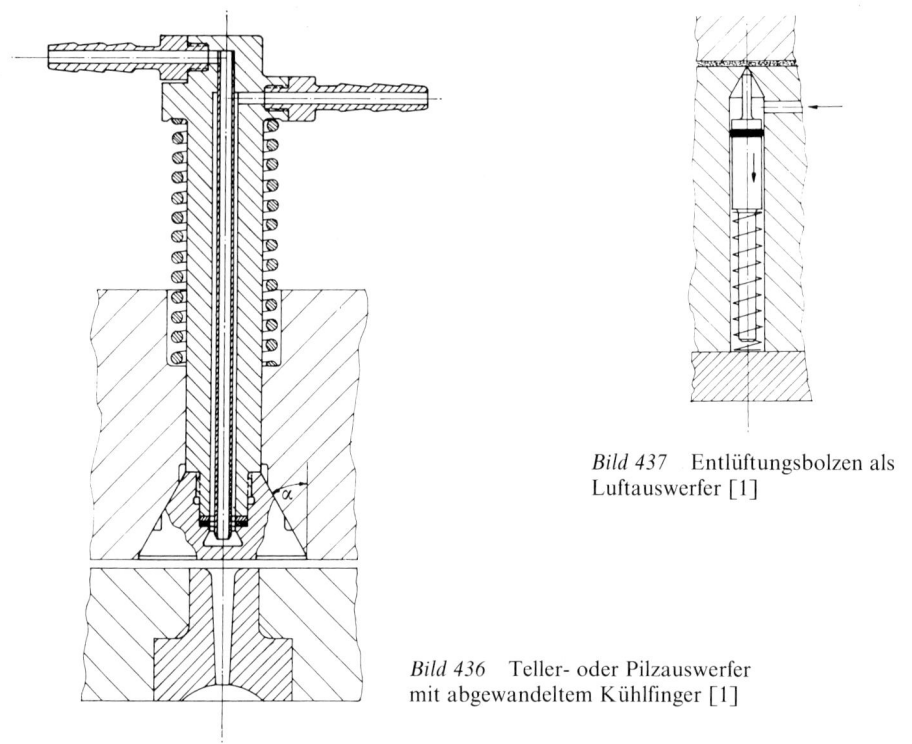

Bild 437 Entlüftungsbolzen als Luftauswerfer [1]

Bild 436 Teller- oder Pilzauswerfer mit abgewandeltem Kühlfinger [1]

Zum Verhindern der Vakuumbildung, die dem Entformungsvorgang entgegenwirkt, wird empfohlen, die Auswerferplatte als Kolben auszubilden. Die Luft würde dadurch beim Entformungsvorgang komprimiert und an den Auswerferstiften vorbei unter den Spritzling strömen [23].

12.3.3 Aufnahme der Auswerferstifte in den Auswerferplatten

Die Auswerferstifte bilden zusammen mit den Auswerferplatten (Auswerferhalteplatte und Auswerfergrundplatte), mehreren Anschlägen und einem Ausstoß- oder Anschlagbolzen mit Führungsbuchse sowie einem Rückzugmechanismus das sogenannte Auswerferpaket. Wirken mehrere Auswerferstifte beim Entformen auf einen Spritzling, so müssen sie gleichzeitig betätigt werden, wozu sie in Auswerferplatten befestigt und durch diese gemeinsam betätigt werden. Bei einer ungleichmäßigen Betätigung der Auswerferstifte würde der Spritzling beim Entformen verklemmen.

Die Auswerferplatte nimmt die Auswerferstifte auf und wird mit der Auswerfergrundplatte verschraubt, die über den Ausstoß- oder Anschlagbolzen den Anschluß an das Auswerfersystem der Maschine übernimmt. Die Anschläge begrenzen den Weg des Auswerfersystems auf der schließseitigen Werkzeugaufspannplatte beim Entformungsvorgang.

Die Auswerferstifte müssen in der Auswerferhalteplatte genügend seitliches Spiel haben, damit sie sich entsprechend den Bohrungen im Werkzeugeinsatz ausrichten können, was notwendig ist, weil Auswerferplatte und die die Bohrungen tragende Zwischenplatte sowie die Formplatte (Bezeichnungen vgl. Bild 438) im Betrieb unterschiedliche Tempe-

12.3 Auswerferarten

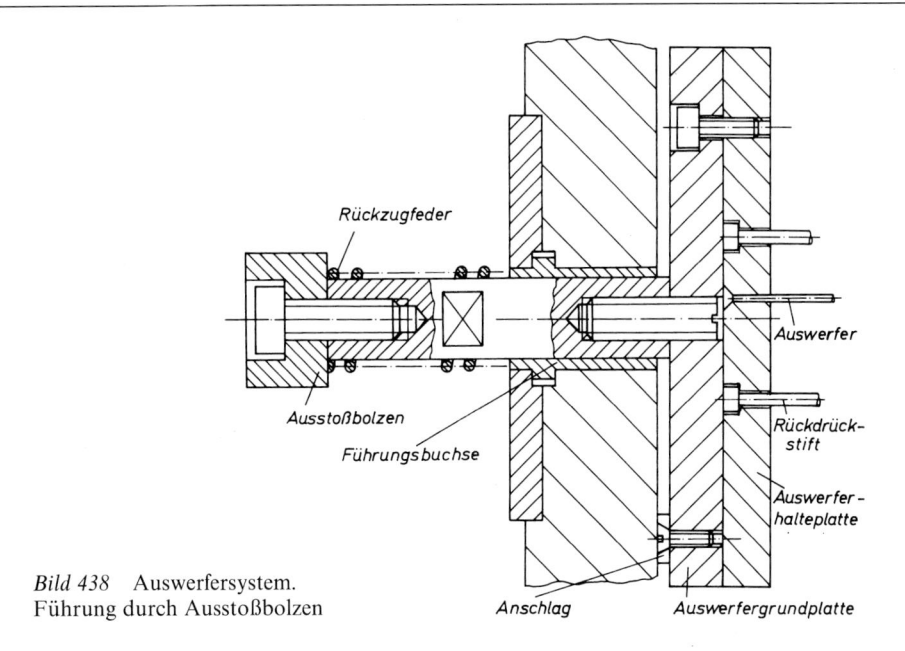

Bild 438 Auswerfersystem.
Führung durch Ausstoßbolzen

raturen annehmen. Die Platten müssen gehärtet sein, damit die Stifte sich nicht in die Platten eindrücken bzw. einarbeiten. Es ist ferner dafür zu sorgen, daß die Auswerferstifte nicht durch Kippen der Auswerferplatten belastet werden, da sonst die Gefahr besteht, daß sie sich verklemmen. Die Auswerferplatten sind daher zu führen [17]. Dazu können besondere Führungsstifte oder Bolzen vorgesehen sein.

Die kostengünstigste Lösung ergibt sich dadurch, daß man den Ausstoß- oder Anschlagbolzen führt. Der gehärtete Ausstoßbolzen läuft so meist in einer gehärteten Führungsbuchse oder in einer Führungsbuchse aus Bronze. Beim Werkzeugöffnungsvorgang schlägt im einfachsten, aber auch häufigsten Fall der Ausstoßbolzen an einen fest in der Maschine angebrachten Anschlag und leitet dadurch die Bewegung der Auswerferplatten und Auswerferstifte ein. Damit der Angriff der Auswerferstifte am Spritzling gleichzeitig erfolgt, muß für eine gleichmäßige Kraftübertragung in der Auswerfergrundplatte gesorgt werden. Das ist nur dann gewährleistet, wenn die Auswerfergrundplatte genügend steif ist, sich also beim Entformungsvorgang nicht durchbiegt. Sie ist entsprechend zu dimensionieren. Beim Schließen des Werkzeugs muß dafür gesorgt werden, daß das Auswerfersystem wieder in seine ursprüngliche Lage zurückgeht, ohne daß die Auswerferstifte bzw. die gegenüberliegende Werkzeughälfte beschädigt werden. Das Auswerfersystem wird entweder über Rückdrückstifte, durch Federn oder durch Rückzugklauen zurückgeschoben (vgl. Abschnitt 12.6 und Kapitel 17 „Normalien").

In Bild 438 ist ein Auswerfersystem dargestellt, das durch einen Ausstoßbolzen betätigt wird, der in einer Führungsbuchse geführt ist.

Im Normalfall, insbesondere bei Einfachwerkzeugen, liegt dieses Auswerferpaket in der Werkzeugmitte. Um den notwendigen „Entformungshub" realisieren zu können, ist das Werkzeug deshalb dort hohl. Es besteht dadurch aber die Gefahr von zu großer Durchbiegung der Formnestträgerplatte (Formplatte). Daher wird bei großen Werkzeugen empfohlen, mit außermittigen Ausstoßbolzen zu arbeiten, was den Vorteil hat, daß man die Formplatte in Werkzeugmitte zusätzlich abstützen kann (Bild 439).

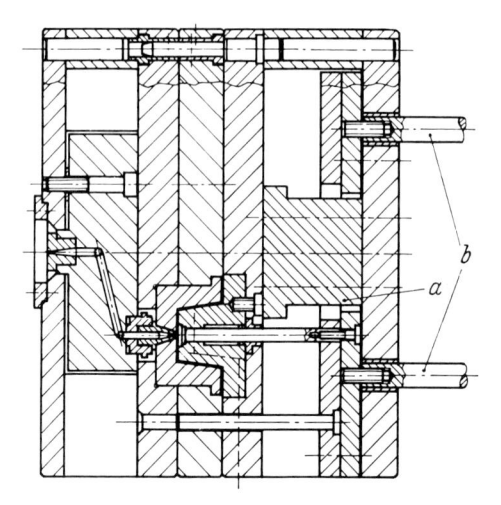

Bild 439 Werkzeug mit Abstützung der Formböden mittels Druckstück a und nach außen verlagerten Auswerferpaketen b [24]

12.4 Betätigung und Betätigungsmittel für das Auswerfen

12.4.1 Betätigungsarten und Wahl des Angriffortes

Wie in Bild 404 A und B schematisch dargestellt ist, gibt es zwei Betätigungsrichtungen für das Auswerfen. Die bevorzugte ist diejenige in Richtung Düse. In einer Minderzahl von Fällen wird aber auch in Richtung zur Schließseite ausgeworfen. Der Grund hierfür ist meist, daß man damit Probleme löst, die mit der Markierung des Anschnitts auf der Sichtseite des Spritzlings vorhanden sind.

Es gibt aber noch weiter die Möglichkeit, den Spritzling durch einen Luftauswerfer alleine oder unterstützend zum mechanischen System auszuformen. Bild 404 G zeigt einen derartigen Auswerfer. Er wird bevorzugt bei Becherformteilen eingesetzt, wo man beim Losbrechen zunächst Luft unter den Becherboden bringen muß, damit sich dort kein Vakuum aufbaut, das der Auswerfbewegung entgegenwirken würde. Ein verstärkter Luftstoß am Ende des mechanischen Hubs kann dann den Becher sogar gezielt aus dem Werkzeug blasen.

Es gibt bei Backenwerkzeugen schließlich die Möglichkeit, das Losbrechen und Anheben mit den Backenbewegungen zu bewirken; eine Möglichkeit, die man bei Großformteilen – Karosserieteilen für PKW – gelegentlich findet. Hier wird dann der Abtransport aus dem Werkzeug mit einm Handhabungsgerät oder Roboter bewirkt. Dies hat vor allem auch den weiteren Vorteil, daß man keinen Hohlraum im Werkzeug hat, der dessen Steifigkeit vermindert.

12.4.2 Betätigungsmittel

Das Auswerferpaket – mechanisch arbeitender Auswerfer – wird in der Mehrzahl der Fälle mechanisch durch den Öffnungshub der Spritzgießmaschine betätigt. Der Ausstoß- oder Anschlagbolzen läuft dabei auf einen Anschlag, der in der Maschine befestigt ist, und löst den Spritzling durch die dadurch bewirkte Stoßbewegung (Bild 440). Der

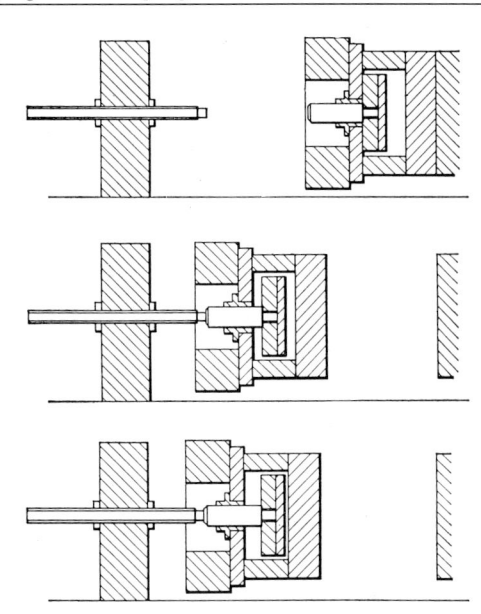

Bild 440 Schematische Darstellung des Entformungsvorgangs, der durch den Öffnungshub der Maschine eingeleitet wird [25]

Spritzling wird nun durch die Auswerferstifte so weit in Richtung Werkzeugtrennebene verschoben, bis er durch Schwerkraft aus dem Werkzeug fällt. Diese Art der Auswerferbetätigung bereitet konstruktiv die wenigsten Schwierigkeiten und stellt die preiswerteste Lösung dar. Sie ist allerdings unbrauchbar bei empfindlichen Teilen. Die stoßartige Belastung zu Beginn des Entformungsvorgangs kann bereits zu einer Beschädigung der Spritzlinge führen. Darüber hinaus entsteht beim Entformungsvorgang eine relativ hohe Geräuschentwicklung.

Weitaus schonender werden die Formteile mit den in den Bildern 441 und 442 dargestellten Konstruktionen entformt. Dank der außen am Werkzeug angebrachten Hebel und Gelenke benötigt man keine Durchbrüche. Bereits unmittelbar mit der Werkzeugöffnungsbewegung wird der Entformungsvorgang sanft eingeleitet. Auch diese Konstruktionen sind vom Aufbau her einfach. Da das gesamte Auswerfersystem außerhalb des Werkzeugs liegt, ist es jederzeit zugänglich und damit leicht zu warten. Spezielle Rückzug- oder Rückdrückvorrichtungen, die das Auswerferpaket beim Werkzeugschließvorgang üblicherweise wieder zurückstellen, sind nicht erforderlich. Die Anwendung dieser Konstruktionen bleibt allerdings auf Abstreifplatten beschränkt.

Neben der mechanischen Auswerferbetätigung ist vor allem die pneumatische oder hydraulische Auswerferbetätigung zu nennen (Bild 443). Diese Systeme sind zwar etwas teurer, weil sie entsprechende Zusatzaggregate erfordern, sie arbeiten aber stoßfrei und können zeitlich beliebig betätigt werden. Auch die Entformungskraft und -geschwindigkeit können den jeweiligen Verhältnissen angepaßt werden. Besondere Vorrichtungen oder Sicherungen zur Rückstellung der Auswerfersysteme beim Werkzeugschließvorgang sind hier, wenn doppelt wirkende Zylinder verwendet werden, nicht erforderlich.

Für ein einwandfreies Auswerfen ist ein hinreichender Hub der Auswerferplatten erforderlich. Die Auswerferplatten müssen dabei die Auswerferstifte, Ringauswerfer usw. so weit in Richtung Werkzeugtrennebene verschieben, daß die Schwerkraft auf den Spritzling einwirken kann; nur so ist ein vollautomatischer Betrieb möglich.

Bei tiefen Werkzeugen (Eimer) reicht u. U. der Hub der Auswerfer nicht aus, um den

430 12 Entformen gespritzter Teile

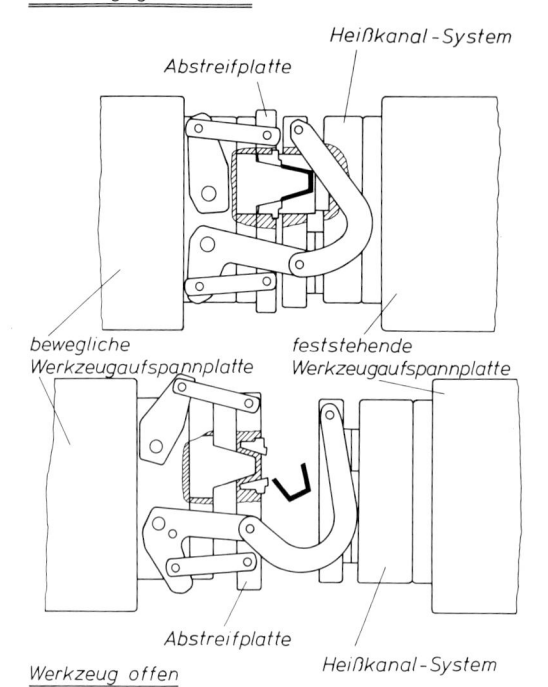

Bild 441
Betätigung der Abstreifplatte durch Gelenkhebel am Werkzeug [26]

Bild 442
Betätigung der Auswerfer durch Gelenkhebel an Werkzeug und Maschine [26]

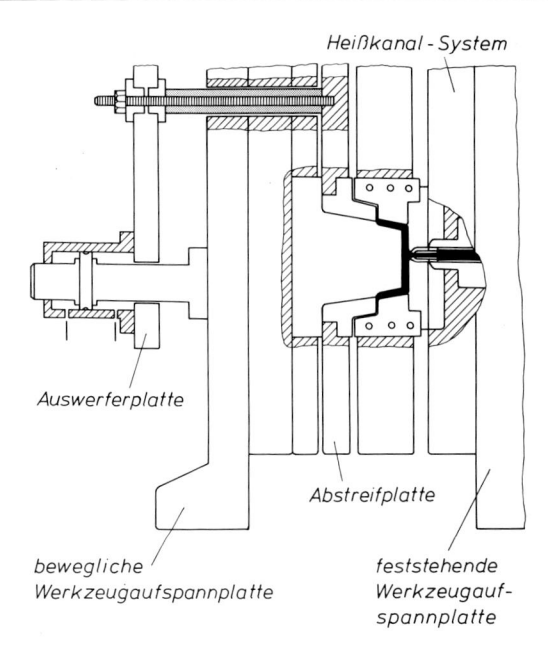

Bild 443
Hydraulische Betätigung der Abstreifplatte [26]

(Bildbeschriftungen: Heißkanal-System, Auswerferplatte, Abstreifplatte, bewegliche Werkzeugaufspannplatte, feststehende Werkzeugaufspannplatte)

Spritzling vollständig zu entformen. Man wendet dann oft eine gemischte Entformungsart an. Der Spritzling wird zunächst durch mechanische Betätigung der Auswerferplatte gelöst und dann z. B. mit Druckluft vom Kern geblasen. Steht keine Druckluft zur Verfügung, muß der Spritzling nach dem Losbrechen mit der Hand oder einem Handhabungsgerät abgenommen werden.

Eine gestufte Entformung wird dann angewendet, wenn besonders hohe Losbrechkräfte erforderlich sind. In diesem Fall arbeitet man mit einem sog. Auswerferübersetzer, der von der Konstruktion her nur kleine Entformungswege überbrücken kann. Bild 444 zeigt einen Auswerferübersetzer, mit dem die Entformungskraft auf das Zwei- bis Dreifache gesteigert werden kann [23]. Nach dem Losbrechen muß der Spritzling in der zweiten Hubstufe dann eventuell weitergeschoben oder mit der Hand bzw. einem Handhabungsgerät dem Werkzeug entnommen werden.

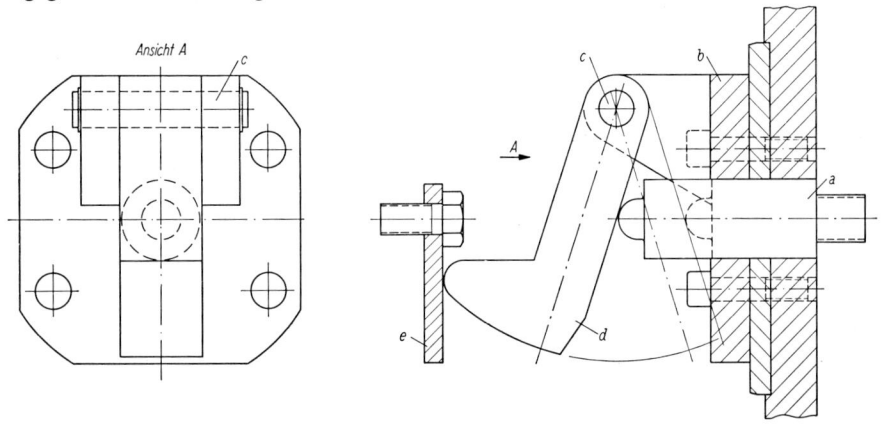

Bild 444 Auswerferübersetzer für 35 mm Hub [23]. a Auswerferbolzen, b Lagerbock, c Welle, d Hebel, e Lasche

12.5 Besondere Auswerfersysteme

12.5.1 Doppeletagenauswurf (zweifacher Auswerferweg)

Große dünnwandige Spritzlinge müssen häufig in mehreren Stufen entformt werden. Dies ist besonders dann der Fall, wenn die Stiftauswerfer nicht an den Stellen des Spritzlings angreifen können, an denen die Formteile in der Lage sind, ohne Schädigung die Losbrechkräfte aufzunehmen. Ein Beispiel ist in Bild 445 vorgestellt. Zunächst wird durch den Abstreiferring losgebrochen. Damit sich kein Vakuum unter dem Boden bilden kann, bewegen sich die Auswerferstangen mit und stützen den Boden des Formteils. Dann fahren diese alleine weiter. Das Element, das hier zum Erzielen dieses zweifachen Ausstoßwegs verwendet wird, ist in der Literatur unter der Bezeichnung Kugelraste eingeführt [1]. Beim Entformungsvorgang läuft der Ausstoßbolzen a auf einen feststehenden Anschlag und betätigt dadurch das Auswerfersystem f. Gleichzeitig wird das Auswerfersystem g über die eingerasteten Kugeln e mitgenommen. Dadurch wird der Spritzling zunächst durch die Abstreifplatte und Auswerferstifte gemeinsam vom Kern entformt. Nach Ablauf dieses Vorgangs sind die Auswerfersysteme f und g so weit in Richtung Werkzeugtrennebene verschoben worden, daß der feststehende Bolzen c zu kurz wird, um die Kugeln am Zusammenfallen zu hindern. Nachdem die Kugeln zusammengefallen sind, wird dann nur noch das Auswerfersystem f weiterbewegt, dessen Auswerferstifte den Spritzling von der Auswerferplatte abstreifen.

Wegen der hohen Verschleißbeanspruchung sind die Kugeln (Kugellagerkugeln), die Laufbuchsen und der Bolzen c zu härten. Um ein einwandfreies Arbeiten dieser Werkzeuge zu gewährleisten, ist bei der Dimensionierung und Anordnung der einzelnen Elemente darauf zu achten, daß eine rollende Bewegung der Kugeln erzwungen wird. Dies wird dadurch erreicht, daß man den Mittelkreisdurchmesser der Kugeln größer als den Durchmesser des Bolzens ausführt [1].

Bild 446 zeigt einen für das Trennen von Tunnelangüssen vom Spritzling typischen Zweiwegeauswerfer.

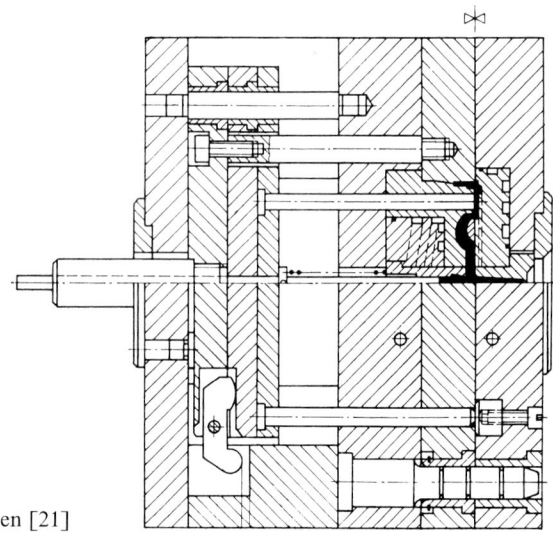

Bild 446 Entformen von Tunnelangüssen [21]

12.5 Besondere Auswerfersysteme 433

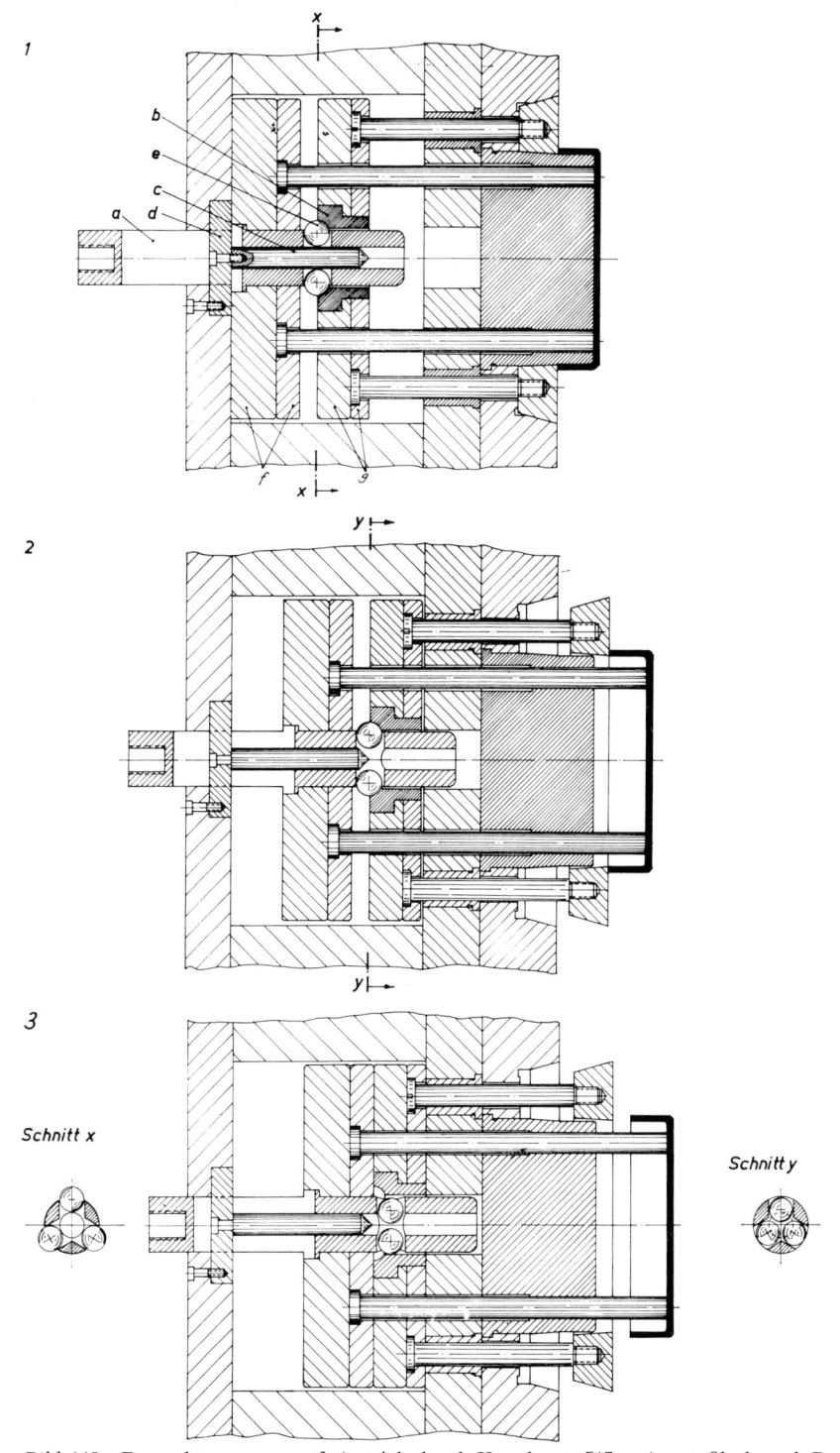

Bild 445 Doppeletagenauswurf. Antrieb durch Kugelraste [1]. a Ausstoßbolzen, b Buchse, c feststehender Bolzen, d Halteplatte, e Kugeln, f und g Auswerferhalteplatten

12.5.2 Gemischtes Auswerfen

Eine besondere Form des Doppeletagenauswurfs stellt die in Bild 447 gezeigte Entformungsmöglichkeit dar. Beim Werkzeugöffnungsvorgang wird der Spritzling zunächst mechanisch vom Kern getrennt. Dann wird der Spritzling mit Hilfe von Druckluft endgültig ausgeworfen. Dieses Entformungsprinzip hat den Vorteil, daß es im Verhältnis zu den rein mechanisch arbeitenden Entformungsprinzipien vom Werkzeug her billiger ist und den Spritzling durch den auf die gesamte Fläche wirkenden Entformungsdruck (Luft) schonender auswirft. Es wird in der Hauptsache auch dort angewendet, wo der Hub der Auswerfer nicht vollständig zum Entformen des Spritzlings ausreicht (tiefe Teile). Der Lufteinlaß kann an beliebiger Stelle liegen.

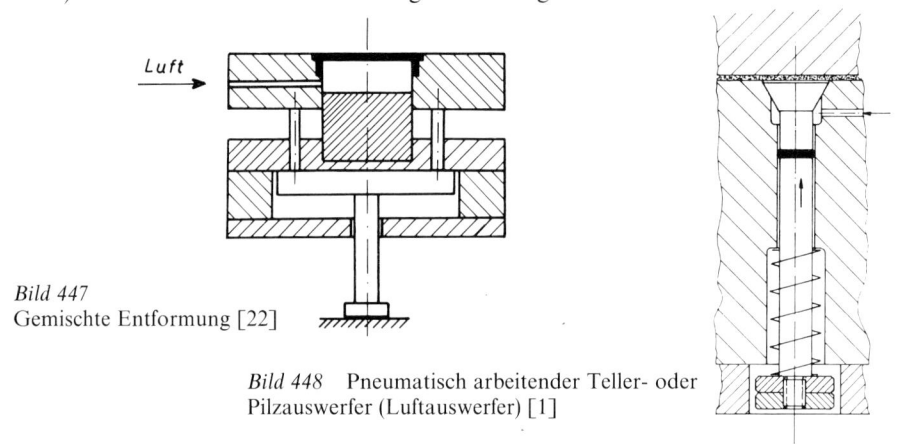

Bild 447
Gemischte Entformung [22]

Bild 448 Pneumatisch arbeitender Teller- oder Pilzauswerfer (Luftauswerfer) [1]

Eine „Sonderbauart" der gemischten Entformung stellt der pneumatisch arbeitende Pilz- oder Tellerauswerfer dar. Durch die einströmende Druckluft wird der Teller zunächst angehoben und der Spritzling löst sich. Die Luft kann nun am Teller vorbeiströmen und den Spritzling entformen (Bild 448).

12.5.3 Dreiplattenwerkzeug

Wird bei Mehrfachwerkzeugen bzw. bei Werkzeugen, bei denen der Spritzling über mehrere Anschnitte angespritzt wird, mit verlorenem Anguß gearbeitet, so muß das Angußsystem im Zuge der Werkzeugöffnungsbewegung vom Spritzling getrennt und separat ausgeworfen werden, um einen vollautomatischen Produktionsablauf zu erzielen. Das Werkzeug muß dafür mehrere Trennebenen haben, die zeitlich verschoben geöffnet werden. Die Auswerferbewegung kann auf verschiedene Arten unterteilt werden. Die meisten Systeme arbeiten mit Zuganker oder mit Klinkenzug.

12.5.3.1 Unterteilung der Auswerferbewegung durch Zuganker

Bild 449 zeigt ein Dreiplattenwerkzeug in geöffneter (links) und geschlossener Stellung (rechts) [27]. Beim Werkzeugöffnungsvorgang öffnet sich das Werkzeug zunächst in der Trennebene 1. Dabei muß dafür gesorgt werden, daß der Spritzling am Kern bleibt. Er wird dadurch vom Anschnitt oder den Anschnitten abgerissen. Nach einem gewissen Öffnungshub wird die Zwischenplatte durch den Zuganker Z_1 mitgenommen, und das

Bild 449 Dreiplattenwerkzeug mit Zugankerbetätigung [27].
Z_1, Z_2 Zuganker,
links geöffnet, rechts geschlossen

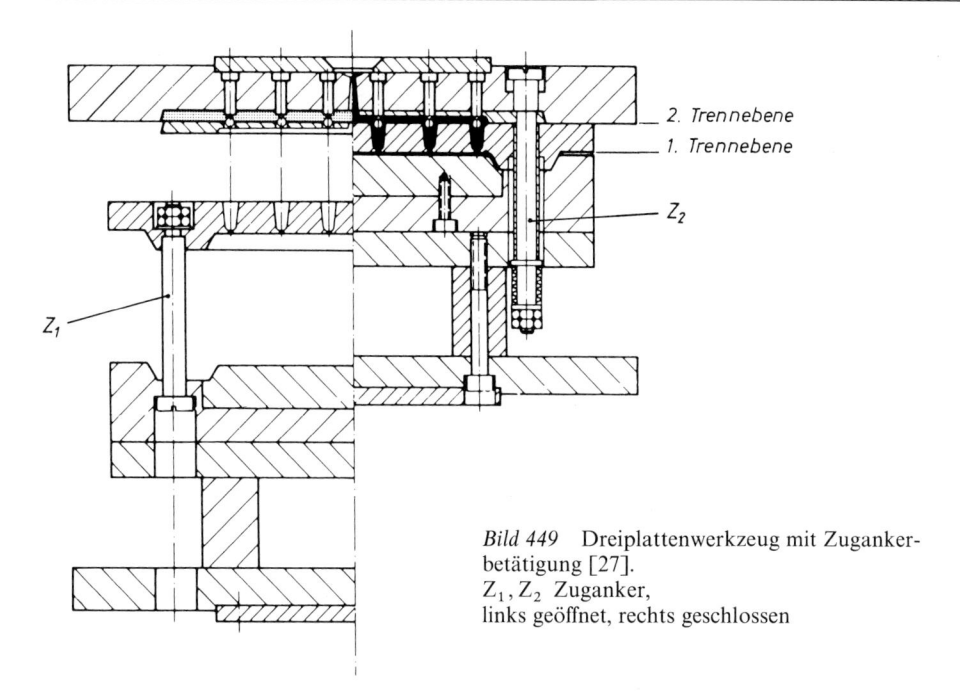

Werkzeug kann sich in der Trennebene 2 öffnen. Das Angußsystem wird dabei zunächst noch an Hinterschneidungen festgehalten und später durch eine Auswerferleiste entformt, die durch den Zuganker Z_2 betätigt wird.

12.5.3.2 Unterteilung der Auswerferbewegung durch einen Klinkenzug

Beim Klinkenzug wird die Zwischenplatte zunächst durch eine Klinke verriegelt, die dann nach Erreichen eines gewissen Öffnungshubs durch eine Erhebung in der Kurvenleiste gelöst wird. Das Werkzeug kann sich danach in der Trennebene 2 öffnen. In Bild 450 ist der Ablauf der Werkzeugöffnungsbewegung eines Werkzeugs mit Klinkenzug dargestellt. Bild A zeigt das Werkzeug in geschlossener Stellung. Die Klinke a verriegelt die Zwischenplatte g. Die Klinke ist durch den Bolzen d drehbar gelagert. Bei geschlossenem Werkzeug wird sie durch die Feder e und den Anschlag f in waagerechter Lage gehalten. Beim Öffnen des Werkzeugs läuft nun die Kurvenleiste b auf den Bolzen c auf (Bild B) und löst die Klinke a (Bild C). Das Werkzeug kann sich dadurch im Zuge der Werkzeugöffnungsbewegung auch in der Trennebene 2 öffnen. Spritzling und Angußsystem werden so getrennt ausgeworfen. Beim Bau dieser Werkzeuge ist darauf zu achten, daß sowohl Klinke und Kurvenleiste wie auch der Anschlag der Klinke an der Zwischenplatte wegen der auftretenden Verschleißbeanspruchung aus gehärtetem Stahl gefertigt werden. Derartige Werkzeuge sind bis zu einem Artikelgewicht von ca. 1 kg verwendbar. Bei größeren Werkzeugen ist dem Klinkenzug eine pneumatische Verriegelung und eine hydraulische Öffnungsbewegung vorzuziehen [1].

Bei allen Werkzeugen, die sich in mehreren Trennebenen öffnen, ist für eine exakte Führung und Zentrierung der Zwischenplatten zu sorgen, damit die Gravuren beim Schließen des Werkzeugs miteinander zum gewünschten Eingriff kommen und nicht beschädigt werden. Die Führungen und Klinken sind so anzubringen, daß sie den Spritz-

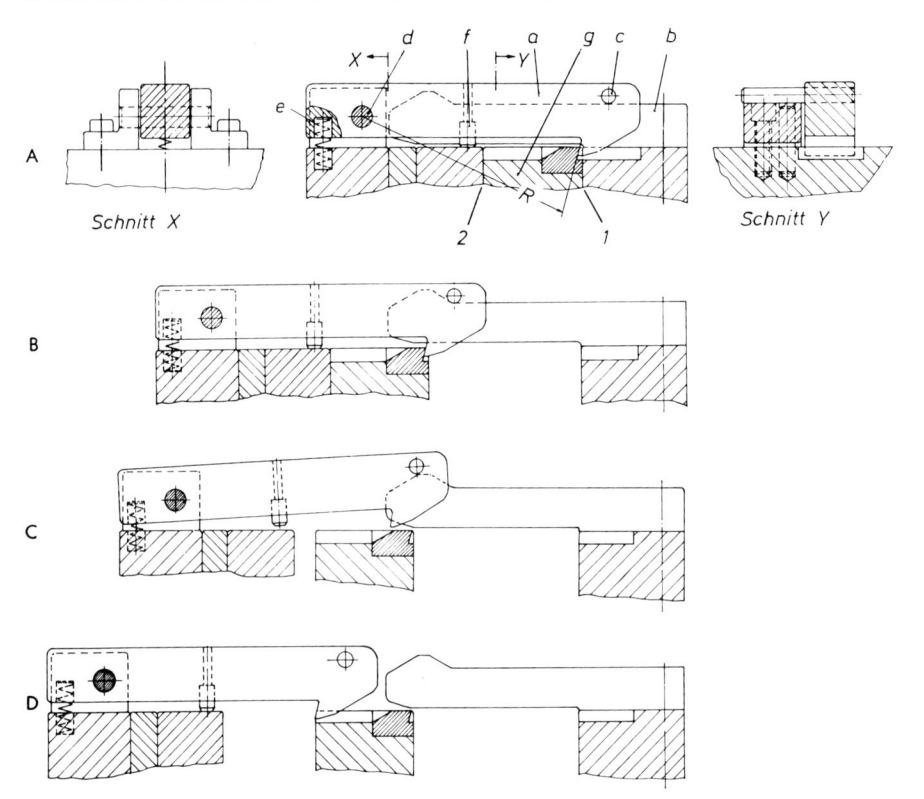

Bild 450 Klinkenzug [1], Erläuterung der Teilbilder A bis D im Text. 1, 2 Trennebenen, a Klinke, b Kurvenleiste, c Führungsbolzen, d Drehbolzen, e Feder, f Anschlag, g Zwischenplatte

ling nicht behindern, wenn er nach dem Entformen durch Schwerkraft aus dem Werkzeug fällt.

Weitere Varianten des Klinkenzugs werden auch noch in Kapitel 17 „Werkzeugnormalien" beschrieben.

12.5.3.3 Entformen auf der Spritzseite

Bei manchen Spritzgießwerkzeugen ist die Gestaltung so, daß das Formteil an der düsenseitigen Werkzeughälfte hängen bleibt. Diese Werkzeuge müssen daher eine andere Bewegungseinleitung besitzen. Eine Abstreiferplatte kann dabei beim Werkzeugöffnungsvorgang durch Zuganker gemäß Bild 451, die an der schließseitigen Werkzeughälfte befestigt sind, mit einer gallschen Kette oder hydraulisch bzw. pneumatisch betätigt werden. Das Entformen verläuft also durch Zug in Öffnungsrichtung (Bild 452).

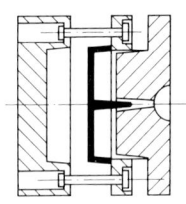

Bild 451 Entformung auf der Spritzseite, Antrieb mit Zuganker

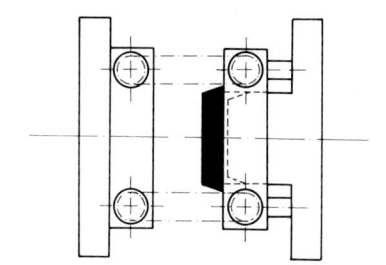

Bild 452 Entformung auf der Spritzseite, Antrieb mit gallscher Kette

Nachteilig ist, daß bei diesen Zugvorrichtungen das Werkzeug schlechter zugänglich ist. Zwei andere Möglichkeiten zeigt Bild 453, wo über einen Hebel oder eine Kurbel die Auswerferstange(n) betätigt wird.

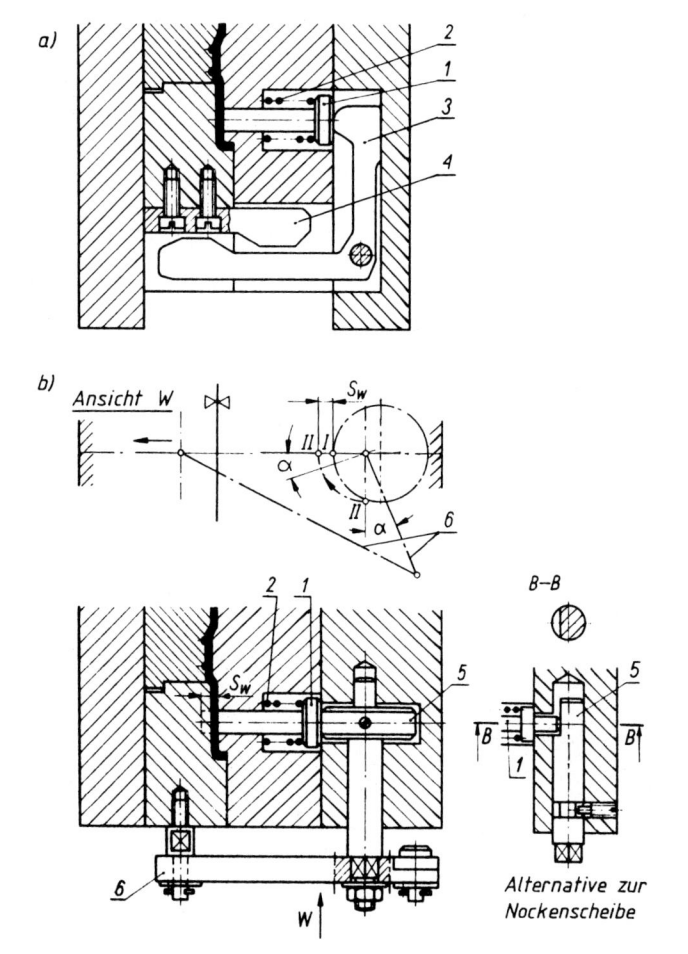

Bild 453 Auswerferbetätigung durch Hebel oder Kurbel zum Entformen flacher Teile, die an der Düsenseite hängenbleiben.
a) Hebel: 1 Auswerfer, 2 Rückdruckfeder, 3 Hebel, 4 Kurvenstange.
b) Kurbel: 1 Auswerfer, 2 Rückdruckfeder, 5 Nocken, 6 Kurbel [21]

12.6 Auswerferrückzug

Beim Schließen der Werkzeuge muß darauf geachtet werden, daß die vorgeschobenen Auswerferstifte oder -einrichtungen, wie Abstreifringe, Abstreifplatten usw., rechtzeitig in die Spritzstellung bei geschlossenem Werkzeug zurückgezogen werden, da sonst die Auswerfer oder die gegenüberliegende Werkzeughälfte beschädigt werden. Die Auswerfer können entweder über Rückdrückstifte, über Federn oder spezielle Rückzugeinrichtungen zurückgeschoben werden.

Die sicherste Lösung, die Auswerfer zurückzuschieben, bieten Rückdruckstifte. Als Auswerferrückdrückstifte können Auswerferstifte mit zylindrischem Kopf und Schaft verwendet werden. Diese Stifte sind entweder nitriert oder gehärtet. Sie werden wie die Auswerferstifte in den Auswerferplatten gehalten. Beim Schließen des Werkzeugs werden sie entweder durch die gegenüberliegende Werkzeughälfte (Bild 454) oder aber durch Stifte (Bild 455), die in die gegenüberliegende Werkzeughälfte eingebaut sind, zurückgeschoben und ziehen dadurch die Auswerfer über die Auswerferplatten mit. Solche Gegenstifte werden deswegen empfohlen, weil sie als Verschleißteile leicht auswechselbar sind.

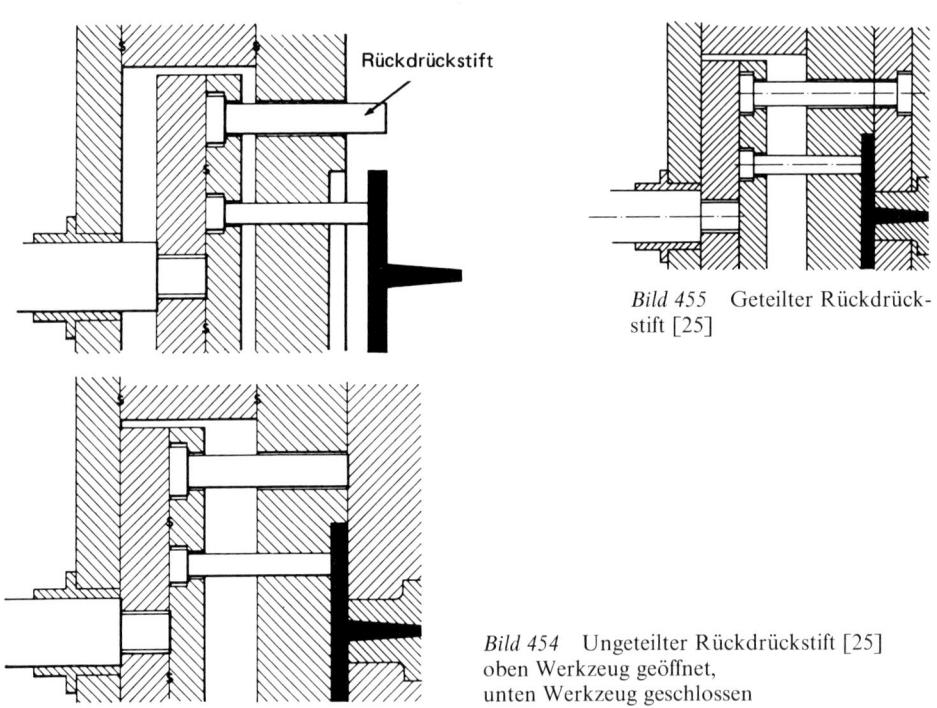

Bild 455 Geteilter Rückdrückstift [25]

Bild 454 Ungeteilter Rückdrückstift [25]
oben Werkzeug geöffnet,
unten Werkzeug geschlossen

Bei vielen Werkzeugen wird das Auswerfersystem durch kräftige Federn beim Schließvorgang des Werkzeugs zurückgezogen (Bild 438). Die Federn müssen so ausgelegt sein, daß die z.T. erheblichen Hemmkräfte an den Auswerferstiften und am Auswerferführungsbolzen sicher überwunden werden. Würde die Federkraft nicht ausreichen, so würde das Werkzeug beim Schließvorgang beschädigt. Zudem ist die Lebensdauer einer Feder neben der Belastungsart und der Beanspruchung auch von der Lastspielzahl abhängig, und daher beschränkt. Es ist deshalb ratsam, für diese Werkzeuge eine Rückzugsicherung vorzusehen. Aus diesem Grunde kombiniert man häufig die Rückzugfeder mit Rückdrückstiften. Da Rückdrückstifte jedoch nicht immer untergebracht werden können, verwendet man auch elektrische Endschalter als Rückzugsicherung, die die Maschine blockieren, wenn die Auswerfer beim Werkzeugschließvorgang nicht vollständig zurückgezogen werden.

Daneben wurden mechanisch wirkende Auswerferrückzugeinrichtungen entwickelt, die in den Bildern 456 und 457 dargestellt sind.

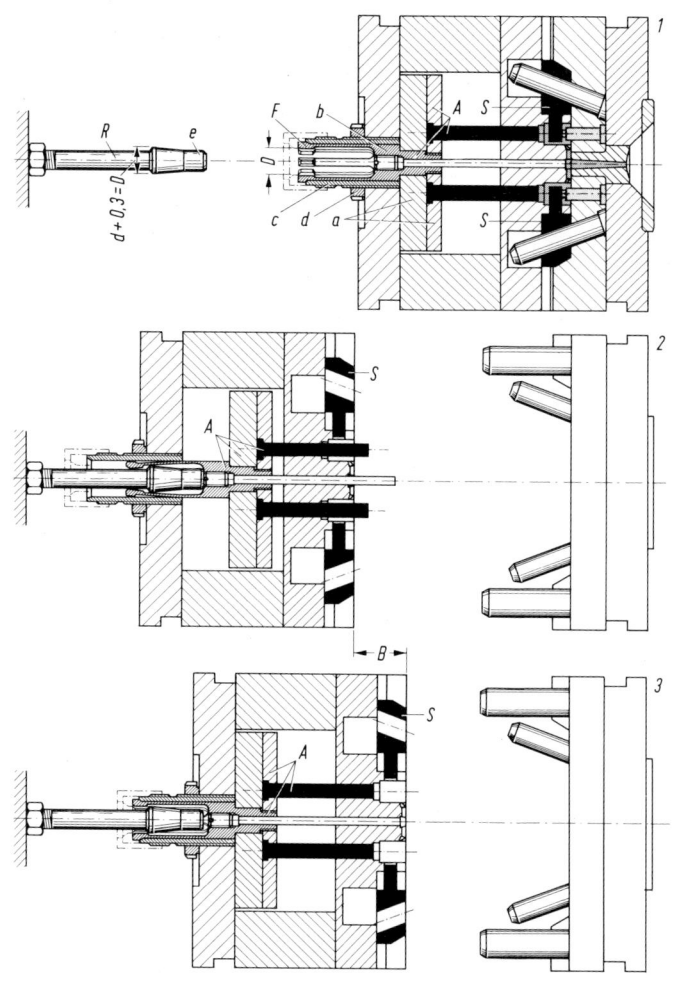

Bild 456 Klinkenbolzen [28]. A Auswerfereinheit, F Federzange, R Rückzugbolzen, S Seitenschieber, a Auswerferplatten, b Klinkenbolzen, c Spannhülse, d Nutmutter, e Anschlagbolzen
1 Das Werkzeug ist geschlossen. Seitenschieber S sind eingefahren. Auswerfereinheit A steht am hinteren Anschlag
2 Das Werkzeug ist geöffnet, Seitenschieber S sind ausgefahren, Ausstoßer-Rückzugbolzen R ist in die Federzange F der Auswerfer-Rückzugeinrichtung eingetaucht und hat über die Auswerfereinheit A die Spritzlinge ausgeworfen. Die inneren Nocken der Federzange haben sich dabei hinter den Kopf des Bolzens gelegt. Auswerfereinheit A hat die Spritzlinge ausgeworfen
3 Das Werkzeug schließt und hat die Auswerfereinheit A bereits nach einer Strecke von B (Auswerferweg + 5 mm) zwangsläufig bis zum Anschlag zurückgezogen. Seitenschieber S ist noch ausgefahren und kann nun ungehindert einfahren

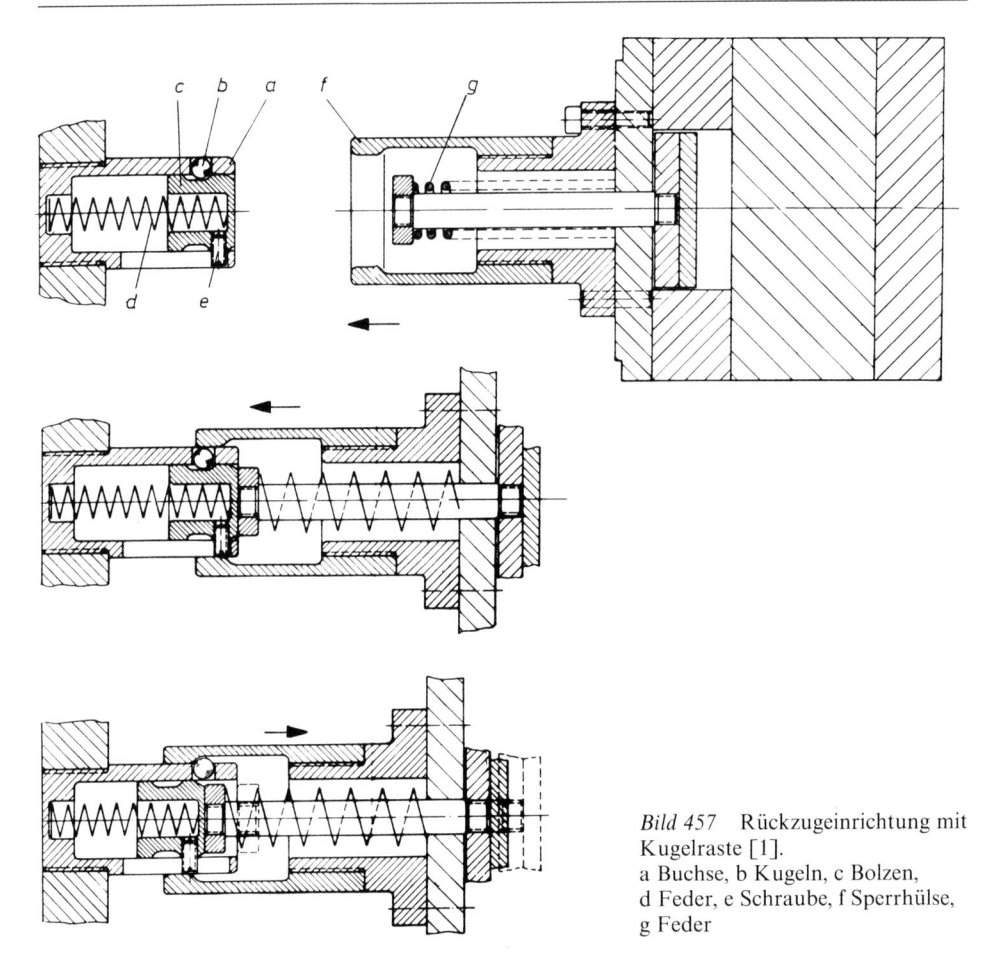

Bild 457 Rückzugeinrichtung mit Kugelraste [1].
a Buchse, b Kugeln, c Bolzen,
d Feder, e Schraube, f Sperrhülse,
g Feder

In das Schieberwerkzeug in Bild 456 ist ein Klinkenbolzen b in die Auswerferplatten a anstelle eines Auswerferbolzen eingeschraubt [28]. Dieser Klinkenbolzen ist umgeben von einer Spannhülse c, die mit einem Feingewinde in der schließseitigen Aufspannplatte sitzt und durch die Nutmutter d gesichert wird. Beim Öffnen des Werkzeugs läuft der Klinkenbolzen auf einen profilierten Anschlagbolzen e, der fest in der Maschine verankert ist. Dieser Anschlagbolzen e spreizt nun die Sperrnasen des Klinkenbolzens. Sobald er auf den Grund des ausgehöhlten Klinkenbolzens stößt, federn die Sperrnasen zurück, greifen hinter den Bund des Angschlagbolzens und werden mit zunehmendem Öffnungsweg in die Sperrhülse gezogen. Damit entsteht eine formschlüssige Verbindung zwischen Klinkenbolzen und Anschlagbolzen während des Auswerferrückzugs. Der Anschlagbolzen kann nun die Auswerferplatten beim Schließen des Werkzeugs zurückziehen. Am Ende des Auswerferrückzugwegs federn die Sperrnasen zurück und geben den Anschlagbolzen wieder frei. Diese Methode, die Auswerferplatten zurückzuziehen, arbeitet sehr zuverlässig. Durch Verstellen der Sperrhülse kann der Rückzugweg genau eingestellt werden.

Die Auswerferrückzugeinrichtung in Bild 457 arbeitet mit einer Kugelraste [1]. In der Maschine ist hierbei kein Anschlagbolzen montiert, sondern eine Buchse a, die zur Aufnahme der Kugeln b dient. In dieser Buchse gleitet ein kleiner Bolzen c mit einer profilierten Mantelfläche. Dieser Bolzen wird durch eine Feder d gespannt und in seiner vordersten Lage durch die Schraube e festgehalten. In dieser Stellung rasten die Kugeln in einer Hinterschneidung des Bolzens ein. Beim Werkzeugöffnungsvorgang läuft die Buchse a in einer Sperrhülse f, die an der schließseitigen Aufspannplatte befestigt ist, und der Bolzen c stößt auf den Ausstoßbolzen. Durch die eingerasteten Kugeln entsteht ein starrer Anschlag, und der Ausstoßbolzen kann die Auswerferplatten in Richtung Trennebene verschieben. Nach einer weiteren Hubbewegung gibt die Sperrhülse f die Kugeln wieder frei. Der Ausstoßbolzen zieht unter der Einwirkung der Feder g die Auswerferplatten zurück. Voraussetzung dafür ist, daß die Feder g stärker ist als die Feder d. Bei der Schließbewegung des Werkzeugs wird der Bolzen c durch die Wirkung der Feder d wieder in Ausgangsstellung gebracht, wodurch die Kugelraste dann wieder ihre Ausgangsposition einnimmt. Nachteil dieser Auswerferrückzugeinrichtung ist, daß nur kleine Entformungshübe erreicht werden. Ihr Vorteil besteht darin, daß bereits bei geöffnetem Werkzeug eine Rückstellung der Auswerfer eintritt. Weitere Rückzugvorrichtungen werden in Kapitel 16 unter Normalien für Spritzgießwerkzeuge vorgestellt.

12.7 Entformen von Formteilen mit Hinterschneidungen

Die Entformbarkeit von Spritzlingen mit Hinterschneidungen ist vor allem eine Frage der Gestaltung und der Tiefe des Hinterschnittes. Hiervon hängt ab, ob der Hinterschnitt direkt entformt werden kann oder ob durch spezielle konstruktive Maßnahmen am Werkzeug der Hinterschnitt erst durch Schieber oder Backen bzw. durch Abschrauben freigelegt werden muß. Spritzlinge mit Hinterschneidungen, die nicht direkt entformt werden können, fordern demzufolge sehr teuere Werkzeuge und u. U. Zusatzeinrichtungen an der Spritzgießmaschine. Es sollte daher stets zunächst geklärt werden, ob nicht durch eine einfache konstruktive Änderung des Formteils, z. B. durch geschickte Anordnung von Konizitäten oder auch Durchbrüche in den Seitenwänden, Hinterschneidungen vermieden und die Teile direkt entformt werden können. Als Beispiel dafür möge Bild 458 dienen.

A   A Kasten mit Öffnung in der Seitenwand führt zur Hinterschneidung

B   B Wird die Öffnung zum Schlitz, so wird Hinterschneidung vermieden

C   C–E Um den Schlitz oben wieder zu schließen, ohne eine Hinterschneidung zu erzeugen, wird die Wand so schräg gemacht, daß eine Entformung durch Abstreifen vom Kern möglich wird.

D

E

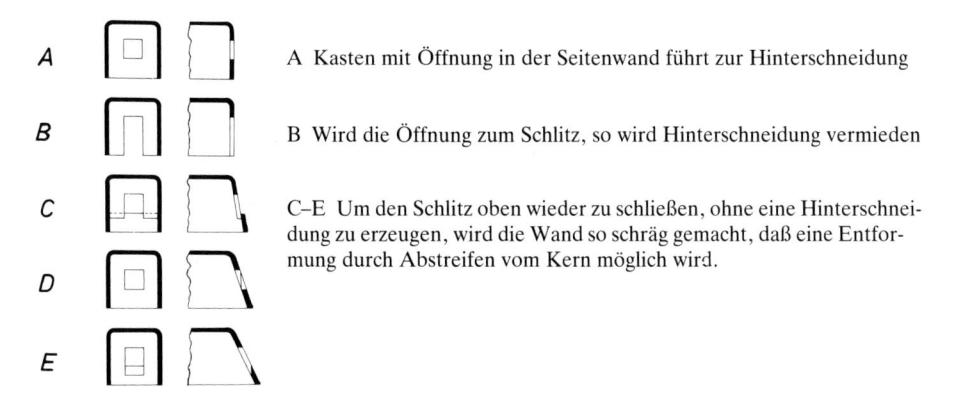

Bild 458 Durch Änderung der Formteilgeometrie kann auf aufwendige Werkzeuge verzichtet werden [29]

Im folgenden sollen nun zunächst solche Spritzlinge mit Hinterschneidungen betrachtet werden, die sich noch direkt entformen lassen. Zu diesen relativ seltenen Fällen zählen in erster Linie Schnappverbindungen und Gewinde.

12.7.1 Entformen von Formteilen mit Hinterschneidungen durch Abschieben

Das Entformen von Formteilen mit Hinterschneidungen durch Abschieben, also ohne Beseitigung der Hinterschneidung des Werkzeugs (vgl. Bilder 459 bis 461), ist nur möglich, wenn das Formteil selbst derart verformt wird, daß die Hinterschneidung überwunden wird. Dabei darf die Verformung des Spritzlings keine plastischen Verformungen hervorrufen. Draufsicht zu Bild 459, 460, 461 vgl. Bild 464 Draufsicht.

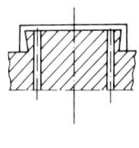

Bild 459 Höchste Beanspruchung des Spritzlings ist beim Entformen an den Auswerferstiften zu erwarten [22]

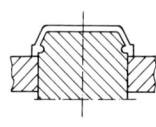

Bild 460 Größte Beanspruchung des Spritzlings beim Entformen an der Hinterschneidung [22]

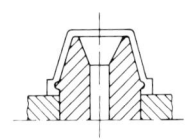

Bild 461 Pilzauswerfen zum Entformen von Spritzlingen mit negativem Hinterschnitt [22]

Tabelle 39 enthält einige Richtwerte für die zulässige Dehnung, die bei dünnwandigen Formteilen der maximal zulässigen Hinterschneidung gleichgesetzt werden kann. (Von anderer Seite [30, 32] werden auch größere erlaubte Dehnungen angegeben, jedoch ist dann nicht bei allen möglichen Betriebszuständen die Entformbarkeit gesichert.)

Tabelle 39 Zulässige Kurzzeit-Dehnung thermoplastischer Kunststoffe

Kunststoff	zul. Dehnung bzw. maximale Hinterschneidung %
Polystyrol	< 0,5
Schlagzähes Polystyrol (Acrylnitril-Styrol-Copolymerisate)	< 1,0
Acrylnitril-Butadien-Styrol-Copolymerisate	< 1,5
Polycarbonat	< 1
Polyamid	< 2
Polyacetal	< 2
Polyethylen niedriger Dichte	< 5
Polyethylen mittlerer Dichte	< 3
Polyethylen hoher Dichte	< 3
Polyvinylchlorid hart	< 1
Polyvinalchlorid weich	< 10
Polypropylen	< 2

12.7.2 Zulässige Hinterschnitthöhe bei Schnappverbindungen

In der Praxis trifft man eine Fülle von Spritzlingen mit Hinterschneidungen für Schnappvorrichtungen an. Es dominieren drei Grundformen: haken-, zylinder- und kugelförmige Spritzlinge. Unabhängig von der Art der Hinterschneidung besteht zwischen der Hinterschnitthöhe H und der Dehnung ε ein linearer Zusammenhang. Dementsprechend wird die zulässige Hinterschnitthöhe H_{zul} durch die maximal zulässige Dehnung ε_{zul} an der Elastizitätsgrenze des jeweiligen Werkstoffs begrenzt (vgl. Tabelle 39). Für die drei angesprochenen Grundformen gelten zur Ermittlung des höchstzulässigen Hinterschnittes die in Bild 462 zusammengestellten Beziehungen.

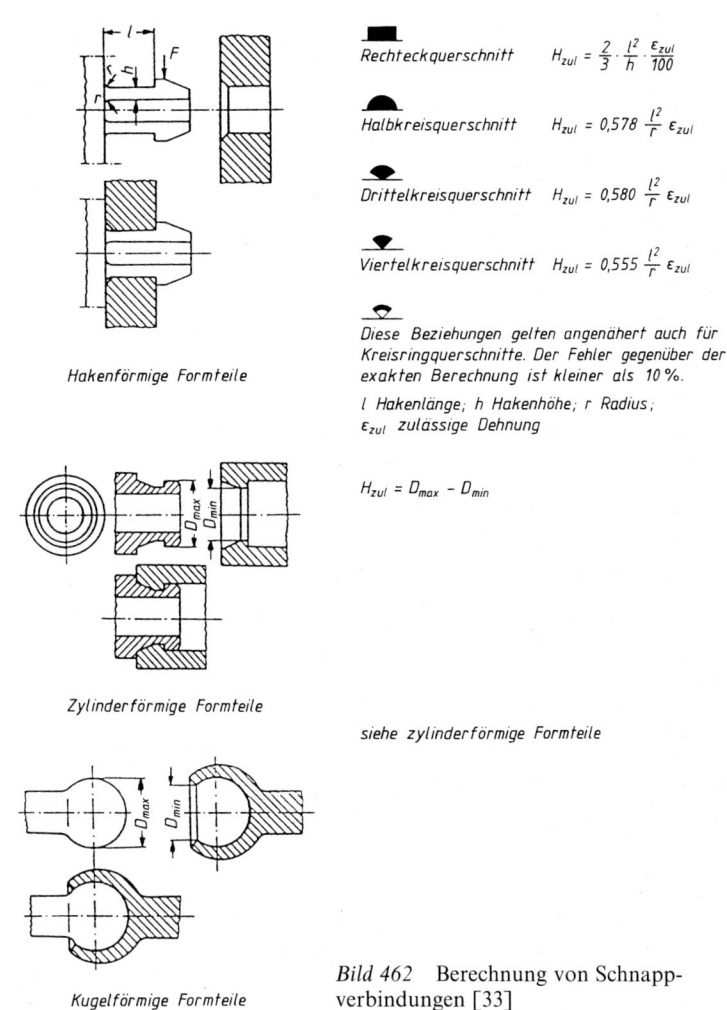

Hakenförmige Formteile

Rechteckquerschnitt $\quad H_{zul} = \frac{2}{3} \cdot \frac{l^2}{h} \cdot \frac{\varepsilon_{zul}}{100}$

Halbkreisquerschnitt $\quad H_{zul} = 0{,}578 \frac{l^2}{r} \varepsilon_{zul}$

Drittelkreisquerschnitt $\quad H_{zul} = 0{,}580 \frac{l^2}{r} \varepsilon_{zul}$

Viertelkreisquerschnitt $\quad H_{zul} = 0{,}555 \frac{l^2}{r} \varepsilon_{zul}$

Diese Beziehungen gelten angenähert auch für Kreisringquerschnitte. Der Fehler gegenüber der exakten Berechnung ist kleiner als 10%.

l Hakenlänge; h Hakenhöhe; r Radius;
ε_{zul} zulässige Dehnung

Zylinderförmige Formteile

$H_{zul} = D_{max} - D_{min}$

Kugelförmige Formteile

siehe zylinderförmige Formteile

Bild 462 Berechnung von Schnappverbindungen [33]

Wesentlich ist, daß die Partien mit Hinterschneidungen beim Entformungsvorgang unbehindert gedehnt oder gestaucht werden können. Weiterhin ist darauf zu achten, daß die Entformungsrichtung in Richtung des Fügewinkels einer Schnappverbindung verläuft, da sonst insbesondere bei unlösbaren Schnappverbindungen mit einem Halte-

Bild 463 Füge- und Haltewinkel bei Schnappverbindungen [33]

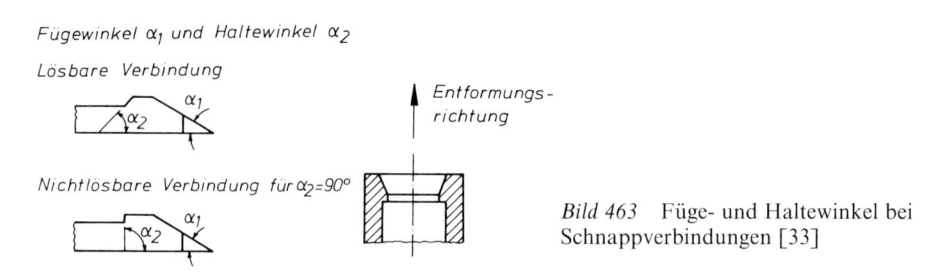

winkel von $\alpha_2 = 90°$ eine direkte Entformung nicht mehr möglich ist (Bild 463); die Hinterschneidung würde abgeschert werden. Als geeigneter Fügewinkel wird ein Winkel von $\alpha_1 = 10$ bis 45° [30] angegeben.

Erwähnt sei noch, daß die Hinterschneidung wesentlich vergrößert werden kann, wenn man starre, geschlossene Querschnitte, wie z. B. Zylinder, durch Längsschnitte in federnde Elemente aufteilt (Bild 464). Bei diesen dann hakenförmigen Teilen sind die Entformungskräfte unvergleichlich niedriger. Die Randfaserdehnung, die bei der Biegung entsteht, soll kleiner sein als in der Tabelle 39 angegeben.

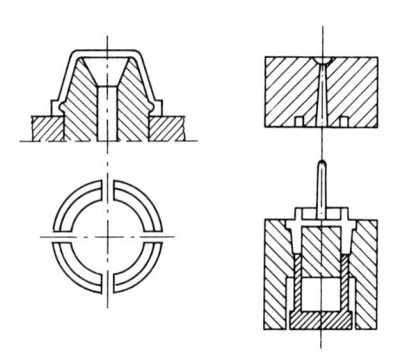

Bild 464 Links Werkzeug mit Hinterschneidung und rechts Werkzeughöhlung in beweglichem Teil [22]

Besonderes Augenmerk verlangt die Einleitung der Entformungskräfte in den Spritzling. Möglichst unmittelbare großflächige Einleitung der Kräfte bei der Hinterschneidung ist sinnvoll, daher empfehlen sich vor allem Abstreiferplatten.

12.8 Entformen von Gewinden

Während Außengewinde mit geringen Ansprüchen durch Backen entformt werden können und so diese Hinterschneidung billiger beseitigt werden kann als durch Ausschrauben, fehlt diese Möglichkeit bei Innengewinden. Jedoch besteht gelegentlich die Möglichkeit des Abschiebens, worauf zunächst eingegangen werden soll.

12.8.1 Entformen von Formteilen mit Innengewinde

12.8.1.1 Abstreiferwerkzeuge

Die Möglichkeit, Spritzlinge mit Innengewinde auf Abstreiferwerkzeugen zu fertigen, ist sehr begrenzt. Sie ist sowohl abhängig von der zu verarbeitenden Formmasse als auch von der Gewindeart. Spritzlinge aus PA 6, PP und vor allem aber aus PE-weich

u. ä. Werkstoffen mit niedrigem E-Modul können durch Abstreifen entformt werden, wenn die Innengewinde dafür geeignet sind. Hierzu gelten die in Abschnitt 12.7.1 erstellten Regeln als Kriterium. Im allgemeinen kann man Gewindetiefen von 0,3 mm noch vor allem dann, wenn es sich um Rundgewinde nach DIN 405 handelt, durch Abschieben als entformbar ansehen.

12.8.1.2 Zusammenklappende Kerne

Bei kleinen Formteilen arbeitet man gelegentlich mit einem sog. zusammenklappenden Dorn. Die Gewindepartie des Werkzeugkerns ist in einer geschlitzten Federringhülse angeordnet, die durch einen Keilstift gespannt oder entspannt wird (Bild 465). Hier ist natürlich eine zusätzliche Auswerfervorrichtung – z. B. ein Abstreifring – notwendig.

Dieses Werkzeugelement hat außer dem hohen Preis weitere Nachteile. Trennmarkierungen, verursacht durch die einzelnen Segmente der geteilten Kerne, lassen sich meist nicht vermeiden und mindern bei hochwertigen Teilen die Qualität.

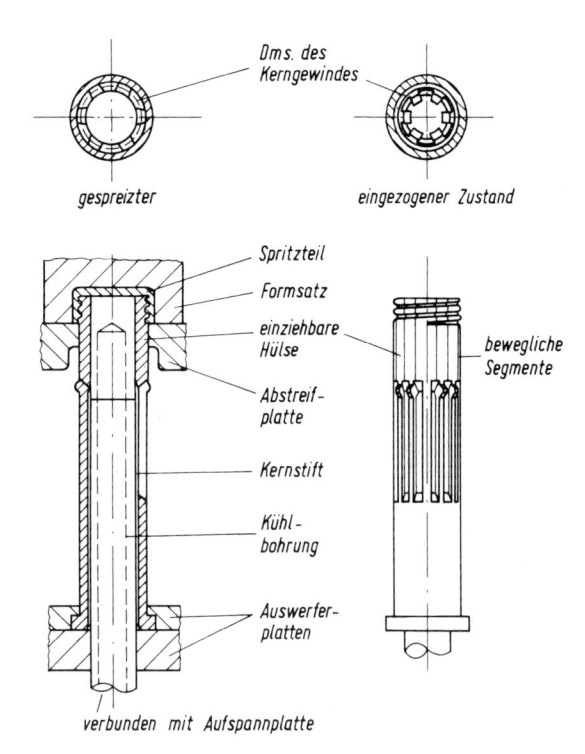

Bild 465
Zusammenklappender Kern [34]

Bild 466 zeigt eine weitere Möglichkeit, Innengewinde in einem Werkzeug mit geteiltem Kern herzustellen und zu entformen. Bei dieser Konstruktion besteht der Kern aus einem Metalldorn und die Kappe aus Silikon-Kautschuk. In diese Silikon-Kautschuk-Kappe sind die Gewindegänge eingearbeitet. Bei geschlossenem Werkzeug wird die Kautschukkappe durch den Dorn gespannt. Metalldorn und Kautschukkappe bilden so einen maßgetreuen Kern, der nun umspritzt werden kann. Beim Öffnen des Werkzeugs wird der Metalldorn aus der Kautschukkappe herausgezogen. Dadurch wird diese entspannt und fällt zusammen; eine einfache Art, den Spritzling vom Kern zu lösen. Dieses Werkzeug ist bedeutend billiger im Vergleich zu Abschraubwerkzeugen und

Bild 466
Zusammenklappender
Kern, bestehend aus einem
Metalldorn und einer
Silicon-Kautschukkappe
[35]

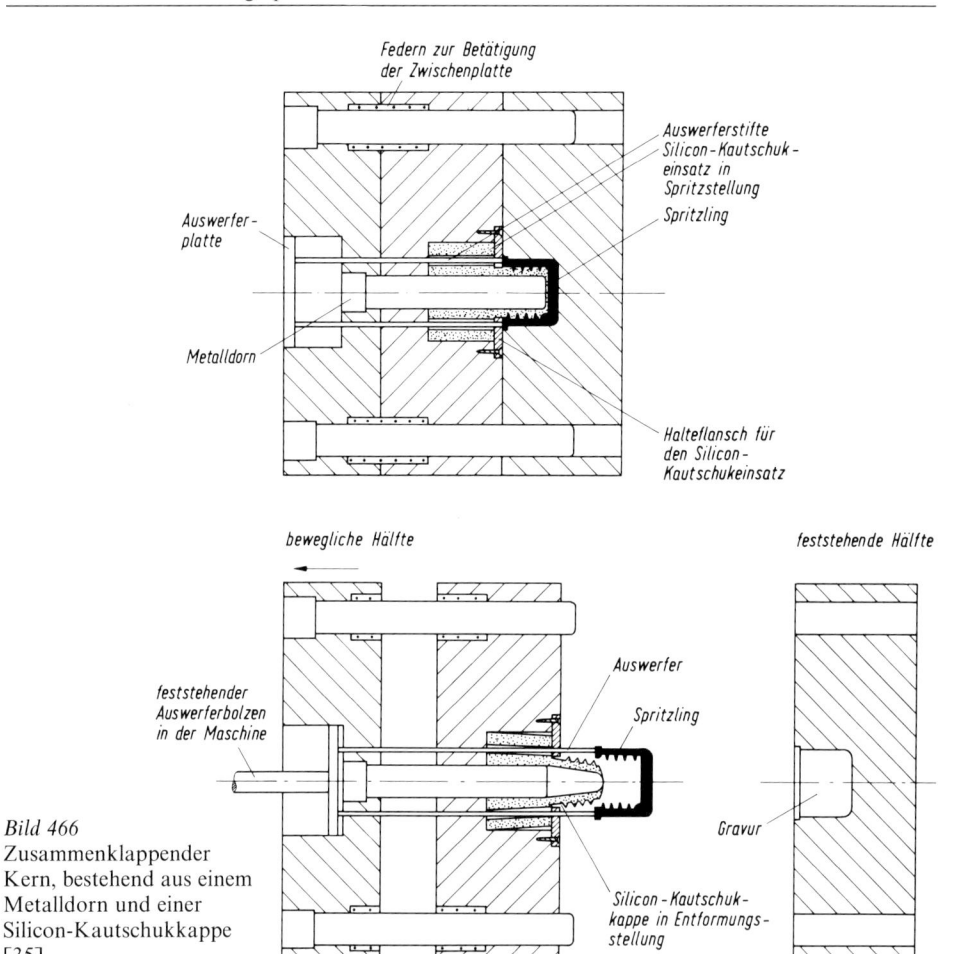

zu den vorab beschriebenen Werkzeugen mit geteiltem Kern. Allerdings ist seine Lebensdauer nicht besonders hoch. Dieser Nachteil wiegt allerdings wenig, denn die Kappen sind preisgünstig und können leicht ausgewechselt werden. Die Wärmeabfuhr ist problematisch, längere Kühlzeiten müssen in Kauf genommen werden.

Die Kautschukkappen können sich unter dem Druck der einströmenden Formmasse beim Werkzeugfüllvorgang mehr als zulässig verformen, so daß die Maßgenauigkeit eingeschränkt werden kann.

12.8.1.3 Werkzeuge mit Wechselkernen

Besonders bei Formteilen mit Innengewinden werden bei Serien mit geringen Stückzahlen gern einsetzbare Wechselkerne benutzt. Diese Kerne besitzen einen konischen Schaft – mit üblicherweise 15° Seitenschräge –, mit welchem sie durch die Maschinenbedienung in die zugehörige kegelige Aufnahmebohrung eingesetzt werden [1, 36]. Derartige Werkzeuge sind relativ billig. Sie liefern hohe Maßgenauigkeit der Gewinde.

Nach Ablauf des Zyklus ziehen die Kerne den Spritzling aus dem Gesenk. Spritzling und Kern werden dann gemeinsam dem Werkzeug entnommen. Der Spritzling kann jetzt nachträglich entweder manuell oder mit Hilfe geeigneter Vorrichtungen, wie einer Handkurbel oder einem Hilfsmotor, vom Kern geschraubt werden. Die Anzahl der Gewindekerne muß an den Spritzzyklus unter Beachtung der Abkühlzeit und der Anwärmzeit der Kerne angepaßt sein. So kann man mit dem Entformen so lange warten, bis der Spritzling auf Raumtemperatur abgekühlt ist, um die Schwindung des Spritzlings so klein wie möglich zu halten [3, 37].

12.8.2 Abschraubwerkzeuge

Hochwertige Gewinde lassen sich bei großen Stückzahlen und wirtschaftlichem Betrieb nur mit Abschraubwerkzeugen herstellen. Die das Gewinde ausformenden Werkzeugpartien, im allgemeinen Kerne bei Innengewinden und Hülsen bei Außengewinden, sind bei diesen Werkzeugen drehbar im Werkzeug gelagert und werden beim Entformungsvorgang entweder im geöffneten oder geschlossenen Werkzeug vom Spritzling ab- oder herausgeschraubt. Der Spritzling muß dafür so gestaltet sein, daß er den für die Entformung erforderlichen Verdrehschutz übernehmen kann.

Bei allen Abschraubwerkzeugen ist auf eine exakte Lagerung und Führung der Kerne und Antriebselemente zu achten. Ungenügend gelagerte Kerne, insbesondere schlanke, können beim Werkzeugfüllvorgang sehr viel leichter als fest eingespannte Kerne durch die einströmende Formmasse aus ihrer Mittellage verschoben werden. Der Abschraubvorgang würde eventuell dadurch erschwert und u. U. verhindert, weil das Antriebsdrehmoment nicht mehr ausreicht, um die Kerne aus dem deformierten Spritzling zu lösen. Hinzu kommen die unerwünschten Geometrieabweichungen des Spritzlings.

Man unterscheidet bei den Abschraubwerkzeugen zwischen halb- und vollautomatisch arbeitenden Werkzeugen, die im folgenden näher betrachtet werden sollen.

12.8.2.1 Halbautomatisch arbeitende Abschraubwerkzeuge

Bei den halbautomatisch arbeitenden Werkzeugen wird der Spritzling durch handbetriebene Abschraubvorrichtungen entformt. Die Drehbewegung wird dabei über ein Zahnradvorgelege, einen Riemen- oder Kettentrieb auf die Gewindekerne übertragen. Es kann sich dabei um Einfach- wie auch Mehrfachwerkzeuge handeln. Allerdings muß darauf geachtet werden, daß die Abschraubkraft an der Handkurbel 150 N nicht überschreitet [1]. Bild 467 (nächste Seite) zeigt aus der Vielzahl der möglichen Konstruktionen ein Abschraubwerkzeug mit Kettenantrieb. Diese Art Werkzeuge gibt es nur noch vereinzelt.

12.8.2.2 Vollautomatisch arbeitende Abschraubwerkzeuge

Die Antriebskraft wird bei derartigen Werkzeugen von der Öffnungsbewegung mit Steilgewindespindeln oder Zahnstangen auf das Getriebe für die Kerne übertragen. Es sind auch getrennte elektrische, pneumatische und hydraulische Antriebe üblich. Letztere werden oft über die Kernzugsteuerung der Maschine betätigt.

Abschraubwerkzeuge mit Zahnstangen

Die Anzahl der zu formenden Gewindegänge ist bei diesen Werkzeugen begrenzt durch den Durchmesser des Spritzlings, die Öffnungskräfte der Maschine oder des Zahnstan-

Bild 467 Abschraubwerkzeug mit Handausdrehvorrichtung, Antrieb über Kette [25]

Bild 468 Abschraubwerkzeug mit Zahnstangenantrieb [25]

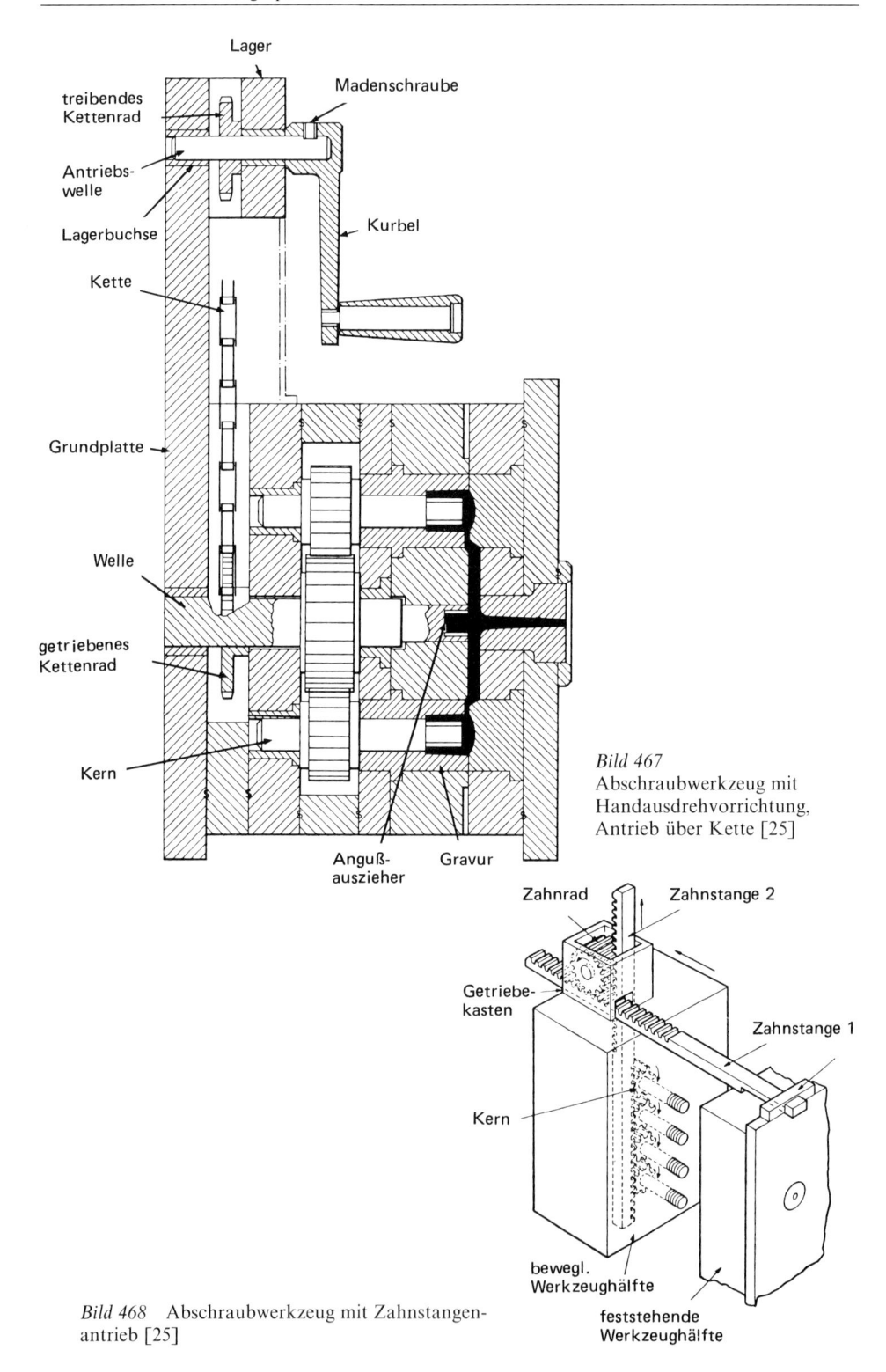

12.8 Entformen von Gewinden

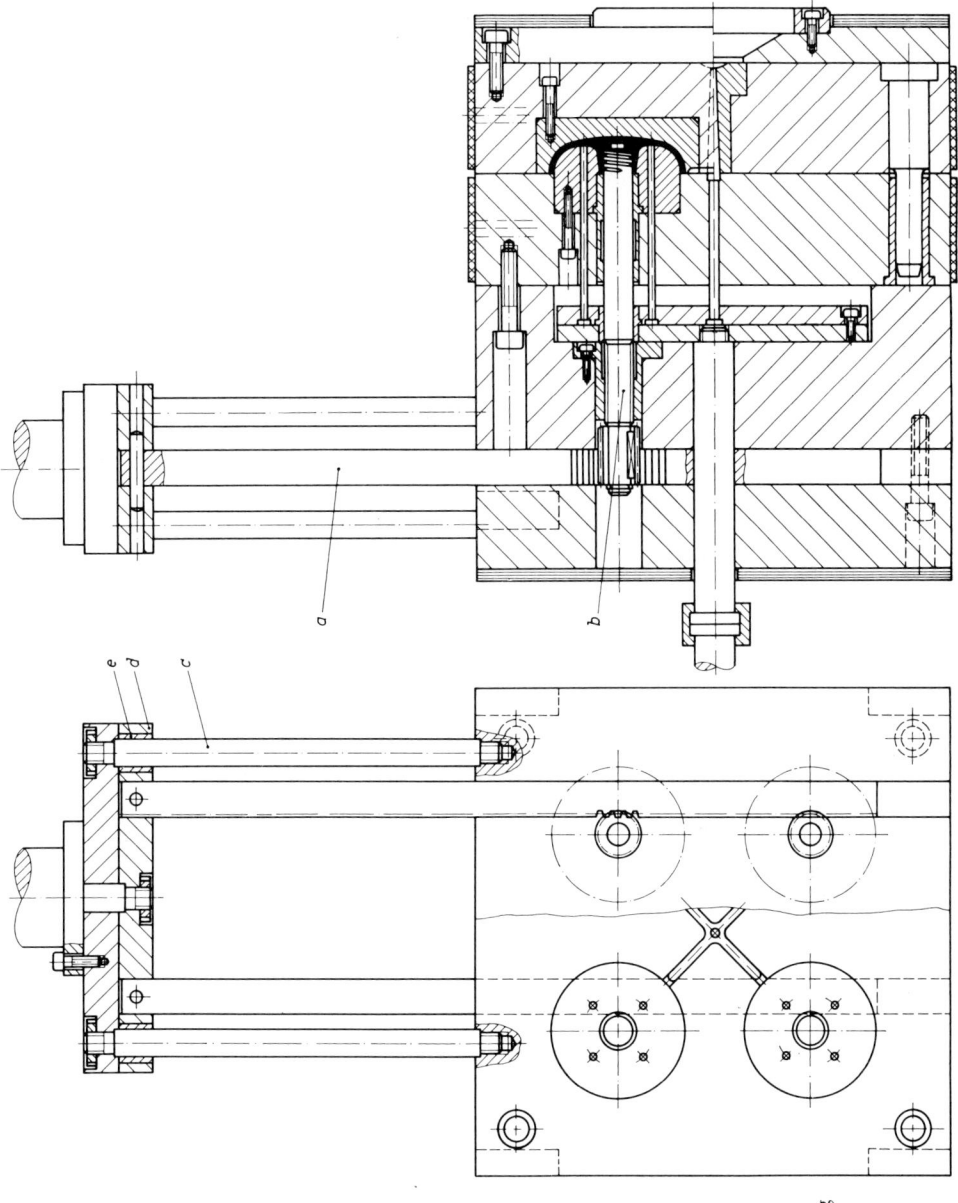

Bild 469
Vierfach-Abspindel-Werkzeug mit Zahnstangen [38].
a Zahnstange, b Gewindespindelkern, c Distanzbolzen, d Halteplatte, e Führungsbuchse

genantriebs und den Hub der Zahnstangen, der nach Bild 468 durch die Öffnungsbewegung der Verarbeitungsmaschine oder durch einen separaten Hydraulik- oder Pneumatikzylinder bewirkt werden kann (vgl. Abschnitt 12.8.2.2.3).

Voraussetzung dafür, daß diese Werkzeuge einwandfrei funktionieren, ist neben einer genauen Teilung der Zahnstange besonders eine präzise Lagerung und Führung von Zahnstange und angetriebenem Ritzel. Es besteht sonst die Gefahr, daß die Zähne überspringen, wenn der Spritzling einmal verklemmen sollte. Diese Gefahr ist besonders groß, wenn die Zahnstangen die erforderliche Drehbewegung nicht direkt auf die Gewindekerne übertragen können, sondern erst noch eine Umlenkung, wie in Bild 468 durch Kegelradgetriebe oder weitere Zahnstangen erforderlich ist.

Bild 469 zeigt ein Abschraubwerkzeug, bei dem die Zahnstangen durch einen externen Antrieb (hydraulisch oder pneumatisch) bewegt werden. Diese Konstruktion hat den besonderen Vorteil, daß das Gewinde bereits bei geschlossenem Werkzeug entformt werden kann.

Abschraubwerkzeuge mit Steilgewindespindeln

Steilgewindespindeln, die von in der Maschine befestigten Muttern angetrieben werden, gelten als die einfachsten und gleichzeitig sichersten Antriebselemente für Gewindekerne. Sie verursachen zudem keine erhöhten Rüstzeiten oder besondere Kontrollen des Hubwegs. Sie setzen die Öffnungsbewegung der Verarbeitungsmaschine beim Entformungsvorgang in eine Drehbewegung um und treiben dadurch die Kerne an. Öffnungshub und -kraft der Maschine bestimmen damit die Art, Durchmesser und Anzahl der Gewindegänge und die Anzahl der zu entformenden Gewinde. In der Regel können bis 15 Gewindegänge nach dieser Methode noch ohne weiteres entformt werden. Bei Gewindedurchmessern bis ca. 10 mm dürfen es auch mehr sein, da dann mit kleineren Steilgewinde-Steigungen gearbeitet werden kann [39].

Steilgewindespindeln und -muttern sind in verschiedenen Durchmessern (20 bis 38 mm) als links- oder rechtssteigende 5- bis 12gängige Trapezgewinde mit Steigungen von 80 bis 200 mm im Handel erhältlich [39, 40] (siehe auch Kapitel 16 „Normalien"). Mit zunehmender Steilgewindesteigung verbessert sich der Wirkungsgrad, reduziert sich die Flankenpressung und erhöht sich die Lebensdauer von Spindel und Mutter. Man arbeitet deshalb zweckmäßigerweise mit einem Stirnradgetriebe, das in das Werkzeug eingebaut ist. Die erforderliche Steilgewindesteigung zum Entformen eines Gewindes kann aus der Beziehung:

$$h = \frac{s_1 - s_2}{g},$$

s_1 Öffnungsweg der Maschine,
s_2 Auswerferweg,
g Anzahl der zu entformenden Gewindegänge,
h Steilgewindesteigung,

ermittelt werden. Bei einem Wert von $h < 60$ mm sollte, wie auch bei Mehrfachwerkzeugen, mit einem eingebauten Getriebe gearbeitet werden. Das Übersetzungsverhältnis i des Getriebes errechnet sich aus der Beziehung

$$i = \frac{g \cdot h}{s_1 - s_2}.$$

12.8 Entformen von Gewinden   451

Im folgenden sollen nun einige Konstruktionen vorgestellt werden.

In den Bildern 470 und 471 sind Abschraubwerkzeuge dargestellt, bei denen die Steilgewindespindel mit Hilfe von Kegelrollenlagern drehbar in das Werkzeug eingebaut und die Steilgewindemutter fest in der Auswerfertraverse angeordent ist. Die Konstruktion nach Abbildung 470 stellt dabei insofern einen Sonderfall dar, als hier die Steilgewindespindel gleichzeitig der Gewindekern des Werkzeugs ist. Im Gegensatz zu den Bildern 471 bis 473 führt hier der Kern keine Axialbewegung beim Entformungsvorang aus. Während sich die Spindel dreht, wird der Spritzling axial bewegt und damit gleichzeitig abgeschoben. Er muß zum Abschrauben im Gesenk festgehalten werden, so daß er die Drehbewegung nicht mitmachen kann.

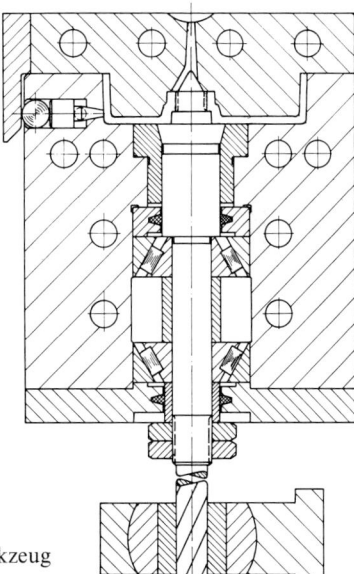

Bild 470 Steilgewindespindel ist drehbar im Werkzeug eingebaut, sie ist gleichzeitig Gewindekern [1]

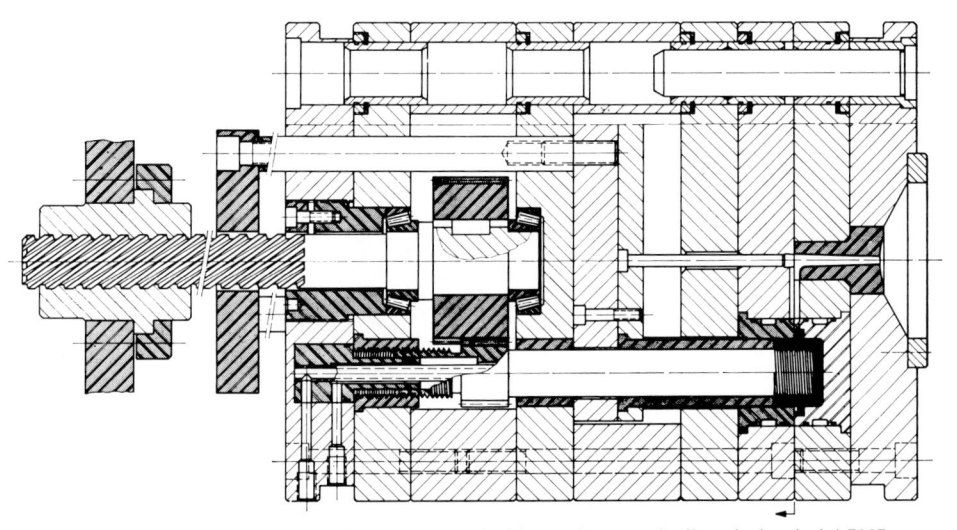

Bild 471 Abschraubwerkzeug mit im Werkzeug drehbar gelagerter Steilgewindespindel [39]

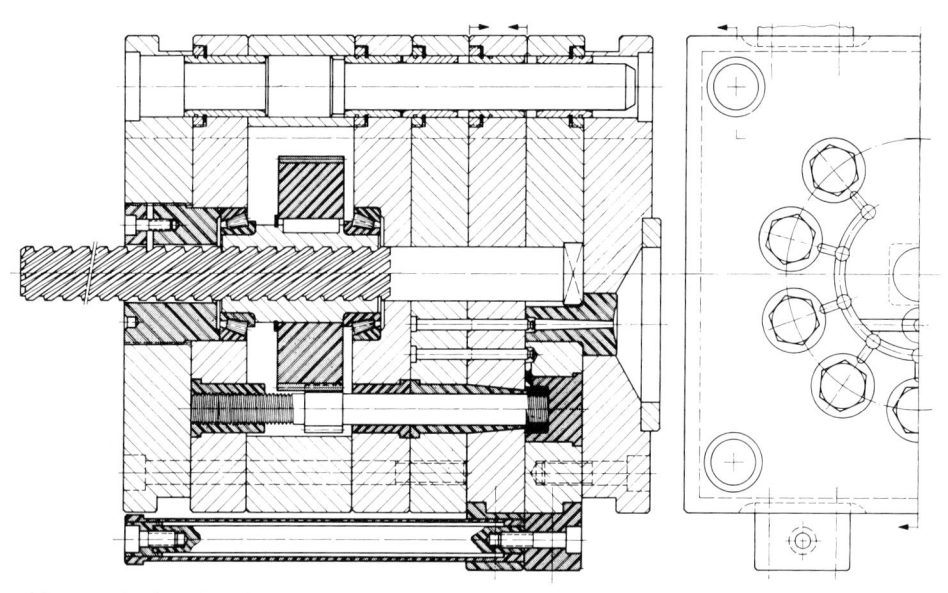

Bild 472 Abschraubwerkzeug – Steilgewindespindel und Steilgewindemutter im Werkzeug eingebaut. Die Spindel steht fest und die Mutter ist drehbar gelagert [39]

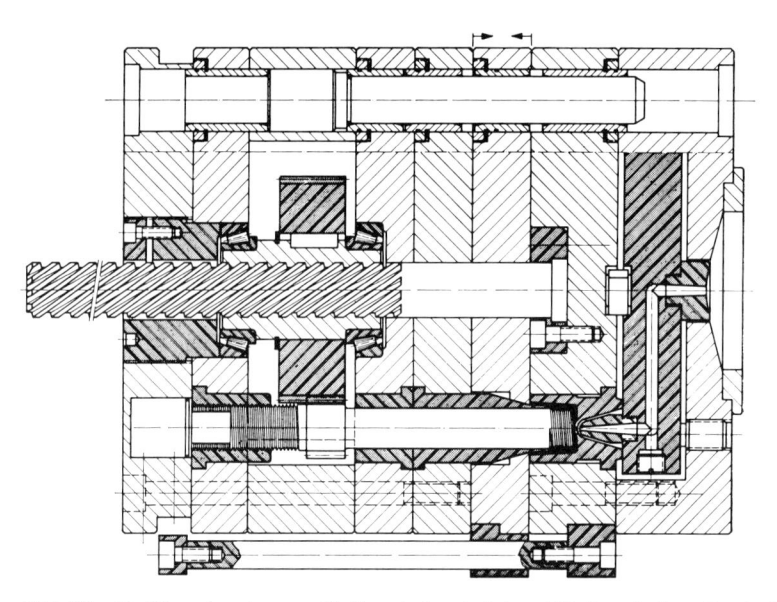

Bild 473 Heißkanalwerkzeug – Steilgewindespindel und Steilgewindemutter im Werkzeug. Mutter drehbar gelagert [39]

Bei den Konstruktionen nach den Bildern 471 bis 473 werden der bzw. die Gewindekerne axial bewegt. Zur besseren Lagerung bzw. Führung der Kerne sind diese am anderen Ende ebenfalls mit Gewinden versehen, die die gleiche Steigung wie die Spritzlinggewinde haben müssen und sich während der Werkzeugöffnung in eine sogenannte Leitgewindebüchse hineinschrauben.

12.8 Entformen von Gewinden

Während in Bild 471 die Steilgewindemutter außerhalb des Werkzeugs in der Maschine befestigt ist, zeigen die Bilder 472 und 473 zwei besonders elegante und sichere Konstruktionen. In beiden Fällen ist die Gewindestange fest im Werkzeug verankert und gegen Verdrehen gesichert. Mit dem Auffahren des Werkzeugs rollt die als Nabe im Ritzel des Getriebes sitzende Mutter auf der stehenden Spindel ab. Während bei Bild 472 die zentral stehende Spindel mit der Angußbuchse kollidiert und deswegen außermittig angeordnet ist, konnte dieses Problem (Bild 473) durch den Heißkanalverteiler beseitigt werden.

Abschraubwerkzeuge mit separatem Antriebsaggregat

Bei den bisher vorgestellten automatisch arbeitenden Abschraubwerkzeugen war die Anzahl der zu entformenden Gewindegänge durch den Hub der Schließeinheit begrenzt. Ein Entformen der Gewinde bei geschlossenem Werkzeug war ebenfalls nur in Ausnahmefällen möglich. Vielfach muß das Gewinde jedoch bereits bei geschlossenem Werkzeug entformt werden, z.B. bei Teilen, bei denen die Gewinde in verschiedenen Ebenen und Winkeln liegen (Bild 474). Beim Entformen tiefer Gewinde und beim Entformen der vorab beschriebenen komplizierten Formteile kommt man daher ohne vom Öffnungshub der Spritzgießmaschine unabhängige Antriebsaggregate zum Entformen der Kerne nicht aus. Dazu wurden spezielle elektrisch und hydraulisch betriebene Aus- oder Abschraubeinheiten entwickelt. Besonders hohe Anforderungen werden bei diesen Einheiten an die Schaltgenauigkeit gestellt. Würde nämlich der Antriebsmotor abschalten bevor der Kern seine Endlagenposition erreicht hat, würden z.B. Spritzlinge mit Durchgangsbohrungen überspritzt. Würde er andererseits zu spät abschalten, so würde das gesamte Drehmoment über die Zahnräder des Zwischengetriebes auf die Kerne übertragen werden und diese festfahren. Das Werkzeug könnte beschädigt werden [40].

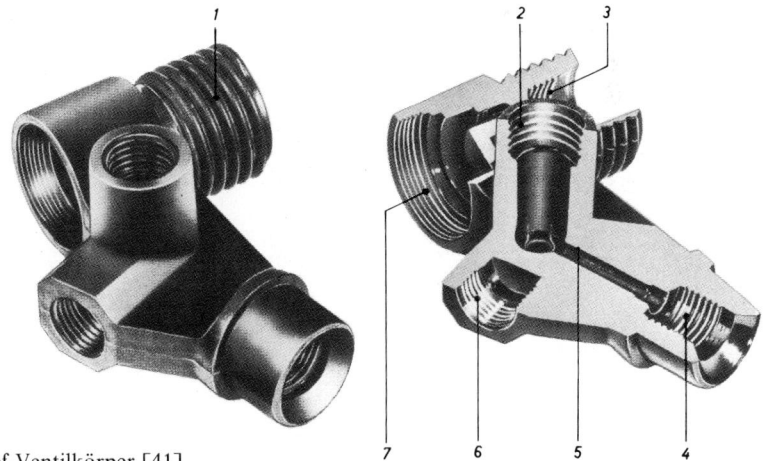

Bild 474 Bierzapf-Ventilkörper [41].
(1) Außengewinde, (2) Innengewinde und Strömungskanal, (3) Innengewinde und Strömungskanal, (4) Innengewinde, (5) Strömungskanal, (6) Innengewinde, (7) Innengewinde und Dichtprofil

Werkzeuge, bei denen die Kerne stirnseitig den Grund des Formnestes tuschieren müssen, läßt man daher sehr häufig auf eine gehärtete Hilfsschulter auflaufen. Beim Entformen muß dann allerdings für den Abschraubvorgang ein erheblich höheres Drehmoment aufgebracht werden [42]. Beschädigungen sind hierbei langfristig nicht auszuschließen.

Weniger tragisch sind die Folgen falsch positionierter Kerne bei Sacklochbohrungen, z. B. Gewindekappen. Hier kommt es lediglich zu Maßabweichungen der Formteile.

Gelegentlich sind Gewinde auch von seitlichen Bohrungen durchdrungen. Zur Fertigung dieser Teile muß in den Kern ein Seitenschieber eingefahren werden. Ohne zusätzliche mechanische Absicherung der Endlage des Kerns kommt man hier nicht aus. Als einfachste Lösung wird empfohlen, ein Zahnrad des Getriebes mit einer axialen Bohrung (zwischen Verzahnung und Nabe) zu versehen, in die beim Schließen des Werkzeugs ein angefaster Sicherungsstift eintaucht. Weicht die Lage des Zahnrads nur geringfügig von der des Stiftes ab, wird das Zahnrad durch den Stift in die richtige Lage gebracht. Kann bei zu großen Abweichungen der Stift nicht in die Bohrung eintauchen, wird die Werkzeugsicherung betätigt, und das Werkzeug fährt wieder auf [43].

Bild 475 zeigt ein Spritzgießwerkzeug mit einer angeflanschten elektrisch betriebenen Ausdrehvorrichtung. Diese Vorrichtung besteht aus einem Schneckenradgetriebe mit Bremsmotor, Schaltautomat und Spezialkupplung. Die Spezialkupplung sorgt unabhängig von der Abschaltgenauigkeit für ein sanftes Auflaufen tuschierender Kerne. Beim Entformungsvorgang wird der Radkranz in der Ausschraubvorrichtung formschlüssig

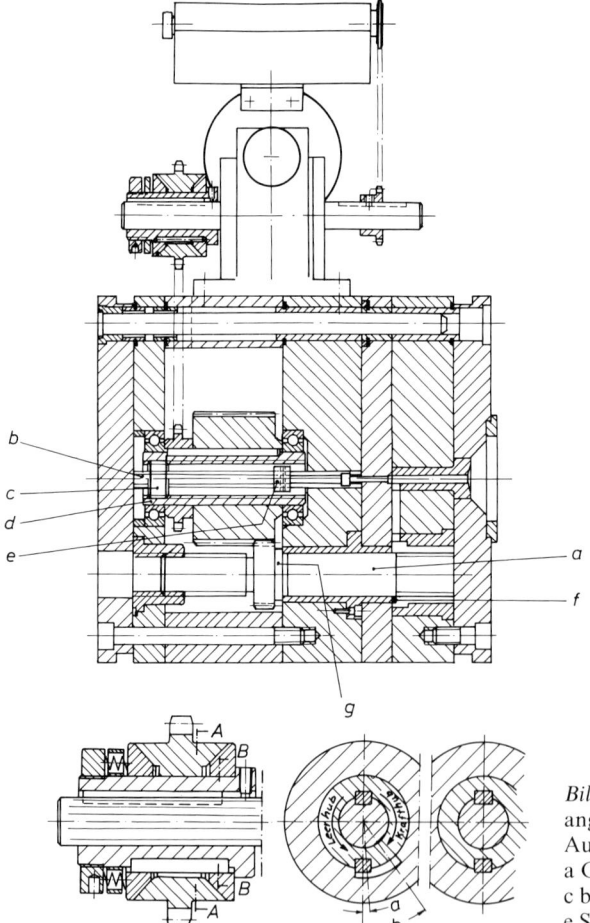

Bild 475 Abschraubwerkzeug mit angeflanschter elektrisch betriebener Ausdrehvorrichtung [42].
a Gewindekern, b Vielkeilwelle,
c bewegl. Gewindestück, d Lagerachse,
e Stellring, f Verdrehsicherung,
g Hilfsschulter

mitgenommen. Dadurch wird die volle Motorleistung übertragen, und zum Ausschrauben der Kerne steht das volle Drehmoment zur Verfügung. Beim Werkzeugschließvorgang bzw. dann, wenn die Kerne wieder in ihre Ausgangslage zurückgefahren werden, erfolgt die Mitnahme des Radkranzes über einen Reibkegel, der so eingestellt wird, daß nur noch ein wesentlich kleineres Drehmoment übertragen wird, welches gerade ausreicht, um die Kerne aus den Leitgewindebuchsen herauszuschrauben. Die Gewindekerne können bei dieser Konstruktion unbedenklich auf eine im Werkzeug angebrachte Hilfsschulter auflaufen, selbst dann noch, wenn die Getriebewelle bis zum endgültigen Stillstand des Motors um einen Winkel von ca. 30° nachlaufen sollte, also ein Vielfaches der angegebenen Schaltgenauigkeit des Getriebemotors von 3,5° [42]. Die Schaltautomatik trägt dieser speziellen Entformungstechnik Rechnung. Sie stellt eine komplette Steuereinheit dar, die ohne Endschalter (im Spritzgießbetrieb normalerweise sehr gefährdete Schaltelemente) am Werkzeug arbeitet und auch noch zusätzlich Aufgaben übernehmen kann, wie z.B. die Steuerung der Werkzeugträgerplattenbewegung [40]. Die Schaltautomatik kann Motoren, die in den verschiedensten Größen angeboten werden, bis zu 4 kW schalten.

Als Besonderheit ist zu dem in Bild 475 dargestellten Spritzgießwerkzeug mit Ausdrehvorrichtung noch anzumerken, daß auch der Anguß beim Ausschraubvorgang durch die Elemente b, c, d und e mit entformt wird. Üblicherweise würde man hierfür die Öffnungsbewegung der Schließeinheit ausnutzen.

Bild 476 zeigt eine hydraulisch betriebene Ausschraubeinheit. Sie wurde entwickelt für Spritzgießmaschinen mit einer Kernzugsteuerung. Man wird dadurch frei von einer zusätzlichen Hydraulik für die Ausschraubeinheit.

Die dargestellte Ausschraubeinheit besteht im wesentlichen aus einem Hydromotor, dessen Drehzahl sich stufenlos einstellen läßt. Bei einem Anlagedruck von 100 bar steht ein Drehmoment von 170 Nm zur Verfügung. Die Schaltgenauigkeit der Anlage beträgt – bei konstanter Öltemperatur – $\pm 2°$ [43].

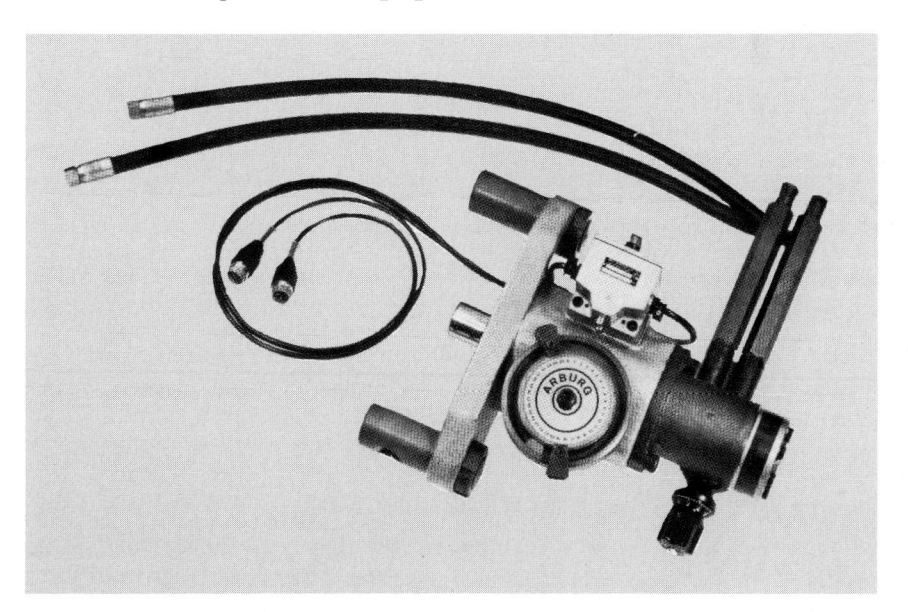

Bild 476 Hydraulische Ausschraubeinheit [43]

12.8.3 Entformen von Formteilen mit Außengewinde

Außengewinde können prinzipiell ebenso wie die Innengewinde in Aus- oder Abschraubwerkzeugen gefertigt werden. Als Beispiel dafür sollen die Bilder 477 und 478 dienen. Bei der Konstruktion nach Bild 477 werden zwei Außengewinde unterschiedlicher Steigung und bei der Konstruktion nach Bild 478 ein Innen- und ein Außengewinde gleichzeitig entformt. In beiden Fällen werden zur Entformung der Gewinde die formgebenden Hülsen bzw. Kerne in Leitgewinden geführt. Sie führen dabei eine Axialbewegung aus und geben den Spritzling, der im Werkzeug festgehalten wird, frei.

Abschraub- oder Ausschraubwerkzeuge sind Bauteile höchster Präzision. Sie sind dementsprechend teuer. Zur Fertigung von Außengewinden sollten sie daher nur verwendet werden, wenn hochwertige Formteile, bei denen eine evtl. Trennmarkierung der formgebenden Kontur im Gewinde stören würde, gefordert werden und wenn eine hohe Stückzahl diese teuren Werkzeuge rechtfertigt.

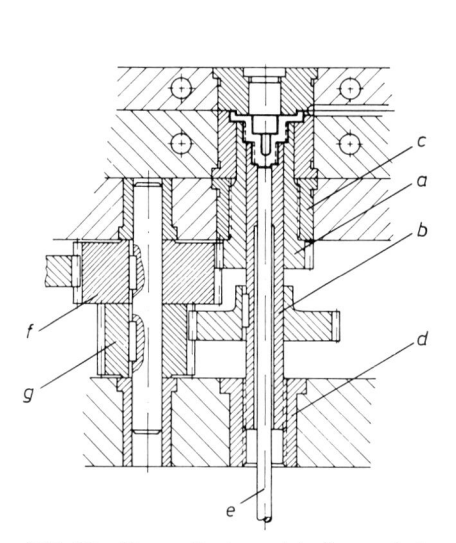

Bild 477 Formteil mit zwei Außengewinden unterschiedlicher Steigung [1].
a, b Gewindehülsen, c, d Gewindemuttern, e Auswerfer, f, g Zahnräder

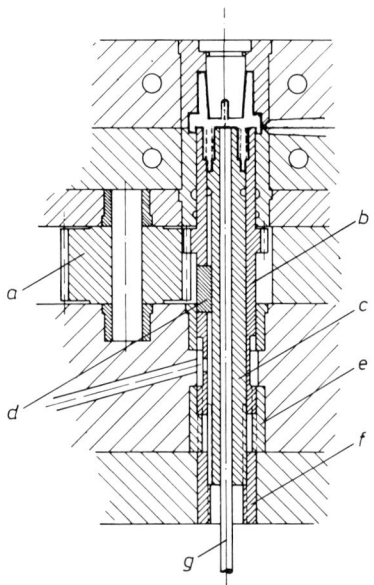

Bild 478 Formteil mit Innen- und Außengewinde [1].
a Ritzel, b Hülse, c Gewindekern, d Nutenstein, e, f Transportmuttern, g Auswerfer

In vielen Fällen können Außengewinde nämlich auch durch Backen geformt werden, insbesondere wenn die dabei unvermeidlichen Markierungen der Backen-Trennstellen toleriert werden.

12.9 Hinterschneidungen in nicht rotationssymmetrischen Formteilen

12.9.1 Innere Hinterschneidungen

Solche Formteile – hier sei der in Bild 479 gezeigte Deckel mit einer Hinterschneidung an zwei gegenüberliegenden Seiten als Beispiel genannt – können in einfachen Fällen durch einen Klappkern entformt werden. Der Kern setzt sich aus mehreren schräg zusammenlaufenden Segmenten zusammen, die durch einen Keil gespannt bzw. entspannt werden. Im Bereich dieses Keils sind die Artikel frei von Hinterschneidungen. Die Anwendung solcher Werkzeugkonstruktionen setzt eine gewisse Mindestgröße der Spritzlinge voraus.

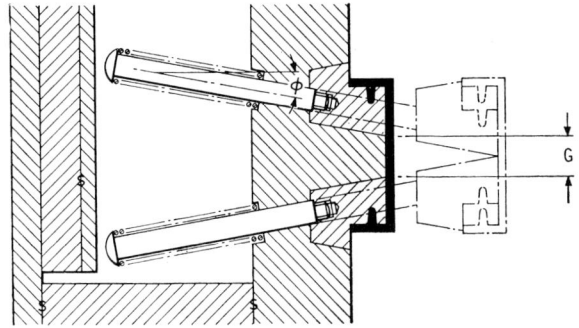

Bild 479 Werkzeug mit geteiltem Kern [25]

12.9.2 Äußere Hinterschneidungen

Dabei kann es sich um Rippen, Nocken, Stege, Durchbrüche, Sacklöcher, aber auch um Gewinde handeln. Formteile mit derartigen Hinterschneidungen werden in Werkzeugen hergestellt, bei denen der Teil der formgebenden Kontur, der die Hinterschneidung formt, beim Entformungsvorgang seitlich bewegt wird und dadurch die Hinterschneidungen freilegt. Diese sogenannten Schieber- und Backenwerkzeuge sollen nachfolgend behandelt werden.

Schieber betätigen einen Kern, der eine örtlich beschränkte Hinterschneidung (Sackloch z. B.) ausformen muß. Eine Backe formt eine ganze Seite eines Formteiles, die Hinterschneidungen besitzt (z. B. Rippen).

Beiden Konstruktionen ist gemeinsam, daß sie außerordentlich stabil konstruiert sein müssen und bei ihrer Herstellung besondere Sorgfalt auf das Einpassen der Führungen und Verriegelungen zu legen ist. Zu weiche Werkzeuge werden beim Einspritzvorgang durch die unter hohen Druck einströmende Formmasse aufgetrieben; dadurch kann Formmasse in die Trennflächen gelangen. Das gleiche geschieht auch bei unzureichend eingepaßten Schiebern und Backen. Die Folge davon ist zumindest eine unerwünschte Gratbildung am Spritzling, die nachträglich abgearbeitet werden muß. Es können dadurch aber auch so hohe Biege- und Scherbelastungen an den Backen und Schiebern sowie deren Betätigungselementen und natürlich auch am Gestell auftreten, daß diese Teile beschädigt und die Werkzeuge unbrauchbar werden. Die Führung der Backen und Schieber kann in T-förmigen Nuten, in Schwalbenschwanzführungen oder auf Bolzen erfolgen. Besondere Bedeutung kommt dabei deren Notlaufeigenschaften zu. Eine Schmierung der beweglichen Teile mit Molybdändisulfid kann zu Verschmutzungen an den Spritzlingen und zu einer Verfärbung der Formmasse führen. Sie ist daher nur eingeschränkt möglich.

So muß durch geeignete Werkstoffpaarungen ausreichende Leichtgängigkeit sichergestellt und dem auftretenden Verschleiß entgegengewirkt werden. Bei mittelgroßen Werkzeugen wurde Aluminiumbronze mit Erfolg eingesetzt. Bei großen Werkzeugen konnten die Laufeigenschaften durch Auftragsschweißung von Bronze auf die gleitenden Flächen verbessert werden [44]. Durch den Einbau gehärteter und nachstellbarer Leisten kann der Formschluß bei einer Abnutzung der Keilflächen leicht korrigiert werden.

Im Betrieb unterliegen die Werkzeuge verschiedenen thermischen Beanspruchungen, die von der heißen Formmasse, bei Heißkanalwerkzeugen vom beheizten Angußsystem und schließlich noch vom Temperiersystem herrühren können. Die damit verbundenen Wärmedehnungen können bei falscher Konstruktion zum Verklemmen der Backen und Schieber führen. Es ist daher darauf zu achten, daß entweder das gesamte Werkzeug auf gleicher Temperatur gehalten wird, d.h., daß auch die beweglichen Teile mit an das Temperiersystem des Werkzeugs angeschlossen werden, oder die Passungen so gewählt werden, daß im Betriebszustand keine unzulässigen Spalten in den Trenn- und Führungsebenen entstehen.

Die speziellen Konstruktionsmerkmale der Schieber- und Backenwerkzeuge sind in den nachfolgenden Kapiteln und Bildern zusammengestellt.

12.9.2.1 Schieberwerkzeuge

Beim Entformen werden die Schieber entweder zwangsläufig über die Maschinenöffnungsbewegung durch Schrägbolzen oder Schieberkurven oder durch direkte hydraulische Betätigung bewegt. Darüber hinaus sind noch Sonderkonstruktionen bekannt, die im folgenden mitbehandelt werden.

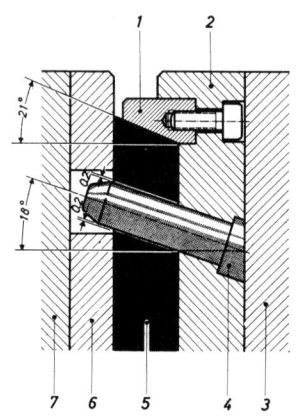

Bild 480 Schematische Darstellung der konstruktiven Anordnung von Schrägbolzen [2].
1 Schließflächeneinsatz, 2 vordere Einsatzplatte, 3 Aufspannplatte, 4 Schrägbolzen, 5 zu betätigendes bewegliches Werkzeugelement, 6 hintere Einsatzplatte, 7 Zwischenplatte

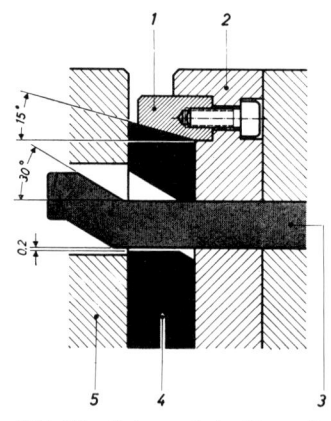

Bild 481 Schematische Darstellung der konstruktiven Anordnung von Schieberkurven [2].
1 Schließflächeneinsatz, 2 vordere Einsatzplatte, 3 Schieberkurve, 4 zu betätigendes bewegliches Werkzeugelement, 5 hintere Einsatzplatte

12.9 Hinterschneidungen in nicht rotationssymmetrischen Formteilen 459

Die Bilder 480 und 481 zeigen eine Gegenüberstellung von Schrägbolzen und Schieberkurven mit den für die Konstruktion und den Einbau kennzeichnenden Größen. Die Funktionsweise dieser beiden Werkzeugtypen ist in den Bildern 482 und 483 dargestellt. Während der Schrägbolzen den Schieber sofort mit der Öffnung der Trennebene bewegt, erlaubt die Schieberkurve ein verzögertes Einsetzen der Seitenbewegung.

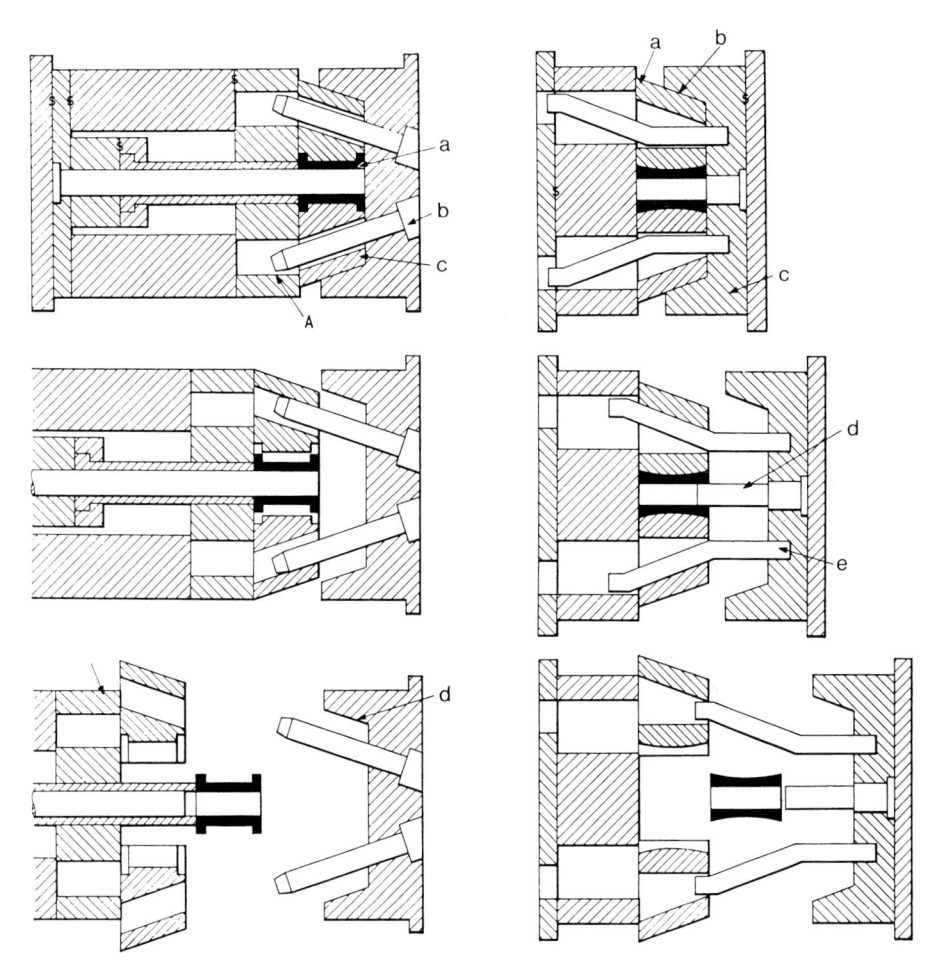

Bild 482 Arbeitsweise eines Schieberwerkzeugs mit Schrägbolzen [25]
a Spritzling, b Schrägbolzen,
c beweglicher Werkzeugeinsatz, d Schließfläche

Bild 483 Arbeitsweise eines Werkzeugs mit Schiebekurven [25]
a beweglicher Werkzeugeinsatz, b Schließfläche, c feststehende Werkzeughälfte,
d Kern, e Schieberkurve

Als Schrägbolzen können handelsübliche Führungssäulen verwendet werden. Ihre Dimensionierung ergibt sich aus der Belastung durch den Entformungswiderstand (s. Abschnitt 12.2), dem Gewicht der Schieber und dem Reibungswiderstand. In Bild 484 ist ein Schrägbolzen dargestellt mit den Kräften, die ihn bei einer Aufwärtsbewegung des Schiebers belasten. Aus den Beziehungen für die Bewegung von Körpern auf einer schiefen Ebene (Bild 485), errechnet sich die Kraft, die die Führungssäule belastet.

12 Entformen gespritzter Teile

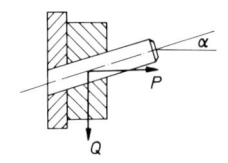

Bild 484 Schrägbolzen mit angreifenden Kräften

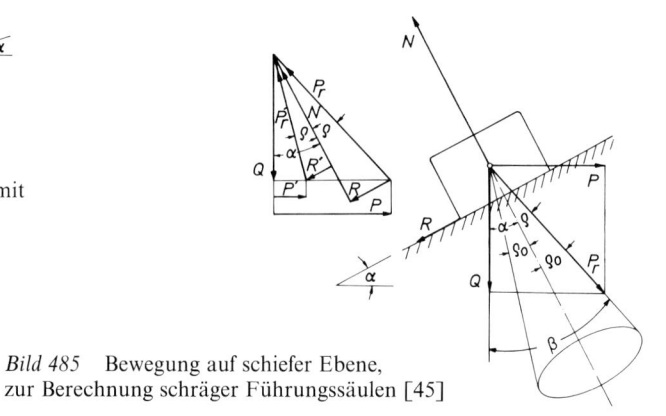

Bild 485 Bewegung auf schiefer Ebene, zur Berechnung schräger Führungssäulen [45]

Die Resultierende aus den Einzelkräften P_R ergibt sich aus der Beziehung

$$P_R = \sqrt{Q^2 + P^2}. \tag{221}$$

Setzt man in dieser Gleichung für P

$$P = Q \cdot tg(\alpha + \rho), \tag{222}$$

so erhält man

$$P_R = \sqrt{Q^2 + Q^2 \cdot tg^2(\alpha + \rho)}, \tag{223}$$

bzw.

$$P_R = Q\sqrt{1 + tg^2(\alpha + \rho)}. \tag{224}$$

Darin ist

$$tg\,\beta = tg(\alpha + \rho); \tag{225}$$

tg β sollte im allgemeinen einen Wert von 0,5 nicht überschreiten [47].

Mit $R = \mu N$ ergibt sich aus dem Kräftediagramm

$$tg\,\rho = \frac{R}{N} = \frac{\mu N}{N} = \mu. \tag{226}$$

Die Reibungszahl μ ist 0,1 für die Bewegungsreibung von Stahl auf Stahl. Der Winkel für die Schrägstellung der Schrägbolzen kann somit berechnet werden.

Die resultierende Kraft, die senkrecht zum Schrägbolzen wirkt und für die Berechnung des Bolzenquerschnitts maßgebend ist, errechnet sich aus der Beziehung

$$A = \frac{Q}{\tau}, \tag{227}$$

oder für den vorliegenden Fall

$$A = \frac{Q\sqrt{1 + tg^2\beta}}{\tau} \cos\alpha. \tag{228}$$

In Bild 486 ist der zeitliche Verlauf der auf die Schrägbolzen wirkenden Öffnungskraft dargestellt. Die volle Kraft wirkt nur zum Zeitpunkt des Losbrechens auf die Schrägbolzen [46].

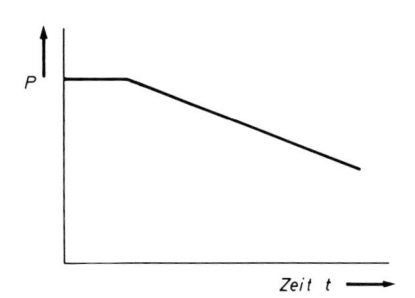

12.9 Hinterschneidungen in nicht rotationssymmetrischen Formteilen 461

Bild 486 Schematische Darstellung
des zeitlichen Verlaufs der Belastung
eines Schrägbolzens [46]

Um eine Überlastung der Schrägbolzen zu vermeiden, hat sich in der Praxis herausgestellt, daß der günstigste Winkelbereich für die Schrägstellung der Schrägbolzen zwischen 15° und 25° liegt. Große Winkel erleichtern dabei die Werkzeugöffnungsbewegung, während kleine Winkel eine höhere Zuhaltekraft mit sich bringen. Es ist also ein Kompromiß zu schießen, der bestimmt werden kann aus der Werkzeuggröße bzw. der Werkzeugschließ- und Öffnungskraft.

Die in Bild 480 dargestellte Art, den Schieber durch einen Schließflächeneinsatz gegen ein Verschieben durch den Spritzdruck zu sichern, genügt in den meisten Fällen. Der Vorteil dieser Konstruktion liegt bei der einfacheren Herstellung gegenüber dem Ausfräsen aus dem Vollen, wie in Bild 482, und der schnellen Austauschbarkeit bei unzulässig großem Verschleiß. Der Schließflächenwinkel sollte um 2 bis 3° steiler gehalten werden als der Neigungswinkel der Schrägbolzen, um ein eventuelles Spiel zwischen Schrägbolzen und Schrägbohrung auszugleichen [1, 2, 44], d.h., im geschlossenen Zustand verklemmen und damit einen festen Sitz des Schiebkerns zu bewirken.

Beim Werkzeugschließvorgang müssen die Schieber wieder in die „Spritzstellung" zurückgeschoben werden. Die Rückstellung erfolgt entweder durch den Schrägbolzen gemäß Bild 487 oder aber durch die Schließfläche des Werkzeugs. Die letztgenannte Konstruktion wird dort angewendet, wo aus konstruktiven Gründen mit sehr kurzen Schrägbolzen gearbeitet werden muß. Eine Fixierung des Schiebers, im Bild 488 durch

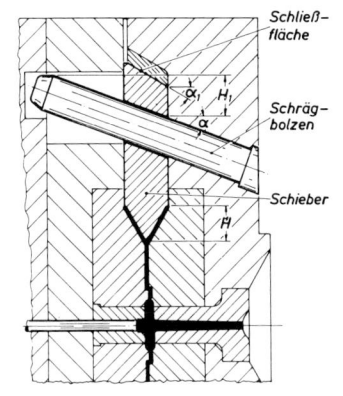

Bild 487 Rückstellung der Schieber durch Schrägbolzen [1].
α und α_1 Winkel der Schrägstellung von Schrägbolzen und Schließfläche, H Hinterschneidung, H_1 Öffnungshub des Schiebers

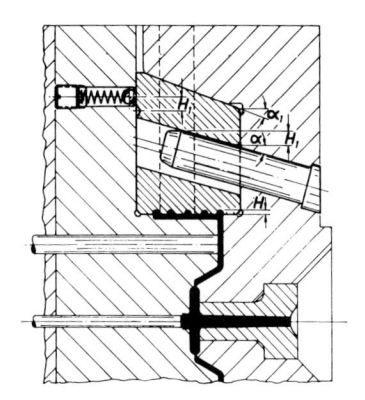

Bild 488 Rückstellung der Schieber durch Werkzeugschließfläche [1].
α und α_1 Winkel der Schrägstellung von Schrägbolzen und Schließfläche, H Hinterschneidung, H_1 Öffnungshub des Schiebers

eine Kugelraste realisiert, muß bei dieser Bauart unbedingt vorgesehen werden, damit der Schieber sich nicht verschieben kann und der Schrägbolzen beim Schließen des Werkzeugs genau in die Bohrung des Schiebers einfährt.

Die Länge einer solchen Schrägbolzenführung richtet sich nach dem erforderlichen Öffnungshub. Das Beispiel – Bild 488 – zeigt eine kurze Schrägbolzenführung. Benötigt man einen großen Hub, dann ist auch eine lange Führung erforderlich. Bild 487 zeigt, daß dann der Schrägbolzen tief in das schließseitige Werkzeug eintaucht und dafür eine Öffnung vorgesehen werden muß.

Um längere Schieberteilwege bei kürzeren Führungswegen zu erreichen, muß daher der Winkel der Schrägeinstellung vergrößert werden. Da nun ein Schrägbolzen-Winkel von 25° möglichst nicht überschritten werden sollte (erhöhter Verschleiß, geringere Kraftübertragung), müssen für solche Fälle andere Konstruktionen gefunden werden. Bild 489 zeigt ein Schieberwerkzeug, bei dem am Schieber a Rollen c befestigt sind, die in schräggeführten Nuten b laufen. Der Vorteil dieser Konstruktion besteht darin, daß der Winkel α der schräggeführten Nuten bis über 45° vergrößert werden kann, wodurch längere Schieberteilwege bei kürzeren Führungswegen erreicht werden. Da

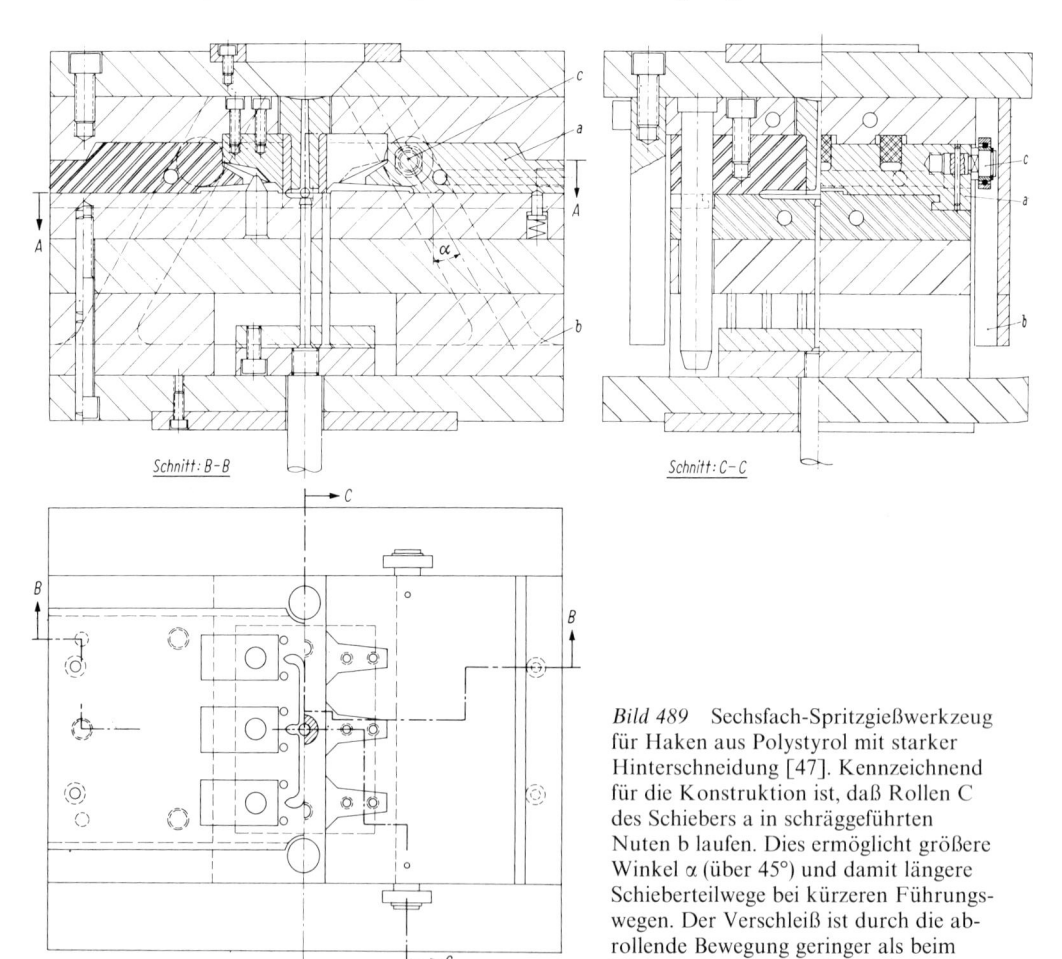

Bild 489 Sechsfach-Spritzgießwerkzeug für Haken aus Polystyrol mit starker Hinterschneidung [47]. Kennzeichnend für die Konstruktion ist, daß Rollen C des Schiebers a in schräggeführten Nuten b laufen. Dies ermöglicht größere Winkel α (über 45°) und damit längere Schieberteilwege bei kürzeren Führungswegen. Der Verschleiß ist durch die abrollende Bewegung geringer als beim Einbau von normalen Schrägbolzen

12.9 Hinterschneidungen in nicht rotationssymmetrischen Formteilen

es sich hier um eine rollende Bewegung handelt, sind die Reibungskraft und der Verschleiß weitaus geringer als bei Schrägbolzen mit gleitender Bewegung.

Eine weitere interessante Variante ist in Bild 490 dargestellt. Diese Schiebermechanik kann außerhalb des Werkzeugs angeordnet werden, hierdurch wird in der Arbeitsfläche Platz für die Kontur gewonnen. Die Mechanik arbeitet mit zwei schrägverzahnten Zahnstangen, die im Winkel von 90° im Führungsblock ineinandergreifen. Diese Schiebermechanik sowie deren Varianten sind im Handel als normierte Bausätze erhältlich.

Bild 490 Schieberwerkzeug mit Schiebermechanik bestehend aus 2 schrägverzahnten Zahnstangen mit Führungsblock [48]

Im Gegensatz zum Bewegungsbeginn der Schrägbolzen kann die Hubbewegung des Schiebers mit einer Schieberkurve verzögert eingeleitet werden, d. h. das Werkzeug öffnet sich um einen gewissen Betrag, der von der Gestalt des Kurvenprofils abhängig ist, bevor die Schieber seitlich bewegt werden und die Hinterschneidungen zum Entformen freigeben. Es ist dadurch möglich, z. B. bei tiefen hülsen- oder becherförmigen Spritzlingen bei geschlossenen Schiebern bereits eine teilweise Entformung des Spritzlings vom Kern des Werkzeugs zu erreichen. Nachdem die Schieber die Hinterschneidungen freigegeben haben, kann der Spritzling z. B. pneumatisch ausgeworfen werden.

Die Schräge der Schieberkurven sollte zwischen 25 und 30° liegen. Der Winkel der Schließflächen kann spitzer sein. Dadurch wird eine höhere Schließkraft erreicht. Die Praxis hat gezeigt, daß der Schließflächenwinkel etwa 15° betragen soll. In den Bildern 491 und 492 werden zwei Anwendungsbeispiele mit Schieberkurven vorgestellt [1, 2].

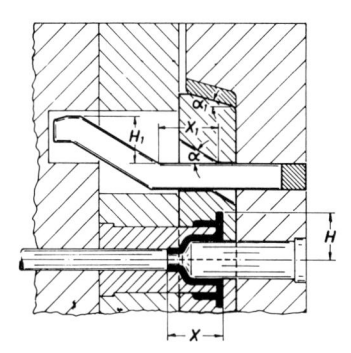

Bild 491 Werkzeug mit Schieberkurven [1].
H Hinterschneidung, H_1 Öffnungshub des Schiebers, α_1 Schließflächenschräge, α Schrägstellung der Schieberkurve, x Höhe des Spritzlings, x_1 Öffnungsweg; erst wenn dieser Weg zurückgelegt ist, leitet die Schieberkurve die Hubbewegung des Schiebers ein

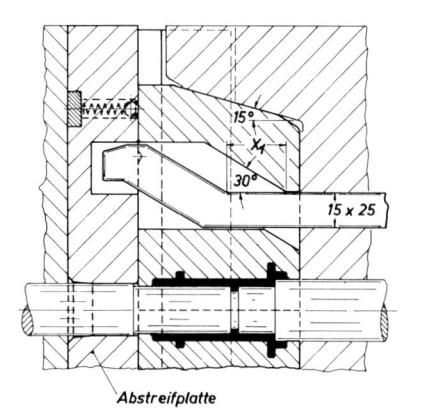

Abstreifplatte

Bild 492 Werkzeug mit Schieberkurven [1]. x_1 Öffnungswege (siehe Erläuterungen zu Bild 491)

12.9.2.2 Backenwerkzeuge

Wenn ganze Seitenflächen weggezogen werden müssen, um die Spritzlinge vom Hauptkern abschieben zu können, dann bezeichnet man diese Teile als Backen, die Werkzeuge als Backenwerkzeuge. Typische Beispiele sind Kästen (Bierkästen) mit außenliegenden Rippen und Durchbrüchen in den Seitenflächen. Aber auch in Fällen, wo die Zuhaltekraft der Maschine nicht ausreicht, kann u.U. über die Backen die Zuhaltekraft vom Gestell aufgenommen werden.

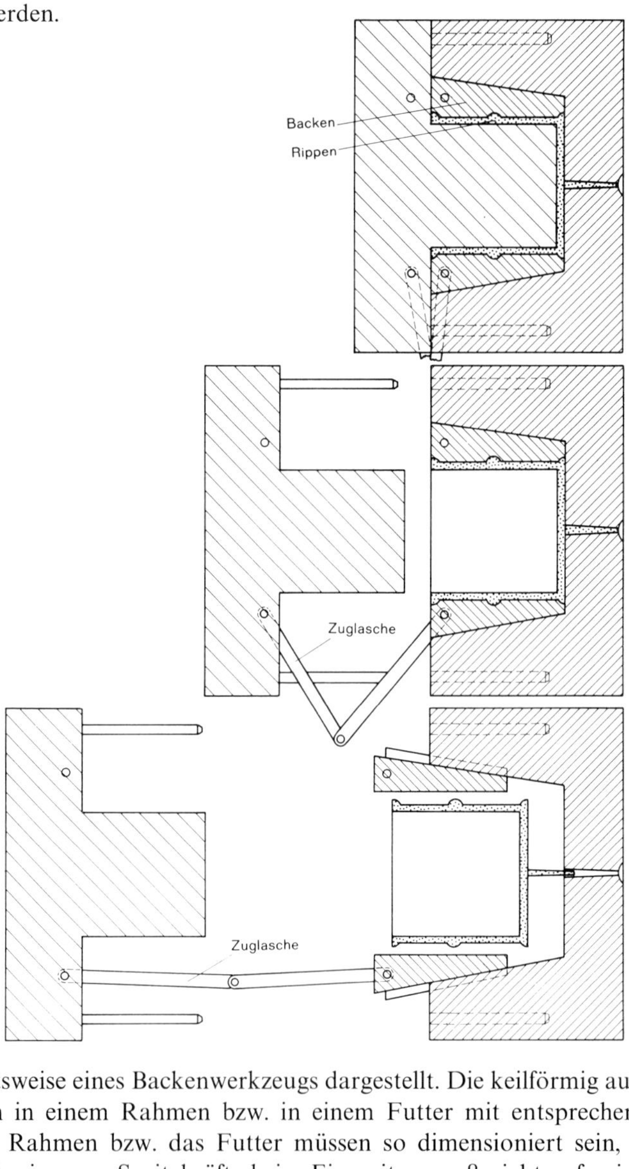

Bild 493
Arbeitsweise eines Backenwerkzeugs, Betätigung der Backen durch Zuglasche [49]

In Bild 493 ist die Arbeitsweise eines Backenwerkzeugs dargestellt. Die keilförmig ausgebildeten Backen werden in einem Rahmen bzw. in einem Futter mit entsprechender Aufnahme geführt. Der Rahmen bzw. das Futter müssen so dimensioniert sein, daß sie unter der Wirkung der inneren Spritzkräfte beim Einspritzprozeß nicht aufgerieben werden. Sonst ist eine mehr oder weniger starke Gratbildung an den Trennfugen unvermeidlich. Die Backen werden in einem sog. Schwalbenschwanz geführt bzw. in Nuten mit T-förmigem Querschnitt. Auf die Möglichkeit, dabei auftretende Verschleißerschei-

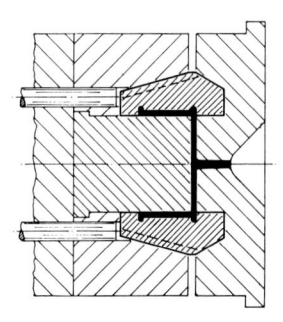

Bild 494 Gegenkonus zum Verbessern der Werkzeugabdichtung [1]

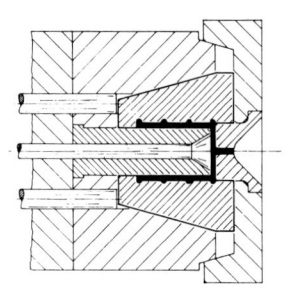

Bild 495 Konischer Sitz in der düsenseitigen Werkzeughälfte verhindert ein Auftreiben des Futters [1]

nungen gering zu halten bzw. auszugleichen, wurde bereits bei der Schrägbolzenführung hingewiesen. Die Konizität der Backen sollte zwischen 10 und 15° liegen. Dieser Winkelbereich hat sich in der Praxis bewährt. Kleinere Neigungen führen unter dem Einfluß der Werkzeugschließkraft zu einer zu starken Verkeilung im Futter, während Neigungen über 15° dem durch das Verkeilen auftretenden Schließkrafteffekt wieder entgegenwirken. Die Werkzeuge werden durch die andere Werkzeughälfte verriegelt. So können überstehende Backen durch einen Gegenkonus in der anderen Werkzeughälfte aufgenommen werden (Bild 494). Derselbe Effekt wird auch mit der Konstruktion nach Bild 495 erzielt. Hier wird der Aufnahmerahmen der Backen bzw. das Konusfutter durch einen konischen Sitz in der anderen Werkzeughälfte gegen ein Auftreiben beim Werkzeugfüllvorgang zusätzlich gesichert [1].

Die Öffnungsbewegung der Backen kann zwangsläufig durch die Maschinenöffnungsbewegung bzw. durch separate Antriebsquellen eingeleitet werden. Die durch die Maschinenöffnungsbewegung zwangsläufig betätigten Backen werden durch Kniehebel

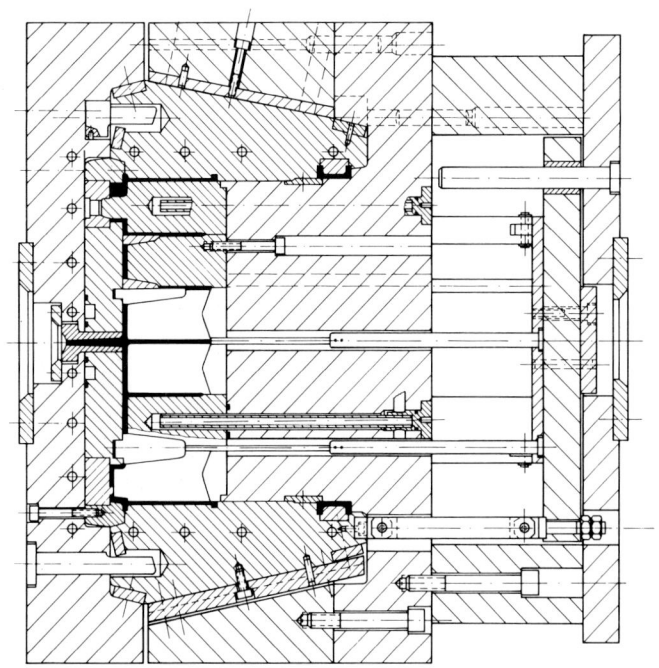

Bild 496
Betätigen der Backen durch Gelenkzapfen [49]

oder Zuglaschen (Bild 493), Auswerferstifte (Bilder 494 und 495), Gelenkzapfen (Bild 496), Federn (Bild 497) oder Steuerkurven (Bild 498) aus dem Futter herangezogen. Als separate Antriebsquellen können hydraulische Arbeitszylinder verwendet werden (Bilder 499 bis 501).

Bei den durch Auswerferstifte, Gelenkzapfen und durch Federn betätigten Backen ist zum Entformen des Spritzlings in der Regel ein zusätzlicher Entformungsmechanismus erforderlich. Durch Kniehebel oder Zuglaschen sowie durch Steuerkurven kann die Zerlegung der Maschinenöffnungsbewegung in eine Seitenbewegung, die zum Entformen

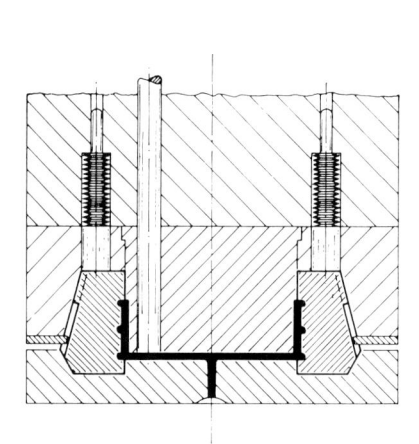

Bild 497 Betätigen der Backen durch Federn, Öffnungshub durch Anschläge begrenzt [1]

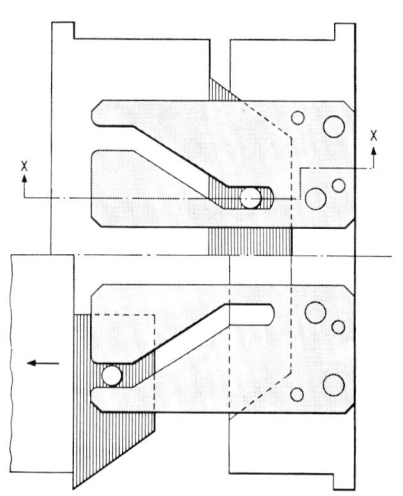

Bild 498 Betätigen der Backen durch Steuerkurve [1]; oben: Werkzeug geschlossen, unten: Werkzeug geöffnet

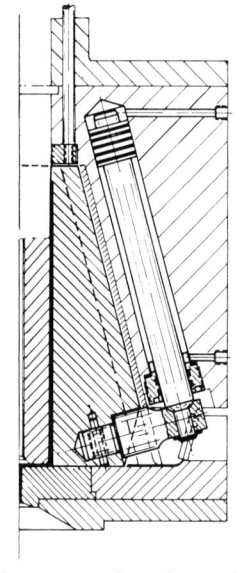

Bild 499 Betätigen der Backen durch hydraulische Arbeitszylinder [1]

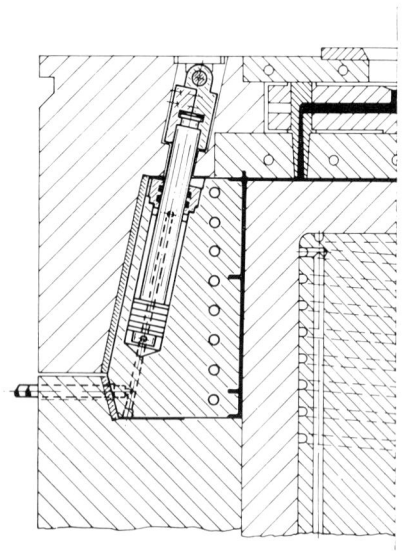

Bild 500 Betätigen der Backen durch hydraulische Arbeitszylinder [1]

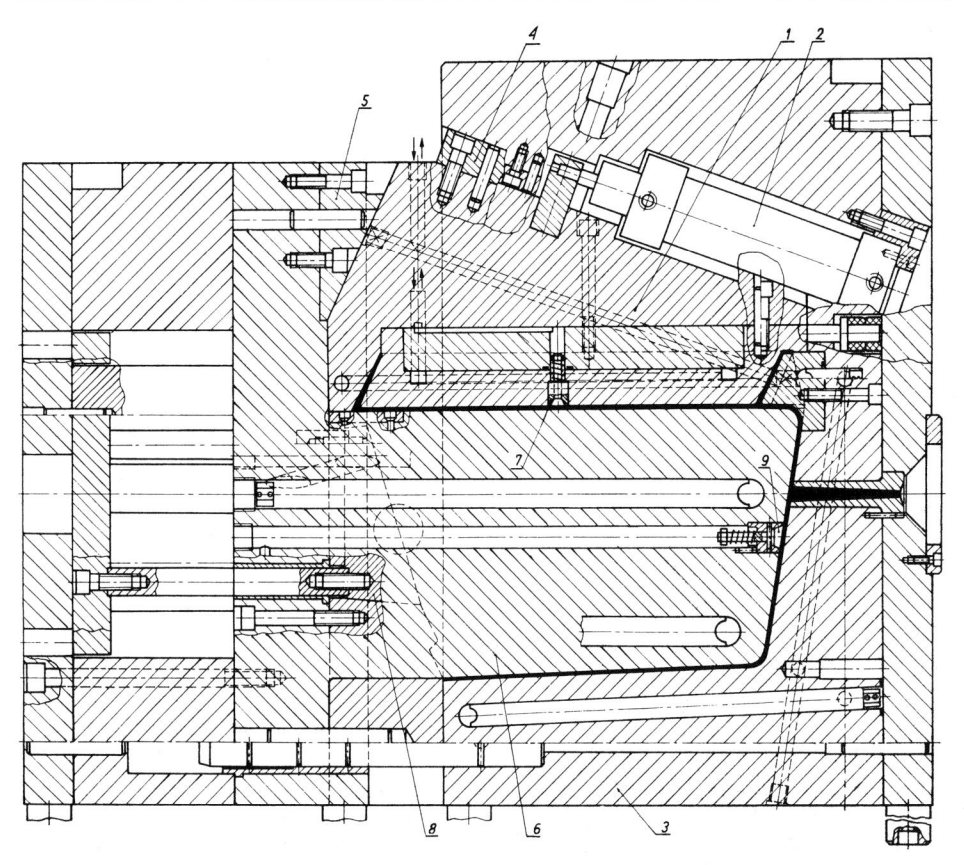

12.9 Hinterschneidungen in nicht rotationssymmetrischen Formteilen 467

Bild 501 Betätigen der Backen durch hydraulische Arbeitszylinder [21].
1 Backen, 2 Hydraulikzylinder, 3 Gesenk, 4 Führungsleiste, 5 Schließflächenleiste, 6 Stempel, Kern, 7, 9 Luftventile, 8 Abschiebeleiste

nötig ist, so lange verzögert werden, bis der Spritzling vom Kern entformt ist. Ein weiterer Entformungsmechanismus ist hierbei meist nicht mehr erforderlich.

Zu erwähnen bleibt noch, daß bei den durch Federn betätigten Backenwerkzeugen nur ein kurzer Öffnungshub erreicht werden kann, der durch Anschläge begrenzt wird (Bild 497).

In den Bildern 499, 500 und 501 sind Spritzgießwerkzeuge dargestellt, bei denen die Backen durch hydraulische Arbeitszylinder betätigt werden. Zur Erhöhung der Betriebssicherheit dieser Werkzeuge sollten sie im Rahmen der vollautomatischen Steuerung der Maschine bzw. einer Programmsteuerung der Maschine gesteuert werden. Die hydraulischen Arbeitszylinder müssen so in das Werkzeug eingearbeitet werden, daß keine Seitenkräfte auf die Kolben wirken, da die Funktionstüchtigkeit sonst nicht mehr gegeben ist. Demzufolge können die Kolben auch keinerlei Führungsaufgaben bei der Betätigung der Backen übernehmen. Durch ausreichende Kühlung der Backen muß sowohl die Betriebstemperatur der Hydraulik niedrig gehalten wie die Wärme der eingespritzten Masse schnell abgeführt werden [1]. Jeder Backen, auch mancher Schieber, muß ausreichend gekühlt werden. Seine Temperatur sollte kontrolliert und für jeden Backen ein gesonderter Kühlkreislauf vorgesehen sein.

12.9.3 Formen mit Kernzügen

Bei der Herstellung von großen Rohrfittingen müssen die Kerne vor dem Auswerfen ebenfalls gezogen werden. Bild 502 zeigt einen Schnitt durch solch ein Werkzeug.

Zunächst wird der Kern 3 gezogen. Dann folgt Kern 4. Da beim Ziehen von Kern 4 die Gefahr besteht, daß der Fitting in der Verschneidung abgerissen wird, wird gleichzeitig das Muffenausformstück 6 von Kern 3 mit dem Druckkolben 7 abgedrückt, bis sich der Kern 4 vom Fitting gelöst hat. Das Muffenausformstück kann dann von der Schraube 8 (Haltezapfen) nach kurzem Freilauf mitgenommen werden.

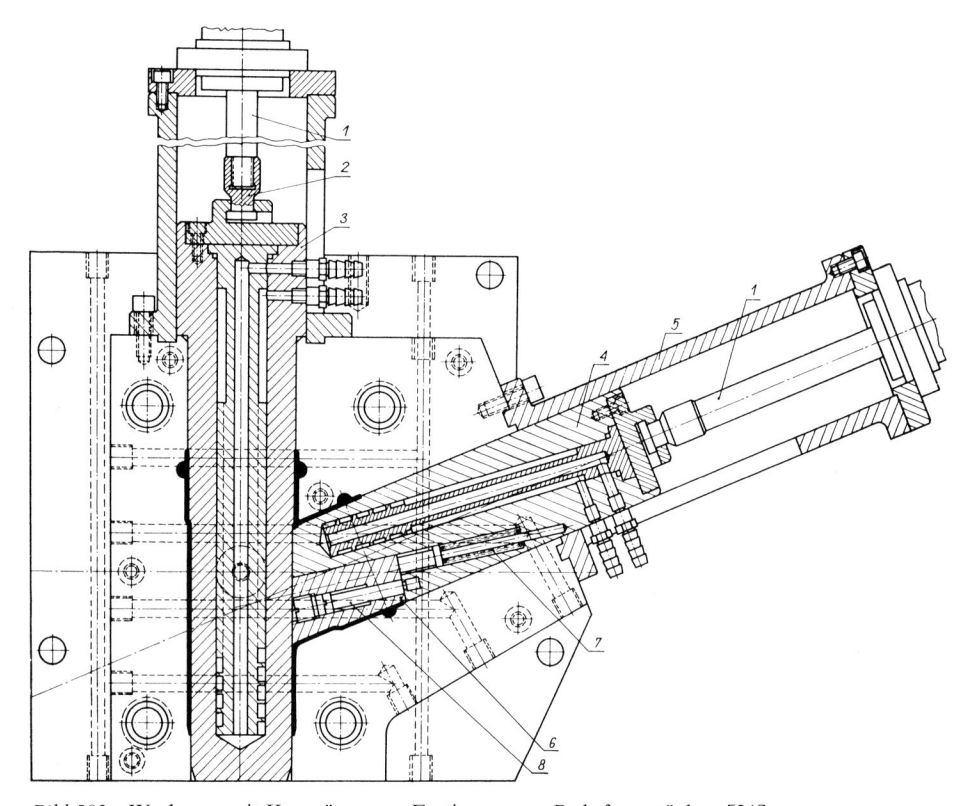

Bild 502 Werkzeug mit Kernzügen zur Fertigung von Rohrformstücken [21].
1 hydraulisch betätigte Zugstange
2 Verankerung der Zugstange im Kern
3 Kern für das Hauptrohr
4 Kern für den Abzweigstutzen
5 Verlängerte Kernführung
6 Muffenausformstück
7 Druckkolben für das Muffenausformstück
8 Haltezapfen für das Muffenausformstück

Literatur zu Kapitel 12

[1] *Möhrwald, K.:* Einblick in die Konstruktion von Spritzgießwerkzeugen. Garrels, Hamburg 1965.
[2] *Mink, W.:* Grundzüge der Spritzgießtechnik. Kunststoffbücherei Bd. 2. Zechner & Hüttig, Speyer, Wien, Zürich 1966.
[3] Entformungseinrichtungen. Technische Information 4.4 der BASF, Ludwigshafen/Rh. 1969.
[4] *Bangert, H.:* Systematische Konstruktion von Spritzgießwerkzeugen und Rechnereinsatz. Dissertation, RWTH Aachen 1981.
[5] *Kaminski, A.:* Messungen und Berechnungen von Entformungskräften an geometrisch einfachen Formteilen. In: Berechenbarkeit von Spritzgießwerkzeugen. VDI-Verlag, Düsseldorf 1974.
[6] *Karakücük, B.:* Ermittlung von Entformungskräften bei hülsenförmigen Formteilen. Unveröffentlichte Arbeit am IKV, Aachen 1979.
[7] *Schlattmann, M.:* Messung von Entformungskräften. Unveröffentlichte Arbeit am IKV, Aachen 1978.
[8] Spritzgießtechnik. Firmenschrift der Fa. Chemische Werke Hüls AG, Marl 1979.
[9] *Schreuder, S.:* Ermittlung von Entformungskräften beim Spritzgießen von Thermoplasten. Unveröffentlichte Arbeit am IKV, Aachen 1979.
[10] *Bangert, H.; Döring, E.; Lichius, U.; Kemper, W.; Schürmann, E.:* Bessere Wirtschaftlichkeit beim Spritzgießen durch optimale Werkzeugauslegung. Vortragsblock VII auf dem 10. Kunststofftechnischen Kolloquium des IKV, Aachen 12. bis 14. März 1980.
[11] *Cordes, H.:* Theoretische Ermittlung von Entformungskräften. Unveröffentlichte Arbeit am IKV, Aachen 1975.
[12] *Benfer, W.:* Algorithmus zur rechnerunterstützten mechanischen Auslegung eines Spritzgießwerkzeuges. Unveröffentlichte Arbeit am IKV, Aachen 1980.
[13] *Yorgancioglu, Y.Z.:* Ermittlung von Entformungsbeiwerten beim Spritzgießen von Thermoplasten (PS, ABS, PC). Unveröffentlichte Arbeit am IKV, Aachen 1979.
[14] *Ribbert, E.J.:* Ermittlung von Entformungsbeiwerten beim Spritzgießen von Thermoplasten (PP, PE). Unveröffentlichte Arbeit am IKV, Aachen 1979.
[15] Präzisions-Schleifteile. Katalog der Fa. Drei-S-Werk, Schwabach.
[16] Handbuch Formwerkzeug. Normalien der Fa. Sustau, Frankfurt.
[17] Entformungseinrichtungen. Technische Information 4.4 der BASF, Ludwigshafen 1969.
[18] Normalienkatalog der Fa. Hasco, Lüdenscheid.
[19] Strack Normalien für Formwerkzeuge. Handbuch der Fa. Strack-Norma GmbH, Wuppertal.
[20] *Schürmann, E.:* Abschätzmethoden für die Auslegung von Spritzgießwerkzeugen. Dissertation, RWTH Aachen 1979.
[21] *Zawistowski, H.; Frenkler, D.:* Konstrukcja Form Wtryskowych Do Tworzyw Thermoplasty Cznych (Konstruktion von Spritzgießwerkzeugen für thermoplastische Kunststoffe) Wydawnictwa Naukowo – Techniczne, Warszawa 1984.
[22] *Morgue, M.:* Moules d'injection pour Thermoplastiques. Officiel des Activités des Plastiques et du Caoutchoucs 14 (1967) S. 269–276 und S. 620–628.
[23] *Gastrow, H.:* Der Spritzgießwerkzeugbau in 100 Beispielen. 3. Aufl. Hanser, München 1966.
[24] *Lohmann, A.:* Auswerfereinrichtungen an Spritzgießmaschinen. Kunststoffe 59 (1969) 3, S. 137–139.
[25] *Pye, R.G.E.:* Injection Mould Design (for Thermoplastics). ILIFFE Books, London 1968.
[26] Actuation Methods for Part Ejection. Prospekt der Firma Hysky GmbH, Hilchenbach/Dahlbruch 1973.
[27] Spritzguß-Hostalen PP. Handbuch der Farbwerke Hoechst AG, Frankfurt.
[28] Automatische Auswerfer-Rückzug-Einrichtung. Prospekt der Firma Zimmermann, Lahr/Schwarzwald.
[29] *Kuroda, J.:* Mold Designing and Construction for Automation and High Cycle Molding (1). Jpn. Plast. Age 11 (1973) S. 39–44.
[30] Schnappverbindungen. Werkstoffblatt 3101.1 der BASF, Ludwigshafen 1973.
[31] Halbzeugverarbeitung. Anwendungstechnische Information der Farbwerke Hoechst AG, Frankfurt 1975.
[32] *Erhard, G.:* Schnappverbindungen bei Kunststoffteilen. Kunststoffe 58 (1968) 2, S. 131–133.

[33] Berechnen von Schnappverbindungen mit Kunststoffteilen. Anwendungstechnische Information der Farbwerke Hoechst AG, Frankfurt 1978.
[34] Collapsible Core. Prospekt der Firma DME-Detroit, Detroit/USA 1970.
[35] New collapsible – core tooling system. Br. Plast. 44 (1971) 9, S. 195/196.
[36] Spritzgießwerkzeuge. Mitteilung der Firma H. Weidmann AG, Rapperswil 1972.
[37] *Stoeckkert, K.:* Werkzeugbau für die Kunststoffverarbeitung. 3. Aufl. Hanser, München 1979.
[38] *Müller, M.:* Vierfach-Abspindel-Werkzeug mit Zahnstangen. Kunststoffe 66 (1976) 4, S. 201.
[39] Steilgewindespindeln mit Muttern. Prospekt der Firma Zimmermann, Mahlberg.
[40] Entformung von Spritzteilen mit Gewinden. Plastverarbeiter 30 (1979) 4, S. 189–192.
[41] *Mink, W.:* Grundzüge der Spritzgießtechnik. 5. Auflage. Zechner & Hüttig, Speyer 1979.
[42] Schneckengetriebe mit Bremsmotor, Schaltautomat und Spezialkupplung. Prospekt der Firma Zimmermann, Mahlberg.
[43] Hydraulische Ausschraubeinheit zum Entformen von Gewindeteilen. Arburg heute 5 (1974) 7, S. 31–37.
[44] *Reimer, V.v.:* Konstruktionselemente der Spritzgießformen. Ind. Anz. 93 (1971) 104, S. 2657–2659.
[45] *Sass, F.; Bouché, Ch.:* Dubbels Taschenbuch für den Maschinenbau, Bd. 1. Springer, Berlin, Göttingen, Heidelberg 1958.
[46] *Catić, I.:* Calcul dimensionnel rapide des broches inclinées. Plast. Mod. Elastomères 17 (1965) S. 99–105.
[47] *Trapp, M.:* Bewegungselemente für Spritzgießwerkzeuge mit langen Schieberteilwegen. Kunststoffe 63 (1973) 2, S. 86/87.
[48] Schiebermechanik. Prospekt der Firma Hasco, Lüdenscheid.
[49] Kunststoffverarbeitung im Gespräch, 1: Spritzgießen. Druckschrift der BASF, Ludwigshafen/Rh. 1979.
[50] *Lindner, E.:* Spritzgießwerkzeuge für große Teile. Mitteilung aus dem Anwendungstechnischen Laboratorium für Kunststoffe der BASF, Ludwigshafen/Rh.

13 Zentrierung und Führung der Werkzeuge – Werkzeugwechsel

13.1 Aufgaben der Führung und Zentrierung

Die Spritzgießwerkzeuge werden beim Einrichten auf die Werkzeugträgerplatten der Schließeinheit der Spritzgießmaschine montiert. Die Schließeinheit übernimmt die Aufgabe, das Werkzeug im Rahmen des Gesamtarbeitszyklus zu öffnen oder zu schließen. Dabei müssen die Werkzeuge so geführt sein, daß die Werkzeugeinsätze genau fluchten und das Werkzeug dicht schließt. Würden die Werkzeugeinsätze nicht fluchten, würde der Spritzling unterschiedliche Wanddicken aufweisen, und er wäre somit nicht maßgerecht.

Da eine Führung der Werkzeuge durch die Schließeinheit alleine in der Regel nicht ausreicht, besitzen die Werkzeuge noch eine sogenannte innere Führung, die einerseits ein verdrehtes Zusammensetzen der Formplatten unmöglich macht und zum anderen die Werkzeuge mit der notwendigen Präzision ausrichtet.

13.2 Zentrierung des Werkzeugs auf die Düsenachse der Plastifiziereinheit

Hier ist absolutes Fluchten erforderlich, andernfalls würde die Düse am Werkzeug nicht abdichten und am Angußzapfen würden Hinterschneidungen entstehen, die den Betrieb unterbrechen würden. Deswegen benutzt man nahezu ausschließlich Zentrierungen konzentrisch zur Angußbuchsenachse; meist in Form eines Flansches, der gleichzeitig die Angußbuchse im Werkzeug festhält (Bild 503) und düsenseitig in die Düsenbohrung der Maschinenaufspannplatte paßt.

Diese Zentrierflansche sind im Handel erhältlich und können bei den Herstellerfirmen für Werkzeugnormalien bezogen werden (siehe Kapitel 16). Sie werden in verschiedenen Stahlqualitäten geliefert, entweder aus Einsatzstahl (211 Mn Cr 45 mit 60 bis 62 HRC) oder aus einem unlegierten wasserhärtbaren Werkzeugstahl (C 45 W 3 mit einer Festigkeit von 650 N/mm^2).

Der Zentrierflansch hat für das Durchtauchen der Düsenspitze eine konische Innenbohrung, die entsprechende Abmessungen haben muß.

Man hat natürlich nur eine Zentrierung an einem Werkzeug, es kann jedoch als Montagehilfe eine weniger eng tolerierte Hilfszentrierung auf der schließseitigen Platte vorhanden sein.

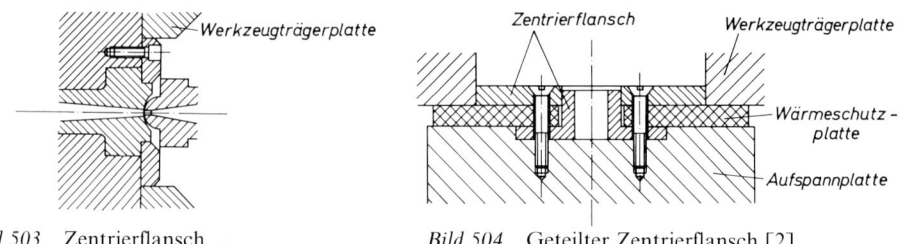

Bild 503   Zentrierflansch   *Bild 504*   Geteilter Zentrierflansch [2]

Als Paßsitz zwischen der Aussparung der düsenseitigen Werkzeugträgerplatte und dem Zentrierflansch wird die Paarung H7/f8 gewählt. Dieselbe Paarung wird auch für den Einbau des Zentrierflansches in das Werkzeug angewendet. In Bild 504 ist ein zweigeteilter Zentrierflansch dargestellt. Diese Art des Zentrierflansches wird insbesondere dann angewendet, wenn das Werkzeug gegenüber den Werkzeugträgerplatten der Schließeinheit gegen Wärmeleitung isoliert werden muß. Dies ist in der Hauptsache bei der Verarbeitung duroplastischer Formmassen bzw. bei der Fertigung von Präzisionsteilen der Fall, bei denen die Werkzeuge auf höhere Temperaturen temperiert werden.

13.3   Innere Führung und Zentrierung

Das Werkzeug muß zum Erreichen der notwendigen Präzision bei der Führung und Zentrierung noch einmal – außer durch die Holme der Maschine – in sich selbst geführt werden. Das geschieht bei kleinen Werkzeugen durch Führungssäulen. Das sind Bolzen, die bei geöffnetem Werkzeug an einer der beiden Werkzeughälften überstehen und beim Schließen des Werkzeugs in genau passende Buchsen in die andere Werkzeughälfte hineingleiten. Damit ist bei flachen Werkzeugen eine dauernde und genaue Stellung der beiden Gravurflächen zueinander während des Einspritzvorgangs gegeben und die Herstellung versatzfreier Spritzlinge garantiert.

Bei Werkzeugen mit tiefen Gravuren, besonders bei solchen mit langen und schlanken Kernen, kann es trotz einer genauen Zentrierung durch die Führungssäulen zu einem Versatz des Kerns beim Einspritzvorgang kommen. Hierauf wurde in Kapitel 11, Kernversatz, näher eingegangen. Konstruktionsbeispiele für die Zentrierung derartiger Kerne werden in Kapitel 11 (Bild 403) vorgestellt.

Bild 505 zeigt an einem Einbaubeispiel Lage und Sitz von Führungssäule und zugehöriger Führungsbuchse. Für die axiale Führung werden normalerweise vier „Führungseinheiten" (Säule und Buchse) in die Werkzeuge eingebaut. Um die Montage zu erleichtern und stets ein seitengerechtes Montieren der Werkzeuge zu gewährleisten, wird entweder eine „Führungseinheit" versetzt angeordnet oder in einer anderen Dimension ausgeführt [1, 2]. Das letztere ist der weitaus häufigere Fall, da unkomplizierter, insbesondere bei der Verwendung von Werkzeugnormalien die stets schon gebohrt sind. Ein leichtes Einfädeln der „Führungseinheit" beim Einrichten des Werkzeugs auf der Maschine und beim Zusammenbau der Werkzeuge in der Montage wird erreicht, wenn möglichst zwei Führungssäulen, und zwar diagonal gegenüberstehende, länger ausgeführt werden. Um die Werkzeugplatten für die Stützung der Gravur bestmöglich auszunutzen und um ein ausreichendes Heiz- und Kühlsystem im Werkzeug unterzubringen, sind die „Führungseinheiten" möglichst nahe an den äußeren Umfang des Werkzeugs zu legen.

13.3 Innere Führung und Zentrierung

Bild 506 Passungen an Führungssäulen

Bild 507 Übliche Bauarten von Führungssäulen

Bild 505 Führungseinheit [2]

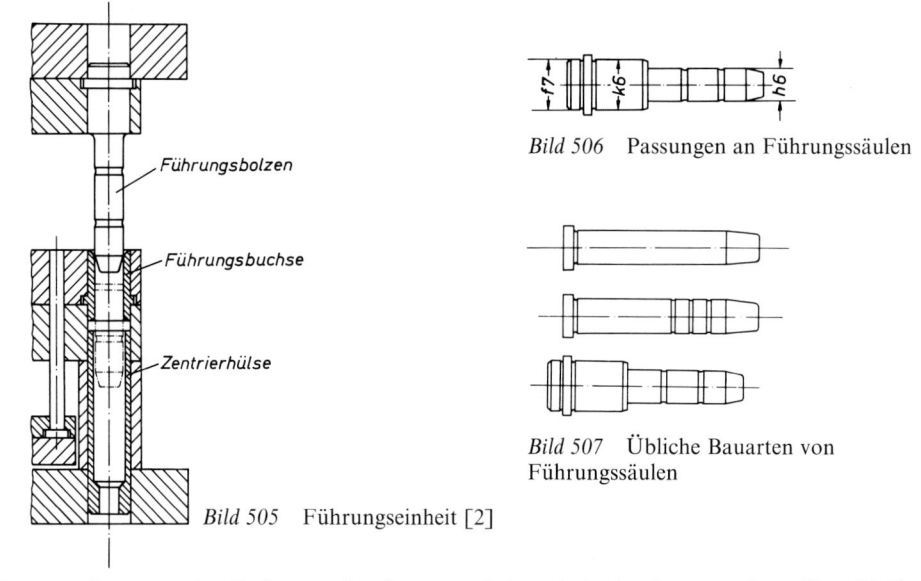

Die enge Passung der Bohrungsdurchmesser bringt jedoch einen starken Verschleiß mit sich. Es ist daher nicht ratsam, die Führungssäulen direkt in entsprechenden Bohrungen der einzelnen Werkzeugplatten gleiten zu lassen. Grundsätzlich sollten Führungsbuchsen verwendet werden, um sie als Verschleißteile leicht auswechseln zu können. Diese Führungsbuchsen werden genauso wie die Führungssäulen aus Einsatzstählen mit einer Härte von 60 bis 62 HRC hergestellt; sie sind handelsüblich in den verschiedensten Dimensionen erhältlich. Die Verschleißbeanspruchung kann weiterhin dadurch herabgesetzt werden, daß die Führungssäulen mit Molybdändisulfid geschmiert werden. Die Führungssäulen besitzen zu diesem Zweck Schmierrillen. Führungssäulen ohne Schmierrillen (vgl. Bild 509) finden nur Anwendung bei sehr kleinen Werkzeugen, als Führungssäulen von Keilschiebern und wenn Kugellagerbuchsen (vgl. Bild 511) als Führungsbuchsen benutzt werden [1].

Führungssäulen und -buchsen sind in den verschiedensten Ausführungen im Handel erhältlich. Die angegebenen Paßtoleranzen sind bei den einzelnen Herstellerfirmen unterschiedlich. Eine ausreichende Führung und Zentrierung der Werkzeuge ist gegeben, wenn die Führungssäulen mit einer Passung h6, im Schaftbereich mit einer Passung k5 und im Zentrierbereich mit einer Passung f7 versehen sind (Bild 506). Der Durchmesser am Bund sollte ein Untermaß von 0,2 mm haben. Ist die Führungssäule z. B. durch einen Stift gegen Herausrutschen gesichert, sollte die Aufnahmebohrung im Werkzeug eine Passung H7 besitzen. Ohne Sicherung ist eine Passung N7 (Preßsitz) notwendig. Die Länge der Führungssäulen richtet sich nach der Tiefe der Gravuren im Werkzeug.

Die Führung der Werkzeuge muß stets beginnen, bevor die Werkzeugeinsätze ineinander eintauchen; es ist daher eine ausreichende Länge zu wählen. Bild 507 zeigt die im Handel üblichen Bauarten von Führungssäulen. Die Führungssäulen mit Zentrieransatz (Bild 506) übernehmen gleichzeitig die Aufgabe der Verstiftung der einzelnen Werkzeugplatten. Einige Hinweise über die Angebote des Handels gibt Kapitel 17; dort findet man auch weitere Angaben über die Passungen.

Die Länge der Führungsbuchsen richtet sich nach dem jeweiligen Bohrungsdurchmesser der Buchse und sollte das 1,5- bis 3fache des Bohrungsdurchmessers betragen. Die

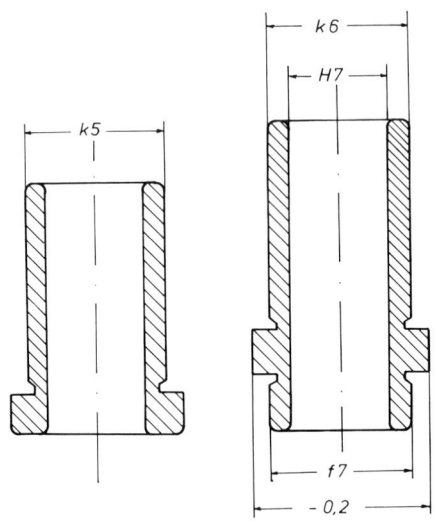

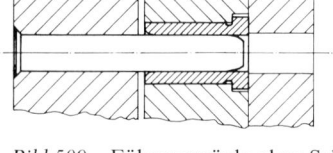

474 13 Zentrierung und Führung der Werkzeuge – Werkzeugwechsel

Bild 509 Führungssäule ohne Schmierrillen [1]

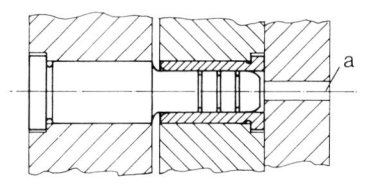

Bild 510 Abgesetzte Führungssäule [1]
a Entlüftungsbohrung

Bild 508 Formen der Führungsbuchsen mit üblichen Passungen

Aufnahmebohrung für die Führungsbuchse im Werkzeug sollte eine Passung von H7 haben. In Bild 508 sind zwei Formen der Führungsbuchse gezeigt. Die Führungsbuchsen mit Zentrieransatz dienen zum Fixieren der einzelnen Werkzeugträgerplatten. Die Bilder 509 und 510 zeigen einige Einbaubeispiele für Führungsbuchsen und Führungssäulen [1].

Ein Führungssystem für den Bau einfacher Werkzeuge und für die Führung von Schiebern zeigt Bild 509. Bei der Fertigung ist ein Lehrenbohrwerk erforderlich, um das Fluchten der Bohrungen der einzelnen Werkzeugplatten zu garantieren.

Bild 510 stellt ein Führungssystem mit abgesetzten Führungsbolzen dar. Die Aufnahmebohrungen für Führungssäule und Führungsbuchse können in einer Aufspannung gefertigt werden (gleicher Durchmesser).

Ein bewährtes, aber noch selten angewendetes Führungssystem, gibt Bild 511 wieder. Dieses System verursacht Mehrkosten, garantiert aber eine sehr genaue und leicht gehende wartungsfreie Führung.

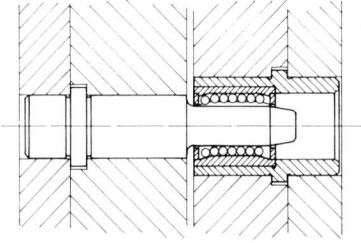

Bild 511 Führungseinheit mit Kugellagerbuchse [1]

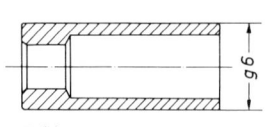

Bild 512 Zentrierhülse

Durch die Zentrierhülse werden auch die Werkzeugplatten zueinander zentriert und miteinander verbunden, die durch die Führungselemente, Führungssäule und -buchse, nicht erfaßt werden. In Bild 512 ist eine Zentrierhülse dargestellt. Die Durchmesser der Zentrierhülse sind so gehalten, daß sie in ihrem Außendurchmesser mit dem der Führungsbuchse und bei abgesetzten Führungssäulen mit dem Durchmesser des Führungsschaftes übereinstimmen. Die Werkzeugplatten, die nicht durch die Führungselemente, Führungssäule und -buchse, erfaßt werden, können daher in einer Aufspannung mit den übrigen Werkzeugplatten gebohrt werden. Der innere Durchmesser der Zentrierhülsen ist so groß, daß er ein müheloses Eintauchen der Führungssäulen gewährleistet.

Bild 513
Führungseinheit [2]
a Führungssäule mit Gewindebohrung,
b Führungsbuchse mit Gewindebohrung,
c Paßhülse

Bild 514
Führungseinheit [3].
Führungsbuchse und Zentrierbuchse dreigeteilt

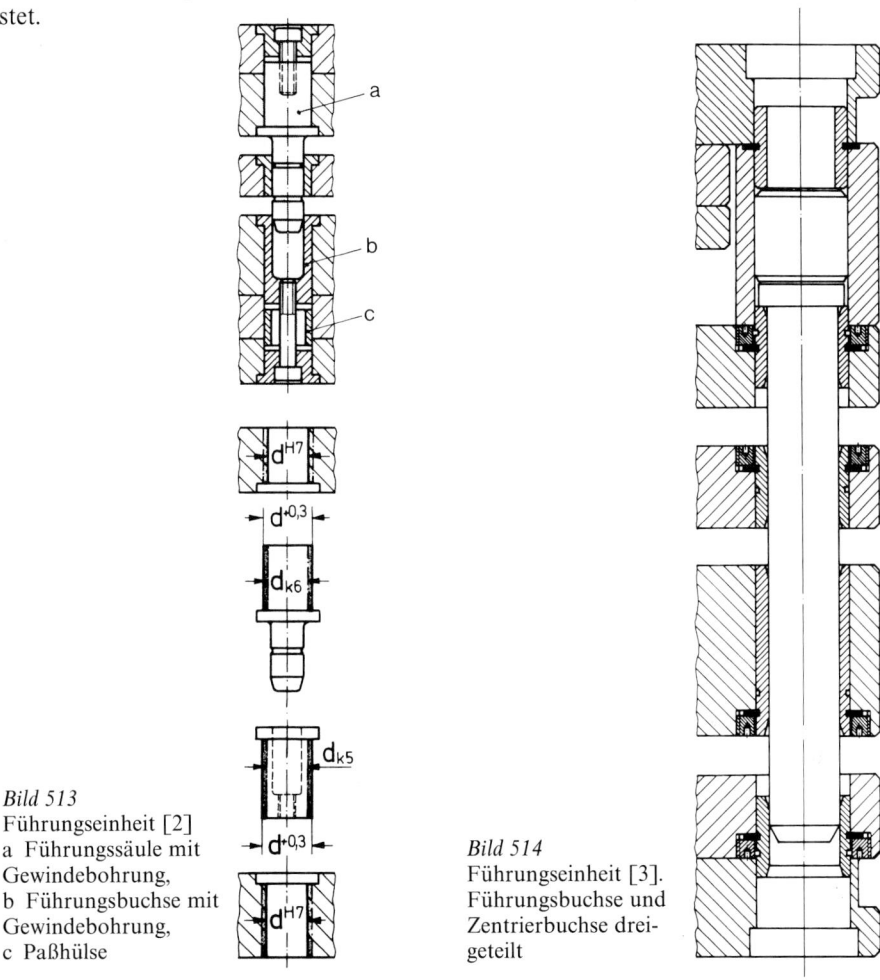

Aus der Vielzahl der Führungs- und Zentriersysteme seien noch die in den Bildern 513 und 514 dargestellten Möglichkeiten erwähnt. Beide Möglichkeiten bauen auf den bereits beschriebenen Grundelementen, Führungssäule, Führungsbuchse und Zentrierhülse, auf. Bei dem Führungs- und Zentriersystem nach Bild 513 sind die Führungssäulen und -buchsen mit Gewindebohrungen und Spannschrauben versehen, die sich auf der Gegenseite in einem Schraubenkopflager abstützen. Auch hier werden die Werkzeugplatten, die nicht von den Führungssäulen oder -buchsen erfaßt werden, durch Zentrierhülsen geführt. Diese Ausführung des Zentrier- und Führungssystems ist zwar in der Anschaffung teurer als die in Bild 505 dargestellte, hat dafür aber bei der Montage entscheidende Vorteile, da die sonst noch zusätzlich erforderlichen Bohrungen für Schrauben, mit denen die einzelnen Werkzeugplatten miteinander befestigt werden, entfallen. Zum Verspannen der einzelnen Werkzeugplatten dienen hier Spannschrauben im Führungs- und Zentriersystem. Dadurch ist gleichzeitig eine bessere Ausnutzung der Werkzeugplatten für die Gravur und eine ungestörte Unterbringung des Temperiersystems möglich [2].

Das in Bild 514 vorgestellte System zeigt eine völlig andere Art der Gestaltung von Führungsbuchsen und Zentrierhülsen sowie deren Einbaumöglichkeit in das Werkzeug. Die Führungsbuchsen dieses Systems sind jeweils dreigeteilt. Sie bestehen aus einer Buchse, einer Sicherungsscheibe und einer Ringmutter. Die Sicherungsscheibe kann dabei umgesteckt werden. Das hat den Vorteil, daß die Buchsen einmal bündig mit den Werkzeugplatten und zum anderen rd. 5 mm überstehend durch die Ringmutter verschraubt werden können. In der überstehenden Stellung können beliebig viele Platten aneinander fixiert werden. Die dreigeteilte Zentrierbuchse erfüllt so sowohl die Aufgabe der Führungsbuchsen mit Zentrieransatz wie auch die derjenigen ohne Zentrieransatz der anderen Systeme. Darüber hinaus kann sie auch noch als Zentrierhülse verwendet werden. In diesem Fall entfällt die Ringmutter. Durch die Ringmutter werden die Buchsen zuverlässig an den Werkzeugplatten befestigt. Dadurch können u.U. Zwischenplatten, wie sie bei den anderen Systemen zum Verspannen der Buchsen benötigt werden, eingespart werden. Die Bauhöhe der Werkzeuge wird dadurch geringer und die Mehrkosten, die die aufwendige Konstruktion der Führungsbuchsen mit sich bringt, werden wieder ausgeglichen [13].

Um eine einwandfreie Arbeitsweise zu garantieren, sollten die Führungssysteme nicht durch Seitenkräfte belastet werden. Treten keine seitlichen Belastungen auf, so braucht der Führungssäulenquerschnitt nicht berechnet zu werden. Bei Schrägen-Führungen, insbesondere für Schiebersteuerung, muß jedoch der Säulenquerschnitt berechnet werden. Es gelten hier die Beziehungen, die bereits in Abschnitt 12.9.2.1, Schieberwerkzeuge zur Berechnung der Schrägbolzen, vorgetellt wurden.

13.4 Führung und Zentrierung bei großen Werkzeugen

Bei großen und tiefen Werkzeugen, wie z.B. für Eimer und Flaschenkästen, verwendet man mitunter keine Führungssäulen, sondern überläßt die Führung während des Öffnens und Schließens bis kurz vor dem endgültigen Aufsitzen der beiden Hälften den Holmen der Maschine. Da deren Genauigkeit natürlich für die Zentrierung bei der Füllung des Formnestes mit Schmelze nicht ausreicht, ist eine besondere Zentrierung nötig. Diese Zentrierungen sind alle dadurch gekennzeichnet, daß sie erst unmittelbar vor dem endgültigen Schließen des Werkzeugs die Führung übernehmen und beide Werkzeughälften gegeneinander im geschlossenen Zustand verspannen.

Als besonders günstig, da sie auch die Formaufweitungskräfte mitübernimmt, bietet sich die *Topfführung* (Bild 515) mit den in den Bildern 516 und 517 dargestellten Varianten an. Die Varianten haben dabei den Vorteil, daß die eingesetzten Leisten bei auftretenden Verschleißerscheinungen leicht ausgewechselt bzw. nachgestellt werden können. Weitere Varianten für Topfführungen sind in Bild 518 dargestellt.

Häufig findet man auch *Paßbolzen*, die zum Zentrieren von Kern und Gesenk in die beiden Werkzeughälften eingearbeitet sind (Bild 519). Die Paßbolzen werden so in das Werkzeug eingebaut, daß ihre Mitte zur Teilungsebene des Werkzeugs versetzt ist. Beim

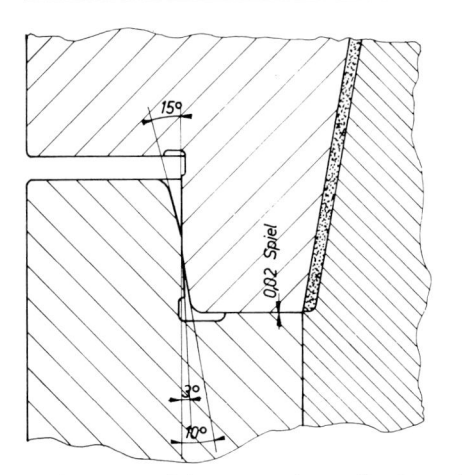

13.4 Führung und Zentrierung bei großen Werkzeugen   477

Bild 515   Topfführung aus dem vollen Material herausgearbeitet [1]

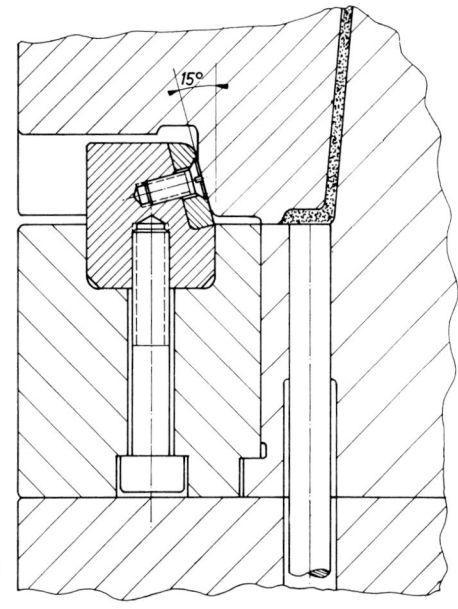

Bild 516   Topfführung durch aufgesetzte Leisten [1]

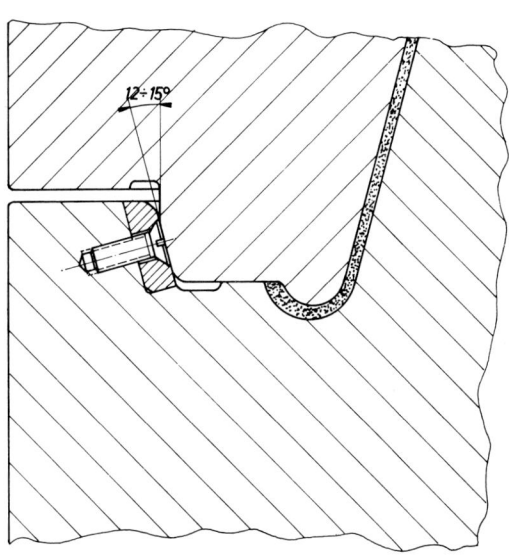

Bild 517   Topfführung mit eingesetzter Leiste [1]

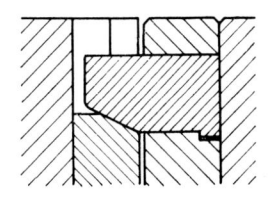

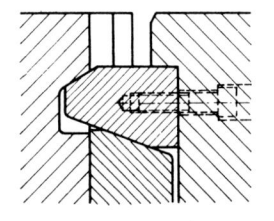

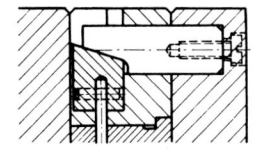

Bild 518   Varianten für Topfführungen [4]

Bild 519 Paßbolzen [1]

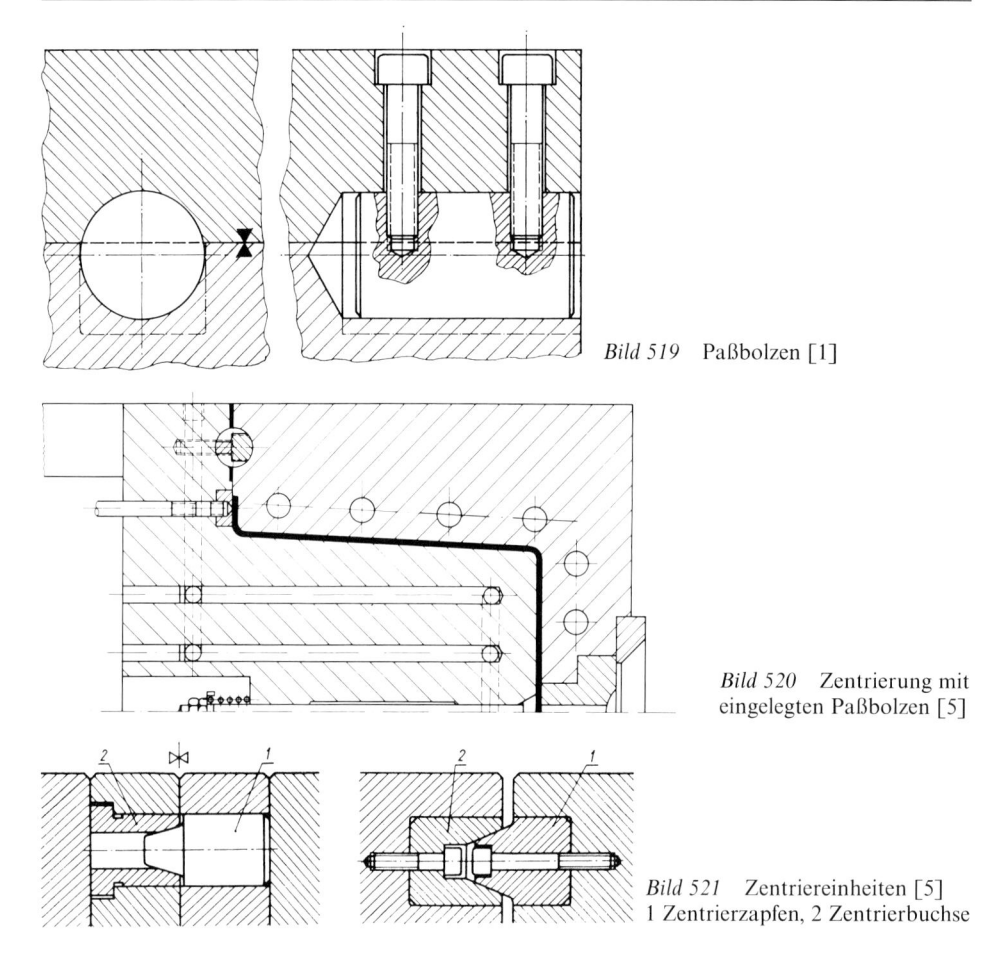

Bild 520 Zentrierung mit eingelegten Paßbolzen [5]

Bild 521 Zentriereinheiten [5]
1 Zentrierzapfen, 2 Zentrierbuchse

Zusammenfahren des Werkzeugs werden die beiden Werkzeughälften dadurch ineinander verspannt. In Bild 520 ist ein Werkzeug mit eingebautem Paßbolzen dargestellt. Es können statt runder Paßbolzen auch Zentrierleisten aus Keilstahl benutzt werden. Die Zentrierung der Werkzeuge durch Paßbolzen erfordert eine hohe Fertigungsgenauigkeit, da späteres Nachstellen nicht möglich ist. Schließlich werden relativ häufig die *Zentrierzapfen* nach Bild 521 verwendet. Weitere Ausführungen finden sich bei den Normalien (vgl. Kapitel 16).

13.5 Werkzeugwechsel

13.5.1 Werkzeugschnellwechselsysteme für Thermoplastwerkzeuge

Spritzgießwerkzeuge werden im allgemeinen mit mechanischen Spannelementen (der herkömmlichen Schrauben-Muttern-Befestigung) auf die Werkzeugaufspannplatten der Spritzgießmaschine montiert und an die Energieversorgungsleitungen angeschlossen. Dazu wird das Werkzeug je nach Einbauweise (horizontal oder vertikal) mittels unterschiedlicher Hubvorrichtungen (Kran-Hubwagen) in die Spritzgießmaschine eingeführt. Es kommt dabei je nach Werkzeuggröße und -gewicht bzw. nach der Anzahl der Energieanschlüsse zu Maschinenstillstandzeiten zwischen einer Stunde und mehreren Tagen (Bild 522). Diese unproduktiven Nebenzeiten beeinflussen die Wirtschaftlichkeit der Produktion erheblich. Der Trend zur Automation, die Forderung nach mehr Flexibilität und nach besserer Wirtschaftlichkeit führten so zwangsläufig zu Werkzeugschnellwechselsystemen. Dennoch haben sich die Wechselsysteme bis jetzt kaum durchsetzen können. Der Grund dafür ist einerseits die fehlende Kompatibilität zwischen den verschiedenen Systemen, die heute auf dem Markt sind [7, 8], andererseits müssen meist alle auf einer Maschine benutzten Werkzeuge umgerüstet werden. Damit entstehen hohe Kosten.

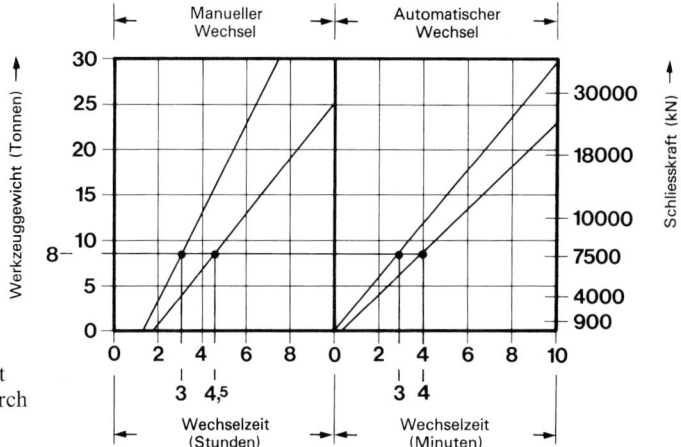

Bild 522 Reduzierung der Maschinenstillstandzeit beim Werkzeugwechsel durch Schnellspannsysteme [6]

Die Werkzeugwechselsysteme bestehen aus mehreren Komponenten, die dazu geeignet sind, Spritzgießwerkzeuge entweder vollautomatisch oder durch steuernde Betätigung seitens des Bedienungspersonals halbautomatisch auf einer Maschine auszuwechseln. Es handelt sich dabei um solche Komponenten, die

– das Lösen und Befestigen der Werkzeuge auf den Maschinenplatten,
– das Lösen und Anschließen der Versorgungsleitungen des Werkzeugs sowie
– das Herausnehmen und Einbringen von Werkzeugen in die Schließeinheit der Maschine

durchführen. Hieraus ergeben sich folgende notwendige Vorrichtungen für ein Werkzeugwechselsystem:

– Schnellspannvorrichtungen,
– Schnellkupplungen,
– Wechselvorrichtungen.

Darüber hinaus werden für eine Automatisierung des Werkzeugwechsels im allgemeinen noch weitere Komponenten benötigt, die gemeinsam zu einem System zusammengefügt werden müssen (Bild 523). Erst durch das Zusammenwirken aller Bausteine wird eine flexible und automatisierte Spritzgießfertigung ermöglicht [7].

Die Werkzeugkonstruktion wird aber im wesentlichen nur durch die Schnellkupplungen beeinflußt. Bei den Schnellspannvorrichtungen haben sich zwei Lösungen auf dem Markt bewährt. Nach dem VDMA-Einheitsblatt 24464 [9] unterscheidet man zwischen

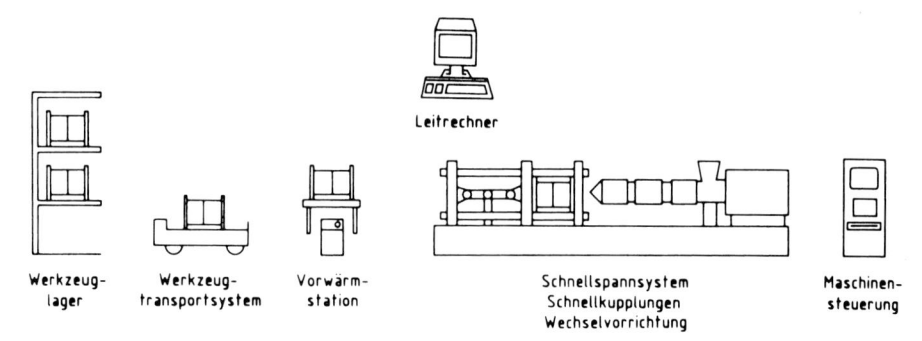

480   13 Zentrierung und Führung der Werkzeuge – Werkzeugwechsel

Bild 523   Komponenten für den automatischen Werkzeugwechsel [7]

adaptiven und integrierten Spannsystemen, die in der Regel hydraulisch betätigt werden. Sie können so in ein Konzept zur flexiblen automatisierten Fertigung leicht eingegeben werden.

Bei den *adaptiven Spannsystemen* sind auf den Werkzeugaufspannplatten der Spritzgießmaschine hydraulisch betätigte Blockzylinder oder Spannleisten mit integrierten Spannpatronen [6] montiert, in die die exakt bearbeitete Werkzeuggrundplatte (Aufspannplatte) eingeschoben wird [10]. Dafür werden die Werkzeuggrundplatten in den meisten Fällen entweder abgeschrägt oder mit einer Nut versehen (Bilder 524 und 525).

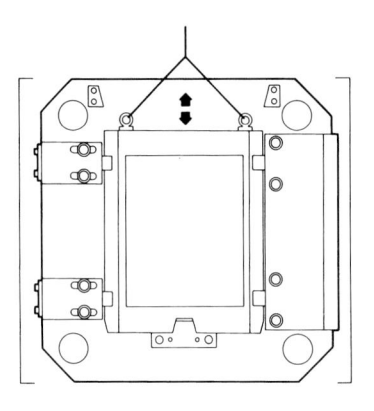

Bild 524   Adaptives Schnellspannsystem.
Links: Blockzylinder, *rechts*: Spannleiste mit integrierten Spannpatronen, Werkzeuggrundplatte abgeschrägt [6]

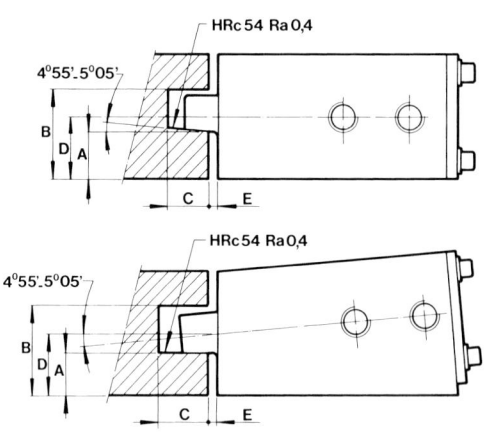

Bild 525   Adaptives Schnellspannsystem
A–E Variable Abmessungen der verschiedenen Modelle
oben: Zylinder mit angeschrägten Kolben, die auf entsprechend geneigte Aufspannflächen auffahren und ein selbsthemmendes Spannen gewährleisten
unten: Zylinder sind geneigt eingebaut und spannen selbsthemmend durch Auffahren des Kolbens auf ebenen Spannflächen

Beim Spannen fährt nun der Kolben oder die Spannleiste, die ebenfalls abgeschrägt wird, auf eine entsprechende Gegenschräge am Werkzeug (Bilder 524 und 525). Der Winkel an der Gegenschräge beträgt ca. 5°. Bei diesem Winkel erfolgt mechanische Selbsthemmung (solange kein Öltropfen darauf gefallen ist!!). Aus Sicherheitsgründen sind deswegen die Spannelemente zusätzlich noch serienmäßig mit einem Näherungsschalter ausgerüstet [11].

Bei den *integrierten Spannsystemen* ist ein hydraulischer Verriegelungsmechanismus in die Aufspannplatten integriert, der auf den Grundplatten des Werkzeugs befestigte Bolzen hydraulisch verspannt (Bild 526) [10].

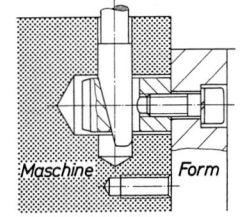

Bild 526 Integriertes Spannelement [8]

Die heute angebotenen Vorrichtungen zur Automatisierung des Werkzeugwechsels sind derart vielgestaltig, daß sie hier nicht alle aufgezeigt werden können. Es wird daher noch auf folgende Literaturstellen verwiesen [12 bis 18].

Alle bisher vorgestellten Wechselsysteme arbeiten im Prinzip mit den gleichen Verriegelungsmechanismen. Sind diese einmal an den Werkzeugaufspannplatten der Spritzgießmaschine montiert, so sind sie als starres System zu betrachten, daß die Größe der Werkzeuggrundplatten – unabhängig von der Werkzeuggröße – bestimmt. Bei kleinen Werkzeugen können so die Werkzeuggrundplatten überproportional groß werden, und bei großen Werkzeugen muß man u. U. auf Maschinen einer größeren Schließkraftklasse ausweichen.

Die bisher vorgestellten Lösungen setzen eine rechteckige Werkzeuggrundplatte voraus. Bild 527 zeigt eine Konstruktion, bei der das Werkzeug an den Zentrierflanschen mittels hydraulischer Spannschieber, die in die Aufspannplatten der Spritzgießmaschine integriert sind, verspannt wird. Dieses System ist sowohl für rechteckige wie auch für runde Werkzeuge geeignet [19].

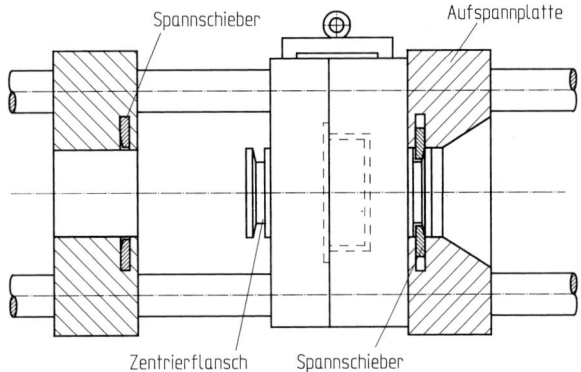

Bild 527
Werkzeugschnellspannsystem.
Werkzeug an den Zentrierflanschen verspannt [19]

Als Nachrüstsatz wird eine handbetätigte mechanisch arbeitende Schnellspann-Vorrichtung auf dem Markt angeboten, die aus Normalien aufgebaut ist. Diese Vorrichtung wird in Kapitel 17 noch näher vorgestellt [8].

Der Einsatz von Schnellspannsystemen führt beim Werkzeugwechsel bereits zu einer erheblichen Rüstzeitverkürzung. Ein vollautomatischer Wechsel der Werkzeuge ist damit aber noch nicht sichergestellt. Er wird erst möglich durch die Verwendung von Schnellkupplungssystemen für die Energiezufuhr und Sensorik. Es handelt sich dabei um folgende Anschlüsse für:

– Auswerfer,
– Temperierflüssigkeit (Öl, Wasser),
– Drucköl für Schieber, Kernzüge etc.,
– Elektroanschlüsse für Schutzheizungen, z. B. der Heißkanäle,
– Sensorik für Thermoelemente und Druckaufnehmer.

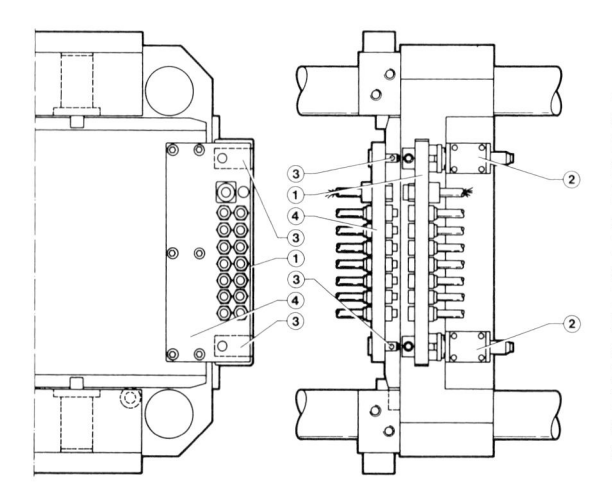

Bild 528 Werkzeug mit Schnellspannkupplungen [6].
Sobald das Formwerkzeug seitlich in die Maschine eingeführt und auf beiden Aufspannplatten sicher gespannt ist, wird die bewegliche Kupplungshälfte (1) durch die Eindockzylinder (2) in die auf dem Formwerkzeug montierte Kupplungshälfte (4) eingedockt. Führungsstifte zentrieren die Kupplungshälften (1) zueinander. Sobald die Kupplungshälften voll eingedockt sind, werden sie durch die Sperrzylinder (3) verriegelt

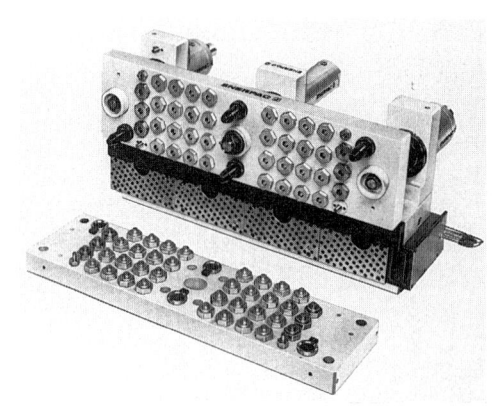

Bild 529 Mehrfachkupplung mit Verriegelungs- und Eindockvorrichtung [6].
Das gezeigte Modell mit 32 Wasseranschlüssen, sechs Hydraulik- und zwei Druckluftanschlüssen – ist nur ein Achtel der kompletten Aufspann- und Eindockvorrichtung. Das Mehrfachkupplungssystem, das Teil der Spannleiste ist, verfügt über einen in der Mitte eingebauten Eindock- und zwei seitlich montierten Sperrzylindern. Die Sperrzylinder haben Hohlkolben, die die Führungsstifte der Mehrfachkupplungssysteme aufnehmen. Sobald die beiden Kupplungshälften verbunden sind, werden die Führungsstifte durch ein hydraulisch betätigtes konisches Ringspannsystem selbsthemmend gespannt

Die Kupplungssysteme sind nach dem Baukastenprinzip konstruiert und bestehen je nach Größe aus Einzelkupplungen für die Energiezufuhr und Sensorik, Führungsstiften, Sperr- und Eindockzylindern (Bilder 528 und 529). Die Kupplungssysteme können so anwenderspezifisch aufgebaut werden. Sie sind für den manuellen und vollautomatischen Betrieb serienmäßig lieferbar.

Wichtig für ein einwandfreies Funktionieren dieser Systeme ist der exakte Einbau. Schon geringe Ungenauigkeiten bei der Montage können zu einem unzulässigen Versatz führen, der sich in Leckagen und vorzeitigem Verschleiß bemerkbar macht. Die Kupplungselemente werden daher schwimmend in die Kupplungsträgerplatten eingesetzt, um so eventuell noch einen Ausgleich zu schaffen. Auch Wärmedehnungen, insbesondere bei großen Werkzeugen, können so abgefangen werden [6, 7].

Die Werkzeugwechselvorrichtungen beeinflussen die Werkzeugkonstruktion, wenn überhaupt, nur unwesentlich. Es handelt sich bei den Werkzeugwechselvorrichtungen um „Hilfsmittel", die den Austausch der Werkzeuge durchführen und je nach Ausführung auch die Funktion eines Werkzeugtransportsystems übernehmen. Sie werden in zahlreichen Literaturstellen noch näher beschrieben [6 bis 8, 10, 11, 13 bis 17, 20 bis 26]. Es wird immer das komplette Werkzeug ausgetauscht. Je nach Ausstattungsstandard der Werkzeugwechselvorrichtungen sind die Werkzeuge sofort betriebsbereit, d. h., sie sind bereits beim Wechselvorgang auf Betriebstemperatur.

Ausgehend von einem speziellen Werkzeugkonzept [27], das nur den Austausch der formgebenden Werkzeugeinsätze vorsieht, wurde eine maschinengebundene Werkzeugwechselvorrichtung (Bild 530) entwickelt, die mit einem Trägergestell auf der Spritzgießmaschine angebracht wird [28]. Oberhalb der Schließeinheit befinden sich zwei temperierte Trommelmagazine mit verschiedenen formgebenden Werkzeugeinsätzen, die durch einen Wechselmechanismus einem Werkzeugchassis zugeführt werden, das in der Schließeinheit der Spritzgießmaschine verbleibt. In dieses Chassis sind das Temperiersystem sowie das Anguß- und Auswerfersystem integriert. Die Werkzeugeinsätze können mit dem eingangs beschriebenen Schnellspannvorrichtungen arretiert und mit den Schnellkupplungen an die Energieversorgung angeschlossen werden.

Dieses System läßt sich zwar nicht auf alle Werkzeugtypen übertragen, bietet aber bei kleinen Losgrößen und einfach aufgebauten Werkzeugen große Kostenvorteile.

Werkzeugchassis hierfür werden in den USA und in Japan als Normalie angeboten [29].

13.5.2 Werkzeugwechsler für Elastomerwerkzeuge

Nach dem gleichen Konzept, wie in Bild 530 für Thermoplaste erläutert, wurde ein Schnellwechselsystem für Elastomere aufgebaut (Bild 531). Auch bei diesem Werkzeugwechselsystem werden bei einem „Werkzeugwechsel" lediglich die formgebenden Werkzeugplatten ausgetauscht. Dabei sind die Wechselplatten so konzipiert, daß sie keine empfindlichen Werkzeugelemente enthalten – insbesondere also keine Heizelemente oder Sensoren – so daß sie nach einem Wechsel direkt ohne großen Montageaufwand den Reinigungsbädern zugeführt werden können. Zum Wechsel der formgebenden Werkzeugplatten wurde ein vollautomatisch arbeitendes Formplattenwechselsystem (Bild 532) gebaut, welches die Wechselplatten einer Vorheizstation entnimmt und dem Werkzeugchassis zuführt.

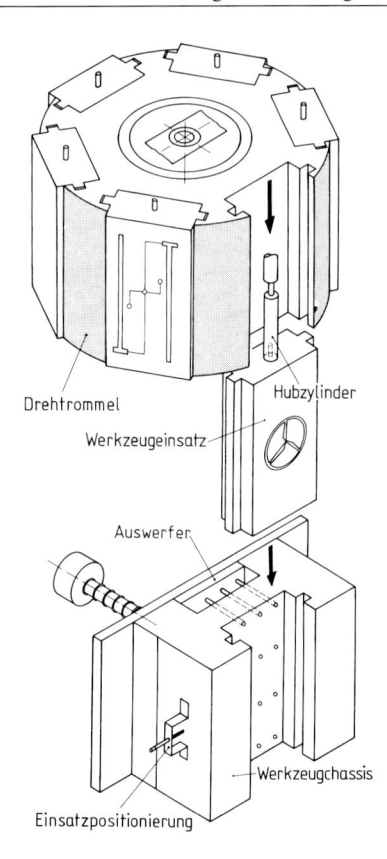

Bild 530 Werkzeugwechselsystem [28]

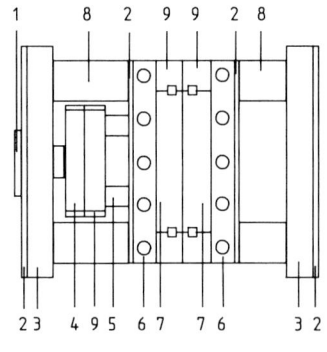

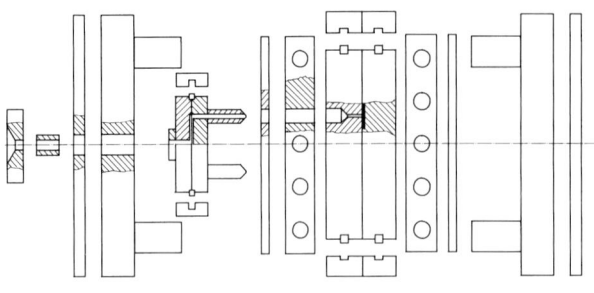

Bild 531 Modularer Werkzeugaufbau [30].
1 Zentrierring, 2 Isolierplatten, 3 Aufspannplatten, 4 Kaltkanalblock, 5 Kaltkanaldüse, 6 Heizplatte, 7 Formplatten, 8 Stützleisten, 9 Führungsleisten

13.5 Werkzeugwechsel   485

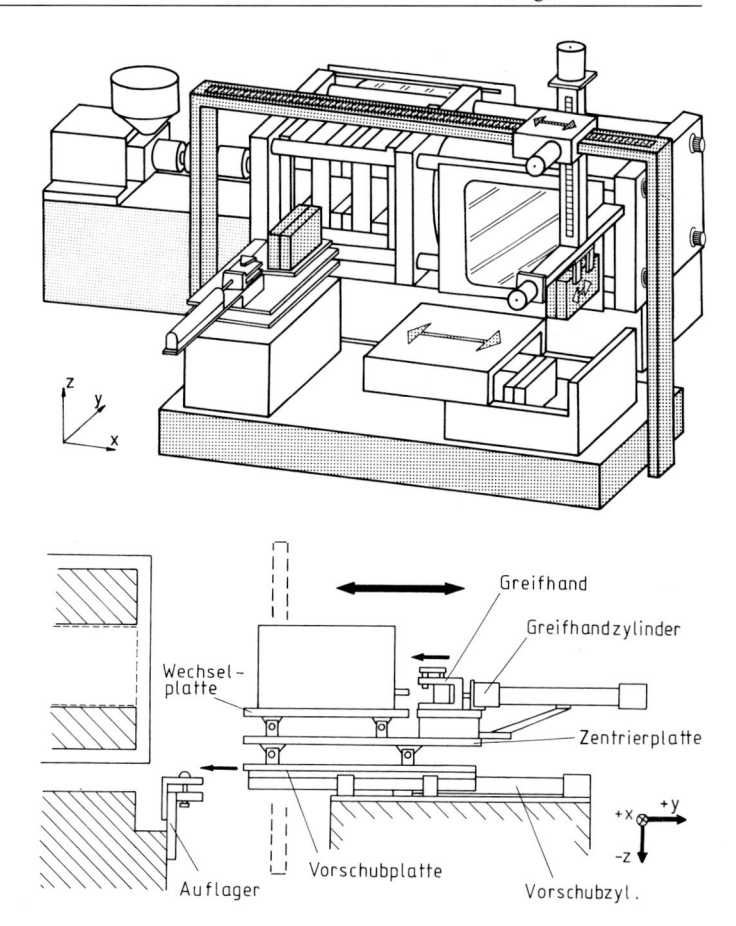

Bild 532
Oben: Formplatten-
wechselsystem,
unten: Baugruppen des
Wechseltischs [30]

Um einen vollautomatischen Betrieb sicherzustellen, wurde mit einem Kaltkanalverteiler gearbeitet, der vom übrigen Werkzeug weitgehend getrennt und in etwa auf der Temperatur des Spritzaggregates gehalten wurde. Damit konnte der sonst bei der Elastomerverarbeitung erhebliche Materialverlust durch das Anguß- und Verteilersystem vermieden werden. Der Kaltkanalverteiler war so konstruiert, daß er im Bedarfsfall mit wenigen Handgriffen ausgetauscht werden konnte.

Literatur zu Kapitel 13

[1] *Möhrwald, K.:* Einblick in die Konstruktion von Spritzgießwerkzeugen. Garrels, Hamburg 1965.
[2] Handbuch Formwerkzeug-Normalien der Firma Sustan, Frankfurt 1966.
[3] Normalien. Prospekt der Firma Zimmermann, Lahr/Schwarzwald.
[4] *Zawistowski, H.; Frenkler, D.:* Konstrucja form Wiryskowych Do Tworzyw Thermoplastycznych (Konstruktion von Spritzgießwerkzeugen für Thermoplaste). Wydawnictwa Naukowo – Techniczne, Warszawa 1984.
[5] *Lindner, E.:* Spritzgußwerkzeuge für große Teile. Mitteilung aus dem Anwendungstechnischen Laboratorium für Kunststoffe der BASF, Ludwigshafen/Rh.
[6] Handbuch für den Einsatz von Werkzeugschnellwechselsystemen in Spritzgießbetrieben. Prospekt der Firma Enerpac, Düsseldorf 1987.
[7] *Benfer, W.:* Werkzeugwechselsysteme an Spritzgießmaschinen. Kunststoffe 77 (1987) 2, S. 139–149.
[8] *Heuel, O.:* Lösen Schnellwechsel-Systeme für Spritzgießformen alle Probleme? Kunststoffberater 32 (1987) 11, S. 22–25.
[9] Spannen der Werkzeuge vereinheitlicht. Plastverarbeiter 38 (1987) 2, S. 82–84.
[10] *Thoma, H.:* Rechnereinsatz und flexible Maschinenkonzepte. Kunsttoffe 75 (1985) 9, S. 568–572.
[11] Schneller Werkzeugwechsel möglich. Plastverarbeiter 37 (1986) 8, S. 56–57.
[12] Werkzeugwechselsystem QMC. Prospekt der Firma Incoe, Dreieich.
[13] Formenwechsel leichtgemacht. Kunstst. Plast. 32 (1985) 11, S. 12–13.
[14] Ein zukunftsorientiertes Werkzeugschnellwchselsystem. Kunststoffberater 30 (1985) 6, S. 20–21.
[15] Das Demag Werkzeugschnellwechselsystem. Report 5 der Fa. Mannesmann Demag, Schwaig (1982) S. 15–16.
[16] Werkzeugschnellwechselsystem für Spritzgießmaschinen. Kunstst. Plast. 30 (1983) 4, S. 6–8.
[17] Spritzgießsysteme mit automatischem Formwechsler. Kunstst. Plast. 30 (1983) 6, S. 25.
[18] DE PS 3327806 C1, Karl Hehl, 1984.
[19] DE PS 2938665 C2, Krauss-Maffei, 1984.
[20] *Lampl, A.:* Der Spritzgießprozeß im Rahmen flexibler Fertigungssysteme. K. Plast. Kautsch. Z. (1986) 5 und 6.
[21] *Langecker, G.R.:* Automatisierung im Spritzgießbetrieb. Kunststoffe 73 (1983) S. 559–563.
[22] Der flexibel automatisierte Spritzgießbetrieb. Kunststoffberater 31 (1986) 6, S. 34–36.
[23] *Krebser, R.:* Der vollautomatische Spritzgießbetrieb, eine Realität schon heute! Plastverarbeiter 34 (1983) S. 307–308.
[24] Report 7. Firmenschrift Mannesmann Demag Kunststofftechnik, Schwaig 1985.
[25] Automatisierung Spritzgießmaschinen. Firmenschrift Krauss-Maffei, München 1986.
[26] Automatisieren im Spritzgießbetrieb Firmenschrift Battenfeld Maschinenfabrik GmbH, Meinerzhagen 1986.
[27] *Backhoff, W.; Lemmen, E.:* Stammwerkzeug mit wechselbaren Einsätzen. Anwendungstechnische Information 259/79 der Bayer AG, Leverkusen 1979.
[28] *Sparmer, P. u.a.:* Flexibles Fertigungszentrum für das Spritzgießen kleiner Serien. Kunststoffe 74 (1984) 9, S. 489–490.
[29] Angaben der Fa. Master Unit Die Products, Greenville.
[30] *Weyer, G.:* Automatische Herstellung von Elastomerartikeln im Spritzgießverfahren. Dissertation an der RWTH Aachen 1987.

14 Rechnerunterstützte Werkzeugauslegung*

14 Einleitung

Mit dem zunehmenden Vordringen der Kunststoffformteile in technische Bereiche, wo sie zunehmend als Konstruktionselemente eingesetzt werden, steigen die Anforderungen an die Qualität der Formteile. Um diesen Qualitätsanforderungen genügen zu können, werden in immer größerem Umfang Computer zur Unterstützung herangezogen. Dies schließt prinzipiell alle wesentlichen Schritte auf dem Weg zu qualitativ hochwertigen Formteilen:

– Formteilauslegung,
– Formteilkonstruktion,
– Werkzeugauslegung,
– Werkzeugkonstruktion,
– Fertigung der Kavitäten
– und die Formteilfertigung

ein.
Während der Einsatz von Computern bei der Konstruktion mit CAD und der Fertigung von Kavität und Formteil mit CNC-gesteuerten Maschinen bereits sehr verbreitet ist, ist dies bei der Auslegung von Formteil und Werkzeug noch nicht so sehr der Fall.
Besonders bei der Auslegung der Spritzgießwerkzeuge besteht ein nicht unerheblicher Nachholbedarf beim Einsatz von Computerprogrammen. Dies liegt zum Teil daran, daß Firmen, die Spritzgießwerkzeuge herstellen, meist klein- und mittelständisch strukturiert sind. Außerdem waren bis vor kurzem entsprechende Auslegungsprogramme nur auf größeren Rechnersystemen verfügbar. Zur Auslegung von Spritzgießwerkzeugen können inzwischen jedoch auch Rechner der PC-AT-Klasse eingesetzt werden.

14.2 Rheologische Werkzeugauslegung
14.2.1 Zweidimensionale Verfahren

Die einfachste Möglichkeit, die Fließvorgänge einer Kunststoffschmelze innerhalb einer Kavität eines Spritzgießwerkzeugs zu analysieren und zu optimieren, ist mit der Anwendung sogenannter zweidimensionaler Berechnungsverfahren gegeben. Sie wurden zuerst entwickelt, beginnend mit dem Aufkommen programmierbarer Taschenrechner. Sie basieren auf analytischen Berechnungsgrundlagen für bestimmte Grundgeometrien, die als Segmente bezeichnet werden.

---

* Bearbeitet von *P. Filz* und *S. Groth*

488   14 Rechnerunterstützte Werkzeugauslegung

Im Gegensatz zu den Taschenrechnerprogrammen, womit immer nur eine Grundgeometrie berechnet werden konnte, ist es mit der heute existierenden Software, die auf PCs, Workstations, Super-Minis und Mainframes erhältlich ist, möglich, auch sehr komplizierte Geometrien, bestehend aus vielen Segmenten in sehr kurzer Zeit zu berechnen.

Derartige Software ist von verschiedenen Institutionen entwickelt worden, die wichtigsten Produkte sind heute: CADMOULD-2-D, MOLDFLOW-2-D, OPTIFLOW, PROCOP-2-D und TMC, wobei diese Liste keinen Anspruch auf Vollständigkeit erhebt.

Voraussetzung für die Anwendung eines zweidimensional arbeitenden Simulationsprogramms ist, daß zunächst meist von Hand eine Abwicklung des Formteils erstellt wird. Anschließend kann in diese Abwicklung das Füllbild nach den Regeln der Füllbildmethode hineinkonstruiert und das Formteil in Segmente eingeteilt werden, wie es am Beispiel eines Stapelkastens in Bild 533 dargestellt ist.

Die wichtigsten Grundgeometrien (Segmente) sind hierbei:

– Zylinder für das Angußsystem,
– Kreisscheiben oder Teile von Kreisscheiben,
– und plattenförmige, rechteckige Segmente
  für das Formteil.

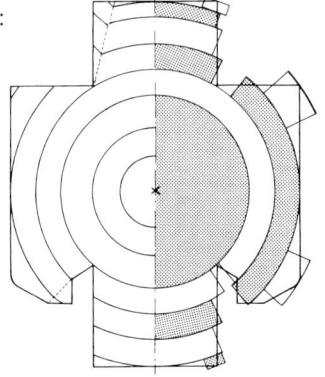

Bild 533 Abwicklung und Füllbild
eines Stapelkastens
× Anschnitt

Bei manchen der obengenannten Programme wird diese Liste durch Halbzylinder, Koni und ähnliche Geometrien für das Angußsystem ergänzt.

Anschließend kann nun entlang der sich aus der Formteilgeometrie ergebenden Fließwege der zum Füllen der Kavität notwendige Druckbedarf, die Temperaturen der

```
EBENEN-VOLUMENMETHODE
GEOMETRIE............  hascolasten
MATERIAL.............  ABS877
MASSSETEMPERATUR.....  235.00  GRAD C
WERKZEUGTEMPERATUR...   60.00  GRAD C
VOLUMEN..............   81.185 CM**3
FUELLZEIT............    1.50  SEC
VOLUMENSTROM.........   54.123 CM**3/SEC

FLIESSWEG    3
---------------------------------------------------------------------------
: GEO:FLIESS:FLIESS:DRUCK : DRUCK:MITTL.:DISSI-: SCHER:SCHUB  :VISKO-:
: ART: ORT  : ZEIT :       : GRAD.:TEMP. :PATION: GES. :SPANN. :SITAET:
---------------------------------------------------------------------------
:    :  MM  :  SEC : BAR   : BAR/M:GRAD C:GRAD C: 1/SEC:   PA  : PA*S :
---------------------------------------------------------------------------
: 1 S:  70.0: 0.57 : 149.  : 1845.: 227. :  11. :  142.:142439.: 1000.:
: 2 S: 106.5: 1.22 : 220.  : 1985.: 211. :   6. :  108.:153211.: 1422.:
: 3 S: 117.0: 1.37 : 243.  : 2261.: 208. :   2. :  157.:174511.: 1114.:
: 4 S: 125.0: 1.44 : 264.  : 2517.: 207. :   2. :  237.:194292.:  818.:
: 5 S: 134.0: 1.49 : 290.  : 2881.: 207. :   2. :  432.:222383.:  515.:
: 6 S: 141.0: 1.50 : 317.  : 3776.: 209. :   2. : 1498.:291480.:  195.:
---------------------------------------------------------------------------
```

Bild 534 Rheologische Berechnung mit CADMOULD-2 D

14.2 Rheologische Werkzeugauslegung

Schmelze, die in den einzelnen Segmenten auftretenden Druckgradienten und die Schmelzebelastung berechnet werden (Bild 534) [1 bis 3].

Hieraus läßt sich ermitteln, ob die Schmelze während des Einspritzvorgangs zu stark erhitzt, abgekühlt oder geschert wird. Außerdem kann ein optimaler Arbeitspunkt für die Formteilproduktion, eventuell mit einer Wichtung versehen, ermittelt werden (Bild 535).

Eine wichtige Grundlage der Berechnungen ist die Beschreibung der Strukturviskosität der Kunststoffschmelze. Gängige Methoden hierfür sind der Potenz- und der Carreau-WLF-Ansatz (Bild 536). Während der Potenz-Ansatz die Viskositätsfunktion nur im linearstrukturviskosen Bereich, der während des Einspritzvorganges normalerweise erreicht wird, beschreiben kann, ist es mit dem Carreau-WLF-Ansatz möglich, auch bei geringen Schergeschwindigkeiten, wie sie z.B. in der Nachdruckphase auftreten, noch ausreichend genaue Viskositätswerte zu bestimmen.

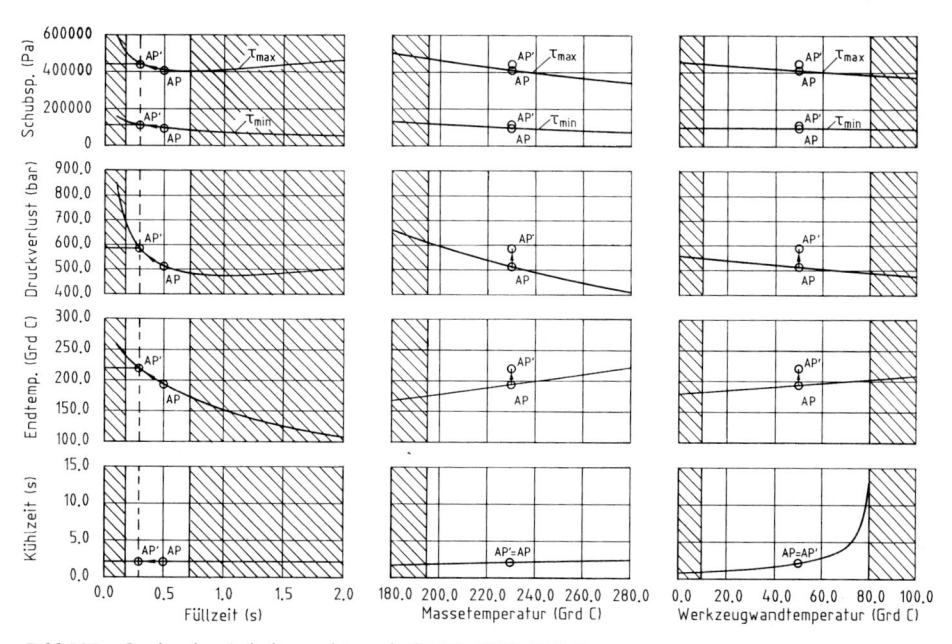

Bild 535 Optimaler Arbeitspunkt nach CADMOULD-2D

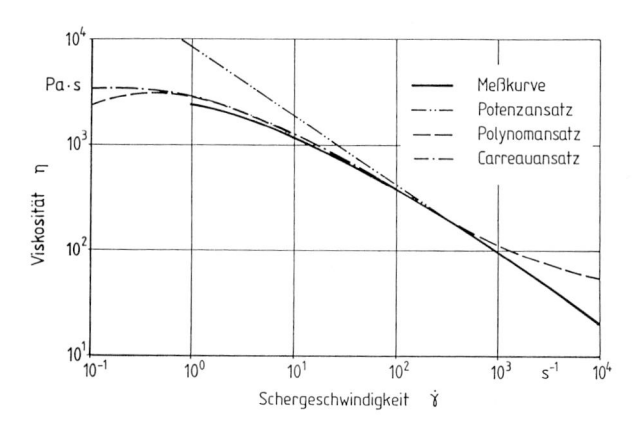

Bild 536 Viskositätsverlauf

Im allgemeinen sind die Simulationsprogramme mit einer Datenbank ausgerüstet, die die Materialdaten für einen Grundstamm an Materialien zur Verfügung stellen.

Für die Berechnung des Formfüllvorgangs gibt es im Prinzip vier verschiedene Methoden, die im folgenden näher beschrieben werden:

a) Die Ebenenvolumenmethode

Die Ebenenvolumenmethode ist geeignet, um die Fließvorgänge im Formteil aufbauend auf der Füllbildmethode zu berechnen. Betrachtet wird hierbei jedoch nur die jeweilige Fließfront zu einem bestimmten Zeitpunkt. Das bedeutet, daß nach der vollständigen Füllung eines Fließwegs, die sich gegebenenfalls ändernden Volumenströme in den schon durchströmten Formteilbereichen – also hinter der Fließfront – nicht berücksichtigt werden können (Bild 537). (Bei der Füllung von Ebene 2 nach Ebene 3 ist der kürzere Fließweg schon gefüllt, es müßte also zu diesem Zeitpunkt mit einem Volumenstrom von 100% von Ebene 1 nach Ebene 2 auf dem längeren Fließweg gerechnet werden.)

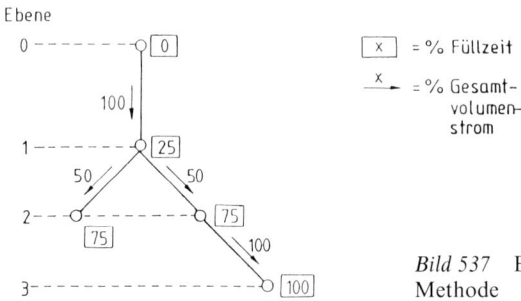

Bild 537 Berechnung nach der Ebenenvolumen-Methode

b) Die Restzeit-Restvolumenmethode

Bei Anwendung dieses Verfahrens wird vorausgesetzt, daß die in der Kavität vorliegenden Fließwege gleich lang sind, d.h., daß die Schmelze vom Anschnitt aus auf jedem Fließweg die gleiche Zeit benötigt, um deren Ende zu erreichen. Tatsächlich stimmt diese Voraussetzung jedoch bei den Formteilkavitäten in den meisten Fällen mit der Realität nicht überein. Darum sollte diese Methode nur zum Balancieren von Verteilersystemen angewendet werden, bei denen genau dies als Forderung besteht. Hier soll die Geometrie durch das Balancieren so verändert werden, daß die Schmelze alle Fließwegenden zur gleichen Zeit erreicht und die auftretenden Druckverluste in jedem Verteilerkanal annähernd gleich sind (Bild 538).

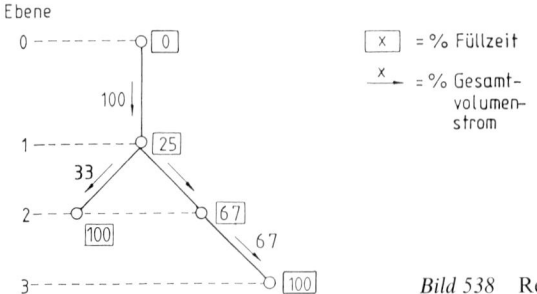

Bild 538 Restzeit-Restvolumen-Methode

c) Die quasi-instationäre Methode

Bei dieser Methode wird für jeden Zeitschritt während der Berechnung die Volumenstromaufteilung auf die verschiedenen Fließwege neu berechnet, so daß hier die Kontinuitätsbedingung eingehalten wird. Dadurch wird es zusätzlich möglich, auch bei der Simulation des Fließprozesses einen zeitlich veränderlichen Massevolumenstrom – also ein Volumenstromprofil – vorzugeben, wie es auch an modernen Spritzgießmaschinen eingestellt werden kann (Bild 539).

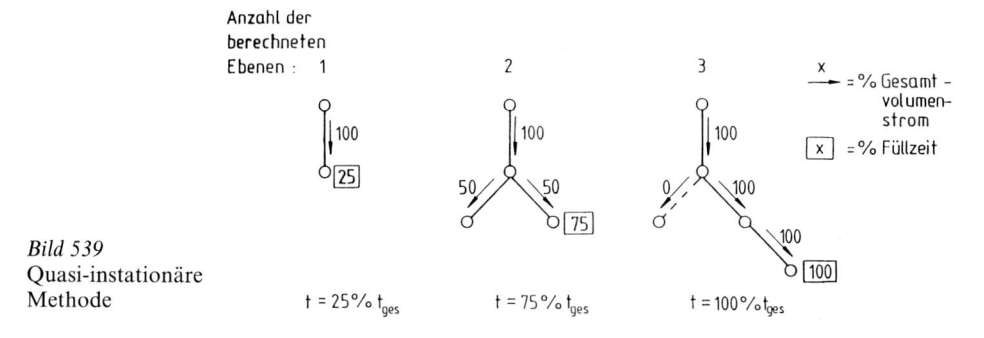

Bild 539
Quasi-instationäre
Methode

d) „Frozen-Layer"-Methode

Diese Methode arbeitet im Prinzip so, wie die quasi-instationäre Methode, jedoch wird hierbei zusätzlich der sich während des Einspritzvorgangs durch die einfrierenden Randschichten ändernde freie Querschnitt in der Kavität berücksichtigt (Bild 540) [4].

Bild 540 Berechnung des freien Querschnittes
$\hat{T}$: Maximaltemperatur
T_E: Einfriertemperatur
T_W: Werkzeugwandtemperatur
H_{neu}: freier Querschnitt

Zu den mit Simulationsprogrammen ermittelten Ergebnissen muß einschränkend gesagt werden, daß alle Berechnungsverfahren auf Näherungen beruhen, die den tatsächlich ablaufenden physikalischen Vorgang nur mit mehr oder weniger großen Einschränkungen abhängig vor allem von der Komplexität des Formhohlraums wiedergeben. Das bedeutet, daß die Ergebnisse durch den qualifizierten Spritzgießfachmann kritisch interpretiert werden müssen.

Ein Nachteil der zweidimensionalen Berechnungsprogramme besteht darin, daß die Geometriebeschreibung des Formteils nicht von anderen Programmen, wie z.B. dem CAD-System übernommen werden kann. Sie muß in jedem Fall in Abhängigkeit von der Angußsituation neu eingegeben werden. Diesem Nachteil stehen jedoch auch Vorteile gegenüber:

- Sie können als „Stand-alone"-Programme betrieben werden. Dies ermöglicht ihre Anwendung selbst dann, wenn noch nicht mit CAD gearbeitet wird.
- In Abhängigkeit von der Formteilgeometrie kann ein erfahrener Konstrukteur mit einer segmentierten Auslegung sehr viel schneller zu einem Ergebnis kommen als mit einem 3-D-Programm.
- Sie können als auf einem PC lauffähige Version schon für etwa 10000,– DM Softwarepreis erworben werden.

14.2.2 Dreidimensionale Verfahren

Neben der Möglichkeit, fließtechnische Vorgänge im Spritzgießwerkzeug durch Abwicklung, Füllbild, Segmentierung und anschließende Berechnung mit einem zweidimensionalen Berechnungsverfahren zu analysieren, gibt es heutzutage die Möglichkeit, Füllsimulationen auf dem Rechner mit einer dreidimensionalen Darstellung des Formteils auf dem Bildschirm durchzuführen.

Auch hier werden heute schon eine ganze Reihe an Softwareentwicklungen angeboten: CADMOULD-MEFISTO, C-FLOW, MOLDFLOW 3-D, MOLDFILL, PROCOP 3-D und TMC-FaBest. Die Vorgehensweisen und Grundlagen der Berechnungen sind in allen Fällen ähnlich. Daher beziehen sich die folgenden Ausführungen auf das am Institut für Kunststoffverarbeitung in Aachen entwickelte Programmsystem CADMOULD-MEFISTO.

Grundlage einer solchen Berechnung ist die Beschreibung der Formteilgeometrie durch ein sogenanntes 3-D-Schalenmodell bestehend aus Finiten Elementen. Im vorliegenden Fall sind dies lineare, ebene Dreiecke (Bild 541). Ein solches Schalenmodell beinhaltet die räumliche Beschreibung der Formteilgeometrie ohne sichtbare Dicke (Bild 542), jedoch ist die Dicke der Finiten Elemente diesen als physikalisches Attribut zugeordnet,

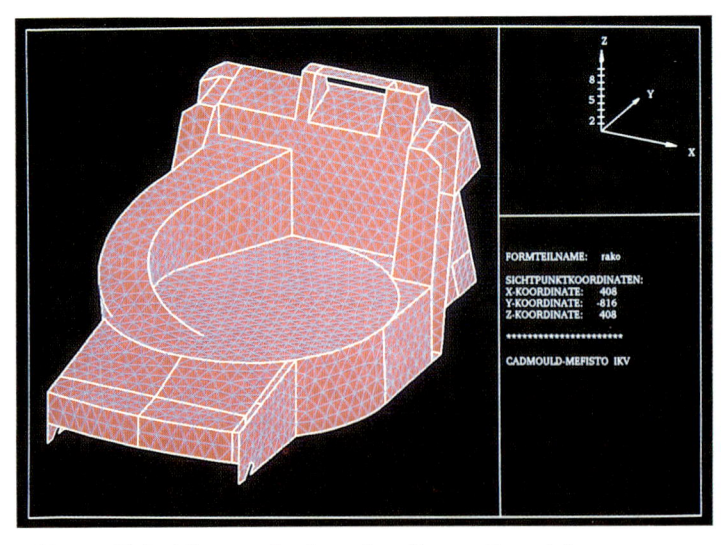

Bild 541 Finite-Elemente-Struktur eines Rasenmähergehäuses

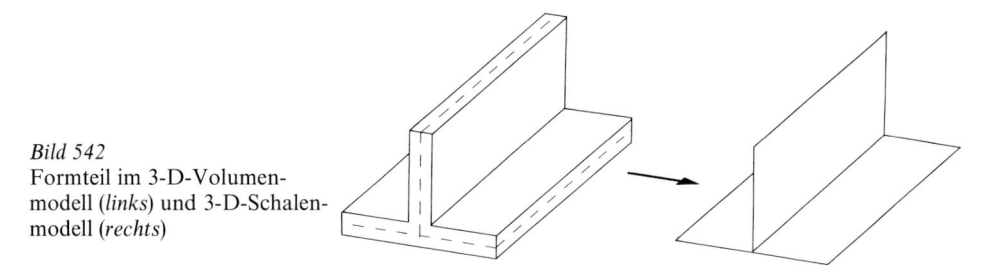

Bild 542
Formteil im 3-D-Volumenmodell (*links*) und 3-D-Schalenmodell (*rechts*)

so daß unterschiedliche Wanddicken bei der Simulation berücksichtigt werden können. Diese Vereinfachung gestattet es, die Simulation in einem Finiten-Element mit zweidimensionalen Ansätzen durchführen zu können [5].

Die Erstellung eines solchen Finite-Elemente-Netzes kann heute mit handelsüblichen Strukturgeneratoren erfolgen. Dabei wird im allgemeinen folgendermaßen verfahren:

– Es werden wichtige Eckpunkte der Formteilgeometrie entweder durch Digitalisieren oder durch Eingabe der 3-D-Koordinaten über die Tastatur eingelesen.
– Die Eckpunkte werden durch Linienzüge verbunden.
– Aus geschlossenen Linienzügen werden Flächen definiert.
– In die erzeugten Flächen werden vom Programm die Finiten Elemente nach Vorgabe der Unterteilung der Flächenränder oder einer globalen Elementkantenlänge automatisch erzeugt.

Die Zeit, die für die Netzerstellung benötigt wird, hängt zwar davon ab, wie komfortabel der verwendete Netzgenerator ist, sie liegt jedoch in der gleichen Größenordnung, wie die Zeit, die für die Aufbereitung der Geometrie (Abwicklung, Füllbild, Segmentierung) bei einem 2-D-Verfahren notwendig ist.

Ein Vorteil bei der Verwendung des 3-D-Schalenmodells liegt jedoch darin, daß es hier für die Füllsimulation einer bestimmten Angußlage nur notwendig ist, den bzw. die Anspritzpunkte auszuwählen und später das Ergebnis der Berechnung zu interpretieren, da die Berechnung des Füllbildes vom Programm automatisch ausgeführt wird. Dadurch erhält man beim Austesten verschiedener Alternativen einen deutlichen Zeitvorteil gegenüber den 2-D-Verfahren. Außerdem können Daten, die schon bei der Konstruktion des Formteils auf dem CAD-System entstanden sind, unter der Voraussetzung, daß geeignete Schnittstellen zwischen dem CAD-System und dem Strukturgenerator vorhanden sind (z.B. VDAFS, IGES), zumindest zum Teil übernommen werden und somit zu einer entscheidenden Rationalisierung bei der Modellerstellung auf dem Rechner führen [6].

14.2.2.1 Ermittlung der optimalen Anschnittlage

Ziel der Optimierung der Anschnittlage ist es, daß der Konstrukteur interaktiv mit dem Rechner den Füllverlauf für die verschiedenen möglichen Anschnittlagen simuliert und die Ergebnisse dieser Berechnungen dazu verwendet, die bestmögliche Anschnittlage herauszufinden. Kriterien hierfür sind die Vermeidung von Lufteinschlüssen, Bindenähten, ungleiche Fließweglängen usw. [7 bis 10].

Betrachtet man zum Beispiel das in Bild 541 dargestellte Rasenmähergehäuse, so bieten sich zunächst vier sinnvolle Anspritzsituationen an (Bild 543) [6]:

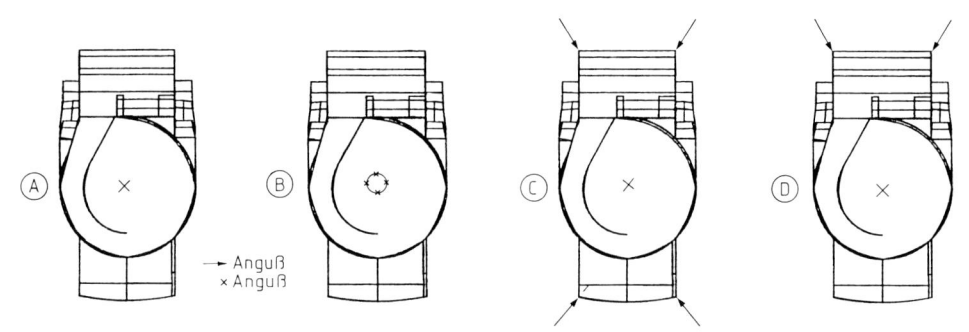

Bild 543 Mögliche Angußlagen
A) Einfacher Stangenanguß in der Mitte des Motorsitzes
B) Vierfach-Anguß am Rand des Motorlagers
C) Fünffach-Anguß jeweils an den Ecken des Formteils und in der Mitte des Motorsitzes
D) Dreifach-Anguß an den hinteren Ecken des Formteils und in der Mitte des Motorsitzes

A. Einfacher Stangenanguß in der Mitte des Motorsitzes (Bild 543 A)
   Das ist die technisch einfachste Möglichkeit, den Rasenmäher anzuspritzen; es ergeben sich jedoch auch die längsten Fließwege und somit die größten Druckverluste und Formauftreibkräfte.

B. Vierfach-Anguß am Rand des Motorauflagers (Bild 543 B)
   Durch diese Form der Anbindung könnte die Nacharbeit am Rand des Motorlagers verringert werden, da nicht mehr die gesamte Scheibe für die Durchführung der Antriebswelle des Rotationsmessers herausgetrennt werden muß, sondern nur die vier Angußstangen.

C. Fünffach-Anguß jeweils an den Ecken des Formteils und in der Mitte des Motorsitzes (Bild 543 C)
   Die fünffache Anbindung garantiert die geringsten Druckverluste und Formauftreibkräfte. Es besteht jedoch die Gefahr von Lufteinschlüssen und Bindenähten an unerwünschten Stellen.

D. Dreifach-Anguß an den hinteren Ecken des Formteils (größte Entfernung vom zentralen Anguß) und in der Mitte des Motorsitzes (Bild 543 D)
   Hiermit sollen die Vorteile des Angusses C mit einer geringeren Gefahr für die Entstehung von Bindenähten und Lufteinschlüssen verbunden werden.

Das Füllbild für den einfachen Stangenanguß (Bild 544) zeigt, daß sich hier die großen Flächen des Gehäuses gleichmäßig füllen und keine Probleme mit Bindenähten oder Lufteinschlüssen in den Sichtbereichen zu erwarten sind. Problematisch können unter Umständen die langen Fließwege bis in die hintere Querverbindung sowie die Füllung der dünnen Rippen im Front- und Heckteil des Gehäuses (hier nicht dargestellt) sein. Hier müssen bei späteren Berechnungen die auftretenden Druckverluste und die Schmelzetemperaturen kontrolliert werden.

Der Vierfach-Anguß in der Mitte der Motorsitze (Bild 545) ergibt in etwa das gleiche Füllbild wie der einfache Stangenanguß, jedoch entstehen Bindenähte in den vorderen Sichtbereichen. Daher ist der Stangenanguß zu bevorzugen.

Durch die Fünffach-Anbindung werden zwar die Fließlängen der Schmelze verringert, aber die in den Sichtbereichen auftretenden Bindenähte und Lufteinschlüsse (Bild 546)

14.2 Rheologische Werkzeugauslegung   495

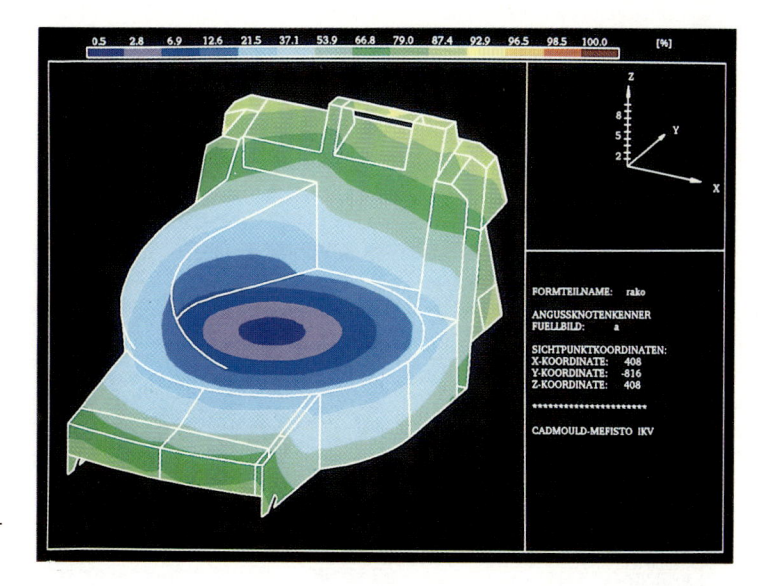

Bild 544
Füllbild für den
zentrischen Anspritz-
punkt
Angußvariante A

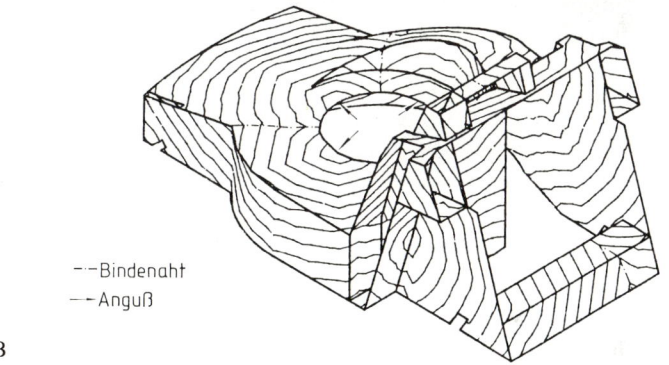

– – Bindenaht
– – Anguß

Bild 545
Füllbild für Angußvariante B

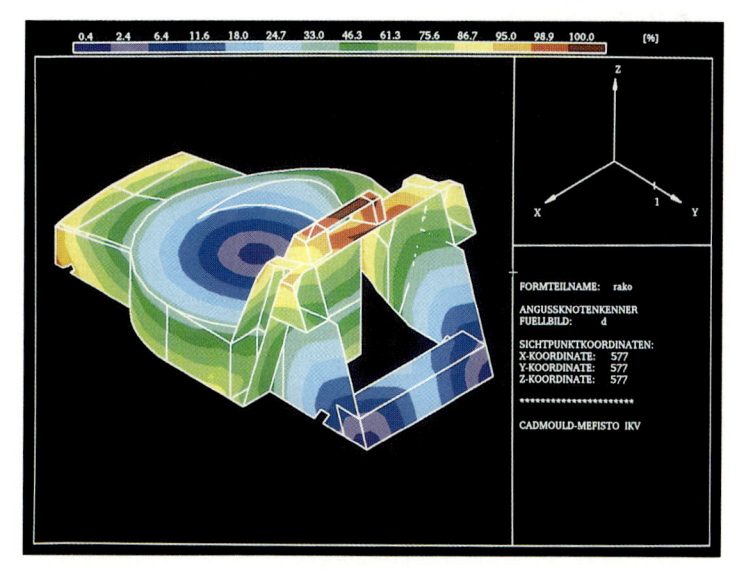

Bild 546
Füllbild für Anguß-
variante C

zeigen, daß Probleme beim Erreichen einer hohen Oberflächenqualität bei gleichzeitig hoher Festigkeit des Formteils auftreten werden. Außerdem müssen an mehreren Stellen im Werkzeug Entlüftungen vorgesehen werden.

Auch die vierte Angußvariante (Bild 547) läßt keine entscheidenden Verbesserungen gegenüber der dritten erkennen, obwohl die Bindenähte im vorderen Sichtbereich entfallen.

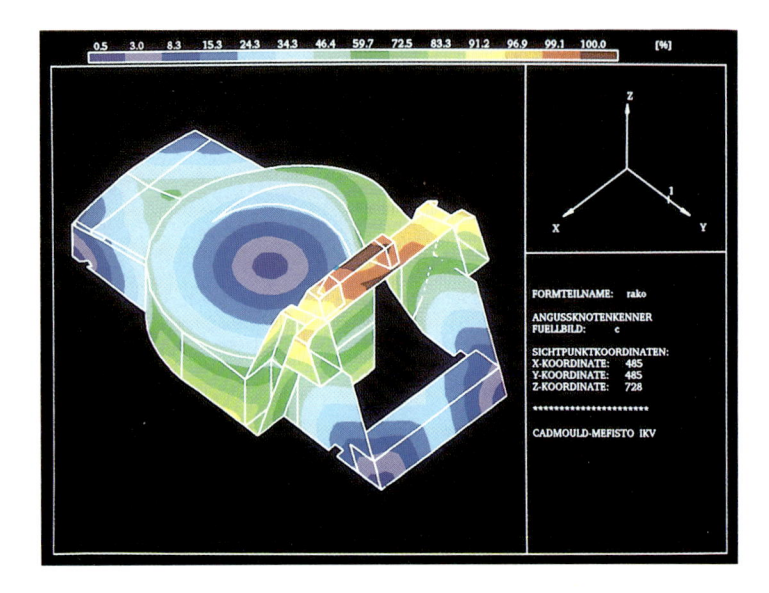

Bild 547
Füllbild für Angußvariante D

Aus diesen Gründen kann der einfache Stangenanguß in zentraler Lage als der optimale Anspritzpunkt angesehen werden. Ausgehend von dem optimierten Füllbild kann dann die Druckverteilung für einen bestimmten Füllstand berechnet und dargestellt werden (Bild 548).

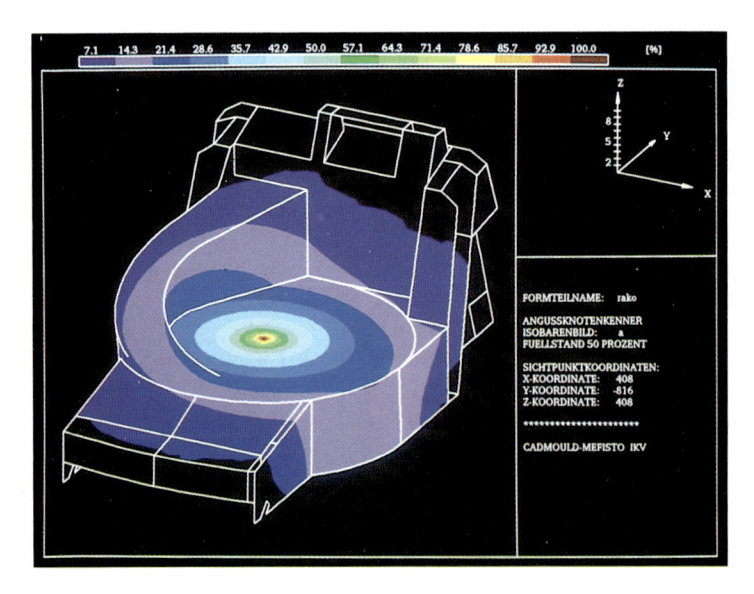

Bild 548
Isobaren bei einem Füllstand von 50%

14.2 Rheologische Werkzeugauslegung

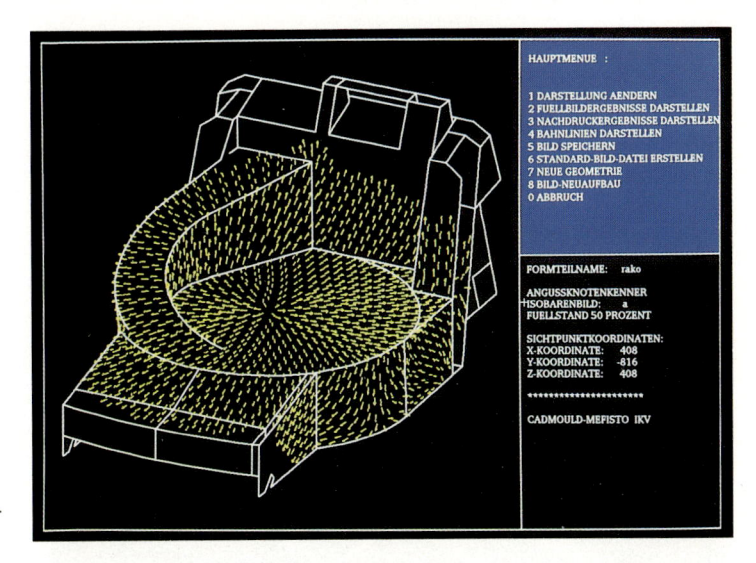

Bild 549
Lokale Geschwindigkeitsverteilung

Des weiteren kann nun bei diesem Füllstand für jedes Element des Finite-Elemente-Netzes die lokale Schmelzegeschwindigkeit nach ihrem relativen Betrag und der Richtung ausgegeben werden (Bild 549). Dies erlaubt Aussagen über den Schmelzezustand innerhalb der Kavität zu einem bestimmten Zeitpunkt.

Mit Hilfe eines im IKV entwickelten Moduls werden auch Aussagen über die Orientierung von Kurzglasfasern bzw. Liquid-Crystal-Molekülen möglich sein (Bild 550) [11].

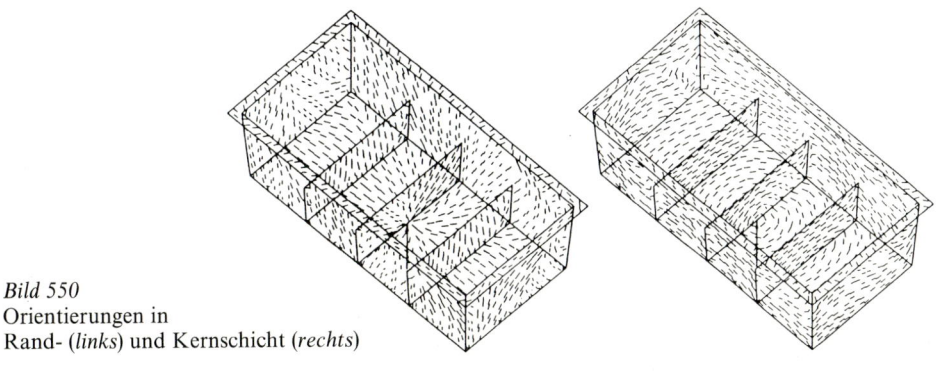

Bild 550
Orientierungen in
Rand- (*links*) und Kernschicht (*rechts*)

Natürlich können auch der zur Füllung der Kavität notwendige Druckbedarf, die Temperaturen der Schmelze im Formteil während des Füllvorgangs und die Werte für die Schmelzbelastung berechnet werden. Automatisch wird vom Programm der sich in der Finite-Elemente-Struktur ergebende längste Fließweg nachgerechnet und die Werte hierfür ausgegeben.

Als zusätzliche Option ist es zudem möglich, sich bestimmte Knotenpunkte im Finite-Elemente-Netz herauszusuchen und den Füllvorgang von dort bis zum Anschnitt zurückzurechnen, das heißt, bestimmte kritische Fließwege zu berechnen.

Eine weitere Möglichkeit ist die Berechnung aller im Formteil vorkommenden Fließwege. Die hierzu notwendigen Rechenzeiten sind in Abhängigkeit von der Komplexität der Geometrie unterschiedlich lang. Als Resultat einer solchen Berechnung kann man sich Isobaren, Linien gleicher Schubspannungen und Isothermen ausgeben lassen. Dadurch kann der Konstrukteur einen guten Überblick über den Zustand der Schmelze innerhalb der Kavität erhalten.

Außerdem besteht die Möglichkeit, das Formteil gemeinsam mit dem Angußsystem zu berechnen. Das Angußsystem wird hierbei vereinfacht aus Zylinderelementen gebildet, deren Durchmesser mit dem hydraulischen Durchmesser der tatsächlichen Querschnitte im Verteilersystem übereinstimmen (Bild 551) [12].

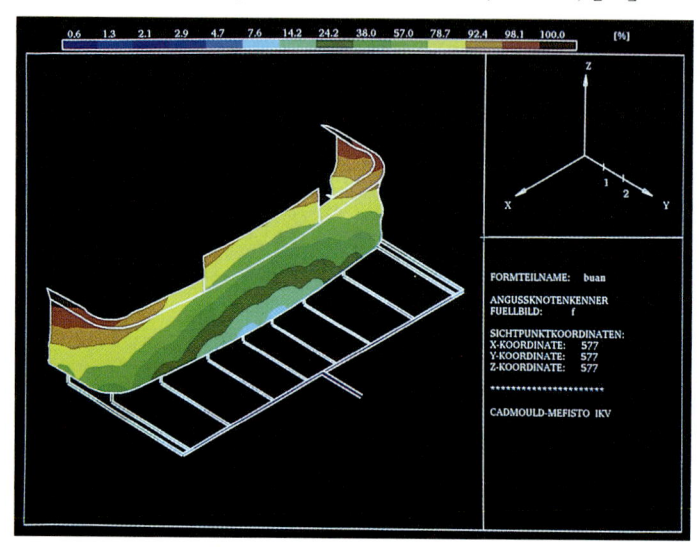

Bild 551
Füllbild für ein Stoßstangenformteil mit Angußsystem

Die Modellierung des Angußsystems kann in einem externen Preprozessor, wie z.B. SUPERTAB (SDRC, Frankfurt) erfolgen oder direkt innerhalb von CADMOULD-MEFISTO. Die Eingabemöglichkeit in CADMOULD-MEFISTO wurde deshalb vorgesehen, weil nicht alle auf dem Markt erhältlichen Strukturgeneratoren Strahlen- bzw. Balkenelemente, das sind zweiknotige Elemente, die als physikalisches Attribut eine Dicke bzw. einen Durchmesser zugeordnet bekommen, generieren können.

Die Darstellung des Angußsystems erfolgt mit Hilfe von Doppellinien, deren Abstand proportional zum hydraulischen Durchmesser des Angußelements ist, so daß man den dynamischen Füllverlauf innerhalb des Angußsystems verfolgen kann.

CADMOULD-MEFISTO besitzt wie die anderen heute erhältlichen Systeme einen programmeigenen Postprozessor, der alle für die Interpretation der Berechnungsergebnisse notwendigen Darstellungsmöglichkeiten beinhaltet, wie farbige Darstellung der Füllinien, Vergrößern (Zoom), Ausblenden bestimmter Bereiche des Formteils, Sichtbarkeitserklärung u.ä.

Der Bildschirmaufbau erfolgt bei der Darstellung von Isolinien in zeitlich korrekter Reihenfolge. Diese filmartige Darstellungsweise erleichtert dem Betrachter die Interpretation der berechnenden Ergebnisse.

Sollte eine Formteilgeometrie so komplex sein, daß ohne eine Sichtbarkeitserklärung der Isoliniendarstellung eine Interpretation nicht möglich ist, so besteht zusätzlich die Möglichkeit einer sogenannten Continous-tone-Darstellung. Hierbei werden die verschiedenen Isochronenbereiche in unterschiedlichen Farben so gezeichnet, daß automatisch eine sichtbarkeitsgeklärte Darstellung erfolgt.

Auch bei den dreidimensionalen Simulationsverfahren existieren verschieden komplizierte Ansätze für die Berechnung. Der einfachste ist das von *Schacht* und *Storzer* [13] realisierte Verfahren, das es ermöglicht, die Füllung der Kavität im 3-D-Schalenmodell mit Hilfe des *Dijkstra*-Algorithmus zu beschreiben.

Das Verfahren beruht darauf, die kürzesten Verbindungen zwischen einem gewählten Vergleichsknoten und allen anderen Punkten des Finite-Elemente-Netzes zu suchen. Übertragen auf den Füllprozeß beim Spritzgießen untersucht dieser Algorithmus in CADMOULD-MEFISTO die geringstmöglichen Fließwiderstände von einem Angußknoten zu den anderen Knoten. Der *Dijkstra*-Algorithmus liefert als Ergebnis für jeden Knoten den addierten Wert des Fließwiderstands vom Anguß bis zum betrachteten Netzknoten. Verbindet man Knotenpunkte mit gleichen Fließwiderstandswerten durch Linienzüge, so stellen die ermittelten Isolinien (Isochoren) Fließfronten zu verschiedenen Zeitpunkten während des Füllvorgangs dar [14].

Die Rechenzeiten für das in Bild 551 dargestellte Ergebnis liegen im Bereich von einigen Sekunden bis zu wenigen Minuten, je nach verwendetem Rechner und dessen Auslastung.

Der *Dijkstra*-Algorithmus als geometrisches Verfahren betrachtet nur Vorgänge an der Fließfront, nicht jedoch die im schon gefüllten, dahinter liegenden Formteilbereichen. Daher wird die Kontinuitätsbedingung bei diesen Berechnungen vernachlässigt.

Ein verbessertes Verfahren stellt die von *Osswald* [15] eingeführte Kontrollvolumenmethode dar, die ursprünglich für das Formpressen entwickelt wurde. Hierbei wird der Füllvorgang unter der Annahme newtonschen und isothermen Fließens in das Füllen

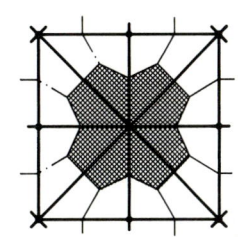

Bild 552 Kontrollvolumenmethode

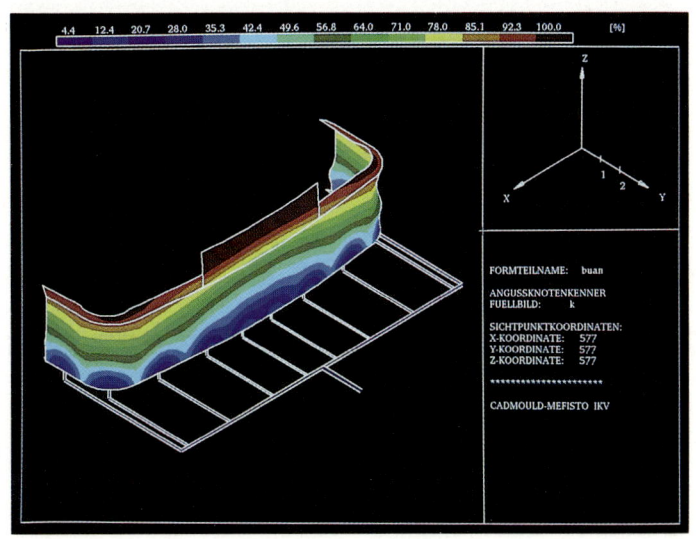

Bild 553
Füllbild eines Stoßfängers mit Angußsystem unter Berücksichtigung der Kontinuitätsbeziehung

einzelner Kontrollvolumina unterteilt. Ein Kontrollvolumen wird dabei um einen Knoten in der FE-Struktur aus den Seitenmitten und den Schwerpunkten der anliegenden Finiten-Elemente gebildet (Bild 552). Mit Hilfe der Kontrollvolumina wird die Zeitdauer der Füllphase nun so diskretisiert, daß die Länge eines Zeitschritts genau der Zeit entspricht, die notwendig ist, das nächste Kontrollvolumen zu füllen. Während eines solchen Zeitschritts werden die Geschwindigkeiten in der Kavität als konstant angenommen. Dadurch ist es möglich, für jeden Zeitschritt den Fließfrontfortschritt unter Berücksichtigung der Kontinuitätsbedingungen zu berechnen (Bild 553).

Die Rechenzeiten für dieses Verfahren liegen im Bereich weniger Minuten bis zu etwa einer Stunde. Daher empfiehlt es sich zunächst mit dem *Dijkstra*-Algorithmus zu arbeiten und nur die erfolgversprechenden Anspritzsituationen mit der Kontrollvolumenmethode zu überprüfen.

Vergleicht man die Ergebnisse, die mit dem *Dijkstra*-Algorithmus erzielt wurden, mit denen nach dem Kontrollvolumenverfahren, so erkennt man, daß die mit dem *Dijkstra*-

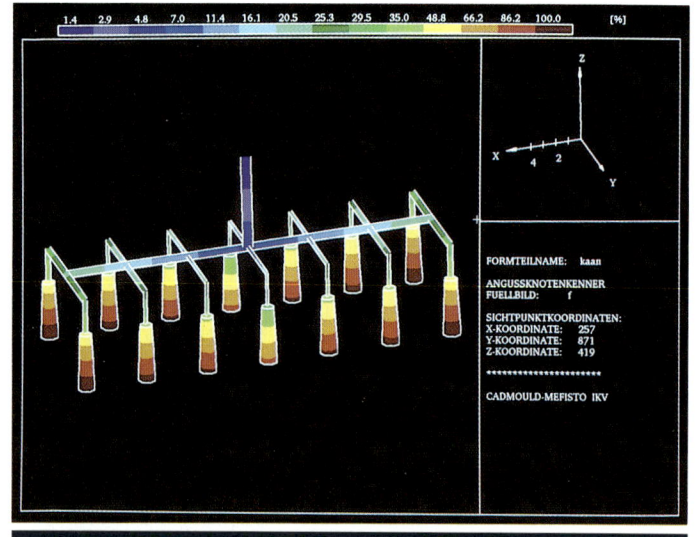

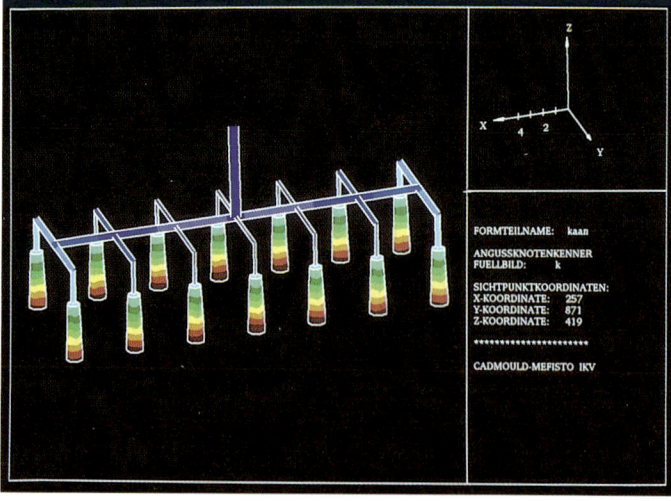

Bild 554 Vergleich: *Djikstra*-Algorithmus – Kontrollvolumenmethode für ein 14fach-Werkzeug

14.2 Rheologische Werkzeugauslegung

Algorithmus ermittelten Ergebnisse den Fluß durch die dünneren Angußelemente 1, 2 überbetonen (Bild 551). Dieser Effekt läßt sich dadurch erklären, daß bei diesem Verfahren die Fließwiderstände der hinter der Fließfront liegenden Elemente nicht berücksichtigt werden und somit die Kontinuitätsbedingung nicht erfüllt ist.

Vergleicht man die Ergebnisse für eine Geometrie, bei der das Volumen des Formteils kleiner ist als das des Angußsystems, so lassen sich keine erkennbaren Unterschiede entdecken (Bild 554). Hier läßt sich der Effekt dadurch erklären, daß im Anschluß an das geometrisch balancierte Verteilersystem der Fehler, der durch die Nichtbeachtung der Kontinuitätsbeziehung im *Dijkstra*-Algorithmus entsteht, bezogen auf das Formteilvolumen so gering ist, daß ein Einfluß auf das Ergebnis nicht feststellbar ist.

In Bild 555 ist das berechnete Füllbild für ein Kombinationswerkzeug den Ergebnissen aus Versuchen mit Teilfüllungen gegenübergestellt. Man erkennt gute Übereinstimmungen zwischen Simulation und Praxis. Einschränkend muß hier jedoch bemerkt werden, daß Teilfüllungen den in der Kavität stattfindenden Fließvorgang für eine vollständige

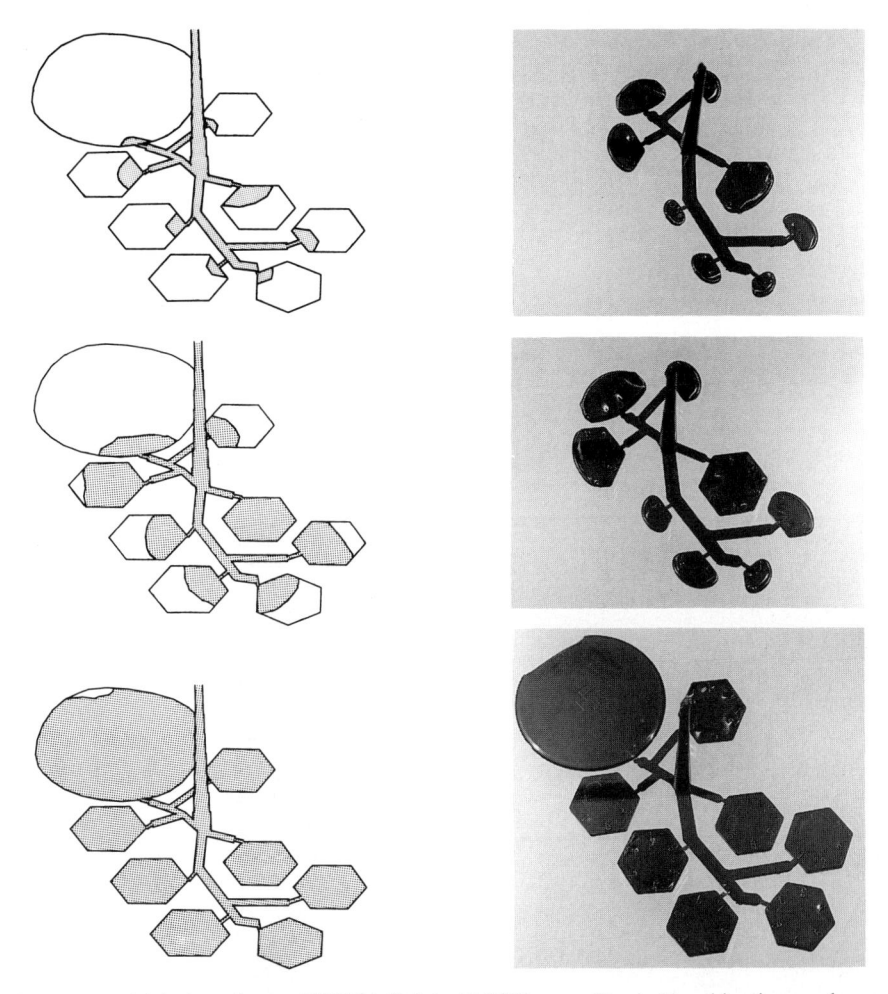

Bild 555 Vergleich: berechnetes Füllbild (*links*) – Teilfüllungen für ein Kombinationswerkzeug (Basis: Kontrollvolumenmethode) (*rechts*)

Füllung nur bedingt richtig beschreiben, da die Verringerung der Fließfrontgeschwindigkeit und die elastischen Effekte bei einer Teilfüllung den Fließfrontverlauf verändern können.

Bei Formteilen aus Thermoplasten führen wegen der dort normalerweise dünnwandigen, schalenartigen Gestalt mit annähernd gleicher Wanddicke die Füllbildmethode und die darauf beruhenden Rechenprogramme zu sehr guten Ergebnissen. Bei Kautschuk und Duroplasten sowie RIM gilt jedoch diese Voraussetzung gleicher Wanddicken oft nicht, so daß sich hier Abweichungen zur Realität einstellen können.

Aufbauend auf den ermittelten Füllbildern ist es nun möglich, Druckverluste, Temperaturen, Schergeschwindigkeiten, Schubspannungen und Viskositäten der Schmelze strukturviskos und temperaturabhängig während des Füllvorgangs zu berechnen. Dies kann entweder entlang von bestimmten durch den Benutzer vorzugebenden Fließwegen geschehen oder für das gesamte Formteil. Bei der Berechnung entlang von Fließwegen erhält man einen tabellarischen Output (Bild 556), ansonsten Isolinien wie in Bild 557. Die Rechenzeiten liegen im Bereich von wenigen Minuten.

```
+------+-------+-------+-------+-------+-------+-------+-------+-------+-------+
! KNR  ! FL L  ! TIME  ! DTDISS!   T   !  ETA  ! GAMMA !  TAU  !  DP   !   P   !
! [-]  ! [MM]  ! [S]   ! [CEL] ! [CEL] ! [PAS] ! [1/S] ! [PA]  ! [BAR] ! [BAR] !
+------+-------+-------+-------+-------+-------+-------+-------+-------+-------+
! 1525!  200.0!  0.06!    4.8!   254.!    74.!  1513.!112025.!    79.!    79.!
! 1521!  450.0!  0.15!    5.9!   260.!    66.!  1708.!112821.!    97.!   220.!
! 1523!  888.2!  0.40!    6.0!   266.!    94.!  1003.! 94337.!    99.!   433.!
! 1512! 1534.6!  1.55!   12.5!   257.!   194.!   356.! 69096.!   206.!   655.!
! 1333! 1584.6!  1.76!    0.6!   252.!   285.!   218.! 62037.!    10.!   678.!
! 1376! 1625.3!  2.23!    0.9!   244.!   415.!   131.! 54439.!    11.!   697.!
! 1413! 1673.1!  2.84!    0.9!   235.!   466.!   120.! 55919.!    12.!   720.!
! 1444! 1721.3!  3.45!    1.0!   226.!   486.!   122.! 59473.!    13.!   744.!
! 1468! 1789.7!  4.43!    1.4!   214.!   589.!   101.! 59616.!    17.!   779.!
! 1482! 1841.2!  5.10!    1.1!   207.!   542.!   126.! 68341.!    14.!   809.!
! 1489! 1887.9!  5.53!    1.3!   204.!   435.!   180.! 78501.!    16.!   839.!
! 1493! 1940.2!  5.70!    2.7!   206.!   144.!   848.!121734.!    33.!   889.!
! 1494! 1965.3!  5.73!    2.4!   208.!    99.!  1381.!137052.!    30.!   918.!
+------+-------+-------+-------+-------+-------+-------+-------+-------+-------+
! KNR  ! FL L  ! TIME  ! DTDISS!   T   !  ETA  ! GAMMA !  TAU  !  DP   !   P   !
! [-]  ! [MM]  ! [S]   ! [CEL] ! [CEL] ! [PAS] ! [1/S] ! [PA]  ! [BAR] ! [BAR] !
+------+-------+-------+-------+-------+-------+-------+-------+-------+-------+
```

Bild 556   Berechnungsergebnisse für den längsten Fließweg

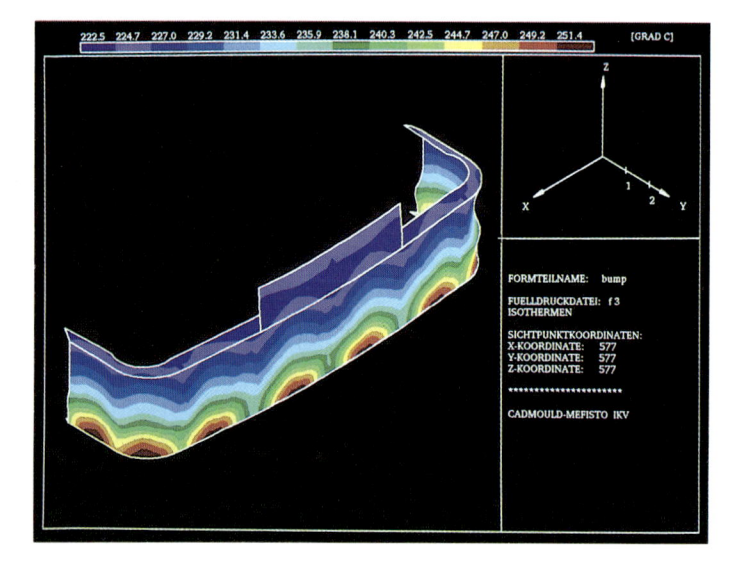

Bild 557   Isothermen

14.2 Rheologische Werkzeugauslegung

In der Entwicklung befindet sich zur Zeit ein Verfahren, womit die in der Füllphase ablaufenden Vorgänge durch die simultane Auswertung der Kontinuitäts-, Impuls- und Energiegleichung berechnet werden können [16]. Grundlage für die Berechnung ist dabei das Kontrollvolumenverfahren. Jedoch wird zusätzlich unter Berücksichtigung des Temperatureinflusses und der Strukturviskosität mit der Finite-Differenzen-Methode eine Berechnung des Schmelzezustands in Formteildickenrichtung durchgeführt. Unter anderem kann mit diesem Verfahren auch der sogenannte Zweikomponentenspritzguß bzw. das Gasinjektionsverfahren simuliert werden.

Bild 558 zeigt den Vergleich des experimentell ermittelten und des berechneten Schichtgrenzenverlaufs für eine einfache Platte bei verschiedenen Umschaltzeitpunkten [17].

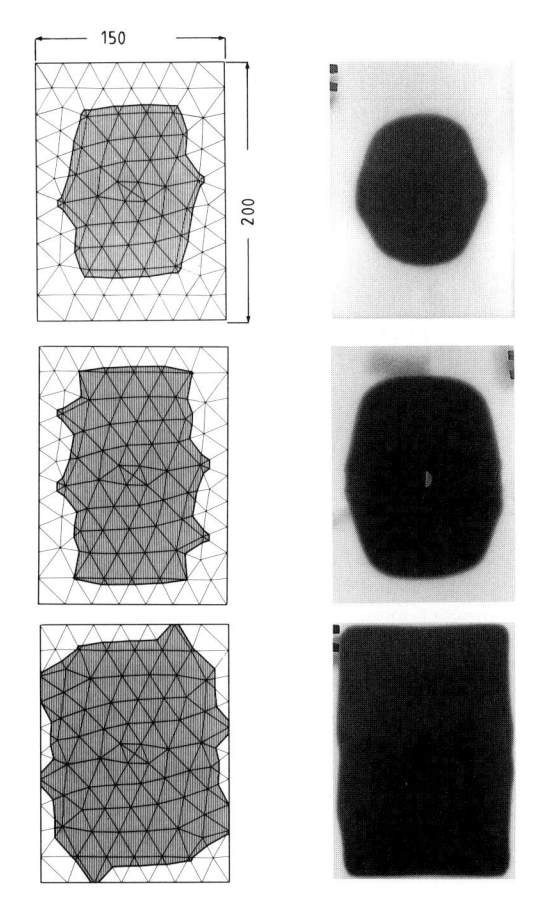

Bild 558 Schichtgrenzenverlauf bei verschiedenen Umschaltzeitpunkten
Links: Simulation,
rechts: Teilfüllungen

14.2.3 Berechnung in Schichten entlang einer Bahnlinie

Die bisher vorgestellten Methoden zur Analyse der Füllphase dienen zum einen dazu, Schwachstellen im Formteil aufzudecken und zu vermeiden (Füllbild, Isothermen), zum anderen läßt sich über eine Variation der eingegebenen Verfahrensparameter ein optimales Verarbeitungsfenster ermitteln.

Diese Methoden arbeiten stets mit mittleren oder repräsentativen Werten über der Formteildicke, um so in einer möglichst kurzen Zeit die Ergebnisse vorliegen zu haben. Es hat sich gezeigt, daß man mit diesen Ansätzen, die weitaus meisten Werkzeuge mit hinreichender Genauigkeit auslegen kann [1, 18, 19].

Eine wesentlich feinere Analyse der Materialzustände an auftretenden Schwachstellen, wie Bindenähten, langen Fließwegen oder Bereichen mit hoher Scherung und damit verbundener Überhitzung des Materials, kann jedoch zur Beschreibung der inneren Eigenschaften erforderlich werden. Dies gilt besonders, wenn sich mit den einfacheren Methoden kein Betriebspunkt finden läßt, der für alle Formteilbereiche gleichermaßen optimale Ergebnisse liefert, so daß die auftretenden Probleme gegeneinander abzuwägen sind.

Eine solche Analyse erfordert jedoch die Ermittlung von Temperatur- und Geschwindigkeitsprofilen über dem Formteilquerschnitt, da nur dann eine konkrete Aussage darüber möglich ist, ob die auftretende Schwächung des Formteils noch tragbar ist, oder ob eine Änderung

– der Verfahrensparameter,
– des Werkstoffs oder
– der Geometrie des Formteils

notwendig ist. Aussagekräftige Profile von Temperatur und Geschwindigkeit über dem Querschnitt erfordern eine wesentlich feinere Betrachtungsweise. Dies kann beispielsweise mit Hilfe eines Differenzenverfahrens geschehen, das den Formteilquerschnitt in diskrete Schichten unterteilt. Es kann auch in einer Finite-Elemente-Struktur über der Formteildicke bestehen. Dabei kann instationär gerechnet werden, indem in jedem Zeitschritt eine erneute Rechnung vom Anschnitt zu der jeweiligen Fließfront durchgeführt wird.

Wollte man jedoch das gesamte Formteil so berechnen, so würde die Rechenzeit derartig lang werden, daß nur noch in einzelnen Extremfällen der Aufwand für solch eine Analyse gerechtfertigt wäre. Beschränkt man sich allerdings darauf, bereits durch vorangehende Rechnungen aufgedeckte Schwachstellen zu untersuchen, so bietet es sich an, eine Berechnung entlang der Bahnlinien, auf denen die Masse zu diesen Schwachstellen gelangt, in Schichten durchzuführen. Eine solche Berechnung, die man sich wie eine Berechnung in einem feststehenden Strömungskanal vorstellen kann, läßt sich nun mit recht geringem Aufwand realisieren.

Eine am IKV entwickelte Methode zur Berechnung entlang von Bahnlinien erfüllt alle oben aufgeführten Forderungen. Sie rechnet in Schichten stets vom Anschnitt bis zur aktuellen Fließfront. Die Geschwindigkeits- und Temperaturprofile werden direkt aus Impuls-, Kontinuitäts- und Energiegleichung ermittelt. Aufgrund der Tatsache, daß man nur entlang einer Bahnlinie rechnet, liegen die Ergebnisse schon nach einer sehr kurzen Rechenzeit vor [20 bis 22]. Anhand dieser Ergebnisse lassen sich wesentlich detailliertere Kenntnisse über die inneren Materialzustände erzielen, als dies bisher möglich war.

14.2.3.1 Berechnungsgrundlagen

Die Berechnung wird in zwei Teilschritten durchgeführt. Zunächst wird der Fließpfad ermittelt, auf dem sich ein Teilchen vom Anschnitt bis zu seiner endgültigen Position bewegt, danach kann dann entlang dieser Bahnlinie die Berechnung in Schichten durchgeführt werden.

Die Bahnlinie wird aus vielen kleinen Teilstücken ds zusammengesetzt. Aus der Definition der Geschwindigkeit:

$$\vec{v} = \frac{d\vec{s}}{dt} \qquad (229)$$

läßt sich die Beziehung:

$$d\vec{s} = \vec{v} \cdot dt \qquad (230)$$

ableiten. Für hinreichend kleine Zeitschritte läßt sich der Differentialquotient mit guter Genauigkeit durch den Differenzenquotienten ersetzen:

$$\Delta \vec{s} = \vec{v} \cdot \Delta t. \qquad (231)$$

Bei der Ermittlung der Bahnlinie wird ausgehend von der Problemstelle nun entgegen dem Geschwindigkeitfeld jeweils ein kleines Wegstück:

$$-\Delta \vec{s} = -\vec{v} \cdot \Delta t \qquad (232)$$

ermittelt. Um dieses Stück bewegt man sich fort (entgegen der Füllrichtung) und ermittelt an der neuen Position eine neue Geschwindigkeit. Diese Berechnung wird so lange fortgeführt, bis schließlich ein Anschnitt erreicht wird. Auf diesem Weg werden jeweils die Positionen, Geschwindigkeiten und zugehörigen Wandstärken abgespeichert.

Die Geschwindigkeiten, die man zur Ermittlung der Bahnlinie heranzieht und die man später auch als mittlere Geschwindigkeiten als Eingangsgrößen für die Berechnung entlang der Bahnlinie verwendet, werden aus den Fließfrontgeschwindigkeiten gebildet, um eine schnelle Berechnung zu ermöglichen. Es ist jedoch auch denkbar, daß eine ganze Reihe von Geschwindigkeitsbildern zu unterschiedlichen Füllständen für die Bahnlinienermittlung herangezogen wird.

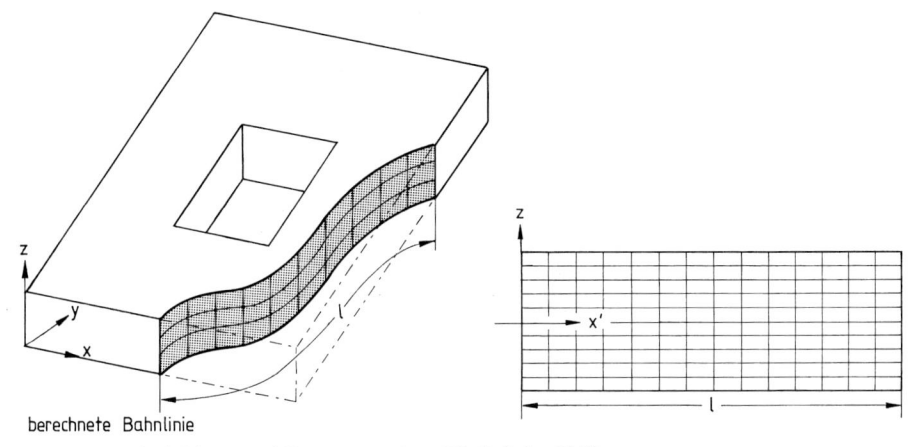

Bild 559 Abwicklung und Rasterung eines Fließpfades [24]

Entlang dieser Bahnlinie kann nun das Formteil aufgeschnitten und mit einem Netz versehen werden, mit dem die Bahnlinie sowohl in Fließrichtung als auch in Dickenrichtung unterteilt wird. Dieser Vorgang ist in Bild 559 zu sehen. In diesem Netz werden dann mit Hilfe eines Differenzenverfahrens die Erhaltungsgleichungen von Masse, Impuls und Energie gelöst. Diese Berechnung wurde aus Berechnungsverfahren entwickelt, wie sie von [23] und [24] beschrieben wurden. Dabei werden zu jedem Zeitpunkt die Temperatur-, Schergeschwindigkeits- und Geschwindigkeitsverteilungen über Querschnitt und Länge sowie der Druck, die Wandschubspannung und die eingefrorene Randschicht über der Länge berechnet.

Die Berechnung geht in diskreten Zeitschritten vonstatten, die jeweils durch die Zeit bestimmt werden, in der sich die Masse an der Fließfront um eine Längeneinheit fortbewegt. Während eines solchen Zeitschritts werden dann entlang der Bahnlinie nacheinander:

die Kontinuitätsgleichung

$$\frac{\partial u}{\partial x} + \frac{\partial v}{\partial y} = 0, \tag{233}$$

die Impulsgleichung

$$\frac{\partial p}{\partial x} + \frac{\partial \tau}{\partial y} = 0 \tag{234}$$

und die Energiegleichung

$$\rho c_p \left(\frac{\partial \vartheta}{\partial t} + u \cdot \frac{\partial \vartheta}{\partial x} \right) = \lambda \left(\frac{\partial^2 \vartheta}{\partial y^2} - \tau \cdot \frac{\partial u}{\partial y} \right) \tag{235}$$

gelöst. Dabei finden ein newtonscher Ansatz:

$$\tau = \eta \cdot \dot{\gamma} \tag{236}$$

und eine Viskositätsfunktion nach *Carreau* [25]:

$$\eta = \frac{P_1 \cdot a_T}{(1 + a_T \cdot P_2 \cdot \dot{\gamma})^{P_3}} \tag{237}$$

Verwendung. Letzterer enthält den Temperaturverschiebungsfaktor a_T, der mit der bekannten WLF-Beziehung:

$$\lg a_T = \frac{8{,}86 \cdot (T_0 - T_s)}{101{,}6 + (T_0 - T_s)} - \frac{8{,}86 \cdot (T - T_s)}{101{,}6 + (T - T_s)} \tag{238}$$

bestimmt werden kann. Die obigen Gleichungen gelten unter Voraussetzung der folgenden Vernachlässigungen:

- zeitlich und örtlich konstante Dichte,
- zweidimensionale Strömung,
- keine Berücksichtigung von Beschleunigungs- und Gravitationskräften und
- keine Wärmeleitung in Fließrichtung.

Für eine exakte Lösung müßten diese drei Gleichungen gekoppelt gelöst werden, wie dies auch in [23] gezeigt wurde. Sind die gewählten Zeitschritte jedoch so klein, daß die zeitlichen Änderungen der Geschwindigkeiten und Temperaturen hinreichend klein bleiben, so kann man sie auch entkoppelt lösen [1].

Aus der Kontinuitätsgleichung läßt sich an Hand der Fließfrontgeschwindigkeit die aktuelle mittlere Geschwindigkeit im freien, d. h. fließfähigen Querschnitt ermitteln. Hieraus läßt sich in Verbindung mit der Impulsgleichung das Geschwindigkeitsprofil berechnen.

Ausgehend von den lokalen Geschwindigkeitsprofilen läßt sich an jedem Ort und für jede Schicht ermitteln, woher die Masse stammt, die jetzt in diesem Element vorliegt. Ist damit die Temperaturänderung aufgrund des konvektiven Wärmetransports ermittelt, so wird anschließend noch die Temperaturänderung aufgrund von Dissipation und Wärmeleitung in Dickenrichtung berechnet. Das dann vorliegende Temperaturprofil gestattet abschließend die Ermittlung der eingefrorenen Randschicht.

Bei dem hier behandelten Fall der Berechnung entlang einer Bahnlinie liegen prinzipiell zweidimensionale Strömungsverhältnisse vor. Bereits 1970 konnte gezeigt werden [26], daß in Spritzgießwerkzeugen mit Ausnahme der Fließfront weitgehend eindimensionale Strömungsverhältnisse vorliegen (Bild 560). Dementsprechend wird bei der Berechnung entlang der Bahnlinie eine parallele Schichtenströmung vorausgesetzt, lediglich an der Fließfront und an den Querschnittsübergängen wird die Querbewegung der Masse zur Ermittlung der dort vorliegenden Temperaturen berücksichtigt.

Bild 560 Darstellung des Strömungsbildes im Fließkanal von Bahnlinien a erstarrte Randschicht, b hochviskose „Haut", c Geschwindigkeitsprofil der Fließfront, d Geschwindigkeitsprofil bei ausgebildeter Strömung (Hauptströmung), e Querströmung an der Fließfront

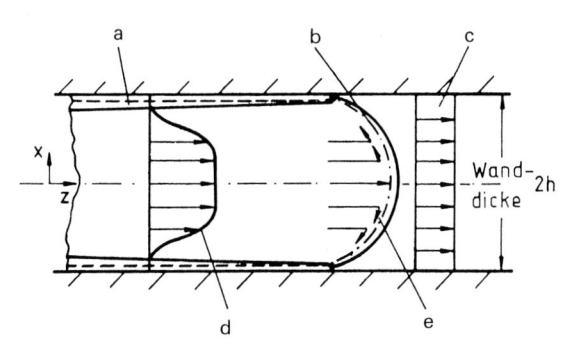

An Querschnittsübergängen bereitet dies jedoch keine Probleme, da man davon ausgehen kann, daß im wesentlichen eine laminare Strömung vorliegt. Folglich findet am Übergang kein Massetransport zwischen zwei unterschiedlichen Schichten statt, sondern die Masse bleibt, trotz einer Strömung quer zur Hauptströmungsrichtung, in der jeweiligen Schicht, wie man in Bild 561 sehen kann.

Etwas komplizierter sieht es an der Fließfront aus, da dort auch Fließvorgänge von den mittleren Schichten in die weiter außen liegenden auftreten. Bild 561 veranschaulicht die hier angewandte Vorgehensweise zur Berücksichtigung dieser Transportvorgänge. Die Druckverluste aufgrund der Strömung quer zur Hauptfließrichtung sind dagegen bei üblichen Spritzgießwerkzeugen mit ihren geringen Wanddicken vernachlässigbar und werden daher im Programm auch nicht berücksichtigt. Dies hat zur Folge, daß mit dem einfachen Ansatz zur Masseverteilung an der Fließfront zwar die Temperaturen dort recht genau beschrieben werden können, nicht jedoch die Schubspannungen und Orientierungen, die dort entstehen und durch den direkten Kontakt mit der Werkzeugwand eingefroren werden. Detaillierte Untersuchungen zur Beschreibung und Entstehung von Orientierungen sind in [27 bis 29] nachzulesen.

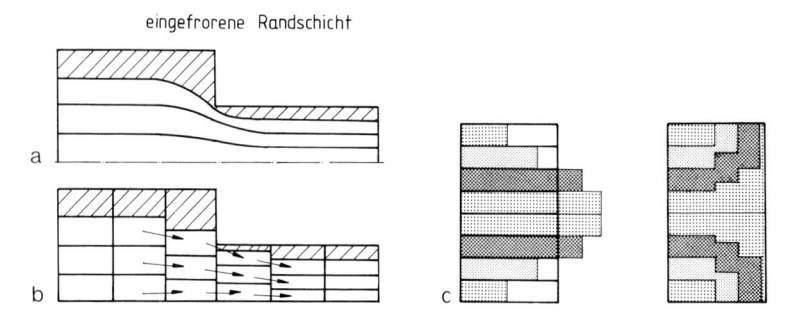

Bild 561 Berücksichtigung der Querströmung an der Fließfront
a) reales Strömungsbild am Querschnittsübergang
b) Strömungsbild am Querschnittsübergang im Programm
c) Umverteilung der Masse an der Fließfront

14.2.3.2 Anwendung auf Thermoplastwerkzeuge

Mit Hilfe der Temperaturprofile, mit denen die beiden Schmelzeströme an Bindenähten aufeinandertreffen, kann man beurteilen, wie gut diese miteinander verschweißen. Dies ist besonders dann wichtig, wenn die Bindenaht danach nicht mehr durchströmt wird. Weiterhin ist es möglich, das Materialverhalten an Stellen zu analysieren, an denen eine Überhitzung des Materials durch hohe Dissipation oder aufgrund von langen Fließwegen eine unzulässig starke Abkühlung der Masse zu erwarten sein könnte.

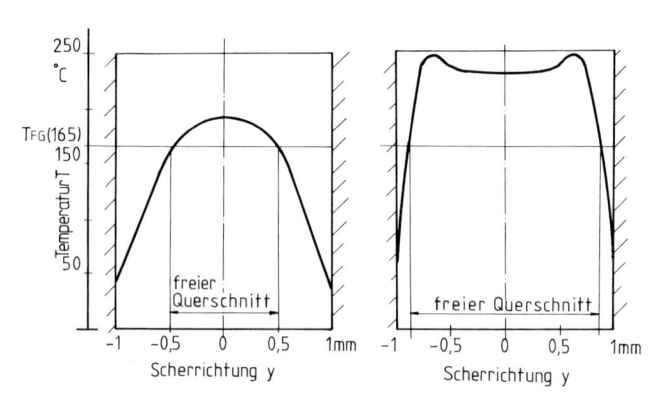

Bild 562 Vergleich von Temperaturprofilen bei unterschiedlicher Einspritzgeschwindigkeit

In Bild 562 sind zwei Temperaturprofile, die unter extremen Einspritzbedingungen entstehen können, über dem Formteilquerschnitt dargestellt. Auf der linken Seite ist ein typisches Temperaturprofil dargestellt, wie es bei großen Formteilen am Ende der Füllphase auftreten kann, wenn relativ niedrige Fließgeschwindigkeiten vorliegen. Hier beträgt der freie Querschnitt nur noch 50% der Formteildicke. Auf der rechten Seite ist dagegen ein Temperaturprofil dargestellt, wie es bei einer relativ kurzen Füllzeit in Anschnittnähe vorliegen kann. Man erkennt, daß hier ein Anstieg der Temperatur nahe der Wand über die Temperatur in der Mitte des Formteils eintritt.

Man erkennt, daß man in beiden Fällen weder mit einer mittleren Temperatur noch mit der Temperatur an der repräsentativen Stelle [30] den vorliegenden Temperaturprofilen gerecht wird, so daß Programme, die auf diesen Temperaturen aufbauen, mit Fehlern behaftet sein müssen, wenn derartige Grenzfälle berechnet werden sollen.

Aus der Temperaturverteilung über dem Formteilquerschnitt läßt sich auch eine recht genaue Aussage über das Anwachsen der eingefrorenen Randschicht in Abhängigkeit von der Zeit an jedem betrachteten Ort im Formteil erzielen. Eine genaue Kenntnis über das Anwachsen der Randschicht während der Füllphase ist im wesentlichen aus zwei Gründen interessant: Zum ersten verringert sich durch diese Randschicht die freie (d.h. fließfähige) Fließkanalhöhe, welche einen großen Einfluß auf den Druckverlust hat. Zum zweiten – und dies ist in vielen Fällen noch wesentlich wichtiger als der bei der Formfüllung entstehende Druckverlust – ändern sich jedoch auch die mechanischen Eigenschaften des Kunststoffs, wenn er unter Schereinfluß erstarrt. So wurde festgestellt, daß bei teilkristallinen Kunststoffen der Elastizitätsmodul der Randschicht doppelt so hoch sein kann, wie der des Grundwerkstoffs (Bild 563) [27, 31].

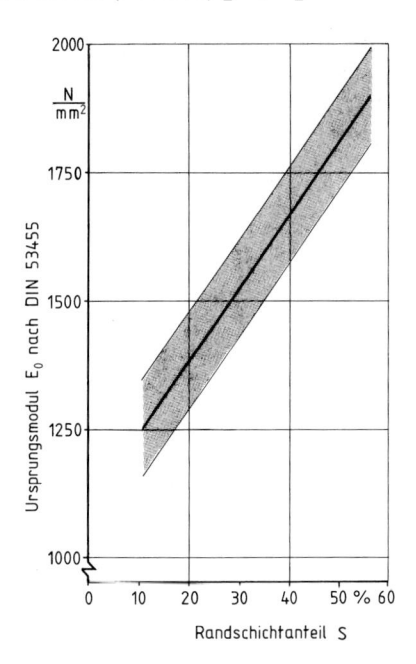

Bild 563 Ursprungsmodul für spritzgegossene PP-Platten D = 1,4 mm [29]

Da gleichzeitig die Schubspannungen am Übergang vom fließfähigen in den festen Zustand vorliegen, lassen sich die Materialzustände während des Einfriervorgangs beschreiben. Es erscheint damit in Zukunft eine Aussage über die Orientierungen möglich, die bei diesem Fließvorgang eingebracht werden. Schließt man eine nachfolgende Relaxationsrechnung an, so können auch die Orientierungen beschrieben werden, die am fertigen Teil auftreten.

Im folgenden sollen nun die Ergebnisse von Berechnungen an dem bereits vorgestellten Rasenmäher dargestellt werden. In Bild 564 sind zunächst zwei ermittelte Bahnlinien dargestellt. Die erste geht in die Rippe im vorderen Bereich des Rasenmähers, da dort bei der normalen Berechnung mit CADMOULD-MEFISTO bereits eine Problemstelle ausgemacht wurde. Die zweite geht an die Bindenaht in dem zuletzt gefüllten Bereich der Querstrebe an der Rückseite des Rasenmähers. Letztere Bahnlinie wurde gewählt, da die dort entstehende Bindenaht nicht mehr nachträglich durchströmt werden kann.

In Bild 565 ist zunächst das Temperaturprofil entlang der ersten Bahnlinie dargestellt. Dieses Temperaturprofil stellt die Temperatur über der Fließlänge und der Formteil-

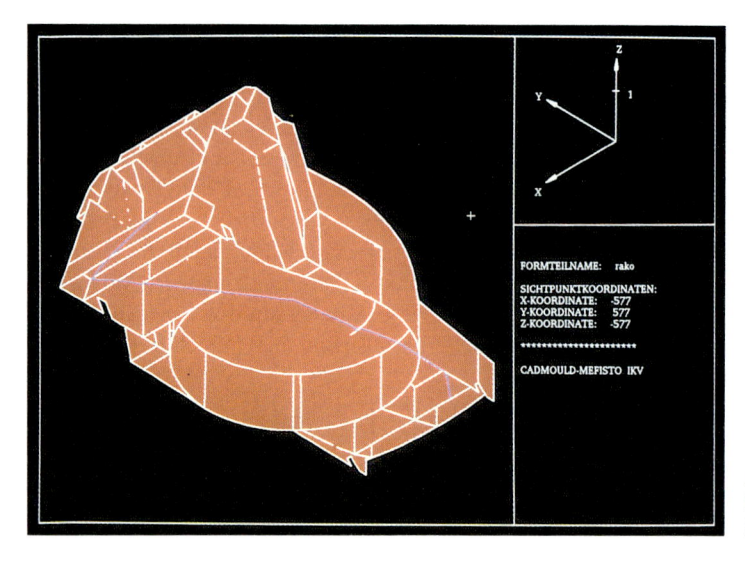

Bild 564 Ermittlung von Bahnlinien im Formteil

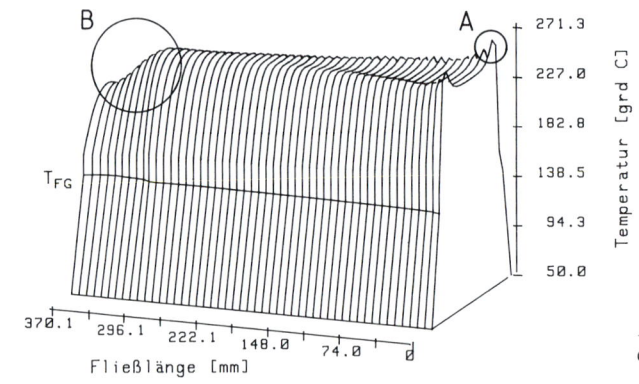

Bild 565 Temperaturprofil entlang der ersten Bahnlinie

dicke dar. Man erkennt im rechten Teil des Bildes (mit „A" markiert) bei einer Fließlänge von 0 mm, was dem Anschnittbereich entspricht, eine deutliche Temperaturspitze. Dies ist auf die hohe Dissipation am Anschnitt zurückzuführen. Im linken Teil des Bildes (mit „B" markiert) erkennt man, auch in der Formteilmitte, einen deutlichen Temperaturabfall bei einer Fließlänge von über 300 mm. Hier tritt die Schmelze in einen dünnwandigen Rippenbereich ein. Dies bewirkt, daß dort eine wesentlich schnellere Wärmeableitung als in dem dickeren Hauptbereich des Rasenmähers vorliegt. Hinzu kommt, daß in der Rippe die Fließfrontgeschwindigkeit abnimmt, da die Schmelze im Grundkörper wesentlich leichter fließen kann; somit nimmt aber auch die Dissipation im Rippenbereich ab.

Vergleicht man dazu das Geschwindigkeits- und das Temperaturprofil an der Stelle, an der die Fließfronten im Steg aufeinandertreffen (Bild 566), so sieht man, daß dort keine nennenswerte Abkühlung bis zum Ende des Formfüllvorgangs auftritt, sondern sogar ein leichtes Aufheizen der Masse stattfindet. Es ist also mit einer sehr guten Bindenahtfestigkeit zu rechnen, und es sind auf diesem Fließweg keine Probleme zu erwarten, da die Temperaturen und Schubspannungen in einem sinnvollen Rahmen bleiben.

14.2 Rheologische Werkzeugauslegung

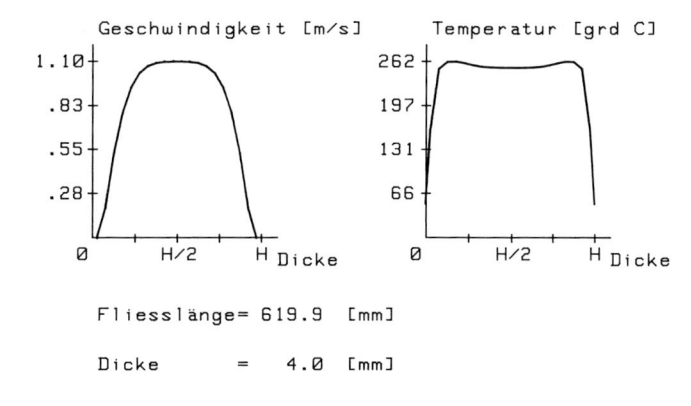

Bild 566
Geschwindigkeits- und Temperaturprofil an der Bindenaht im Steg

Fliesslänge = 619.9 [mm]
Dicke   = 4.0 [mm]

maximale Randschichtdicke: 19.1 %

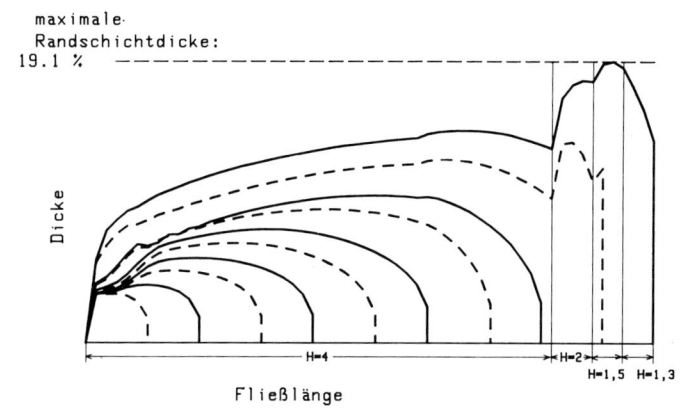

Bild 567
Entwicklung der Randschichtdicke für die erste Bahnlinie

In Bild 567 ist die zeitliche Entwicklung der eingefrorenen Randschicht auf einer Bahnlinie zu unterschiedlich langen Fließwegen dargestellt. Dabei symbolisiert jede Linie die eingefrorene Randschicht zu einem bestimmten Zeitpunkt. Die Zeitpunkte sind dabei so gewählt, daß die Fließfront zwischen zwei dargestellten Linien um jeweils 10% der gesamten betrachteten Fließlänge weitergeschoben wird. In x-Richtung ist dabei die Fließrichtung dargestellt, in y-Richtung der prozentuale Anteil der Randschicht an der Formteildicke. Zur besseren Zuordnung zum Formteil ist zusätzlich am unteren Rand die Formteildicke (hier mit „H" bezeichnet) angegeben.

Man erkennt deutlich, wie die Randschicht während der Füllphase anwächst. Wenn man eine Betrachtung für einen festen Ort durchführt, so kann man erkennen, daß die Randschicht zuerst schnell anwächst, daß sich das Wachstum aber sehr schnell verlangsamt bis schließlich, wenigstens in Anschnittnähe, ein stationärer Wert erreicht wird. Die beiden letzten Randschichtverläufe zeigen schon das Einfrieren der Schmelze im dünnen Rippenbereich. Es ist deutlich, daß dort eine wesentlich höhere Wachstumsgeschwindigkeit der Randschicht vorliegt. Am Ende der Rippe ist der freie Querschnitt bereits auf weniger als 1 mm abgesunken, gleichzeitig treten recht hohe Schubspannungen auf, die eine recht hohe Orientierung der Randschicht bewirken. Da gleichzeitig aufgrund der geringen Wanddicke eine schnelle Abkühlung eintritt, werden die Orientierungen auch sofort eingefroren, ohne daß sie nennenswert relaxieren können.

Die hier durchgeführten Analysen lassen es als absolut notwendig erscheinen, daß die Rippen wesentlich dicker gemacht werden, falls ihnen eine tragende Funktion zukommen soll. Da die Rippen auf der Rückseite einer Sichtfläche liegen, muß allerdings dafür Sorge getragen werden, daß dort keine Einfallstellen auftreten. Um dies sicherzustellen, ist eine Nachdruckphasenanalyse erforderlich.

14.2.3.3 Anwendung auf Elastomerwerkzeuge

Während man eine rheologische Werkzeugauslegung für thermoplastische Materialien recht genau mit den einfachen Modellen, die mit mittleren und repräsentativen Kenngrößen über der Formteildicke arbeiten, durchführen kann, trifft dies bei Werkzeugen für Elastomerformteile nur eingeschränkt zu.

Man kann zwar die Ermittlung des Füllbilds und eine Abschätzung der zu erwartenden Druckverluste mit ähnlich guter Genauigkeit wie bei Thermoplasten durchführen, eine Beurteilung der Prozeßsicherheit verlangt dagegen unbedingt eine detaillierte Betrachtung der Temperatur-Zeit-Geschichte der Elastomerpartikel während des gesamten Formfüllvorgangs. Auch hier erfüllt ein Bahnlinienmodell, das instationär und in Schichten arbeitet, die gestellten Anforderungen.

Die maßgebliche Größe zur Beurteilung der Prozeßsicherheit ist der Scorch-Index, der angibt, welcher Teil der Inkubationsphase, während derer die Vernetzungsreaktion unterdrückt wird, bereits abgelaufen ist. Bei einem Scorch-Index von 100% beginnt die eigentliche Vernetzungsreaktion. Während der Füllphase ist ein Beginn der Vernetzungsreaktion unbedingt zu vermeiden, da dann Formteilfehler von Verzug über Oberflächenmarkierungen bis zu Bindenahtfehlern auftreten können.

Bild 568 zeigt beispielhaft ein solches Scorch-Index-Profil über der Fließlänge bei einem Elastomerformteil, bei dem alle drei oben geschilderten Formteilfehler beobachtet werden konnten.

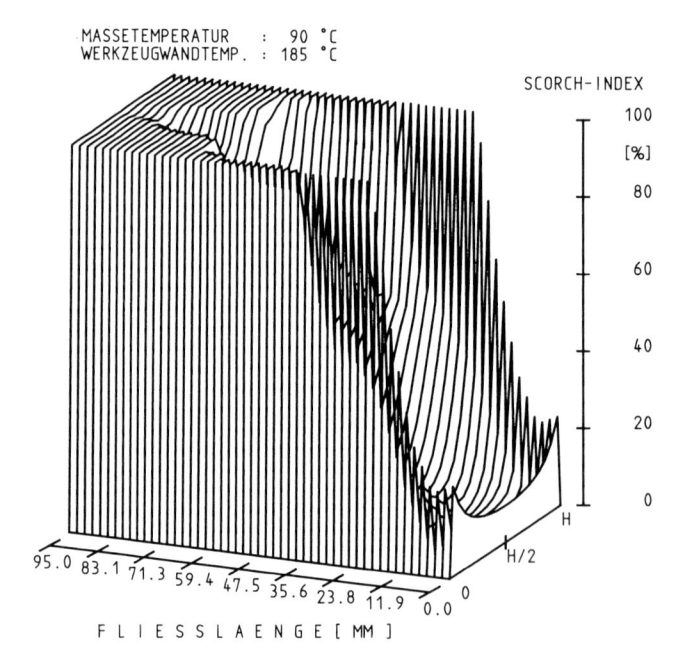

Bild 568 Scorchprofil über der Fließlänge

14.3 Thermische Auslegung

14.3.1 Thermische Grobauslegung

Spritzgießwerkzeuge müssen, um wirtschaftlich zu arbeiten und gute Qualität zu erzeugen, sehr gleichmäßig arbeitende Wärmetauscher sein. Um kostengünstig qualitativ hochwertige Spritzgießteile herstellen zu können, muß die vom Kunststoff dem Werkzeug zugeführte Wärme an jedem Querschnitt möglichst schnell und gleichmäßig abgeführt werden. Dabei hat die Gestaltung des Temperiersystems entscheidenden Einfluß auf die Wirtschaftlichkeit des Prozesses und auf die Qualität der produzierten Formteile [32 bis 35]. Daher kommt der Simulation der Abkühlphase schon bei der Werkzeugkonstruktion besonders große Bedeutung zu.

Die einfachste Form der Berechnung der thermischen Vorgänge ist die thermische Grobauslegung. Die ihr zugrundeliegende Vorgehensweise wird im folgenden am Beispiel des thermischen Teils von CADMOULD 2-D dargestellt (Bild 569). Hierbei ist der erste Schritt die Bestimmung der für das Formteil unter optimalen Bedingungen minimal möglichen Kühlzeit. Diese Kühlzeit ist von der Geometrie des Formteils abhängig. Aus diesem Grund sind hier verschiedene Grundgeometrien möglich, wie z.B. Platten, Zylinder, Kugeln und Würfel.

Als nächstes wird eine Wärmebilanz um das Werkzeug durchgeführt. Aus ihr kann dann ermittelt werden, welcher Wärmestrom dem Werkzeug vom Kunststoff zugeführt wird, welcher Wärmestrom vom Werkzeug zur Umgebung oder umgekehrt geht und welcher Wärmestrom vom Temperiermedium aufgenommen werden muß.

Liegen diese Wärmeströme fest, so ist es nach Vorgabe der maximalen Temperaturerhöhung des Temperiermediums möglich, den notwendigen Volumenstrom des Temperiermediums pro Kühlkreislauf zu berechnen. Diese Temperaturerhöhung sollte i.allg. nicht mehr als maximal 5 °C betragen, da ansonsten Inhomogenitäten in der Temperierung zu befürchten sind.

Aus der berechneten Durchflußmenge des Temperiermediums läßt sich unter der Voraussetzung, daß im Temperierkanal turbulente Strömung vorliegen muß, der maximal mögliche Temperierkanaldurchmesser bestimmen.

Aus den bisher berechneten Daten kann der Abstand der Temperierkanäle untereinander und der Abstand der Temperierkanäle von der Formteiloberfläche berechnet werden. Kriterium hierfür ist eine möglichst homogene Abkühlung, d.h., daß der Unterschied zwischen dem Wärmestrom, der auf der kürzesten Entfernung zwischen Temperierkanal und der Formteiloberfläche abgeführt wird und dem der zwischen den Temperierkanälen abgeführt wird, nicht zu groß werden darf (Bild 570). Als Maß hierfür wird im Programm CADMOULD ein Abkühlfehler angegeben, der diese beiden Wärmeströme zueinander in Beziehung setzt.

Als letzter Schritt kann noch eine Berechnung des Druckverlustes im gesamten Temperiersystem vorgenommen werden, woraus sich dann unter Umständen eine Aufteilung in mehrere Temperierkreise oder ein größerer zu verwendender Temperierkanaldurchmesser ergeben kann. Sollte letzteres der Fall sein, so würden sich natürlich wesentliche Daten der Temperierungsauslegung ändern und die Berechnung müßte erneut durchgeführt werden.

In Bild 571 ist die Temperierungsauslegung für ein plattenförmiges Formteil dargestellt. Man erkennt, daß die Kühlkanäle im Bereich der geringeren Wanddicke den gleichen

514   14 Rechnerunterstützte Werkzeugauslegung

	Auslegungsschritt		Kriterien
1	Kühlzeit-berechnung		• Minimale Zeit zur Abkühlung von Masse- auf Entformungstemperatur
2	Wärmestrom-bilanz		• Erforderlicher Wärmestrom mit dem Temperiermittel
3	Temperiermittel-durchsatz		• Homogene Temperierung über der Temperierkreislänge
4	Temperierkanal-durchmesser	Re > 2300	• Turbulente Strömung
5	Lage der Temperierkanäle		• Wärmestrom • Homogenität
6	Druckverlust-berechnung		• Auswahl des Temperiergerätes • Änderung des Durchmessers oder des Volumenstromes

Bild 569   Schritte der thermischen Auslegung [1]

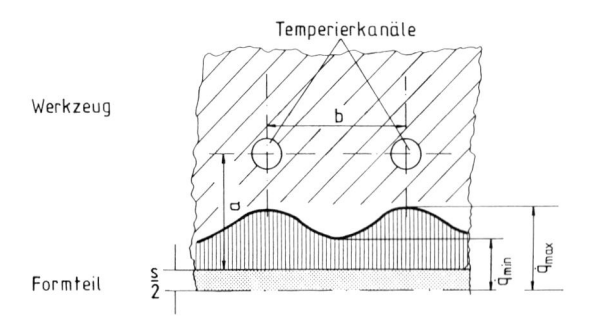

Bild 570   Wärmestromverteilung

Bild 571
Temperierungsauslegung für ein
vereinfachtes Formteil
(alle Maße in mm)

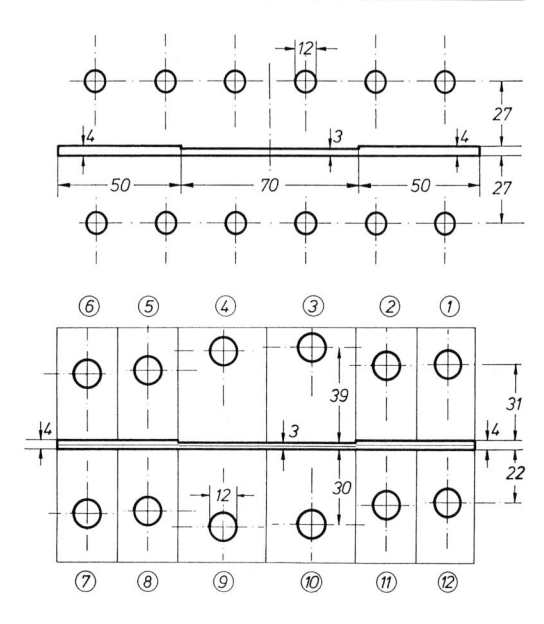

Bild 572
Segmentierte Temperierungsauslegung
(Plattenlänge 20 mm;
alle Maße in mm)

Abstand von der Formteiloberfläche haben wie solche im Bereich der größeren Wanddicke. Dies führt zu unterschiedlichen Abkühlbedingungen. Will man hier genauer rechnen, so muß man das Formteil in einzelne Segmente unterteilen und für diese Segmente die Temperierungsauslegung jeweils getrennt durchführen. Das Ergebnis dieser Verfahrensweise ist in Bild 572 dargestellt.

Man erkennt, daß die Temperierkanäle im Bereich der geringeren Wanddicke vom Formteil weggerückt sind, und weiterhin, daß der Temperierkanal am Ende des Temperierkreislaufs näher an die Formteiloberfläche herangerückt ist als am Anfang aufgrund der sich mit dem zurückgelegten Weg erhöhenden Temperiermediumstemperatur.

Während es bei diesen zweidimensional arbeitenden Programmen erforderlich ist, sämtliche geometrischen Abmessungen des Formteils und des Werkzeugs sowie die Verfahrens- und Stoffdaten während der Berechnung interaktiv in den Rechner einzugeben, kann der zum Teil recht hohe Aufwand, der hierfür zu treiben ist (z.B. die Ermittlung der Formteiloberfläche) entfallen, wenn diese Daten aus einer vorherigen dreidimensionalen rheologischen Berechnung übernommen werden können.

Bild 573 zeigt das Ergebnis einer thermischen Grobauslegung, durchgeführt im Programm CADMOULD-MEFISTO [36]. Hierbei werden vom Programm nicht nur die

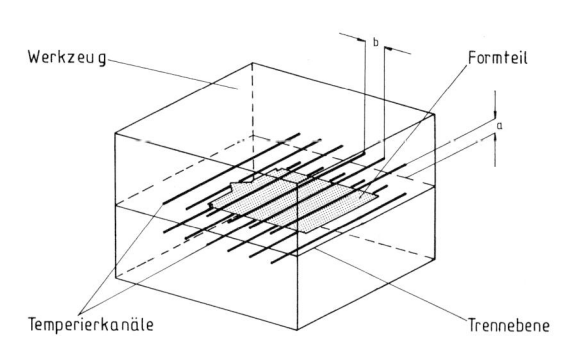

Bild 573 Berechnete Kühl-
kanallagen

Abstände der Temperierkanäle untereinander und der Abstand Formteiloberfläche – Temperierkanalmitte bestimmt, sondern außerdem die Temperierkanäle im Werkzeug gemäß dieser Vorgaben automatisch positioniert. Vom Benutzer muß hierzu lediglich eine Vorzugsrichtung für die Bohrung vorgegeben werden.

14.3.2 Ergebnisüberprüfung im Schnitt durch Werkzeug und Formteil

Bei der bisher beschriebenen thermischen Grobauslegung wird das gesamte Formteil vereinfacht als eine Platte gleicher Dicke und Oberfläche betrachtet. Dies ergibt gute Startwerte für die globale Gestaltung des Temperiersystems. Es kann jedoch nicht den besonderen physikalischen Gegebenheiten Rechnung getragen werden, die in Formteilecken bei unterschiedlichen Wanddicken oder ähnlichen Problembereichen auftreten. In diesem Fall ist es häufig möglich, mit Hilfe eines zweidimensionalen Berechnungsverfahren im Schnitt durch Formteil und Werkzeug eine weitere Optimierung des Temperiersystems vorzunehmen. Beispielhaft soll hierzu das im IKV entwickelte Finite-Elemente-Programm MICROPUS-T [37 bis 39] verwendet werden, welches stationäre und instationäre Wärmetransportvorgänge berechnen kann.

Erheblichen Aufwand bei der Berechnung mit MICROPUS-T verursacht die Aufbereitung der Geometrie, das heißt der Schnitt durch das Formteil und Werkzeug sowie die Diskretisierung durch Finite-Elemente. Dieser Aufwand kann erheblich verringert

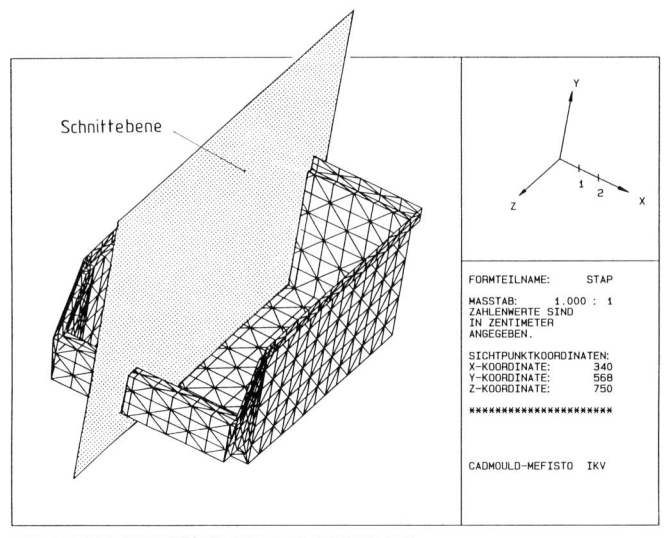

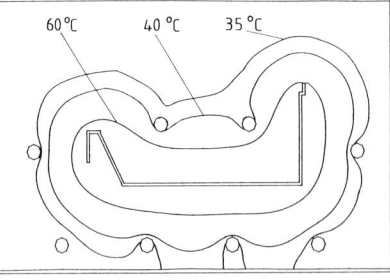

Bild 574 Geometrieübergabe CADMOULD-MEFISTO-MICROPUS-T

werden, indem der Schnitt durch das Formteil im Programm CADMOULD-MEFISTO definiert und die Geometriedaten des Schnitts von einem Schnittstellenprogramm automatisch berechnet und anschließend in einem für MICROPUS-T lesbaren Format abgelegt werden.

Eine solche Schnittstelle wurde von *Waschulewski* [40] realisiert. Bild 574 zeigt das in CADMOULD-MEFISTO vorliegende Formteil, den erzeugten Schnitt sowie die berechnete Temperaturverteilung. Die für die Berchnung mit MICROPUS-T erforderlichen Anfangs- und Randbedingungen wurden mit Hilfe der thermischen Grobauslegung in CADMOULD-MEFISTO ermittelt.

14.3.3 Thermische Berechnung mit der Boundary-Integral-Method

Die bisher beschriebenen Berechnungsverfahren zur Optimierung der Temperiersysteme in Spritzgießwerkzeugen stellen nur Näherungen für die tatsächlich vorliegenden dreidimensionalen, instationären Wärmetransportvorgänge dar. Spritzgießteile haben häufig eine sehr komplexe geometrische Gestalt; man denke hier z.B. an Bohrmaschinengehäuse. Bei diesen Gebilden bedeutet auch die thermische Berechnung in einem zweidimensionalen Schnitt durch Formteil und Werkzeug eine unzulässige Vereinfachung, weil der in die dritte Dimension fließende, vernachlässigte Wärmestrom häufig in der gleichen Größenordnung liegt wie die in den beiden betrachteten Raumrichtungen. Das heißt, daß die so berechneten Ergebnisse auch bei der Verwendung von verschiedenen Schnitten häufig zu ungenau sind. Zudem muß bei einer Optimierung der Temperierkanallage für jede Geometrie ein neues Finite-Elemente-Netz erzeugt werden, was einen erheblichen Zeitaufwand bedeutet.

Optimal ist daher für die Berechnung der Wärmetransportvorgänge ein dreidimensional und instationär arbeitendes Berechnungsverfahren, das eine einfache Optimierung aufgrund von Geometrieänderungen, wie zum Beispiel die Änderung der Lage von Temperierkanälen, zuläßt. Hierzu bietet sich die Verwendung der Boundary-Integral-Methode an [41 bis 43].

Erste Versuche, dieses Verfahren für die thermische Werkzeugauslegung einzusetzen, machten *Barone* und *Caulk* [44 bis 46]. Als Beispiel wählten sie ein Werkzeug für das SMC-(Sheet Moulding Compound-)Pressen. Bei diesem Verfahren wird der kalte SMC-Zuschnitt in ein heißes Werkzeug eingelegt, wo das Material während des Preßvorgangs aufgeheizt wird und dann aufgrund einer chemischen Reaktion vernetzt. Das Ziel der Berechnungen war es, die Zykluszeiten durch eine möglichst homogene Werkzeugwandtemperaturverteilung zu verkürzen. Hierzu wurde die Lage der Temperierkanäle im Werkzeug optimiert (Bild 575).

Das zu diesem Zweck entwickelte Programm arbeitet zweidimensional und stationär. Da in diesem Fall nur Berechnungsergebnisse auf den Berandungen der betrachteten Gebiete von Interesse sind, ergibt sich eine sehr viel geringere Anzahl von unbekannten Größen als dies bei einer Finite-Elemente-Berechnung der Fall ist. Die Temperierkanäle werden durch Punkte mit einer konstanten Temperatur repräsentiert. Eine Variation der Temperierkanalanordnung kann durch einfaches Verändern der Koordinaten der sie repräsentierenden Punkte vorgenommen werden. Die Generierung eines Finite-Elemente-Netzes sowie die Netzverfeinerung in Bereichen großer Gradienten entfällt bei diesem Verfahren.

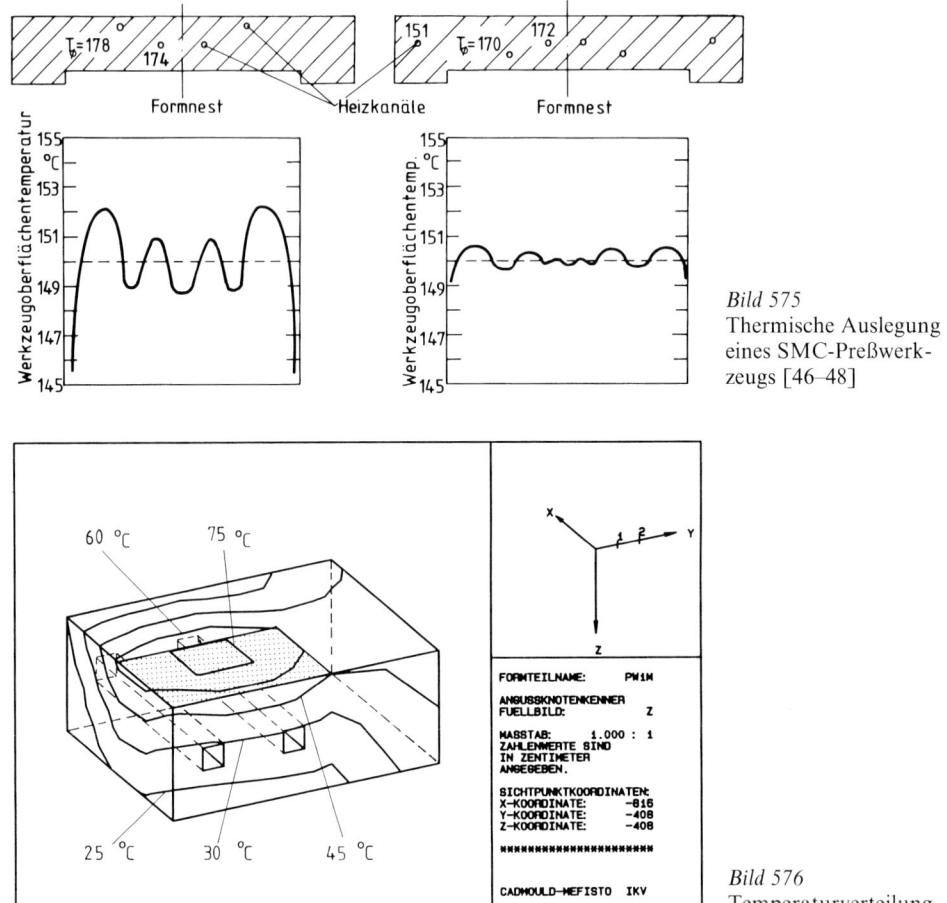

518   14 Rechnerunterstützte Werkzeugauslegung

Bild 575
Thermische Auslegung eines SMC-Preßwerkzeugs [46–48]

Bild 576
Temperaturverteilung nach 15 s Kühlzeit

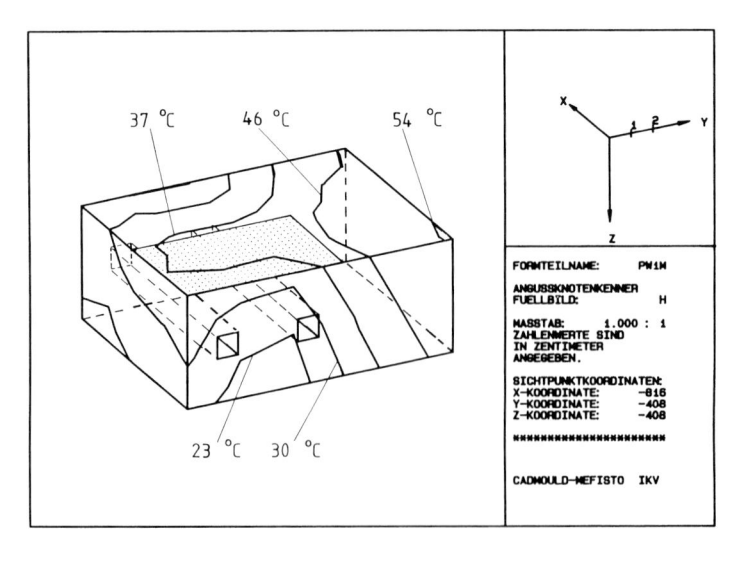

Bild 577
Temperaturverteilung im quasistationären Zustand

Von *Prox* [47] wurde ein nach der Boundary-Integral-Methode arbeitendes Programm entwickelt, mit dem es möglich ist, die Wärmetransportvorgänge in Spritzgießwerkzeugen dreidimensional und instationär zu berechnen. Die diesem Verfahren zugrundeliegenden komplizierten mathematischen Grundlagen sind in [17] und [46] ausführlich dargestellt und werden daher hier nicht näher behandelt.

Die Bilder 576 und 577 zeigen mit diesem Berechnungsprogramm ermittelte Ergebnisse für ein symmetrisches Werkzeug mit einer Kavität für eine quadratische Platte mit 5 mm Wanddicke. Für die Berechnung galten folgende Anfangs- und Randbedingungen:

Material:	Polypropylen P 5200
Anfangsmassetemperatur:	250 °C
Werkzeugwandtemperatur:	20 °C
Temperiermitteltemperatur:	20 °C
Umgebungstemperatur:	20 °C
Kühlzeit:	40 s

In Bild 576 ist der Temperaturverlauf an den Werkzeugoberflächen während des ersten Zyklus nach 15 s Kühlzeit dargestellt. In Bild 577 erkennt man den Temperaturverlauf zum Entformungszeitpunkt, wenn sich das Werkzeug im quasistationären Zustand befindet. Nach 15 s Kühlzeit im ersten Zyklus liegt an der Formteiloberfläche ein Temperaturgradient von 30 °C vor. Zum Ende des Zyklus im quasistationären Zustand beträgt der maximale Temperaturunterschied auf der Formteiloberfläche nur noch 7 °C. Daraus kann man ableiten, daß das Werkzeug thermisch gut ausgelegt ist. Für die Temperaturentwicklung im Formteil ergibt sich der in Bild 578 dargestellte Verlauf.

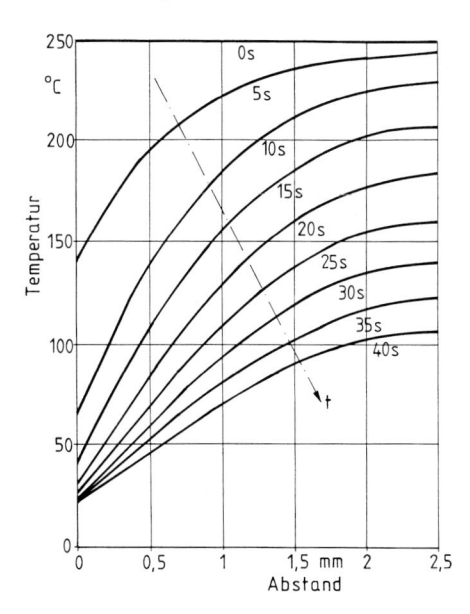

Bild 578 Temperaturverteilung im Formteil

Die Ergebnisse einer solchen Berechnung geben dem Anwender einen guten Einblick in die thermischen Vorgänge innerhalb eines Spritzgießwerkzeugs. Auf diese Weise erhält er die Möglichkeit, das Spritzgießwerkzeug thermisch so auszulegen, daß das Formteil möglichst homogen gekühlt wird und somit Probleme wie Schwindungsunterschiede und Verzug auf ein Minimum beschränkt werden.

14.4 Mechanische Auslegung

Es bieten sich im wesentlichen zwei Wege an, um durch Rechnereinsatz die mechanische Auslegung von Spritzgießwerkzeugen zu unterstützen. Auf der einen Seite können Programme, die mit der Methode der Finiten Elemente arbeiten, eingesetzt werden. Diese ermöglichen eine sehr genaue Analyse der Verformungen im Werkzeug, wenn die Randbedingungen wie die auftretenden Kräfte und Drücke ebenfalls mit hoher Genauigkeit ermittelt werden können. Auf der anderen Seite können einfachere Programme eingesetzt werden, die mit Federersatzmodellen arbeiten und eine Überlagerung von Lastfällen durchführen, wie dies allgemein bereits in Kapitel 10 gezeigt ist.

Die beiden Alternativen sollen im folgenden kurz gegenübergestellt werden.

FEM-Programme

FEM-Programme sind zweifellos wesentlich eher in der Lage, das komplexe Verformungsverhalten eines Spritzgießwerkzeugs zu beschreiben, als die einfacheren Modelle dies können. Es werden bereits eine ganze Reihe fertiger FEM-Programme angeboten [48], von denen einige (zum Teil mit vermindertem Komfort und Leistungsumfang) auf Rechnern der PC-AT-Klasse lauffähig sind.

Bild 579 zeigt das Verformungsverhalten eines Spritzgießwerkzeugs unter Schließkraft und Forminnendruck (mit einer 50fach überzeichneten Deformation), das mit einem am IKV entwickelten Programm [49] berechnet wurde. Dabei wird hier nur die Verformung der Kavität im Bodenbereich des Formteils zahlenmäßig angegeben, prinzipiell liegen aber die Daten für alle im Werkzeug auftretenden Verformungen vor.

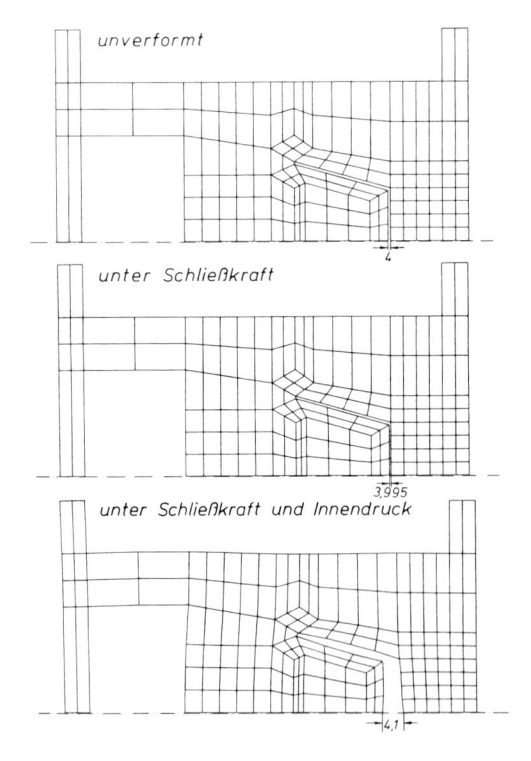

Bild 579 Verformungsverhalten eines Spritzgießwerkzeuges [51]

14.3 Mechanische Auslegung

Besonders bei sehr komplexen Werkzeugen für Autoschalttafeln, Stoßfängerverkleidungen etc., bei denen die einzelnen Lastverhältnisse nicht klar zu beschreiben sind und nicht von vornherein bekannt ist, welche Werkzeugbereiche kritisch sind, ist der hohe Zeit- und Berechnungsaufwand für die Verformungsanalyse mit Hilfe der Methode der Finiten Elemente vertretbar.

Überlagerungsrechnung

In sehr vielen Fällen gelangt man mit Programmen, die auf den einfacheren Modellen basieren, wie CADMOULD-2-D [50] wesentlich schneller und einfacher zu einem Ziel. Diese Programme basieren auf der Plattentheorie; es können zum einen sehr einfach Werkzeugverformungen unter einer vorgegebenen Last bei bekannter Geometrie errechnet werden, zum anderen können an ausgewählten Punkten innerhalb der druckbelasteten Flächen maximale Verformungen vorgegeben werden und davon ausgehend die Werkzeugelemente so dimensioniert werden, daß diese Verformungen nicht überschritten werden.

Hierin liegt ein großer Vorteil gegenüber Finite-Elemente-Systemen, bei denen üblicherweise nur ein vorgegebener Zustand nachgerechnet werden kann. Da das eigentliche Ziel bei der mechanischen Werkzeugauslegung die Dimensionierung ist und nicht die Ermittlung einer Verformung, ist dieser Vorzug der einfacheren Modelle nicht zu unterschätzen.

Die Verformung eines ganzen Werkzeugaufbaus läßt sich durch eine Überlagerungsrechnung ermitteln, bei der die Einzelelemente des Werkzeugs durch ein Federersatzsystem ersetzt werden. Diese Überlagerung wird ebenfalls vom Rechner ausgeführt. Der Benutzer gibt lediglich die Daten der Einzelelemente und ihre Anordnung zueinander ein.

Auch innerhalb eines solchen zusammengeschalteten Systems ist die Vorgabe einer Gesamtverformung möglich. Dann kann ein ausgewähltes Werkzeugelement so dimensioniert werden, daß die maximal zulässige Gesamtverformung nicht überschritten wird.

Bild 580 zeigt den schließseitigen Werkzeugaufbau eines Spritzgießwerkzeugs, bei dem ein Stützbolzen für eine Verringerung der Plattendurchbiegung sorgen soll, mit dem dazugehörigen Federersatzmodell und den ermittelten Verformungen. Jede Feder erhält

ELNR.	LASTFALL:	FGES =
121.	2.	0.05312
131.	11.	0.22925
241.	10.	0.09732
242.	10.	0.09732

ELNR.	LASTFALL:	FGES =
140.	0.	0.37902
140.	0.	0.10178

DIE GESAMTVERFORMUNG BETRAEGT 0.08023 MM

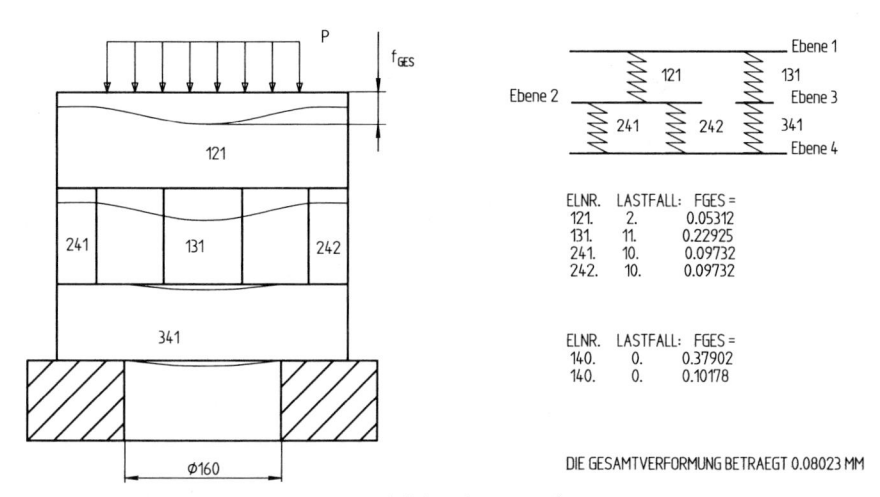

Bild 580 Verformung und Federersatzmodell für Plattenwerkzeug

dabei eine Nummer, die ihre Position im Werkzeug festlegt. Aus ihr ergibt sich auch, welche Elemente parallel (Addition der Steifigkeiten) und welche in Reihe (Addition der Verformungen) angeordnet sind.

Die Tabelle mit den Ergebnissen enthält zunächst einen Abschnitt, in dem die Belastungsarten die Einzelelemente und deren Verformungen ausgegeben werden. Die Verformungen werden unter der Annahme ermittelt, daß jedes Element die gesamte Last tragen muß. Man kann an diesem Ergebnis feststellen, wie steif die einzelnen Werkzeugelemente im Vergleich untereinander sind. Eine große Verformung eines Elements bedeutet einen großen Beitrag zur Gesamtverformung bei einer Reihenschaltung oder einen kleinen Beitrag zur Gesamtsteifigkeit bei einer Parallelschaltung.

Im nächsten Schritt wird dann ein erster Überlagerungsschritt durchgeführt. Hierbei werden zuerst parallel liegende Federn zusammengefaßt und dann in Reihe liegende. Hieraus ergeben sich Zwischenergebnisse für die Verformung der Teilsysteme aus den Elementen 131 und 341 (0,379 mm) und aus den Elementen 121 und 241 und 242 (0,102 mm).

Im letzten Schritt wird dann die Gesamtverformung (0,08 mm) bestimmt. Diese Verformung erscheint relativ groß, daher sollte im nächsten Schritt eine Dimensionierung eines oder mehrerer Werkzeugelemente vorgenommen werden. Aus den Teilergebnissen kann man bereits ablesen, wo sich eine Änderung am ehesten auswirkt. Die Elemente 131 und 341 nehmen nur etwas mehr als 1/5 der Last auf, folglich müßten sowohl der Stützbolzen (131) und die Aufspannplatte (341) recht deutlich in ihren Dimensionen verstärkt werden, um hiermit etwas zu erreichen. Wesentlich mehr Aussicht auf Erfolg hat dagegen eine Verstärkung der Nestplatte (121) und der äußeren Stützleisten (241 und 242).

Die anschließende Dimensionierungsberechnung, bei der die Durchbiegung der Nestplatte von 0,3 mm auf 0,05 mm reduziert wurde, zeigte, daß bei Verwendung einer Nestplatte von 136 mm Dicke anstelle von 96 mm der Stützbolzen sogar ganz wegfallen kann, wodurch sich der Werkzeugaufbau entsprechend vereinfacht.

Es kann hier bei einer Berechnung allerdings immer nur die Verformung in einem Punkt berechnet werden und nicht – wie bei einem Finite-Elemente-Programm – das Verformungsverhalten innerhalb des gesamten Systems. Dafür ist jedoch der zu betreibende Aufwand, um ein entsprechendes Rechenergebnis zu bekommen, auch wesentlich geringer.

Die Genauigkeit der Berechnungsergebnisse ist zwar unter Umständen nicht ganz so hoch wie bei den FEM-Programmen, da das verwendete Überlagerungsverfahren nur innerhalb gewisser Grenzen gilt. Diese Aussage muß man aber in zweierlei Hinsicht relativieren. Zum einen wird häufig keine allzu große Genauigkeit benötigt, da man üblicherweise mit gewissen Sicherheitsfaktoren rechnet. Besonders, wenn man die Werkzeuge weitgehend aus Normalien aufbaut, muß man immer die nächste größere Ausführung wählen, so daß die Grenzfälle, bei denen FEM-Programme ihre höhere Genauigkeit ausspielen können, nicht allzu häufig sein dürften. Zum anderen bereitet die genaue Erfassung und Beschreibung von Randbedingungen wie Reibungs- oder Einspannverhältnisse häufig Schwierigkeiten, so daß auch die FEM-Rechnungen fehlerbehaftet sind. So kommt *Bangert* [51] bei einem Vergleich von Messung und Rechnung an einem Stoßfängerwerkzeug mit Einsatz bei der Berechnung mit einem FEM-Programm und mit einem Vertreter der einfacheren Programme zu vergleichbaren Ergebnissen. Es ist somit stets das Verhältnis von Aufwand zu Nutzen abzuwägen.

14.5 Ausbildungsstand der Anwender von Simulationsprogrammen

Für die Anwendung von zweidimensional arbeitenden Programmen sind nur geringe EDV-Kenntnisse erforderlich. Nach dem Starten des Programms wird der Benutzer von sogenannten Menüs durch das Programm geführt. Die Anwender sollten jedoch mit der Erstellung von Abwicklungen und den Verfahren zur Konstruktion eines Füllbilds vertraut sein. Außerdem ist es erforderlich, daß der Benutzer gute Kenntnisse über die im Spritzgießprozeß ablaufenden Vorgänge hat, damit er die mit der Füllbildmethode und der anschließenden Berechnung ermittelten Ergebnisse beurteilen kann.

Für die Anwendung der dreidimensional arbeitenden Programme kommt hinzu, daß der Benutzer in der Lage sein muß, eine komplexe Geometrie in 3-D-Koordinaten einzugeben sowie ein Finite-Elemente-Netz mit Hilfe eines Strukturgenerators zu erzeugen.

In jedem Fall ist es sinnvoll, das umfangreiche Schulungsangebot, das heute für alle Systeme existiert, zu nutzen.

Literatur zu Kapitel 14

[1] *Kretzschmar, O.:* Rechnerunterstützte Auslegung von Spritzgießwerkzeugen mit segmentbezogenen Berechnungsmethoden. Dissertation, RWTH Aachen 1985.
[2] *Bangert, H.:* Systematische Konstruktion von Spritzgießwerkzeugen und Rechnereinsatz. Dissertation, RWTH Aachen 1981.
[3] *Kemper, W.:* Kriterien und Systematik für die rheologische Auslegung von Spritzgießwerkzeugen. Dissertation, RWTH Aachen 1982.
[4] *Michaelis, A.:* Berücksichtigung des Randschichteinflusses auf die Simulationsrechnung des Formfüllvorgangs komplexer Spritzgießteile. Unveröffentlichte Arbeit am IKV, Aachen 1986.
[5] *Benfer, W.; Maier, U.; Schacht, Th.; Schmelzer, E.; Schmidt, Th.; Wölfel, U.:* CAD/CAE – Neue Entwicklungen bei der rechnerunterstützten Werkzeugauslegung. Bericht zum Kunststofftechnischen Kolloquium, Aachen 1986, S. 113–145.
[6] *Baur, E.; Filz, P.; Greif, H.; Groth, S.; Lessenich, V.; Ott, S.; Pötsch, G.; Schleede, K.:* Formteil- und Werkzeugkonstruktion aus einer Hand – die modernen Hilfsmittel für den Konstrukteur. Bericht zum Kunststofftechnischen Kolloquium, Aachen 1988, S. 241–274.
[7] *Bangert, H.:* Vorausbestimmung des Fließfrontverlaufes in Spritzgießwerkzeugen. Kunststoffe 75 (1985) 6, S. 325–329.
[8] *Menges, G.; Lichius, U.; Bangert, H.:* Eine einfache Methode zur Vorausbestimmung des Fließfrontverlaufes beim Spritzgießen von Thermoplasten. Plastverarbeiter 31 (1980) 11, S. 671–676.
[9] *Menges, G.; Lichius, U.:* Ermittlung von zu erwartenden Füllbildern in Spritzgießwerkzeugen. Abschlußbericht zum AIF-Vorhaben, 1980.
[10] *Menges, G.; Schacht, Th.; Ott, S.:* Entwicklung von Methoden zur Vorausbestimmung von Bindenahteigenschaften. Abschlußbericht zum AIF-Vorhaben, 1987.
[11] *Wölfel, U.:* Verarbeitung faserverstärkter Formmassen im Spritzgießprozeß. Dissertation, RWTH Aachen 1987.
[12] *Ebbecke, W.:* Einbindung des Angußsystems in das Programmpaket CADMOULD-MEFISTO. Unveröffentlichte Arbeit am IKV, Aachen, in Vorbereitung.
[13] *Menges, G.; Schacht, Th.; Storzer, A.:* 3-D-Füllsimulation auf dem Bildschirm. Plastverarbeiter 36 (1985) 2, S. 14–21.
[14] *Schacht, Th.:* Spritzgießen von Liquid-Crystal Polymeren Injection-Moulding of Liquid-Cristalline Polymers. Dissertation, RWTH Aachen 1986.

[15] *Osswald, T.:* Numerical Methods for Compression Mold Filling Simulation. PhD-Thesis, University of Illinois, Urbana-Champaign 1987.
[16] *Heine, A.:* Ansätze für die Simulation des Zweikomponentenspritzgußes. Unveröffentlichte Arbeit am IKV, Aachen 1988.
[17] *Filz, P.:* Neue Entwicklungen für die Simulation des Spritzgießprozesses von Thermoplasten. Dissertation, RWTH Aachen 1988.
[18] *Lichius, U.:* Rechnerunterstützte Konstruktion von Werkzeugen zum Spritzgießen von thermoplastischen Kunststoffen. Dissertation, RWTH Aachen 1983.
[19] *Menges, G.; Hoven-Nievelstein, W.B.; Kretzschmar, O.; Schmidt, Th.W.:* Handbuch zur Berechnung von Spritzgießwerkzeugen. Verlag Kunststoff-Information, Bad Homburg 1985.
[20] *Brüggemann, J.:* Erstellung von Programmoduln zur rechnergestützten Auslegung von Spritzgießwerkzeugen. Unveröffentlichte Arbeit am IKV, Aachen 1987.
[21] *Groth, S.:* Detaillierte Vorhersage von Materialzuständen durch instationäre Berechnung entlang von Bahnlinien. Fachbeiratsgruppe Spritzgießen am IKV, Aachen 1987.
[22] Manual zum Programmsystem CADMOULD-MEFISTO 3.0. IKV, Aachen 1989.
[23] *Schmidt, L.:* Auslegung von Spritzgießwerkzeugen unter fließtechnischen Gesichtspunkten. Dissertation, RWTH Aachen 1981.
[24] *Benfer, W.:* Rechnergestützte Auslegung von Spritzgießwerkzeugen für Elastomere. Dissertation, RWTH Aachen 1985.
[25] *Carreau, P.J.:* Rheological Equations from Molecular Network Theories. Ph.D. Thesis, Department of Chemical Engineering, University of Wisconsin 1968.
[26] *Stitz, S.:* Analyse der Formteilbildung beim Spritzgießen von Plastomeren als Grundlage für die Prozeßsteuerung. Dissertation, RWTH Aachen 1985.
[27] *Backhaus, J.:* Gezielte Qualitätsvorhersage bei thermoplastischen Spritzgießteilen. Dissertation, RWTH Aachen 1985.
[28] *Menges, G.; Ries, H.; Wiegmann, T.:* Innere Eigenschaften von spritzgegossenen Formteilen aus Polypropylen. Kunststoffe 77 (1987) 4, S. 433–438.
[29] *Wübken, G.:* Einfluß der Verarbeitungsbedingungen auf die innere Struktur thermoplastischer Spritzgießteile unter besonderer Berücksichtigung der Abkühlverhältnisse. Dissertation, RWTH Aachen 1974.
[30] *Schümmer, P.:* Rheologie I. Vorlesungsskriptum, RWTH Aachen 1978.
[31] *Norget, I.:* Randschichten beim Spritzgießen. Unveröffentlichte Arbeit am IKV, Aachen 1985.
[32] *Schürmann, E.:* Abschätzmethoden für die Auslegung von Spritzgießwerkzeugen. Dissertation, RWTH Aachen 1979.
[33] *Menges, G.; Filz, P.; Kretzschmar, O.; Recker, H.; Schmidt, Th.; Schacht, Th.:* Mould design with „CADMOULD", in Applications of Computer Aided Engineering in Injection Moulding. *Manzione, L.T.* (Ed.) Carl Hanser Verlag, Munich, Vienna, New York 1987, S. 173–211.
[34] *Menges, G.; Mohren, P.:* Anleitung für den Bau von Spritzgießwerkzeugen. 2. Auflage, Carl Hanser Verlag, München, Wien 1983.
[35] *Schacht, Th.; Maier, U.; Esser, K.; Kretzschmar, O.; Schmidt, Th.:* CAE/CAD beim Spritzgießen, Blasformen und Schäumen – Der kürzeste Weg zur Werkzeugkonstruktion. Bericht zum Kunststofftechnischen Kolloquium, Aachen 1984.
[36] *Luckau, S.:* Implementierung der thermischen Grobauslegung in das Programmpaket CADMOULD-MEFISTO. Unveröffentlichte Arbeit am IKV, Aachen 1988.
[37] Manual zum Programmsystem MICROPUS-T IKV, Aachen 1987.
[38] *Menges, G.; Kalwa, M.; Schmidt, J.:* Wärmeausgleichsrechnung in der Kunststoffverarbeitung mit der FEM. Kunststoffe 77 (1987) 8, S. 797–802.
[39] *Menges, G.; Schwenzer, C.; Kalwa, M.:* FEM in der Werkzeugkonstruktion. CAD/CAM-Report (1987) 65, S. 66–76.
[40] *Waschulewski, B.:* Erstellung einer Software-Schnittstelle zwischen den Programmsystemen CADMOULD-MEFISTO und MICROPUS-T. Unveröffentlichte Arbeit am IKV, Aachen 1988.
[41] *Ladyzhenskaya, O.A.:* An integration of the Cauchy Problem for Hyperbolic Systems by the Difference Method. Ph.D.-Thesis, Leningrad University 1949.
[42] *Jawson, M.A.; Symm, G.T.:* Integral Equation Methods in Potential Theory. Proc. Roy Soc. A 275 (1963) S. 265–268.
[43] *Ladyzhenskaya, O.A.:* The mathematical Theory of Viscous Incompressible Flow. Gordon and Breach, New York 1963.

[44] *Barone, M.R.; Caulk, D.A.:* Optimal Arrangement of Holes in Twodimensional Heat Conductor by a Special Boundary Integral Method. Int. Num. Math. Eng. 22 (1982) S. 100–300.
[45] *Barone, M.R.; Caulk, D.A.:* Optimal Thermal Design of Injection Molds for Filled Thermosets. Polym. Eng. Sci. 25 (1985) 10, S. 608–617.
[46] *Barone, M.R.; Caulk, D.A.; Panter, M.R.:* Experimental Verification of an Optimal Thermal Design in a Compression Mould. Polymer Composites 7 (1986) 3, S. 141–151.
[47] *Prox, M.:* Entwicklung eines Programms zur Berechnung der Wärmetransportvorgänge in Spritzgießwerkzeugen mit Hilfe der Boundary-Integral-Methode (BIM). Unveröffentlichte Arbeit am IKV, Aachen 1988.
[48] ISIS Software Report. Infratest Information Services, München 1988.
[49] *Steinke, P.:* Verfahren zur Spannungs- und Gewichtsoptimierung von Maschinenbauteilen. Dissertation, RWTH Aachen 1982.
[50] *Menges, G. et al.:* Programmsystem CADMOULD. Berechnungsprogramme zur Auslegung von Spritzgießwerkzeugen. Gemeinschaftsforschungsprojekt mit Industriefirmen am IKV, Aachen seit 1982.
[51] *Bangert, H.:* Anwendungen mit dem IKV-Programm POLI-M in: Rechnerunterstütztes Konstruieren von Spritzgießwerkzeugen (EPSON HX-20). Gemeinschaftsseminar von VDI-K und IKV, Aachen 1985.

15 Pflege und Instandhaltung von Spritzgießwerkzeugen

Die Vorteile einer vorbeugenden planmäßigen Instandhaltung, Strategien der Instandhaltung, der Aufbau einer Instandhaltungsabteilung usw. werden in der Literatur umfassend diskutiert und beschrieben. Die Aussagen werden durch Untersuchungen untermauert [1 bis 6]. Zusammenfassend läßt sich sagen, daß durch planmäßige Überwachung der Maschinen, Werkzeuge sowie aller sonstiger Betriebsmittel und die rechtzeitige Behebung der auftretenden Schäden die Anzahl der Maschinen- und Werkzeugausfälle verringert und Folgeschäden weitgehend ausgeschaltet werden können. Dadurch wird eine bessere Ausnutzung der Anlagenkapazität erreicht und die geforderte Qualität der Erzeugnisse gewährleistet [1]. Es empfiehlt sich, von jedem Werkzeug eine Stammkarte anzulegen, in die alle mit dem Werkzeug geleisteten Arbeiten eingetragen und vermerkt werden. Insbesondere sollen in dieser Stammkarte alle Änderungen am Werkzeug und die Zeichnungsnummern festgehalten werden. Für diese Dokumentation werden heute sehr vorteilhaft Rechner eingesetzt. Ziel der vorbeugenden Instandhaltung im Werkzeugbau muß eine Steigerung der Produktivität sein. Dies wird erreicht durch

- Verringerung der Stillstandzeiten

  Gewartete und gepflegte Werkzeuge, die darüber hinaus mit einer Werkzeugkarte versehen sind, der alle wichtigen Werkzeug-, Verarbeitungs- und Maschinendaten zu entnehmen sind, sind stets einsatzbereit. Die Rüstzeiten werden dadurch verkürzt und die Produktion wird seltener durch Störungen am Werkzeug unterbrochen.

- Reduzierung von Ausschuß

  Bei guter Werkzeuginstandhaltung ist stets eine gleichbleibende Qualität gewährleistet. Qualitätseinbußen z. B. durch Versagen der Temperierung oder weil bei einem Heißkanalwerkzeug das Angußsystem durch Ausfall von Heizpatronen nicht auf Temperatur gehalten werden kann, lassen sich weitgehend ausschließen. Die zum Teil sehr aufwendigen Qualitätskontrollen müssen erst nach längeren Zeiträumen wiederholt werden. Dadurch wird Personal für andere Aufgaben frei. Bei einwandfrei arbeitenden Werkzeugen ist darüber hinaus der Material- und Energieaufwand geringer.

- Einhaltung von Lieferfristen

  Das Einhalten von Lieferfristen ist ein nicht zu unterschätzendes Verkaufsargument, das sich u. U. allerdings erst nach längeren Zeiten auszahlt; dies kann durch vorbeugende Instandhaltung gesichert werden.

Die Durchführung und Organisation der vorbeugenden Instandhaltung ist abhängig von den örtlichen Betriebsverhältnissen. Sie wird geplant und benötigt dazu eine Datenbasis, die sich aus einer detaillierten Schadensstatistik gewinnen läßt [4]. Die Schadensstatistik soll Aufschluß darüber geben, welche Werkzeugteile oder Baugruppen besonders schadensanfällig sind bzw. einem erhöhten Verschleiß unterliegen, welche Personalkapazität zur Behebung des Schadens erforderlich war, welche Zeit und welche Werkzeuge bzw. Maschinen zur Reparatur benötigt wurden und schließlich noch über die Anzahl der Zyklen bis zum Versagen [4]. Liegt eine auf diese Informationen aufgebaute Schadens- bzw. Schwachstellenanalyse vor, so kann man durch gezielte vorbeugende Instandhaltungsstrategien die Schadenszeiten ganz erheblich reduzieren. Die Informationen werden bei regelmäßigen Inspektionen am im Einsatz stehenden Werkzeug gewonnen. Das Inspektionsintervall richtet sich nach den örtlichen Betriebsverhältnissen, nach der Art und dem Aufbau des Werkzeugs (Einfach-, Mehrfach-, Schieber-, Backenwerkzeug usw.) und ganz besonders nach dem verwendeten Werkzeugwerkstoff. Dieser ist ganz entscheidend für die Lebensdauer des Werkzeugs. Je kürzer die Lebensdauer ist, um so kleiner müssen die Inspektionsintervalle sein. In Tabelle 40 sind die durchschnittlich zu erwartenden Stückzahlen in Abhängigkeit vom Werkzeugwerkstoff dargestellt.

Tabelle 40 Erreichbare Stückzahl in Abhängigkeit vom Werkzeugwerkstoff [7]

Werkstoff		Erreichbare Stückzahl
Zinklegierung	Guß	100000
Aluminium	Guß	100000
Aluminium	gewalzt	100000– 200000
Kupfer-Beryllium	oberflächengehärtet	250000– 500000
Stahl		500000–1 000000

Die letzte Inspektion sollte stets vor dem Umrüsten, d.h., bevor das Werkzeug abmontiert wird, gemeinsam mit der Instandhaltungsabteilung erfolgen. Das hat den Vorteil, daß die Instandhaltungsabteilung keine eigene Verarbeitungsmaschinen benötigt, um die Funktionskontrolle durchführen zu können. Bei dieser Inspektion können die letzten Spritzlinge begutachtet werden, die wichtige Aufschlüsse über die Funktionstüchtigkeit und den Zustand des Werkzeugs geben. Am Spritzling läßt sich z.B. erkennen, ob die Werkzeugoberfläche beschädigt ist, ob die Auswerferstifte sich in ihrer Lage verändert haben, ob die Temperierung noch einwandfrei arbeitet, ob die Trennflächen noch abdichten usw. Die bei der Begutachtung der Spritzlinge gewonnenen Erkenntnisse erleichtern die Aussage über den Zustand des Werkzeugs und zeigen der Instandhaltungsabteilung, welche Arbeiten ohne Aufschub durchzuführen sind. Werden keine Mängel festgestellt, so sind nach dem Umrüsten nur die üblichen Pflege- und Instandhaltungsarbeiten auszuführen und die Teile auszubessern, die aufgrund einer statistischen Auswertung der Schadensfälle zu erneuern sind, weil mit ihrem Versagen in absehbarer Zeit zu rechnen ist. Zu den üblichen Pflege- und Instandhaltungsarbeiten zählen:

Pflege und Wartung des Temperiersystems

Es besteht die Gefahr, daß sich die Temperierkanäle durch Kalkstein-, Rost-, Schlammoder Algenbildung im Laufe der Zeit zusetzen. Der Strömungsquerschnitt wird dadurch verringert und der Wärmeaustausch zwischen Temperiermedium und Werkzeug schnell erheblich verschlechtert.

Da die Ablagerungen den Durchmesser der Kanäle verringern, bieten sich Durchflußmessungen zur Kontrolle des Temperiersystems an. Man schließt das Werkzeug dazu über einen Druckminderer an das Leitungsnetz an. Am Druckminderer kann man dann einen definierten Druckverlust einstellen, der bei jeder weiteren Kontrolle gleich sein muß. Wurde nach der Fertigung des Werkzeugs der Temperiermitteldurchsatz bei einem bestimmten Druckverlust gemessen, so erhält man durch eine neuerliche Messung nach Produktionsende eine Aussage über den Verschmutzungsgrad des Temperiersystems.

Für die Reinigung von verschmutzten Temperierkanälen kommt in der Regel nur ein Durchspülen mit einem Reinigungs-Lösungsmittel in Betracht, da wegen der Geometrie der Kanäle meist eine mechanische Entfernung der Ablagerungen nicht möglich ist. Reinigungsmittel und spezielle Reinigungsgeräte werden von mehreren Herstellern angeboten [8, 9]. Bewährt hat sich zum Reinigen eine Salzsäurelösung (von 20° Be) mit zwei Teilen Wasser und einem Korrosionsinhibitor.

Bevor das Werkzeug dann eingelagert wird, ist das Temperiersystem auszublasen und mit Warmluft zu trocknen.

Pflege und Wartung der Werkzeugoberflächen

Reparaturen, die aufgrund mechanischer Beschädigungen erforderlich sind, werden in Kapitel 16 behandelt. Nach Produktionsende muß das Werkzeug von anhaftenden Kunststoffresten sorgfältig gereinigt werden. Die Reinigungsarbeiten sind dabei abhängig von der verarbeitenden Formmasse und dem Grad der Verschmutzung. Es wird empfohlen, das Werkzeug mit einer Seifenlauge von den anhaftenden Kunststoffresten und anderen Belägen zu reinigen. Das Werkzeug ist nach einer solchen Behandlung wieder sorgfältig zu trocknen.

Roststellen, entstanden durch Kondensate oder korrodierende Kunststoffe, sind ebenfalls sorgfältig zu entfernen, bevor das Werkzeug eingelagert wird. Dazu eignen sich abhängig vom Grad des chemischen Angriffes pastenförmige Schleif- und Poliermittel (Autopolitur).

Zu den Reinigungsarbeiten an der Werkzeugoberfläche zählt schließlich auch noch das Säubern der beweglichen und u.U. auch formbildenden Teile des Werkzeuges von Schmieröl- und Fettresten. Im Handel werden dazu zahlreiche Reinigungs- und Entfettungsmittel angeboten.

Pflege und Wartung des Heiz- und Regelsystems

Die hier durchzuführenden Wartungs- und Instandhaltungsarbeiten sind insbesondere bei Heißkanalwerkzeugen von Bedeutung. Nach Produktionsende sollten die Heizpatronen, Heizbänder und Temperaturfühler mittels Ohmmeter überprüft und die Meßwerte mit den in der Werkzeugkarte aufgeführten Ausgangswerten verglichen werden. Zusätzlich ist eine Kontrolle auf Masseschluß mit einem Isolationsprüfer zu empfehlen. Die Regelkreise lassen sich am einfachsten mit einem Amperemeter, welches in jedem Regelkreis eingebaut sein sollte, überprüfen.

Maßnahmen nach der Kontrolle und Reinigung

Nachdem die vorab beschriebenen Wartungsarbeiten abgeschlossen sind, ist das Werkzeug, bevor es eingelagert wird, sorgfältig zu trocknen und mit einem harz- und säurefreien Fett (Vaseline) leicht einzufetten. Dies gilt insbesondere auch für die beweglichen Teile, wie Auswerfermechanismus, Schieber, Backen usw. Bei längerer Einlagerung sollte das Werkzeug dann noch in Ölpapier eingeschlagen werden. Das so behandelte Werkzeug wird dann in einem trockenen und beheizten Werkzeuglager mit niedriger Luftfeuchte aufbewahrt. Alle Beobachtungen und Maßnahmen werden in das Stammblatt des Werkzeugs eingetragen.

Literatur zu Kapitel 15

[1] Organisation der planmäßigen Instandhaltung von Fertigungseinrichtungen. VDI-Richtlinie 3005, 1960.
[2] Inspektionsanleitungen für kunststoffverarbeitende Maschinen und Anlagen. VDI-Richtlinie 3032, 1969.
[3] Vorgeplante Betriebsmittelinstandhaltung. Schriftenreihe: Rationalisieren, Wirtschaftsförderungsinstitut der Bundeskammer Folge 85. Wien, Inst. 1976.
[4] *Drink, H.:* Aufdecken von Rationalisierungsreserven durch gezielte Schwachstellenanalyse. Vorabdruck, 7. Kunststofftechnisches Kolloquium, Aachen 20. und 21. März 1974.
[5] *Oebius, E.:* Pflege und Instandhaltung von Spritzgießwerkzeugen. Kunststoffe 64 (1974) 3, S. 123–125.
[6] *Auffenberg, D.:* Die Zuverlässigkeit von Spritzgießanlagen unter wirtschaftlichen Gesichtspunkten. Promotionsvortrag, Aachen 1975.
[7] *Rheinfeld, D.:* Werkzeug soll in Ordnung sein. VDI-Nachricht 30 (1976) 31, S. 8.
[8] Reinigungsgeräte für Kühlkanäle. Kunststoffe 54 (1974) 3, S. 112.
[9] Spritzgießen – Werkzeug. Technische Information 4.3 der BASF, Ludwigshafen/Rh. 1969.

16 Reparaturen und Änderungen an Spritzgießwerkzeugen

Die in Kapitel 15 beschriebenen Arbeiten beschränken sich auf die routinemäßig durchzuführenden Wartungs- und Instandhaltungsarbeiten, wobei davon ausgegangen wurde, daß keine größeren Schäden vorlagen. Die hier diskutierten Arbeiten sollen Möglichkeiten aufzeigen, mit denen auch größere Schäden, die aufgrund der extremen Belatungen im Einsatz oder bei der Fertigung und Montage entstanden sind, behoben werden können.

Die am häufigsten anzutreffenden Beschädigungen sind Undichtigkeiten an den Trennebenen und Eindrücke in der Gravur. Sie sind meist auf eine unsachgemäße Behandlung der Werkzeuge bei der Montage oder Demontage, auf Fehler beim Reinigen, daß z. B. noch Materialreste im Werkzeug verbleiben, und vor allem auf Unachtsamkeiten beim Herausschlagen von Spritzlingen, die aus irgendeinem Grund hängen geblieben sind, zurückzuführen. Aus Termingründen oder aber auch um die Fertigung schnell wieder anlaufen zu lassen, wird in vielen Fällen versucht, die notwendigen Reparaturen durch Schweißen vorzunehmen. Schweißungen findet man z. T. auch bei Neuanfertigungen, wenn geringfügige Korrekturen erforderlich sind. Jede Schweißung aber bedeutet wegen der hohen thermischen Belastung eine Gefahr für das Werkzeug. Bei unsachgemäßer Ausführung ist mit Verzug und Rißbildung zu rechnen. Die Funktion und die Leistung des Werkzeugs werden dadurch in Frage gestellt. Es ist daher stets zu prüfen, ob keine anderen Reparaturmöglichkeiten bestehen.

Alle in Frage kommenden Reparaturmöglichkeiten hängen ab von der Art und dem Grad der Beschädigung und vom Werkzeugaufbau. In einem beschädigten Werkzeug können Reparaturen zuweilen durch Ausbohren der Fehlstelle und anschließendes Stiftesetzen oder durch Auftreiben von der Rückseite her vorgenommen werden. Geringfügige Beschädigungen der Trennebenen werden durch Abschleifen repariert. Hier sind allerdings von den zulässigen Toleranzen in den Formteilabmessungen her Grenzen gesetzt.

Überprüft werden sollte auch, inwieweit das Werkzeug durch den Austausch partieller Teile oder ganzer Baugruppen repariert oder geändert werden kann. Diese Reparaturmöglichkeit bietet sich vor allem für alle Funktions- und Montageteile, wie Auswerfer, Führungsbolzen, Führungsbuchsen usw. an. Dabei können vor allem Normalien eine bedeutende Rolle spielen. Zudem bietet die letztgenannte Möglichkeit die Gewähr dafür, daß das Werkzeug wieder einwandfrei arbeitet. Weitere Reparaturmöglichkeiten bieten die sog. „kalten Metallauftragverfahren".

Wo ein mechanisch und metallurgisch vollwertiger Metallauftrag auf begrenzte Flächen und in mäßigen Dicken erforderlich ist, wendet man heute das Selectron-Verfahren an [1]. Mit diesem Verfahren lassen sich Beschädigungen von weniger als 1 cm^2 und Dicken zwischen 1 µm und 1 mm ausbessern. Die Handhabung des Verfahrens ist denkbar einfach. Ähnlich wie beim Elektroschweißen wird die Kathode an das Werkzeugstück angeklemmt. Nachdem nun eine geeignete Spannung am Generator eingestellt ist, taucht man die Anode, die in einen Wattebausch gehüllt ist, in einen Elektrolyten und bürstet anschließend über die zu behandelnde Stelle, bis die gewünschte Auftragsstärke erreicht ist. Bild 581 zeigt die für dieses Verfahren benötigte Ausrüstung. Eine schematische Darstellung des Verfahrens zeigt Bild 582.

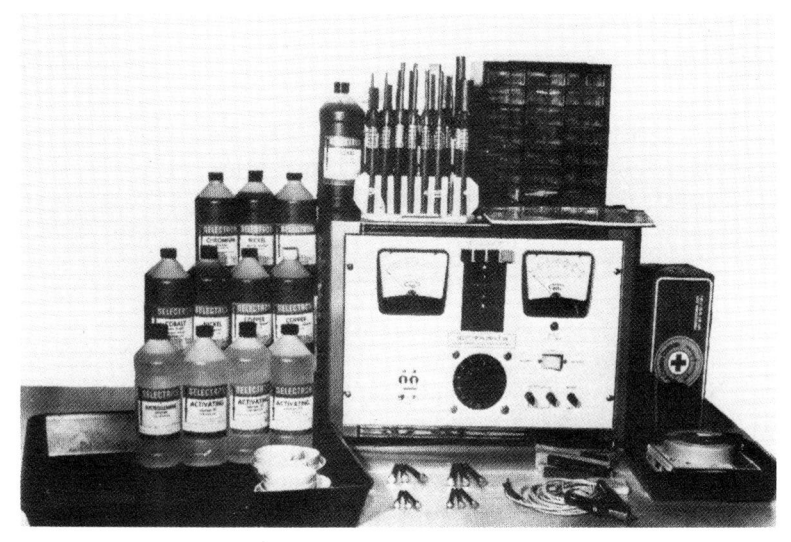

Bild 581 Ausrüstung zum selektiven Metallauftragen zur Reparatur und zum Schutz von Kunststoffverarbeitungswerkzeugen [1]

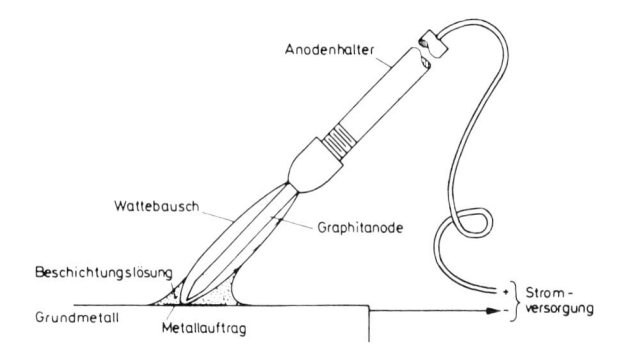

Bild 582
Schematische Darstellung des selektiven Auftragens.
Ein galvanischer Niederschlag wird auf die Werkzeugoberfläche „aufgebürstet" [1]

Zu erwähnen ist noch, daß sich mit dem selektiven Auftragsverfahren auch Schutzüberzüge gegen Korrosionsangriffe aufbringen lassen. Tabelle 41 zeigt einige Verwendungsmöglichkeiten für selektives Auftragen in der Kunststoffverarbeitung [1].

Im Handel sind ferner Metallbeschichtungsgeräte, die nach dem Prinzip der elektrischen Funkenverfestigung arbeiten. Mit diesen Geräten lassen sich Auftragsstärken zwischen 2 und 40 µm erzielten. Die Abscheidung erfolgt auch hier praktisch kalt, wodurch keine Verzugserscheinungen an den Werkzeugen auftreten [2, 3].

Häufig wird versucht, Spritzgießwerkzeuge, bei denen es zu Beschädigungen wie örtlichen Eindrücken oder Ausbrüchen sowie kleinen Rissen gekommen ist, durch Schweißen wieder instandzusetzen. Geschweißt wird gelegentlich auch, wenn geringfügige Kor-

Tabelle 41 Verwendungsmöglichkeiten für selektives Auftragen in der Kunststoffverarbeitung [1]

Verwendung	Aufgetragenes Metall	Metallüberzug
Beschädigungen am Formnest[a]	Nickel oder Kupfer	Nickel-Halbglanz Nickel-Wolfram oder Chrom
Gratkorrektur nahe Anschnitt oder Teilebene[b]	Nickel oder Kupfer	Nickel-Halbglanz, Nickel-Wolfram oder Chrom
Korrosionsschutz[c]		
PVC-Verarbeitung	Gold	n.v.[d]
Werkzeug-Lagerung	Cadmium	n.v.[d]
Wassergekühlte Werkzeuge	Cadmium	n.v.[d]
Wieder auf Maßbringen von Kernstiften und Buchsen[e]	Nickel-Kobalt	n.v.[d]
Kennzeichnen von Werkzeugen	keines (Ätzen mit Stromumkehr)	n.v.[d]
Maschinenwartung[f]		
Hydraulische Reparaturen	Kupfer	Nickel-Halbglanz
Wieder auf Maß bringen von Wellen, Achszapfen und Lagerpassungen[g]	Nickel oder Kobalt	Zinn oder Zink

[a] Nickel wird für Formnest-Reparaturen in Spritzgießwerkzeugen verwendet; Kupfer kann in Werkzeugen verwendet werden, die einem niedrigen Arbeitsdruck ausgesetzt sind
[b] Für Teilebenen sollte nur Nickel-Halbglanz verwendet werden
[c] Gold widersteht Chlorwasserstoff; Cadmium verhindert das Rosten von Stahlwerkzeugen und wirkt gut in Wasserkanälen und Abdeckplatten
[d] n.v. = nicht verwendbar
[e] Wieder auf Maß bringen ohne nachfolgendes spanabhebendes Bearbeiten
[f] Chrom braucht nicht entfernt zu werden
[g] Preßsitz, um früheres Maß zu erreichen

rekturen erforderlich werden. Der Schweißvorgang ist jedoch kein einfach zu handhabender Prozeß. Es wird erwartet, daß der geübte Schweißer über sein eigentliches Fachgebiet hinaus ausreichende Kenntnisse auch über den Werkzeugwerkstoff und seinen Zustand (Art der Wärmebehandlung) besitzt, damit eine riß- und porenfreie Reparaturschweißung zustande kommt [4]. In vielen Fällen fehlen nun aber genaue Angaben über die Zusammensetzung und Beschaffenheit des Werkzeuggrundmaterials. Wenn man dann noch bedenkt, daß die zu wählenden Schweißverfahren sehr oft bauteilabhängig sind und beim Reparaturschweißen meistens auf eine optimale Fugenform verzichtet werden muß, da Art, Form und Position des Schadens, den das Werkzeug erlitten hat, dies nicht zulassen [5], so wird klar, daß es schwerfällt, ein allgemeingültiges Rezept für das Reparaturschweißen aufzustellen. Für den weniger Geübten sei erwähnt, daß es heute eine Reihe von Firmen gibt, die sich mit der Problematik beim Reparaturschweißen beschäftigen und derartige Arbeiten im Lohnauftrag durchführen.

Von den bekannten Schweißverfahren kommen heute beim Reparaturschweißen das WIG-Verfahren und das Schweißen mit umhüllten Stabelektroden zur Anwendung. Der jeweilige Einsatz dieser Verfahren richtet sich nach dem Schadensfall und hierbei insbesondere nach der Größe des Schadens. So bietet das WIG-Verfahren (der Zusatzwerkstoff wird dem Lichtbogen einer Wolframelektrode unter Schutzgas zugeführt) bei der Beseitigung örtlich kleiner Fehler Vorteile gegenüber dem Schweißen mit umhüllten Stabelektroden. Darüber hinaus besteht beim WIG-Verfahren eine feinere Erstarrungsstruktur, da die Erwärmung geringer und damit die Abkühlung schneller ist. Folgende prinzipielle Regeln sind beim Reparaturschweißen zu beachten:

- Der Zusatzwerkstoff sollte möglichst analytisch gleich, zumindest aber ähnlich dem Werkzeuggrundwerkstoff sein, damit sich bei einer späteren Wärmebehandlung in der aufgetragenen Schicht die gleiche Härte und Struktur einstellt. Darüber hinaus sind bei artgleichen Werkstoffen die Spannungsverhältnisse bei einer Wärmebehandlung am günstigsten [4].
- Die Stromstärke ist möglichst niedrig zu halten, damit keine unnötig hohe Härteannahme und grobe Erstarrungsstruktur entstehen [4].
- Die Vorwärmetemperatur – sie kann den Zeit-Temperatur-Umwandlungsschaubildern der Stähle entnommen werden – muß oberhalb der Martensitbildungstemperatur liegen. Sie soll jedoch nicht wesentlich höher sein, da mit steigender Vorwärmetemperatur die Einbrandtiefe zunimmt [4].
- Die Vorwärmetemperatur kann nach folgender Formel abgeschätzt werden [6]:

$$K = C + \frac{Mn}{6} + \frac{Cr}{5} + \frac{Ni}{15} + \frac{Mo}{4} + \frac{V}{5} + \frac{Cu}{13} + \frac{P}{2} \tag{239}$$

C, Mn, Cr ... = Angaben in %

K	bis 0,45	0,45 bis 0,6	0,6 bis 0,7	0,7
Vorwärmtemperatur	entfällt	100 bis 300 °C	200 bis 400 °C	300 bis 500 °C

Beispiel:

Stahl 1,1730 (C 45 W 3)
K = 0,45 Vorwärmtemperatur 100 °C.

- Während des gesamten Schweißvorgangs ist das Werkzeug auf Vorwärmtemperatur zu halten. Dies ist vor allem bei Mehrlagenschweißungen zu beachten.
- Alle Werkzeugstähle sind nach dem Schweißen auf etwa 80 bis 100 °C abzukühlen und danach auf die ursprüngliche Anlaßtemperatur zu erwärmen oder weichzuglühen [4].

Dem erfahrenen Konstrukteur sollten die Schwierigkeiten beim Reparaturschweißen stets bewußt sein. Er sollte daher darauf achten, daß Verschleißteile leicht auswechselbar sind. In diesem Zusammenhang sei daher noch einmal besonders auf Normalien, Kapitel 17, hingewiesen.

Literatur zu Kapitel 16

[1] *Rubinstein, M.:* Selektives Auftragen von Metallen für Reparatur und Schutz von Werkzeugen. In: Stoeckhert, K.: Werkzeugbau für die Kunststoffverarbeitung. 3. Aufl. Hanser, München, Wien 1979, S. 418–426.
[2] Prospekt der Firma Unitool AG, Aarburg, Schweiz.
[3] Prospekt der Firma Joisten und Kettenbaum, Bensberg-Herkenrath.
[4] *Rasche, K.:* Das Schweißen von Werkzeugstählen. Thyssen Edelstahl. Technische Berichte 7 (1981) 2, S. 212–220.
[5] Reparaturschweißen von Formen und Werkzeugen. Kunststoff-Berater 19 (1974), 11, S. 660–662.
[6] *Schürmann, E.:* Reparaturen an Spritzgießwerkzeugen. Nicht veröffentlichter Bericht am IKV, Aachen 1977.

17 Werkzeug-Normalien

Spritzgießwerkzeuge sind stets nach gleichen Grundsätzen aufgebaut. Es verwundert daher nicht, daß sich die konstruktiven Lösungen immer wieder ähneln. Dies gilt vor allem für die Grundelemente, aus denen die Werkzeuge aufgebaut sind. Auf die Fertigung solcher Grundelemente haben sich zahlreiche Firmen spezialisiert. Sie stellen diese Bauelemente auf Spezialmaschinen serienmäßig in einer so großen Vielfalt her, daß eine eingehendere Diskussion dieser Produkte, der sogenannten Normalien, im einzelnen den Rahmen dieses Kapitels sprengen würde. Darüber hinaus bieten die Normalienhersteller umfangreiches und informatives Prospektmaterial an, das auch auf Datenträger als Normalien-Datei zur Verfügung steht.

Hier sollen lediglich anhand der Bilder 583 bis 585 und der Tabelle 42 die gängigsten Normalien und ihre Einsatzgebiete vorgestellt werden. Wie groß der Markt der Normalienhersteller heute ist, erkennt man aus Tabelle 43. Es handelt sich hierbei um einen Auszug aus dem Messekatalog der „K' 89", der 11. Internationalen Messe: Kunststoffe + Kautschuk, Düsseldorf, 2. bis 9. November 1989. Weder die Auflistung der Normalienhersteller noch die Auswahl der dargestellten und aufgeführten Normalien erhebt dabei Anspruch auf Vollständigkeit. Sie sollen hier nur als Anregung dienen.

Der Einsatz von Normalien bringt dem Konstrukteur und dem Werkzeugmacher eine Reihe von Vorteilen:

- Bei der rechnergestützten Konstruktion können die Normalien aus einer Normaliendatei abgerufen und auf dem Bildschirm des Rechners zur Anzeige gebracht und in die Konstruktion eingearbeitet werden. Dabei hat der Konstrukteur die Möglichkeit, verschiedene Konstruktionsvarianten „durchzuspielen" und die seiner Meinung nach geeignetste Lösung auszuwählen. Er wird dadurch von Routinearbeiten entlastet.
- Das Kalkulationsrisiko bei der Angebotserstellung ist kleiner, da mit festen Kosten für die einzelnen Elemente gerechnet werden kann.
- Die Ersatzbeschaffung wird vereinfacht, da die Normalien austauschbar sind. Eine teure Lagerhaltung von Werkzeugmaterialien entfällt damit weitgehend.
- Der Werkzeugmacher kann seinen Maschinenpark investitionssparend auf die speziellen Erfordernisse des Werkzeugbaus abstimmen, da er nur noch die konturgebenden Arbeiten durchführen muß. Er arbeitet dadurch effektiver und preisgünstiger.
- Ausgemusterte Werkzeuge können demontiert und zumindest teilweise weiterverwendet werden.

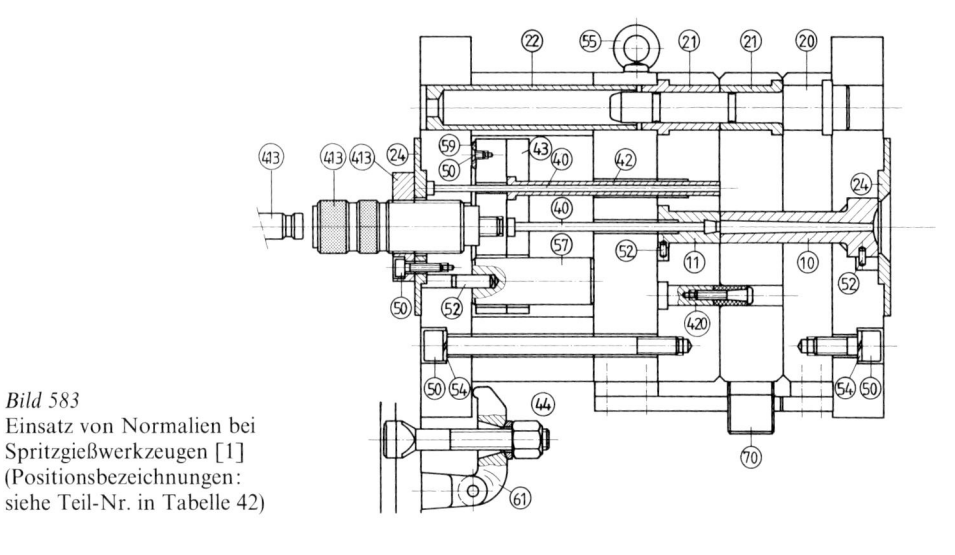

Bild 583
Einsatz von Normalien bei
Spritzgießwerkzeugen [1]
(Positionsbezeichnungen:
siehe Teil-Nr. in Tabelle 42)

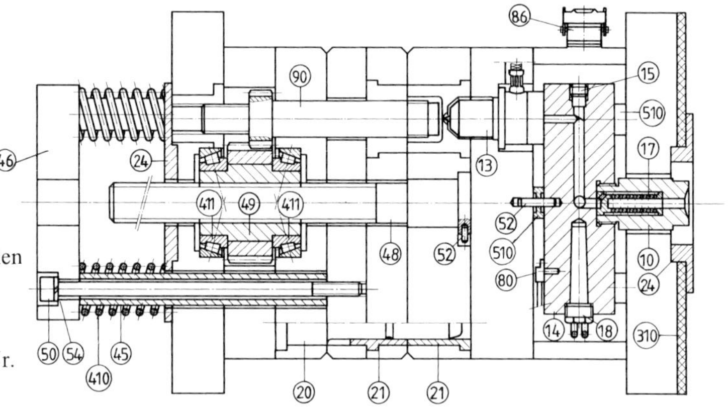

Bild 584
Einsatz von Normalien
bei Spritzgießwerk-
zeugen [1]
(Positionsbezeich-
nungen: siehe Teil-Nr.
in Tabelle 42)

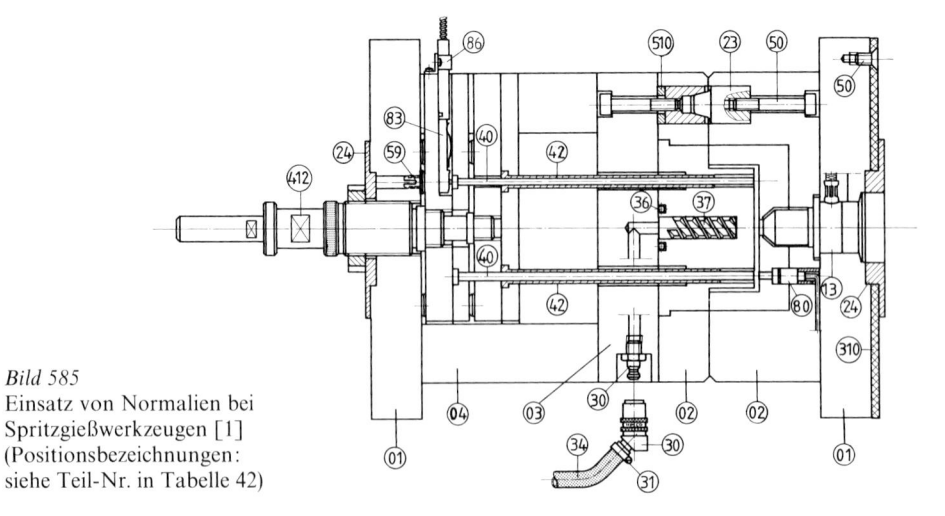

Bild 585
Einsatz von Normalien bei
Spritzgießwerkzeugen [1]
(Positionsbezeichnungen:
siehe Teil-Nr. in Tabelle 42)

Tabelle 42 Werkzeugnormalien und ihre Einsatzgebiete;
Werkzeugnormalien mit einer Teil-Nr. sind in den Bildern 584 bis 586 dargestellt

Bau-gruppe	Funktions-gruppe	Teil-Nr.	Benennung	Einsatzgebiet/Anwendung
0	Formgestell	01	Aufspannplatten	Allseitig bearbeitete runde und recht-eckige, gebohrte und ungebohre Platten in verschiedenen Abmessungen Werkstoff: Stahl- bzw. verschiedene Aluminiumqualitäten Sie dienen zum individuellen Aufbau von Werkzeugen, in die häufig nur noch die Kavitäten oder Werkzeug-einsätze sowie die Bohrungen für das Auswerfersystem einzuarbeiten sind. Die gebohrten Platten enthalten Bohrungen für die Führungselemente und zum Verschrauben der Platten untereinander; es handelt sich um austauschbare Bauelemente
		02	Formplatten	
		03	Zwischenplatte	
		04	Distanzleiste	
1	Anguß-systeme	10	Angußbuchsen	Aufnahme der Bohrung für den An-gußkegel, Abdichten des Werkzeugs gegenüber der Maschinendüse
		11	Angußhaltebuchse	Entformen des Angußsystems, insbesondere des Angußkegels und des Stangenangusses
			Angußbuchsen mit pneu-matischer Angußentfor-mung und entsprechen-den Düsen	Angußentformung im vollautomati-schen Betrieb
		13	Heißkanaldüsen mit und ohne Nadelventil	Führen die Schmelze direkt zum Formnest. Verteilerkanäle etc. ent-fallen. Vollautomatische Fertigung
		14	Beheizte Verteilerblöcke	Schmelzführung bei Heißkanalwerk-zeugen von der Maschinendüse zu den Heißkanaldüsen
		15	Verschlußstopfen	Abdichten eines Schmelzekanals bei Heißkanalblöcken
			Umlenkstopfen	Umlenkung der Schmelze bei Heiß-kanalblöcken
		17	Massefilter Filtereinsatz	Zurückhalten von Verunreinigungen. Für Maschinendüsen und Heißkanal-düsen

(Fortsetzung nächste Seite)

Tabelle 42 (Fortsetzung) Werkzeugnormalien und ihre Einsatzgebiete;
Werkzeugnormalien mit einer Teil-Nr. sind in den Bildern 584 bis 586 dargestellt

Bau-gruppe	Funktions-gruppe	Teil-Nr.	Benennung	Einsatzgebiet/Anwendung
1	Anguß-systeme	18	Heizelemente wie: Heizpatronen Heizbänder Flachrohrheizelemente Wendelrohrpatronen Ringheizkörper Mit den entsprechenden Regelgeräten	Werkzeugtemperierung bei Heißka-nalwerkzeugen, Werkzeugen mit Iso-lierverteiler sowie Duroplast- und Elastomerwerkzeugen
2	Führungs- und Zentrier-elemente	20	Führungsbolzen	Innere Führung und Zentrierung der Werkzeughälften und Seitenschieber
		21	Führungsbuchsen	Zentrieren und Führen der Werkzeughälften und des Auswerferpakets
		22	Zentrierhülsen	Zentrieren der Werkzeugplatten und Leisten untereinander
		23	Zentriereinheit	Fixierung der Formplatten
		24	Zentrierflansche	Fixierung und Zentrierung der Werkzeughälften auf die Maschinenaufspannplatten
3	Temperier-system	30	Kupplungen und Nippel auch als Verschlußkupplungen und -nippel	Anschluß des Werkzeugs an die Temperiergeräte
		31	Schlauchtüllen Schlauchklemmen Quetschhülsen	
		34	Schläuche: PVC-Schlauch mit Gewebeeinlage Vitonschlauch mit Metallumflechtung Metallwellschlauch mit Metallumflechtung	Je nach Temperatur des Heizmediums
			Verschlußstopfen	Verriegelung von Temperierkanal-bohrungen, z. B. an Umlenkungen (Querbohrungen)
		36	Dichtungen	O-Ringe zum Abdichten des Temperiersystems
		37	Spiralkerne eingängig – zweigängig	Kühlen von Werkzeugkernen
			Kühlfinger	Punktkühlung an schwer zugänglichen Stellen im Werkzeug
			Wärmerohr	

Tabelle 42 (Fortsetzung) Werkzeugnormalien und ihre Einsatzgebiete;
Werkzeugnormalien mit einer Teil-Nr. sind in den Bildern 584 bis 586 dargestellt

Bau-gruppe	Funktions-gruppe	Teil-Nr.	Benennung	Einsatzgebiet/Anwendung
3	Temperier-system	310	Temperaturschutzplatten, Isolierplatten	Vermeidung des Wärmeabflusses in die Maschinenaufspannplatten bei Heißkanalwerkzeugen, Werkzeugen mit Isolierverteiler sowie Duroplast- und Elastomerwerkzeugen
			Heizelemente (siehe unter Anguß-system)	siehe unter Angußsystem
4	Auswerfer-system	40	Auswerferstifte	Entformen beliebiger Formteile und Angußsystem
			Flachauswerfer	
		42	Auswerferhülsen	
		43	Auswerferhalteplatte	Aufnahme der Auswerferstifte und Aufnahme der Rückzugskräfte
		44	Auswerfergrundplatte	Abstützen der Auswerferstifte Krafteinleitung in die Stifte
		45	Ausstoßführungsbolzen	Führen, Zentrieren und Verschieben des Auswerferpaketes Krafteinleitung in das Auswerfer-system beim Öffnen des Werkzeuges
		46	Ausstoßplatte	Verspannen der Rückzugfeder
			Schnellkupplung	Anschluß an Maschinen mit Ausstoß-Hydraulik
		48	Steilgewindespindeln	Entformen von Formteilen mit Gewinde
		49	Steilgewindemuttern	
		410	Antriebsritzel	
		411	Lager	
			Zahnstangen	
			Stirnräder	
			Zwischenräder	
	Auswerfer-rückzug/-rückdruck	410	Rückzugfeder	Rückstellung des Auswerferpakets nach dem Entformen. Schutz der Auswerferstifte und Formplatten
			Rückdruckstifte geteilt/ungeteilt	

(Fortsetzung nächste Seite)

Tabelle 42 (Fortsetzung) Werkzeugnormalien und ihre Einsatzgebiete;
Werkzeugnormalien mit einer Teil-Nr. sind in den Bildern 584 bis 586 dargestellt

Bau-gruppe	Funktions-gruppe	Teil-Nr.	Benennung	Einsatzgebiet/Anwendung
4	Auswerfer-rückzug/-rückdruck	412	Rückzugvorrichtung	Rückstellung des Auswerferpakets nach dem Entformen. Schutz der Auswerferstifte und Formplatten
		413	Rückführungsvorrichtung	
			Rückdruckeinheit	
	Auswerfer-unter-teilung		Klinkenzug	Unterteilung der Auswerferbewegung bei Werkzeugen mit mehreren Trenn-ebenen
		420	Mitnehmer	
			Zweistufenauswerfer	
5	Zubehör-teile	50	Schrauben	Zum Verschrauben der Werkzeug-platten untereinander, der Zentrier-flansche, der Wärmeschutzplatten, etc.
			Gewindestifte	
		52	Zylinderstifte	
			Kugelraste	Arretieren beweglicher Werkzeugteile z. B. Backen
		54	Federn/-elemente	Druck- und Tellerfedern für z. B. Aus-werferrückzug, Schraubensicherung, etc.
	Transport-hilfen	55	Ringschrauben	Einhängen der Hebewerkzeuge und Verriegeln der Werkzeuge beim Transport
			Transportbrücke mit Ringschraube	
	Distanz-segmente	57	Stützrollen	Zum partiellen Abstützen der Form-platten und zum Überbrücken größerer Abstände zwischen den Formplatten mit geringster Wärme-leitung
			Stützleisten	
		59	Auflagebolzen und Auf-lagescheibe	Abstützen des Auswerferpaketes
		510	Distanzringe	Abstützung des Heißkanalblockes Ausgleich von Plattenstärken
6	Spann-systeme/Schnell-spann-systeme	60	Mechanisch und hydrau-lische Spannsysteme	Befestigen der Werkzeuge auf den Maschinenaufspannplatten
		61	Spanneisen/Pratzen	
7	Schieber-mechanik	70	Mechanik bestehend aus Zugstange und Schieber-stange	Lange Schieberwege, die sonst nur mit hydraulischen oder pneumati-schen Zylindern zu erreichen sind

Tabelle 42 (Fortsetzung) Werkzeugnormalien und ihre Einsatzgebiete;
Werkzeugnormalien mit einer Teil-Nr. sind in den Bildern 584 bis 586 dargestellt

Bau-gruppe	Funktions-gruppe	Teil-Nr.	Benennung	Einsatzgebiet/Anwendung
7	Schieber-mechanik		Verriegelungszylinder	Verriegeln und Ziehen von Seiten-schiebern und Kernstiften
8	Meß- und Regelgeräte	80	Temperaturfühler	Temperaturregelung und Über-wachung bei Heißkanalwerkzeugen, Werkzeugen mit Isolierverteiler sowie Duroplast- und Elastomerwerkzeuge
			Elektron. Temperatur-regler	
		83	Druckaufnehmer	Überwachung und Registrierung des Werkzeuginnendruckes und des Druckes im Hydrauliksystem der Spritzgießmaschine
			Meßlasche	
			Schreiber	
			Rechner	
		86	Steckverbindungen	Anschluß von Meßfühler an Meß- und Registriergeräte
9	Werkzeug-einsätze	90	Kerne	Kernstifte für Wechselkerne z. B. Aus-schraubkerne

Tabelle 43 Herstellerfirmen für Werkzeugnormalien [2]

Normalien-Hersteller/-Lieferant	Anschrift
Arelec S.A.	Avenue Beausoleil, B.P. 429, F-64004 Pau-Cedex (Frankreich)
Balzers Aktiengesellschaft	Fl-9496 Balzers (Liechtenstein)
Borgware GmbH	Hauptstr. 8, D-7452 Haigerloch 3/Owingen (BRD)
CAD Service	Viale Della Repubblica 5, I-33080 Fiume Veneto/Pordenone (Italien)
DME Normalien GmbH	Neckarsulmerstr., D-7106 Neuenstadt am Kocher (BRD)
EOC Normalien	Hueckstr. 16, D-5880 Lüdenscheid (BRD)
Eurotool B.V.	Giendweg 9, NL-3295 KV's Gravendeel (Niederlande)
Ewikon GmbH & Co. KG	Siegener Str. 35, D-3558 Frankenberg/Eder (BRD)
Facit & Incorporation	7 Fl-1, 99, Chung Shan N.Rd., Sec. 2, P.O. Box 17–124, RC-Taipei (Taiwan)
Fast Heat Element	776 Oaklawn Ave, Elmhurst, IL-60126 (USA)
Fibro GmbH	Ehrenmalstr., D-6954 Haßmersheim (BRD)
Flygenring System	Højvangsvej 29, DK-4340 Tølløse (Dänemark)
The Gauge and Tool Makers Association	24 White Hart Street, GB-High Wycombe HP11 2HL (Großbritannien)
Gumslotter S.n.c.	Via 1° Maggio 8, I-40011 Anzola Emilia/BO (Italien)

(Fortsetzung nächste Seite)

Tabelle 43 (Fortsetzung)   Herstellerfirmen für Werkzeugnormalien [2]

Normalien-Hersteller/ -Lieferant	Anschrift
Hasco-Normalien	Westerfelder Weg 130, D-5880 Lüdenscheid (BRD)
Hasco Austria Gesellschaft m.b.H.	Industriestraße 21, A-2353 Guntramsdorf (Österreich)
Hasco Belgium b.v.b.a.	Populierendreef 2, B-3400 Landen (Belgien)
Hasco France S.A.R.L.	Z.I. Paris Nord 2, 14, rue de la Perdrix – Bat 307, F-93420 Villepinte (Frankreich)
Hasco-Internorm Ltd.	Hasco House · London Road, Daventry, Northants, NN 114 SE (Großbritannien)
Hasco Portuguesa	Normalizados para moldes, e ferramentas Lda., Estrada Nacional 242 Km 9,2, P-2430 Marinha Grande (Portugal)
Hasco Singapore (PTE) Ltd.	22, Joo Koon Circle, Jurong Singapore 2262 (Singapur)
Hasco Internorm Corp.	3 Borinski Road, Lincoln Park, N.J. 07035 (USA)
Hasco Internorm Corp. West	21200 Superior Street, Chatsworth, CA 91311 (USA)
Hauzer Techno Coating	Groethofstraat 22a, Postbus 226, NL-5916 PB Venlo (Niederlande)
Helldin AB, Nils	Vallgatan 22, Box 236, S-53200 Skara (Schweden)
HTS-Heißkanaltechnik	Am Wendelpfad 9, D-5880 Lüdenscheid (BRD)
Incoe Exp. Inc.	Frankfurter Str. 59, D-6072 Dreieich (BRD)
Intron	Im Schlossacher 19, CH-8600 Dübendorf (Schweiz)
Jauch & Sohn KG	Dickenhardtstr. 59, D-7730 Villingen-Schwenningen (BRD)
Jetform	Schuckertstr. 18, D-7255 Rutesheim
Komeetstaal A.E.E. Merk	Industriestraat 1, NL-7000 AB Doetinchem (Niederlande)
Lantor b.v.	Verlaat 22, Postbus 45, NL-3900 AA-Veenendaal (Niederlande)
Männer GmbH, Otto	Allmendstr. 5, D-7836 Bahlingen a.K. (BRD)
Meusburger, Georg	Kesselstr. 42, A-6960 Wolfurt (Österreich)
Meyke, Hans-J.	Auf der Horst 11, D-4990 Lübbecke 5 (BRD)
Mirotech Inc.	39 Kenhar Dr., CDN-Toronto Weston, Ontario M9K 1M9 (Kanada)
Mold Masters Ltd.	233 Armstrong Ave, CDN-Georgetown, Ontario L7G 4X5 (Kanada)
Mold Masters Europa	Neumattring 1, D-7570 Baden-Baden 19 (BRD)
MWT Maschinen	Benzstr. 11, D-7106 Neuenstadt (BRD)
Pfeil Magnetspanntechnik	Marconi-Str. 10, D-7130 Mühlacker (BRD)
Plastech T.T.	Unit 1, Delaware Road, GB-Gunnislake Cornwall PL18 9AR (Großbritannien)
Plastic service gmbh	Pirnaer Str. 14–16, D-6800 Mannheim 31 (BRD)
Rabourdin, Ste.	17–19 Route de Gournay, B.P. 9, F-93161 Noisy le Grand Cedex (Frankreich)
Römheld GmbH	Postfach 1253, D-6312 Laubach (BRD)
Roko GmbH, Bernhard Kosa	Im Bruchschlag 7, D-6842 Bürstadt 3 (BRD)
Rotfil s.r.l.	Praglia, 15, I-10044 Pianezza/TO (Italien)
Strack Norma	Friedrich-Ebert-Str. 109–111, D-5600 Wuppertal 1 (BRD)

Tabelle 43 (Fortsetzung) Herstellerfirmen für Werkzeugnormalien [2]

Normalien-Hersteller/-Lieferant	Anschrift
Technoplast Kunststofftechnik	Am Kreuzfeld 13, A-4563 Micheldorf (Österreich)
Türk + Hillinger	Föhrenstr. 20, D-7200 Tuttlingen (BRD)
T.V.M.P. snc	Via Lombardia 3, I-29017 Fiorenzuola d'Arda/PC (Italien)
Uddeholm Tooling	S-68305 Hagfors (Schweden)
U.S.A. S.r.l.	Via Donizetti 10, I-20095 Cusano Milanino/MI (Italien)
VAP S.A., Moldes	Av. Carrilet 179, E-08902 Hospitalet/Barcelona (Spanien)
Watlow Electric	Lauchwasenstr. 1, D-7521 Kronau (BRD)
Wegaplast S.p.A.	Via 1° Maggio 25, I-40060 Toscanella di Dozza/BO (Italien)
Welter GmbH	Bonner Ring 49–51, D-5042 Erftstadt-Lechenich (BRD)
Wema Beheizungstechnik	Kalverstr. 28, D-5880 Lüdenscheid (BRD)
ZH-Normalien GmbH	Heinrich-Hertz-Str. 6, D-7730 VS-Villingen (BRD)

Literatur zu Kapitel 17

[1] Normalienkatalog der Firma Hasco, Lüdenscheid.
[2] Messekatalog K '89. Düsseldorfer Messegesellschaft, Düsseldorf 1989.

18 Temperaturregelgeräte für Spritzgieß- und Preßwerkzeuge*

18.1 Aufgabe, Prinzip, Einteilung

Temperaturregelgeräte haben die Aufgabe, das angeschlossene Werkzeug durch Heizen und Umwälzen eines flüssigen Mediums auf Produktionstemperatur zu bringen und diese durch Heizen oder Kühlen automatisch konstant zu halten.

Das Prinzip der Temperaturregelung zeigt Bild 586. Der Wärmeträger wird im Behälter (1) mit eingebautem Kühler (3) und Heizung (2) von der Pumpe (4) durch das Werkzeug (10) gefördert und fließt wieder in den Behälter zurück. Der Temperaturfühler (9) mißt die Temperatur im Medium und gibt sie an den Eingang des Reglers im Steuerteil (7). Der Regler regelt die Temperatur des Wärmeträgers und damit indirekt die Werkzeugtemperatur.

Bild 586 Prinzip der Temperaturregelung
1 Behälter, *2* Heizung, *3* Kühlung, *4* Pumpe, *5* Magnetventil Kühlung, *6* Niveaukontrolle, *7* Steuerung, *8* Einfüllöffnung, *9* Temperaturfühler, *10* Werkzeug

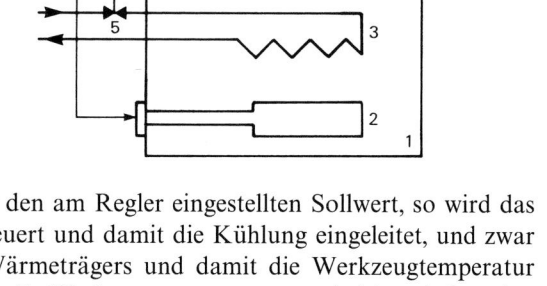

Steigt die Werkzeugtemperatur über den am Regler eingestellten Sollwert, so wird das Magnetventil (5) vom Regler angesteuert und damit die Kühlung eingeleitet, und zwar so lange, bis die Temperatur des Wärmeträgers und damit die Werkzeugtemperatur wieder den Sollwert erreicht hat. Ist die Werkzeugtemperatur zu niedrig, wird analog zum Kühlen die Heizung (2) eingeschaltet.

Man unterscheidet im wesentlichen Temperaturregelgeräte für Betrieb mit Wasser für Temperaturen bis 90 °C bzw. etwa 140 °C bei Druckwassergeräten (Bild 587) und Wärmeträgeröl bis 345 °C.

Tabelle 44 enthält eine Übersicht der Eigenschaften weiterer Geräte, die zur Temperaturregelung bzw. Steuerung eingesetzt werden. Der Vollständigkeit halber seien noch die

---

* Bearbeitet von *P. Gorbach*, Regloplas AG, St. Gallen/Schweiz

Heizpatronen und Wärmerohre erwähnt, die aber vornehmlich zur Temperierung von Heißkanalwerkzeugen verwendet werden (siehe daher auch die Abschnitte 6.10.1.6 bis 6.10.7.2 und Kapitel 17).

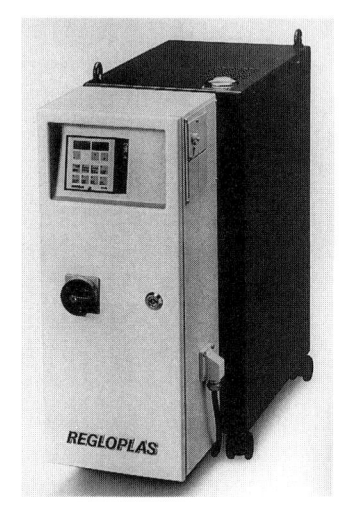

Bild 587   Druckwassergerät bis 140 °C

Tabelle 44   Geräte zur Temperaturregelung (Übersicht)

System	Merkmale
Flüssigkeitsbatterie	nur Kühlung möglich (Wasser) Einstellung abhängig von Geschicklichkeit des Personals Verbrauchertemperatur abhängig von Kühlwassertemperatur und Kühlwasserdruck Produktionsverhältnisse (Änderungen der Zykluszeit, der Kühlwassertemperatur, Produktionsunterbrechungen usw.) werden nicht berücksichtigt
Kühlwasserthermostat	Produktionsverhältnisse werden durch die automatische Regelung berücksichtigt nur Kühlung möglich (Wasser) Einstellung unabhängig von der Geschicklichkeit des Personals untere Einsatzgrenze liegt über der Temperatur des Kühlwassernetzes
Kältemaschinen	nur Kühlung möglich (ausgenommen Spezialausführungen mit eingebauter Heizung) Einsatz unabhängig vom Kühlwassernetz kein Kühlwasserverbrauch
Temperaturregelgeräte	Heizen und Kühlen möglich Einstellung unabhängig von Geschicklichkeit des Personals, da automatische Temperaturregelung Verbrauchertemperatur unabhängig von Kühlwassertemperatur und -druckschwankungen Produktionsverhältnisse werden berücksichtigt Aufheizen auf Produktionstemperatur möglich untere Einsatzgrenze liegt über der Temperatur des Kühlwassernetzes

18.2 Regelung

18.2.1 Regelungsarten

Man unterscheidet drei Methoden zur Regelung der Werkzeugtemperatur:

- *Regelung der Mediumstemperatur (Bilder 588 und 590).*
  Der Temperaturfühler mißt die Temperatur des Wärmeträgers im Gerät. Bild 590 zeigt das Verhalten dieser Regelungsart in verschiedenen Phasen. Die Hauptmerkmale sind folgende:
  - Die am Regler eingestellte Solltemperatur und damit die geregelte Isttemperatur entspricht nicht dem tatsächlichen Wert im Werkzeug.
  - Die Temperaturschwankungen im Werkzeug können relativ groß sein, da die auf das Werkzeug wirkenden Störgrößen (9) nicht direkt erfaßt und ausgeregelt werden. (Im Beispiel sind dies der Spritzzyklus, der Einspritzvorgang, die Entformungsphase usw.)
- *Direkte Regelung der Werkzeugtemperatur (Bilder 589 und 590).*
  Der Temperaturfühler befindet sich im Werkzeug selbst. Die damit erzielte Konstanz der Werkzeugtemperatur ist in den meisten Fällen wesentlich besser als bei der

Bild 588 Regelung der Mediumstemperatur
1 Regler, *2* Heiz-/Kühlsystem,
3 Fühler, *4* Werkzeug,
5 Sollwert, *6* Istwert,
7 Temperaturregelgerät,
8 Regelkreis, *9* Störgrößen

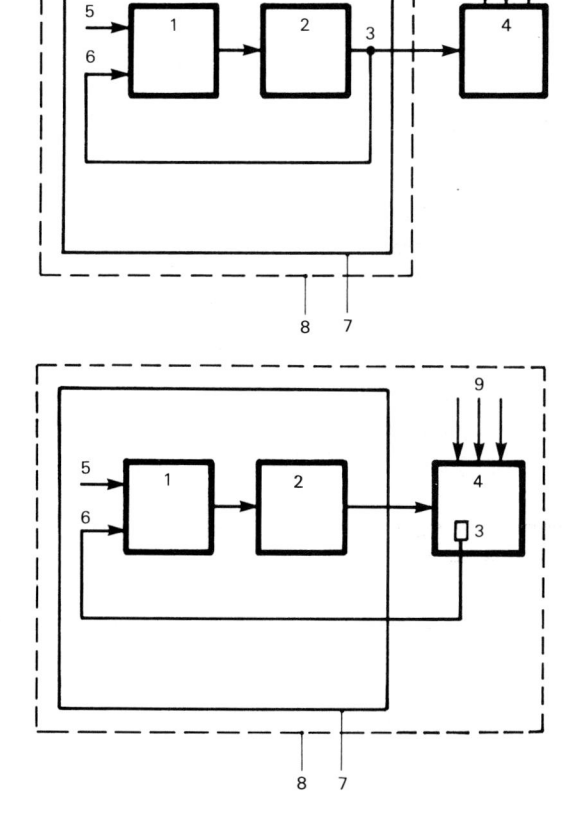

Bild 589 Direkte Regelung der Werkzeugtemperatur
1 Regler, *2* Heiz-/Kühlsystem,
3 Fühler, *4* Werkzeug,
5 Sollwert, *6* Istwert,
7 Temperaturregelgerät,
8 Regelkreis, *9* Störgrößen

Mediumstemperaturregelung. Bild 590 zeigt das Verhalten der direkten Regelung wieder in verschiedenen Phasen. Die Hauptmerkmale der direkten Regelung sind:
- Die am Regler eingestellte Temperatur entspricht dem Wert im Werkzeug.
- Die am Werkzeug angreifenden Störgrößen (9) werden erfaßt und ausgeregelt. Dies ergibt sehr kleine Temperaturschwankungen im Werkzeug.
- Die Produktionswerte sind reproduzierbar.

— *Direkte Regelung der Werkzeugtemperatur mit zwei aktiven Fühlern (Kaskadenschaltung).*

Bei dieser Art der Regelung wird zusätzlich die Mediumstemperatur als Hilfsregelgröße auf den Regler geführt. Die Temperaturkonstanz des Werkzeugs wird damit weiter verbessert.

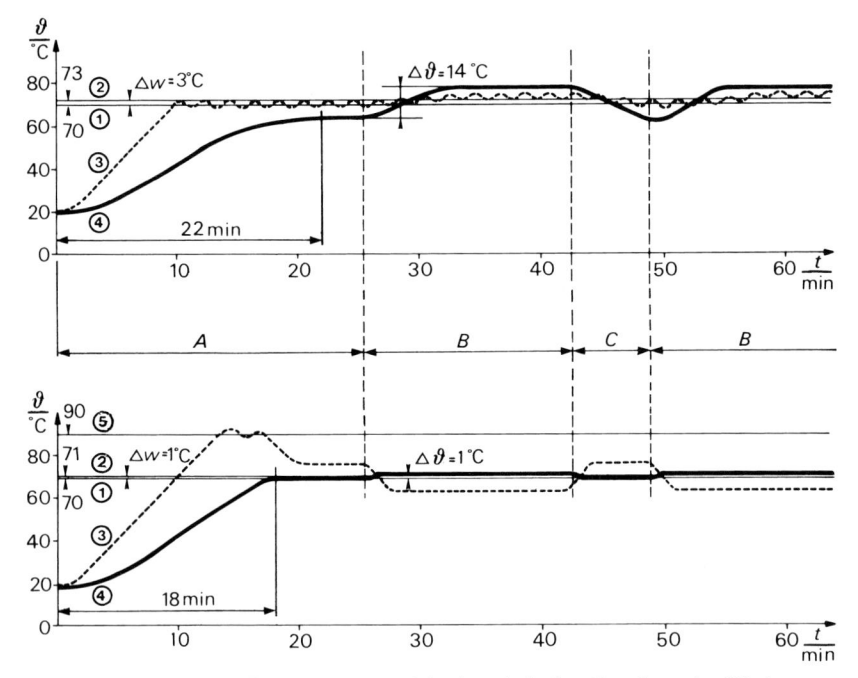

Bild 590 Regelung der Mediumstemperatur (oben) und direkte Regelung der Werkzeugtemperatur (unten)
① Sollwert für Heizen
② Sollwert für Kühlen
③ Mediumstemperatur
④ Werkzeugtemperatur
⑤ Grenzwert Mediumstemperatur
Δw Schaltpunktabstand (neutrale Zone)
Δϑ Max. Werkzeugtemperaturdifferenz
A   Heizen
B   Spritzen (Kühlen)
C   Unterbruch (Heizen)

18.2.2 Voraussetzungen zur Erzielung guter Regelergebnisse

Um eine hohe Konstanz der Werkzeugtemperatur zu erreichen, müssen folgende Voraussetzungen erfüllt sein:

- Das Temperaturregelgerät soll über eine ausreichende Heiz-, Kühl- und Pumpenleistung sowie eine der gewünschten Temperaturkonstanz entsprechende Regelung verfügen.
- Richtige Anpassung des Reglers an die Regelstrecke (Temperierkreislauf).
- Korrekte Positionierung des Temperaturfühlers im Werkzeug. Richtige Dimensionierung des Temperierkanalsystems im Werkzeug und entsprechende Schaltung der Temperierkreise.
- Der Wärmeträger soll möglichst gute Wärmeübertragungseigenschaften aufweisen, um in kurzer Zeit die entsprechende Wärmemenge ab- bzw. zuführen zu können.

In den folgenden Abschnitten werden diese Bedingungen näher erläutert.

18.2.2.1 Regler

Bei den in Temperaturregelgeräten eingesetzten Reglern handelt es sich um 3-Punkt-Regler mit den Stellungen „Heizen-Neutral-Kühlen" (quasistetige Regler). Für spezielle Anwendungen werden auch stetige Regler eingesetzt, d.h. Heizung oder Kühlung werden nicht im Ein/Aus-Modus, sondern je nach erforderlicher Leistung im „Mehr/Weniger"-Modus angesteuert.

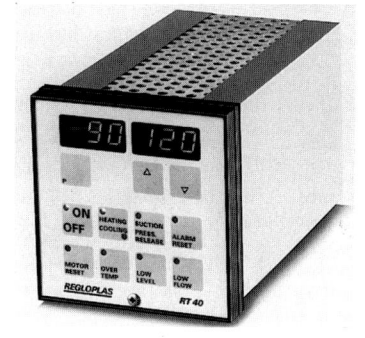

Bild 591 Mikroprozessor-Regler

Je nach Anforderungen werden PD- oder PID-Regler in Analogtechnik und in zunehmendem Maße Mikroprozessor-Regler (Bild 591) in Digitaltechnik eingesetzt.

Mikroprozessor-Regler gestatten eine große Flexibilität bezüglich Programmierung, Anpassung an den Temperierkreislauf (Regelstrecke) und Ansteuerung durch die Maschine wie folgt:

- Eingabe der Regelparameter (P-, I-, D-Anteil usw.) aufgrund von Erfahrungswerten.
- Automatisches Errechnen der Regelparameter durch den Regler selbst mit einem Selbstoptimierungsprogramm. Die Selbstoptimierung wird oft als die Lösung für die richtige und problemlose Anpassung des Reglers an die Regelstrecke angepriesen.

Die folgenden wichtigen Punkte sind jedoch zu beachten: Um dem Regler das Einlesen der Zeitkonstanten der Regelstrecke zu ermöglichen, muß der erste Aufheizvorgang mit dem betreffenden Werkzeug völlig ungestört (möglichst ab Raumtemperatur) erfolgen, d.h. der Aufheizvorgang darf nicht unterbrochen werden (z.B. durch vorübergehendes Ausschalten der Heizung). Die Parameter für die Kühlung können mathematisch aus der Steilheit der Aufheizkurve abgeleitet werden. Im besten Fall besteht ein „Umrechnungsprogramm", das die Parameter für die Kühlung auf Grund der für die Heizung ermittelten Werte bestimmt. Die Genauigkeit der ermittelten Regelparameter hängt von der Qualität des Selbstoptimierungs- bzw. vom Umrechnungsprogramm für die Kühlung ab.

Die Programmierung ermöglicht je nach eingesetztem Regler z.B. zehn oder mehr Parametergruppen von Werkzeugen zu speichern und diese entsprechend dem für die Produktion benötigten Werkzeug in den Arbeitsspeicher des Reglers einzulesen.

In Verbindung mit einer Schnittstelle (z.B. RS 232, 485) ist ein softwaremäßiger Dialog mit dem Rechner der Spritzgießmaschine möglich, d.h. von der Maschine aus erfolgt die Sollwertvorgabe, das Abrufen der Regelparameter, der Absaugbefehl zur Entleerung des Werkzeugs, das Abfragen des Betriebszustands des Geräts (z.B. Störung) usw.

18.2.2.2 Heiz-, Kühl- und Pumpenleistung

Bei einer zu schwach dimensionierten Heizleistung wird die Aufheizphase verlängert und Störungen ungenügend oder zu langsam ausgeregelt. Bei Überdimensionierung kann die Regelstrecke (Temperierkreis) ins Schwingen geraten. Beim Anfahren kann ein Überschwingen der Temperatur auftreten.

Bei einer zu schwach dimensionierten Kühlleistung wird die Abkühlgeschwindigkeit des Werkzeugs herabgesetzt. Ist die Kühlung überdimensioniert, kann wie beim Heizen die Regelstrecke zu schwingen beginnen; auch kann am Ende der Kühlphase ein Unterschwingen der Temperatur auftreten.

Die Förderleistung der Pumpe bestimmt das Temperaturgefälle über dem Werkzeug bzw. über den Temperierkreisen. Je größer die Fördermenge, desto kleiner wird die Temperaturdifferenz zwischen der Ein- und Austrittstemperatur des Wärmeträgers am Werkzeug. Andererseits hat eine große Fördermenge einen größeren Druckabfall im Werkzeug zur Folge, so daß Pumpen mit hohem Förderdruck erforderlich sind. Daraus folgt, daß die Temperaturdifferenz nur so klein wie nötig und nicht so klein wie möglich gewählt werden soll (siehe auch Abschnitt 18.2.2.5).

18.2.2.3 Temperaturfühler

Man unterscheidet zwei Arten von Temperaturfühlern:

- Widerstandsthermometer (z.B. Pt 100). Der Meßwiderstand besteht aus einem Platindraht, der beim Fühler vom Typ Pt 100 bei einer Temperatur von 0 °C einen Widerstand von 100 Ω aufweist. Dieses Meßprinzip basiert auf der Temperaturabhängigkeit des elektrischen Widerstands von Metallen. Je höher die Temperatur, desto höher der Widerstand und umgekehrt.
- Thermoelemente (z.B. Fe-CuNi). Zwei Thermodrähte verschiedener Werkstoffe (Fe und CuNi) erzeugen eine Thermospannung, deren Größe in einem eindeutigen Verhältnis zur Temperaturdifferenz steht, die zwischen der Meßstelle (z.B. Werkzeug) und den getrennten Enden der Thermodrähte steht.

In Tabelle 45 werden die Hauptmerkmale von Widerstandsthermometern und Thermoelementen einander gegenübergestellt.

Tabelle 45 Gegenüberstellung der Temperaturfühler

Eigenschaft	Widerstandsthermometer	Thermoelement
Empfindlichkeit	0,38 Ω/°C	0,05 mV/°C
Linearität	besser (preislich günstiger)	–
Maximale Temperatur	+850 °C	+1600 °C
Genauigkeit	mittl. Fehler 0,5 °C	ca. 5 °C
Stabilität	1 °C/Jahr	ca. 5 °C/Jahr
Hilfsgeräte	Energiequelle	Vergleichsstelle
Zuleitung	Cu-Draht	Ausgleichsleitung
Erschütterungsempfindlichkeit	je nach Bauart	gut
Ansprechzeit	je nach Bauart	niedrig

18.2.2.4 Anordnung des Temperaturfühlers im Werkzeug

Für die Anordnung des Fühlers im Werkzeug sind folgende Kriterien zu beachten:

- Die zweckmäßige Lage des Fühlers ist unter anderem von der Geometrie und vom Aufbau des Werkzeugs sowie von der Anordnung der Temperierkanäle abhängig.
- Der Fühler soll sich an der Stelle befinden, an der die Temperatur eine entscheidende Rolle spielt, z.B. Abmessungen mit engen Toleranzen, Bereiche mit hoher Verzugsneigung oder hohen Anforderungen an die mechanischen Eigenschaften.
- Der Fühler muß in einem definierten Abstand von der Werkzeugwand (Formnestoberfläche) plaziert werden, da an der Werkzeugwand während des Zyklus starke Temperaturschwankungen auftreten (Bild 592), die das Regelverhalten des Gerätes stören würden.

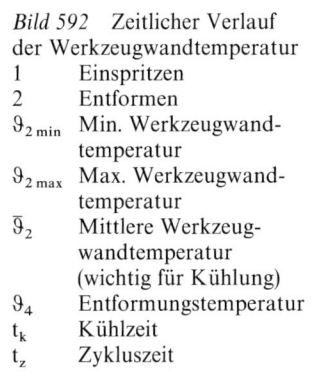

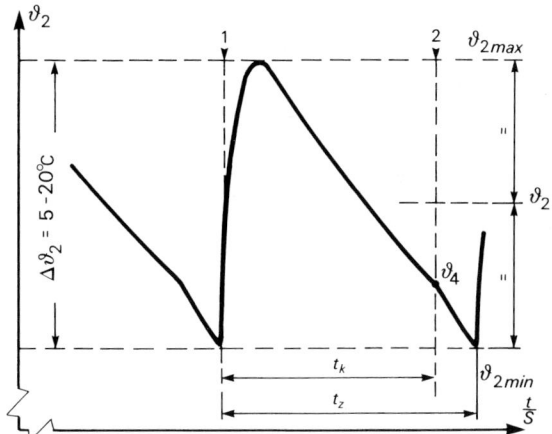

Bild 592 Zeitlicher Verlauf der Werkzeugwandtemperatur
1   Einspritzen
2   Entformen
$\vartheta_{2\,min}$ Min. Werkzeugwandtemperatur
$\vartheta_{2\,max}$ Max. Werkzeugwandtemperatur
$\bar{\vartheta}_2$ Mittlere Werkzeugwandtemperatur (wichtig für Kühlung)
ϑ_4 Entformungstemperatur
t_k Kühlzeit
t_z Zykluszeit

Die Temperaturschwankungen an der Werkzeugwand sind physikalisch bedingt (Kriterien: Formwerkstoff, Formmasse, Temperatur) und können vom Temperaturregelgerät nicht beeinflußt werden. Direkt vor dem Einspritzen hat die Werkzeugwand die geregelte Temperatur $\vartheta_{W\,min}$. Berührt nun die heiße Kunststoffschmelze die kältere Werkzeugwand, so stellt sich an der Grenzstelle augenblicklich eine Kontakttemperatur ein, die zwischen der Werkzeugwandtemperatur und der Massetemperatur liegt. Infolge der Kühlung fällt sie während des Zyklus kontinuierlich ab. Die Kontakttemperatur $\vartheta_{W\,max}$ ist von der Wärmeeindringfähigkeit des Werkzeugs und der Formmasse abhängig. Die Amplitude der Temperaturschwankung $\Delta\vartheta_W$ nimmt mit zunehmender Entfernung von der Formnestoberfläche ab.

Die Berechnung des Fühlerabstands von der Formnestoberfläche wird von einzelnen Herstellern von Temperaturregelgeräten als Dienstleistung für ihre Kunden durchgeführt.

18.2.2.5 Temperierkanalsystem im Werkzeug

Die Temperierkanaloberfläche im Werkzeug ist so zu dimensionieren, daß die anfallende Wärme durch das Temperaturregelgerät/Wärmeträger abgeführt bzw. die benötigte Wärme zugeführt werden kann. Je größer die Kanaloberfläche gewählt wird, desto kleiner wird die Temperaturdifferenz zwischen der Mediums- und der Werkzeugtemperatur und desto rascher werden Temperaturschwankungen ausgeregelt.

Verglichen mit Wasser als Wärmeträger benötigen Werkzeuge für Betrieb mit Wärmeträgeröl eine 2,5- bis 3mal größere Temperierkanaloberfläche wegen der kleineren Wärmeübergangszahl α. Die Kanalquerschnitte sollen nicht zu klein bemessen sein: Kleine Kühlkanaldurchmesser haben einen großen Druckabfall im Werkzeug zur Folge, so daß Temperaturregelgeräte mit teuren Pumpen (hoher Förderdruck) erforderlich werden oder eine Aufteilung des Kanalsystems in parallel geschaltete Temperierkreise zur Verringerung des Druckabfalls vorgenommen werden muß. Nachstehend sind die Merkmale der Serie- und Parallelschaltung von Temperierkreisen erläutert (Bild 593). Bei der *Serienschaltung* werden die einzelnen Temperierkreise hintereinander vom Wärmeträger durchströmt. Bei der Parallelschaltung werden sie über eine Verteilleitung vom Wärmeträger durchströmt. Bei der Serieschaltung kann das Hauptproblem je nach Anwendungsfall darin liegen, daß die Temperaturdifferenz $\Delta\vartheta$ zwischen dem ersten und letzten Temperierkreis unzulässig groß wird. Bei der Temperierung von Spritzgießwerkzeugen soll je nach Qualitätsanforderung an den Spritzteil die zulässige Temperaturdifferenz

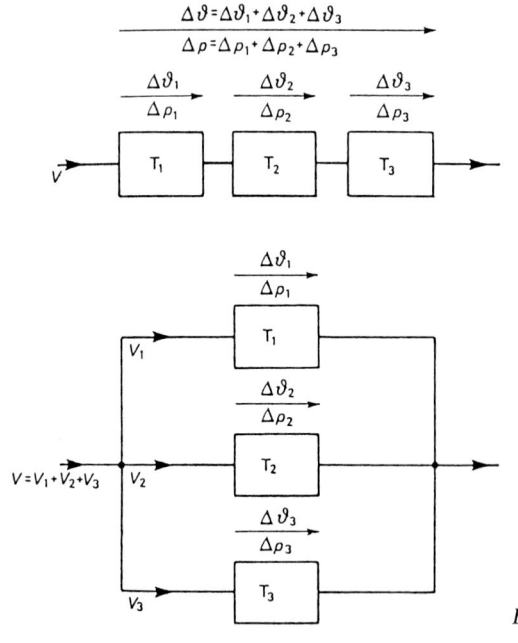

Bild 593 Serien- und Parallelschaltung

zwischen 1 und 5 °C liegen. Ein weiterer kritischer Punkt kann die relativ hohe erforderliche Pumpenleistung sein, d. h. wegen des größeren Druckabfalls ist ein höherer Förderdruck nötig, um die erforderliche Wärmeträgermenge durch das Kanalsystem zu fördern.

Bei der *Parallelschaltung* liegt das Hauptproblem meistens darin, daß die Durchflußmenge auch bei nur leicht unterschiedlichen Durchflußverhältnissen (z. B. ungleiche Querschnitte, Längen, Anzahl der Umlenkungen der Temperierkanäle) in den einzelnen Verbrauchern/Temperierkreisen verschieden ist, d. h. derjenige Parallelzweig mit dem kleinsten Durchflußwiderstand wird am besten „temperiert" (kleinster Wert für Δp). Eine Korrektur der ungleichen Verhältnisse durch Dosierung der Durchflußmenge mit Handventilen (z. B. Flüssigkeitsbatterien) ist nicht zu empfehlen. Als Verbesserungsmöglichkeit kann die Serie-/Parallelschaltung der Temperierkreise in Frage kommen.

Ein wichtiges Kriterium für eine gute Temperierung ist die Temperaturdifferenz zwischen Eintritts- und Austrittstemperatur des Wärmeträgers am Werkzeug bzw. an den einzelnen Temperierkreisen. Die Differenz soll möglichst klein sein, d. h. 3 °C nicht wesentlich überschreiten.

In der Regel ist es besser, die Verbrauchertemperatur nicht durch Variieren der Durchflußmenge, sondern durch Regelung der Temperatur des umlaufenden Wärmeträgers konstant zu halten. Begründung: Eine Drosselung der Durchflußmenge hat eine Erhöhung des Temperaturgefälles über dem Verbraucher zur Folge. Dies kann zu einer ungleichmäßigen Wärmeabfuhr im Werkzeug führen. Eine Reduktion der Durchflußmenge führt zudem zu einer Verschlechterung der Wärmeübergangszahl, d. h. zu einer verminderten Wärmeab- bzw. Wärmezuführung im Verbraucher.

Grundsätzlich ist es immer besser, bei Problemen mit der Temperaturführung zwei oder mehr Temperaturregelgeräte einzusetzen, statt mit regeltechnisch fragwürdigen Methoden wie Handventilen usw. zu versuchen, die Temperaturführung im Werkzeug auf vermeintlich preisgünstige Art zu „optimieren".

18.3 Gerätebestimmung

Die Auswahl des Temperaturregelgeräts richtet sich hauptsächlich nach der Werkzeugtemperatur (verarbeitetes Material), dem Werkzeuggewicht, der gewünschten Aufheizzeit, der verarbeiteten Menge pro Zeiteinheit (kg/h), dem zulässigen Temperaturgefälle über dem Werkzeug sowie den Druck- und Durchflußverhältnissen im Werkzeug (siehe Tabelle 46).

Tabelle 46 Kriterien für die Gerätebestimmung

Angabe	Zweck
– Verarbeitetes Material	– Werkzeugtemperatur
– Werkzeugtemperatur	– Wärmeträger (Wasser/Öl)
– Werkzeuggewicht, Aufheizzeit	– Heizleistung
– Verarbeitete Menge pro Zeiteinheit	– Kühlleistung
– Temperaturgefälle über dem Werkzeug	– Fördermenge der Pumpe
– Werkzeugkennlinie „Druckabfall in Funktion der Durchflußmenge"	– Förderdruck der Pumpe

Der Förderdruck der Pumpe läßt sich nur bestimmen, wenn vom Werkzeug das Diagramm „Druckabfall in Funktion der Durchflußmenge" vorliegt. Fehlt dieses Diagramm, kann aufgrund ähnlicher Werkzeuge der Druckabfall geschätzt werden.

Wie bereits im Abschnitt 18.2.2.5 erwähnt, ist Wasser als Wärmeträger wegen der besseren Wärmeübertragungseigenschaften nach Möglichkeit zu bevorzugen. Bis zu Werkzeugtemperaturen von 90 °C soll daher wenn immer möglich mit Wasser temperiert werden. Der Einsatz von Druckwassergeräten erlaubt die Verwendung von Wasser bis zu Temperaturen von ca. 140 °C. Über 90 bzw. 140 °C müssen Geräte mit Öl als Wärmeträger eingesetzt werden.

18.4 Anschließen des Werkzeugs an das Gerät. Sicherheitsmaßnahmen

Aus Gründen der Betriebssicherheit, der Wartung und zur Vermeidung von Leckagen sollen folgende Punkte beachtet werden:

- Für den Temperierkreislauf nur Armaturen mit konisch dichtenden Verschraubungen (ohne zusätzliche Dichtung) nach DIN 3863 mit metrischen Feingewinde einsetzen.
- Nur druck- und temperaturfeste Schläuche verwenden. Dabei sind gewisse Richtlinien zu beachten, d.h. Vermeidung von Torsionsbeanspruchung, zu kleinen Biegeradien, Stauchen in der Längsachse usw.
- Kühlung (Kühlwassernetz) soll immer angeschlossen werden.
- Bei größerer Entfernung zwischen Gerät und Werkzeug sollen wärmeisolierte Verrohrungen verlegt werden.
- Durchführung von periodischen Kontrollen des Temperierkreislaufes (Gerät, Verbindungen, Verbraucher) auf undichte Stellen und einwandfreie Funktion.
- Bei Geräten für Betrieb mit Wasser oder Wärmeträgeröl ist bei Umstellung von Wasser auf Öl Vorsicht geboten: Unfallgefahr beim Aufheizen wegen des entstehenden Dampfdruckes bei noch vorhandenen Wasser-Rückständen im Gerät, im Verbraucher oder in den Schlauchverbindungen.
- Periodischer Wechsel des Wärmeträgers.
- Verwendung synthetischer Wärmeträgeröle wegen geringerer Neigung zu Ablagerungen.
- Bei sehr großen Werkzeugen mit entsprechendem Wärmeträgerinhalt ist das Gerät bzw. das Ausdehnungsgefäß etwas höher als der Verbraucher aufzustellen. Dadurch wird bei Stillstand des Geräts ein allmähliches Zurücklaufen des Verbraucherinhalts in das Ausdehnungsgefäß und damit ein Überlaufen verhindert. Das Zurücklaufen des Verbraucherinhalts entsteht durch Luftzutritt infolge unvermeidlicher kleiner Undichtigkeiten, z.B. an den Schlauchverbindungen, wenn der Verbraucher höher steht als das Gerät. Ist eine Höherstellen des Geräts nicht gegeben, bestehen folgende Möglichkeiten:
  ○ Ausdehnungsgefäß so dimensionieren, daß die beim Stillstand des Geräts vom Verbraucher (einschließlich Zuleitung) zurückfließende Flüssigkeitsmenge darin Platz findet.
  ○ Anbringen von Absperrhahnen am Ein- und Ausgang des Verbrauchers, welche bei Stillstand der Anlage geschlossen werden können.
  ○ Montieren von Magnetventilen, die bei ausgeschaltetem Gerät schließen.

- Die Zuleitungsquerschnitte nur wenn nötig und erst unmittelbar am Werkzeug verkleinern. Als Maßstab für den Querschnitt gelten in der Regel die am Gerät vorhandenen Anschlüsse. Damit kann die zur Verfügung stehende Pumpenleistung voll ausgenützt werden.

18.5 Wärmeträger

Nachstehend werden die Eigenschaften von Wasser und Wärmeträgeröl einander gegenübergestellt.

Wasser weist gegenüber Wärmeträgeröl folgende Vorteile auf:

- Betrieb billiger, sauberer und problemloser. Bei Undichtigkeiten im Temperierkreislauf (Schlauchverbindungen usw.) kann das austretende Wasser ohne weitere Vorsichtsmaßnahmen in die Kanalisation abgeleitet werden.
- Rund doppelt so hohe spezifische Wärme und zweimal höhere Wärmeübergangszahl α, d.h. Ab- bzw. Zuführung größerer Wärmemengen bei gleicher Oberfläche möglich.
- Wesentlich bessere Wärmeleitfähigkeit.
- Die erwähnten Wärmeübertragungseigenschaften sind praktisch unabhängig von der Temperatur, d.h. über einen weiten Temperaturbereich konstant.

Als Nachteile seien erwähnt:

- Niedriger Siedepunkt.
- Gefahr der Korrosion und der Verkalkung des Temperierkreislaufs (Temperaturregelgerät und Werkzeug), was mit der Zeit zu einem erhöhten Druckabfall im Werkzeug und zu einer Verschlechterung des Wärmeaustausches zwischen Werkzeug und Wärmeträger führt.
- Die im Wasser enthaltenen schädlichen Stoffe (Nitrite, Chloride, Eisen usw.) werden mit höherer Temperatur vermehrt ausgeschieden.

Als Gegenmaßnahme kommen je nach Betriebsverhältnissen in Frage:

- Vorschalten von Schmutzfiltern.
- Periodische Durchspülung des Geräts und Werkzeugs mit einem Entkalkungsmittel.
- Behandlung des Temperierkreislaufs mit einem Korrosionsschutzmittel.

Bezüglich Wasserqualität sollten die nachstehenden Analysenwerte in den folgenden Grenzen liegen:

Härte	5–25 °dH
pH-Wert bei 20 °C	6,5–8,5
Chloridionenanteil	max. 150 mg/l
Summe Chloride und Sulfate	max. 250 mg/l

Häufig erfüllt Trinkwasser die verlangten Anforderungen. Zu weiches Wasser (zu stark enthärtetes Wasser, destilliertes Wasser, Regenwasser) kann korrosiv wirken. Die Korrosion wird vor allem auch durch den Gehalt an Chloriden stark gefördert. Zu hartes Wasser fördert die Kesselsteinbildung und die Verschlammung.

Wärmeträgeröle weisen die genannten Nachteile des Wassers nicht auf. Da sie einen wesentlich höheren Siedepunkt aufweisen, können sie je nach Typ bis über 300 °C eingesetzt werden.

Als Nachteile des Wärmeträgeröls sind u.a. zu erwähnen:

- Schlechtere Wärmeübertragungseigenschaften. Eine optimale Wärmeübertragung ist nur unter definierten Strömungsverhältnissen möglich, d.h. die spezifische Oberflächenbelastung (W/cm^2) der Heizung und die Durchflußmenge (l/min) müssen im Gerät genau aufeinander abgestimmt sein.
- Brennbar unter gewissen Bedingungen (schwer brennbare Wärmeträgeröle für hohe Temperaturen existieren noch nicht).
- Alterung (Oxidation, Viskositätszunahme).
- Kosten.

Synthetische Wärmeträgeröle haben den Vorteil der besseren Löslichkeit der vor allem im temperaturmäßigen Grenzbereich entstehenden Alterungsprodukte im Wärmeträger selbst. Die Gefahr von unerwünschten Ablagerungen im System ist damit wesentlich verringert. Als Nachteil ist der gegenüber Mineralölen höhere Preis zu erwähnen.

18.6 Wartung, Reinigung

Der Wartung und der Reinigung des Temperiersystems (Gerät, Werkzeug) wird in der Regel viel zu wenig Beachtung geschenkt. Dies mag daran liegen, daß es sich um „schleichende" Verschlechterungen (langsame Querschnittsverminderung der Kanäle im Werkzeug infolge Verkalkung) und nicht um plötzliche Ausfälle handelt.

Neben den in der Betriebsvorschrift des Herstellers angegebenen Kontrollen und Wartungsarbeiten, die periodisch durchgeführt werden sollten, stellt die Reinigung des Werkzeugs einen wichtigen Punkt dar.

Bei Wasser als Wärmeträger führen Rost und Kalkablagerungen zu einer starken Beeinträchtigung des Wärmeaustausches zwischen Verbraucher und dem umlaufendem Wasser. Verschmutzungen können zudem zu einem erhöhten Druckverlust im Werkzeug führen, so daß die Pumpenleistung mit der Zeit für einen einwandfreien Betrieb nicht mehr ausreicht. Begründung: Da die Temperaturdifferenz über dem Werkzeug (Differenz zwischen Ein- und Austrittstemperatur des Wärmeträgers am Temperierkanal) von der Durchflußmenge der Pumpe abhängt, wird diese Differenz bei erhöhtem Druckverlust größer, was sich negativ auf die Qualität der Spritzlinge auswirkt. Die periodische Kontrolle und Reinigung des Verbrauchers mit einem Entkalkungsgerät ist daher unumgänglich. Vorbeugend ist die Beimischung eines Korrosionsschutzmittels zu empfehlen.

Bei Wärmeträgeröl können Ablagerungen im Verbraucher ebenfalls zu einer Beeinträchtigung der Wärmeübertragung und erhöhtem Druckverlust führen. Die Beimischung eines Reinigungsmittels vor dem Wechsel des Öls oder vorbeugend während der ganzen Betriebsdauer der Ölfüllung ist daher ebenfalls zu empfehlen. Der Betriebszustand des Wärmeträgeröls sollte periodisch überprüft werden. Am besten geschieht dies mit einer Analyse durch den Lieferanten des Öls. Eine dunkle Verfärbung allein ist kein Beurteilungskriterium.

19 Maßnahmen zum Beseitigen von Verarbeitungsfehlern, die durch eine fehlerhafte Werkzeugkonstruktion verursacht werden

Im folgenden werden einige Verarbeitungsfehler, die sich am Formteil zeigen, aufgeführt und Möglichkeiten zur Abhilfe aufgezeigt. Einen ersten Überblick bietet dabei Bild 594. Das Bild zeigt ein Punktesystem, das zur Beseitigung von sichtbaren Spritzgießfehlern bei der Verarbeitung von Acrylformmassen ausgearbeitet wurde [1]. In erster Näherung ist es jedoch auch für andere thermoplastische Formmassen gültig.

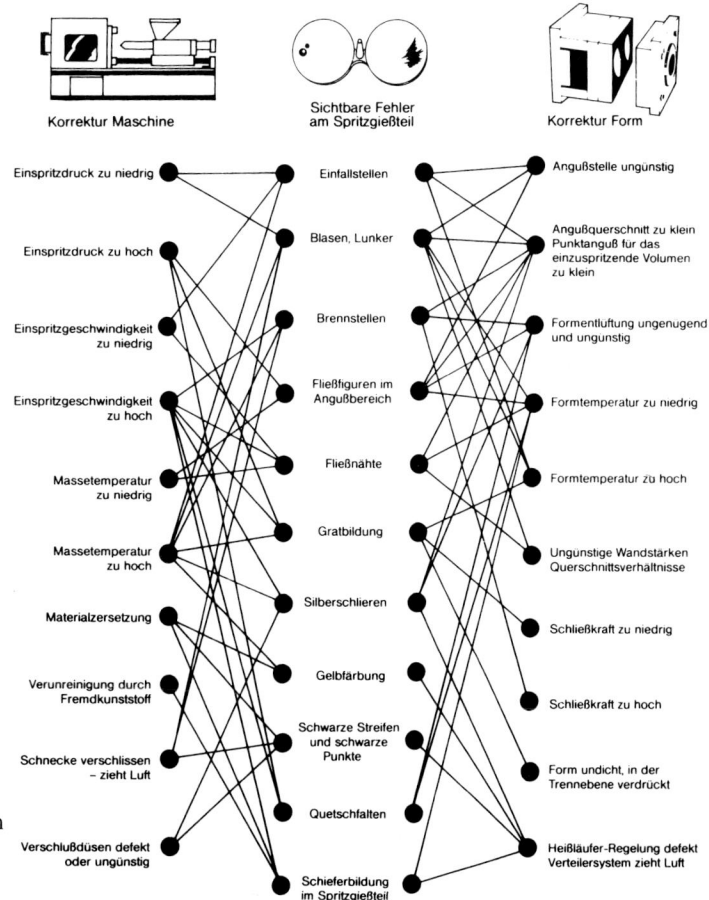

Bild 594
Punktesystem zur Beseitigung von sichtbaren Spritzgießfehlern bei der Verarbeitung von Acrylformmassen [1]

Formmasse tritt seitlich an der Düse aus.	Düsenbohrung und Angußbohrung fluchten nicht. Zentrierung nacharbeiten. Düse sitzt nicht fest genug auf der Angußbuchse. Düsen-Anlagenkraft erhöhen. Prüfung der gleichmäßigen Dichtfläche durch ein dünnes Papier. Düsenanlage ist einwandfrei, wenn sich der Düsensitz voll auf dem Papier abzeichnet. Die Radien an den Kontaktflächen von Düse und Angußbuchse stimmen nicht. Die Düsenbohrung ist größer als die Abgußbohrung.
Angüsse brechen beim Entformen ab und lassen sich nicht entformen.	Hinterschneidungen am Angußkegel, 1. weil die Radien an den Kontaktflächen von Düse und Angußbuchse nicht stimmen, 2. weil Düse und Angußbuchse nicht fluchten, 3. weil die Düsenbohrung größer ist als die Angußbohrung, 4. weil die Bohrung der Angußbuchse Schleifriefen in Umfangsrichtung hat. Werkzeug polieren, scharfe Ecken ausrunden. Der Anguß ist noch nicht eingefroren, 1. weil die Angußbohrung zu groß ist, 2. weil das Angußsystem unzureichend gekühlt wird. Unter Umständen Werkzeugtemperatur senken.
Der Spritzling läßt sich nicht entformen.	Allgemein: Kühlzeit zu kurz; Werkzeug mit Formmasse überladen; zu starke Hinterschneidungen; zu rauhe Werkzeugoberflächen. Einspritzgeschwindigkeit und Nachdruck reduzieren; Hinterschneidungen beseitigen; Werkzeug polieren.
a) Der Spritzling bleibt im Gesenk hängen.	Angußkegel oder Angußsystem haben Hinterschneidungen. Düsenradius und Radius der Angußbuchse kontrollieren. Politur im Gesenk auf Schleifriefen in Umfangsrichtung überprüfen. Werkzeug polieren und scharfe Ecken ausrunden. Werkzeugtemperatur am Gesenk zu niedrig. Unter Umständen Vakuumbildung. Konizität prüfen. Luftventile zum Belüften bei der Entformung anbringen.
b) Der Spritzling wird beim Entformen zerstört	Die Hinterschneidungen am Spritzling sind zu groß. Lage der Auswerfer an zum Einleiten der Abschiebekraft ungünstigen Stellen. Auswerfer zu klein, daher örtlich zu hohe Druckspitzen. Politur der formgebenden Konturen prüfen. Unter Umständen Vakuumbildung, Konizität prüfen.
Spritzlinge verziehen sich	Ungünstige Angußlage. Ungünstige Angußart. Ungleichmäßige Werkzeugtemperatur. Ungünstige Querschnittsübergänge am Spritzling. Bei großen Wanddickenunterschieden sind mehrere Temperierkreisläufe erforderlich. Falsche Werkzeugtemperatur. Ungleichmäßige Schwindung. Umschaltpunkt von Einspritz- auf Nachdruck ungünstig. Ungünstiger Auswerfer „Angriff".
Verbrennung am Spritzling	Schmelzetemperatur zu hoch. Formmasse wird durch zu enge Anschnitte zu stark erwärmt. Werkzeug wird schlecht entlüftet (Dieseleffekt). Ungünstiger Fließwegverlauf. Verweilzeit zu lang. Kleinere Plastifiziereinheit wählen.

Braunfärbungen am Spritzling	Verweilzeit der Formmasse im Plastifizierzylinder zu lang. Zylindertemperaturen zu hoch. Schneckendrehzahl zu hoch. Anschnitte zu klein.
Dunkle Punkte	Verunreinigungen im Material; Verschleißeffekte an der Plastifiziereinheit. Einsatz einer korrosions- und abrasionsgeschützten Plastifiziereinheit.
Verfärbungen am Anguß	Werkzeugtemperatur zu hoch. Anguß und Anschnitte vergrößern. Fangloch für kalten Pfropfen anbringen.
Brüchigkeit der Spritzlinge	Werkzeugtemperatur erhöhen. Anguß und Anschnitte vergrößern. Fangloch für kalten Pfropfen anbringen. Inhomogene oder thermisch geschädigte Schmelze. Material zu feucht.
Spritzlinge mit matter bzw. schlieriger Oberfläche	Werkzeugoberfläche schlecht poliert. Ungünstige Angußlage. Ungünstige Angußart. Anguß- und Verteilerkanäle vergrößern und polieren. Fangloch für kalten Pfropfen anbringen. Werkzeug zu kalt (Kondenswasserbildung). Zu hohe thermische Belastung durch ungenügende Entlüftung und ungünstigen Fließwegverlauf. Schneckendrehzahl senken; Material trocknen.
Farbschlieren	Schlechte Durchmischung bzw. Entmischung der Formmasse. Schneckendrehzahl erhöhen, Staudruck erhöhen. Temperaturprofil im Zylinder ändern. Trichtereinlaufkühlung reduzieren. Andere Schnecke verwenden.
Blasen/Feuchtigkeitsschlieren	Material zu feucht, intensiv trocknen.
Schallplatteneffekt/ Wolkenbildung	Ungünstige Angußlage. Werkzeug- und Schmelzetemperatur erhöhen. Einspritzgeschwindigkeit erhöhen. Plastifiziereinheit auf Verschleißeffekte überprüfen.
Abschieferungen (Abblättern) am Spritzling	Temperaturdifferenz zwischen Schmelze und Werkzeug zu groß. Werkzeugtemperatur erhöhen. Anguß und Anschnitt vergrößern. Verunreinigung durch andere Materialien.
Spritzlinge mit schlechtem Oberflächenglanz	Werkzeugtemperatur überprüfen. Anguß und Anschnitte vergrößern. Scharfe Ecken ausrunden. Werkzeug polieren.
Werkzeug wird nur teilweise gefüllt	Zu lange und zu enge Verteilerkanäle. Angußsystem vergrößern. Zu lange und zu enge Fließwege im Werkzeug. Anschnitte nacharbeiten. Kernversatz. Werkzeug schlecht entlüftet. Werkzeug- und Schmelzetemperatur zu niedrig. Einspritzgeschwindigkeit und/ oder Einspritzdruck erhöhen. Falsche Dosierung, kein Massepolster, schlechte Werkzeugentlüftung.
Einfallstellen und Lunker	Angußsystem zu klein. Das Angußsystem friert ein, bevor der Nachdruck wirksam werden kann. Werkzeugtemperatur überprüfen. Bei Lunkern erhöhen, bei Einfallstellen absenken. Schmelzetemperatur senken. Massepolster überprüfen, Nachdruckzeit verlängern, Nachdruck erhöhen. Einspritzgeschwindigkeit senken.

Werkzeug wird überspritzt – Schwimmhautbildung (Gratbildung)	Schlechte Passung der Trennflächen. Trennflächen durch zu hohe örtliche Belastung, z. B. durch verbleibende Materialreste, beschädigt. Werkzeug nacharbeiten. Werkzeugschließkraft reicht nicht aus, da die projizierte Fläche des Spritzlings zu groß ist. Weitere Ursache: Kernversatz. Es entstehen unterschiedliche Fließquerschnitte, dadurch kann das Werkzeug einseitig überspritzt werden, während die Formmasse auf der gegenüberliegenden Seite den Werkzeugrand nicht erreicht. Die Werkzeugtemperatur ist zu hoch. Einspritzgeschwindigkeit und/oder -druck zu hoch. Umschaltpunkt von Einspritz- auf Nachdruck vorverlegen. Werkzeug ist nicht „steif" genug.
Bindenähte am Spritzling sichtbar	Ungünstige Angußlage. Ungünstige Angußart. Ungünstige Angußquerschnitte. Anguß und Anschnitte vergrößern und eventuell verlegen. Schlechte Werkzeugentlüftung. Werkzeug ist ungleichmäßig temperiert. Werkzeugtemperatur erhöhen. Schmelzetemperatur erhöhen. Einspritzgeschwindigkeit vergrößern. Wanddicke des Spritzlings zu gering.
Kalter Pfropfen	Düsentemperatur zu niedrig, Düse früher von Angußbuchse abheben. Kühlung der Angußbuchse verringern, Düsenbohrung vergrößern.
Freistrahl	Anschnitt verlegen, so daß die Formmasse unmittelbar gegen eine Wand eingespritzt wird. Anschnittquerschnitt vergrößern.
Maßabweichungen a) Aufgrund gleichmäßiger Schwindung	Zu hohe Werkzeug- und Massetemperaturen vergrößern die Schwindung. Längere Kühlzeiten; höherer Spritzdruck und längere Druckhaltezeiten verringern die Schwindung.
b) Aufgrund ungleichmäßger Schwindung	Ungünstige Werkzeugtemperierung, Anschnitt friert zu früh ein. Inhomogene Schmelze.
Spannungsrisse	Scharfe Ecken und Kanten im Werkzeug. Bei der Verarbeitung von Einlegeteilen: Einlegeteile vorwärmen, scharfe Ecken und Kanten vermeiden.
Wellige Spritzlinge	Werkzeugtemperatur senken [1 bis 8].

Literatur zu Kapitel 19

[1] Punktesystem zur Beseitigung von sichtbaren Spritzgießfehlern bei der Verarbeitung von Resarit Acrylformmassen (PMMA). Tabelle der Firma Resart-Ihm AG, Mainz 1987.
[2] *Barich, G.:* Häufig auftretende Fehler bei der Spritzgießverarbeitung von Thermoplasten und ihre möglichen Ursachen. Plastverarbeiter 33 (1982) 11, S. 1361–1365.
[3] Spritzguß – Hostalen PP. Handbuch der Farbwerke Hoechst AG, Frankfurt 1965.
[4] Strack-Normalien für Formwerkzeuge. Handbuch der Firma Strack-Norma GmbH, Wuppertal.
[5] *Mink, W.:* Grundzüge der Spritzgießtechnik. Kunststoffbücherei, Bd. 2. Zechner+Hüthig Verlag GmbH, Speyer, Wien, Zürich 1966.
[6] *Schwittay, D.:* Thermoplaste – Verarbeitungsdaten für den Spritzgießer. Broschüre der Firma Bayer AG, Leverkusen 1979.
[7] Spritzen – kurz und bündig. Broschüre (4. Auflage) der Firma Demag Kunststofftechnik, Nürnberg 1982.
[8] Verarbeitungsdaten für den Spritzgießer. Broschüre der Firma Bayer AG, Leverkusen 1986.

Register

Abbildungsgenauigkeit 21, 42
Abdichten, Temperierung 338
Abformgenauigkeit 35, 63
Abkühlbedingungen 515
Abkühleinfluß 192
Abkühlfehler 312, 323, 513
Abkühlgeschwindigkeit 33, 552
Abkühlgrad 283, 284, 289
Abkühlzeit 447
Abreiß-Punktanguß 132, 209, 216, 395
Abreißwerkzeug 132
Abschiebekraft 424
Abschieben 444
Abschraubeinheit 453
Abschrauben, entformen 441, 444
Abschraubwerkzeug 132, 329, 395, 447, 450, 451, 453, 454, 456
Abspindelwerkzeug 449
Abstreiferwerkzeuge 444
Abstreifplatte 429, 430, 432, 436, 444
Abstreifring 432, 445
Abtragen durch chemische Auflösung 66
Abtragen durch elektrochemische Auflösung 65
Abtragungsgeschwindigkeit 67
Abtragsleistung 65
Abtragsverfahren, physikalisch 21
Abwicklung 493
Acrylnitril-Butadien-Styrol 419
Ätzen 66
Ätzen, Sprühen 47
Ätzen, Tauchen 67
Ätztiefe 69
äußere Hinterschneidung 457
Aktivatorgehalt 28
Aluminiumlegierungen 23
Aluminiumlegierungen, Eigenschaften 22
amorphe Thermoplatte 292
Analogiemodell 342
Anbindung 135
Anguß 137, 171, 199, 332, 379, 434, 455
Angußarten 139
Angußausdrückstifte 144
Angußbuchse 141, 221, 241, 246
Angußformen 137, 139
Angußkanal 135, 141, 193
Angußkegel 129, 135, 141, 145, 201, 211, 213
angußloses Anspritzen 211, 214
Angußöffnung 237
Angußrohr 263
Angußspinne 135, 210, 216, 222

Angußstange 135
Angußsteg 135, 149
Angußsystem 90, 135, 137, 180, 219, 368, 395, 399, 434, 458, 485, 488, 498, 527
Angußsystembestimmung 118
Angußverteiler 135
Angußverteilerkanal 90, 263
Angußzapfen 135, 199, 211, 212, 231
Anisotropie 350, 357
Anlaßdauer 12
Anlaßschaubild 6
Anlassen von Stählen 27
Anlaßtemperatur 6, 12, 28, 32
Anlaufeffekte 192
Anschlagbolzen 427, 428, 440
Anschnitt 135, 137, 141, 145, 149, 150, 153, 156, 157, 160, 194, 248, 382, 428, 434, 505
Anschnittart 381
Anschnittbohrung 228, 231
Anschnittlage 118, 493, 381
Anschnittöffnung 211
Anspritzung 226
Anspritzung, indirekt 226
Antikorrosionswirkung 14
Anvernetzung (Scorch) 186
APT-Sprache 60
Arrhenius-Ansatz 298
Aufdampfen 32
Aufkohlen 27, 28
Aufkohlungstemperatur 28
Aufspannfläche 110, 111
Aufspannplatten 111, 264, 522
Auftriebskraft 227, 228
Ausdrehvorrichtung 455
Ausdrückbuchse 424, 425
Ausdrückplatte 143
Ausdrückstifte 143
Außengewinde entformen 444, 447, 456
Außenheizung 237
Außenringanguß 205
Ausschraubeinheit 455
Ausschraubwerkzeug 456
Ausschubkraft 399
Ausstoßbolzen 427, 428, 432
Austenitisierungstemperatur 33
Auswerfen 428
Auswerfer 207, 428, 482, 531
Auswerferarten 420
Auswerferbetätigung 429
Auswerferelement 399
Auswerferhülse 421

Auswerferkraft 416
Auswerfermechanismus 529
Auswerferpaket 395, 426
Auswerferplatte 424, 426, 438
Auswerferrückzug 438, 440
Auswerferrückzugeinrichtung 440
Auswerferstift 129, 171, 275, 416, 417, 420, 426, 429, 432, 438, 466, 528
Auswerfersystem 92, 206, 404, 405, 425, 429, 432
Auswerferübersetzer 431
Ausziehkralle 210
Automatisierung 479

Backen 441, 444, 457, 464, 529
Backenwerkzeug 117, 132, 395, 428, 457, 458, 464, 467
Bagley-Kurve 186
Balancierung 241, 490
Bandanguß 137, 201
Bandanschnitt 137, 155, 202
Beheizung 247, 249, 344
Beheizung, Heißkanalsystem 247
Beheizung, Verteiler 249
Belagbildung 25, 33, 157, 275
Belastungsannahme 378
Belastungsarten (Werkzeugverformung) 373
Belastungsfall (Werkzeugverformung) 372
Bemustern 126, 128, 150
Bemusterungskosten 128
Betonzement 35
Betriebstemperatur 350
Biegebelastung 457
Biegeverformung 373
Bindenaht 156, 157, 158, 169, 170, 171, 203, 210, 220, 239, 241, 275, 493, 496, 504, 508
Biot-Kenzahl 312
Blasius 307
Blockheißkanalsystem 224, 243
Blockseigerung 15
Bohne 152
Borchert-Daniels 299
Borieren 27, 29
Boundary-Integral-Methode 517
Brenner 171
Büchsen 268

C-FLOW 492
CAD 59, 487
CAD/CAM 59
CADMOULD 127, 162, 203, 488, 513, 515, 521
CADMOULD-MEFISTO 492, 498, 499, 509, 517
CAP 59
Carreau-Ansatz 175, 185, 489
Carreau-WLF-Funktion 175, 506
Cerro-Legierung 24
chemische Abtragsverfahren 66

Chromstrahl 14
CIM 59
CLDATA-Format 58
CNC 487
Coldrunner 136
Common-Pocket-Verfahren 262
Compact-Discs 267
Computerprogramm 487
CVD-Verfahren 31

Dehnströmungs-Verluste 185
Dehnung, zulässige Kurzzeitdehnung von Thermoplasten 442
Depolymerisation 243
Dichte, mittlere 288
Dickenschwindung 357
Dieseleffekt 171, 275
Differential-Scanning-Calorimeter (DSC) 286, 296, 298, 302
Differentialgleichung 173
Differenzenmethode 173
Differenzenverfahren 319, 342, 504
Diffusionsverfahren 4
Dijkstra-Algorithmus 499, 500
Dimensionierung kreiszylindrischer Formnester 374
Dimensionierung nichtrunder Werkzeugkonturen 375
Direktanspritzung 228, 231, 239, 246
Direkthärtung 28
Dissipation 191, 253, 507, 508
Doppeletagenauswurf 432, 433, 434
Dosiereinheit 97
Dosiervorgang 188
Dosierzeit 188
Drahtelektrode 64
Drahterodieren 4, 23, 64
Dreiplattenwerkzeug 132, 209, 254, 255, 257, 270, 434
Druckabfall 183
Druckbedarf 382, 488, 497
Druckentlastungsdüse 246
Druckfühler 417
Druckgrenze 187
Druckguß 25
Druckstück 245
Druckübertragungszeit 222
Druckverlust 157, 180, 183, 187, 190, 193, 222, 241, 243, 325, 490, 502, 507
Durchbiegung 377
durchhärtende Stähle 7, 11, 53
Durchspritzverfahren 216
Duromere 98, 156, 180, 185, 218, 286, 303, 339
Duromerspritzgießwerkzeug 99, 344
Duroplaste 98, 136, 261, 262, 268, 296, 502
Düse 224, 428
Düse, offene 224
Düsenachse 471

Düsenbohrung 471
Düseneinlaufverluste 191
Düsenlänge 219
Düsentemperatur 228
Düsenverschließeinrichtung 239
Dynathermdüse 231

Ebenenvolumenmethode 490
ECM – Abtragen durch elektrochemische Auflösung 65
Eigenspannung 286, 316, 327, 350, 357
Einfachwerkzeug 143, 210, 226, 427, 447
Einfallstelle 143, 317, 328, 512
Einfrieren 217
Einsatzbehandlung von Stählen 7
Einsatzstahl 4, 7, 53
Einschlüsse bei Stahl 15
Einsenken 7, 50
Einsenkstempel 52
Einsenktiefe 51
Einsetzen 28
Einspritzdruck 187, 189
Einspritzgrenze 187, 188, 189
Einspritzlinie 187
Einspritzparameter 392
Einspritzvorgang 188, 457
Einspritzzeit 187
Einspritzzeit-Linie 189
Elastizitätsmodul 509
Elastomere 97, 156, 184, 218, 257, 282, 286, 303, 339, 483
Elastomerspritzgießwerkzeug 99, 257, 483, 512
elektroerosive Bearbeitung 61
elektroerosives Polieren 57
Elektrolyt 46
Elektrolytkupfer 234
Elektrolyttemperatur 30
Elektronenstrahl-Härten 33
Elektronenstrahlofen 15
Entformen 395, 404, 420, 444, 463
Entformung 25, 403, 414
Entformungsarten 396
Entformungselement 423
Entformungshilfe 143
Entformungshub 427
Entformungskräfte 53, 399, 403, 406, 408, 410, 414, 415, 418, 419, 444
Entformungsprinzip 101
Entformungsprinzipermittlung 118
Entformungsschrägen beim Metallspritzen 44
Entformungsschrägen in Abhängigkeit von der Rauhtiefe 69
Entformungsschwierigkeiten 143
Entformungssystem 399, 405
Entformungstemperatur 288, 408, 410, 416
Entformungsvorgang 381, 425, 429, 432, 442, 447

Enthalpiedifferenz 292
Entlüften 168, 275, 415
Entlüftungsbolzen 425
Entlüftungsringspalt 278
Entlüftungsspalt 278
Entlüftungsstifte 171, 278
Entropieelastizität 191
Entspannen 12
Epoxidharz 34, 41
Erodieren 4, 12, 61, 68
Erodieren, Draht- 4, 23, 64
Erodieren, konisch 64
Erodieren, Multispace 63
Erodieren, Planetär- 62
Erodieren, Senk- 4, 23
Erodiertiefe 69
Erstarrungszeit 199
ESU-Verfahren 15
Etagenwerkzeug 222, 263, 264
Extruder-Hone-Verfahren 56

Fachzahl 110, 405
Fadenbildung 231
Fadenziehen 224, 231, 240
Faltenbalgkanalwerkzeug 259
Faltkern 268
Familienwerkzeug 239
Farbwechsel 246
Fe-Cr-Mischkristalle 14
Federdiagramm 379
Federersatzmodell 520, 521
Federersatzsystem 521
Federn 371, 466
Ferro-Titanit-Nikro 128 13
Fertigungsverfahren für Spritzgießwerkzeuge 39
Fertigungszeiten für Angüsse 78
Feuchtigkeitsaufnahme 350
Filmanguß 201
finite boundary method 339
Finite Elemente (FEM) 173, 175, 339, 368, 492, 497, 500, 516, 517, 520, 521, 522
Flachkanalrheometer 181
Fließbildmethode 490
Fließfähigkeit 174
Fließfehler 226
Fließfront 161, 162, 389, 490, 507
Fließfrontgeschwindigkeit 505, 507
Fließfrontkonstruktion 163
Fließfrontverlauf 158, 167
Fließhemmungen 158
Fließhilfen 158
Fließinstabilität 191
Fließrichtung 153
Fließweg 112, 148, 160, 224, 488, 494, 497, 502
Fließweg-Wanddickenverhältnis 112, 210, 222
Fließwiderstand 180

Flüssigkeitstemperierung 256, 261
Formänderung von Stahl 4, 5
Formeinsatz 99, 403
Formfüllung 158
Formhöhlung 1, 99, 158
Forminnendruck 520
Formmasse 135, 153
Formmasse, faserbildende 154
Formmasse, gefüllte 154, 284
Formmasse, vernetzende 97, 157, 256, 268
Formnest 95, 99
Formnestanordnung 122, 129
Formnestzahl 96, 113, 117, 124, 392
Formteildicke 408, 504
Formteilkosten 117
Formteilkühlung 295
Formteilwanddicken 390
Formtrennfläche 84
Fotoätzen 66, 68
Fouriersche-Differenzialgleichung 282
Fourierzahl 282, 283, 289
Freistahl 152, 200
Frozen-Layer-Methode 491
Fügespalt 279
Führung 471, 472, 473, 476
Führungsbolzen 531
Führungsbuchse 472, 474, 476, 531
Führungssäule 459, 472, 474
Führungsstift 427
Füllanalyse 172
Füllbereich 170
Füllbild 157, 158, 159, 169, 194, 327, 382, 389, 492, 493, 494, 496, 502, 503, 512, 522
Füllbild von Kastenformteilen 170
Füllbild von Rippen 168
Füllbildermittlung 161, 162, 166, 388
Füllbildmethode 155, 502
Füllgeschwindigkeit 194
Füllphase 158
Füllsimulation 159
Füllvorgang 192, 389, 502
Füllzeitbereich 187
Funkenerosion 61
Funkenerosion, polieren 57
Futter 466

galvanisch abgeschiedene Werkstoffe 25
Galvanisieren 25
Galvanoformung 25, 46
Gasinjektionsverfahren 503
Gefüge 2, 44
gefüllte Formmassen 154, 284
Gelenkhebel 266, 430
Gelenkzapfen 465, 466
Gemeinkosten 255
Geometriebeschreibung 491
Geometriekennzahl 181
Geopolymere 35
Gesenk 1, 95

Gewinde, entformen 442, 447, 453, 457
Gewindekern 450, 451, 455
Gießen 40
Gießen, Modellwerkstoffe 41
Gießen, Schwindmaße 41
Gießharze 34
Gießharze, Eigenschaften 34
Gießverfahren 16, 40
Gießverfahren, Keramikanguß 40
Gießverfahren, Preßguß 40
Gießverfahren, Sandguß 40
GKV 78
Glätten 53
Gleiteigenschaften 26, 29
Gleitfließen 191
Gleitschleifen 56
Glühdauer 16
Glühen von Stäben 27
Grat 369, 424
Gratbildung 457, 464
Gravur 1, 531
Großwerkzeug 219
Gußwerkstoffe 15, 16
Gußwerkstoffe, eisenmetallische 16
Gußwerkstoffe, nicht eisenmetallische 16, 19
Gußwerkstoffe, nicht metallische 16
Gußwerkstoffe, Präzisions- 15
Gußwerkstoffe, Stahl- 16

Haftreibungskoeffizient 418
Hagen-Poiseuille-Gleichung 112, 145, 157, 161, 174, 190, 192
Haltezeit 28
Handhabungsgerät 428, 431
Handhabungssystem 399
Hardalloy-Beschichtung 30
Härten von Stählen 27, 28, 33
Härtetiefe 28
Hartverchromen 4, 6, 30, 156
Hauptfließrichtung 507
Heißkanal 91, 136, 217, 222, 226, 239, 245, 246, 249, 252, 270, 482
Heißkanal, offene Düse 239
Heißkanal, Temperaturregelung 252
Heißkanalblock 251
Heißkanaldüse 224, 230
Heißkanalsystem 193, 218, 230
Heißkanalverteiler 234, 241, 263, 379
Heißkanalwerkzeug 132, 217, 252, 253, 254, 458, 527
Heißkanalwerkzeug, Wirtschaftlichkeit 254
Heizband 226, 249
Heizelement 220, 254
Heizleistung 247, 252
Heizmanschette 241
Heizpatrone 222, 226, 241, 248, 249, 252, 344, 527
Heizpatrone, Dimensionierung 249
Heizstab 344

Heizung 296
Heizzeit 188
Heizzeit-Linie 187
Herstellkosten 254
Herstellkosten, Heißkanal 254
Hilfszentrierung 471
Hinterschneidung 69, 70, 99, 143, 199, 213,
    268, 395, 435, 441, 442, 457, 463, 471
Hinterschnitt 142, 401, 443
Hochleistungsheizpatrone 240, 247
Holmabstand 111, 123
Holmenziehen 123
Hookesches Gesetz 404
Hot-Edge-Anspritzung 224
hülsenförmige Spritzlinge
    (Entformungskräfte) 406
Huygens 162
Hydraulikzylinder 266
Hydromotor 455

Infrarotstrahlung 33
Inkubationsphase 188
Inkubationszeit 186, 188
Inmould-Verfahren 219
Innengewinde 447, 456
Innenringanguß 205
innere Hinterschneidung 457
Instandhalten 126, 128, 527
Instandhaltungskosten 128
Ionenplattieren 32
Ionitrieren 11, 28
Isolierkanal 243
Isolierkanalwerkzeug 132
Isolierung 343
Isolierverteiler 216, 234
Isothermen 251, 503

Kalkulation 77
Kalkulationsgrundsatz 78
Kalkulationsschema 125
Kalotte (Anguß) 141
Kalteinsenken 4, 50
kalter Pfropfen 143
Kaltkanal 136, 218, 256, 257
Kaltkanaldüse 258
Kaltkanalkassetten 262
Kaltkanalsystem 257
Kaltkanaltechnik 262
Kaltkanalverteiler 485
Kaltkanalwerkzeug 261
Kaltläufer 136
Kanalform 207
Kanigen-Verfahren 30
Kapillarrheometerkurven 185
Kapillarviskosimeter 157, 174
Kassettentechnik 261
Kastenformteile, Füllbild 170
Kautschuk 297, 303, 502
Kavität 1, 99, 218, 488, 490, 519

Kayem 23
Kegelanguß 137
Kegelanschnittt 137
Keilschieber 473
Keramikeinsatz 258
Keramikguß 40, 42
keramische Formmassen für Werkzeuge 35
Kerbempfindlichkeit von Stählen 6
Kerbzähigkeit 16
Kern 1, 95, 328, 382, 391, 393, 395, 401, 424,
    432, 453, 457, 472
Kernausschmelztechnik 70
Kerndurchmesser 203
Kernfestigkeit 2
Kernhöhen–Durchmesserverhältnis 390
Kernkühlung 329
Kernlänge 111, 203
Kernträgerplatte 377
Kernversatz 381, 382, 386, 390
Kernversatz bei verschiedenen Anguß- und
    Anschnittformen 391
Kernversatz am runden Kern 384
Kernversatz am runden Kern mit
    Schirmanguß 387
Kernversatz an rechteckigen Kernen 385
Kernwandtemperatur 408
Kernzug 468, 482
Kernzugsteuerung 455
Kesselformel 404
Kirksite 23
Klappkern 457
Klauenzuhaltung 217
Klemmdüse 230
Klinkenbolzen 429, 440
Klinkenhebel 217
Klinkenzug 434, 435
Kniehebel 465
Knotenelement 245
Kohlenstoffgehalt 28
Konizität 142, 199, 395, 399, 401, 411, 441,
    465
Konizität, Preßguß 43
Konservendosen 268
Kontaktfläche (Anguß) 141
Kontrollvolumenmethode 499
Konturtiefe 83
Korrosion 25
korrosionsbeständige Stähle 7, 14
Korrosionsbeständigkeit 6, 14, 26, 29
Kosten 77, 114
Kostenähnlichkeit 78
Kostenfunktion 78
Kostenprognose 78
Kräftegleichgewicht 130
Kranzanschnitt 206
Kristallisation 364
Kristallseigerung 15
Kugelraste 432, 433, 462
Kühlbohrung 392

Kühlfinger 318, 325, 332, 337, 425
Kühlkanal 129, 328, 513
Kühlsegment 317
Kühlung 551
Kühlwendel 332
Kühlzeit 282, 286, 289, 408, 513, 519
Kühlzeitermittlung 287
Kühlzeitgleichung 290
Kupfer-Beryllium-Legierungen 19, 329
Kupfer-Beryllium-Legierungen, techn. Daten 20
Kupferlegierungen 19, 329
Kupron 35
Kurvenleiste 435

Lamellenpaket 277
Längenschwindung 350, 377
Laserhärten von Stahl 33
Laserleistung 33
LC-Polymere 154
Lebensdauer 247, 253, 528
Lebensdauer, Heizpatronen 247
Leckage 220
Legierungselemente 2, 3, 14
Leitgewindebuchse 455
Leitstrahl 172
Losbrechen 428, 431, 460
Losbrechkraft 399, 404, 419, 431, 432
Losgröße 116, 117
Luftauswerfer 428
Lufteinschlüsse 157, 171, 493
Lufttasche 226, 230
Lunker 199, 317

Malkin 174
martensitaushärtende Stähle 4, 7, 13
Martensitbildung 11, 33
Maßabweichung 349, 454
Maßänderung 4
maßänderungsarme Stähle 4
Maschinendüse 246
Maschinenstundensatz 125
Maßhaltigkeit 381
Massedurchsatz 194
Massenkunststoffe 237
Massetemperatur 188, 228, 282, 288
Matrize 50, 52, 95, 267
mechanische Werkzeugauslegung 367, 520
Mehretagenwerkzeug 132
Mehrfachanschnitt 193, 278
Mehrfachanspritzung 210, 222
Mehrfachwerkzeug 132, 135, 143, 148, 150, 209, 216, 222, 260, 278, 434, 447, 450
Mehrfarbenspritzgießen 271
Mehrlochspritzdüse 231, 233, 237
Mehrlochwärmeleitdüse 233
Membrananguß 204
Meßfühler 222
Metallauftragsverfahren, kalt 531

Metallpulver 34
Metallspritzen 44
Methacrylat-Gießmassen 35
MICROPUS-T 516
Miniaturmantelthermoelement 252
Modell 40, 49
Modellwerkstoff 41
MOLDFILL 492
MOLDFLOW 127, 162, 203, 488, 492
Molybdändisulfid 420, 458, 473
Monobloc 24
Multispace-Erodieren 63

Nachdruck 145, 199, 378
Nachdruck-Linie 187
Nachdrücken 95
Nachdruckphase 489
Nachdruckzeit 188, 207
Nachdruckzeit-Linie 188
Nachkristallisation 350
Nachschwindung 350
Nadelverschluß 239
Nadelverschlußdüse 220, 224, 228, 237, 239, 240
NC-Programmierung 57
Nest 1
Nestwandtemperatur 408
Newtonsche Schmelze 175
Newtonsches Fließen 180, 192
Nickel 25, 47
Nickel, Eigenschaften 26
Nickel-Kobalt-Legierungen 25, 47
Nickelmartensit 13
niedrig-schmelzende Legierungen 44
Nitrieren 11, 27, 28
Nitrieren, Bad- 11, 28
Nitrieren, Gas- 11, 28
Nitrieren, Pulver- 11, 28
Nitrieren, Teniferbehandlung 28
Nitrierstähle 7, 11, 53
Nitriertiefe 28
Nitrocarburieren 28
Normalien 35, 53, 87, 91, 219, 246, 421, 441, 450, 478, 481, 483, 522, 531, 537
Normalwerkzeug 106, 132
Nusselt-Zahl 321
NYE-CARD-Verfahren 30

Oberflächenbearbeitung 53, 395
Oberflächenbehandlung 13, 26
Oberflächenbeschaffenheit 14, 16, 53
Oberflächengüte 6, 35, 53, 84
Oberflächenhärte 2, 6, 28
Oberflächenqualität 11, 26, 66
Oberflächenrauhigkeit 401
Oberflächenstruktur 21
Öffnungshub 111, 263, 395, 428
Öffnungskraft 399, 417, 419, 460

Ohmsches Gesetz 318
Optiflow 488
Orientierung 153, 201, 364, 511
Orientierungsrichtung 157
Ostwald de Waele 175
Outserttechnik 270

p-v-T-Diagramm 356, 357, 377, 406, 418
Parallelkühlung 332
Paßbolzen 476
Paßsitz 472
Passung 247
Passung, Heizpatrone 247
Patrize 95
PBT 234
Pfaffe 50, 52
Pflege 527
Phenolharz 296, 297, 299
Pilzauswerfer 425, 434
Pinole 217, 231
Pits 267
Planetärerodieren 62
Plastifiziereinheit 95, 471
Plastifizierleistung 110, 117
Plastifiziervorgang 95
Plastifizierzylinder 135
plastische Seele 145, 211, 216, 243
Poissonsche Zahl 374
Polierbarkeit 15, 16
Polieren 54, 55
Polieren, elektrochemisch 57
Polieren, funkenerosiv 57
Polierfähigkeit, Stähle 7
Polyamid 33, 234, 444
Polycarbonat 33, 148, 419
Polyester 35
Polyethylen 285, 305, 419, 444
Polyformaldehyd 148
Polymerbeton 35
Polyoximethylen 33
Polypropylen 415, 419, 444, 519
Polystyrol 212, 284, 305, 408, 419
Polyvinylchlorid 148
Polymethylmethacrylat 243
Potenzansatz 489
Präzisionsguß 15
Präzisionsspritzguß 392
Prandtl-Zahl 321
Preßguß 40, 43
Preßguß, Schwindungszugaben 44
Preßläppen 56
Pressen 351
PROCOP 488, 492
Projektionsfläche 110
Prozeßablauf 188
Punktanbindung 214
Punktanguß 152, 231
Punktanschnitt 156, 190, 192, 391
PVD-Verfahren 32

Qualität 135
quantitative Füllanalyse 172
quasi-instationäre Methode 491

Rauheit 57
Rauhigkeit 32, 275, 276
Rauhtiefe 64
Reaktionswärme 286
rechnerunterstützte Werkzeugauslegung 487
Reflektorblech 251
Regelalgorithmus 253
Regelgerät 254
Regelverhalten 253
Regranulat 255
Reibung 192
Reibungsbeiwert 402, 404, 410, 415
Reibungskoeffizient 419
Reibungskräfte 377
Reibungszahl 460
Reinheitsgrad 15
Reinigen 246
Reinigen, Heißkanalsystem 246
Reinigung 25
Relaxation 350, 364
Reorientierungsvorgang 350
Reparatur 531
Reparaturschweißen 533
Restzeit–Restvolumenmethode 490
Reynolds-Zahl 321
Rheologie 172
Rheologische Auslegung 157, 487
RIC-Technik 262
RIM 172, 502
Ringanguß 137, 201, 204, 224
Ringauswerfer 424, 425, 429
Ringkanal 148, 276
Ringspaltdüse 220, 231, 241
Rippen 393, 399, 414, 457, 464, 494, 511
Rippen, Füllbild 168
Roboter 399, 428
Rohrheizkörper 249, 252
Rohrheizpatrone 248
Rückdrückstift 427, 438
Rückstromsperre 97
Rückzugeinrichtung 438
Rückzugklaue 427
Rückzugsicherung 438
Rundgewinde 445
Rüsten 126, 128
Rüstkosten 128
Rüstzeit 127, 527

Salze 71
Sandguß 40
Schalentechnik 70
Schallplatteneffekt 152
Scheibenanguß 204, 224
Scherbelastung 457
Schererwärmung 243

Schergeschwindigkeit 192, 253, 502
Schergeschwindigkeit, repräsentative 192
Schieber 441, 461, 482, 529
Schieberkurve 458, 463
Schiebersteuerung 476
Schieberwerkzeug 117, 132, 395, 418, 457, 458
Schirmanguß 137, 203, 224, 391
Schirmanschnitt 137
Schlagfestigkeit 153
Schleifen 54, 55
Schlichten 53
Schließeinheit 95, 111, 471, 479
Schließfeder 237
Schließfläche 377
Schließflächeneinsatz 460
Schließflächenwinkel 460
Schließkraft 368, 520
Schließnadel 237
Schließseite 428
Schmelzebereich 136
Schmelzebruch 191
Schmelzefilter 246
Schnappverbindung 442, 443
Schnellkupplung 479
Schnellkupplungssystem 482
Schnellspannsystem 482
Schnellspannvorrichtung 479
Schnellverschluß 217
Schnorchel 263
Schrägbolzen 418, 458, 459, 460, 463
Schrägbolzenführung 465
Schubspannung 192, 502
Schubverformung 373
Schußfolge 216
Schußvolumen 110, 117
Schweißbarkeit 19
Schweißen 20, 533, 534
Schwimmhaut 130, 156, 268, 369, 424
Schwindmaß 401
Schwindmaße, Gußwerkstoffe 41
Schwindmaße, Preßguß 44
Schwindung 34, 41, 44, 201, 286, 316, 349, 356, 357, 377, 379, 395, 401, 403, 447
Schwindungstabelle 362
Schwindungsunterschied 519
Schwindungsvorhersage 362
Scorch 186, 303
Scorch-Index 188, 512
Segment 318, 341, 487, 488
segmentierte Berechnung 316
Segmentierung 340, 492, 493
Seitenschieber 454
Selectron-Verfahren 531
Senkerodieren 4, 23, 62
Serienkühlung 332
Shaw-Verfahren 42
Siebdruck 67
Siegelpunkt 418

Simulationsmodell 157
Sintermetall, entlüften 278
SMC 517
Software 488
Spaghetti-Effekt 152
Spaltweite 379, 421
Spanende Bearbeitung von Stählen 2, 53
Spannsystem 480
Spannsystem, adaptiv 480
Spannsystem, integriert 481
Spannungsfreiglühen 3, 12
Spannungsfreiheit 16
Spannungsrißempfindlichkeit 153, 327
Spiralkern 332
Spritzdruck 110, 112, 156, 378, 379
Spritzfehler 252
Spritzgießwerkzeug 98
Spritzgießwerkzeug 2K 270
Spritzgießwerkzeug, Aufgaben 98
Spritzgießwerkzeug, Bezeichnungen 98
Spritzgießwerkzeug, Einteilung 100
Spritzprägen 351
Spritzpressen 351
Spritzzyklus 99
Sprühätzen 66, 67
Sputtering (Zerstäuben) 32
Stähle 2
Stähle ätzen 66
Stähle, durchhärtende- 7, 11
Stähle, Eigenschaften 2, 9, 10
Stähle, Einsatz- 4, 7, 53
Stähle, Einsatzbehandlung 7
Stähle, Einsenken 7
Stähle, elektrochemische Behandlungsverfahren 29
Stähle, Formänderung 4, 5
Stähle für Funktions- und Montageteile 36
Stähle, Kerbempfindlichkeit 4
Stähle, korrosionsbeständige 7, 14
Stähle, Legierungselemente 2, 3
Stähle, martensitaushärtende 4, 7, 13
Stähle, maßänderungsarme 4
Stähle, Nitrier- 7, 11
Stähle nitrieren 11
Stähle, Oberflächenbehandlung 26
Stähle, Oberflächengüte 6
Stähle, Oberflächenhärte 2, 6
Stähle, Polierfähigkeit 7
Stähle, spanende Bearbeitung 2, 53
Stähle, Umschmelz- 4, 7, 14
Stähle, vergütete zur Verwendung im Anlieferungszustand 7, 12
Stähle, vorvergütete 4
Stähle, Wärmebehandlung 2, 9, 27
Stähle, Zusammensetzung 8
Stahlguß 16
Stahlguß, Behandlung 17, 18
Stahlguß, Eigenschaften 17, 18
Stahlguß, Zusammensetzung 17, 18

Register 573

Stammblatt 530
Stammkarte 527
Standardwerkzeug 131
Standzeit 39, 46, 52
Stangenanguß 135, 137, 149, 199, 224, 494, 496
Stangenanguß, gebogen 200
Stangenanguß mit Umlenkung 200
Stangenanschnitt 137, 149
Staubodentunnelanguß 226
Steilgewindemutter 452
Steilgewindespindel 447, 450, 451, 452
Stempel 95
Stereolithographie 73
Steuerkurve 466
Stiftauswerfer 432
Strahlläppen 56
Strahlmittel 68
Strahlungsverluste 251
Stromdichte 30
Strukturschaum 152
strukturviskos 174
strukturviskoses Fließen 180
Strukturviskosität 161, 489
SUPERTAB 498

Tauchätzen 66, 67
Tauchdüse 239
Teilfüllung 158
teilkristalline Thermoplaste 292
Teleskoprohr 264
Tellerauswerfer 425, 434
Temperatur 488, 497, 502
Temperaturfühler 220, 252, 547, 549, 551
Temperaturgradient 33
Temperaturleitzahl 284, 303
Temperaturleitzahl, effektive 284
Temperaturregelgerät 220, 547, 551, 554
Temperaturregelkreis 252
Temperaturregelung 252, 547
Temperaturregelung, Heißkanäle 252
Temperierelement 318, 321
Temperierelementtypen 322
Temperierkanal 513, 515, 517, 528
Temperierkanalsystem 554
Temperierkreis 552
Temperierkreislauf 515, 551
Temperierleistung 292
Temperiermittel 314, 513
Temperiermitteldurchsatz 314, 325
Tempericrsystcm 90, 91, 296, 314, 315, 328, 330, 332, 338, 458, 476, 528
Temperierung 97, 99, 219, 224, 281, 527, 528
Temperierzeit 282
Teniferbehandlung 28
thermische Werkzeugauslegung 281, 513
Thermodynamik 172
Thermoelement 344, 482, 552
Thermofühler 222, 254, 258

Thermoplaste 97, 287, 292, 502
Thermoplaste, amorph 292
Thermoplaste, glasfaserverstärkt 234
Thermoplaste, teilkristallin 292
Thermoplastschaumspritzgießwerkzeug (TSG) 99
Thermoplastspritzgießwerkzeug 99, 478
Thermoplastwerkzeug 508
Titancarbidbeschichtung 31
Titannitrid 32
TMC 488, 492
Toleranzen 351, 424, 553
Toleranzgruppen 352
Topfführung 476, 477
Torpedo 231, 248
Trennebene 130, 131, 171, 217, 260, 262, 263, 369, 434, 441, 531
Trennfläche 266, 276, 379, 457, 528
Trennfuge 97, 98, 276, 464
Trolit 35
TSG-Formteil 286
Tunnelanguß 132, 152, 206, 216, 261, 432
Tunnelanguß, gebogen 207
Tunnelanschnitt 156

Überlagerungsverfahren 370
Überlappungsanguß 200
Überlappungsanschnitt 200
Überspritzen 111, 379
Umlenkstopfen 245
Umlenkung 244, 245
Umschmelzen 6
Umschmelzstähle 4, 6, 7, 14, 56
Unicast-Verfahren 42

Vakuum 432
Vakuumbildung 425
Vakuumguß 25
Vakuumlichtbogenofen 15
Variantenkonstruktion 60
Verarbeitungsfehler 560
Verarbeitungsfenster 186, 503
Verarbeitungsschwindung 350
Verbrennen 186
Verbrennungsgefahr 252
Verchromen 29
Verformungsberechnung 388
Verformungsverhalten 376
vergütete Stähle 7, 12
Vergütungsverfahren 33
verlorene Kerne 70
vernetzende Formmassen 97, 157, 256, 268
Vernetzung 300
Vernetzungsgrad 286, 301, 302
Vernetzungsreaktion 297
Vernetzungszeit 300
Vernickeln 4, 29, 30
Verschleiß von Stahl 6

Verschleißfestigkeit von Stahl 6, 19, 29
Verschleißwiderstand von Stahl 4, 13
Verschlußdüse mit beheiztem Torpedo 240
Verschlüsse 244
Verteiler 241
Verteilerblock 254, 261
Verteilerkanal 136, 145, 155, 201, 206, 230, 248, 490
Verteilerlänge 219
Verteilerrohr 241
Verteilersegment 245
Verteilerspinne 211
Verteilerstern 148
Verteilersystem 157, 485, 490
Verzug 4, 28, 143, 154, 286, 317, 326, 359, 519
Vinogradov 174
Viskosität 112, 161, 174, 186, 188, 192, 194, 401, 502
Viskosität, repräsentative 175
Viskositätsfunktion 489
Viskositätsverlauf 489
Volumenschwindung 350, 357, 406
Vorkammer 226, 228
Vorkammer-Punktanguß 211, 216, 221
Vorkammerbuchse 228
Vorkammerbutzen 213
vorvergütete Stähle 4
Vulkanisationsgeschwindigkeit 186, 188
Vulkanisationszeit 188

Wachse 71
Wanddicke 389, 390, 416, 471, 502, 507, 513, 515, 519
Wandtemperatur 288
Warmarbeitsstahl 241
Wärmeableiteinsätze 19
Wärmeausdehnung 245
Wärmeaustausch 6, 281
Wärmeaustauscher 281
Wärmebehandlung 2, 9, 26, 27, 28, 30, 32, 533
Wärmebehandlungsverfahren 27
Wärmedehnung 35, 378
Wärmeeindringfähigkeit 553
Wärmeisolierung 226
Wärmeleitdüse 225, 226, 228, 230, 239, 248
Wärmeleitfähigkeit 6, 19, 21, 23, 34, 35, 241, 311, 329
Wärmeleittorpedo 224, 231
Wärmeleitung 472, 507
Wärmeleitwiderstand 311, 318, 340, 341
Wärmeleitzement 250
Wärmemenge 281
Wärmerohr 332
Wärmestrom 292, 303, 311
Wärmestromdichte 305
Wärmetauscher 513
Wärmeträger 551, 554, 557

Wärmetrennung 258
Wärmeübergangskoeffizient 308
Wärmeübergangswiderstand 326
Wartung 529, 558
Wattdichte 247, 248
Wechselkern 446
Wechselvorrichtung 479
Wellenausbreitungstheorie 162
Wendelrohrpatrone 249
Werkzeugatmung 258, 379
Werkzeugaufbau 522
Werkzeugaufspannplatte 426
Werkzeugeinsatz 471
Werkzeugelektrode 62
Werkzeugentlüftung 210, 275
Werkzeugfüllvorgang 135
Werkzeuggröße 110
Werkzeuggrundplatte 377, 480
Werkzeughauptabmessung 125
Werkzeugherstellkosten 254
Werkzeugherstellung 378
Werkzeughohlraum 135, 145, 153
Werkzeugkalkulation 77
Werkzeugklassifizierungssystem 80
Werkzeugklassifizierungssystem, Kalkulationsgruppe 81
Werkzeugkonstruktion 105
Werkzeugkosten 77, 177, 220, 261
Werkzeugöffnungsvorgang 427
Werkzeugplatte 475
Werkzeugprinzip 117, 381
Werkzeugschließvorgang 429, 455
Werkzeugtemperatur 6, 188, 421, 549
Werkzeugtemperaturregelung 343
Werkzeugtemperierung 34
Werkzeugträgerplatte 471, 474
Werkzeugtrennebene 135, 206, 209, 275, 395, 429, 432
Werkzeugunterhaltung 255
Werkzeugverformung 367
Werkzeugwanddicke 372, 378
Werkzeugwechsel 478, 482, 483
Werkzeugwechselsysteme 478
Werkzeugwechselvorrichtung 483
Werkzeugwechsler für Elastomerwerkzeuge 483
Wertanalyse 114
WIG-Verfahren 533
Wirtschaftlichkeitsberechnung 125
Würstchen-Effekt 152

Zähigkeit 153
Zahnstange 266, 447, 463
Zahnstangenantrieb 448
Zamak 23
Zäpfchen 228
Zementieren 7, 28
Zementit 7
Zentrierflansch 471

Zentrierhülse 474, 476
Zentrierung 230, 234, 392, 471, 472, 473, 476
Zentrierzapfen 478
Zerstäuben (Sputtering) 32
Zinklegierungen 21
Zinklegierungen, Eigenschaften 22
Zinn-Wismut-Legierungen 24, 44, 71
Zinn-Wismut-Legierungen, Eigenschaften 24
Zuganker 210, 434, 436
Zugfestigkeit 153

Zuglasche 466
Zuhaltekraft 110, 263, 368, 464
zusammenklappender Kern 445
Zweikomponentenspritzguß 270, 503
Zweiwegeauswerfer 432
Zwischenplatte 209
Zyklus 95, 528
Zyklusablauf 95
Zyklusfolge 217
Zykluszeit 222
zylindrische Hülsen (Entformungskräfte) 408